Dubbels Taschenbuch für den Maschinenbau

Bearbeitet von

Dipl.-Ing. Ch. Bouché, Dr.-Ing. O. Deublein, Dr.-Ing. K.-A. Ebert, Dr.-Ing. B. Eck, Prof. Dr.-Ing. F. Fröhlich, Dipl.-Ing. A. Garve, Dr.-Ing. W. Gumz, Ing. K. Hain, Dr. phil. V. Happach, Prof. Dr.-Ing. W. Hofmann, Dipl.-Ing. G. Köhler, Dr.-Ing. H. Kraussold, Prof. Dipl.-Ing. W. Lehmann, Dr.-Ing. A. Leitner, Prof. Dr.-Ing. E. Metzmeier, Prof. Dr.-Ing. W. Meyer zur Capellen, Prof. Dr.-Ing. K. Nesselmann, Dr. Dr. B. Riediger, Dr.-Ing. H. Rögnitz, Prof. Dr.-Ing. F. Sass, Dr.-Ing. H. Sigwart, Prof. Dr.-Ing. E. Sörensen, Prof. Dr. phil. nat. O. Schäfer, Dipl.-Ing. K. Schmidt, Dipl.-Ing. E. Schulz, Prof. Dr.-Ing. A. Vierling, Dr.-Ing. F. Wettstädt

Zweiter berichtigter Neudruck der

zwölften völlig neubearbeiteten Auflage

herausgegeben von

Dr.-Ing. Dr.-Ing. E. h.

F. Sass

Professor an der
Technischen Universität Berlin

Dipl.-Ing.

Ch. Bouché

vorm. Direktor der
Staatlichen Ingenieurschule Beuth, Berlin

Dr.-Ing.

A. Leitner

Bundesanstalt für Materialprüfung
Berlin

Mit etwa 3000 Abbildungen

In zwei Bänden

Zweiter Band

Springer-Verlag Berlin Heidelberg GmbH 1966

ISBN 978-3-662-40822-3 ISBN 978-3-662-41306-7 (eBook)
DOI 10.1007/978-3-662-41306-7

Ursprünglich erschienen bei Springer-Verlag OHG., Berlin/Göttingen/Heidelberg 1961
Softcover reprint of the hardcover 2nd edition 1961

Library of Congress Catalog Card Number: 62—1529

Inhaltsverzeichnis

Zweiter Band

Dampferzeugungsanlagen

Bearbeitet von Dipl.-Ing. *E. Schulz*, Berlin

Gaserzeuger (Generatoren)

Bearbeitet von Dipl.-Ing. *Kurt Schmidt*, Köln

Kraft- und Arbeitsmaschinen mit Kolbenbewegung

Schwungräder, Massenausgleich, Schwingungen und Regler

Bearbeitet von Prof. Dr.-Ing. *F. Sass*, Berlin

Strömungsmaschinen

Bearbeitet von Prof. Dr.-Ing. *E. Sörensen* und Obering. *A. Garve*, Augsburg

Kondensation und Rückkühlung

Bearbeitet von Dr.-Ing. *H. Kraussold*, Ingelheim

Kopplung der Erzeugung und Verwendung von Kraft und Wärme

Bearbeitet von Dr. techn. Dr. jur. *Bruno Riediger*, Frankfurt/Main

Kältetechnik

Bearbeitet von Prof. Dr.-Ing. *K. Nesselmann*, Karlsruhe

Hebe- und Fördermittel

Bearbeitet von Prof. Dr.-Ing. *A. Vierling*, Hannover

Verfahren und Maschinen der Metallbearbeitung

Bearbeitet von Dr.-Ing. *H. Rögnitz*, Berlin

Kraftwagen

Bearbeitet von Dr.-Ing. *F. Wettstädt*, Frankfurt/Main

Regelungstechnik

Bearbeitet von Prof. Dr. phil. nat. *O. Schäfer*, Aachen

Elektrotechnik

Bearbeitet von Prof. Dipl.-Ing. *W. Lehmann*, Hannover

Berichtigung

Auf S. 552 muß die zweite Gleichung von oben richtig lauten:

$$N_B \approx (1{,}1 \text{ bis } 1{,}2)\,\frac{G_{\text{ges}}}{g}\cdot\frac{v_L'}{60\cdot t_a}\cdot\frac{v_L'}{60}\cdot\frac{1}{102\cdot\eta_{\text{ges}}}\ \text{kW};$$

Beziehungen zwischen dem technischen und dem internationalen (MKS-)Maßsystem *

Größe	Technisches Maßsystem Einheiten: Länge m Kraft kg * Zeit sek	MKS-Maßsystem Einheiten: Länge m Masse kg Zeit sek
Kraft	1 kp = 9,81 N	N (Newton) 1 N = 1 kg m/sek² = 10^5 dyn 1 N = 0,102 kp
Masse	kp sek²/m 1 kp sek²/m = 9,80665 kg (= 1 hyl)	g kg t 1 kg = 0,102 kp sek²/m
spez. Gewicht	p/cm³, kp/dm³	—
Dichte	p sek²/cm⁴, kp sek²/dm⁴	g/cm³, kg/dm³
Druck	kp/cm², kp/m² 1 kp/m² = 9,80665 N/m² 1 at = 1 kp/cm² = $9{,}80665 \cdot 10^4$ N/m² 1 at = 0,980665 bar = 735,56 Torr 1 Atm = 1,01325 bar = 760 Torr	N/m² 1 N/m² = 1 kg/(m sek²) 1 N/m² = 0,102 kp/m² 1 N/m² = $0{,}102 \cdot 10^{-4}$ kp/cm² 1 bar = 10^5 N/m² = 1 Mdyn/cm² 1 bar = 1,02 at = 750,06 Torr = 0,9869 Atm
Arbeit, Energie	mkp, PSh, kWh 1 mkp = $3{,}704 \cdot 10^{-6}$ PSh = $2{,}724 \cdot 10^{-6}$ kWh 1 mkp = 9,80665 J 1 kcal = $4{,}1868 \cdot 10^3$ J	J (Joule) 1 J = 1 Nm = 1 Wsek = 1 kgm²/sek² 1 J = 0,102 mkp = $3{,}7767 \cdot 10^{-7}$ PSh = $2{,}7778 \cdot 10^{-7}$ kWh = $2{,}3884 \cdot 10^{-4}$ kcal
Leistung	mkp/sek, PS, kW 75 mkp/sek = 1 PS = 0,7355 kW 1 mkp/sek = 9,81 W	W 1 W = 1 J/sek = 1 Nm/sek = 1 kgm²/sek³ 1 W = 0,102 mkp/sek
spez. Wärme	kcal/kg grd 1 kcal/kg grd = $4{,}1868 \cdot 10^3$ J/kg grd	J/kg grd 1 J/kg grd = $2{,}3884 \cdot 10^{-4}$ kcal/kg grd
Wärmeleitzahl	kcal/m h grd, cal/cm sek grd 1 kcal/m h grd = $2{,}778 \cdot 10^{-3}$ cal/cm sek grd 1 cal/cm sek grd = 360 kcal/m h grd 1 kcal/m h grd = 1,163 W/m grd 1 cal/cm sek grd = 418,68 W/m grd	W/m grd, W/cm grd 1 W/m grd = $1 \cdot 10^{-2}$ W/cm grd 1 W/cm grd = 10^2 W/m grd 1 W/m grd = 0,86 kcal/m h grd 1 W/m grd = $0{,}239 \cdot 10^{-2}$ cal/cm sek grd
Wärme-übergangs-(durchgangs-)zahl	kcal/m² h grd; cal/cm² sek grd 1 kcal/m² h grd = $2{,}778 \cdot 10^{-5}$ cal/cm² sek grd 1 cal/cm² sek grd = $3{,}6 \cdot 10^4$ kcal/m² h grd	W/m² grd, W/cm² grd 1 W/m² grd = 10^{-4} W/cm² grd 1 W/cm² grd = 10^4 W/m² grd
dynamische Zähigkeit η	kp sek/m² 1 kp sek/m² = 98,1 P	P (Poise) 1 P = 0,1 Nsek/m² = 0,1 kg/m sek 1 P = 0,0102 kpsek/m²
allgemeine Gaskonstante	847,9 mkp/kmol grd	8315 J/kmol grd

* Wenn zur Unterscheidung zwischen kg (Kraft) und kg (Masse) für die Krafteinheit das kp angewendet wird, so ergeben sich die vorstehenden Beziehungen.

Dampferzeugungsanlagen

Bearbeitet von Dipl.-Ing. **E. Schulz**, Berlin

Literatur: 1. *Jaeger-Ulrichs:* Bestimmungen über Anlegung und Betrieb der Dampfkessel. 6. Auflage in Vorbereitung. Berlin: Heymann. — 2. *Münzinger, F.:* Dampfkraft. 3. Aufl. Berlin: Springer 1949. — 3. *Ledinegg, M.:* Dampferzeugung, Dampfkessel, Feuerungen. Wien: Springer 1952. — 4. *Zinzen, A.:* Dampfkessel und Feuerungen. 2. Aufl. Berlin: Springer 1957. — 5. *Nuber, F.:* Wärmetechnische Berechnung der Feuerungs- und Dampfkessel-Anlagen. 13. Aufl. München: Oldenbourg 1957. — 6. *Netz, H.:* Dampfkessel. 5. Aufl. Stuttgart: Teubner 1957. — 7. *Lenz, E.:* Ölfeuerungen für Dampfkessel. Hamburg: Industrieverlag v. Hernhaussen 1955. — 8. *Konejung, A.:* Sicherheitstechnische Vorschriften für Landdampfkessel. 2. Aufl. München: Mühlberger 1951. — 9. *Schöne, O.:* Kesselspeiseeinrichtungen. Berlin: Springer 1951. — 10. *Gumz, W.:* Kurzes Handbuch der Brennstoff- und Feuerungstechnik. 2. Aufl. Berlin: Springer 1952. — 11. Regeln für Abnahmeversuche an Dampfkesseln (DIN VDI 1942). Berlin: Beuth-Vertr. 1956. — 12. Werkstoff- und Bauvorschriften für Dampfkessel (WBV). Neu erschienen als: Dampfkesselbestimmungen, Technische Vorschriften für Dampfkesselanlagen. Berlin u. Köln: Beuth-Vertrieb GmbH 1960. — 13. *Splittgerber, A.:* Wasseraufbereitung im Dampfkraftbetrieb. Berlin: Springer 1954. — 14. Vom Wasserrohr-Kessel-Verband (WKV) herausgegebene Normen, im Kesselbau neben DIN-Normen benutzt.

I. Grundlagen

Als *Dampfkessel* im Sinn der allg. polizeilichen Bestimmungen über die Anlegung von Dampfkesseln[1] gelten alle *geschlossenen Gefäße*, die den Zweck haben, *Wasserdampf* von *höherer* als atmosphärischer *Spannung* zur *Verwendung außerhalb des Dampfentwicklers* zu erzeugen.

Ausgenommen werden: 1. Niederdruckkessel, sofern sie mit einem höchstens 5 m hohen, nicht verschließbaren Standrohr versehen sind. 2. Zwergkessel, deren Heizfläche $^1/_{10}$ m² und deren Dampfspannung 2 atü nicht übersteigt, wenn sie mit einem zuverlässigen Sicherheitsventil ausgerüstet sind.

A. Leistung einer Kesselanlage

1. Größe der Leistung

a) Rost:
$$\frac{B}{F_r} = \frac{\text{stdl. Brennstoffmenge}}{\text{gesamte Rostfläche}}\;\frac{\text{kg}}{\text{m}^2\,\text{h}} = \textit{Rostbelastung},$$

$$q = \frac{B\,H_u}{F_r} = \frac{\text{stdl. der Feuerung zugeführte Wärme}}{\text{gesamte Rostfläche}}\;\frac{\text{kcal}}{\text{m}^2\,\text{h}} = \textit{Rostwärmebelastung}.$$

Zahlenwerte für q_r s. S. 2. (Vgl. auch Bd. I, S. 477.)

Beide Leistungsgrößen sind abhängig vom Brennstoff (Stückgröße, Verhalten im Feuer, Rückstände), von der Temperatur der zugeführten Verbrennungsluft und vom Luftdurchsatz. Durch Verwendung von Unterwind, Zonenregelung, Lufterhitzung, Vergrößerung des Feuerraumes, Zufuhr von erhitzter Zweitluft kann die Rostbelastung erheblich gesteigert werden.

b) Feuerraum:
$$q_f = \frac{B\,H_u^*}{V_f} = \frac{\text{stdl. der Feuerung zugeführte Wärme}}{\text{Feuerrauminhalt}}\;\frac{\text{kcal}}{\text{m}^3\,\text{h}} = \textit{Feuerraum-Wärmebelastung}.$$

Sie darf mit Rücksicht auf auftretende Verluste infolge unvollkommener Verbrennung (Flugkoks, Ruß, unverbrannte Gase) nicht zu hoch gewählt werden. Steigerung der Brenngeschwindigkeit durch Flammenwirbelung, Einführung erhitzter Zweitluft in den Brennraum und Auskleidung der Brennkammer mit Kühlrohren ermöglichen Erhöhen der Belastung und Verkleinern der Brennkammer.

---

[1] ApB enthalten in Lit. 1.

* Bei Luftvorwärmung ist noch die Wärme der Heißluft zuzuzählen.

Anhaltszahlen für q_r bei höchster Dauerleistung

Feuerungsart	Brennstoff	Rostwärmebelastung q_r in 10^6 kcal/m²h
Handgefeuerte Planroste ohne und mit Unterwind	Alle Steinkohlensorten, Briketts, Holz	0,7 —0,9 0,8 —1,2 *
Treppenroste und Muldenroste ohne Unterwind	Rohbraunkohlen	0,6 —0,8
Zonenwanderroste	Nußkohlen	1,2 —1,4
	Feinkohlen	0,8 —1,2
	Mittelprodukte	0,7 —1,0
	Schwelkoks (stückig)	0,9 —1,0
	Braunkohlenbriketts	0,9 —1,1
Schür- und Rückschubroste mit Unterwind	Steinkohlen mit hohem Asche- und Wassergehalt	1,0 —1,3
	Mittelprodukte, Schlammkohlen, Abfallbrennstoffe	0,9 —1,1
Vollmech. Vorschub- und Muldenroste	Rohbraunkohlen	0,8 —1,2
	bei aschereichen Sorten	0,45—0,6
Unterschubroste (Kleinstoker) und Planstoker	Fett- und Gasflammkohlen	
ohne Unterwind		0,75—0,95
mit Unterwind		1,15—1,2

Anhaltszahlen für im Dauerbetrieb höchste Feuerraum-Wärmebelastung q_f einschl. der Heißluftwärme

Feuerungsart und Brennstoff	Feuerraum-Wärmebelastung q_f in 10^6 kcal/m³h
Rostfeuerungen mit Steinkohlen	0,25—0,35
„ „ Braunkohlen	0,2—0,3
„ „ Schwelkoks	0,2—0,35
Kohlenstaubfeuerungen mit trockener Entaschung	mit Steinkohlen 0,15—0,18
Kohlenstaubfeuerungen mit trockener Entaschung	mit Braunkohlen 0,14—0,17
Schmelzkammerfeuerungen	
für die Wirbelschmelzkammer	0,4—0,7**
„ „ geschlossene Schmelzkammer	0,68—1,0**
„ den Schrägzyklon	4,0—5,0**
Ölfeuerungen	0,75—3,0
Gasfeuerungen	0,75—3,0

Die spez. Querschnitts-Wärmebelastung $q_b = \frac{B \cdot H_u}{F_B}$ kcal/m²h (F_B = Brennkammerquerschnitt in m²) dient als Kennwert für die in der Brennkammer herrschende Gasbewegung. Staubteilchen sollen möglichst in Schwebe gehalten werden und Zeit zum Ausbrennen haben. Anhaltszahlen für q_b in 10^6 kcal/m² h:

Eckenfeuerungen und Kammerquerschnitte	von 20—35 m²	2 —2,3
	„ 35—50 m²	2,3—2,6
	„ 50—80 m²	2,6—3,0

Wirbelbrennerfeuerungen etwas höhere Belastungen.

Je größer der Inhalt einer Brennkammer wird, um so kleiner wird im Verhältnis hierzu deren Oberfläche. Der Formfaktor $= \frac{\text{Oberfläche der Brennkammer}}{\text{Rauminhalt der Brennkammer}}$ wird kleiner, wodurch Abbau der Wärme erschwert wird. Konstruktive Maßnahmen zur Verbesserung des Formfaktors bedingen oft Abweichungen von obigen Zahlenwerten für q_f und q_b.

---

* Lokomotivroste bis 3,5 · 10^6 kcal/m²h.

** Für Primär-, Sekundär- und Tertiärkammer gemeinsam ist q_f so groß wie für Staubfeuerungen mit trockener Entaschung.

c) Heizfläche: $\frac{D}{F_k} = \frac{\text{stdl. Dampfmenge}}{\text{wasserberührte Heizfläche}} \frac{\text{kg}}{\text{m}^2\,\text{h}}$ = *mittlere Heizflächenbelastung*, meist bezogen auf Normaldampf (trocken gesättigter Dampf von 1 at abs, entstanden aus Wasser von 0° C, also 639 kcal Erzeugungswärme).

Sie ist abhängig von der Größe des Wärmeüberganges, d. h. von der Feuertemperatur, der Abmessung der direkt vom Feuer bestrahlten Heizfläche, der mehr oder weniger guten Durchwirbelung der Gase, der Zuggeschwindigkeit, der Reinheit der Heizfläche und dem Wasserumlauf.

Mittlere Werte für D/F_k (bezogen auf Normaldampf)

Kesselbauart	Heizflächenbelastung kg/m² h
Stehende Kessel	15–25
Flammrohrkessel	20–25
Lokomobilkessel	20–25
Lokomotivkessel	50–60
Schottische Schiffskessel.	20–25
Dreizug-Flammrohr-Rauchrohrkessel . . .	30–40

Statt der Dampfmenge kann auch die von 1 m² Kesselheizfläche stdl. aufgenommene Wärme, die **Heizflächen-Wärmebelastung** q_k, angegeben werden.

Bei Wasserrohrkesseln mit mehr oder weniger großen Strahlungsheizflächen mit Rost- oder Staubfeuerungen sind die Heizflächenbelastungen sehr unterschiedlich. Sie können bei Strahlungskesseln bis 200 kg/m² h betragen.

Bei Wasserrohrkesseln ist daher die Angabe der stündlich erzeugten Dampfmenge ein Maß für die Kesselleistung.

d) Einen guten Anhalt für die Planung von Neuanlagen gibt die **Breitenleistung,** d. i. die Höchstleistung je 1 m Kesselbreite:

Zonenwanderroste	8–12 t/m h
Vorschub- und Schürroste . . .	6– 8 t/m h
Doppel-Vorschubroste	10–15 t/m h
Kohlenstaubfeuerungen . . .	bis 35 t/m h

2. Güte der Leistung

a) Wirkungsgrad der Feuerung

$$\eta_F = \frac{\text{im Feuerraum entbundene Wärme}}{\text{mit Brennstoff zugeführte Wärme}} = 1 - \frac{1}{100}(V_B + V_R + V_G + V_S)\,*.$$

Mittelwerte: $\eta_B = 0{,}85$ bis 0,97 für Rostfeuerungen, = 0,96 bis 0,99 für Kohlenstaub-, Öl- und Gasfeuerungen. $\eta_F \cdot B$ = vergaste Brennstoffmenge kg/h.

b) Wirkungsgrad der Kesselanlage

$$\eta_K = \frac{\text{nutzbar gemachte Wärme}}{\text{mit Brennstoff zugeführte Wärme}} = \frac{D(i_d - i_w)}{B H_u} = 1 - \Sigma\,\text{Verluste}.$$

Mittelwerte: $\eta_K = 0{,}74$ bis 0,82 für kleine Kesselanlagen, 0,82 bis 0,88 für größere Kesselanlagen mit mech. Feuerungen, Staub-, Öl- oder Gasfeuerungen, 0,86 bis 0,92 für Großkessel. Die angegebenen Zahlen sind nur rohe Anhaltswerte.

Mit Zwischendampfüberhitzung ist

$$\eta_K = \frac{D(i_d - i_w) + D_z(i_{z2} - i_{z1})}{D(i_d - i_w) + D_z(i_{z2} - i_{z1}) + \Sigma V},$$

worin bedeuten

D_z die Zwischendampfmenge kg/h; i_{z2}, i_{z1} die Enthalpien des Zwischendampfes am Ein- und Austritt des Zwischenüberhitzers kcal/kg; ΣV die Summe der Verluste in der Kesselanlage kcal/h.

Berechnung von η_K aus den Verlusten, wenn zugeführte Brennstoffmenge B nicht gemessen wird.

c) Verdampfungszahl. Zwecks Nachprüfung der Güte der Kesselanlage wird bei der Betriebsüberwachung die Verdampfungszahl $z = D/B$ oder, auf Normaldampf bezogen, die Nettoverdampfungszahl $z' = z\,\frac{i_d - i_w}{639}$ angegeben.

* Über die Bedeutung der einzelnen Größen s. folgenden Abschnitt.

B. Wärmeverluste s. a. Bild 2

a) V_B, Verlust durch Unverbranntes in den Feuerraumrückständen, umfaßt den Verlust durch *Rostdurchfall* infolge zu hoher Rostbelastung oder zu hoher Rostgeschwindigkeit und den Verlust durch *mangelhaften Ausbrand der Rückstände*, der bei Rost- und Staubfeuerungen auftritt.

$$V_B = V_{B1} + V_{B2} = \frac{B_u \cdot H_{u_v} \cdot 100}{B \cdot H_u} + \frac{A \cdot u \cdot H_{u_v}}{B \cdot H_u} \text{ in \%}.$$

B_u = unverbrannte durch Rostspalten gefallene Brennstoffteilchen in kg/h; A = Herdrückstände in kg/h; u = brennbare Substanz in den Herdrückständen in %; $H_{u_v} \approx 7900$ für Steinkohle, ≈ 7400 für Braunkohle. Bei flüssigem Schlackenabzug ist $V_{B2} = 0{,}9\,\frac{A \cdot u \cdot 7900}{B \cdot H_u}$ zur Berücksichtigung der durch Vergasung verlorengegangenen Asche. Wenn die Schlackenmenge nicht festgestellt wurde, kann V_{B2} ungefähr aus dem Aschegehalt a% des Brennstoffes bestimmt werden.

$$V_{B2} = \frac{a \cdot u \cdot 7900}{(100 - u) \cdot H_u} \text{ in \%}.$$

Mittelwerte: $V_B = 1$ bis 2% bei geeignetem Rost und richtiger Feuerführung, bis 5% bei Verfeuerung von Feinkohle, bis 1% bei Staubfeuerungen.

b) V_R, Verlust durch Flugkoks und Rußbildung (Brennbares in der Flugasche) abhängig vom Aschengehalt und der Körnung der Kohle, der Unterwindpressung, der Rost- und Feuerraumwärmebelastung.

Bei großen Flugkoksmengen Einbau von Flugkoks-Rückführungsanlagen und bei Staubfeuerungen, besonders bei Schmelzfeuerungen, Rückführung des Filterstaubes.

Rußbildung kann durch hohen Feuerraum, gute Gaswirbelung und hohe Feuertemperatur eingeschränkt, bei neuzeitlichen Feuerungen fast ganz vermieden werden. Mittelwerte: $V_R = 4$ bis 8% bei nicht backender Magerfeinkohle, 2 bis 4% bei Mager-, Förder- und Mager-Nußkohle, 1 bis 3% bei Eß-, Gasflammkohle auf mechanischen Rosten, bis 2% bei Staubfeuerungen.

Auf die Berechnung von V_R wird meist verzichtet, da die Feststellung der Koks- und Rußablagerungen im Feuerraum und in den Kesselzügen schwierig ist. Daher meist im Restverlust einbegriffen.

c) V_G, Verlust durch unverbrannte Gase, entsteht durch Gehalt der Rauchgase an unverbrannten Gasen wie CO, H_2 und C_mH_n, deren Feststellung mit *Orsat* ungenau ist. Im allgemeinen wird nur der CO-Gehalt festgestellt.

$$V_G = \frac{V_{rf\,\text{trocken}}\,\text{CO} \cdot 3020}{B\,H_u} \text{ in \%};$$

$V_{rf\,\text{trocken}}$ = trockene Rauchgasmenge Nm^3/h; CO = CO-Gehalt der Abgase in Vol-%.

Durch große Feuerräume, Zweitluftzuführung, Zonenluftregelung, Gaswirbelung kann der Verlust sehr klein gehalten werden. Mittelwert: V_G = bis 1%.

d) V_{Sch}, Verlust durch freie Wärme der Abgase (Schornsteinverlust), ist abhängig von der Menge der Rauchgase und deren Temperatur, ferner von dem Wassergehalt des Brennstoffes. Soll dieser Verlust eingeschränkt werden, so wird es nötig: 1. die Rauchgasmenge klein zu halten — durch möglichst geringen Luftüberschuß (vgl. Bd. I, S. 472) —; 2. die Abgastemperatur möglichst niedrig zu halten durch Einbau von Nachschaltheizflächen, z. B. Abgas-Speisewasservorwärmer und Abgas-Lufterhitzer und Reinhaltung der Kesselheizfläche:

$$V_{Sch} = \frac{V_{rf}\,(C_{p_g} t_{g_2} - C_{p_l} t_{l_1})}{B\,H_u}\,100 \text{ in \%},$$

worin V_{rf} = Abgasmenge Nm^3/h,
C_{p_g}, C_{p_l} = mittlere spez. Wärme des Abgases bzw. der Luft kcal/Nm^3 grd,
t_{g_2} = Abgastemperatur am Ende der Kesselanlage °C,
t_{l_1} = Temperatur der Außenluft °C.

Überschlägliche Rechnung nach *Siegert* (mit CO_2 in Vol.-%):

$$V_{Sch} = \sigma (t_{g_2} - t_{l_1})/CO_2 \text{ in } \%\,^*.$$

Die σ-Werte sind bei bekanntem Feuchtigkeitsgehalt w der Brennstoffe und bekanntem Wert für CO_2 aus Bild 1 zu entnehmen.

Mittelwerte: $V_{Sch} = 9$ bis 11% bei einer Abgastemperatur von 170 bis 180 °C und $CO_2 = 12\%$.

Die wirtschaftlichste Abgastemperatur ist abhängig von dem Wärmepreis, der Benutzungsdauer und den Anlagekosten.

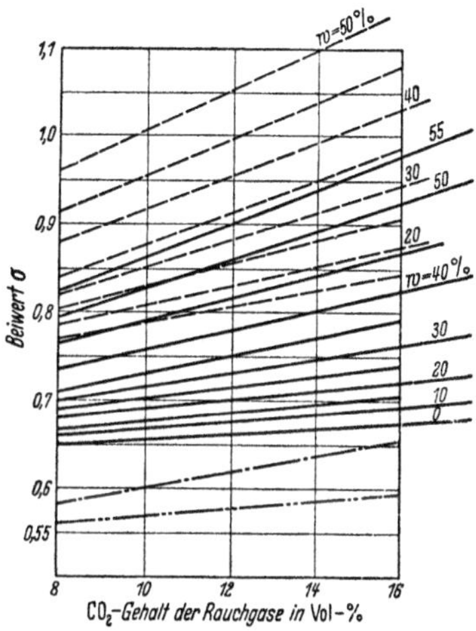

Bild 1. Beiwert σ der *Siegert*schen Formel
——— Stein- oder Braunkohle,
– – – Holz, —·— Heizöl, —··— Masut

e) V_S, Verlust durch fühlbare Wärme der flüssig abgezogenen Feuerraumschlacke, ist bei Schmelzkammerfeuerungen (s. S. 24) von Bedeutung.

$$V_S = \frac{S \cdot c \cdot t_s}{B \cdot H_u} 100 \text{ in } \%,$$

worin S abgezogene Schlackenmenge kg/h; t_s Schlackentemperatur am Auslauf °C; $c \approx 0{,}3$ kcal/kg; genauer ist:

$c \cdot t_s = 425$ für $t_s = 1300$ °C,
$= 450$ für $t_s = 1400$ °C,
$= 475$ für $t_s = 1500$ °C.

Mittelwert: V_S bis 2%.

f) V_{St}, Verlust durch Abstrahlung und Leitung, ist abhängig von der Größe der Kesselanlage, der Güte der Kesselisolierung, dem Dichthalten des Mauerwerks. Direkte Bestimmung durch Messung ist nur angenähert möglich, daher im Restverlust eingeschlossen.

Mittelwerte: V_{st} unter 1% für Kessel mit über 100 t/h Dampfleistung, bis 3% mit 6 bis 50 t/h, bis 6% für Flammrohr- und Rauchrohrkessel. Bei Teillasten werden die Werte größer.

Aus den bisher genannten Verlusten ergibt sich der Wirkungsgrad der Kesselanlage

$$\eta_K = 100 - (V_B + V_R + V_G + V_{Sch} + V_{St} + V_S).$$

Beim *Verdampfungsversuch* werden festgestellt die in der Kesselanlage nutzbar gemachte Wärmemenge in % und die durch Messung errechenbaren Verluste. Was an 100 fehlt, wird als Restverlust bezeichnet.

Da der Salzgehalt des Kesselwassers während des Betriebes zunimmt, so ist bei zu hoher Salzanreicherung eine Abschlämmung des Kessels erforderlich. Es entsteht, sofern

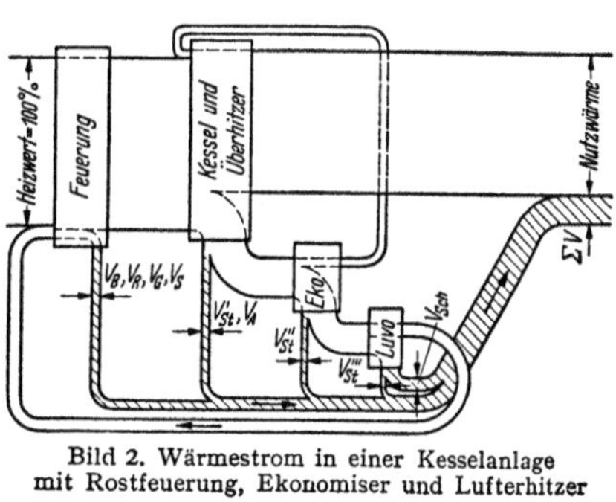

Bild 2. Wärmestrom in einer Kesselanlage mit Rostfeuerung, Ekonomiser und Lufterhitzer

* Die *Siegert*sche Formel ist brauchbar, solange die unverbrannten Gase < 0,3%.

die Laugenwärme nicht in einem Wärmeaustauscher z. B. Laugenkühler ausgenutzt wird, der

g) V_A, **Abschlämmverlust** $= \frac{W \cdot i'}{B \cdot H_u} 100$ in %. W = Abschlämmungsmenge kg/h.

Bei häufigen Lastschwankungen entsteht ein Verlust durch ungenügenden Beharrungszustand und bei Betriebsunterbrechungen entstehen *Stillstandsverluste*, die sich aus äußeren Abkühlungsverlusten und inneren Auskühlverlusten zusammensetzen. Durch dichtes Mauerwerk, guten Abschluß des Rostes, der Feuertüren, Schauluken und vor allem durch Einbau einer Zugsperre (s. S. 34), die Feuerraum und Kesselzüge völlig vom Schornstein trennt, können die Stillstandsverluste klein gehalten werden.

II. Feuerungen (Vgl. Bd. I, S. 477)

A. Lage der Feuerung zum Kessel

a) Innenfeuerung. Verwendung bei Flammrohr-, Feuerbuchs- und Strahlungskesseln. Umgeben von wassergekühlten Wänden. Starke Absenkung der Feuerraumtemperatur, daher für kalorisch minderwertige Brennstoffe ungeeignet; geringer Strahlungsverlust.

b) Unterfeuerung bei Schräg- und Steilrohrkesseln. Durch teilweises Auskleiden der Brennkammer mit Kühlrohren Übergang zur Innenfeuerung.

c) Vorfeuerung in besonderem Mauerwerk, bei ausziehbarem Lokomobilkessel in einem fahrbaren eisernen Gestell untergebracht. Gleichmäßig hohe Temperatur kann leicht gehalten werden, daher für Verfeuerung von heizwertarmen, insbesondere feuchten Brennstoffen geeignet. Großer Strahlungsverlust, Vergrößerung der Kesselgrundfläche, hohe Unterhaltungskosten für Mauerwerk.

B. Rostfeuerungen

1. Rostfläche und Feuerraum

a) Rostfläche. Die Leistungsfähigkeit festen, stückigen Brennstoffes hängt vor allem ab von der Größe der Rostoberfläche bzw. der Rostbreite bei wirtschaftlichster Rostlänge (vgl. Breitenleistung S. 3).

Totale Rostfläche — F_r m² —, gesamte im Feuerraum befindliche, mit Brennstoff bedeckte und mit Öffnungen für den Luftdurchtritt versehene Fläche, gemessen an der Oberfläche des Rostes, nicht projiziert.

Freie Rostfläche — F_{rf} m² —, Summe der Luftöffnungen im Rost (Rostspalten, Düsenlöcher).

Berechnung der Rostfläche für eine aus der geforderten Dampfmenge ermittelte Brennstoffmenge unter Zugrundelegung einer normalen Rostbelastung oder Rostwärmebelastung

$$F_r = B/(B/F_r) = B H_u/q_r.$$

Freie Rostfläche im Verhältnis zur *totalen* stets so groß wie möglich. Obere Grenze ist durch Mindestdicke der Roststäbe und die für die einzelnen Fälle verschiedene zulässige Höchstweite der Rostspalten gegeben, die bei Planrosten so eng bemessen wird, daß möglichst wenig Brennstoff hindurchfallen kann.

Es ist

F_{rf}/F_r = 0,2 bis 0,5 bei Plan- und Schrägrosten,
= 0,6 bis 0,7 bei starren Treppenrosten,
= 0,1 bis 0,2 bei vollmechanischen Treppenrosten (Vorschubrosten),
= 0,03 bis 0,1 bei Wanderrosten mit Unterwind.

Luftgeschwindigkeit in den Rostspalten:

0,75 bis 1,5 m/sek bei natürlichem Zug,
2,0 bis 4,0 (10) m/sek bei Unterwind.

b) Feuerraum. Gesteigerte Brennleistung erfordert Vergrößerung des Feuerraumes. Kleine Feuerräume haben außer Erhöhung der Verluste V_R und V_G vor allem zu hohe Feuerraumtemperatur zur Folge. Die Schlacke wird flüssig, fließt in die Rostspalten, wo sie erstarrt und $F_{r,f}$ verkleinert. Außerdem greift die Schlacke die Roststäbe und das feuerfeste Mauerwerk an, dessen Schmelztemperatur womöglich überschritten wird.

Große Feuerräume ermöglichen außer Herabsetzung der Feuerraumbelastung auch bessere Ausnutzung der Gas- und Flammenstrahlung auf Heizfläche und Rostbahn. Dadurch ist bei den meisten Brennstoffen sichere Zündung möglich ohne besonderes Zündgewölbe (S. 33), insbesondere wenn durch Luftvorwärmung die Zündung noch unterstützt wird. Zufuhr von *vorgewärmter Zweitluft* in den Feuerraum ist vorteilhaft, weil dadurch Schichtenströmung in der großen gewölbelosen Brennkammer vermieden wird und durch Gaswirbelung das Gas voll ausbrennt. Luft muß mit genügend hoher Geschwindigkeit in den Brennraum eintreten (Luftpressung 300 bis 600 mm WS), damit sie die zähen Gasschichten durchdringt.

Da meist der lichte Kammerquerschnitt gegeben ist, z. B. durch die Rostgröße, so bedeutet Vergrößerung gleichzeitig Erhöhung der Brennkammer. Große hohe Feuerräume, besonders bei langflammigen Kohlen zwecks Ausbrand der Kohlenwasserstoffe und bei feinkörnigen, nicht backenden Kohlen zur Verminderung des Flugkoksverlustes. Gasgeschwindigkeit im Feuerraum möglichst nicht über 3 bis 4 m/sek. Durch Einschnürung des oberen Teiles des Brennraumes wird die richtige Durchwirbelung der Gase angestrebt. Auskleiden der Brennkammer mit Kühlrohren schützt das Mauerwerk. Ferner kann die Feuerraumtemperatur so beeinflußt werden, daß Überschreiten der Schmelztemperatur der Asche sicher vermieden wird. Die an den Wasserumlauf des Kessels angeschlossenen Kühlrohre nehmen eine große Wärmemenge auf, so daß trotz größerer zulässiger Feuerraumbelastung (S. 2) die Grenztemperatur nicht überschritten wird und die ersten höchstbeanspruchten Reihen des Rohrbündels bei Wasserrohrkesseln entlastet werden. Verschmutzung der Berührungsheizfläche durch klebrige Flugasche und sogar Verstopfung der Rohrgassen durch Ansinterungen muß vermieden werden. Größe der Kühlfläche ist abhängig von der Zündtemperatur, die auch bei Teillast nicht unterschritten werden darf. Bei kalorisch minderwertigen Brennstoffen bringt Vergrößerung der Strahlungsheizfläche im allgemeinen keinen Vorteil, wenn nicht die Grenztemperatur ungewöhnlich niedrig ist. Bei *Strahlungskesseln* ist die Brennkammer vollständig mit Kühlrohren ausgekleidet (vgl. S. 46). Rohrteilung gleich Rohrdurchmesser oder größer. Im letzten Fall auch Verwendung von Flossenrohren. Zwecks Verringerung der Bohrungen in der Trommel Anwendung von Gabelrohren (über Feuerräume bei Kohlenstaubfeuerungen S. 23).

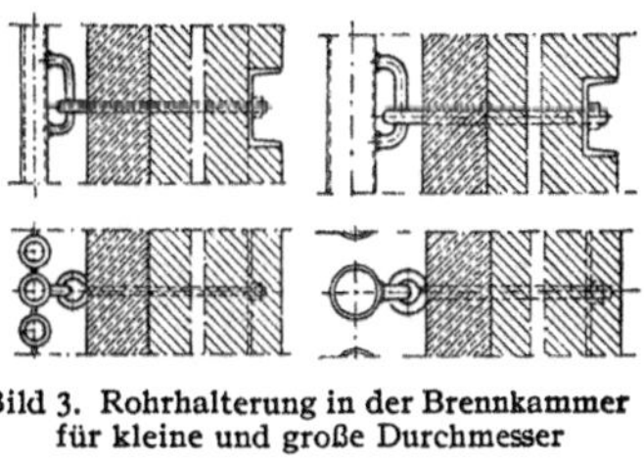

Bild 3. Rohrhalterung in der Brennkammer für kleine und große Durchmesser

Bei *Schrägrohrkesseln* werden vielfach die Rohre der unteren Rohrreihe nach unten abgebogen und dienen so zur Kühlung der Brennkammerrückwand. Die Steigrohre des Kühlsystems münden in obere Sammelkammern. Als untere Sammler für die seitlichen Kühlrohre finden bei Rostfeuerungen meist die Rostkühlbalken Verwendung. Halterung der Brennkammerrohre nach WKV 2931, s. Lit. 14. Die an das Rohr angeschweißte Öse ist in dem am Kesselgerüst verankerten Bügel beweglich gelagert, Bild 3.

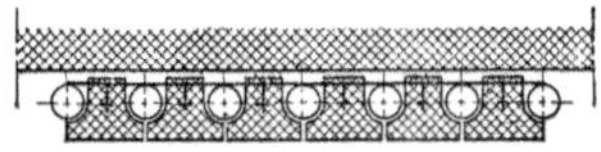

Bild 4. Verkleidung der seitlichen Kühlrohre über dem Rost

Die Fallrohre mit reichlichem Querschnitt müssen kühl liegen. Sie werden außen am Mauerwerk herunter oder in Schächte der Einmauerung verlegt.

Sicherung des Wasserumlaufes und gleichmäßige Beaufschlagung der Steigrohre sind von großer Bedeutung zur Vermeidung von Wärmestauungen, da Wärmeeinstrahlungen von etwa 200000 kcal/m²h im Mittel, bezogen auf den Rohrumfang, erreicht werden.

Bei schwer zündenden Brennstoffen wird durch Abdecken der Kühlrohre mit Isolierschicht oder auch Bailey-Platten bis zu etwa 2 m über Rost eine Zone genügend hoher Temperatur zur Sicherung der Zündung geschaffen, Bild 4.

2. Feststehende Roste

a) Planrost mit Handbeschickung bei kleinen Kesseleinheiten, vorzugsweise Flammrohr- und Rauchrohrkesseln. Oberfläche annähernd waagerecht, gut zu übersehen. Rostlänge aus Bedienungsrücksichten nicht über 2,5 m. Größte Rostfläche 5 m² bei Doppelrost. Höhe über Flur etwa 0,7 bis 0,8 m. Rostfläche läßt sich durch Abdecken leicht verkleinern.

Auf dem Rost lassen sich alle guten Steinkohlensorten mit höchstens 20% Wasser und 7 bis 25 mm Korngröße, Braunkohlenbriketts und Holz verbrennen.

Verlust beim Beschicken und Schüren wegen zu großen Luftüberschusses hoch. Zuführung von Zweitluft nach der Beschickung zweckmäßig; jedoch abstellen, sobald die Brennstoffentgasung beendet ist. Auch Anwendung von *Unterwind*, da dann billigere Brennstoffe verbrannt werden können. Zuführung von möglichst warmer Zweitluft vorn oder hinten durch die hohle Feuerbrücke bei Verbrennung gasreicher Brennstoffe.

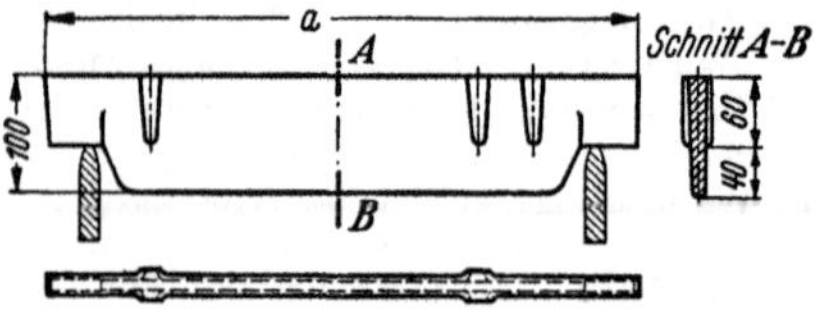

Bild 5. Roststab für feststehende Planroste

Roststäbe sind genormt (DIN 2911), Längen $a = 400$; 500; 600; 700 mm; Stabhöhe 100 mm, Bild 5. Die Spaltweiten 3; 3,5; 4,5 mm können durch wechselseitiges Umlegen der Stäbe doppelt so groß gemacht werden. Werkstoff: Grauguß nach DIN 1691; Herstellung mit liegender Einformung oder auf Durchzugformmaschinen. Lagerung auf gußeisernen Rostbalken, die auf Trägern – hochkantgestellte Flacheisen – liegen.

Die *Feuerbrücke* dient als Abschluß der Rostfläche. Sie verhindert beim Planrost, daß die Kohle über das hintere Ende des Rostes hinwegfällt, und begünstigt ein auf der ganzen Rostfläche gleichmäßiges Abbrennen. Mit Hilfe der Feuerbrücke läßt sich überdies unmittelbar hinter dem Rost eine Einschnürung des Zugquerschnittes erzeugen, die eine gute Mischung der Gase mit der Verbrennungsluft bewirkt. — Bei Planrostinnenfeuerung besteht die Feuerbrücke aus einem gußeisernen Gestell, das oben mit Schamottesteinen ausgelegt wird. Im unteren Teil ist eine Öffnung zum Entfernen von Asche aus dem Flammrohr vorgesehen.

b) Planrost mit mechanischer Beschickung. Vor dem Rost ist eine Wurfmaschine aufgestellt, in welche die Kohle aus einem Schütttrichter fällt. Kohle (am zweckmäßigsten solche von gleichmäßiger Korngröße) wird über Speisewalze einer Wurfschaufel, Bild 6 und 13, zugeleitet, die ihn in regelmäßigem Zeitabstand auf den Rost schleudert. Durch besondere Einrichtungen: bewegte Prellklappen, Wirkung verschieden großer Federkräfte auf die Wurfschaufel, wird gleichmäßige Verteilung der Kohle über den Rost angestrebt. Leistungsbedarf des Apparats 0,15 kW. Leistung bis $\approx$ 700 kg/h.

Bei dem Steinmüller-L-Rost wird in einstellbaren Zeitabständen durch einen Räumer mit dreieckigem Querschnitt der Rost beschickt und die Schlacke entfernt.

c) Treppenrost, Bild 7, mit mehreren nebeneinanderliegenden Rostläufen, unter Rutschwinkel der Kohle geneigt (etwa 30 bis 40°) mit *waagerechten* Luftspalten, so daß Brennstoff nicht unverbrannt durch die Spalten fallen kann. Große freie Rostfläche, Spaltweite $\approx$20 bis 30 mm, ermöglicht gutes Beobachten des Feuers und leichtes Schüren, Verwendung von Rostplatten — etwa 500 mm breit — als Roststäbe. Auflagerung auf Leisten, die an gußeiserne Treppenwangen angegossen sind. Die auf den Rostplatten liegende Kohlenglut bildet das Grundfeuer für die darüber rutschende Kohle. Brennstoffbewegung abhängig von Böschungswinkel, Körnung und Zugstärke. Verkleinerung des Böschungswinkels bei der Trocknung und dem Abbrennen, so daß Brennstoffnachschub ungleichmäßig. Rostneigung verstellbar zur Vermeidung großer Schürarbeit oder Überschüttung (Böschungswinkel s. Bd. I, Tafeln im Anhang).

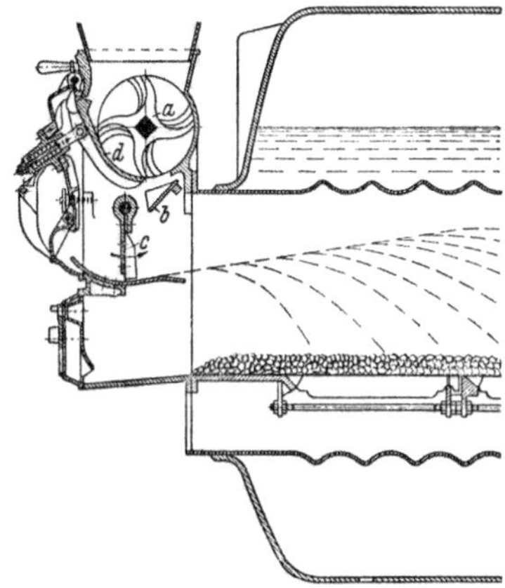

Bild 6. Planrost mit automatischem Wurfbeschicker. *a* Zerkleinerungs- und Speisewalze, *b* Rutschplatte, *c* Wurfschaufel, *d* Brechplatte

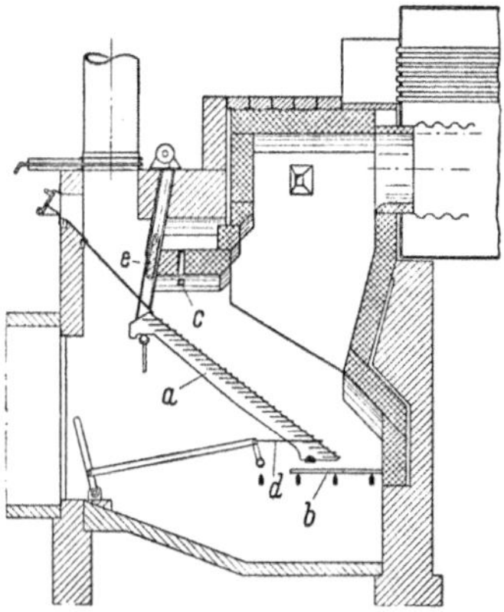

Bild 7. Schrägrostfeuerung für Braunkohle (Cornel Schmidt)
a Treppenrost, *b* Schlackenrost, *c* Zweitluft, *d* Absperrstufe, *e* Schichtregler

Auflockerung des zusammengebackten Brennstoffbettes durch einige mechanisch bewegte Rostglieder. Abschluß des Rostes bildet ein Schlackenrost, der gekippt oder zurückgezogen werden kann.

Verwendbar ist wasserreicher Brennstoff mit hohem Gasgehalt, dessen Schlacke nicht auf den Rostplatten festbrennt, z. B. Rohbraunkohle, Holzspäne, Torf. Der Heizwert soll nach Möglichkeit 4000 kcal/kg nicht überschreiten, damit Verschleiß des Rostes nicht zu hoch wird, daher Verheizung von Braunkohlenbriketts nur in Mischung mit kalorisch minderwertigen Brennstoffen mit $H_u < 3000$ kcal/kg.

Ein Nachteil des Treppenrostes ist die starke Körnungsabhängigkeit, die eine gleichmäßige und stabile Rostbedeckung beeinträchtigt und nur eine geringe spez. Rostbelastung zuläßt. Auch ist die Breitenleistung sehr gering.

Der Wirkungsgrad des *Treppenrostes* hängt in hohem Maß von der richtigen Lage und Bemessung des Fangrostes ab, auf dem die Kohle vollends ausbrennt. Bei geringer Kesselbelastung trocknet die Braunkohle auf dem oberen Teil des Treppenrostes aus, Böschungswinkel und Schüttgewicht ändern sich, und es treten Überschüttungen auf, die zu Verlusten durch verbrennliche Bestandteile in den Rückständen führen, wenn nicht ein genügend großer Fangrost vorhanden ist.

Für höhere Leistungen kommen mech. Schrägroste (Vorschubroste, S. 14) in Betracht.

d) Muldenrost (Bild 8). Aufgliederung der Rostfläche in eine oder mehrere nebeneinanderliegende Rostmulden mit einem oder mehreren kurzen, aber breiten Doppelrosten und *seitlicher* Brennstoffzufuhr durch vertikale Brennstoffschächte, zwischen denen die Gaskammern liegen. Rostneigung einstellbar, Schütthöhe nicht veränderlich. Rostbelag aus Einzelstäben oder Rostplatten mit eingegossenen Luftschlitzen. Rostbreite bis 2,4 m entsprechend der Länge von drei nebeneinanderliegenden Roststäben. Brennkammer mit gemauertem Bogen oder Hängedecke. Zuführung von Zweitluft in die Brennkammer. Muldenroste eignen sich für erdige und mulmige Rohbraunkohle, bei grobstückigen Kohlen Vorbrechen auf 30 bis 40 mm. Außer der bisherigen Bauart mit zwei gegeneinander gerichteten

Brennstoffböschungen auch Anwendung sogenannter halber Muldenroste für kleine Leistungen oder Schrägroste mit seitlicher Beschickung. Zur Erleichterung der Bedienung auch handbetätigte Kohlennachschubvorrichtungen. Für große Leistungen vollmechanische Roste (S. 16).

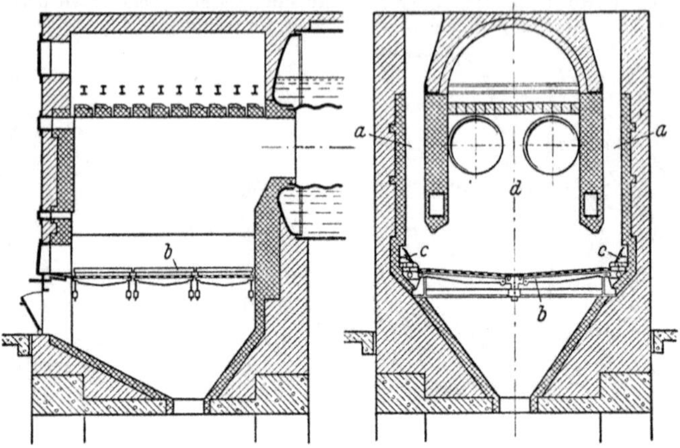

Bild 8
Muldenrostfeuerung. *a* Kohlefallschächte, *b* Doppelplanrost, *c* Schürroste, *d* Gaskammer

3. Mechanische Roste

haben die starren Roste bei großen Kesseln ganz verdrängt, finden aber auch in Kleinbetrieben immer mehr Verwendung.

a) Wanderrost. Das endlose Rostband mit zwei oder bei breiten Rosten mehreren Rostzugketten, welche durch Roststabträger aus Profileisen miteinander verbunden sind, bewegt sich über zwei Wellen. Fortbewegung des Bandes durch vordere Welle, angetrieben durch Elektromotor über Schnecken- oder Stirnradgetriebe (bis zu acht Geschwindigkeitsstufen) oder durch stufenlose Getriebe. Die Seitenwangen des Rostwagens haben Laufschienen, in denen die an den Rostketten angebrachten Rollen laufen.

Die Roststäbe sind auf die Träger aufgeschoben und können leicht und schnell ausgewechselt werden.

Regelung der Brenngeschwindigkeit je nach Belastung und Art des Brennstoffs durch Ändern der Vorschubgeschwindigkeit von 60 bis 600 mm/min, der Schichthöhe von 50 bis 150 mm und der Unterwindpressung; eventuell auch noch Regulierung des Zweitluftdurchsatzes in der Stirnwand über dem Rost. *Schichtregler* mit und ohne Wasserkühlung, auch besonders geformt ausgeführt, um schnellerem Abbrand des Brennstoffes an den Rostseiten infolge Strahlung des Mauerwerks zu begegnen. Roststäbe aus Gußeisen ohne und mit Chromzusatz. Glatter Stab, Bild 9, ist 250 bis 300 mm lang, 70 bis 120 mm hoch und 10 bis 18 mm breit.

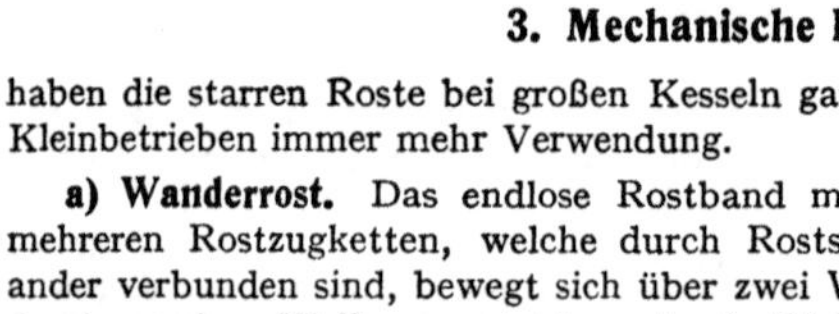

Bild 9. Mittelroststab für Wanderrost

Rostabschluß bilden unabhängig voneinander ausschwingende *Pendelstauer* mit und ohne Wasserkühlung oder auch geschützt durch hochhitzebeständige Formsteine. Jeder Stauer kann, dem Schlackendruck nachgebend, ausschwingen, und durch besondere Betätigungsvorrichtung können die Stauer gemeinsam angehoben werden. Durch Schlackenanstau wird der Ausbrand verbessert und Luftüberschuß klein gehalten.

Verhütung von Schlackenansätzen und Verringerung des Verschleißes der Seitenmauer durch Kühlbalken, die meist als Sammelkasten für die seitlichen Kühlrohre dienen. Durch besondere Abklopfer am Anfang oder Ende des Rostbandes oder durch Schlag der beim Umlenken des Rostbandes um die hintere Welle ausschwingenden Stäbe gegen einen Anschlag oder durch Aufeinanderschlagen der um Zapfen drehbaren Stäbe beim Umkippen (Schuppenwanderrost der KSG, Bild 13) Reinigung von Asche und Schlacke.

Im Flammrohr von Rauchrohrkesseln auch Einbau eines rückläufigen Wanderrostes mit Wurfbeschickungsanlage, Bild 13.

b) Zonenwanderrost, Bild 10. Erhöhung der Rostbelastung durch Anwendung von Unterwind; außerdem leichteres Anpassen bei Änderung der Kesselbelastung. Bei gasarmen und feinkörnigen Kohlensorten ist Unterwind nicht entbehrlich. Da

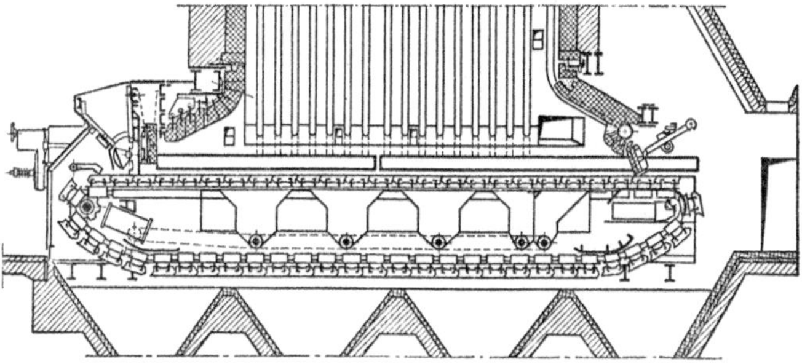

Bild 10. Zonenwanderrost (L. u. C. Steinmüller)

Luftbedarf sich im Lauf der fortschreitenden Verbrennung ändert, *zonenweises* Zuführen des Unterwindes (Zonenwanderrost) und Einblasen von Zweitluft (etwa 10 bis 15% der Gesamtluftmenge) durch Vorderwanddüsen, bei langen Rosten auch durch Rückwanddüsen. Luftdruck vor den Düsen etwa 400 mm WS. Die Luft strömt aus der neben dem Rost angeordneten Hauptluftkammer mit 50 bis 100 mm WS Luftdruck in die gut gegeneinander abgedichteten 4 bis 7 Luftkammern, aus denen sie über Regelklappen oder Schieber, die den Luftdruck herabdrosseln, in die Brennstoffschicht eintritt. Verstellung der Regelorgane vom Heizerstand aus. Gegenseitige Abdichtung der Zonen durch kurze Zonensättel, so daß Unterbrechung der Luftzufuhr an diesen Stellen möglichst klein wird.

Auf gute seitliche Abdichtung des Rostbandes ist zu achten, z. B. durch vorspringende Lappen, die in labyrinthartig ausgebildete Gußleisten eingreifen, Bild 11.

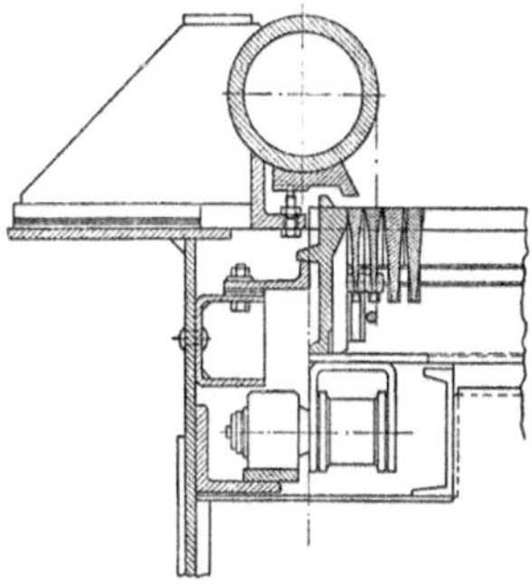

Bild 11
Seitlicher Rostabschluß (Borsig)

Gutes elastisches Anpassen an den Betrieb. Die zur Steigerung von Halblast auf Vollast erforderliche Zeit beträgt nur etwa 15 bis 30 sek. Durch Stillsetzen des Rostes und Schließen der Luftregelklappen kann Dampferzeugung schnell stark verringert werden. Entaschung der Zonen zeitweise durch Betätigen von Schiebern am Boden der einzelnen Zonen oder dauernd durch seitliches Austragen der Rückstände mittels Transportschnecken.

Rostspalten möglichst eng (0,8 bis 3 mm) zwecks gleichmäßigerer Luftverteilung über die Brennstoffschicht und Kleinhalten des Rostdurchfalls. Roststabenden vielfach abgeschrägt, so daß keine Lücken zwischen Stabreihen.

Der Kübelrost, Bild 12, hat gußeiserne Kübel, die seitlich offen sind, als Roststabträger. Dadurch Vermeidung von Rostdurchfall. Entleerung der Kübel in den Schlackenwagen. Unterkellerung nicht erforderlich. Verwendung bei kleineren Wasserrohrkesseln. Bei dem Wanderrost mit rückläufiger Rostbewegung und Beschickung von autom. Wurfapparat, Bild 13, kann auf die Unterkellerung ebenfalls verzichtet werden. Abschlackung am vorderen Rostende. Zweitluftzuführung durch Feuerbrücke und Werfer. Rost mit Unterwindzonen. Besonders geeignet für den Einbau in das Flammrohr.

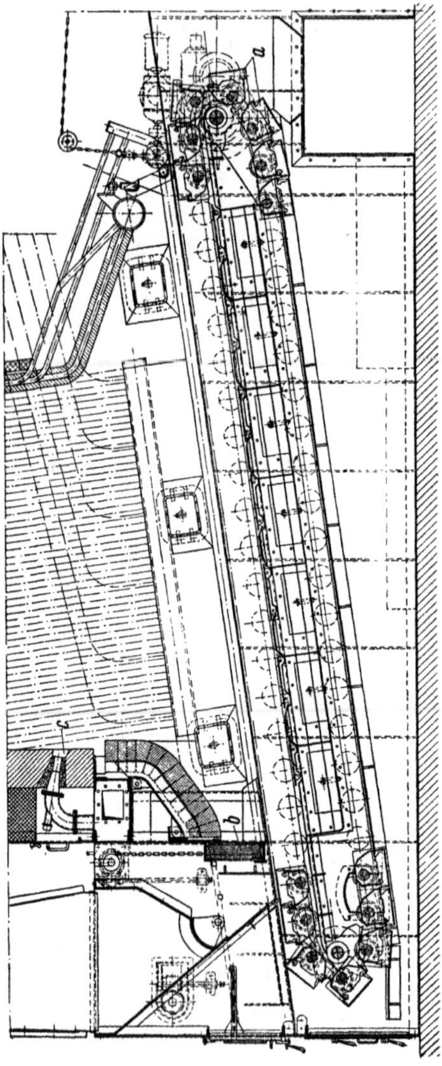

Bild 12. Kübelrost (Borsig). *a* Rostkübel, *b* Schichtregler, *c* Zweitluft

Auf Zonenwanderrosten können fast alle Brennstoffe von hochwertiger Steinkohle mit mehr als 6% Flüchtigem bis Koksgrus, Braunkohlenbriketts, Schwelkoks und auch minderwertige Brennstoffe, wie Mittelprodukte, Waschberge, Schlammkohle bis etwa 35% Asche und 25% Feuchtigkeit verbrannt werden. Bei Steinkohlen mit Korngröße unter 1 mm starker Rückgang der Verbrennungsleistung und Zunahme des Flugkoksverlustes. Bei großen Feuerräumen zündet der Brennstoff infolge Wärmestrahlung aus dem Feuerraum ohne besonderes Zündgewölbe. Ist bei schwer zündlichem Brennstoff *Zündgewölbe* erforderlich, so *Hängedecken* aus Formsteinen, Bild 41, deren Länge und Abstand vom Rostbett dem Gasgehalt des Brennstoffs angepaßt werden muß. Hängedecken können im Gegensatz zum Bogengewölbe für beliebige Rostbreiten gebaut werden. Die feuerfesten Steine lassen sich leicht auswechseln. Durch Hängedecken am Rostende (Bild 42) Rückführung der Verbrennungsgase zum Rostanfang, wo sie verbrennen und die Zündung unterstützen.

Da eine Schürung der Brennstoffschicht fehlt, werden Wanderroste für backende und schlammartige Brennstoffe mit besonderen quer über dem Rost angeordneten Schüreinrichtungen, z. B. Schürwalzen oder wassergekühlten, sägeartig geformten Staurohren ausgerüstet.

Zonenwanderroste werden ausgeführt bis zu 6,5 m Breite und 8 m Länge; bei größeren Breiten als Doppelrost mit zwei Rostbändern, die ohne Zwischenmauer direkt nebeneinanderliegen, oder es wird ein schmaler Balken zwischen ihnen angeordnet.

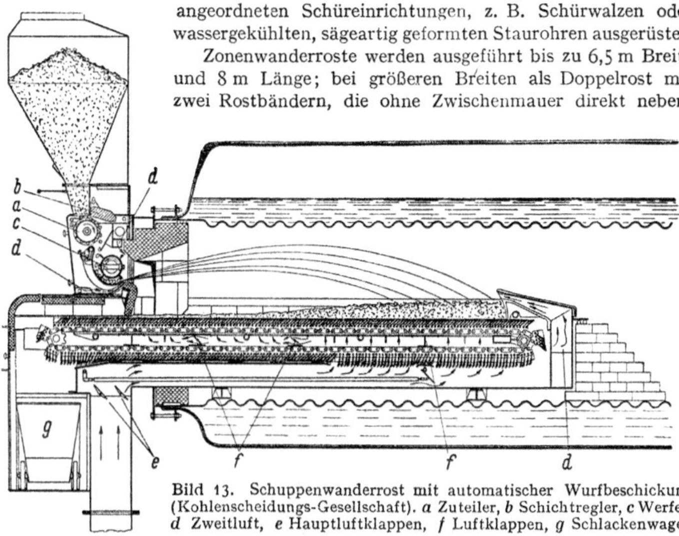

Bild 13. Schuppenwanderrost mit automatischer Wurfbeschickung (Kohlenscheidungs-Gesellschaft). *a* Zuteiler, *b* Schichtregler, *c* Werfer, *d* Zweitluft, *e* Hauptluftklappen, *f* Luftklappen, *g* Schlackenwagen

Leistungsbedarf für Rostantrieb:

Rostfläche m²	5	10	15	20	30	40	50	60	70
Leistung kW	0,75	1,25	1,5	2,0	2,5	3,0	2 · 2,3	2 · 2,5	2 · 3

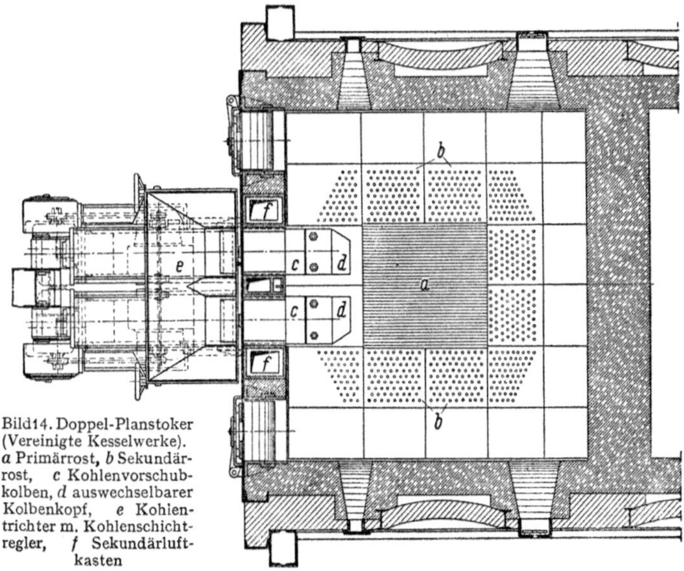

Bild 14. Doppel-Planstoker (Vereinigte Kesselwerke). *a* Primärrost, *b* Sekundärrost, *c* Kohlenvorschubkolben, *d* auswechselbarer Kolbenkopf, *e* Kohlentrichter m. Kohlenschichtregler, *f* Sekundärluftkasten

c) Unterschubrost (Stoker). Hauptmerkmal ist das Schieben des frischen Brennstoffs durch Stößel oder Schnecke unter die Kohlenglut, so daß die Flüchtigen Bestandteile durch die Glut strömen und sicher zünden. Deshalb geeignet für Kohlen mit 15 bis 30% Flüchtigem, die leicht zusammenbacken und eine Schürung erfordern, z. B. Fett- und Gasflammkohlen. Der Rost ist gegen Körnung unempfindlich. Energiebedarf 1 bis 2 kWh/t Kohle.

Bei der *KSG-Unterschubfeuerung* wird die Kohle durch eine nach dem Ende sich verjüngende Schnecke in einer Mulde weiterbewegt, steigt infolge des dauernden Nachschubes in der Mulde empor und verteilt sich beiderseits über die schräggestellte Rostfläche; Schlackenaustragen seitlich von Hand. Bei dem Planstoker, Bild 14 und 49, Aufgabe und Weiterbewegung der Kohle auf einem Planrost durch einen Stößel, der den frischen Brennstoff unter die Kohlenglut schiebt. *Doppelstoker* für Zweiflammrohrkessel haben eine Leistung von 125 bis 350 kg/h.

d) Vorschubrost, Bild 15 und 51, eignet sich wie der Treppenrost für Brennstoffe mit niedrigem Heizwert, meistens Rohbraunkohle. Bei großen Rostflächen ist ein

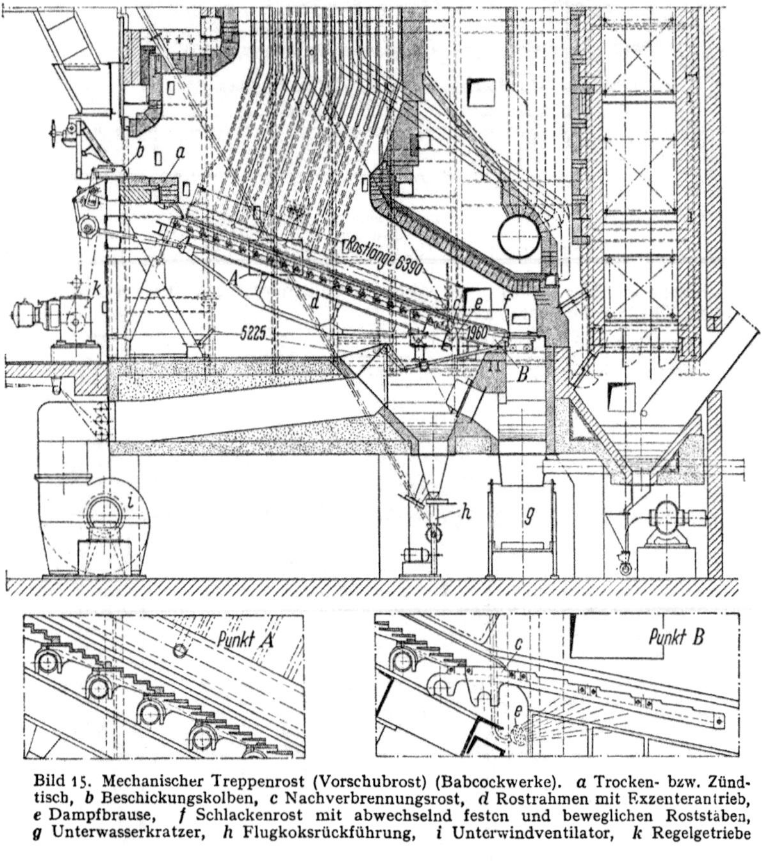

Bild 15. Mechanischer Treppenrost (Vorschubrost) (Babcockwerke). *a* Trocken- bzw. Zündtisch, *b* Beschickungskolben, *c* Nachverbrennungsrost, *d* Rostrahmen mit Exzenterantrieb, *e* Dampfbrause, *f* Schlackenrost mit abwechselnd festen und beweglichen Roststäben, *g* Unterwasserkratzer, *h* Flugkoksrückführung, *i* Unterwindventilator, *k* Regelgetriebe

selbsttätiges Nachrutschen der Kohlen nicht erreichbar. Rostneigung flacher als bei dem Treppenrost. Mittels beweglicher Rostglieder wird Brennstoff geschürt und bewegt. Durch die Kohlenumlagerung werden Zündnester gebildet. Zur Auflockerung und Trocknung wird oft ein Überfalltisch verwendet, über den die

Kohle durch Stößel hinwegrutscht. Am Rostende kann von einem kleinen Planrost die Schlacke abgezogen werden. Eine Rückführdecke leitet das Rauchgas nach vorn und unterstützt die Trocknung und Entgasung der aufgegebenen Kohle.

Formgebung der Rostglieder und Anordnung der Luftdurchtrittsöffnungen nach Größe, Form und Anzahl richtet sich nach Brennstoffart.

Rostlänge bis 7,5 m ohne Überfalltisch, Breite der einzelnen Rostläufe bis 4,25 m.

Zahl der *Stufen* (*Platten-* oder *Bündelrost-Stabreihen*), die eine hin- und hergehende oder schwingende Bewegung machen, ist verschieden. Entweder wechseln feste und bewegliche Stufenreihen ab, oder es befinden sich nur einzelne Schubstufen in dem sonst starren Rost. Antrieb der beweglichen Stufen durch Elektromotor über Untersetzungsgetriebe (bis 8 Stufen) oder stufenlos bei automatischer Feuerregelung. Die Rostbahnen werden direkt nebeneinander angeordnet, da Hängedecken keine Zwischenwände zwischen den Bahnen erfordern. Dadurch wird wirksame Rostfläche gewonnen, und der Rost ist übersichtlich. Rückwandkühlung durch Kühlschirme. Zugabe von Zweitluft an den Stellen hoher Temperatur.

Durch Einstellen verschiedener Hubgrößen der einzelnen Rostläufe kann verschieden starkem Abbrand begegnet werden.

Für hohe Breitenleistung ist Zonenteilung und Zuführen erhitzter Verbrennungsluft (bis 200 °C) zweckmäßig. Unterwindpressung bis 100 mm WS. Statt Zoneneinteilung auch Rostplatten mit verschiedener Zahl von Düsenöffnungen, so daß in den verschiedenen Brennabschnitten verschiedene freie Rostflächen. Für Verbrennung von Braunkohlenbriketts, Grudekoks.

Auf besonderen Vortrockenschacht kann bei hohem Brennraum (Abstand des Rostes von erster Wasserrohrreihe bis 7 m) verzichtet werden.

Für kleinere Dampfleistung findet der *Gegenschub-Kaskaden-Rost*, Bild 16, Verwendung. Rostplattenreihen werden gegeneinander bewegt. Kopf der oberen Rostplatte liegt auf der erhöhten Stufe der nächstfolgenden Platte auf. Zuführung der Verbrennungsluft in das Brennstoffbett durch Düsen in den Rostplatten.

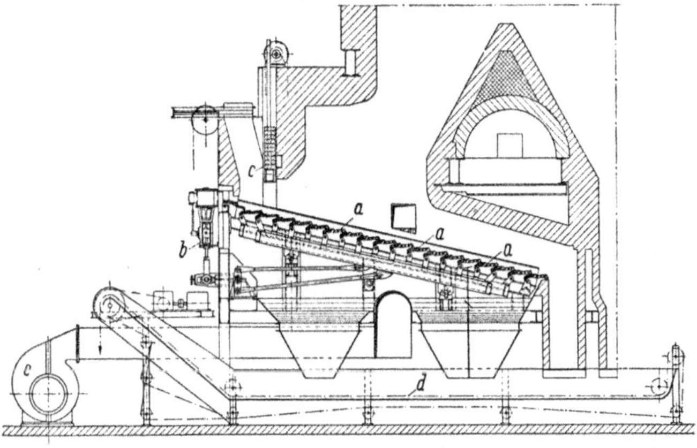

Bild 16. Gegenschub-Kaskadenrost (Keller GmbH). *a* bewegliche Rostglieder, *b* Rostantrieb, *c* verstellbarer Schichtregler, *d* Schlackenband, *e* Unterwindventilator

Spez. Energiebedarf des Vorschubrostes 0,5 bis 1 kWh/t Kohle.

Auf Rosten mit stärkerer Schürung, *Schürrosten*, werden aschereiche (bis zu 50%) Brennstoffe, Mittelprodukte, Kohlenschlamm und Abfallkohlen verbrannt.

Für Steinkohlen und Dampfleistungen bis etwa 15 t/h werden geneigte Roste gebaut, bei denen Weiterbewegung und Schürung der Kohlen durch Schüttelbewegung des gesamten Rostes in einstellbarer Zeitspanne (Schüttelrost) oder durch Heben des Rostes und Zurückfallen in Ausgangsstellung (Schwerkraftrost) bewirkt wird.

Ein Schürrost mit Roststäben auf drei übereinanderliegenden drehbaren Ringen mit nach unten abnehmenden Durchmessern ist der Ringstoker (Bild 17). Drehpunkte der Ringe sind gegeneinander versetzt, so daß Kohle von einem

Ring auf den nächsten abgestreift wird. Abschluß bildet ein herausziehbarer oder kippbarer Planrost. Hauptsächlich für aschenreiche Stein- und Braunkohlen.

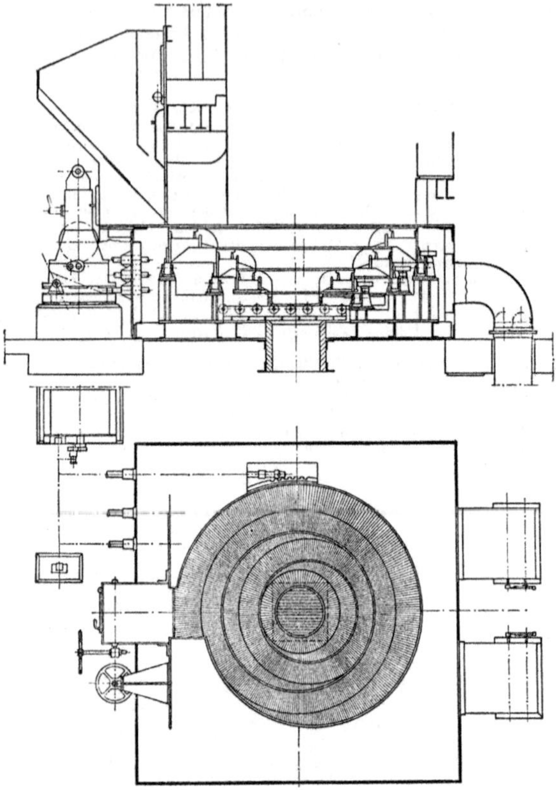

Bild 17. Wagner-Ringstoker (Gebr. Wagner)

e) Mechanischer Muldenrost. Die beiden gegeneinander wenig zur Horizontalen geneigten kurzen Roste jeder Rostmulde (vgl. Bild 8) bestehen aus abwechselnd feststehenden und beweglichen Stufenplatten oder Roststufen mit gegenläufiger Bewegung, jedoch mit unterschiedlichem Hub. Zuführen und Vortrocknen des Brennstoffs in schmalen Zuführungsschächten wie bei dem starren Muldenrost. Vorschub der Kohlen nach dem zweiteiligen Planrost (Ausbrand- und Schlackenrost) mit ebenfalls automatischer Entschlackung. Rostbreite 2 bis 6,5 m. Luftzufuhr durch Naturzug und Unterwind. Luftpressung unter Rost 10 bis 50 mm WS. Luftvorwärmung bis 200 °C und mehr. Feuerung ist besonders geeignet für mulmige Braunkohlen und Torf; aber auch feinkörnige Kohle, Braunkohlenschwelkoks und Braunkohlenbriketts können verbrannt werden. Grenzleistungen von 80 bis 100 t/h Dampf mit Vorschub- und mech. Muldenrost erreichbar. Spez. Energiebedarf 1 bis 1,75 kWh/t Kohle.

f) Rückschubrost, Bauart Martin, Bild 18, ist eine Spezialkonstruktion für sehr aschereiche Brennstoffe, Waschberge, Schlammkohlen, Mittelprodukte bis 40%

Aschegehalt und Rohbraunkohle bis 60% Wassergehalt. Bei hochwertigen Steinkohlensorten ist ein schnelles Verzundern der Roststäbe zu befürchten.

Der Schrägrost mit stufenlos regelbaren Zuteilschnecken hat abwechselnd feststehende und bewegliche Schürstufen und einen Schlackenrost. Gezündeter Brennstoff wird durch die Roststäbe nach dem Rostanfang geschoben, und der frische Brennstoff rutscht über die Kohlenglut nach dem Rostende. Zündung durch das stark geschürte Grundfeuer und die Strahlungswärme von oben. Große Schichthöhe von 300 bis 400 mm erfordert hohe Luftpressung, die bei nichtbackenden Kohlen zu erheblichem Flugkoksverlust führt. Starke Überlastbarkeit infolge großen Brennstoffvorrats auf dem Rost und der dauernden Auflockerung. Wegen des langen Brennweges und der starken Schürung ist der Rost für Brennstoffe mit hohem Aschegehalt besonders geeignet. Sekundärluftzufuhr durch Stirnwand und hintere Hängedecke. Seitliche Luftblendenregelung der Unterwindzonen. Pneumatische Entaschung s. S. 31. Spez. Energiebedarf 1 bis 2 kWh/t Brennstoff.

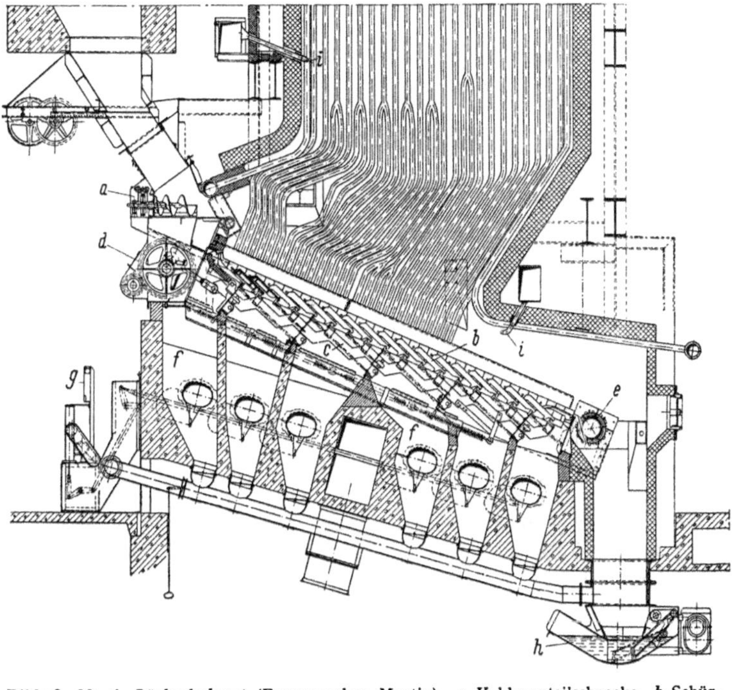

Bild 18. Martin-Rückschubrost (Feuerungsbau Martin). *a* Kohlenzuteilschnecke, *b* Schürroststäbe, *c* Schürrostträger, *d* Rostantrieb, *e* Austragswalze, *f* Unterwindkammern, *g* Regelung der Unterwindzufuhr, *h* Schlackenaustragung, *i* Zweitluftdüsen

C. Kohlenstaubfeuerungen (s. a. Bd. I, S. 478)

Kohlenstaub läßt sich mit der Verbrennungsluft sehr innig mischen und daher mit geringem Luftüberschuß verbrennen; infolgedessen hohe Feuertemperatur, günstige Verhältnisse für die Wärmeübertragung. — *Vorteile:*

a) Keine Begrenzung der Dampfleistung durch größte Rostabmessungen, daher Eignung der Staubfeuerung bis zu den größten Dampfleistungen;

b) Fortfall des Rostes, der durch zu starke Wärmeeinwirkung beschädigt werden kann — daher höhere Lufterhitzung möglich (bis 450 °C und höher);

c) großes Brennstoffprogramm, ballastreiche Brennstoffe werden besonders in Schmelzkammerfeuerungen mit hohem Wirkungsgrad verbrannt;

d) stete Betriebsbereitschaft, leicht regelbarer Betrieb, sofortiges Aufhören des Brennstoffverbrauches bei Einstellung des Betriebes — daher geeignet für Spitzenkessel.

Nachteile: a) Energiebedarf der Mühlen (5 bis 25 kWh/t Kohle je nach Mahlfeinheit und Mühlenbauart, Mühlenverschleiß (30 bis 120 g/t Kohle, besonders abhängig vom Gehalt der Kohle an Pyrit und Quarzsand);

b) Mindestlast auf 20 bis 30%, bei Schmelzkammerfeuerungen auf 30 bis 50% der Vollast begrenzt;

c) Große Rauchgasfilter (meist Elektrofilter s. S. 31) zwecks Verringerung des Flugaschenauswurfes aus dem Schornstein (nur bei Kesseln mit trockener Entaschung).

1. Brennstoffe

Vorzugsweise Feinkohlen vom Anthrazit bis zur Flammkohle, Rohbraunkohle, Brikettabrieb und Schwelkoks.

a) Mahlfeinheit. Zwecks Kleinhaltung der Betriebskosten Mahlfeinheit nur so klein wählen, wie Gasgehalt der Kohle erfordert, da unnütz feines Ausmahlen nicht gerechtfertigt wird durch entsprechend guten Ausbrand. Auch wird der Mühlenverschleiß vergrößert. Angabe der Mahlfeinheit in % Rückstände auf genormten Sieben (DIN 1171); z. B. Sieb 0,09 mit 4900 Maschen und Sieb 0,2 mit 900 Maschen auf 1 cm². Vgl. Bd. I, Tafel im Anhang.

Anhaltswerte der Mahlfeinheiten

Kohlenart	% Flüchtige Bestandteile	% Rückstände auf Sieb 0,09
Anthrazit	5—10	6— 9
Magerkohle	10—15	9—12
Eßkohle	15—20	12—15
Fettkohle	20—30	15—22
Gas- und Gasflammkohle	30—45	22—34
Braunkohle	bis 60	45—60

Als Faustregel gilt, daß der Rückstand in % auf Sieb 0,09 ungefähr dem Gehalt an Flüchtigem des Brennstoffes gleich sein soll.

b) Staubaufbereitung in *Zentralmahlanlagen* für mehrere Kessel gemeinsam, bestehend aus Rohkohlenbunker, Brecher, Trockner, Mühlen, Staubbunkern und Staubpumpe (teure, kaum noch ausgeführte Anlage) oder in *Einzelmahlungen* für jeden Kessel mit Zwischenbunker für Kohlenstaub, Bild 19 und 21, und mit

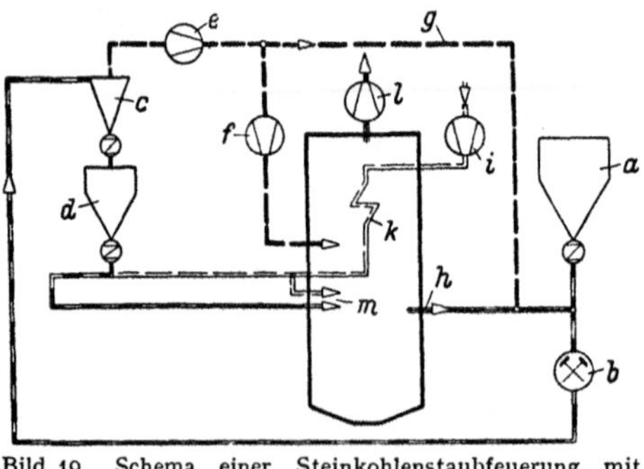

Bild 19. Schema einer Steinkohlenstaubfeuerung mit Zwischenbunkerung. *a* Rohkohle, *b* Mühle mit Sichter, *c* Abscheider, *d* Staub-Zwischenbunker, *e* Mühlengebläse, *f* Brüdengebläse, *g* Brüdenrückführung, *h* Heißgas, *i* Frischluft, *k* Lufterhitzer, *l* Saugzug, *m* Staubbrenner

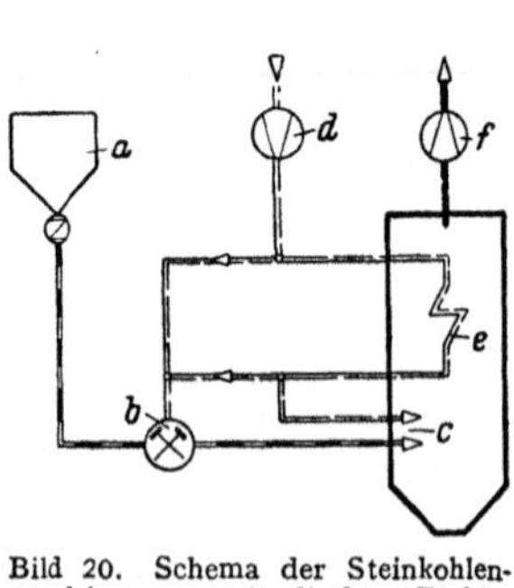

Bild 20. Schema der Steinkohlenstaubfeuerung mit direkter Einblasung. *a* Rohkohle, *b* Einblasemühle mit Sichter, *c* Staubbrenner, *d* Frischlüfter, *e* Lufterhitzer, *f* Saugzug

direkter Einblasung (Einblasemühlen), Bild 20 und 22. Da Zwischenbunkerung viel Platz erfordert und teuer ist, nur Anwendung in besonderen Fällen, z. B. bei Anlagen mit häufigen und plötzlichen Laständerungen oder bei nächtlicher Schwachlast oder bei zündschwierigen Brennstoffen oder bei Schmelzkammerfeuerungen, denen Mahlbrüden nicht zugeführt werden sollen, Bild 21.

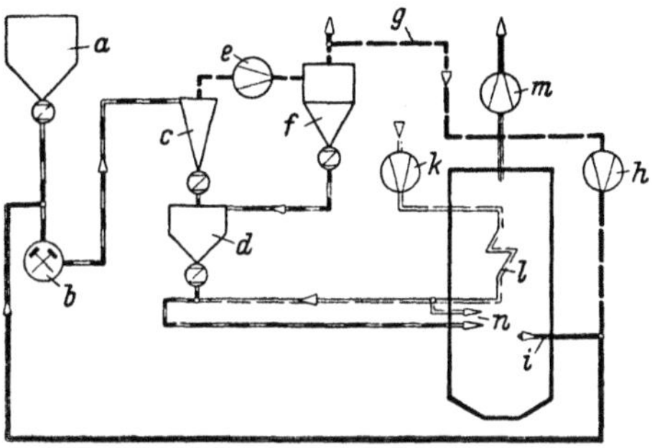

Bild 21. Schema der Braunkohlenstaubfeuerung mit Zwischenbunkerung. *a* Rohkohle, *b* Mühle mit Sichter, *c* Abscheider, *d* Staubzwischenbunker, *e* Mühlengebläse, *f* Filter, *g* Brüdenrückführung, *h* Brüdengebläse, *i* Heißgas, *k* Frischlüfter, *l* Lufterhitzer, *m* Saugzug, *n* Staubbrenner

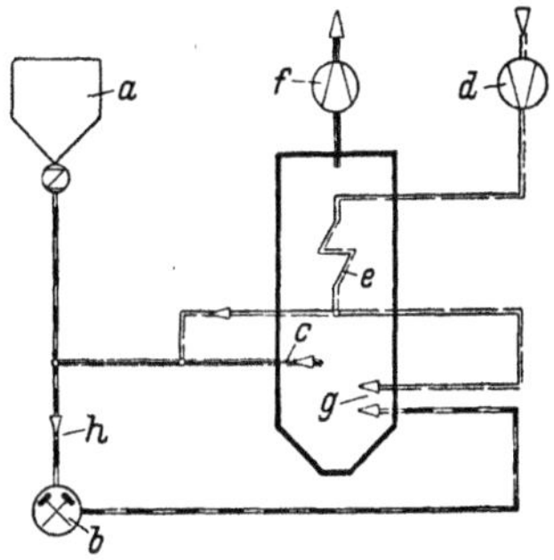

Bild 22. Schema der Braunkohlenstaubfeuerung mit direkter Einblasung. *a* Rohkohle, *b* Einblasemühle mit Sichter, *c* Heißgas, *d* Frischlüfter, *e* Lufterhitzer, *f* Saugzug, *g* Staubbrenner, *h* Vortrocknungsstrecke

Trocknung der Kohle in der Mühle während der Vermahlung (Mahltrocknung); hat Kohle hohen Wassergehalt, Vortrocknung während der Kohlenzuführung zur Mühle, Bild 22, anschließend Trocknung in der Mühle selbst, so daß z. B. Rohbraunkohle mit 60% Feuchtigkeit auf etwa 50% vorgetrocknet und auf etwa 18% in der Mühle getrocknet wird.

Trocknung durch Heißluft und durch Rauchgas, das oben aus der Brennkammer abgesaugt wird.

2. Mühlen

Man unterscheidet:

a) Langsamlaufende **Schwerkraftmühlen,** z. B. Rohrmühlen, Bild 23. Sie eignen sich besonders für Brennstoffe mit hohem spez. Mahlwiderstand bis 8% Feuchtigkeit. Höherer Wassergehalt erfordert Vortrocknung. Sie arbeiten am wirtschaftlichsten bei voller Leistung, daher meist in Verbindung mit Staub-Zwischenbunkerung; Mahlkugeln aus verschleißfestem Stahl, Trommelpanzerung aus Hartgußplatten oder Basalt. Drehzahl je nach Mühlengröße 18 bis 28 U/min. Spez. Energiebedarf 15 bis 20 kWh/t Kohle bei etwa 20% Rückstand

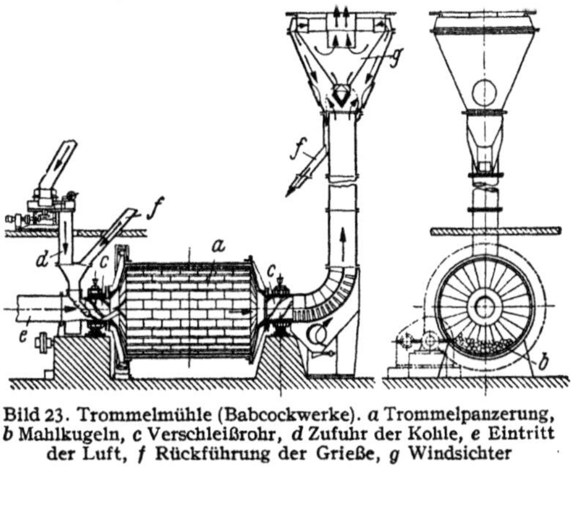

Bild 23. Trommelmühle (Babcockwerke). *a* Trommelpanzerung, *b* Mahlkugeln, *c* Verschleißrohr, *d* Zufuhr der Kohle, *e* Eintritt der Luft, *f* Rückführung der Grieße, *g* Windsichter

auf DIN-Sieb 0,09. Max. Leistung bis 50 t/h je Mühle. Abart der Rohrmühle ist die Ringwalzenmühle.

b) Federkraft-, Fliehkraft- und Pendelmühlen mit höherer Drehzahl als Schwerkraftmühlen finden Verwendung für mittelharte Steinkohlen mit höchstem Wassergehalt von 10 bis 12% und für mittelharten Schwelkoks. Die Mahlkugeln oder Mahlwalzen werden an Mahlringe oder schüsselförmige Mahlteller durch Feder- oder Fliehkraft angepreßt. Die Fullermühle, Bild 24, ist eine Federkraftmühle, deren oberer Mahlring *a* durch einstellbare Druckfedern gegen die untere Mahlbahn *b* gepreßt wird. Die Mühlen sind für Zwischenbunkerung und direkte Einblasung geeignet. Mahltrocknung auf etwa 2%. Mühlen arbeiten mit Unterdruck, Anordnung des Einblaseventilators hinter der Mühle. Zur Verringerung des Verschleißes Ventilatorschaufeln aus leg. verschleißfestem Stahl, Windsichter sind auf Mühlen aufgebaut. Drehzahl je nach Bauart und Leistung 90 bis 250 U/min; spez. Energiebedarf ohne Gebläse 9 bis 10 kWh/t Kohle bei etwa 15% Rückstand auf DIN-Sieb 0,09, bei härteren Kohlensorten bis 20 kWh/t. Max. Leistung 25 t/h je Mühle.

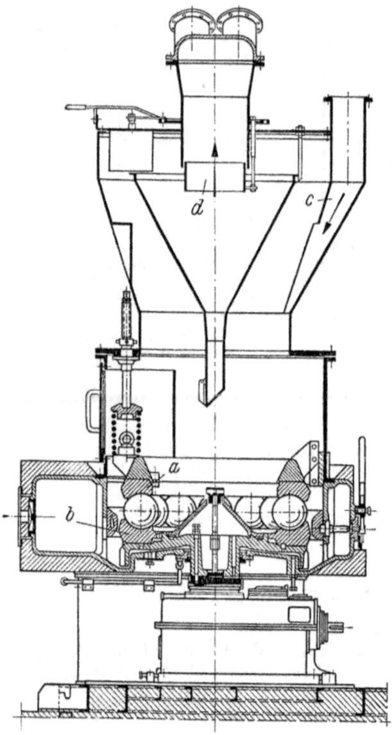

Bild 24. Fuller-Mühle (Walther & Cie.). *a* oberer Mahlring, *b* unterer Mahlring, *c* Kohlenaufgabe, *d* zum Abscheider oder direkt zum Brenner

c) Schnellaufende **Schläger- und Schlagradmühlen** sind geeignet für Kohlen mit geringem und mittlerem Mahlwiderstand, insbesondere Rohbraunkohlen- und Steinkohlen-Abfallbrennstoffe. Weitgehende Unempfindlichkeit gegenüber Schwankungen im Wasser- und Aschengehalt der Brennstoffe. Gebläsewirkung des Schlägerrotors machen besonderen Mühlenventilator entbehrlich. Umfangsgeschwindigkeit der Schläger bis 80 m/sek, nur bei erhöhtem Ansaugewiderstand, z. B. Rauchgasrücksaugung in manchen Fällen, Schaltung von Flügelrädern axial vor den Ansaugequerschnitt. Schlägermühlen werden als Überdruck- und Unterdruckmühlen gebaut. Fehlt die Windsichtung, so ist eine Veränderung der Mahlfeinheit nicht möglich, s. Krämerfeuerung S. 26. Drehzahl 580 bis 1450 U/min. Spez. Energiebedarf etwa 15 bis 18 kWh/t Steinkohle bei 15 bis 20% Rückstand auf DIN-Sieb 0,09 und etwa 6 bis 10 kWh/t Braunkohle bei 50% Rückstand. Mühlenleistung bis 20 t/h Steinkohle, 60 t/h Braunkohle. Spez. Querschnittsbelastung als Maß für die max. Durchsatzmenge etwa 3 bis 4 t/m² h Steinkohlen und etwa 6 bis 10 t/m² h Rohbraunkohlen (Querschnitt = Produkt aus Durchmesser und Länge des mit Schlägern besetzten Rotors in m²). Sie ist abhängig von der Mahlbarkeit der Kohle.

Die Babcock *HS-Schlägermühle* mit aufgesetztem Sichter, Bild 25, hat einen Läufer mit Schlagarmen, an denen leicht auswechselbare Schlägerköpfe befestigt sind. Gehäuse ist mit Kokillen-Hartgußplatten gepanzert. Kohlenzuführung meistens axial durch den Sichter. Bei Betrieb mit heißen Gasen Wasserkühlung durch hohlgebohrte Mühlenwelle.

Die selbstansaugende KSG-Schlagradmühle für Naßkohlen, Bild 26, hat ein fliegend angeordnetes Schlagrad. Sie arbeitet mit Unterdruck und ist wegen der hohen Ventilatorwirkung für Rauchgasrücksaugung gut geeignet, s. Naßkohlenfeuerung S. 26. Alle Verschleißteile leicht auswechselbar. Die Schlagrad-Mühlen werden gebaut für Leistungen bis 28 t/h Steinkohle und 60 t/h Braunkohle.

d) Prallmühlen, ohne bewegliche Teile für kleine Anlagen und Zusatzfeuerungen. Kohle wird durch Luft oder Dampfstrahl gegen Prallfläche geschleudert, daher nur brauchbar für spröde, durch Schlag und Stoß leicht zertrümmerbare gasreiche Kohle. Großer Energiebedarf.

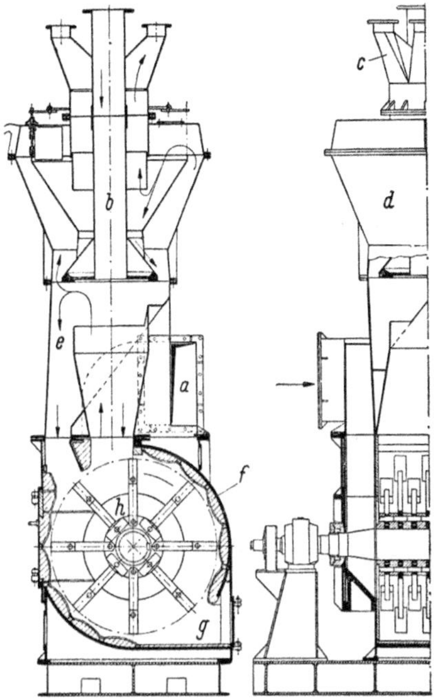

Bild 25. HS-Schlägermühle (Babcock-werke). *a* Heißlufteintritt, *b* Rohkohlenfallrohr, *c* Staubverteiler, *d* Sichteroberteil, *e* Sichterunterteil, *f* gepanzertes Mühlengehäuse, *g* Abscheideraum für Fremdkörper, *h* Rotor mit Schlägern und Wasserinnenkühlung

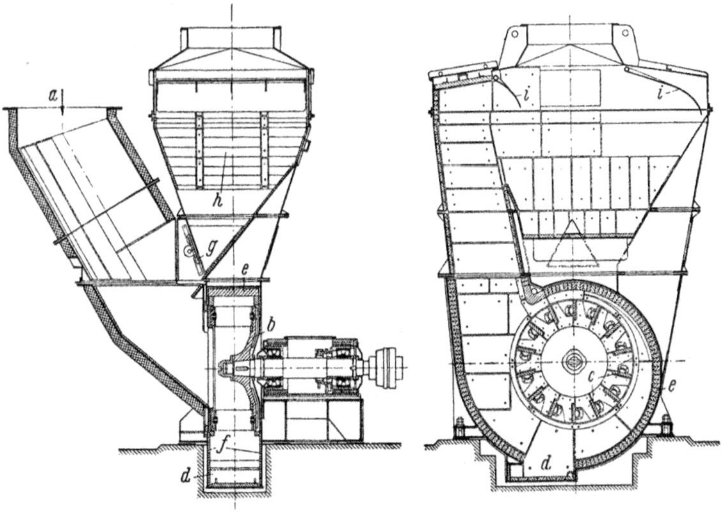

Bild 26. Schlagrad-Einblasemühle (Kohlenscheidungs-Gesellschaft).
a vom Fallschacht, *b* Schlagrad, *c* Schläger, *d* Mühlensumpf, *e* Umfangspanzerung, *f* Seitenpanzerung, *g* Grießrücklaufschieber, *h* Sichter, *i* Klappen zum Einstellen der Staubfeinheit

Sämtliche unter b), c) und d) genannten Mühlen können mit *Mahltrocknung* und *Windsichtung* arbeiten. Lufteintrittstemperatur bei Mahltrocknung je nach Wassergehalt bis 450 °C und höber oder Mischung von heißer oder kalter Luft mit Rauchgas (Rauchgasrücksaugung) vgl. Bild 19, 21 und 22.

Aufstellung der Mühlen vor der Brennkammer oder an den vier Kammerecken je nach Brenneranordnung.

e) Kohlenzuteilung durch Schleppkettenförderer, Plattenband und Telleraufgabe. Bei gleichmäßiger Körnung und Feuchtigkeit auch Walzenspeiser.

3. Kohlenstaubbrenner

dienen zum Einblasen des Kohlenstaubes mit der Trägerluft in den Feuerraum. Sie haben runden oder rechteckigen Querschnitt. In *Wirbelbrennern* erhält das Staub-Luft-Gemisch durch eingebaute Leitbleche einen Drall, Bild 27. Durch entgegengesetzten Drall der Zweitluft als Mantelluft wird schnelle Durchmischung und Verkürzung der Flamme erreicht. *Schwenkbrenner* können in Vertikalebene je 30° nach oben und unten geschwenkt werden. Bevorzugung der Wirbelbrenner für Front- und Seitenwandfeuerung, die anderen Brenner für Ecken- und Deckenfeuerung. Staub-Luft-Gemisch und Zweitluft sind der Kesselbelastung entsprechend regelbar. Durch richtige Einstellung der Kohlenstaub- und Zweitluftgeschwindigkeit können gewünschte Flammenlänge und Gaswirbelung erreicht werden. Austrittsgeschwindigkeiten des Staub-Luft-Gemisches aus *Eckenbrennern* etwa 25 bis 35 m/sek, aus Wirbelbrennern etwa 17 bis 20 m/sek. Zweitluftgeschwindigkeiten etwa 10 bis 20 m/sek und höher je nach Brennkammergröße.

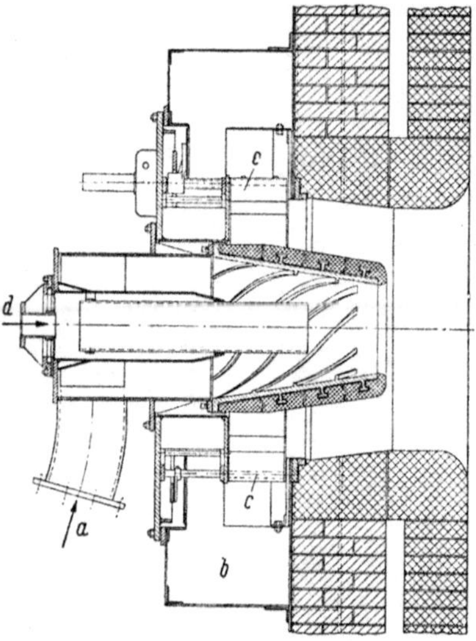

Bild 27. Wirbelbrenner. *a* Staub-Luft-Gemisch, *b* Heißluft, *c* Regelklappen, *d* Öl-Zündbrenner

a) Brenneranordnung. α) in Brennkammerdecke mit U-Flamme, meist nur für Schmelzkammerfeuerungen (S. 24). Deckenbrenner werden oft so flach gewählt, daß sie zwischen den Kühlrohren durchgesteckt werden können (Schlitzbrenner, Prallbrenner). Vor dem *Prallbrenner*, Bild 28, ist in seiner Längsrichtung ein Rohr angeordnet, auf das der Kohlenstaub aufprallt. Schutz des Rohres durch Schleißschutz aus Gußeisen. Zufuhr der Zweitluft ebenfalls durch schlitzförmige Düsen als Mantelluft und des größeren Zweitluftanteiles durch weiter entfernte Düsen. Wichtig für richtige Prallwirkung ist der Abstand zwischen Brennerrand und Prallrohr;

β) in der Stirn- oder in der Seitenwand der Brennkammer mit Wirbelbrennern nebeneinander in einer Reihe oder in zwei übereinanderliegenden Reihen;

γ) in den vier Ecken der Brennkammer. Erwünschte hohe Einblasegeschwindigkeit läßt sich bei tangential an einen gedachten Kreis blasenden Brennern am besten verwirklichen, ohne unerwünschte vorzeitige Wandberührung. Bei der Tulpenfeuerung blasen die in den Brennkammerecken übereinander angeordneten Brenner tangential an Kreise mit nach oben zunehmendem Durchmesser. In senkrechter Richtung schwenkbare Brenner können den wirklich genutzten Feuerraum vergrößern oder verkleinern und dadurch die Wärmeabgabe der Kammer und die Überhitzungstemperatur regeln.

b) Verbrennungsluft wird als Erstluft oder Förderluft (Trägerluft) und Zweitluft zugeführt. Erstluftanteil wird dem Bedarf der flüchtigen Bestandteile angepaßt. Kohlenstaubgehalt der Trägerluft etwa 700 g/m³ bei Magerkohle, etwa 500 g/m³ bei Eßkohle, etwa 400 g/m³ bei Fett- und Gaskohle, etwa 200 bis 400 g/m³ bei Braunkohle. Damit ändert sich auch mit dem Gehalt an Flüchtigem das Verhältnis der Erst- zur Zweitluft von etwa 1 : 8 bei Magerkohle bis 1 : 2 bei Gasflammkohle. Einblasen der Zweitluft mit hoher Geschwindigkeit (bis 70 m/sek), um Eindringen der Luft in das zähe Rauchgas zu sichern und Strähnenbildung des Rauchgases vorzubeugen. Bisweilen noch Drittluft durch die Vorder- oder Rückwand der Brennkammer zur Lenkung der Flamme und Aufrechterhaltung genügenden Luftüberschusses am Ende des Brennweges. *Zündeinrichtungen* durch kleine Hilfsbrenner (Zündbrenner, Zündmuffeln), betrieben mit besonders zündfähigem Staub oder durch Gas- oder Ölbrenner.

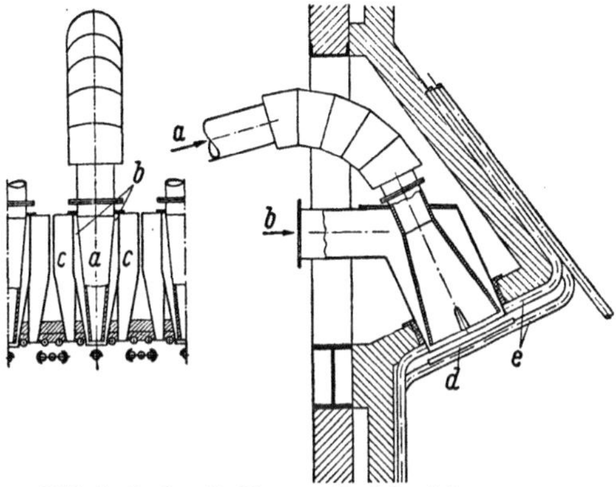

Bild 28. Decken-Prallbrenner für Schmelzfeuerungen
a Staub-Luft-Gemisch, *b* Mantelluft (Zündluft), *c* Außenluft (Sekundärluft), *d* Schleißschutz, *e* Kühlrohre

4. Feuerungen

Für Leistungen bis 80 t/h werden sowohl Rost- wie Staubfeuerungen angewendet, über 80 t/h hauptsächlich Staubfeuerungen, und über 100 t/h kommen nur Staubfeuerungen in Frage.

Man unterscheidet Feuerungen mit trockenem und flüssigem Schlackenabzug; jene als Ecken- wie auch Front- und Doppelfrontfeuerungen, bei denen die Brenner in zwei gegenüberliegenden Wänden angeordnet sind. Für kleinere Leistungen sind Kessel mit Frontfeuerung und Wirbelbrenner im allgemeinen billiger als solche mit Eckenfeuerung; trotzdem können jene aus baulichen Gründen auch für große Leistungen gewählt werden. Schmelzkammerfeuerungen erhalten Ecken-, Decken- oder Seitenwandbrenner.

Gestalt der Brennkammer abhängig von der Wahl der Brenner. Bei Eckenfeuerung ist quadratischer Kammerquerschnitt erforderlich oder bei sehr großen Kesseln auch achteckiger Querschnitt. Runde Kammern bei tangentialer Einblasung, Bild 29. Bei Frontfeuerung oft Breite größer als Kammertiefe. Die Kammerwände werden durch Kesselrohre gekühlt und gegen Verschlackung geschützt. Vermeiden einer Bespülung der Kühlrohre durch die Flammen, da Korrosionen außen an den Rohren entstehen können. Bei zündschwierigen Brennstoffen Verkleidung der Kühlrohre in Brennernähe mit Schamotte (Zündgürtel). In Schmelzkammern ist die gesamte Kühlfläche mit Isoliermasse bekleidet (s. Schmelzfeuerungen). Zur Bestimmung der Größe des Feuerraumes dienen die auf S. 2 angegebenen Werte für Feuerraum- und Querschnittsbelastung. Auch ist das Ascheverhalten des Brennstoffs für die Kammerbemessung entscheidend. Kühlrohrfläche muß so groß sein, daß Flugasche beim Verlassen des Feuerraumes unter Erweichungstemperatur abgekühlt ist. Bei Kesseln mit großer Dampfleistung ist infolge des ungünstigen Formfaktors (s. S. 2) der Abbau der großen Strahlungswärme in der Brennkammer schwierig. Aufhängen eines Schottüberhitzers oben in der Brennkammer, s. z. B. Bild 56, 58, 59, oder in manchen Fällen Einbau einer Zwischenwand, wodurch zusätzlich noch zwei Kühlflächen.

Einziehen der Brennkammer fördert Mischung der Gassträhnen evtl. noch durch Einblasung von Drittluft an der Einschnürung.

Bei *Schmelzkammerfeuerungen* wird die Feuertemperatur so hoch getrieben, daß die Schlacke flüssig aus dem Feuerraum abgezogen werden kann. In diesen können außer Steinkohlen (bis 8% Flüchtigem) und Braunkohlen auch minderwertige Brennstoffe mit einem Aschengehalt bis 40% mit hohem Wirkungsgrad verbrannt werden. Die flüssig abgezogene im Wasserbad granulierte Schlacke ist besser verwendbar als Flugasche z. B. für Bausteine. Außer dem guten Wirkungsgrad ist der hohe Ersteinbindungsgrad von Bedeutung, der je nach Bauform bis 85% (noch steigerbar bei Einblasung von Filterstaub) beträgt. Da Schmelzfeuerungen mit niedrigem Luftüberschuß (n = 1,07 bis 1,15) und mit niedriger Abgastemperatur (geringe SO_3-Bildung) gefahren werden können, ist der Abgasverlust klein. Auch sind die Verluste durch Unverbranntes in Asche und Schlacke und unverbrannte Gase äußerst gering. Jedoch sind die Verluste durch fühlbare Wärme der flüssigen Schlacke besonders bei hohem Aschengehalt und Teillast beachtlich, und auch der Löschwasserverbrauch ist hoch. Die wichtigsten Bauformen sind:

a) Offene Schmelzfeuerung, z. B. mit Schmelztrichter;

b) halboffene Schmelzfeuerung mit eingezogener Schmelzkammer ohne oder mit Schlackenfanggitter, Bild 55;

c) geschlossene Schmelzfeuerung, wobei die Schmelzkammer durch einen Schlackenfangrost abgegrenzt ist, Bild 56 und 57;

d) Zyklonfeuerung mit senkrechtem Zyklon, Bild 58, oder Schrägzyklon, Bild 59.

Verringerung der Abstrahlung und dadurch Steigerung der Schmelzraumtemperatur bis über den Aschenschmelzpunkt durch Bekleidung bestifteter Kühlrohre mit hochtemperaturbeständiger Stampfmasse (Chromerz oder Siliziumkarbid). Die aufgeschweißten 20 bis 30 mm langen Stifte mit 10 mm Dmr. dienen zur besseren Haftung der Stampfmasse.

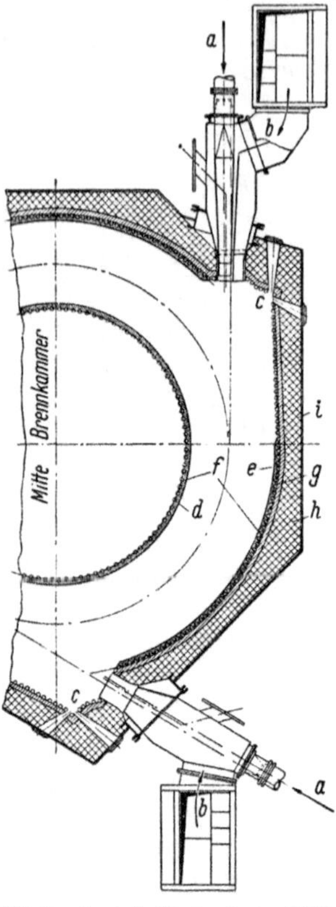

Bild 29. Querschnitt durch eine KSG-Zyklonschmelzkammer. 3 Brennersätze unter 120° am Umfang verteilt. *a* Staub-Luft-Gemisch, *b* Heißluft, *c* Schau- und Stochertüren, *d* Schmelzkammerrohre des Kammerkragens, *e* Schmelzkammerrohre, *f* Stampfmasse, *g* Schamotte, *h* Isolierung, *i* Blechverkleidung

Bei der *Schmelztrichterfeuerung* ist das Kühlsystem bis in Brennernähe bekleidet, die Brenner sind in den Trichter gerichtet, so daß dort die Schlacke flüssig wird und dauernd abläuft. Verwendung bei leicht schmelzbarer Asche und nur noch für Kessel mit Grundlast bis etwa 50 t/h Dampfleistung. Bei der *halboffenen Schmelzkammer* wird durch starke Einziehung der Brennkammer oberhalb der Brenner eine stärkere Abschirmung des Schmelzraumes erreicht, die durch ein Schlackenfanggitter noch verstärkt wird.

In der *Wirbelschmelzkammer* wird durch tangentiale Einblasung von Staub und Luft eine starke Flammenturbulenz angestrebt, Bild 29. Bei der *geschlossenen Schmelzfeuerung* schirmt der aus 4 bis 6 Rohrreihen bestehende Fangrost noch stärker den Schmelzraum ab und läßt mitgeführte Schlacke abtropfen. Fangrost hat ebenfalls bestiftete Rohre versetzt oder teilweise als Schotten. Einblasung des Staubes in geschlossene Schmelzkammern mit Decken- oder Seitenwandbrennern, seltener mit Eckenbrennern. Bei Vollast werden in der Schmelzkammer (Primärkammer) etwa 1600 °C erreicht. In Ausbrennkammer (Sekundärkammer) Abkühlung des Gases unter Aschenerweichungstemperatur beim Eintritt in die Berührungsheizfläche. Belastung beider Kammern gemeinsam nicht größer als bei Kohlenstaubfeuerungen mit trockenem Schlackenabzug (vgl. S. 2). Besonders starke Flammenwirbelung in *Zyklon-*

feuerungen, Bild 58 und 59. Kohlenstaub und Luft werden tangential in den Zyklon geblasen. In die senkrechte Schmelzkammer taucht ein Austrittshals aus bestifteten Rohren tief ein, der Flugkoks zurückhält und dessen Länge den Ascheneinbindungsgrad beeinflußt, Bild 58. Flamme bewegt sich zuerst rotierend nach unten, dann in gleichem Drehsinn mit kleinerem Halbmesser nach oben, wobei außer der starken Wirbelung ein langer Brennweg erreicht wird. Einblasung der Brüden oberhalb des Austrittshalses. Anschluß der bestifteten Kühlrohre an den Wasserumlauf des Kessels. Zweitluftanteil und Ausmahlungsgrad etwa in gleicher Größenordnung wie bei trockener Entaschung.

Bei dem *Schrägzyklon* (Neigung etwa 15° gegen die Horizontale) wird im Gegensatz zu den übrigen Schmelzfeuerungen, in denen mit gleicher Ausmahlung und Luftpressung verbrannt wird wie bei trockener Entaschung, die größte Flammenturbulenz erreicht. Die Luftpressung ist erheblich höher, die Kohlenausmahlung gröber (etwa 45 bis 70% auf DIN Sieb 0,09, abhängig vom Gasgehalt der Kohle). Daher kleinerer Energiebedarf der Mühlen (etwa 2,6 bis 4,8 kWh/t; die niederen Werte für Braunkohlen, die höheren für Steinkohlen), aber größerer Energiebedarf des Luftventilators. Die hocherhitzte Luft (bis 450 °C und höher) wird mit 100 bis 120 m/sek (erforderliche Luftpressung 700 bis 850 mm WS) tangential eingeblasen. Primärluftmenge 15 bis 20% der Gesamtluftmenge, bei Zwischenbunkerung bis etwa 10%. Der Staub tritt ebenfalls tangential mit 20 bis 25 m/sek ein. Starke Fliehkraftwirkung und Relativgeschwindigkeit der Staub- und Luftgeschwindigkeit zueinander fördern Absetzbewegung flüssiger Schlacke, die durch Schlitz im unteren Teil des Zyklonkragens in die Sekundärkammer abläuft. Das mit etwa 180 m/sek austretende Gas prallt gegen nahezu senkrechte Wand aus ebenfalls mit Stampfmasse ummantelten Rohren, wobei flüssige Schlacke abtropft. Nach nochmaliger Umlenkung gelangen die Rauchgase in die Ausbrennkammer (Tertiärkammer). Im Zyklon mit Rohrmantel aus bestifteten, in Stampfmasse eingebetteten Rohren mit Anschluß an den Wasserumlauf des Kessels und neuerdings mit eigenen Sammelfallrohren, werden bis 1800°C erreicht. Bei großen Kesselleistungen mehrere Schrägzyklone für eine Sekundärkammer, bei Teillast Abschaltung von Zyklonen. Auch Einschmelzung von Fremdaschen aus Kesseln mit trockener Entaschung (Einschmelzzyklon). Einblasen der Brüden von Steinkohlen in die Tertiärkammer, Braunkohlenbrüden werden über Brüdenfilter zum Schornstein und z. T. mit abgesaugtem Rauchgas wieder zur Mühle geleitet (s. Schema Bild 21).

Ersteinbindungsgrade abhängig vom Gas-, Wasser-, Aschegehalt und Schmelzverhalten des Brennstoffes. Für Brennstoffe mit 10 bis 50% Aschegehalt bei offenen Schmelzfeuerungen etwa 40 bis 55% der eingebrachten Asche, bei geschlossenen Schmelzfeuerungen etwa 40 bis 60%, bei Zyklonfeuerungen etwa 70 bis 85%. Die Höhe der Teillast ist abhängig vom Schmelzverhalten der Brennstoffasche, im Durchschnitt etwa Halblast, bei günstigem Schmelzverhalten bis $^1/_3$ Last.

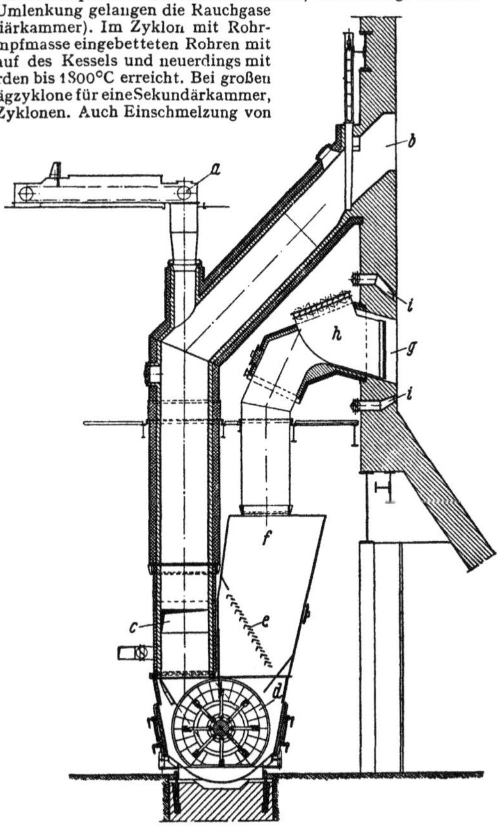

Bild 30. Mühlenfeuerung mit Rauchgasrücksaugung (Keller). *a* Rohkohlenzuteiler, *b* Rauchgaseintritt, *c* Lufteintritt, *d* sichterlose Schlägermühle, *e* Prallgitter, *f* Mühlenschacht, *g* Mühlenmaul, *h* Luftzufuhr, *i* Zweitluft

Wegen der bei Kohle mit hoher Zündwilligkeit, wie Braunkohlen, Braunkohlenschwefelkoks, Fettkohlen, Gasflammkohlen, zulässigen groben Ausmahlung (s. S. 18) wird besonders bei kleinen und mittelgroßen Anlagen die einfache *Krämer-Mühlenfeuerung* bevorzugt. Sie ist gekennzeichnet durch Trocknen, Mahlen, Sichten, Fördern in einer Apparatur, bestehend aus sichterloser Schlägermühle mit Sumpf (Krämermühle) und dem Mühlenschacht, der oben durch das Mühlenmaul in den Feuerraum übergeht. Mühle arbeitet mit Unterdruck ohne Mühlengebläse; erforderliche Gebläsewirkung, erreicht durch hohe Umfangsgeschwindigkeit der Schläger von 60 bis 80 m/sek, ist ausreichend zum Ansaugen von Rauchgas aus der Brennkammer. Dieses dient mit Trägerluft und gegebenenfalls noch mit vorgewärmter Zweitluft zur Mahltrocknung und zur Vortrocknung im gemeinsamen Ansauge- und Fallschacht. Die Luft tritt meist axial, Kohle von oben in die Mühle ein. Staub wird im Mühlenschacht nach oben getragen, in dem geringer Unterdruck herrscht. Austrittstemperatur aus der Mühle bei Braunkohle mit Rauchgastrocknung höchstens etwa 100 bis 120 °C, bei Steinkohlen mit höherem Gasgehalt 80 bis 90 °C und bei Steinkohle mit geringem Gasgehalt 150 °C. Sichtung durch Prallwinkel im Mühlenschacht oder besser durch regelbaren Strömungssichter mit verstellbarer Jalousie und regelbarer Grießrückführung. Letztere gestattet grobe Beeinflussung der Mahlfeinheit. Vermahlung auf 20 bis 30% Rückstand auf DIN Sieb 0,2 ausreichend bei Braunkohle. Bei dieser Mahlfeinheit erfolgt Verbrennung in der Schwebe ohne Nachbrennrost im Feuerraumtrichter. Einblasen von Zweitluft am Mühlenmaul und von der Brennkammerrückwand. Spez. Energiebedarf für Vermahlung und Mühlenbelüftung etwa 6 bis 8 kWh/t Braunkohle bei Vollast der Mühle; er ändert sich für andere Brennstoffe etwa im Verhältnis der Heizwerte.

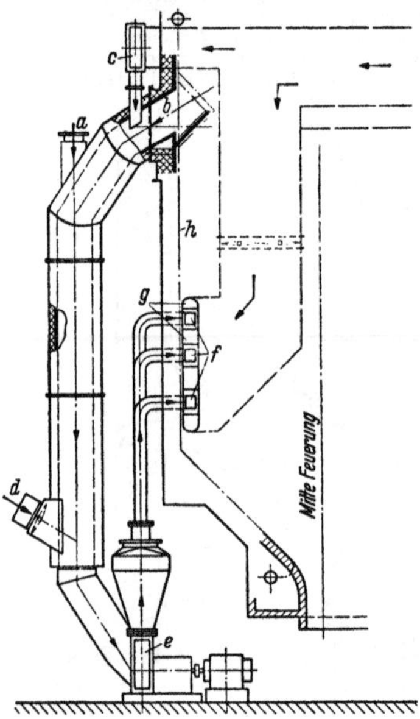

Bild 31. Schema der Naßkohlenfeuerung (Kohlenscheidungs-Gesellschaft). *a* Rohkohle, *b* Rauchgas, *c* Heißluft, *d* Kaltluft, *e* Mühle, *f* Brenner, *g* Zweitluft, *h* Kühlrohre

Bei der *Keller-Mühlenfeuerung*, Bild 30, wird zwecks guter Verwirbelung und Vermischung der Austrittsquerschnitt des Mühlenschachtes durch Luftkanäle in eine Reihe vertikaler schmaler Streifen aufgeteilt. Mischung der Zweitluft mit den vertikalen Staubströmen kurz vor Austritt in den Brennraum, wodurch Unterschiede in der Staubkonzentration korrigiert werden können. Mühlenfeuerungen fast ausnahmslos als Frontfeuerungen.

Bei der *KSG-Naßkohlenfeuerung*, Bild 31, erhält die Mühle einen Sichter und an Stelle des Mühlenmaules Kohlenstaubbrenner. Schlagrad der KSG-Naßkohlenmühle saugt das zur Trocknung erforderliche Rauchgas an und erzeugt die zum Sichten und Einblasen mit *hoher Geschwindigkeit* bei Brennerfeuerung erforderliche Pressung. Da Brennstoff hauptsächlich durch Rauchgas getrocknet wird, muß entsprechend viel Zweitluft mit hoher Geschwindigkeit in das von der Mühle kommende Gemisch geblasen werden.

D. Ölfeuerungen

Ölfeuerungen hauptsächlich für Schiffskessel, aber auch für Landdampfkessel finden sie als Haupt- und als Zusatzfeuerung immer mehr Anwendung.

Vorteile: Kurze Anheizzeit, sofortige Anpassung der Feuerleistung an die Dampfentnahme, rückstandsfreie Verbrennung, höchste Feuerraum-Wärmebelastung.

Nachteile: Enthält das Heizöl Schwefel oder auch Vanadiumpentoxyd, so liegt der Rauchgastaupunkt verhältnismäßig hoch. Gefahr der Korrosion, wenn Heizflächentemperatur niedriger als Taupunkt. Ferner Zerstörung von ferritischem und austenitischem Stahl durch Vanadiumpentoxyd bei Metalltemperatur > 600 bis 650 °C (z. B. Halterung von Überhitzerrohren).

Verbrannt wird hauptsächlich schweres Heizöl „S" (Bunker-C-Öl), in Einzelfällen mittelschweres Heizöl „M", Steinkohlen- und Braunkohlenteeröl, s. a. Bd. I S. 467.

Die für einwandfreie Zerstäubung und Verbrennung erforderliche Viskosität, die je nach Zerstäubungsverfahren verschieden ist, wird durch Vorwärmen des Öls erreicht. Als Vorwärmer dienen mit Sattdampf beheizte Röhrenwärmeaustauscher, als Ölpumpen Kolben- und Zahnradpumpen. Außer einer feinen Zerstäubung ist die gute Mischung des Öls mit Luft wichtig. Man unterscheidet Zerstäubung durch Drucköl, Dampf, Druckluft und Fliehkraft des Öls.

a) Druckzerstäubung des Öls. Feinheit der Zerstäubung und Größe des Spritzkegels sind abhängig vom Öldruck (5 bis 35 atü) und dem Drall, den das Öl vor Düsenaustritt erhält. Der Drall wird in einer der Düse vorgeschalteten Wirbelkammer mit tangentialen Bohrungen oder eingebauter Spirale dem Öl aufgezwungen. Die den Kegel des zerstäubten Öls umgebende Luft erhält häufig eine dem Öl entgegengesetzte Drehbewegung. Wegen geringer Düsenbohrung Verstopfungsgefahr, daher sorgfältige Filterung erforderlich. Viskosität 2 bis 4 °E, erreicht durch Vorwärmen, bei Heizöl S auf 120 bis 140 °C, bei mittelschwerem Öl M auf 80 °C. Dampf- und Leistungsbedarf zum Pumpen und Vorwärmen 0,5 bis 1% der Dampfleistung. Bei agressiven und schweren Teerölen Einsatz von Spezialpumpen wegen Verschleißgefahr der Pumpen erforderlich.

Regelung durch Änderung des Öldruckes. Regelbereich klein 1 : 1,5, höchstens 1 : 2. Vergrößerung bis etwa 1 : 10 durch Ölrückführung (Rückführung des überschüssigen Öls, das Drallkörper durchflossen, Austrittsdüse aber nicht erreicht hat, Bild 32) oder bei mehreren Brennern durch Zu- und Abschalten von Brennern.

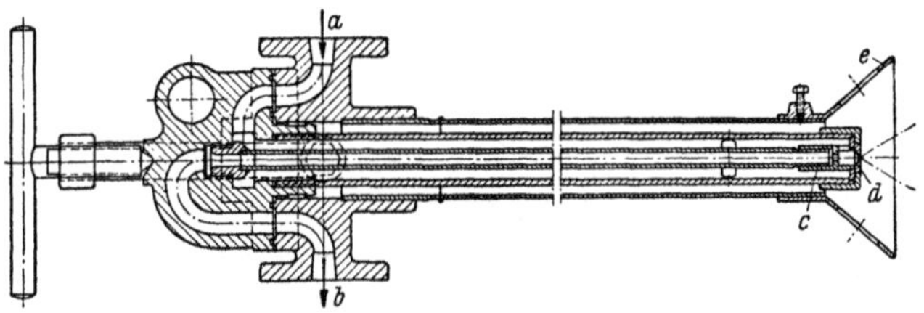

Bild 32. Rücklauf-Druckölzerstäuber (Balcke). *a* Öl-Vorlauf, *b* Öl-Rücklauf, *c* Wirbelkammer, *d* Düsenplatte, *e* Zündtrichter

Luftzufuhr durch Ventilator mit 80 bis 200 mm WS Pressung. Luftregelung durch Klappen von Hand oder automatisch. Bei Großkesseln Luftvorwärmung auf 250 bis 400 °C bei ca. 200 mm WS Pressung. Höchste Brennerleistung 1500 kg/h, bei Ölrückführung bis etwa 4000 kg/h. Verwendung vorwiegend für Kesselfeuerungen.

Durch Dampfzusatz über Mantelrohr wird Zerstäubungskegel vom Dampfmantel eingehüllt und dadurch Veränderung der Flamme und Flammenlänge möglich (Drucköldampfzerstäubung). Vergrößerung des Regelbereiches auf 1 : 2,5. Niedriger Druck des Manteldampfes oder auch der Mantelluft, da keine Zerstäubungsarbeit geleistet wird.

b) Zerstäubung durch Dampf. Zerstäubung durch Dampf mit 1,5 bis 4 atü (je nach Ölqualität) über dem Öldruck. Ölzufuhr mit Pumpendruck von 1 bis 8 atü oder auch natürlichem Gefälle. Ermöglicht feinste Zerstäubung und gute Regelung der Flammenform. Für Öle hoher Viskosität geeignet. Daher ist hohe Ölaufwärmung nicht erforderlich, auch die besonders bei billigen Rückstandsölen bestehende Gefahr der Verstopfung der Düsenbohrungen wird vermieden. Ölzufuhr durch Ringdüse, Dampf durch zentrale Düse, Luft um Brenner herum. Dampfverbrauch etwa 0,5 bis 0,75% des erzeugten Dampfes. Erforderliche

Viskosität 3 bis 5 °E. Regelbereich 1 : 8. Brennerleistung bis 2000 kg/h. Verwendung für Kesselfeuerungen und Industrieöfen.

Bei dem Babcock-„Y“-Brenner, Bild 33, Aufteilung von Öl und Dampf zunächst auf mehrere Kanäle, die dann paarweise in Form eines Y vereinigt werden. Das Öl fließt durch den Mantel des Doppelrohres, der Dampf strömt durch das innere Rohr.

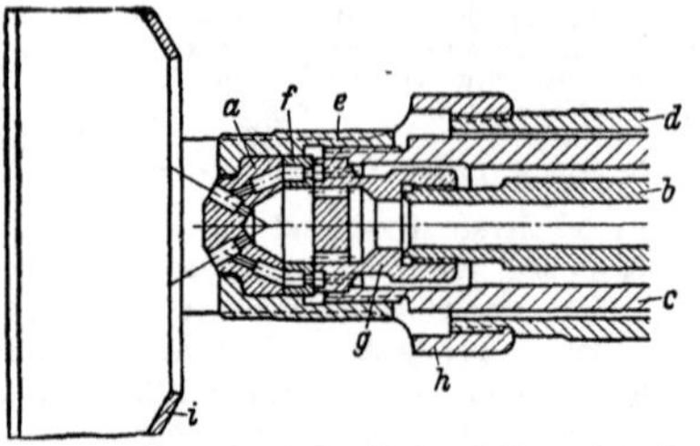

Bild 33. Düsenkopf des Babcock-Dampf- oder Luftzerstäubers. *a* Düse, *b* inneres Brennerrohr, *c* äußeres Brennerrohr, *d* Distanzrohr, *e* Brennermundmutter, *f* Zwischenplatte, *g* Verteilerkopf, *h* Impeller-Halter, *i* Impeller

c) Zerstäubung durch Druckluft. Zerstäubungsmittel ist die Primärluft, deren Anteil an der Gesamtverbrennungsluft um so größer sein muß (etwa 5 bis 10% bei HD-Brennern), je geringer der Luftdruck ist. Zufuhr der Primärluft mit 0,1 bis 3 atü durch Gebläse. Die mit hoher Geschwindigkeit austretende Luft reißt das Öl mit und bewirkt feine Zerstäubung. Sekundärluft tritt unmittelbar in den Feuerraum ein. Regelbereich 1 : 3 bis 1 : 5 je nach Ölviskosität. Höchste Brennerleistung 5 bis 600 kg/h.

ND-Brenner mit 20 bis 100% Primärluftanteil und 300 bis 700 mm WS Luftdruck haben höheren Leistungsbedarf, auch sind sie nur für dünnflüssige Öle geeignet. Regelbereich 1 : 2 bis 1 : 3. Anwendung fast nur für Industrieöfen.

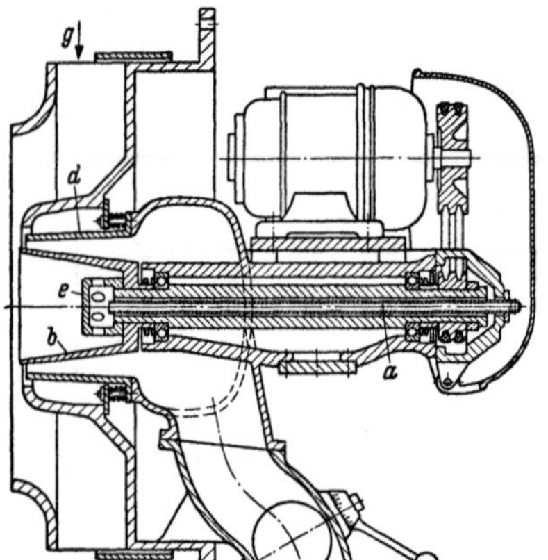

Bild 34. Saacke-Ölbrenner. *a* Ölrohr, *b* Zerstäuberbecher, *c* Ringschieber, *d* Drallhaube, *e* Ölverteiler, *f* Zerstäuberluft, *g* Verbrennungsluft

d) Zerstäubung durch Fliehkraft. Ölzerstäubung durch Abschleudern des Öles über den Rand rotierender Becher, Bild 34. Entstehender Brennstoffschleier wird von vorbeistreichender Primärluft, die mit Drall um den Becher zugeführt wird, zerrissen. Form der Flamme läßt sich durch Verstellung von Drallschaufeln, durch die Bemessung der Brennermuffel und der Luftaustrittsgeschwindigkeit den Feuerraumabmessungen anpassen. Ölzufuhr durch Hohlwelle, angetrieben durch E-Motor oder Turbine. Öldruck zur Überwindung der Widerstände von Pumpe bis Becher etwa 2 bis 4 atü. Pressung der Primärluft (etwa 5% der Gesamtluftmenge) 300 bis 400 mm WS. Luftvorwärmung bis 350 °C. Geeignet für alle Heizöle. Regelung durch Drosselung der Luft- und der Ölzufuhr. Regelbereich bis 1 : 10. Höchste Brennerleistung 3000 kg/h. Verwendung für Kesselfeuerungen und Industrieöfen.

E. Gasfeuerungen

In Dampfkesselfeuerungen werden von den verschiedenen Brenngasen hauptsächlich Gicht- und Kokereigas verbrannt.

Die Gasbrenner haben die Aufgabe, dem Brennraum Gas und Luft in ausreichender Menge und im richtigen Verhältnis zuzuführen und beide innig zu mischen oder ihre Mischung im Brennraum zu ermöglichen, ohne sich selbst dabei zu sehr zu erwärmen oder die Flamme zurückschlagen zu lassen. Für die Leistung ist der Strömungswiderstand des Brenners für Gas und Luft (Schluckvermögen) und der zur Verfügung stehende Druck maßgebend, für die Geschwindigkeit der Verbrennung (Flammenlänge) die Güte der Mischung.

Brenngas und Luft werden den *Niederdruckgasbrennern* mit etwa 100 bis 150 mm WS zugeleitet und durch Leitbleche in Wirbelbewegung versetzt. In den *Flach-* und *Düsenbrennern* wird durch vielgliedrige Aufteilung der Gas- und Luftströme, sowie der im Winkel gegeneinandergeführten Austrittsströme ausreichende Mischung und Durchwirbelung erreicht. Bei Bemessung der Brennerquerschnitte ist zu beachten, daß Gichtgas nur $^1/_4$ bis $^1/_5$ des Luftbedarfs gegenüber Kokereigas hat.

Regulierung der Flammenlänge durch Änderung des Mischungsverhältnisses von Brenngas und Luft. Mischung fast immer hinter dem Brenner, besonders bei stark vorgewärmter Luft oder Gas und bei ungereinigten technischen Gasen. Regelbereich zwischen 30 und 120% der Normaldurchsatzleistung.

Die verschiedenen Bauarten unterscheiden sich durch Art der Luftzuführung (Drallbewegung, mechanische Mischung durch Mischflügel) und durch Anzahl und Form der Düsen (Rundstrahl, Flachstrahl, Mehrstrahl).

In den *Gasflachbrennern* werden in der Brennermündung die Gas- und Luftströme in mehrere Einzelströme unterteilt. Durchwirbelung und Mischung durch Austritt beider Medien aus Schlitzen unter einem Winkel zueinander. Bei kleinen Leistungen und hochwertigen, gereinigten Gasen Gasaustritt aus Düsenbohrungen. Die gute Vermischung von Gas und Luft unmittelbar nach Brenneraustritt sichert kurzflammige Verbrennung. Zündung des Gases durch heiße Mischkammerauskleidung mit feuerfestem Futter.

Auch *Kombinationsbrenner*, die Verbrennung von zwei Reich- oder zwei Armgasen oder von Arm- und Reichgas ermöglichen. Mit dem fächerförmig aufgegliederten Mundstück des Babcock-Kombinationsflachbrenners, Bild 35, können die Medien zweifach durchkämmt und im Winkel gegeneinander geblasen werden. Explosionsklappe in der Gaszuleitung sowie Gas- und Luftmangel-Sicherheitseinrichtungen sind für Gasfeuerungen erforderlich. Bild 36 zeigt einen komb. *Gasölbrenner* für Erdgas und andere hochwertige Gase mit Rücklauf-Druckölzerstäuber.

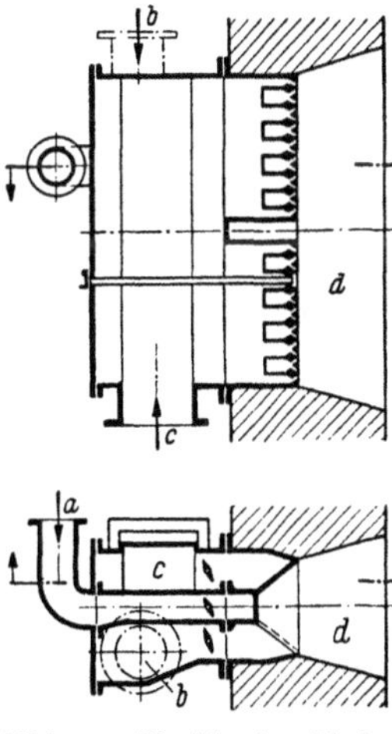

Bild 35. Kombinations-Flachbrenner für zwei Gasarten (Babcock). *a* Reichgas, *b* Armgas, *c* Luft, *d* Mischkammer

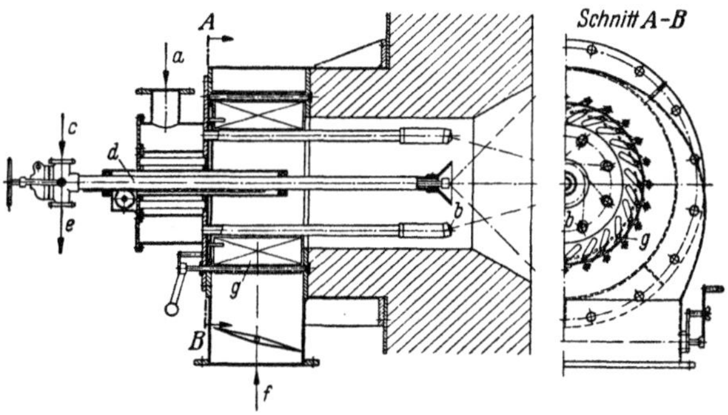

Bild 36. Kombinierter Gas-Ölbrenner (Balcke). *a* Gaseintritt, *b* Gasbrenner, *c* Öl-Vorlauf, *d* Rücklauf-Druckölzerstäuber, *e* Öl-Rücklauf, *f* Lufteintritt, *g* verstellbare Schaufeln

F. Beheizung durch Abhitze und elektrischen Strom (s. a. S. 438)

Aus den verschiedenen Öfen der hüttenmännischen Betriebe stehen reichliche Mengen von Abgasen teilweise mit Temperaturen über 1000°C zur Verfügung. Zur Verwertung dieser Abhitze werden die Gase unter Zwischenschaltung eines möglichst kurzen Kanals Abhitzekesseln (meist Rauchrohrkessel) zugeführt. Da in fast allen diesen Öfen mit reduzierender Flamme gearbeitet wird und daher häufig noch Unverbranntes in den Abgasen enthalten ist, hat man den Gasen mit Erfolg in einem Feuerraum vor dem Kessel Luft zugeführt, um eine nachträgliche Verbrennung zu bewirken.

Bei Schweißöfen werden mit den Abgasen von 1 kg Brennstoff ($H_u \approx 7000$ kcal/kg) 3 bis 4 kg Dampf, bei Glühöfen 1,5 bis 2,5 kg Dampf erzeugt. Bei Öfen mit Regeneratoren, in denen die Abgastemperatur etwa 650 °C beträgt, läßt sich noch 1 kg Dampf und darüber je 1 kg Brennstoff gewinnen.

Billige überschüssige elektrische Energie, z. B. Nachtstrom von Wasserkraftwerken, kann in *Elektrokesseln* zur Dampferzeugung dienen. Diese Kessel werden bei Gleichstrom mit Heizwiderständen und bei Wechselstrom mit Elektroden im Wasserraum ausgerüstet. Der Wirkungsgrad ist sehr hoch (98% und mehr).

G. Rauchgaszüge, Entaschung, Entstaubung

1. Rauchgaszüge

Berechnung der Zugquerschnitte:

$$f = \frac{V_{rf}}{3600\, c_g} \cdot \frac{273 + t}{273}\ \mathrm{m}^2.$$

V_{rf} = Rauchgasvolumen Nm³/h, c_g = Gasgeschwindigkeit, etwa 4 bis 6 m/sek für natürlichen Zug, bis 10 m/sek und mehr bei künstlichem Zug.

Schroffe Querschnittsverengungen und Richtungswechsel der Züge vermeiden. Bei Wasserrohrkesseln werden in den Mauerwerkwänden Öffnungen vorgesehen, durch welche die zum Abblasen von Ruß und Flugasche dienenden Strahlrohre (vgl. S. 43) eingeführt werden können. Im Bereich niedriger Temperaturen werden die Rußbläser meist fest eingebaut.

Ferner dienen Sandstrahlgebläse, Rüttelvorrichtungen und Kugelregen zur Entfernung von Ablagerungen an den Rohren.

Der *Kesselfuchs* — Abgaskanal — ist so kurz wie möglich zu machen. Bei künstlichem Zug wird der Saugzugventilator oft auf der Kesseldecke aufgestellt, so daß nur ein kurzer Verbindungskanal zwischen Kessel und Schornstein erforderlich ist. Ein Leerfuchs kann zur Abschaltung des Wasservorwärmers oder Lufterhitzers vorgesehen werden.

2. Entaschung

Um das Entfernen von Asche und Schlacke ohne Verunreinigung der Anlage und ohne Betriebsunterbrechungen zu ermöglichen, baut man nach unten trichterförmig zusammengezogene Schlacken- und Aschenbunker ein, aus denen die angefallenen Mengen durch Bodenverschlüsse von Hand oder durch besondere *Entaschungseinrichtungen* (Kratzerbänder, Schleppkettenförderer, Schwabachapparate usw.), die im Wasserbad arbeiten, abgeführt werden können.

a) Hydraulische Entaschung in offenen Spülrinnen oder in geschlossenen Leitungen mit Druckwasser von 6 bis 25 atü je nach Leitungslänge und Höhenunterschied. Zerkleinerung im Schlackenbrecher erforderlich.

Förderung möglich über Entfernungen bis 2000 m und Höhenunterschiede bis 25 m ohne Zwischenbunkerung. Bei flüssigem Schlackenabzug fließt die Schlacke ununterbrochen in ein Wasserbad oder in einen Kratzer-Naßentascher. Weiterförderung mit Druckwasser.

b) Pneumatische Entaschung, besonders für Flugasche und Filterstaub. Schlackenbrocken müssen vor der Förderung zerkleinert werden. Zellenrad und Schnecke, z. B. Möllerpumpe, befördern die Asche vom Trichter in die Druckluftleitung. Für kleinere Kesselanlagen mit Saugförderanlagen: Vakuumerzeugung durch Kapselgebläse, Wasserringpumpen. Energiebedarf für Druckwasserförderung 1,5 bis 6 kWh/t Asche, für Druckluftförderung 2 bis 12 kWh/t Asche bei Transportwegen von 100 bis 1200 m.

3. Entstaubung

Zur Verringerung des Aschenauswurfs aus dem Schornstein muß insbesondere bei Kohlenstaubfeuerungen der in den Abgasen enthaltene Flugstaub durch Entstaubungseinrichtungen entfernt werden. Bei Rostfeuerungen ist der Flugstaubgehalt der Abgase sehr viel geringer als bei Kohlenstaubfeuerungen mit trockener Entaschung, und am wenigsten Flugstaub enthalten die Rauchgase von Schmelzkammerkesseln, obwohl in diesen meist sehr aschenreiche Brennstoffe verbrannt werden (Primäreinbindung bis 85% und mehr s. S. 24). Ein Maß für die Wirksamkeit der Entstaubung ist der *Gesamtentstaubungsgrad* = abgeschiedene Staubmenge/Staubmenge im ungereinigten Gas. Man unterscheidet Schwerkraft-, Naß-, Fliehkraftentstauber und Elektrofilter.

a) In **Schwerkraftentstaubern** setzen sich in Staubkammern durch Geschwindigkeitsverringerung auf etwa 0,8 m/sek die gröberen Staubteilchen ab und werden aus Trichtern abgezogen. Einfachste Entstaubung bei geringem Zugverlust, aber großem Platzbedarf. Entstaubungsgrad bis 45% bei grobem Korn. Geeignet für Rostfeuerungen mit geringem Anteil an feinem Staub.

Bei *Naßentstaubern* Besprühung des Rauchgases mit Wasser, so daß die nassen Staubteilchen absinken. Verringerung des Schornsteinzuges durch die Gasabkühlung. Entstaubungsgrad bis 90%, Zugverlust bis 35 mm WS, Wasserverbrauch etwa 0,15 bis 0,4 lit/m³ Rauchgas. Nur noch selten ausgeführt.

b) Fliehkraftentstauber (Zyklone) haben Entstaubungsgrade bis 94% bei Staubfeuerungen und 97% bei Rostfeuerungen. Zugverlust 40 bis 80 mm WS. Platzbedarf gering. Statt eines Großzyklones oft mehrere hintereinander oder parallelgeschaltete Zyklone. (Vielzellenfilter, Wirbelsieb von *Feifel*, *Schicht* usw.).

c) Elektrofilter eignen sich auch zur Abscheidung feiner Stäube mit Korngrößen unter 20 μ. Elektrische Aufladung der Staubteilchen durch hochgespannten Gleichstrom von 40 bis 60 kV und Abscheidung an geerdeten Niederschlagselektroden. Entstaubungsgrad bis 98% bei einer Gasgeschwindigkeit 1,5 bis 3 m/sek. Platzbedarf groß, Anschaffungskosten höher als für Fliehkraftentstauber. Zugverlust nur 5 bis 15 mm WS, Energiebedarf 0,05 bis 0,15 kWh/1000 m³ Rauchgas.

H. Einmauerung

Grund- und Umfassungsmauerwerk wird mit Ziegeln ausgeführt. An Stellen, wo das Mauerwerk mit heißen Gasen von über 450 °C dauernd in Berührung kommt, ist Schamottefutter in Schamottemörtel erforderlich. Für Feuerräume ist saure oder basische Schamotte in Übereinstimmung mit dem Verhalten der entstehenden Asche zu wählen. Feuerfeste Steine müssen neben der chemischen Widerstandsfähigkeit und solcher gegen hohe Temperatur auch Raumbeständigkeit (mäßige Wärmeausdehnung und keine bleibende Formänderung bei wiederholtem Erhitzen und Abkühlen) und mechanische Festigkeit aufweisen (vgl. Bd. I, Werkstoffkunde, S. 574).

Fundamente auch in Beton. Keller bei Wasserrohrkesseln so hoch, daß Abziehen der Asche aus den Aschetrichtern bequem möglich.

Für die Lebensdauer feuerfester Baustoffe ist richtige Einmauerung ebenso ausschlaggebend wie richtige Steinauswahl. Leitung der Eigenbewegung im Mauerwerk durch *Verankerung* der Steine in bestimmte Richtung, in der *Dehnungs-*

fugen anzubringen sind. Abdichtung derselben gegen Falschlufteintritt durch Asbestschnüre und Schlackenwolle. Mechanische Entlastung des Mauerwerks schützt Stein vor vorzeitigem *Erweichen.*

Stärke der Außenmauern $1^1/_2$ bis $2^1/_2$ Stein. Wo notwendig, $^1/_2$ bis 1 Stein starkes Schamottefutter. Brennkammerwände meistens mit Luftschacht für die Fallrohre. Zur Verminderung der Wärmeabstrahlung dient die Isolierung aus Kieselgursteinen zwischen Schamotte- und Außenwand. Stärke der Isolierung und des Schamottefutters muß der jeweiligen Wärmebeanspruchung angepaßt sein und auch abhängig von der Kühlrohrteilung gewählt werden. Eine normale Einmauerung mit Glasurziegeln statt rotem Mauerwerk zeigt Bild 37. Bei der bevorzugten Leichtbauweise wird an Stelle der äußeren Mauerumhüllung eine Blechverschalung verwendet, Bild 38. Schamottefutter auch aus Platten, die mit Rohrsystem verklammert oder mit Trageisen am Gerüst gehalten werden. Stampfmasse ohne Fuge, z. B. auf bestifteten Kühlrohren der Schmelzkammern, Bild 39. Zur Isolierung dient Granulat zwischen Schamottewand und Blechverkleidung. Besonders leichte Bauart ist die Detrick-Wand, Bild 40, mit aufgehängten Schamottesteinen. Die an Schienen aufgehängten Formsteine können einzeln oder in Gruppen leicht ausgewechselt werden.

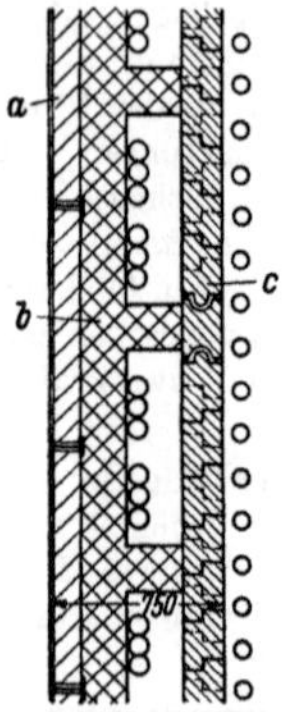

Bild 37. Mauerwerk des Feuerraums (normale Ausführung). *a* Steinverblendung, *b* Isolierung, *c* Schamottemauerwerk

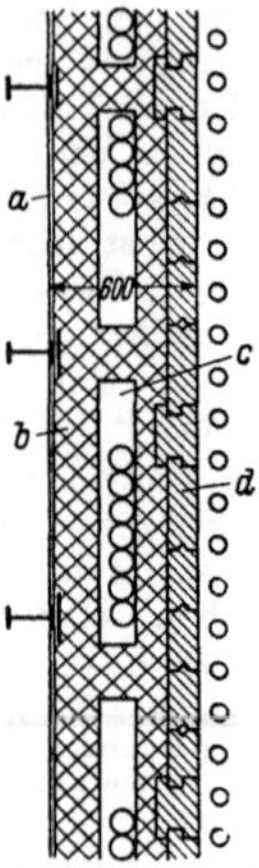

Bild 38. Mauerwerk des Feuerraums ohne Hintermauerung mit Blechverkleidung. *a* Blechverkleidung (Gerüst liegend), *b* Isolierung, *c* Luft- und Fallrohrschacht, *d* Schamottemauerwerk

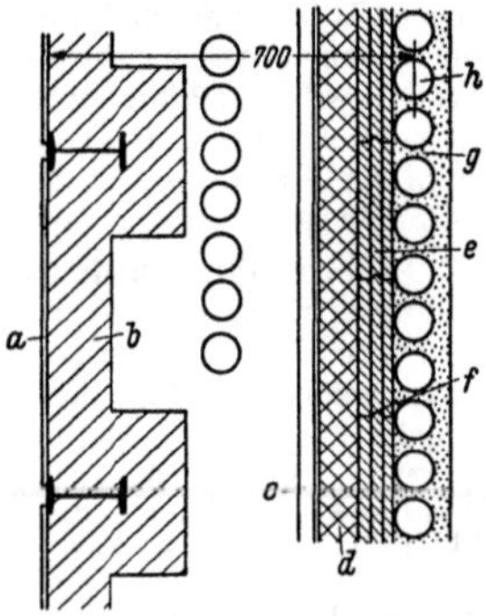

Bild 39. Schmelzkammerwand. *a* Blechverkleidung mit einem liegendem Gerüst, *b* äußere Isolierung, *c* Gerüst zur Mauerwerks-Abstützung, *d* Isolierung, *e* Schamottefutter, *f* Nut- und Federplatten, *g* Stampfmasse, *h* bestiftete Steigrohre

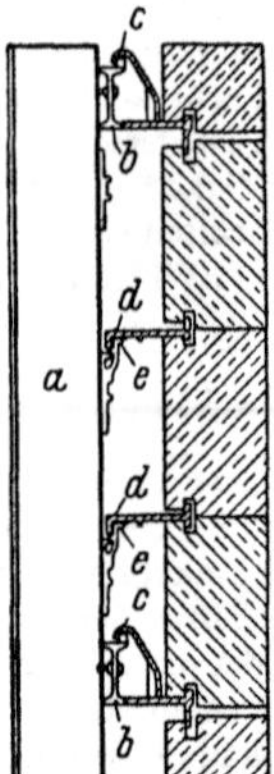

Bild 40. Detrick-Wand. *a* Säule aus Profileisen, *b* gußeiserne Trageisen, *c* Hängeeisen, *d* Haltehaken, *e* lose eingelegte Winkeleisen

Bei Wasserrohrkesseln ist wegen der großen Bauhöhe *Stahlgerüst* erforderlich, in dem sich die Einmauerung frei ausdehnen kann und die Mauerwerkschichten vom Druck darüberliegenden Mauerwerks entlastet werden, z. B. Lagerung von Wandabschnitten auf Konsolen, die am Kesselgerüst befestigt sind. Die Obertrommel wird im Kesselgerüst frei beweglich gelagert oder pendelnd aufgehängt. Die Träger des Gerüstes sind vor Erwärmung möglichst zu schützen und werden durch Luft gekühlt. Die Einmauerung ist so auszuführen, daß ihre Entfernung ohne Einfluß auf die Kessellagerung bleibt. Das Mauerwerk muß reichlich Spielraum gegen die Kesselteile haben, an den Durchbrechungsstellen wird es mit Asbesteinlagen abgedichtet. Bei Drücken über etwa 25 atü Schutz der Kesseltrommel gegen die Rauchgase durch Torkretieren.

Gewölbe am besten aus glatten Keilsteinen. Widerlager aus Formsteinen. Feuergewölbe nicht von oben belasten, daher besondere Entlastungsgewölbe darüber anordnen. Seitenschub der Gewölbe stets durch Anker aufnehmen. Solche Gewölbe aber nur für Spannweiten bis etwa 2000 mm. Günstiger sind *freihängende*, aus einzelnen Formsteinen zusammengesetzte *Decken*, die schnelle und bequeme Auswechslung schadhafter Steine ermöglichen.

Bei dem Detrick-Feuergewölbe, Bild 41, sind die Steine *i* des kreisförmigen Überganges mittels Einsatzstücke an der Nase des Formeisens *h* aufgehängt. Freie Ausdehnung des Feuergewölbes durch Ausdehnungsschlitz *f*.

Die Hängedecke am Rostende, Bild 42, hat gleiche konische Formsteine, die abwechselnd ohne Anker an der Tragschiene aufgehängt und zwischen die Tragsteine geschoben sind.

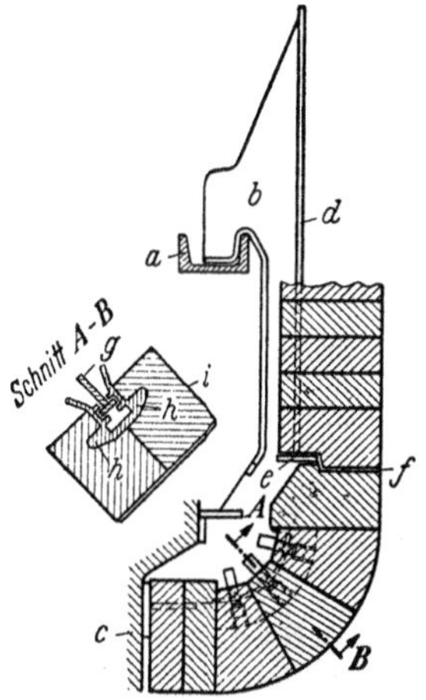

Bild 41. Detrick-Feuergewölbe für Wanderrost (Claudius Peters) *a* Tragbalken, *b* Trageisen, *c* Gegenlager, *d* Falz, *e* Tragplatte, *f* Schlitz, *g* Tragschiene, *h* Formeisen, *i* Schamottesteine

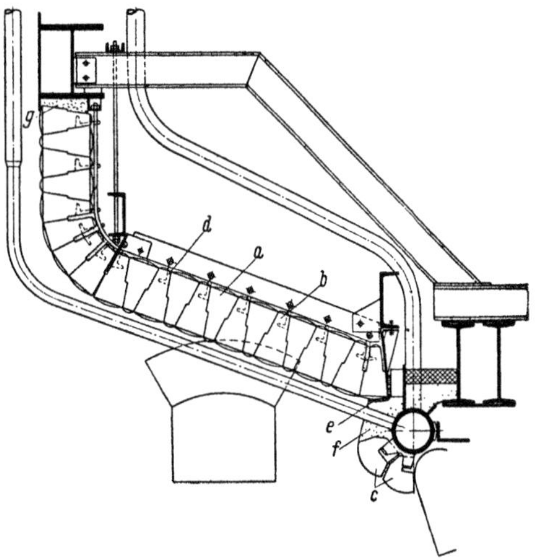

Bild 42. Ein-Stein-Hängedecke (Steinmüller) *a*, *b*, *c* Formsteine, *d* Haken, *e* Asbestschnur, *f* Stampfmasse, *g* Schlackenwolle

I. Zugerzeugung

1. Schornstein und Schornsteinzug

a) Der **Zugbedarf** einer Kesselanlage setzt sich zusammen aus den Zugwiderständen durch Reibung des Rauchgases in den Zügen (bei Durchströmung der Rohrbündel usw.), durch Umlenkung des Rauchgases, durch plötzliche Geschwindigkeitsänderung und Strömung des Gases von oben nach unten entgegen seinem Auftrieb. Zugverlust für jeden Strömungsbereich ist $C \cdot \gamma \cdot c_g^2/2g$ mm WS (C = Widerstandszahl) und für den Auftrieb $h(\gamma_l - \gamma_g)$ mm WS (h = Strömungshöhe von oben nach unten). Summe der Einzelwiderstände = Zugverlust in der Kesselanlage. Da dieser von so vielen Faktoren abhängt, z. B. Verlauf und Gestaltung der Feuerzüge, Anzahl der hintereinandergeschalteten Rohrbündel, deren Rohrreihenzahl und Rohrteilungen, Zahl der Züge, Geschwindigkeit und Temperatur des Rauchgases, Art der Feuerung und des Brennstoffes usw., ist exakte Berechnung zeitraubend. Nach *Münzinger* (Lit. 2) kann der Zugbedarf mit Hilfe eines graphisch-rechnerischen Verfahrens ermittelt werden.

Die erforderliche Zugstärke beträgt bei Rostkesseln etwa 15 bis 50 mm WS und bei Großkesseln bis 150 mm WS.

b) Der Schornsteinzug wird erzeugt durch den Gewichtsunterschied der Gassäule im Schornstein und einer äußeren Luftsäule gleicher Abmessungen. Der *statische Zug* am Schornsteinfuß ist:

$$Z = 273\,H\left(\frac{\gamma_{0l}}{273+t_l} - \frac{\gamma_{0g}}{273+t_{gm}}\right)\cdot\frac{b}{760}\ \text{mm WS},$$

H = Schornsteinhöhe in m,
γ_{0l} = spez. Gew. der Außenluft in kg/Nm³ (bei mittelfeuchter Luft ≈ 1,29),
γ_{0g} = spez. Gew. des (wasserdampfhaltigen) Rauchgases in kg/Nm³
(= 1,26 für mitteldeutsche Braunkohle, = 1,32 für Steinkohle bei 13% CO_2),
t_l = Temperatur der Außenluft in °C,
t_{gm} = mittl. Rauchgastemperatur im Schornstein in °C,
γ_{0l} ist abhängig von der rel. Luftfeuchtigkeit.

Temperaturabnahme des Rauchgases 0,2 bis 0,5 grd je m Fuchslänge und je m Schornsteinhöhe. Die *nutzbare* Zugstärke $Z_n = Z$ — Zugverluste im Schornstein $= Z - Z_b - Z_r$ mm WS.

Zugverlust durch *Geschwindigkeitshöhe* des Gases im Schornstein

$$Z_b = \frac{273}{273+t_{gm}}\gamma_{0g}\frac{c_{gm}^2}{2g}\ \text{mm WS},$$

c_{gm} = mittl. Rauchgasgeschwindigkeit im Schornstein m/sek.

Zugverlust durch *Reibung* des Rauchgases im Schornstein

$$Z_r = \frac{273}{273+t_{gm}}\cdot\gamma_{0g}\frac{c_{gm}^2}{2g}\cdot H\frac{u}{F_m}\cdot\varrho\ \text{mm WS},$$

u = Umfang des mittl. Schornsteinquerschnittes in m,
F_m = mittl. Querschnitt in m²,
ϱ = Reibungszahl, etwa 0,007.

Für Überschlagsrechnungen ist genügend genau:

$$\begin{aligned} Z_n &= 0{,}4\,H \text{ in mm WS bei } t_{gm} = 175 \text{ bis } 200\ ^\circ\text{C},\\ &= 0{,}5\,H \text{ „ „ „ „ } t_{gm} = 250\ ^\circ\text{C},\\ &= 0{,}55\,H \text{ „ „ „ „ } t_{gm} = 275 \text{ bis } 300\ ^\circ\text{C}. \end{aligned}$$

c) Lichtweite des Schornsteins an der *Mündung:*

$$F_o = \frac{B\,V_{rf}}{3600\,c_{go}}\cdot\frac{(273+t_{go})}{273}\ \text{m}^2,$$

t_{go} = Gastemperatur am Schornsteinkopf °C,
c_{go} = Gasgeschwindigkeit am Schornsteinkopf m/sek,
V_{rf} = Rauchgasmenge Nm³/kg Brennstoff,
B = Brennstoffmenge kg/h.

Nach *Gumz* (Lit. 10) können folgende Geschwindigkeiten c_{go} angenommen werden:

c_{go} = 4 bis 5 m/sek für 1 bis 3 Kessel,
= 5 bis 7 m/sek für 4 bis 6 Kessel,
= 7 bis 9 m/sek für 7 und mehr Kessel,
= 10 bis 15 m/sek bei künstlichem Zug.

Für gemauerte Schornsteine ist angenähert der *untere* lichte Durchmesser:

$$d_u = d_o + (0{,}016 \text{ bis } 0{,}02)\,H\ \text{m},$$

jedoch ist die *Standfestigkeit* maßgebend.

Zugregelung mit Absperrschieber oder Drehklappe am Ende der Kesselanlage. Da Schieber oder Klappen niemals vollkommen abdichten, werden bei Betriebsunterbrechung die *Stillstandsverluste* vergrößert. Auch wird durch die Auskühlung das Mauerwerk stark beansprucht. Daher bei häufigen Betriebsunterbrechungen Einbau einer Zugsperre, womit praktisch eine vollkommene Abdichtung des Kesselzuges erreicht wird.

2. Künstlicher Zug

Künstlicher Zug wird zur Erhöhung und auch als Ersatz des Schornsteinzuges angewendet, und zwar Druckzug (Unterwind) zur Überwindung hohen Rostwiderstandes, Saugzug im allgemeinen bei niedriger Abgastemperatur, bei hohen Spitzenbelastungen, bei zu niedrigen Schornsteinen.

a) Druckzug, erzeugt als *Oberwind,* wird bei der Marine angewandt, wo er gleichzeitig als wirksame Lüftung der tiefliegenden Heizräume dient. Dazu wird in dem durch Doppeltüren dichtgesetzten Heizraum mittels Ventilators ein Überdruck von 60 bis 120 mm WS erzeugt.

Für Feuerungen von Landdampfkesseln wird vorgewärmte Oberluft als Zweitluft zugeführt zur Unterstützung des vollkommenen Ausbrandes der Gase und zur Verringerung des Flugkoksverlustes (S. 4).

Unterwind wird in den dichtgesetzten Aschenfall eingeblasen. Für die Verfeuerung gasarmer feinkörniger und stark backender und minderwertiger Brennstoffe und für Roste mit hoher Schütthöhe ist Unterwind unentbehrlich. Ferner werden alle *Hochleistungsroste* mit *Unterwind* gefeuert. Die Unterwindpressung richtet sich nach dem Widerstand der Brennstoffschicht und kann z. B. bei Unterschub- und Rückschubrosten mit hoher Brennstoffschicht weit über 200 mm WS betragen.

Die Unterwindpressung wird begrenzt durch den entstehenden Flugkoksverlust, der besonders bei feinkörnigen Kohlen und niedrigem Brennraum erheblich werden kann. Da der Widerstand der Brennstoffschicht auf der Rostfläche sich mit dem Abbrand ändert, so wird bei großen Rostflächen und Hochleistungsrosten der Windraum unter dem Rost in mehrere *Windkammern* (*Zonen*) unterteilt (vgl. S. 11). Dadurch gleichmäßige Windverteilung über die ganze Rostfläche und weniger schädliche Wirkung bei Eintritt eines Winddurchbruches.

b) Saugzug. *Mittelbar:* Dampfstrahlgebläse – hauptsächlich bei Lokomotiven, Lokomobilen und Schiffen (Abdampf-Auspuff-Blasrohr im unteren Teil des Schornsteins). – Ventilator saugt einen Teil der Abgase an und drückt sie in eine Ejektordüse, die in den unteren Teil des eisernen Abzugrohres eingebaut ist. – Durch die Saugwirkung des Ejektors werden die Abgase bewegt.

Unmittelbar: Ein Ventilator saugt die gesamte Abgasmenge ab und fördert sie in den Schornstein. Für große Einheiten beträgt der Dampfverbrauch des Ventilatorantriebes etwa 0,5 bis 1% der Kesselleistung, gegenüber 1,5 bis 2% bei mittelbarem Saugzug. Unmittelbarer Saugzug wird bevorzugt, da bei ihm auch die Schornsteinform für den Auftrieb der Gase günstiger gestaltet werden kann, wodurch es möglich wird, den Kessel bei einer Störung des Ventilatorbetriebes schwach belastet in Betrieb zu halten. Leistungsbedarf des Ventilators:

$$N = V_{rf}\,\Delta p/102\,\eta \text{ kW}.$$

Hierin ist V_{rf} die wirklich geförderte Rauchgasmenge m³/sek, Δp die Förderhöhe mm WS, η der Ventilatorwirkungsgrad = 0,75 bis 0,85.

Für große Gasmengen und Pressungen bis 200 mm WS werden oft Axialgebläse wegen ihres hohen Wirkungsgrades (0,85 bis 0,9) vorgezogen. Gegen staubhaltige Gase sind sie empfindlicher als Radialgebläse. Der Verdichter erzeugt eine Druckzunahme

$$\Delta p = \psi \frac{u^2}{2g} \gamma_g \text{ mm WS},$$

ψ = Druckhöhenzahl = 0,6 bis 0,9 bei Axialgebläsen, 1 bis 1,4 und höher bei Radialgebläsen,
γ_g = spez. Gew. des Rauchgases kg/m³,
u = Umfangsgeschwindigkeit des Rades m/sek.

Regelung der Gebläse durch Drehzahländerung oder durch Verstellen von Eintrittsleitschaufeln (Drallregler).

III. Dampfkessel

A. Gemeinsames

a) Normung. Das Bestreben, nicht nur Kesselteile, sondern Kessel zu normen, hat die Normung des Flammrohrkessels veranlaßt, DIN 2904. Die verschiedenartigen Brennstoffe und die dadurch erforderlichen verschiedenen Feuerungen und Feuerräume, die Vielfalt der betrieblichen Forderungen und auch der verfügbare Raum für den Kesselblock setzen der wünschenswerten Normung im Kesselbau Grenzen. Ein Fortschritt zur Vereinheitlichung ist die Normung der Kesseldrücke, Überhitzungstemperaturen und der Kesselleistungen nach DIN 2901 (Entwurf Juni 1955).

Druckstufen

Die Dampfkessel werden für folgende Druckstufen gebaut. Die Druckstufen werden nach den fettgedruckten Zahlen benannt.

Unterer Druckbereich:

Druckstufe = Genehmigungsdruck	atü	**0,5**	**1,6**	**6**	**8**	**10**	**12,5**	**16**	**20**	**25**	**32**

Oberer Druckbereich:

Druckstufen	atü	**40**	**64**	**80**		**125**	**160**
Genehmigungsdruck	atü	42	67	87		136	175
Höchster Arbeitsdruck in der Trommel	atü	40	64	82	83	129	162
Druck am Überhitzeraustritt	atü	37	59	74	74	115	147
Druck vor der Turbine	atü	35	56	70	70	110	140
Heißdampftemperatur am Überhitzeraustritt	°C	450	500	500	525	525	525

Der Genehmigungsdruck ist der nach den Dampfkesselvorschriften höchstzulässige Dampf*überdruck* in der Kesseltrommel und für die Berechnung der Wandstärken maßgebend.

Die fettgedruckten Reihen geben den Normdruck an, der ein ausreichendes Nennmaß für die Druckstufe einer Kesselanlage ist. Umlauf- und Durchlaufkessel werden in gleicher Weise benannt. Bei Umlaufkesseln besteht zwischen Genehmigungs- und Arbeitsdruck eine Druckspanne in der Größenordnung von 5%, die im normalen Betrieb das Abblasen der Sicherheitsventile vermeidet.

Genehmigungsdruck bei

Einflammrohrkesseln nach DIN 2904	atü	8	10	13	16	
Zweiflammrohrkesseln nach DIN 2904	atü	8	10	13	16	18

Temperaturstufen

Von 150° beginnend können bis 525° Temperaturen angewendet werden, die jeweils um 25° ansteigen. Alle Temperaturfestlegungen beziehen sich unmittelbar auf den Überhitzeraustritt und auf die höchste Dauerleistung.

Bei Flammrohrkesseln nach DIN 2904 Dampftemperatur am Überhitzeraustrittsstutzen bei höchster Dauerleistung 300 325 350 375 400° C

Leistungsstufen

Höchste Dauerleistung = Grenze des Gewährleistungsbereiches des Herstellers[1], Regelleistung ≈80% der höchsten Dauerleistung.

Höchste Dauerleistung	t/h	1	1,25	1,6	2	2,5	3,2	4	5	6,5	8	10	12,5	16	20
		25	32	40	50	64	80	100	125	160	200	250	320	400	500
Bei Flammrohrkesseln (DIN 2904) höchste Dauerleistung	t/h	0,4	0,5	0,63	1	1,25	1,6	2	2,5	3,2	4				

b) Heizfläche. Hierunter ist nach Lit. 1, § 3, zu verstehen bei Landdampfkesseln: „der auf der Feuerseite gemessene Flächeninhalt der einerseits von den Heizgasen, andererseits vom Wasser berührten Wandungen."

Zur *gesetzlichen* Heizfläche gehört also auch die Oberfläche der den Feuerraum auskleidenden Kühlrohre. Bei abgedeckten Rohrwänden ist nur der halbe Rohrumfang einzusetzen, bei Flossenrohren halber Rohrumfang und beheizte Seite der Flossen.

Es wird unterschieden zwischen *Strahlungs*heizfläche, die hauptsächlich Wärme durch Strahlung aufnimmt, und *Berührungs*heizfläche, welche die Wärme

[1] Im Betrieb soll die höchste Dauerleistung nur kurzzeitig (etwa 30 Min.) und nur in Notfällen überschritten werden.

fast nur durch Berührung mit den Verbrennungsgasen empfängt. Strahlungskessel haben zum größten Teil Strahlungsheizfläche, mit welcher der große Feuerraum ausgekleidet ist.

Die Größe der für eine bestimmte Dampfleistung — D kg/h — erforderlichen Heizfläche läßt sich für die in der Zahlentafel S. 3 angegebenen Kessel oft genügend genau bestimmen mit Hilfe der dort angegebenen Erfahrungswerte für die Heizflächenbelastung. Genaue Berechnung der Kessel- und Nachschaltheizflächen ist nur möglich auf Grund des Wärmeübergangs und des Temperaturverlaufs der Rauchgase vom Feuerraum bis zum Kesselende. Erleichterung der Berechnung mit Hilfe von Kurventafeln in Lit. 2, 3 und 4; Grundlagen für die Berechnung s. Lit. 5.

c) Der **Wasserraum,** der im Betrieb mit Wasser angefüllte Teil des Kessels, stellt wegen des großen Wärmeinhalts, der in ihm aufgespeichert ist, für den Dampfkessel einen Dampfdruckregler dar (vgl. S. 64). Allgemein gilt, daß der Wasserraum groß zu wählen ist für stark schwankende Dampfentnahme, z. B. bei Wasserrohrkesseln der Zweitrommelkessel, daß dagegen ein kleiner Wasserraum die kurze Anfahrzeit wesentlich begünstigt. — Ohne eine scharfe Grenze zu ziehen, werden danach die verschiedenen Bauarten eingeteilt in:

Groß(wasser)raumkessel — Flammrohr- und Rauchrohrkessel.

Klein(wasser)raumkessel — Wasserrohrkessel.

d) Der **Dampfraum** soll verhindern, daß die mit dem Dampf emporgeschleuderten Wasserteilchen in den Überhitzer gelangen. Besondere Vergrößerungen dieses Raumes — Dom, Entmischungs- oder Vorabscheidetrommel —, ferner eingebaute Prallbleche und Dampfzyklone begünstigen das Abscheiden mitgeführten Wassers aus dem Dampf. Als Dampfraum gilt der Raum oberhalb der mittleren Wasserstandshöhe. Um Spucken und Schäumen des Kessels zu verhindern und Dampf mit möglichst geringem Salzgehalt zu erzeugen, darf eine höchste *Dampfraumbelastung*, ausgedrückt in m^3/h Sattdampf bezogen auf 1 m^3 Dampfraum, nicht überschritten werden. Sie ist abhängig vom Dampfdruck und Salzgehalt des Kesselwassers[1].

Die zulässige Dampfraumbelastung, Bild 43, ist

$$D = \frac{3000}{Bé^{0,7} \cdot p^{0,8}} \; m^3/m^3 h.$$

Kesselwasserdichte Bé s. S. 66, Betriebsdruck p atü.

e) Der **Speiseraum** wird begrenzt durch die Ebene des festgesetzten „Niedrigsten Wasserstandes" und der des höchsten, der im Einzelfall zulässig erscheint, ohne daß man ein Überkochen des Kesselinhaltes zu befürchten hat. Ein großer Speiseraum erleichtert es, vorausgesehene Perioden höchster Beanspruchung zu bewältigen und ferner ein zu hohes Ansteigen der Dampfspannung während der Betriebspausen zu vermeiden.

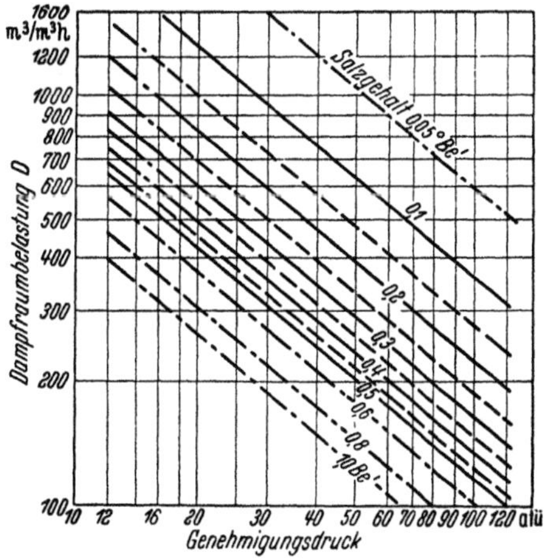

Bild 43. Zulässige Dampfraumbelastung für Kesseltrommeln ohne Einbauten

[1] *Cleve, C.:* Das Schäumen der Dampfkessel. Brennst.- Wärme- Kraft Bd. 1 (1949) S. 209.

B. Kesselbauarten

1. Rauchrohrkessel

sind Großwasserraum-Kessel mit im Wasserraum liegenden Rohren, die vom Rauchgas durchströmt werden.

a) Flammrohrkessel. Liegende, aus einzelnen Schüssen geschweißte Walzenkessel, Bild 44, die von einem Boden bis zum anderen von einem oder zwei Rohren (Flammrohre) von 700 bis 1080 mm Dmr. durchzogen werden. Die gewölbten Böden mit Ein- und Aushalsungen. Flammrohre i. a. als Foxrohre ausgeführt.

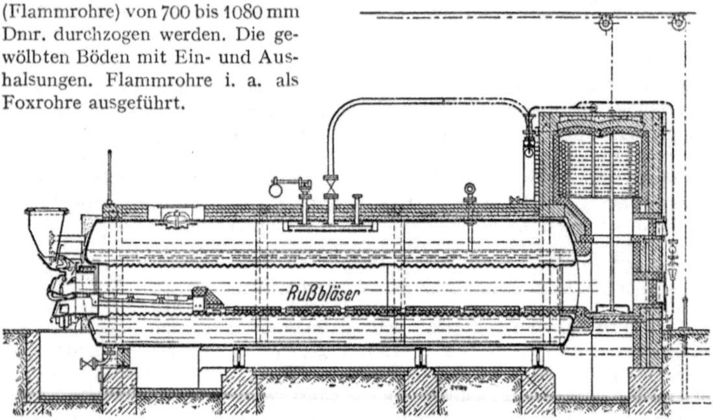

Bild 44. Zweiflammrohrkessel mit Überhitzer, vollständig elektrisch geschweißt (Eisenwerk Baumgarte). $p = 16$ atü, $t = 350°$, $D = 4{,}5$ t/h, $F_k = 150$ m²

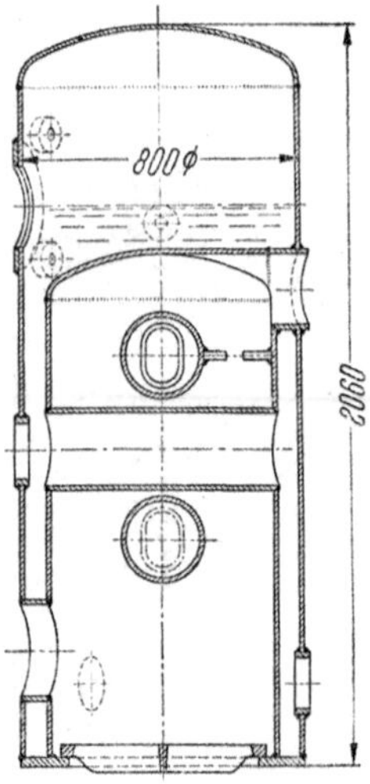

Bild 45. Geschweißter Quersieder-Dampfkessel (Eisenwerk Theodor Loos). $p = 8$ atü, $D = 80$ kg/h $F_k = 4$ m², $F_r = 0{,}28$ m²

Vorteile: **Unempfindlichkeit gegen Belastungsschwankungen und weniger gutes Speisewasser, gute Reinigungsmöglichkeit und einfache Bedienung.**
Nachteile: Geringe Dampfleistung (bis 5 t/h), da die Rostfläche beschränkt und der Wasserumlauf träge ist. Verhältnismäßig lange Anfahrzeit (etwa 10 bis 12 h). Großer Platzbedarf. Niedriger Betriebsdruck (10 bis 18 atü).

Für Heizflächen bis zu etwa 50 m² Einflammrohrkessel, über 50 bis 150 m² Zweiflammrohrkessel. An Stelle des Dampfdomes wird ein Sammler gewählt, der mit einigen Rohren an den Kessel angeschlossen ist.

Hauptabmessungen der Kessel und der zugehörigen Roste s. DIN 2904. Man unterscheidet lange, mittlere und kurze Bauform. Lange Bauform bevorzugt für Anlagen ohne nachgeschalteten Vorwärmer, kurze Flammrohrkessel erhalten Überhitzer und Vorwärmer.

Feuerungen: Planrost-Innenfeuerung von Hand oder mit mechanischer Wurfbeschickung. Ferner: Kleinstoker und Treppen- oder Muldenrost-Vorfeuerung.

Feuerzüge: I. Zug: Flammrohre; II. Zug: a) ein Seitenzug oder b) zwei Seitenzüge oder c) Unterzug; III. Zug: a) ein Seitenzug oder b) Unterzug oder c) zwei Seitenzüge.

Lagerung: Auf zwei oder vier Kesselstühlen.

Überhitzeranordnung: Am hinteren Kesselende, im allgemeinen nicht regelbar. Heizgase steigen zu diesem aus den Flammrohren auf.

b) Feuerbuchskessel. Formen der Feuerbuchse: quaderförmig (Feuerkisten) oder rund, flammrohrartig.

α) *Stehende Feuerbuchskessel.* Heizfläche 2 bis 60 m², Dampfdruck bis 8 atü, Dampfleistung bis 1 t/h. Ausführung entweder mit Quersiedern (Bild 45) und Steilsiedern oder mit Rauchrohrbündel.

Einbau eines Überhitzers für Dampfüberhitzung bis 300 °C und Wasservorwärmung bis 120 °C im Rauchgasvorwärmer neben dem Kessel möglich.

β) *Liegende Feuerbuchskessel mit vorhergehenden Rauchrohren* werden hauptsächlich als Lokomotiv- und Lokomobilkessel angewendet; aber auch als feststehende Kessel haben sie weite Verbreitung gefunden. Da das vom Rauchgas durchströmte Rauchrohrbündel im Wasserraum liegt, ist Einmauerung nicht erforderlich. Zwischen Feuerbuchse und äußerem Kesselmantel befindet sich ein 70 bis 100 mm breiter Wassermantel (bei kleinen Kesseln 55 mm). Die ebenen Wände der Feuerkisten benötigen eine ausreichende Verankerung durch Stehbolzen und Deckenanker.

Lokomotivkessel, vollständig geschweißt, mit Heißdampfregler, Bild 46. Ersatz aller Nietverbindungen durch stumpf geschweißte Blechstöße und Einschweißen gewindeloser Decken- und Seitenstehbolzen mit Spiel vereinfachen gesamten Kesselaufbau. Ferner Gewichtsverminderung des Kessels bei vollständiger Schweißung. Wo erhebliche Verschiebung zwischen Stehkessel und Feuerbuchse Verwendung von Gelenkstehbolzen mit Kreuzgelenken. Einschweißen der Rauch- und Heizrohre ebenfalls mit Spiel.

Feuerung in der Feuerkiste. *Planrost* meist mit Feuerschirm aus Schamotte, der Rohr-Feuerbuchsverbindung vor Stichflamme schützt und Rauchgasdurchwirbelung begünstigt. In Braunkohlengebieten auch Verbrennung von Braunkohlenbriketts.

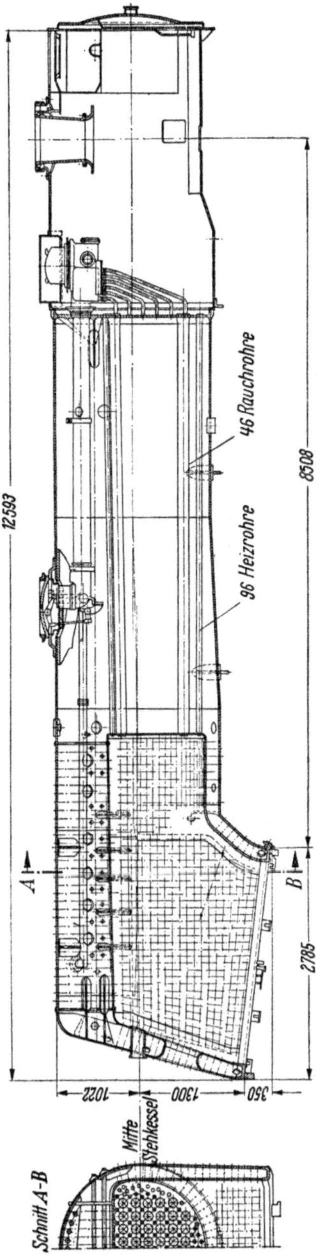

Bild 46. Lokomotivkessel (Reihe 66, Deutsche Bundesbahn). $p = 16$ atü, $F_r = 3{,}955$ m², $F_k = 193{,}09$ m², $F_ü = 100{,}54$ m²

Überhitzer als Rauchrohrüberhitzer (mit einteiligem Dampfsammelkasten), je zwei oder vier Überhitzerrohre mit 30 oder 38 mm ä. Dmr. und Schmidtschen Umkehrenden in einem Rauchrohr. Grenztemperatur für Überhitzung mit Rücksicht auf Schmiermittel 400 °C. Bei Heißdampfregler liegt Dampfentnahmeventil nicht mehr vor, sondern hinter Überhitzer. Wasservorwärmung in Mischvorwärmern, in denen sich der vom Blasrohr abgezweigte Abdampf mit Speisewasser mischt und bis 100 °C vorgewärmt wird. Einspeisung in Vorwärmer mit Dampfstrahlpumpe und in Kessel mit Turbopumpe. Zugerzeugung durch Dampfstrahlgebläse in der Rauchkammer (s. S. 35). Dampfdruck 16 bis 18 atü. Dampfleistung bis 18 t/h, Kesselheizfläche bis 300 m².

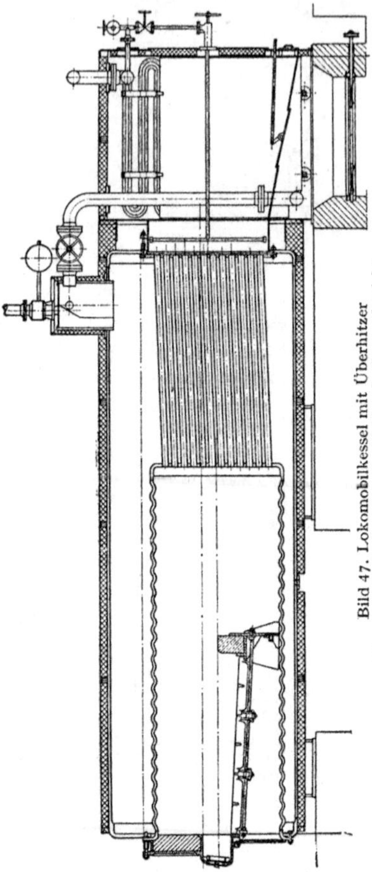

Bild 47. Lokomobilkessel mit Überhitzer (Masch.-Fabrik Buckau R. Wolf AG, Grevenbroich)

Lokomobilkessel. Aufbau ähnlich dem Lokomotivkessel. Feststehende Kessel erhalten runde Feuerbuchsen, so daß durch Anwendung von Schraubenverbindungen an den Stirnböden die Feuerbuchse samt dem Rohrbündel herausgezogen werden kann, Bild 47.

Weite Verbreitung ausziehbarer Kessel mit auf dem Kesselmantel aufgestellter Dampfmaschine (*Lokomobilen*) wegen leichter Reinigungsmöglichkeit, niedriger Aufstellungskosten und kurzer Anheizdauer; Überhitzer in der Rauchkammer, selten Rauchrohrüberhitzer. Dampfdruck bis 16 atü, höchste Dampfleistung 2,5 t/h, Kesselheizfläche bis etwa 150 m².

Rauchrohrkessel ohne Feuerbuchse auch als *Abhitzekessel.*

γ) Liegende Feuerbuchskessel mit rückkehrenden Rauchrohren, Bild 48, als *Schiffskessel* (schottische) für Handelsschiffe kleiner und mittlerer Größe gebaut.

In einen kurzen zylindrischen Kessel mit ebenen Böden werden 2 bis 3 flammrohrartige Feuerbuchsen eingebaut. An diese schließen sich Wendekammern an, deren dem Heizerstand zugekehrte ebene Wände durch Rauchrohrbündel (nach vorn wenig ansteigend) mit dem vorderen Kesselboden verbunden sind. Für große Heizflächen „Doppelender“, die von beiden Stirnseiten aus befeuert werden. Die Wendekammern sind dabei gewöhnlich für die jetzt nach beiden Stirnböden zu gelegenen Heizrohrbündel gemeinsam. Die ebenen Wandungen des Kessels und der Wendekammer erfordern zahlreiche Versteifungen durch Stehbolzen, Anker und Ankerrohre.

Vorteile: Große Heizfläche bei kleiner Grundfläche; weniger empfindlich als Wasserrohrkessel, gute Speicherfähigkeit.

Nachteile: Geringe Heizflächenbelastung, da kein geregelter Wasserumlauf, Betriebsdruck niedriger und Gewicht bei gleicher Heizfläche größer als beim Wasserrohrkessel, Steifheit des Aufbaues, schlechte Befahrbarkeit, lange Anheizdauer.

Überhitzeranordnung: Rauchkammer- oder Rauchrohrüberhitzer.

Feuerung: Rost- oder Ölfeuerung; Dampfdruck bis 16 atü, Kesselheizfläche bis 300 m² bei Einender-, bis 600 m² bei Doppelenderkessel, Dampfleistung bis 7,5 t/h bzw. 15 t/h.

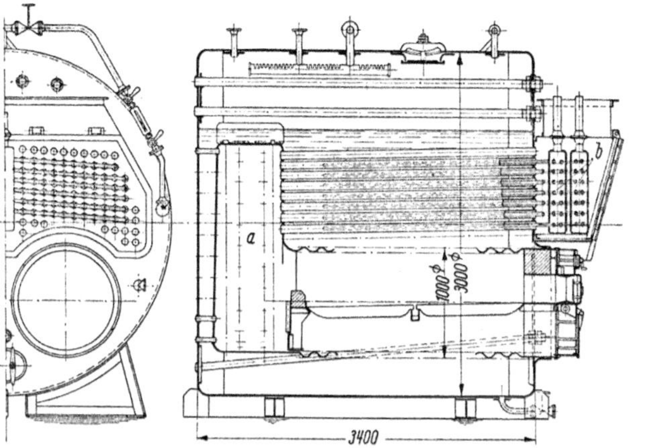

Bild 48. Seeschiff-Kessel (Wilke-Werke). *a* Wendekammer, *b* Rauchrohrüberhitzer

δ) *Liegende Rauchrohrkessel mit vorgehenden und rückkehrenden Rauchrohren.* Entweder schließt sich das Rauchrohrbündel an die Feuerbuchse an oder Flamm- und Rauchrohr erstrecken sich über die ganze Kessellänge. Zur ersten Bauart

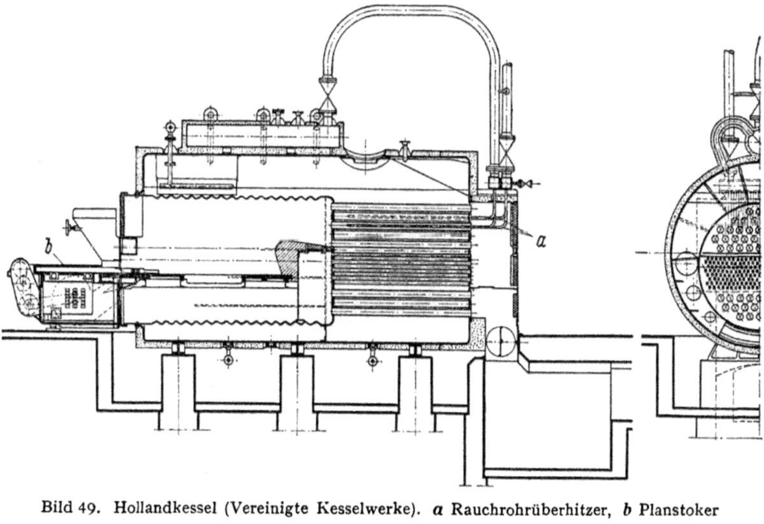

Bild 49. Hollandkessel (Vereinigte Kesselwerke). *a* Rauchrohrüberhitzer, *b* Planstoker

gehört der Hollandkessel, Bild 49. Die Gase durchziehen die Rohre mit hoher Geschwindigkeit (18 bis 25 m/sek), was vorteilhaft ist für den Wärmeübergang, aber im allg. künstlichen Saugzug erfordert. Strahlungs- und Anheizverluste gering. Einmauerung durch Isoliermasse ersetzt.

An ein Flammrohr mit großem Dmr. und großem Feuerraum schließen sich Rauchrohre in 3 Zügen an. Den ersten Zug bilden einige Rohre mit großem Querschnitt, so daß die Gase bei Verfeuerung von langflammigen Kohlen gut ausbrennen können. Im zweiten Zug ziehen die Gase durch ein Bündel enger Heizrohre mit großer Geschwindigkeit, die im dritten Zug zur Erzielung guten Wärmeüberganges noch gesteigert wird. Wegen leichterer Reinigung hat der dritte Zug Rohre mit größerem Dmr. bei kleinerem Gesamtquerschnitt. Überhitzeranordnung: Rauchrohrüberhitzer im obersten Rohrbündel; Feuerung: Rost- und Ölfeuerung; Kesselheizfläche bis 150 m², Dampfdruck bis 18 atü, Dampftemperatur bis 300 °C, Dampfleistung 1,5 bis 5 t/h.

Die häufigste Bauart ist der *Flammrohr-Rauchrohrkessel* als Dreizugkessel mit meist *einem* Flammrohr als erstem Zug und zwei Rauchrohrbündeln *neben* dem Flammrohr, Bild 50.

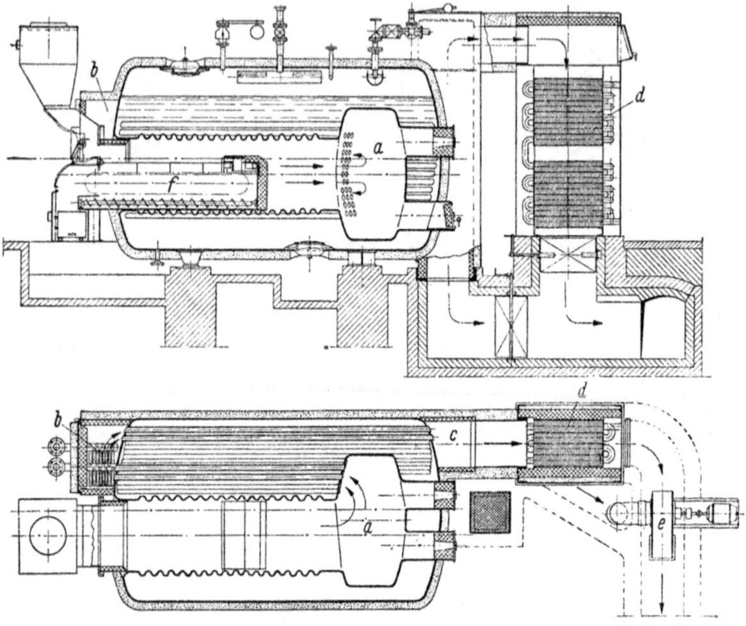

Bild 50 Einflamm-Rauchröhrenkessel mit vollständig im Wasser liegender Umkehrkammer (MAN). *a* Umkehrkammer, *b* vordere Rauchgaskammer mit Dampf-Trockner, *c* hintere Rauchgaskammer, *d* Ekonomiser, *e* Ventilator, *f* Wanderrost mit Wurfbeschicker

Rauchgasumlenkung am Kesselende in einer ausgemauerten oder einer im Kessel eingebauten und daher wassergekühlten Wendekammer. Nochmalige Umlenkung um 180° in der am vorderen Kesselboden angeschweißten Wendekammer. Durch Anordnung eines Kühlschirmes hinter dem Flammrohr wird die Strahlung des hocherhitzten Mauerwerks auf den Rohrboden verhindert; die Rauchgase werden in der Wendekammer und anschließend im Überhitzer abgekühlt.

Der Kessel wird vollständig elektr. geschweißt, Raumbedarf gering. Rost-, Öl- und Gasfeuerung. Heizfläche bis 250 m², Dampfdruck bis 20 atü, Dampfleistung bis etwa 10 t/h.

2. Wasserrohrkessel

zeichnen sich besonders durch geringen Platzbedarf, schnelle Betriebsbereitschaft und hohe Dampfleistung aus. Gebaut bis zu den größten Einheiten und höchsten Drücken. Eignung für jede Feuerungsart, besonders auch für mechanische Roste und Kohlenstaubfeuerungen. Sie ermöglichen Ausbildung großer Feuerräume und Unterbringung großer Strahlungsheizflächen. Von besonderer Bedeutung ist der Wasserumlauf. Er entsteht durch den Unterschied des spez. Gewichtes des Dampf-Wassergemisches in den Steigrohren und des Wassers in den Fallrohren, er verhindert Festhaften entstehender Dampfblasen an der Wandung und dadurch

Wärmestauungen. Ein eindeutiger Wasserumlauf und seine sorgfältige Berechnung sind erforderlich[1]. Vermeidung einer Stockung des Wasserumlaufes bei Minderlast. Lokale Überhitzung des Rohres verursacht Krummwerden, Ausbeulen und Aufreißen des Rohres. Zur Sicherung des Wasserumlaufs in den Kühlflächen ist auf genügende Zahl von Fallrohren zu achten, die bei Hochleistungskesseln unbeheizt bleiben und in Mauerwerksschächten oder außerhalb des Mauerwerks verlegt werden. Gleichmäßige Verteilung des Wassers auf die Steigrohre. Die Wasserumlaufsysteme dürfen sich nicht gegenseitig stören. Speisung von nur sorgfältig aufbereitetem Wasser oder Kondensat. Zur äußeren Rohrreinigung dienen *Rußbläser* als Stoßbläser mit drehbarem Blaskopf und Langrohrbläser mit Verschiebe- und Drehvorrichtung oder Rüttelvorrichtungen oder Kugelregen, s. S. 30.

Wasserrohrkessel werden mit ***natürlichem Wasserumlauf*** und mit *Zwanglauf* gebaut. Kessel mit natürlichem Umlauf als *Schrägrohr-* und *Steilrohrkessel*.

a) Schrägrohrkessel (Sektional- oder Teilkammerkessel). Rohrbündel mit geraden Rohren, das 1 : 5 bis 1 : 3,5 gegen die Waagerechte geneigt ist. Rasches Auswechseln schadhafter Rohre ist möglich; auch kann Kesselsteinansatz leicht erkannt werden. Verbindung der Rohrenden durch ebenwandige Wasserkammern, die senkrecht zu den Rohren oder seltener senkrecht im Raum liegen. An Stelle der früher angewendeten Großkammern — gemeinsam für das ganze Bündel — nebeneinanderliegende Teilkammern (Sektionen). Verbindung der Teilkammern mit der Kesseltrommel durch in die Kammern eingeschweißte Rohre.

Die Aufteilung der Wasserkammern bietet Vorteile bei hohem Betriebsdruck, für Herstellung und Transport; große Elastizität, da jede Sektion sich unabhängig von der benachbarten frei ausdehnen kann. Die Teilkammern, Bild 92 und 93, werden aus dem vollen Block gezogen. Bei versetzter Rohranordnung werden die Kammern schlangenförmig gepreßt (Bild 92). Bei hochbelasteten Kesseln werden die Kammern *nicht* gewellt, so daß die Rohrreihen fluchtend angeordnet sind. Da der Anteil der Wärmeaufnahme des Rohrbündels durch Strahlung größer als durch Berührung ist, so ist die fluchtende Anordnung nicht nachteilig für die Wärmeübertragung. Ferner leichteres Sauberhalten mit Rußbläsern und geringerer Zugverlust.

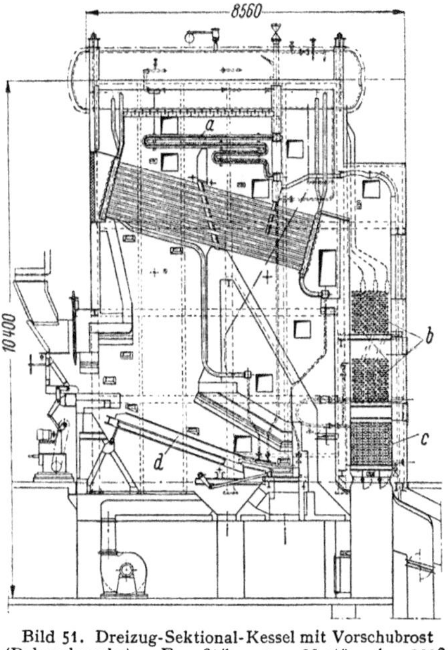

Bild 51. Dreizug-Sektional-Kessel mit Vorschubrost (Babcockwerke). $D = 8$ t/h, $p = 25$ atü, $t = 330°$, $t_{w1} = 95°$, $F_k = 200$ m², $F_ü = 62$ m², $F_{Vorverdampfer} = 241$ m², $F_w = 151$ m², $F_r = 9{,}9$ m². *a* Überhitzer, *b* Vorverdampfer, *c* Rippenrohrvorwärmer, *d* Vorschubrost

Anordnung von 5 bis 10 Rohrreihen übereinander. Bei mehr Rohrreihen kann rückläufige Wasserbewegung in den oberen Reihen eintreten. Zur Vermeidung von Rohrverschlackungen erhält erste Rohrreihe größere Teilung, oder jedes zweite Rohr der unteren Reihe

[1] s. Lit. 3, dort S. 258 u. f., u. Lit. 4, dort S. 169.

wird nach unten gebogen, und diese dienen zur Kühlung der Rückwand (vgl. Bild 51).

Waagerechte Rohrteilung $t \geqq 150 + 2{,}5\,s$; s = Wanddicke in mm; senkrechte Teilungen sind abhängig von der Kammerbauart, z. B. Teilung 152 bei gewellten Kammern, 170 mm bei geraden Kammern.

Schrägrohrkessel erhalten eine längsliegende, Bild 51, oder querliegende Trommel, meist in Zweizug- und Dreizug-Bauart. Für kleinere Belastungen wird der Dreizug-Kessel und bei schwankender Dampfentnahme mit Längstrommel bevorzugt. Kessel mit *Quertrommel* sind sehr elastisch und können so breit gebaut werden, wie die Trommellänge es gestattet. Aufhängung der vorderen Teilkammern im Kesselgerüst. Verbindung dieser Kammern mit dem Dampfraum der Trommel durch waagerechte Überströmrohre, in denen schon eine Trennung von Dampf und Wasser erfolgt. Sind die Teilkammern senkrecht angeordnet, so ist eine Platzersparnis zu erzielen, doch müssen die Kammern wegen der schrägen Rohreinführung treppenförmige Auspressungen erhalten. Sie werden selten und für kleine Kesseleinheiten angewendet.

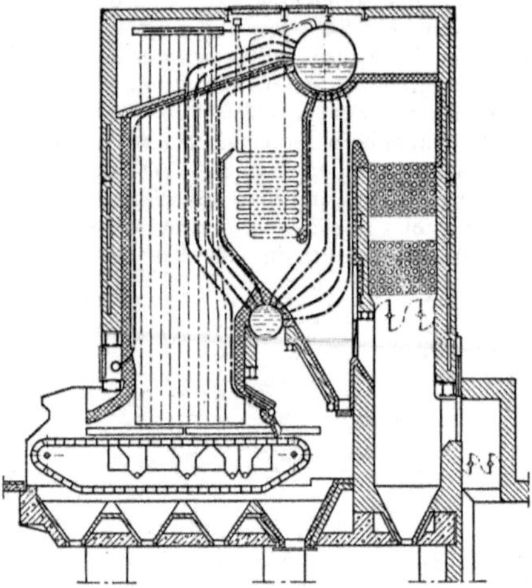

Bild 52. Zweitrommel-Strahlungskessel (Steinmüller) $p = 41$ atü, $t = 400°$, $D = 13$ t/h

Teilkammerkessel werden für Dampfleistungen bis 50 t/h und 60 atü Dampfdruck gebaut. Schrägrohrkessel auch als Schiffskessel s. S. 48.

Überhitzeranordnung in der Regel zwischen Rohrbündel und Trommel.

Trommelaufhängung der Wasserrohrkessel nach WKV 2888[1] in Bügel von 50, 70, 90 oder 110 mm Dmr., deren aufgeschraubte Muttern auf Tragplatten von 300 mm Kantenlänge ruhen. Bei langen Trommeln sind Pfannen- und Rollenlager erforderlich. Ein an die Trommel angeschweißter Nocken verhindert das Abgleiten des Bügels, der von den Feuergasen nicht berührt werden soll.

b) Steilrohrkessel. Steilgestellte Wasserrohrbündel sind in querliegende Trommeln eingewalzt oder mittels Nippel angeschweißt. Kleine Trommelzahl begünstigt eindeutigen Wasserumlauf, daher *Zweitrommel-* und *Eintrommelkessel* bevorzugt; jener für niedrigen und mittleren Druck wegen seines größeren Speichervermögens bei starken Belastungsschwankungen. Fallrohrbündel sind schwach beheizt oder unbeheizt. Fluchtende Anordnung der Wasserrohre zwecks leichterer Austauschbarkeit, Ver-

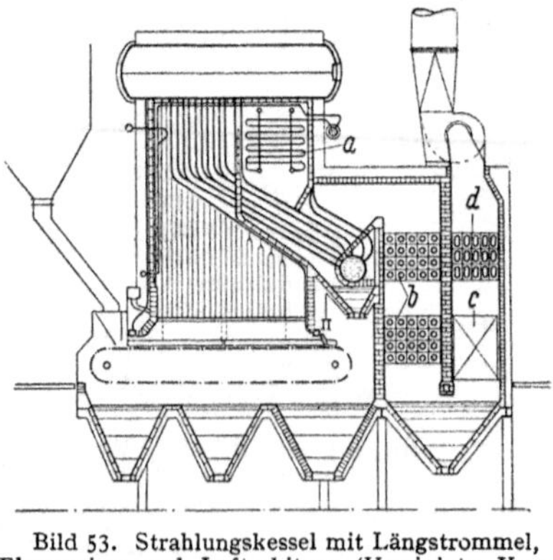

Bild 53. Strahlungskessel mit Längstrommel, Ekonomiser und Lufterhitzer (Vereinigte Kesselwerke). *a* Überhitzer, *b* Wasservorwärmer, *c* Plattenlufterhitzer, *d* Rippenrohrlufterhitzer

[1] WKV s. Lit. 14.

meiden von Verschlackungen durch Wahl größerer Teilung der ersten Rohrreihe des Steigrohrbündels. Die Obertrommel wird im Kesselgerüst frei beweglich gelagert oder pendelnd aufgehängt (s. S. 44); die Steig- und Fallrohrbündel tragen die Untertrommel. In dem zwischen Steig- und Fallrohren untergebrachten Überhitzer wird die Rauchgastemperatur so stark gesenkt, daß das hintere Bündel nur Fallrohre hat, Bild 52. Da Fallrohre nicht ganz kalt liegen, ist diese Bauart mit 67 atü begrenzt. Dampfleistung bis 80 t/h, Überhitzungstemperatur bis 475 °C. Bei kleinen Kesselleistungen und großen Belastungsschwankungen werden auch längsliegende Obertrommeln gewählt. Der *VKW-Kessel*, Bild 53, hat eine Längstrommel und wird für 2 bis 10 t/h Dampfleistung gebaut. Drücke bis 50 atü, Heißdampftemperatur bei 500 °C. Ebenfalls ein Zweitrommelkessel für Industriekraftwerke ist der *Walther-Kessel*, Bild 54, für Dampfleistungen von 20 bis 50 t/h und Drücke bis 67 atü, Heißdampftemperatur bis 500 °C. Untertrommel und unterer Sammler sind aufgestützt und tragen den Kesselkörper und die Obertrommel. Bevorzugt wird für diese Zweitrommelkessel der liegende entwässerbare Überhitzer mit Aufhängung an dampfgekühlten Rohren. Beheizung durch Rost- oder Ölfeuerungen.

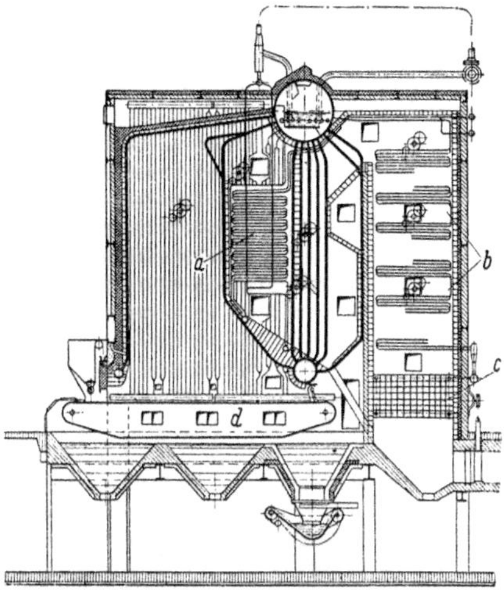

Bild 54. Zweitrommel-Strahlungskessel für D = 20 bis 50 t/h, p bis 67 atü, t bis 500° (Walther). *a* Überhitzer, *b* Vorverdampfer, *c* Rippenrohrvorwärmer, *d* Zonenwanderrost

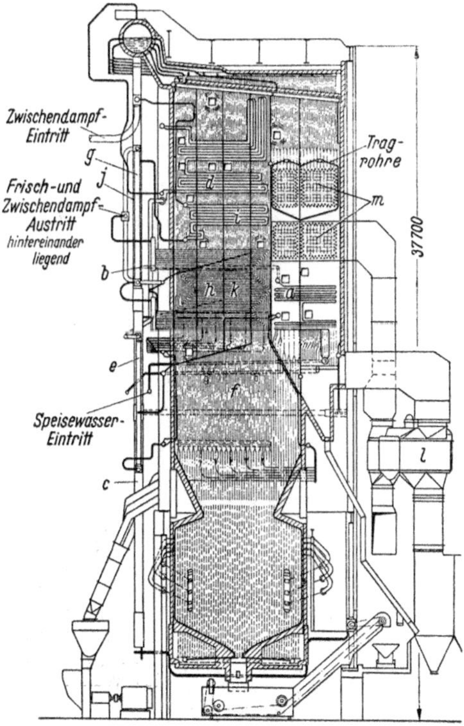

Bild 55. Schmelzkammerkessel (Borsig) mit Schmelzkammer (KSG). D = 200 t/h, p = 140 atü, t = 530°, D_{zwischen} = 178 t/h, p = 42,6 atü, t = 520°. *a* Wasservorwärmer, *b* Wassereintritt in die Fallrohre, *c* 2 Fallrohre, *d* Vorüberhitzer, *e* Kühler I, *f* Strahlungsüberhitzer, *g* Kühler II, *h* Schottüberhitzer, *i* Zwischendampf-Berührungsüberhitzer, *j* Zwischendampfkühler, *k* Zwischendampf-Schottüberhitzer, *l* Ljungström-Lufterhitzer, *m* Röhrenlufterhitzer

Hat der Kessel außer den Wasserrohrbündeln noch Kühlrohre in der Brennkammer, so Übergang zum Strahlungskessel, dessen gesamte Kesselheizfläche aus Rohrwänden besteht, welche die Brennkammer einschließen und Wärme hauptsächlich durch Strahlung aufnehmen. *Strahlungskessel* werden als Eintrommelkessel gebaut. Sie erhalten zwei Obertrommeln in Ausnahmefällen, wenn mit sehr starken Betriebsschwankungen zu rechnen ist.

Weitverbreitet ist der *Zweizugkessel*. In den oberen Teil der Strahlungskammer wird der Strahlungsüberhitzer als Schotten- oder Wandüberhitzer und bei hohen Zwischendampftemperaturen auch der Zwischendampfüberhitzer eingebaut. Im zweiten Zug liegen die Heizflächen für den Berührungsüberhitzer, Wasser- und Luftvorwärmer und gegebenenfalls der Zwischenüberhitzer. Der Frischdampfüberhitzer kann auch im Querzug untergebracht werden. Soll das Rauchgas oben abziehen, so *Einzugkessel* (Turmkessel) oder *Dreizugkessel*. Die Fallrohre der Strahlungskessel, die außerhalb des Mauerwerks oder in Mauerwerksschächten verlegt werden, sind unbeheizt, um einen eindeutigen Wasserumlauf zu erreichen. *Strahlungskessel* mit Staubfeuerungen erhalten oft eine Schmelzkammer (Schmelzkammerkessel vgl. S. 23).

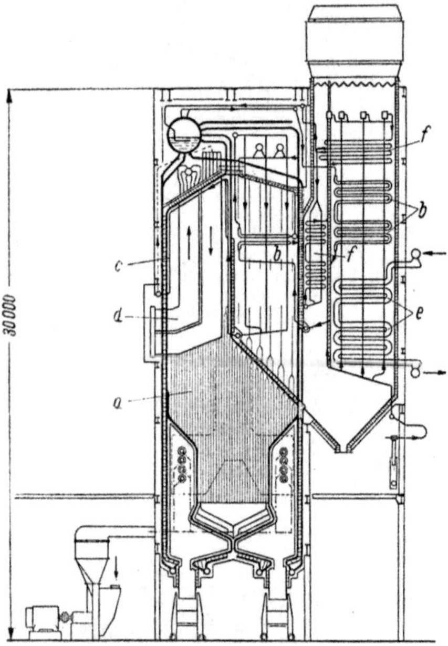

Bild 56. Doppel-Schmelzkammerkessel (Vereinigte Kesselwerke). $D = 315$ t/h, $p = 136$ atü, $t = 530°$, $t_{zwischen} = 515°$. *a* Verdampfungsheizfläche, *b* Berührungsüberhitzer, *c* Strahlungsüberhitzer, *d* Schottenüberhitzer, *e* Zwischenüberhitzer, *f* Wasservorwärmer

Der *Borsig-Schmelzkammerkessel* mit KSG-Schmelzkammer, Bild 55, hat eine achteckige Schmelzkammer mit den Brennern in vier Ecken. Das Wasser wird nach Vorwärmung von 220 auf 237 °C in die beiden Fallrohre von ≈ 500 mm Dmr. gespeist. Schmelz-, Strahlungskammer und der zweite Zug haben Rohrwände. Die Rückrohrwand der Strahlungskammer ist bis zum Rauchgasübertritt in den zweiten Zug hochgezogen. Nach Austritt aus dem Vorüberhitzer strömt der Dampf über Kühler I in den Strahlungsüberhitzer, der als Wandüberhitzer der Wasserrohrwand vorgelagert ist. Anschließend Dampfeintritt über Kühler II in den Schottüberhitzer.

Zwischen Berührungs- und Schottüberhitzer für den Zwischendampf ist ein Kühler geschaltet, der hinter Kühler II liegt. Die Mühlenluft wird im Ljungström-Erhitzer auf etwa 300 °C und die Zweitluft im Röhrenlufterhitzer auf etwa 390 °C erwärmt. Dieser ist an Tragrohren aufgehängt, auf denen auch die Rohre des Wasservorwärmers gelagert sind. Der Kessel hängt in einem Tragstuhl.

Im zweiten Zug des *Dreizugkessels*, Bild 56, liegt der Austrittsteil des Frischdampfüberhitzers, und im dritten Zug sind der Eintrittsteil dieses Überhitzers, Wasservorwärmer und Zwischenüberhitzer eingebaut. Regelung der Dampftemperatur durch Rauchgasklappen am Kesselende vor dem Lufterhitzer, mit denen der schmale Regelzug bei sinkender Last immer mehr abgeschlossen wird. Im Strahlraum der Doppel-Schmelzkammer sind die Strahlungsüberhitzer als Schotten- und Wandüberhitzer untergebracht. Über je vier Wirbelbrenner, die in den beiden gegenüberliegenden Wänden jeder Schmelzkammer liegen, wird Kohlenstaub eingeblasen.

Bei dem *Schmelzkammerkessel*, Bild 57, befinden sich die Hauptbrenner in der Decke, die Schwachlastbrenner in der Stirnwandnase. Strahlungsüberhitzer an Feuerraumstirnwand und Feuerraumdecke. Rauchgasseitige Regelung der Heißdampftemperatur durch Klappen und Aufteilung des Zuges in den Überhitzer- und Vorwärmer- oder Regelzug. Lufterhitzung durch zweistufigen Ljungström-Lufterhitzer.

Der Zyklonkessel, Bild 58, besitzt einen senkrechten Schmelzzyklon (vgl. S. 24) für die Verbrennung minderwertiger Steinkohle mit hohem Aschenschmelzpunkt. Eine Ölfeuerung reicht ebenfalls für volle Last aus.

Das Speisewasser tritt in den Vorwärmer *a* ein und fließt über die Verbindungs- und Aufhängerachse der ersten Teile des Zwischenüberhitzers in die Kesseltrommel. Der Frischdampfüberhitzer ist in den Berührungsteil *b*, den Wandüberhitzer *c* und den Schottüberhitzer *d* unterteilt, die nacheinander durchströmt werden. Der Zwischenüberhitzer setzt sich aus den Teilen *e*, *f* und *g* zusammen. Zwischen *e* und *b* ist eine Trennwand angeordnet. Mittels Klappen am Zugende können die Heizflächen unterschiedlich beaufschlagt werden, so daß mit diesem Regelzug die Temperaturen des Frisch- und Zwischendampfes geregelt werden können. Erhitzung der Verbrennungsluft im Ljungström- *h* und Röhrenlufterhitzer *i*.

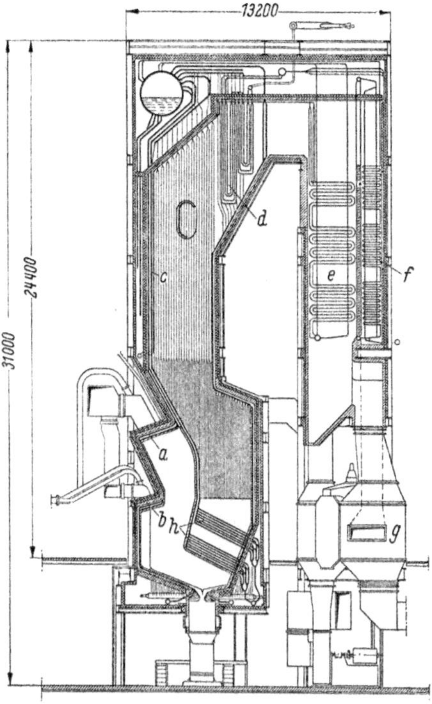

Bild 57. Schmelzkammerkessel (Steinmüller)
$D = 125$ t/h, $p = 87$ atü, $t = 525°$, $t_{ü} = 420°$, $t_{g2} = 130°$. *a* Hauptbrenner, *b* Schwachlastbrenner, *c* Strahlungsüberhitzer I, *d* Strahlungsüberhitzer II, *e* Berührungsüberhitzer, *f* Wasservorwärmer, *g* zweistufiger Ljungström-Lufterhitzer, *h* Schlackenfangrohre in Schotten

Einen *Zyklonkessel* mit zwei Schrägzyklonen (vgl. S. 24) und Ober- und Untertrommel zeigt Bild 59. Die Zyklonkühlrohre sind an den Wasserumlauf angeschlossen. Die Überhitzer-Eintrittsstufe wird unterteilt in Wandüberhitzer, liegende Überhitzer und Schottenüberhitzer, die Austrittsstufe in zwei hängende Überhitzer. Einspritzkühler zwischen der ersten und zweiten Überhitzerstufe. Zwischenüberhitzer in liegender Anordnung. Zwischen den Plattenlufterhitzern liegt der Wasservorwärmer. Einblasen des Kohlenstaubes ohne Zwischenbunkerung.

Mit Kohlenstaub gefeuerte Hochleistungskessel erhalten meist eine automatisch gesteuerte Regelung. Sie werden mit trockener Entaschung oder Schmelzkammer für Dampfleistungen bis 500 t/h und darüber und bei natürlichem Wasserumlauf bis 170 atü gebaut.

Eine abweichende Bauart ist der *Eckrohrkessel*, Bild 60, mit Naturumlauf und für Dampfleistungen bis 40 t/h und für Drücke bis etwa 65 atü und Temperaturen bis etwa 500°. Dieser hat einen Rohrkäfig, der die Ummantelung trägt und das Kesselgerüst entbehrlich macht. Die senkrechten Eckrohre des Käfigs dienen als Fallrohre, die waagerechten unteren Rohre als Verteiler, die oberen waagerechten

Rohre als Sammler. Durch weitere senkrechte Rücklaufrohre entsteht ein Wasserumlauf einerseits über die Kesseltrommel, andererseits durch die Rücklaufrohre des Rohrkäfigs. Eckrohrkessel mit Leistungen bis 15 t/h bei Öl- oder Rostfeuerung haben Wasserzuteilung nur von den Ecken her, bei Kesseln größerer Leistung

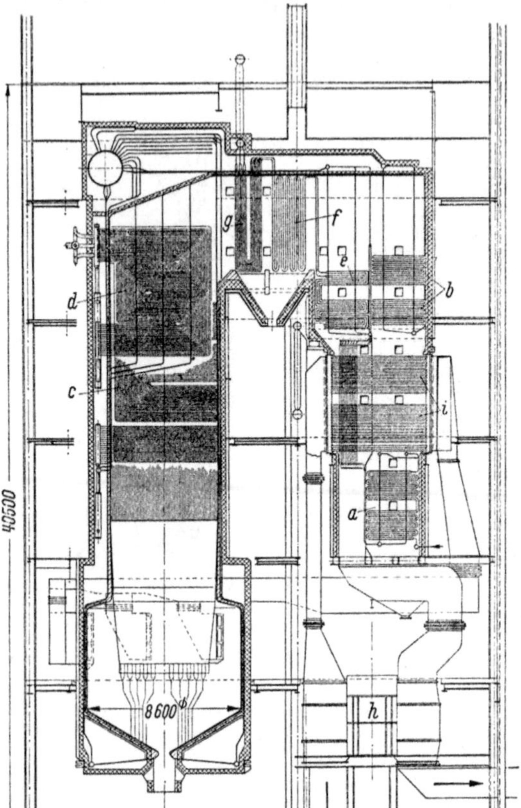

Bild 58. Zyklonkessel (Kohlenscheidungs-Gesellschaft). $D = 270$ t/h, $p = 168$ atü, $t = 535°$ $t_{w1} = 257°$, $t_{\text{zwischen}} = 535°$, $t_{l2} = 420°$, $t_{g2} = 130°$. *a* Wasservorwärmer, *b* Berührungsüberhitzer, *c* Wandüberhitzer, *d* Schottüberhitzer, *e* Zwischenüberhitzer I, *f* Zwischenüberhitzer II, *g* Zwischenüberhitzer III, *h* Ljungström-Lufterhitzer, *i* Röhrenlufterhitzer

werden zusätzliche Fall- oder Rücklaufrohre vorgesehen[1]. Seine wesentlichen Vorteile sind: Einfachheit der Herstellung (größtenteils gerade Rohre), geringer Platzbedarf, leichte Aufstellung (Zusammenstellung der Rohrkäfige nur durch Schweißen einiger Rohrverbindungen).

c) Schiffskessel werden als *Schrägrohrkessel* und für große Leistungen als *Steilrohrkessel* mit einer oder zwei Untertrommeln oder als Zwanglaufkessel (s. S. 50) gebaut. Sie arbeiten mit Druck- oder Saugzug und erhalten Rost- oder

[1] *Vorkauf, H.:* Der Wasserumlauf in Eckrohrkesseln. Energie Bd. 9 (1957) Nr. 3 S. 88.

meist Ölfeuerung. Anordnung des Überhitzers und des Wasservorwärmers oder Lufterhitzers bei dem Dreizug-*Sektionalkessel* oberhalb des Verdampferrohrsystems, bei Heißdampftemperaturen über 314 °C wird ein Zwischendecküberhitzer hinter den vordersten 4 bis 5 Rohrreihen gewählt. Rohrdurchmesser dieser Reihen 102 mm und der übrigen ebenfalls geraden Verdampferrohre 44,5 mm. Reinigen und Einwalzen jeder Rohrgruppe mit 4 Rohren durch ein Handloch. Handgefeuerte Schrägrohrkessel bis 11 t/h Dampfleistung, mit Ölfeuerung bis etwa 25 t/h, 48 atü und 425 °C. *Einzugkessel* mit Rohrdurchmessern von 51 bzw. 32 mm, zusätzlichen Feuerraumkühlwänden und Ölfeuerung bis etwa 30 t/h Dampfleistung, 48 atü und 480 °C. Bei dem *Steilrohrkessel* liegt der Überhitzer und gegebenenfalls der Zwischenüberhitzer im Rohrbündel hinter den vordersten Rohrreihen. Der *Integral-Kessel*, Bild 61, ist ein Zweitrommelkessel mit Wasserrohrdurchmessern von 51 bzw. 32 mm Durchmesser, der auf Kesselstühlen gelagert ist. Über dem Kessel befindet sich ein Röhrenlufterhitzer. Seiten- und Rückwand sind mit bestampften Kühlrohren verkleidet, die in Sammler eingeschweißt sind. Durch jeweils an den Enden der Trommel oder Sammler liegende unbeheizte Fallrohre von 114 mm Durchmesser erhalten Wasserrohrbündel und Kühlschirme ihren selbständigen Wasserumlauf. Re-

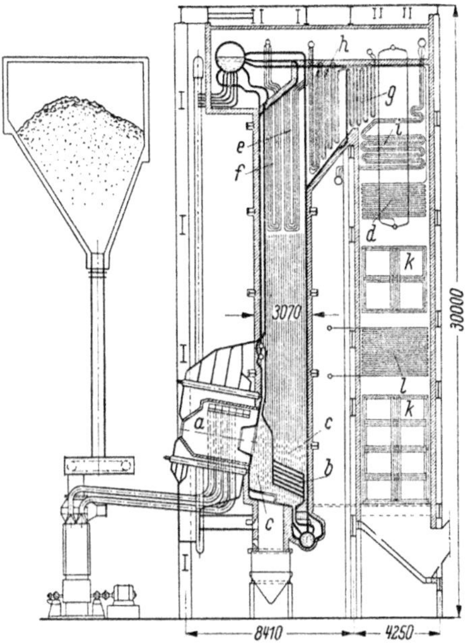

Bild 59. Strahlungskessel mit Zyklonfeuerung (Babcock-werke). $D = 130$ t/h, $p = 132$ atü, $t_ü = 525$ °, $t_{w1} = 200$ °, Zwischenüberhitzer: $D = 130$ t/h, $p = 25$ atü, $t_ü = 425$ °. **a** 2 Zyklone, **b** Fangrohre, **c** bestiftete Rohre, *d* Überhitzer I, **e** Überhitzer II, *f* Überhitzer III, *g* Überhitzer IV, *h* Endüberhitzer, *i* Zwischenüberhitzer, *k* Plattenlufterhitzer, *l* Wasservorwärmer

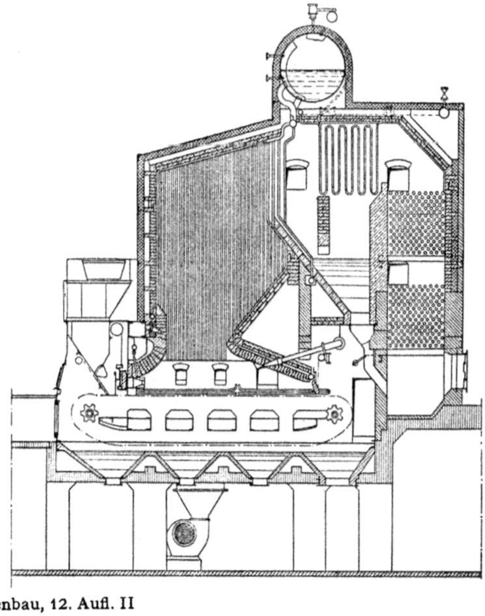

Bild 60. Zweizug-Eckrohrkessel (Schmidtsche Heißdampfgesellschaft)

geln der Heißdampftemperatur durch Kühlrohre in der Untertrommel. Ölfeuerung in der Stirnwand.

Dreitrommelkessel haben durch eine mit Stiftrohren versehene Strahlungswand 2 Feuerräume und damit 2 Rauchgasströme für die beiden Wasserrohrbündel.

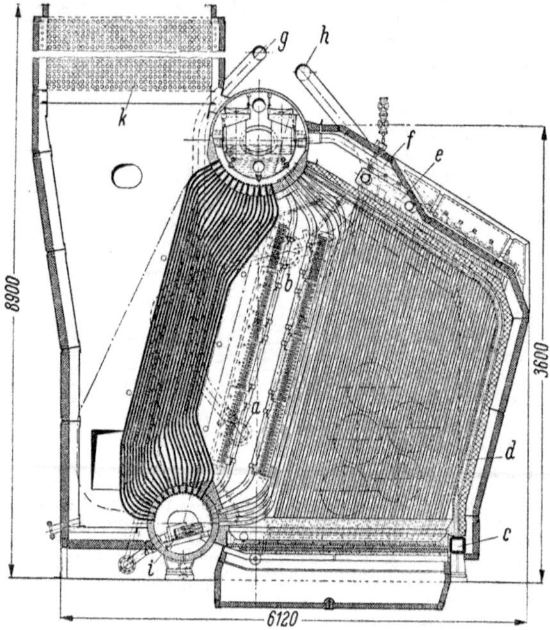

Bild 61. Integral-Schiffskessel mit Überhitzer, Heißdampf-Kühler, Lufterhitzer und Ölfeuerung (Babcockwerke). *a* Sattdampf-Eintritt, *b* Heißdampf-Austritt, *c* Seitenwandsammler, *d* Seitenwandrohre, *e* oberer Rückwandsammler, *f* Überströmrohre, *g* Sattdampfleitung zum Überhitzer, *h* Heißdampfleitung, *i* Heißdampfkühler, *k* Lufterhitzer

3. Zwanglaufkessel und Kessel mit mittelbarer Dampferzeugung

a) Zwangumlaufkessel. *La Mont-Kessel*, Schema Bild 62. Hauptmerkmale sind zwangläufiger Wasserumlauf mit Hilfe einer Umwälzpumpe und enge Wasserrohre (32 und 38 mm äußerer Dmr.) mit erzwungener gleichmäßiger Wasserverteilung auf die parallelgeschalteten Rohrstränge durch Schaltung von scharfkantigen Blenden (Drosselvorrichtungen) am Rohreintritt. Leistungsbedarf der Pumpe, die drei- bis viermal mehr Wasser umwälzt, als der Dampfleistung entspricht, etwa 0,4% der Dampfleistung bei einem Differenzdruck von 1,5 bis 2,5 at. Anordnung der Umwälzpumpe so tief unter der Kesseltrommel, daß sich in der zu ihr führenden Saugleitung kein Dampf entwickeln kann.

Die engen Rohre haben den Vorteil eines guten Wärmeübergangs, geringer Wandstärke und damit einer Gewichtsersparnis auch für das Kesselgerüst. Die zwangläufige Wasserbewegung erlaubt konstruktive Freiheit in der Rohrführung und *Anpassung* der *Heizfläche* an *alle örtlichen Verhältnisse*, daher besonders geeignet für Anlagen mit geringer Bauhöhe. Auch als Schiffs-, Fahrzeug- und Abhitzekessel. Einbau von La Mont-Heizflächen bei anderen Kesseln zur Steigerung der Dampfleistung oder zur Beherrschung der Feuerraumtemperatur. Eignung des La Mont-Kessels für alle Leistungen und Drücke. Anforderungen an das Speisewasser, Einbau der Überhitzer und Vorwärmer wie bei Naturumlaufkessel. Regelung nach dem Wasserstand.

Der *Velox-Kessel* von BBC, Bild 63, weicht in Durchbildung und Arbeitsweise erheblich vom Dampfkessel üblicher Bauart ab. Starke Steigerung des Wärmeübergangs und dadurch bedeutende Verminderung der Abmessungen werden durch hohe Rauchgasgeschwindigkeiten (bis 300 m/sek) und durch Zwangumlauf des Wassers erreicht. Die heiße Verbrennungsluft wird auf 2,5 bis 3 ata verdichtet und mit dem Brennstoff, z. B. Rohöl oder gereinigtem Gas, der Brennkammer zugeführt. Wirtschaftliche Luftverdichtung durch Axialkreiselverdichter *f*, angetrieben durch die Abgasturbine *e*, in der die Energie der vom Überhitzer *b* kommenden Rauchgase ausgenutzt wird. Heizöl wird durch eine Pumpe, Brenngas durch den Axialverdichter in die Brennkammer gefördert.

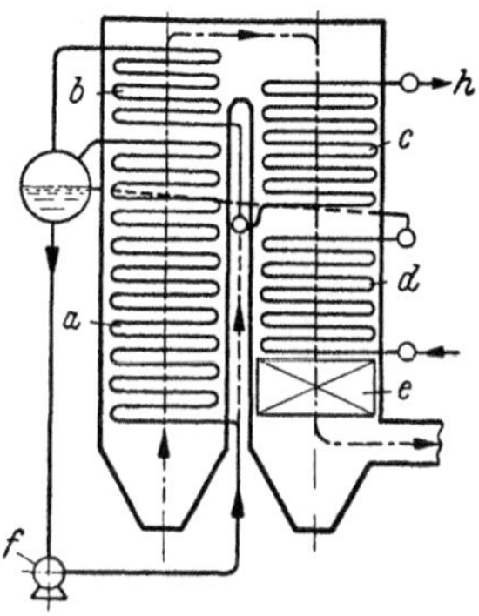

Bild 62. Schema des La Mont-Kessels. *a* Verdampfer, *b* Strahlungsüberhitzer, *c* Berührungsüberhitzer, *d* Wasservorwärmer, *e* Luftvorwärmer, *f* Umwälzpumpe, *h* Dampfaustritt

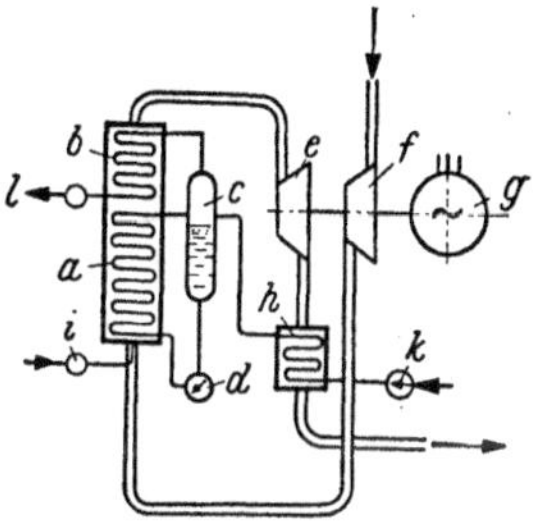

Bild 63. Schema des Velox-Kessels. *a* Verdampfer, *b* Überhitzer, *c* Abscheider, *d* Umwälzpumpe, *e* Abgasturbine, *f* Verdichter, *g* Anlaß- und Regelmotor, *h* Wasservorwärmer, *i* Öleintritt, *k* Kesselspeisepumpe, *l* Dampfaustritt

Die Rauchgase durchströmen zunächst senkrechte Verdampferelemente, die den Brennraum umgeben. Der Überhitzer ist getrennt angeordnet. Sodann gelangen die Gase in die Gasturbine *e* und den Vorwärmer *h*. Gasgeschwindigkeit in diesem noch etwa 100 m/sek. Die Umlaufpumpe *d* wälzt etwa 10 bis 15 kg Wasser je kg zu gewinnenden Dampfes um mit einem Überdruck von 1,5 bis 2,5 at. Trennung von Wasser und Dampf in besonderem Fliehkraft-Dampfabscheider *c*. Die außerordentlich kleinen Abmessungen der Anlage ermöglichen Unterbringung auch im Maschinenraum. Daher besonders geeignet bei beschränktem Platz, z.B. Schiff. Infolge kleinen Wasserinhalts Inbetriebsetzen in etwa 3 bis 6 Min., daher auch Eignung für Spitzen- und Reservekraftwerke.

Regelung selbsttätig durch Ändern der Drehzahl des Verdichters und der Brennstoffpumpe abhängig von der Dampfentnahme.

b) Zwangdurchlaufkessel. Der *Benson-Kessel* ist ein trommelloser Dampferzeuger, in den ebensoviel Wasser eingespeist wird, wie gerade verdampft. Die Heizfläche besteht aus einem System enger Rohre (32 oder 38 mm äußerer Dmr.), das unterteilt ist in Vorwärmer, Strahlungsteil, Übergangsteil und Überhitzer, Schema Bild 64. In einmaligem Durchgang wird das Wasser vorgewärmt, verdampft und der

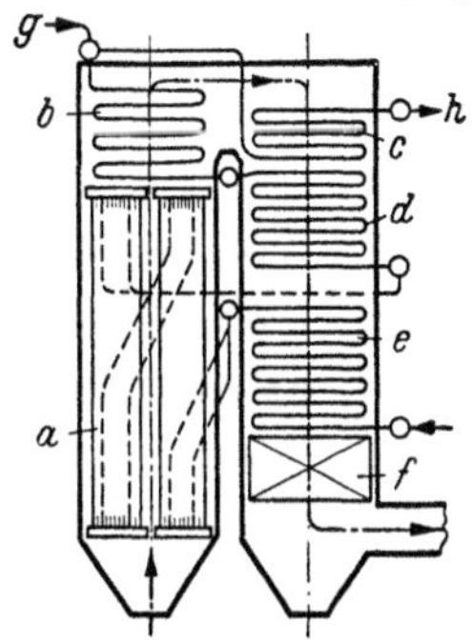

Bild 64. Schema des Benson-Kessels. *a* Verdampfer, *b* Strahlungsüberhitzer, *c* Berührungsüberhitzer, *d* Übergangsteil, *e* Wasservorwärmer, *f* Luftvorwärmer, *g* Einspritzwasser, *h* Dampfaustritt

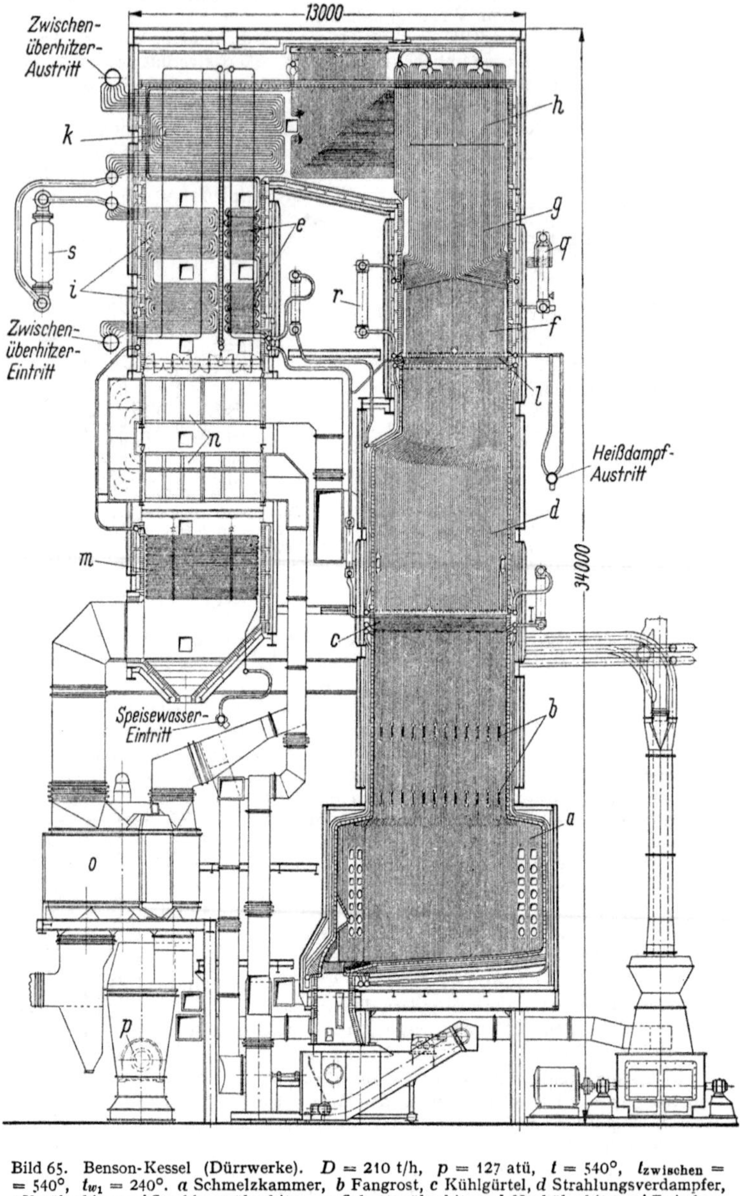

Bild 65. Benson-Kessel (Dürrwerke). $D = 210$ t/h, $p = 127$ atü, $t = 540°$, $t_{zwischen} = 540°$, $t_{w_1} = 240°$. *a* Schmelzkammer, *b* Fangrost, *c* Kühlgürtel, *d* Strahlungsverdampfer, *e* Vorüberhitzer, *f* Strahlungsüberhitzer, *g* Schottenüberhitzer, *h* Nachüberhitzer, *i* Zwischenüberhitzer I, *k* Zwischenüberhitzer II, *l* Zwischenüberhitzer III, *m* Wasservorwärmer, *n* Plattenlufterhitzer, *o* Ljungström-Lufterbitzer, *p* Frischluftgebläse, *q* Einspritzung I, *r* Einspritzung II, *s* Heißdampfkühler

Dampf überhitzt. Das Wasser wird von der Pumpe zuerst durch den Vorwärmer *e* und anschließend in das den Feuerraum auskleidende Röhrensystem *a*, den Strahlungsteil, gedrückt, in dem es zum größten Teil verdampft. Mit 75 bis 80% Dampfgehalt strömt das Gemisch in den Übergangsteil *d*, in dem der Rest verdampft und der Dampf schon etwas überhitzt wird. Wichtig ist, daß dieser Rohrteil einer niedrigen Rauchgas-Eintrittstemperatur (etwa 900 °C) ausgesetzt ist, denn die Salze scheiden sich erst bei der *restlosen* Verdampfung aus. Spülung dieser Rohre ist daher in gewissen Zeitabständen erforderlich. Zwischen Strahlungs- und Übergangsteil wird der Überhitzer *b*, der auch als Schottenüberhitzer (s. S. 55) ausgeführt sein kann, angeordnet.

Bild 65 zeigt einen Benson-Kessel, Bild 66 den Strömungsverlauf. Der Strahlteil besteht aus einzelnen Rohrelementen mit Steig- und Fallrohren und Ein- und Austrittssammlern. Die Elemente sind so hintereinandergeschaltet, daß jeweils der obere Sammler eines Elementes mit dem unteren Sammler des nächsten Elementes durch unbeheizte Rohre größeren Durchmessers (102 mm Dmr). verbunden ist. Das häufige Durchmischen des Dampf-Wasser-Gemisches ist für die Stabilität der Strömung wichtig.

Von besonderer Bedeutung ist die Speisung einwandfreien Wassers. Salzgehalt $\lesssim$1 mg/lit; Restsauerstoffgehalt $\lesssim$0,03 mg/lit. p_H-Zahl etwa 8,5 bis 9,5. Zusatzwasser aus Verdampfern oder Vollentsalzungsanlagen.

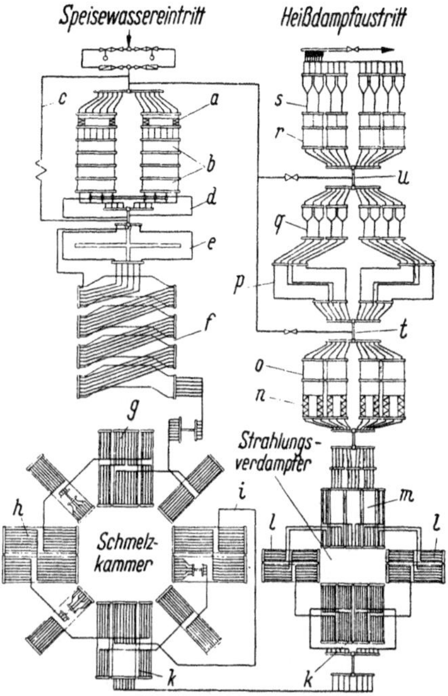

Bild 66. Durchflußschema des Benson-Kessels. *a* Wasservorwärmer, *b* Tragrohre, *c* Nebenheizfläche, *d* Kühlgürtel über Strahlungsverdampfer, *e* Kühlgürtel über Schmelzkammer, *f* Fangrost, *g* Brennkammer-Rückwand, *h* linke Seitenwand, *i* rechte Seitenwand, *k* Strahlungsverdampfer-Vorderwand, *l* Seitenwände, *m* Rückwand, *n* Vorüberhitzer, *o* Decke und Vorderwand, *p* Strahlungsüberhitzer-Seitenwände, *q* Schottenüberhitzer, *r* Überhitzer-Rückwand, *s* Nachüberhitzer-Schotten, *t*, *u* s. Text

Ein Abweichen vom richtigen Verhältnis der Brennstoffzufuhr zur Wassereinspeisung äußert sich in der Änderung der Überhitzungstemperatur. Der Kessel wird daher „auf Temperatur" gefahren. Infolge der verhältnismäßig langen Durchlaufzeit (mehrere Minuten) des Wassers bzw. Dampfes durch das ganze Röhrensystem spricht bei Belastungsänderung die Dampftemperatur als Impulsgeber für die Regelung zu spät an. Deshalb Einbau einer kurzen Regelheizfläche, die von einer dem eingespeisten Wasser proportionalen Wassermenge schnell durchflossen wird und nach deren Temperatur sich die Feuerführung richtet.

Zu hohes Steigen der Überhitzungstemperatur wird durch Einspritzen von Kondensat verhindert, Einspritzstellen *t*, *u* in Bild 66.

Bei Blockschaltung mit der Turbine kann Kessel auch mit veränderlichem Druck betrieben werden. Kesseldruck ändert sich abhängig von Turbinenleistung (Gleitdruckverfahren).

Der trommellose *Sulzer-Einrohrkessel*, Schema Bild 67, hat keine zu Rohrregistern zusammengefaßten Steigrohre mit Zwischensammlern, sondern Rohrschlangen aus fortlaufend zusammengeschweißten Rohren mit größerem Rohrdurchmesser (57 oder 63 äußerer Dmr.) als bei dem Benson-Kessel ohne Unterbrechung durch Zwischensammler, die sich über Vorwärmer, Verdampfer und

Überhitzer erstrecken. Zwischen Verdampfer und Überhitzer ist eine Entsalzungsflasche geschaltet, aus der das mit Salz angereicherte Wasser unten abgezogen wird. Je nach Dampfleistung besteht die Heizfläche aus einem oder mehreren parallel geschalteten Rohrsträngen (Bändern). Diese können mäanderartig senkrecht und waagerecht gewickelt werden. Anforderungen an das Speisewasser wie für den Benson-Kessel.

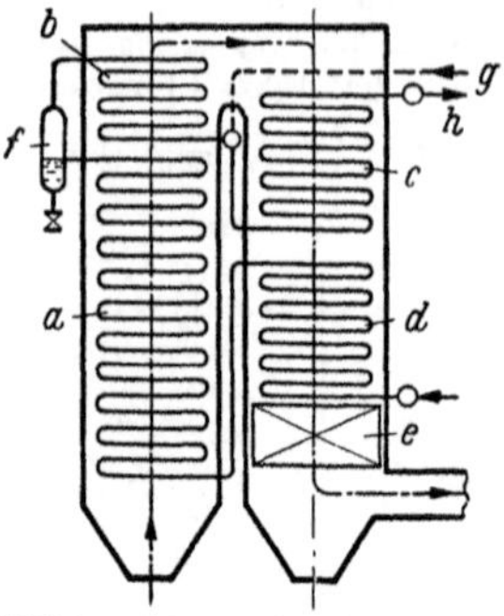

Bild 67. Schema des Sulzer-Einrohrkessels. *a* Verdampfer, *b* Strahlungsüberhitzer, *c* Berührungsüberhitzer, *d* Wasservorwärmer, *e* Luftvorwärmer, *f* Salzabscheider, *g* Einspritzwasser, *h* Dampfaustritt

Benson-Kessel und Sulzer-Kessel eignen sich für hohen Druck und Höchstdruck, auch für den Druckbereich über 170 atü, für den Naturumlaufkessel nicht gebaut werden können. Sie sind billiger als Trommelkessel, lassen sich schnell anfahren und leicht anpassen an Belastungsänderungen, stellen aber hohe Anforderung an die Regelung. Wegen des großen Druckverlustes ist die Speisepumpenleistung höher als bei Trommelkesseln. Ein großer Vorteil ist ihre Sicherheit gegen Betriebsunfälle, besonders beim Benson-Kessel. Daher gelten für diese Kessel erleichterte polizeiliche Bestimmungen.

c) Kessel mit mittelbarer Dampferzeugung durch kondensierenden Heißdampf von hohem Druck im *Löffler-Kessel* und durch kondensierenden Sattdampf im *Schmidt-Hartmann-Kessel*, die beide im Gegensatz zu den anderen Sonderbauarten größere Wasserräume haben. Jener arbeitet mit Zwangumlauf von Heißdampf, dieser mit natürlichem Wasserumlauf.

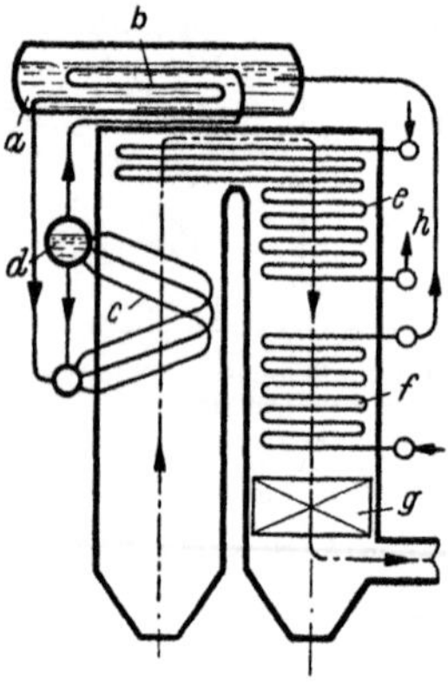

Bild 68. Schema des Schmidt-Hartmann-Kessels. *a* Kesseltrommel, *b* Heizschlange, *c* Verdampfer, *d* Zwischentrommel, *e* Überhitzer, *f* Wasservorwärmer, *g* Luftvorwärmer, *h* Dampfaustritt

Bei dem *Löffler-Kessel* strömt der sehr hochüberhitzte Dampf zum Teil (etwa $^3/_4$) in die Kesseltrommel zurück, wo seine Überhitzungswärme zur Dampferzeugung dient.

Das Löffler-Verfahren ist nur für Höchstdruck über 100 at geeignet, da bei niedrigem Druck der Arbeitsbedarf und die Abmessungen der Umwälzpumpe zu groß werden. Über 100 at erfordert deren Antrieb etwa 4% der Nutzdampfmenge. Ein Nachteil ist die hohe Rohrwandtemperatur der Heizfläche. Das Verfahren hat an Bedeutung verloren.

Schmidt-Hartmann-Kessel, Schema Bild 68. In dem im ersten Zuge liegenden Röhrensystem c wird Sattdampf von höherer Spannung als die Betriebsspannung erzeugt. Der Druckunterschied zwischen Heizdampf und Betriebsdampf ergibt das erforderliche Temperaturgefälle zwischen Heizrohrsystem *b* und dem zu verdampfenden Wasser in der Trommel *a*, so daß der Heizdampf seine Verdampfungswärme und einen Teil seiner Flüssigkeitswärme abgibt und zu dem Röhrensystem *c* zurückfließt. Im Heizrohrsystem macht daher dasselbe Wasser immer wieder einen natürlichen Umlauf. Die Trommel *d* dient zur Wasserabscheidung. Speisung des Kessels über Vorwärmer *f*. Überhitzung des Betriebsdampfes im Überhitzer *e*. Der Kessel ist wenig empfindlich gegen chemisch aufbereitetes Speisewasser, da Kesselstein sich nur auf den Rohren des Wärmeaustauschers *b* absetzt, der leicht aus der Obertrommel ausgebaut werden kann. Daher verbreitet in der chemischen Industrie und auf Schiffen. Diese geringe Empfindlichkeit gegen Speisewasser ist der wichtigste Vorteil des Kessels.

C. Überhitzer

1. Ausführung

Man unterscheidet *Frischdampf-* und *Zwischendampfüberhitzer* bzw. nach dem hauptsächlichen Wärmeübergang *Berührungs-* und *Strahlungsüberhitzer*; dieser ist in der oberen Brennkammer angeordnet; dem Berührungsüberhitzer ist so viel Kesselheizfläche vorgeschaltet, daß Wärme vorwiegend durch Berührung übertragen wird. Da bei zunehmender Kesselleistung auch die Dampftemperatur beim Austritt aus dem Berührungsüberhitzer zunimmt, der Strahlungsüberhitzer aber eine entgegengesetzte Charakteristik hat, so kann durch Kombination beider Überhitzer eine fast gleichbleibende Temperatur bei verhältnismäßig großem Lastbereich erreicht werden. Strahlungsüberhitzer zur Auskleidung eines Teils der Brennkammer *(Wandüberhitzer)* oder häufig als *Schottenüberhitzer* am Ende der Kammer. Bei diesem bilden die unmittelbar aneinanderliegenden Rohre senkrechte Rohrwände (Schotten) mit einem Abstand von 700 bis 1500 mm, die nur geringe Möglichkeit zur Ablagerung von Flugasche und Schlacke geben. Auch besteht infolge des großen Abstandes keine Gefahr der Schlackenbrückenbildung. Wegen beschränkter Rauchgastemperatur am Berührungsüberhitzer muß bei Hochdruckkesseln ein Überhitzerteil als Strahlungs- oder Wandüberhitzer vorgeschaltet werden, dessen Größe vom Druck, Heißdampf- und Speisewassertemperatur abhängt.

a) Anordnung. Rohranordnung des Rohrbündels fluchtend und versetzt, diese nur bei gutartiger Brennstoffasche; die Rohre müssen dampf- und rauchgasseitig möglichst gleichmäßig beaufschlagt werden. Bei hohen Überhitzungstemperaturen Aufteilung des Überhitzers in 2 oder 3 Rohrbündel. Es können dann in jedem Bündel die günstigsten Schaltungen (Gegenstrom, Gleichstrom oder Kombination beider Arten) und Dampfgeschwindigkeiten und die geeigneten Werkstoffe gewählt werden (bis 530 °C Überhitzungstemperatur ferritische Stähle, bei höherer Temperatur hochleg. Cr-Ni-Stähle mit austenitischem Gefüge s. Bd. I S. 539). Für Rohrhalterungen, die ebenfalls hohen Rauchgastemperaturen ausgesetzt sind, ist Werkstoff mit besonders hohem Widerstand gegen Verzundern und Korrosion und von hoher Dauerstandfestigkeit zu wählen (Cr-Mo-Stahl oder meist Sicromalstahl).

Verbindung der Rohre von meist 32 und 38 mm Dmr. mit den rechteckigen oder runden Sammlern durch Einwalzen selten noch und nur bei niedrigem Dampfdruck und Heißdampftemperatur bis 400 °C, sonst mittels Einschweißnippeln nach Bild 69 (s. WKV 2937). Die Sammler sollen möglichst außerhalb des Rauchgaszuges liegen. Bei Flammrohr-, Rauchrohr- und Schrägrohrkesseln meist *liegende* Überhitzer, bei Steilrohr- und Eintrommelkesseln auch *hängende* Überhitzer. Die Verschmutzungsgefahr ist bei der liegenden Bauart größer als bei der hängenden, doch läßt jene sich vollständig entwässern; in den unteren Umkehrenden des hängenden Überhitzers können sich Wasser- und Salztropfen bilden, die bei Anfahrbeginn ausgeblasen werden müssen, sonst ungleichmäßige Dampfbeaufschlagung der Rohre. Der Krümmungshalbmesser darf besonders bei starkwandigen Rohren nicht zu klein bemessen werden, sonst Querschnittsverengung und Schwächung der Wandstärke des äußeren Bogenteils. Die Rohrteilung ist abhängig von der Art der Feuerung und der Flugasche zu wählen (70 bis 200 mm), denn bei hohen Rauchgastemperaturen besteht in den ersten Rohrreihen Gefahr der Verschmutzung durch klebrige Flugasche und Brückenbildung durch Schlacke. Daher erhalten die dem heißesten Gas ausgesetzten Rohre größere Teilung. Über 800 °C ist Kriechen nicht zu vermeiden. Es müssen daher auch die Halterungen wasser- und dampfgekühlt werden. Aufhängung des Überhitzers besser an den eigenen dampfführenden Rohren, die zwangläufig durchströmt sein müssen. An die Aufhängerohre werden nach WKV 1928 und 1929 Trag- und Halteflossen angeschweißt, auf welche die Rohrschlangen gelagert werden. Bild 70 zeigt die Lagerung der liegenden Überhitzerrohre auf Laschen und Bügel, die an die Aufhängerohre angeschweißt sind, Bild 71 die Aufhängung eines hängenden Überhitzers.

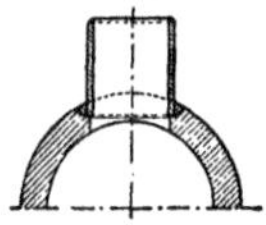

Bild 69. Sammler mit Einschweißnippel

b) Ausrüstung der Überhitzer. Verlangt werden ein *Sicherheitsventil* und eine *Entwässerungseinrichtung* für den Überhitzer und für die Dampfleitung kurz vor diesem. Die Entwässerungseinrichtung ist, falls sie nicht am tiefsten Punkt des Überhitzers angebracht werden kann, durch eine Ausblasevorrichtung zu ersetzen.

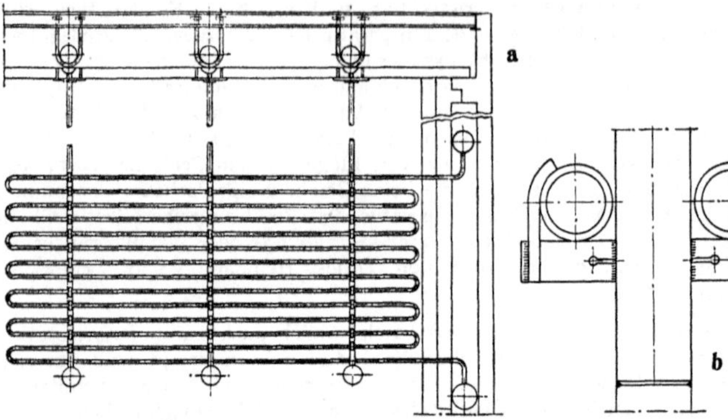

Bild 70. Liegender Überhitzer (Borsig). a Lagerung der Rohre; b Aufhängung der Sammler

c) Einbau der Kesselzugüberhitzer. Bei Flammrohrkesseln Einbau des Überhitzers hinter dem ersten Zug, bei Lokomobilkesseln in der Rauchkammer. Bei Schrägrohrkesseln Anordnung des Überhitzers zwischen Rohrbündel und Kesseltrommel. Bei Steilrohrkesseln liegt der Überhitzer hinter dem ersten Steigrohrbündel oder bei hohen Abgastemperaturen und Nichtbeheizung des Fallrohrbündels hinter der gesamten Kesselheizfläche. Zwischenüberhitzer mit gleichem Aufbau liegen hinter dem Frischdampfüberhitzer.

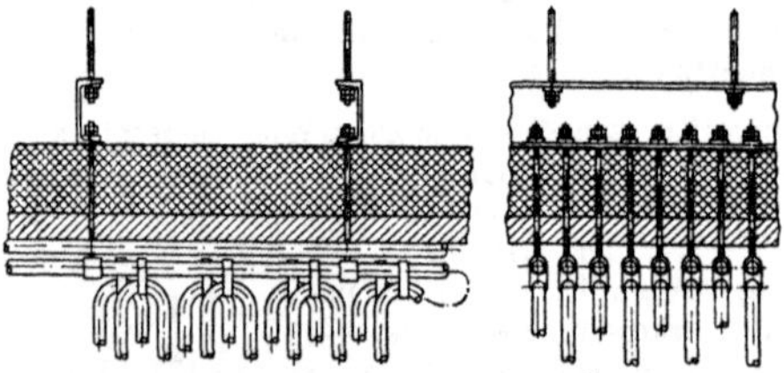

Bild 71. Aufhängung eines hängenden Überhitzers (Kohlenscheidungs-Gesellschaft)

Bemerkenswert ist der Einbau des Überhitzers in Heizrohre, sog. Rauchrohrüberhitzer, wie er bei Lokomotiven, Bild 46, und Schiffskesseln, Bild 48, angewendet wird. Er hat gegenüber den früher üblichen Rauchkammerüberhitzern den Vorteil, daß sich die einzelnen Rohrelemente leicht auswechseln lassen.

Außendurchmesser der Rauchrohre, in denen die Überhitzerrohre liegen, 135 bis 145 mm, der übrigen Heizrohre 45 bis 50 mm.

2. Berechnung des Überhitzers

Es bedeuten

$F_ü$ die den Heizgasen ausgesetzte Oberfläche des Überhitzers m²,

D die stündliche Dampfmenge kg/h,

$i_ü$ Enthalpie des Heißdampfes kcal/kg, i'' Enthalpie des Sattdampfes kcal/kg,

V_{rf} die durch den Überhitzer strömende Gasmenge Nm³/h,

C_{pg_1}, C_{pg_2} mittlere spez. Wärme des Gases am Ein- und Austritt kcal/Nm³ grd,

t_{g_1}, t_{g_2} Gastemperaturen vor und hinter Überhitzer °C,

$$\eta_ü = \frac{100 - \text{Wärmeverluste in } \%}{100}.$$

Dann ist die im Überhitzer stündlich *nutzbar übertragene Wärmemenge*

$$Q_ü = D\left(i_ü - i'' + \frac{w \cdot r}{100}\right)^* = V_{rf}(C_{pg_1} \cdot t_{g_1} - C_{pg_2} \cdot t_{g_2}) \cdot \eta_ü \text{ kcal/h}.$$

Bei zweiteiligem Überhitzer mit zwischenliegendem Einspritzregler ist

$$Q_{ü} = (D - W)\left(i_{ü} - i'' + \frac{w \cdot r}{100}\right)^{*} + W\,(i_{ü} - i_{w})\ \text{kcal/h};$$

W Einspritzwassermenge kg/h, i_w Enthalpie des Einspritzwassers kcal/kg.

Die *spezifische Wärmeleistung* des Überhitzers oder die von 1 m² Überhitzerheizfläche aufgenommene Wärmemenge

$$q_{ü} = Q_{ü}/F_{ü} = D\left(i_{ü} - i'' + \frac{w \cdot r}{100}\right)\Big/F_{ü} = k\,\Delta t_m\ \text{kcal/m}^2\text{h}.$$

k = Wärmedurchgangszahl, abh. von Gas- und Dampfgeschwindigkeit, Gas- und Dampftemperatur, Reinheit der Heizfläche. Sie wird berechnet (s. Bd. I, S. 452) aus $\alpha_{Gas} = \alpha_{Str} + \alpha_B$ und α_d (α_{Str} und α_B sind die Wärmeübergangszahlen durch Strahlung und Berührung des Rauchgases, α_d ist die Wärmeübergangszahl für überhitzten Dampf). Genügend genau ist $k = \varkappa \cdot \alpha_{Gas}$ (Verschmutzungsfaktor $\varkappa$ = 0,85 bis 0,9). Mittelwerte: k = 25 bis 50 kcal/m²h grd.

Der *mittlere Temperaturunterschied* ist $\Delta t_m = \dfrac{\Delta t_1 - \Delta t_2}{\ln(\Delta t_1/\Delta t_2)}$,

worin Δt_1 den Temperaturunterschied zwischen Rauchgas und Dampf beim Eintritt des Rauchgases und Δt_2 den Temperaturunterschied zwischen Rauchgas und Dampf beim Austritt des Rauchgases bedeuten.

t_{g1} für Rauchrohrkessel etwa 450 bis 600 °C je nach Zuglänge, für Wasserrohrkessel 700 bis 1100 °C. Die höchste zulässige Rauchgastemperatur vor dem ersten Kesselzugüberhitzer ist abhängig von der Aschenerweichungstemperatur. Ist die Asche klebrig, so schnelle Rohrverschmutzung. Sind Rauchgas- und Dampftemperatur hoch, so ergibt sich hohe Rohrwandtemperatur. Werkstoffe und Festigkeitsberechnung für Rohre s. S. 73.

Der *Druckabfall* in Überhitzerbündeln[1] einschl. Sammler ist

$$\Delta p = f\,M\,(\Sigma\zeta)\,\frac{c_m^2}{2g} \cdot \frac{1}{v_m} \cdot 10^{-4}\ \text{kg/cm}^2.$$

f = Faktor abh. von der Überhitzerschaltung ≈ 0,95 bei Gegen-, ≈ 1,05 bei Gleichstrom,

M = Berichtigungsfaktor = $1{,}92 - \dfrac{\text{Re}}{6 \cdot 10^6}$ bei Re < 552000; M = 1 bei Re = 552000,

c_m = mittl. Dampfgeschwindigkeit = $\dfrac{D \cdot v_m}{3600 \cdot F}$ m/sek,

$\Sigma\zeta = \zeta w + \zeta z + \zeta u$ (Widerstandszahlen für Reibung, Beschleunigung, Umlenkung),
$\zeta w = 0{,}021 \cdot l/d_i$; ζz = 2,5 (berücksichtigt Verluste in Sammlern, Heißdampfkühlern, Ein- und Austrittsverluste in Rohrschlangen); ζu abh. vom Krümmungsradius R und der Bogenumlenkung,

R/d_i	1,5	2,0	3,0	4,0	
ζu	0,30	0,20	0,17	0,15	für 90°-Bogen,
ζu	0,54	0,39	0,30	0,27	für 180°-Bogen,
ζu	6 für Umkehrenden nach Schmidt				

d_i = innerer Rohrdurchmesser m,
l = Länge einer Überhitzerschlange m,
v_m = mittl. spez. Dampfvolumen m³/kg bei der mittl. Dampftemperatur $(t_{ü} + t_s)/2$,
$t_{ü}$ = Überhitzungstemperatur,
t_s = Sattdampftemperatur,
F = Querschnitt m² aller vom Dampf gleichzeitig durchströmten Überhitzerrohre.

Dampfgeschwindigkeiten. Für ausreichende Rohrkühlung bei möglichst kleinem Druckabfall werden vorgeschlagen:

Kessel-Genehmigungsdruck atü	Dampftemperatur °C	Austrittsgeschwindigkeit aus dem letzten Überhitzerteil m/sek
125	500	12–18
80	500	16–22
40	450	18–25

* Gelangt Wasser mit dem Dampf in den Überhitzer, so wird das mitgerissene Wasser in dem Überhitzer verdampft. Die Heißdampftemperatur fällt infolgedessen mit Zunahme der Dampfnässe ab. w bedeutet in Gew.-% den Feuchtigkeitsgehalt des Dampfes am Überhitzereintritt. Im allgemeinen $w < 2\%$.

[1] *Rickers, W.:* Der dampfseitige Druckabfall in Überhitzern von Dampfkesselanlagen VGB-Mitt. Heft 95, S. 236. – *Zimmermann, E.:* Druckabfall in Überhitzern. Ebendort S. 230.

3. Regelung der Überhitzungstemperatur

a) Durch **Schieber** oder **Klappen,** die nur einen Teil der Heizgase über den Überhitzer zu leiten gestatten. Nachteilig ist hierbei, daß die Absperrorgane, wenn sie längere Zeit im Heizgasstrom verbleiben, sich leicht verziehen und verzundern, daher Einbau am Ende des Regelzuges.

b) Durch **Zurückleiten** eines Teiles des Heißdampfes durch den Wasser- oder Dampfraum des Kessels und durch Mischung dieses so abgekühlten Dampfes mit dem übrigen überhitzten Dampf (Oberflächenkühlung Bild 72).

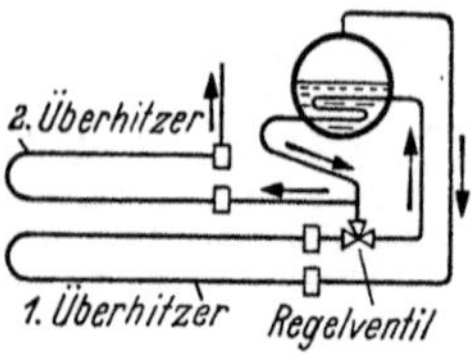

Bild 72. Heißdampfregelung mit Oberflächenkühler

c) Durch **Einspritzen** von fein verteiltem heißen Wasser (Einspritzkühlung) in den Heißdampfkühler zwischen 2 Überhitzerbündeln.

Einspritzkühler (Töpfe mit Füllkörpern, durch die der Dampf hindurchgeführt wird) eignen sich zur Abkühlung großer Dampfmengen um große Temperaturspannen. Vorteil: geringe Trägheit der Regelung. Nachteil: Verschmutzung des Kühlers bei unreinem Wasser, Übergang der Verunreinigungen in den Dampf, so daß durch deren Ablagerung unzulässig hohe Wandtemperaturen entstehen können, daher nur stein- und salzfreies Wasser einspritzen.

Regeln der Einspritzwassermenge von Hand oder durch thermostatische Regelvorrichtung. Einspritzkühlung wird für große Leistungen vorwiegend angewendet. Regeln der Heißdampftemperatur bei Benson-Kessel hauptsächlich durch Ändern der Feuerungsleistung und zusätzlich durch Einspritzkühlung.

Bei Kohlenstaubfeuerungen ist Beeinflussung der Heißdampftemperatur auch durch Schwenkbrenner möglich (s. S. 22).

Meist wird der Überhitzer so groß ausgelegt, daß bereits bei Regellast volle Heißdampftemperatur erreicht wird. Bei größerer Leistung ist Dampfkühlung erforderlich.

D. Speisewasservorwärmer

1. Rauchgasvorwärmer (Ekonomiser)

Wichtigste Vorteile der Abgasvorwärmung:

1. Verringerung der Anlagekosten durch Ersatz der teueren Kesselheizfläche durch Vorwärmerfläche.
2. Verringerung der Betriebskosten durch möglichst weitgehendes Ausnutzen der Rauchgaswärme und die dadurch erzielte Brennstoffersparnis.
3. Vermeidung zusätzlicher Wärmespannungen und starker Wasserspiegelschwankungen durch Speisen von heißem Wasser bzw. Dampf-Wassergemisch.

Sie werden als Rippenrohrvorwärmer aus Gußeisen und Glattrohrvorwärmer aus Flußstahl in den Rauchgaszug eingebaut. Bei Gußeisenvorwärmern muß die Vorwärmtemperatur etwa 30 bis 50 grd unter der Sattdampftemperatur bleiben, damit Dampfbildung mit Sicherheit vermieden wird[1]. In den *Verdampfungsvorwärmern* aus Stahlrohren kann Dampfbildung bis 25%, in einzelnen Fällen bis 50% des eingespeisten Wassers eintreten.

a) Rippenrohrvorwärmer. Die neben- und übereinanderliegenden waagerechten Rohre mit Flanschen werden durch angeschraubte Krümmer mit IZ-Dichtung, die möglichst außerhalb des Rauchgasstromes leicht zugänglich liegen sollen, miteinander verbunden und bilden einen Ekonomiserblock. Rohr- und Rohrreihenzahl richten sich nach der erforderlichen Heizfläche, den Platzverhältnissen, der gewünschten Gasgeschwindigkeit (6 bis 10 m/sek) und Wassergeschwindigkeit (0,7 bis 1,2 m/sek). Einbau von einem oder mehreren durch Zwischenräume getrennten Blöcken. Saubere Rohroberfläche läßt sich durch Rußbläser erreichen, die in den Zwischenräumen angeordnet sind. Rippen versteifen Rohre derart, daß hochwertiges Gußeisen (GG 22 bis 29 und Elektroguß

---

[1] Nach Lit. 1 ist Verwendung von Gußeisen als Wandung für Dampferzeuger von mehr als 10 atü verboten.

GG 26.91)* für Vorwärmer bei 64 atü Verwendung finden kann. Rohre meist fluchtend, selten versetzt angeordnet, in diesem Fall Rohre mit elliptischem Querschnitt, damit Zugverlust nicht zu groß wird. Rippen rund oder quadratisch, auch mit abgerundeten Ecken; quadratische Rippen stoßen aneinander. Rippenteilung 18 bis 30 mm oder zwecks besserer Reinhaltung auch größer.

Abmessungen der einzelnen Rohre bewegen sich in den Grenzen: Länge 1,0 bis 3,0 m, lichter Dmr. 60 bis 110 mm, Wanddicken 8 bis 13 mm. Bevorzugt wird das *Kurzrippenrohr* (Bild 73), mit 60 mm Innendmr., 25 mm Rippenteilung, 144/144 Rippengröße, ≈1,45 m² Heizfläche, ≈0,051 m² freier Rauchgasquerschnitt je m Rohrlänge. Die Hauptabmessungen des Verbandsrohres sind 80 mm Innendmr., 30 mm Rippenabstand, 204/204 Rippengröße, 2,25 m² Heizfläche, 0,0925 m² freier Rauchgasquerschnitt je m Rohrlänge. Auch erhalten Rohre abwechselnd runde und quadratische Rippen. Bei dem Nadelrohr ist die Heizfläche durch Rippen angegossene tropfenförmig gestaltete Nadeln vergrößert.

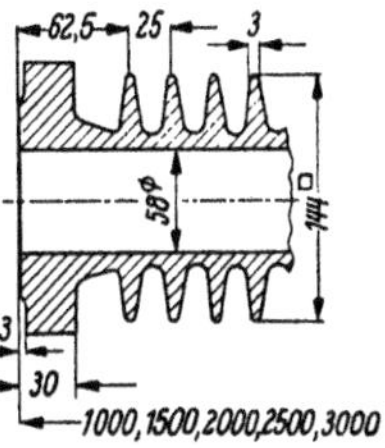

Bild 73. Hochleistungsrippenrohr (Stierle)

Einspeisungstemperatur nicht unter 35°C, bei Braunkohlen und schwefelhaltigen Brennstoffen nicht unter 60°C (Bildung schwefliger Säure). Rauchgastemperatur nicht über 550°C.

b) Glattrohrvorwärmer aus Stahlrohrschlangen mit 32 u. 38 Außen-Dmr. Die Rohre werden mit den Sammlern wie die Überhitzerrohre durch Einschweißnippel verbunden (s. Bild 69). Stahlrohre haben größere Festigkeit als Rohre aus Gußeisen, sind aber weniger widerstandsfähig gegen chemische Angriffe durch Rauchgase und Wasser. Taupunkt darf nicht unterschritten werden. Gefahr der Innenkorrosion, wenn nicht sorgfältig entgastes, reinstes Wasser gespeist wird (Sauerstoffgehalt unter 0,1 mg/lit). Auch Stahlrohre mit elektrisch aufgeschweißten Rippen oder Rohre aus Gußeisen mit Stahlseele werden angewendet.

Stahlrohr-Vorwärmer meist als Vorverdampfer, in den das im Regenerativverfahren oder im nachgeschalteten (in Richtung der Gasströmung) Rippenrohr-Ekonomiser vorgewärmte Wasser eingespeist und z. T. verdampft wird.

Die Vorwärmerschlangen werden mit geringer Neigung nach aufwärts zum Vermeiden des Haftens von Dampfblasen vielfach an Tragrohren aufgehängt, die einen Teil der Vorwärmerheizfläche bilden (vgl. Bild 70).

c) Berechnung des Rauchgasvorwärmers.

Es bedeuten

F_w Heizfläche des Vorwärmers m²,

D die stündlich zu erwärmende Wassermenge kg/h,

i_{w1} Wasserenthalpie vor dem Vorwärmer kcal/kg,

i_{w2} Wasserenthalpie hinter dem Vorwärmer kcal/kg,

V_{rf} die durch den Vorwärmer strömende Gasmenge Nm³/h,

C_{pg_1}, C_{pg_2} mittlere spez. Wärmen des Gases am Ein- u. Austritt kcal/Nm³ grd,

t_{g1} Gastemperatur vor dem Vorwärmer °C,

t_{g2} Gastemperatur hinter dem Vorwärmer °C,

$\eta_w = \dfrac{100 - \text{Wärmeverluste im Vorwärmer in \%}}{100}$.

Dann ist die im Vorwärmer stündlich ***nutzbar übertragene Wärmemenge***

$$Q_w = D(i_{w_2} - i_{w_1}) = V_{rf}\,(C_{pg_1} t_{g_1} - C_{pg_2} t_{g_2})\,\eta_w \text{ kcal/h.}$$

Tritt das Rauchgas nach Verlassen des Vorwärmers in den Schornsteinfuchs, so ist t_{g_2} nach den Zugverhältnissen zu wählen, bei Schornsteinzug ≦ 200°C, bei künstlichem Zug bis 130°C. Bei Rauchgasen mit hohem Wasserdampfgehalt ist Abkühlung unter 170° C nicht ratsam wegen Korrosionsgefahr durch schweflige Säure und Schwefelsäure.

Die *spezifische Wärmeleistung* des Vorwärmers oder die von 1 m² Vorwärmerheizfläche aufgenommene Wärmemenge ist

$$q_w = \frac{Q_w}{F_w} = \frac{D(t_{w_2} - t_w)}{F_w} = k\,\Delta t_m \text{ kcal/m}^2\text{h.}$$

* Über Werkstoffe und Sicherheitsvorschriften s. Richtlinien für Abgas-Speisewasservorwärmer, Entwurf Juni 1956, Berlin: Heymann 1956.

Die Wärmedurchgangszahl k ist abhängig von der Gasgeschwindigkeit, Heizflächenbelastung, Durchwirbelung des Gases, Rippenhöhe, Rippenteilung und der Reinheit der Heizfläche. Die Werte können nach Bd. I, S. 452, berechnet oder dem Bild 74 entnommen werden.

Für rippenlose Stahlrohrvorwärmer lassen sich α_b* und α_{str}* und der Druckabfall Δp für das Rohrbündel aus den Formeln nach Bd. I, Abschn. Wärmeübertragung, S. 452 u. f. ermitteln.

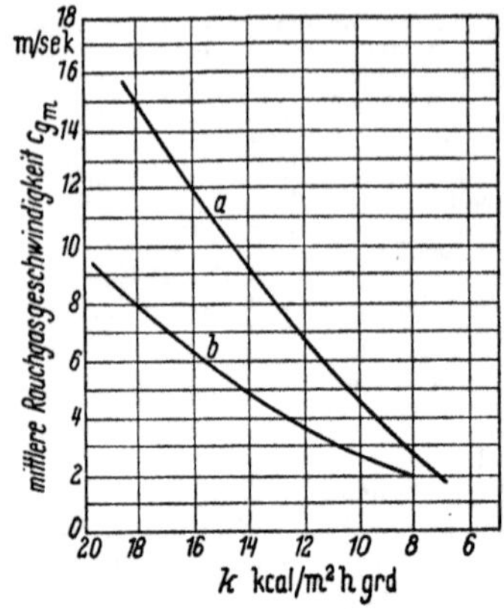

Bild 74. Wärmedurchgangszahl für Rippenrohr-Ekonomiser. *a* Verbands-Rippenrohr, *b* Hochleistungs-Rippenrohr

Mit α_g für Gas und α_w für Wasser ist genügend genau für rippenlose Stahlrohrvorwärmer

$$k = \alpha_g \cdot \alpha_w / (\alpha_g + \alpha_w).$$

k kann mit 10 bis 18 kcal/m² h grd für Rippenrohrvorwärmer und $k = 18$ bis 25 kcal/m² h grd für Stahlrohrvorwärmer angenommen werden bei einer Rauchgasgeschwindigkeit 6 bis 12 m/sek.

Δt_m nach der Formel S. 57. Wassergeschwindigkeit 0,1 bis 0,3 m/sek bei gußeisernen Rippenrohrvorwärmern; 0,4 bis 1,0 m/sek bei Stahlrohrvorwärmern. Außer der Wärmedurchgangszahl sind auch Raumbedarf und Zugverlust für die Wahl eines Ekonomisers entscheidend. Der Zugverlust, abhängig von der Rohrreihenzahl hintereinander in Richtung der Gasströmung und der Gasgeschwindigkeit, beträgt 5 bis 30 mm WS bei Rippenrohren.

2. Dampfbeheizte Oberflächenvorwärmer

Sie dienen zum Vorwärmen des Speisewassers mit Anzapfdampf der Turbine (Regenerativverfahren) und zum Niederschlagen des Abdampfes von Hilfsmaschinen, Brüdendampf usw.

Das Wasser strömt entweder durch die Rohre (leichtere Reinigung von Kesselstein) oder umspült diese (geringere Strahlungsverluste). Wasser und Dampf sind möglichst im Gegenstrom zu führen. Nach der Art der Wasserführung werden Ein- und Mehrflußvorwärmer unterschieden. Ferner nach Ausbildung des Rohrsystems Geradrohr-, Bogenrohr- und U-Rohr-Vorwärmer.

a) Ausführung der Abdampfvorwärmer. Sie werden einerseits in die Abdampfleitung der Antriebsmaschine der Speisepumpe, andererseits in die Druckleitung der Speisepumpe eingebaut. Äußeres Gehäuse Grauguß oder Flußstahl geschweißt, Rohrböden aus Flußstahl; Bronze bei Korrosionsgefahr. Die Rohre aus Stahl, bis 250° C auch Messing, Aluminiummessing und Kupfer. Das Rohrbündel ist so einzubauen, daß es sich frei ausdehnen kann. Der als Kolben ausgebildete Rohrboden wird in einer Stopfbuchse geführt (Bild 75). Die Rohre werden eingewalzt,

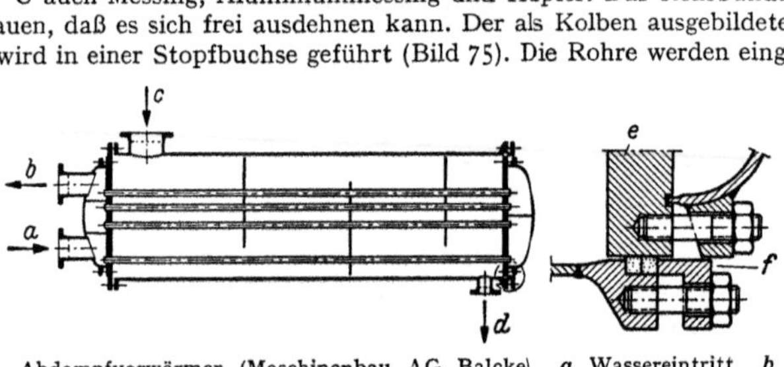

Bild 75. Abdampfvorwärmer (Maschinenbau AG Balcke). *a* Wassereintritt, *b* Wasseraustritt, *c* Dampfeintritt, *d* Kondensataustritt, *e* Rohrboden, *f* Stopfbuchse

kleinere Rohre eingedornt. Führung des Wassers fast immer *durch* die Rohre in vier Wasserwegen, wodurch Reinigung der Rohre erheblich erleichtert. Vorwärmer auch in stehender Bauart. Bei Hochdruckvorwärmern Einschweißen der Rohre in runde Eintritts- und Austrittsammler.

---

* α_b Wärmeübergangszahl durch Konvektion, α_{str} durch Strahlung.

b) Berechnung. *Größe der Querschnitte.* Durchflußgeschwindigkeit des Dampfes durch den Vorwärmer: $c_d = 7$ bis 20 m/sek, bezogen auf den Eintrittszustand des Dampfes. Für das Ausfällen des Schlammes sind Wassergeschwindigkeiten $c_w = 0{,}01$ bis 0,1 m/sek von Vorteil.

Bei der Berechnung der Querschnitte sind vielleicht vorkommende Unterbrechungen der Speisung zu berücksichtigen. Soll z. B. die stündliche Wassermenge W kg den Vorwärmer in z Minuten durchströmen, so ist er für $W' = 60\, W/z$ kg stündliche Leistung zu berechnen.

Die *Größe der Vorwärmfläche* F_w in m² berechnet sich aus der Gesamtwärme Q_w kcal/h, die W' kg Wasser von i_{w1} auf i_{w2} kcal/kg bringt, zu:

$$F_w = Q_w / k\,\Delta t_m,$$ Berechnung von k s. Bd. I, S. 452.

Für überschlägliche Berechnung kann gewählt werden für liegende Vorwärmer $k = 1400$ bis 2500 kcal/m² h grd, für stehende Vorwärmer $k = 800$ bis 2000 kcal/m² h grd, bei Dampfströmung durch die Rohre $k = 2000$ bis 3000 kcal/m² h grd abhängig von der Durchflußgeschwindigkeit (Zahlenwerte für Stahlrohre).

E. Abgas-Lufterhitzer

1. Allgemeines

Vorteile: 1. Erhöhung der Feuertemperatur und damit der Reaktionsgeschwindigkeit, Verminderung der Feuerungsverluste (s. S. 4) und Verkürzung der Flamme bei fetten und gasreichen Brennstoffen.

2. Ausnutzung der Rauchgaswärme, besonders bei hoher Speisetemperatur (Eintrittstemperatur der Luft in den Lufterhitzer viel niedriger als Eintrittstemperatur des Speisewassers in den Wasservorwärmer).

Außerdem wird größere Regelfähigkeit und schnelleres Hochheizen erreicht. Lufterhitzung bedeutet für den Kesselbetrieb im allgemeinen Steigerung der Kesselleistung, ferner eine Verringerung der Schwierigkeiten beim Verfeuern minderwertiger Brennstoffe und ist im allgemeinen um so höher zu wählen, je größer der Feuchtigkeitsgehalt und je geringer der Gasgehalt des Brennstoffs ist.

a) Die **Höhe der Lufterhitzung** wird begrenzt durch die Schmelztemperatur der Asche, die bei Rostfeuerungen nicht überschritten werden darf, da sonst die Feuerungsverluste so stark zunehmen können, daß die Luftvorwärmung sogar schädlich wird. Bei Staubfeuerungen kann die Luft höher vorgewärmt werden (auf 300 bis 400 °C und höher) als bei Rostfeuerungen (bei Steinkohlen bis 120 °C, bei Rohbraunkohlen bis etwa 220 °C).

b) Schaltung des Lufterhitzers hinter den Wasservorwärmer, wenn nicht besonders hohe Lufttemperaturen erreicht werden müssen. Bei Anwendung des Regenerativverfahrens Schaltung des Lufterhitzers hinter oder vor den Verdampfungsvorwärmer oder auch der Verdampfungsvorwärmer zwischen die Lufterhitzer in Richtung der Rauchgasströmung.

Man unterscheidet feststehende (*Rekuperativerhitzer* mit Wärmeübertragung unmittelbar durch die Rohr- oder Blechwand) und umlaufende (*Regenerativerhitzer* mit Wärmeübertragung mittelbar an die Luft nach Aufheizung eines Drehkörpers durch die Rauchgase).

2. Rekuperativlufterhitzer

a) Röhrenlufterhitzer. Eine Anzahl gerader Stahlrohre mit 38; 44,5; 51 mm Dmr., in Sammelkästen eingewalzt oder hydraulisch aufgeweitet (in Sonderfällen auch geschweißt) bildet einen Rohrblock. Bei der meist horizontalen Rohranordnung strömt innen die Luft, bei senkrechter Rohranordnung wird die Luft um die Rohre im Gegenstrom zum Rauchgas geführt. Je nach Lufterhitzung und Lufterhitzerfläche werden ein oder mehrere Rohrblöcke nebeneinander und übereinander angeordnet. Bei Korrosionsgefahr Verwendung von Graugußrohren mit Rippen innen und außen, Bild 76. Luftquerschnitt des ovalen Einheitsrippenrohres ist $\approx 0{,}012$ m², Rauchgasquerschnitt zwischen zwei Rohren $\approx 0{,}06$ m², die Heizfläche gasseitig $\approx 1{,}56$ m² und luftseitig $\approx 1{,}29$ m² je m Rohr. Stahlrohre bis

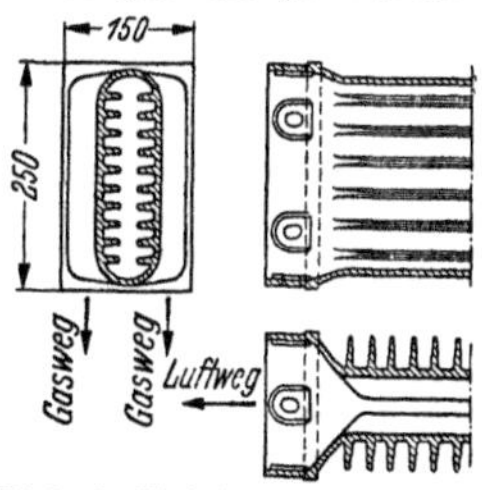

Bild 76. Einheitsrippenrohr für Lufterhitzer, Elementlänge 1500, 2000, 2500, 3000 mm

mittl. Wandtemperatur 450 °C verwendbar. Bei Korrosionsgefahr oder sehr hohen Lufttemperaturen werden Rohre aus Gußeisen bevorzugt. Die zusammengeschraubten, mit Asbest gedichteten Rohre bilden einen Rohrblock, der durch einen Rahmen, in dem er sich frei bewegen kann, gehalten wird.

Gußeisen-Lufterhitzer haben hohe Hitze- und Zunderbeständigkeit; außerdem sind sie widerstandsfähig gegen Korrosion, doch muß Wandtemperatur über Taupunkt der Rauchgase liegen, wenn schnelle Verschmutzung der gasführenden Kanäle und Korrosion vermieden werden sollen. Zu diesem Zweck kann ein Teil der erhitzten Luft zum Ansaugestutzen des Ventilators zurückgeführt werden (Nachteil: Vergrößerung der Antriebleistung des Ventilators) oder die angesaugte Luft durch andere Abwärme vorgewärmt werden (Kalorifere).

Platzbedarf etwa 10 bis 15 m² Heizfläche je m³ umbauten Raum für Stahlrohr- und 20 m² für Gußeisenlufterhitzer.

b) Taschen- oder Plattenlufterhitzer. Durch Zusammenschweißen von Stahlblechplatten von 2 bis 4 mm Dicke werden Taschen hergestellt, durch welche die Luft in dünnen Schichten hindurchgeführt wird, während zwischen ihnen — gewöhnlich im Kreuzstrom zur Luft — das Gas hindurchströmt, Bild 77. Die elektrisch zusammengeschweißten Bleche bilden ein kastenförmiges Element mit etwa 50 bis 250 m² Heizfläche. Eine gute Verankerung und Distanzierung verhindern Verziehen und Ausbeulen der Bleche. Die Platten haben einen Abstand von etwa 20 bis 30 mm für die Gaskanäle, also im Hinblick auf Querschnittsverengung durch Rußansatz etwas mehr als in den Luftkanälen (15 bis 25 mm). Wegen Druckunterschieds zwischen Rauchgas und Luft ist Dichtheit der Kanäle wichtig. Zur Kontrolle laufende Feststellung des CO_2-Gehaltes vor und hinter dem Lufterhitzer.

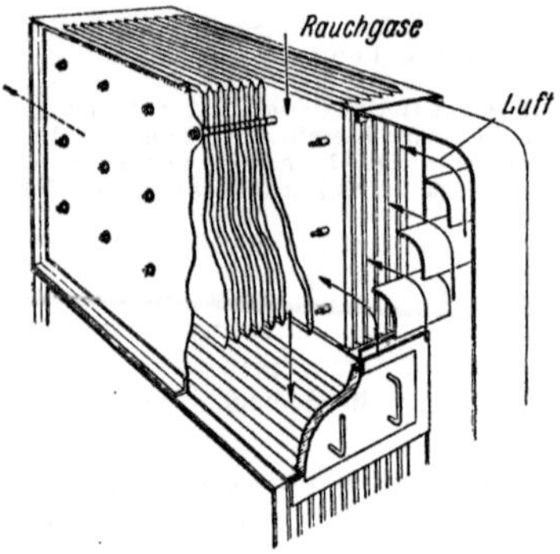

Bild 77. Element eines Plattenlufterhitzers (Kohlenscheidungs-Gesellschaft)

Die Elemente können je nach dem verfügbaren Platz neben- oder übereinander angeordnet und dabei je nach der gewünschten Lufttemperatur für den Luftstrom parallel- oder hintereinandergeschaltet werden.

Die Taschenlufterhitzer zeigen eine bemerkenswert gute Wärmeübertragung, was einmal auf die Unterteilung des Luft- und des Gasstromes in viele dünne Einzelschichten, dann auf die verhältnismäßig hohen Durchtrittsgeschwindigkeiten zurückzuführen ist. Reinigung der Heizfläche durch besonders ausgebildete Rußbläser.

Bei Rauchgastemperatur über 400 °C leg. Stahl. Wegen Korrosionsgefahr keine Unterschreitung des Rauchgastaupunktes. Plattenlufterhitzer daher meist im Bereich *mittlerer* Rauchgastemperatur; für hohe und niedrige Rauchgastemperaturen gußeiserne Röhrenlufterhitzer bevorzugt.

Platzbedarf geringer als bei dem Röhrenlufterhitzer, etwa 25 bis 40 m² je m³ umbauten Raum.

c) Berechnung des Lufterhitzers

Bedeuten

F_l Heizfläche des Vorwärmers m²,
V_l stündlich durch den Vorwärmer strömende Luftmenge Nm³/h,
C_{pl_1}, C_{pl_2} mittlere spez. Wärmen der Luft beim Ein- und Austritt kcal/Nm³ grd,
t_{l_1}, t_{l_2} Lufttemperatur vor und hinter dem Vorwärmer °C,
V_{rf}, C_{pg1}, C_{pg2}, t_{g1}, t_{g2}, η_l wie S. 56 u. 59.

dann ist die im Lufterhitzer stündlich *nutzbar übertragene Wärme*

$$Q_l = V_l\,(C_{pl_2} \cdot t_{l_2} - C_{pl_1}\,t_{l_1}) = V_{rf}\,(C_{pg_1}\,t_{g_1} - C_{pg_2}\,t_{g_2})\,\eta_l \text{ kcal/h}$$

und die *spezifische Wärmeleistung* des Luftvorwärmers oder die von 1 m² Vorwärmerheizfläche nutzbar übertragene Wärmemenge

$$q_l = \frac{Q_l}{F_l} = \frac{V_l\,(C_{pl_2}\,t_{l_2} - C_{pl_1}\,t_{l_1})}{F_l} = k\,\Delta t_m \text{ kcal/m}^2\text{h}.$$

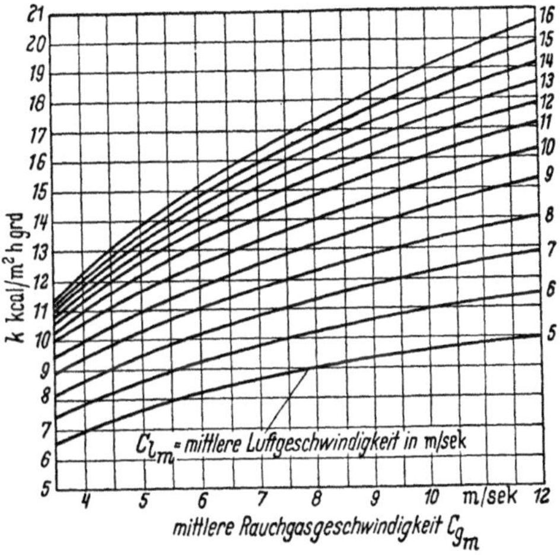

Bild 78. Wärmedurchgangszahl für Einheitsrippenrohr für Lufterhitzer[1]. Bei 25 mm Rippenteilung = Kurve; bei 35 mm Rippenteilung = Zahlenwert der Kurve · 1,09

Wärmedurchgangszahl $k \approx \alpha_g \cdot \alpha_l/(\alpha_g + \alpha_l)$ ist abhängig von der mittleren Durchströmgeschwindigkeit von Gas und Luft, der Weite der Luft- und Gasspalten und der Reinheit der Heizfläche. Δt_m nach der Formel S. 57.

Berechnung von α_g (Rauchgas) und α_l (Luft) für ein Rohrbündel s. Bd. I, S. 447. Die k-Zahlen für Rippenrohre können aus Bild 78 und für Plattenlufterhitzer aus Bild 79 entnommen werden.

3. Regenerativlufterhitzer

Der Ljungström-Lufterhitzer, Bild 80, arbeitet als Regenerator mit gleichförmiger Drehbewegung. Die Speichermasse überträgt im Kreislauf Wärme vom heißeren Gasstrom zum kälteren Luftstrom.

Der Drehkörper mit einem Durchmesser bis 8 m und einer Höhe bis 2,2 m macht 2 bis 1 Umdr./min bei einer Antriebsleistung von 0,5 bis 10 kW. In ihm sind die in zwei verschiedenen Formen gewellten Stahlbleche eingesetzt.

Antrieb des Drehkörpers durch Motor mit Ritzel und einem auf dem Drehkörper befindlichen Zahnkranz oder durch Motor direkt mit Welle gekuppelt oder auch Drucköl-Motor.

Gas- und Luftstrom bewegen sich durch den Rotor im Gegenstrom und sind durch besonderes Abdichtsystem zwischen Drehkörper und Gehäuse voneinander getrennt. Die bewegliche Abdichtung, die sich einer Rotorverwerfung im Betrieb anpaßt, läßt die Verwendung des Regenerativ-Lufterhitzers auch bei größerem Druckunterschied zu, insbesondere in Verbindung mit Absaugeventilator für die bei der Bewegung mitgeführte Schleußluft.

Vorteile des Regenerativ-Verfahrens:

Gleichbleibende vom Heizflächenbelag unbeeinflußte Wärmeleistung, bestmögliche Ausnutzung

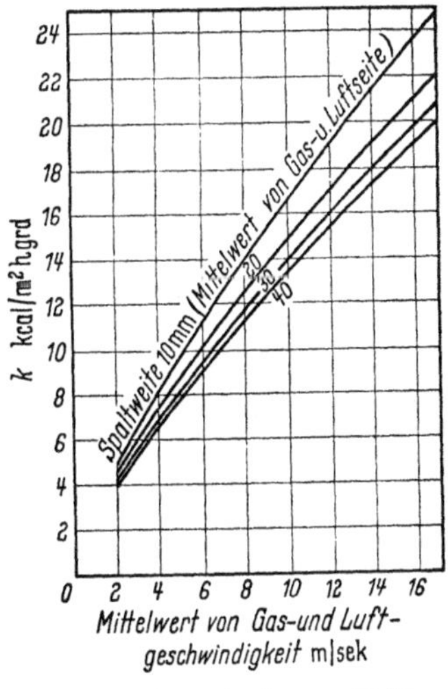

Bild 79. Wärmedurchgangszahl für Taschenlufterhitzer[1]

---

[1] Die k-Zahlen gelten für 250 °C (Mittelwert aus mittlerer Gas- und Lufttemperatur). Für andere Temperaturen sind die k-Zahlen mit folgenden Faktoren zu multiplizieren: für 150 °C mit 1,13, für 200 °C mit 1,06, für 300 °C mit 0,96, für 350 °C mit 0,9.

des verfügbaren Temperaturgefälles durch Verwirklichung des reinen Gegenstromes (Lufterhitzung bis 30 °C unter Rauchgaseintrittstemperatur ist noch wirtschaftlich), Raumbedarf sehr klein im Vergleich zu dem rekuperativen Lufterhitzer (100 bis 120 m² Heizfläche je m³ umbauten Raum), Beschädigungen und Anfressungen haben keine nachteilige Einwirkung auf Wärmeleistung, Dichtheit und Zugverhältnisse.

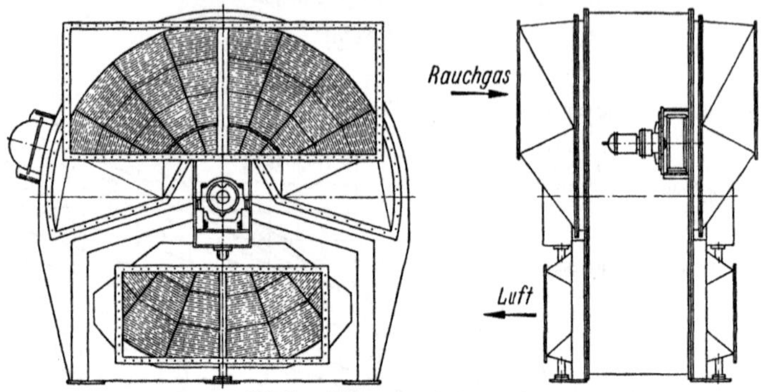

Bild 80. Ljungström-Lufterhitzer

Durch die Möglichkeit, die rauchgasbestrichene Heizfläche größer auszulegen als die im Luftstrom liegende, nähert sich die Heizflächentemperatur der Rauchgastemperatur. Korrosionen sind daher bei niedriger Abgastemperatur kaum zu befürchten. Deshalb Verwendung des Regenerativ-Lufterhitzers vorwiegend in der Endstufe.

Der Rotor hat vertikale oder horizontale Welle. Bei großer Kesselleistung Parallelschaltung von zwei Lufterhitzern.

Bei der Ermittlung der α-Werte ist zu berücksichtigen, daß diese nicht nur von der Form der Heizfläche (Wellung) abhängen, sondern auch von den Geschwindigkeiten des Gas- und Luftstromes, die wegen der verschiedenen Aufteilung der Strömungsquerschnitte für Rauchgas und Luft nicht gleich sind.

IV. Wärmespeicher

Für Spitzenbedarf ist die Deckung aus Speichern in der Regel dann billiger, wenn die Basis der Spitze nicht mehr als 2 bis 3 h beträgt. Durch elastische Kessel können zwar kurzzeitige Spitzen mit übernommen werden, jedoch nur dann, wenn sie nicht ausgelastet sind. Am zweckmäßigsten ist, mit ausgelasteten Kesseln zu fahren und kurzzeitige Spitzen aus Speichern zu decken.

Hochelastische Kessel haben eine kurze Anfahrzeit. Es ist deshalb nicht notwendig, Reservekessel zu betreiben, wenn bei Ausfall eines Kessels oder plötzlichem Leistungszuwachs der Bedarf aus einem Speicher solange gedeckt werden kann, bis der Reservekessel in Betrieb ist. Bei entsprechender Bemessung können Speicher zur Spitzendeckung gleichzeitig als Überbrückungsspeicher wirken.

Bei weitgehend selbsttätig geregelten Kesseln mit kleinem Wasserraum verwendet man Speicher als Regelspeicher (Puffer), um Belastungsübergänge abzuflachen, damit die Regelung allmählich ansprechen kann und Überregelung und Pendelungserscheinungen vermieden werden.

Die Speicher sollten möglichst nahe an der Stelle aufgestellt werden, an der die Schwankungen auftreten. In vielen Fällen ist jedoch die Anordnung an einer zentralen Stelle, z. B. an einem Knotenpunkt der Wärmeverteilungsanlage oder bei der Wärmekraftzentrale zweckmäßiger.

In Frage kommen *Gefällespeicher* als Niederdruckspeicher oder auch als Hochdruck- und sogar Höchstdruckspeicher, da auch in diesem Fall durch das große verfügbare Druckgefälle und die große Stahlmasse genügend große Speicherkapazität erreicht wird, und *Gleichdruckspeicher* als Speisewasserspeicher oder als Gebrauchswasserspeicher.

a) Der **Gefällespeicher** wird zwischen 2 Netze verschiedenen Druckes eingeschaltet. Der bis zu 95% mit Wasser gefüllte Behälter speichert überschüssigen Dampf durch Mischkondensation unter Druck- und Temperatursteigerung des Speicherinhaltes (Ladung). Bei der Entladung wird dieser unter Druck- und

Temperaturabnahme verdampft. Die Dampfmenge, die ein Gefällespeicher abzugeben vermag, ist durch Wasserinhalt und ausnutzbares Druckgefälle gegeben. Maximale Dampfmenge in der Zeiteinheit richtet sich nach der Größe der Ausdampffläche des Speichers, der Dimension der angeschlossenen Rohrleitung bzw. Auslegung des Düsensystems im Speicher. Man hat also zu unterscheiden zwischen der Speicherkapazität (gemessen in kg Dampf) und der Höhe der ausgleichbaren Spitzen (gemessen in kg/h Dampf). Der Druckbereich ist meist durch die Art der Schaltung bestimmt. Bei Heiz- und Kochbetrieb richtet sich der Enddruck nach dem Heizdruck (Bild 81). Lade- und Entladeeinrichtungen sind hoch überlastbar. Die Speicher können daher kurzzeitige hohe Dampfspitzen augenblicklich decken. Sie werden in erster Linie dort aufgestellt, wo kurzzeitige scharfe Schwankungen im Wärmebedarf auftreten. In Anlagen, bei denen durch Gegendruck- und Anzapfmaschinen Energieerzeugung und Wärmeversorgung miteinander verbunden sind, können Schwankungen im Energiebedarf durch Speicherung im Wärmenetz aufgefangen werden. Bei Vorschaltungen können Gefällespeicher zwischen Vorschaltturbine und Mitteldrucknetz angeordnet werden. Sie nehmen als *Regelspeicher* plötzliche Belastungsstöße so lange auf, bis die Dampferzeugung durch die Kesselregelung auf den neuen Belastungszustand eingestellt ist, Bild 82. Sie können gleichzeitig als Anfahrbehälter benutzt werden. Ist in reinen Kraftwerksbetrieben ein zweites Drucknetz nicht vorhanden, so ist eine besondere Speicherturbine erforderlich, die den Speicherdampf verarbeitet.

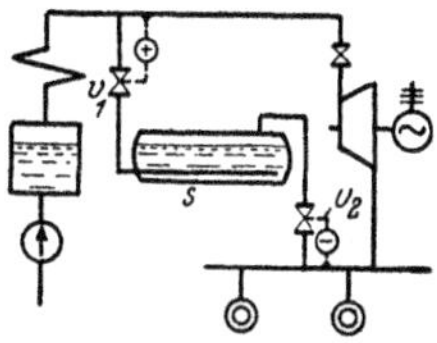

Bild 81. Schaltung des Ruths-Speichers parallel zur Gegendruckturbine. s Gefällespeicher, v_1 Laderegler, v_2 Entladeregler

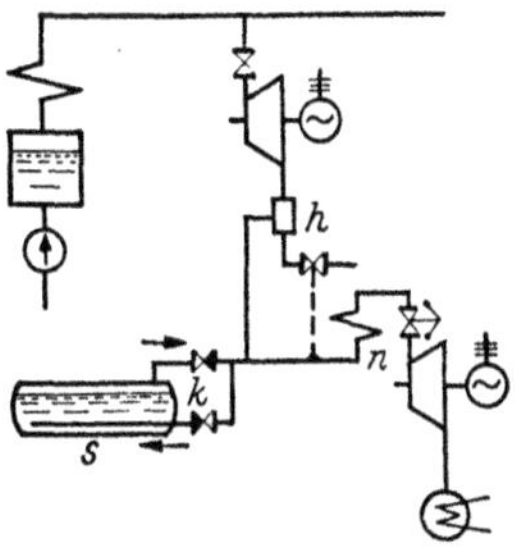

Bild 82. Schaltung des Ruths-Speichers als Regelspeicher. s Gefällespeicher, k Rückschlagventile, h Dampfkühler, n Nachüberhitzer

b) Bei **Gleichdruckspeichern** Belastungsausgleich dadurch, daß überschüssiger Dampf zur Wassererwärmung verwendet und bei erhöhtem Dampfbedarf die Wassererwärmung eingeschränkt oder ganz eingestellt wird und damit der bisher zur Wasservorwärmung verwendete Dampf zur Energieerzeugung als Heizdampf verfügbar ist. Der Speicherdruck ändert sich bei Ladung und Entladung nicht. Eine besondere Art der Gleichdruckspeicher ist der *Verdrängerspeicher*. Bei diesem ist das erwärmte Wasser über dem kälteren geschichtet. Die Speicherfähigkeit ist um so größer, je höher der Temperaturunterschied zwischen dem zu erwärmenden und dem erwärmten Wasser ist.

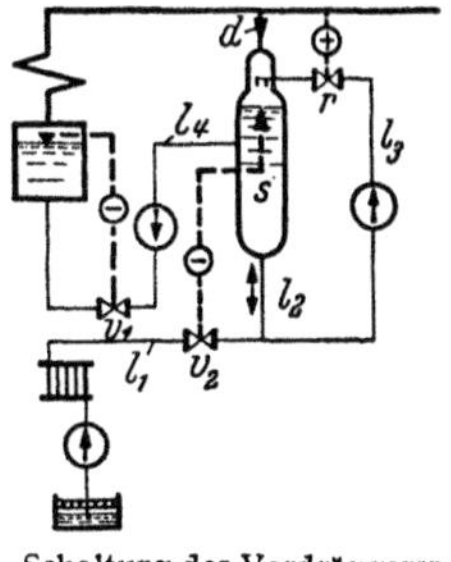

Bild 83. Schaltung des Verdrängerspeichers. s Verdrängerspeicher, l_1 l_2 l_4 Speiseleitungen, l_3 Umwälzleitung, d Ladeleitung, r Regelventil, v_1 v_2 Speiseventile

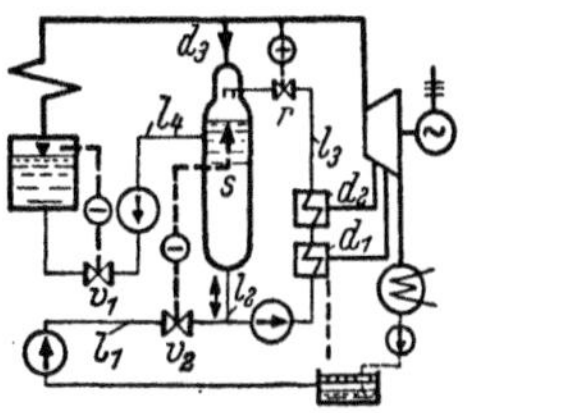

Bild 84. Schaltung des Verdrängerspeichers in Verbindung mit dem Regenerativverfahren. s Verdrängerspeicher, l_1 l_2 l_4 Speiseleitungen, l_3 Umwälzleitung, d_1 d_2 d_3 Ladeleitungen, r Regelventil, v_1 v_2 Speiseventile des Speichers

Schaltung s. Bild 83. Ist der Dampfbedarf kleiner als die Dampfleistung des Kessels, so wird der überschüssige Dampf dem Speicher zugeführt. Bei gleichzeitigem Öffnen des Regelventils wird der Dampf durch das dem Speicher entnommene Wasser niedergeschlagen, so daß dieser mit heißem Wasser aufgeladen wird.

Bei Gebrauchswasserspeichern wird die Speicherfähigkeit dadurch erhöht, daß das Wasser über Gebrauchstemperatur erwärmt und bei Abgabe an den Betrieb durch Zumischung von kälterem Wasser auf die gewünschte Vorlauftemperatur gebracht wird.

Bei Anlagen mit Regenerativvorwärmung ist in der Regel der Temperaturunterschied und damit die Speicherfähigkeit größer als bei Anlagen ohne diese. Bei der Entladung ist jedoch nur das Gefälle von dem Druck des Ladedampfes bis zum Kondensator- bzw. Gegendruck verfügbar, Schaltung s. Bild 84. Gleichdruckspeicher können als Speisewasser-, Heizungs- und Gebrauchswasserspeicher verwendet werden. Eine Abgrenzung der Verwendungsgebiete der Gefälle- und Gleichdruckspeicher ist nicht möglich, so daß entweder Gefälle- oder Gleichdruckspeicher oder beide gemeinsam am vorteilhaftesten sind.

V. Reinigung und Aufbereitung des Speisewassers

A. Anforderungen an das Speise- und Kesselwasser

Das Speisewasser muß frei von Härtebildnern sein, die sich sonst als Kesselstein im Kesselinnern ansetzen. Im Wasser gelöste Gase und Säuren verursachen Korrosionen; Salze, Alkalibildner, Schwebestoffe und organische Stoffe begünstigen Schaumbildung in der Kesseltrommel und Salzablagerungen im Überhitzer und in der Turbine.

a) Härte. Kesselsteinbildner sind Salze des Kalziums und Magnesiums. Die wasserlöslichen Bikarbonate $Ca(HCO_3)_2$ und $Mg(HCO_3)_2$ bilden die *Karbonathärte* (KH) oder *vorübergehende* Härte. Beim Erhitzen des Wassers werden die unlöslichen Karbonate $CaCO_3$ und $MgCO_3$ ausgeschieden. Die *Nichtkarbonathärte* (NKH) oder *bleibende* Härte wird verursacht durch Sulfate, Chloride, Nitrate und Silikate, nämlich $CaSO_4$, $MgSO_4$, $CaCl_2$, $MgCl_2$, $Ca(NO_3)_2$, $Mg(NO_3)_2$, $CaSiO_3$, die bei Erhitzung nicht verändert werden. Sie sind die wichtigsten Kesselsteinbildner, insbesondere im Beisein von Gips $CaSO_4$.

Die Härte des Wassers wird in *deutschen Härtegraden* (° dH) gemessen. 1° dH entspricht 10 mg CaO (Kalk) oder 7,14 mg MgO (Magnesia) in 1 lit Wasser.

1° dH = 1,787 franz. Härte = 1,25 engl. Härte.

Die *Gesamthärte* ist die Summe der Kalk- und Magnesiahärte (GH = CaH + + MgH oder GH = KH + NKH).

Enthält z. B. 1 lit Wasser 90 mg CaO und 43 mg MgO, so ist die Kalkhärte 90/10 = 9° dH, die Magnesiumhärte 43/7,14 = 6° dH und die Gesamthärte 9° dH + 6° dH = 15° dH.

Durch Umrechnen mit Hilfe der Äquivalentgewichte erhält man z. B. $\frac{10 \cdot CaO}{56} = \frac{x\,CaSO_4}{136,1}$;

für $CaSO_4$ gilt 1° dH $= 10 \cdot \frac{136,1}{56} = 24,28$ mg/lit Wasser.

b) Dichte. Sie ist ein Maß für den Salzgehalt des Kesselwassers. Die bei der Enthärtung nicht ausgeschiedenen Salze ergeben zusammen mit dem Überschuß an Enthärtungsmitteln den Gesamtsalzgehalt. Messung der Dichte mit Baumé-Spindeln (Aräometer).

1° Bé entspricht einem Gehalt von 10 g NaCl oder 8 g Na_2SO_4 oder 7 g Na_2CO_3 oder 6 g NaOH in 1 lit Wasser von 15 °C. Das spez. Gew. des Wassers von 1 °Bé ist 1,007 kg/lit.

Zusammenhang zwischen spez. Gewicht und n° Bé (Bezugstemp. 15 °C):

$$\gamma = 144,3/(144,3 - n° \text{ Bé}) \text{ kg/lit.}$$

Zu hoher Salzgehalt bewirkt Schäumen und bei wechselnder Last Spucken des Kessels und ein Versalzen der Turbinen.

Der höchste Salzgehalt des Kesselwassers darf betragen bei Großwasserraumkesseln bis 2° Bé; bei Wasserrohrkesseln 0,5 bis 0,15° Bé.

Regelung der Kesselwasserdichte durch periodisches oder dauerndes Abschlämmen. Menge des abzuschlämmenden Wassers ist angenähert

$$x = \frac{100 \cdot a}{A - a} \text{ in \% der Dampferzeugung;}$$

a = Salzgehalt des Speisewassers mg/lit, A = zulässiger Salzgehalt des Kesselwassers mg/lit.
Verringerung des durch Abschlämmen verursachten Wärmeverlustes durch Ausnutzen der Schlämmwasserwärme für Rohwasseraufwärmung, Wasseraufbereitung u. dgl.

c) Alkalität. Zum Schutz gegen Kesselstein und Korrosion ist eine Mindestalkalität des Kesselwassers erforderlich.

Die älteren Begriffe „Natron- und Alkalitätszahl" als Maß für die Alkalität werden durch den p- und p_H-Wert ersetzt. Die Phenolphthaleinalkalität (p-Wert) wird angegeben in cm^3 0,1 n HCl, die 100 cm^3 durch Phenolphthalein gefärbtem Wasser bis zur Entrötung zugegeben werden muß.

Ausreichende Alkalität ($p \approx 30$) schützt weitgehend gegen Sauerstoffanfressungen. Begrenzung nach oben durch Neigung des Kesselwassers zum Schäumen. Ferner werden bei zu hoher Alkalität kupfer- und zinkhaltige Teile sowie Wasserstandgläser angegriffen.

Ein Maß dafür, ob das Kesselspeisewasser sauer oder alkalisch reagiert, ist die Wasserstoffionenkonzentration, der p_H-Wert.

Bei chemisch reinem Wasser sind die positiv geladenen H-Ionen $[H^+]$ und die negativ geladenen Hydroxylionen $[OH^-]$ im Gleichgewicht. Das Ionenprodukt $[H^+] \cdot [OH^-] = k$ hat den Wert 10^{-14} bei 23°C.

Für $[H^+] = [OH^-]$ ist $[H^+] = \sqrt{k} = 10^{-7}$ (Lösung neutral). Da diese Zahlenwerte sehr unbequem sind, wird der Absolutwert des Exponenten mit „p_H" bezeichnet.

Die Grenzwerte liegen bei $p_H = 0$ und $p_H = 14$. Neutrales Wasser hat bei 23 °C den p_H-Wert 7. Bei saurem Wasser ist bei 23 °C $p_H < 7$, bei alkalischem Wasser > 7. Der p_H-Wert ändert sich mit der Wassertemperatur und ist für neutrales Wasser bei etwa 300 °C = 5,6.

Für Kesselspeisewasser soll $p_H = 9{,}6$ bei 23 °C sein. Alkalisierung durch Zugabe von Trinatriumphosphat, Ätznatron, Ammoniak.

Neben dem p- und p_H-Wert ist noch Angabe des Phosphatgehaltes (Phosphorpentoxyd P_2O_5 in mg/lit) des Kesselwassers erforderlich, der zur Beseitigung der verbliebenen Resthärte bei 10 bis 30 mg/lit liegen soll. Bestimmung des Phosphatgehaltes mit dem Kolorimeter.

d) Richtwerte für Speise- und Kesselwasser bei Wasserrohrtrommelkessel[1].

Speisewasser

Betriebsdruck	atü	≦ 20	40	64	80	125	160
Härte	° dH	<0,05	<0,05	<0,02	<0,02	über 100 atü sollen Härtebildner nicht nachweisbar sein	
Gesamt CO_2-Gehalt	mg/lit	für alle Druckstufen <5. Wird auf Alkalisierung verzichtet, dann ≦ 1					
O_2-Gehalt	mg/lit	<20	<20	<20	<20	<20	<20
p_H-Wert		normal ⋝ 8,5; bis 7 bei salzfreiem Wasser, bis 9,5 bei höherem Salzgehalt					
Ölgehalt	mg/lit	bis 80 atü <1; über 80 atü <0,5					

Kesselwasser

Betriebsdruck	atü	≦20	40	64	80	125	160
p-Wert		≦15	≦12	≦3	≦1	≦0,5	≦0,1
p_H-Wert		mindestens 8,3 für alle Druckstufen					
Gesamtsalzgehalt	mg/lit	≦4000	≦3000	≦2000	≦1500	≦750	≦500
P_2O_5	mg/lit	≦30	≦30	≦25	≦15	≦10	≦10
SiO_2	mg/lit	bis 40 atü keine Begrenzung, wenn p-Wert und P_2O_5 nach Vorschrift; über 40 atü ≦ 12 p.					

[1] *Schumann, E.:* Die neuen Richtwerte für Speise- u. Kesselwasser. VGB-Mitt. Nr. 50 (1957) S. 317/29, insbes. S. 327.

Anforderungen sind nicht nur vom Kesseldruck, sonder nauch von der Bauart, z. B. Größe der Kesseltrommel, Art der Einbauten, Umlaufgeschwindigkeit, Wärmebelastung der Heizfläche abhängig.

e) Richtwerte für Speisewasser bei Zwangdurchlaufkessel[1]. Aufbereitung des Zusatzwassers in Vollentsalzungsanlagen oder Verdampfern. Vor dem Zusatz flüchtiger Alkalisierungsmittel Leitfähigkeit $<1\,\mu S/cm$. $SiO_2 < 0{,}05$ mg/lit; Rest O_2-Gehalt $<20\,\mu g/lit$; freier CO_2-Gehalt soll nicht mehr nachweisbar sein; p_H-Wert $\gtreqless 7$ bei 22 °C; Eisen- und Kupfergehalt möglichst niedrig.

B. Speisewasseraufbereitung

1. Mechanische Aufbereitung

Entfernen von Schwebestoffen im Wasser durch Filtern über Quarzkies. Man unterscheidet offene und geschlossene Druckfilter und nach der Filtergeschwindigkeit Schnell- und Langsamfilter. Leistung der Filter ist abhängig von Schichthöhe, Körnung und Durchflußgeschwindigkeit.

Ausscheiden kolloidaler Stoffe wie organische Substanzen und Öle durch Zusatz von Flockungsmitteln vor der Filtration in Form von Eisenchlorid, Aluminiumsulfat oder Natriumaluminat oder für Ausscheiden von Öl durch Verwendung eines Aktiv-Kohlefilters.

Eisen- und Manganverbindungen werden durch Belüften und anschließendes Filtern über Kies oder Magnomasse entfernt. Liegt Eisen in huminsaurer Form vor, so Entfernen durch Belüften nicht möglich; es sind Flockungs- und Oxydationsmittel, z. B. Kaliumpermanganat und Aluminiumsulfat, erforderlich.

2. Chemische Aufbereitung

a) Fällverfahren. Die Härtebildner fallen entweder in den Reinigungsvorrichtungen aus oder werden im Kessel gelöst, so daß sie bei der Verdampfung als Schlamm ausfallen. Fällmittel wie Kalk $Ca(OH)_2$, Soda Na_2CO_3, Natronlauge NaOH, Trinatriumphosphat Na_3PO_4 usw. wandeln die Härtebildner in schwer lösliche Verbindungen um. Wassererwärmung beschleunigt Reaktion und begünstigt die Ausflockung. Reaktion i. allg. bei 80 bis 95 °C. Klärung des Wassers durch Kiesfilter hinter dem Enthärter.

α) Das *Kalk-Soda-Verfahren* beseitigt die Karbonathärte mit Ätzkalk und die Nichtkarbonathärte mit Soda, die beide in Lösung zugesetzt werden. Vor der Behandlung Erwärmung des Wassers auf 80–90°, die bereits teilweise eine Enthärtung und Entgasung bewirkt. Bei sorgfältiger Überwachung und 80 °C Wassertemperatur Enthärtung auf 0,8° dH, bei 100 °C auf 0,3° dH möglich. In den Kessel gelangen Glaubersalz Na_2SO_4, NaCl, Kieselsäure und Salze aus der Resthärte.

β) Das *Ätznatron-Soda-Verfahren* arbeitet ähnlich. Verwendung von Ätznatron an Stelle von Ätzkalk. Bei der Umsetzung des Ätznatron mit der freien Kohlensäure der Karbonathärte entsteht Soda, welche die Nichtkarbonate fällt. Na_2SO_4, NaCl und Na_2CO_3 bleiben im Wasser gelöst, $CaCO_3$ und $Mg(OH)_2$ werden als Schlamm ausgeschieden.

γ) *Ätznatron-Verfahren.* Natronlauge kann allein verwendet werden, wenn die aus der Karbonathärte gebildete Sodamenge ausreicht, die Nichtkarbonathärte auszufällen.

δ) Das *Soda-Verfahren* erfordert hohe Umsetzungstemperatur und Zusetzen der Soda in großem Überschuß. Die Kalksalze werden unlöslich ausgeschieden, die Magnesiasalze werden in lösliche Karbonate umgesetzt. Diese werden erst im Kessel als Magnesiumhydrat ausgefällt. Das Verfahren wird meist in Verbindung mit der Kesselwasser-Rückführung ausgeführt, so daß die im Kessel durch Sodaspaltung entstandene Natronlauge im Reiniger die Magnesiasalze ausfällt.

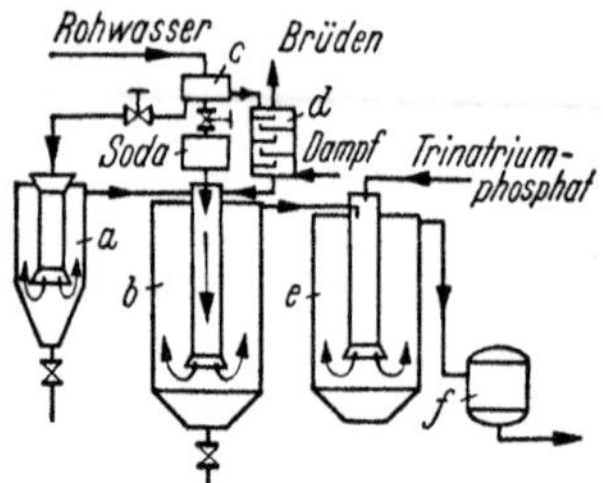

Bild 85
Kalk-Soda-Enthärtung mit Trinatriumphosphat-Nachenthärtung (Schema). *a* Kalksättiger, *b* Umsatzbehälter, *c* Wasserverteiler, *d* Kaskadenvorwärmer, *e* Nachenthärter, *f* Filter

ε) *Trinatriumphosphat-Verfahren.* Bei den vorgenannten Verfahren bleibt stets noch Resthärte, vorwiegend Karbonathärte, außerdem Schlammrückstand und hoher Salzgehalt zurück, was bei Kesseln über 15 atü bedenklich ist. Bei Anwendung von Triphosphat (Na_3PO_4) dagegen fallen auch die letzten Härtespuren als Phosphatschlamm aus. Da Triphosphat sehr teuer ist, so arbeitet man zweckmäßig mit dem billigeren Ätzkalk, Ätznatron oder Soda, bis eine Resthärte von etwa 1 bis 2° dH erreicht ist; diese wird dann durch Triphosphat bis auf 0,05° dH beseitigt.

Die wichtigsten Bauelemente aller Verfahren sind Wasserverteiler, Vorwärmer, Kalksättiger, Klärbehälter, Filter, Bild 85. Bei Verfahren δ fehlt Sättiger, bei Verfahren ε mit Nachenthärtung ist zusätzlicher Enthärter erforderlich.

[1] Vgl. Anm. 1 S. 67..

Nachteil der Fällverfahren: Empfindlichkeit gegen Härteschwankungen, großer Platzbedarf, Schlammanfall.

b) Ionenaustausch-Verfahren haben infolge der einfachen Handhabung und raumsparenden Bauweise die Fällungsverfahren fast gänzlich verdrängt. Ionenaustauscher sind wasserfeste, körnige Stoffe; Austausch der gebundenen Ionen erfolgt gegen die im Wasser vorhandenen. Nach Herstellung und Grundbasis Unterteilung in anorganische und organische Austauscher. Geschichtlich ging man von anorganischen Austauschern aus, natürlichen oder künstlichen Zeolithen. Heute keine praktische Bedeutung mehr. Weiterentwicklung führte zu den organischen Austauschern, Produkte aus Kohle oder Kunstharz auf Phenol- oder Styrolbasis, z. B. Permutit, Lewatit und Wofatit. Nach der Wirkungsweise Unterscheidung in Kationenaustauscher, welche Ca, Mg, Na austauschen, und Anionen-Austauscher, die Cl, SO_4, NO_3 aufnehmen. Durch Kombination verschiedener Austauscher kann jede gewünschte Wasserqualität erreicht werden. Nach Erschöpfung der Austauscher Regeneration mit entsprechenden Chemikalienlösungen.

α) *Enthärtung im Neutralaustausch.* Austauscher in der Na-Form, Regeneration mit NaCl. Ca- und Mg-Ionen des Wassers werden gegen Na-Ionen ausgetauscht (A = Austauschstoff):

$$\begin{matrix}Ca\\Mg\end{matrix}(HCO_3)_2 + Na_2\ (A) \rightarrow \begin{matrix}Ca\\Mg\end{matrix}(A) + 2\,NaHCO_3$$

$$\begin{matrix}Ca\\Mg\end{matrix}(SO_4) + Na_2\ (A) \rightarrow \begin{matrix}Ca\\Mg\end{matrix}(A) + Na_2SO_4$$

Salzgehalt des Weichwassers und des Rohwassers sind praktisch gleich, da Ca- und Mg-Salze äquivalent in Na-Salze umgewandelt werden.

β) *Entkarbonisierung und Enthärtung.* Bei Aufbereitung von Rohwasser mit hoher KH als Kesselspeisewasser ist Neutralaustausch-Enthärtung vielfach nicht ausreichend wegen Aufspaltung des $NaHCO_3$ in Na_2CO_3 und CO_2 und weiter in NaOH und CO_2. Die CO_2 geht in den Dampf über und verursacht Korrosionen im Kondensatnetz, während die NaOH eine zu hohe Alkalität im Kesselwasser verursachen kann.

Austauscher in der H-Form, Regeneration mit HCl oder H_2SO_4. Austausch der im Wasser enthaltenen Kationen gegen H-Ionen, so daß aus den Salzen jeweils die entsprechenden freien Säuren entstehen. Bei dem schwachsauren Kationenaustauscher werden nur die an HCO_3 gebundenen Kationen, bei dem starksauren Kationenaustauscher sämtliche Kationen, also auch die an Cl und SO_4 gebundenen, ausgetauscht:

$$\begin{matrix}Na_2\\Ca\\Mg\end{matrix}(HCO_3)_2 + H_2\,(A) \rightarrow \begin{matrix}Na_2\\Ca\\Mg\end{matrix}(A) + 2\,H_2O + 2\,CO_2$$

$$\begin{matrix}Na_2\\Ca\\Mg\end{matrix}(SO_4) + H_2\,(A) \rightarrow \begin{matrix}Na_2\\Ca\\Mg\end{matrix}(A) + H_2SO_4$$

Dementsprechend verschiedene Verfahren:

αα) *Hintereinanderschaltung:* Ein schwachsaurer Kationenaustauscher in H-Form und ein starksaurer Kationenaustauscher in Na-Form werden in Reihe geschaltet. Im H-Austauscher wird die KH entfernt, während der Na-Austauscher die Restkarbonathärte und Nichtkarbonathärte aufnimmt.

ββ) *Teilstromschaltung:* Ein starksaurer Kationenaustauscher in H-Form und ein starksaurer Kationenaustauscher in Na-Form werden parallelgeschaltet. Die im H-Austauscher entstehenden freien Mineralsäuren wie HCl und H_2SO_4 werden durch das $NaHCO_3$ des Na-Austauschers neutralisiert. Einstellung der Teilströme in Abhängigkeit vom Bikarbonat- und Anionengehalt des Rohwassers.

γγ) *Mischfolgeverfahren:* Entfernung der KH und NKH in einem einzigen Filter durch einen Austauscher, der sowohl schwachsaure als auch starksaure Gruppen enthält. Regeneration zunächst mit Säure, anschließend mit NaCl.

Bei allen drei Verfahren wird die CO_2 entweder in einem Rieseler mittels Luft oder im Entgaser selbst ausgetrieben. Vielfach wird die KH auch mit Kalk in einer Schnellentkarbonisierung unter Verwendung von Kontaktstoffen entfernt. Anfall des Reaktionsproduktes $CaCO_3$ hierbei nicht als Schlamm, sondern in fester, körniger Form. Die freie CO_2 wird ebenfalls zu $CaCO_3$ abgebunden. Entfernung der Restkarbonathärte und Nichtkarbonathärte anschließend durch Neutral-Austauscher.

γ) Mit zunehmendem Kesseldruck stören nicht nur die Neutralsalze, sondern ganz besonders die SiO_2, da sie in den Dampf übergeht und sich in Turbinen abscheiden kann. Durch Anwendung von Kationen- und Anionenaustauschern vollständige *Entsalzung* und darüber hinaus *Entkieselung* möglich, Bild 86. Im Kationenaustauscher werden sämtliche Salze in die entsprechenden freien Säuren umgewandelt und diese wiederum im nachgeschalteten Anionenaustauscher aufgenommen, so daß sich ein praktisch salzfreies Wasser bildet:

$$NaCl + H\ (A) \rightarrow Na\ (A) + HCl$$

$$HCl + OH\ (A) \rightarrow Cl\ (A) + H_2O$$

Zum Entfernen starker Säuren wie HCl, H_2SO_4 usw. genügt ein schwacher oder mittelbasischer Anionenaustauscher, der mit NaOH oder Na_2CO_3 regeneriert wird. Sollen auch schwache Säuren wie CO_2 und SiO_2 ausgetauscht werden, kommt ein starkbasischer Anionenaustauscher in Frage, für dessen Regeneration NaOH verwendet wird.

Da die Entfernung der CO_2 im starkbasischen Anionenaustauscher Chemikalienverbrauch verursacht, wird meist ein Rieseler vorgeschaltet. Der geringe Restsalzgehalt hinter dem Anionenfilter ist abhängig vom Anionengehalt des Rohwassers und Chemikalienüberschuß. Je nach Qualitätsforderung deshalb vielfach Nachschaltung eines Mischbettfilters, welches Kationen- und Anionenmaterial enthält und praktisch eine Batterie von unendlich vielen hintereinandergeschalteten Kationen- und Anionenfiltern darstellt. Fertigwasser ist dann praktisch frei von Ionen.

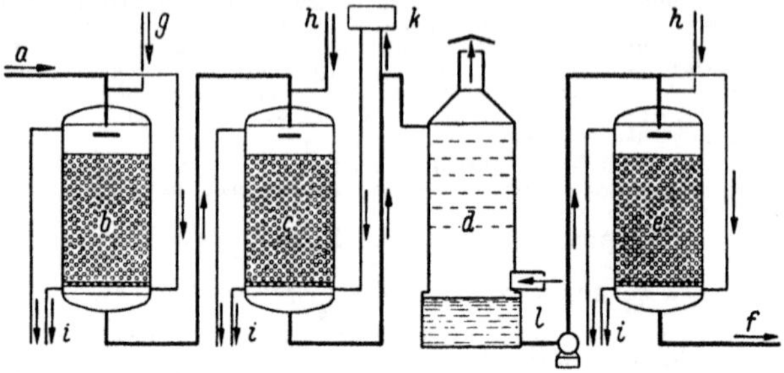

Bild 86. Vollentsalzung im Kationen-Anionen-Austausch mit Entkieselung. *a* Rohwasser, *b* H-Austauscher, *c* OH-Austauscher, *d* Rieseler, *e* Entkieseler, *f* vollentsalztes und entkieseltes Wasser, *g* Säure, *h* Lauge, *i* Abwasser, *k* Sammelbehälter für entsalztes Spülwasser, *l* Luft

Zur Regeneration werden die Austauscher, welche sich im spezifischen Gewicht unterscheiden, durch Rückspülung mit Wasser getrennt. Nach beendeter Regeneration Mischung der Austauscher mit Luft.

Entkieselung nach den Fällungsverfahren durch Zusätze wie Magnesiumchlorid und Natriumaluminat (Bitterfelder Verfahren) oder Kalk und Magnesiumoxyd bei 100 °C (Höchster Verfahren) sowie Magnohydrat tritt immer mehr zurück.

3. Thermische Aufbereitung in Verdampfern

Je nach betrieblicher Gegebenheit und Salzgehalt des Rohwassers erfolgt Aufbereitung auch in Verdampfern, wobei eine Enthärtungsanlage nach Neutralaustausch, gegebenenfalls mit Entkarbonisierung und Entgaser vorgeschaltet wird. Nachschaltung eines Kondensators zur Verflüssigung des Brüdendampfes. Häufig Mehrstufenverdampfer, wobei in den hintereinandergeschalteten Apparaten die Brüden des vorgeschalteten den nachgeschalteten Verdampfer beheizen. Destillat ist salzarm, gas- und härtefrei und dem Turbinen-Abdampfkondensat gleichwertig.

Je nach örtlichen Verhältnissen liegende oder stehende Verdampfer mit Über- und Unterdruck. In liegenden *Tauchverdampfern* kondensiert Heizdampf in den Rohren, Heizdampf- und Brüdenkondensat gelangen in den Speisebehälter. Die im Verdampfer entstehende Lauge wird abgepumpt. Rohre aus Kupfer, Mantel aus Stahl, Röhrenbündel ausfahrbar. In stehendem *Kreislaufverdampfer* mit gesondertem Ausdampfraum umspült Heizdampf die Rohre, Wasserzirkulation infolge Wasserverdampfung in den Rohren. Eingespeistes vorenthärtetes Wasser mischt sich mit im Kreislauf befindlichem Verdampferinhalt, Bild 87. Verbesserung der Destillatqualität bei Anwendung von Dampffiltern.

In Kraftwerken mit Abgabe von Heizdampf kann dessen Kondensat nur selten zurückgewonnen

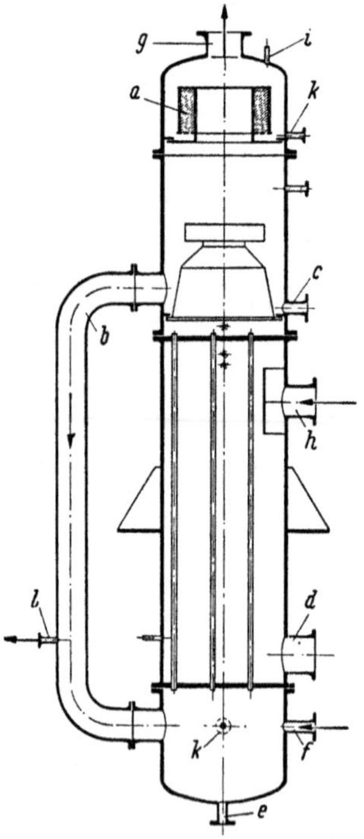

Bild 87. Kreislauf-Verdampfer (Atlaswerke). *a* Dampffilter, *b* Kreislaufrohr, *c* Zulaufregler-Anschluß, *d* Ablaufregler-Anschluß, *e* Entleerung, *f* Speisewassereintritt, *g* Brüdenaustritt, *h* Heißdampfeintritt, *i* Entlüftung, *k* Filterentwässerung, *l* Laugeaustritt

werden. Zur Vermeidung der Zufuhr entsprechender Wassermengen zum Dampfkessel wird der Heizdampf in „*Dampfumformern*" als Zweitdampf in Rohrbündeln erzeugt, die durch Anzapfdampf oder Dampf von Gegendruckmaschinen, deren Kondensat zurückgeleitet wird, beheizt werden. Da abgesehen von geringer Zusatzwassermenge stets dasselbe Wasser im Kreislauf bleibt, können keine neuen Salze in dieses gelangen, Bild 88.

Ablassen eines Teiles des durch Dampfabgabe an Salzen angereicherten Rohwassers als Lauge, um allzu starke Konzentration zu vermeiden.

Temperaturgefälle im Verdampfer: 8 bis 10 grd.

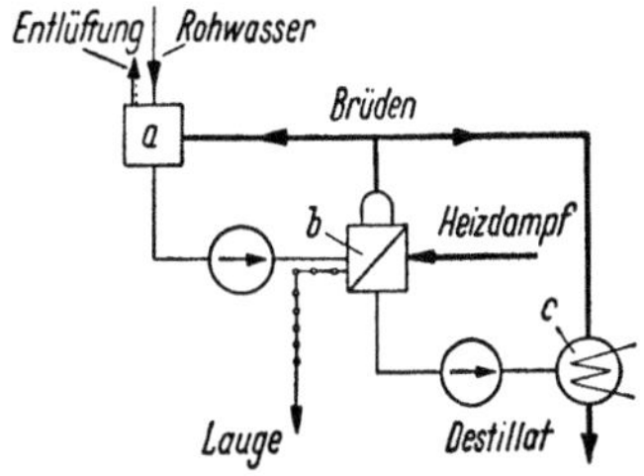

Bild 88. Einschaltung des Verdampfers in den Wärmekreislauf. *a* Entgaser, *b* Verdampfer, *c* Brüdenkondensator

4. Entgasung

Hoher Gehalt des Wassers an O_2 und CO_2 verursacht Korrosionen in Kessel und Speisepumpe.

Beseitigung der Gase auf *thermischem* Wege meist dadurch, daß das Speisewasser in einem auf dem Speisebehälter aufgebauten Entgaser durch Mischung mit Dampf auf Siedetemperatur erwärmt wird. Bevorzugung der Überdruck-Entgasung in *Riesel-Entgasern* bei 102 bis 110 °C entsprechend Betriebsdruck 1,1 bis 1,5 ata (ND-Entgaser) oder bei höherer Temperatur (HD-Entgaser). Bei Vakuum-Entgasung Absaugen der Gase durch Luftpumpen, Dampf- oder Wasserstrahler.

Die Wirkungsweise des Rieselentgasers zeigt Bild 89. Zur Rückgewinnung der Wärme und des Kondensates des mit CO_2 und O_2 aus der Entlüftung entweichenden Dampfes dient der Brüdenkondensator.

Entgasung bis auf Restsauerstoffgehalt von 0,02 mg/lit erreichbar.

Chemische Entgasung durch Bindung von Spuren freier CO_2 mit Ammoniak und freier O_2 mit Hydrazin, Natriumsulfit, die vielfach hinter dem Entgaser zur Entfernung des Restgases zugesetzt werden.

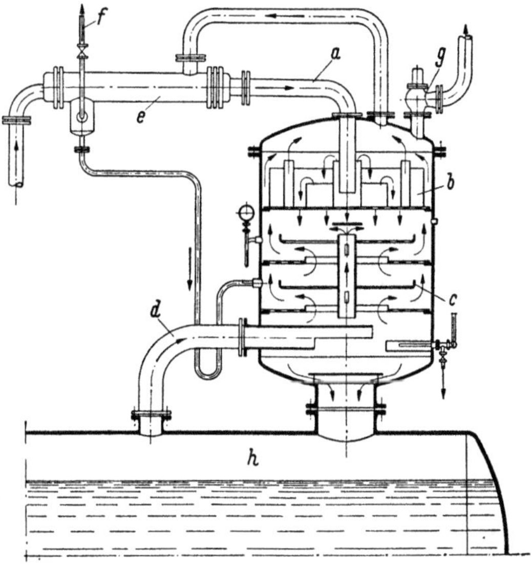

Bild 89. Rieselentgaser mit Brüdenkondensator auf dem Speisewasserbehälter. *a* Wassereintritt, *b* Wasserverteiler, *c* Rieselbleche, *d* Dampfeintritt, *e* Brüdenkondensator, *f* Entlüftung, *g* Sicherheitsventil, *h* Speisewasserbehälter

Ob die Entgasung unter Vakuum, bei atm. Druck oder Überdruck durchgeführt wird, hängt von den Betriebsverhältnissen ab.

Zum Schutz des entgasten Wassers vor neuer Sauerstoffaufnahme muß Speisebehälter mit Dampfpolster versehen werden.

VI. Einzelteile aus dem Kesselbau und Festigkeitsberechnungen[1]

1. Kesselbleche und Kesseltrommeln

Bleche für Dampfkessel werden aus folgenden Stählen hergestellt: I, II, H I, H II, H III, H IV, 17 Mn 4, 19 Mn 5, 15 Mo 3, 13 CrMo 44; s. Bd. I, S. 538.

Über chemische Zusammensetzung, Gebrauchseigenschaften und Verarbeitung der Kesselbleche s. DIN 17155, Bl. 1, 2 u. Beibl. Unlegierte Stähle neigen zur Alterung. Mit Mo legierte Stähle haben hohe Warmfestigkeit. Chromlegierungen erhöhen die Zunderbeständigkeit.

Trommeln werden elektrisch geschweißt bis zu Wanddicken von 80 mm, Durchmessern von 1800 mm und zyl. Längen von 18000 mm. Sie erhalten gegengeschweißte tiefgewölbte Böden oder angekümpelte Halbkugelböden. Für höchste Dampfdrücke werden die Trommeln gewalzt und geschmiedet und die Böden angekümpelt.

Für *nahtlose* Trommeln werden die Stähle 17 Mn 4, 19 Mn 5, 20 MnV 6, 20 MnMo 4, 21 CrMo 3, 25 NiCrMo 6 u. a. verwendet.

2. Wanddicken zylindrischer Dampfkesselwandungen unter innerem Überdruck[1]

a) Geltungsbereich. Schüsse, Trommeln und Sammler mit $D_a/D_i \leqq 1{,}2$; für $D \leqq 500$ bis $D_a/D_i \leqq 1{,}6$.

b) Berechnung („Kesselformel").

$$s = \frac{D_i \cdot p}{200\, K/S \cdot v - p} + c = \frac{D_a \cdot p}{200\, K/S \cdot v + p} + c;$$

s	mm	Wanddicke (mindestens 5 mm bei geschweißten und nahtlosen Schüssen),
p	kg/cm²	Genehmigungsdruck in atü,
D_i	mm	innerer Durchmesser,
D_a	mm	äußerer Durchmesser,
K	kg/mm²	Festigkeitskennwert des Werkstoffs (Werte s. WBV), bei Wandungstemperaturen über 350 °C s. Werkstofftabellen der Stahlwerke,
v	–	Verschwächungsbeiwert (i. allg. = 0,8; nur mit Ausnahmegenehmigung $v > 0{,}8$; für nahtlose Trommeln $v = 1{,}0$ s. WBV),
S	–	Sicherheitsbeiwert = 1,5,
c	mm	Abnutzungszuschlag zur Wanddicke (= 1, bei $s \geqq 30$ mm ist $c = 0$).

Berechnungstemperatur

bei nicht befeuerter Wand:	Dampftemperatur	mindestens jedoch 250 °C
bei gegen Feuergase abgedeckter Wand:	Dampftemperatur + 20 grd	
bei von Feuergasen berührter Wand: (für Trommeln nur bis 25 atü zulässig):	Dampftemperatur + 50 grd	

3. Wanddicken von gewölbten Böden unter innerem und äußerem Überdruck

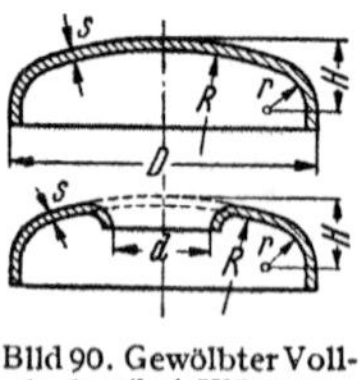

Bild 90. Gewölbter Vollboden (bei Klöpperböden ist $H/D = 0{,}19$)
Bild 91. Mannlochboden mit eingehalstem Mannloch

a) Geltungsbereich. Böden aus Stahl und Stahlguß mit folgenden Anforderungen:

α) H mindestens 0,18 D,

β) nach Ellipse oder Korbbogen geformt, wobei $R \leqq D$ und $r \geqq 1/10\, D$,

γ) der zylindrische Ansatz $> 3{,}5\, s$ (Bild 90, 91), jedoch $\leqq 150$ mm.

Auch für geschweißte Böden, wenn Schweißnaht senkrecht zur Krempe und in der Schweißnaht keine Bohrung.

[1] Festigkeitsberechnungen nach den WBV (Lit. 12).

b) Berechnung

$$s = \frac{D p \beta}{400\, K/S} + c;$$

s	mm	Wanddicke, ($\gtrsim 5$ bei ungeschweißten Böden),
p	kg/cm²	Genehmigungsdruck in atü,
D	mm	äußerer Durchmesser,
K	kg/mm²	Festigkeitskennwert. Es gelten die gleichen Werte und Berechnungstemperaturen wie für Kesseltrommeln,
S	—	Sicherheitsbeiwert = 1,4 bei Stahl, = 2,0 bei Stahlguß,
H	mm	Höhe der Bodenwölbung des Vollbodens einschl. Wanddicke,
β	—	Formfaktor abhängig von H/D und der Bodenform 1,1 bis 2,9 für Vollböden, bis 6,5 für Böden mit Ausschnitten s. WBV,
c	mm	Abnutzungszuschlag zur Wanddicke (= 2, bei $s \geqq 30$ mm ist $c = 1$).

4. Kessel- und Überhitzerrohre

Für Dampfkessel werden nahtlos gewalzte oder längsgeschweißte Rohre bis zu Rohrwandtemperaturen von etwa 560 °C aus folgenden unlegierten und legierten Stählen hergestellt:

St 35.8, St 45.8, 14 Mn 4, 15 Mo 3, 13 CrMo 44, 10 CrMo 910, 10 CrSiMoV 7.

Über chemische Zusammensetzung, Gebrauchseigenschaften und Verarbeitung s. DIN 17175 Bl. 1, 2 u. Beibl.

Die Rohre werden eingewalzt, wobei die Rohrenden den in WKV 2899 angegebenen Bedingungen entsprechen müssen, oder meist an Nippel angeschweißt. Ankerrohre werden eingeschraubt. Ausführungsmaße von nahtlosen Flußstahlrohren nach DIN 2448. Üblich sind die Rohrdmr. 32; 38; 44,5; 51; 57; 70; 83; 102 mm mit Wanddicken von 2,5 bis 6 mm. Für Rauchrohre und die geraden Rohre von Kammerkesseln werden die Durchmesser 83 und 102 verwendet.

5. Wanddicken von Kessel- und Überhitzerrohren

a) Geltungsbereich. Kessel- und Überhitzerrohre mit innerem und äußerem Überdruck, im letzten Fall bis 200 mm äußerem Rohrdurchmesser.

b) Berechnung

$$s = \frac{d_a \cdot p}{200\, K/S \cdot v + p};$$

s	mm	Wanddicke; Höchstwanddicke = 6 mm,
p	kg/cm²	Genehmigungsdruck in atü,
d_a	mm	äußerer Rohrdurchmesser,
K	kg/mm²	Festigkeitskennwert des Werkstoffs $\sigma_{0,2}$ bzw. $\sigma_{B/100\,000}$ (Werte s. Werkstofftabellen der Stahlwerke),
S	—	Sicherheitsbeiwert = 1,6 bei innerem Überdruck, = 1,8 bei äußerem Überdruck und Gütenachweis des Werkstoffs, = 2,2 ohne Gütenachweis,
v	—	Verschwächungsbeiwert bei längsnaht-geschweißten Rohren bis 0,9.

Für warmgehende Rohre, z. B. Überhitzerrohre, ist jeweils der niedrigste der folgenden Werte maßgebend:

α) Warmstreckgrenze ($\sigma_{0,2}$) nach DIN 50112 mit 1,5 facher Sicherheit.

β) Zeitstandfestigkeit ($\sigma_{B/100\,000}$) nach DIN 50118/119 mit 1,5 facher Sicherheit.

Ferner muß nachgeprüft werden, ob bei der Berechnungstemperatur t°C die Zeitdehngrenze ($\sigma_1/_{100\,000}$) und bei $t + \Delta t$°C die Zeitstandfestigkeit $\sigma_{B/100\,000}$ noch nicht überschritten ist. Δt ist den Betriebsbedingungen anzupassen; in der Regel ist $\Delta t = 15$ grd einzusetzen.

Berechnungstemperatur

für unbeheizte Rohre:	die Sättigungstemperatur bei dem Genehmigungsdruck bzw. die bei Auslegung des Überhitzers vorgesehene Heißdampftemperatur,
für beheizte Rohre:	Sattdampftemperatur + 50 grd bei Übertragung der Wärme durch Strahlung, + 25 grd bei Berührungswärme,
für Überhitzerrohre:	eine Temperatur von 35 grd über Heißdampftemperatur bei Berührungsüberhitzern, von 50 grd bei Strahlungsüberhitzern.

6. Sammelkammern

werden nahtlos gezogen oder gewalzt aus den Stählen St 41, St 44, 17 Mn 4, 15 Mo 3, 19 Mn 5, 13 CrMo 44, 16 CrMoV 42 u. a. Endsammler der Überhitzer erfordern legierte Stähle mit hoher Dauerstandfestigkeit. Sind die Sammler den

Rauchgasen unmittelbar ausgesetzt, so hohe Zunderbeständigkeit wichtig. *Runde Sammler* sind nahtlos gewalzte Rohre mit den Außendurchmessern 159, 216, 267, 318, 368, 419, 521 oder nahtlos gezogene Rohre mit den Innendurchmessern 130, 160, 200, 250, 320, 400, 500 nach WKV 2935* und Wanddicken von 16 bis 80 mm. *Vierkantsammler* werden nahtlos gezogen in quadratischer und rechteckiger Form mit Maßen nach WKV 2906.

Runde und Vierkantsammler erhalten bis 40 atü Einschweißböden nach WKV 2936 Bl. 2 und ab 40 atü Kümpelenden nach WKV 2936 Bl. 3 und Vorschweißböden nach WKV 2936 Bl. 4.

Bei niedrigem Druck können die Rohre in die Sammler eingewalzt werden. Das gegenüber jedem Rohrloch erforderliche Handloch wird durch einen Deckel verschlossen. Zum Hineinbringen dieser Deckel müssen einige Handlöcher oval sein. Runde Verschlüsse nach DIN 2909, ovale Verschlüsse nach DIN 2908. Bei Überhitzern mit engen Rohren auch für 4 Rohre ein Handloch. Vermeiden der vielen Verschlüsse durch Verbindung der Rohre mit dem Sammler mittels Einschweiß-Nippel nach WKV 2937, s. Bild 69. Abmessungen von *Teilkammern* aus nahtlosen Vierkantrohren mit den Maßen 140/140 oder 115/140 bis 50 atü sind in DIN 2907 festgelegt. Die Kammern werden

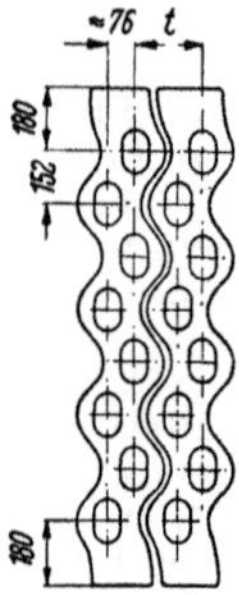

Bild 92. Gewellte Teilkammern. $t = 150 + 2{,}5\,s$ (auch für ungewellte Teilkammern)

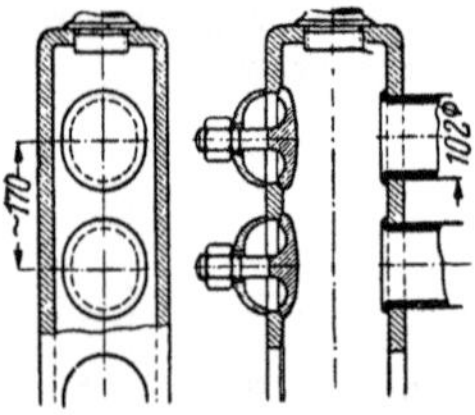

Bild 93
Ungewellte Teilkammer

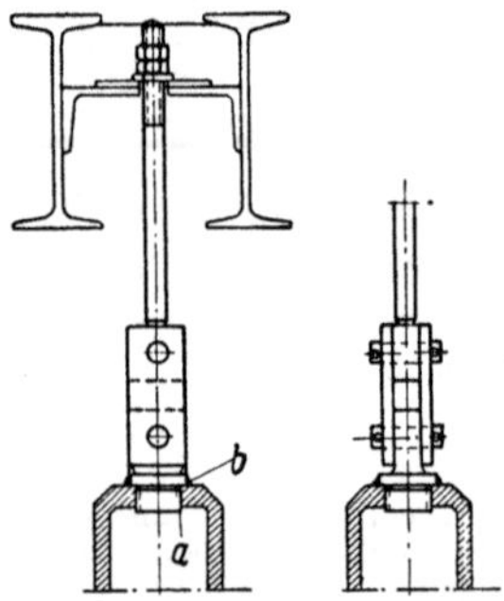

Bild 94. Teilkammer-Aufhängung. *a* Rohrgewinde nach DIN 259 oder DIN 260, *b* fest aufsitzender Bund wird elektrisch verschweißt

wellenförmig gepreßt, Bild 92, oder meist gerade hergestellt, Bild 93, wodurch Folgen der Kaltverformung vermieden werden. Kammern mit stufenförmigen Einpressungen, sog. Sägekammern, nur in Ausnahmefällen. Aufhängung der vorderen Teilkammern nach WKV 2900. Zwischen Anker und Teilkammer ist eine Laschenverbindung eingeschaltet, um Schubkräfte zu vermeiden. Befestigung des Ankers mittels Mutter und Tragplatte im Kesselgerüst, Bild 94.

7. Mannloch- und Handlochverschlüsse

Mannlöcher dienen zum Einsteigen und befinden sich in den Trommelböden oder bei Großwasserraumkesseln oft im Mantel. Verstärkung des Mannlochrandes bei Böden durch eingepreßte Krempe, beim Mantel durch angeschweißten oder angenieteten Flachstahlring. Mannlochgröße mindestens 300 × 400, ausnahmsweise 280 × 380 mm; sie sind durch Innenverschluß zu dichten. Glatter Deckel für nach innen gewölbten Boden, Bild 95. Halteschrauben mit Gewinde M 30

* WKV s. Lit. 14.

nach DIN 938. Wenn nicht Metalldichtungen verwendet werden, muß man den Verschlußdeckeln, um ein Herausdrücken der Packung zu verhindern, auf der Luftseite einen Wulst oder einen Bund geben. Nach WKV 2889 Bl. 1 u. 2 erhalten gepreßte Vollböden Mannlochöffnungen von 300 × × 400 mm oder 320 × 425 mm mit verschiedenen Verschlüssen für Genehmigungsdrücke bis 32 atü mit $s = 30$ mm, bis 40 atü mit $s = 40$ mm, bis 64 atü mit $s = 50$ mm. Nach WKV 2889 Bl. 3 u. 4 kommen für gekümpelte Böden Öffnungen von 325 × 380 oder 380 × × 425 mm mit Schwenkdeckel-Verschlüssen in Frage. Die It-Packungen erhalten Abmessungen nach WKV 2889 Bl. 5. Handlöcher müssen mindestens 106 × 122 mm weit sein. Runde Handlochverschlüsse bei Sammlern nach DIN 2909, ovale Verschlüsse nach DIN 2908.

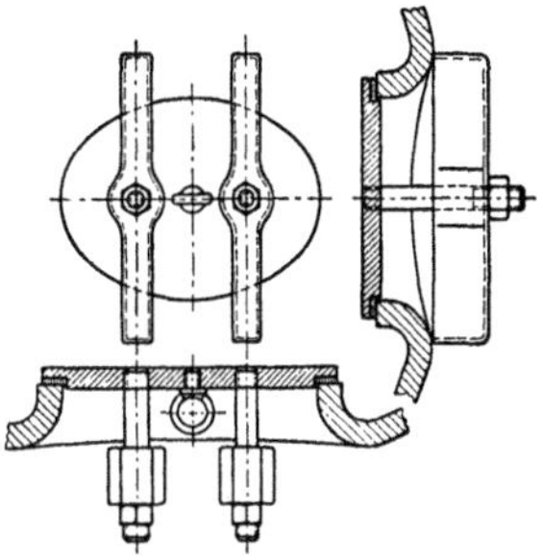

Bild 95. Mannloch-Verschluß mit glattem, losem Deckel

VII. Kesselausrüstung

Der Kessel ist mit verschiedenen Vorrichtungen auszurüsten, die zum Teil als Sicherheitsvorrichtungen gesetzlich vorgeschrieben sind (Lit. 1).

1. Speisevorrichtungen

Jede Kesselanlage muß mit mindestens zwei Speisevorrichtungen versehen sein, die durch zwei voneinander unabhängige Kraftquellen angetrieben werden (§ 4 in ApB, s. Lit. 1).

Bei nur 2 Speisepumpen muß jede Pumpe liefern können:

a) das 1,6fache der höchsten Dauerlast bei Kesseln ohne selbsttätige Speiseregelung, wenn die Gesamtleistung der Kesselanlage nicht mehr als 30 t/h Dampf beträgt,

b) das 1,25fache bei Kesseln mit einer selbsttätigen Speiseregelung oder bei mehr als 30 t/h Dampf,

c) das 1fache bei Zwangdurchlaufkesseln.

In den Faktor 1,25 ist eine Abschlämmenge von 5% eingerechnet; größere Rückführ- oder Abschlämmengen sind besonders zu berücksichtigen (bei Benson-Kesseln die Rücklaufmenge gegebenenfalls besonders).

Bei *mehr als 2 Speisepumpen* müssen bei Ausfall einer Pumpe die übrigen Pumpen mindestens die Speisewassermenge liefern, wie vorstehend für eine von zwei Pumpen angegeben.

Als Förderdruck gilt das 1,1fache des Genehmigungsdruckes zuzüglich der Widerstände zwischen Speisepumpe und Kessel.

Leistung an der Pumpenwelle:

$$N = 2{,}72\,\frac{D \cdot p}{\gamma \cdot \eta}\ \text{kW}.$$

D Speisewassermenge in kg/h,
p Speisedruck in atü,
γ spez. Gewicht des Speisewassers in kg/m³,
η Pumpenwirkungsgrad = 60 bis 80% bei direkt gekuppelten Kreiselpumpen,
= 80 bis 90% bei Kolbenpumpen.

Für die Kesselspeisung kommen in Betracht: Kolben-, Dampfstrahlpumpen (Injektoren) und insbesondere für größere Kesselanlagen Kreiselpumpen mit Antrieb durch Dampfturbine oder Elektromotor.

2. Speiseventile und Speiseleitungen

„In jeder zum Dampfkessel führenden Speiseleitung muß möglichst nahe am Kesselkörper ein Speiseventil (Rückschlagventil) angebracht sein, das bei Abstellung der Speisevorrichtungen durch den Druck des Kesselwassers geschlossen wird.“ (§ 5.)

Um ein Ecken des Kegels in diesen Ventilen durch den einseitig wirkenden Wasserstrom zu verhindern, ist eine obere Führung des Ventilkegels vorzusehen.

Durch selbsttätiges Einwirken sog. *Speiseregler* auf das Speiseventil (und auch auf das Dampfventil der Pumpe) sucht man mit Vorteil den Wasserstand im Kessel in bestimmten engen Grenzen zu halten. Betätigung des Regelventils durch Schwimmer, Membrane, Thermostaten oder auf elektr. Wege, z. B. Hannemann-Regler, Askania-Regler, Siemens-Regler, Regler der Kraftanlagen AG, Heidelberg. Bei diesem, Bild 96, wirkt das schrägliegende Rohr als Ausdehnungsrohr (Thermostat), indem bei sinkendem Wasserstand ein größerer Rohrteil mit Dampf gefüllt ist, sich erwärmt und sich ausdehnt, wodurch das Regelventil geöffnet wird. Trotz zuverlässigen Arbeitens dieser Apparate ist jedoch dabei die dauernde Beobachtung des Wasserstandes durch den Heizer dringend geboten.

Hält der Regler nur den Wasserstand auf gleicher Höhe und beeinflußt er nicht die Speisepumpe, so kann der Druck in der Speiseleitung übermäßig ansteigen. Diesen Schwankungen begegnet der *Differenzdruck-Regler*, bei dem der Druckunterschied zwischen Kessel und Speiseleitung ein vor das Speiseventil geschaltetes Regelventil betätigt.

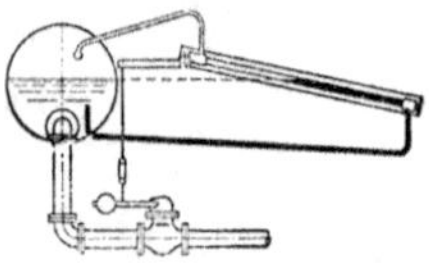

Bild 96. Speiseregler (Kraftanlagen AG, Heidelberg)

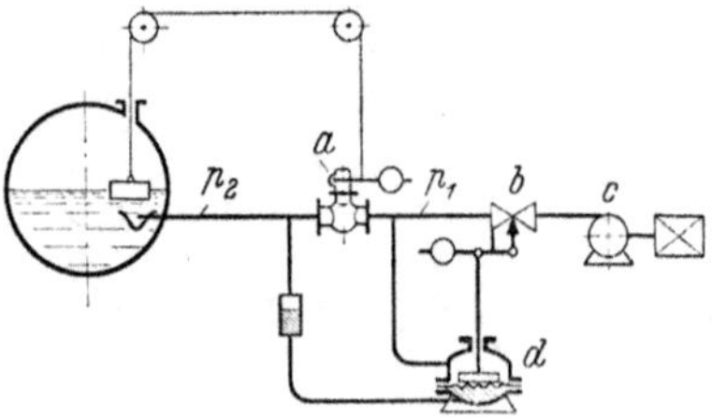

Bild 97. Differenzdruck-Regler und Speisewasserregler (Hannemann). *a* Speisewasserregelventil, *b* Druckregelventil, *c* Speisepumpe, *d* Membrangehäuse, $p_1 - p_2$ eingeregelter Differenzdruck

Bei dem Hannemann-Differenzdruck-Regler beaufschlagen die Drücke im Kessel und in der Speiseleitung beide Seiten einer Membran, deren Bewegung auf das Regelventil übertragen wird, Bild 97. Der Regler drosselt die Fördermenge der Pumpe entweder direkt in der Pumpendruckleitung oder, bei Dampfpumpen, durch Drosseln des Dampfventils.

„Die Speiseleitung muß so beschaffen sein, daß sich der Dampfkessel bei undichtem Rückschlagventil nicht durch die Speiseleitung entleeren kann.“ (§ 5.)

Sie soll deshalb höchstens 50 mm unter dem festgesetzten niedrigsten Wasserstand einmünden. Durch eine Rinne unterhalb des Einhängerohres (Speisetrog) oder durch Löcher auf der oberen Seite des waagerechten Speiserohres wird eine günstige Verteilung des Frischwassers erzielt.

3. Absperr- und Entleerungsvorrichtungen

„Jeder Dampfkessel muß mit einer Vorrichtung versehen sein, durch die er von der Dampfleitung abgesperrt werden kann.“ (§ 6.)

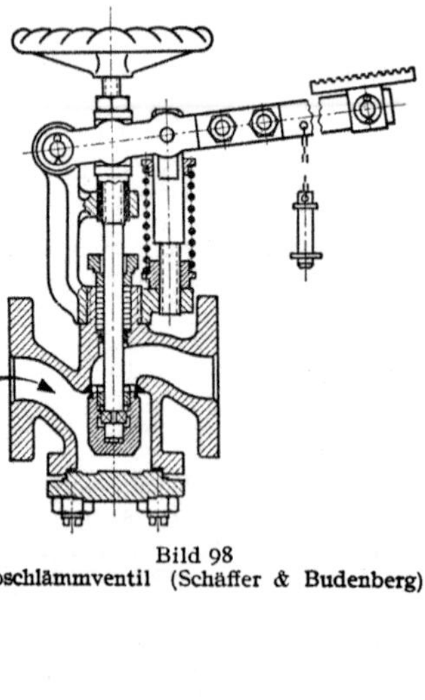

Bild 98
Abschlämmventil (Schäffer & Budenberg)

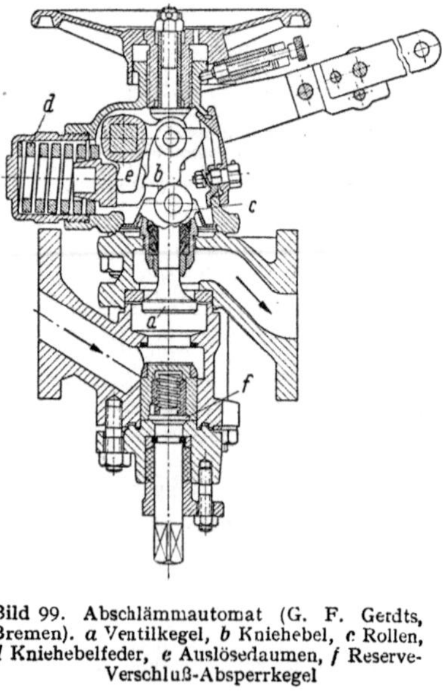

Bild 99. Abschlämmautomat (G. F. Gerdts, Bremen). *a* Ventilkegel, *b* Kniehebel, *c* Rollen, *d* Kniehebelfeder, *e* Auslösedaumen, *f* Reserve-Verschluß-Absperrkegel

Ausführung von Ventilen oder Schiebern s. Bd. I, S. 790. Entleerungsvorrichtungen sind an der tiefsten Stelle anzubringen.

In vielen Fällen sind mehrere Ventile zur Entleerung erforderlich. Da geringe Undichtheiten zu erheblichen Wasserverlusten führen, werden zweckmäßig zwei Ventile hintereinandergeschaltet. Die Ventile können auch zum *Abschlämmen* dienen, das in bestimmten Zeitabständen erforderlich ist. Meist werden aber besondere für diesen Zweck gebaute Ventile angebracht.

Abschlämmventile mit selbsttätigem Schluß, bei denen der Ventilkegel nur durch andauernde Betätigung eines Hebels offengehalten wird, haben sich gut bewährt. Bei dem Ventil nach Bild 98 ist das Gehäuse strömungsmäßig ausgebildet, so daß der Kesselschlamm beim Öffnen aus dem Ventil leicht hinausgespült wird. Die Stopfbuchse ist entlastet. Die Dichtungen im Gehäuse und am Kegel sind aus hartem, korrosionsbeständigem Sonderstahl auflegiert.

Bild 99 zeigt einen Abschlämm-Automaten.

4. Wasserstandsvorrichtungen

a) Wasserstandsanzeiger

„Jeder Dampfkessel muß mit mindestens zwei geeigneten Vorrichtungen zur Erkennung seines Wasserstandes versehen sein, von denen wenigstens die eine ein Wasserstandsglas sein muß.“ (§ 7.)

Für Schiffskessel werden 3 Vorrichtungen gefordert, und zwar mindestens 2 Gläser.

Jede Wasserstandsvorrichtung ist im allgemeinen für sich mit dem Kessel zu verbinden, und zwar durch Rohre ohne scharfe Krümmung (unter Vermeidung von Wasser- und Dampfsäcken); die Rohre sind gegen Heizgase zu schützen.

Die Hähne und Ventile aller Wasserstandsvorrichtungen müssen sich während des Betriebes in gerader Richtung durchstoßen lassen.

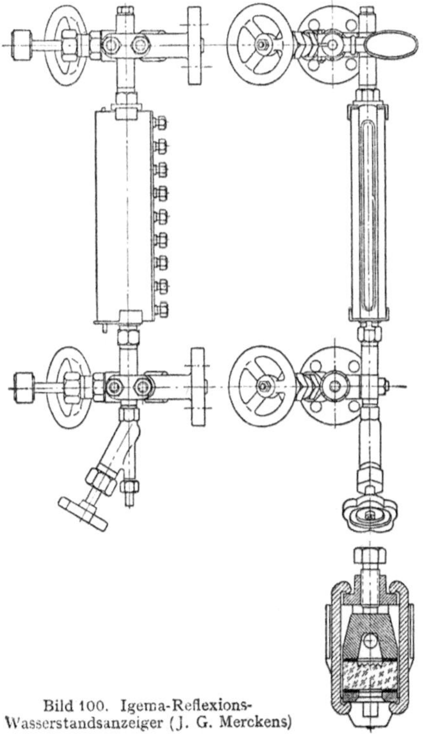

Bild 100. Igema-Reflexions-Wasserstandsanzeiger (J. G. Merckens)

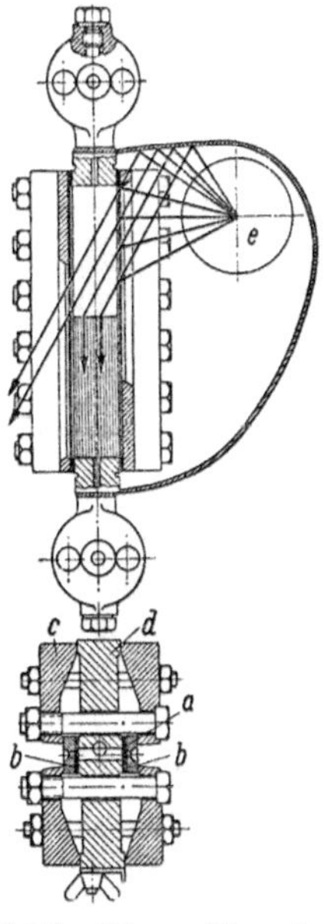

Bild 101. Glimmer-Wasserstandsanzeiger für Sicht von unten und Leuchtvorrichtung (J. G. Merckens). *a* Stützrost, *b* Glimmer, *c* Deckelschiene, *d* Anzeigekörper, *e* Lampe

Die Wasserstandsköpfe sind so zu gestalten, daß das Dichtungsmittel nicht eine Verstopfung der Glasenden herbeiführen kann. — Das Glas muß einen ausreichenden Bewegungsspielraum haben, da sonst Biegespannungen auftreten.

Zum Erkennen der Wasserstandshöhe in den Wasserstandsgläsern sind für Kleinkessel bis 15 atü Betriebsdruck Glasrohre, sonst geriffelte Flachgläser, auch mit unterteilter Schaulänge, im Gebrauch, gegebenenfalls mit Anleuchtvorrichtung.

Bei dem Igema-Reflexions-Wasserstandsanzeiger, Bild 100, ruht das Glas mit Dichtung auf geschliffenen Flächen und wird über eine Schraubenreihe mit Klemmlaschen angepreßt. Ein Verspannen des Glases ist ausgeschlossen.

Bei Drücken über 80 atü und laugenhaltigem Kesselwasser haben sich Wasserstandsanzeiger mit Glimmerscheiben bewährt. Außer großer mechanischer Festigkeit haben die Glimmerscheiben auch bei hohen Drücken und Temperaturen eine große Widerstandsfähigkeit gegen chemische Einflüsse des Kesselwassers. Hinter dem Anzeiger ist zum besseren Sichtbarmachen des Wasserstandes eine Lampe angeordnet, Bild 101.

Bei hochbauenden Kesseln ist die Beobachtung des Wasserspiegels vom Heizerstand aus erschwert. Daher „heruntergezogene Wasserstände" mit mittelbarer Anzeige, z. B. der Igema-Fernanzeiger, bei dem der Unterschied des statischen Druckes zweier Wassersäulen auf eine sich nicht mit Wasser vermischende gefärbte Flüssigkeit übertragen wird, Bild 102. Ein Rohr bleibt stets bis zu einer bestimmten Höhe mit Kesselwasser gefüllt, in dem anderen ändert sich die Wasserfüllung mit dem Wasserstand im Kessel.

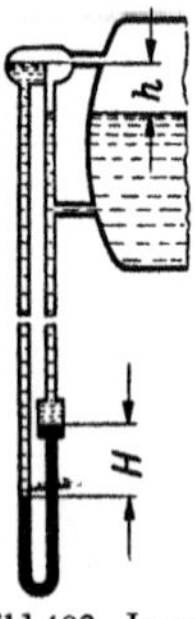

Bild 102. Igema-Wasserstandsfernanzeiger

Bei dem Hannemann-Fernanzeiger überträgt ein Schwimmer den Wasserstand auf einen Spiegelkörper.

Für höhere Drücke sind Sonderbauarten entwickelt worden, die den Wasserstand mittelbar anzeigen.

Der Wasserstandsanzeiger Pfleiderer (Bild 103) besteht aus einem aufgehängten Meßbehälter *a* mit Gegengewicht, der durch dünne federnde Rohre *b* mit dem Dampf- und Wasserraum des Kessels verbunden ist. Das Gefäß hebt oder senkt sich je nach seinem Wasserinhalt. Die Bewegung wird auf eine Waage übertragen, deren Ausschläge ein Maß für den jeweiligen Wasserstand sind. Die heruntergezogenen Wasserstände und alle sonstigen Sonderbauarten dürfen nur als zweite Vorrichtung neben einem Wasserstandsglas benutzt werden.

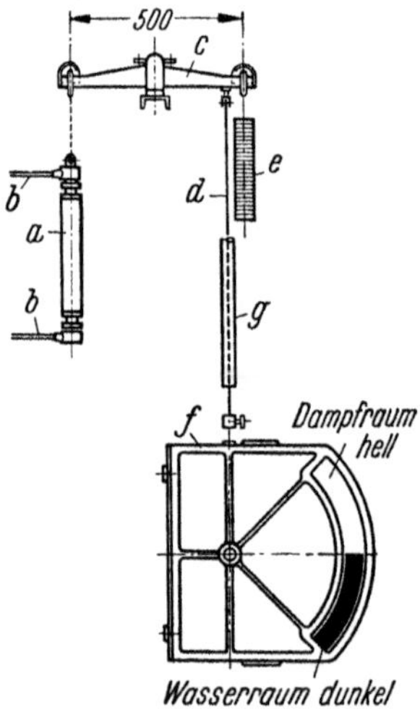

Bild 103
Wasserstandsanzeiger Pfleiderer mit Fernanzeige (F. Vaihinger, Offenbach). *a* Meßbehälter, *b* elastische Anschlußrohre an den Kessel, *c* Waagebalken, *d* Stahldraht, *e* Gegengewicht, *f* Leuchtgerät, *g* Schutzrohr

b) Wasserstandsmarke

„Der für den Dampfkessel festgesetzte niedrigste Wasserstand ist durch eine an der Kesselwandung anzubringende feste Strichmarke, die von den Buchstaben N.W. begrenzt wird, dauernd kenntlich zu machen." (§ 8.)

5. Sicherheitseinrichtungen

a) Sicherheitsventile

„Jeder feststehende Dampfkessel ist mit wenigstens einem zuverlässigen Sicherheitsventil, jeder bewegliche Dampfkessel sowie jeder Schiffskessel mindestens mit zwei solchen Ventilen zu versehen." (§ 9.)

„Die Sicherheitsventile dürfen höchstens so belastet werden, daß sie bei Eintritt der für den Kessel festgesetzten Dampfspannung den Dampf entweichen lassen."

Sie sind, nicht vom Kessel absperrbar, möglichst unmittelbar an einer zugänglichen Stelle des Kesselkörpers zu befestigen, damit Anlüften und Drehen des Ventilkegels auf dem Sitz leicht möglich ist. Sind zwei Ventile vorgeschrieben, so muß ihre Belastung unabhängig voneinander sein.

Für feststehende Kessel werden allgemein Ventile mit Gewichtsbelastung, für Großkessel und bewegliche Kessel meist solche mit Federbelastung gebraucht.

Bei *Vollhubventilen* wird im Bereich von 1,0 p bis 1,1 p (p = höchstzulässiger Betriebsdruck) voller Hub erreicht, wobei sich ein freier Strömungsquerschnitt über dem Sitz einstellen muß, der mindestens um 10% größer ist als der engste Strömungsquerschnitt vor oder an dem Sitz, Bild 104.

Hochhubventile haben eine Einrichtung, die auf eine Hubvergrößerung hinwirkt, ohne daß der höchstmögliche Hub innerhalb von 1,1 p zwangsweise erreicht wird.

Niederhubventile sind alle übrigen Sicherheitsventile.

Größe der Ventilfläche[1]. Der engste freie Querschnitt ist

$$F_0 = K \cdot D/(p + 1).$$

Hierin bedeuten:

F_0 den engsten freien Strömungsquerschnitt vor oder an dem Ventilsitz nach Abzug von Verengungen durch die Kegelführung in mm²,
D die gewährleistete Dampfleistung in kg/h,
p den höchstzulässigen Betriebsdruck in atü,
K einen Berechnungsbeiwert = $1{,}1x/\alpha$,
α die Ausflußziffer abhängig von der Ventilbauart,
x den Druckmittel-Beiwert, der die Eigenschaften des ausströmenden Dampfes berücksichtigt (Werte für x s. BWK Arbeitsblatt 68).

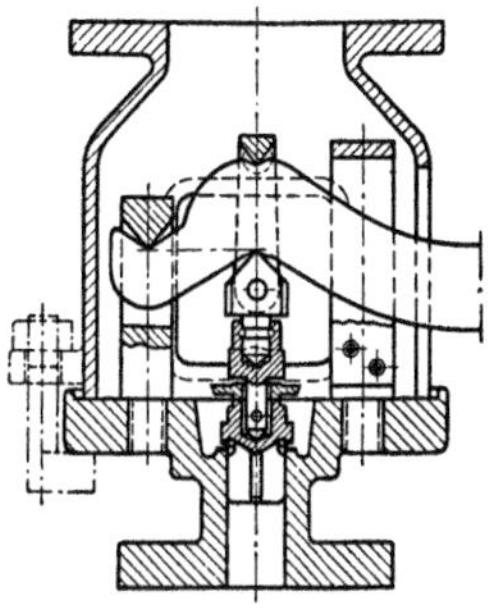

Bild 104
Einfach-Vollhub-Sicherheitsventil (Amag-Hilpert)

Werte von $\alpha/1{,}1$ für:	$\alpha/1{,}1$
Gewichtsbelastete Vollhub- und hilfsgesteuerte Sicherheitsventile	0,66
Gewichtsbelastete Niederhubventile	0,12
Federbelastete Niederhubventile mit mindestens 30 mm lichtem Ventildurchmesser	0,09
Federbelastete Niederhubventile mit Ventildurchmesser <30 mm	0,03

Am engsten freien Strömungsquerschnitt soll der Durchmesser mindestens betragen:

bei Niederhubventilen . . . . 25 mm,
bei Hochhub- und Vollhubventilen . . . . 15 mm.

Bei Doppelsicherheitsventilen ist der Querschnitt des gemeinsamen Stutzens mindestens 25% und bei Dreifachventilen mindestens 50% größer zu machen als die Summe der engsten freien Strömungsquerschnitte.

b) Manometer

„Mit dem Dampfraum jedes Dampfkessels muß ein (bei Schiffskesseln zwei) zuverlässiges, nach Atmosphären geteiltes Manometer verbunden sein." (§ 10.)

Anbringung an einem (zwei Wasserstandsvorrichtungen gemeinsamen) Wasserstandskörper.

„An dem Zifferblatte des Manometers ist die festgesetzte höchste Dampfspannung durch eine unveränderliche, in die Augen fallende Marke zu bezeichnen." (§ 10.)

Vor dem Manometer sind in das Zuleitungsrohr ein Wassersack und ein mit einem Dreiweghahn versehener Stutzen für das Kontrollmanometer einzubauen.

6. Fabrikschild

An jedem Dampfkessel muß, fest am Kesselkörper und stets sichtbar bleibend, ein metallenes Schild (§ 11) angebracht werden, das folgende Angaben zu enthalten hat:

Genehmigungsdruck, Namen und Wohnort des Herstellers, laufende Fabriknummer, Jahr der Anfertigung.

Außerdem noch bei Schiffskesseln den Mindestabstand des festgesetzten niedrigsten Wasserstandes von der höchsten Stelle der Feuerzüge.

7. Armaturstutzen

dürfen, falls aus Grauguß oder Temperguß hergestellt, nur für Kessel bis einschließlich 10 atü benutzt werden, wenn ihre lichte Weite 250 mm nicht übersteigt (§2 der ApB). In allen übrigen Fällen sind Stutzen aus Stahlguß oder geschmiedetem Stahl zu verwenden.

Die Stutzen zum Anschluß der Rohrleitungen oder Ventile werden in die Trommel eingeschweißt. An Stelle von Stutzen auch Stutzenrohre, die ohne und bei kleiner Trommelwandstärke mit Bund in die Trommel eingeschraubt und verschweißt werden, bei Drücken über 64 atü mit Tulpenschweißung wie die Einschweißnippel (s. Bild 69). Abmessungen von Stutzenrohren nach WKV 2938.

Bei Temperaturunterschied zwischen Trommel- und Rohrinhalt z. B. Speisestutzen mit zentrisch in das Stutzenrohr eingesetztem Schutzrohr.

Armaturenanschlüsse für Wasserrohrkessel nach WKV 2902.

---

[1] Siehe Richtlinien für die Anforderungen an Sicherheitsventile. Brennst.-Wärme-Kraft Bd. 6 (1954) S. 150 und BWK Arbeitsblatt 68.

Gaserzeuger (Generatoren)

Bearbeitet von Dipl.-Ing. **Kurt Schmidt**, Köln

I. Zweck

Feste oder flüssige Brennstoffe, in Einzelfällen auch Gemenge beider, werden oft durch *Vergasung* in die für motorische und/oder feuerungstechnische oder chemische Weiterverwertung günstigste Form gebracht. Die Vergaser fester Brennstoffe (Steinkohle, Braunkohle, Briketts, Torf, Holz, anderer Pflanzenstoffe, Koks, Schwelkoks, Holzkohle) nennt man *Gaserzeuger* oder *Generatoren*. Damit verbunden werden fast stets Kühl- und Reinigungsanlagen, so daß man gleichzeitig mit der Vergasung unerwünschte Bestandteile (Staub, Asche, Schwefel, Teer) ausscheiden kann. Grundsätzlich ist jeder feste Brennstoff vergasbar. Korn- (Stück-) Größe, Schüttgewicht, Backeigenschaften, Gas-, Teer-, Feuchtigkeits- und Aschegehalt, Schlackenschmelzpunkt, Beförderungsmöglichkeit und Preis entscheiden, ob eine Vergasung lohnend ist. Sie entscheiden meist auch über das anzuwendende Vergasungsverfahren und ob die Qualität des Gases, die Regelbarkeit (Elastizität) und der Wirkungsgrad der Anlage dem erstrebten Endzweck — z. B. Verbrennung in Gasmotoren oder Industrieöfen, Verwertung als Synthesegas — entsprechen. Die *Vergasungsmittel* sind — meist mit Luft zugeführter — Sauerstoff und Wasserdampf. Nur Wasserdampf als Vergasungsmittel verlangt als endothermer Vorgang, meist in periodischem Wechselbetrieb, Wärmezufuhr. Dieser restlosen *Ver*gasung des Brennbaren in Generatoren (auch Hochöfen) steht die *Ent*gasung (Resterzeugnis Koks) in Schwel- und Kokereiöfen (Schwelwerke, Hüttenwerke, Gaswerke) gegenüber. Man unterscheidet daher Generatorgas (als Luftgas, Mischgas und Wassergas) einerseits, Schwel- und Kokereigas (Stadtgas, Ferngas, Leuchtgas) anderseits (Zahlentafel 1). Dazu kommen als motorisch und feuerungstechnisch sowie chemisch zunehmend wichtige Gase: Erdgas (methanreich aus Öl-Bohrfeldern), Faulgas (methanreich aus städtischen Kläranlagen) und verschiedene Reich- und Flüssig-Gase (aus Raffinerien, Schwel- und Hydrierwerken), auch Wasserstoffgas.

Es gibt heute eine Anzahl bewährter und mehrere in Entwicklung stehende Vergasungs-, Entgasungs- und Umwandlungs- (Konvertierungs-)Verfahren und entsprechend viele Apparaturen, besonders für Fein- und Staubkohlen — auch ballastreiche — sowie für Öl. Zum eigentlichen Maschinenbau gehören nur Gaserzeuger mit im wesentlichen ruhendem Feuerbett für feste, stückige oder körnige Brennstoffe, teilweise auch Förderkohle sowie Holz- und sonstige Pflanzenabfälle und mit Ascheaustragung. Wenn auch die Verbindung solcher Generatoren mit Gasmotoren zurückgegangen ist und, meist aus preislichen Gründen, Gasöl, Heizöl, Ferngas, Faulgas, Erdgas Generatorgasanlagen verdrängten, so haben sie doch wegen des guten Vergasungswirkungsgrades, der zuverlässigen, meist weitgehend automatisierten Betriebsweise, der guten Regelbarkeit, des oft gerade erwünschten nicht zu hohen und nicht zu niedrigen Heizwertes in bestimmten Industriezweigen an Bedeutung gewonnen und bilden zudem die verfahrenstechnische Grundlage anderer Vergasungsmethoden[1].

II. Grundlagen

1. Wirkungsweise

Die verbreitetste Gaserzeugerbauart besteht aus einem senkrechten, mit dem Vergasungsgut $^2/_3$ bis $^3/_4$ gefüllten Schacht, dessen Brennstoffaufgabe und Gasabzug oben, Ascheentnahme und Luft-Dampf-Zuführung unten angeordnet sind:

a) Aufsteigende (Gegenstrom-)Vergasung. Bild 1 zeigt schematisch die wichtigsten chemischen und physikalischen Vorgänge (vgl. Bd. I. S. 481): Über dem Rost verbrennt der im Koks vorhandene Kohlenstoff mit dem eingeführten Luftsauerstoff zu Kohlensäure CO_2, die, aufsteigend, an dem darüberliegenden Koks-Kohlenstoff zu Kohlenoxyd CO reduziert wird; dieser Vorgang ist begleitet

---

[1] Vgl. *Wagener, D.:* Die Verfahren zur Vergasung fester Brennstoffe. Erdöl u. Kohle Bd. 7 (1954) Nr. 14 S. 219/26. — Hinweise auch auf Ölvergasung: *Frank, W.:* Die fünfte Weltkraftkonferenz, Wien 1956. BWK Bd. 8 (1956) Nr. 9 S. 429. — S. a. Anm. S. 91.

von der *Zersetzung* des miteingeführten Wasserdampfes H_2O in Gegenwart glühenden Kohlenstoffes zu Wasserstoff H_2 und Bindung zu CO; darüber Austreiben der Kohlenwasserstoffe (des „Gasgehaltes") der Kohle, also deren Verkokung durch das hochströmende heiße Gas (Spül*schwelung*), und anschließend

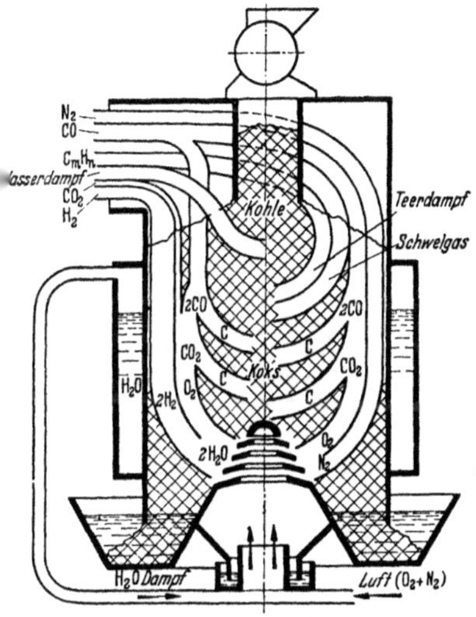

Bild 1. Schema der aufsteigenden (Gegenstrom-)Vergasung

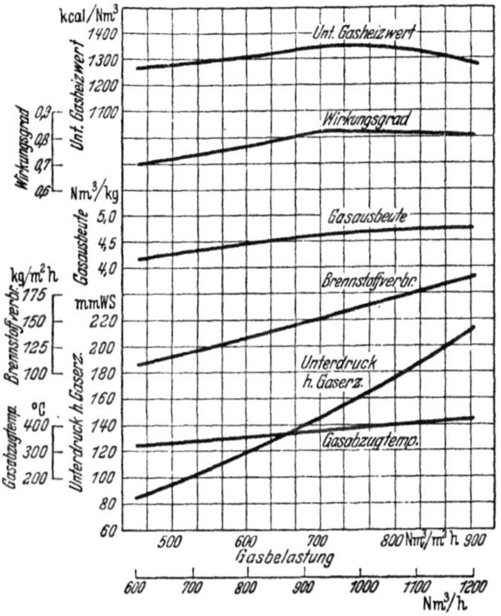

Bild 2. Betriebskennlinien eines Wasserkammer-Drehrost-Gaserzeugers (Schacht-Dmr. 1,3 m), Brennstoff: Anthrazit Nuß IV

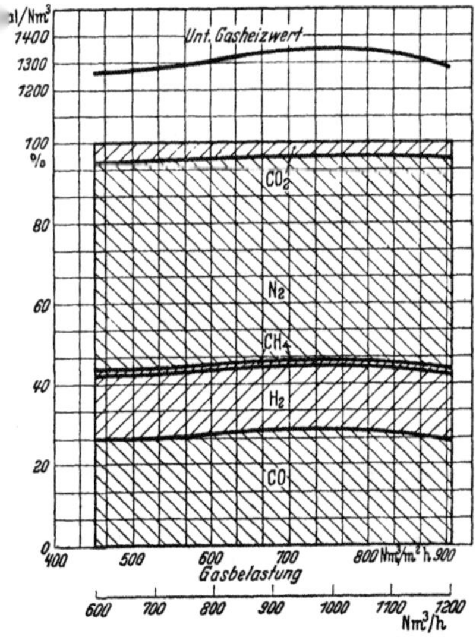

Bild 3. Gaszusammensetzung entsprechend Bild 2

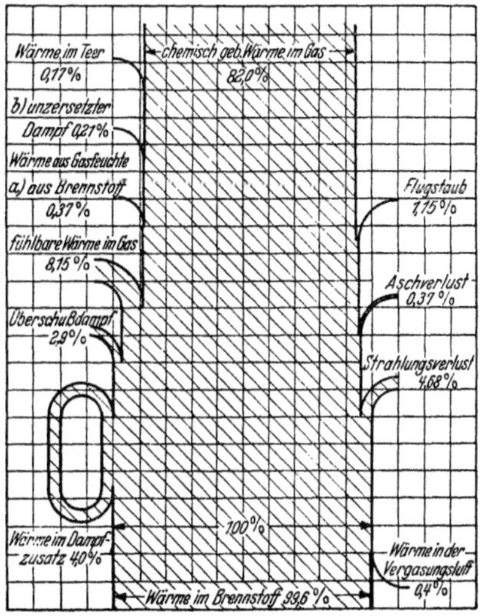

Bild 4. Wärmestrombild des Gaserzeugers gemäß Bild 2 und 3 bei einer Gasleistung von 1000 Nm³/h

Austreiben der Brennstoffeuchtigkeit (Wassergehalt) durch Spül*trocknung*. Thermischer Wirkungsgrad der Vergasung bezogen auf Kaltgas

$$\eta_{\text{kalt}} = \frac{H_{u\,\text{Gas}} \cdot V}{H_{u\,\text{Kohle}}} \quad \text{(bei guten Gaserzeugern 0,72 – 0,82)},$$

und auf Warmgas bezogen

$$\eta_{\text{warm}} = \frac{H_{u\,\text{Gas}} \cdot V + V \cdot c_p\,\Delta t}{H_{u\,\text{Kohle}}} \quad \text{(bei guten Gaserzeugern 0,84 – 0,92)}.$$

Der Wirkungsgrad der Vergasung hängt vom Brennstoff, von der Durchsatzleistung und der Bauart des Gaserzeugers ab; er wird überschlägig erkannt am CO_2-Gehalt des erzeugten Gases, an der Temperatur des Frischgases und am Gehalt der Asche an Unverbranntem. Betriebsdaten für die Vergasung von Anthrazit Nuß IV in einem Deutz-Drehrost-Gaserzeuger zeigen die Bilder 2, 3, 4 und Zahlentafel 1.

Die aufsteigende Vergasung von Koks, Schwelkoks, Anthrazit, Magerkohle und Holzkohle wird im allgemeinen zur motorischen und industriellen Nutzung, von Braunkohle und Braunkohlenbriketts *überwiegend*, Fett- und Flammkohlen *ausschließlich* für industrielle Feuerungen angewandt. Auswahl bevorzugter Vergasungs-Brennstoffe s. Zahlentafel 2.

b) Doppelfeuervergasung. Generatorgas aus Brennstoffen mit mehr als etwa 10% flüchtigem „Gasgehalt" verursacht, aufsteigend vergast, während der Abkühlung (S. 89) klebrige Teerniederschläge[1]. Will man eine besondere Entteerungsanlage (S. 90) vermeiden, dann wählt man für solche Brennstoffe statt der aufsteigenden die Doppelfeuervergasung (Wechselstromvergasung), Bild 5. Dabei wird der größte Teil der Kohlenwasserstoffe und des Wasserdampfes (aus

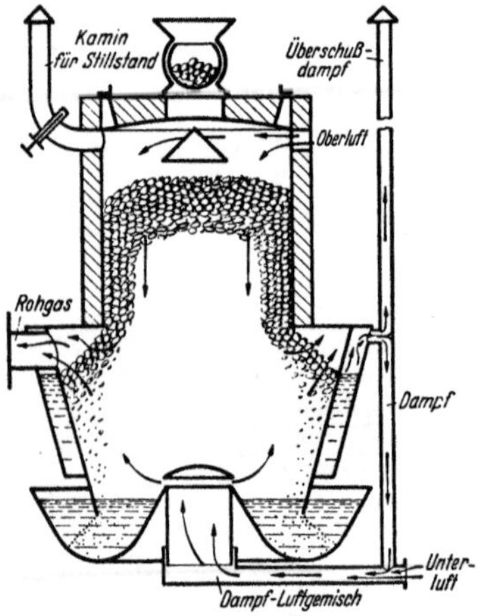

Bild 5. Schema eines Doppelfeuer-Drehrost-Gaserzeugers

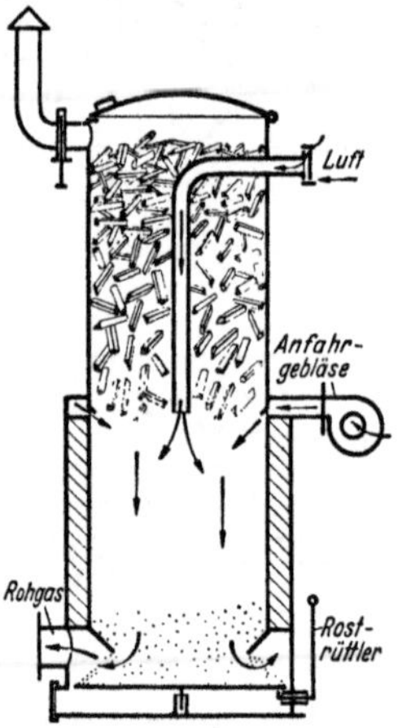

Bild 6. Schema der absteigenden (Gleichstrom-)Vergasung

der Brennstoffeuchte) absteigend in beständige Brenngase (CO, H_2, CH_4) umgewandelt, während der gebildete Koks im unteren Teil des Gaserzeugers aufsteigend vergast wird (Gaszusammensetzungs-Beispiele in Zahlentafel 1). Bevorzugte Brennstoffe für Doppelfeuervergasung sind rheinische und Niederlausitzer Braunkohlenbriketts, böhmische Braunkohlen, Holz, Torf, auch unvollständig entschwelte Holzkohle.

c) Absteigende (Gleichstrom-) Vergasung. Die vorgenannten Brennstoffe werden in kleineren Anlagen aber auch *ohne* Unterfeuer, also einfach absteigend vergast, Bild 6.

[1] Unter Teer versteht man Kohlenwasserstoffe, die unter etwa 60° C salbenartig oder fest werden.

Zahlentafel 1. *Beispiele wichtiger Gase aus festen Brennstoffen*

Nr.	Bezeichnung	Brennstoff	Herkunft	Erzeugung	Vol.-%						Unterer Heizwert kcal/Nm³
					CO_2	C_nH_m	CH_4	H_2	CO	N_2	
1	Gichtgas	Grobkoks	Ruhr	Hochofen	10,0	—	—	3,0	28,0	59,0	928
2	Generatorgas	Brechkoks IV	,,	Gegenstrom-Vergasung	7,0	—	—	10,8	26,0	56,2	1065
3	,,	Anthrazit Nuß IV	,,	,,	4,7	—	1,2	16,0	27,2	50,9	1340
4	,,	Braunkohlenbriketts	Rhein	,,	5,0	0,7	1,7	12,0	30,5	50,1	1500
5	,,	,,	,,	Doppelfeuer-Vergasung	7,5	0,1	1,2	15,2	23,0	53,0	1250
6	,,	Hartholz, lufttrocken	Buche	Gleichstrom-Vergasung	10,5	0,4	1,6	18,2	22,0	47,3	1250
7	,,	Weichholz, lufttrocken	Fichte	,,	11,0	0,1	1,2	15,5	20,6	51,6	1145
8	,,	Preßtorf	Litauen	Gegenstrom-Vergasung	7,5	0,7	2,0	12,2	28,5	49,1	1470
9	,,	Holzkohle	Buche	,,	7,7	—	1,2	18,6	23,9	48,6	1320
10	Wassergas	Koks	Ruhr	,,	3,0	—	1,0	49,0	44,0	3,0	2680
11	Lurgi-Gas	Braunkohle	Mitteldeutschl.	Hochdr.-Gegenstr.-Verg.	3,0	0,5	22,6	48,8	22,8	2,3	4600
12	Schwelgas	,,	,,	Schwelofen	27,7	7,1	38,6	15,0	11,6	—	5260
13	Koksofengas	Steinkohle	Ruhr	Kammerofen	2,7	3,8	29,8	50,8	9,6	3,3	4810
14	Stadtgas	,,	,,	,,	3,1	2,0	25,9	48,1	6,2	14,7	4010

Zahlentafel 2. *Auswahl bevorzugter Vergasungsbrennstoffe*

Nr.	Bezeichnung	Herkunft	Unterer Heizwert kcal/kg	Gew.-% vom trockenen Brennstoff				Koks	Aschen-schmelzpunkt °C (ungefähr)	Durchsatzleistung in Drehrost-Generatoren kg/m²h
				Flüchtiges %	Asche %	Schwefel %	Feuchte %			
1	Anthrazit Nuß IV	Ruhr	7800	8	5	0,8	2,8	sandig	1300	120···150
2	Magerkohle Nuß IV	,,	7850	12	5	0,8	2,9	,,	1300	120···150
3	Flammkohle	,,	7300	35	5	1,0	2,5	gesintert	1300	200···250 mit Rührwerk
4	Rohbraunkohle	Rhein	2100	50	4	0,5	45	pulvrig	1250	250
5	,,	Mitteldeutschl.	2600	56	4	1,2	48	,,	1350	250
6	Braunkohlenbriketts	Rhein	4800	51	6	0,6	12	,,	1350	200
7	Braunkohle	Böhmen	5900	50	13	1,7	9	sandig	1380	220
8	Torf	Oldenburg	3600	60	2	0,3	19	,,	1200	300 (lufttrocken)
9	Holz	Buche	3000	85	0,1	—	20	—	—	300 ,,
10	Reishülsen	Indien	2800	66	15	—	20	pulvrig	—	—
11	Brechkoks IV	Ruhr	6300	1	11	1,0	10	—	1300	250
12	Braunkohlen-Schwelkoks	Mitteldeutschl.	5400	18	19	3	18	—	1250	250
13	Holzkohle	Westfalen	7700	11	2	—	5	—	—	250

d) Vergleich zwischen auf- und absteigender Vergasung. Die *aufsteigende* Vergasung verläuft in stabilem Gleichgewicht, da auch die von der Reduktion ($CO_2 + C = 2\,CO$) nicht erfaßten Kohlenstoffteilchen beim Absinken im Generatorschacht durch die von unten gegenströmende Luft schließlich doch zu einer Reaktion, nämlich *zur Verbrennung* ($C + O_2 = CO_2$) gebracht werden. Dagegen ist es bei der *absteigenden* Vergasung im praktischen Betrieb kaum möglich, Verbrennung und Reduktion genau abzustimmen, zumal da diese wärmezehrend verläuft und die Reduktionszone abkühlt. Es bleibt daher meist bei hohem CO_2-Gehalt des Gases (Nr. 6 und 7 in Zahlentafel 1) ein nicht umgesetzter Kohlenstoffrest, der Vergasungsverlust und erschwerten Gasabzug bedeutet (Kohlenstaub!). Aus diesem Grunde ist es vorteilhaft, der absteigenden Vergasung eine wenn auch nur kleine aufsteigende nachzuschalten (also Doppelfeuervergasung, s. o.).

2. Vergasungsmittel

(Luft-)Sauerstoff (O_2) und Wasserdampf (H_2O) werden meist gemeinsam in das Brennstoffbett gesaugt oder geblasen. In gewissen Grenzen kann man durch Erhöhen oder Erniedrigen des Wasserdampfzusatzes das Verhältnis zwischen CO und H_2 im fertigen Gas beeinflussen. Mengt man der Vergasungsluft Kohlensäure (CO_2) statt eines Teiles des Wasserdampfes (H_2O) bei, so erhöht sich ebenfalls der CO- auf Kosten des H_2-Anteiles im Gas. Entnimmt man — was meist geboten ist — die Kohlensäure Motorabgasen, so bewirkt deren N_2-Gehalt allerdings eine geringe Heizwertminderung des Generatorgases. Für Gasmotoren, zumal Zündstrahlgasmotoren (S. 131), ist Abgasbeimengung zur Vergasungsluft günstig; sie setzt die Klopfneigung herab und gestattet, Dieselkompression beizubehalten. Je geringer der Wasserdampfzusatz, um so höher ist die Vergasungstemperatur und daher die Reaktionsneigung des Kohlenstoffes, also die Intensität (Geschwindigkeit) und Elastizität (Anpassung an Belastungsschwankungen) der Vergasung. Mit Steigerung der Vergasungstemperatur erhöht man auch den Zersetzungsgrad des mit der Vergasungsluft als Dampf oder — bei Gleichstromvergasung — mit dem Brennstoff als dessen Feuchte eingeführten Wassers, somit den H_2-Gehalt des Gases. Gleiches erreicht man durch Überhitzung des Dampfes und/oder Vorwärmung der Luft (z. B. durch Abwärme des Gaserzeugers oder -motors) oder durch deren Anreicherung mit Sauerstoff. Wegen des verhältnismäßig hohen Preises wird reiner Sauerstoff nur für bestimmte Zwecke (z. B. Stadtgaserzeugung nach Bild 11, als Vergasungsmittel verwendet. Auch die Geschwindigkeit, mit der das Vergasungsmittel in das Brennstoffbett eindringt, auf die Kohlenstoffteile trifft und diese umstreicht, beeinflußt die Reaktionszeit und daher die örtliche Temperaturgestaltung in der Feuerzone (Düsen für Hochleistungs-Kleingaserzeuger).

3. Brennstoffverhalten

Außer von der Feuerzonentemperatur ist die Elastizität der Gaserzeugung abhängig von der dem Vergasungsmittel gebotenen glühenden Oberfläche des Brennstoffes, daher stark von dessen *Korngröße* (Nuß IV hat etwa 8mal so große Oberfläche wie Nuß III), von seiner Oberflächenbeschaffenheit (Porosität) sowie Reaktionsfreudigkeit. Am größten ist diese bei trockenem Holz; es folgen unter den verbreitetsten Vergasungsbrennstoffen (Zahlentafel 2) etwa Reishülsen, Kaffeeschalen u. ä., Holzkohle, Braunkohlenschwelkoks, Torf, Braunkohle, Braunkohlenbriketts, Fett- und Flammkohle, Magerkohle, Brechkoks (Hochtemperaturkoks) und schließlich Gaskoks, der auch die höchste Entzündungstemperatur hat (s. Anm. S. 91). Die ersten Brennstoffe erfordern unter sonst gleichen Verhältnissen daher die kürzeste Luft- und Gasberührungszeit, also die niedrigste, die letztgenannten die größte Schütthöhe im Gaserzeuger: *grobstückige* Brennstoffe, z. B. Industriebriketts, große Holz- oder Torfstücke, Brechkoks I und II etwa 3 bis 2 m; feingekörnte, z. B. Magerkohle Nuß IV, Nuß V oder Braunkohlenschwelkoks 1,7 bis 0,6 m. Zu *feines* Korn (bei kleinen Gaserzeugern unter 4, bei größeren unter 8 mm) hemmt andererseits den gleichmäßigen Durchstrom des Luft-Dampf-Gemisches und des sich bildenden Gases, führt daher ebenso wie *ungleiches* Korn oder starke Staubbeimengungen (etwa über 5% Unterkorn) zu Durchbläsern, diese zu sehr heißen regellosen Weißgluttrompeten und nachfolgender unangenehmer Verschlackung. Diese muß durch Durchstoßen des Brennstoffbettes (Stochen) beseitigt werden.

Mit einem *Rührwerk*, das die Oberfläche des Brennstoffbettes ständig durcharbeitet, also bei backenden Brennstoffen die Bildung größerer Klumpen verhütet und Krater zuschüttet, oder mit Preßstempeln und mechanischen Stochapparaten, Bild 9, kann man auch ungleichmäßig gekörnte Kohle bei hoher Durchsatzleistung und ohne schwere Bedienungsarbeit vergasen. Bei pflanzlichem feinkörnigen Brennstoff, z. B. Reishülsen, Sägespänen, wird gleichmäßiger Luftdurchsatz durch besondere Rostausbildung, Bild 10, erreicht.

Über Gaserzeuger, die feinkörnigen Brennstoff zerwirbeln, und Staubvergaser vgl. S. 80, Abschn. I.

Brennstoffeuchte (Wassergehalt) bis etwa 10% ist bei Gleich- und Wechselstromvergasung erwünscht, bis 15% zulässig, darüber empfiehlt sich Vortrocknung. Bei Gegenstromvergasung beginnt von 15% Wassergehalt ab eine Beeinträchtigung des Vergasungswirkungsgrades, jedoch bleibt eine ordnungsgemäße Vergasung bis über 40% Brennstoffeuchte möglich (Rohbraunkohle, Holz, Torf).

4. Druckverhältnisse

Man kann die Vergasung und die Gasreinigung (s. Abschn. IV) bei leichtem *Unterdruck* („Sauggas") durchführen. Leichtes, durch Winddruckregler gesteuertes Blasen, das nur den Strömungswiderstand des Luft-Dampf-Gemisches im Gaserzeuger ausgleicht, ist aber betrieblich vorteilhafter. In beiden Fällen kann kein Gas (wegen des CO-Gehaltes giftig!) durch Undichtigkeiten oder beim Stochen nach außen dringen. Oft werden Industrieöfen in der Weise mit Generatorgas versorgt, daß das Luft-Dampf-Gemisch mit genau geregeltem Überdruck, z. B. 80 mm WS (*Niederdruck-Vergasung*), unter Rost geführt wird und das Gas dann ungekühlt und nur grob entstaubt den Verbrauchsstellen zuströmt. Bei den Beschickungs- und Stocheinrichtungen muß dann durch Dampf- oder Windschleier Gasaustritt verhindert werden. Bei der *Hochdruckvergasung*, die bis zu 30 at in entsprechend druckfesten zylindrischen Gefäßen durchgeführt wird (Bild 11), ergibt sich die Möglichkeit, die Kohlensäure durch Bindung an das Kühl- und Reinigungswasser aus dem Gas zu entfernen. Dies ist um so wertvoller, als mit steigendem Druck der CO_2- (und der CH_4-) Gehalt des Rohgases sich auf Kosten des H_2- und CO-Gehaltes erhöht (Zahlentafel 1, Nr. 11). Druckvergasung wird vielleicht für Gasturbinen an Bedeutung gewinnen.

5. Das erzeugte Gas

Zusammensetzung und Heizwert einiger Arten Generatorgas gibt Zahlentafel 1, Nr. 2–10. Das Generatorgas hat also etwa nur $^1/_3$ bis $^1/_4$ des Heizwertes von Stadtgas (Nr. 11, 13 und 14). Zur *motorischen Verwertung* in Kolbenmaschinen und Turbinen ist es trotz dieses scheinbaren Mangels besser geeignet als hochwertige Gase, weil das größere Volumen des Generatorgases, hauptsächlich durch den Stickstoffgehalt bedingt, die Verbrennungstemperatur in motorisch leicht beherrschbaren Grenzen hält und die Verbrennung selbst genügend weich verläuft. Erst bei Absinken des unteren Heizwertes unter etwa 1250 kcal/Nm^3 tritt eine Leistungsminderung der Motoren ein.

Auch für *industrielle Feuerungen* ist vielfach die „weiche", voluminöse, praktisch sauerstofffreie Generatorgasflamme besonders vorteilhaft. Durch Vorwärmen von Gas und Luft (aus Abhitze) kann man unschwer bis etwa 1700° Flammentemperatur erreichen.

Das Ergebnis der Vergasung mit reiner Luft nennt man *Luftgas* (Zahlentafel 1, Nr. 1, Vergasungswirkungsgrad schlecht), mit Luft-Dampf-Gemisch *Mischgas* (Nr. 2–9, Wirkungsgrad günstig) und mit reinem Wasserdampf *Wassergas* (Nr. 10,

Wirkungsgrad über 1 — theoretisch 1,4 —, daher nur periodisch oder durch sehr starke äußere Wärmezufuhr stetig durchführbar)[1]. Wassergas ist für Motoren mit Gemischverdichtung (Otto-Motoren) der brisanten Zündung wegen nicht brauchbar.

III. Wichtigste Bauformen

Im folgenden werden nur Mischgasanlagen betrachtet:

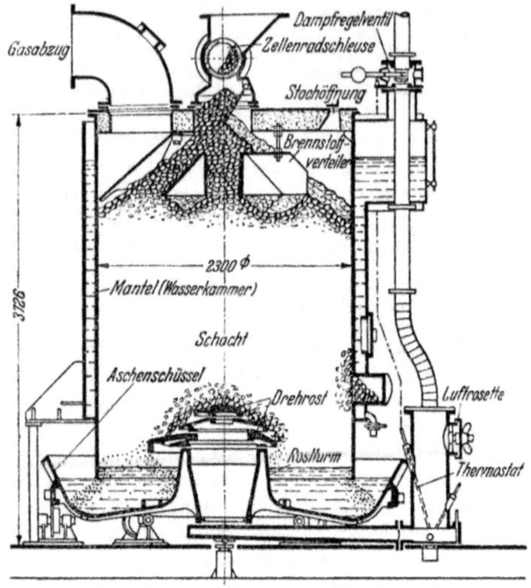

Bild 7. Drehrost-Gaserzeuger für Magerkohle (Klöckner-Humboldt-Deutz AG)

Die heute noch verbreitetste Gaserzeugerbauart arbeitet mit aufsteigender Vergasung, wobei als Brennstoffe Anthrazit (Nuß III, IV und für kleinere Anlagen auch V), Magerkohle derselben Korngrößen, Schwelkoks, Brechkoks III und IV, auch Braunkohlenbriketts, Rohbraunkohle, Torf, auch Holz und pflanzliche Abfälle sowie (mit Sondereinrichtungen) Steinkohle (Fett- und Flammkohle) bevorzugt werden.

Bild 7 zeigt einen Deutz-Drehrost-Gaserzeuger ohne Schachtausmauerung für ortfeste und Schiffsanlagen. Die Brennstoffbeschickung wird mechanisch, elektrisch, hydraulisch oder pneumatisch dadurch eingeschaltet, daß ein Schirm nach Absinken des Brennstoffes hochschnellt. Ist eine bestimmte Menge selbsttätig nachgefüllt, so drückt sie den Schirm zur Seite, wodurch die Beschickungsanlage wieder stillgesetzt wird. Gleichmäßig hohe Schicht hält der Brennstoffverteiler, der aber nur für nicht backende Brennstoffe verwendet werden kann. Das Luft-Dampf-Gemisch (der Dampf bildet sich im Wassermantel) wird durch einen Thermostaten geregelt, der eine Dampfdrosselklappe unmittelbar in Abhängigkeit von der gewünschten Temperatur des Luft-Dampf-Gemisches und damit des entsprechenden Mischungsverhältnisses einstellt. Die Asche wird durch eine feststehende, in die Aschenschüssel ragende schräge Schaufel ausgetragen; an ihr steigt die in der sich drehenden Schüssel angesammelte Asche auf und kippt in ein Auffanggefäß. Der kegelige, sich mitdrehende Rost besteht aus einzelnen Etagen, zwischen denen durch verhältnismäßig enge Schlitze das Luft-Dampf-Gemisch als Vergasungs-

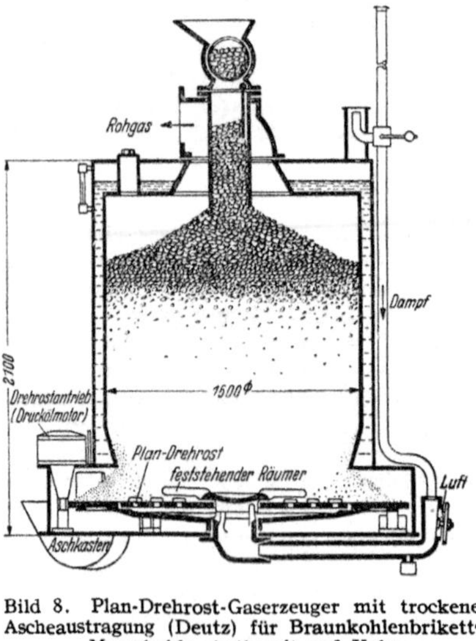

Bild 8. Plan-Drehrost-Gaserzeuger mit trockener Ascheaustragung (Deutz) für Braunkohlenbriketts, Magerkohle, Anthrazit und Koks

[1] Wassergas dient in Gaswerken und Kokereien bei Verwertung schlecht absetzbaren Kokses als Stadtgaszusatz. — **Dolch, P.:** Die Umsetzungen bei der Wassergas- u. Synthesegas-Erzeugung u. ihre Darstellung im Terbeck-Diagramm. Gas- u. Wasserfach Bd. 93 (1952) S. 234/38.

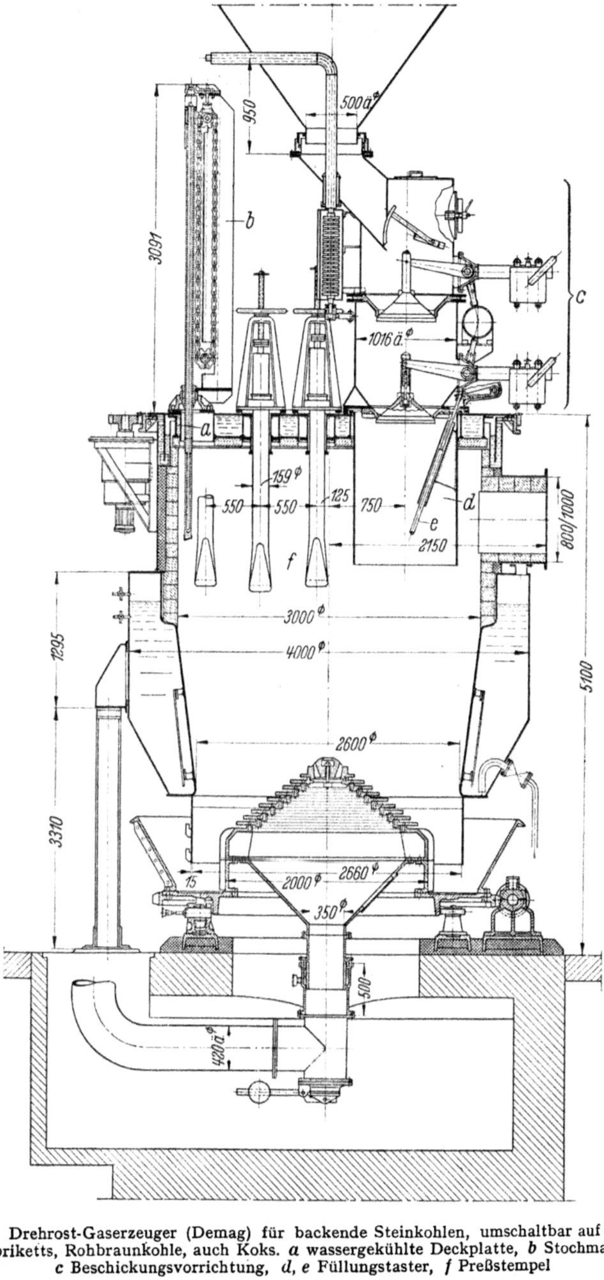

Bild 9. Drehrost-Gaserzeuger (Demag) für backende Steinkohlen, umschaltbar auf Braunkohlenbriketts, Rohbraunkohle, auch Koks. *a* wassergekühlte Deckplatte, *b* Stochmaschine, *c* Beschickungsvorrichtung, *d*, *e* Füllungstaster, *f* Preßstempel

mittel in das Brennstoffbett strömt. Man baut diese Gaserzeuger mit Schachtdurchmessern von 1 bis 3 m. Sie können Jahre hindurch pausenlos in Glut bleiben.

Bild 8 zeigt einen Drehrost-Gaserzeuger mit trockener Ascheaustragung, bewährt als Schiffsgenerator. Bei Vergasung backender Steinkohlen muß man ein Zusammenkleben der Kohle in der oberen Generatorschicht sicher verhindern. Es werden zu diesem Zweck wassergekühlte Rührarme angeordnet. Der Demag-PH-Generator (Bild 9) hat einen drehenden Deckel, exzentrischen Füllschacht, Planier-Preßstempel (zur Verhütung von Durchbläsern) und mechanischen Schlackenstocher.

Des wesentlich günstigeren thermodynamischen Wirkungsgrades wegen ist es oft vorteilhafter, Holz und pflanzliche Abfälle, z. B. Hobel- und Sägespäne, Torfabrieb, Reishülsen, Kakaoschalen, Sisalabfälle in Gas- statt in Dampfanlagen zu verwerten. Auch Wärmeverbraucher, z. B. Trockenkammern, kann man mit Generatorgas heizen. Bild 10 zeigt eine Anlage für Spänevergasung, aufsteigend, WEDA) mit dreifacher Windverteilung m Drehrost.

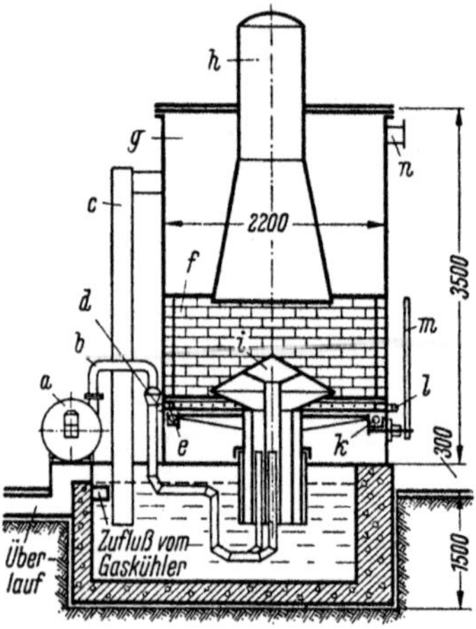

Bild 10. Gaserzeuger für Sägespäne und andere Feinabfälle (Gas-Generatorbau Dammann & Westerkamp [WEDA]). Leistung 300 Nm³/h Gas vom unteren Heizwert 1300 bis 1500 kcal/Nm³, ausreichend für eine Gasmotorleistung von 160 PS_e.
a Ventilator für Verbrennungsluft, *b* Luftleitungen, *c* Sicherheitsrohr, *d* Luftleitung für Luftring *e*, *f* Ausmauerung, *g* Gassammelraum, *h* Brennstoff-Füllrohr, *i* Luftpilz, *k* Drehrostvorrichtung, *l* Luftleitung für Luftring, *m* Antrieb für Drehrost, *n* Gasentnahmestutzen

Eine Vergasungsanlage für Braunkohle, die mit 25 at Druck, Sauerstoff und überhitztem Wasserdampf als Vergasungsmittel betrieben wird, zeigt schematisch Bild 11.

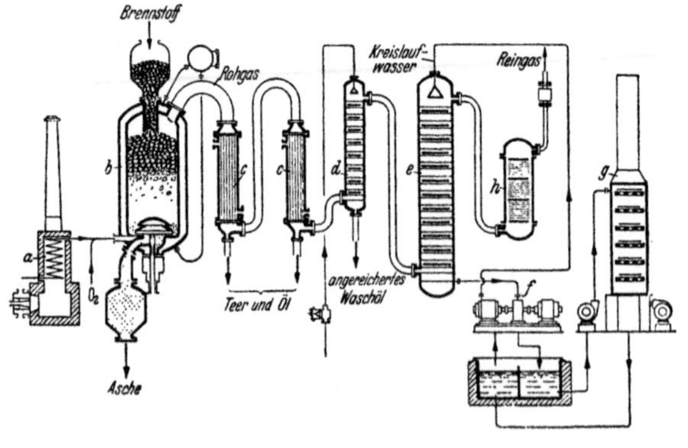

Bild 11. Schema einer Hochdruck-Vergasungsanlage für Braunkohle (Lurgi)
a Dampfüberhitzer, *b* Druckgaserzeuger, *c* Kühler, *d* Ölwäscher, *e* Druckwasserwäscher, *f* Pumpe – Turbine, *g* Belüftungsturm, *h* Restentschweflung

Gruppierung und Raumbedarf einer vollständigen Schiffsgasanlage, **Bild 12.**

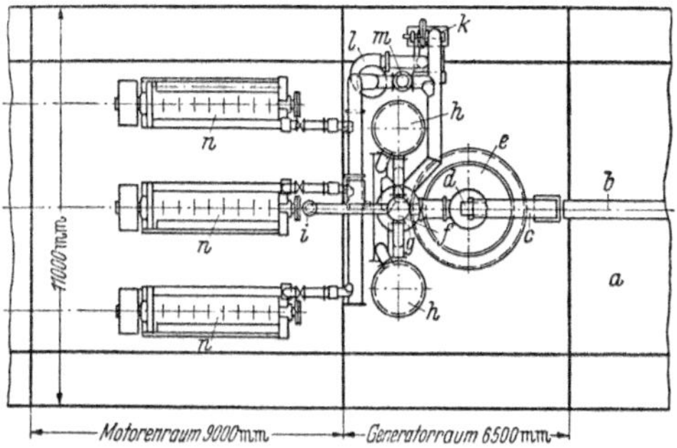

Bild 12. Schiffsgasanlage eines Dreischrauben-Rheinschleppers bestehend aus Vergasungsanlage für Ruhr-Magerkohle (H_u = 7800 kcal/kg) und drei Zündstrahl-Gasmotoren von je 500 PS bei 380 U/min. Gesamt-Betriebsgewicht etwa 100 t.

a Kohlenbunker, *b* Förderband, *c* Becherwerk, *d* Zellenschleuse, *e* Gaserzeuger (Schacht-Dmr. 2300 mm), *f* Umschaltventil, *g* Grobreiniger, *h* Naßreiniger, *i* Kamin, *k* Gassauger, *l* Tropfenfänger, *m* Gasdruckregler, *n* Zündstrahlmotoren je 500 PSe.

IV. Gasreinigung und -kühlung

Zwischen Gaserzeuger und Verbrauchsstelle liegt die Reinigungs- und Kühlanlage. Man unterscheidet:

a) Grobentstaubung b) Feinentstaubung c) Entteerung d) Entschwefelung e) Kühlung, wobei e) meist mit a) und b) oft auch mit c) apparaturmäßig verbunden ist. Für größere Industrieöfen (Schmiedeöfen, Glühöfen, Trockenöfen) genügt oft a). Das Gas strömt dann warm (200 bis 700 °C je nach Brennstoff und Belastung), die Teer- und Wasserdämpfe mittragend, zur Verbrauchsstelle.

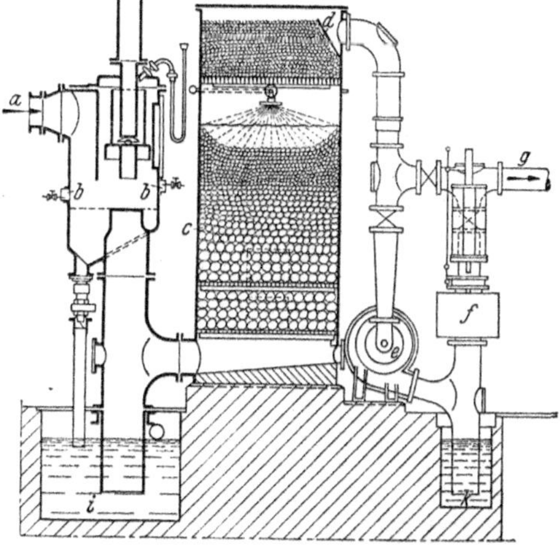

Bild 13. Beispiel einer nassen Gasreinigung und -kühlung für teerarme Brennstoffe.
a Eintritt des heißen Rohgases, *b* Brausen, *c* wasserberieselte Koksschicht im Waschturm, *d* trockene Koksschicht, *e* Schleuderwäscher, *f* Tropfenfänger, *g* Austritt des gereinigten Gases, *h* Kamin, *i* Wassertrog, *k* Öltrog

a) Grobentstaubung entweder in ausgemauerten Staubsäcken durch Minderung der Strömungsgeschwindigkeit oder durch Fliehkraftwirkung in Zyklonen, auch durch Bebrausen mit Wasser, warmem Teer oder Öl.

b) Zur **Feinentstaubung** bedient man sich der Haftwirkung eines nassen Reinigungsmittels. Größere Anlagen verbinden Grob- und Feinentstaubung durch Bebrausung in — für Landanlagen bisher üblichen — wasserberieselten, mit Koks oder anderen Körpern gefüllten zylindrischen Gefäßen (Scrubbern) (Bild 13), oder in füllungsfreien, mit Prall- und Wasserverteileinsätzen ausgerüsteten stark bebrausten, geringen Raum beanspruchenden Reinigern. Mit der Naßentstaubung ist stets Kühlung des Gases verbunden, welche auch für Brennstoff mit geringem Gehalt an Flüchtigem (bis etwa 10%) zur Entteerung genügt.

c) Zur **Entteerung** wählt man mit Teer, Wasser oder teerlösender Emulsion beaufschlagte Kreisel-Schlagwäscher; sie kann in zwei Stufen (erste Stufe Teer, zweite Teeröl) mit dazwischenliegender Kühlung durchgeführt werden.

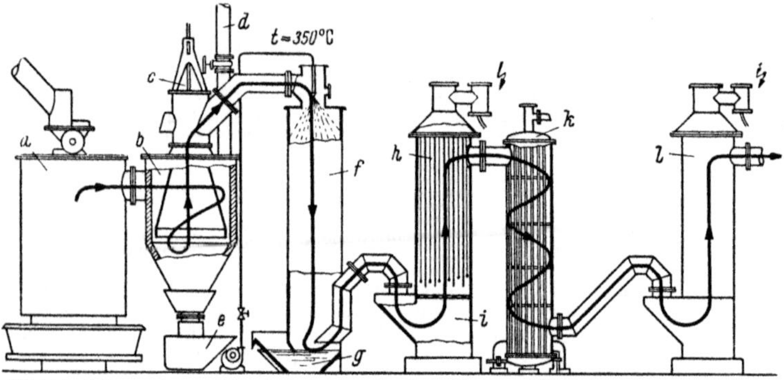

Bild 14. Schema einer elektrostatischen zweistufigen Teer- und Ölreinigungsanlage mit Drehrost-Gaserzeuger für Braunkohlenbriketts, Böhmische Rohbraunkohle, Torf u. a. Bauart Deutz-Lurgi oder Deutz-Zschocke
a Drehrost-Gaserzeuger, *b* Trockenstaubabscheider, *c* Hauptabsperrventil, *d* Kamin, *e* Staubsammelwanne, *f* Gasvorkühler, *g* Dickteer- und Wasserwanne (dampfbeheizt), *h* Elektrofilter 1. Stufe, Gleichstrom 50000 V, *i* Gasverteilraum und Teersammler, *k* Röhrenkühler, *l* Elektrofilter 2. Stufe mit Gasverteilraum und Teerölsammler

Die Reinigungsaufgaben a) bis c) lassen sich auch elektrisch lösen. Das Gas strömt hier durch ein elektrostatisches Spannungsfeld (35000 bis 70000 V), die Schwebeteilchen werden dadurch elektrisch geladen und sammeln sich an den mit Sprühelektroden bewehrten Wänden der Reinigungsgefäße. Gemischdurchtritt wegen Verpuffungsgefahr vermeiden!

d) Sowohl für Zwecke der industriellen Fertigung als auch des Motorenbetriebes soll das Gas möglichst schwefelarm sein. Ein Teil des Brennstoffschwefels bleibt in der Asche. Ein anderer findet sich in verschiedenen chemischen Bindungen im Gas. Im allgemeinen braucht man keine **Entschwefelung,** wenn der Gesamtschwefelgehalt des Brennstoffes unter 1% liegt. Schwefelwasserstoff H_2S läßt sich zum geringen Teil, schweflige Säure H_2SO_3 vollständig durch Waschen mit Wasser entfernen. Durch intensive Belüftung kann man den übelriechenden Schwefelwasserstoff dem Waschwasser wieder entziehen. Ist weitere Entschwefelung notwendig, so stellt man Behälter auf, die den Gasstrom, verteilt in eine Anzahl — bis 24 — Etagen, langsam durch Eisenoxyd leiten. Es bildet sich Schwefeleisen. Die Masse kann durch Belüftung wieder aufnahmefähig gemacht werden (Bild 15). Eine kontinuierlich arbeitende Entschwefelungsanlage mit Füllmasse der Concordia, Oberhausen, für eine Gasleistung von 1500 Nm^3/h zeigt Bild 16.

e) Gaskühlung meist durch Wasser. Wenn von der Gasreinigung getrennt, mittelbar durch Wärmetauscher, wobei das Umlaufwasser nur zu kühlen, aber ständig wiederverwendbar ist (Bild 14, *k*). Wenn mit Reinigung verbunden, ist Umlauf über Gradierwerk wassersparend (Bild 11, *g*). Allmähliche Wassererneuerung, wenn erforderlich Entsäuerung in kalksteingefüllten Klärgruben. Zu beachten, daß bei aufsteigender Vergasung meist Giftstoffe, besonders Phenol, sich im Waschwasser, bei mittelbarer Kühlung im aus dem Brennstoff stammenden „Schwelwasser" finden. Hohe Verdünnung, z. B. in Schiffsgasanlagen, beseitigt biologisch schädliche Wirkungen. Starker Phenolgehalt erfordert Verbrennung des Schwelwassers entweder als Wasserdampf mit der Vergasungsluft im Generator oder in besonderem Ofen.

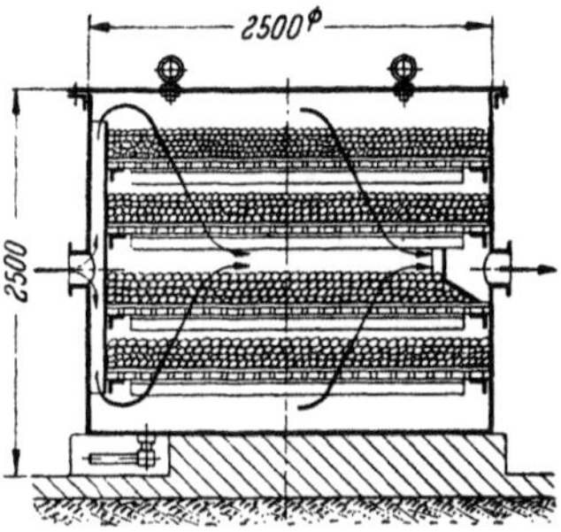

Bild 15
Horden-Entschwefler für Generatorgas. 500 Nm^3/h

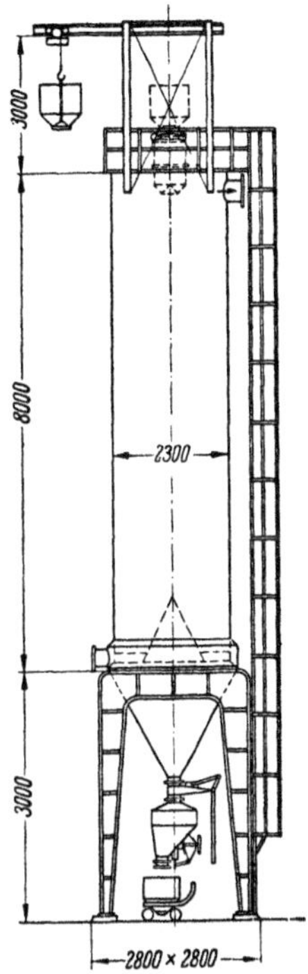

Bild 16. Turm-Entschwefler zur kontinuierlichen Entschweflung von Gasen. Gasleistung 1500 Nm^3/h

Anmerkung:
Selbstzündpunkte (Entzündungstemperaturen) von Vergasungsbrennstoffen, Hinweise auf Entgasungsanlagen, vgl. *Schmidt, K.:* Die Gaserzeuger. 2. Aufl. Bd. I, Teil 2 von „Die Verbrennungskraftmaschine", hrsgeg. von *H. List*. Wien: Springer 1959.

Kraft- und Arbeitsmaschinen mit Kolbenbewegung

Kolbendampfmaschinen

Bearbeitet von Prof. Dr.-Ing. **F. Fröhlich**, Berlin

Literatur: 1. *Bauer, G.:* Der Schiffsmaschinenbau. 1. Bd.: Theorie u. Konstruktion der Kolbendampfmaschinen. München/Berlin: R. Oldenbourg 1923. — 2. *Dubbel, H.:* Kolbendampfmaschinen u. Dampfturbinen, 6. Aufl. Berlin: Springer-Verlag 1923. — 3. Ders.: Die Steuerungen der Dampfmaschinen, 3. Aufl. Berlin: Springer-Verlag 1923. — 4. *Graßmann, R.:* Geometrie u. Maßbestimmung der Kulissensteuerungen, 2. Aufl. Berlin: Springer-Verlag 1927. — 5. *Gutermuth, M. F.:* Die Dampfmaschine. Berlin: Springer-Verlag 1928. — 6. *Oppitz, A.:* Kolbenmaschinen. Heidelberg: C. Winter 1950.

A. Der thermodynamische Arbeitsvorgang in der Dampfmaschine

1. Schädlicher Raum

Zwischen Kolben und Zylinderdeckel muß im Totpunkt ein Zwischenraum (Hubspiel) von $^1/_2$–1% des Hubes s sein. Darüber hinaus sind Räume vorhanden, deren Größe von der Steuerungsart und von den in den Kanälen und Abschlußorganen zugelassenen Dampfgeschwindigkeiten abhängig sind. Alle diese innerhalb der Abschlußorgane und der Kolbentotlage liegenden Räume bilden den schädlichen Raum $s_0 F$. Als Anhalt kann gelten für s_0 in % des Hubes s

Ventilmaschinen	5–12%
Schiebermaschinen für $n < 300$ U/min	10–15%
Schiebermaschinen für $n > 300$ U/min	15–25%

Zur Überprüfung aufgenommener Indikatordiagramme ist der schädliche Raum, falls er vom Hersteller nicht mehr angegeben werden kann, durch Auffüllen mit Öl zu messen.

2. Dampfdruckdiagramm

a) Einfache Dampfdehnung. Den während einer Umdrehung (Arbeitsspiel) über dem Kolbenhub s aufgetragenen Druckverlauf im Zylinder einer Kolbendampfmaschine zeigt Bild 1. An den Hub s schließt sich der in % des Kolbenweges umgerechnete *schädliche Raum* als Strecke s_0 an.

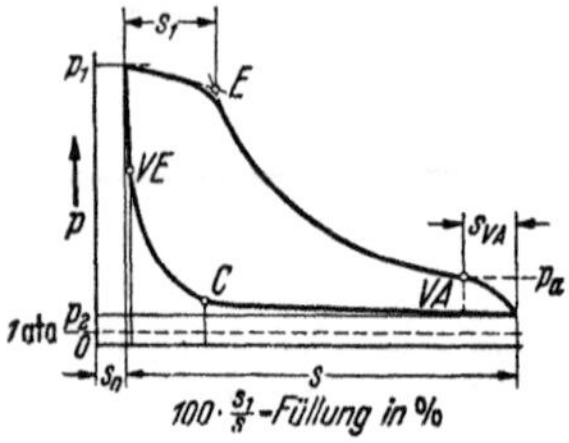

Bild 1. Dampfdruckdiagramm

Der Dampfdruck p_1 vor der Maschine ist infolge der Strömungsverluste in der Frischdampfleitung um rd. 10% niedriger als beim Austritt aus dem Dampferzeuger.

Während der *Einströmung* bis zum Beginn der eigentlichen *Dehnung* (E) sinkt der Dampfdruck wegen der Strömungsverluste in den Abschlußorganen und Kanälen.

Bei mechanisch angetriebenen Ventil- oder Schiebersteuerungen beträgt dieser als gerade Linie angenommene Druckabfall rd. 10% von p_1 gegenüber 4–5% bei den rascher öffnenden Öldrucksteuerungen.

Infolge der starken Drosselung in unmittelbarer Nähe des Abschlusses geht die Füllungslinie mit Abrundung in die Dehnungslinie über. Der vollkommene Abschluß des Einströmkanals liegt daher etwas später als der theoretische bei E.

Die *Dehnungslinie* verläuft bei Heißdampf steiler als bei Sattdampf und folgt hierbei ungefähr einer Polytropen $Pv^m = \text{const}$, bez. auf O. Für den mittleren Polytropenexponenten m kann je nach der Höhe der Überhitzung als Anhalt gelten:

Überhitzung:	$>$ 100 grd	$m = 1{,}2-1{,}3$
„	: 50–100 grd	$m = 1{,}1-1{,}2$
Sattdampf		$m = 1{,}0$.

Die Polytrope für die Dehnungslinie kann nach Bd. I S. 136 aufgezeichnet werden.

Die im Frischdampf zugeführte Wärme wird gut ausgenutzt, wenn der Druckverlust $p_a - p_2$ am Ende der Dehnung (VA) nicht zu groß ist. Es ist hierfür anzustreben

$$p_a = p_2 + 0{,}08\,(p_1 - p_2).$$

Bei gleichem Eintrittsdruck wird daher die wirtschaftlichste Füllung mit zunehmendem Gegendruck immer größer und bei gleichem Gegendruck mit zunehmendem Eintrittsdruck immer kleiner.

Den Austrittsverlust $(p_a - p_2)$ vollkommen zu vermeiden und den Frischdampf im Zylinder bis auf den Gegendruck sich ausdehnen zu lassen, verbietet sich mit Rücksicht auf die mit zunehmender Zylindergröße wachsenden Anlagekosten, Eigenreibung und Wärmeverluste an den ausgedehnteren Zylinderwandungen.

Leichteres Anlaufen und vorübergehend größere Beschleunigungsarbeit gewährleistet die Höchstfüllung bei 40–50% (bei Hochdruckzylindern von Verbundmaschinen etwa bei 60%). Je nach dem Widerstand, der im Leerlauf zu überwinden ist, wird die kleinste Füllung mit 0–3% angenommen.

Die *Vorausströmung* s_{VA} ist so groß anzunehmen, daß der Dampfdruck bis zum Hubende auf den Gegendruck p_2 abgesunken ist. Richtwerte:

Bei Gegendruckmaschinen	$s_{VA} = (10-15)\,\%$	von s,
„ Kondensationsmaschinen	$s_{VA} = (15-25)\,\%$	„ s,

wobei die größeren Werte für höhere Drehzahlen gelten.

Der Druck während der *Ausströmung* ist wegen der Strömungsverluste in den Auslaßorganen und Kanälen höher als der Gegendruck, und zwar um rd. 0,1 at (bei Gegendruckbetrieb), bis 0,2 at (bei Kondensationsbetrieb).

Nur bei großen Kondensatoren und sehr kaltem Kühlwasser ($< 20°$) läßt sich der Austrittsverlust auch bei Kondensationsbetrieb auf 0,1–0,15 at bringen.

Um zu starke Abkühlung (eventuell auch Teilkondensation) des eintretenden Frischdampfes zu vermeiden und dessen Wärme am günstigsten auszunutzen, muß man die *Verdichtung* des im Zylinder zurückbleibenden Dampfes so rechtzeitig beginnen lassen (Punkt C), daß an ihrem Ende ein Druck erreicht wird, welcher der mittleren Wandungstemperatur entspricht. Bei Gegendruckbetrieb ist dies ungefähr bei einem Druck am Ende der Verdichtung von $^2/_3$ des Eintrittsdruckes p_1 der Fall. Dadurch werden auch Triebwerkstöße vermieden, die bei zu schroffem Druckwechsel in der Nähe des Totpunktes auftreten können. Da der Abdampf gegen Ende des Ausströmens stark gedrosselt wird, liegt der Anfangsdruck der Verdichtung (Punkt C) höher als der Gegendruck. Wie die Dehnungslinie verläuft auch die Verdichtungslinie nach einer ungefähren Polytropen $Pv^m = \text{const.}$ mit $m = 1{,}1-1{,}2$ je nach der Temperatur des Abdampfes.

Im Zylinder soll bei Hubbeginn der volle Dampfdruck vorhanden sein; daher 1–3% des Hubes s vor Totpunktstellung des Kolbens *Voreinströmung* des Dampfes, d. h. Öffnen des Einlaßkanals (Punkt VE). Für stehende raschlaufende Maschinen gelten hierbei die größeren Werte.

Die Voreinströmung bedingt eine gewisse Mindestfüllung (Nullfüllung), die vor allem bei Kondensationsmaschinen eine Arbeit leistet, welche die Leerlaufarbeit der Maschine erheblich übersteigt. In solchen Fällen darf *keine* Voreinströmung stattfinden (absolute Nullfüllung)!

Bei dem heute vorherrschenden Gegendruckbetrieb überwiegt die einstufige Dampfdehnung, die im allgemeinen bis zu einem Druckverhältnis von äußerst $p_1/p_2 \leqq 15$, wobei p_1 und p_2 in ata, angewendet wird. Darüber hinaus werden bei den bisher üblichen Steuerungen die Drosselverluste durch zu geringe Öffnung beim Eintritt in den Zylinder sehr groß.

Bei zu kleinen Füllungen regelt die Maschine praktisch nur durch Drosseln des Frischdampfes, was jedoch nur bei sehr kleinen Leistungen und Abdampfverwertung zulässig ist.

b) Mehrfache Dampfdehnung. Im allgemeinen wird das gesamte Druckgefälle so unterteilt, daß Arbeiten und Gestängedrücke aller Zylinder etwa gleich groß werden. Am einfachsten erreicht man dies durch gleichmäßiges Teilen des ausgenutzten Wärmegefälles $i_1 - i_2'$ an Hand des i, s-Diagramms, wie es auf Bild 2 für zweifache Dampfdehnung zu erkennen ist.

Bei gleichen Hüben verhalten sich die Rauminhalte (Hubräume) V_{HD}/V_{ND} der Zylinder wie ihre wirksamen Kolbenflächen F_{HD}/F_{ND}. Für normale Verbundmaschinen liegt dieses Verhältnis bei 1 : 3, bei höheren Drücken und bei Kon-

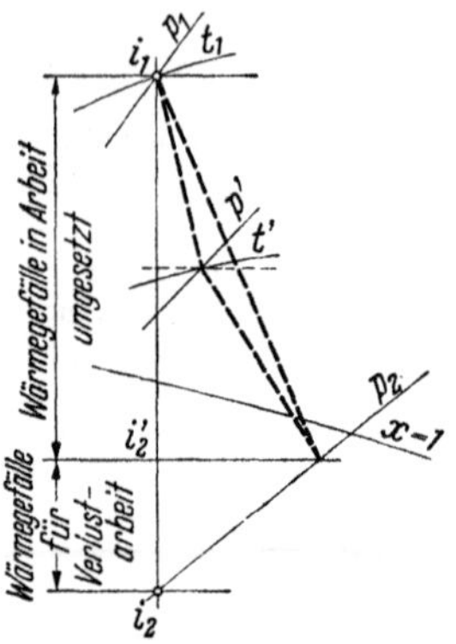

Bild 2. i, s-Diagramm

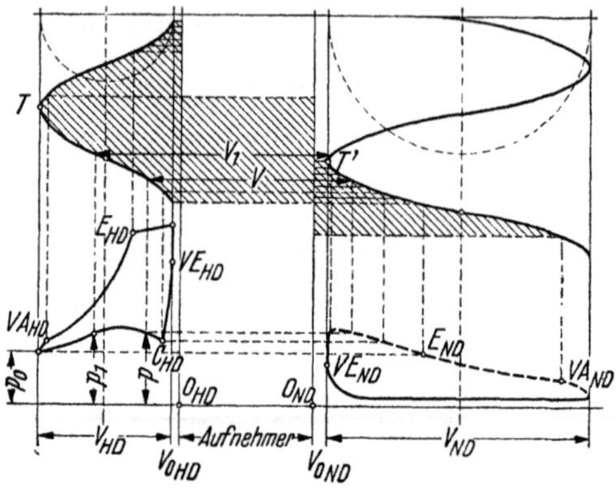

Bild 3. Raumdiagramm Zweikurbel-Verbund-Maschine

densationsmaschinen bis 1 : 4,5. Bei Maschinen mit Zwischendampfentnahme wird der Niederdruckzylinder kleiner, und das Verhältnis V_{HD}/V_{ND} wächst bis auf etwa 1 : 2.

α) *Raumdiagramm.* Bei den Maschinen mit mehrfacher Dehnung weichen infolge der endlichen Größe des Aufnehmers die Dampfdruckdiagramme von den für einfache Dehnung besprochenen Verhältnissen ab.

Die Ausström- und Füllungslinien der nachfolgenden Dehnungsstufen können nur unter Berücksichtigung der jeweilig zwischen den Kolben eingeschlossenen Räume (einschließlich des Aufnehmerinhaltes und der schädlichen Räume) an Hand eines sog. Raumdiagramms entworfen werden. Hierbei ist auch der Einfluß der endlichen Schubstangenlänge zu beachten, der sich je nach der Größe des Kurbelversatzes mehr oder weniger auf die Form des Dampfdruckdiagramms auswirkt.

Für eine Dampfmaschine in Zweikurbel-Verbundanordnung — Niederdruckkurbel eilt der Hochdruckkurbel um 90–110° vor — zeigt Bild 3 das Raumdiagramm. Die der Totlage entsprechenden Punkte T und T' der Kolbenweglinie liegen dem Kurbelversatz entsprechend in verschiedenen Höhen.

Für die Füllungs- und Dehnungslinie und für das Vorausströmen im HD-Zylinder gilt das gleiche wie bei einfacher Dampfdehnung. Vom Kolbentotpunkt bis zum Beginn der Voreinströmung im ND-Zylinder geht das Ausschieben aus dem HD-Zylinder in den Aufnehmer bei Volumenverminderung vor sich (gleichseitige Hyperbel um O_{ND}). Anschließend daran Überströmen aus dem HD- in den ND-Zylinder bis zum Beginn der Verdichtung im HD-Zylinder. Hierbei wird zumeist ein Höchstdruck deutlich sichtbar entsprechend einem Kleinstvolumen, das sich zwischen den beiden Kolben entsprechend dem Kurbelversatz einstellt. Die gemeinsame Überströmlinie ist annähernd nach $Pv = \text{const}$ zu ermitteln, wobei zu beachten ist, daß wegen der Strömungs- und Abkühlungsverluste die tatsächliche Füllungslinie im ND-Zylinder unter der theoretisch ermittelten (gestrichelten) liegt.

Die Füllung im ND-Zylinder — Dehnung des Dampfvolumens im Aufnehmer und ND-Zylinder — wird gewöhnlich durch den Voraustritt von der anderen Kolbenseite des HD-Zylinders verdeckt. Da hierdurch die Wärmeausnutzung des Dampfes verbessert wird, ist es zweckmäßig, durch reichliches Vorausströmen diesen Vorgang zu unterstützen.

Den Einfluß der endlichen Schubstangenlänge auf die Dampfverteilung läßt Bild 4 an dem übereinander gezeichneten Druckdiagramm einer Verbund-Dampfmaschine mit gegenläufigen Kolben (Kurbeln um 180° versetzt) erkennen.

Während des Überströmens vom HD- in den ND-Zylinder ändert sich das zwischen den beiden Kolben eingeschlossene Volumen (dV/dt) hinten (Deckelseite) viel rascher als vorn (Kurbelseite), so daß der Dampfdruck dort rascher abnimmt als vorn. Die Diagramme lassen dadurch vorn (einen nur scheinbaren) größeren Druckverlust erkennen, während sie sich hinten berühren. Dieser Einfluß der endlichen Schubstangenlänge wächst mit kleiner werdendem Aufnehmer und macht sich besonders bemerkbar bei der sog. *Woolf*schen Anordnung ohne Aufnehmer, bei welcher der Hochdruckauslaß gleichzeitig den Niederdruckeinlaß steuert. Um zu ungleiche Verdichtungen im HD-Zylinder zu vermeiden, ist man dort gezwungen, die Füllung des ND-Zylinders hinten bis um 20% größer als vorn zu wählen.

Mehrzylinderanordnung mit drei- oder vierfacher Dampfdehnung ist fast nur noch bei Schiffsmaschinen mit sehr hohem Eintrittsdruck üblich. Durch die wirtschaftlichere Arbeitsweise einer Abdampfturbine mit vorgeschalteter Kolbendampfmaschine verlieren Kolbenmaschinen mit mehr als zweifacher Dampfdehnung immer mehr an Bedeutung.

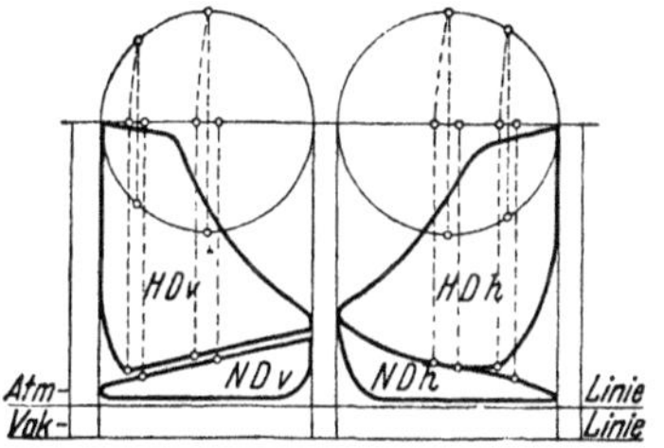

Bild 4
Einfluß der endlichen Schubstangenlänge

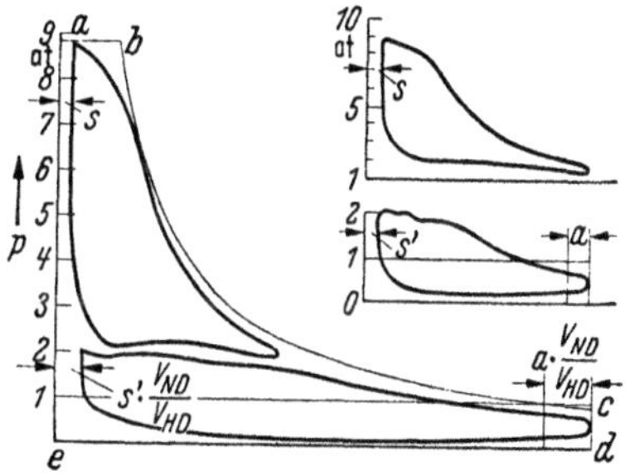

Bild 5. Gesamtdiagramm nach *Rankine*

β) *Völligkeitsgrad.* Die Ausnutzung des Dampfes in einer Maschine mit mehrfacher Dehnung kann man am anschaulichsten mit Hilfe des nach dem Verfahren von *Rankine* erhaltenen Völligkeitsgrades beurteilen. Die an der Maschine aufgenommenen meist gleich langen Diagramme der einzelnen Zylinder sind zu diesem Zweck auf gleiche Druckmaßstäbe so umzuzeichnen, daß die Diagrammlängen den Hubräumen der Zylinder verhältnisgleich werden. In der Regel nimmt man die Länge des HD-Diagramms und den Druckmaßstab des ND-Diagramms als Einheit an und vergrößert einerseits schädliche Räume und Diagrammlängen des ND-Zylinders im Verhältnis der Hubräume V_{ND}/V_{HD} und andererseits die Diagrammhöhe des Hochdrucks im Verhältnis der Federmaßstäbe. Die so erhaltenen Diagramme und schädlichen Räume stellt man zu einem Gesamtdiagramm zusammen und vergleicht es mit einem Hilfsdiagramm *abcde*, Bild 5, für dessen Entwurf folgendes anzunehmen ist:

1. Die Füllung hat dieselbe Größe wie die reduzierte Füllung.
2. Die Dehnungslinie verläuft nach einer Polytrope, deren Exponent m gem. Abschn. 2, a) zu wählen ist.
3. Es findet keine Vorausströmung und Verdichtung statt. Der schädliche Raum wird also bei jedem Hub frisch aufgefüllt.
4. Der Gegendruck ist p_2 bei Gegendruckmaschinen bzw. 0 bei Kondensationsmaschinen.

Das Verhältnis der Fläche des Gesamtdiagramms zu der des Hilfsdiagramms nennt man Völligkeitsgrad; er liegt bei modernen Heißdampf-Verbundmaschinen etwa zwischen 0,70 und 0,78.

3. Leistung

Die Fläche des durch Indizieren oder Entwerfen erhaltenen Dampfdruckdiagramms ist ein Maß für die während einer Umdrehung vom Dampf an den Kolben übertragene Arbeit. Die *indizierte* Leistung *einer* Zylinderseite ergibt sich aus der Gleichung

$$N_i' = \frac{F c_m p_i}{2 \cdot 75} \quad \text{in PS} \tag{1}$$

und damit das N_i für die Gesamtmaschine aus der Summe der N_i' für die z einzelnen Zylinderseiten. Hierbei sind p_i in kg/cm² der mittlere indizierte Druck, welcher der im gewählten Druckmaßstab ausgedrückten mittleren Diagrammhöhe entspricht, $c_m = sn/30$ in m/sek die mittlere Kolbengeschwindigkeit und F in cm^2 die wirksame Kolbenfläche.

Ist kein Planimeter verfügbar, so kann die Diagrammfläche bzw. p_i nach Bild 6 ermittelt werden. In einem Abstand von $^1/_{10}$ der Diagrammlänge l in mm werden Ordinaten a_1–a_9, in einer Entfernung vom Rande $= {}^1/_4$ der Breite eines Teils die Ordinaten a_0 und a_{10} gezogen. Jede Ordinate ist mittlere Höhe eines Trapezes. Es wird die Diagrammfläche f in mm^2

$$f = s/10 \cdot (a_0/2 + a_1 + a_2 + \cdots + a_9 + a_{10}/2).$$

Mit dem Druckmaßstab (Federmaßstab) k in mm/at erhält man $p_i = f/(lk)$; dabei f in mm^2 und l in mm

Beispiel: Diagrammfläche $f = 2257$ mm²; Diagrammlänge $l = 100$ mm; Federmaßstab $k = 3{,}5$ mm/at.

$$p_i = 2257/(100 \cdot 3{,}5) = 6{,}45 \text{ at.}$$

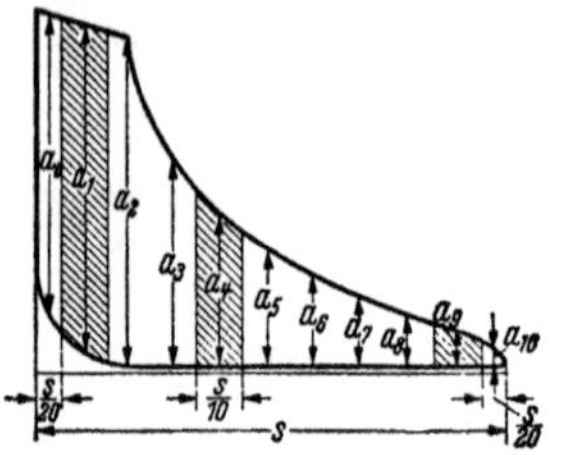

Bild 6. Ermittlung des mittleren indizierten Druckes

Die an der Welle abgegebene effektive Nutzleistung ergibt sich zu

$$N_e = \eta_m N_i \tag{2}$$

mit η_m als *mechanischem Wirkungsgrad*, der im allgemeinen zwischen 0,85 und 0,93 liegt.

Die niedrigen Werte gelten für kleinere Schiebermaschinen, die hohen für große Ventilmaschinen. Maschinen mit Kolbenschiebersteuerungen haben meist größere mechanische Verluste als Maschinen mit Ventilsteuerungen. Die Werte sind auch abhängig von der Ausführung und Einstellung der Maschine und können erheblich schwanken. Der mechanische Wirkungsgrad kann nicht aus der Leerlaufleistung berechnet werden, da diese wegen der geringer belasteten Lager, Kolbenringe usw. kleinere mechanische Reibungsverluste verursacht.

Für die wirtschaftlichste Füllung bei Normallast erhält man p_i für Dampfeintrittsdrücke von $p_1 < 15$ at auch ohne Aufzeichnung des Dampfdruckdiagramms aus der Gleichung

$p_i = 1{,}2 + 0{,}2\, p_1$ für Kondensationsmaschinen,

$p_i = 1{,}2 + 0{,}25\, p_1$ für Gegendruckmaschinen mit $p_2 < 2$ kg/cm².

Bei den üblichen Steuerungen mit größten Füllungen um rund 60% liegt p_i für die Höchstlast um etwa 30% höher.

4. Wirkungsgrade, Verluste, Dampfverbrauch

a) Wirkungsgrade. Die für eine bestimmte Leistung einer Dampfmaschine notwendige Dampfmenge wird am einfachsten unter Einschätzung des *Gütegrades* η_i an Hand der i, s-Tafel ermittelt. In einer verlustlosen wärmedichten Maschine ohne schädlichen Raum dehnt sich der Dampf ohne Drosselung vom Druck p_1 auf den Gegendruck p_2 aus. Das adiabatische Wärmegefälle $i_1 - i_2$ (Bild 2) stellt hierbei die größtmögliche in mechanische Arbeit umsetzbare Wärmemenge vor.

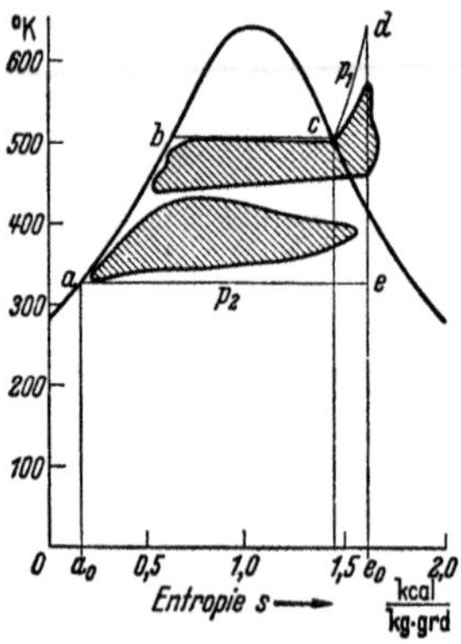

Bild 7. T, s-Diagramm

Im T, s-Diagramm, Bild 7 (s. Lit. 2, dort „Übertragung des Dampfdruckdiagramms in das T, s-Diagramm nach *Boulvin*"), ist diese Wärmemenge durch die Fläche $abcdea$ dargestellt, während die Fläche $a_0abcde_0a_0$ der gesamten aufgewendeten Wärmemenge entspricht. Das Verhältnis dieser beiden Flächen wird als *thermischer Wirkungsgrad* bezeichnet

$$\eta_{th} = \frac{\text{Fläche } abcdea}{\text{Fläche } a_0abcde_0a_0} = \frac{i_1 - i_2}{i_1 - i_w} \tag{3}$$

mit i_w als Speisewassertemperatur.

b) Verluste. In der wirklichen Maschine wird jedoch nur der Enthalpieunterschied $i_1 - i_2'$ ausgenutzt, vgl. Bild 2. Der Unterschied $i_2' - i_2$ ist demnach, wenn man von den mechanischen Verlusten absieht, der Wärmewert aller in der wirklichen Maschine auftretenden nachstehend aufgeführten Verluste:

α) *Wärmeaustausch mit den Zylinderwänden* (*Wandungsverluste*).

Der durch das Einlaßorgan in den Zylinder strömende Frischdampf kühlt sich an den kälteren Wandflächen ab. Sobald der Dampf bei seiner Entspannung kälter als die Wände geworden ist, geht Wärme aus der Wandoberfläche in den Dampf über, hauptsächlich während des Ausströmens des Dampfes aus dem Zylinder, also dann, wenn der Dampf keine Arbeit mehr leistet.

Besonders groß ist dieser Verlust bei Betrieb mit schwach überhitztem oder Sattdampf; die Zylinderwände beschlagen (Eintrittskondensation), und der Wärmeübergang erhöht sich gegenüber dem bei trockener Wandoberfläche (überhitzter Dampf) auf das Vielfache.

Die dem Dampfprozeß bzw. dem Vorbeistreichen der Kolbenringe entsprechenden Temperaturschwankungen dringen an der dampfberührten Oberfläche nur wenige Zehntel mm tief abklingend in die Zylinderwand ein.

Die Masse der Zylinderwand nimmt in der Hauptsache eine mittlere Temperatur an[1]. Je größer der Unterschied zwischen Dampf- und mittlerer Zylinderwandtemperatur ist, um so größer ist der Verlust durch den Wärmeaustausch, verursacht durch den Übertritt von Wärme von hoher Temperatur aus dem einströmenden Frischdampf über die Zylinderwand in den austretenden Abdampf.

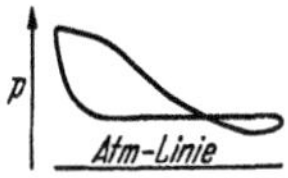

Bild 8
Schleifenbildung

β) *Unvollständige Dehnung.* Dieser Verlust wird um so größer, je mehr die wirtschaftlichste Füllung überschritten wird.

γ) *Schleifenbildung bei kleinen Füllungen,* Bild 8. Die unter der Gegendrucklinie von der Schleife umschlossene Fläche stellt eine Verdichtungsarbeit dar, die beim Rückströmen von Gegendruckdampf in den Zylinder entsteht und von der Expansionsarbeit gedeckt werden muß. Durch die tiefer reichende Dehnung wird außerdem die Zylinderwandtemperatur erniedrigt und der Wärmeaustauschverlust erhöht. Dieser Energieverlust ist durch größere Vorausströmung zu vermeiden; er kann auch durch ein als leichtgehendes Rückschlagventil ausgebildetes Auslaßventil oder durch ein dem Auslaßventil parallelgeschaltetes Plattenventil vermieden werden.

δ) *Strömungsverluste.* In den Steuerorganen, Dampfkanälen sowie beim Übertritt des Dampfes aus dem HD- in den ND-Zylinder treten Druckverluste auf.

Sie sind zu unterscheiden von dem Druckabfall, der beim Einströmen infolge zu kleiner Wasserabscheider und zu enger Einströmleitung eintreten kann bzw. von dem Druckanstieg beim Ausschieben infolge zu enger Auspuffleitung.

ε) *Undichtheiten an Stopfbuchsen* (nach außen) *und an Steuerorganen und Kolben* (innerhalb der Maschine). Die dadurch verursachten Verluste sind bei gut ausgeführten und instandgehaltenen Maschinen vernachlässigbar klein. Es ist jedoch zu beachten, daß durch stark undichte Steuerorgane oder Kolben der Dampfverbrauch der Maschine um 25% und mehr erhöht werden kann. Es ist daher unbedingt erforderlich, die Maschine von Zeit zu Zeit auf Dampfdichtheit zu überprüfen (vgl. S. 114).

ζ) *Wärmeabwanderung nach außen.* Bei gut isolierten Maschinen von untergeordneter Bedeutung.

c) Dampfverbrauch. Als Vergleichsmaßstab für die in der wirklichen Maschine erreichte tatsächliche Energieumsetzung dient der Gütegrad

$$\eta_i = \frac{i_1 - i_2'}{i_1 - i_2}. \tag{4}$$

Von üblichen Maschinen gibt Zahlentafel 1 bei Normallast einen brauchbaren Anhalt für den Gütegrad η_i, wobei die kleinen Werte für kleine und die großen Werte für große Maschinen gelten. Damit ergibt sich der auf die indizierte Leistung N_i bezogene *stündliche Dampfverbrauch* D_i in kg/h aus der Gleichung

$$D_i = \frac{632\, N_i}{(i_1 - i_2)\, \eta_i}. \tag{5}$$

[1] VDI-Forschungsheft 300. Berlin: VDI-Verlag 1928.

Zahlentafel 1. *Gütegrade η_i von Dampfmaschinen*

Steuerung	Dampfdehnung	Sattdampf	Heißdampf		
				niedrige Überhitzung	hohe Überhitzung
		Auspuff	Kondensation	Gegendruck $p_2 < 2$ at	Gegendruck $p_2 > 2$ at
Kolbenschieber	einfach	0,50–0,65	0,50–0,68	0,62–0,77	0,72–0,84
	zweifach	0,55–0,68	0,55–0,72	0,63–0,80	
Ventile	einfach	0,53–0,68	0,53–0,70	0,65–0,80	0,75–0,86
	zweifach	0,58–0,70	0,58–0,75	0,65–0,82	

Ist der Abdampf der Maschine noch überhitzt, so kann an einer in Betrieb befindlichen Maschine das ausgenutzte Wärmegefälle unmittelbar aus der i, s-Tafel abgegriffen und der Dampfverbrauch ohne Messung des Dampfgewichtes ermittelt werden. Hierfür ist nur der Dampfzustand vor und hinter der Maschine genau zu messen und in der i, s-Tafel einzutragen. In allen anderen Fällen mißt man unmittelbar das der Maschine zuströmende Dampfgewicht (mittels Düse oder Blende, vgl. Bd. I S. 289) oder genauer das Gewicht des niedergeschlagenen Abdampfes (Kondensatmenge). Weniger genau ist die Messung der Kesselspeisewassermenge.

Dampfverbrauchsversuche sind bei möglichst gleichen Betriebsverhältnissen durchzuführen. Sämtliche Ablesungen und Messungen sind in kurzen Zeitabständen von etwa 10 Minuten vorzunehmen; der Versuch ist über eine Zeit von mindestens 3–4 Stunden auszudehnen, damit durch die unvermeidlichen Schwankungen von Druck, Temperatur, Drehzahl und Leistung das Meßresultat nicht wesentlich beeinflußt wird.

Beispiele: 1. Wie groß ist der stündliche Dampfverbrauch einer liegenden doppeltwirkenden Einzylinder-Dampfmaschine mit Kolbenschiebersteuerung (nach Bild 32), die bei $n = 325$ U/min 200 PS_e leistet und auf Gegendruck von 2 atü arbeitet? Der Dampf soll mit 24 atü und 350 °C in die Maschine eintreten.

Der mechanische Wirkungsgrad der Maschine mit Druckschmierung kann mit $\eta_m = 0,90$ angenommen werden. Die indizierte Leistung der Maschine beträgt daher $N_i = 200/0,90 = 222$ PS. Aus der i, s-Tafel erhält man i_1 zu 748 kcal/kg und i_2 zu 635,6. Aus Zahlentafel 1 kann η_i zu 0,75 entnommen werden. Der stündliche Dampfverbrauch errechnet sich aus Gl. (5) zu

$$D_i = \frac{632 \cdot 222}{112,4 \cdot 0,75} = 1665 \text{ kg/h}.$$

2. An der im Betrieb untersuchten Maschine nach Beispiel 1 wurde eine Austrittstemperatur von 153° C gemessen. Da der Dampf beim Austritt noch leicht überhitzt ist, läßt sich der Gütegrad an Hand der i, s-Tafel (s. Bild 2) zu 0,75, wie im Beisp. 1 angenommen, errechnen.

B. Bestimmung der Hauptabmessungen

Gegeben sind die verlangte Leistung in PS oder kW, Temperatur und Druck des Dampfes beim Eintritt in die Maschine und der Gegendruck des Dampfes beim Austritt. Bei Kondensationsmaschinen ist noch die Eintrittstemperatur des Kühlwassers gegeben.

Mit Hilfe der in Zahlentafel 1 genannten Gütegrade η_i und des mechanischen Wirkungsgrades η_m kann der zu erwartende Dampfverbrauch berechnet werden. Man zeichnet das p, V-Diagramm der wirklichen Maschine nach den Richtlinien in Abschn. A, 2. Der schädliche Raum $s_0 F$ ist hierbei nach den in Abschn. A, 1 angegebenen Richtwerten anzunehmen. Aus dem Diagramm wird der mittlere indizierte Druck p_i ermittelt. Nachdem man Zahl und Wirkungsweise (einfach- oder doppeltwirkend) der Zylinder festgelegt hat, sind die mittlere Kolbengeschwindigkeit $c_m = sn/30$ und die Drehzahl der Maschine anzunehmen, bevor ihre Hauptabmessungen, Hub und Durchmesser der Zylinder nach Gl. (1) berechnet werden können.

Die Wahl der mittleren Kolbengeschwindigkeit ist von der Haltbarkeit der Kolbenringe und der Zylinderlauffläche abhängig. Bei schwierigen Arbeitsbedingungen — große Überhitzung, hoher Gegendruck und daher hohe mittlere Zylinderwandtemperatur — soll die mittlere Kolbengeschwindigkeit möglichst nicht über 3,5–4 m/sek angenommen werden. Darüber liegende Kolbengeschwindigkeiten nur bei günstigen Temperatur- bzw. Schmierungsverhältnissen, wie sie beispielsweise bei kleinen Füllungen und hohen Dampfdehnungen vorliegen oder wenn die Lebensdauer der Kolbenringe beschränkt sein darf.

Bei Lokomotiven mit Kolbengeschwindigkeiten bis 7 m/sek haben die Kolbenringe nur eine geringe Lebensdauer.

Aus der festgelegten mittleren Kolbengeschwindigkeit und der für den Antrieb eines Drehstromerzeugers oder einer Kolbenarbeitsmaschine gewünschten Drehzahl ergibt sich der Hub $s = 30\, c_m/n$ und nach Gl. (1) die Kolbenfläche F. Hierbei ist darauf zu achten, daß sich brauchbare Werte d/s von Zylinderdurchmesser d und Hub s ergeben (für normale Drücke $d/s \approx 0{,}8$–$1{,}2$; für hohe Drücke $\approx 0{,}5$–$0{,}8$), und daß die durch die hin- und hergehenden Massen verursachten Kräfte nicht größer werden als die vom Dampfdruck herrührenden Kolbenkräfte.

Zuweilen sollen Gleitbahnen und Triebwerke verwendet werden, die von den Herstellern von Kolbenmaschinen nach einer größenordnungsmäßig abgestuften Reihe ausgebildet sind und von denen Zeichnungen, Modelle und Vorrichtungen vorhanden sind. Beim Neuentwurf werden dann Kolbenhub, Drehzahl usw. so gewählt, daß sie zu einer Gleitbahn dieser Reihe nach Kraft und Leistung passen.

Beispiel: Geforderte größte Leistung 200 PS_e, Dampfzustand beim Eintritt 24 atü, 350° C, Gegendruck 2 atü. Kraftübertragung durch Riemen. Es wird eine liegende doppeltwirkende Einzylinder-Schieberdampfmaschine nach Bild 32 mit 320 mm Hub gewählt. Aus der mittleren Kolbengeschwindigkeit mit $c_m \approx 3{,}5$ m/sek ergibt sich die Maschinendrehzahl zu $n \approx 325$ U/min.

Der für die gewählte Gleitbahn zulässige Gestängedruck beträgt 10 t, woraus man die Kolbenfläche F zu $10 \cdot 1000/(p_1 - p_2) = 10000/(24-2) = 455\ \text{cm}^2$ erhält. Daher Zylinderdurchmesser 240 mm.

Mit $\eta_m = 0{,}90$ errechnet sich ein mittlerer Kolbendruck

$$p_i = \frac{75\, N_e}{F\, c_m\, \eta_m} = \frac{75 \cdot 200}{455 \cdot 3{,}5 \cdot 0{,}90} = 10{,}5\ \text{kg/cm}^2$$

entsprechend einer *größten* Füllung von $\approx 42\%$. Bei *Normal*last, also der *wirtschaftlichsten* Füllung, wird $p_{i\,\text{norm}}$ entsprechend kleiner.

C. Steuerung und Regelung

1. Allgemeine Anforderungen

Die Steuerung soll in der Maschine die gewünschte Dampfverteilung herbeiführen. Außer den eigentlichen Abschlußorganen, wie Schieber, Ventile, Hähne usw., die den Ein- und Auslaß unmittelbar abschließen, gehören zur Steuerung auch die zu deren Bewegung notwendigen Antriebsteile. Im wesentlichen unterscheidet man *Schieber-* und *Ventilsteuerungen*. Die wichtigsten Forderungen an eine gute Steuerung sind Einfachheit der Abschlußorgane und ihres Antriebes, schnelles Öffnen und Schließen, geringe Strömungswiderstände, kleiner schädlicher Raum und kleine Oberfläche (Verminderung der Wandungsverluste), leichte Zugänglichkeit und Ausbaumöglichkeit, geringe Massen und Reibungswiderstände.

a) Kanalquerschnitt. Für normale Verhältnisse errechnet sich der größte freie Spaltquerschnitt f_{Sp} in cm² aus der mittleren Kolbengeschwindigkeit c_m in m/sek, der wirksamen Kolbenfläche F in cm² und der zulässigen mittleren Dampfgeschwindigkeit w_m in m/sek im Öffnungsspalt nach der Gleichung

$$f_{Sp} = F\, c_m / w_m\,.$$

Je niedriger w_m gewählt wird, um so kleiner wird der Strömungs- (Drosselungs-) Verlust, um so größer aber der schädliche Raum und der damit verbundene Raum- und Flächenschaden (Abkühlungsverlust beim Dampfeintritt).

b) Dampfgeschwindigkeit. Günstige Dampfverbrauchszahlen ergeben sich, wenn nachstehend aufgeführte Werte für w_m nicht überschritten werden:

Bei Schiebermaschinen	$w_m \approx$	25–35 m/sek
Bei Ventilmaschinen Einlaß		25–35 m/sek
Auslaß		20–30 m/sek

Hierbei gelten die kleineren Werte für höhere Drücke und schnellaufende kleinere Maschinen, die größeren Werte für niedere Drücke und langsamlaufende größere Maschinen. Für hochüberhitzten Dampf können die angegebenen Werte bis um 20% erhöht werden.

Der Druckverlust des strömenden Dampfes wird empfindlich, sobald im Öffnungsspalt die Dampfgeschwindigkeit $w_{Sp} = \sqrt{2g\zeta\Delta p/\gamma}$ mit $\zeta \approx 0{,}95$ den Wert von ≈ 100 m/sek

7*

überschreitet. Gegen Ende der Füllung wird infolge der immer kleiner werdenden Einlaßquerschnitte die Dampfgeschwindigkeit außerordentlich hoch, der Dampfdruck wird gedrosselt. Im Dampfdruckdiagramm geht die Einströmlinie mehr oder weniger stark abgerundet in die Dehnungslinie über.

c) Ventilerhebungsdiagramm. Um zu verhindern, daß die Drosselung zu früh einsetzt und der dadurch verursachte Diagramm-Flächenverlust zu groß wird, muß man bei besonders großen Dehnungsverhältnissen und dementsprechend kleinen Füllungen die Öffnungsverhältnisse sorgfältig untersuchen. Man trägt zu diesem Zweck in einem Ventilerhebungsdiagramm (Bild 9) mit dem Kolbenhub in % als Abszisse und den verschiedenen Ventilhüben als Ordinaten eine Kurve ein, welche die für eine bestimmte Dampfgeschwindigkeit (etwa 100 m/sek) erforderlichen Ventilhübe angibt. Im Schnittpunkt dieser Linie mit der jeweiligen für eine bestimmte Füllung aufgezeichneten Ventilerhebungslinie beginnt eine beträchtliche Dampfdruckdrosselung.

d) Die **Ein- und Austrittsöffnungen am Zylinder** sind um mindestens 25% größer zu wählen als die größten von den Steuerungsorganen freigegebenen Öffnungsquerschnitte. Die Kanäle müssen möglichst kurz und glatt, also ohne

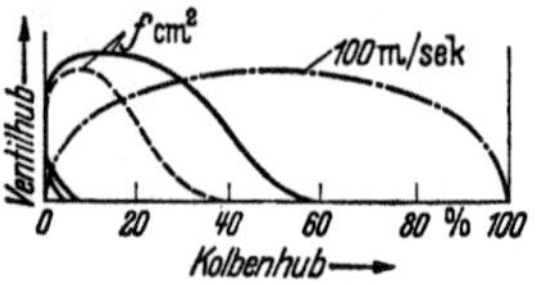

Bild 9. Ventilerhebungsdiagramm

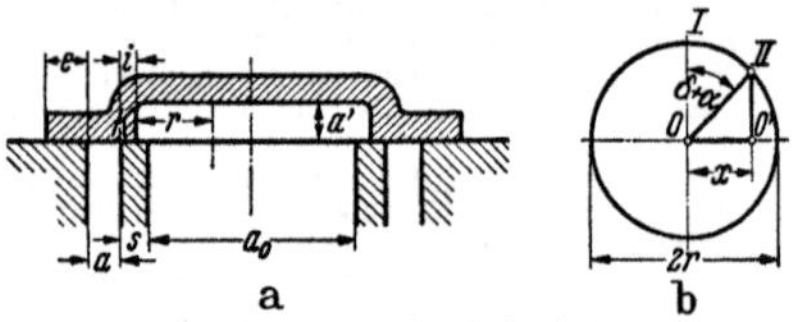

Bild 10 a, b. Muschelschieber

scharfe Knicke sein und keinen Anlaß zu Wirbelbildung geben; ihre Querschnitte dürfen auf keinen Fall kleiner sein als die größten durch die eigentlichen Steuerungsorgane freigegebenen Öffnungsquerschnitte.

2. Schiebersteuerungen

a) Flachschieber. α) Die einfachste Ausführungsform ist der *Muschelschieber*, Bild 10a, mit einfacher Ein- und Ausströmung. In der gezeichneten Mittelstellung wird die Kanalbreite a vom Schieber überdeckt; e ist die äußere, i die innere Überdeckung.

Den Zusammenhang zwischen Schieberbewegung und Dampfverteilung kann man an Hand des kombinierten Schieber- und Dampfdruckdiagramms verfolgen. Bild 11 zeigt oben das *Müller-Reuleaux-Diagramm.* Der Kreisumfang stellt den Weg des Mittelpunktes des Exzenters dar, welches den Schieber antreibt. Das Exzenter eilt der Kurbel um $90^\circ + \delta$ vor; δ wird als *Voreilwinkel* bezeichnet. In der linken Kurbeltotlage hat der Schieber den Kanal um das „lineare Voreilen" v_e freigelegt, es beginnt die Füllung. Nachdem der Schieber die volle Kanalbreite a freigegeben hat, kehrt er seine Bewegungsrichtung um und deckt im Punkt E den Kanal wieder vollkommen ab; damit ist die Füllung beendet. Nach einem weiteren Weg von $e + i$ beginnt er im Punkt VA den Kanal für das Ausströmen freizulegen. In der rechten Kurbeltotlage hat der Schieber den Kanal um das „lineare Vorausströmen" v_a geöffnet. Der Dampf strömt nun solange aus dem Zylinder, bis der Schieber nach erneuter Bewegungsumkehr im Punkt C den Kanal wieder abschließt.

Bild 11 zeigt unten das bei veränderlicher Füllung und bei Doppelschiebersteuerungen vorteilhaft anzuwendende *Zeuner-Diagramm* mit Polar-Koordinaten. Für die Entfernung des Schiebers aus der Mittellage ist nach Bild 10b $x = \sin(\delta + \alpha)$, worin α der Winkel ist, um den sich die Kurbel aus der Totlage gedreht hat.

Diese Beziehung ist die Polargleichung zweier Kreise, die sich im Pol O berühren und deren Zentrale mit der Senkrechten den Winkel δ einschließt. Wird in Bild 11 unter dem beliebigen Winkel α ein Vektor gezogen, so wird

$$OD = OC \cdot \sin OCD; \quad \sphericalangle OCD = \sphericalangle OCB + \sphericalangle BCD = \delta + \alpha; \quad OD = r \sin(\delta + \alpha).$$

Ein unter dem Winkel α gezogener Vektor gibt in seiner Länge die Entfernung des Schiebers aus der Mittellage für den Kurbelwinkel α an. Werden mit e und i Kreise um O gezogen, so geben die über diese Kreise hinausragenden Strahlen die Kanaleröffnungen während der Füllung und des Auspuffs wieder. Strahlen durch die Schnittpunkte der e- und i-Kreise mit den Schieberkreisen bezeichnen die Kolbenstellungen bei Beginn der Voreinströmung, Expansion usw. Der obere positive Kreis gibt die Schieberausschläge nach rechts, der untere negative die nach links an.

Aus dem Schieberdiagramm können die Überdeckungen e und i bestimmt werden, indem diese Strecken mit dem Verhältnis der errechneten Kanalweiten zur gezeichneten Kanalweite vervielfacht werden.

Ist z. B. gezeichnet: $e = 24$ mm, $a = 26$ mm und ist a zu 32 mm berechnet, so ist e mit $24 \cdot 32/26 = 29$ mm auszuführen.

Die Auspuff-Kanalweite a_0, Bild 10a, ist so zu bestimmen, daß in der Schiebertotlage keine Verengung eintritt. Meist führt man a_0 größer aus, um die Kanallänge und damit den schädlichen Raum zu verringern.

Einfluß der endlichen Stangenlänge. Die *endliche Schubstangenlänge* bewirkt, daß zu gleichen Füllungswinkeln ungleiche Füllungswege gehören, und zwar wird die Füllung auf der Deckelseite größer als auf der Kurbelseite. Gleichmäßigere Dampfverteilung kann bis zu einem gewissen Grad durch unsymmetrische Einstellung des Schiebers oder durch ungleiche Lappenlängen erzielt werden. Im ersten Fall ist (bei äußerer Einströmung) der Schieber um eine bestimmte Strecke x nach der Deckelseite hin zu verschieben, so daß hier früher abgeschlossen wird. Überdeckungen auf der Deckselseite: $e_D = e + x$ und $i_D = i - x$, auf der Kurbelseite: $e_K = e - x$ und $i_K = i + x$. Bild 12 läßt den Ausgleich durch ungleiche Lappenlängen e_D und e_K am Schieber erkennen; dieser gestattet größere Bewegungsfreiheit bezügl. der Überdeckungen.

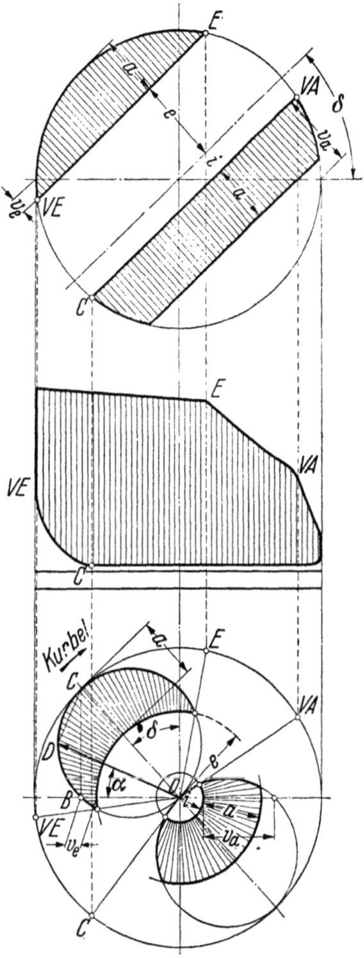

Bild 11. Schieberdiagramme

Bei äußerer Einströmung nimmt die Ungleichheit der Dampfverteilung durch den Einfluß der *endlichen Exzenterstangenlänge* zu, s. Bild 13. Die Deckungslinien sind mit einem Radius gleich Exzenterstangenlänge l als Vielfachem der Diagrammexzentrizität r gezogen. Bei innerer Einströmung erhalten die Deckungslinien entgegengesetzte Krümmung, die Dampfverteilung wird verbessert. Günstigste Verhältnisse, wenn $r/l = (R/r) \cdot (R/L) \sin \delta$ mit r = Exzenterradius (Exzentrizität), L = Schubstangenlänge und R = Kurbelradius.

β) *Abarten* des einfachen Muschelschiebers sind der *Kanal-* oder *Trick-Schieber*, Bild 14, mit zweifacher Einströmung und der *Penn-Schieber* mit doppelter Öffnung für Ein- und Auslaß.

Entlastete Schieber. Mit zunehmenden Abmessungen und Drücken nimmt die Schieberreibung bei Flachschiebern unverhältnismäßig zu. Um den Anpreßdruck und dadurch die Schieberreibung zu verringern, verbindet man den Raum über dem Schieber zum Teil mit dem Gegendruck. Zu diesem Zweck werden meist kreisförmige Dichtungsringe angeordnet, die durch Federn an die Gleitflächen im Schieber bzw. am Schieberkastendeckel angedrückt werden. Diese Konstruktionen mit entlasteten Gleitflächen haben sich im Betrieb wenig bewährt, weshalb Steuerungen mit Flachschiebern nur bei kleineren Maschinen und geringen Frischdampfdrücken (unter 8 at) verwendet werden.

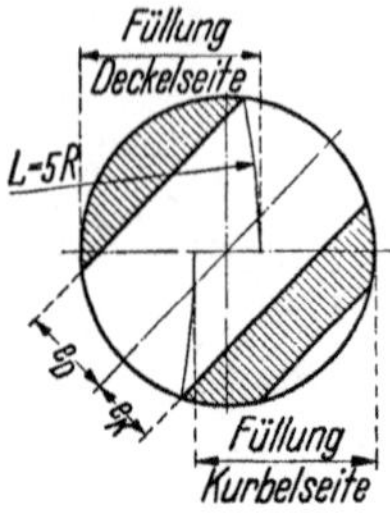

Bild 12. Füllungsausgleich bei endlicher Schubstangenlänge

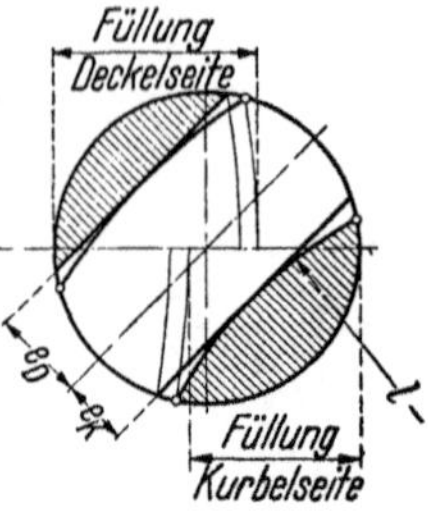

Bild 13. Füllungsausgleich bei endlicher Exzenterstangenlänge

b) Kolbenschieber. Meist werden Schiebersteuerungen mit völlig entlasteten Kolbenschiebern ausgerüstet (Schieberbuchsen mit umlaufenden Ringnuten, wodurch sich die von allen Seiten wirkenden Dampfdrücke ausgleichen können); Abdichtung der Kolbenschieber, die für höchste Drehzahlen geeignet sind, durch selbstspannende Kolbenringe. Nur bei Sattdampf und bis zu Durchmessern von 60 mm können die Kolbenschieber unmittelbar in der Schieberbuchse eingeschliffen werden. Zur Beseitigung von Gußspannungen müssen die Schieber und Schieberbuchsen vor der Fertigbearbeitung ausgeglüht werden. Die Schieberbuchsen werden entweder stramm eingepreßt oder mit entsprechend abgestuften zylindrischen Absätzen lose eingesetzt und mit Ringen aus Kupfer, Asbest usw. abgedichtet. Kleine Schieber liegen zumeist in der Buchse auf, große werden von einer durchgehenden in den Schieberkastendeckeln geführten Schieberstange getragen.

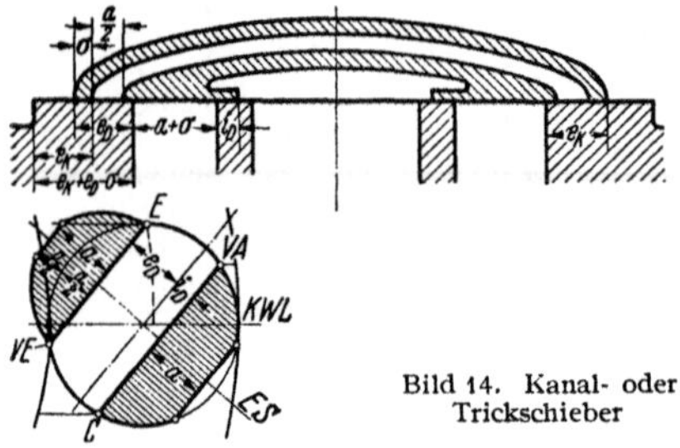

Bild 14. Kanal- oder Trickschieber

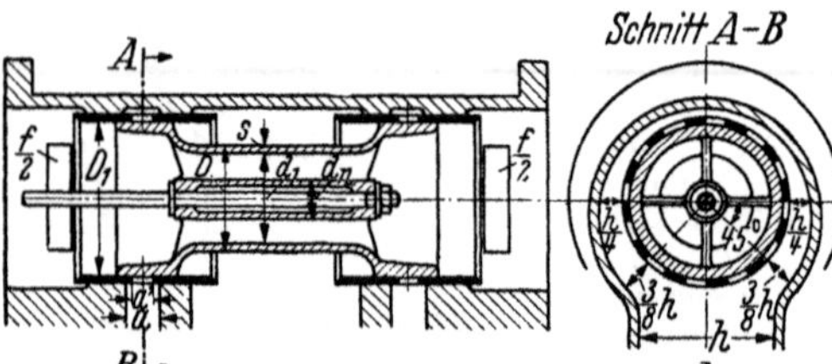

a b

Bild 15a, b. Kolbenschieber

Die Kolbenschieber werden mit *innerer Einströmung* ausgeführt. Die äußeren Überdeckungen sind daher innen, die inneren Überdeckungen außen angebracht, so daß das Exzenter der Kurbel um $90° - \delta$ nacheilen muß. Vorteile: Der Schieberkasten ist mit Abdampf gefüllt, die Schieberstangenstopfbuchse von Druck und Temperatur entlastet, und die Strahlungsverluste werden verringert. Verbesserte Dampfverteilung s. S. 101, Einfluß der endlichen Exzenterstangenlänge.

Berechnung der Kolbenschieber, Bild 15a. Die Bemessung ist davon abhängig, ob der an jeder Seite des Schieberkastens angeordnete Ausströmkanal die Größe $f/2 = Fc/w_m$ oder

$f = Fc/w_m$ hat. Im ersten Fall strömt z. B. der Abdampf der rechten Seite teils unmittelbar (rechts), teils durch den Schieber (links) zum Auspuffrohr. Es muß $(d_1^2\pi/4 - d_n^2\pi/4) = f/2$ sein. Nabendurchmesser d_n ist durch konstruktive Gründe festgelegt. Nach Wahl der Wanddicke s ist $D = d_1 + 2s$, und es folgt $(D_1^2 - D^2)\pi/4$ als erforderlicher Ringkanalquerschnitt für den einströmenden Frischdampf.

Hat der Ausströmkanal die Größe f, so kann der Schieber aus zwei Einzelkolben zusammengesetzt werden. Es wird $D_1^2\pi/4 - d^2\pi/4 = f$, mit d als Schieberstangendurchmesser.

Werden beide Kolben miteinander durch ein Rohr verbunden, so entfällt die Abdichtung der einzelnen Kolben an der Stange, wodurch jedoch der Ringkanalquerschnitt für den eintretenden Frischdampf verkleinert wird, so daß jetzt von diesem auszugehen ist. Der größere Durchmesser ermöglicht kleinere Kanalweiten und damit kleinere Exzentrizität. Kanalweite a' in der Schieberbuchse folgt aus $\varphi D_1 \pi a' = f$, worin φ die Verengung der Buchsenkanäle durch die Stege berücksichtigt; φ im Mittel $\approx 0{,}65$. a ist immer größer als a' zu wählen. Außerdem wird a durch die Rücksicht auf Kanalhöhe h beeinflußt. Wie der im Zylinder eingegossene Kanal im Hinblick auf die Dampfströmung auszubilden ist, läßt Bild 15b erkennen.

Einen Kolbenschieber mit doppelter Einströmung verwendet *Borsig* für seine gekapselten Dampfmaschinen, Bild 32 und 36. Dieser Schieber unterscheidet sich vom Trickschieber dadurch, daß sich die beiden Dampfstrahlen nicht erst im Zylinderkanal, sondern schon im Schieber vereinigen. Die mit diesem Kammer-Kolbenschieber erreichte gute Dampfverteilung wird auch bei stark veränderlichen Füllungen und Gegendrücken durch die ausgleichende Wirkung der im Schieber angeordneten Kammer erreicht. Bild 33 zeigt die Ausführung der *Dingler*schen Maschinenfabrik Zweibrücken; der Kolbenschieber ist in zwei Einzelkolben aufgelöst, dadurch kürzere Kanäle und kleinere schädliche Räume. Durch Schrauben verschlossene Schaulöcher erleichtern das Einstellen des Schiebers.

c) Steuerungen mit **Drehschiebern** (nach *Corliss*) werden bis auf vereinzelte Ausführungen in USA nicht mehr angewendet.

d) Doppelschiebersteuerungen. Maschinen mit hoher Dampfdehnung und dementsprechend kleinen, für gute Dampfausnutzung geeigneten Füllungen führten früher zu Doppelschiebersteuerungen (*Meyer*, *Rider* usw.); sie verwirklichen auch gute Ausströmung und Verdichtung. Ein fester Grundschieber steuert den Beginn des Einlasses (VE), des Auslasses (VA) sowie der Verdichtung (C), während ein entsprechend geregelter Expansionsschieber den Abschluß der Füllungsperiode (E) steuert. Durch den Grundschieber ist die größte Füllung bestimmt. Der vom Regler beherrschte Expansionsschieber muß bei offenem Dampfventil absoluten Leerlauf gewährleisten.

Ineinanderliegende Kolbenschieber werden wegen ihrer Nachteile, namentlich wegen ihrer hohen Empfindlichkeit bei Heißdampfbetrieb, nicht mehr gebaut. Die von *Dörfel* eingeführte Zweikammersteuerung ergibt zwar gegenüber den ineinanderliegenden Kolbenschiebern kleinere Schieberdurchmesser und eine einfachere Form, hat aber den Nachteil größerer Räume und Flächen zwischen den Schiebern und einer verwickelteren Zylinderbauart.

e) Exzenteraufkeilung. Bei äußerer Einströmung eilt das Exzenter um $90° + \delta$ vor; bei Zwischenschalten eines die Schieberbewegung umkehrenden Hebels in das äußere Gestänge oder bei innerer Einströmung eilt das Exzenter um $90° - \delta$ nach. Ist die Schieberbahn um den Winkel β gegen die Waagerechte geneigt, so eilt das Exzenter um $90° + \delta \pm \beta$ vor, da jetzt bei Schiebermittellage das Exzenter senkrecht zur geneigten Schieberbewegungsrichtung stehen muß.

3. Steuerungen mit getrennten Abschlußorganen für Ein- und Auslaß

Für Maschinen größerer Leistungen erhalten die den Ein- und Auslaß gemeinsam steuernden Schieber bedeutende Abmessungen, wodurch sich große, den Dampfverbrauch ungünstig beeinflussende schädliche Räume und große Reibungsverluste ergeben. Man bevorzugt daher bei größeren Leistungen Steuerungen, bei denen die Steuerungsorgane für den Ein- und Auslaß getrennt sind.

Vorteile: Schädliche Räume und Reibungsarbeit werden verringert, und die getrennten Abschlußorgane können leicht und voneinander unabhängig eingestellt werden.

a) Ventilsteuerungen. Meist werden doppelsitzige, möglichst entlastete Rohrventile ausgeführt. Mit schmalen Dichtflächen und kleinen Durchmesserunterschieden der Sitze erzielt man eine geringe Kraft für die Öffnung der Ventile. Doppelsitzventile sind gut dicht, wenn sie warm aufgeschliffen werden und wenn sie, wie in Bild 16, gleiche Erwärmungsverhältnisse wie die Ventilkörbe aufweisen. Bei großen Dampfmengen werden die Ventile für den Auslaß auch viersitzig ausgeführt.

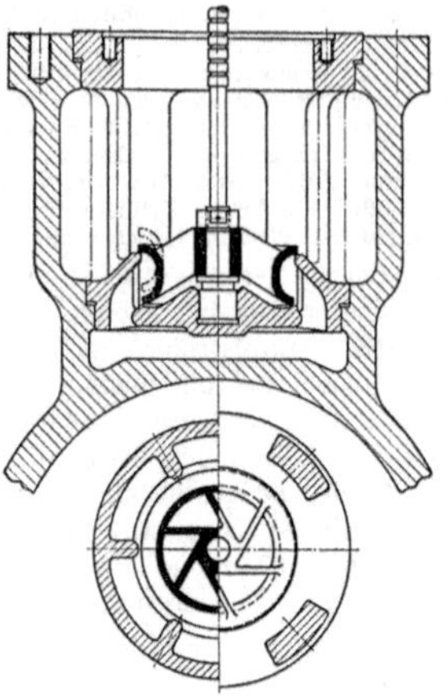

Bild 16. Doppelsitzventil für Einlaß

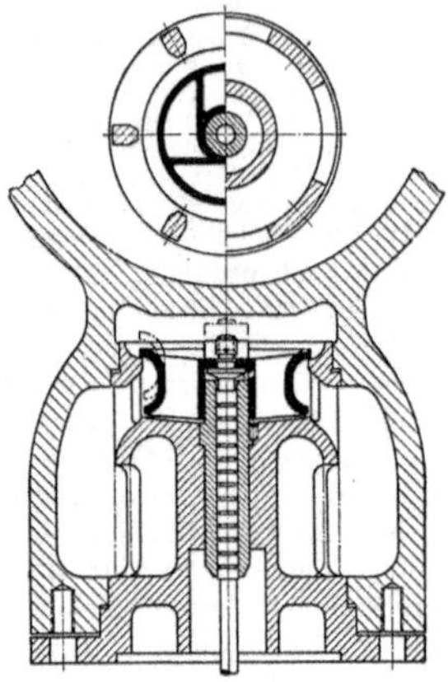

Bild 17. Doppelsitzventil für Auslaß

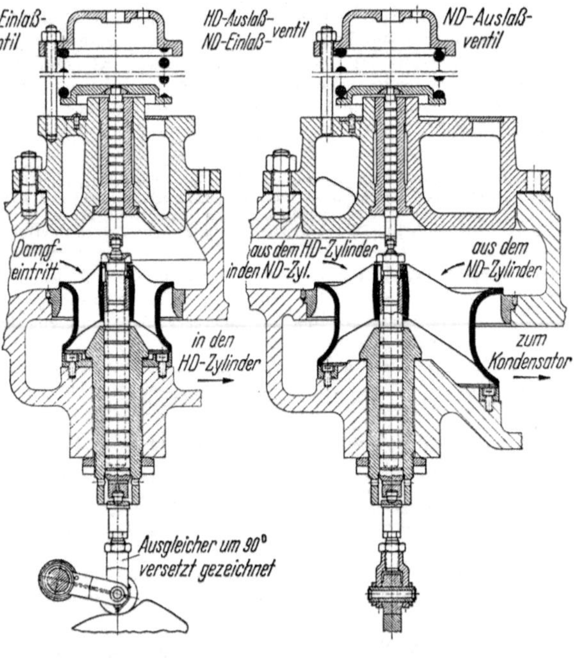

Bild 18. Borsig-Doppelsitzventil für Lentz-Einheits-Schiffsmaschine

Sulzer führt auch Doppelsitzventile aus, bei denen der eine Sitz federt, so daß das Ventil dicht bleibt, wenn sich Sitz und Kegel etwas verziehen.

Ventile und Ventilkörbe früher meist mit kegligen Sitzen. Heute werden wegen geringerer Empfindlichkeit gegen Formänderungen und Mittenversatz der Spindeln durchweg ebene Sitze vorgezogen; wegen leichteren Ausbauens werden sie auch für die Abdichtung der Ventilkörbe im Zylinder bevorzugt.

Die Ventile werden entweder durch die Spindel geführt, Bild 16, oder durch einen zylindrischen Ansatz des Ventilkorbes bzw. der Führungsbuchse, Bild 17. In diesem Fall ist die Spindel im Ventilkegel ohne axiales Spiel seitlich beweglich. Bild 18 zeigt eine bei der *Lentz*-Einheitsschiffsmaschine bewährte Ventilausführung. Das durch die Spindel geführte Doppelsitzventil kann sich leicht drehen, weil die Ventilspindel zwischen gehärteten Kugeln und Kugelpfannen läuft.

Das einsitzige Hochdruck-Einlaßventil von *Sulzer*, Bild 19, hat einen Ausgleichkolben mit Kolbenringdichtung.

Im allgemeinen werden die Ventile und Ventilkörbe aus besonders zähem Gußeisen hergestellt. In neuerer Zeit haben sich auch wegen kleinerer Massenkräfte leicht gebaute geschweißte Konstruktionen bewährt.

b) Kolbenventil, Bild 20. Für hohe Drücke hat sich das Kolbenventil (kurzer Kolbenschieber für getrennten Ein- und Auslaß jeder Zylinderseite) dem Rohrventil überlegen gezeigt. Vorteil des

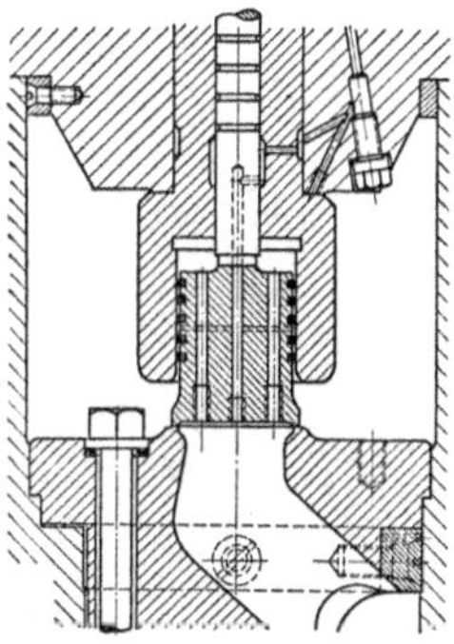

Bild 19. Sulzer-Hochdruckventil

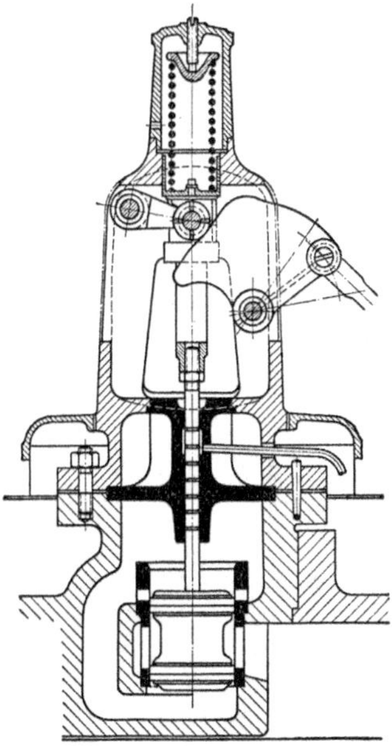

Bild 20. Kolbenventil

Kolbenventils: Die Wärmedehnung beeinflußt nicht die Dichtheit, und gegenüber dem mit der Anfangsgeschwindigkeit null öffnenden Ventil wird der Kanal bei größerer Geschwindigkeit des Schiebers geöffnet.

Der von der Schlußfeder zu überwindende, namentlich bei Höchstdruck große Spindeldruck wird verringert, wenn die Kolbenventile zweckmäßig in solcher Bewegungsrichtung öffnen, daß der Spindeldruck im Sinn des Ventilschlusses wirkt und die Schlußfeder entlastet.

c) Steuerung des Auslasses durch den Dampfkolben. Bei der von *Stumpf* eingeführten Gleichstrom-Dampfmaschine sind in der Mitte des Zylinders Schlitze für den Auslaß angeordnet, die vom Kolben gesteuert werden. Schlitzlänge etwa 10% des Kolbenhubes, Kolbenlänge 90% des Hubes. Unter Voraussetzung unendlicher Pleuelstangenlängen beträgt die Vorausströmung daher 10% und die Verdichtung 90%. Der Dampf strömt von den Deckeln zur Zylindermitte, die schädlichen Flächen werden nicht durch den ausströmenden kalten Auspuffdampf gekühlt. Vorteile: Kleiner schädlicher Raum, da Auslaßventile fortfallen, kleinere Strömungsverluste, da sich große Auslaßquerschnitte leicht verwirklichen lassen. Als zweckmäßig hat sich die Heizung der Deckel erwiesen.

Bei gewissen Voraussetzungen erreichen Gleichstrommaschinen gleich gute Wirkungsgrade wie Verbundmaschinen.

Bei Kondensationsmaschinen sind zusätzliche schädliche Räume anzuordnen, die selbsttätig oder von Hand zugeschaltet werden müssen, sobald das Vakuum unterbrochen ist, weil sonst zu hohe Kompression auftreten würde. Bei höheren Gegendrücken müssen nach *Hunger* zwei symmetrisch zur Zylindermitte angeordnete Schlitzreihen und besondere Ventile für deren Steuerung vorgesehen werden. Dampfauslaß beginnt dann erst beim Öffnen der zweiten und endet beim Schließen der ersten Schlitzreihe (s. Lit. 2 u. 5).

4. Äußere Steuerung

Die Steuerungsorgane werden in der Regel durch Exzenter angetrieben, die bei Schiebermaschinen meist auf der Kurbelwelle, bei Ventilmaschinen auf einer besonderen Steuerwelle aufgekeilt sind. Diese wird meist waagerecht angeordnet und von der Kurbelwelle aus durch Kegel- oder Schraubenräder angetrieben. Die heute noch üblichen Steuerungen sind im wesentlichen *zwangläufige Steuerungen* und *Schwingdaumensteuerungen*.

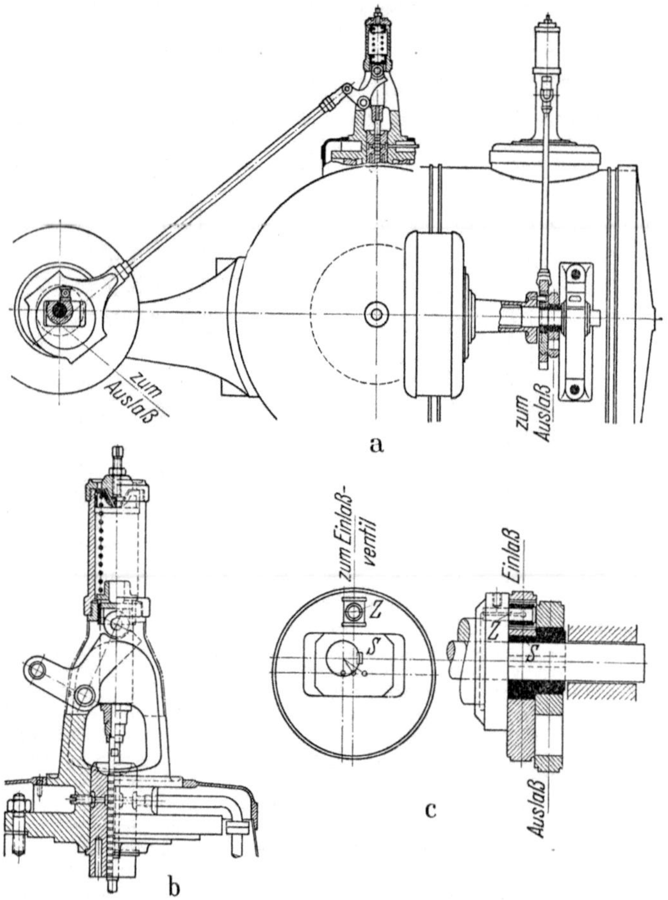

Bild 21a–c. Ventilsteuerung Bauart Lentz. a) Gesamtanordnung, b) Teilausschnitt, c) Schema

a) Zwangläufige Steuerungen gestatten hohe Drehzahlen und werden in der Regel bei Maschinen mit Schiebern und zum Teil auch bei Kolbenventilen verwendet.

b) Schwingdaumensteuerungen sind bei Ventilen am gebräuchlichsten und werden bis zu 300 U/min angewendet. Bild 21 a zeigt die bei weitem einfachste Ausführung einer Schwingdaumensteuerung nach Bauart Lentz. Bei dieser kraftschlüssigen Steuerung muß beim Schließen eine Feder das Ventil samt Spindel

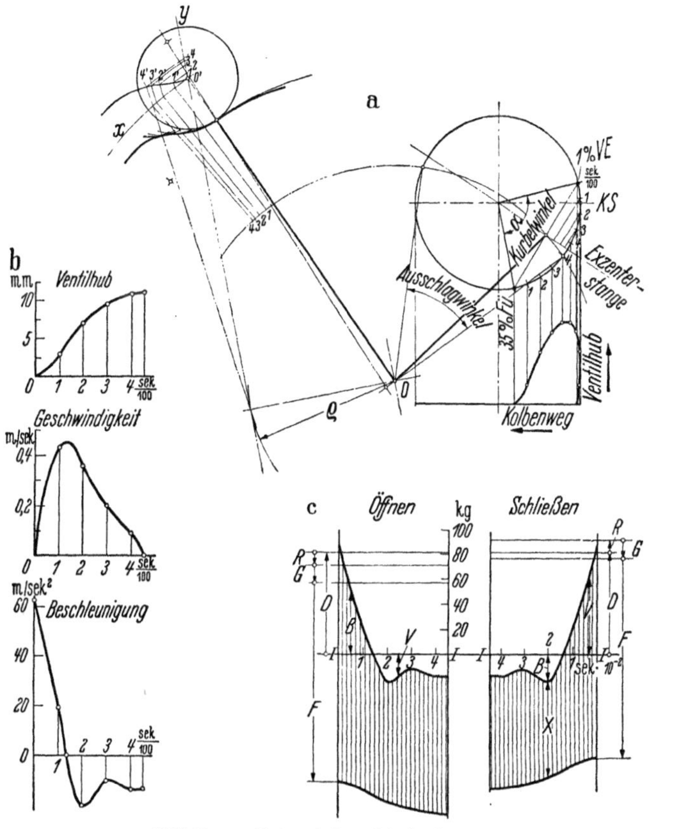

Bild 22 a–c. Entwurf eines Schwingdaumens

und Führungskolben beschleunigen, Bild 21 b. Das Ventil kann nur so schnell schließen, wie es die Bewegung des äußeren Gestänges zuläßt. Die Schlußgeschwindigkeit wird beim Entwurf festgelegt und ändert sich mit der Größe der Füllung. Bei der Formgebung der Schwingdaumen ist darauf zu achten, daß keine zu hohen Beschleunigungen (< 40 m/sek^2) auftreten.

Beispiel: Bild 22 a–c zeigt den Entwurf eines Schwingdaumens einer mit 165 U/min laufenden Einlaßsteuerung mit dazugehörigen Ventilerhebungen und Kräften X zwischen Rolle und Daumen. Die Voreinströmung wurde mit 1%, die Füllung für Normallast mit 35% bei einem Hub von 11 mm zugrunde gelegt. Die Anlaufkurve des Schwingdaumens wurde hierbei so ausgewählt, daß keine zu hohen Beschleunigungskräfte, wie auch aus Bild 22c hervorgeht, auftreten können. Bild 22 a zeigt die Aufzeichnung des Ventilerhebungsdiagramms;

auf die Senkrechte durch die verschiedenen Kurbelstellungen sind die Ventilhübe der Wegkurve aufgetragen. Die Ventilbeschleunigung kann durch die Wahl des Abstandes ϱ des Drehpunktes von der Spindelmitte wesentlich beeinflußt werden. In Bild 22b wurden die Ventilhübe, Geschwindigkeiten und Beschleunigungen auf die Zeit bezogen dargestellt. Bild 22c zeigt die dazugehörigen Beschleunigungskräfte bei einem bewegten Ventilgewicht von 14 kg. I–I ist die ursprüngliche Lage der Grundlinie des Beschleunigungsdiagramms. Beim Öffnen wirken der Dampfdruck D des Spindelquerschnitts im Sinn des Anhebens, die Reibung R der Spindel und das Ventilgewicht G entgegengesetzt. Beim Schließen kehrt sich die Richtung von R um. Die Federspannung F ändert sich wie die Ventilhübe, richtet sich also nach dem Zeit-Weg-Diagramm. Sie ist so zu wählen, daß Ordinate X nicht zu klein wird, damit auch bei den höheren Beschleunigungskräften bei Maximalfüllung von 50–60% die Kraft X nicht zu klein wird und die Rolle sich nicht vom Daumen lösen kann. Die Beschleunigungskräfte B und Verzögerungskräfte V sind wegen der besseren Übersicht auf der I–I-Achse aufgetragen, so daß die Druckkraft X zwischen Rolle und Daumen als Differenz zu den übrigen Kräften dargestellt wird. In dieser Darstellung ist wegen der unsicheren Schätzung der „Saugdruck" vernachlässigt, d. h. die Wirkung der Strömung auf das Ventil, wenn dieses nur um einen geringen Betrag geöffnet hat. Dieser Saugdruck besteht in der Hauptsache aus dem Spannungsunterschied über und unter dem Ventil infolge der durch dieses verursachten Drosselung. Ferner ist nicht berücksichtigt der Dampfdruck auf die Differenzfläche des Ventils infolge der Unterschiede im Durchmesser beim Doppelsitzventil.

c) Bei **Ausklinksteuerungen** wird durch Eingreifen des Reglers der Zusammenhang zwischen Ventilspindel und dem Antriebsgestänge je nach der Belastung früher oder später vollständig gelöst. Damit die Ventile mit mäßiger Geschwindigkeit aufsetzen, werden sie durch einen Luft- oder Ölpuffer aufgefangen. Ausklinksteuerungen zeichnen sich durch raschen Ventilschluß aus, sind jedoch für höhere Drehzahlen nicht verwendbar und daher heute wenig gebräuchlich.

5. Öldrucksteuerung

Am meisten angewendet wird die Steuerung von *Meier-Mattern*; zur Bewegung der Steuerungsorgane werden Ölsäulen an Stelle mechanischer Gestänge benutzt. Die Ventilspindeln sind mit kleinen Kolben versehen, unter welche das Drucköl geleitet wird; die Ventile werden dadurch gehoben und bei Füllungsende durch Federkraft geschlossen. Der Öldruck wird in einem von der Kurbel- oder Steuerwelle oszillierend oder rotierend angetriebenen Steuerapparat erzeugt, der soviel Kolben hat, wie Ventile zu betätigen sind.

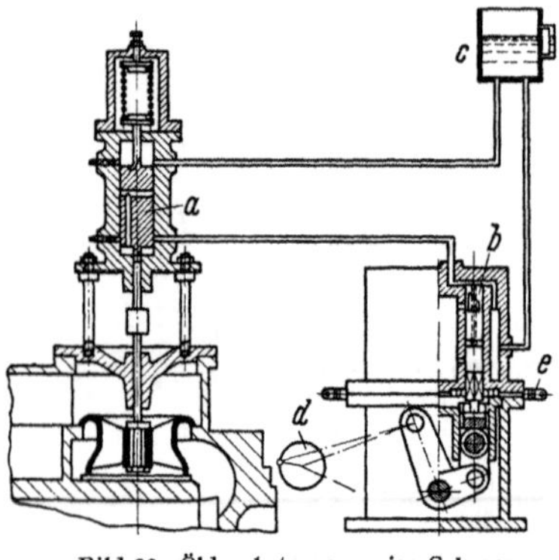

Bild 23. Öldrucksteuerung im Schema

Die Wirkungsweise der Öldrucksteuerung zeigt Bild 23. Das auf der Kurbelwelle d angeordnete Exzenter betätigt über einen Hebel den Kolben b im Steuerapparat; das Drucköl wirkt auf den Kolben a und hebt das Ventil. Das ablaufende Öl fließt über einen hochliegend angeordneten Sammelbehälter c wieder dem Pumpenkolben zu. Um diesen ist eine verdrehbare Hülse mit Schiltz angeordnet, durch den die Druckbildung unterbrochen, d. h. die Füllung beendet wird. Die Zahnstange e, an welcher der (nicht eingezeichnete) Öldruckregler angreift, dreht die Hülse entsprechend der Belastung der Maschine und steuert dadurch die Öffnungsdauer des Einlaßventils.

Gegenüber den mechanischen Steuerungen bieten ölhydraulische Steuerungen folgende Vorteile: Nahezu gleichbleibend gute Dampfverteilung (keine dem Verschleiß unterworfenen Bolzen, Daumen usw.), rasches Ventilöffnen, geringe Massenkräfte, daher Eignung für hohe Drehzahlen und Möglichkeit einfacher Umsteuerung.

6. Regelung

Um den Gleichgewichtszustand zwischen der vom Dampf abgegebenen und der an der Welle abgenommenen Leistung aufrechtzuerhalten, muß die Dampfleistung dauernd dem Leistungsbedarf entsprechend zwischen Vollast und Leerlauf verändert (geregelt) werden können. Am wirtschaftlichsten regelt man durch Ändern der Füllung, wobei alle Wärme bei der höchsten Temperatur zugeführt wird.

Regeln nur durch Drosseln des Dampfdruckes vor dem Steuerorgan, wobei dieses stets die gleiche Füllung gibt, ist wegen der unwirtschaftlichen Dampfausnutzung nur bei kleinen Maschinen mit Abdampfverwertung zulässig.

a) Füllungsänderung bei Einschiebersteuerungen. Bei den heute fast ausschließlich gebräuchlichen Einschiebersteuerungen wird die Füllung zwischen null und einem Höchstwert verstellt; dabei ändern sich zwangläufig auch die übrigen Steuerungspunkte entsprechend der Ausbildung des Schiebers und des Steuerungssystems. Hierbei muß jedoch die Bedingung erfüllt sein, daß sich das Voreinströmen nicht wesentlich innerhalb seiner Grenzwerte (0 — 3%) verändert und daß der im Zylinder zurückbleibende Dampf nicht über den Eintrittsdruck verdichtet wird.

Bei den üblichen Regler- und Exzenterkonstruktionen wird die Füllung dadurch verändert, daß der Mittelpunkt E des zum Antrieb des Steuerorganes vorhandenen Exzenters nach E_2 auf einer sogenannten *Scheitelkurve* geradlinig (Bild 24a u. d) oder im Bogen (Bild 24b u. c) verschoben wird. Dabei werden Schieberhub und Voreilwinkel δ gleichzeitig verstellt. Dampfmaschinen, die für den indirekten bzw. direkten Antrieb von Generatoren, Kompressoren, Pumpen usw. bestimmt sind, müssen eine unbedingte Sicherheit gegen Durchgehen erhalten. Diese wird durch die sog. Sicherheitsdeckung e_s erreicht, d. h. die kleinste Exzentrizität muß um den Betrag e_s unter der Deckung e liegen. Die Größe der Sicherheitsdeckung e_s ist abhängig von der Art der Steuerung und den Betriebsverhältnissen.

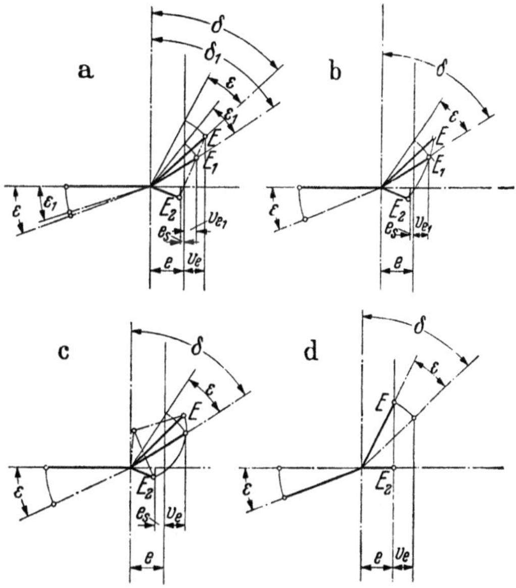

Bild 24 a–d. Exzenterverstellung nach Scheitelkurve

Die Sicherheitsdeckung e_s beeinflußt die Lage der Scheitelkurve zur Kurbel. Das lineare Voreilen v_e sowie die Voreinströmung bzw. ihr Kurbelwinkel ε ist daher bei den Lagen der Scheitelkurve nach Bild 24a, b und c veränderlich. Bei gerader Ausführung der Scheitelkurve EE_2 nach Bild 24a nimmt das lineare Voreilen sowie die Voreinströmung stetig ab. Bei Ausführung einer gebogenen Scheitelkurve nach Bild 24b kann in einem Bereich nahe der max. Exzentrizität annähernd konstante Voreinströmung erreicht werden. Die Scheitelkurve nach Bild 24c ergibt bei max. Exzentrizität kleinere Voreinströmung als in den Mittellagen, gestattet also wegen der geringeren Gefahr des Zurückschlagens leichteres Anfahren; das lineare Voreilen ist nahe der max. Exzentrizität annähernd konstant. Mit einer Lage der Scheitelkurve nach Bild 24d wird konstante Voreinströmung erreicht; sie ist aber wegen der fehlenden Sicherheitsdeckung nur bei Maschinen anwendbar, bei denen mit einer Änderung des Belastungsmomentes nicht zu rechnen ist. Das Exzenter wird hier von Hand eingestellt.

Die Dampfverteilung für die mit Kolbenkammerschieber ausgerüsteten Maschinen nach Bild 32 und Bild 36 bei einer Scheitelkurve gemäß Bild 24a zeigt Bild 25. Man erkennt den ausgleichenden Einfluß der im Schieber vorhandenen Kammer auf die Dampfverteilung.

b) Füllungsänderung bei Ventilsteuerungen. Eine Exzenterverstellung nach Bild 24a wählte *Lentz* für seine Schwingdaumensteuerung, Bild 21c. Rohrförmige, die Steuerwelle umschließende Ansätze des Reglers erweitern sich an den Enden zu Scheiben mit Zapfen, die das Einlaßexzenter auf dem mit der Welle fest verbundenen Vierkant S verschieben

An Stelle des den Zapfen Z umschließenden Kulissensteins werden auch exzentrische Buchsen mit Vorteil angewendet. Die Exzenterverstellung nach Bild 24 b bevorzugt *Proell* in Verbindung mit seinen Achsreglern. Aus Bild 26 ist erkenntlich, wie das Schwunggewicht des Reglers durch Zugstangen mit dem äußeren Drehexzenter E_2 verbunden ist, so daß die Gewichte gleiche Ausschläge machen müssen. E_1 ist das innere fest aufgekeilte Exzenter.

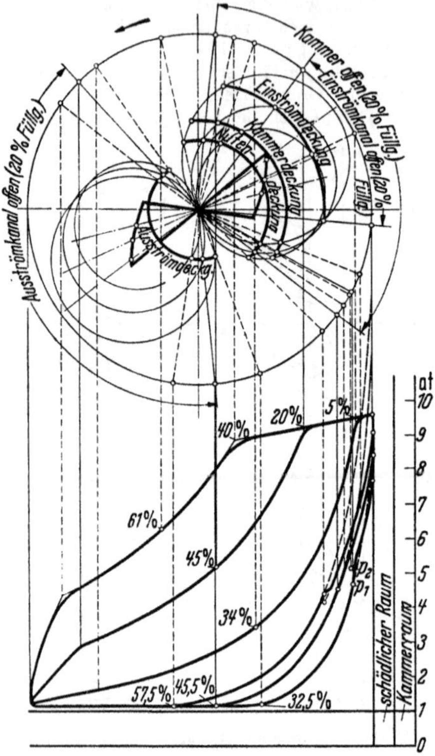

Bild 25. Schiebersteuerung mit Kolbenkammerschieber

Das Exzenter kann anstatt auf einer zweiten mit der Welle fest verbundenen Exzenterscheibe auch um einen außerhalb liegenden Aufhängepunkt gedreht werden.

7. Umsteuerungen

Umsteuerbare Kolbendampfmaschinen sollen in jeder Kurbelstellung anlaufen. Hierzu müssen mindestens zwei Dampfzylinder, deren Kurbeln unter 90° versetzt sind, vorhanden sein. Ferner muß die größte Füllung ausreichend sein, um im Totpunkt eines Kolbens mit dem vom zweiten

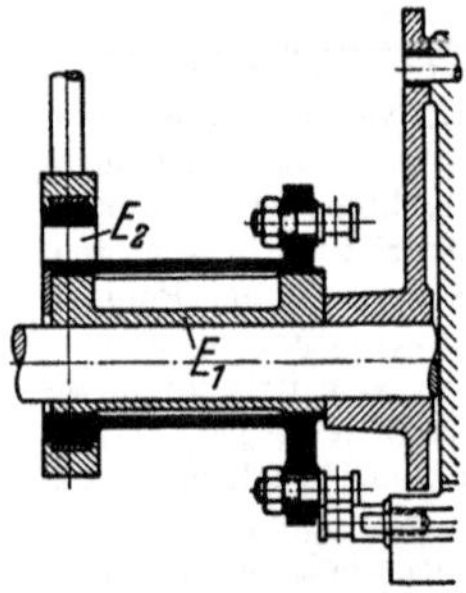

Bild 26
Pröll-Exzenterverstellung

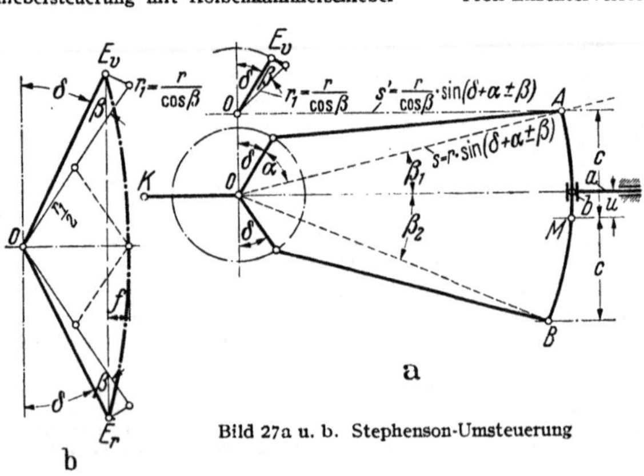

Bild 27a u. b. Stephenson-Umsteuerung

Kolben ausgeübten Drehmoment den größten auftretenden Widerstand zu überwinden.

Als Umsteuerungen kommen hauptsächlich in Betracht:

a) Kulissensteuerungen. Bei diesen ist die Schieberbewegung die Resultierende von zwei Exzentern — ein Vorwärts- und ein Rückwärtsexzenter — oder von einem Exzenter und einer vom Kreuzkopf abgeleiteten zweiten Bewegung. Durch eine Kulisse wird die wirksame Schieberbewegung nach Größe und Richtung verändert, wobei je nach dem Umsteuerungssystem entweder die Kulisse gegenüber dem mit der Schieberstange verbundenen Kulissenstein (*Stephenson*, Bild 27)

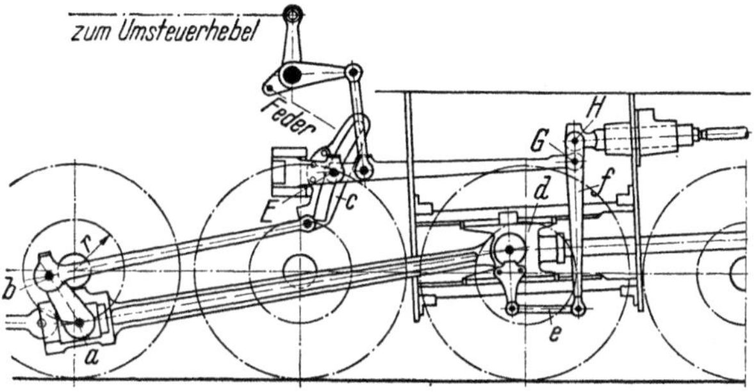

Bild 28. Heusinger v. Waldegg-Umsteuerung

oder die Schieberstange (*Gooch*) oder beide gleichzeitig (*Allan*, *Heusinger*, Bild 28) verändert werden.

Bild 27a. Durch Hebelgestänge (nicht dargestellt), meist im Mittelpunkt M angreifend, wird Lage der Kulisse gegen den mit Schieberstange a verbundenen Stein b verändert. Ausschlag des Punktes A in der um β_1 gegen Waagerechte geneigten Richtung $s = r \sin(\delta + \alpha \pm \beta)$ in der Waagerechten $s' = r/\cos\beta_1 \cdot \sin(\delta + \alpha \pm \beta)$.

Schieber erscheint somit durch ein Exzenter $r/\cos\beta_1$ angetrieben. Bei Berücksichtigung der Übersetzung wird Schieberbewegung

durch Vorwärtsexzenter $r_1 = \dfrac{r}{\cos\beta_1} \cdot \dfrac{c+u}{2c}$ (B festgehalten gedacht),

durch Rückwärtsexzenter $r_2 = \dfrac{r}{\cos\beta_2} \cdot \dfrac{c-u}{2c}$ (A festgehalten gedacht).

Bild 27b. Zusammensetzen der beiden Exzenter zum resultierenden Exzenter; es ergibt sich parabelförmige Scheitelkurve. In gezeichneter Kulissenmittellage ist $\beta_1 = \beta_2 = \beta$ und $u = 0$

Bild 28. Die der Kurbel a um 90° voreilende Gegenkurbel b erteilt der in E gelagerten Kulisse c eine Schwingbewegung; das zweite Exzenter ist ersetzt durch den Antrieb vom Kreuzkopf d über Mitnehmer e und Voreilhebel f. Vereinigung beider Exzentertriebe in G; Antrieb des Schiebers von H aus. Diese Umsteuerung arbeitet mit gerader Scheitelkurve $v_e = \text{const}$.

b) Lenkersteuerungen. Bei diesen wird die wirksame Schieberbewegung durch Richtungsänderung der Führung des Exzenterhebels verändert. Je nach dem Steuerungssystem ist ein Exzenterstangenpunkt in einer geraden (*Hackworth-Klug*, Bild 29, *Hackworth-Bremme* usw.) oder kreisförmigen (*Joy*) Bahn geführt.

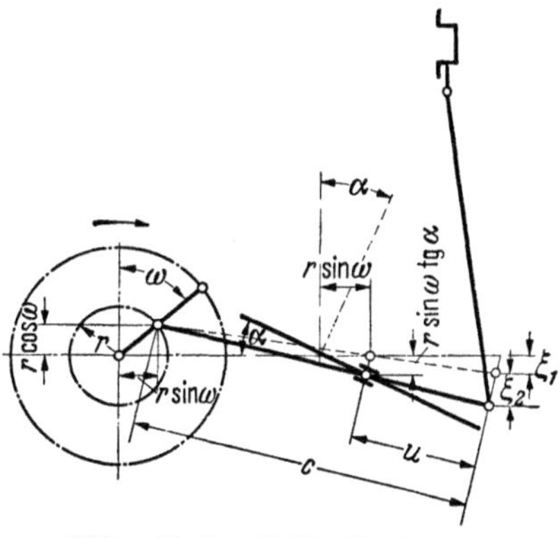

Bild 29. Hackworth-Klug-Umsteuerung

Bild 29. Schieberbewegung wird vom Exzenterstangen-Endpunkt abgenommen. Schieberweg $\xi = r \cos \omega \cdot u/(c-u) - r \operatorname{tg} \alpha \cos \omega \cdot c/(c-u)$.

Weiteres über die einzelnen Umsteuerungssysteme, Dampfverteilung, Füllungsausgleich, konstruktive Ausführung sowie Vor- und Nachteile s. Lit. 3 u. 4.

D. Ausführung und Betrieb

1. Konstruktive Hinweise

a) Zylinder. Bild 30 zeigt den Zylinder einer Heißdampf-Ventilmaschine. Ventilräume sind, wie üblich, oben für den Einlaß, unten für den Auslaß angeordnet. Einfache rohrartige Formgebung des aus einem dichten perlitischen Gußeisen hergestellten Zylinders ermöglicht, auftretenden Wärmedehnungen leicht zu folgen.

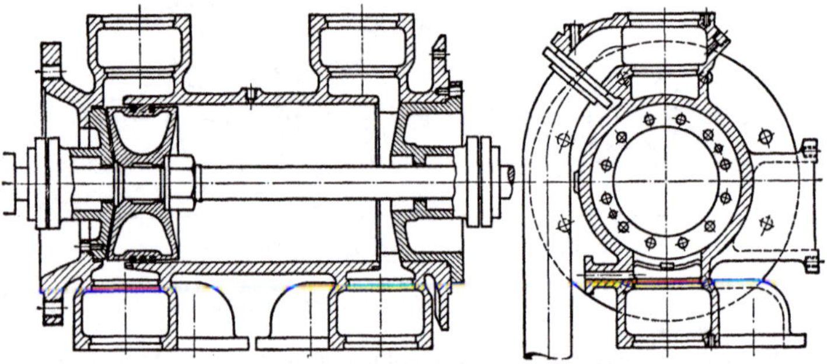

Bild 30. Zylinder für Heißdampfventilmaschine

Kanäle für den Frischdampf werden nicht angegossen, sondern die Rohrleitungen werden unterhalb der Isolierung bis zu den oberen Ventilräumen geführt. Angegossene Rippen sind zu vermeiden, da sie die Wärmespannungen vergrößern. Ebenso sind angeschraubte Schmier- und Indikatorstutzen aus Stahl besser als angegossene.

Damit sich in der Zylinderbohrung keine Grate bilden, ist die Kolbenlauffläche so zu bemessen, daß in den Totlagen des Kolbens dessen äußerste Ringe die Lauffläche um 1 mm überschleifen. Die Bohrung für den Zylinderdeckel ist um etwa 6–10 mm im Durchmesser größer auszuführen; die Lauffläche kann so bei unveränderter Deckelbohrung nachgebohrt werden. Die Wärmeübertragung an die Gleitbahn (Maschinengestell) wird geringer, wenn die Berührungsflächen möglichst klein ausgeführt werden.

An Stelle von *Gleitfüßen*, die sich bei den kleinen Längsbewegungen nur unzureichend schmieren lassen, bewähren sich *Pendelstützen* zur Aufnahme des Gewichts der Zylinder. Dies gilt auch für lange Maschinen mit z. B. dem Dampfzylinder angebautem Verdichterzylinder, wobei die vorn liegenden Rahmen die einzigen Festpunkte bilden.

Sicherheitsventile, welche am besten mit an tiefster Stelle des Zylinders angebrachten Wasserablaßhähnen kombiniert werden, müssen Drucksteigerungen von mehr als 15% verhindern. Die Öffnungen der *Indikatorstutzen* sind möglichst groß (> 6 mm Dmr.), die der *Schmierstutzen* möglichst klein (< 4 mm Dmr.) zu bohren; die letzte Maßnahme soll eine einwandfreie Schmierung gewährleisten.

Zwischen Zylinder und Maschinengestell (Rahmen) ist stets ein Raum vorzusehen, der gegen das Triebwerk durch eine Ölstopfbuchse und gegen den Dampfzylinder durch eine Wasserabstreifvorrichtung abgeschlossen ist. Dadurch wird u. a. verhindert, daß Triebwerksöl auf die heißen Zylinderdeckel spritzt und verdampft.

Ausführung eines Hochdruckzylinders aus geschmiedetem Stahl für 100 at und 480 °C Dampfzustand[1].

b) Kolben. Kolben meist aus Gußeisen. Wegen Gewichtsersparnis werden bei schnellaufenden Maschinen auch geschweißte Kolben ausgeführt. Kolben aus

[1] Z. VDI Bd. 81 (1937) S. 1465.

Leichtmetall haben sich bisher nicht bewährt. Um Klemmen des Kolbens zu vermeiden, wählt man das Kolbenspiel so, daß für je 100 grd Dampftemperatur der Kolben im Durchmesser um 1‰ kleiner zu bemessen ist als der Zylinderdurchmesser.

Befestigung des Kolbens auf der Kolbenstange. An Stelle des früher meist konisch ausgeführten Sitzes bevorzugt man heute fast allgemein den wesentlich billigeren, auf den Kolbenstangenbund aufgeschliffenen *ebenen* Sitz. Das Kolbenstangengewinde soll in der gut gesicherten Mutter zurückstehen, damit sich an den vorstehenden Gewindegängen keine Ölkrusten ansetzen können, die das Abschrauben der Mutter erschweren.

c) Kolbenringe. Die selbstspannenden Kolbenringe werden in der Regel aus dichtem, zähen Gußeisen mit einer um 10—15% höheren Brinellhärte als das Zylindereisen hergestellt. Schmale Ringe mit leicht abgerundeten Kanten haben sich besser bewährt als breite. Zahl der Ringe bis 6 auch für höchste Drücke. Größere Ringzahl verursacht vermehrte Reibungsverluste, ohne besser zu dichten.

Für den Verschleiß spielt das Gußgefüge der Ringe eine große Rolle. Es soll aus einer rein perlitischen Grundmasse ohne freien Ferrit oder Zementit bestehen, in der mittelgroße Graphit- und Phosphidkristalle eingebettet liegen. Dies begünstigt die Ölhaftfähigkeit der an der Kolbenringlauffläche nach dem Einlaufen sich ausbildenden Tragfläche. Aus Büchsenguß hergestellte Kolbenringe erwiesen sich in bezug auf richtiges Gefüge als besser gegenüber Ringen nach dem Einzelringgußverfahren. Für ganz schwierige Verhältnisse haben sich oft Ringe aus Bronze bewährt. Zuweilen genügen Bronzeringe auch schon nur für das Einlaufen.

Kleine Kolbenringe werden meist schräg, große auch überlappt geschlitzt. Auf genügendes Spiel im Stoß ist sorgfältig zu achten. Ringe aus Bronze erfordern gegenüber gußeisernen doppelt so großes Spiel.

2. Betriebliche Hinweise

a) Schmierung. Das Triebwerk neuzeitlicher Dampfmaschinen wird fast ausschließlich durch umlaufendes Drucköl geschmiert, das aus einem Sammelbehälter durch eine Ölpumpe angesaugt und über Filter und eventuell Kühler den Schmierstellen zugeführt wird.

Der Behälter, in dem das ablaufende Öl sich sammeln und etwaige Schwebestoffe und Kondenswasser absetzen soll, muß so groß sein, daß das Öl nicht öfter als 8—10mal in der Stunde umgewälzt wird. Das Umlauföl muß wegen des unvermeidlichen Kondensats emulsionsfest ein. Um Ölverluste zu vermeiden, kapselt man das Triebwerk derartiger Maschinen, wodurch eine Kühlung durch die Außenluft behindert wird.

Die unter Dampf arbeitenden Teile, wie Kolben, Stopfbuchsen, Schieber und Ventilspindeln, werden mit Spezialölen (Zylinderölen) geschmiert. Diese müssen einen tragfähigen Ölfilm bilden, frei von Mineralsäure, Harz und Asphalt sein und dürfen bei hohen Dampftemperaturen nicht zerfallen oder Rückstände bilden. Die Zylinderöle sind je nach Dampfdruck und Überhitzung unter Berücksichtigung der Maschinenbauart auszuwählen, vgl. DIN 51510. Einen Anhalt gibt Zahlentafel 2.

Zahlentafel 2. *Zylinderöle für Dampfmaschinen*

Dampfart	Flammpunkt in °C	Zähigkeit in Engler-Graden bei 50°	Zähigkeit in Engler-Graden bei 100°	Spez. Gewicht in kg/lit
Sattdampf bis 12 at und für Überhitzung bis 250° C	270—300	26—40	3,5—4,2	0,9—0,95
Heißdampf bis 300°	285—320	31,5—50	4,1—5,5	0,89—0,92
Heißdampf bis 350°	315—345	31,5—70	4,8—7,5	0,89—0,92
Heißdampf bis 425°	325—355	50—83	6—8,3	0,89—0,92

Für Sattdampf und Heißdampf bis 370° C können bei schwierigen Verhältnissen auch gefettete Öle mit erhöhter Haftfähigkeit verwendet werden; sie lassen sich jedoch nur sehr schwer aus dem Abdampf abscheiden. Bei Abdampfverwertung sind daher nur reine Mineralöle zu verwenden.

Das Schmieröl wird durch Ölpressen mit Pumpenkolben für jede Schmierstelle direkt der zu schmierenden Fläche, wie Zylinder- und Schieberbohrung, Stopfbuchsen, Spindelführung für Ventile usw., zugeführt. Bei mäßiger Überhitzung ist Schmierung nur des Frischdampfes auch möglich, jedoch nicht so sparsam. Rückschlagventile sind möglichst nahe den einzelnen Schmierstellen anzuordnen.

Auch bestes Öl verliert unter der dauernden Wirkung hoher Temperaturen an Schmierfähigkeit und bildet im Lauf der Zeit Ölkohle. Deshalb soll vor allem bei hohen Überhitzungen so wenig wie möglich geschmiert werden.

Der Ölverbrauch einer Dampfmaschine richtet sich wie bei jeder Kolbenmaschine nach den von Kolben und Schieberringen, Kolbenstangen usw. durchlaufenen Gleitflächen und wächst mit zunehmender Druckdifferenz. Bild 31 gibt einen Anhalt für den auf 100 m² durchlaufener Fläche bezogenen Ölverbrauch für die Zylinderschmierung.

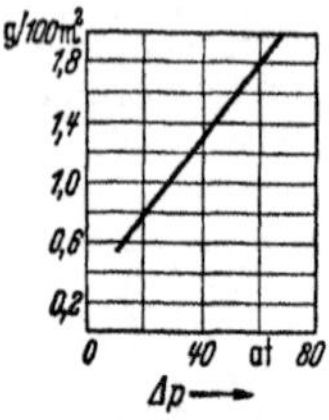

Bild 31
Ölverbrauch

b) Wasserabscheidung. Vor der Maschine sind als Wasserabscheider größere Behälter anzuordnen, die einerseits mit dem Dampf mitgerissenes Wasser abscheiden und andererseits als Pufferraum eine möglichst gleichmäßige Dampfströmung in der eigentlichen Zuleitung für den Frischdampf zur Maschine herbeiführen sollen. Inhalt des Wasserabscheiders nicht unter dem 10—20fachen des Hubvolumens der Dampfmaschine. Ein Kondenswasserabscheider muß automatisch das ausgeschiedene Wasser entfernen.

c) Betriebsüberwachung. Um erhöhten Wärmeverbrauch und Schäden rechtzeitig aufzudecken, muß man die Maschinen in bestimmten Zeitabständen untersuchen. Die Dichtheit von Kolben und Steuerorganen erkennt man bei stillgesetzter Maschine und entsprechender Kurbelstellung am geöffneten Indikatorhahn. Die richtige Dampfverteilung prüft man durch Indizieren der Maschine und Vergleich der Diagramme mit den ursprünglichen. Das richtige Arbeiten des Reglers erprobt man durch Abschalten der Belastung. Hierzu muß das Hauptabsperrorgan so weit zugedreht sein, daß es durch wenige Umdrehungen geschlossen werden kann, wenn die Maschine durchzugehen droht.

Den Schmierzustand der Dampfzylinder lassen Ölbilder erkennen. Nach vorherigem längeren Ausblasen läßt man aus dem Indikatorhahn den Dampf entsprechend etwa 4 Umdrehungen auf ein Stück Weißblech oder hartes Zeichenpapier im Abstand von rd. 100 mm ausblasen. Ungeeignetes Öl erkennt man an dunklen, zuweilen schwarz klebrigen Ölbildern. Bei Verschleiß kann man auf den Ölbildern feinste Metallspäne beobachten oder durch chemische Reaktion nachweisen.

Während des Betriebes sind laufend die Temperaturen und Drücke von Dampf und Umlauföl und die übrigen Betriebsdaten der Maschine in das Maschinenbuch einzutragen. Alle 1–2 Jahre sind die Maschinen gründlich zu überholen, wobei evtl. Schäden am Triebwerk, Kolbenringen, Stopfbuchsen, an der Steuerung usw. zu beseitigen und Ölabscheider sowie automatische Ölwasserableiter zu reinigen sind.

3. Beispiele ausgeführter Maschinen

Kolbendampfmaschinen[1] werden in Industrie- und gewerblichen Betrieben aller Art dort mit Vorteil verwendet, wo elektrische oder mechanische Energie gleichzeitig mit Wärmeenergie benötigt wird. Große Einheiten werden fast nur noch zum Antrieb von Arbeitsmaschinen, wie Kolbenverdichtern und Kolbenpumpen, vorgesehen, wobei sich die Förderleistung der Arbeitsmaschinen durch weitgehende Drehzahlverstellung der Dampfmaschine vorteilhaft verringern läßt.

Für das Verstellen der Steuerung großer Maschinen werden besonders bei herabgesetzter Drehzahl große Energien erforderlich. Allzu große Regler werden vermieden, wenn man diese nicht unmittelbar, sondern mittelbar über einen Servomotor auf die Steuerung einwirken läßt, vgl. S. 289/90. Die Einlaßsteuerung wird hierbei unter Zwischenschalten einer Rückführung vom Kolben des Servomotors verstellt.

Für kleine und mittlere Leistungen werden im allgemeinen stehende Maschinen wegen ihres geringeren Platzbedarfs und Werkstoffaufwandes den liegenden vorgezogen. Die direkte Kupplung mit dem elektrischen Stromerzeuger oder den Arbeitsmaschinen ist meist vorteilhafter als der Antrieb über ein Getriebe oder einen Riemen.

Bild 32 zeigt eine *liegende Kolbenschieberdampfmaschine* Bauart Borsig, die in verschiedenen Größen bis 350 PS bei Drehzahlen zwischen 400 und 280 U/min serienmäßig hergestellt wird. Diese für Transmissionsantrieb vorgesehene Bauart eignet sich auch besonders

[1] Kolbendampfmaschinen zum Antrieb von Lokomotiven und Schiffen s. *Meineke, F.* u. *Fr. Röhrs:* Die Dampflokomotiven. Berlin: Springer 1949 u. Lit. 1; ferner *Rembold, V.*: Schnellaufende Kolbendampfmaschinen. Z. VDI Bd. 92 (1950) S. 401/03; *Beierl, E.:* Die Dampfmaschine als Schnelläufer. Konstruktion Bd. 3 (1951) S. 240/46.

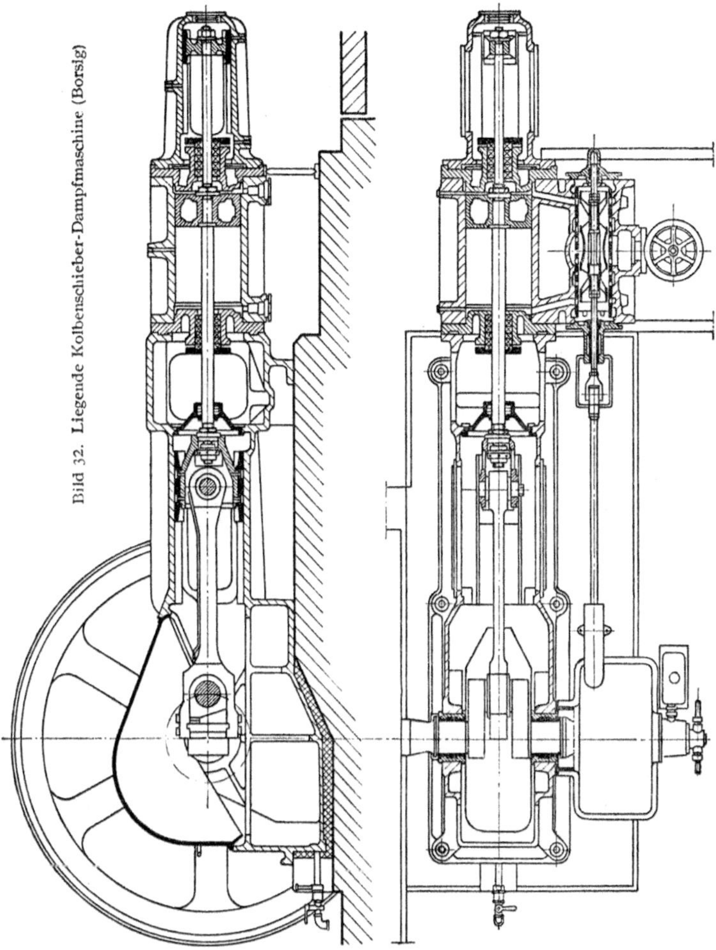

Bild 32. Liegende Kolbenschieber-Dampfmaschine (Borsig)

zum Antrieb liegender Kolbenarbeitsmaschinen, wie Verdichter, Gebläse und Pumpen, unmittelbar durch die verlängerte Kolbenstange der Dampfmaschine.

Regelung normal durch einen *Zweipendel-Achsregler* mit *geringer* Drehzahlverstellmöglichkeit. Für den Antrieb von Kolbenarbeitsmaschinen wird ein *Öldruckregler* für *weitgehende* Drehzahlverstellung vorgesehen.

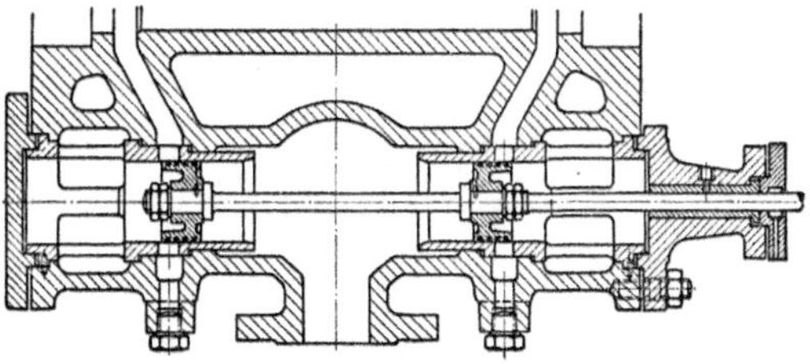

Bild 33. Kolbenschieberanordnung (Dingler)

Maschinen ähnlicher Bauart, Größe und Leistung, jedoch mit einer Schieberanordnung nach Bild 33, lieferte die Maschinenfabrik Dingler.

Bild 34 zeigt eine *stehende Einzylinder-Schieberdampfmaschine* von Bohn & Kähler, Kiel, für Leistungen von einigen PS aufwärts bis zu 70 PS bei 1200—550 U/min, vor allem für Bordzwecke (als Licht- und Pumpenaggregate). Für größere Leistungen von 90—220 bzw. 300 PS werden Verbund- oder Zwillingsmaschinen mit Drehzahlen zwischen 750 und 500 U/min gebaut. An den Verbundmaschinen ist bemerkenswert die getrennte Anordnung der Zylinder, innere Einströmung bei den HD-Schiebern und äußere Einströmung bei den ND-Schiebern.

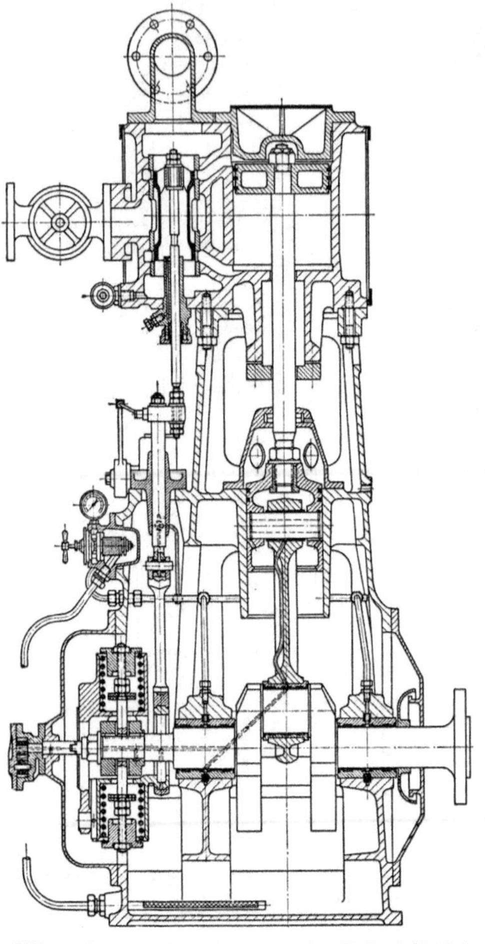

Bild 34. Stehende Kapseldampfmaschine (Bohn & Kähler)

Für die von der Maschinenfabrik Meer entwickelte *Zwillings-Gleichstrom-Kapseldampfmaschine*, Bild 35, ist die Anordnung der beiden Schiebergehäuse in der Mitte zwischen den Zylindern symmetrisch zur vertikalen Längsebene der Maschine kennzeichnend. Von jedem Zylinder führen die Einlaßkanäle zu dem einen, die Auslaßkanäle (im mittleren Teil der Zylinder) zum anderen Schieberkasten. Dampfverteilung ähnlich wie bei der Gleichstrommaschine von Hunger. Der Achsregler treibt über zwei um 90° gegeneinander versetzte Exzenterstangen und kurze Zwischenhebel die Schieber an, deren Massenkräfte zum Teil durch Federn aufgenommen werden. Die kleinste Type dieser Maschinenart leistet 50 PS bei 1000 U/min, die größte 1600 PS bei 300 U/min.

Bild 36 zeigt eine stehende gekapselte Borsig-Zwillings-Dampfmaschine neuer Bauart, die in fünf Serien für Leistungen von 115–850 PS bei 1000–375 U/min hergestellt wird. Die parallel zur Kurbelwelle angeordnete Steuerwelle wird vom Exzenterbügel, der auf dem Reglerexzenter läuft, angetrieben. Als Steuerorgan dient ein Kammerkolbenschieber, der gegenüber wechselnden Frisch- und Abdampfdrücken unempfindlich ist. Zur Regulierung dient je nach den Antriebsverhältnissen ein mechanisch arbeitender oder ein Öldruckregler mit großem Drehzahlverstellbereich. Der Öldruckregler ist mit einem Fliehkraftsicherheitsregler ausgerüstet, der ein Durchgehen der Maschine verhindert und die Steuerung beim Anfahren auf größte Füllung stellt. Dadurch entfällt die sonst beim Öldruckregler übliche Anfahrpumpe.

Beim *Spilling-Dampfmotor*[1], Bild 37, werden Leistungen von 25—100 PS bei 1500 U/min bzw. 100—600 PS bei 750 U/min dadurch erzielt, daß man 1—3 bzw. 1—6 gleiche Einheiten aneinanderreiht. Die Baukastenausführung gestattet weitgehende Normung der einzelnen Maschinenteile und vereinfacht die Lagerhaltung.

Wie der Schieberkasten ist auch der Zylinder mit auswechselbarer Laufbuchse von verschiedener Wanddicke ausgerüstet, wodurch die Maschine höheren Drücken angepaßt werden kann. Mittlere Kolbengeschwindigkeit 3,5 m/sek. Durch die Gegenläufigkeit der parallel zur Kurbelwelle laufenden und von dieser durch zwei gleiche Zahnräder angetriebenen Steuerwelle

[1] *Böhm, W.:* Eine interessante Neukonstruktion im Dampfmaschinenbau. Konstruktion Bd. 4 (1952) S. 54/58.

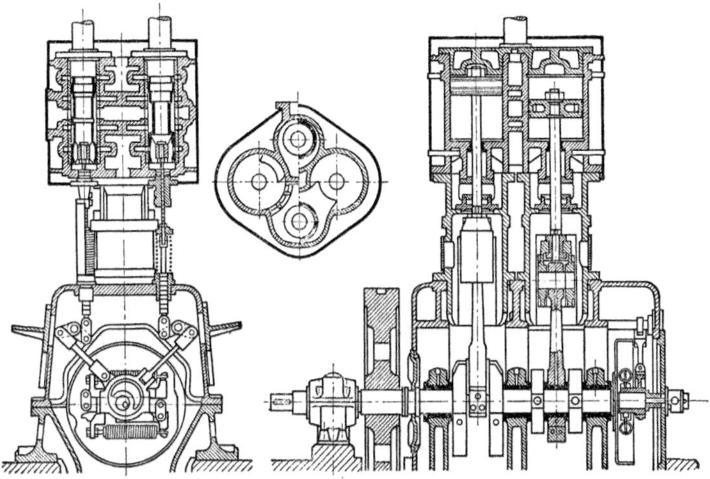

Bild 35. Stehende Kapseldampfmaschine (Meer)

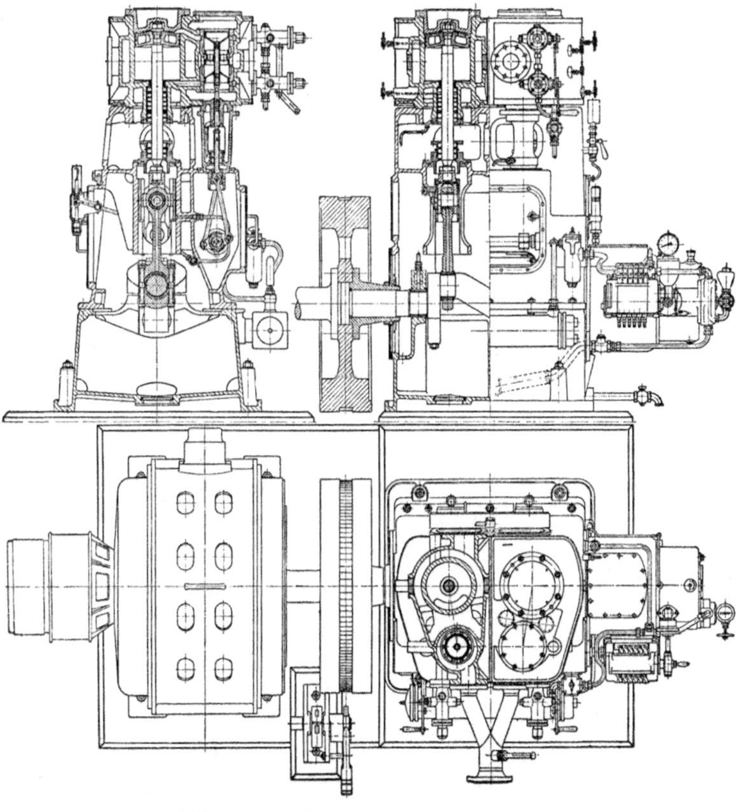

Bild 36. Stehende Kapseldampfmaschine (Borsig)

wird es möglich, die Massenkräfte und -momente weitgehend auszugleichen, wozu Gegengewichte auf der Kurbel- und Steuerwelle entsprechend verteilt werden, vgl. S. 260 u. f. Der auf der Steuerwelle sitzende Fliehkraftregler verstellt durch die hohle Steuerwelle die Exzenter für den Kolbenschieberantrieb. Um die eigentliche Kolbenstange angeordnete Rohre verhindern, daß Kondenswasser in den Triebwerksraum und umgekehrt Triebwerksöl in die Zylinder gelangt.

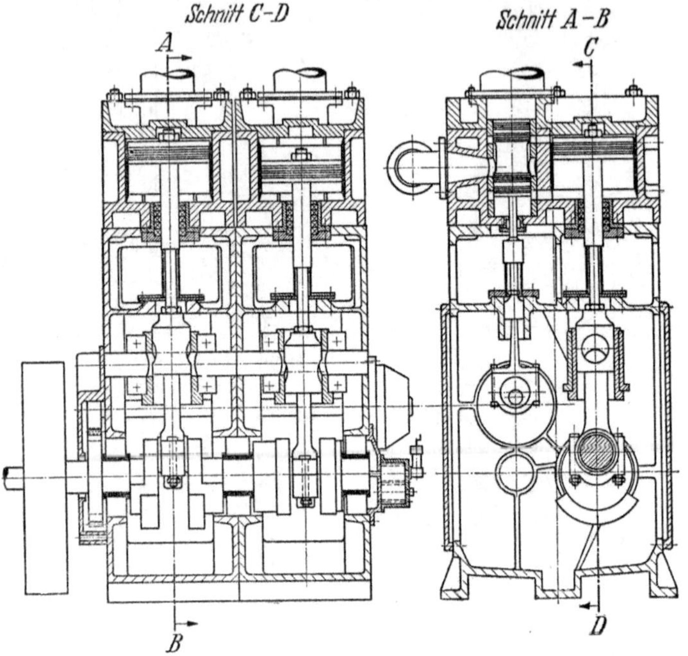

Bild 37. Stehender Dampfmotor (Spilling)

Brennkraftmaschinen

I. Kraftstoffe[1]

Bearbeitet von Dr.-Ing. **F. Wettstädt**, Frankfurt (Main)

Literatur: 1. *Jantsch, F.:* Kraftstoffhandbuch. 6. Aufl. Stuttgart: Franckh 1960. — 2. *Riediger, B.:* Brennstoffe, Kraftstoffe, Schmierstoffe. Berlin: Springer 1949. — 3. *Spausta, F.:* Treibstoffe f. Verbrennungsmotoren. 2. Aufl. Wien: Springer 1953.

Im Unterschied zu *Brenn*stoffen dienen *Kraft*stoffe zum Betrieb von Kolbenbrennkraftmaschinen und müssen besonderen Anforderungen genügen: einfache Gemischbildung; rasche Entzündbarkeit; schnelle, von schädlichen Nebenprodukten oder Rückständen freie Verbrennung; geringer Raumbedarf für den Energieinhalt; einfache Unterbringung und Fortleitung; schnelle Betriebsbereitschaft.

1. Feste Kraftstoffe

Feste Kraftstoffe wie Holz, Koks, Briketts erfordern besondere Gaserzeuger- und Reinigeranlagen (s. Bd. II, S. 80) und werden für Motorenbetrieb — von Sonderfällen und Notzeiten der Knappheit an flüssigen Kraftstoffen abgesehen — nicht verwendet.

[1] Siehe auch Bd. I, Abschn. „Brennstoffe und Verbrennung".

2. Gasförmige Kraftstoffe

umfassen die *Permanentgase* (Stadt-, Kokerei-, Gicht-, Klär-, Erdgas), die sich bei Normaltemperatur auch durch hohen Druck nicht verflüssigen lassen, und die *Flüssiggase* (Gemische aus Propan, Propylen, Butan, Butylen), die bei Raumtemperatur und ≈ 15 atü flüssig sind, in Stahlflaschen flüssig mitgeführt und über Druckregler entspannt als Gas dem Motor zugeführt werden.

Anspringen und Gemischbildung sind leicht, Verbrennung sauber ohne Schmierölverschlechterung, Klopffestigkeit hoch. Verwendung für *stationäre Gasmaschinen* regional beschränkt auf Gegenden natürlichen Vorkommens oder auf Anfall als Nebenprodukt, für *Fahrzeugmotoren* wegen vermehrter Totlast durch die mitzuführenden Flaschen und kleineren Aktionsradius als Ersatzkraftstoff in Notzeiten. *Leistung* der Permanentgase im gleichen Motor um 10 bis 20% geringer als bei Benzin und die der Flüssiggase etwa wie bei Benzin.

3. Flüssige Kraftstoffe

stehen im Weltverbrauch weitaus an erster Stelle. Sie umfassen sehr verschiedenartige Gemische zahlreicher Kohlenwasserstoffverbindungen mit unterschiedlichen physikalischen, chemischen und motorischen Eigenschaften und aus verschiedener Erzeugung; Übersicht über Herkunft, Herstellung und Eigenschaften[1].

a) Chemischer Aufbau der wichtigsten Kraftstofftypen:

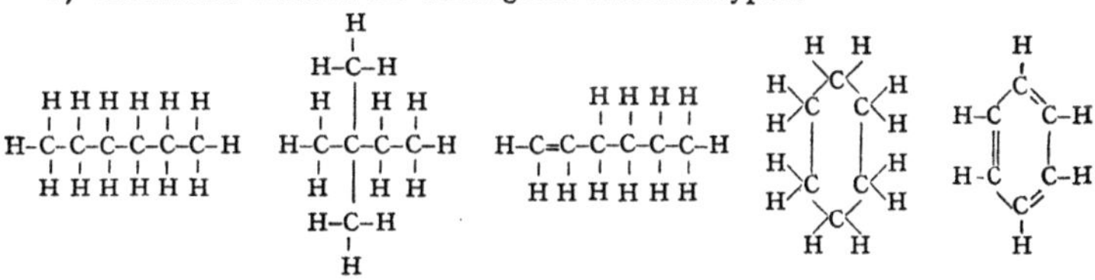

a) Paraffin-Aufbau n-Hexan C_6H_{14} OZ 27 | b) Isoparaffin-Aufbau i-Hexan C_6H_{14} OZ 101 | c) Olefin-Aufbau Hexen C_6H_{12} OZ 80 | d) Naphthen-Aufbau Cyklohexan C_6H_{12}; OZ 84 | e) Aromaten-Aufbau Reinbenzol C_6H_6; OZ 105

Bild 1. Strukturbilder von Kraftstofftypen mit je 6 C-Atomen. OZ = Oktanzahl

α) *Paraffine* oder *aliphatische* Kohlenwasserstoffe sind *gesättigte* Verbindungen nach der Summenformel C_nH_{2n+2}, deren C-Atome *kettenförmig in gerader Linie* aneinander gebunden sind, Bild 1 a.

Die niedrigsten Glieder sind bei Normalbedingungen gasförmig und klopffest; Verbindungen mit 1 und 2 C-Atomen bilden Bestandteile des Erdgases, mit 3 und 4 C-Atomen Bestandteile des Flüssiggases. Die mittleren Glieder mit 5 bis 12 C-Atomen sind flüchtig, klopfend und bilden Bestandteile der Benzine. Die höheren Glieder sind hochsiedend, hochklopfend und bilden Bestandteile der Gasöle; wegen ihrer Zündwilligkeit für Dieselbetrieb geeignet. Verbindungen ab 16 C-Atomen sind bei 20 °C fest.

β) *Isoparaffine* sind *gesättigte* Kohlenwasserstoffe mit *seitlichen Verzweigungen* der C-Kette, Bild 1 b.

Verzweigte Paraffine haben gleiche Summenformel C_nH_{2n+n} wie geradkettige, Siedepunkt steigt gleichfalls mit der Zahl der C-Atome. Ihre Klopffestigkeit ist aber sehr viel höher, man strebt deshalb bei der Herstellung von Kraftstoffen eine Umwandlung langer Ketten in Verzweigungen an („Alkylieren"), z. B. überklopffeste Flugkraftstoffe.

γ) *Olefine* sind *ungesättigte* Kohlenwasserstoffe nach der Formel C_nH_{2n} mit C-Atomen in *geradkettiger* oder *verzweigter* Anordnung und mit *Doppelbindungen*, Bild 1 c. Klopffester als Paraffine.

δ) *Naphthene*, auch „Ringparaffine" benannt, sind *gesättigte*, *ringförmig gebundene* Kohlenwasserstoffe nach der Summenformel C_nH_{2n}, Bild 1 d.

Verhältnismäßig klopffest für Otto-, und ausreichend zündwillig für Dieselmotoren.

ε) *Aromaten* sind *ungesättigte*, *ringförmig gebundene* Kohlenwasserstoffe nach der Summenformel C_nH_{2n-6} mit *Doppelbindungen*, Bild 1 e.

Grundglied *Reinbenzol* C_6H_6 ist leicht vergasbar und hochklopffest; seine Homologen Toluol und Xylol werden beim *Motorenbenzol* zum Herabsetzen des Erstarrungspunktes und zum Verbessern der Verbrennung zugesetzt. Motorenbenzol vorwiegend verwendet als Beimischung zu Benzinen zum Erhöhen der Klopffestigkeit („Veredlung").

[1] S. Lit. 1. — *Dietrichs, H.*: Vergaserkraftstoffe. ATZ Bd. 62 (1960) Nr. 4 S. 100/04.

Die höheren Glieder bilden als Steinkohlenteeröl einen aromatischen Kraftstoff für Großdieselmotoren, wobei die geringe Zündwilligkeit durch Beimischen aliphatischer Komponenten verbessert wird.

ζ) *Alkohole* enthalten neben Kohlenstoff und Wasserstoff noch ein Atom Sauerstoff im Molekül; Methylalkohol CH_3OH, Äthylalkohol C_2H_5OH.

Kraftstoffe aus Alkoholen oder ihren Gemischen mit Benzin und Benzol sind in Deutschland nicht mehr üblich. Für ihre Verwendung in *Renn-Kraftstoffen* spricht neben der sehr hohen Klopffestigkeit die sehr große Verdampfungswärme, durch die außer Erhöhung des Luft-Ladegewichts auch eine gewisse Innenkühlung des Motors erreicht wird.

Der geringe Heizwert in kcal/kg und der geringe Luftbedarf entsprechen etwa einander; der *Gemischheizwert* (s. S. 129) ist mit 800 bis 960 kcal/Nm³ — je nach dem Luftverhältnis — für alle flüssigen Kraftstoffe ungefähr gleich groß.

b) Klopffestigkeit und **Zündwilligkeit** kennzeichnen — in verschiedenen Maßstäben — eine im Wesen *gleiche Eigenschaft* der Kohlenwasserstoffmoleküle: Widerstandsfähigkeit gegenüber dem Angriff des Sauerstoffs.

Klopffestigkeit ist Widerstandsfähigkeit des Kraftstoffs gegen Zerfall durch Selbstzündung beim Verbrennungsablauf im *Ottomotor* (vgl. S. 174) und unter allen Kraftstoffeigenschaften, welche die Leistung und Wirtschaftlichkeit des Ottomotors begrenzen, ausschlaggebend; als Maß gilt die Oktanzahl (OZ).

Zündwilligkeit ist Bereitwilligkeit des Kraftstoffs zur Selbstzündung bei der Einspritzung im *Dieselmotor* und bedeutungsvolles Merkmal für das Kraftstoffverhalten im Dieselmotor; als Maß gilt die Cetanzahl (CaZ).

Zahlenmäßige Beziehung zwischen Oktan- und Cetanzahl nach *Wilke*: $OZ = 120 - 2\,CaZ$.

α) *Ottomotoren* verlangen für gleichmäßigen Verbrennungsablauf kleine und chemisch feste Kraftstoffmoleküle: *leichtflüchtige klopffeste Kraftstoffe*.

Kohlenwasserstoffe mit kompaktem Molekülaufbau in Ringen und verzweigten Ketten wie Aromaten, Naphthene und Isoparaffine sind klopffester als Kohlenwasserstoffe mit langgestreckten Molekülen wie Olefine und Paraffine. Ungesättigte Moleküle mit kleinem Wasserstoffgehalt haben weniger Klopfneigung als vergleichbare gesättigte Moleküle mit höherem Wasserstoffgehalt; Olefine sind klopffester als Paraffine, Aromaten klopffester als Naphthene.

Die aus Erdöl oder synthetisch gewonnenen Kohlenwasserstoffe mit einem für Vergasermotoren geeigneten Siedebereich von etwa 32 bis 200 °C — Sammelbegriff *Benzin* — hängen von Erdölcharakter und Herstellverfahren ab; ihre Klopffestigkeit genügt den Ansprüchen der heutigen Motoren meist nicht und muß durch Beimischen hochklopffester Komponenten oder durch Zusätze von Gegenklopfmitteln („Klopfbremsen") verbessert werden:

Benzol als Beimischung in Deutschland üblich. Je nach Menge des Benzolzusatzes kann verschiedenen Anforderungen an die Klopffestigkeit entsprochen werden; z. B. erhöhen 10% Benzol die Klopffestigkeit des Grundbenzins um ≈ 4 bis 6 Oktan-Einheiten. Vergleichsweise Verbesserung durch 10% Äthyl- oder Methylalkohol um ≈ 8 bis 12 Oktan-Einheiten.

Gegenklopfmittel sind meist metallorganische Verbindungen, die bei der Verbrennung durch Druck und Wärme zerfallen und die Selbstzündungs-Kettenreaktionen brechen („hemmender Katalysator"). Am wirksamsten ist *Bleitetraäthyl* $Pb(C_2H_5)_4$; z. B. wird ein Grundbenzin mit OZ 65 durch 0,05% Zusatz auf OZ 75 bis 77 verbessert. Die klopfmindernde Wirkung („Bleiempfindlichkeit") nimmt mit größeren Zusatzmengen ab und ist bei den einzelnen Kohlenwasserstoffen sehr verschieden. Bleitetraäthyl wird als *Ethyl-Fluid* (Zusätze von Halogenen zum Verringern der Bleiniederschläge im Zylinder und von Farbstoffen) dem Kraftstoff beigegeben, ist auch in den Abgasen giftig und hinterläßt im Zylinder und an den Zündkerzen einen grauen bis gelb-bräunlichen Niederschlag.

Neue Gegenklopfmittel s. MTZ Bd. 21 (1960) Nr. 5 S. 190.

β) *Dieselmotoren* verlangen für Selbstzündung und einwandfreie Verbrennung große und labile Kraftstoffmoleküle: *hochsiedende zündwillige Kraftstoffe*. Verwendung von Ottokraftstoffen s. „Mehrstoffmotoren" S. 181.

Zündwilligkeit fällt in der Reihenfolge Paraffine, Naphthene, Aromaten.

Cetan-Anspruch der Dieselmotoren hängt von Drehzahl und Bauart ab.

Kraftstoff für *schnellaufende Fahrzeugmotoren* muß den schärfsten Anforderungen an Cetanzahl, Viskosität, Reinheit und rückstandfreie Verbrennung genügen; bei direkter Einspritzung Mindestwert CaZ 45 und bei Vorkammermotoren CaZ 40. Verwendet werden Kohlenwasserstoffe mit einem Siedebereich von 200 bis 360 °C, die beim Destillieren aus dem Erdöl — Sammelbegriff *Gasöl* — und bei Hydrier-, Synthese- oder Schwelverfahren anfallen.

Für *Schiffs-* und *ortfeste Großdieselmaschinen* genügt je nach Verdichtungsverhältnis und Drehzahl geringere Zündwilligkeit, CaZ 30 bis 35. Höhere Cetanzahlen verbessern die Gangruhe; Steigerung über CaZ 50 hinaus beeinflußt den Zündverzug kaum mehr.

Wenig zündwillige Kraftstoffe lassen sich durch Mischen mit zündfreudigen Verbindungen auf die gewünschte Cetanzahl bringen; z. B. sind Mischungen aus Gasöl und Heizöl sowie aus Steinkohlenteeröl und Kogasin (synthetischer Kohlenwasserstoff der Fischer-Tropsch-Synthese mit CaZ 90) für Großdieselmaschinen geeignet.

Im Schiffsdieselmaschinenbetrieb wird das sog. Bunker C-Öl (Markenbezeichnung) wegen seines niedrigen Preises vorzugsweise verwendet[1]. Seine Zähigkeit, meist in Redwood I-sek (Bd. I, S. 468) angegeben, ist so groß (1500 bis 1300 RI-sek und mehr), daß es nur mit starker Vorwärmung verwendbar ist. Wenn Vorwärmung auf 100 °C und mehr erforderlich, muß das Öl schon auf der Saugseite der Brennstoffpumpe unter Druck gesetzt werden (bis 10 atü und höher), damit das immer im Öl vorhandene Wasser keine Dampfblasen bildet. Sorgfältiges Reinigen durch Zentrifugen außerdem nötig.

γ) *Messen der Klopffestigkeit und Zündwilligkeit* in Einzylinder-Prüfmotoren, deren Verdichtungsverhältnis (s. S. 173) während des Motorlaufs durch Höher- oder Tieferstellen des Zylinders verändert werden kann. Prüfmotoren und Prüfverfahren sind für Otto- und Dieselkraftstoffe verschieden:

Verdichtungsverhältnis wird so lange geändert, bis bei Ottokraftstoffen eine bestimmte Klopfstärke (Messung durch Springstiftindikator oder Detonationsmeter) bzw. bei Dieselkraftstoffen ein bestimmter Zündverzug (Zeitspanne zwischen Einspritz- und Verbrennungsbeginn in Grad Kurbelwinkel) erreicht ist.

Zahlenmäßige Festlegung entsprechend der Zusammensetzung eines Bezugsgemisches (Eichkraftstoff), das unter gleichen Versuchsbedingungen dasselbe Klopf- bzw. Zündverhalten wie der untersuchte Kraftstoff zeigt.

Bezugsgemisch besteht bei Ottokraftstoffen aus dem sehr klopffreudigen Normalheptan C_7H_{16} und dem sehr klopffesten Isooktan C_8H_{18}, bei Dieselkraftstoffen aus dem zündträgen α-Methylnaphthalin $C_{11}H_{10}$ und dem sehr zündwilligen Cetan $C_{16}H_{34}$. Den Nullpunkt der Klopf- bzw. Zündskala bildet Normalheptan bzw. α-Methylnaphthalin, den 100-Punkt Isooktan bzw. Cetan; durch Mischen der Bezugskraftstoffe in verschiedenen Verhältnissen erhält man Bezugsgemische, deren Klopffestigkeit bzw. Zündwilligkeit zwischen 0 und 100 liegt. Der in Vol.-% ausgedrückte Anteil an Isooktan bzw. Cetan im gleichwertigen Bezugsgemisch ergibt die Oktan- bzw. Cetanzahl des untersuchten Kraftstoffs.

Je nach den beim Versuch einzuhaltenden *OZ-Prüfbedingungen* unterscheidet man Research-Oktan-Zahl (ROZ) und Motor-Oktan-Zahl (MOZ). ROZ > MOZ; ROZ entspricht nach Straßen-Klopftesten (SOZ) am besten dem OZ-Anspruch des Motors im Fahrbetrieb und ist im Kraftfahrwesen international üblich (DIN 51756).

Oktanzahlen > 100 lassen sich im Prüfmotor nicht unmittelbar messen. Derartige Kraftstoffproben mischt man mit einem Bezugskraftstoff bekannter Oktanzahl und errechnet aus den Oktanzahlen der Mischung im Prüfmotor und des Bezugskraftstoffs entsprechend dem Mischungsverhältnis die *Mischoktanzahl* der Probe.

δ) *Oktan-* und *Cetanzahlen* verschiedener Kraftstoffe

Kraftstoff	ROZ	Kraftstoff	CaZ
Normalheptan	0	Steinkohlenteeröl	−9 bis +8
Traktorenkraftstoff[2]	30−50	α-Methylnaphthalin	0
Benzin aus Erdölverarbeitung	40−70	Schwelöl[6], Hydrieröl[7]	30−45
Synthesebenzin	41−58	Großdieselkraftstoff	35−45
Fahrbenzin[3]	85−90	Gasöl aus Erdölverarbeitung	45−55
Markengemisch[4], Superkraftstoff	93−99	Fahrzeugdieselkraftstoff	45−55
Isooktan	100	Hydrieröl[6], Gasöl[8]	≈55
Motorenbenzol[5]	≈106	Synthetisches Gasöl	≈90
Alkohole[5]	≈160	Cetan	100

[1] *Sass, F.*: Bau und Betrieb von Dieselmaschinen. 2. Bd.: Die Maschinen und ihr Betrieb, dort S. 445. Berlin: Springer 1957.

[2] Dem Petroleum ähnliches Gemisch. Geeignet für niedrig verdichtende Ottomotoren mit Schwerölvergaser bei Betriebsverhältnissen mit selten schwankender Drehzahl und Belastung. Bei Verwendung in Glühkopfmotoren: CaZ 35 bis 45.

[3] Vergaserkraftstoff für übliche Fahrzeug-Ottomotoren ohne besondere Ansprüche an Klopffestigkeit. Klopffestigkeit abgestimmt durch Zusatz von höchstens 0,06% Bleitetraäthyl zum Grundbenzin. Siedekurve abgestimmt auf Kaltstart und Dampfblasenfreiheit; frei von Verdampfungsrückständen (Ventilverpichung).

[4] Dem Fahrbenzin in Klopffestigkeit, Ergiebigkeit (Heizwert), Vergasbarkeit überlegen. *Superkraftstoffe* enthalten weniger Bleitetraäthyl als Fahrbenzin, dafür aber klopffeste Komponenten (Benzol, aromatisierte Benzine); ferner bleifreie Benzin-Benzolgemische mit höherem Gehalt an Aromaten. Für Fahrzeugmotoren mit höherer Verdichtung und besonderen Ansprüchen; bei niedrig verdichtenden Motoren bringt die höhere Klopffestigkeit des Kraftstoffs keinen Gewinn.

[5] Mischoktanzahl [6] aus Braunkohle [7] aus Steinkohle [8] aus deutschem Erdöl.

II. Grundlagen der Brennkraftmaschinen

Bearbeitet von Dipl.-Ing. **Ch. Bouché**, Berlin

Literatur: 1. *Kraemer, O.:* Bau u. Berechnung der Verbrennungskraftmaschinen. 4. Aufl. Berlin: Springer 1960. – 2. *List, H.:* Die Verbrennungskraftmaschine; 16 Bde. in Neuaufl. Wien: Springer ab 1949. — 3. *Schmidt, F. A. F.:* Verbrennungskraftmaschinen. München: Oldenbourg 1951. — 4. *Bensinger, W.-D.:* Die Steuerung des Gaswechsels in schnellaufenden Verbrennungsmotoren. Konstr.-Bücher Bd. 16. Berlin: Springer 1955. — 5. Wärmetechnische Arbeitsmappe, Gruppe F Verbrennungskraftmaschinen. Düsseldorf: VDI-Verlag 1954.

Wichtige Normen: DIN-Taschenbuch 20: Mineralöl- u. Brennstoffnormen 1956. – DIN 1940 (März 1958) Verbrennungsmotoren. Begriffe, Zeichen, Einheiten. – DIN 1941 (Sept. 1957) Abnahmeprüfung v. Verbrennungsmotoren (VDI-Verbrennungsmotorregeln) – DIN 6270 (Nov. 1955) Verbrennungsmotoren für allgemeine Verwendung. Leistungsbegriffe, Leistungsangaben, Verbrauchsangaben, Bezugszustand. Dazu Beibl. 1 u. 2. Umrechnungsfaktoren.

Bezeichnungen s. a. DIN 1940:

D = Zylinderdmr.; s = Kolbenhub; n = Drehzahl U/min;
$F = \pi D^2/4$ = wirksame Kolbenfläche; z = Zylinderzahl; $V_h = Fs$ = Hubraum,
$V_H = zV_h$ = gesamter Hubraum des Motors; V_c = Verdichtungsraum;
V = Verbrennungsraum;
$\varepsilon = (V_h + V_c)/V_c$ = Verdichtungsverhältnis, in Zahlen > 1.
N_e = Nutzleistung (effektive Leistung);
N_i = Innenleistung (indizierte Leistung);
N_l = Leistungsbedarf des Laders einschl. Getriebe;
N_{sp} = Leistungsbedarf des Spülgebläses;
N_r = Leistungsverbrauch der mechanischen Reibung, zugleich aller zum Motorbetrieb erforderlichen Hilfseinrichtungen außer dem von Motorwelle mechanisch angetriebenen Lader bzw. Spülgebläse; $N_r = N_i - N_e - N_l - N_{sp}$. Leistungsangaben in PS;
N_v = Innenleistung, aus einem bestimmten Prozeß (Vergleichsprozeß) eines sog. „vollkommenen Motors" berechnet;
p_i = mittlerer Innendruck (indizierter); p_e = mittlerer Nutzdruck (effektiver);
p_r = mittlerer Reibungsdruck;
B = stündlicher Kraftstoffverbrauch in kg/h bzw. Nm³/h; Nm³ bezogen auf 0 °C, 760 Torr, trocken;
b = spez. Kraftstoffverbrauch = B/N; mit dem Zeiger e bezogen auf effektive und i auf indizierte Leistung; meist in gr/PS$_e$h bzw. gr/PS$_i$h;
η_m = mechanischer Wirkungsgrad = $N_e/N_i = N_e/(N_e + N_r)$;
η_e = Nutzwirkungsgrad (wirtschaftlicher Wirkungsgrad) = $\eta_i \eta_m = 632/b_e H_u$;
η_i = Innenwirkungsgrad (indizierter Wirkungsgrad) = $632/b_i H_u$;
η_v = theoretischer Wirkungsgrad, aus der Berechnung des vollkommenen Motors;
η_g = Gütegrad = η_i/η_v;
λ_l = Liefergrad = Verhältnis der wirklich angesaugten zur theoretisch möglichen Ladungsmenge;
λ = Luftverhältnis = G_{tats}/G_{min} (G = Luftgewicht); wenn Gas- und Luftmengen auf Nm³ bezogen werden, wird $\lambda = L_{tats}/L_{min}$ (L = Luftvolumen).

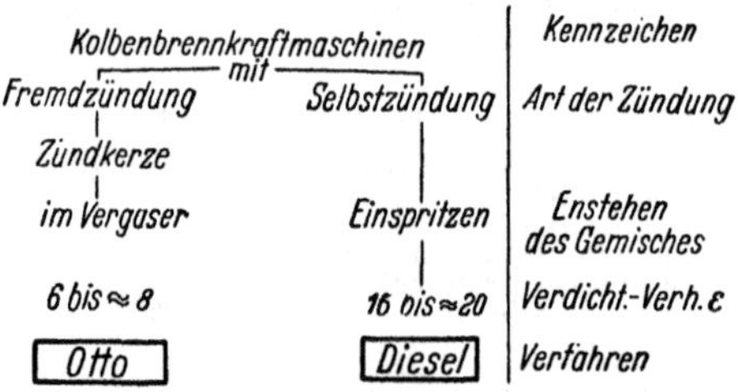

Bild 1. Benennung der Brennkraftmaschinen[1] für flüssige Kraftstoffe

Erläuterungen:

V_h = vom Kolben während eines Hubes überstrichener Raum.

V_c = Raum oberhalb des Kolbens, wenn Kolben in OT.

N_v = Voraussetzung für den „vollkommenen Motor": reine Ladung (ohne Restgase), vollständige Verbrennung bei gegebenem Luftverhältnis, wärmedichte Wandungen, keine Strömungs- und Lässigkeitsverluste, Kreisprozeß mit *realen* (nicht idealen) Gasen gerechnet.

[1] Beim *Einspritz*-Ottomotor wird Kraftstoff in das Ansaugrohr oder unmittelbar in die Luftladung des Zylinders vor Beendigung der Verdichtung eingespritzt.

N_e = vom Motor abgegebene nutzbare Leistung, wobei die zum Betrieb notwendigen und dem Verwendungszweck entsprechenden Hilfseinrichtungen (z. B. Zündeinrichtung, Einspritzpumpe, Spül- und Kühlluftgebläse, Kühlwasserpumpe und Lüfter, Lader) vom Motor angetrieben werden. Bei fremdangetriebenen Hilfseinrichtungen sind Zusatzangaben erforderlich, z. B. $N_e = 500$ PS bei $n = 1000$ U/min *ohne Leistungsbedarf für Lüfter*. Zu jeder Leistungsangabe ist die zugehörige Drehzahl zu nennen. — Bezugszustand nach DIN 6270: Luftdruck 736 Torr, Lufttemperatur 20 °C, rel. Luftfeuchtigkeit 60%.

1. *p*-*V*-Diagramm

Viertaktmotor Bild 2, 5 und 6, Zweitaktmotor Bild 3 und 4

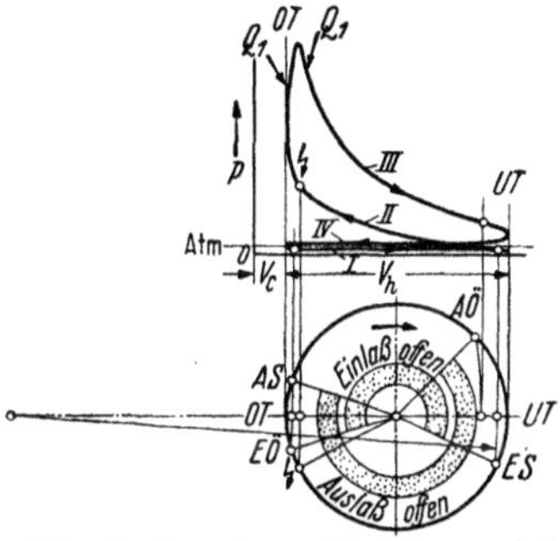

Bild 2. Viertakt-Gasmotor — Diagramm und Steuerpunkte. V_h = Hubraum; V_C = Verdichtungsraum; OT = oberer (auch: äußerer) Totpunkt; UT = unterer (auch: innerer) Totpunkt; $AÖ$ = Auslaß öffnet; AS = Auslaß schließt; $EÖ$ = Einlaß öffnet; ES = Einlaß schließt; ϟ = Zündung

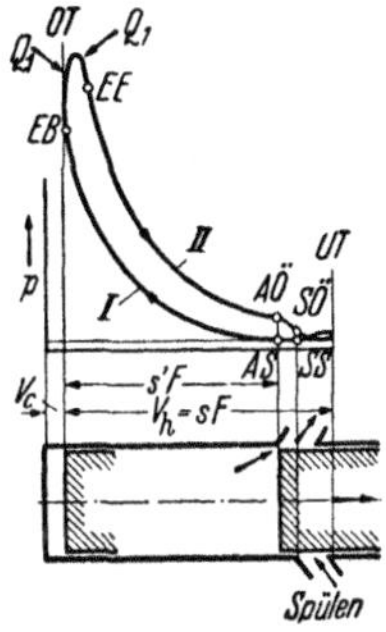

Bild 3. Zweitakt-Dieselmotor mit Auslaß- und Einlaßschlitzen. Einfachste Bauart. EB = Einspritz-Beginn; EE = Einspritz-Ende; $SÖ$ = Spülschlitze öffnen; SS = Spülschlitze schließen

Q_1 = zugeführte Wärme — Die Abstände der Ansauge- und Ausschublinien von der Atmosphäre sind vergrößert dargestellt. Die Zahlen *I–II–III–IV* bzw. *I–II* geben die Takte, die Pfeile den Richtungssinn an

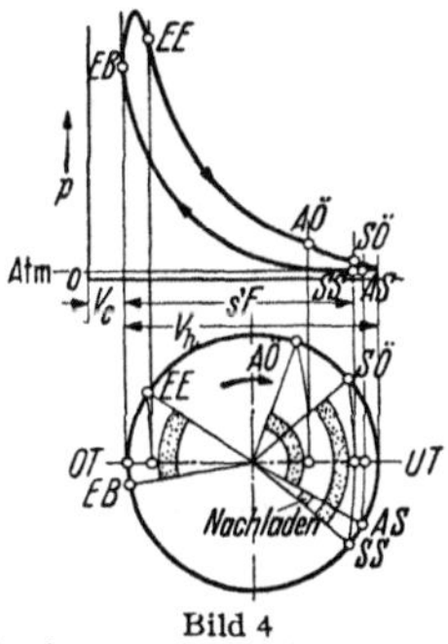

Bild 4

Zweitakt-Dieselmotor mit gesteuertem Auslaßventil im Zylinderkopf und Spülschlitzen (Gleichstromspülung). $SÖ$ = Spülschlitze öffnen; SS = Spülschlitze schließen. Von $AÖ$ bis $SÖ$ Entspannen der Verbrennungsgase bis auf den Spüldruck; von $SÖ$ bis AS Ausspülen; von AS bis SS Nachladen (u. U. mit erhöhtem Ladedruck). Durchschnittliche Werte für die Steuerpunkte: $AÖ \approx 70°$ v. UT; $AS \approx 30°$ n. UT; $SÖ \approx 40°$ v. UT; $SS \approx 40°$ n. UT. EB = Einspritz-Beginn; EE = Einspritz-Ende. Prinzipskizze s. S. 159, Bild 22e

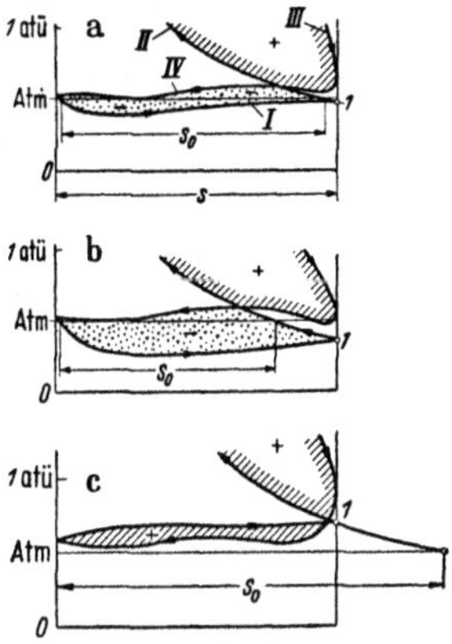

Bild 5. Schwachfederdiagramme — Viertaktverfahren
Ladungszustand: a = normal; b = gedrosselt; c = aufgeladen; + = positive, — = negative Kolbenarbeit

a) Viertaktmotor. Ein Arbeitsspiel erstreckt sich auf zwei Kurbelwellenumdrehungen entsprechend vier Kolbenhüben.

Im *ersten* Takt wird die Ladung eingebracht, und zwar in den meisten Fällen durch Selbstansaugen des Kraftstoff-Luftgemisches (beim Ottomotor) bzw. der reinen Luft (beim Dieselmotor). In Sonderfällen drückt ein Gebläse die Ladung in den Zylinder (Aufladung, s. z. B. S. 140).

Im *zweiten* Takt wird die Ladung verdichtet; dadurch guter thermischer Wirkungsgrad erzielt. Kurz vor Ende des Hubes setzt die Fremdzündung (beim Ottomotor) bzw. die Selbstzündung (beim Dieselmotor) ein.

Im *dritten* Takt verbrennt die Ladung, die Verbrennungsgase dehnen sich aus und geben ihre Energie an den Kolben ab (Arbeitstakt).

Im *vierten* Takt werden die Abgase durch den Kolben in die Atmosphäre gedrückt (Ausnahme bei Abgasturboaufladung).

Während der vier Takte — also während zweier Umdrehungen — wird nur einmal Arbeit an den Kolben abgegeben.

Das Schwachfederdiagramm, Bild 5, zeigt den Druckverlauf im Bereich niedriger Drücke; der Verlauf der Gasdrücke während der vier Hübe geht aus dem abgewickelten Diagramm, Bild 6, hervor.

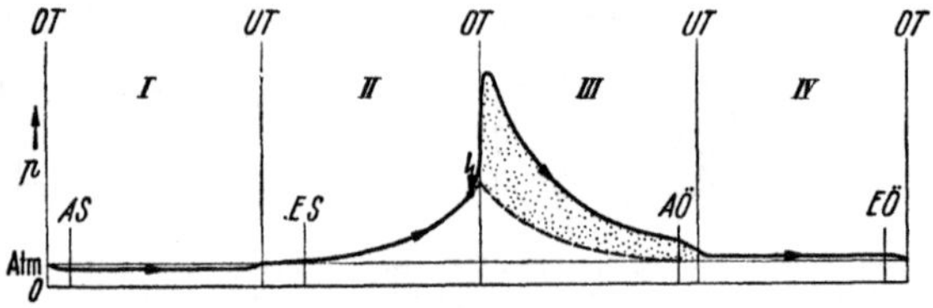

Bild 6. Abgewickeltes Diagramm des Viertakt-Ottomotors nach Bild 2. $A\ddot{O}$ = Auslaß öffnet; AS = Auslaß schließt; $E\ddot{O}$ = Einlaß öffnet; ES = Einlaß schließt. ↯ = Zündung In der Zeit von $E\ddot{O}$ bis AS sind Einlaß und Auslaß geöffnet (Schnellauf). Verlauf der Gasdrücke bei abgestellter Zündung ———; höchster hierbei auftretender Gasdruck ist der Verdichtungsenddruck $p_c = p_2$ nach Bild 7

b) Zweitaktmotor. Das Arbeitsspiel umfaßt nur *eine* Kurbelwellenumdrehung, entsprechend zwei Kolbenhüben. Ausschiebe- und Ansaugetakt entfallen und werden ersetzt 1. durch Entspannen der Restgase durch Öffnen der Auspufforgane gegen Hubende (Punkt *AÖ* in Bild 3); 2. nach dem Entspannen wird Zylinder mittels niedrig verdichteter Luft ausgespült (*SÖ* bis *SS*); 3. nach Abschluß der Spülschlitze kann ein Teil des im Zylinder enthaltenen Gemisches aus Restgasen und Spülluft noch durch die geöffneten Auslaßorgane (*SS* bis *AS*) entweichen. — Aufladen durch besondere Nachladeschlitze möglich (*AS* bis *SS* in Bild 4). — Der wirksame Hub wird von s auf s' verringert. Die im Zylinder nach Abschluß der Steuerorgane zurückbleibende Spülluft dient als Verbrennungsluft; bei Vergasermotoren (nur bei kleinen Maschinen üblich) enthält die Spülluft bereits den Brennstoffnebel.

Vorteile: Der Zweitaktmotor ergibt bei gleichen Abmessungen und gleicher Drehzahl eine größere Leistung als der Viertaktmotor, mit Ausnahme der einfachsten Bauart kleiner Motoren mit Kurbelkasten-Spülpumpe.

In der Regel Fortfall der Steuerorgane des Arbeitszylinders, die durch den Arbeitskolben in Verbindung mit Auspuff- und Spül- bzw. Ladeschlitzen ersetzt werden. (Ausnahme s. z. B. Bild 17, S. 155 u. Bild 22e, S. 159.) Gleichmäßigeres Drehmoment.

Nachteile: Besondere Spül- bzw. Ladepumpen (Ausnahme: Kurbelgehäuse als Spülpumpe, s. Bild 1, S. 170, mit geringer spez. Leistung und verhältnismäßig hohem Kraftstoffverbrauch). Erheblich höhere Wärmebelastung als beim Viertaktmotor gleichen Hubraums.

Besonderheiten der Zweitakt-Spülung, -Ladung und -Aufladung s. Abschn. Dieselmaschinen, S. 145/58, u. E, S. 159f., und Abschn. Kraftfahrzeugmotoren, S. 170/72.

2. Gemischbildung — Zündung — Verbrennung

a) Otto-Verfahren.

Bildung des zündfähigen Gemischs ***außerhalb*** des Arbeitszylinders (Ausnahme: Einspritzmotor mit unmittelbarer Einspritzung des Kraftstoffs in den Verbrennungsraum).

α) *Gemischbildung. Permanentgase* (s. a. S. 119) bereiten keine Schwierigkeiten; die Gase mischen sich mit der Verbrennungsluft in der Mischkammer l vor dem Einlaßventil, S. 132, Bild 1, oder unmittelbar im Einlaßventil, S. 132, Bild 2, das getrennte und gesteuerte Abschlußorgane f für Luft und g für Gas enthält. Im ersten Fall wird die Maschinenleistung durch ein Drosselorgan m geregelt, das zwischen Mischkammer und Einlaßventil sitzt; angewandt bei einfachen Gasmaschinen. Bei Großgasmaschinen wird das Gas in einem der Belastung entsprechenden Mischungsverhältnis je Arbeitsspiel dem Zylinder zugeführt, S. 133, Bild 3.

Flüssiggase. Durch Entspannen im Druckregler geht die Flüssigkeit in Gas über, das nunmehr z. B. bei Kraftwagenmotoren einer Mischkammer (an Stelle des Vergasers) zugeführt wird. Um die für den Betrieb ungünstige, beim Entspannen entstehende Abkühlung auszuschalten, wärmt man das Flüssiggas vor.

Flüssige, leichtflüchtige Kraftstoffe. Zerstäubung und Vernebelung (nicht Vergasung) im sogenannten Vergaser: feinste Tropfen vom angesaugten Verbrennungsluftstrom mitgerissen und in ihm schwebend. Die eigentliche Gas- bzw. Dampfbildung, die für den Verbrennungsablauf wichtig ist, findet im Zylinder durch Verdichten und Zuführen der Verdichtungs- und Wandungswärme an das Gemisch statt.

β) *Zündung und Verbrennung.* Zündfähig ist ein Gemisch, wenn seine Zusammensetzung innerhalb der unteren (Luftüberschuß) und oberen (Luftmangel) Zündgrenze liegt. Die Zündung des im Arbeitszylinder auf eine bestimmte Verdichtungshöhe gebrachten Gemisches wird durch Hochspannungs-Lichtbogenzündung mit Zündkerze (s. Kraftfahrzeugmotoren S. 201), früher durch Abreißzündung (feststehender Magnet mit Schwinganker) eingeleitet (Fremdzündung).

Da der Wirkungsgrad η_v des Ottomotors mit zunehmendem Verdichtungsverhältnis ε ansteigt, s. Bild 11, sucht man im allgemeinen die Verdichtung des Gemisches so hoch zu treiben, wie es die Rücksicht auf erhöhten Baustoffaufwand und die Selbstzündungsgefahr erlaubt. Beim Betrieb mit Benzinen, s. S. 120, ist *Klopfgrenze* maßgebend. Während bei ***normalem*** Verbrennungsablauf, s. Bild 7, S. 174, die Flammenfront mit ≈ 15 bis 30 m/sek vom Zündfunken aus fortschreitet, ist bei ***anomalem*** (klopfendem) Verlauf die Fortpflanzungsgeschwindigkeit wesentlich größer, wodurch die noch nicht verbrannten Gemischteile über die Selbstzündungsgrenze verdichtet und erhitzt werden; es kommt zu hoher Druckbeschleunigung; durch sie werden Brennraum und Triebwerkteile überbeansprucht. Durch Gegenklopfmittel, s. S. 120, kann die Klopfneigung des Kraftstoffs — bei gleichem Verdichtungsverhältnis — herabgesetzt werden.

Der *Zündzeitpunkt*, s. Bild 2 und 6, wird von Hand oder selbsttätig geregelt; er liegt je nach Schnelläufigkeit des Motors 5° bis 55° vor OT und ist durch Versuch zu ermitteln. Zu früher Druckanstieg im II. Takt führt zu stoßendem Betrieb und Gefährdung der Bauteile, zu später und übermäßiger Wärmeabgabe an die Wandungen (Nachbrennen), was einen Energieverlust und vermehrten Kraftstoffverbrauch verursacht. Der Verbrennungsvorgang, der kurz vor OT einsetzt und erst nach OT beendet ist, findet also bei der Kolbengeschwindigkeit $c \approx 0$, d. h. bei fast gleichbleibendem Verdichtungsraum V_C, Bild 2, statt (Gleichraumprozeß) und kann im Gegensatz zu dem des Dieselmotors als Verpuffung bezeichnet werden.

b) Diesel-Verfahren. α) *Einspritzvorgang.* Die angesaugte bzw. mit Überdruck (d. h. Aufladung) eingeführte Verbrennungsluft wird so hoch verdichtet (Temperatur 550° bis ≈ 600 °C), daß ein Teil des zuerst eingespritzten Brennstoffs schnell verbrennt, s. Bild 9 von 2 → 3, der von der Einspritzpumpe weiterhin eingespritzte dagegen bei *annähernd* gleichbleibendem Druck verbrennt, s. Bild 9 von 3 → 4; theoretisches Diagramm s. Bild 8. Zündhilfe meist nur beim Kaltstart bestimmter Einspritzverfahren durch Glühkerze während weniger Arbeitstakte.

Das *klassische* Dieselverfahren, bei dem der Kraftstoff mittels Druckluft in den Arbeitszylinder eingeblasen und zerstäubt wurde, ist nicht mehr gebräuchlich. Statt dessen wird der Kraftstoff unmittelbar unter hohem Druck eingespritzt:

beim *Dieselmotor* mit direkter Einspritzung in den nicht unterteilten Verbrennungsraum;

beim *Vorkammermotor* durch eine mit dem Arbeitszylinder über eine oder mehrere Öffnungen in Verbindung stehende Kammer (Vorkammer);

beim *Wirbelkammermotor* desgleichen; die Kammer steht über eine verhältnismäßig weite Öffnung in Verbindung mit dem Arbeitszylinder, ihre Form erzeugt eine starke Drehung der Brenngase (s. S. 158, Bild 21); beim Verdichtungsvorgang entgegengesetzt gerichtete Luftdrehung;

beim *Luftspeichermotor* in den Zylinderhauptraum. Von diesem kann der Kraftstoff in den Nebenraum (Luftspeicher) gelangen.

β) Zündung und Verbrennung. Zündung. Eine nennenswerte Dampfbildung des schwersiedenden Diesel-Kraftstoffs kann schon wegen der sehr kurzen Zeit nicht eintreten. Die zuerst — bereits vor OT — eingespritzten Kraftstofftropfen entzünden sich, nachdem sie durch die im Arbeitszylinder verdichtete heiße Luft auf die *Selbstzündungstemperatur* gebracht sind. Die Zeit zwischen Einspritz- und Zündbeginn ist der *Zündverzug*; Zündbeginn wird mit erstem Druckanstieg im versetzten Indikatordiagramm (Bild 19, S. 182) gleichgesetzt. Der Zündverzug sollte möglichst klein sein; andernfalls sammelt sich im Brennraum eine größere Menge noch nicht verbrannten Kraftstoffs an, der bei Eintritt der ersten Zündung plötzlich mit starker Drucksteigerung verbrennt. Zündwillige Dieselkraftstoffe, s. a. S. 120, haben kleinen Zündverzug; sie ergeben einen verhältnismäßig sanften Übergang der Verdichtungs- in die Verbrennungslinie und weichen Maschinengang. Der Zündverzug ist von der Kraftstoffart, von Druck und Temperatur im Brennraum abhängig.

Einspritzbeginn vor OT, s. Punkt *EB* in Bild 4, abhängig von Drehzahl; Ende bei *EE*. Dauer der Einspritzung bei Vollast ≈ 18 bis 25 Kurbelgrade. Regelung der Leistung durch Verändern der Länge des Einspritzbogens *EB*—*EE*.

Einspritzverzug, in Kurbelgraden gemessen, ist die Zeit, die der Kolben der Einspritzpumpe benötigt, um die in der Leitung von der Pumpe bis zum Sitz des Einspritzventils befindliche Kraftstoffmenge auf den Einspritzdruck zu bringen.

Verbrennung. Gute Verbrennung ist nur zu erreichen, wenn möglichst jedem Kraftstofftropfen während des Einspritzvorgangs die zum Verbrennen notwendige Sauerstoffmenge zugeführt wird; das erfordert u. a. Abstimmung des Kraftstoffstrahls auf die Form des Verbrennungsraums (nicht unterteilt; unterteilt); andere Möglichkeiten: ein oder mehrere Strahlen, Anordnung der Strahlen, Strahlenlänge, Durchschlagskraft der Strahlen, Tropfengröße; ferner starke Durchwirbelung der Verbrennungsluft. Mittel hierzu z. B. besondere Kolbenform; unterteilter Brennraum, auch mit Luftspeicher-, Vor- oder Wirbelkammer; tangential gerichtete Lufteinströmung.

c) Diesel-Gas-Verfahren, s. Zündstrahl-Gasmotor, S. 132.

d) Glühkopf-Verfahren. Nur als Zweitaktmotor; Spül- und Ladeluft im Kurbelgehäuse durch die Unterseite des Kolbens erzeugt. Der Kraftstoff wird während der Verdichtung in die vom Zylinderraum *abgeschnürte* Einspritzkammer gespritzt, an deren ungekühlter, glühender Wandung (Glühkopf) er sich entzündet (ungesteuerter Zündzeitpunkt). Der Glühkopf dient zur thermischen Aufbereitung des Kraftstoffs. Billiger Motor mit hohem Kraftstoffverbrauch; er wurde für Traktoren und Fischereiboote verwendet.

3. Vergleichsprozesse — Wirkungsgrade

Für die Ausnutzung der Brenngase im Motor bestehen folgende *Grenzen*: Temperatur, Druck und Raum.

Die Gas*temperatur* wird nach oben durch die Warmfestigkeit der Bauteile und die Schmiereignung des Öles begrenzt, nach unten durch die Temperatur der Atmosphäre. Für die obere *Druck*grenze ist die Tatsache maßgebend, daß mit zunehmendem Verdichtungsdruck η_v einerseits nur noch wenig ansteigt, andererseits aber die Triebwerkkräfte und damit das Baugewicht zunehmen. Die untere Druckgrenze gibt der Atmosphärendruck an. Die *Raum*grenzen folgen aus dem Zwang, auf weitgehende Expansion zu verzichten, da einem nur geringen Gewinn an nutzbringender Diagrammfläche der Nachteil einer schwereren Maschine gegenübersteht.

Um die Güte des Energieumsatzes im Motor beurteilen zu können, sind Vergleichsprozesse (s. a. *ideale Kreisprozesse* Bd. I, „Wärmelehre" S. 441) aufgestellt worden, die diesen Grenzen Rechnung tragen müssen. Hierbei sind die Zustandsänderungen *idealer* Gase vorausgesetzt.

a) Theoretische Vergleichsprozesse. Während eines Arbeitsspiels — 4 Hübe beim Viertakt, 2 Hübe beim Zweitakt — wird die im Brennstoff enthaltene Wärmemenge Q_1 im Brennraum frei — zugeführte Wärme. Abgase führen die meist nicht mehr ausnutzbare Wärmemenge Q_2 aus der Maschine fort. Demnach wird je Arbeitsspiel vom Gas an den Kolben ein Arbeitsbetrag abgegeben, der $Q_1 - Q_2$ entspricht.

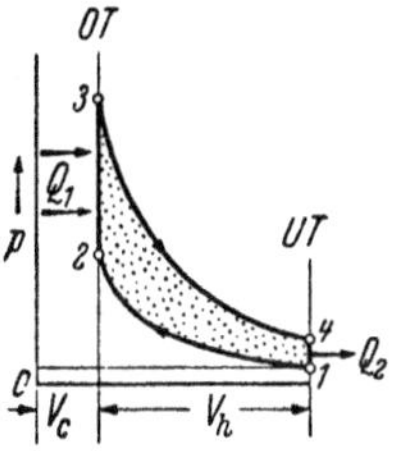

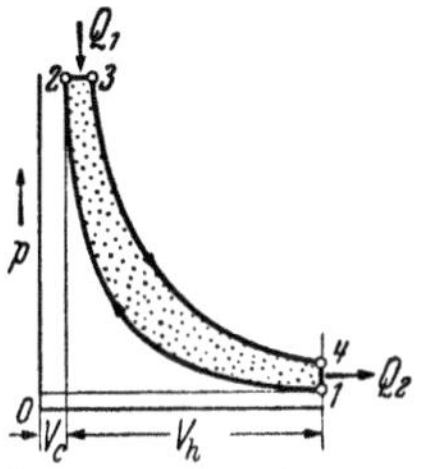

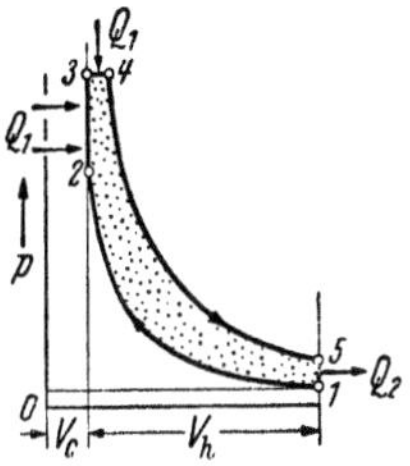

Bild 7, 8, 9. Vergleichsprozesse

Bild 7 Ottoprozeß (Gleichraum)

Bild 8 Dieselprozeß (Gleichdruck)

Bild 9 Allgemeiner Fall

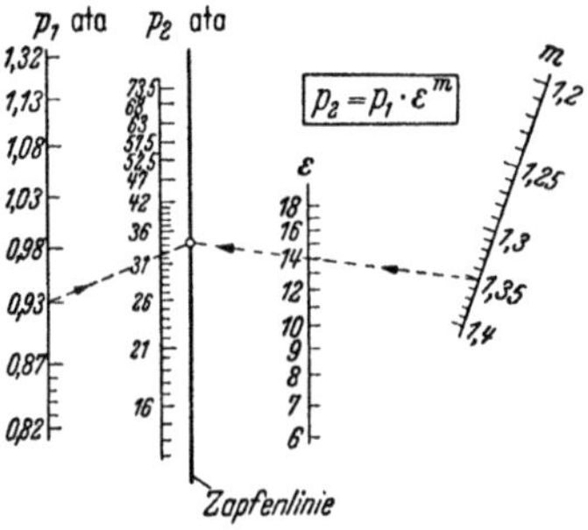

Verdichtungsenddruck p_2 und Verdichtungsendtemperatur T_2 können nach Bild 10 bestimmt werden, wenn Anfangszustände p_1 und T_1 bekannt sind und Erfahrungswerte für den Polytropenexponenten m vorliegen.

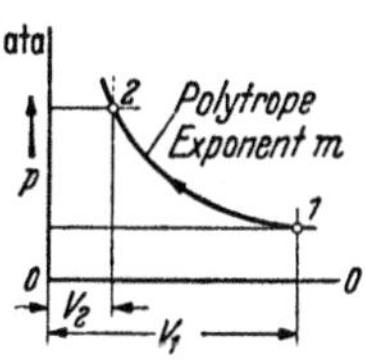

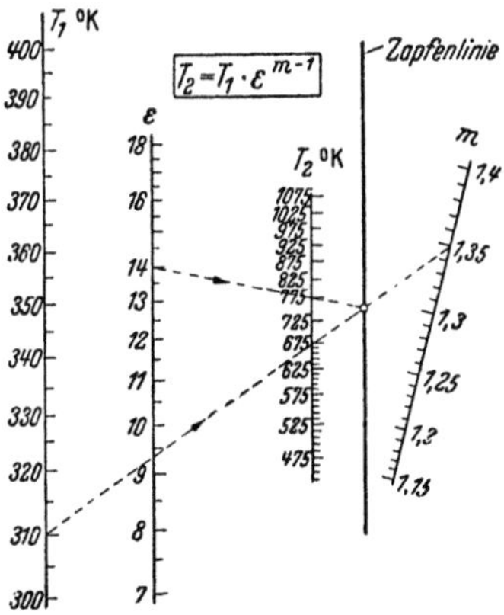

Bild 10. Fluchtlinientafel zur Bestimmung von p_2 und T_2 bei Verdichtung.

Allgemein gilt:

$$\frac{V_1}{V_2} = \left(\frac{p_2}{p_1}\right)^{\frac{1}{m}} = \left(\frac{T_2}{T_1}\right)^{\frac{1}{m-1}}.$$

Für Brennkraftmaschinen ist:

$V_1 - V_2 = V_h$ = Hubraum;

$V_2 = V_C$ = Brennraum;

$$\varepsilon = \frac{V_h + V_C}{V_C} = \frac{V_1}{V_2} > 1.$$

Beispiel: Dieselmotor, Verdichtungsverhältnis $\varepsilon = 14$; $p_1 = 0{,}93$ ata; $T_1 = 310\,°K$; $m = 1{,}35$. Ergebnis: $p_2 = 32{,}5$ ata; $T_2 = 775\,°K$.

b) Wirkungsgrad des „vollkommenen" Motors

$$\eta_v = \frac{Q_1 - Q_2}{Q_1} = \frac{AL_v}{Q_1} = \frac{632\,N_v}{BH_u} \tag{1}$$

= Verhältnis der Leistung N_v* (in PS) des vollkommenen Motors zur maximalen Leistung, die aus dem zugeführten Kraftstoff ($BH_u/632$) gewonnen werden könnte. Wird B in Nm³/h gemessen, so muß für H_u kcal/Nm³ eingesetzt werden; $632 = 3600 \cdot 75/427$ in kcal/PSh. Kurven für η_v des vollkommenen Otto- bzw. Dieselmotors s. Bild 11 u. 12, wobei $\eta_v = f(\varepsilon, \lambda)$. Beachte den großen Einfluß von λ, insbesondere beim Dieselmotor; da bei diesem η_v stark mit zunehmenden λ-Werten ansteigt, ergeben sich günstige Verbrauchswerte b_e auch bei geringeren Belastungen, s. a. Gl. (7) u. (3).

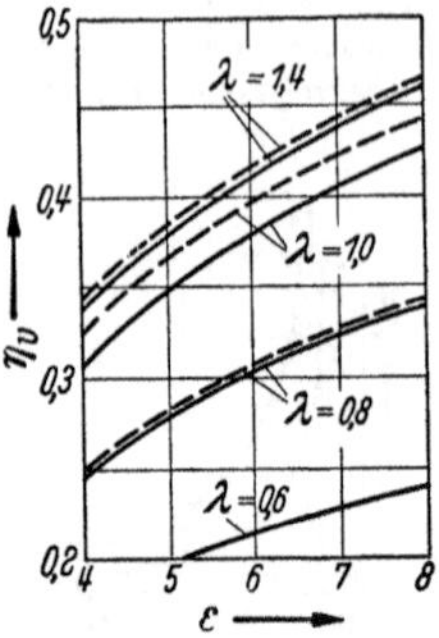

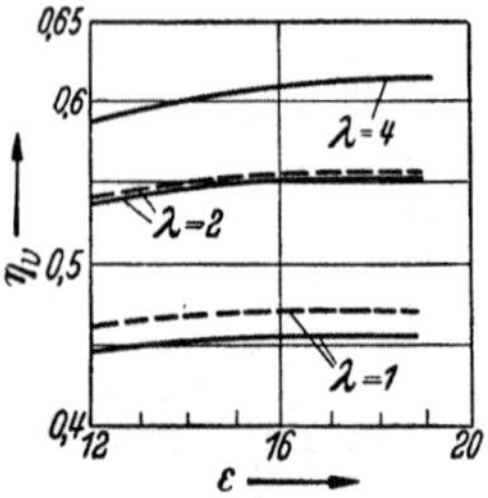

Bild 11. Ottomotor Bild 12. Dieselmotor
Wirkungsgrad des „vollkommenen" Motors $\eta_v = f(\varepsilon, \lambda)$
---- ohne, —— mit Berücksichtigung der Dissoziation.
Für Bild 12 ist $p_{max}/p_1 = 60$. Nach Lit. 3.

c) Innenwirkungsgrad (indizierter Wirkungsgrad) $\eta_i = \dfrac{632\,N_i}{B\,H_u} = \dfrac{632}{b_i\,H_u}$. (2)

Über Bestimmung von N_i s. Abschn. 5 a), S. 129.

d) Nutzwirkungsgrad (effektiver Wirkungsgrad) $\eta_e = \dfrac{632\,N_e}{B\,H_u} = \dfrac{632}{b_e\,H_u} = \eta_i\,\eta_m$ (3)

stellt die Ausnutzung des Kraftstoffs im Motor dar und kann durch Kraftstoff- und Leistungsmessung ermittelt werden. Rechnungswerte für η_e s. Bild 13.

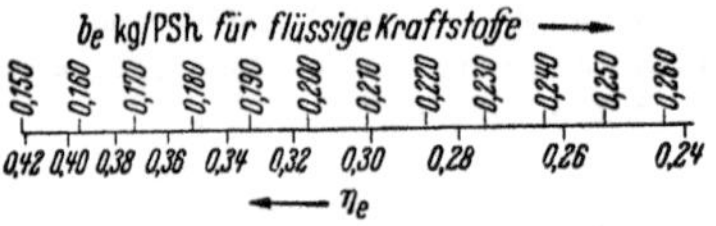

Bild 13. $\eta_e = \dfrac{632}{b_e\,H_u}$ mit $H_u = 10\,000$ kcal/kg für flüssige Kraftstoffe

e) Mechanischer Wirkungsgrad $\eta_m = \dfrac{N_e}{N_e + N_r}$. (4)

N_r s. S. 122.

f) Mechanischer Gesamtwirkungsgrad

$$\eta_{m\,ges} = \frac{N_e}{N_i} = \frac{N_e}{N_e + N_r + N_l + N_{sp}} = \frac{b_i}{b_e}. \tag{5}$$

g) Gütegrad $\eta_g = \eta_i/\eta_v$. (6)

Die Vergleichsprozesse lassen sich in Motoren nicht „vollkommen" durchführen, d. h. beim ausgeführten Otto-Motor, Bild 2, wird die Wärmemenge Q_1 nicht nur bei konstantem Volumen zugeführt, und beim Diesel-Motor, Bild 3, steigt der Druck während der Wärmezufuhr an. Tatsächlich wird ein Teil von Q_1 erst während der Expansion zugeführt und geht teilweise durch die Wandung des Brennraumes an das Kühlmittel verloren.

Entgegen dem Vergleichsprozeß wird also nicht nur mit den Abgasen, sondern auch mit dem Kühlmittel Wärme abgeführt. Weitere Verluste ergeben sich aus unvollkommener Verbrennung, Drosselung während des Gaswechselvorgangs (Steuerung) und Undichtheiten von Kolben und Steuerungsorganen.

---

* s. Bezeichnungen u. Erläuterungen S. 122; Rechnungsbeispiele s. Lit. 3.

Demnach stellt η_g ein Maß für die Annäherung an den Wirkungsgrad des vollkommenen Motors dar. Aus Gl. (3) u. (6) folgt $\eta_e = \eta_v \eta_g \eta_m$. (7)

4. Luftbedarf

a) Zur vollkommenen Verbrennung jedes Kraftstoffteilchens der Ladung ist entsprechend seinem chemischen Aufbau eine bestimmte Sauerstoff- bzw. Luftmenge notwendig: **theoretischer Luftbedarf** $L_{\min}$ kg Luft/kg Kraftstoff [bzw. Nm^3 Luft/kg Br. bzw. Nm^3 Luft/Nm^3 Br.]. Luftmangel (fettes Gemisch) ergibt in der Regel zu hohen Kraftstoffverbrauch und CO- bzw. Rußbildung. Berechnung von $L_{\min}$ s. Bd. I, S. 470/71.

b) Die motorische Verbrennung verlangt meist einen Überschuß an Luft. Setzt man die tatsächliche Luftmenge L_{tats} ins Verhältnis zum theoretisch erforderlichen $L_{\min}$, so erhält man das **Luftverhältnis** $\lambda = L_{\text{tats}}/L_{\min}$, das beim Ottomotor von 0,9 bis 1,3 und beim Dieselmotor bei Vollast in der Regel nicht kleiner als 1,3 sein darf und mit abnehmender Belastung sehr stark steigt. Es hängt von der Güte der Mischung, von der Art des Kraftstoffs, Brennraumform, vom Wärmezustand (Belastung) u. a. ab.

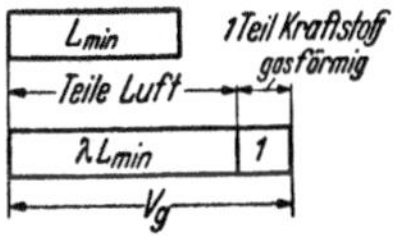

Bild 14

Das Gesamtvolumen, das Luft und Kraftstoff bilden, ist bei gasförmigen Kraftstoffen bezogen auf 1 Nm^3 Kraftstoff $V_g = 1 + \lambda L_{\min}$, s. Bild 14; bei in Dampfform überführten flüssigen Kraftstoffen (Vergaser-Ottomotor) bezogen auf 1 kg ist $V_g \approx \lambda L_{\min}$; beim Dieselmotor ist $V_g = \lambda L_{\min}$. Die Ladungsmenge, die der Motor in der Minute erhält, ist bei Viertakt $^1/_2 \lambda_l z F s n$* und bei Zweitakt $\lambda_l z F s n$ m^3/min. Die darin enthaltene Kraftstoffmenge beträgt

$$\text{bei 4-Takt } \frac{\lambda_l z F s n}{2 V_g}, \qquad \text{bei 2-Takt } \frac{\lambda_l z F s n}{V_g}.$$

c) Mit H_u = unterem Heizwert kcal/kg bzw. kcal/Nm^3 wird der **Gemischheizwert** $H_{u\,\text{Gem}} = H_u/V_g$ kcal/Nm^3. Je Minute wird an Wärme zugeführt: $Q_1 = {}^1/_2 n \lambda_l z F s H_{u\,\text{Gem}}$ bzw. $Q_1 = \lambda_l z F s n H_{u\,\text{Gem}}$.

Mithin wird vom Gas an z einfachwirkende Kolben bei 4-Takt die Innenleistung abgegeben:

$$N_i = z F s \, [427 H_{u\,\text{Gem}} \, \eta_i \, \lambda_l] \, \frac{n}{2} \cdot \frac{1}{60 \cdot 75} \text{ PS.} \qquad (8)$$

Bei 2-Takt ist n statt $n/2$ zu setzen.

Beachte: $zFs = zV_h = V_H$ in m^3. Klammerausdruck [. . .] in kg/m^2 ≙ p_i mittlerer Innendruck; $p_i = f(H_u; \lambda; \eta_i; \lambda_l)$; mit zunehmendem λ wird p_i kleiner! Wird $L_{\min}$ auf kg Brennstoff bezogen, dann auch H_u auf kg Brennstoff. Zahlenwerte H_u s. Bd. I, S. 467/69.

5. Leistung — Hauptabmessungen[1]

a) Leistung. Das Indikatordiagramm ist bei Schnellauf und vielen Zylindern mit *einfachen* Mitteln nicht aufnehmbar. Geht man trotzdem für die Leistungsberechnung vom Diagramm aus, so erhält man unter Zugrundelegung von p_i

$$N_e = z \underset{\text{kg/cm}^2}{p_i} \, \eta_m \underset{\text{cm}^2}{F} \, \underset{\text{m}}{s} \, \underset{\text{U/min}}{\frac{n}{2}} \cdot \frac{1}{60 \cdot 75} \text{ PS Nutzleistung (4-Takt).} \qquad (9)$$

Bei 2-Takt ist n statt $n/2$ zu setzen. Bei doppeltwirkenden Zylindern ist für z der doppelte Betrag zu nehmen unter Abzug der Kolbenstangenflächen.

Da $N_e = N_i \eta_m$ ist, kann der Begriff des *mittleren Nutzdruckes* gebildet werden $p_e = p_i \eta_m$; p_e kann durch Abbremsen, η_m angenähert durch Schleppversuch (Fremdantrieb) bzw. Abschalten einzelner Zylinder bei betriebswarmen Motor bestimmt werden, wodurch p_i ermittelt wird.

* Liefergrad λ_l kann durch Prüfstandversuche bestimmt werden; Zahlenwerte s. S. 130.

[1] Für Dieselmaschinen s. S. 136, für Kraftfahrzeugmotoren S. 169/70.

b) Kolbenfläche. Geht man von der mittleren Kolbengeschwindigkeit $c_m = sn/30$ m/sek aus, so erhält man aus der Gleichung

$$N_e = z \cdot p_i \cdot \eta_m \cdot F \cdot c_m/300 \text{ PS (4 Takt)} \tag{10}$$

die gesuchte Kolbenfläche F in cm².

c) Mittlerer Nutzdruck. Aus Gl. (8) und (3) folgt:

$$p_e = \eta_e \lambda_l H_{u\,\mathrm{Gem}} \frac{427}{10000} = \frac{27\,\lambda_l}{b_e V_g} \text{ kg/cm}^2. \tag{11}$$

d) Bezieht man N_e in PS auf den Gesamthubraum V_H in Liter (lit), so erhält man die Hubraum- oder **Literleistung,** die für die Ausnutzbarkeit des Motors kennzeichnend ist:

$$\frac{N_e}{V_H} = \frac{p_e n}{900} \text{ (4-Takt)}; \qquad \frac{N_e}{V_H} = \frac{p_e n}{450} \text{ (2-Takt) in PS/lit.} \tag{12}$$

Folgerungen aus Gl. (11). 1. p_e wird groß, wenn η_e groß ist oder wenn, was das gleiche bedeutet, b_e klein wird. 2. Der Wert von λ, in V_g enthalten, ist mit entscheidend, da ein großes Luftverhältnis, wie z. B. beim Dieselmotor, $H_{u\,\mathrm{Gem}}$ herabsetzt.

Aus Gl. (12) folgt der Zwang zum Schnellauf, wenn große Literleistung beabsichtigt ist. Der Drehzahlsteigerung sind durch die Wirkungen der Massenkräfte der Triebwerk- und Steuerungsteile und auch der Gase Grenzen gesetzt. Ein kleines Verhältnis s/D gestattet höhere Drehzahlen; dabei werden auch die Querschnitte der Steuerorgane größer, so daß die Strömungsverluste kleiner werden.

λ_l soll groß sein. Eine kühl eingebrachte Ladung erhöht zwar das Ladegewicht, ist aber nicht immer für die thermische Gemischaufbereitung zweckmäßig. Günstig wirkt möglichst weitgehendes Ausspülen der Restgase, erreichbar beim Viertaktmotor durch Offenhalten der Aus- und Einlaßventile im Totpunkt (Überdeckung der Steuerzeiten s. Bild 2 u. 6), beim Zweitakt-Dieselmotor durch reichliches Durchspülen (u. U. durch ein besonderes Auslaßventil, s. S. 155, Bild 17.

e) Erfahrungswerte. Liefergrad $\lambda_l = 0{,}82$ bis $0{,}90$ für Langsamläufer, $\lambda_l = 0{,}75$ bis $0{,}80$ für Schnelläufer. p_e, p_i und η_m s. folgendes Beispiel, Dieselmotoren S. 136 u. f., Kraftfahrzeugmotoren S. 169.

Verhältnis s/D: Liegende Großgasmaschinen 1,0 bis 1,6; stehende Großdieselmotoren 1,4 bis 1,8, kleinere 1,3 bis 1,6; Kraftfahrzeugmotoren s. S. 182.

Mittlere Kolbengeschwindigkeit $c_m = sn/30$ bis ≈ 6 m/sek u. mehr, bei Kraftfahrzeugmotoren bis ≈ 12 m/sek.

Beispiel: Großgasmaschine $N_e = 4000$ PS, betrieben mit Hochofengas zum Antrieb eines Gebläses. Gewählt: Liegende Zwillingsmaschine mit je 2 hintereinander liegenden, doppeltwirkenden Zylindern; Viertakt. Mithin ist die Zahl der arbeitenden Kolbenflächen $z = 2 \cdot 4 = 8$. Annahmen: $c_m = 5{,}0$ m/sek, $p_i = 5{,}0$ kg/cm², $\eta_m = 0{,}85$. Aus Gl. (10) folgt $F = \frac{300 \cdot 4000}{8 \cdot 5 \cdot 0{,}85 \cdot 5} = 7060$ cm²; Kolbenstangenfläche geschätzt ≈ 500 cm²; Kolbendmr. $D \approx 1000$ mm; Hub $s = 1500$ mm; Drehzahl $n = 100$ U/min.

Nachprüfung von $p_i = 427 H_{u\,\mathrm{Gem}}\,\eta_i \lambda_l$ nach Gl. (8). Für Hochofengas (Gichtgas) ist in der Regel $L_{\min} \approx 0{,}82$ Nm³/Nm³ und $H_u = 1020$ kcal/Nm³; mit $\lambda \approx 1{,}2$ als Erfahrungswert wird $V_g = 1 + 1{,}2 \cdot 0{,}82 \approx 2$ Nm³/Nm³; also $H_{u\,\mathrm{Gem}} = H_u/V_g \approx 1020 : 2 = 510$ kcal/Nm³. Mit $\eta_i = 0{,}28$ und $\lambda_l = 0{,}88$ wird $p_i = 427 \cdot 510 \cdot 0{,}28 \cdot 0{,}88 \approx 53500$ kg/m² $= 5{,}35$ kg/cm², also größer als angenommen. Rechenunsicherheit liegt in der Annahme der 3 Faktoren in Gl. (8) (schwankender Heizwert des Hochofengases).

6. Leistungssteigerung durch Aufladen

Die Ladung wird mit höherem Druck als dem atmosphärischen eingebracht, s. Bild 5c. Ist wie beim selbstansaugenden Motor, Bild 5a und b, die auf die *Atmosphäre* bezogene *wirksame* Ansaugestrecke $s_0 < s$, so wird der Liefergrad $\lambda_l < 1$; beim Aufladen ist jedoch nach Bild 5c $s_0 > s$. Liegt Punkt *1*, der den Beginn der Verdichtung kennzeichnet, *über* der Atmosphäre, so wird dadurch das Druck- und Temperaturniveau des Kreisprozesses gehoben entsprechend $p_2 = p_1 \varepsilon^m$ und $T_2 = T_1 \varepsilon^{m-1}$, da im Fall des Aufladens T_1 ebenfalls höher liegt; Erhöhen von T_1 verringert das Ladungsgewicht. Durch Aufladen wird η_m verbessert. Aufladen bei Dieselmotoren s. S. 135, 140, 147, bei Kraftfahrzeugmotoren s. S. 176/78, 182, bei Großgasmaschinen s. S. 133.

7. Kühlung

Die periodisch auftretenden Verbrennungstemperaturen bis ≈2000 °C wirken nur während eines Bruchteils eines Arbeitsspiels; die mittlere Gastemperatur liegt erheblich tiefer. Durch Kühlung (Luft oder Wasser) lassen sich die Wandtemperaturen des Brennraums dem Werkstoff entsprechend auf ≈260 bis 350 °C für Stahl und Grauguß und ≈250 °C für Al-Legierungen herabsetzen. Die zu schmierenden Gleitflächen der Laufbuchsen dürfen höchstens ≈220 °C warm werden. Motoren mit hoher Literleistung sind schwer ausreichend zu kühlen. Wasserkühlung ist bei ortfesten und Schiffsmaschinen die Regel, Luftkühlung setzt sich bei Kraftfahrzeugmotoren durch. Die Antriebleistung des Kühlgebläses (der Luftkühlung) ist nur unbedeutend größer als die bei Wasserkühlung für den Antrieb der Wasserpumpe und des Kühlergebläses erforderlich[1]; sie beträgt 8 bis 10% von N_i.

Bei Wasserkühlung ist die in den Auspuffgasen enthaltene Wärmemenge nur unwesentlich größer als die durch das Wasser abgeführte, bei Luftkühlung meist etwa 15 bis 20% größer.

III. Gasmaschinen

Bearbeitet von Dipl.-Ing. **Ch. Bouché**, Berlin

1. Allgemeines

Die Kleingasmaschine hat z. Z. an Bedeutung verloren. Großgasmaschinen stellen in Hüttenwerken immer noch sehr günstige Kraftmaschinen dar.

Zündung. Allgemein üblich: Hochspannungs-Lichtbogenzündung mittels Zündkerzen, s. a. S. 125 und Kraftfahrzeugmotoren, S. 202. Vorrichtung zum Verstellen des *Zündzeitpunkts* während des Ganges notwendig. Jede Veränderung des Gemisches, z. B. beim Übergang zu einem anderen Kraftstoff, einer anderen Belastung usw. oder der Drehzahl verlangt für *beste* Kraftstoffausnutzung und für stoßfreien Maschinengang einen bestimmten Zündzeitpunkt, vor allem beim Anlassen. Hierfür wird außerdem meist das Auslaßventil im 2. Takt geöffnet (Dekompression), um die Maschine leichter auf Anlaßdrehzahl zu bringen. – Zündung mittels eingespritzten Dieselöls s. Bild 2.

Kraftstoffe: Generatorgas fast nur für kleine, Kokereigas, Hochofengichtgas und insbesondere Erdgas (Naturgas) für große Leistungen.

2. Kleingasmaschinen

Bild 1. Einlaßventil *b* und Auslaßventil *c* werden von Nockenwelle über Stoßstangen *e* und *f* angetrieben; konstanter Hub. Gas und Luft werden vom Kolben angesaugt (Sauggasbetrieb). Das Gas strömt aus Gasleitung *g* über Hahn *h* in die Mischkammer *l*; in dieser findet die Gemischbildung mit der Luft statt, wobei die Luft vor und hinter der engsten Stelle der Mischdüse dem Gasstrom zugesetzt wird. Gemischdrossel *m* wird vom Achsregler (konstante Drehzahl) über Gestänge *n* der Leistung entsprechend eingestellt; einfachste Art der Regelung bei kleinen Maschinen: Drosselregelung.

Bild 2, Sonderausführung: Zündstrahl-Gasmotor[2]. Motor saugt Generatorgas, $H_u \approx 1250\,\text{kcal/Nm}^3$, und Luft getrennt an; Gemischbildung im Einlaßquerschnitt des Einlaßventils. Verdichtung ist so hoch, daß sich das nach dem Diesel-Verfahren eingespritzte Zündöl entzündet und das Gemisch verbrennt. Selbstentzündung des verdichteten Gas-Luft-Gemisches wegen des hohen Luftverhältnisses nicht möglich. Zündölmenge bleibt für alle Belastungen konstant.

---

[1] *Augustin, J.:* Richtlinien für den Entwurf luftgekühlter Motoren. Konstruktion Bd. 1 (1949) S. 161/70.

[2] Verfahren: *Mayr, F.:* Ortsfeste und Schiffsdieselmaschinen. 3. Aufl. Wien: Springer 1960. – *Schmidt, K.:* Das Gasschiff in der Binnenschiffahrt. VDI-Z. Bd. 90 (1948) S. 151/54.

Regelung. Der Hub des *Einlaßventils* wird mechanisch vom Regler verändert: Große Leistung → großer Hub, kleine Leistung → kleiner Hub, s. Stellungen e_1 und e_2 des Schwinghebels. Das Einlaßventil besitzt zwei Ventilteller, einen für

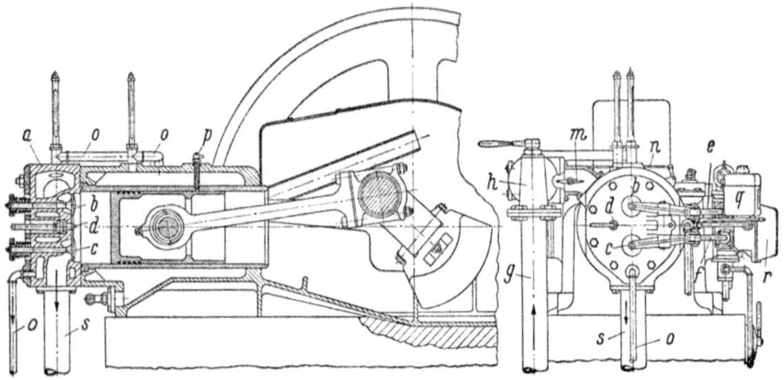

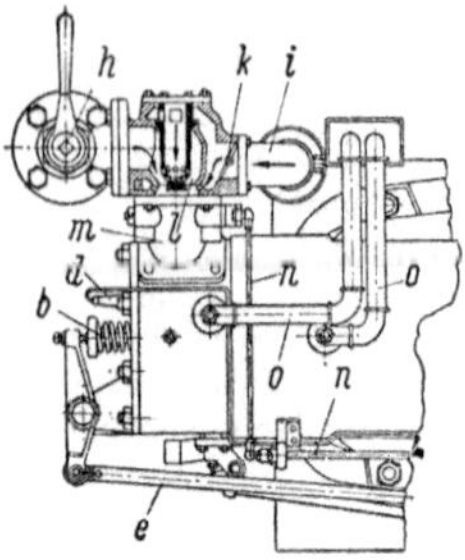

Bild 1. Viertakt-Gasmaschine (Motorenfabrik Herford GmbH). Zylinderleistung 40 PS (Sauggasbetrieb; Armgas mit $H_u \approx 1100$ kcal/Nm^3); Hub 380 mm; Zylinderdurchm. 280 mm; Drehzahl 400 U/min

a Zylinderkopf; *b* Einlaßventil; *c* Auslaßventil; *d* Zündkerze; *e* Stoßstange für *b*; *f* Stoßstange für *c*; *g* Gasleitung; *h* Gashahn; *i* Luftleitung; *k* Luftdrossel; *l* Mischkammer; *m* Gemischdrossel; *n* Regelgestänge für *m*; *o* Kühlwasserleitungen; *p* Zylinderschmierung; *q* Schmierapparat; *r* Achsregler; *s* Auspuffleitung

Bild 2. Viertakt-Schiffsgasmotor; Zündstrahl-Gasmotor (Deutz)
Zylinderleistung 70 PS; Drehzahl 350 U/min. Gebaut als 6- und 8-Zylindermotor. Effektiver Kraftstoffverbrauch bei Vollast ≈ 1800 kcal/PS h Gas (entsprechend ≈ 0,28 kg/PS h Magerkohle) und 150 kcal/PS h Gasöl (als Zündöl)

a Luftleitung; *b* Gasleitung; *c* Ventilstoßstange; *d* Reglergestänge; e_1 Schwinghebel, Vollast; e_2 Schwinghebel, Leerlauf; *f* Luftventilteller; *g* Gasventilteller; *h* Rohr für *g*; *i* Anlaßventil; *k* Steuerkolben für *i*; *l* Auspuffleitung

Luft, der mit der Ventilspindel aus einem Stück ist, und einen zweiten für Gas, der durch die Ventilspindel geführt und durch die zwischen beiden Tellern liegende Feder dichtend auf den Sitz gedrückt wird. Öffnen des Einlaßventils: Zunächst öffnet der Luftventilteller *f*, etwas später der Gasventilteller *g*, sobald das Rohr *h*, das mit der Ventilspindel oben kraftschlüssig verbunden ist, einen kleinen toten Weg zurückgelegt hat und auf den hochgezogenen Hals des Tellers drückt. Schließen: Die zwischen beiden Tellern vorgesehene Feder schließt zuerst das Gasventil; dadurch wird das Einströmen des Gases in die Luftleitung vermieden. Automatische Umschaltung von Zündöl- auf reinen Dieselbetrieb möglich[1].

3. Großgasmaschinen

Sie werden nur noch als *Viertakt*-Maschinen gebaut, und zwar doppeltwirkend, in der Regel als Zwillingstandemmaschine mit unter 90° versetzten Kurbeln. Bild 3: Zylinder einer Großgasmaschine mit Aufladung; Drehzahl 80 bis 100 U/min. Durch Aufladen wird die Leistung, s. S. 130, und außerdem die Abgastemperatur erhöht, so daß wirksame Abwärmeverwertung möglich ist. Weitestgehendes Ausspülen des Verdichtungsraumes von Abgasen.

Verringern der Beanspruchungen infolge Guß- und Betriebsspannungen in Innen- und Außenmantel durch hohe Stirnflanschen, große Krümmungsradien an den Übergangsstellen und Vermeiden aller die beiden Mäntel starr verbindenden Teile. Die durch die Zylinderteilung entstehende Teilfuge wird durch die eingeschrumpfte Laufbuchse gegen Verbrennungsdruck und Kühlwasser abgedichtet. Äußerer Kühlmantel zweiteilig.

In Bild 3 sind die drei Schieber für Gas, Luft und Ladeluft fest mit der Einlaßventilspindel verbunden. Eine Schieberbuchse, in welcher der tellerförmige Aufladeluftschieber angeordnet ist, wird vom Regler so verstellt, daß mit abnehmender Belastung die Schieberbuchse gehoben und die freie Druckluftöffnung

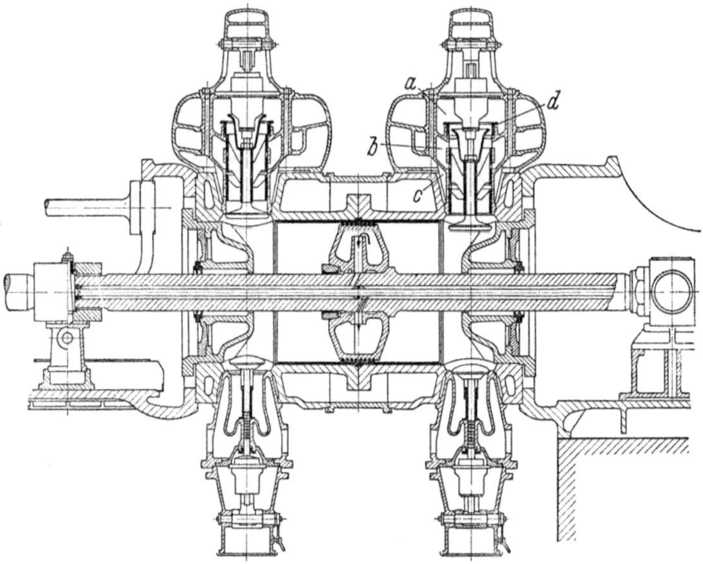

Bild 3. Viertakt-Großgasmaschine (MAN), mit Aufladung. *a* Ladeluftraum; *b* Gasraum; *c* Mischluftraum; *d* durch Regler verstellbarer Rohrschieber

[1] Siehe VDI-Nachr. Bd. 14 (1960) Nr. 4 S. 9.

verkleinert wird. Bei kleiner Belastung vollständiger Abschluß der Druckluft. Ladeluftdruck 0,2 bis 0,25 atü.

Der Zwang zum Schnellauf führte bei neueren Maschinen zur Anordnung der Kolben *a* und *b* nach dem Boxerprinzip, Bild 4; dadurch werden die Massenkräfte erster Ordnung innerhalb der Maschine ausgeglichen. Kurbeln *c* und *d* der Welle um 180° versetzt.

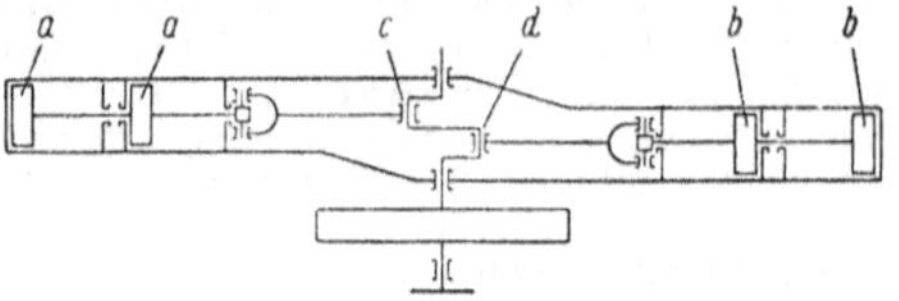

Bild 4. Viertakt-Großgasmaschine (MAN)[1]; 2 × 2 Zylinder

Durch Verdoppeln dieser Zylinderanordnung — Spiegelbild um die X-Achse in Bild 4 — mit dazwischenliegendem Stromerzeuger entsteht eine Maschine mit 5000 PS. Mittlere Kolbengeschwindigkeit 5,34 m/sek; $p_i \approx 5{,}25$ kg/cm²; $\eta_m \approx 0{,}88$. Druck der Spül- und Nachladeluft $\approx 0{,}25$ atü. Betrieb mit heizwertarmem Hochofengas. Ein Zylinderpaar zeigt Bild 5:

Beide Zylinder *b* und *c* und Zwischenstück *d* werden durch Stangenpaar *g* mit Rahmen *a* und hinterer Gleitbahnführung *e* so verspannt, daß an den Zylindern keine schädlichen Biegespannungen auftreten. Stangenpaar *g* wird beim Zusammenbau durch heißes Wasser erwärmt, das durch die Mantelräume der Rohre *h* geleitet wird; daher brauchen die Muttern *i* nur leicht angezogen zu werden. Im Betrieb fließt durch die Mantelrohre das in den Zylinderkühlmänteln erwärmte Kühlwasser.

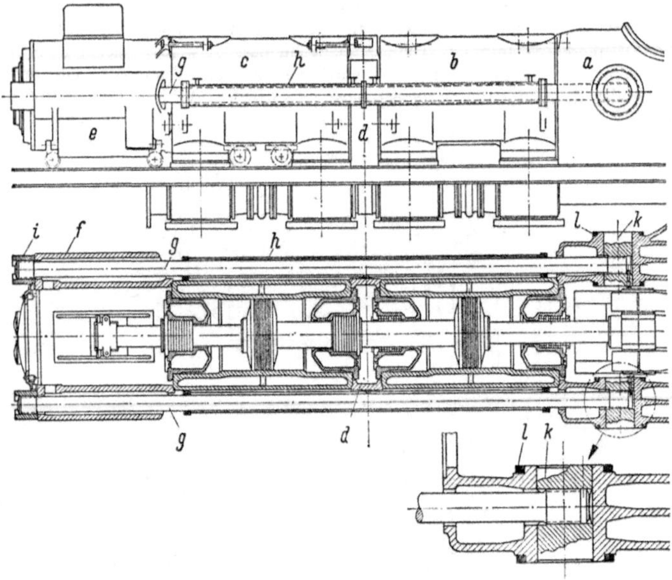

Bild 5. Zylinderpaar einer Viertakt-Großgasmaschine (MAN)[1]. Bei 2 × 2 × 2 Zylindern Leistung 5000 PS; Drehzahl 214 U/min; Hub 750 mm; Zyl.-Dmr. 750 mm. Oben: Seitenansicht des Zylinderpaars; unten: waagerechter Mittelschnitt
a Triebwerkrahmen; *b* vorderer, *c* hinterer Zylinder; *d* Zwischenstück; *e* hintere Gleitbahnführung mit seitlichen Ausladungen *f*; *g* Spannstangenpaar; *h* Heizrohre; *i* Muttern; *k* Stahlbolzen mit Gewinde für *g*; *l* Schrumpfringe

[1] S. *Hagenmüller, F.*: Über Großgasmaschinen. MTZ Bd. 15 (1954) Nr. 7 S. 205/10.

IV. Dieselmaschinen

Bearbeitet von Prof. Dr.-Ing. **F. Sass**, Berlin

Literatur: 1 *Kraemer, O.:* Bau und Berechnung der Verbrennungskraftmaschinen. 4. Aufl. Berlin: Springer 1960. — 2. *Mayr, Fr.:* Ortsfeste u. Schiffsdieselmotoren. 3. Aufl. Bd. 12 von „Die Verbrennungskraftmaschine", hrsgeg. von *H. List.* Wien: Springer 1960. — 3. *Sass, F.:* Bau und Betrieb von Dieselmaschinen, 2. Aufl. Bd. 1: Grundlagen u. Maschinenelemente. Berlin: Springer 1948: Bd. 2: Die Maschinen u. ihr Betrieb. Berlin: Springer 1957. — 4. Deutsche Verbrennungsmotoren, herausgeg. v. d. Fachgemeinschaft Kraftmaschinen im Ver. Deutsch. Masch.bau-Anstalten. 5. Aufl. Frankfurt a. M.: Maschinenbau-Verlag 1958.

A. Bauarten

a) Diesel- und Vorkammerverfahren. Wesen des *Dieselverfahrens:* Ansaugen reiner Luft und Verdichten auf so hohen Druck und so hohe Temperatur, daß nicht nur der Zündpunkt (Temperatur der Selbstzündung ohne fremde Zündquelle) des eingespritzten Brennstoffs sicher erreicht, sondern auch der Zündverzug möglichst verkürzt wird. Hohe Verdichtung verringert zudem die Drucksteigerung zwischen Verdichtungsdruck p_c und Zünddruck p_z, was die Ruhe des Ganges verbessert. Heute bei nichtaufgeladenen Maschinen meist $p_c \approx 40$ atü; dabei $p_z \approx 45$ atü (möglichst nicht größer). Bei Aufladung steigt p_z auf 60–70 atü; auch bei Schnelläufern muß mit höherem p_z gerechnet werden, da die während des Zündverzuges eintretende Brennstoffmenge mit der Drehzahl wächst und eine größere Menge plötzlich entflammt (p_z bis 75 atü und höher). Einspritzdruck 350–500 atü und höher.

Wesen des *Vorkammerverfahrens:* Ansaugen und Verdichten wie beim Dieselverfahren, jedoch Einspritzen unter mäßigem Druck (80–120 atü) nicht unmittelbar in den Hauptbrennraum, sondern zunächst in einen abgeschnürten Teil (Vorkammer), der durch eine oder mehrere Bohrungen mit dem Hauptbrennraum verbunden ist. Dabei Vorverbrennung eines Brennstoffteiles je nach Größe der Vorkammer ($^1/_{40}$ bis $^1/_{60}$ des Hubraumes) und Drucksteigerung in der Vorkammer (5–50 kg/cm² Überdruck über p_c, je nach Weite der verbindenden Bohrungen). Die Drucksteigerung treibt den brennenden und den noch unverbrannten Brennstoff in den Hauptbrennraum. Vorteile: mäßiger Einspritzdruck (für kleine Zylinderleistungen, also kleine Dmr. der Pumpenkolben günstig) und gute Leerlaufeigenschaften; jedoch etwas höherer spez. Brennstoffverbrauch wegen niedrigerer Einspritzdrücke und verzögerter Verbrennung.

Vorkammerverfahren für kleine und mittlere Leistungen, Dieselverfahren für mittlere und größte Leistungen angewendet.

b) Viertakt und Zweitakt. Viertakt für Leistungen bis etwa 4000 PS_e (große Kreuzkopfmaschinen), Zweitakt für alle Leistungen (größte z. Zt. über 20000 PS_e). Wettbewerb zwischen Viertakt und Zweitakt unentschieden, besonders seit Einführung des aufgeladenen Viertaktes, jedoch für große Leistungen (> 4500 PS_e) nur einfach- oder doppeltwirkender Zweitakt.

c) Tauchkolben- und Kreuzkopfbauart. Tauchkolbenbauart neuerdings zu immer größeren Leistungen entwickelt (bis etwa 5000 PS_e); für Leistungen von 2000–5000 PS_e beide Bauarten nebeneinander, langsamer laufende Maschinen in Kreuzkopf-, schneller laufende in Tauchkolbenbauart. Kleine und mittelgroße Motoren stets mit Tauchkolben.

d) Einfach- und Doppelwirkung. Viertakt immer einfachwirkend, da der doppeltwirkende Viertakt sich wegen komplizierter Form des unteren Zylinderdeckels nicht bewährt hat. Doppeltwirkender Zweitakt von etwa 3000 PS_e an aufwärts bis zu den größten Leistungen; größte Leistungen in zunehmendem Umfang einfachwirkend.

e) Aufladung. Die Aufladung wird sowohl beim Viertakt wie beim Zweitakt immer mehr angewendet; Viertaktmotoren z. Zt. meist um 40–50%, die thermisch höher beanspruchten Zweitaktmotoren um etwa 30%. Bei der Hochaufladung geht man auf erheblich größere Leistungssteigerungen (um 100% und mehr), jedoch vorläufig nur beim Viertakt.

f) Reihen-, V-, H- und Sternmotoren. Alle Bauarten kommen vor, die Reihenbauart am häufigsten; V-Bauart, wo Platz beschränkt; H-Bauart auch auf Diesellokomotiven; Sternmotoren selten.

B. Berechnung der Hauptabmessungen

a) Wahl der Drehzahl und der Zylinderzahl. Grundsätzlich wählt man die Drehzahl möglichst hoch, da dies die Abmessungen D (Zylinderdurchmesser) und s (Hub) verkleinert; jedoch muß Rücksicht auf die angetriebene Maschine genommen werden (z. B. Generator, Schiffspropeller). Zahl der Zylinder je nach vorhandenen Zylindermodellen und verlangter Gesamtleistung, jedoch so, daß die mittlere Kolbengeschwindigkeit $c_m = sn/30$ bei Gußeisenkolben 6 m/sek, bei Leichtmetallkolben 8–9 m/sek nicht wesentlich überschreitet. Dabei Rücksicht auf das Verhältnis $s:D$ nehmen, gegen das besonders der Zweitakt mit Querspülarten (S. 159), dagegen nicht die Gleichstromspülung empfindlich ist. Zahnradgetriebe ermöglichen Raschlauf des Motors bei langsam laufender Arbeitsmaschine (Propeller).

b) Berechnung von *D* und *s*. Nach Wahl der Zylinderzahl ist die effektive (auf die Kupplung bezogene) Leistung N_{e_1} *eines* Zylinders gegeben. Es wird

$N_{e_1} = F\,p_e\,s\,\frac{n}{2}$ (bzw. n, $2n$)/(60 · 75) PS$_e$, wenn F = Kolbenfläche in cm², p_e = mittlerer effektiver Druck in kg/cm², s = Hub in m; $n/2$ für Viertakt, n für einfachwirkenden, $2n$ für doppeltwirkenden Zweitakt. In anderer Form geschrieben wird

$$N_{e_1} = \frac{p_e\,n}{\dfrac{9000\ (\text{bzw. } 4500,\ 2250)}{F\,s}}\ \text{PS}_e.$$

Wird der Nenner = C (Zylinderkonstante) gesetzt, so folgt $\underline{N_{e_1} = \dfrac{p_e\,n}{C}}$,

worin $C = \dfrac{9000}{F\,s}$ für einfachwirkenden Viertakt,

$C = \dfrac{4500}{F\,s}$ für einfachwirkenden Zweitakt,

$C = \dfrac{2400}{F\,s}$ für doppeltwirkenden Zweitakt.

Bei doppeltwirkendem Zweitakt ist 2400 statt 2250 zu setzen, weil die untere Kolbenfläche durch die Kolbenstange verkleinert wird. p_e nach Erfahrung bei Viertakt etwa 5,5, bei einfachwirkendem Zweitakt 4,5–5,0, bei doppeltwirkendem Zweitakt 4,2–4,8 kg/cm². Damit kann C aus N_{e_1}, p_e und n berechnet werden, womit das Produkt Fs (in cm² · m) gegeben ist, das unter Beachtung von $s:D$ aufgeteilt wird.

Beispiel: D und s eines Sechszylinder-Viertaktmotors von 600 PS$_e$ zu berechnen. Gewählt n = 250 U/min; p_e = 5,5 kg/cm²; demnach $C = p_e \cdot n/N_{e_1} = 5{,}5 \cdot 250/100 = 13{,}75$; $Fs = 9000/C = 655$. Diese Forderung kann mit verschiedenen Verhältnissen $s:D$ erfüllt werden, z. B.:

D mm	F cm²	s m	$s:D$	c_m m/sek
360	1018	0,643	1,786	5,36
380	1134	0,577	1,518	4,81
400	1257	0,521	1,302	4,35
420	1385	0,473	1,126	3,94

Man wählt jenes Wertepaar s, D, für welches $s:D$ und c_m passende Größe erhalten, z. B. D = 380 mm, s (aufgerundet) = 580 mm.

c) Konstruktive Einzelheiten. Man gehe von der *Kurbelwelle* aus, die am einfachsten nach den Formeln der Schiffsklassifikationsgesellschaften (Germanischer Lloyd, Lloyd's

Register of Shipping, Bureau Veritas u. a.) berechnet wird, da wegen der komplizierten Form der mehrfach gekröpften Welle eine exakte Festigkeitsrechnung nicht möglich ist. Die Formeln liefern nur die Durchmesser der Wellen- und Kurbelzapfen und die Abmessungen der Kurbelwangen, nicht aber die Längen der Zapfen, die man nach dem zulässigen Flächendruck, bezogen auf die projizierte Zapfenfläche, bemißt (50–100 kg/cm² für die Wellen-, 100–150 bis 200 kg/cm² und höher für den Kurbelzapfen). Der Abstand der Zylindermitten muß gleich dem Abstand der Grundlagermitten sein; er beträgt meist 1,7–2 D (D = Zylinderdurchmesser); der größere Wert gilt für Zweitaktmotoren, deren Spül- und Auspuffkanäle Raum beanspruchen.

Kurbelwelle gewöhnlich aus SM-Stahl, wenn möglich aus einem Stück geschmiedet, sonst „halb gebaut" (Kröpfungen aus einem Stück geschmiedet, Wellenzapfen eingeschrumpft) oder „ganz gebaut" (Wellenzapfen, Wangen und Kurbelzapfen zusammengeschrumpft). Bei gebauten Wellen auch Kurbelwangen aus Stahlguß (Gegengewichte, wenn solche ausgeführt, angegossen). Schmierölzufuhr zu allen Lagern meist durch die hohlgebohrte Kurbelwelle, jedoch auch durch Teleskop- oder Gelenkrohre zum Kreuzkopf und von dort an den Kurbelzapfen (Bauarten Sulzer, FIAT u. a.).

Grundplatten aus Gußeisen, bei größeren Maschinen neuerdings vielfach geschweißt; dann auch Ständer geschweißt. *Pleuelstangen* aus SM-Stahl, kleinere im Gesenk geschmiedet; zuweilen auch aus Stahlguß. Pleuelstangenverhältnis 1 : 4 bis 1 : 4,5.

Zylinderrahmen stets aus Gußeisen; *Laufbuchsen*, meist eingesetzt, aus feinkörnigem perlitischen Gußeisen, Brinellhärte etwa 220 kg/mm², neuerdings häufig Lauffläche porösverchromt zwecks Verringerung des Verschleißes. *Zylinderdeckel* bei kleineren Motoren aus Gußeisen, größere Zweitaktdeckel aus wärmebeständigem Stahlguß mit Mo-Zusatz. *Kolben* aus Gußeisen, bei großen Maschinen Kolbenkappen aus Stahlguß oder geschmiedetem Stahl; für Schnellläufer ($c_m > 6$ m/sek) Kolben aus Leichtmetall. Kolbenkühlung bei Viertaktmaschinen von etwa 150 PS_e, bei Zweitaktmaschinen von etwa 100 PS_e Zylinderleistung an erforderlich; für Tauchkolbenmaschinen stets Ölkühlung (Teleskoprohre oder Gelenke), da bei Wasser Gefahr eines Wassereinbruchs in das Schmieröl des Kurbelgehäuses. Bei Kreuzkopfmaschinen Kolbenkühlung durch Öl oder Süßwasser (auch Seewasserkühlung ist ausgeführt worden, setzt jedoch besonders sorgfältige Instandhaltung der Zu- und Abflußleitungen voraus). Bei doppeltwirkenden Zweitaktmaschinen Kolbenkühlung nur durch Öl oder Süßwasser; Ölkühlung neuerdings bevorzugt, erfordert jedoch wegen der kleineren spez. Wärme des Öles größere Rückkühler.

Kolbenstangen aus SM-Stahl; bei doppeltwirkendem Zweitakt Wärmeschutz der Stange erforderlich (Schutzrohr aus Grauguß oder Stahl um die ganze Stange oder wenigstens die Kolbenstange umgebendes kurzes Rohr aus Cr-Stahl im unteren Zylinderdeckel, damit die Stange vor den höchsten Temperaturen geschützt wird). Zuleitung des Kolbenkühlmittels durch die hohlgebohrte Stange, Rückleitung durch den Ringraum zwischen Stange und Schutzrohr (nicht umgekehrt, da Rohr sonst zu kalt und Anfressungen durch Niederschlag von schwefligen Verbrennungsprodukten auf dem Rohr die Folge) oder durch in die Stangenbohrung eingewalztes Rohr. Gleitbahnen eingleisig mit Rückwärtsgleitleisten oder viergleisig; bei viergleisiger (innen liegender) Gleitbahn Kühlung durch Öl (Undichtigkeiten), bei eingleisiger durch Wasser; jedoch ist bei eingleisiger Gleitbahn Kühlung oft entbehrlich, da außen liegende Gleitbahnen genügend Wärme ausstrahlen.

Ventile. Der Viertakt erfordert Brennstoff-, Einlaß-, Auspuff-, Anlaß- und Sicherheitsventil, davon das Brennstoffventil durch die Brennstoffpumpe gesteuert, Einlaß- und Auspuffventil mechanisch durch Nocken, Stoßstangen und Hebel; das Anlaßventil meist pneumatisch durch besondere Steuerschieber;

das Sicherheitsventil selbsttätig. Beim Zweitakt werden Brennstoff-, Anlaß- und Sicherheitsventil ebenso gesteuert; doppeltwirkender Zweitakt hat Anlaßventile nur auf den unteren Zylinderseiten. Einlaßventile entfallen beim Zweitakt, dafür stets Spül*schlitze* vorgesehen (größerer Querschnitt); für den Auspuff meist ebenfalls Schlitze (S. 159), neuerdings auch vielfach aus warmfestem Stahl hergestellte Ventile, da diese eine Nachladung des Zylinders bequem ermöglichen (Schließen des Auspuffventils vor Abschluß der Schlitze).

Anlassen nur bei Kleinmotoren von Hand oder durch Elektromotor, bei größeren Motoren stets durch Druckluft, aushilfsweise auch durch CO_2, nie durch O_2 (Explosionsgefahr). Anlaßdruck max. meist 30 atü, jedoch sollte jeder Motor noch mit 10 atü anspringen. Größe der Anfahrluftbehälter nach Vorschriften der Klassifikationsgesellschaften, bei umsteuerbaren Maschinen unter Berücksichtigung ständiger Manövrierbereitschaft. *Umsteuerung* meist durch Verschieben der Nockenwelle, die mit Vorwärts- und Rückwärtsnocken versehen wird, oder durch Verdrehen der Nockenwelle um den doppelten Voreinspritzwinkel. Viertaktmotoren mit weniger als sechs Zylindern sind nicht direkt umsteuerbar; die angetriebene Welle wird in solchen Fällen durch Zahnrad-Wendegetriebe umgesteuert oder sie erhält Drehflügelschraube, wenn Schiffsmotor.

C. Ausgeführte Dieselmaschinen

1. Viertakt-Tauchkolbenmaschinen

a) Vierzylinder-Viertaktmotor der MAN. Bild 1a Längsansicht und teilweise Schnitt, Bild 1b Querschnitt durch einen Zylinder. Leistung ohne Aufladung 335 PSe bei 400 U/min; Zyl.-Dmr. 300 mm, Hub 450 mm; Hubverhältnis $s : D = 1,5$. Zylinderkonstante $C = 9000/[F \text{ (in cm}^2) \cdot s \text{ (in m)}] = 9000/(706,9 \cdot 0,45) = 28,3$; also $p_e = CN_{e1}/n = 28,3 \cdot 83,75/400 = 5,92$ kg/cm². Mittl. Kolbengeschwindigkeit $c_m = 0,45 \cdot 400/30 = 6,0$ m/sek. Der Motor wird mit 3 bis 9 Zylindern gebaut, von 6 Zyl. an auch mit Aufladung; durch diese steigt das p_e auf 8,6 kg/cm² oder um 45%.

Der Motor, Bild 1, ist nicht direkt umsteuerbar (keine Rückwärtsnocken auf der Steuerwelle *a*). Umsteuerbare Schiffsmotoren haben je ein besonderes Nockenbündel für die Rückwärtsfahrt; die Nockenwelle wird zur Umsteuerung in Längsrichtung hydraulisch verschoben. Je ein Nocken für Brennstoffpumpe *b*, Einlaßventil *c* und Auslaßventil *d*. Steuerung des Einspritzventils *e* durch die Brennstoffpumpe (*f* Brennstoffdruckleitung), der Ein- und Auslaßventile durch Stoßstangen *g*, des Anlaßventils *h* durch den Steuerluftverteiler *i* auf der mit halber Drehzahl umlaufenden Steuerwelle. Brennstoff wird durch die am vorderen Kurbelwellenende durch Zahnräder angetriebene Förderpumpe *k* in die Verteilleitung *l* gedrückt, aus dieser durch Zweigleitungen *m* zu den Pumpen *b*. Regelung der Leistung durch Längsverschieben der Regelstange *n*, welche die mit Schrägkantensteuerung versehenen Brennstoffpumpenstempel dreht, so daß Förderung früher oder später unterbrochen wird. Stange *n* wird bei Propellerantrieb (veränderliche Drehzahl) durch den Füllungshebel *o* von Hand verschoben; dann dient der im Gehäuse *p* untergebrachte, durch Zahnradpaar *q* angetriebene Regler als Sicherheitsregler gegen Überschreiten der zulässigen Drehzahl (der Regler wirkt durch den Servomotor *r* und das Gestänge *s* auf die Regelstange *n*). Bei Antrieb von Arbeitsmaschinen mit gleichbleibender Drehzahl (Generatoren usw.) hält Regler die Drehzahl konstant, und Hebel *o* wird nur beim Anlassen und Abstellen benutzt. Schmierung durch Zahnradpumpe *t*, die das Öl aus der Kurbelwanne ansaugt und durch den Ölkühler *u* zu den Schmierstellen (Grundlager, von dort durch Bohrungen in der Kurbelwelle zum unteren Pleuellager, durch Bohrung in der Pleuelstange zum Kolbenbolzenlager) drückt. Kolbenbolzen schwimmend, durch Seegerringe gesichert. Kolben aus warmfester Al-Si-Legierung. Kühlwasser (See- oder Süßwasser), durch Kreisel- oder Kolbenpumpe gefördert, durchströmt zuerst den Ölkühler, darauf, bei *v* eintretend, die Kühlräume der Laufbuchse und des Zylinderdeckels, und wird durch die Sammelleitung *w* (mit Thermometern) abgeführt. *x* Anlaßluftleitung, *y* Indikatorflansch. Für den Fall, daß bei angebauter Arbeitsmaschine die Eigenschwingungszahlen der Anlage kritische Drehzahlen verursachen sollten, kann am vorderen Wellenende ein Schwingungsdämpfer *z* (Hülsenfederdämpfer, Lit. 3, Bd. II, S. 132) angebaut werden.

b) Sechszylinder-Viertaktmotor der Motoren-Werke Mannheim, Bild 2. Leistung mit Abgasturboaufladung 260 PS_e bei 700 U/min; Zyl.-Dmr. 180 mm,

Hub 260 mm; Hubverhältnis $s : D = 1{,}45$. Zylinderkonstante $C = 135{,}8$; $p_e = 135{,}8 \cdot 43{,}3/700 = 8{,}4$ kg/cm²; $c_m = 6{,}07$ m/sek.

Der Motor wird mit 4 bis 8 Zylindern gebaut, von 6 Zylindern an auch mit Aufladung. Bild 2 zeigt den Querschnitt durch einen Zylinder des aufgeladenen

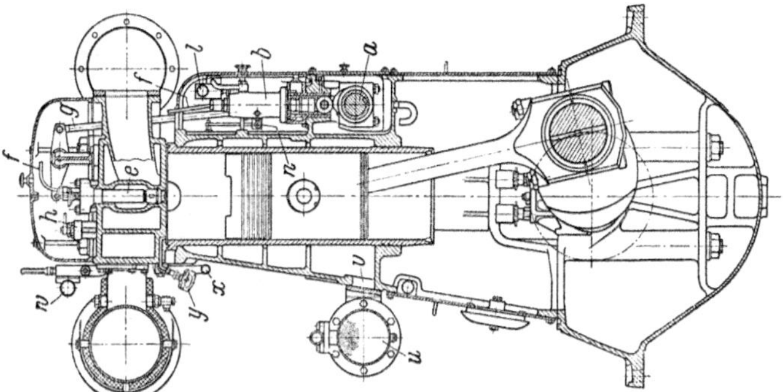

Bild 1b. Querschnitt

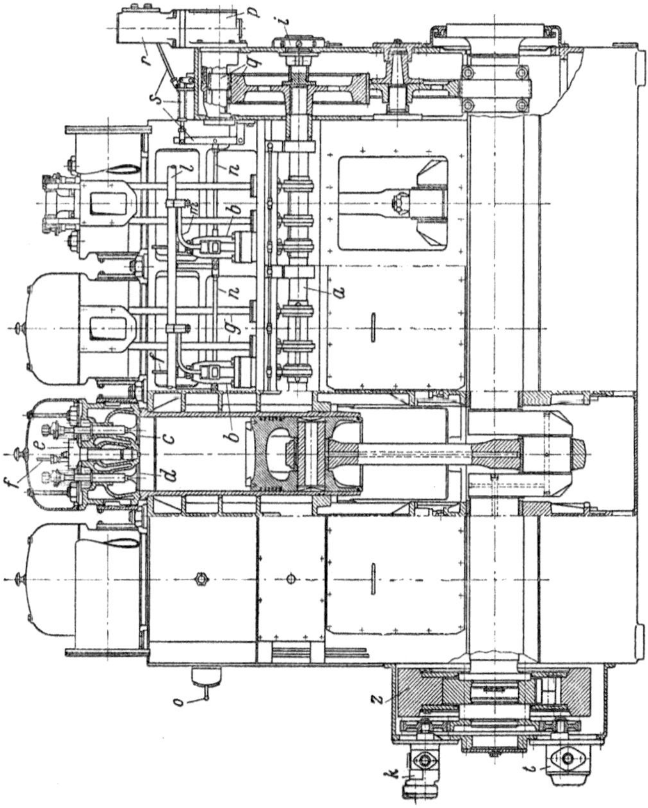

Bild 1. Vierzylinder-Viertaktmotor der MAN

Bild 1a. Längsschnitt

Sechszylinder-Motors. Die Auspuffleitung (Auspuffventil *a*) ist in zwei Stränge *b* unterteilt, in welche je 3 Zylinder im Abstand von 240 Kurbelgraden auspuffen. Bild 3 zeigt schematisch die Anordnung der Auspuffleitungen *b*, der Abgasturbine *c*, des Turbogebläses *d* und der Luftleitung *e* zu den Einlaßventilen. Durch die Auspuffstöße werden in den Leitungen periodisch starke Druckschwankungen hervorgerufen, in deren Talsenken bei gleichzeitigem Offenhalten des Einsaug- und des Auspuffventils der Brennraum durch die Ladeluft kräftig gespült wird. Dadurch wird erreicht, daß die Wärmebeanspruchung der Brennraumwand bei Aufladungen bis zu etwa 60% nicht höher als beim unaufgeladenen Motor wird[1]. Die mechanische Beanspruchung wächst mit der Aufladung, da die Zünddrücke zunehmen (von 45 auf 60 kg/cm² bei mäßigen Aufladungen, bei höheren entsprechend stärker). Bauart eines Abgasturbogebläses s. Bild 29, S. 165).

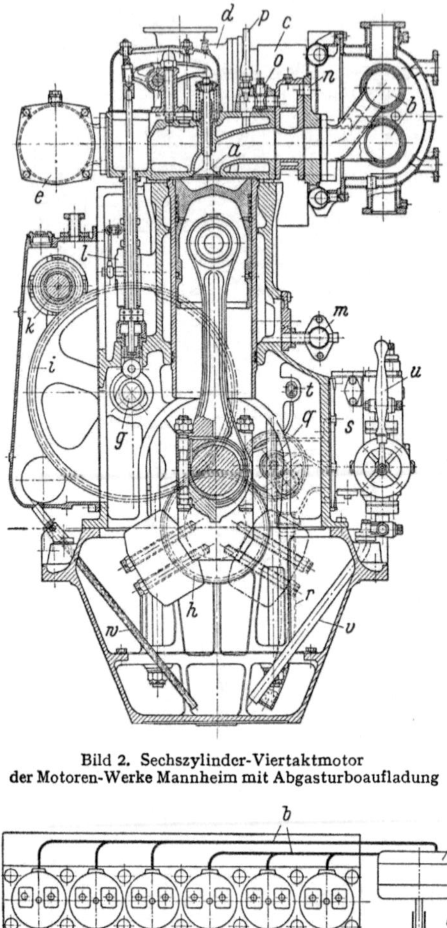

Bild 2. Sechszylinder-Viertaktmotor der Motoren-Werke Mannheim mit Abgasturboaufladung

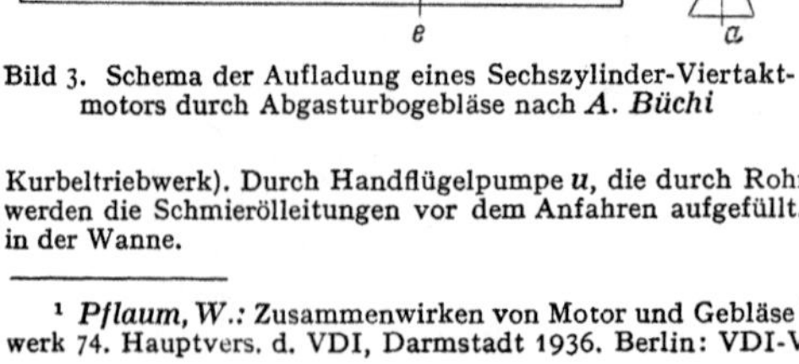

Bild 3. Schema der Aufladung eines Sechszylinder-Viertaktmotors durch Abgasturbogebläse nach *A. Büchi*

In Bild 2 ist *g* die Steuerwelle, die von der Kurbelwelle durch die Zahnräder *h*, *i* mit halber Drehzahl angetrieben wird. Zahnrad *i* treibt auch die Reglerwelle *k* mit Übersetzung ins Schnelle an, so daß der Regler kleine Abmessungen erhält. Steuerung der Brennstoffpumpe *l*, des Auspuffventils *a* und des Einlaßventils durch die Steuerwelle wie unter a); ebenso Steuerluftverteiler auf der Steuerwelle für die druckluftgesteuerten Anlaßventile. Kühlwasser (Zuleitung *m*) tritt unten in den Zylindermantel ein und bei *n* aus wassergekühlter Vorlage aus. Hahn *o* zum Regeln der Temperatur (Thermometer *p*) des abfließenden Kühlwassers. Abgasleitungen *b* (Temperatur etwa 600° C) von Wärmeschutz umgeben. Zahnradpumpe *q* saugt Schmieröl durch Rohr *r* aus der Kurbelwanne und drückt es durch Filter *s* in die Verteilleitungen (*t* für das Kurbeltriebwerk). Durch Handflügelpumpe *u*, die durch Rohr *v* aus der Kurbelwanne saugt, werden die Schmierölleitungen vor dem Anfahren aufgefüllt. Ölmeßstab *w* mißt den Ölstand in der Wanne.

[1] *Pflaum, W.:* Zusammenwirken von Motor und Gebläse bei Auflademaschinen. Berichtswerk 74. Hauptvers. d. VDI, Darmstadt 1936. Berlin: VDI-Verlag 1936.

c) Achtzylinder-Viertaktmotor der Motoren-Werke Mannheim[1] (Bild 4). Zylinder in V-Anordnung, *luft*gekühlt. Dauerleistung 100 PSe bei 2000 U/min; Zyl.-Dmr. 105 mm, Hub 120 mm; Hubverhältnis 1,14 (Schnelläufer). $C = 866{,}0$; $p_e = 5{,}42$ kg/cm²; $c_m = 8{,}0$ m/sek.

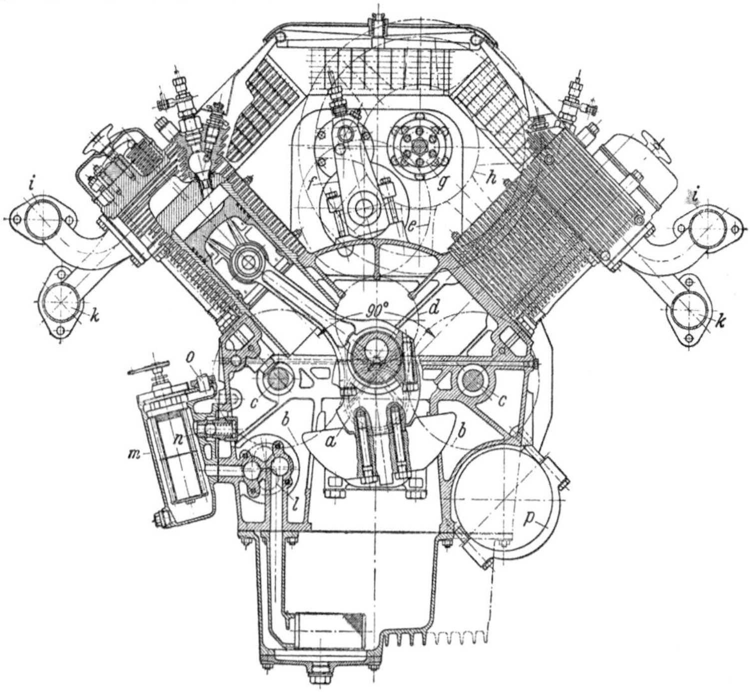

Bild 4. Achtzylinder-Viertakt-V-Motor der Motoren-Werke Mannheim mit Luftkühlung

Gabelwinkel zwischen den beiden Zylinderreihen 90°, daher gleichmäßiger Zündabstand 90°. Zahnrad *a* auf hinterem Ende der Kurbelwelle treibt die beiden Zahnräder *b* auf den Steuerwellen *c* (mit halber Drehzahl), ferner durch Zahnrad *d* das Zahnrad *e* (ebenfalls mit $^1/_2 n$) auf der Welle der Brennstoffpumpe *f* und schließlich mit Übersetzung ins Schnelle durch Zahnrad *g* das Laufrad *h* des Kühlluftgebläses, als Axialgebläse gebaut. Zylinder als einzelne Rippenzylinder in das Kurbelgehäuse eingesetzt; Zylinderköpfe gleichfalls einzeln, aus Leichtmetall. Einspritzung durch Vorkammer s. Bild 20. Luftsaugleitungen *i* aus Luftfiltern; *k* Auspuffleitungen. Zahnradpumpe *l*, durch (in Bild 4 linkes) Zahnrad *b* angetrieben, saugt Schmieröl aus der Kurbelwanne und drückt es durch Filter *m* (mit Überdruckventil *n*) in die Verteilleitung *o*. *p* Halterung der Lichtmaschine. Am vorderen Kurbelwellenende ist ein Holset-Schwingungsdämpfer (Lit. 3, dort Bd. II S. 134) angebaut.

d) Zwölfzylinder-Viertaktmotor der Maybach-Motorenbau Ges., Bild 5. Zylinder in V-Anordnung, wassergekühlt. Leistung 1100 PSe bei 1500 U/min; Zyl.-Dmr. 185 mm, Hub 200 mm; Hubverhältnis 1,08 (Schnelläufer). $C = 167{,}3$; $p_e = 10{,}2$ kg/cm² (mit Abgasturboaufladung); $c_m = 10$ m/sek.

Gabelwinkel zwischen den Zylinderreihen 60°, daher gleichmäßiger Zündabstand 60° (12 Zündungen auf 720° Kurbelwinkel). Die Pleuelstangen *a* der einen Zylinderreihe umgreifen die Stangen *b* der gegenüberliegenden Reihe, so daß die Zylindermitten beider Reihen einander gegenüberliegen. Die Wangen der in einem Stück geschmiedeten Kurbelwelle sind als Scheiben *c* ausgebildet, die in Wälzlagern *d* gelagert sind; Einbau in das ungeteilte „Tunnelgehäuse" von den Stirnseiten. Zylinder und Zylinderdeckel wassergekühlt, Kolben drucköl-

[1] Der MWM-Fahrzeugdieselmotor AKD 412 AV. MWM-Nachr. (1957) Nr. 2 S. 38.

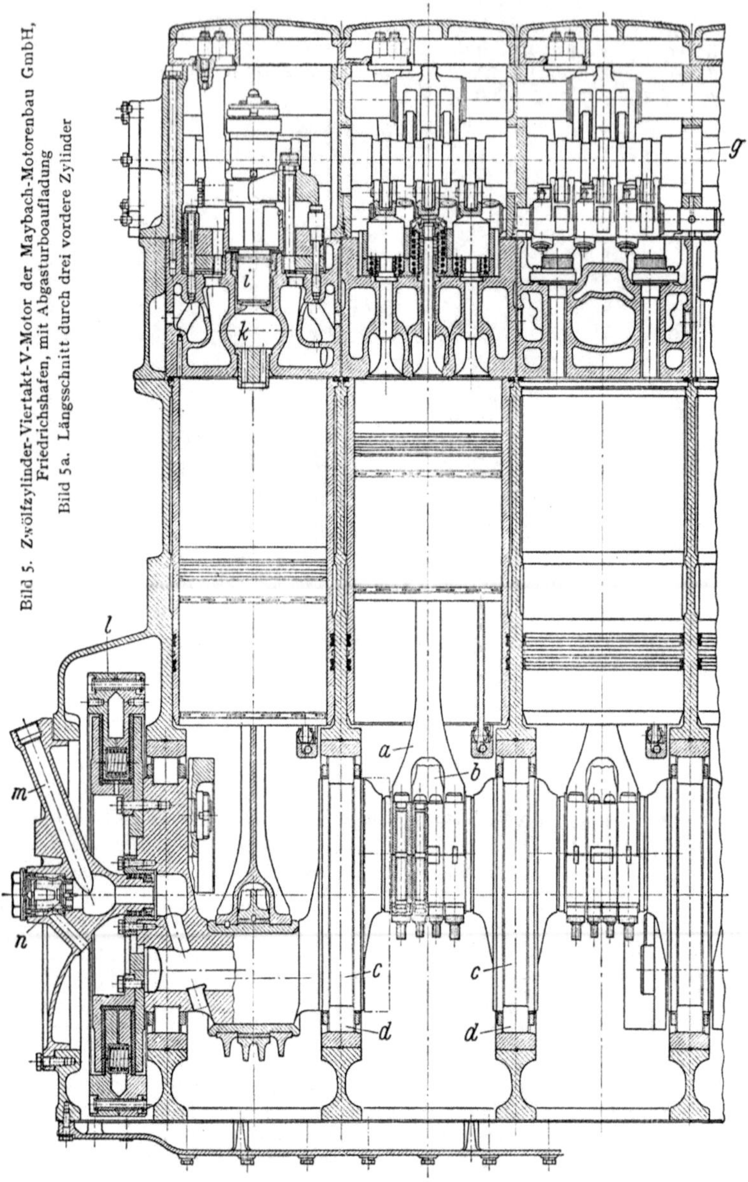

Bild 5. Zwölfzylinder-Viertakt-V-Motor der Maybach-Motorenbau GmbH, Friedrichshafen, mit Abgasturboaufladung

Bild 5a. Längsschnitt durch drei vordere Zylinder

gekühlt. In jedem Zylinderdeckel 3 Einlaßventile *e* und 3 Auspuffventile *f*, die durch die Steuerwellen *g*, *h* betätigt werden. Von den äußeren Steuerwellen *h* erhalten auch die Einspritzgeräte *i* ihren Antrieb, in denen Pumpe und Einspritzventil zu einem Stück zusammengebaut sind. Einspritzung durch Brennkammern *k*. Schwingungsdämpfer *l* Bauart Lanchester (Lit. 3, Bd. II, S. 133) am vorderen Kurbelwellenende; dort auch Schmierölfüllöffnung *m* und Schmierölüberdruckventil *n*.

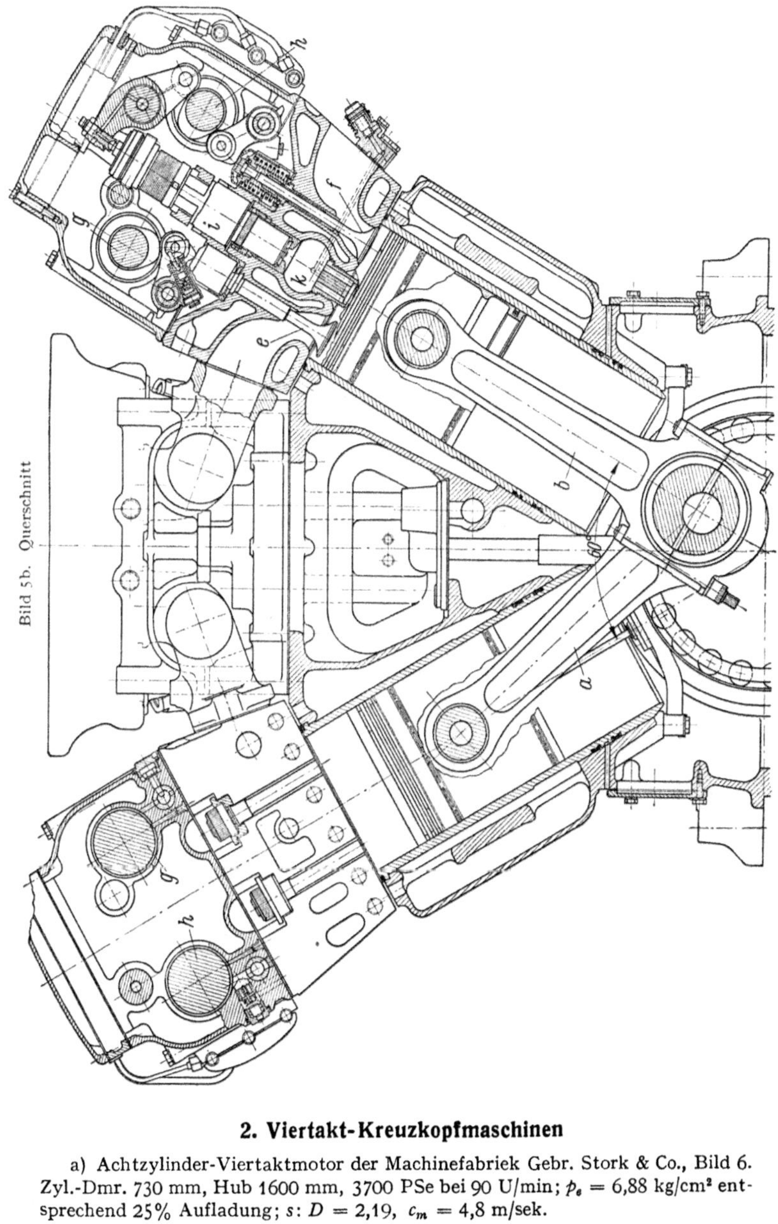

Bild 5b. Querschnitt

2. Viertakt-Kreuzkopfmaschinen

a) Achtzylinder-Viertaktmotor der Machinefabriek Gebr. Stork & Co., Bild 6. Zyl.-Dmr. 730 mm, Hub 1600 mm, 3700 PSe bei 90 U/min; p_e = 6,88 kg/cm² entsprechend 25% Aufladung; $s : D = 2{,}19$, $c_m = 4{,}8$ m/sek.

Das Drehkolbengebläse *a* ist an die Grundplatte geflanscht; es liegt zwecks Geräuschdämpfung unter dem Maschinenraumflur *b*. Bei Vorwärtsfahrt ist *c* die Saug-, *d* die Druckseite des Gebläses; dieses liefert die vorverdichtete Luft durch Rohr *e* in die Sammelleitung *f*, von welcher Abzweigungen zu den Einlaßventilen in den Zylinderdeckeln führen. *g* ist die Auspuffleitung. Als Schiffsmaschine ist der Motor umsteuerbar; bei Rückwärtsfahrt läuft das Gebläse im entgegengesetzten Drehsinn. Beim Umsteuern werden die beiden Drehschieber *h* durch Gestänge *i* so verstellt, daß das Gebläse auch bei dem veränderten Drehsinn die Luft in die Leitung *e* fördert.

b) Sechszylinder-Viertaktmotor der MAN mit Hochaufladung[1], Bild 7. Leistung 2800 PS_e bei 250 U/min; Zyl.-Dmr. 450 mm, Hub 660 mm; Hubverhältnis 1,47. $C = 8{,}574$; $p_e = 16{,}0\ \mathrm{kg/cm^2}$; $c_m = 5{,}5\ \mathrm{m/sek}$.

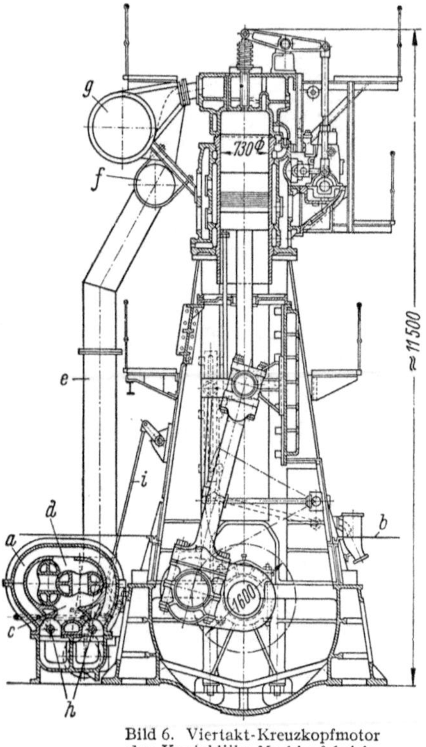

Bild 6. Viertakt-Kreuzkopfmotor der Koninklijke Machinefabriek Gebr. Stork & Co., Hengelo

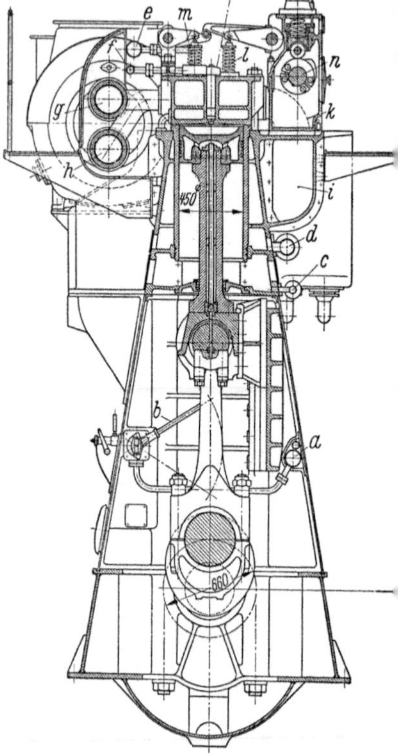

Bild 7. Viertakt-Kreuzkopfmotor der MAN mit Hochaufladung

Ölgekühlter Kolben aus Stahlguß von einfacher rotationssymmetrischer Form; Ölzuführung aus der Verteilleitung *a* durch Gelenke *b* zum Kreuzkopf, von dort durch das Einsatzrohr in der Kolbenstange zum Kolbenhohlraum. Ein Teil des Kühlöles schmiert durch Bohrung in der Pleuelstange die unteren Pleuellager, so daß Schmierbohrungen in der Kurbelwelle entfallen. Die Kolbenstange ist durch eine Abstreifstopfbuchse geführt; von der Laufbuchse abtropfendes Schmieröl fließt durch Leitung *c* ab. Kühlwasser tritt bei *d* in den Zylindermantel ein, bei *e* aus dem Zylinderdeckel aus. *f* ist die Anlaßluftleitung. Die Auspuffleitung ist in die Stränge *g*, *h* unterteilt, die zur zweistufigen Abgasturbine führen (vgl. Bild 3). Das ebenfalls zweistufige Ladegebläse (mit radialen Laufrädern) fördert die Luft mit 2,5 ata Ladedruck durch einen Kühler in den Aufnehmer *i*, aus welchem es durch Krümmer *k* zu den Einlaßventilen *l* (2 je Zyl.) gelangt. Steuerung der Einlaß- und der Auslaßventile *m* (2 je Zyl.) durch Hebel von der Steuerwelle *n*, von der auch die Brennstoffpumpen *o* (mit Schrägkantensteuerung) betätigt werden. Umsteuern durch axiales Verschieben der Steuerwelle mittels Servomotors.

[1] *Zinner, K.*: Betriebsergebnisse mit den Hochauflademotoren der Lichtenfels-Klasse. Jahrb. Schiffbautechn. Ges. Bd. 50 (1956) S. 136. Dort weitere Lit.-Angaben.

3. Zweitakt-Tauchkolbenmaschinen

a) Achtzylinder-Zweitaktmotor der Klöckner-Humboldt-Deutz AG (Bild 8 u. 9). Zylinder in V-Anordnung. Leistung ohne Aufladung 500 PSe, mit Abgasturboaufladung 750 PSe, beides bei 500 U/min. Zyl.-Dmr. 220 mm, Hub 330 mm; Hubverhältnis 1,5. $C = 4500/380{,}1 \cdot 0{,}33 = 35{,}8$; $p_e = 35{,}8 \cdot 62{,}5/500 = 4{,}48$ kg/cm² ohne, 6,72 kg/cm² mit Aufladung.

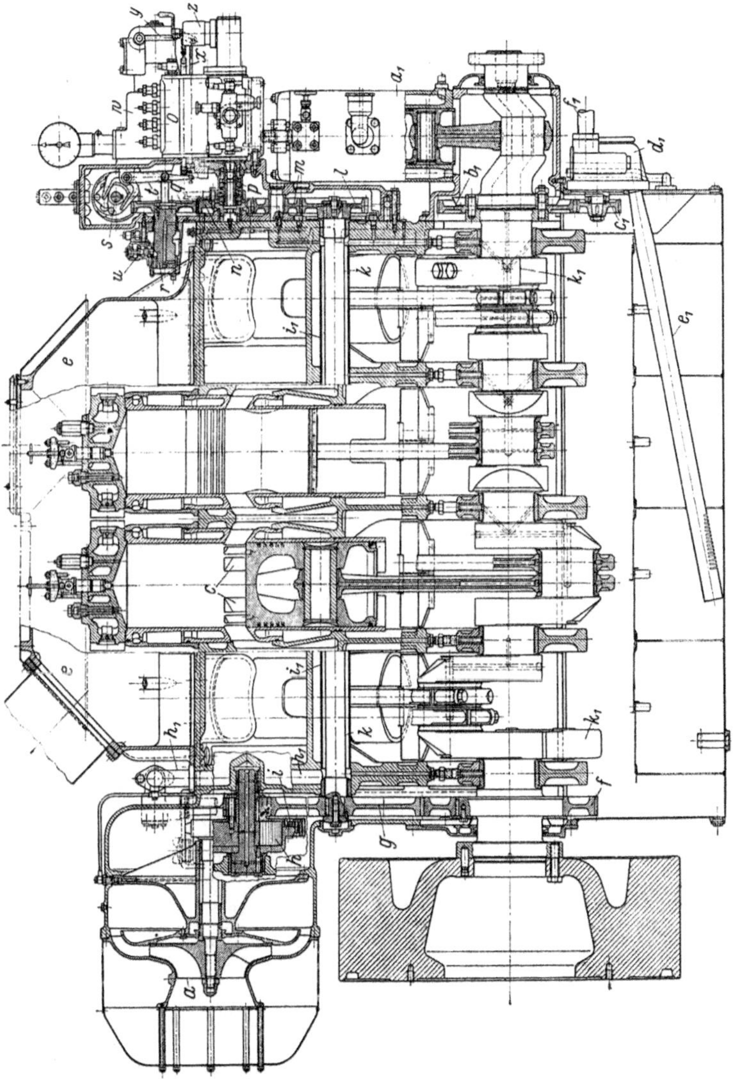

Bild 8. Achtzylinder-Zweitakt-V-Motor der Klöckner-Humboldt-Deutz AG
Bild 8a. Längsschnitt

Motor als Schiffsmotor direkt umsteuerbar. Gabelwinkel zwischen den Zylinderreihen 45°, daher bei 8 Zündungen je Umdr. gleichmäßiger Zündabstand 45°. Zylinderreihen in der Längsrichtung um den Abstand der Pleuelstangenmitten gegeneinander versetzt, damit gegenüberliegende Pleuelstangen nebeneinander am Kurbelzapfen angreifen können. Das Spülgebläse (Laufrad *a*) saugt Luft aus dem Maschinenraum und drückt sie in die Aufnehmer *b*, aus denen sie durch Spülschlitze *c* in die Zylinder tritt. Abgase durch Auspuffschlitze *d* in

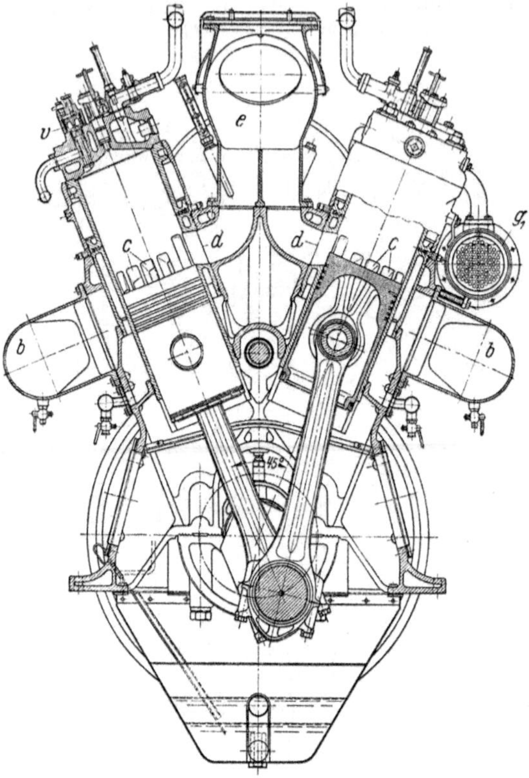

Bild 8b. Querschnitt

das Auspuffsammelrohr *e*, aus diesem ins Freie oder (bei Aufladung) zur Abgasturbine. Antrieb des Spülgebläses durch Zahnräder *f*, *g* sowie durch eine drehelastisch weiche Dämpfer- und Lamellenkupplung (*h* Gummidämpfer, *i* Lamellen). Zahnrad *g* treibt auch die nach der vorderen Stirnseite geführte Welle *k* an und diese durch Zahnräder *l*, *m* *zwei* symmetrisch zur Längsmittelebene liegende Zahnräder *n*, welche die (zwei) Brennstoffpumpen *o* mit Kurbelwellendrehzahl (Zweitakt) antreiben (in Bild 8a ist nur eine Pumpe gezeichnet). Da beim Umsteuern die Wellen der Brennstoffpumpen um den doppelten Voreinspritzwinkel gedreht werden müssen, sind Schleppkupplungen *p* zwischen Zahnrädern und Pumpenwellen vorgesehen. Eines der beiden Zahnräder *n* greift in das Antriebsrad *q* des Anfahrsteuernockens *r*, der nur zum Anfahren durch die von Hand betätigte Steuerwelle *s* und den Gabelhebel *t* axial in eine seiner Endlagen (Voraus bzw. Zurück) verschoben wird. Dann steuert *r* pneumatisch durch (vier) Steuerschieber *u* die Anlaßventile *v* (Bild 8b) in den Zylinderdeckeln in richtiger Folge. Gehäuse *w* (Bild 8a) enthält den Regler. Vom Zahnrad *q* wird die Reglerspindel mit Übersetzung ins Schnelle angetrieben. Der federbelastete Fliehkraftregler steuert durch Gestänge *x* beide Boschpumpen *o*. Änderung der Drehzahl durch Ändern der Federspannung mittels Handhebels *y*. Auch die Förderung der (zwei) Boschöler *z* wird vom Regler mit der Belastung geändert.

Vom vorderen Kurbelwellenende wird der Anlaßluftkompressor a_1 angetrieben, ferner durch Zahnräder b_1, c_1 die Zahnradschmierölpumpe d_1, die durch Rohr e_1 aus der Kurbelwanne saugt und das Öl durch Rohr f_1, ein umschaltbares Doppelfilter und durch Ölkühler g_1 (Bild 8b) in die Verteilleitung h_1 (Bild 8a) drückt. Aus dieser gelangt es in den von Welle k und umgebendem Rohr i_1 gebildeten Ringraum, von dem es sich auf das Kurbeltriebwerk und die vorderen Zahnräder verteilt. Schmierung der Getriebeteile auf Schwungradseite an Verteilleitung h_1 angeschlossen. Durch je ein Gegengewicht k_1 an den äußeren Wangen der vorderen und hinteren Kröpfung (Mittellinien von k_1 unter 45° zu den Kröpfungsebenen) wird das freie Restmoment I. Ordnung so geschwenkt, daß es vorwiegend in der Horizontalen wirkt, was weniger störend als in der Vertikalen.

Bild 9 zeigt gemessene Werte für Leistungen N_e, mittl. eff. Kolbendrücke p_e und Abgastemperaturen in Abhängigkeit von der Drehzahl für den nichtaufgeladenen und den aufgeladenen Achtzylinder-V-Motor.

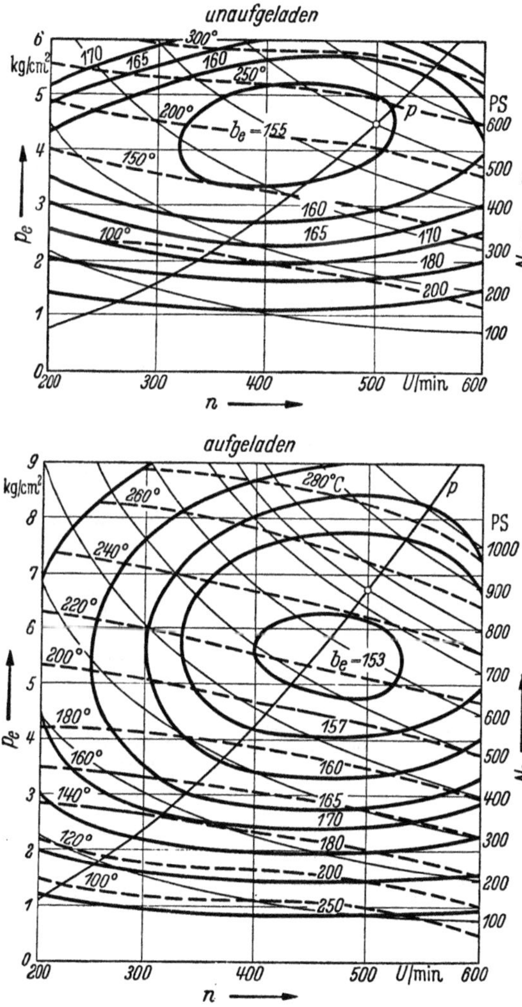

Bild 9. Mittlere eff. Drücke, Brennstoffverbrauch und Abgastemperaturen des Motors Bild 8 ohne und mit Abgasturboaufladung

b) Zweitaktmotor der Fa. Gebr. Sulzer (Bild 10). Der Motor wird in Reihenform mit Zyl.-Zahlen 4 bis 12 gebaut. Leistung eines Zylinders (480 mm Dmr., 700 mm Hub) bei 225 U/min 375 PSe mit Abgasturboaufladung, entsprechend $p_e = 5{,}93$ kg/cm², $c_m = 5{,}25$ m/sek. Hubverhältnis 1,46 mit Rücksicht auf Querspülung.

Das Abgasturbogebläse *a* (Anordnung in Bild 10 schematisch) saugt Luft durch Stutzen *b* an und fördert sie durch Leitung *c* und Kühler *d* in den Aufnehmer *e*, der für die seitlich von den Arbeitszylindern angeordneten, durch Schwinghebel angetriebenen Kolbenspülpumpen *f* gemeinsam ist. *g* Saugventile, *h* Druckventile der Pumpen. Der Auspuff strömt aus Sammelrohr *i* durch Rohr *k* zur Abgasturbine *a* und tritt bei *l* aus. Zylinderkühlwasser durch Rohr *m* zu-, durch *n* abgeführt. Arbeitskolben ölgekühlt; Kühlölzuleitung aus Rohr *o* durch Teleskope mit Windkessel *p*, Abfluß durch Schautrichter *q*. Schmieröl für den Kolbenbolzen vom Kolbenkühlöl abgezweigt und durch die Pleuelstangenbohrung zum Kurbelzapfen geführt, so daß die Kurbelwelle nicht durch Schmierbohrungen geschwächt wird. Antrieb der Brennstoffpumpen *r* durch die Steuerwelle *s*; *t* Brennstoffdruckleitung zum Einspritzventil *u*. *v* Anlaßluftleitung zum Anlaßventil *w*, gesteuert durch Steuerschieber *x* mit Steuerluftleitung *y*.

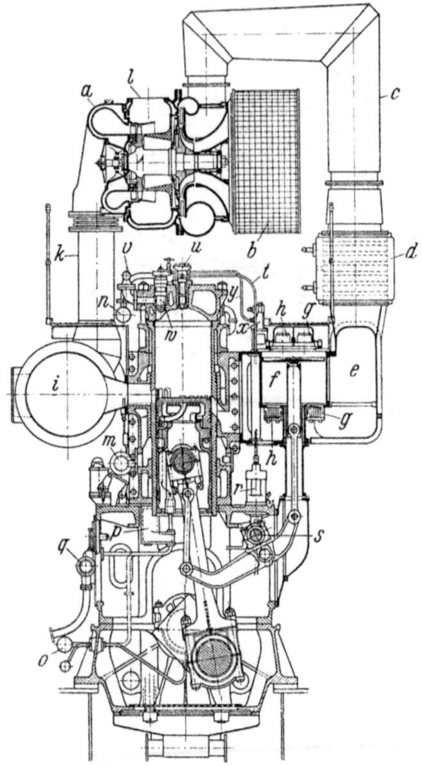

Bild 10. Zweitaktmotor der Gebr. Sulzer AG, Winterthur, mit Abgasturboaufladung

c) Zweitaktmotor der Maschinenbau Kiel AG[1] (Bild 11) mit Ventilsteuerung des Auspuffs und Abgasturboaufladung. Leistung des Vierzylindermotors (Zyl.-Dmr. 290 mm, Hub 420 mm) 700 PS_e bei 375 U/min, entsprechend $p_e = 7{,}58$ kg/cm², $c_m = 5{,}25$ m/sek. Hubverhältnis 1,45.

Abgasturbogebläse *a* saugt Luft aus dem Maschinenraum und drückt durch Kühler *b* in den Spülluftaufnehmer *c*, aus dem sie durch Schlitze *d* in den Arbeitszylinder tritt, wenn der Kolben durch den UT geht. Vorher haben die Auspuffventile *e* geöffnet, so daß der Zylinderinhalt entspannt ist, wenn Spülluft eintritt. Austritt der Auspuffgase durch ein für je zwei Zylinder gemeinsames Rohr *f* bzw. f_1 in die Abgasturbine. Da die Kurbeln von Zyl. 1 und 2 (vom Schwungrad zählend) um 180° versetzt sind, das vordere Kurbelpaar ebenso und zum hinteren um 90°, so erhält die Turbine vier Auspuffstöße je Umdr. in gleichmäßigem Abstand. Boden- und Mantelteil des Kolbens vom Kolbenbolzenträger getrennt und rotations-symmetrisch, so daß er auch in der Betriebswärme zylindrisch bleibt. Kolbenbolzen mit dem oberen Pleuelkopf verschraubt zwecks Ausnutzung der tragenden Länge des Bolzens. Kühlung des Kolbens durch Öl, das von der Zahnradpumpe *g* aus der Kurbelwanne durch Rohr *h* angesaugt wird und durch die Grundlager und Bohrungen in Kurbelwelle und Pleuelstange in den Kolbenkühlraum gelangt; Abfluß in das Kurbelgehäuse durch Rohr *i* (Bild 11b). Auf der Steuerwelle *k*, angetrieben durch Zahnräder auf der Schwungradseite, Vor- und Rückwärtsnocken *l* für Brennstoffpumpe *m* und -nocken *n* für Stoßstange *o*, die beide Auspuffventile zugleich betätigt. Zum Umsteuern wird *k* durch Handrad *p* axial verschoben; dabei brauchen die Rollenführungen nicht abgehoben zu werden, weil die Rollen über Schrägen

---

[1] *Lembcke, R.:* Zweitaktmotor der MaK mit Abgasturboaufladung. Motortechn. Zeitschr. Bd. 19 (1958) Nr. 4 S. 111.

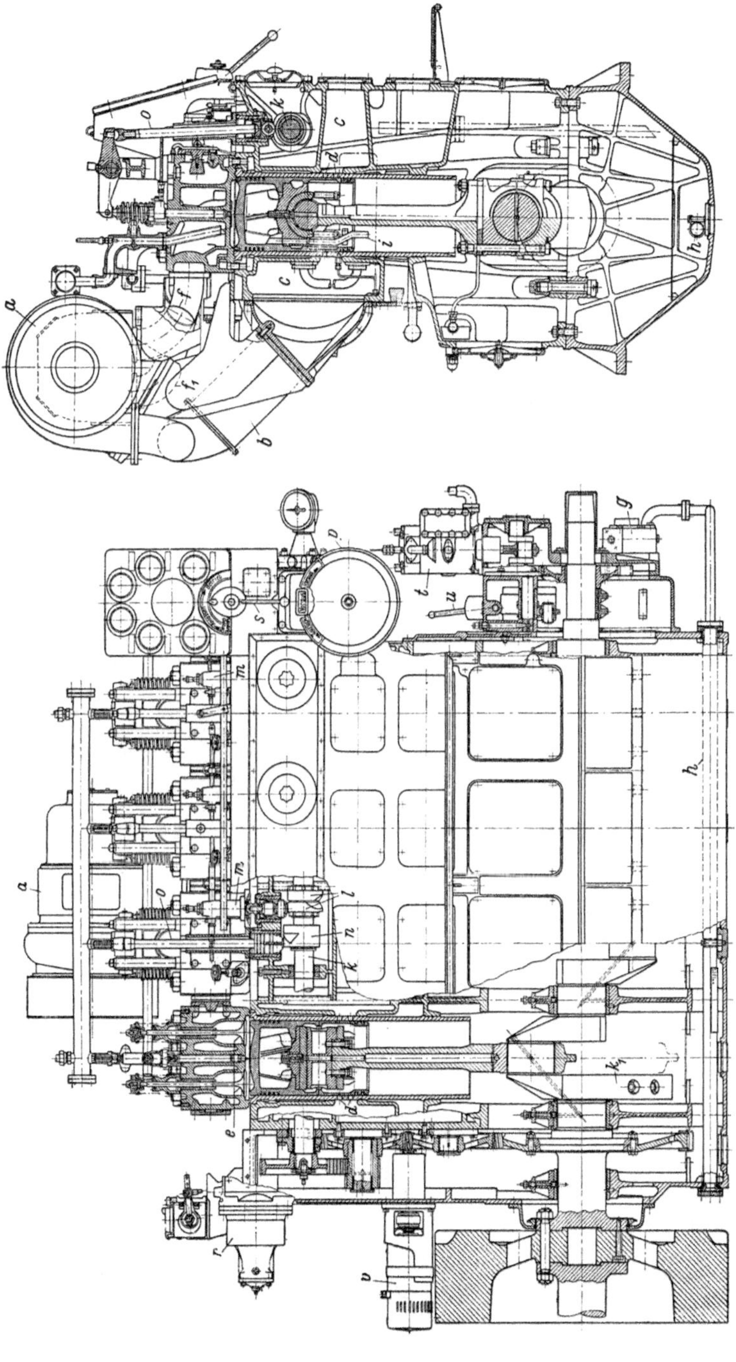

Bild 11. Zweitaktmotor der Maschinenfabrik Kiel AG mit ventilgesteuertem Auspuff und Abgasturboaufladung
Bild 11a. Längsschnitt Bild 11b. Querschnitt

auf die Nachbarnocken gleiten. Brennstoffpumpen *q* mit Schrägkantensteuerung. Einstellen von Leistung und Drehzahl (Propellerantrieb) indirekt über den Verstellregler *r*: der Fahrhebel *s* verlegt im Betriebsbereich durch ein Gestänge den Drehpunkt des Muffenhebels des Reglers; die Reglermuffe überträgt ihre Bewegung auf die Zahnstangen der Brennstoffpumpen. Die Brennstoffförderung steht dadurch im ganzen Drehzahlbereich unter Kontrolle des Reglers. Am vorderen Motorende ist der Anfahrluftkompressor *t* angebaut, der durch Zahnräder über eine ausrückbare Kupplung (Handhebel *u*) angetrieben wird. *v* Lichtmaschine; k_1 Gegengewichte (wie in Bild 8).

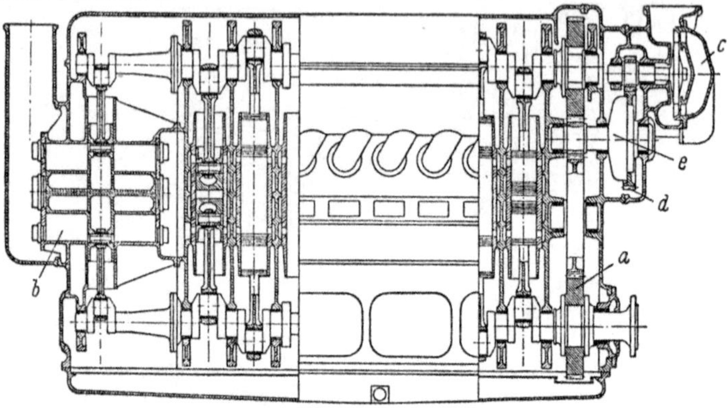

Bild 12. Zweitakt-Gegenkolbenmotor der Gebr. Sulzer AG, Winterthur, mit Hochaufladung

d) Zweitakt-Gegenkolbenmotor der Fa. Gebr. Sulzer AG mit Hochaufladung[1] (Bild 12). Die Arbeitskolben des Achtzylinder-Gegenkolbenmotors arbeiten auf je eine oben und unten liegende Kurbelwelle; die Wellen sind durch Zahnräder *a* verbunden. Jede Kurbelwelle treibt einen der beiden Kolben der Spülpumpe *b* an. Die Düsenquerschnitte der Abgasturbine *c* drosseln den Auspuff und bewirken ein Steigen des Spüldrucks, der die Zylinder auflädt. Ein Teil der Abgasenergie wird mechanisch durch die Turbine *c* ausgenutzt, deren Leistung durch ein Untersetzungsgetriebe *d* mit elastischer Kupplung *e* auf die obere Kurbelwelle übertragen wird. Durch diese Anordnung sind höchste spez. Leistungen erreicht worden (Bild 13). Ein Zweitakt-Gegenkolbenmotor mit axialem Kreiselkompressor leistete mit 8 Zylindern (180 mm Dmr., 2 × 225 mm Hub) bei 1000 U/min maximal 2500 PSe (Lit. 3, dort Bd. II, S. 442).

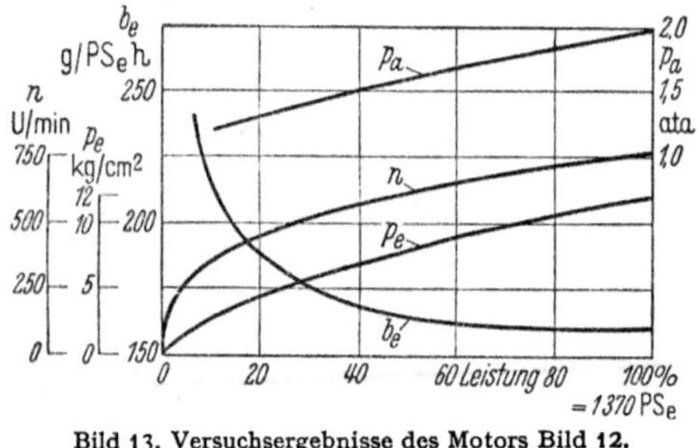

Bild 13. Versuchsergebnisse des Motors Bild 12.
p_a Aufladedruck; p_e mittl. eff. Kolbendruck; n U/min; b_e Brennstoffverbrauch

4. Zweitakt-Kreuzkopfmaschinen

a) Einfachwirkender Zweitaktmotor der Firma FIAT. In Deutschland gebaut von der Borsig AG, Berlin-Tegel (Bild 14). Zyl.-Dmr. von 520 bis 900 mm, Hub entsprechend von 960 bis 1600 mm, Drehzahlen 140 bis 95 (normal), c_m i. M.

[1] *Oederlin, F.:* Über die Aufladung des Zweitakt-Dieselmotors. Werft, Reederei, Hafen Bd. 23 (1942) S. 163.

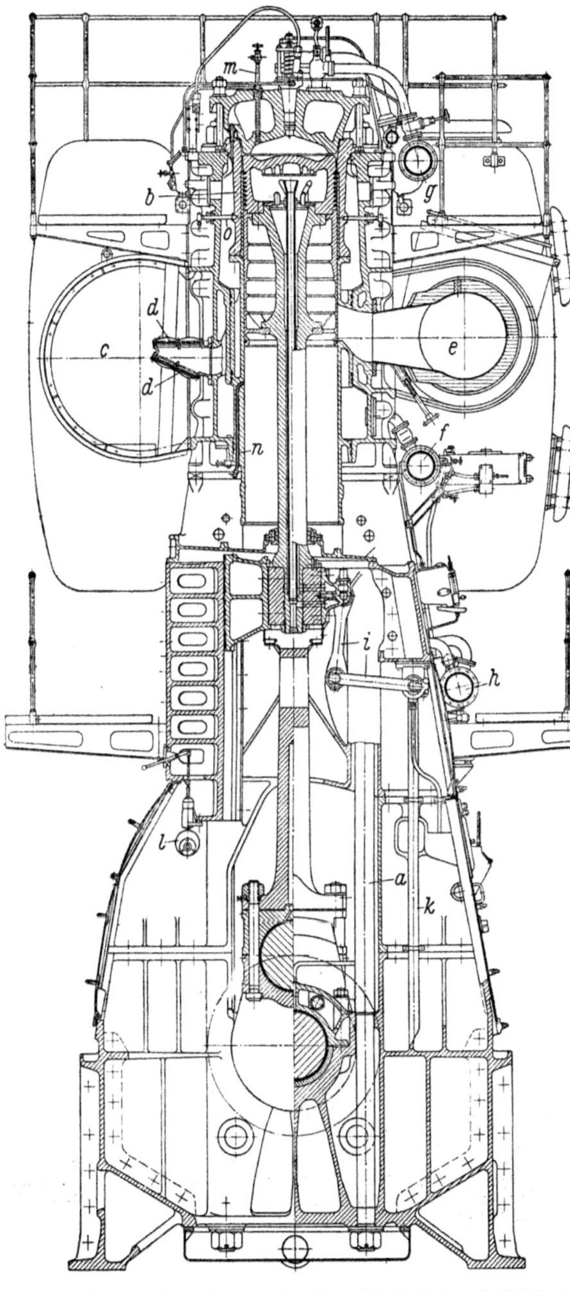

Bild 14. Einfachwirkender Zweitaktmotor der Firma FIAT, Turin, mit Schlitzsteuerung und Nachladung

5,8 m/sek. Der in Bild 14 dargestellte Zylinder (680 Dmr., 1200 Hub) leistet unaufgeladen 700, mit Aufladung 930 PSe; entsprechend $p_e = 5{,}16$ bzw. 6,86 kg/cm².

Zuganker *a*, von Unterkante Lagerbrücke bis Oberkante Zylinderrahmen durchgehend, entlasten die gußeisernen Bauteile vom Verbrennungsdruck. Oberer Teil *b* der Laufbuchse aus Stahlguß mit auswechselbarem gußeisernen Futter; unterer die Schlitze enthaltender Teil aus Gußeisen. Die Spül- und Ladeluft tritt aus dem Aufnehmer *c* durch Rückschlagventile *d*, die nur nach dem Zylinderinnern öffnen, in den Arbeitszylinder. Die Spülschlitze sind höher als die Auspuffschlitze; bei abwärtsgehendem Kolben öffnen die Spülschlitze zwar zuerst, jedoch können wegen der Ventile *d* keine Abgase in den Aufnehmer *c* gelangen; Auspuff nur durch die etwas später öffnenden Auspuffschlitze in die Auspuffleitung *e*. Beim Aufwärtsgang schließen die höheren Spülschlitze später und ermöglichen durch Ventile *d* das Nachladen des Zylinders. *f* Kühlwasserzuleitung, *g* Abfluß. Kolbenkühlung durch Öl: *h* Zuleitung, *i* Gelenkrohre am Kreuzkopf, Zuleitung zum Kolben durch Ringraum zwischen Kolbenstangenbohrung und Einsatzrohr, Rückfluß durch dieses und zweites Gelenk sowie durch Rohr *k* in die Kurbelwange. *l* Indikatorantrieb, *m* Indikatorstutzen. Unterer Teil der Zylinderlaufbuchse erhält Schmieröl durch drei eingegossene Schmierrohre *n*, oberer durch sechs Schmieranstiche *o*.

b) Einfachwirkender Zweitaktmotor der MAN (Bild 15) mit Umkehrspülung und Abgasturboaufladung, gebaut mit Zylinderzahlen 6 bis 10. Leistung eines Zylinders (780 mm Dmr., 1400 mm Hub) bei 118 U/min 1200 PSe; entsprechend $p_e = 6{,}85$ kg/cm², $c_m = 5{,}51$ m/sek.

Grundplatte und Gestell geschweißt. Zylinderdeckel geteilt: untere feuerberührte Vorlage dünnwandig, wassergekühlt; oberer Teil aus Stahlguß nimmt die Kräfte auf. Durchgehende Zuganker von Unterkante Lagerbrücke bis Oberkante Zylinderrahmen. Kolben wassergekühlt durch Teleskoprohre *a*. Da wegen des Zweitaktes kein Druckwechsel im Gestänge, werden die Kreuzkopfzapfen durch HD-Schmierölpumpen *b* geschmiert, deren Stempel durch Gestänge *c* von den oberen Pleuelköpfen bewegt werden. *d* Indiziergestänge; *e* Brennstoffpumpe mit Schrägkantensteuerung, diese betätigt durch Gestänge *f*—*g* vom Bedienungsstand.

Spülen und Aufladen im „Stoß-Serien-Parallelbetrieb"[1]. Bedeutung: Die Auspuffstöße gelangen unmittelbar aus den Auspuffschlitzen *h* durch mehrere (bei 6-Zyl.-Maschinen zwei) Leitungen *i* zur Abgasturbine unter möglichster Ausnutzung ihrer kinetischen Energie. (Beim „Staubetrieb" dagegen werden die Auspuffgase zunächst in einem Behälter aufgestaut, bevor sie der Turbine zugeführt werden.) Die Drehschieber hinter den Auspuffschlitzen entfallen. Das Gebläse (der „Lader") *k* saugt Luft aus dem Maschinenraum und fördert sie durch Kühler *l* in die erste Stufe (Raum I), aus welchem die Kolbenunterseiten die Luft durch Saugventile *m* ansaugen, um sie durch Druckventile *n* in die zweite Stufe (Raum II) zu drücken. Lader und Kolbenunterseiten sind hintereinander („in Serie") geschaltet. Aus II tritt die Luft durch die Spülschlitze *o* in den Zylinder. Dies gilt für die Mehrzahl der Arbeitszylinder. Einige Kolbenunterseiten saugen unmittelbar aus der Atmosphäre und drücken ebenfalls nach II; sie arbeiten „parallel" zum Lader.

Die Kurbelfolge muß so gewählt werden, daß die durch die Leitungen *i* auf eine gemeinsame Turbine kommenden Auspuffstöße nicht den Spülvorgang in einem anderen Zylinder stören; dies kann ein Abweichen vom günstigsten Massenausgleich (S. 267) erfordern.

c) Einfachwirkender Zweitaktmotor der Fa. Gebr. Sulzer (Bild 16) mit Querspülung und Abgasturboaufladung, mit Zylinderzahlen bis 12. Leistung eines Zylinders (760 mm Dmr., 1550 mm Hub) bei 119 U/min 1300 PSe; entsprechend $p_e = 7{,}0$ kg/cm², $c_m = 6{,}15$ m/sek.

Grundplatte und Gestell geschweißt, durch Zuganker mit Zylinderrahmen verbunden. Zylinderdeckel unterteilt in äußeren ringförmigen tragenden Teil *a* und Einsatzstück *b*, welches Brennstoffventil *c* und Anlaßventil enthält. *d* Brennstoffpumpe mit Druckleitung *e* zum Brennstoffventil. Arbeitszylinder wassergekühlt: *f* Zuleitung; *g* Überleitung zum äußeren, *h* zum inneren Zylinderdeckel; *i* Abfluß mit Regelventil *k*; *l* Sammelleitung. Auch das Gehäuse der (eine schwingende Bewegung ausführenden) Auspuffklappe *m* ist wassergekühlt. Kolben mit Ölkühlung; Zuführung durch ein Gelenk *n*; Zufluß zum Kolben durch Ringraum zwischen Kolbenstangenbohrung und Einsatzrohr; Rückfluß durch das Rohr. Schmierung des Kurbelzapfenlagers vom Kreuzkopf aus durch Bohrung in der Pleuelstange, so daß keine Schmierbohrungen in der Kurbelwelle erforderlich. *o* Schauglas; *p* Explosionsklappe am Kurbelgehäuse.

Antrieb der Gasturbine, Spülen und Laden im „Stoß-Serienbetrieb". Der Auspuffstoß gelangt unmittelbar (ohne „gestaut" zu werden) durch Auspuffschlitze *q* und Krümmer *r* zur Turbine *s* (ausgezogene Pfeile); dabei Stellung der Auspuffklappe *m* wie in Bild 16. Das Gebläse saugt aus dem Maschinenraum und drückt durch Luftkühler *t* in den Raum *I* (erste Stufe) und aus diesem durch Rückschlagventile *u* in den Raum *II*, der den unteren Teil der Zyl.-Laufbuchse umgibt. Beim Abwärtsgang des Kolbens verdichtet dieser die in *II* befindliche Luft weiter, bis die Kolbenoberkante die Spülschlitze *v* freigibt. (Weg der Luft durch

[1] *Schmidt, Fr.:* Über das Aufladen großer Zweitaktmotoren. Konstruktion Bd. 9 (1957) Nr. 7 S. 260.

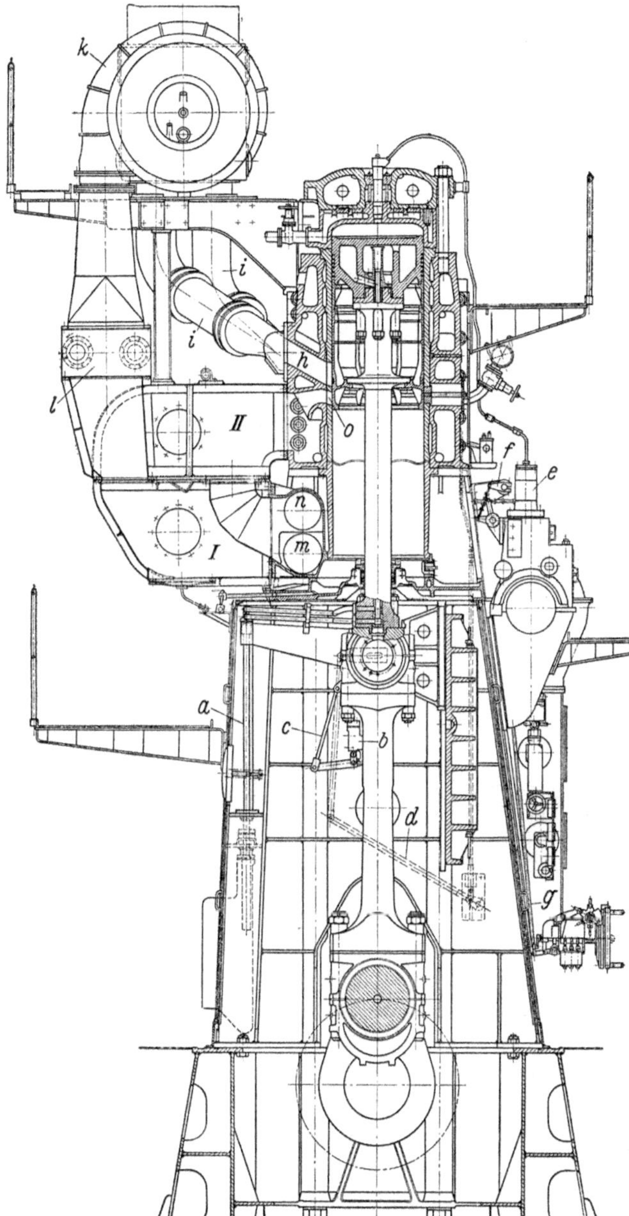

Bild 15. Einfachwirkender Zweitaktmotor der MAN mit Abgasturboaufladung und Kolbenunterseiten als zweite Stufen und als Spülpumpen

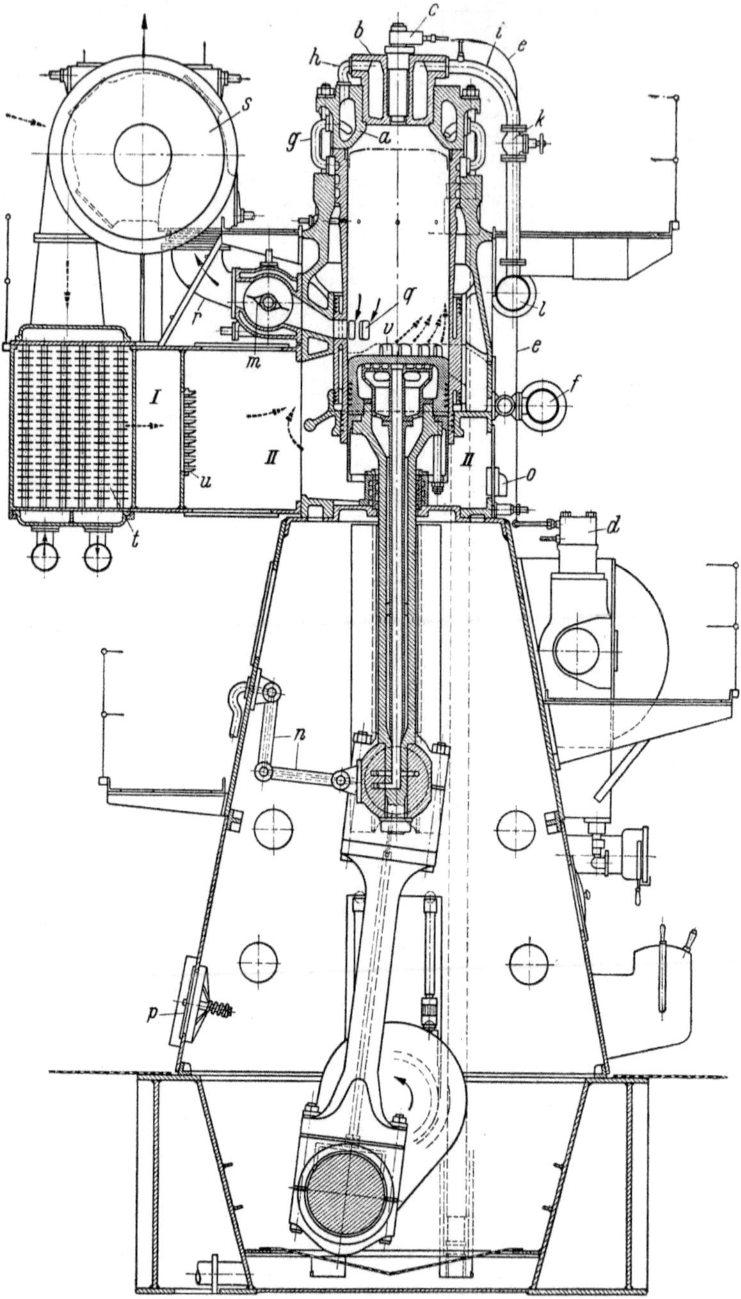

Bild 16. Einfachwirkender Zweitaktmotor der Gebr. Sulzer AG mit Abgasturboaufladung und Kolbenunterseiten als zweite Stufen

gestrichelte Pfeile bezeichnet.) Bei Abschluß der Spülschlitze (aufwärtsgehender Kolben) hat die Klappe *m* den Auspuffkanal geschlossen, so daß keine Ladeluft durch die Schlitze *q* entweicht. Gebläse und Kolbenunterseite sind hintereinander („in Serie") geschaltet, daher „Stoß-Serienbetrieb".

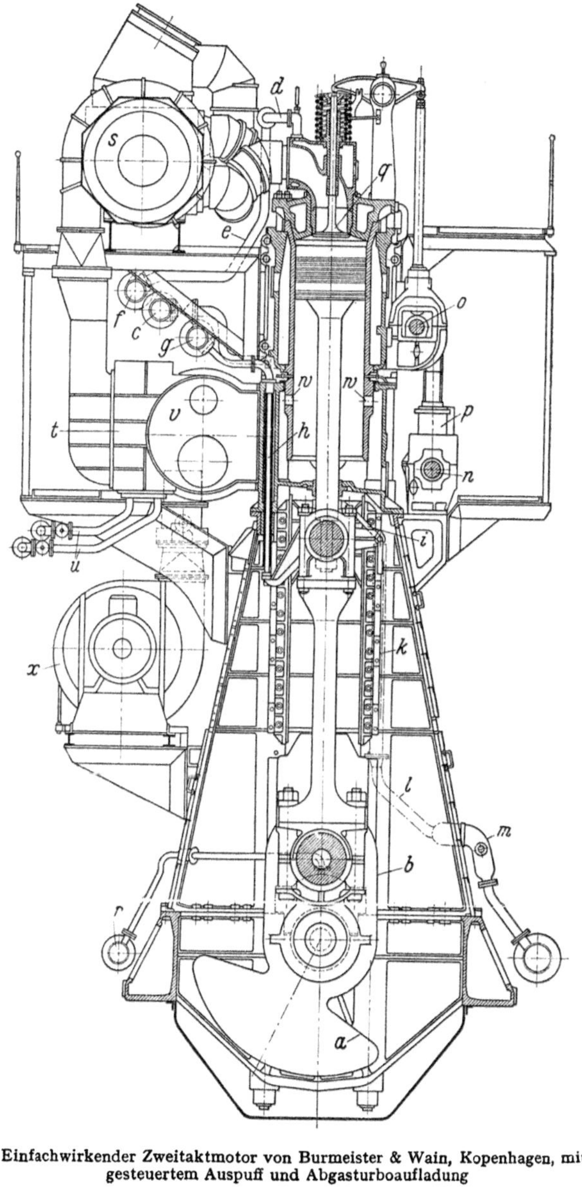

Bild 17. Einfachwirkender Zweitaktmotor von Burmeister & Wain, Kopenhagen, mit ventilgesteuertem Auspuff und Abgasturboaufladung

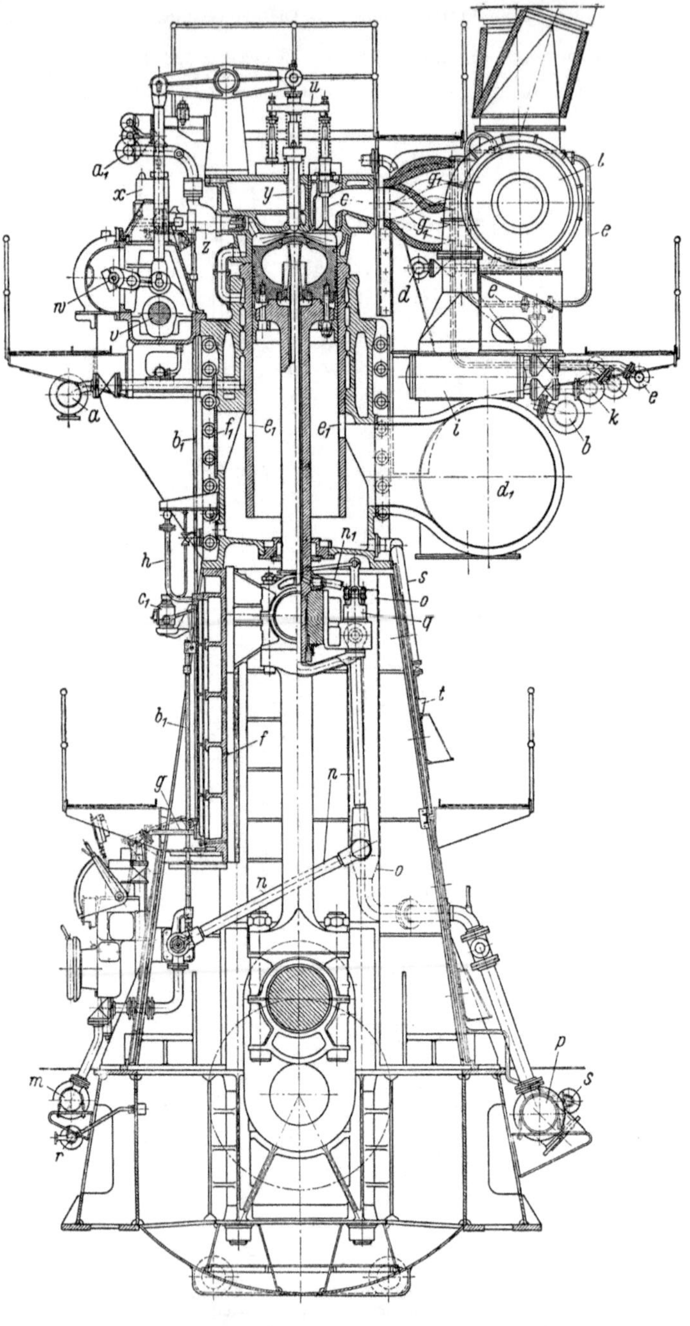

Bild 18. Einfachwirkender Zweitaktmotor der Koninklijke Machinefabriek Gebr. Stork & Co., Hengelo, mit ventilgesteuertem Auspuff und Abgasturboaufladung

d) Einfachwirkender Zweitaktmotor der Fa. Burmeister & Wain[1], der in Deutschland von der Fried. Krupp Dieselmotoren G.m.b.H., Essen, gebaut wird, Bild 17, mit Längsspülung und Abgasturboaufladung. Zylinderzahlen bis 12. Leistung eines Zylinders (740 mm Dmr. 1600 mm Hub) bei 115 U/min 1250 PSe; entsprechend $p_e = 7{,}1$ kg/cm² (35% Aufladung), $c_m = 6{,}13$ m/sek.

Kurbelwelle „gebaut", d. h. Wangen aus Stahlguß, Kurbel- und Wellenzapfen eingeschrumpft. Gegengewicht *a* und Wange *b* aus einem Stück; Winkelstellung des Gegengewichts zur Wange wegen Ausgleichs der von den rotierenden Massen verursachten Momente. Kreuzkopf zweigleisig geführt. Zylinder wassergekühlt; Zuleitung *c*, Ableitung *d*, *e*, *f*. Kolben ölgekühlt; Zuführung aus Leitung *g* durch Teleskoprohr *h* und durch die Kolbenstange, Ableitung durch *i*, *k*, *l* und Abfluß *m* mit Schaugläsern. Zwei durch Kette von der Kurbelwelle angetriebene Steuerwellen *n* und *o*: *n* für die Brennstoffpumpen *p*, *o* für die Auslaßventile *q*. *r* Schmierölzuleitung zu den Grundlagern und zum Triebwerk.

Antrieb der Lader *s* und Spülung in reinem „Stoßbetrieb", ohne zusätzliche Kolbenspülpumpen. Die Auspuffgase strömen unmittelbar aus den Auspuffventilen *q*, in Stränge unterteilt, auf die Turbine. Das Gebläse drückt durch den Kühler *t* (Kühlleitungen *u*) in den Aufnehmer *v*, aus welchem die Spülluft den Zylinder in Längsrichtung durchströmt, wenn der abwärtsgehende Kolben die Spülschlitze *w* freigibt. Elektrisch angetriebenes Reservegebläse *x* hat sich als entbehrlich gezeigt, wenn der Hauptmotor mehr als zwei Turbolader besitzt. Auch zum Anfahren wird kein Kolbengebläse benötigt, da die Anlaßluft das Turbinenlaufrad so beschleunigt, daß schon für die ersten Arbeitshübe genügend Luft vorhanden ist.

e) Einfachwirkender Zweitaktmotor der Machinefabriek Gebr. Stork & Co.[2] (Bild 18) mit Längsspülung und Abgasturboaufladung. Leistung eines Zylinders (750 mm Dmr. 1600 mm Hub) bei 115 U/min 1200 PSe; entsprechend $p_e = 6{,}65$ kg/cm², $c_m = 6{,}13$ m/sek.

Grundplatte geschweißt; mittlere Teile der Lagerbrücken aus Stahlguß mit angeschweißten Stahlplatten; auch Ständer geschweißt. Zylinderlaufbuchsen und -deckel (diese aus Stahlguß) süßwassergekühlt; *a* Zufluß-, *b* Abflußleitung. Auch die Gehäuse der Auspuffventile *c* (4 je Zylinder) sind an die Süßwasserkühlung angeschlossen, desgl. das Gehäuse der Abgasturbine: Zuleitung *d*, Ableitungen *e*. Seewasserkühlung für Gleitbahn *f* (Zuleitung *g*, Ableitung *h*) und für den Luftkühler *i* (Zu- und Ableitungen *k*) des Spül- und Ladegebläses *l*. Kolben ölgekühlt; Zufluß aus Leitung *m* durch Gelenk *n* und Innenrohr der Kolbenstange; Rückfluß durch den Ringraum der Kolbenstange und kurzen Krümmer n_1 mit Düse (die den Öldruck im Kolbenkühlsystem aufrechterhält) in ein geschlitztes Standrohr *o* (gestrichelt) in die Abflußleitung *p*. Schmierung des Kurbelzapfens vom Kreuzkopf aus durch Pleuelstangenbohrung, der Kreuzkopfzapfen durch HD-Schmierölpumpe *q*, der Grundlager durch Leitung *r*. Von der Laufbuchse abtropfendes Schmieröl fließt durch Leitungen *s* mit Trichter *t* ab.

Von den 4 Auspuffventilen *c* je Zylinder werden je 2 (in Bildebene nebeneinanderliegend) durch ein Querhaupt *u*, Hebel und Stoßstange von der Steuerwelle *v* betätigt. Zum Umsteuern wird die mit Vor- und Rückwärtsnocken versehene Welle axial verschoben; die Manövrierwelle *w* hebt dazu die Rollen ab und setzt sie nach Verschieben auf. Auch die Brennstoffpumpe *x* (Bild 31) wird von der Steuerwelle angetrieben. Brennstoffventil *y* zentral zwischen den Auspuffventilen; Anlaßventil *z* seitlich mit Anlaß-

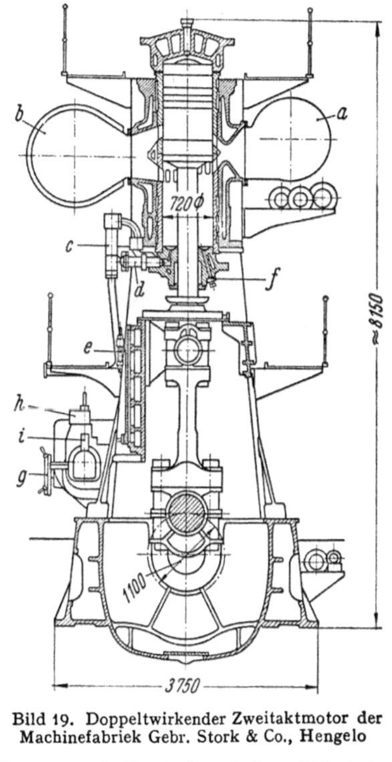

Bild 19. Doppeltwirkender Zweitaktmotor der Machinefabriek Gebr. Stork & Co., Hengelo

[1] *Møller, K.:* Burmeister & Wain-Großmotoren mit Abgasturboaufladung. Motortechn. Zeitschr. Bd. 20 (1959) Nr. 2 S. 62.

[2] *Hootsen, A.:* The Stork Engine. Trans. North-East Coast Inst. Eng. and Shipbuild. Bd. 73 (1957) S. 273.

luftleitung a_1. Das Indiziergestänge b_1, dessen Bewegung vom Gelenk n abgeleitet wird, treibt auch die Zylinderschmierpressen c_1 an.

Spülung aus dem Aufnehmer d_1 durch Spülschlitze e_1 im Gleichstrom durch den Zylinder. Durch Deckel f_1 verschlossene Schauöffnungen für Spülschlitze. Kurze wärmeisolierte Auspuffleitungen g_1 (2 je Zylinder) zur Abgasturbine. Im allgemeinen ein Turbolader für zwei Zylinder, doch erlaubt die Trennung der beiden Leitungen g_1 auch, bei ungeraden Zylinderzahlen $1^1/_2$ Zylinder an einen Lader anzuschließen, so daß z. B. die 7-Zyl.-Maschine 2 Lader für je 2 und 2 Lader für je $1^1/_2$ Zylinder erhält. Der Motor braucht auch zum Anfahren keine Kolbenspülpumpen.

f) Doppeltwirkender Zweitaktmotor der Machinefabriek Gebr. Stork & Co., Bild 19. 7 Zylinder, 720 mm Dmr., 1100 mm Hub, 8175 PSe bei $n = 130$; $p_e = 4{,}81$ kg/cm² (Spül-Turbogebläse getrennt vom Hauptmotor angetrieben); $s : D = 1{,}53$; $c_m = 4{,}77$ m/sek.

Gebläse (1100 m³/min anges. Luft; Spüldruck 1250 mm WS) fördert in den Aufnehmer a; Spülung nach Bild 22b mit Luftdrehung (Schleifenspülung); b = Auspuffsammelrohr. c = Hauptanlaßventil, von welchem sich die Anlaßluft auf Anlaßventile d verteilt (nur im unteren Zylinderdeckel). Brennstoffventil im oberen Zylinderdeckel zentral angeordnet, für den unteren Brennraum außen liegend (e) mit Druckleitungen zu 4 Düsenschäften f. Unteres Brennstoffventil kann auch fehlen. Mit Handrad g wird Maschine angefahren. Brennstoffpumpen h und Anlaßsteuerschieber i am Bedienungsstand.

D. Vorkammerzerstäubung

Grundform der Vorkammereinspritzung von *Prosper L'Orange* im DRP 230517 v. 14. März 1909 der Firma Benz & Cie., Mannheim, angegeben: der Brennstoff wird „durch eine heiße Kammer gespritzt", in welcher er teilweise verbrennt und eine Drucksteigerung erzeugt, die den restlichen Brennstoff in den Hauptbrennraum treibt. Daraus haben sich mehrere Abarten (Wirbelkammer-, Luftspeichermotoren) entwickelt. Im folgenden zwei Beispiele.

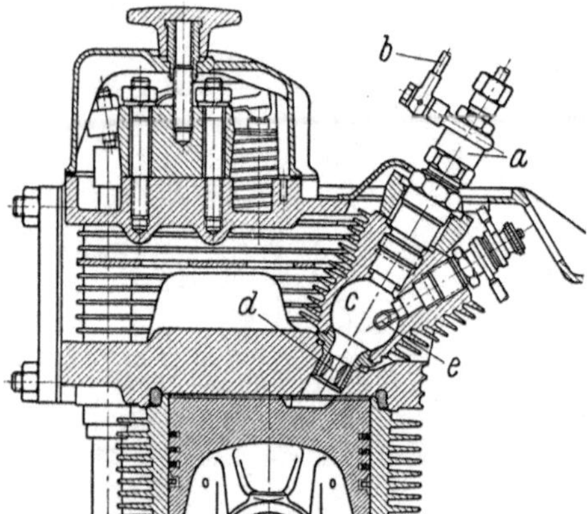

Bild 20. Gleichdruck-Vorkammer der Motoren-Werke Mannheim

a) Gleichdruck-Vorkammer der Motoren-Werke Mannheim[1] (Bild 20).

Der Brennstoff wird durch das Ventil a (mit Brennstoffleitung b von der Pumpe) in die Vorkammer c gespritzt, die mit dem Hauptbrennraum oberhalb des Arbeitskolbens durch den Brennereinsatz d in Verbindung steht. Dessen Überströmquerschnitt ist in inneren und äußeren Teil zerlegt. Der Brennstoffstrahl trifft den inneren Teil des Brennereinsatzes und die innere Bohrung, deren heiße Wandung die Aufbereitung des Brennstoffs begünstigt. e Glühspirale zum Anfahren. Wandung der Vorkammer c luftgekühlt, so daß der Zylinderkopf von der Vorkammer nur mäßig aufgeheizt wird.

b) Wirbelkammer Bauart Stork-Ricardo (Bild 21).

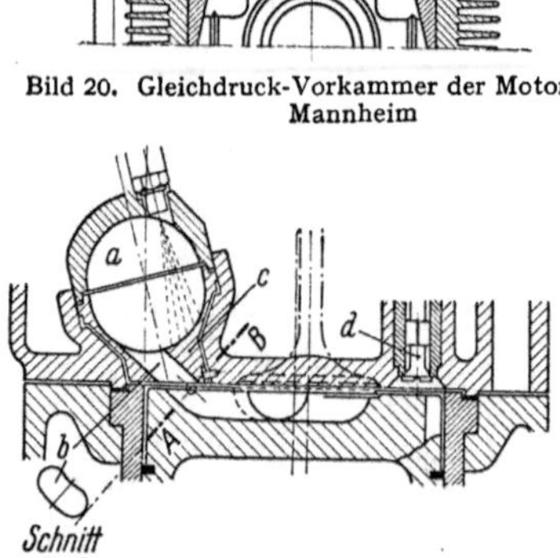

Bild 21 Wirbelkammer Bauart Stork-Ricardo

[1] *Hockel, L.*: Das MWM-Gleichdruck-Vorkammerverfahren für schnellaufende Dieselmotoren. MWM-Nachr. (1956) Nr. 1 S. 5.

Wirbelkammer *a* scheibenförmig mit engem Hals *b*. Da der Kanal *b* tangential in *a* einmündet, wird während des Verdichtungshubes eine starke Rotation der Luft in *a* erzeugt. Einspritzung des Brennstoffs in Drehrichtung der Luft; dadurch gute Mischung. Sicheres Zünden an der heißen Zunge *c*. Die durch *b* ausströmenden Brenngase erhalten durch zwei kreisförmige Aussparungen im Kolbenboden einen neuen Drall. *d* Anlaßventil.

E. Besonderheiten des Zweitaktes

1. Spülformen

Von den vielen vorgeschlagenen Spülformen haben sich nur die in Bild 22 dargestellten durchgesetzt. Man pflegt sie zu unterteilen in die Gruppen Querspülungen, Umkehrspülungen und Gleichstromspülungen.

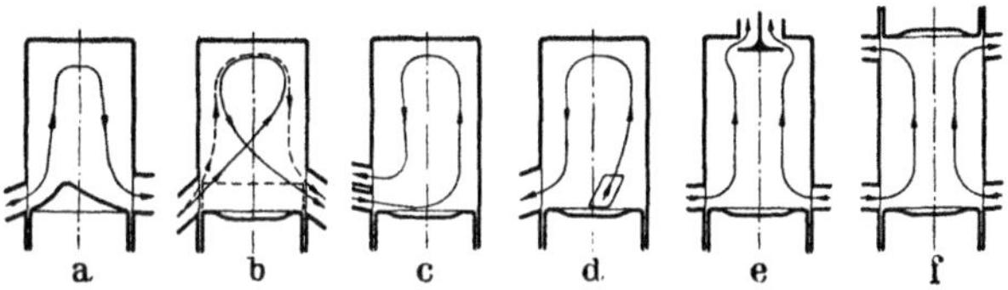

Bild 22. Spülformen. a Querspülung mit Ablenker; b Querspülung, ---- Spülschlitze wenig geöffnet, —— Spülschlitze weit geöffnet; c ebene Umkehrspülung; d Umkehrspülung nach *Schnürle*; e Gleichstromspülung mit Auspuffventil; f Gleichstromspülung bei Gegenkolbenmaschinen

a) Querspülung mit Ablenker am Kolben (Bild 22a) nur bei kleineren Maschinen einfacher Bauart (z. B. Glühkopfmaschinen), da Kolben und Zylinderdeckel unsymmetrisch werden (Wärmespannungen); auch ist die Führung der Spülluft nicht einwandfrei. Normale Form der Querspülung (ohne Ablenker) nach Bild 22b, oft mit Nachladeschlitzen oberhalb der Spülschlitze (Bauart Sulzer). Bei tangentialer Neigung der Spülschlitze erhält die Luft einen genau bestimmbaren Drall (Bauart Stork).

b) Ebene **Umkehrspülung** der MAN nach Bild 22c; Auspuffschlitze über den Spülschlitzen liegend. Weiterbildung dieser Spülung nach Bild 22d (Umkehrspülung nach *Schnürle*). Der eintretende Spülstrom ist geteilt, vereinigt sich an der gegenüberliegenden Zylinderwand, strömt auf der Eintrittseite abwärts und, durch den Kolben umgelenkt, zu den Auspuffschlitzen, die in demselben Augenblick schließen.

c) Gleichstromspülung ohne Richtungsumlenkung des Spülstromes: bei Maschinen mit *einem* Arbeitskolben Auspuff entweder durch Ventil im Zylinderdeckel (Bild 17) oder durch die oben liegenden Auspuffschlitze mit Steuerkolben, auch doppeltwirkend (Bauart Burmeister & Wain). Bei Gegenkolbenmaschinen Bauart Doxford (Bild 22f) steuert der eine Kolben die Spül-, der andere die Auspuffschlitze. Gleichstromspülung mit Spül*ventil* wegen der Drosselwirkung heute nicht mehr gebaut.

2. Berechnung der Spül- und Auspuffquerschnitte[1]

a) Berechnung der Spülquerschnitte. Man entscheide sich zunächst für eine der Spülformen Bild 22 und lege durch Zeichnen von Grund- und Aufriß die Neigung der Spül- und Auspuffschlitze in der Horizontalen und Vertikalen sowie die lichte Breite beider Schlitzarten senkrecht zur Strömungsrichtung fest. Dabei ergibt sich die Zahl der Schlitze, verschieden je nach Spülart und verfügbarem Platz (Rücksicht auf Herstellung durch Guß). Dann ist die von dem sich bewegenden Kolben zu irgendeinem Zeitpunkt freigegebene *Höhe* der Schlitze,

[1] Vgl. *Ringwald, M.:* Der Auspuff- u. Spülvorgang bei Zweitaktmaschinen. VDI-Z. Bd. 67 (1923) S. 1057/61 u. 1079/82 und *Schmidt, F.:* Berechnung d. Druck- u. Temperaturverlaufs beim Ladungswechsel von Zweitaktmotoren. Konstruktion Bd. 2 (1950) S. 172/79.

in Richtung der Zylinderachse gemessen, ein Maß für den jeweils geöffneten Spül- bzw. Auspuff*querschnitt* ⊥ Strömungsrichtung, gemessen in m².

Um den Zusammenhang zwischen Kurbelwinkeln und Kolbenstellungen zu erhalten, trägt man zweckmäßig die Kolbenstellungen auf dem Durchmesser des Kurbelkreises ab. Dazu müßte man in bekannter Weise die *Bogen*projektion mit der Pleuelstangenlänge benutzen. Das ist unbequem und kann vermieden werden durch Anwendung des *Brix*schen bizentrischen Kurbeldiagramms (VDI-Z. Bd. 41 (1897) S. 431). Man berechne $r^2/2l$, worin r = Kurbelradius, l = Pleuelstangenlänge, und trage es vom Mittelpunkt des Kurbelkreises in Richtung zum *unteren* Totpunkt ab (OO' in Bild 23). Dann schneidet eine Parallele durch O' zur jeweiligen Kurbelstellung den Kurbelkreis in einem Punkt, dessen *geradlinige* Projektion auf die Zylinderachse OT—UT die zugehörige Kolbenstellung liefert. Der Fehler (0,3% bei $r:l = 1:4$) ist vernachlässigbar.

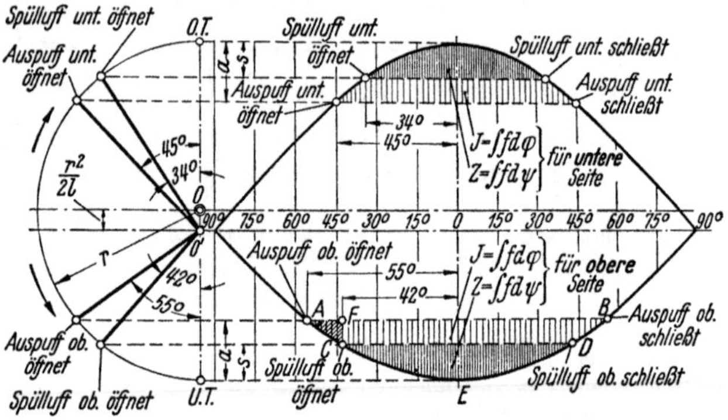

Bild 23. *Brix*sches bizentrisches Kurbeldiagramm Zeitquerschnitte Z und J für Spülung und Auspuff

Bild 23 zeigt die Anwendung auf eine doppeltwirkende Zweitaktmaschine. Der Abszissenmaßstab der Kurbelwinkel wird beliebig gewählt; der Ordinatenmaßstab folgt aus dem Maßstab des Kurbelkreises. Die Kolbenweglinien (untere für die Steuerung der oberen Zylinderseite, obere für die untere Seite) ergeben sich durch Auftragen der Kurbel*winkel* von O' (nicht von O) aus und Hinüberloten in das Kolbenwegdiagramm. Die Weglinien werden für die obere und untere Seite *verschieden*.

Während der Spülung strömt im Zeitelement dt das Spülvolumen dV mit der Geschwindigkeit w durch den (veränderlichen) Querschnitt f (⊥ Strömungsrichtung); somit $dV = w f dt$. w darf als konstant angenommen werden, da der Druck im Spülluftaufnehmer nur wenig schwankt. Für die ganze Dauer des Spülvorganges wird das Spülvolumen $V = w\int_{t_1}^{t_2} f dt$. Bei gegebener Drehzahl hängen die Zeit t und der in t von der Kurbel durchlaufene Winkel ψ (in Grad) durch $t = \psi/6n$ zusammen, da 1 Grad in $1/6n$ sek durchlaufen wird. Somit $dt = \frac{1}{6n} d\psi$ und $V = \frac{w}{6n}\int f d\psi$. Man nennt $\int f d\psi$ den *Zeitquerschnitt Z* (für die Spülung). Folglich $w = 6n\,V/Z$. Zu beachten: $6n$ hat die Dim. Grad/sek, Z die Dim. m² · Grad. Mit V in m³ ergibt sich w in m/sek, wie erforderlich.

Das Volumen V ist bezogen auf den Zustand der Luft in den Spülschlitzen; dieser unterscheidet sich nicht sehr vom atmosphärischen Zustand. Der Unterschied beträgt bei 1200 mm WS Spüldruck 2,6%, bei 1650 mm WS 3,7%; um so viel ist das spez. Volumen der Spülluft in den Schlitzen *kleiner* als im atmosphärischen Zustand. Wird er vernachlässigt und das für eine Spülung des Hubvolumens V_h erforderliche Luftvolumen (von atm. Spannung) $= L \cdot V_h$ gesetzt, so ergibt sich für den Zusammenhang zwischen w und Z die einfache Formel

$$w = \frac{6n\,L\,V_h}{Z}\ \text{m/sek}. \tag{1}$$

Für alle Spülformen ist $L = 1{,}45$ ein guter Mittelwert; w für langsam und mittelschnell laufende Motoren = 70–90 m/sek, für Schnelläufer > 100 m/sek. Aus Gl. (1) berechnet man $Z = \int f\,d\psi$ (eng schraffierte Fläche in Bild 23). Bequemer ist, den Kurbelwinkel, bei welchem die Spülschlitze zu öffnen beginnen, anzunehmen (in Bild 23 z. B. 42° für die obere Zylinderseite), durch Hinüberloten die Fläche Z von der Kolbenweglinie abzuschneiden und Z zu planimetrieren. Der Maßstab der Ordinaten der Z-Fläche in m² folgt aus S. 160; Z ergibt sich in m² · Grad. Mit diesem Z wird w aus Gl. (1) berechnet und geprüft, ob w nicht zu groß oder zu klein. Im ersten Fall werden der Spülwinkel und damit Z vergrößert, im zweiten verkleinert (je ein waagerechter Strich in Bild 23 genügt). Oft muß man vermitteln: ein großes Z ergibt zwar ein kleines w und damit eine verringerte Spülpumpenleistung, die vom Motor aufgebracht werden muß, aber auch höhere Spülschlitze und, da die Auspuffschlitze noch höher als die Spülschlitze sein müssen, eine fühlbare Abnahme des wirksamen Hubes.

b) Berechnung der Auspuffquerschnitte. Die Auspuffschlitze müssen vom Kolben früher geöffnet werden als die Spülschlitze, damit der Zylinderinhalt auf den Spülluftdruck entspannt ist, wenn die Spülschlitze zu öffnen beginnen; andernfalls würden die sich entspannenden Gase in den Spülluftaufnehmer strömen. Die Berechnung der Auspuffschlitze läuft daher darauf hinaus zu berechnen, um wieviel die Auspuffschlitze höher gemacht werden müssen als die Spülschlitze, damit jene Entspannung sicher eintritt.

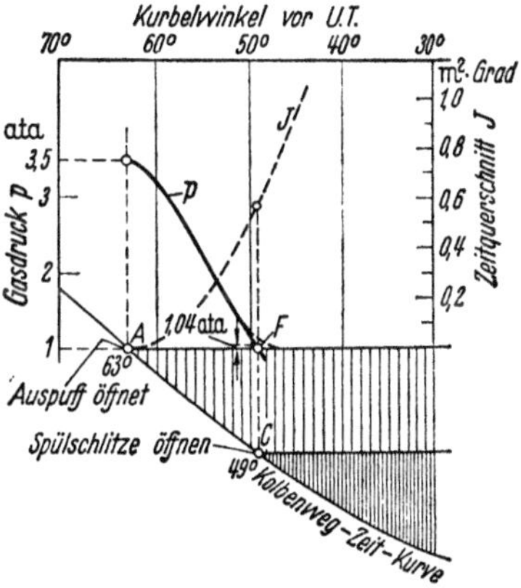

Bild 24. Zur Berechnung der Entspannung des Zylinderinhaltes vor Beginn der Spülung

Werden Auspuffventile statt der Schlitze verwendet, so ist die Berechnung die gleiche, nur wird der Zeitquerschnitt $J = \int f\,d\varphi$ für den Auspuffvorgang nicht aus der Kolbenweglinie (Bild 23), sondern aus der Ventilerhebungskurve und deren Zusammenhang mit den Kurbelstellungen ermittelt.

Von dem gesamten Zeitquerschnitt ABE für den Auspuff interessiert nur das in Bild 23 durch Schrägschraffur hervorgehobene Dreieck AFC, denn wenn die Kurbel den der Strecke AF entsprechenden Winkel zurückgelegt hat, muß die Entspannung auf den Spülluftdruck beendet sein. Fläche AFC ist in Bild 24 in größerem Maßstab gezeichnet. Sie dient zur Berechnung des Verlaufes des Druckes p vom Beginn der Eröffnung der Auspuffschlitze bis zum Beginn der Eröffnung der Spülschlitze.

Im folgenden bedeuten:

G_1, p_1, v_1, V_1, T_1 das zu Beginn der Entspannung im Zylinder eingeschlossene Gasgewicht, seinen abs. Druck, sein spez. Volumen, sein abs. Volumen und seine abs. Temperatur, während G, p, v, V, T sich auf einen beliebigen Zwischenzustand während der Entspannung beziehen.

Zwecks Vereinfachung der Untersuchung wird angenommen:

α) daß das Volumen V_1 (*nicht* das Gewicht G_1) während der Entspannung unverändert bleibt (in Wirklichkeit vergrößert es sich um 8–10%),

β) daß die Auspuffgase während der ganzen Dauer der Entspannung mit der Schallgeschwindigkeit $w_k = 3{,}38\sqrt{RT}$ (T ist während der Entspannung veränderlich) ausströmen, was gegen Ende der Entspannung nicht mehr zutrifft,

γ) daß die Temperatur T_1 der Auspuffgase zu Beginn der Entspannung 1000 °K beträgt (annähernd zutreffend).

Annahme α) ergibt eine zu langsame, Annahme β) eine zu schnelle Entspannung; die Fehler heben sich gegenseitig etwa auf. Fehler in der Annahme γ) machen sich nur mit der vierten Wurzel aus T_1 bezüglich der zu berechnenden Kurbelstellungen für die Eröffnungszeiten bemerkbar.

Nunmehr gilt der Ansatz:

$$\mu\, w_k f\, dt = -\, dG \cdot v_k, \tag{2}$$

in Worten: Das mit der Schallgeschwindigkeit w_k durch den Querschnitt f ($\perp$ Strömungsrichtung) im Zeitelement dt ausströmende Gasvolumen (Kontraktionskoeff. $\mu \approx 0{,}9$) ist ebenso groß wie jenes Volumen, welches der Gewichtsteil dG, bezogen auf das spez. Vol. v_k (das w_k entspricht), einnimmt. Da die linke Seite der Gl. (2) positiv, dG als Abnahme negativ ist, muß die rechte Seite das $-$ Zeichen erhalten, damit sie ebenfalls positiv wird. Aus Gl. (2) folgt

$$f\, dt = \frac{-dG \cdot v_k}{\mu\, w_k}. \tag{3}$$

Hierin werden dG, v_k und w_k wie folgt ausgedrückt:

α) nach Annahme α) ist $V_1 = G_1 v_1 = G \cdot v$; somit $G = G_1 v_1/v$ und $dG = G_1 v_1 (-dv/v^2) = -V_1 dv/v^2$, also $-dG = V_1 dv/v^2$;

β) $v_k = v\,(p/p_k)^{\frac{1}{\varkappa}}$, da adiabatische Ausdehnung in den Auspuffschlitzen angenommen werden darf;

γ) $w_k = 3{,}38\sqrt{R\,T}$. Bei adiab. Ausdehnung ist $T = T_1\,(v_1/v)^{\varkappa-1}$; somit $w_k = 3{,}38\sqrt{R\,T_1\,(v_1/v)^{\varkappa-1}}$ und mit $R \approx 30$ mkg/kg grd: $w_k = 18{,}52\sqrt{T_1}\,(v_1/v)^{\frac{\varkappa-1}{2}}$

Die Umformungen α) bis γ) in Gl. (3) eingesetzt ergeben

$$f\, dt = \frac{V_1\, dv/v^2 \cdot v\,(p/p_k)^{1/\varkappa}}{\mu \cdot 18{,}52\sqrt{T_1}\,(v_1/v)^{\frac{\varkappa-1}{2}}}.$$

Hierin ist nur v veränderlich, da p/p_k als kritisches Druckverhältnis konstant $= 1{,}89$. Somit kann integriert werden zwischen den Grenzen t_1 = Beginn der Entspannung (mit zugehörigem spez. Vol. v_1, abs. Vol. V_1 und Temp. T_1) und der beliebigen Zeit t (zugehöriges spez. Vol. v):

$$\int_{t_1}^{t} f\, dt = \frac{V_1\,(p/p_k)^{1/\varkappa}}{\mu \cdot 18{,}52\sqrt{T_1} \cdot v_1^{\frac{\varkappa-1}{2}}} \int_{v_1}^{v} v^{\frac{\varkappa-3}{2}}\, dv. \tag{4}$$

Das bestimmte Integral hat den Wert $\frac{2}{\varkappa-1}\left(v^{\frac{\varkappa-1}{2}} - v_1^{\frac{\varkappa-1}{2}}\right)$. Mit $p/p_k = 1{,}89$ und $\varkappa = 1{,}4$ wird Gl. (4) nach Zusammenziehen der Zahlenwerte und Vereinfachung:

$$\int_{t_1}^{t} f\, dt = 0{,}423\,\frac{V_1}{\mu\sqrt{T_1}}\left[\left(\frac{v}{v_1}\right)^{\frac{\varkappa-1}{2}} - 1\right] = 0{,}423\,\frac{V_1}{\mu\sqrt{T_1}}\left[\left(\frac{p_1}{p}\right)^{\frac{\varkappa-1}{2\varkappa}} - 1\right].$$

Der letzte Klammerausdruck [ ] werde $= D$ gesetzt; er kann für eine Reihe von Druckverhältnissen p_1/p berechnet und als Funktion des reziproken Wertes p/p_1 aufgetragen werden, Bild 25. Mit $t = \varphi/6n$ und $dt = d\varphi/6n$ wird schließlich

$$\int_{t_1}^{t} f\, dt = \frac{1}{6n}\int_{\varphi_1}^{\varphi} f\, d\varphi = \frac{0{,}423\, V_1}{\mu\sqrt{T_1}}\, D. \tag{5}$$

Bild 24, das sich auf eine ausgeführte Zweitaktmaschine bezieht, erläutert den Sinn dieser Gleichung; $\int_{\varphi_1}^{\varphi}$ ist eine Fläche von (annähernd) Dreiecksform, die, bei A beginnend, bis zum Winkel φ reicht; für $\varphi = 49°$ wird die Fläche $= ACF$. Sie wird gemessen in m² · Grad, da nach S. 160 die Ordinaten den senkrecht zur

Strömungsrichtung gemessenen, vom Kolben freigegebenen Vorauspuffquerschnitt in m² darstellen. Die von den einzelnen Senkrechten begrenzten Dreiecke, bei A beginnend, können planimetriert und als Kurve J (Bild 24) aufgetragen werden. Gl. (5) kann somit geschrieben werden

$$\frac{J}{n} = \frac{2{,}538\, V_1}{\mu \sqrt{T_1}} D; \qquad (6)$$

sie gibt den Zeitquerschnitt J an, der bei n Umdr. erforderlich ist, um bei einer Maschine mit bekannten Abmessungen (V_1) den Druck im Zylinder vom Anfangsdruck p_1 auf den Druck p — das ist im Ausdruck D enthalten — zu entspannen.

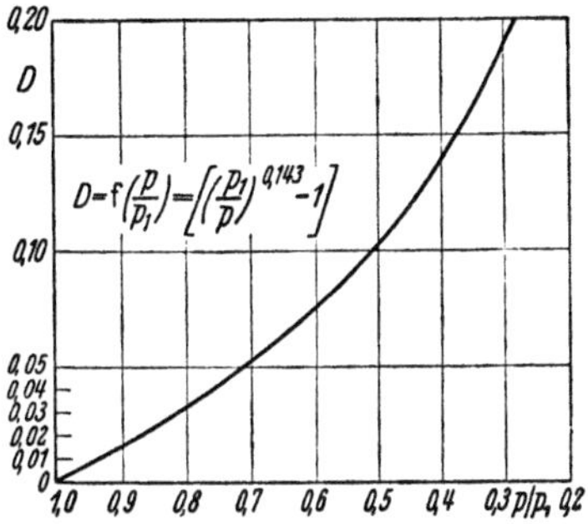

Bild 25. Hilfskurve $D = [(p_1/p)^{0{,}143} - 1]$ zur Berechnung der Entspannung

Gang der Berechnung: Nach Bestimmung der Spülschlitzhöhe nimmt man zunächst die Höhe der Auspuffschlitze nach Erfahrung um ein bestimmtes Maß höher an als die Spülschlitze, z. B. um das Maß CF (dessen Maßstab sich aus der Zahl, Breite und Neigung der Auspuffschlitze ergibt). Damit hat man die Fläche ACF (in m² · Grad), deren mit dem Kurbelwinkel wachsender Inhalt als Kurve J über φ aufgetragen wird. Gl. (6) kann in der Form geschrieben werden:

$$D = \frac{J \mu \sqrt{T_1}}{2{,}538\, n\, V_1}; \qquad (7)$$

darin wird $\mu \approx 0{,}9$, $T_1 \approx 1000\,°K$ gesetzt; n ist bekannt, V_1 gegeben durch Hubvolumen plus Verdichtungsraum abzüglich des Hubraumes, der auf die (vorläufig angenommenen) Auspuffschlitze entfällt. Ist V_1 z. B. $= 0{,}266\,m^3$ und $n = 120$, so wird

$$D = \frac{J \cdot 0{,}9 \cdot \sqrt{1000}}{2{,}538 \cdot 120 \cdot 0{,}266} = 0{,}352\, J\,. \qquad (8)$$

Man wählt auf AF (Bild 24) einige Punkte, entnimmt der J-Kurve die zugehörigen J-Werte und berechnet aus Gl. (8) die D. Aus Bild 25 liest man zu den D als Ordinaten die Abszissen p/p_1 ab. p_1 ist der Druck im Zylinder zu Beginn der Entspannung; er wird dem Indikatordiagramm entnommen, z. B. $p_1 = 3{,}5$ ata, Bild 24. Damit hat man zu jedem der auf AF angenommenen Punkte das zugehörige p und kann die Entspannungskurve p über den Kurbelwinkeln zeichnen. Sie muß im Punkt F, wo die Spülschlitze öffnen, auf den Spüldruck gesunken sein.

Um zu beurteilen, ob der angenommene Kurbelwinkel zwischen Öffnen der Auspuff- und Öffnen der Spülschlitze für die Entspannung auf den Spüldruck genügt, braucht man nur den Endpunkt der Entspannungskurve zu ermitteln. Ist z. B. $p_1 = 3{,}7$ ata (aus dem Indikatordiagramm) und $p = 1{,}1$ ata der Spüldruck, so bildet man $p/p_1 = 1{,}1 : 3{,}7 = 0{,}297$, entnimmt der Kurve Bild 25 das D zu 0,19 und berechnet J aus Gl. (6). Entspricht Fläche ACF (Bild 24) diesem J, so waren der Eröffnungszeitpunkt der Auspuffschlitze und ihre Höhe über den Spülschlitzen richtig gewählt; ergibt sich J größer oder kleiner, so legt man den Eröffnungszeitpunkt der Auspuffschlitze entsprechend früher oder später.

Schreibt man Gl. (6) in der Form $J = n \cdot \text{const} \cdot D$, so erkennt man, daß ein Höherlegen der Drehzahl n eine Vergrößerung des Zeitquerschnitts J für den Vorauspuff erfordert, denn mit steigendem n wird die Zeit für die Entspannung kürzer. Man darf also einen Zweitaktmotor, dessen Auspuffschlitze man für eine bestimmte Drehzahl bemessen hat, nicht ohne weiteres mit einer wesentlich höheren Drehzahl betreiben, sondern muß die Auspuffschlitze höher ausführen. Dies begrenzt die Drehzahl bei raschlaufenden Zweitaktmotoren: die Einbuße an wirksamem Hub infolge der immer höher werdenden Auspuffschlitze hebt schließlich den Vorteil des Zweitaktes auf.

Wird der Auspuff nicht durch den Arbeitskolben, sondern durch ein Ventil gesteuert, so zeichne man die Vorauspuff-Fläche ACF aus der Ventilerhebungskurve und verfahre im übrigen wie angegeben.

3. Spülpumpen

Für die Förderung der Spülluft verwendet man Kolbenpumpen, Drehkolbengebläse, Turbogebläse und vereinzelt auch Drehschiebergebläse.

a) Kolbenspülpumpen stets doppeltwirkend, oft in Tandem-Anordnung, zuweilen auch in Dreifach-Tandem-Bauart (drei doppeltwirkende Spülpumpen übereinander), bei großen Maschinen auch Zwillings-Tandem (zwei Spülpumpenkurbeln, um 90° versetzt); meist am vorderen Maschinenende angeordnet, da ihre Kurbeln schwächer als die der Arbeitszylinder sind.

Bild 26 zeigt ein Ausführungsbeispiel für eine einkurblige Tandempumpe. Die Luft tritt an der Schachtöffnung *a* ein und auf den Druckseiten in die zu den Arbeitszylindern führende Rohrleitung *b*. Saugventile *c* und Druckventile *d* sind gleich ausgeführt; zur Verringerung der Drosselwirkung muß ihre Zahl groß sein. Führungsbuchse *e* aus Bronze mit Weißmetallausguß, Stopfbuchse *f* mit nach innen spannenden Kolbenringen, in Kammerringen liegend. Gehäuse aus Stahlblech mit reichlichen Öffnungen *g* (da Ventile zuänglich sein müssen) und mit Entwässerungsstutzen *h*.

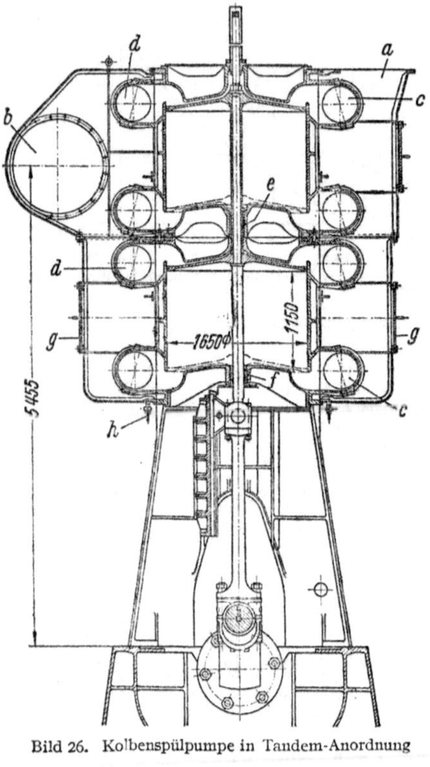

Bild 26. Kolbenspülpumpe in Tandem-Anordnung

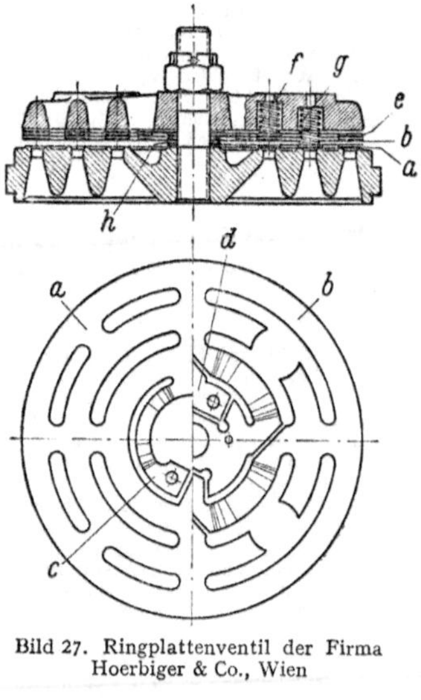

Bild 27. Ringplattenventil der Firma Hoerbiger & Co., Wien

Luftventile. Hochhubventil Bauart Hoerbiger & Co. (Bild 27).

Aufriß (Schnittzeichnung) linke Seite: Ventil geöffnet; rechte Seite: Ventil geschlossen. Grundriß: links Ventilplatte *a*, rechts Lenkerplatte *b*. Die Lenkerarme *c* der Ventilplatte *a* sind durch massenarme Nieten mit den freien Lenkerenden *d* der Lenkerplatte *b* fest verbunden. Die Lenkerplatte ist in Hubrichtung frei beweglich; bei geschlossenem Ventil liegt sie auf etwa halber Hubhöhe. Lenker- und Ventilplatte sind reibungslos geführt. Beim Öffnen der Platte *a* wird diese von der Lenkerplatte *b* aufgefangen, und *b* legt sich gegen die Dämpferplatte *e*, die sich gegen Federn *f* stützt. Federn *g* belasten die Ventilplatte *a*. Distanzring *h* stellt den Hub der Ventilplatte je nach der Drehzahl ein (kleinere Hübe bei hohen Drehzahlen).

Luftventil der Fa. Karl Rud. Dienes (Bild 28).

Luftströmung in Richtung des Pfeiles. Ventil besteht aus dem Ventilsitz *a*, dem Ventilfänger *b*, der Ventilplatte *c* und dem Distanzring *d*. Schraube *e* mit Kronenmutter und Splint hält die Teile zusammen. Die drei hochgebogenen Zungen der Federplatte *f* legen die Ventilplatte *c* mit leichtem Druck gegen den Ventilsitz *a*. Der zylindrische Stift *g* verhindert ein Drehen der Teile gegeneinander.

b) Turbogebläse. Durchweg als Radialgebläse gebaut, da verhältnismäßig kleine Luftmengen auf höheren Druck (d. i. der Spül- und Ladedruck) gefördert werden sollen, im Gegensatz zum Kühlluftgebläse (z. B. *h* in Bild 4), das große Mengen gegen niedrigen Druck zu fördern hat, wofür sich das Axialgebläse besser eignet. Bei mäßig hoher Aufladung genügt *eine* Gebläsestufe; bei Hochaufladung werden zwei Stufen hintereinandergeschaltet. Bei kleineren Motoren kann das Gebläserad durch Zahnräder von der Kurbelwelle angetrieben werden (z. B. *a* in Bild 8); dann stets zwischen Rad und Welle eine drehelastisch weiche Kupplung zwecks Schonung der Zähne. Antrieb des Gebläses durch Elektromotor nur bei Reserveaggregaten (z. B. *x* in Bild 17).

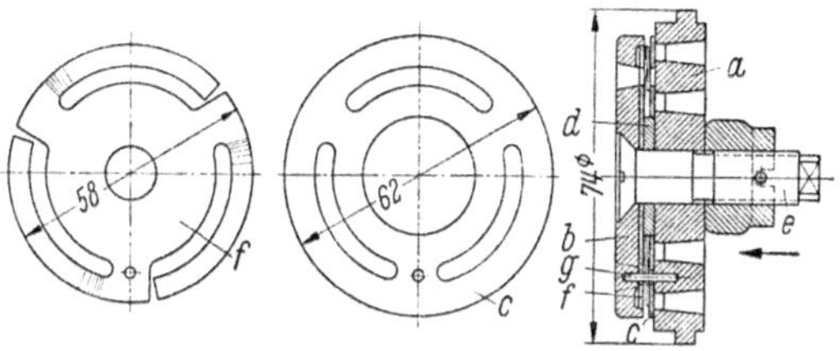

Bild 28. Ringplattenventil der Firma Karl Rud. Dienes, Vilkerath bei Köln

Heute wird zum Spülen und Aufladen der Zweitaktmotoren und zum Aufladen der Viertaktmotoren vorzugsweise das Abgasturbogebläse verwendet.

Abgasturbogebläse von Brown Boveri & Cie. (Bild 29).

Turbinenrad *a* und Gebläserad *b* auf gemeinsamer in Kugellagern geführter Welle. Bei *c* eintretendes Abgas wird durch Leitschaufeln *d* auf die Schaufeln des Laufrades *a* geleitet und strömt bei *e* ab (ausgezogene Pfeile). Turbinengehäuse wassergekühlt, da Temperatur des eintretenden Abgases etwa 600 °C. Aus demselben Grund Wärmeschutz *f* der Welle

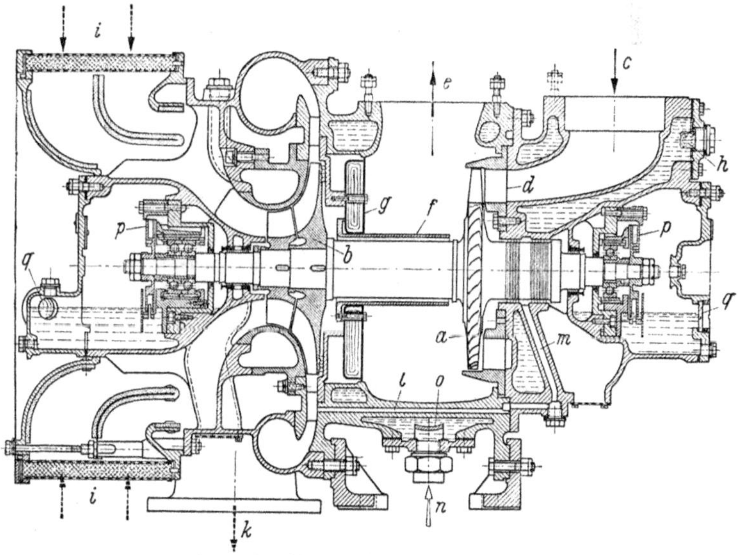

Bild 29. Abgasturbogebläse von Brown, Boveri & Cie., Mannheim

und *g* des Gebläses. *h* Zinkschutz im Kühlwasserraum. Eintritt der Luft bei *i* durch Filter und Kanäle mit schalldämmender Auskleidung; Austritt aus der Diffusorspirale bei *k* (gestrichelte Pfeile). Die Gehäuse für Gaseintritt, Gasaustritt und Luftaustritt können in Umfangsrichtung in verschiedene Stellungen gebracht werden, so daß der Lader an Motoren verschiedener Konstruktion angebaut werden kann. Durch Kanäle *l*, *m* wird Sperrluft an die Turbinenstopfbuchse geführt. Eintritt des Kühlwassers bei *n* (hohler Pfeil); die Prallplatte *o* verhindert, daß das Wasser senkrecht auf die Gehäusewand trifft. Schmierung der Kugellager durch umlaufende Spritzscheiben *p*. Elastische Dämpferpakete zwischen den Kugellagern und den Gehäuseteilen, wodurch vom Motor verursachte Vibrationen von den Kugellagern ferngehalten werden. *q* Schaugläser zum Beobachten des Ölspiegels.

Regelungsvorrichtungen sind bei Abgasturbogebläsen nicht erforderlich, da die Drehzahl der Turbine sich selbsttätig der Abgasmenge anpaßt. Durchgehen der Turbine ist wegen der begrenzten Abgasmenge nicht möglich. Drehzahlen je nach Größe etwa zwischen 8000 und 20000 U/min.

c) Drehkolbengebläse (Bild 30) werden z. Zt. noch bei vielen Zweitaktmotoren als Spülgebläse verwendet, neuerdings jedoch zunehmend durch das Abgasturbogebläse verdrängt. Sie werden durch Zahnräder oder Kette von der Kurbelwelle angetrieben. Die Drehkörper werden häufig in zwei oder drei um 90° bzw. 120° gegeneinander versetzte Körper unterteilt, wodurch die Luftlieferung gleichmäßiger wird.

Die Fördermenge ergibt sich daraus, daß bei jeder Umdrehung der beiden (durch Zahnräder gekuppelten) Drehkörper viermal ein Volumen von der Saug- auf die Druckseite geschoben wird, das sich aus der in Bild 30 waagerecht schraffierten Fläche f, multipliziert mit der axialen Länge des Drehkolbens, ergibt. Ist D der Durchmesser des Drehkolbens und F sein Profilquerschnitt (senkrecht schraffiert), so ist $2f = \pi D^2/4 - F$; also wird bei jeder Umdrehung der Gebläsewellen theoretisch das Volumen $V = 2(\pi D^2/4 - F)\,l$ gefördert, wenn l = Länge der Drehkörper. Das stündlich geförderte Volumen beträgt

$$V_h = \eta_l \cdot 2(\pi D^2/4 - F)\,l\,n \cdot 60 \text{ m}^3/\text{h},$$

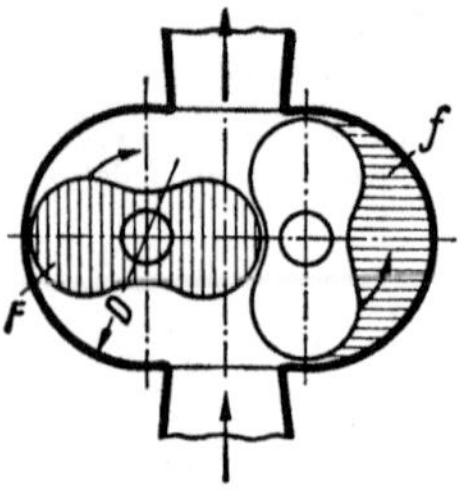

Bild 30. Zur Berechnung der Fördermenge eines Drehkolbengebläses

wenn n die minutl. Drehzahl des Gebläses und η_l der Liefergrad ist; D und in m, F in m². n wählt man möglichst hoch (1100 bis 1500 U/min), jedoch so, daß die Umfangsgeschwindigkeit der Drehkolben mäßig bleibt (u = 30 m/sek; auch höher). η_l ist stark vom Spiel der Drehkolben im Gehäuse und untereinander abhängig; bei Ausführung der Drehkolben in Leichtmetall ist kleines Spiel leicht erreichbar. $\eta_l \approx 65$ bis 70% (bei Kolbenspülpumpen $\approx$ 90%). Die geförderte Luftmenge muß gleich der vom Motor benötigten sein, also $\approx 1{,}45 \times$ ges. Hubvolumen, bezogen auf die gleiche Zeitdauer.

Bei Drehkolbengebläsen stellt sich wie bei Kolbenspülpumpen die Druckhöhe selbsttätig auf jenen Betrag ein, der erforderlich ist, um die geförderte Luftmenge mit der berechneten Geschwindigkeit w [Gl. (1), S. 160] durch die Spülschlitze zu drücken und den zusätzlichen Widerstand der Spülung und der Auspuffleitung (mit etwa eingebauten Wärmeaustauschern usw.) zu überwinden. Für Turbogebläse gilt dies nicht; das Turbogebläse kann keinen höheren Druck erzeugen, als seine Charakteristik ihm vorschreibt (S. 419). Beim Auslegen der Abmessungen des Gebläserades und der Beschauflung muß man daher die zu erwartende Förderhöhe besonders vorsichtig abschätzen.

F. Brennstoffpumpen und Brennstoffventile

Sie sind die wichtigsten Teile der Druckeinspritzung. Die Brennstoffpumpe muß bei jeder Einspritzung genau die gleiche Menge gegen sehr hohen Druck fördern (400 at, bei Verwendung von Schweröl oft erheblich mehr); das Einspritzventil muß am Ende der Förderung rasch und ohne Nachöffnen völlig dicht schließen. Diese Forderungen sind nur bei sehr genauer Herstellung erfüllbar.

a) Brennstoffpumpen. Bauarten mit Schrägschlitzsteuerung und mit Ventilsteuerung. Bei der Schrägschlitzsteuerung (Bauarten Rob. Bosch, Stuttgart; Kugelfischer Georg Schäfer & Co., München u. a.) steuert eine als Schräge in den Pumpenstempel eingearbeitete Kante das Ende der Einspritzung; Regelung der Fördermenge durch Verdrehen des Stempels, so daß die Steuerkante die Verbindung zwischen Druck- und Saugraum früher oder später herstellt, wodurch die Förderung beendet wird. Bei der Ventilsteuerung wird (meist) das Saugventil der Pumpe von der Steuerung angehoben; früheres Anheben verkürzt die Fördermenge. Bei Verwendung von schweren, zähflüssigen Brennstoffen („Bunker C-Öl"), das auf hohe Temperaturen (oft über 100 °C) vorgewärmt werden muß, setzt man alle brennstofführenden Teile vor der Pumpe unter einen so hohen Druck, daß die Sättigungstemperatur des Wasserdampfes um 30–40 grd über der Vorwärm-

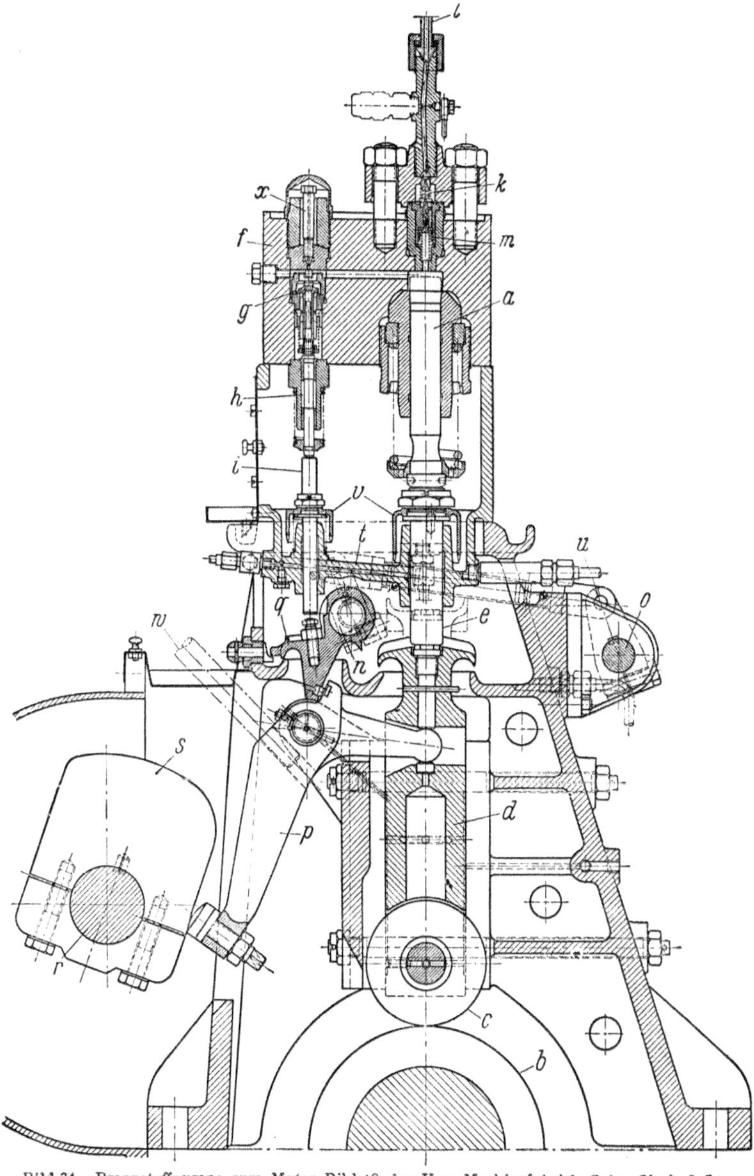

Bild 31. Brennstoffpumpe zum Motor Bild 18 der Kon. Machinefabriek Gebr. Siork & Co.

temperatur des Öles liegt. Andernfalls würde das immer im Öl vorhandene Wasser verdampfen, was durch Dampfblasenbildung die Einspritzung stören würde.

Brennstoffpumpe mit Schrägkantensteuerung s. S. 203. Bild 31 zeigt die mit Ventilsteuerung arbeitende Pumpe des Motors Bild 18.

Der in einer gehärteten Stahlbuchse geführte Pumpenstempel *a* (Dmr. für die zu Bild 18 angegebene Zyl.-Leistung 38 mm) erhält seinen Druckhub durch Brennstoffnocken *b* (der Nocken selbst ist nicht gezeichnet), Rolle *c* mit Rollenführung *d* und Zwischenstempel *e*, der verhindert, daß Querkräfte von der Rollenführung auf *a* kommen. Eintritt des Brennstoffs in den aus Stahl geschmiedeten Pumpenblock *f* unterhalb des Saugventils *g*, in das zwecks Entlastung ein Vorhubventil eingebaut ist. Dieses wird, wenn die Förderung beendet werden soll, von den Stößeln *h*, *i* zuerst aufgedrückt; sein Hub von 0,5 mm gegenüber *g* genügt, um den Druck so weit zu vermindern, daß das Öffnen des Hauptventils das Gestänge *h*, *i* nicht zu stark beansprucht. *k* Druckventil, *l* Druckleitung zum Einspritzventil. Bei Unterbrechung der Pumpenförderung (Ende der Einspritzung) öffnet das unterhalb *k* eingebaute Entlastungsventil *m*, sobald die Druckdifferenz zwischen Leitung *l* und Pumpenraum 100 kg/cm² erreicht hat, und entlastet die Druckleitung, wodurch Nachtropfen des Brennstoffventils verhindert wird.

Regelung durch Schwenken des Exzenters *n*, das mit der Regelwelle *o* verbunden ist. Winkelhebel *p*, von der Rollenführung *d* in schwingende Bewegung versetzt, teilt diese dem Hebel *q* mit, dessen Drehzapfen das Exzenter *n* ist. Anheben des Exzentermittels durch Regelwelle *o* (vom Bedienungsstand) bringt die Druckschraube in *q* in größere Nähe des unteren Endes von *i*, so daß Brennstoffförderung verkleinert wird. Damit beim Umsteuern des Motors die Nockenwelle verschoben werden kann, hebt die Manövrierwelle *r* durch die unrunde Scheibe *s* und Hebel *p* die Rollenführungen *d* ab und setzt sie nach Beendigung des Verschiebens auf die Rückwärtsnocken auf. Trennwand *t* verhindert, daß Leckbrennstoff (abgeführt durch Rohr *u*) in den Schmierölkreislauf gelangen kann; Kappen *v* dienen demselben Zweck. Durch Stange *w* und Hebel *p* kann (nach längerem Stillstand des Motors) die Druckleitung *l* zwecks Entlüftens aufgepumpt werden; dabei Entlüftungsventil am Brennstoffventil öffnen. *x* Entlüftungsschraube am Pumpenblock.

b) Brennstoffventile. Ventilkörper wegen der hohen Einspritzdrücke stets aus geschmiedetem Stahl. Ventilsitz möglichst nahe den Düsenbohrungen, damit die nach Ventilschluß nachexpandierende Brennstoffmenge möglichst klein. Bei größeren Ventilen Kühlung erforderlich; Kühlmittel (Süßwasser oder Brennstoff) möglichst nahe an Düse, die kühl gehalten werden muß, damit sie nicht verkokt. Raum oberhalb der Ventilnadel muß mit der Atmosphäre verbunden sein, damit die Ventilfeder voll zur Wirkung kommt.

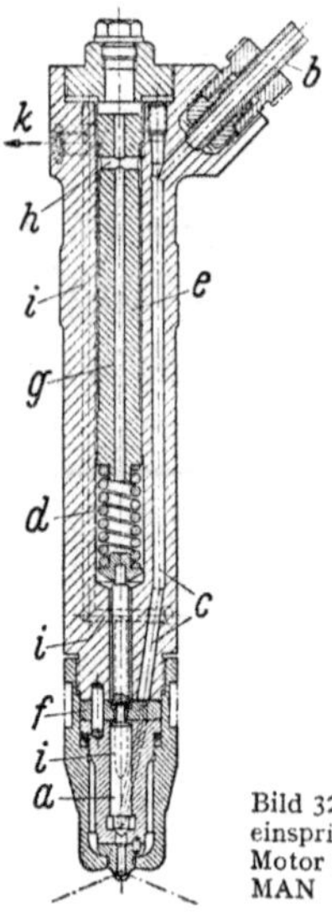

Bild 32. Brennstoffeinspritzventil zum Motor Bild 15 der MAN

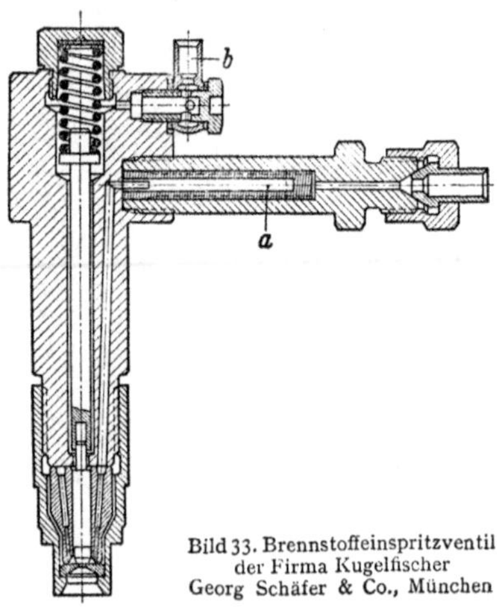

Bild 33. Brennstoffeinspritzventil der Firma Kugelfischer Georg Schäfer & Co., München

Bauart MAN (Bild 32). Ventilnadel *a* dichtet konisch auf gehärtetem Sitz. Brennstoffzuführung durch Leitung *b* und durch Bohrungen *c* im Ventilkörper dicht an den Sitz der Ventilnadel. Die ankommende Druckwelle hebt die Nadel an, wobei die Feder *d* zusammengedrückt wird. Änderung der Federspannung durch Tiefer- oder Höherschrauben der Druckschraube *e*; Begrenzung des Nadelhubes durch die gehärtete Platte *f*. Bohrung *g* und Querbohrung *h* für Leckbrennstoffabfluß (Atmosphärendruck). Bohrungen *i* für Kühlmittel; *k* Kühlmittelabfluß (nur dieser gezeichnet).

Bei der Bauart Kugelfischer Georg Schäfer & Co. (Bild 33) dichtet die Nadel unmittelbar auf der ebenen Düsenplatte ab, was jedes Nachtropfen verhindert. Der Brennstoff wird vor Eintritt in das Gehäuse durch ein Stabfilter *a* filtriert. Bei *b* ist die Leckölleitung so angeschlossen, daß der das Ablaufrohr aufnehmende Rohrschuh in einer Ebene senkrecht zur Bildebene in jede Lage geschwenkt werden kann.

V. Kraftfahrzeugmotoren

Bearbeitet von Dr.-Ing. **F. Wettstädt**, Frankfurt (Main)

Literatur: 1. *Pye, D. R.:* Die Brennkraftmaschinen. Berlin: Springer 1933. — 2. *Kamm, W.:* Das Kraftfahrzeug. Berlin: Springer 1936. — 3. *Kamm, W.*, u. *C. Schmid:* Das Versuchs- u. Meßwesen a. d. Gebiet d. Kraftfahrzeugs. Berlin: Springer 1938. — 4. *Mickel, E., P. Sommer* u. *H. Wiegand:* Berechnung u. Gestaltung d. Triebwerke schnellaufender Kolbenkraftmaschinen. Berlin: Springer 1942. — 5. *Bussien, R.:* Automobiltechn. Handbuch. Berlin: H. Cram 1953. — 6. *Ricardo, H. R.:* Der schnellaufende Verbrennungsmotor. 3. Aufl. Berlin: Springer 1954. — 7. *Bensinger, W. D.:* Die Steuerung des Gaswechsels in schnellaufenden Verbrennungsmotoren (Konstruktionsbücher Bd. 16). Berlin: Springer 1955. — 8. *Venediger, H. J.:* Zweitaktspülung. Stuttgart: Franckh 1948. — 9. *Kremser, H.:* Das Triebwerk schnellaufender Verbrennungskraftmaschinen. 2. Aufl. (Die Verbrennungskraftmasch. Bd. 10). Wien: Springer 1949. — 10. *Neugebauer, G. H.:* Kräfte in den Triebwerken schnellaufender Kolbenkraftmaschinen (Konstruktionsbücher Bd. 2). Berlin: Springer 1952.

A. Grundlagen

1. Betriebsgrundlagen und Kennwerte

Bei Motoren für schnellaufende Kraftfahrzeuge steht die Forderung kleinsten Aufwands an Raum und Baugewicht für die benötigte Leistung gegenüber Gesichtspunkten der Wirtschaftlichkeit und Lebensdauer je nach Verwendung mehr oder weniger im Vordergrund.

a) Personenwagenmotoren. Großer Drehzahlbereich mit stark wechselnden Drehzahlen; elastischer Motorlauf bei plötzlichen Belastungsschwankungen. Höchstdrehzahl bei Ottomotoren durch Gasgeschwindigkeit begrenzt. Teillastbetrieb überwiegt; meist nur vorübergehende Ausnutzung der vollen Leistung. Geräuschloser, erschütterungsfreier Maschinengang. Sofortige Betriebsbereitschaft, Start mit kaltem Motor. Schutz gegen Einflüsse der Fahrbahn (Staub, Schmutz, Stöße). Kleiner Hubraum mit großer Literleistung.

α) *Kennwerte für Viertakt-Ottomotoren* (einzelne Motortypen s. S. 798, Lit. 5):

Literleistung N_{lit} gleich Dauerleistung/Hubraum PS/lit, meist mit Angabe der zugehörigen Drehzahl n U/min: Deutsche Wagen 25 bis 40 (untere Werte bei Luftkühlung) mit $n = 3400$ bis 4600. Sportmotoren bis 60 mit n bis 6000; Rennmotoren bis 130 mit n bis 8000.

Kolbenflächenleistung $p_e c_m/300$ bei Vier- und $p_e c_m/150$ bei Zweitakt PS/cm² als Maß für die mechanische und thermische Beanspruchung der Motoren und zum Vergleich von Zylindern verschieden großer Bohrung.

Mittlere Kolbengeschwindigkeit c_m: deutsche Wagen 8 bis 14 m/sek; Sportmotoren bis 18; Rennmotoren bis 21.

*Mittlerer Arbeitsdruck** p_e: Gebrauchswagen bei Motorhöchstleistung 5,8 bis 8 kg/cm², bei größtem Drehmoment 7,5 bis 9,8. Sportmotoren bei Höchstleistung bis 10, Rennmotoren bis 17. Mittelwert amerikanischer PKW-Motoren: 9,0.

Leistungsgewicht des Motors G/N_e (Motorgewicht G einschl. der erforderlichen Hilfseinrichtungen): 2,0 bis 3,0 kg/PS bei Gebrauchswagen, 1,5 bis 2,3 bei Sportmotoren; 0,3 bis 0,75 bei Rennmotoren.

Zylinderzahl und *Leistung:* In Deutschland überwiegend Vierzylindermotoren mit Gesamthubraum bis 1,9 lit und bis 75 PS; 6 Zylinder in Reihe bis 3 lit und 8 Zylinder in V-Form bis 3,2 lit; Ein- oder Zweizylinder bei Kleinstwagen. Amerikanische Wagen 6 Zylinder in Reihe und überwiegend 8 Zylinder in V-Form mit Hubraum bis 6 lit und N_e bis 335 PS.

Installierte Motorleistung in PS/t, bezogen auf Gewicht des besetzten Fahrzeugs: deutsche Kleinwagen 33 bis 42, PKW der Mittelklasse 50 bis 63; Sportwagen 100 bis 168. Amerikanische PKW 90 bis 145.

---

* Mittlerer Arbeitsdruck = mittlerer Nutzdruck (effektiver), s. Abschn. II 5 S. 129.

Verdichtungsverhältnis ε: normale Motoren 6,5 bis 7,5; Sportmotoren bis 9; Rennmotoren bis 12. Amerikanische PKW 7,5 bis 10,25; Mittelwert 8,75.

Spez. Kraftstoffverbrauch b_e: normale Motoren 0,21 bis 0,26 kg/PSh.

Kraftstoff-Normverbrauch, Ermittlung s. DIN 70030. Deutsche PKW mit 1,1 bis 1,9 lit Hubraum: 6,5 bis 8,9 lit je 100 km Fahrstrecke; amerikanische PKW 14 bis 21.

β) *Zweitakt-Ottomotoren* beschränkt verwendet:

Ein-, Zwei-, auch Dreizylinderbauarten, Gesamthubraum 0,24 bis 0,9 lit, N_{lit} bis 57 PS/lit bei $n = 5000$, p_e bis 4,9 kg/cm²; $\varepsilon = 6{,}0$ bis 7,5; $b_e = 0{,}28$ bis 0,4 kg/PSh mit Bestwerten zwischen $^1/_2$- und $^3/_4$-Last und bei Wasserkühlung.

γ) *Dieselmotoren* bei erhöhten Ansprüchen an Wirtschaftlichkeit:

Mercedes-Benz Typ 190 D: Gesamthubraum 1,9 lit; Literleistung 26,4 PS/lit bei $N_e = 50$ PS und Höchstdrehzahl $n = 4000$; Verdichtungsverhältnis 21; Leistungsgewicht des Motors 3,9 kg/PS; installierte Motorleistung 41,7 PS/t; Kraftstoff-Normverbrauch 7,1 lit je 100 km Fahrstrecke. Höchstgeschwindigkeit 120 km/h.

b) Lastwagenmotoren. Lieferwagen und schnelle, leichte Lastwagen werden meist mit Personenwagen-Ottomotoren ausgerüstet. Mittlere und schwere Lastwagen erfordern Motorbauarten mit erhöhter Lebensdauer.

Da Volleistung weit häufiger als bei PKW benötigt wird, schont man Triebwerk durch Wahl kleinerer Drehzahlen und damit geringeren c_m.

Viertakt-Ottomotoren (in Amerika bevorzugt) weisen bei gegebenem Gewicht und Raum größere Leistungen, aber höheren Kraftstoffverbrauch als Dieselmotoren auf. *Dieselmotoren* in Deutschland bei Nutzlasten ab 1,5 t bevorzugt.

Leistungsbedarf: bei Nutzlasten von 3 bis 8 t etwa 26 bis 18 PS je t Nutzlast. Meist Sechszylinder-Reihenmotoren; für größte Leistungen Achtzylinder in V-Form.

Je nach dem Arbeitsverfahren: $n = 1600$ bis 3000 U/min; $N_{\text{lit}} = 14$ bis 20 PS/lit bei Vier- und bis 37 bei Zweitakt; $b_e = 0{,}16$ bis 0,2 kg/PSh; p_e bei Höchstleistung im Mittel 7,8 kg/cm²; Leistungsgewicht des betriebsfertigen Motors bei Viertakt und Reihenform im Mittel 4,9 kg/PS, bei Zweitakt und V-Form ≈ 3. Einzelkennwerte s. S. 798, Lit. 5.

c) Kraftradmotoren. Für Gebrauchsfahrzeuge Ottomotoren mit Luftkühlung durch Fahrwind.

Bei Hubraum bis 0,2 lit überwiegend Zweitaktmotoren, über 0,25 lit Viertaktmotoren. Einzylindermotoren bis 0,35 lit, Zweizylindermotoren mit quer zur Fahrtrichtung gegenüberliegenden Zylindern. Einzelkennwerte s. S. 798, Lit. 5.

Zweitaktmotoren: N_{lit} bis 67 PS/lit; n bis 5500 U/min; ε bis 7,3; $p_e = 3$ bis 5 kg/cm².

Viertaktmotoren: N_{lit} bis 78 PS/lit bei $n = 6500$ U/min; ε bis 8; p_e bis 10 kg/cm².

2. Besonderheiten der Zweitaktmotoren

Eingehende Behandlung der Spülverhältnisse und Entwicklungsfragen s. Lit. 5 u. 8.

a) Umkehrspülung hat Querstromspülung mit Ablenkkolben völlig verdrängt; sie wird mit Kurbelkammerspülpumpe bei fast allen Gebrauchs-Zweitakt-Ottomotoren verwendet und ist mit besonderem Spül- und Ladegebläse auch für schnellaufende Zweitakt-Dieselmotoren[1] eingeführt, s. Bild 16.

Führung des Spülstroms (Bild 1) an festen Wandungsteilen ermöglicht annähernde Stabilität der Strömung (hierdurch verbesserte Spülung und Ladung) und Verwendung eines flachen oder wenig gewölbten Kolbenbodens (hierdurch höhere Verdichtung und gesteigerte Drehzahl bei geringem Kolbenspiel und geräuscharmem Maschinengang).

Robuste *Schlitzsteuerung mittels Arbeitskolbens* macht empfindliche Ventile mit vermehrten Steuerungsteilen entbehrlich. Die im Aufbau einfachen Motoren erfordern nur geringen Fertigungsaufwand und sind in der Wartung unempfindlich.

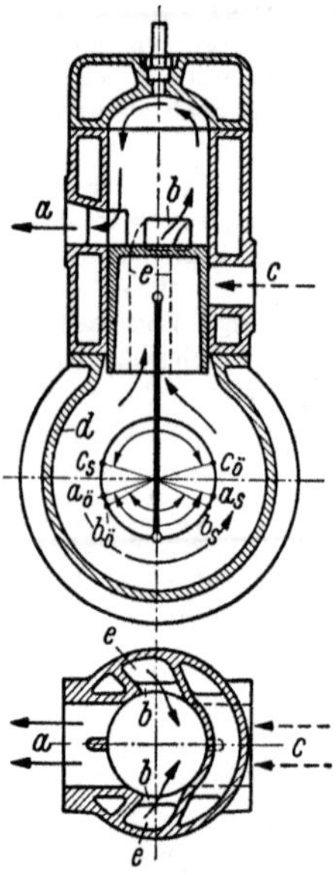

Bild 1. Dreikanal-Zweitaktmotor mit symmetrischer Schlitzsteuerung und Schnürle-Umkehrspülung

Einfache Bauart mit Kurbelkammerspülpumpe („Dreikanalmotor" mit symmetrischer Schlitzsteuerung und Umkehrspülung nach *Schnürle*) zeigt Bild 1:

[1] *List, H.:* Raschlaufende Zweitaktmotoren. ATZ Bd. 61 (1959) Nr. 1 S. 11/17.

Von Oberkante des Kolbens werden Auslaßschlitze *a* für Abgas und Spülschlitze *b* für Einlaß des Frischgases etwa 20 bis 30% vor UT beim Ausdehnungshub geöffnet bzw. beim Verdichtungshub geschlossen und von Unterkante des Kolbens Einlaßschlitze *c* für Einlaß des Frischgases in die als Spül- und Ladepumpe ausgebildete Kurbelkammer *d* gesteuert. Überströmkanäle *e* führen von der Kurbelkammer zu den Spülschlitzen. Steuerpunkte auf Kurbelkreis eingetragen, Index *ö* Öffnen, *s* Schließen.

Maßstäbliche *Querschnittsverhältnisse* der Kanäle s. Bild 1. Unterkante des Spülschlitzes aus gußtechnischen Gründen unter Oberkante des Kolbens zurückgesetzt. Durch das aus dem Kurbelraum gegen die heiße Auslaßseite der Zylinderbohrung geschleuderte Spritzöl werden *Kühlung und Schmierung* der Zylinderwand und des Kolbens erreicht, während auf der gegenüberliegenden Einlaßseite das durch den Kolben vom Kurbelraum zeitweilig abgesperrte Frischgasgemisch den Kolben schmiert (Mischungsschmierung s. S. 207).

Kurbelkammerspülpumpen sind bezüglich Liefergrad gegenüber getrennten Spül- und Ladepumpen im Nachteil, passen sich indessen den baulichen und betrieblichen Verhältnissen der Dreikanalbauart an und ermöglichen für Gebrauchsmotoren ausreichende Leistungen. Liefergrad hängt stark vom Verhältnis schädlicher Raum : Hubvolumen (im Mittel ≈2,2) und von der Drehzahl ab; Verdichtungshöchstdruck ≈0,6 atü. Diagramme s. Lit. 5. Verbesserungen sind möglich durch *zusätzliches Steuerorgan*, z. B. Ausbildung der Kurbelwange als Flachschieber, der den Zutritt zum Überstromkanal steuert (Ausführung Triumph).

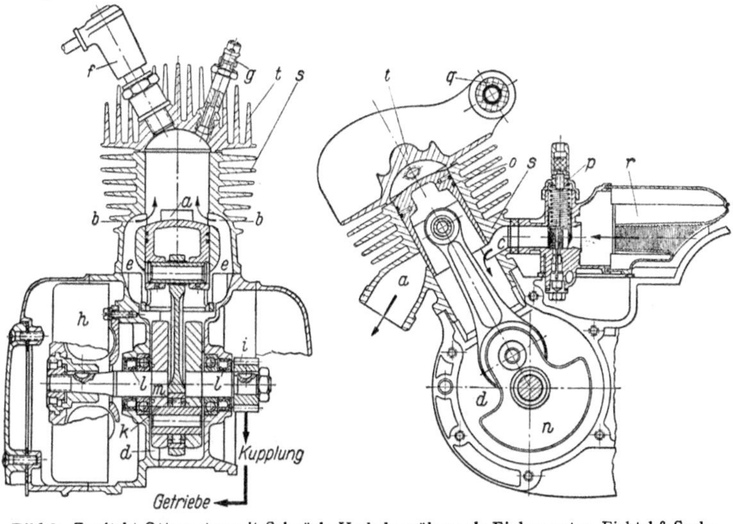

Bild 2. Zweitakt-Ottomotor mit Schnürle-Umkehrspülung als Einbaumotor. Fichtel & Sachs. Bohrung 38 mm, Hub 42 mm, Hubvolumen 47 ccm. Leistung 1,25 PS bei n = 5500 U/min. Verdichtungsverhältnis 6. *a* Auslaß-, *b* Spül-, *c* Einlaßschlitze, *d* Kurbelkammer, *e* Überströmkanäle, *f* Zündkerze, *g* Dekompressionsventil, *h* Schwung-Lichtmagnetzünder, *i* Abtriebritzel, *k* zusammengesetzte Kurbelwelle, *l* Dichtring, *m* Rollenlager mit Bordscheiben, *n* Gegengewichte, *o* Kolbenringe mit Drehsicherungsstift, *p* Gasschiebervergaser, *q* Motorlagerung auf Schwingmetall, *r* Naßluftfilter, *s* Graugußzylinder, *t* abnehmbarer Leichtmetallzylinderkopf. Mischungsschmierung 1 : 25. Symmetrische Steuerung: Auslaßschlitze offen 2 × 59° 53′ um UT, Spülschlitz offen 2 × 52° 13′ um UT, Einlaßschlitze offen 2 × 42° 51′ um OT. Zündzeitpunkt fest 25° 20′ vor OT

Hauptnachteil der einfachen Bauart ist bei Vergasermotoren mit Gemischspülung der Frischgasverlust durch die Auslaßschlitze, da diese erst nach den Spülschlitzen schließen. Spülverlust bei Vollast ≈25%, bei Teillasten geringer.

Durch Luftspülung und Kraftstoffeinspritzung (vgl. Abschn. C 2) in Brennraum gegen Abschluß der Spülung lassen sich Verbesserungen erzielen:

Kein Kraftstoffverlust, höhere Verdichtung, größere Luftladung durch Wegfall der Drosselung im Vergaser, gleichmäßiger Leerlauf, rascheres Beschleunigen des Motors. Den Verbesserungen in Leistung und Wirtschaftlichkeit (Kraftstoffverbrauch um ≈15% und Schmierölverbrauch um 30 bis 50% gesenkt) stehen die höheren Kosten der Einspritzanlage (Kraftstoffpumpe und Düse je Zylinder statt *eines* Vergasers) und der Schmiervorrichtung (Frischöl-Zahnradpumpe mit Leitungen statt der Mischungsschmierung) gegenüber.

b) Gleichstromspülung, unsymmetrisches Steuerdiagramm, Aufladen. Spülschlitze und Auslaß (Schlitze oder Ventile) liegen an entgegengesetzten Enden des Hubraums; Spülmittel durchströmt in Achsrichtung den Zylinder. Bei den hierdurch erreichbaren günstigeren Spül- und Ladeverhältnissen ist Verfahren für höhere Ansprüche an Hubraumleistung und Kraftstoffausnutzung geeignet, muß aber durch erheblich größeren Bauaufwand erkauft werden. Aufladen möglich durch unsymmetrisch liegende Steuerdiagramme für Auslaß und Spülung.

α) *Einkolbenmotoren* mit kolbengesteuerten Spülschlitzen und nockengesteuerten Auslaßventilen im Zylinderkopf sowie mit Roots-Lader als LKW-Dieselmotor s. S. 177 u. Bild 10.

β) *Doppelkolbenmotoren* mit gleichläufigen Kolben im U-Zylinder und Schlitzsteuerung als Hochleistungs-Ottomotoren bei Krafträdern:

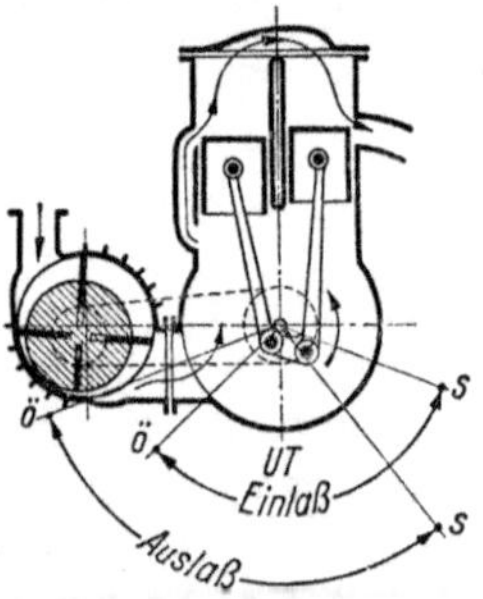

Bild 3. Doppelkolben-Zweitakt-Ottomotor mit U-Zylinder, Anlenkpleuel und Zoller-Lader. Unsymmetrisches Steuerdiagramm mit Aufladen

Bauart Puch mit gemeinsamer Gabelpleuelstange auf *einem* Kurbelzapfen; der eine Kolbenbolzen ist über einen Gleitstein mit seinem Kolben verbunden. Bauart Triumph mit Pleueln auf zwei gegeneinander versetzten Kurbelzapfen. Bauart DKW mit angelenktem Nebenpleuel und Zoller-Drehkolbenlader, s. Bild 3.

Bei Doppelkolbenbauart erhält man unsymmetrisches Steuerdiagramm durch Versetzen der beiden Kurbeln ($\approx 20°$), durch Achsversetzung der Zylinder und durch die Lage der Anlenkstelle für das Nebenpleuel.

In Bild 3 eingetragenes Steuerdiagramm zeigt im Vergleich zu Bild 1 späteres Öffnen der Spülschlitze (kein Rückschlagen von Abgasen in Überströmkanal), früheres Schließen der Auslaßschlitze (weniger Frischgasverluste) und Aufladen zwischen Auslaß- und Spülschluß.

c) Steuergrößen. Form der Schlitze für Auslaß und Spülung rechteckig, dadurch sofort nach Öffnen durch den Kolben große Querschnitte freigelegt. Zugespitzte oder abgesetzte Einlaßschlitze mildern wegen schleichender Öffnung das Ansauggeräusch.

Schlitzabmessungen bei symmetrischem Steuerdiagramm (Lit. 5):

Schlitzart	Öffnungsdauer in Grad Kurbelwinkel	Schlitzhöhe in % vom Kolbenhub	Gesamtbreite in % vom Zylinderumfang $D\pi$
Auslaßschlitze	140—150	26—28	20—24
Spülschlitze	120—130	18—22	24—28
Einlaßschlitze	140—160	28—32	22—30

Steuerpunkte unsymmetrischer Steuerungen s. Lit. 5 und [1].

Berechnung der Schlitzquerschnitte (Zeit- bzw. Winkelquerschnitte) an Hand zeichnerischer und rechnerischer Verfahren (s. S. 159) liefert gute Anhaltpunkte, obwohl wichtige Einflüsse, z. B. die beim Öffnen der Schlitze eingeleiteten Schwingungen mit ihren Resonanzvorgängen, zahlenmäßig schwer erfaßbar sind. Auch fertigungstechnische Momente (z. B. Bearbeitbarkeit der Schlitze und Kanäle sowie Konstanz bei der Serienfertigung) sind für die mögliche Genauigkeit der Berechnung von Bedeutung. *Zahlenwerte* üblicher spezifischer Zeit- und Winkelquerschnitte s. Lit. 5 und [1].

d) Vergleich von Zwei- und Viertakt-Ottoverfahren. *Zweitakter:* Gleichförmigeres Drehmoment. Aussetzreicher Leerlauf. Stärkere Geräuschbildung. Schlechtere Füllung bei Kurbelkammer-Spülpumpe (etwa 50 bis 70%, von denen bei Vollast $\approx 25\,\%$ durch Auslaßschlitze verlorengehen, gegenüber Viertaktern mit 70 bis 80% Füllung); niedrigere mittlere Arbeitsdrücke (vgl. Bild 18). Daher trotz der doppelten Anzahl von Arbeitsspielen keine größere Literleistung als Viertakter. Wärmebelastung und Schwierigkeiten der Wärmeabfuhr sind wegen der fehlenden Leerhübe größer.

---

[1] *Venediger:* Kennwerte neuzeitlicher Zweitakt-Schnelläufer. MTZ Bd. 9 (1948) S. 85/90.

Zweitakter werden in der Hauptsache wegen baulicher Einfachheit, geringen Fertigungsaufwandes und unempfindlicher Wartung angewendet, was jedoch nur für bestimmte Gebiete und bis zu einer beschränkten Größe entscheidend ist.

Viertakter werden im weiten Bereich der Wagenmotoren bevorzugt. Trennung von Ausschub und Ladung sowie die hierfür verfügbaren größeren Zeiten ermöglichen in Verbindung mit der durch die Ventilsteuerung gegebenen größeren Freiheit in den Öffnungs- und Schließzeiten einfachere Beherrschung der Gaswechselvorgänge und Wärmeverhältnisse. Kraftstoffverbrauch s. Bild 18.

3. Verbrennungsvorgänge in Otto-Fahrzeugmotoren

a) Allgemeines. Verbrennungsgleichungen der Kraftstoffe ergeben Luftbedarf und Endprodukte bei vollkommener Verbrennung (s. Bd. I, S. 470). Unvollkommene Verbrennung ist unwirtschaftlich und hat Bildung von CO, verschiedenen Kohlenwasserstoffen und Säuren sowie Störungen des Motorbetriebs, z. B. Verrußung und Verkrustung, zur Folge. Wirklicher Ablauf der Verbrennung führt zu den Endprodukten erst über eine Reihe von Zwischenreaktionen, die trotz umfangreicher Forschungsarbeiten nicht genau bekannt sind.

Ermittlung der Verbrennungsprodukte und -temperaturen unter Berücksichtigung der bei hohen Temperaturen auftretenden Dissoziation von CO_2 und H_2O, Untersuchung von Druckanstieg, Brenngeschwindigkeit, Zündverzug, Wirbelung u. a. s. Lit. 1 u. 6.

b) Luftverhältnis λ, vgl. S. 129. Betrieb des Ottomotors ist nicht an das durch die Verbrennungsgleichungen bestimmte Luftverhältnis $\lambda_{theor} = 1$ gebunden, sondern innerhalb des bei flüssigen Kraftstoffen verhältnismäßig engen Zündbereichs (für Benzin untere Grenze ≈ 1,4; obere ≈ 8 Dampf-Vol.-%) sowohl mit reichen Gemischen (Kraftstoffüberschuß) wie auch mit armen (Luftüberschuß) möglich. Mit λ ändern sich Leistungsausnutzung und Wirtschaftlichkeit, Bild 4, bei dem λ bei konstanter Drehzahl und Drosselklappenstellung mit jeweils bester Zündeinstellung innerhalb des ganzen Zündbereichs verändert wurde.

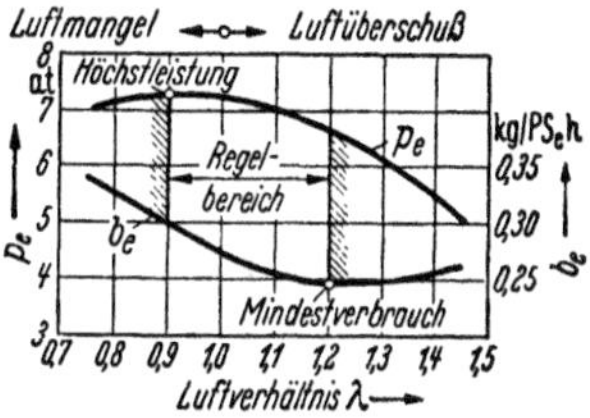

Bild 4. Mittl. Arbeitsdruck p_e und spez Kraftstoffverbrauch b_e in Abhängigkeit vom Luftverhältnis λ

Höchste Leistung erfordert maximale Wärmeentwicklung durch höchstmögliches Ausnutzen der *Sauerstoff*ladung und wird durch den Kraftstoffüberschuß der reichen Gemische auf Kosten des spezifischen Kraftstoffverbrauchs erreicht; λ = 0,9 bis 0,95. *Beste Wirtschaftlichkeit* bedingt möglichste Ausnutzung der *Kraftstoff*ladung und wird durch den Luftüberschuß der armen Gemische unter Einbuße an Leistung erzielt; λ ≈ 1,2.

Für *Fahrbetrieb* vermeidet man extreme Einstellungen, um Leistungs- und Kraftstoffausnutzung aufeinander abzustimmen, Nebenwirkungen der motorischen Verbrennung (z. B. Rußverschmutzung bei reichen, Nachbrennen bei armen Gemischen) zu verhüten und auch bei Schwankungen im Luftverhältnis (durch plötzliche Belastungsänderungen) ausreichende Anzugkraft zu behalten; vgl. Abschn. C 1 c) u. d). Für Wahl von λ sind ferner Umstände wie Art des Kraftstoffs, Form des Verbrennungsraums, Anzahl[1] der Zylinder je Vergaser, Wärmezustand, Luftvorwärmung von Bedeutung.

Bild 5 veranschaulicht in den Beziehungen zwischen mittl. Arbeitsdruck und spez. Kraftstoffverbrauch (Kraftstoffverbrauchsschleifen *a, b, c*) den Einfluß von λ bei Voll- und Teillasten im ganzen Zündbereich.

Die auf *a, b, c* eingetragenen Punkte bezeichnen Lage von λ_{theor}; rechts davon sind die reichen und links die armen Gemische. Bei Teillastkurven *b, c* macht sich der mit größerer Drosselung zunehmende Gehalt an Abgasresten in der Gesamtladung geltend, wodurch Verbrennung soweit verlangsamt wird, daß Gemische mit kleinen Brenngeschwindigkeiten nicht mehr verarbeitbar sind. Kurve *d* zeigt in *A, B, C* die bei λ_{theor} erforderliche Vorzündung.

c) Verdichtungsverhältnis ε. Mit zunehmendem ε steigt Wirkungsgrad des Vergleichsprozesses (s. Bild 11 S. 128); die praktisch erreichte Verbesserung der

[1] *Dörges, E. A.:* Gemischverteilung an einem Vierzylinder-Motor. ATZ Bd. 57 (1957) Nr. 7 S. 194/201.

Leistung und Wirtschaftlichkeit ist größer, Bild 6: durch die kleineren Kühlflächen des Brennraumes werden Kühlverluste, durch die geringeren Abgasrestmengen Erhitzung und Verschlechterung des frischen Gemisches vermindert; durch die höheren Verdichtungsdrücke und Temperaturen wird Verbrennung beschleunigt.

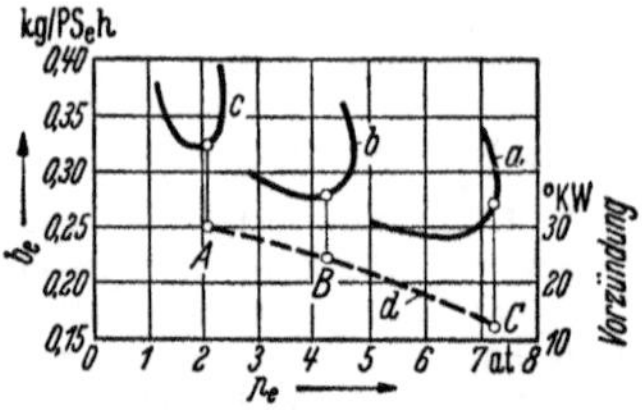

Bild 5. Zusammenhang von mittl. Arbeitsdruck p_e und spez. Kraftstoffverbrauch b_e für Voll- und Teillasten. Günstigste Zündpunkte. $n = 1000$ U/min = const. *a* Drossel voll geöffnet, *b* $^2/_3$-Last, *c* $^1/_3$-Last, *d* erforderliche Vorzündung

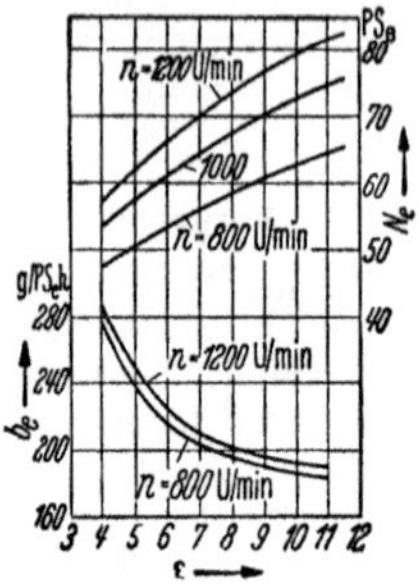

Bild 6. Leistung N_e und spez. Kraftstoffverbrauch b_e in Abhängigkeit vom Verdichtungsverhältnis ε. KS-Leichtmetallkolben. BV-Benzol

Wirkungsgrad hängt — abgesehen vom Luftverhältnis — in erster Linie von dem beim jeweiligen Kraftstoff möglichen ε ab; bei gleichem ε weisen alle Kraftstoffe annähernd gleiche Wirkungsgrade auf.

Mit ε nehmen Triebwerkdrücke und Arbeitstemperaturen rasch zu, ebenso Gefahr der Frühzündung an örtlich überhitzten Stellen, z. B. Zündkerze, Ölkrusten. Zulässiger *Höchstwert von* ε ist durch Auftreten des Motorklopfens begrenzt.

d) Klopfende Verbrennung (vgl. Abschn. II 2, S. 125). Mit Fortschreiten der — vom elektrischen Funken als Zündquelle eingeleiteten — Flamme im Brennraum wird auch der noch unverbrannte Gemischrest verdichtet (Verdrängungsverdichtung) und seine Temperatur adiabatisch gesteigert. Überschreitet die Temperatur des Gemischrestes hierbei die Zündtemperatur, so kann im Gemischrest *Selbstzündung* mit sehr großer Druckbeschleunigung auftreten.

Druck-Zeit-Diagramm, Bild 7, zeigt dann statt der weichen Wellenlinie der normalen Verbrennung (a) einen sägeartigen Verlauf mit höheren und schwingenden Druckspitzen (b). Gleichzeitig treten Geräusche auf, die sich je nach Kraftstoff und Motor von hartem Motorgang bis zu hellem Hämmern oder scharfem Klopfen steigern. Leistung sinkt ab, Motor wird überhitzt und Triebwerk überlastet.

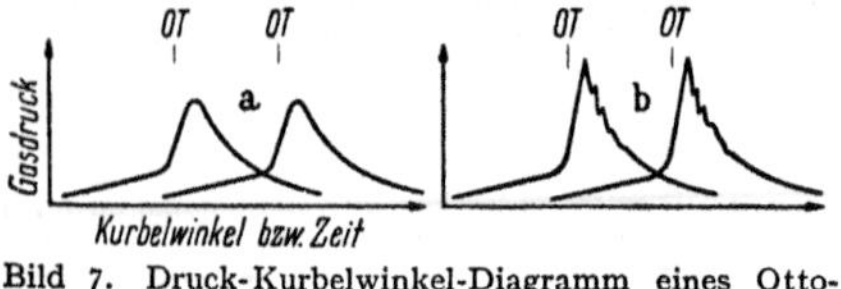

Bild 7. Druck-Kurbelwinkel-Diagramm eines Ottomotors für normale (a) und klopfende (b) Verbrennung

Auftreten des Klopfens hängt in besonderem Maß vom Charakter des Kraftstoffs (s. Oktanzahl S. 119) ab, bleibt aber eng mit Maschinenbauart verknüpft, so daß sowohl von Klopffestigkeit des Kraftstoffs wie von einer solchen des Motors (Oktanzahlanspruch) gesprochen werden kann. Gute Ausnutzung des Energieinhalts der Kraftstoffe verlangt Abstimmung von Kraftstoff und Motor. Beispiel eines Brennraumes hoher Klopffestigkeit s. z. B. Bild 26.

Erhöhung von ε um 1 steigert Oktanzahlbedarf um ≈ 10 bis 15 Oktaneinheiten. Größere Zylinderfüllung wirkt durch den gesteigerten Verdichtungsdruck wie eine Erhöhung von ε. Klopfneigung wird verringert u. a. durch kühl angesaugtes Gemisch (thermostatische Regelung der Auspuffheizung der Frischgase), bessere Wärmeabfuhr (Leichtmetall-Zylinderkopf, bis an den Zylinderfuß herabgezogener Wassermantel, kleine und kühl arbeitende Zündkerze), Verstellen des Zündzeitpunkts (von Hand betätigter „Oktanversteller" zum Anpassen an die jeweils benutzte Kraftstoffsorte; selbsttätiger Ansaugunterdruck-Versteller, der die Vorzündung bei den am häufigsten gebrauchten Drosselteillasten auf beste Kraftstoffausnutzung einstellt und bei Vollast stark zurücknimmt).

4. Arbeitsverfahren bei Diesel-Fahrzeugmotoren

Für Gemischbildung und Verbrennung sind bei den hohen Drehzahlen nur geringe Zeitspannen verfügbar, die sich mit der Fahrgeschwindigkeit ständig innerhalb weiter Grenzen ändern. Auch die einzuspritzende Kraftstoffmenge ist bei jeder Drehzahl einem häufigen und plötzlichen Wechsel zwischen Teil- und Vollasten unterworfen, da Kraftbedarf zur Überwindung der Fahr- und Beschleunigungswiderstände fortgesetzt schwankt. Diese schwierigen Betriebs- und Regelungsbedingungen führen dazu, daß im Großdieselbau bewährte Verfahren für Fahrzeugmotoren ungeeignet und andrerseits bei Fahrzeugmotoren übliche Verfahren für Großdieselmaschinen nicht brauchbar sind.

a) Direkteinspritzung beim Viertaktverfahren. Flacher Brennraum und Druckzerstäubung in der ungelenkten Luft — wie bei stationären Motoren — würde bei Schnelläufern wegen des Zündverzuges zum Entstehen großer Gemischmengen und Kracken des Kraftstoffs mit Rußbildung und Abspaltung von Wasserstoff sowie als Folge zu explosionsartigen Verbrennungen mit hohen Zünddrücken und starken Zündgeräuschen führen. Weich einsetzende und relativ langsam ablaufende, geräuscharme Verbrennung ermöglicht M-Verfahren[1] der MAN.

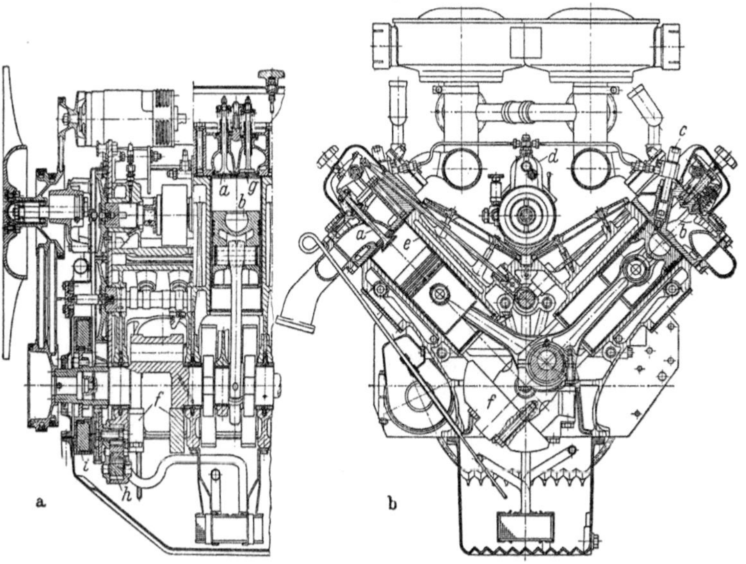

Bild 8. Viertakt-Dieselmotor in V-Form nach dem M-Verfahren. MAN. a Längsschnitt, b Querschnitt. Bohrung 115 mm, Hub 140 mm. Acht Zylinder. Leistung 180 PS bei n = 2000 U/min. Max. Drehmoment 70 mkg bei n = 1300 U/min. Verdichtungsverhältnis 17. Max. Verbrennungsdruck 75 atü. Gewicht ≈ 990 kg. Kraftstoffverbrauch s. Bild 22. Einlaß öffnet 4,5° KW vor OT, schließt 27,5° nach UT. Auslaß öffnet 40° vor UT, schließt 8° nach OT. *a* Auslaßventil, *b* Kugelbrennraum, *c* Einspritzdüse, *d* Einspritzpumpe, *e* trockene Zylinderlaufbüchse, *f* Gegengewichte an Kurbelwange, *g* Einlaß-Schirmventil, *h* Ölumlaufpumpe, *i* Viskose-Schwingungsdämpfer

M-Verfahren, Bild 8. Brennraum in Dreiviertelkugelform liegt tief versenkt auf Kolbenmitte; Unterseite hat Ölspritzkühlung. Kraftstoff wird mit ≈175 atü durch schrägstehende Düse nur zu ≈5% im Brennraum fein zerstäubt (Zündstrahl) und zu ≈95% auf die Innen-

[1] *Meurer, J. S.:* Das MAN-M-Verbrennungsverfahren. ATZ Bd. 58 (1956) Nr. 4 S. 92/98, Nr. 5 S. 127/33; Weiterentwicklung der MAN-M- und Vielstoffmotoren. ATZ Bd. 59 (1957) Nr. 7 S. 179/82.

wände gespritzt, wo er als dünner Film mit dem Sauerstoff der Luft in Berührung kommt (langsame Oxydation als Anfangsstadium der Verbrennung). Kraftstoff wird wegen der verhältnismäßig kühlen Wandung während des Zündverzugs nur gering und erst nach Überwindung des Zündverzugs durch die freiwerdende Verbrennungswärme schnell verdampft. Luft strömt über Einlaß-Schirmventil bzw. besonders entwickelten Drallkanal (ohne Drosselwirkung) bevorzugt in einer Richtung in Zylinder und wird an Zylinderwand zur Wirbelbewegung im Brennraum umgelenkt. Das sich fortlaufend bildende, rotierende Gas-Luft-Gemisch wird durch den Zündstrahl entflammt und nach Maßgabe des Abdampfens stoßfrei verbrannt.

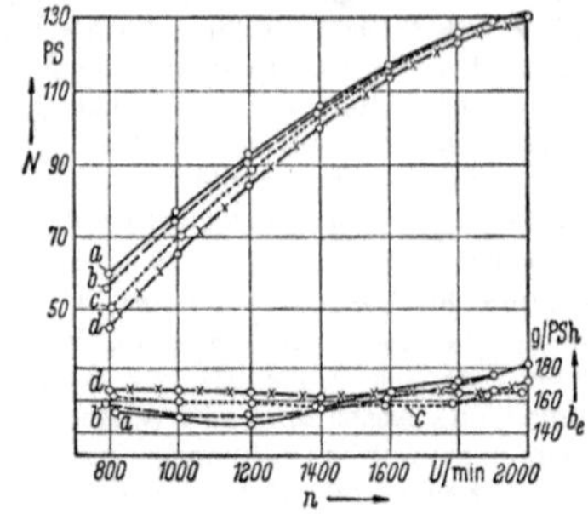

Bild 9. Leistung N PS und spez. Kraftstoffverbrauch b_e g/PSh eines M-Motors bei verschiedenen Kraftstoffen (Mehrstoffmotor). MAN. Bohrung 112 mm, Hub 140 mm, 6 Zylinder. Verdichtungsverhältnis 20. *a* Mogas 83/91 OZ, *b* Markenbenzin 76/81 OZ, *c* Gasöl 45/55 CaZ, *d* Motorenöl SAE 10

Ausnutzung eines Teils der an die Wände übergehenden Verbrennungswärme zum Verdampfen kühlt Kolben und ermöglicht – neben dem verbrennungs- und wärmetechnisch günstigen Kugelbrennraum – durch Rückführen von Wärme in den Arbeitsprozeß sehr gute ***Wirkungsgrade***; vgl. Bild 9 und 22.

Lochdüse mit zwei Spritzbohrungen, Düsennadel mit kegeliger Sitzfläche; Nadelführung vom Brennraum weg in kühle Zone verlegt. Auf Düsenkörper aufgeschobener Kupferkonus gewährleistet Dichtheit und kühlt Düsenspitze durch Wärmeableitung an den Zylinderkopf, so daß Verkokung der Spritzbohrungen verhütet wird.

Schnellen Kaltstart bei tiefen Temperaturen erleichtert eine durch elektrische Glühkerze gezündete Gasölflamme im Saugrohr. Auch kann durch Verstellen des Einlaß-Schirmventils Drehsinn des Luftwirbels im Zylinder für Startvorgang gewechselt und hierdurch eine größere Kraftstoffmenge vom Kraftstoffstrahl abgesplittert werden, die, in der Luft schwebend, zur Entzündung kommt.

Ausführungen für Lastwagen und Omnibusse in Sechszylinder-Reihenbauart (auch liegend als Unterflurmotor) und in Achtzylinder-V-Form.

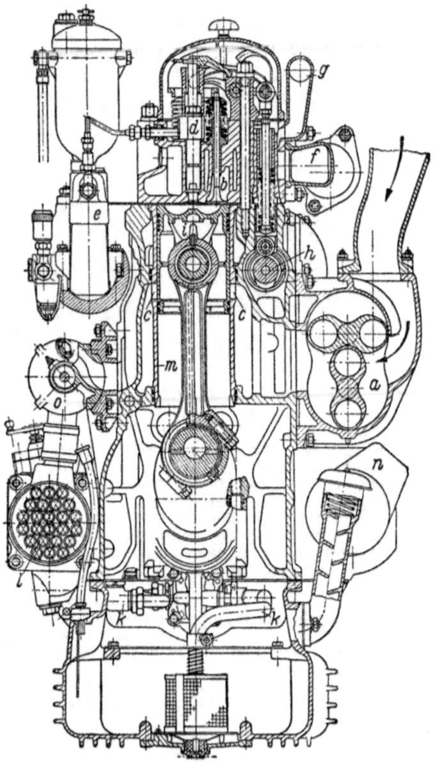

Bild 10. Zweitakt-Dieselmotor mit Gleichstromspülung und Direkteinspritzung. Krupp. Bohrung 115 mm, Hub 140 mm, Hubraum je Zylinder 1,454 lit. Zylinderzahl 3 bis 7. Verdichtungsverhältnis 14. Mittl. Arbeitsdrücke p_e kg/cm² bei Dauerleistung 6,6 (bei $n = 1950$ U/min) bis 7,3 (bei $n = 1000$ bis 1200 U/min, größtes Drehmoment) und bei vorübergehender Spitzenleistung zum Überholen 7,7 bis 9. Literleistung 28 bis 32 PS/lit. Leerlaufdrehzahl 400 U/min. Optimaler spez. Kraftstoffverbrauch bei Teillast 168 g/PSh. Schmierölverbrauch 2 g/PSh. Spülschlitze öffnen und schließen 54° KW v. und n. UT. Auslaßventile öffnen 88° v. UT und schließen 60° n. UT. *a* Rootslader, *b* Auslaßventil, *c* Spülschlitze, *d* Einspritzdüse, *e* Einspritzpumpe, *f* Auslaßleitung, *g* Kühlwasserleitung, *h* Nockenwelle, *i* Ölspritzdüse für Kolbenkühlung, *k* Schmierölleitungen, *l* Ölkühler, *m* nasse Zylinderlaufbuchse, *n* Anlasser, *o* Kühlwasserpumpe

b) Direkteinspritzung beim Zweitaktverfahren mit Gleichstromspülung (vgl. S. 159). Statt der Junkers-Bauart mit gegenläufigen Doppelkolben wird der einen geringeren Bauaufwand erfordernde Einkolbenmotor mit untenliegenden Spülschlitzen, Auslaßventilen im Zylinderkopf und Rootsgebläse für Spülung und Ladung ausgeführt; Krupp-LKW-Motor[1] s. Bild 10.

Thermozentrische Bauart mit zentrischem Verbrennungsvorgang (in muldenförmigen Kolbenbrennraum zentral abspritzende Mehrloch-Düse) und zentrischem Ladungswechsel (gleichmäßig verteilte Spülschlitze; drei symmetrische Auslaßventile). Betriebstemperaturen und Wärmebewegungen am Umfang in jeder Ebene gleichmäßig; Laufbuchse im oberen heißen Teil wasser-, unten luftgekühlt; kein Verziehen von Laufbuchse und Kolben. Gleichstromspülung mit schraubenförmiger Drehung der Spülluft (tangential gestellte Spülschlitze) ergibt einwandfreie Spülung und große Füllung; daher hohe mittl. Arbeitsdrücke und Literleistungen bei günstigem Kraftstoffverbrauch. Kolbenbodenkühlung innen durch Spülluft und außen durch Öl aus Spritzdüse am Pleuelstangenauge. Kühlwassertemperaturregelung durch Thermostat und Kühlerjalousie; Ölkühler. Auflademöglichkeiten durch unsymmetrisches Steuerdiagramm; Spüldruck 0,25 bis 0,3 atü. Rootsgebläse. Regelbare Kompressorbremse durch mehr oder weniger starkes hydraulisches Verstellen der Nockenwelle zur vorzeitigen Auslaßöffnung gegen Kompressionsende.

c) Unterteilung des Brennraumes verschlechtert wegen der Wärmeverluste an die großen und mit hoher Geschwindigkeit bestrichenen Wandungsflächen den Wirkungsgrad, ermöglicht aber kleine Einspritzdrücke (120 bis 135 atü) und niedrige Zünddrücke mit geringen mechanischen Belastungen und durch gute Ausnutzung der Ladeluft hohe mittl. Arbeitsdrücke.

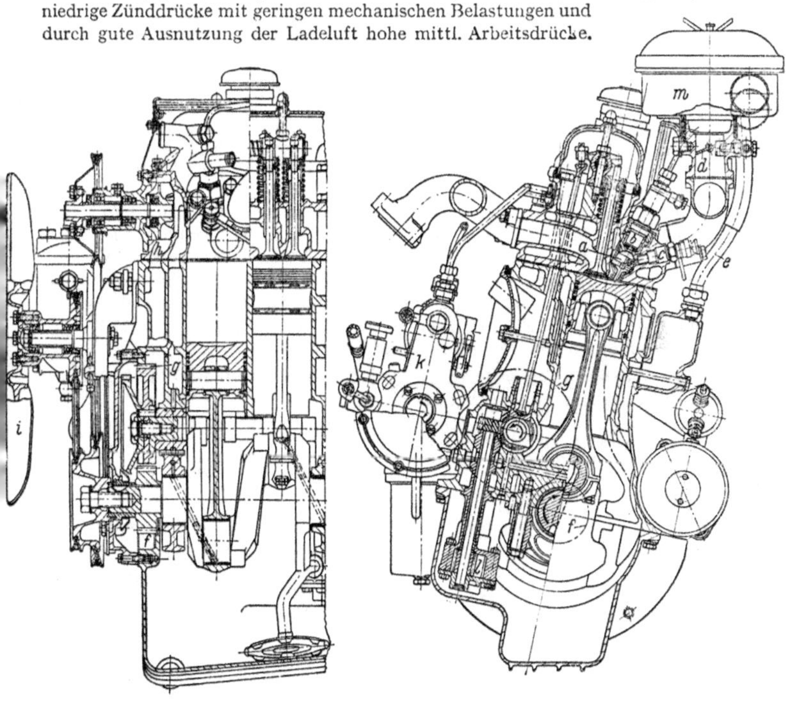

Bild 11. Viertakt-Dieselmotor mit Vorkammer; für Personenwagen. Mercedes-Benz Typ 180 D. Bohrung 75 mm, Hub 100 mm. 4 Zylinder. Leistung 43 PS bei $n = 3500$ U/min. Höchstdrehzahl 3600 U/min. Drehzahl bei 100 km/h Fahrgeschwindigkeit 3220 U/min. Verdichtungsverhältnis 19. *a* bis *c* s. Text, *f* und *g* Nockenwellen-Antriebsräder, *h* Kühlwasserpumpe, *i* Lüfter, *k* Einspritzpumpe, *l* Ölumlaufpumpe, *m* Sauggeräuschdämpfer mit Luftfilter

[1] Techn. Mitt. Krupp. Bd. 15 (1957) Nr. 5 S. 101/19. Weiterentwicklung mit obenliegender Nockenwelle und direktem Ventilantrieb s. MTZ Bd. 21 (1960) Nr. 4 S. 113/15.

α) *Vorkammerverfahren*[1] in zahlreichen Bauvarianten für LKW- und PKW-Motoren verwendet. Beispiel eines PKW-Viertakt-Dieselmotors mit Einloch-Steilbrenner von Daimler-Benz zeigt Bild 11 (dazu Bild 12 u. 13):

Vorkammer *a* mit kugelförmigem, für Durchmischung, Flammenausbreitung und Wärmeverluste günstigem Mischraum; zentrischer Ausblasekanal weit und düsenförmig ohne Strömungsverluste; eingebauter Steg für weiche und geräuscharme Verbrennung; wärmeableitende Zwischenplatte zum Schutz der Zapfendüse *b* vor zu hoher Wärme aus Vorkammer. Einspritzdüse und Ausblasekanal auf einer Achse, so daß beim Anlassen ein Teil des Kraftstoffs unmittelbar in Zylinderraum gelangt und Anspringen des Motors erleichtert; kalter Motor erfordert Vorglühen durch elektrische Glühkerze *c*. Vom Fußpedal verstellbare Drosselklappe *d* für pneumatisch gesteuerte Einspritzpumpe; s. S. 204. Leitung *e* zum Abführen der Öldämpfe aus Kurbelgehäuse in Luftfilter.

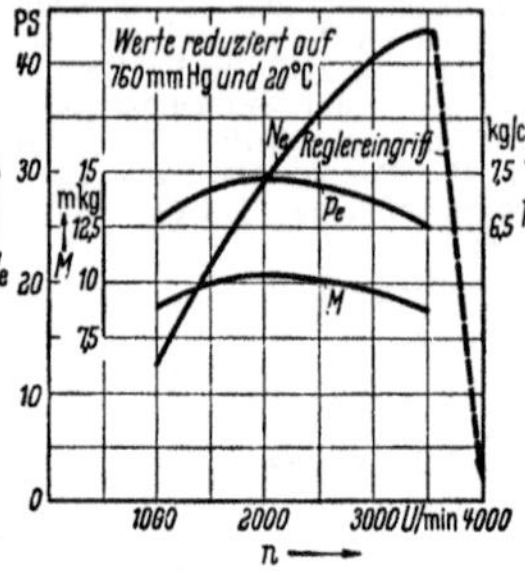

Bild 12. Vollast-Kennlinien eines PKW-Dieselmotors. Mercedes-Benz Typ 180 D, s. Bild 11. Leistung N_e, Drehmoment M, mittl. Nutzdruck p_e, Drehzahl n. Spez. Kraftstoffverbrauch b_e = 0,185 bis 0,190 kg/PSeh

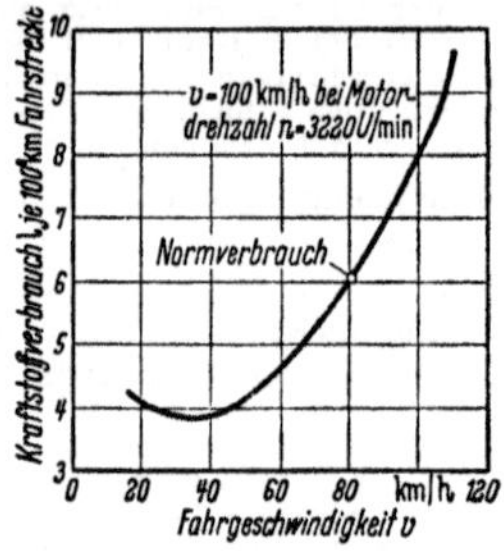

Bild 13. Kraftstoffverbrauch eines PKW mit Dieselmotor Mercedes-Benz Typ 180 D je 100 km Fahrstrecke

Weiterentwicklung des PKW-Dieselmotors hat zu Mercedes-Benz Typ 190 D mit obenliegender Nockenwelle und Kettentrieb geführt, der in Hub und Bohrung sowie in vielen Teilen, z. B. Kurbelwelle mit Lagerung, Zylinderblock, Nockenwelle, mit Ottomotor Typ 190, Bild 26, gleich ist. Vorteile für Serienfertigung und Ersatzteilhaltung. Steigerung von Drehzahl und größtem Drehmoment M = 11,0 mkg bei n = 2200 U/min. Weitere techn. Angaben s. S. 170. Vorkammer-Gleichstromverfahren mit Sechsloch-Brenner.

β) *Wirbelkammerverfahren bei Vier- und Zweitaktmotoren.* Bild 14 zeigt einen *Viertakt*-Wirbelkammermotor mit Luftkühlung[2]:

Luft strömt tangential — zum Erzeugen planmäßig abgestimmter Wirbel — in die fast die ganze Verbrennungsluft aufnehmende Wirbelkammer *a*. Zapfendüse *b* liegt so, daß Teildurchspritzen des Überströmkanals Anspringen des Motors erleichtert; Glühkerze *c*, im rückwärtig verlängerten Kanal der Einwirkung der Verbrennungsgase weitgehend entzogen, dient zum Anlassen bei Temperaturen unter 0 °C.

Wirbelkammer als Eingußteil aus Grauguß. Unterteil der Zylinderköpfe aus Leichtmetall; getrenntes Ventilhebelgehäuse aus Grauguß. Einzelzylinder und Kurbelgehäuse aus Grauguß. Zylinderkopf und Zylinder gemeinsam durch vier durchlaufende Dehnschrauben am Kurbelgehäuse befestigt. Schmierölkühler mit selbsttätiger Abschaltung bei zu großer Zähigkeit des Öls beim Kaltstart.

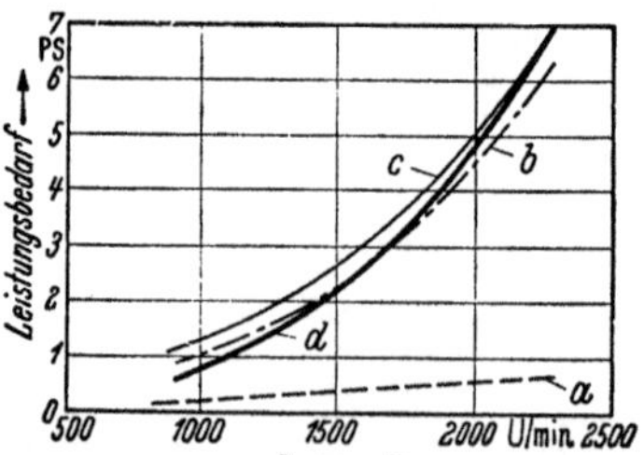

Bild 15. Leistungsbedarf der Hilfsantriebe bei luft- und wassergekühlten Motoren. Klöckner-Humboldt-Deutz AG. *a* Kühlwasserpumpe, *b* Lüfter für Wasserkühler, *c* = *a* + *b* = Gesamtleistungsbedarf bei Wasserkühlung, *d* Kühlgebläse

[1] *Hoffmann, H.:* Der schnellaufende Fahrzeugdieselmotor. MTZ Bd. 14 (1953) S. 324/33.
[2] *Kloß, R.:* Der luftgekühlte Fahrzeug-Dieselmotor. MTZ Bd. 12 (1951) Nr. 3 S. 69/76.

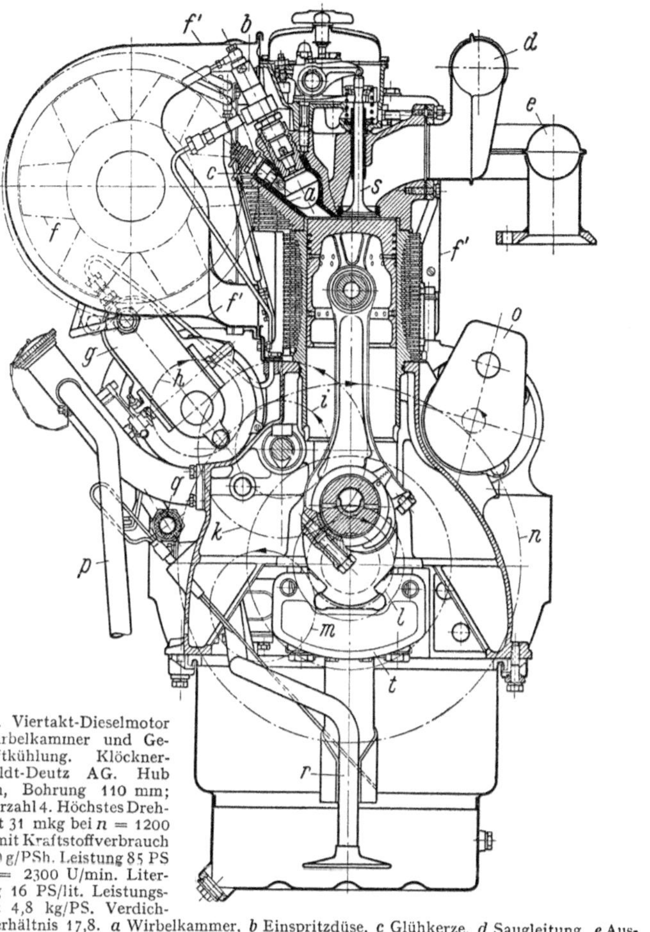

Bild 14. Viertakt-Dieselmotor mit Wirbelkammer und Gebläseluftkühlung. Klöckner-Humboldt-Deutz AG. Hub 140 mm, Bohrung 110 mm; Zylinderzahl 4. Höchstes Drehmoment 31 mkg bei $n = 1200$ U/min mit Kraftstoffverbrauch $b = 180$ g/PSh. Leistung 85 PS bei $n = 2300$ U/min. Literleistung 16 PS/lit. Leistungsgewicht 4,8 kg/PS. Verdichtungsverhältnis 17,8. *a* Wirbelkammer, *b* Einspritzdüse, *c* Glühkerze, *d* Saugleitung, *e* Auslaßleitung, *f* Gebläselaufrad, *f'* Kühlluftleitbleche, *g* Einspritzpumpe, *h* Antriebsrad für Einspritzpumpe, *i* Zwischenrad, *k* Nockenwellenrad, *l* Kurbelwellenrad, *m* Antriebsrad für Schmierölpumpe, *n* Anlasserzahnkranz, *o* Anlasser, *p* Entlüftungsrohr, *q* Ölleitung vom Ölkühler zum Ölfilter, *r* Saugrohr zur Schmierölpumpe, *s* Einlaßventil, *t* auf Kurbelwange geklemmte Gegengewichte

Luftkühlung s. S. 208. Kühlluft durch Axialgebläse mit Leitrad; sechsflügeliges Laufrad mit Tragflügelprofilen. Kühlluftmenge automatisch mit Drehzahl geregelt. Führungsgehäuse und Leitbleche für Kühlluft; Oberfläche der Kühlrippen am Zylinderkopf ≈ 11 × Oberfläche des glatten Kopfes und am Zylinder ≈ 10 × Oberfläche des glatten Zylinders. Bild 15 vergleicht Leistungsbedarf des Gebläses mit dem der Hilfsantriebe eines wassergekühlten Motors gleicher Bauart.

Ausführung mit 4 und 6 Zylindern in Reihe, mit 6 bis 12 Zylindern in V-Form.

Bild 16 zeigt einen *Zweitakt*-Wirbelkammermotor mit Umkehrspülung und dreiflügeligem Rootslader:

Ventilloses Zweitaktsystem ergibt in der Drehzahl mechanisch nicht begrenzte und einfache Maschinen, gleichförmige Triebwerkbelastung und ausgeglichenen Lauf. Umkehr-

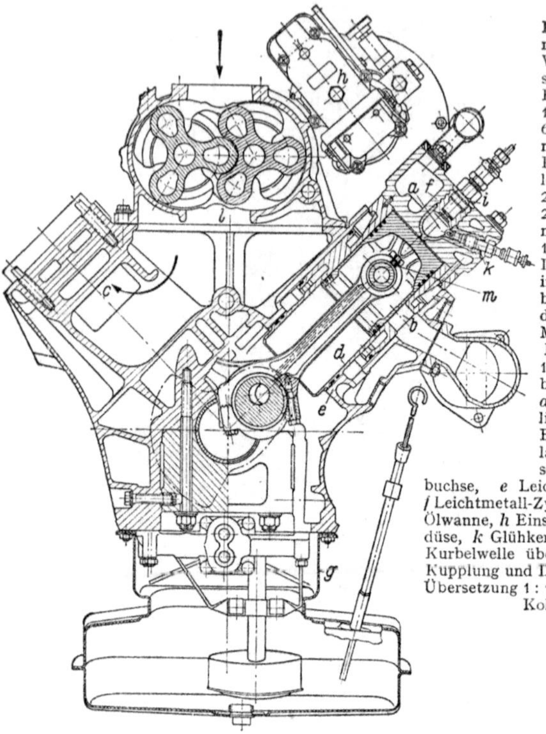

Bild 16. Zweitakt-Dieselmotor in V-Form mit Wirbelkammer, Umkehrspülung und Rootslader. Ford-Werke, Köln. Hub 105 mm, Bohrung 95 mm. 6 Zylinder in V-Form mit nebeneinander liegenden Pleuelstangen. Dauerleistung 120 PS bei n = 2800 U/min; Literleistung 28,7 PS/lit. Größtes Drehmoment 32 mkg bei n = 1800 bis 2000 U/min, Drehmoment über 30 mkg im Drehzahlbereich 1100 bis 2800 U/min. Verdichtungsverhältnis 18,6. Motorgewicht 329 kg. Kraftstoffnormverbrauch 15,7 lit/100 km. Ölverbrauch 0,3 lit/100 km. *a* Wirbelkammer (seitlicher Ausblasekanal im Bild nicht sichtbar), *b* Auslaßschlitze, *c* zu den Spülschlitzen, *d* nasse Laufbuchse, *e* Leichtmetall-Zylindergestell, *f* Leichtmetall-Zylinderkopf, *g* Stahlblech-Ölwanne, *h* Einspritzpumpe, *i* Einspritzdüse, *k* Glühkerze, *l* Rootsgebläse (von Kurbelwelle über Zahnräder, elastische Kupplung und Drehstab angetrieben mit Übersetzung 1 : 1,5), *m* Ölspritzdüse zur Kolbenkühlung

spülung (s. S. 170) mit Rootslader (s. Drehkolbengebläse S. 166) ermöglicht gute Spülung und hohen Füllungsgrad, daher großes Drehmoment im gesamten Drehzahlbereich bei hoher Drehzahlspanne und hohe Literleistung. Betriebstemperatur gesichert durch besonders ausgebildetes Kühlsystem mit thermostatischer Regelung, nasse Zylinderlaufbuchse und Leichtmetallzylinderkopf. Druckumlaufschmierung mit Wärmeaustauscher. V-Form (4 und 6 Zylinder) ergibt kurze, verwindungssteife Kurbelwelle und kurzen, niedrigen, vibrationsfreien Motor mit kleinem Baugewicht.

γ) *Luftspeicherverfahren.* Bild 17 zeigt den Lanova-Luftspeicher mit Einkammer-Brennraum:

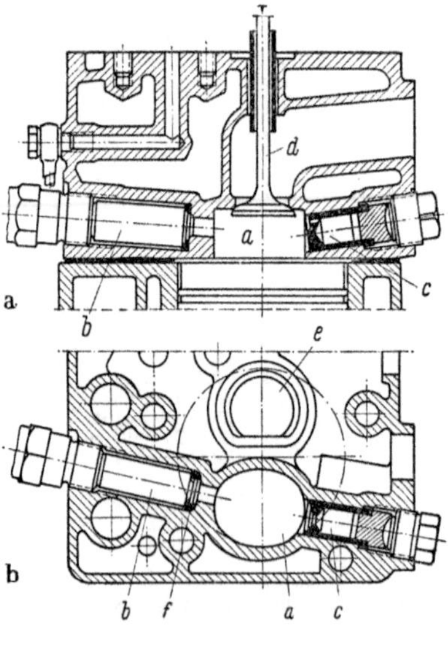

Bild 17. Lanova-Luftspeicherverfahren mit Einkammerbrenner. Henschel & Sohn
a Vertikalschnitt, b Horizontalschnitt

Kraftstoff wird in den unter dem Auslaßventil *d* zusammengezogenen Brennraum *a* gespritzt. Zapfendüse *b* und Luftspeicher *c* liegen etwas schräg gegenüber, so daß ein Teil des Kraftstoffs auch in Luftspeicher gelangt. Infolge der schnellen Verbrennung und Drucksteigerung im Speicher bewirkt der Ausblasestrahl eine kräftige Verwirbelung des Brennrauminhalts. Einlaßventil *e*. Dichtung *f* für Düsenhalter.

d) In **Mehrstoffmotoren** sucht man Gasöl und Benzin sowie die dazwischen liegenden Kraftstoffe im Dieselverfahren zu verbrennen.

Wirbelkammermotoren — unempfindlich gegenüber Qualitätsschwankungen üblicher Dieselkraftstoffe — können mit Gemischen aus Benzin und Motorenöl (90 : 10) oder aus Benzin und Gasöl (75 : 25) betrieben werden.

Vorkammermotoren[1] bieten — ohne Zumischungen von Schmier- oder Gasöl — durch den Verbrennungsmechanismus der Vorkammer gute Voraussetzungen für Verarbeitung von Kraftstoffen verschiedener chemischer Struktur und unterschiedlicher molekularer Bindungskräfte. Erhöhte Verdichtung verbessert das Reaktionsverhalten und setzt den Zündverzug herab. Den erhöhten Verbrennungstemperaturen und der Korrosion bei verbleiten Benzinen trägt man durch das Material der Vorkammer und der andern mit den Brenngasen in Berührung kommenden Teile Rechnung. Ferner werden Ölsperren in der Einspritzpumpe (s. S. 201), verbesserte Kraftstoffilter und Absaugevorrichtungen für Dampfblasen aus dem Pumpenansaugraum erforderlich.

M-Verfahren hat Mehrstoffcharakter, da Verbrennungsablauf von der allmählichen Kraftstoffverdampfung abhängt und das weiche Einsetzen der Verbrennung vom kürzeren oder längeren Zündverzug der verschiedenen Kraftstoffe kaum beeinflußt wird. Kennlinien eines Mehrstoff-M-Motors (ohne Zusätze oder Zündhilfsmittel) Bild 9 u. Fußnote S. 175.

Weitere Entwicklung des M-Verfahrens[2] hat zu Benzinmotoren geführt, die — ohne Preisgabe des Mehrstoffcharakters — bevorzugt Kraftstoffe hoher Oktanzahl verarbeiten und wesentliche Verbesserungen in Leistung und Verbrauch gegenüber den mit Gasöl oder Benzinen niedriger Oktanzahl betriebenen normalen Mehrstoffmotoren aufweisen.

e) Vergleich zwischen Otto- und Dieselmotor. Bei gleichem Aufwand an Gewicht und Raum bzw. gleichen Abmessungen für Hub und Bohrung lassen sich mit Ottomotoren durch die größeren mittl. Nutzdrücke und höheren Drehzahlen bessere *Literleistungen* erzielen. Dieser Gesichtspunkt tritt bei Lastwagen gegenüber Forderung nach Wirtschaftlichkeit zurück.

Geringerer *Kraftstoffverbrauch* des Dieselmotors (als Folge des höheren Verdichtungsverhältnisses) und niedrigerer Preis der Dieselkraftstoffe haben in

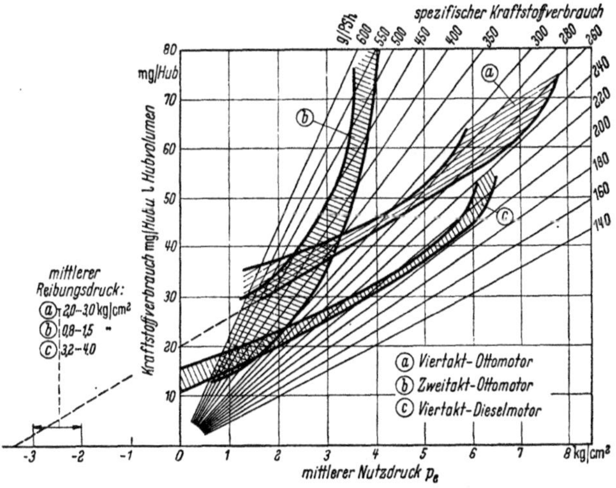

Bild 18. Vergleich des Nutzdrucks und des Kraftstoffverbrauchs (S. 798, Lit. 5). *a* Viertakt-Ottomotor, 800 bis 3400 U/min, *b* Zweitakt-Ottomotor, 1200 bis 3400 U/min, *c* Viertakt-Dieselmotor, 800 bis 2100 U/min

[1] *Hoffmann, H.:* Ein echter Vielstoffmotor. MTZ Bd. 18 (1957) Nr. 10 S. 311/17.

[2] *Mühlberg, E.:* Über die Entwicklung des MAN-M-Motors zum Benzinmotor mit sehr hoher Kraftstoffausnutzung. MTZ Bd. 18 (1957) Nr. 10 S. 319.

Deutschland dazu geführt, bei LKW von ≈ 1,5 t Nutzlast an (wesentlich beeinflußt durch den kleiner werdenden Anteil der teuren Kraftstoffeinspritzanlage am gesamten Gestehungspreis des Fahrzeugs) allgemein Dieselmotoren zu verwenden. Auch bei PKW hat Dieselmotor bei erhöhten Ansprüchen an Wirtschaftlichkeit ein sicheres Anwendungsgebiet.

Für den praktischen Fahrbetrieb entscheidet der Kraftstoffverbrauch bei den häufig vorkommenden Teillasten, der beim Dieselmotor innerhalb eines sehr großen Belastungsbereich bei allen Drehzahlen niedrig bleibt.

Bild 18 zeigt mittl. Nutzdruck und zugehörigen Kraftstoffverbrauch in mg je Hub und lit Hubvolumen, reduziert auf Kraftstoff mit H_u = 10000 kcal/kg. Den miteinander verglichenen Motoren entsprechen die schraffierten Bereiche; die vom Koordinatenanfang gezogenen Netzlinien geben den spez. Kraftstoffverbrauch in g/PSh an.

Bei Drossel-Teillasten liegt Verbrauch des Otto-Viertakters infolge ungleichmäßiger Gemischverteilung auf die Zylinder und verhältnismäßig großer Abgasmenge in der Ladung hoch; s. auch Bild 5. Beim Otto-Zweitakter tritt bei größerer Last der Frischgasverlust beim Spülen in Erscheinung; Verbesserung durch Kraftstoffeinspritzung s. S. 171.

Bild 19 zeigt die Ähnlichkeit der Diagramme beider Verfahren.

Die höheren Spitzendrücke des Dieselmotors erfordern schwereres Triebwerk, größeren Anlasser, stärkere Batterie und Lichtmaschine.

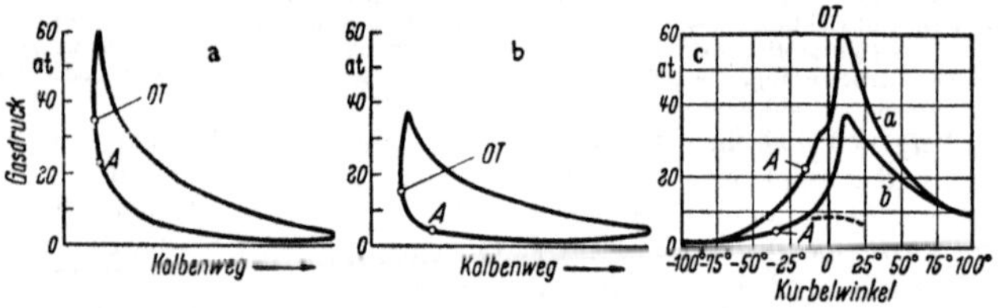

Bild 19. Indikatordiagramme von Otto- und Dieselmotoren (nach Lit. 1)

a Dieselmotor. Verdichtungsverhältnis 14, n = 2200 U/min, mittl. indiz. Druck 8,6 at. A Einspritzbeginn

b Ottomotor. Verdichtungsverhältnis 5, n = 1900 U/min, mittl. indiz. Druck 9,6 at. A Zündpunkt

c Indikatordiagramm von a und b auf Kurbelwinkelbasis umgezeichnet

Der Zündverzug beim Dieselmotor ist im Kurbelwinkeldiagramm auf dem Kurvenstück oberhalb A erkennbar.

5. Motorleistung und Motorkennlinien

a) Allgemeines. Normbegriffe (Nutzleistung, Dauerleistung, Kurzleistung) s. DIN 70020 und S. 122. Normalleistung und Umrechnung auf Normalleistung s. S. 122. Berechnung der Hauptabmessungen s. S. 129; Zahlenwerte s. S. 169/70.

Unterschied zwischen DIN-Leistung nach DIN 70020 und SAE-Leistung nach amerikanischer Norm ist bei Katalog- und Literaturangaben zu beachten. *DIN-Leistung* gibt die am Schwungrad verfügbare Nutzleistung an; bei ihrer Ermittlung werden alle kraftverzehrenden Ausrüstungsteile (Lüfter und Wasserpumpe bzw. Kühlluftgebläse, Kraftstoffansaug- bzw. Einspritzanlage, unbelastete Lichtmaschine, Auspuffanlage) vom Motor betrieben. *SAE-Leistung* gibt die Motorleistung ohne kraftverzehrende Ausrüstungsteile an und ist beim gleichen Motor ≈ 15 bis 20% größer als DIN-Leistung.

b) Hubverhältnis (Hub s : Bohrung D) beeinflußt Zylinder- und Verdichtungsraum, wärmeaufnehmende und -abgebende Flächen, Höchstdrehzahl, Belastung und Beschleunigungswerte des Triebwerks u. a.

Kurzhübigkeit ermöglicht bei Gebrauchs-Ottomotoren kleine Bauhöhe, kleine Kolbengeschwindigkeit mit kleinerer Reibleistung und größerer Lebensdauer, Unterbringung großer Ventile; übliches Hubverhältnis 0,8 bis 1,1. *Langhübigkeit* ergibt kleinen Zylinderdmr., kürzere Baulänge, bessere Kühlung, kleinere mechanische und thermische Kolbenbelastung; angewendet bei Sport- und Rennmotoren.

Bei Dieselmotoren s/D ≈ 1,25, von Einfluß auch Pleuelstangenverhältnis λ s. S. 195.

c) Leistungserhöhung. Bei *Viertakt-Ottomotoren* ist Liefergrad λ_l 0,7 bis 0,8. Besondere Lader ermöglichen *Aufladen* (λ_l bis 1) und *Überladen* ($\lambda_l > 1$):

Derartige Lader für Sportwagen unter zeitweiliger Einschaltung und für Rennwagen auch in ständiger Verbindung mit dem Motor haben an Bedeutung verloren.

Bei normalen Ottomotoren strebt man höhere Hubraumleistung ohne Anwendung von Ladern durch Steigern des Arbeitsdrucks und der Drehzahl an. Die hierzu erforderliche Verbesserung der Füllung kann erreicht werden z. B. durch große schräg im Zylinderkopf angeordnete Ventile, verbesserte Auslaß- und Einlaßleitungen, geänderte Steuerpunkte. Vermehrte Füllung und erhöhtes Verdichtungsverhältnis — unter Ausnutzung der klopfhindernden Möglichkeiten sowohl vom Motor wie vom Kraftstoff her — ergeben gesteigerten Arbeitsdruck. *Aufladen* bei *Dieselmotoren* s. *Zinner, K.:* ATZ Bd. 62 (1960) Nr. 6 S. 147/53.

d) Motorkennlinien zeigen die bei jeder Drehzahl erzielbaren Leistungen, Drehmomente oder mittl. Arbeitsdrücke und Kraftstoffverbrauchswerte. Verlauf der Kurven gestattet Schlüsse auf nützlichen Drehzahlbereich des Motors und die zu erwartenden praktischen Eigenschaften. Zum Beispiel ist für gute Fahreigenschaften nicht die erreichbare Höchstleistung, sondern großes Drehmoment im unteren und mittleren Drehzahlbereich und damit gutes Beschleunigungsvermögen (vgl. Abschn. Kraftwagen) maßgebend.

Höchstdrehmoment und Höchstleistung (Bild 20 Otto-, Bild 12 Dieselmotoren) liegen nicht bei derselben Drehzahl; Drehmoment fällt mit zunehmender Drehzahl vom Höchstwert wegen der steigenden Strömungswiderstände in den Ansaugquerschnitten stetig ab. Begriff „Motorelastizität" s. S. 810.

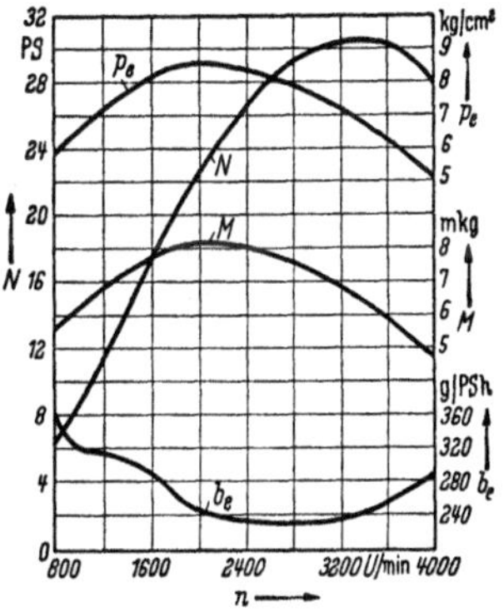

Bild 20. Vollast-Kennlinien eines Ottomotors. Volkswagenwerk. Technische Angaben s. Bild 25. Leistung N, Drehmoment M, spez. Kraftstoffverbrauch b_e, mittl. Arbeitsdruck p_e, Drehzahl n

Verlauf der Kennlinien der *Ottomotoren* wird durch Ausbildung der Steuerung bestimmt; vgl. S. 185. Große Leitungs- und Ventilquerschnitte, große Ventilhübe mit kurzen Öffnungs- und Schließzeiten, Voröffnung und reichlicher Nachschluß des Saugventils, große Vorausströmung des Auslaßventils ermöglichen hohe Liefergrade und Spitzenleistungen im oberen Drehzahlbereich. Im mittleren und unteren Drehzahlbereich fallen dann Gemischgeschwindigkeiten in den Zuleitungen stark ab, so daß durch Abscheiden von Kraftstoff Bildung und Fortleitung des Gemisches unvollkommen werden; auch wird durch Überschneiden der Ventilöffnungszeiten Nutzfläche im Diagramm verkleinert. Derartige *Hochleistungsmotoren* ergeben für eine bestimmte Leistung kleinen Hubraum, müssen aber auf einen leistungsfähigen unteren Drehzahlbereich und elastischen Motorlauf verzichten.

Ein im unteren und mittleren Drehzahlbereich leistungsfähiger Motor verlangt auch bei kleinen Drehzahlen hohe Zerstäubungsgeschwindigkeiten; Strömungsquerschnitte werden daher knapper bemessen, Voröffnung und Nachschluß der Ventile mehr in Nähe des Totpunktes verlegt. Bild 21 zeigt Einfluß der Ventileinstellung auf mittl. Kolbendrücke p_i.

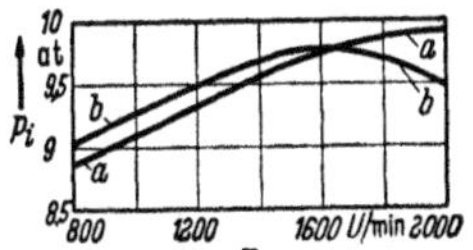

Bild 21. Einfluß der Ventilzeiten auf mittl. indiz. Kolbendruck p_i bei verschiedenen Drehzahlen n (nach Lit. 1) a Voröffnen und Nachschluß der Ventile groß, großes Überschneiden der Ventilzeiten, b Voröffnen und Nachschluß klein (in Nähe Totpunkt)

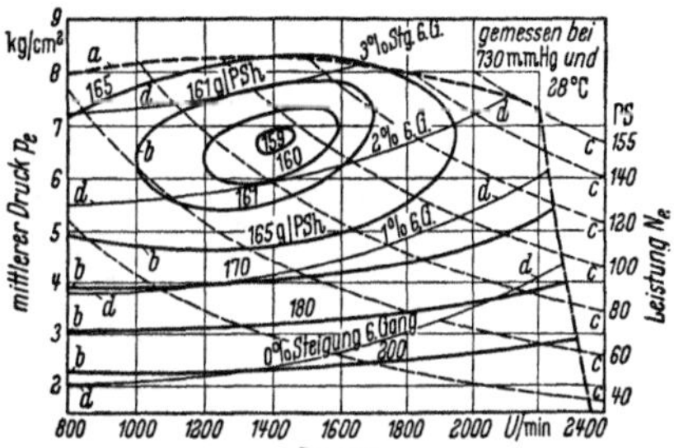

Bild 22. Kennlinienfeld eines Dieselmotors nach dem M-Verfahren der MAN. Vollastkurve a, Abfall durch Drehzahlbegrenzung der Kraftstoff-Einspritzpumpe. Kurvenschar b spez. Kraftstoffverbrauch. Kurvenschar c Hyperbeln konstanter Leistung. Fahrleistungskurven d bei Fahrt im 6. Gang. Bohrung 115 mm, Hub 140 mm. 6 Zylinder, liegend als Unterflurmotor. Leerlaufdrehzahl 350 U/min. Als Stadtomnibus-Motor wichtigster Betriebsbereich 800 bis 1800 U/min. Verdichtungsverhältnis 17

Um das Betriebsverhalten bei den Teillasten zu untersuchen, bedient man sich der *Kennlinienfelder* mit Schichtliniendarstellung, Bild 22.

Hauptbestimmungsgrößen p_e und n als rechtwinklige Koordinaten, so daß gesamter Betriebsbereich als Fläche erscheint. In Betriebsfläche werden interessierende Werte wie Kraftstoffverbrauch, Leistung usw. als Linien konstanter Werte (Schichtlinien) eingetragen: Leistungskurven als Hyperbeln (Parameter $N_e = p_e\, n\, V_H/225a$ mit $a = 4$ bei Vier- und $a = 2$ bei Zweitakt). Bild 22 zeigt ferner in den *Fahrleistungskurven d* Leistungsbedarf und befahrbare Steigungen bei Fahrt im 6. Gang für einen Stadtomnibus; Drehzahl $n = 1800$ U/min entspricht Fahrgeschwindigkeit $V = 57{,}6$ km/h.

6. Zylinderzahl und -anordnung

Den Zylinderabmessungen sind durch die mit der Zylindergröße rasch zunehmenden Schwierigkeiten in der Beherrschung des Wärmezustands der Kolben enge Grenzen gezogen. Ebenso führen Forderungen wie kleines Leistungsgewicht und kleiner Einbauraum, Massenausgleich, Gleichgang dazu, daß größere Leistungen nur durch *Aufteilen der Leistung* auf eine Vielzahl von kleinen betriebssicheren Zylindern erzielt werden können.

Massenausgleich s. S. 260 und Lit. 10. Für überschlägliche Rechnungen: Rotierender Anteil der Pleuelstange = 70 bis 75% der vollständigen Pleuelstange, oszillierender Anteil = 30 bis 25%. Auf Kolbenfläche bezogenes Gewicht der oszillierenden Massen = 0,01 bis 0,02 kg/cm² für Otto- und 0,03 bis 0,06 für Dieselmotoren.

a) Einzylinder stehend, schräg oder liegend; luftgekühlt; bei Moped, Roller, Kraftrad, Kleinstwagen, Bild 2.

Bei Ausgleich der oszillierenden senkrechten Massenkräfte durch überbemessene Kurbelwellen-Gegengewichte treten entsprechende horizontale freie Kräfte auf; Ausgleich daher nur auf $^1/_3$ bis $^1/_2$. Weitgehender Ausgleich der horizontalen Kräfte durch Ausgleichgewicht auf besonderer Welle entgegen Kurbelwellendrehrichtung beim Deutz-Dieselmotor.

b) Zweizylinder für Krafträder meist als Boxermotor mit quer zur Fahrtrichtung gegenüberliegenden Zylindern (bessere Kühlung durch den Fahrwind, besserer Massenausgleich). Stehende Zweizylinder bei Kleinstwagen.

Reihenmotor, Kurbelversetzung 180°: unausgeglichene Massenkräfte 2. Ordnung. Massenkräfte 1. Ordnung ergeben Kippmoment; Zündfolge ungleich bei Viertakt, gleichmäßig bei Zweitakt. Auch mit Kurbelversetzung 360° ausgeführt.

Boxermotor, Kurbelversetzung 180°: Massenkräfte ausgeglichen. Kleines Kippmoment. Gleichmäßige Zündfolge.

c) Dreizylinder-Reihenmotor für Zweitakter, Kurbelfolge 120°: Massenkräfte ausgeglichen; Kippmoment. Gleichmäßige Zündfolge.

d) Vierzylinder als PKW-Standardtyp in Europa, meist stehend als Reihenmotor, Bild 11 u. 26, oder mit gegenüberliegenden Zylinderpaaren als Doppelboxermotor mit kürzerer für Kleinwagen günstiger Baulänge, Bild 25. Kurbelwelle symmetrische Verdopplung von b).

Reihenmotor: Unausgeglichene Massenkräfte 2. Ordnung. Ihre Wirkungen werden durch federnde Metallgummibauteile zwischen Motor und Rahmen vom Fahrgestell ferngehalten. Der Gesamtschwerpunkt des Motors bleibt in Ruhe; der Verlagerung des Schwerpunkts der hin- und hergehenden Massen entsprechen entgegengesetzte Bewegungen des Schwerpunkts der feststehenden Massen (Gehäuse usw.). Deren Bewegungen werden durch federnde Metall-Gummi-Bauteile (Schwingmetall) vom Fahrgestell weitgehend ferngehalten[1].

Doppel-Boxermotor: Kleineres Kippmoment als Boxermotor.

V-Motor: Kurze und niedrige Bauweise.

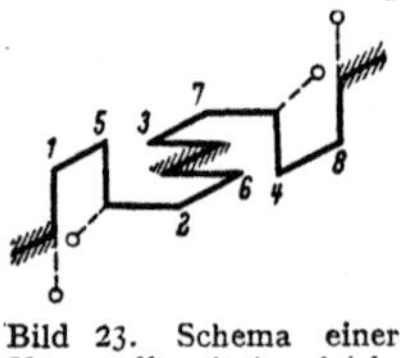

Bild 23. Schema einer Kreuzwelle mit Ausgleichmassen für Achtzylinder-V-Motor. Statt drei Hauptlager auch fünf

e) Sechszylinder sind dem Vierzylinder durch vollkommenen Massenausgleich, Gleichgang, Laufruhe und Elastizität auch bei niederen Drehzahlen überlegen.

Meist als Reihenmotor stehend, Bild 48; für Omnibusse auch liegend als *Unterflurmotor* unter den Rahmenträgern in Wagenmitte. Kurbelwelle symmetrische Verdopplung von c). Ausführung als V-Motor s. Bild 16; bauliche Vorteile s. Abschn. f.

f) Achtzylinder als V-Motor (Gabelmotor) für große Leistungen bei PKW (Standardtyp in USA) und LKW,

[1] *Lang:* Elastische Lagerung von Motoren. MTZ Bd. 13 (1952) Nr. 6 S. 156/57.

Zwei schräg zueinander stehende Vierzylinderreihen; gemeinsame Kurbelwelle; an jedem Kurbelzapfen greifen zwei nebeneinanderliegende Pleuelstangen an, vgl. Bild 8. Kurze Baulänge ermöglicht gegenüber Reihenmotoren kleineres Gewicht und Bauvolumen, verwindungssteife Kurbelwelle, weniger Kurbelwellenlager, Kostenersparnis. Kurbelwelle als Kreuzwelle, Bild 23. Bei Gabelwinkel von 90° und Ausgleichmassen praktisch frei von unausgeglichenen Massenkräften und Kippmomenten.

g) Zwölfzylinder in V-Form mit üblicher Welle eines Sechszylinders und nebeneinander liegenden Pleuelstangen.

B. Konstruktions-Einzelheiten

1. Steuerung bei Viertaktmotoren

Steuerung ist bestimmend für Motorleistung, Raumbedarf, Geräuschbildung und Herstellkosten. Lage der Ventile, Form des Brennraums und Verbrennungsvorgänge sind eng miteinander verknüpft. Nach Lage der Ventile unterscheidet man stehende und hängende Ventile; sie können von einer unten- oder obenliegenden Nockenwelle aus betätigt werden.

a) Stehende Ventile für Ein- und Auslaß (Ventile seitlich im Motorblock, Ventilschaft in Richtung Kurbelwelle weisend) zwingen zu einem seitlich herausgezogenen Brennraum in L-Form mit großer Oberfläche, begrenzten Verdichtungen und Ventilquerschnitten sowie ungünstigen Kühlverhältnissen im Steg zwischen den eng nebeneinander stehenden Ventilen; trotz des einfachen Antriebs über Stößel von der untenliegenden Nockenwelle und trotz der durch *Ricardo* (Lit. 6) erzielten Verbesserungen nur noch wenig angewendet.

b) Hängende Ventile (Ventile im Zylinderkopf, Ventilschaft von Kurbelwelle weg gerichtet) ermöglichen wärmetechnisch günstigen Brennraum mit kleiner Oberfläche, unbehinderte Gasströmung zum Zylinder und bessere Zylinderfüllung; Füllungsmaximum 80% bei hängenden und 75% bei stehenden Ventilen, Füllung bei Höchstdrehzahl 69% bzw. 56%, Kraftstoffverbrauch um ≈ 10 g/PSh geringer. *Schräg* im *dachförmigen Brennraum* hängende Ventile mit großen Querschnitten s. Bild 24.

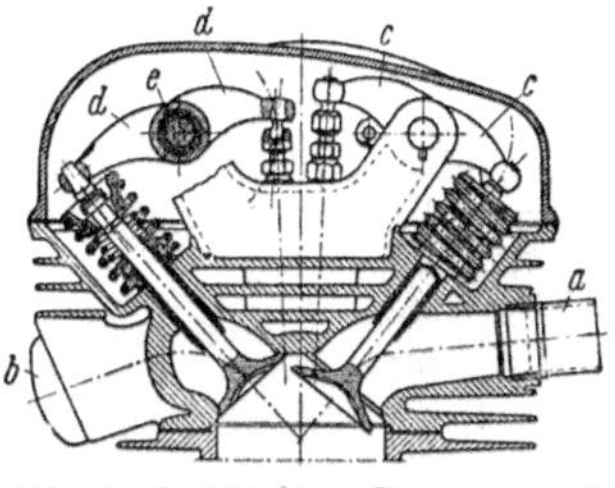

Bild 24. Dachförmiger Brennraum mit schräg hängenden Ventilen. Einzylinder-Kraftradmotor. Horex-Columbus-Werk. *a* Einlaßrohr, *b* doppelseitige Auslaßkanäle, *c* Kipphebel für Einlaß- und *d* Kipphebel für Auslaßventil, *e* Kipphebelbolzen. Einlaßventil tulpenförmig

Untenliegende Nockenwelle erfordert Stößel, Stoßstangen und Kipphebel mit Einstellschraube für Ventilspiel; s. Bild 8, 11, 48. Bild 25 zeigt Aufbau eines luftgekühlten Doppelboxermotors mit zylindrischem Brennraum und *parallelen Ventilen*; Nockenwellenantrieb von Kurbelwelle über schrägverzahnte geräuscharme Stirnräder mit Übersetzung 2 : 1.

Obenliegende Nockenwelle: Vorteil geringster bewegter Massen und sehr steifer Übertragungsteile, daher höchste Drehzahlen und Literleistungen. Nockenbewegung kann auf Ventilschaft unmittelbar (Seitenkräfte in der Ventilführung mit erhöhter Abnutzung), über Kipphebel (hohe Kräfte in der Hebellagerung) oder über Schwinghebel übertragen werden. Antrieb der Nockenwelle statt über senkrechte Königswelle oder Zahnräder in einfacher Weise durch Kette; Bild 26 zeigt Aufbau eines PKW-Ottomotors mit Kettentrieb und Schwinghebeln.

Brennraum hoher Klopffestigkeit: Hauptteil des Gemisches ist im kompakten Brennraum *a* unterhalb Auslaßventil *b* untergebracht; Zündkerze *c* mit kurzen Flammwegen. Rest der Ladung steht zwischen Zylinderdeckel mit Einlaßventil *d* und Kolben; gegen Verdichtungsende wird Spalt zwischen Zylinderdeckel und Kolben immer enger, so daß Gemisch aus Spalt verdrängt und nach *a* geblasen wird. Entstehende Wirbelung steigert Geschwindigkeit der Flammenfront, und der letzte zur Selbstzündung neigende Gemischteil wird durch Flammenfront abgebrannt. Dabei begünstigt der enge Spalt die Wärmeableitung an die Wandungen und verzögert Vorreaktionen als Ursache klopfender Selbstzündung.

Kettentrieb Bild 26: Duplex-Rollenkette *e* treibt von Kurbelwellenrad *f* Nockenwellenrad *g* über Zwischenrad *h* für Ölpumpe und Zündverteiler. Spannrad *i* mit Öldruck-Kettenspanner *k*. Zur Schwingungsdämpfung Leitschienen *l* mit aufvulkanisiertem Gummiprofil. Schwingrichtung des Spannrades so gelegt, daß Kettenabstand von Leitschienen praktisch unveränderlich. Nockenwelle *m*, Schwinghebel *n* mit Ventilspieleinstellung *o* und Lagerbolzen *p*.

Gemischbildung: Sauggeräuschdämpfer *q* mit auswechselbarer Luftfilterpatrone. Registervergaser *r* (s. S. 200); Thermospirale *s* für Gemischheizklappe; Auspuffrohr *5*, Saugrohr *6*. Kraftstofförderpumpe *t* mit Filter.

Überdruck-Kühlsystem s. S. 207. Thermostatregelung der Kühlwasser- und Öltemperatur, Kühler-Kurzschlußleitung. Kühlwasserpumpe *u*, Lüfter *2*. Fernthermometer.

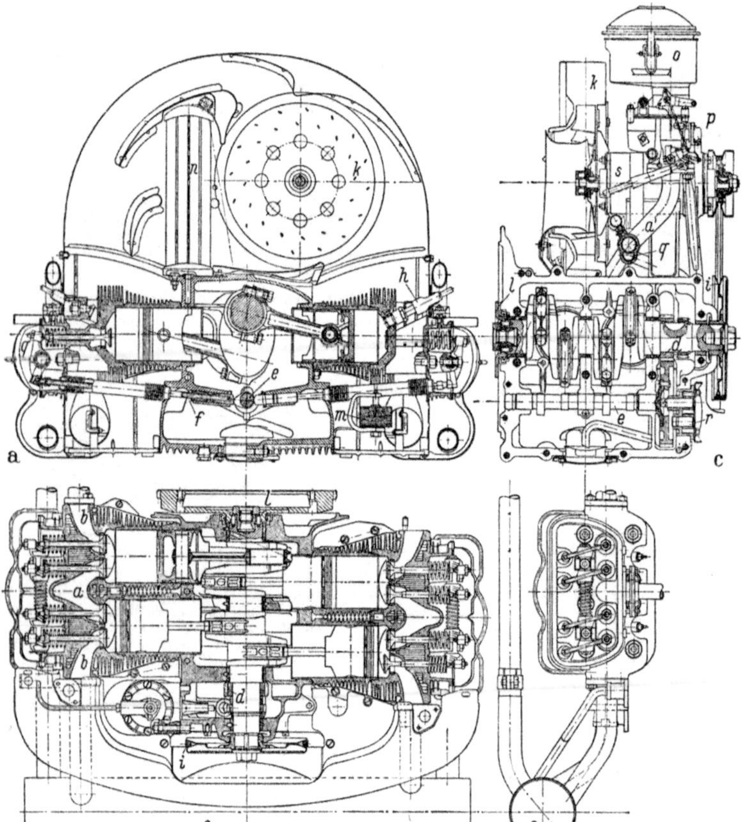

Bild 25. Viertakt-Ottomotor mit Gebläseluftkühlung. Volkswagenwerk. Vertikalschnitt a mit Seitenansicht c, Horizontalschnitt b mit Seitenansicht d. Bohrung 77 mm, Hub 64 mm. 4 Zylinder. Gesamthubraum 1192 ccm. Verdichtungsverhältnis 6,6. Motorkennlinien s. Bild 20. Höchst- und Dauergeschwindigkeit des Fahrzeugs 110 km/h. Motor im Heck des Fahrzeugs. Je zwei Einzelzylinder gegenüberliegend mit gemeinsamem Leichtmetall-Zylinderkopf; Doppelboxermotor. Durch Thermostat geregelte Luftkühlung. Druckumlaufschmierung mit Ölkühler. Vergaser s. Bild 37. **a** Einlaßkanal, **a'** Einlaßleitung, **b** Auslaßkanal, **c** Doppelrohr-Auspufftopf, **d** Nockenwellenrad, **e** Nockenwelle, **f** Stoßstange mit Stößel, **g** Kipphebel, **h** Zündkerze, **i** Antrieb für Gebläserad, **k** Gebläse, **l** Schwungrad mit Kupplung, **m** Thermostat, **n** Ölkühler, **o** Luftfilter, **p** Vergaser, **q** Vorwärmrohr, **r** Ölpumpe, **s** Lichtmaschine

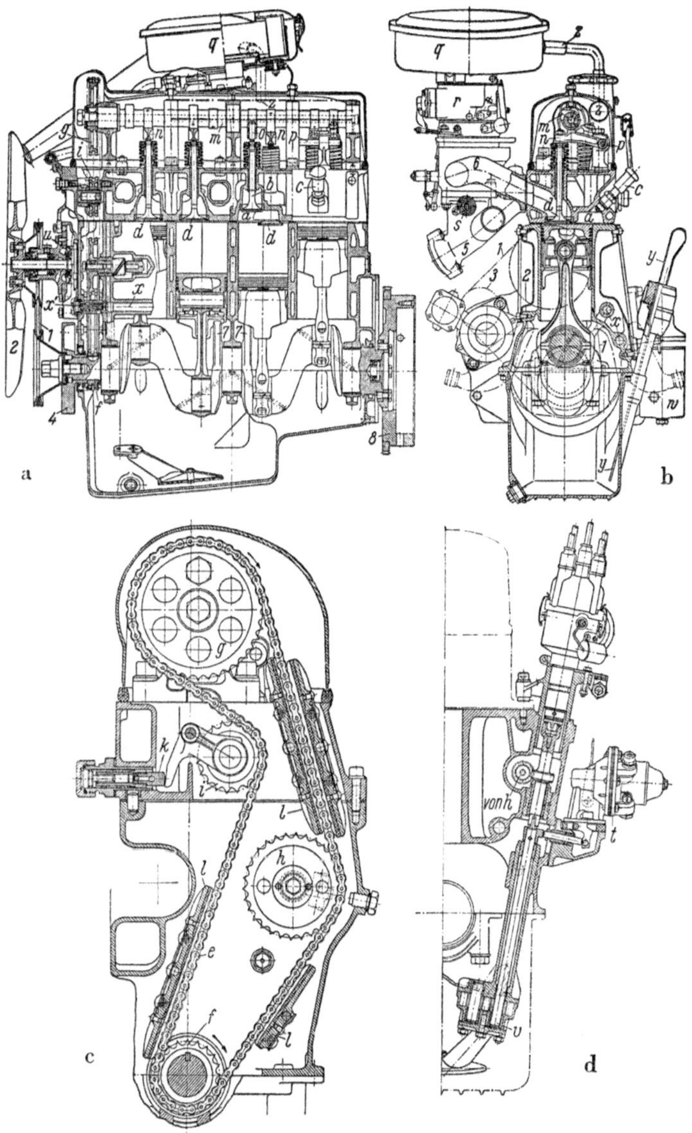

Bild 26. Viertakt-Ottomotor. Mercedes-Benz Typ 190. a Längsschnitt, b Querschnitt, c Kettentrieb, d Antrieb für Ölpumpe, Kraftstoffpumpe und Zündverteiler. Bohrung 85 mm, Hub 83,6 mm. 4 Zylinder, Gesamthubraum 1897 ccm. Verdichtungsverhältnis 7,5. Leistung 75 PS bei $n = 4600$ U/min. Max. Drehmoment 13,9 kgm bei $n = 2800$ U/min. Höchstdrehzahl 6000 U/min, Leerlaufdrehzahl 700 bis 750 U/min. Fahrzeugangaben s. Abschn. Kraftwagen Bild 1. Steuerzeiten bei Prüfmessungen mit 0,4 mm Spiel: Einlaß öffnet 12° KW v. OT, schließt 44° n. UT; Auslaß öffnet 51° v. UT, schließt 15° n. OT. Ventilspiel bei kaltem Motor für Einlaß 0,10 mm und für Auslaß 0,20 mm

Druckumlaufschmierung Bild 26: Zahnradpumpe v; Ölfilter w mit Metall- und Feinfiltereinsatz und 2 Überdruckventilen; Ölhauptkanal x als *Wärmetauscher* vom Kühlwasser umspült und mit Ölüberdruckventil x'. Ölstandmeßstab y. Entlüfterrohr z zum Luftfilter.

Keilriemenantrieb 1 gemeinsam für Wasserpumpe u, Lüfter 2, Lichtmaschine 3.

Zündung: Zündpunktverstellung automatisch durch Fliehgewichte und Saugrohr-Unterdruck sowie von Hand als „Oktankompensator".

Kurbelwellen-Ausgleichgewichte Bild 26: vorn Gegengewicht 4, in der Mitte rückwärtige Verlängerungen 7 der Kurbelwangen, hinten am Schwungrad 8.

Schubstangen-Antrieb der Nockenwelle durch zwei exzentrisch gelagerte Schubstangen zwischen Kurbel- und Nockenwelle bei der NSU-Ultramax-Steuerung: genauestens eingehaltene Steuerpunkte.

c) Nockentrieb. *Steuerdiagramm* unterschiedlich je nach Motorverwendung, Bauart und Betriebsbedingungen. Für übliche Ottomotoren gilt:

Einlaß öffnet 5 bis 15° KW vor OT, schließt 35 bis 55° nach UT; Auslaß öffnet 45 bis 60° KW vor UT, schließt 5 bis 20° nach OT.

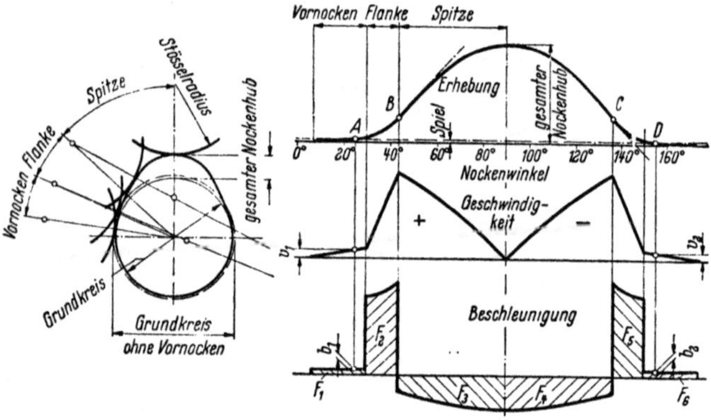

Bild 27. Bewegungsvorgänge beim Nockentrieb (nach Lit. 7)

Ventilspiel (Stößelluft) muß während des Stößellaufs auf dem Grundkreis im Ventilantrieb vorhanden sein, damit Ventil dicht aufsetzen kann; es ist je nach Wärme- und Abnutzungszustand des Motors veränderlich. Bei beginnender Nockenerhebung wird in A Ventil plötzlich und unter Stoß auf Geschwindigkeit gebracht. Zur Stoß- und Geräuschminderung kann man zu Beginn und Ende der Ventilerhebung am Hauptnocken einen *Vornocken* („Nockenrampe") mit Hub > maximales Ventilspiel vorsehen.

Hauptnockenflanke kann gerade (Tangentennocken mit Rollen- oder rollenartigem Stößel, s. Bild 28), gewölbt (ein bzw. mehrere Kreisbögen oder kontinuierliche Änderung des Krümmungsradius, flache oder gewölbte Tellerstößel) oder konkav gekrümmt (Hohlnocken) sein. Bei gleichem Ventilhub können sich je nach der Flankenform verschiedene Beschleunigungen ergeben. Aus Fertigungsgründen werden gewölbte Flanken (Kreisbogennocken mit großem Krümmungsradius) bevorzugt; *harmonischer Nocken* mit je einem Kreisbogen für Flanke und Spitze und mit ebenem, gerade geführten Tellerstößel s. Bild 29.

An der Nockenflanke nimmt Stößelgeschwindigkeit rasch zu; Steuerungsgeräusche hängen nicht nur von Stoß durch Ventilspiel, sondern auch von Größe der Flankenbeschleunigung ab.

Nockenspitze. Vom Wendepunkt B an müssen Stößel und Ventil durch die Ventilfeder verzögert und am Nocken gehalten sowie nach Überschreiten des Höchstpunktes wieder in Bewegung gebracht werden. Bei C wird die kinetische Energie der bewegten Massen durch die Flanke abgefangen, bei D setzt Ventil unter Stoß auf den Sitz. Krümmungsradius an der Spitze ist bedeutungsvoll für die größte Flächenpressung und die Ventilfeder.

Im Beschleunigungsdiagramm ist $F_1 + F_2 = F_3$; $F_4 = F_5 + F_6$ und bei symmetrischen Nocken und Ventilerhebungen $F_1 = F_6$; $F_2 = F_5$ und $F_3 = F_4$.

Wirkliche Ventilerhebung weicht von der theoretischen aus Elastizitätsgründen nicht unerheblich ab.

Eingehende Berechnung der verschiedenen Nockenformen, Erhebungen, Geschwindigkeiten und Beschleunigungen in Verbindung mit verschiedenartigen Stößeln und Schwinghebeln sowie Zahlenwerte bewährter Ventilsteuerungen s. Lit. 7.

Entwurf eines einfachen Tangentennockens zeigt Bild 28.

Nockenform a mit Grundkreisdmr. d_n und gesamtem Nockenhub h_n = Rollenerhebung + Rollenspiel s. Rolle b mit Dmr. d_r. Rollenmittenbahn c (Abstand $d_r/2$). Jeweilige Rollenerhebung h_r = radialer Abstand der Kurve c vom Kreis mit Dmr. $= d_n + d_r + 2s$.

Auf d_n werden die halben Werte der auf Kurbelwelle bezogenen Steuerwinkel eingetragen, Ventilöffnen *VÖ* mit Voröffnungswinkel α_1, Ventilschließen *NS* mit Nachschlußwinkel α_2, Öffnungswinkel $(\alpha_1 + 90^\circ + \alpha_2)$ wird um Rollenspielwinkel β nach beiden Seiten vergrößert; $\cos\beta = (d_n + d_r) : (d_n + d_r + 2s)$. Nocken-Symmetrieachse MBA = Winkelhalbierende des Gesamtöffnungswinkels; Strecke $MA = 0{,}5\,d_n/\cos(45^\circ + \alpha_1/2 + \alpha_2/2 + \beta)$. Winkel $\gamma = 90^\circ - (45^\circ + \alpha_1/2 + \alpha_2/2 + \beta)$. Tangenten von A an Grundkreis geben Nockenflanken. Kreisbogen um B mit Radius ϱ berührt gleichzeitig die Tangenten und den Kreis um M (Radius $= d_n/2 + h_n$) und ergibt Nockenkopfkreis. Statt Abrundungskreis ϱ kann bei großem Öffnungswinkel ein Kreisbogenstück um M (Radius $= d_n/2 + h_n$) gewählt und beiderseitig mit kleinen Abrundungskreisen an Tangenten angeschlossen werden. Auf dem Grundkreisteil von *NS* bis *VÖ* läuft Rolle frei (Rollenspiel s). $d_n \approx (3$ bis $4)\ h_n = 30$ bis 40 mm. $d_r \approx (0{,}5$ bis $0{,}7)\ d_n$. Rollenspielwinkel $\beta \approx 3$ bis 4°.

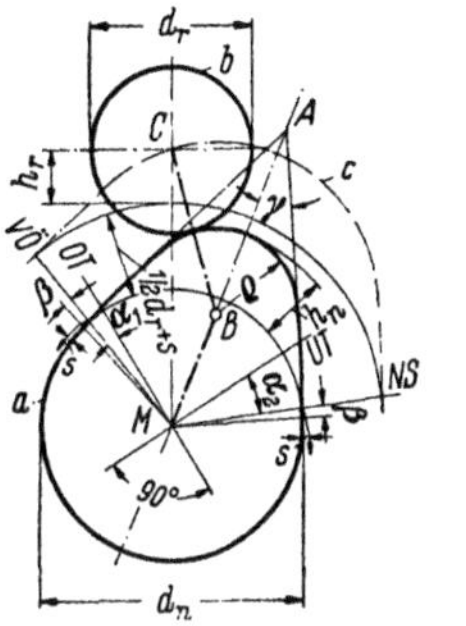

Bild 28
Entwurf eines Tangentennockens. Vergleich der Bewegungsvorgänge beim Nocken- und Kurbeltrieb

Bewegungsverhältnisse eines Kreisbogennockens gleichen denen eines Kurbeltriebs, so daß die Formelableitungen in Bd. I, S. 760 anwendbar sind.

In Bild 28 entspricht im Bereich der kreisbogenförmigen Nockenspitze dem Kurbelradius die Strecke $MB = n$ und der Schubstangenlänge die Strecke $BC = \varrho + 0{,}5\,d_r$.

Mit Nockenwellen-Winkelgeschwindigkeit ω_n ist die im Bereich der Nockenspitze größte Beschleunigung $b_{max} \approx n\omega_n^2 + n^2\omega_n^2/(\varrho + 0{,}5\,d_r)$.

In Bild 29 ist wegen des ebenen und geradgeführten Tellerstößels Rollendmr. $d_r = \infty$. Für beliebigen Punkt P_F auf der Flanke bzw. P_S auf der Spitze ist Beschleunigung: $b_F = a\omega_n^2 \cos\varphi_F$; in „$A$" $b_{F\,max} = a\omega_n^2$. $b_S = b\omega_n^2 \cos\varphi_S$; im höchsten Nockenpunkt $b_{S\,max} = b\omega_n^2$. Strecke a u. Strecke b als Kurbelradius.

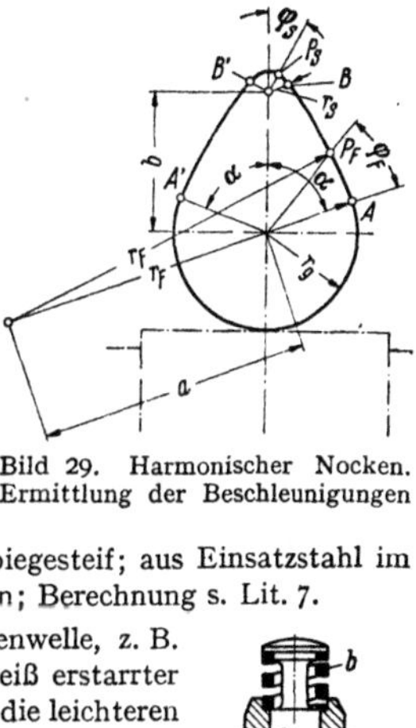

Bild 29. Harmonischer Nocken. Ermittlung der Beschleunigungen

Ruckfreie Nocken vermeiden jeden Sprung in der Beschleunigungskurve und weisen kleinere elastische Verformungen in der Steuerung auf, die nicht nur beim Motor, sondern auch beim Schleifen günstig wirken; Lit. 7.

Nockenwellen einteilig mit Nocken, dreh- und biegesteif; aus Einsatzstahl im Gesenk geschlagen oder in Sonderlegierung gegossen; Berechnung s. Lit. 7.

Stößel abgestimmt auf den Werkstoff der Nockenwelle, z. B. für Nockenwelle gehärteter Stahl und für Stößel weiß erstarrter Grauguß. Bei Ventilsteuerungen statt Rollenstößel die leichteren und billigeren Tellerstößel. Durch seitliches Versetzen der Stößel- und Nockenmitten um 2 mm kann man zwecks gleichmäßiger Abnutzung eine allmähliche Stößeldrehung bewirken.

Automatischer Ventilspielausgleich vermindert Steuerungsgeräusche und erspart Spielnachstellen, Bild 30.

Im Stößel ist als Zwischenglied ein kleiner Kolben a untergebracht, der in unbelastetem Zustand durch eine Feder b herausgedrückt wird und hierbei Öl ansaugt; bei Belastung wird das im Kolbenraum befindliche Öl durch Kugelventil am Rückfluß gehindert. Bei der nicht unerheblichen Vergrößerung der bewegten Massen und um Leckverluste zu vermeiden, begnügt man sich mit kleinen Beschleunigungen, also sanften Ventilerhebungen, und nimmt einen Leistungsverlust in Kauf; bevorzugte Anwendung bei überbemessenen Motoren wie in USA.

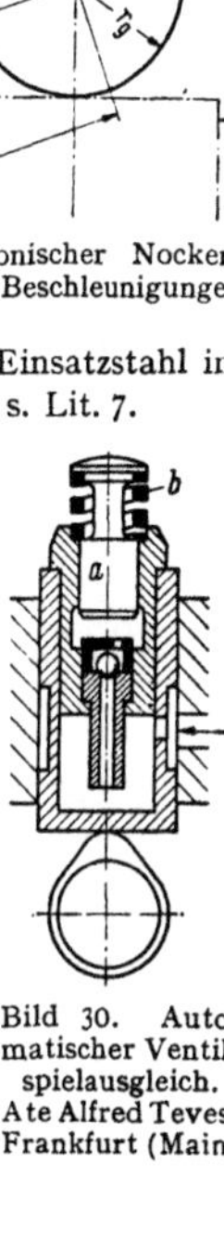

Bild 30. Automatischer Ventilspielausgleich. Ate Alfred Teves, Frankfurt (Main)

Stoßstangen aus Stahl oder Leichtmetall, voll oder als Rohr mit Endkappen; Kugelkopf und -pfanne geläppt.

Schwing- und Kipphebel aus Stahl oder Leichtmetall gepreßt; Einstellmöglichkeit für Ventilspiel und Sicherung vorzusehen.

d) Ventile. *Betriebsbedingungen*: Temperaturen Einlaßventil 300° bis 500 °C; Auslaßventil 600 bis 800 °C; schwierige Wärmeableitung nur über Ventilsitz und -schaft. Starke Stoßbeanspruchungen hoher Frequenz beim Aufsetzen als Folge des Ventilspiels. Heißkorrosion besonders bei verbleiten Kraftstoffen.

Normalmotoren je ein Ein- und Auslaßventil; bei verschiedenen Ventilen Einlaßventil mit größerem Drm. und Hub. *Sondermotoren* mit Doppelventilen für Ein- und Auslaß.

Bild 31. Natrium-gekühltes und gepanzertes Auslaßventil. Ate

Werkstoffe: Niedrig- und hochlegierte Stähle mit hoher Warm- und Schlagfestigkeit sowie Zunderbeständigkeit je nach den Beanspruchungen als Cr-, CrSi-, CrNiW-, CrMoV-Stähle. Panzerung (aufgeschweißte Cr-Ni-Legierung) von Sitz und Teller bis zur Hohlkehle bei hochbelasteten Auslaßventilen, Bild 31. Natrium-gekühlte Auslaßventile zur besseren Wärmeableitung von Teller zum Schaft, bei denen durch Verdampfung des Natriums am Ventilteller Temperatursenkungen bis um 100 grd erreicht werden; für Hochleistungs-Otto- und Mehrstoff-Dieselmotoren, Bild 31.

Ventilsitzwinkel meist 45°; Sitzausbildung und -bearbeitung, Bild 32. *Ventilhub* = (0,2 bis 0,3) × Ventildrm.

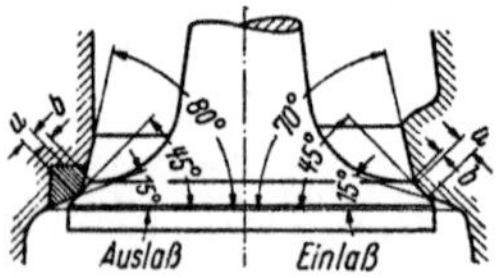

Bild 32. Ventilsitzbearbeitung. Opel. Breite a: Auslaßventil 2,2 bis 2,4 mm, Einlaßventil 1,3 bis 1,5 mm; Überstand b: beide Ventile 0,8 bis 1,0 mm

Ventilsitzringe bei Leichtmetallgußstücken erforderlich, vielfach auch bei Graugußgehäusen für Auslaßventil.

Legiertes Elektro-Sondergußeisen, bei Leichtmetallköpfen Sonderbronze mit ≈ gleicher Wärmeausdehnungszahl. Befestigung durch Schrumpfen mittels Unterkühlung.

Ventilführungsbuchsen bei Leichtmetallköpfen erforderlich, vielfach auch bei Graugußgehäusen wegen des starken Verschleißes der Führungsbohrungen (ungünstige Schmierverhältnisse).

Eingepreßte Buchsen aus Spezial-Grauguß. Abdichtung des Ventilraums gegen Ein- und Auslaßkanäle durch Packung am Ventilschaft oder Abschirmung am Federteller verbessert.

Federtellerbefestigung durch zwei Halbkegel (*Ventilkeile*), die an konischem Einstich des Schaftes oder an Schulter einer Schaftnut halten, Bild 33.

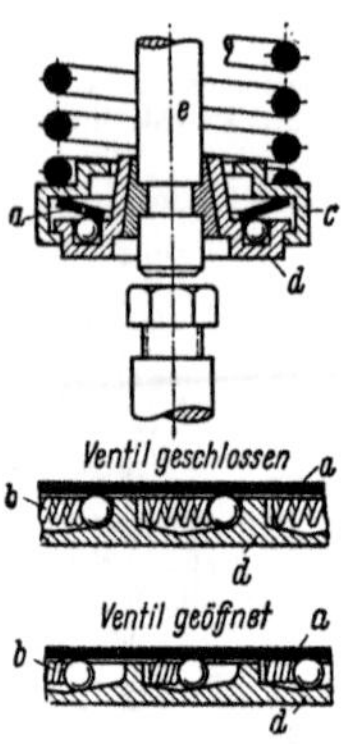

Bild 33. Ventildreheinrichtung. Ate-Rotocap

Ventildreheinrichtungen bewirken Wechsel der besonders erhitzten Stellen des Ventiltellers und verhindern Absetzen von Niederschlägen am Ventilschaft.

In Federteller eingebaute Ausführung von Ate-Rotocap wirkt zwangläufig, Bild 33: Bei geschlossenem Ventil heben Ringfeder a und die am Umfang eingebauten Schraubenfedern b über Kugeln, die auf Schrägbahnen des unteren Tellers d gleiten, oberen Federteller c an. Bei geöffnetem Ventil werden Ring- und Schrauben federn zusammengedrückt; Kugeln bewegen die Schrägbahnen des unteren Tellers d, so daß der mit d über Ventilkeile fest verbundene Ventilschaft e gleichfalls gedreht wird.

Ventilberechnung. Steuerdiagramme (Ventilquerschnitte in Abhängigkeit von Kurbelwinkel oder Zeit) lassen sich analog dem Rechengang S. 159 aufstellen. Indessen ist der wirkliche Ventildurchfluß wegen des mit der Ventilerhebung veränderlichen Durchflußbeiwertes und der meist entscheidenden Gasmassenwirkungen einer Rechnung so wenig zugänglich, daß man sich mit Vergleichsbeziehungen begnügt:

Ventilquerschnitt $f_v = \pi d_i s \sin\alpha/2$ und $f_v = f_k c_m/c_v$; hierin d_i lichter Ventildmr., s Ventilhub, α Sitzwinkel, f_k Kolbenfläche, c_m mittl. Kolbengeschwindigkeit, c_v Gasgeschwindigkeit 60 bis 90 m/sek bei Einlaß- und 80 bis 120 bei Auslaßventil.

e) Ventilfedern. Kleinste Federkraft P_{min} muß Ventil gegen Unterdruck im Zylinder (≈0,9 kg/cm²) dichthalten. Größte Federkraft P_{max} muß bei der Schließbewegung Kraftschluß zwischen Nockenspitze und Stößel sichern.

$P_{max} = (1,1$ bis $1,5)\, m_r\, b_{max}$, wobei m_r = Ventilmasse, Masse aller Steuerungsteile und halbe Federmasse, reduziert auf den Nocken. b_{max} = größte Nockenbeschleunigung im

Bereich der Nockenspitze s. Abschn. c). *Federdiagramm* wird zweckmäßig in Beschleunigungsbild übertragen, indem man Federkräfte durch m_r dividiert und auf Kurbelwinkel bezieht.

Berechnung der Federn nach Bd. I, S. 671 auf Wechselbeanspruchung[1]. Größere Drahtdicken als 3 bis 5 mm werden durch ineinandergesteckte Doppelfedern mit entgegengesetzter Wicklungsrichtung vermieden. Ist Unterbringung der ganzen Federkraft am Ventil baulich unmöglich, können Federn am Stößel oder Kipphebel angebracht werden; dann getrennte Federkraftermittlung. Statt der meist verwendeten zylindrischen Schraubenfeder mit rundem Querschnitt auch Haarnadelfedern und Torsionsstäbe.

Federschwingungen bewirken erhöhte Wechselbeanspruchungen und bei Resonanz Federbruch; sie dürfen bei keiner Drehzahl auftreten. Abhilfe durch Vergrößern des Drahtdrm., Verkleinern von Wicklungsdrm. oder Windungszahl, Aufteilen auf mehrere Federn sowie Federn mit veränderlicher Steigung.

Berechnungsbeispiele mit und ohne Berücksichtigung von Schwingungen s. Lit. 7.

2. Kurbelgehäuse und Zylinder

a) Wassergekühlte Motoren. Kurbelgehäuseoberteil und Zylinder werden zum *Zylinderblock* vereint und als Kastengestell bis Kurbelwellenmitte (Bild 11, 26, 48) oder bei schweren Motoren bis unter Mitte (Bild 8, 10, 16) herabgezogen. Durch kräftige Rippen zwischen Blockwandungen und angegossenen Hauptlagerhälften erreicht man Steifigkeit für den Block, der alle Maschinenkräfte aufnimmt und zugleich Platz zum Anbringen der Hilfseinrichtungen bietet. Leichtmetall-Zylindergestell Bild 16.

Abnehmbarer *Zylinderkopf* nimmt bei Ottomotoren Brennraum auf und wird unter Zwischenschaltung von harten Dichtungen[2] (Kombination aus Asbest und Metall in Platten oder als Gewebe) mittels Stehbolzen auf den Block geschraubt. Zylinderkopf als Grau- oder Leichtmetallgußstück gemeinsam für alle Zylinder (Bild 11, 26) oder bei Dieselmotoren auch nur für zwei oder drei Zylinder.

Kurbelgehäuse-Unterteil bleibt frei von Kräften; als Abschluß und Ölwanne abnehmbar in Blech oder Leichtmetallgußstück mit Kühlrippen.

Kurbelwelle hängt in den gegen die Lagerhälften des Blocks geschraubten Lagerdeckeln.

Zylinderlaufbuchsen bieten den Vorteil, daß bei Abnutzung der Laufflächen nur Buchse auszuwechseln ist; auch kann man für Block normalen Grauguß wählen und durch besondere Zylinderwerkstoffe (legierter Schleuderguß), Feinstbearbeitung, Hartverchromung Laufeigenschaften und Verschleißfestigkeit verbessern.

Eingepreßte *trockene* Laufbuchsen von 1,5 bis 2 mm Dicke, Bild 8. *Nasse* Laufbuchsen statt eingegossener Zylinderrohre sind unmittelbar vom Wasser umspült; Gußstück wird einfacher, Auswechseln der Buchsen leichter und Kühlung besser; sorgfältiges Abdichten erforderlich; Bild 10 und 16.

Beim Entwurf der *Wasserräume* ist zu beachten: Lenken des Kühlwasserstroms zu den heißen Zonen durch Leitwände oder Kanäle, gutes Umspülen der Ventilsitze und -führungen am Auslaßventil, gute Kühlung des Zündkerzensitzes, Vermeiden von Dampf- und Luftsäcken, Wasseraustritt an höchster Stelle des Zylinderkopfes.

Zylinderwanddicke $\geqq 0{,}05 \times$ Zylinderdmr. für Otto- und 0,075 für Dieselmotoren. Mindestwanddicke 5 mm. Möglichkeit zum zweimaligen Ausschleifen ist vorzusehen. Stärke des *Wassermantels* 4,5 bis 6,5 mm. Keine Verrippungen zwischen Zylinder und Wassermantel, damit jeder Teil der Wärmeausdehnung frei folgen kann.

b) Luftgekühlte Motoren haben auf das Kurbelgehäuse aufgesetzte Einzelzylinder.

Rippenzylinder aus Grauguß s. Bild 14, 25; Schleuderguß ermöglicht besonders dünne und hohe Rippen bei guten Gleit- und Verschleißeigenschaften der Lauffläche. *Leichtmetallzylinder* mit verchromter Lauffläche gestatten wegen der besseren Wärmeableitung höhere Verdichtungen und wegen der gleichen Wärmeausdehnungszahl von Zylinder und Kolben kleineres Kolbenspiel. Auch eingepreßte Buchsen oder Laufbuchsen, die nach dem Al-Fin-Verfahren, s. Bd. I S. 688, mit einem Rippenmantel aus Leichtmetall umgossen werden. *Zylinderköpfe* aus Leichtmetall; einzeln s. Bild 14, paarweise s. Bild 25. *Lamellenrippen* ermöglichen Spannungsfreiheit auch bei unsymmetrischen Konstruktionen, vgl. S. 208.

---

[1] Dauerfestigkeitsschaubilder für Ventilfederstahl von S. Scherdel KG, Spezialfabrik von Ventilfedern, Marktredwitz/Bayern.

[2] *Mickel, E.*, und *W. Stadelmann:* Die Zylinderkopfdichtung am wassergekühlten Fahrzeugmotor. ATZ Bd. 59 (1957) Nr. 9 S. 265/69 und Bd. 60 (1958) Nr. 1 S. 13/19.

3. Kolben und Kolbenzubehör[1]

Ausführung als *Leichtmetall-Tauchkolben* mit mittelbarer Kühlung.

a) Betriebsverhältnisse. Verbrennungshöchsttemperaturen 1800 bis 2500 °C, mittlere Brennraumtemperatur während eines Arbeitsspiels 600 bis 700 °C. *Kolbentemperatur* hängt einerseits ab von der auf den Kolben übergegangenen Wärmemenge, andererseits von den Widerständen, die dem Abfluß der Wärme aus dem Kolbenboden entgegenstehen. Größter Teil der Wärme fließt über Ringzone, Kolbenringe und Schaft an Zylinderwand und Kühlstoff ab; zum kleinen Teil auch an Frischgas und Schmieröl; zusätzliche Kolbenbodenkühlung durch Ölspritzdüse am Pleuelstangenauge bei hochbelasteten Dieselkolben, Bild 8, 10, 16.

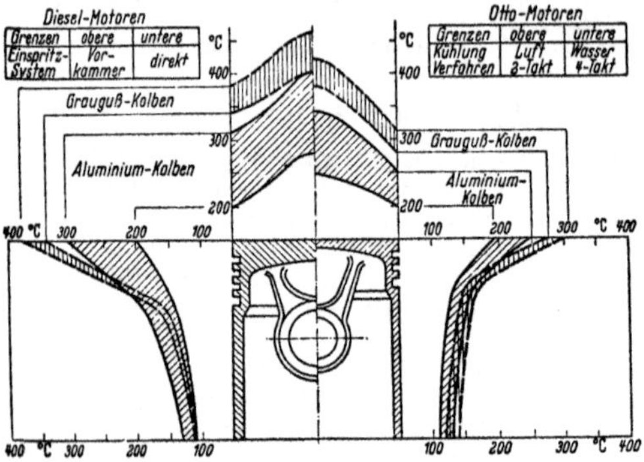

Bild 34. Betriebstemperaturbereiche von Kolben bei Vollast nach Mahle[1]

Bild 34 zeigt *Temperaturverlauf* von Mitte Kolbenboden zum Schaftende für Otto- und Dieselmotoren bei Leichtmetall- und vergleichsweise Graugußkolben; Werte gemessen nach dem Schmelzkegelverfahren von *Koch*. Abhängigkeit der Kolbentemperaturen[1] von Drehzahl, Drosselstellung, Zündzeitpunkt bzw. Einspritzmenge, Förderbeginn.

Mechanische Belastung: Kolbenboden durch Verbrennungshöchstdruck s. Zahlentafel. Kolbenschaft durch Gleitbahndruck (s. Zahlentafel) und gleitende Reibung. Kolbenringnuten durch Druck und Reibung.

Laufruhe: Beim Anlagewechsel von einer Zylinderseite zur andern soll kein „Kolbenkippen" (Klappergeräusche) bei kalter und warmer Maschine auftreten.

b) Kolbenwerkstoffe. *Eutektische Aluminium-Siliziumlegierungen* mit ≈12% Si und kleineren Zusätzen von Cu, Ni, Mg u. a. haben als Einheitslegierung für Kokillenguß oder gepreßt umfassenden Anwendungsbereich bei Motoren jeder Art; Wärmeausdehnungszahl $\approx 21 \cdot 10^{-6}$ mm/mm grd bleibt gering; hohe Wärmeleitfähigkeit; hohe Verschleißfestigkeit; gute Laufeigenschaften.

Übereutektische Aluminium-Siliziumlegierungen mit 17 bis 25% Si und kleineren Zusätzen an Cu, Ni, Mg, Co, Cr, Mn, Fe u. a. haben niedrigere Wärmeausdehnungszahlen von $(19 \text{ bis } 16) \cdot 10^{-6}$ mm/mm grd, höhere Warmhärte, beste Laufeigenschaften; Vergieß- und Bearbeitbarkeit werden mit zunehmendem Si-Gehalt schwieriger. Als Sonderlegierungen für thermisch hochbeanspruchte Kolben z. B. bei Zweitaktern und Luftkühlung. *Aluminium-Sinterwerkstoffe* mit Legierungsvarianten für besonders hohe thermische Belastungen.

Die früher viel verwendeten Aluminium-Kupferlegierungen sind heute ohne Bedeutung. Graugußkolben werden bei Ottomotoren nicht mehr verwendet, bei Dieselmotoren beschränkt auf Sonderfälle des Zweitakts.

Nachteilig bei der Zusammenarbeit von Leichtmetallkolben und Graugußzylinder sind die verschiedenen Wärmeausdehnungszahlen (Grauguß nur $\approx 12 \cdot 10^{-6}$ mm/mm grd). Laufspiel wird daher temperaturabhängig; das für den heißen Motor zu bemessende Einbauspiel ist für den bei Teillasten kühlerlaufenden Motor zu groß, so daß Kolben beim Anlagewechsel klappert. Je nach Ansprüchen an die Laufruhe erreicht man annähernd gleiches Laufspiel bei allen Temperaturen durch verschiedene Konstruktions- und Bearbeitungsmaßnahmen.

c) Bauformen. Die sehr verschiedenartigen Ausführungen lassen sich nach Hauptgruppen unterteilen:

α) *Regel- oder Streifenkolben* für hohe Ansprüche an Laufruhe bei PKW-Motoren. Allen Bauarten gemeinsam ist die Abtrennung der zwischen den Kolben-

---

[1] Kolbenkunde und technische Mitteilungen, herausgegeben von Mahle KG Stuttgart. — Technische Blätter von Karl Schmidt GmbH, Neckarsulm. — Nüral Kolbenhandbuch und technische Blätter, herausgegeben von Aluminiumwerke Nürnberg GmbH. Ferner Lit. 9.
Mahle, E., u. *M. Röhrle*: Vergleich von Kolben, Kolbenringen und -bolzen in deutschen und amerikanischen Personenwagenmotoren. ATZ Bd. 61 (1959) Nr. 6 S. 162/67.

bolzennaben liegenden Manteltragflächen vom Kolbenringteil durch Querschlitze (meist in Nut des Ölabstreifringes), um dem Kolbenschaft die Steifheit zu nehmen; unterschiedlich sind Form und Anordnung der eingegossenen Stahleinlagen, die bei Erwärmung die Schaftverformung regeln. Typische Bauarten:

Beim *Nelson-Kolben* ist Schaft durch Längsschlitze in kreuzkopfähnliche Hälften unterteilt, die durch eingegossene Invarstahlplatten mit den Bolzennaben verbunden sind. Die sehr geringe Wärmeausdehnung ($\approx 2 \cdot 10^{-6}$ mm/mm grd) des Invarstahls ($\approx 36\%$ Ni) gleicht die zu große Wärmeausdehnung der Leichtmetallteile aus; für viele hochwertige PKW-Motoren lange Zeit verwendet, heute meist durch andere Bauarten ersetzt.

Autothermik-Kolben und *Glattschaft-Autothermik-Kolben*[1] (Mahle):

Die zwischen Naben und Schaft eingegossenen Streifen aus unlegiertem Stahl bilden zusammen mit den äußeren Leichtmetallteilen Bimetallelemente, die sich bei Erwärmung krümmen und Schaft oval verformen. In der Druckrichtung bleibt Kolbenspiel nahezu unverändert; die Vergrößerung der Wärmeausdehnung in der Bolzenrichtung wird durch ovale Bearbeitung (im kalten Zustand Kolbendmr. in Bolzenrichtung kleiner) ausgeglichen. Autothermik-Kolben hat Fenster im Schaft in der Nabenumgebung; Glattschaft-Kolben hat keine Fenster und ist auch für hohe Kolbengeschwindigkeiten, Zweitakt-Ottomotoren und Dieselmotoren geeignet, Bild 35.

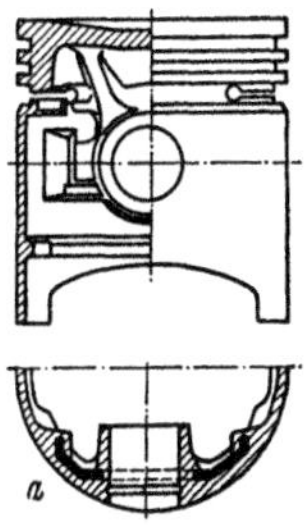

Bild 35. Glattschaft-Autothermik-Kolben. Mahle. Bolzennabe mit Stahlblech *a*

Ringstreifenkolben[2] (K. Schmidt) für Zwei- und Viertakt-Ottomotoren:

Kolben hat glatten Schaft und als Regelelement einen eingegossenen gezahnten Stahlring unterhalb des Ölabstreifringes. Ring kann Bewegung der Bolzennaben bei Erwärmung folgen und übt auf die Tragflächen Zugkräfte aus, welche die Tragflächen zurückhalten. Durch Abstimmen des Ringquerschnitts und der Querschnitte für den Wärmefluß zu den Naben läßt sich die hohe Wärmedehnung des Kolbens in der oberen Tragflächenpartie ausgleichen.

Lochstreifenkolben[1] (Aluminiumwerke Nürnberg):

Um die Bolzennaben sind in Richtung des Kolbenumfangs bis ungefähr zum Schaftende zwei Blechstreifen mit Lochungen eingegossen; durch entsprechend gestufte Lochung läßt sich die Regelwirkung den Temperaturverhältnissen des Kolbenschafts anpassen.

β) *Schlitzkolbenmantel* für mäßig beanspruchte PKW-Motoren nehmen einen Teil der Wärmeausdehnung durch federndes Nachgeben des Schafts auf; hierzu nötige Elastizität wird durch Mantelschlitze erreicht.

T-Schlitzkolben hat einen vom Querschlitz unter den Kolbenringen ausgehenden Längsschlitz, der etwas schräg nach unten bis über die Hälfte der Tragfläche durchläuft; Schlitzenden erhalten Endlöcher; Tragflächen neben den Bolzenaugen zurückgesetzt, um Entstehen von Freßstellen zu verhüten. *U-Schlitzkolben* hat zwei Längsschlitze.

γ) *Vollschaftkolben* weisen günstige Wärmeleitung und Kraftübertragung auf, da Kraft- und Wärmefluß durch Schlitze nicht unterbrochen:

Sie werden überall dort verwendet, wo hohe mechanische und thermische Leistungseigenschaften wichtiger sind als Laufruhe, z. B. Dieselmotoren, Sport- und Rennmotoren. Das wegen der hohen Wärmeausdehnung erforderliche große Einbauspiel läßt sich durch ballig-ovale Bearbeitung (s. Abschn. d) beherrschen, Bild 36.

Ringträger — eingegossene Nutringe aus hochlegiertem Sondergußeisen — schützen vor Ausschlagen der ersten Ringnut ode Brechen der Ringstege bei thermisch hochbelasteten Kolben, die gleichzeitig sehr hohen Drücken oder Verschleiß (Staub) ausgesetzt sind.

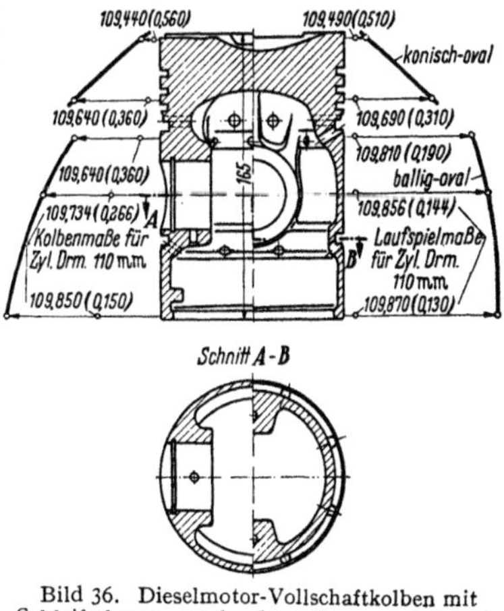

Bild 36. Dieselmotor-Vollschaftkolben mit Schleifschema nach dem Thermoval-Prinzip Karl Schmidt, Neckarsulm

[1] Siehe Anm. 1 auf S. 192. — [2] *Kuhm, M.*: Der Weg zum Regelkolben von heute. ATZ Bd. 58 (1956) Nr. 3 S. 78/84.

In den Kolbenboden eingegossene Platten aus hochwarmfestem *Aluminium-Sinterwerkstoff* schützen vor Durchbrennen an Aufprallstellen scharfer Ausblasestrahlen. Auch ganze Kolben aus gesinterten Aluminium-Kolbenwerkstoffen.

δ) *Ungeschlitzte Streifenkolben* verbinden die Vorteile des Vollschaftkolbens mit der geregelten Wärmeausdehnung des Streifenkolbens und haben größere Laufruhe als die Vollschaftkolben.

Autothermatik-Kolben[1,2] (Mahle) mit eingegossenen Stahlplättchen, die zusammen mit dem Leichtmetall bimetallische Regelglieder bilden.

d) Herstellung. *Gußkolben* gestatten Freiheit in der Formgebung und Eingießen von Stahlstreifen oder Ringträgern. Kokillenguß mit höheren Festigkeitswerten durch Abschreckwirkung der Kokille. Übereuktische Al-Si-Legierungen erfordern besondere Kornfeinungsverfahren[1] (Aluminiumwerke).

Preßschmiedekolben (meist Vollschaftkolben) haben höhere und gleichmäßigere Festigkeitswerte; für Motoren mit besonders hohen Beanspruchungen.

Vergütung durch ein- oder mehrstufige Wärmebehandlung steigert Härte und Festigkeit und nimmt Volumen- und Formänderungen („Wachsen" und „Verziehen"), die sonst durch die Erhitzung im Betrieb ausgelöst würden, vorweg.

Bearbeitung. Unter dem Einfluß von Temperaturgefälle und mechanischer Last ergeben sich sowohl für Kolben wie für Zylinder *Verformungsbilder*[3], die zusammen die Außenform des kalten Kolbens bestimmen. Diese weicht von der zylindrischen oder konischen Form je nach der Motorbauart mehr oder weniger stark ab.

Bild 36 zeigt die komplizierte Bearbeitungsform eines Vollschaftkolbens für Dieselmotoren, die in ähnlicher Weise auch bei Zweitakt-Otto-Kolben verwendet wird. Kolben ist im Querschnitt über die ganze Länge oval und im Schaftteil in der Längsrichtung ballig; im betriebswarmen Zustand nimmt er annähernd zylindrische Form und annähernd gleiches Laufspiel an. Herstellen nach dem Kopierverfahren durch Feindrehen mit Diamant oder Feinschleifen.

Oberflächenbehandlung. Abkürzen des trotz Feinstbearbeitung erforderlichen Einlaufens und Notlaufeigenschaften bei vorübergehend mangelhafter Schmierung, z. B. beim Kaltstart, sind durch Aufbringen von Schutzschichten auf die Gleitflächen erreichbar: Zinn- oder Bleiüberzüge mit plastischer Verformbarkeit und Ölspeicherfähigkeit, z. B. Stannal- und Plumbal-Verfahren; Kolloidgraphit mit guten selbstschmierenden und Schmieröl bindenden Eigenschaften (Grafal-Verfahren).

e) Anhaltswerte für Kolben und Bolzen, bezogen auf Zylinderdurchmesser *D* (nach *Mahle*: Kolbenkunde und Lit. 9)

	PKW-Otto-motoren $D = 70-85$ mm	LKW-Diesel-motoren $D = 90-115$ mm
Kolben-Gesamtlänge	1,0 –1,4	1,2 –1,7
„ -Kompressionslänge*	0,50 –0,7	0,55 –0,85
Abstand des obersten Ringes von Bodenkante	0,06 –0,09	0,10 –0,18**
Höhe des obersten Ringsteges	0,04 –0,06	0,04 –0,07
„ „ untersten „	0,025–0,04	0,025–0,045
Höhe der Kompressionsringe	2,0 –2,5 mm	3,0 –3,5 mm
Geringste Bodendicke in Mitte	0,06 –0,11	0,09 –0,25
Kolbenbolzendmr. außen	0,28	0,35
„ innen	0,20	0,20
Abstand der Kolbenbolzenaugen innen	0,35 –0,45	0,33 –0,4
Kolbengewicht in g (*D* in cm) ohne Bolzen und Ringe		
Viertakt	$(0,5 - 0,9)D^3$	$(0,9 - 1,4)\,D^3$
Zweitakt	$(0,8 - 1,0)D^3$	$(1,4 - 2,0)\,D^3$
Verbrennungshöchstdruck p_{max} at	35–45	60–80, je nach Verfahren
Mittlerer Gleitbahndruck kg/cm², Kolbenschaft	4–6	bis 8
Flächenpressung kg/cm², Bolzenaugen	300–500	400–500

* Kompressionslänge = Abstand von Kolbenbolzenmitte bis Kolbenbodenkante.
** Oberster Kolbenring in OT noch im wasserumspülten Teil des Zylinderrohres.

Abmessungen des Kolbenbodens werden weniger durch die Festigkeitsrechnung als durch den für den Wärmefluß erforderlichen Querschnitt bestimmt. Bodendicke nimmt von

[1] Siehe Anm. 1 auf S. 192.
[2] *Meier, A.:* Autothermatik-Kolben. MTZ Bd. 19 (1958) Nr. 8 S. 279/81.
[3] *Koch, E.:* Aluminiumkolben im Fahrzeugmotor. ATZ Bd. 56 (1954) Nr. 7 S. 173/79.

Mitte nach außen meist zu; stark abgerundeter Übergang in Kolbenringzone sorgt für Wärmeabfuhr und Versteifung. *Bolzenaugen* durch Verrippung und Verstärkungen zum Boden und Schaft hin so steif wie möglich.

f) Kolbenbolzen. Glatter Hohlzylinder von möglichst großer Steifigkeit zur Vermeidung von Abplattungen, die auch Kolben in Mitleidenschaft ziehen.

Oberflächenhärte durch Einsatzhärten oder Nitrieren. Genaue Rundheit und hohe Glätte der Außenfläche durch Feinschliff und Läppen. Auch Bohrungen der Bolzennaben feinbohren, läppen oder rollen.

Desaxierung um (0,02 bis 0,03) $\times$ D zur Druckseite verbessert Laufruhe.

Schwimmende Lagerung im Kolben. Enger Schiebesitz beim Einbau; Einführen der Bolzen durch leichten Druck je nach Kolbengröße bei Raumtemperatur oder Kolbenerwärmung auf 40 bis 60 °C; im Betrieb entsteht durch die größere Wärmeausdehnung der Leichtmetallkolben dann Schiebesitz. Sicherung gegen Verschieben durch Drahtsprengringe oder Seeger-Ringe in Nuten der Augenbohrungen.

Pleuelbuchsen aus Blei-Zinn-Bronzen; Wanddicke $\approx 1/_{12} \times$ Bolzendmr. Flächenpressung 300 bis 600 kg/cm².

Vergleichsrechnung für Bolzen nach Bd. I, S. 651. Berücksichtigung der für die Betriebseignung entscheidenden Abplattung s. Lit. 4.

g) Kolbenringe. Querschnittsformen und Berechnung s. Bd. I, S. 771; auch Techn. Blätter K, herausgeg. v. Alfred Teves, Frankfurt (Main).

2 bis 3 Kompressionsringe und 1 Ölabstreifring für Otto- und 3 bis 4 bzw. 2 für Dieselmotoren. Ringkombination bedarf sorgfältiger Abstimmung auf die Betriebsverhältnisse des Kolbens.

Kompressionsringe. Minutenring (meist in erster Nut) läuft wegen der Linienberührung schnell ein und ergibt ebenso wie Winkelring hohen Anpressungsdruck. Nasenring hat neben Dichtwirkung noch ausgeprägte Ölabstreifwirkung. Trapezringe sollen Festbrennen in den Nuten verhindern. Bimetallring für hochbeanspruchte Dieselmotoren als Feuerring in oberster Nut.

Ölabstreifringe. Nasenring erfordert Ölsammelnut und Rückführungslöcher in das Kolbeninnere. Anordnung der bei Vollschaftkolben nötigen Rückführungslöcher s. Bild 36; sie entfallen bei Streifenkolben, da Querschlitze in Nut des Ölabstreifrings liegen. Ölabstreifringe mit Expanderfeder, die sich im Nutengrund abstützt und Ring an Zylinderwand preßt, verbessern Ölabstreifwirkung und Gasabdichtung.

Stahllamellen- und Paßformringe (entweder als Tellerfedern oder eben mit radial wirkender Expanderfeder) passen sich einem ausgelaufenen Zylinder an und verbessern Dichtheit gegen Öl- und Gasdurchtritt; zur Zwischenüberholung verwendet, um ein Ausschleifen der Zylinder hinauszuschieben.

Kolbenringe bei Zweitaktmotoren arbeiten unter erschwerten Bedingungen, da — abgesehen von der höheren thermischen Belastung — der fehlende Anlagewechsel ein Festwerden begünstigt.

4. Pleuelstangen (s. Lit. 9 u. Bd. I, S. 769)

Pleuelstangenverhältnis $\lambda = r/l$ für übliche PKW-Motoren 1 : 3,6 bis 1 : 4,2. Bei Dieselmotoren ist Stangenausbau nach unten (meist längere Stange mit gerade geteiltem Stangenkopf) oder nach oben (kürzere Stange mit schräg geteiltem Stangenkopf) zu berücksichtigen.

a) Schaft. I-förmiger Querschnitt, im Gesenk genau geschmiedet, sorgfältig entgratet, vergütet, keine Bearbeitung bei normalen Motoren. Formgebung ist durch Rücksicht auf einwandfreies Gesenkschmieden bestimmt und verlangt zur guten Kraftüberleitung sehr allmähliche Übergänge vom oberen und unteren Kopf zum Schaft. Aushebeschräge 10 bis 15°.

Werkstoffe mit hoher Schwingungsfestigkeit. Für übliche PKW-Motoren höher gekohlte Vergütungsstähle, für Dieselmotoren niedrig legierte Vergütungsstähle.

Beanspruchung auf *Druck* und *Knicken* durch größten Verbrennungsdruck bei kleinen Drehzahlen; bis 45 at für Otto- und 80 at für Dieselmotoren. *Zugbeanspruchung* durch die im OT wirksamen Massenkräfte (s. S. 260) bei Höchstdrehzahl. *Biegebeanspruchung* durch die Fliehkräfte der Stange bei Höchstdrehzahl wird mit den ermittelten Druck- und Zugspannungen nicht zusammengesetzt, da Höchstwerte zeitlich verschoben.

b) Pleuelköpfe. *Geschlossenes oberes Pleuelauge* wird in Vergleichsrechnung als ein um den Bolzen gelegtes Zugband behandelt und im Augenmittenquerschnitt auf Zug durch die im OT wirksamen Massenkräfte nachgerechnet.

Unterer Pleuelkopf mit gerader Teilung. Druckkräfte des Schaftes setzen sich bei genügender Profilhöhe des Schaftes und großem Übergangsradius zum Kopf unmittelbar auf Lagerschale und Kurbelzapfen ab. Zug- und Biegespannungen treten in den unter einem Winkel zur Pleuelstangenachse liegenden Querschnitten der Seitenwangen durch die im OT wirksamen Massenkräfte auf; entlastender Einfluß der Einspannung der Wangen durch

Lagerdeckel wird bei Vergleichsrechnung vernachlässigt. *Schräggeteilte Pleuelköpfe* erhalten zur Aufnahme der großen Querkräfte Kerbzahnung in den Pleuelkopfteilflächen oder besondere Paßhülsen. *Lagerdeckel* T-förmiger, bei Dieselmotoren auch angenähert I-förmiger Querschnitt. *Deckelschrauben* (8 G oder 10 K) als Dehnschraube, s. Bd. I, S. 510, 768 und [1].

c) Mittelwerte für Gewichte von Pleuelstangen (nach Lit. 9)

	Reihen-Ottomotoren			Reihen-Dieselmotoren		
Zyl.-Dmr. . . . . mm	70	75	80	90	110	120
Gewicht . . . . kg	0,70	0,75	0,82	2,3	3,9	5,5

5. Kurbelwellen (s. Bd. I, S. 762; Lit. 9 u. [2])

a) Bemessung. Bei Schnelläufern sind weniger Biege- und Drehbeanspruchungen durch Gas- und Massenkräfte als Schwingungsbeanspruchungen und daneben Gleitflächenpressungen bestimmend. Schwingungsrechnungen s. S. 269.

Anzahl der Wellenlager. Bei üblichen PKW-Motoren ist Welle nach jeder zweiten, bei Dieselmotoren und Ottomotoren mit besonderen Ansprüchen nach jeder Kröpfung in Gleitlagern gelagert.

Anhaltswerte für Kurbelwellen-Bemessung

Motorbauart (Zyl.-Dmr. D)	PKW-Ottomotoren		Wassergekühlte Dieselmotoren		
	Wasserkühlung Reihe Bild 26	Luftkühlung Boxer Bild 25	PKW Reihe Bild 11	LKW Reihe — [1]	LKW V-Form Bild 8
Abstand Zylinder 1 – 2	1,19 D	1,33 D	1,1 D [2]	1,28 D	1,49 D [3]
„ Mittenzylinder	1,23 D	—	1,47 D	1,28 D	1,49 D
Kurbelzapfen-Dmr. d_k	0,61 D	0,65 D	0,66 D	0,7 D	0,7 D
Kurbelzapfen-Traglänge l_k [4]	0,5 d_k	0,4 d_k	0,57 d_k	0,35 d_k	0,35 d_k
Wellenzapfen-Dmr. d_w	0,82 D	0,65 D	0,72 D	0,75 D	0,75 D
Wellenzapfen-Traglänge l_w [4]	0,4 d_w	0,36 d_w [5]	0,54 d_w [6]	0,44 d_w [7]	0,44 d_w [8]

[1] Dieselverfahren und Fabrikat wie Bild 8, Lager nach jeder Kröpfung. — [2] Zusammengegossene Zylinderrohre. — [3] Auf jeder Kröpfung zwei nebeneinanderliegende Pleuelstangenköpfe. — [4] Hohlkehlen bei Ermittlung der Traglänge mit ($^1/_{12}$ bis $^1/_{15}$) × Zapfendmr. abgezogen. — [5] Mittellager; schwungradseitiges Lager 0,48 d_w; Doppellager auf Ventilatorseite. — [6] Außenlager auf Kühlerseite; Mitten-Paßlager 0,59 d_w; schwungradseitiges Lager 0,68 d_w. — [7] Mitten-Paßlager 0,5 d_w. — [8] Schwungradseitiges Paßlager 0,5 d_w.

b) Ausführung. Als *Werkstoff* Vergütungsstähle hoher Schwingungsfestigkeit und großer Härte an den Zapfenlaufflächen; unlegiert, z. B. C 45, oder niedrig legiert für Diesel- und höher beanspruchte Ottomotoren. Bei Bleibronzelagern Zapfen gehärtet (Doppel-Duro-Verfahren oder Induktionshärtung) und geschliffen. Hartverchromung bei Instandsetzung von Zapfen.

Herstellung. Bei Kraftwagenmotoren meist als Gesenkschmiedestück. Gußkurbelwellen (z. B. Sphäroguß) sind billiger und freier in der Formgebung, so daß etwas geringere Werkstoffestigkeit durch bessere Anpassung an die Forderungen der Gestaltfestigkeit bis zu einem gewissen Grad ausgeglichen wird. Mehrteilige Kurbelwellen bei Ein- und Zweizylindermotoren auch mit Wälzlagern, Bild 2.

Gestaltfestigkeit (s. Bd. I, S. 510) läßt sich durch breite, ovale Kurbelwangen (Herstellung auf Kopierdrehbänken), große Abrundungen mit stetiger Krümmungsänderung an Querschnittsübergängen, tonnenförmige Ausnehmungen der Zapfen, abgerundete Entlastungsnuten erhöhen. Statisches und dynamisches *Auswuchten* für Laufruhe unerläßlich.

Gegengewichte auch bei vollkommenem Massenausgleich, um Welle, Lager und Kurbelgehäuse von Fliehkräften und ihren inneren Momenten zu entlasten.

Von besonderer Bedeutung ist Entlastung für Mittellager sowie für luftgekühlte Motoren, bei denen wegen der aufgesetzten Einzelzylinder Steifigkeit eines zusammengegossenen

[1] Berechnungs-Blätter form-elastischer Schrauben, Bauer & Schaurte, Neuß (Rhein).
[2] *Kritzer, R.* u. *M. Lüthin:* Dynamische u. Gestaltfestigkeits-Gesichtspunkte beim Entwurf von Kurbelwellen. Motorenwerke Mannheim (MWM)-Nachr. Nr. 1 (1960).

Zylinder-Kurbelgehäuseblocks fehlt. Meist gleicht man nur 70 bis 80% der Fliehkräfte aus, um nicht durch große Massenträgheitsmomente Eigenschwingungszahlen der Welle zu sehr herabzusetzen. Gegengewichte einteilig mit Welle bei PKW-Motoren; angeschraubt und durch Paßhülse gesichert, Bild 8; in Schwalbenschwanz „selbstspannend" (Bauart Deutz), Bild 14. Besondere Verteilung der Gegengewichte Bild 26a.

Schwingungsdämpfer bei längeren Kurbelwellen unmittelbar vor dem vordersten Lager, s. S. 280. Trockene Reibungsdämpfer oder *Viskosedämpfer* ohne metallische Reibflächen (keine Pflege- oder Nachstellarbeiten), s. Bild 8.

Schraubenverbindung des Schwungrades mit Kupplungsflansch muß durch Reibschluß Drehschwingungsmoment entsprechend Zapfenbeanspruchung von $\tau = 400\,kg/cm^2$ und Motor-Spitzendrehmoment (bei Viertakt-Dieselmotoren mit 4 Zylindern das 4,7- und bei 6 Zylindern das 3,1fache des mittl. Drehmoments) gleichzeitig übertragen können.

Abdichtung beim Austritt aus Kurbelgehäuse durch Ölschleuder-, Lippendichtring oder Rücklaufgewinde. Festlegen gegen Verschieben durch Paßlager in Mitte oder am Ende.

c) Lager, s. Bd. I S. 678, ferner Lit. 9.

Werkstoffe: Weißmetalle auf Bleigrundlage für mäßige Belastungen, auf Zinngrundlage für übliche Ottomotoren. Bei höchsten Beanspruchungen, Dieselmotoren und gehärteten Zapfen Bleibronzen. Leichtmetallager als Ein- und Zweistofflager in verschiedenen Varianten für harte Wellen bei guter Schmierung in Otto- und Dieselmotoren.

Bei *Ottomotoren* vielfach verwendet Präzisionslager aus Stahlblech mit Weißmetall- oder Bleibronzeausguß.

Präzisionslagerschalen läßt man bei Montage einschnappen und ohne Nachschaben einlaufen; gegen Drehen und Verschieben erhalten sie eine nach außen abgebogene Nase.

Wellenpaßlager mit seitlichen Bunden oder Anlaufscheiben am Lagerdeckel (mit Spannstiften befestigt). Übrige Wellenlager bundlos mit ≈ 2 mm Spiel zur Aufnahme der verschiedenen Wärmeausdehnungen von Welle und Kurbelgehäuse. Pleuellager bundlos, Führung durch Anlaufen der Pleuelköpfe an Kurbelwangen; Schmiernuten entfallen, Öltaschen werden durch Abfasen der Lagerschalen-Stoßkanten gebildet.

Dieselmotoren erhalten Stahlstützschalen mit Bleibronzeausguß.

Festlegen der Schalen und Deckel durch Bunde und Paßstücke. Auch durch Versetzen der Teilebene von Schale oder Deckel um 2 bis 3 mm aus Zapfenmitte läßt sich Führung erreichen; Lagerschalen erhalten zu sicherem Reibschluß Übermaß von 0,03 bis 0,04 mm. Oberschale mit Bohrung und Ölnut mit Auslauf in die Öltaschen an den Stoßkanten.

C. Kraftstoffzufuhr und Zündung bei Ottomotoren

1. Vergaser[1]

Aufgabe: Unter den im Betrieb stark und dauernd veränderlichen Strömungsverhältnissen der Saugleitung sind Kraftstoff und Luft in dem jeweils erwünschten Mengenverhältnis zuzumessen, flüssiger Kraftstoff fein zu zerstäuben und ein homogenes Gemisch zu bilden.

a) Hauptdüsensystem. Kraftstoff wird durch den beim Saughub erzeugten Unterdruck mittels Spritzdüse in die mit hoher Geschwindigkeit durch den diffusorähnlichen Lufttrichter strömende Ansaugluft gespritzt. Schwimmer mit Nadelventil regelt Kraftstoffzufluß zum Vergaser und hält Kraftstoffspiegel im Schwimmergehäuse auf gleicher Höhe. Drosselklappe hinter dem Lufttrichter regelt Menge des angesaugten Gemisches und damit Motorleistung.

Bei einfachen Spritzdüsen gilt im Mischquerschnitt (f = Strömungsquerschnitt, γ = spez. Gewicht, Δp = Unterdruck, μ = Beiwert; Index l für Luft und b für Kraftstoff):

Luftgeschwindigkeit $v_l = \sqrt{2g\,\Delta p_l/\gamma_l}$; Kraftstoffgeschwindigkeit $v_b = \sqrt{2g\,\Delta p_b/\gamma_b}$;
Luftmenge $= \mu_l f_l v_l \gamma_l$; Kraftstoffmenge $= \mu_b f_b v_b \gamma_b$;
Mischungsverhältnis $m = (\mu_l f_l v_l \gamma_l)/(\mu_b f_b v_b \gamma_b)$;
mit $\Delta p_l = \Delta p_b$ wird $m = (\mu_l/\mu_b)(f_l/f_b)\sqrt{\gamma_l/\gamma_b}$.

Drehzahl und Drosselstellung bestimmen Δp und v an Mischstelle. Mit zunehmendem v ändert sich auch μ, wobei μ_l im Verhältnis zu μ_b kleiner wird. In gleichem Sinn wirkt auf Mischungsverhältnis die Abnahme von γ_l bei wachsendem v_l bzw. Δp_l. Bei höheren Drehzahlen und Leistungen wird Gemisch daher viel zu reich, wenn es für kleine Belastungen richtig eingestellt ist. Übermäßiges Anreichern wird durch verschiedene *Reguliermittel* vermieden, die Δp_b bzw. γ_b oder f_b beeinflussen.

---

[1] *Pierburg, A.:* Vergaser für Kraftfahrzeugmotoren. Berlin: Kroll-Verlag 1956. — *Werminghoff, E.:* Wirkungsweise und Ausführung heutiger Automobil-Vergaser. ATZ Bd. 59 (1957) Nr. 9 S. 258/65 u. Nr. 10 S. 365/69.

α) *Bremsluft.* Bei höheren Drehzahlen wird der für den Kraftstofffluß maßgebende Unterdruck Δp_b verringert, in dem „Brems- oder Korrekturluft" in den Kraftstoffkanal zwischen der großbemessenen Spritzdüse und der weiter zurückliegenden, den Kraftstofffluß regelnden Kraftstoff-Hauptdüse eingeführt wird. Außer der Dosierung verbessert zugeführte Bremsluft die Zerstäubung, indem bereits im Kraftstoffkanal eine Kraftstoff-Luft-Emulsion (erste Stufe der Gemischbildung) entsteht, die beim Zusammenprall mit der Ansaugluft im Lufttrichter zerstäubt wird (zweite Stufe der Gemischbildung). Beispiel: *Solex-Fallstromvergaser*, Bild 37 (vgl. auch Bild 40):

Kraftstoff für Voll- und Teillasten fließt von Schwimmerkammer durch Kanäle *a* über Hauptdüsenträger *b* mit Hauptdüse *b'* zum Mischrohrträger *c* mit dem Mischrohr *d*. Mischrohr mit oben sitzender Bremsluftdüse *e* hat am Hals mehrere übereinanderliegende Reihen von Querbohrungen. Beim Leerlauf sind Querbohrungen durch Kraftstoff abgedeckt; mit zunehmender Drehzahl wird mehr und mehr Kraftstoff abgesaugt, so daß Querbohrungen nacheinander frei werden und Bremsluft durch *e* und Querbohrungen in Mantelraum zwischen *c* und *d* gelangt. Austritt der Kraftstoff-Luft-Emulsion durch die Öffnungen von *c* senkrecht zum Luftstrom im engsten Querschnitt des Lufttrichters *f*. Drosselklappe *g*.

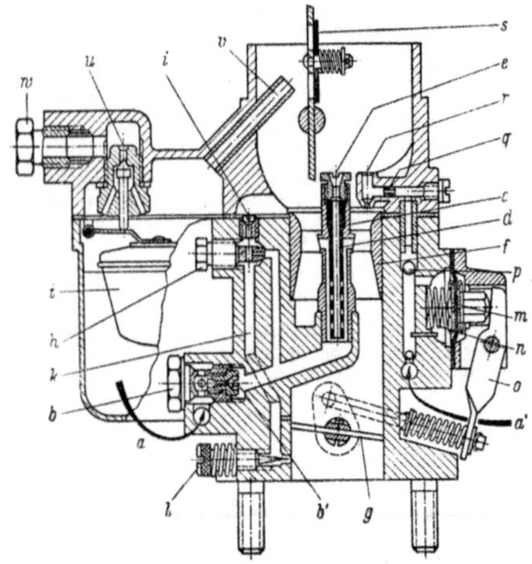

Bild 37. Solex-Fallstromvergaser. Hauptdüsensystem *a* bis *f*. Leerlaufsystem von *b'* über *h* bis *l*. Beschleunigerpumpensystem *a'*, *m* bis *r*. Teillaststeuerung über Kraftstoffweg der Beschleunigerpumpe. *g* Drosselklappe, *s* Starterklappe, *t* Schwimmer (Nylon), *u* Schwimmernadelventil, *v* Belüftung für Schwimmerkammer, *w* Kraftstoffzufluß

β) *Staudruck.* Mit wachsender Luftgeschwindigkeit dringt Stauluft in die schräg in Mischraum des Lufttrichters ragende Spritzdüse und bremst durch Verkleinern von Δp_b den Kraftstoffaustritt. Opel-Carter-Vergaser, Bild 38:

Kraftstoff für Voll- und Teillasten fließt über Hauptdüse mit Teillastnadel *a* (s. Abschn. d), Vollastdüse *b*, Spritzrohr *c* und wird in Mischraum des Nebenlufttrichters *d* gespritzt. Das erzeugte überreiche Gemisch wird durch Ansaugluft des Haupttrichters *e* auf richtige Zusammensetzung gebracht und lebhaft verwirbelt. Diese stufenweise Gemischbildung und die durch doppelte Diffusorwirkung erreichbaren hohen Mischgeschwindigkeiten begünstigen Bildung eines homogenen Gemisches auch bei kleinen Luftdurchsätzen. Drosselklappe *g*.

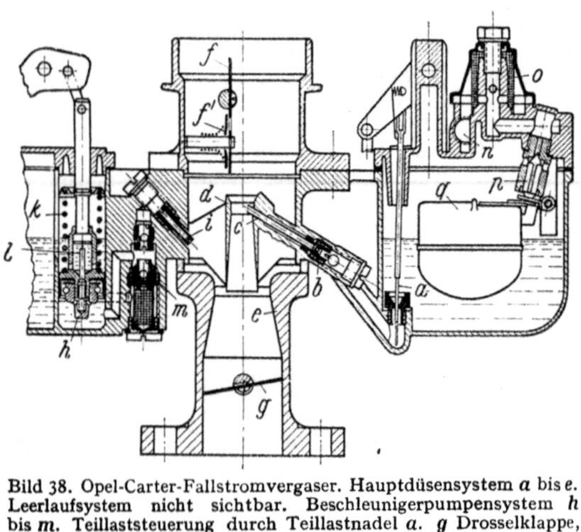

Bild 38. Opel-Carter-Fallstromvergaser. Hauptdüsensystem *a* bis *e*. Leerlaufsystem nicht sichtbar. Beschleunigerpumpensystem *h* bis *m*. Teillaststeuerung durch Teillastnadel *a*. *g* Drosselklappe, *f* Starterklappe mit Flatterventil *f'*, *n* Kraftstoffzufluß, *o* Reinigungssieb, *p* Schwimmernadelventil, *q* Schwimmer

b) Leerlaufsystem. Bei kleinen Drosselöffnungen reicht der geringe Saugzug an Spritzdüse zur Gemischbildung nicht aus.

Daher sieht man im Bereich der Drossel eine weitere Kraftstoffaustrittsbohrung vor; durch den großen Unterdruck im Spalt der Drossel wird Leerlaufkraftstoff angesaugt und beim Austritt im Zusammenprall mit der hier schnell strömenden Luft zerstäubt. Leerlaufgemisch überfettet mit Luftverhältnis $\lambda = 0{,}6$ bis 0,7. Beim Öffnen der Drossel schaltet sich Leerlaufeinrichtung selbst aus; Übergangsbohrungen in Höhe der Drossel verbessern Übergang von Leerlauf- auf Hauptdüsensystem.

Beispiel: In Bild 37 (vgl. auch Bild 40) wird Leerlaufkraftstoff hinter Hauptdüse *b'* abgezweigt und gelangt über Leerlauf-Kraftstoffdüse *h* unter reichlichem Luftzusatz mittels Leerlauf-Luftdüse *i* durch den Leerlaufkanal *k* und die Austrittsbohrungen als Emulsion in die Saugleitung. Nadelventil *l* regelt die Menge des Leerlaufgemisches.

c) Beschleunigerpumpen. Durch schnelles Öffnen der Drosselklappe beim Übergang vom Leerlauf- zum Hauptdüsensystem bricht Unterdruck in Saugleitung zusammen und reicht im Lufttrichter nicht aus, um bei den verschiedenen Massenwirkungen von Kraftstoff und Luft Hauptsystem sofort ansprechen zu lassen; daher fehlt Anzugkraft des Motors, und Motor kommt nur langsam auf höhere Drehzahlen. Der zum Anreichern des Gemisches und guten Übergang erforderliche Kraftstoff wird durch Beschleunigerpumpen geliefert (je nach Motor 0,5 bis 2,5 cm^3 je Pumpenhub).

Ausführung als *Kolbenpumpe,* Bild 38: Beim Gasgeben spritzt der mit der Drosselklappe gekuppelte Pumpenkolben *h* den zusätzlichen Kraftstoff über ein Kugel-Druckventil durch die Pumpendüse *i* direkt in den Trichterraum. Durch Feder *k* sowie Entlastungsventil *l* im Pumpenkolben wird gleichmäßiger und weicher Übergang erreicht. Beim Gaswegnehmen wird Pumpenkolben zwangläufig angezogen und Pumpenraum von Schwimmerkammer aus über Kugel-Ansaugventil *m* (mit Sieb) gefüllt.

Bei *mechanischer Membranpumpe,* Bild 37 (vgl. auch Bild 40), wird bei Drosselstellung der Klappe *g* Membran *m* durch Feder *n* in Endlage gedrückt und Pumpenraum vor Membran über Kanäle *a'* und Kugel-Einlaßventil mit Kraftstoff gefüllt. Beim Öffnen der Drossel drückt der an *g* angeschlossene Pumpenhebel *o* Membran nieder, so daß Kraftstoff über Kugeldruckventil *p*, Pumpendüse *q* und Kanal *r* in Mischraum gespritzt wird. Auch *automatische Membranpumpen*; Unterdruck in Saugleitung und Feder steuern eine Doppelmembran.

d) Teillaststeuerung. Wirtschaftliches Fahren erreicht man, wenn im Teillastbetrieb sparsame kraftstoffarme Gemische (Luftverhältnis $\lambda \approx 1{,}2$) und nur für Vollast und Höchstleistung kraftstoffreiche Gemische (Luftverhältnis $\lambda = 0{,}9$ bis 0,95) verwendet werden; vgl. S. 173. Hierzu stellt man das Hauptdüsensystem auf magere Gemische ein und schaltet mit dem Vollöffnen der Drossel weitere Querschnitte für den Kraftstoff zur Gemischanreicherung hinzu. Beispiele:

Teillastnadel a, Bild 38, ist mit Drosselklappe *g* durch Gestänge gekuppelt und gleitet mit Regulierteil in der größer bemessenen Hauptdüse; Regulierteil hat untere Zylinderstufe mit kleinem Dmr. für Vollast und anschließend konischen Teil und obere Zylinderstufe mit großem Dmr. für Teillasten. Mit Öffnen der Drossel wird Teillastnadel weiter herausgezogen und größerer Durchflußquerschnitt in Hauptdüse frei; Vollastdüse *b* bestimmt die Höchstmenge.

Verbindung mit Beschleunigerpumpe. Durch Beschleunigerpumpensystem ist ein zweiter Weg für den Kraftstoffzufluß in die Mischkammer gegeben. In Bild 37 und 40 hängt Lieferung vom Unterdruck ab, der oberhalb des Lufttrichters an der Austrittstelle von *r* wirksam wird. Die im Teillastbereich geringe Unterdruckwirkung steigert sich bei den hohen Drehzahlen des Vollastbereichs, so daß ein progressiver Kraftstoffzusatz aus dem Beschleunigerpumpensystem in die Mischkammer abgesaugt wird. Bild 40 zeigt ein besonderes, durchbohrtes Pumpenventil p_1; im Vollastbereich wird bei genügendem Unterdruck laufend Kraftstoffzusatz durch die Bohrung aus Pumpenraum abgesaugt.

e) Starteinrichtungen. Beim elektrischen Anlassen des kalten Motors sind Startdrehzahlen niedrig (≈ 50 U/min) und ergeben nur sehr kleine Unterdrücke mit geringen Kraftstofflieferungen aus dem Leerlaufsystem. Ferner schlägt sich ein großer Teil des Kraftstoffs an den kalten Saugrohr- und Zylinderwandungen nieder. Zum Bilden eines zündfähigen Gemisches bedarf es besonderer Starteinrichtungen.

α) *Starterklappe* mit automatischem Luftventil („Flatterventil") liegt vor Mischkammer und steht normalerweise offen; *s* in Bild 37, *f* und *f'* in Bild 38. Durch Drahtzug wird Starterklappe geschlossen und gleichzeitig Drosselklappe *g* etwas geöffnet. Beim Anlassen wird voller Unterdruck des Motors auf Hauptdüsensystem wirksam und mit der durch Flatterventil einströmenden Verbrennungsluft ein stark überfettetes Gemisch gebildet.

β) *Startvergaser* arbeitet unabhängig vom Hauptvergaser und hat eigene Luft- und Kraftstoffkanäle, Bild 39. Kraftstoff von Schwimmerkammer über Kanäle *a* und Startkraftstoffdüse *b*. Startluft durch Lufteinlaßstutzen *c* und gesteuert durch Drehschieber *d*; Drehschieberbetätigung von Hand oder automatisch in Abhängigkeit von Motortemperatur. Zusatzluft aus Saugrohr (vor der Drosselklappe) über Kanäle *e*. Startergemisch wird über Kanäle *f* an die Stelle größten Anlaß-Unterdruckes hinter der geschlossen zu haltenden Drosselklappe geleitet. Nach dem Anspringen tritt Luft aus dem Schwimmergehäuse (Kanäle *g*) über Membran-Starterluftventil *h* ein und magert das überfettete Startgemisch ab.

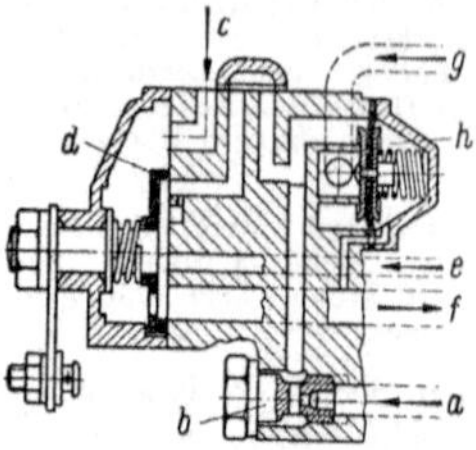

Bild 39. Solex-Startvergaser

f) Registervergaser (Stufenvergaser). Hochleistungsmotoren, z. B. Daimler-Benz-Motor, Bild 26, verlangen große Lufttrichterquerschnitte, wenn bei Spitzendrehzahlen bis zu 6000 U/min noch genügende Füllungen und Leistungen erzielt werden sollen; vgl. S. 183. Bei unteren Drehzahlen würden dann Luftgeschwindigkeiten und Unterdrücke im Lufttrichter so klein, daß einwandfreie Gemischbildung durch Hauptdüsensystem nicht mehr möglich wäre. Man teilt daher den Vergaser in zwei Stufen auf, wobei die erste im unteren Drehzahlbereich eine ausreichende Gemischbildung ergibt und die zweite im mittleren und oberen Drehzahlbereich automatisch zugeschaltet wird, so daß der dann erwünschte große Querschnitt zur Verfügung steht. Beispiel:

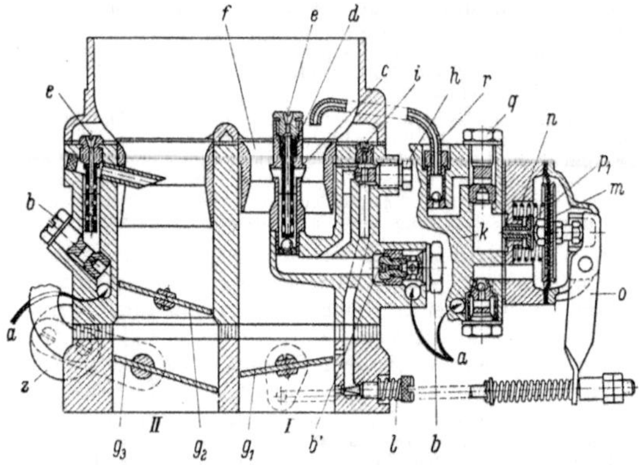

Bild 40. Solex-Register-Fallstromvergaser. Hauptdüsensystem *a* bis *f*, Leerlaufsystem *h*, *i*, *l*. Beschleunigerpumpensystem *m* bis *r*. Teillaststeuerung über p_1 und Kraftstoffweg der Beschleunigerpumpe s. Abschn. b) u. c). *k* Gehäuse

Solex-Registervergaser, Bild 40. Drosselklappe g_1 der Stufe I ist mit g_2 der Stufe II durch Schleppgestänge so gekuppelt, daß g_2 zu öffnen beginnt, wenn g_1 bereits $\approx {}^2/_3$ geöffnet hat; Vollaststellung erreichen g_1 und g_2 gleichzeitig. Stufe II mit Unterdruckklappe g_3, die exzentrisch gelagert ist und durch Gegengewicht *z* geschlossen gehalten wird. Unterdruckklappe öffnet erst, wenn bei zunehmender Drehzahl und Belastung der auf den größeren Flügel von g_3 wirkende Saugrohr-Unterdruck größer als Schließkraft des Gegengewichts wird; Freigabe der zweiten Stufe durch automatische Klappe g_3 wird nur wirksam, wenn zwangläufige Klappe g_2 schon freigegeben hat. Seitlich im Vergaserkörper liegendes Hauptdüsensystem der Stufe II ermöglicht großen freien Querschnitt.

g) Gasschiebervergaser für Ein- und Zweizylindermotoren.

Wegen des stoßartigen, bei jedem Ansaughub neue Beschleunigung der Gassäule erfordernden Ansaugens sind größere Lufttrichterquerschnitte als bei Vielzylinder-Motoren nötig; bei Teillasten würde dann Gemischbildung wegen der zu geringen Luftgeschwindigkeit im Mischquerschnitt schlecht ausfallen. Man macht daher Mischquerschnitt mit Belastung veränderlich und legt ihn in einen Schieber, der beim Schließen Gemischzufuhr drosselt und gleichzeitig Luftgeschwindigkeit erhöht. Gemischüberfettung wird durch eine im Gasschieber eingehängte Teillastnadel verhindert. Bauarten s. Lit. 5.

Doppelschiebervergaser haben außer Gasschieber einen Luftschieber zur Feinregulierung der Gemischzusammensetzung von Hand.

h) Bauweisen. Zubehör. *Horizontalvergaser* mit dem Vorteil kurzer Saugleitungen. Statt *Vertikalvergaser* mit aufsteigendem Gasstrom *Fallstromvergaser* mit fallendem Strom, die durch Ausnutzen der Schwerkraft größere Lufttrichterquerschnitte mit höherer Füllung und Drehzahl sowie geringere Vorwärmung ermöglichen. *Doppelvergaser* bei Hochleistungsmotoren erreichen bessere und gleichmäßigere Füllung aller Zylinder. *Geländevergaser* mit Doppelschwimmersystem für Schräglagen.

Gemischvorwärmung verbessert Verdampfungsvorgang und Bildung eines homogenen Gemisches. Um nachteiligen Einfluß auf die Füllung zu verringern, beheizt man Saugrohr nur an der Wandungsstelle, auf welche der aus dem Vergaser kommende Gemischstrom zuerst trifft (*Heißpunkt-Heizung*). Abschalten der Heizung bei heißem Motor und Vollast automatisch durch Bimetallfeder, vgl. *s* in Bild 26b.

Dampfblasenbildung in Leitungen und Vergasern s. Lit. 5. Eisbildung im Vergaser[1].

Saugleitung. Ansaugwege kurz und möglichst gleich lang, Innenwandungen glatt und ohne scharfe Krümmungen, damit Kraftstoffniederschläge und Strömungswiderstände möglichst verringert sowie Gemischzusammensetzung und Füllung für alle Zylinder tunlichst gleich werden. Luftfilter und Ansauggeräusch-Dämpfer s. Lit. 5.

Kraftstofförderung zum Vergaser: Membranpumpen, die nach Erreichen eines bestimmten Gegendrucks bei geschlossenem Schwimmerventil Förderung selbsttätig unterbrechen.

2. Benzin-Einspritzanlagen[2] (s. hierzu Abschn. D)

Vorteile bei Zweitaktmotoren s. S. 171. Hauptpunkte bei Viertaktmotoren: für jeden Zylinder günstige Saugrohrgestaltung und vollkommene Gemischaufbereitung, Innenkühlung durch Verdampfungswärme, größere Füllung mit Leistungsgewinn bis zu 15%; genaue Gemischregelung und gutes Übergangsverhalten bei Drehzahländerungen; günstiger Verbrauch; gute Warmlaufeigenschaften. *Nachteil:* höherer Preis.

Direkteinspritzung[2] in den Brennraum bei Zweitaktmotoren und Viertakt-Sportmotoren, bei denen höchste Leistungsausnutzung ausschlaggebend ist. Einfache Gemischregelung durch pneumatischen Klappenstutzen-Regler ähnlich Bild 46. Einspritzpumpe mit Schrägkantensteuerung und Pumpenelement für jeden Zylinder ähnlich Bild 43 u. 44 erhält — wegen ungenügender Schmiereigenschaften der Leichtkraftstoffe — zusätzliche *Ölsperre* mit zwei Ringnuten und Bohrungen im Pumpenzylinder:

In oberer „Entlastungsnut" entspannt sich der beim Druckhub am Kolben durchleckende Kraftstoff und fließt durch Bohrung in den Pumpensaugraum ab. Untere „Sperrnut" ist durch Bohrung an Schmierölkreislauf bei Viertakt- bzw. Frischölpumpe bei Zweitaktmotoren angeschlossen; dieses Drucköl versperrt dem trotz Entlastungsnut noch durchleckenden Kraftstoff den Weg zum Pumpenantrieb und schmiert außerdem die Kolbenlaufflächen. — Weitere zusätzliche Bauteile s. Werkliteratur der Robert Bosch GmbH, Stuttgart.

Saugrohreinspritzung[2] bei Viertakt-Tourenmotoren, z. B. Mercedes-Benz, für besonders hohe Ansprüche an Fahrzeug-Beschleunigungsvermögen (s. Abschn. Kraftwagen). Für Fahrzeug, wahlweise mit Vergaser- oder Einspritzmotor, ist gleiche Endgeschwindigkeit festgelegt; Leistungsüberschuß der Einspritzung ist durch besondere Steuerwelle im oberen Drehzahlbereich verringert und im mittleren und unteren Bereich zur weiteren Verbesserung des Beschleunigungsvermögens und Übergangsverhaltens angehoben.

Zumeßpumpe mit Schrägkantensteuerung und Ölsperre ist vereinfacht und hat nur zwei Pumpenkolben je mit Doppelnocken-Antrieb. Jeder Kolben fördert über besonderen Zuteilblock gleichzeitig und zweimal je Arbeitsspiel in die Saugrohre von drei Zylindern; Kraftstoff wird z. T. bei offenem Einlaßventil zugeteilt und z. T. dem geschlossenen Einlaßventil vorgelagert. Leckölfreie Zapfendüse mit 15 atü Abspritzdruck gegenüber 45 atü bei Direkteinspritzung.

Nahezu trägheitslose Gemischregelung durch gekoppelten Fliehkraft- und pneumatischen Klappenstutzen-Regler; selbsttätiges Gemisch-Korrekturgerät entsprechend Lufttemperatur, Luftdruck, Kaltstart- und Warmlaufanreicherung.

3. Zündung (S. 798, Lit. 5)

Hochspannungs-Lichtbogenzündung durch die zwischen den feststehenden Elektroden einer Zündkerze übergehende Funkenentladung.

a) Batteriezündung, Bild 41, verwendet als Stromquelle Akkumulatorenbatterie *a* bzw. Lichtmaschine *b* und arbeitet nach Art eines Funkeninduktors.

Primärstrom wird über nockengesteuerten Unterbrecher *c* mit parallelgeschaltetem Kondensator *d* zur Niederspannungswicklung *e* der Zündspule *f* geführt. Sekundärstrom führt von Hochspannungswicklung *g* über rotierenden Verteiler *h* zur Funkenstrecke der Zündkerze *i*. Nieder- und Hochspannungswicklung in Sparschaltung. Als Rückleitung dient Masse

---

[1] *Löhner, R.*, u. *H. Hennig:* Eisbildung. ATZ Bd. 59 (1957) Nr. 3 S. 61/68 u. Nr. 7 S. 187/91.
[2] *Göschel, K. H.:* Daimler-Benz-Benzineinspritzung. MTZ Bd. 20 (1959) Nr. 1 S. 10/14. — *Witzky, J. E.:* Benzin-Einspritzung in USA. Ebendort S. 14/18.

des Motors. Beim Öffnen der Leitung durch Unterbrecher *c* wird die im magnetischen Feld der Zündspule aufgespeicherte Energie durch Induktionswirkung in elektrische Energie von hoher Spannung im Sekundärkreis umgeformt, die sich über Funkenstrecke *i* entladet.

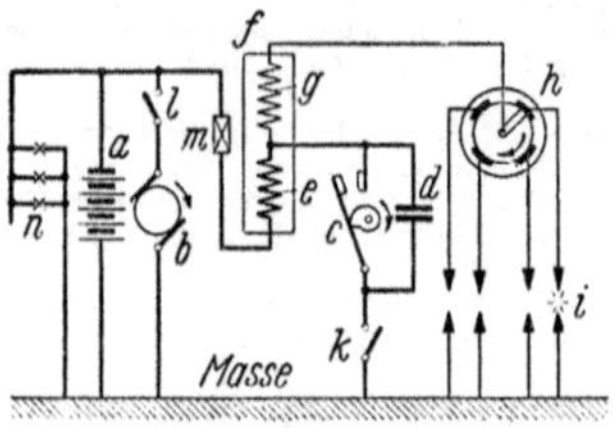

Bild 41. Batteriezündung für Vierzylinder-Motoren

Löschkondensator *d* zur Unterdrückung der Funkenbildung an den Unterbrecherkontakten beim Öffnen des Stromkreises.

Abstellen der Zündung durch Handschalter *k* im Primärkreis. Schalter *l* schaltet Lichtmaschine selbsttätig auf Primärkreis, sobald sie bei einer bestimmten Drehzahl genügende Spannung erreicht hat; sie übernimmt dann Primärstromlieferung. Damit Batterie bei Stillstand des Motors in Schließstellung des Unterbrechers nicht dauernd Strom abgibt, ist temperaturveränderlicher Vorschaltwiderstand *m* eingebaut, der bei steigender Erwärmung Batteriestrom abdrosselt. Weitere Stromverbraucher, z. B. Lichtanlage, durch *n* dargestellt. ***Zündfolge*** z. B.: Vierzylinder-Reihenmotoren 1—3—4—2, Doppelboxermotor 1—4—3—2, Sechszylinder-Reihenmotoren 1—5—3—6—2—4, Achtzylinder-V-Motoren 1—5—4—8—6—3—7—2 je nach Kurbelwellenbauart.

b) Magnetzünder erzeugen selbst den Primärstrom nach Art der Wechselstrommaschinen; meist umlaufender Dauermagnet und feststehende Nieder- und Hochspannungswicklungen.

Ausführung als selbständige Apparate oder in baulicher Vereinigung, aber elektrischer Trennung mit Lichtmaschine als ***Lichtmagnetzünder***. Schwung-Lichtmagnetzünder für Krafträder vereinigt in sich Schwungrad, Magnetzünder, ein oder zwei Wechselstrom-Lichtanker und Ladeanker mit Trockengleichrichter zum Laden der Batterie (Bauart Bosch).

c) Vergleich zwischen Batterie- und Magnetzündung. *Batteriezündung* hat starken Funken für Anlassen, großen Zündverstellbereich und geringen Platzbedarf; allgemein bei Kraftwagen. *Magnetzündung* ist unabhängig von Batterie und Lichtmaschine; schwacher Funken bei kleinen Drehzahlen; bei niedrigen Startdrehzahlen u. U. Starthilfe durch Abschnappkupplungen; Anwendungsgebiet: Rennwagen, leichte Krafträder, Schlepper.

d) Verstellen des Zündzeitpunktes. Geringe Brenngeschwindigkeit (Art des Kraftstoffs, armes oder reiches Gemisch, Wärmezustand), lange Brennwege (Form des Verdichtungsraumes, Lage der Kerzen), hohe Drehzahlen, Teillasten (s. Bild 5) erfordern größere Vorzündung.

Zeitpunkt des Unterbrecherabrisses kann durch Verdrehen des Unterbrechernockens selbsttätig in Abhängigkeit von der Drehzahl (***Vollastverstellung*** mit Vorzündung von 15 bis 45° KW) mittels Fliehkraftregler und zusätzlich in Abhängigkeit von der Belastung (***Teillastzusatzverstellung*** um 0 bis 10° KW und mehr) mittels Ansaugunterdruckversteller verlegt werden. Verstellkurven s. Lit. 5 auf S. 798.

e) Zündkerze, Bild 42, besteht aus Schaft *a* mit Masseelektrode *b*, Isolierkörper *c* und Zündbolzen *d* mit Mittelelektrode *d'*. Der in den Isolierkörper eingeschraubte und mit Kitt *e* gedichtete Zündbolzen trägt Anschlußmutter *f* für Zündkabel; Ableitung des Stroms durch Masse des Kerzengehäuses und Motors. Isolierkörper unter Zwischenlegen von Bördelring *g* und Innendichtung *h* unter hohem Druck eingebördelt. Dichtring *i* unverlierbar über dem Einschraubgewinde *k*.

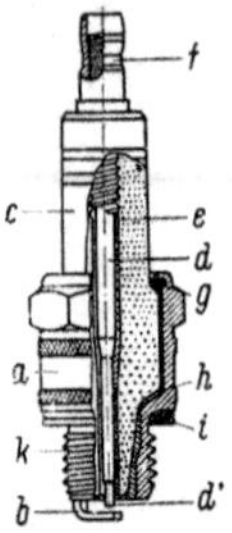

Bild 42. Zündkerze. Bosch

Hohe mechanische, thermische, chemische und elektrische Beanspruchungen erfordern wärmebeständige, druck-, zunder- und korrosionsfeste Baustoffe für Isolierkörper (keramische Masse, z. B. Pyranit) und Elektroden (z. B. Ni-Mn-Legierungen).

Im Betrieb soll Isolatorfuß genügende Temperatur annehmen, damit Ölspritzer und Rußniederschläge verbrennen (untere Grenze Selbstreinigungstemperatur ≈ 500 °C, obere Grenze Glühzündtemperatur ≈ 800 °C). Die ungleichen Wärmeverhältnisse der verschiedenen Motorbauarten erfordern jeweils Kerzen mit bestimmten thermischen Eigenschaften. Zur Kennzeichnung der Wärmebelastbarkeit dient der *Wärmewert*[1]. Er gibt an, nach welcher Zeit (in sek) in einem bestimmten Prüfmotor unter festgelegten Bedingungen Glühzündungen auftreten. Hohen Wärmewert hat eine Kerze mit kleinen wärmeaufnehmenden Flächen (z. B. Isolatorfuß und Elektroden kurz) und guter Wärmeabfuhr (z. B. Isolator und Mittelelektrode mit hoher Wärmeleitfähigkeit; dem Kühlwind ausgesetzte große Flächen). Je niedriger Wärmewert, um so empfindlicher ist Kerze gegen Überhitzung, aber um so weniger neigt sie zu Verschmutzungen, da Selbstreinigungstemperatur schneller erreicht wird. Für stark wechselnde

[1] Wärmewert 145 bei Zündkerze Bild 48, 175 Bild 26, 225 Bild 25, 370 Rennkerze.

und höchste Betriebsforderungen sind *Mehrbereichs-Zündkerzen* mit *Mehrstoff-Elektroden* (Cu, Ni, Ag, Pt) entwickelt.

Form und Anordnung der *Elektroden* ist durch thermische, elektrische und brenntechnische Gesichtspunkte bestimmt. So hat Stirnelektrode nach Bild 42 geringen Elektrodenabbrand und hohe Lebensdauer, hakenförmig gekrümmte Elektrode mit freier Lage des Zündfunkens gutes Verhalten bei Leerlauf und Beschleunigung, scharfkantige Elektrode sehr guten Leerlauf, aber großen Elektrodenabbrand. Elektrodenabstand 0,7 bis 0,8 mm.

Kerzengröße wird nach Einschraubgewinde bezeichnet: Normalkerzen M 18 × 1,5 mit Gewindelänge 12,5, Schlüsselweite 26; Kleinkerzen s. Lit. 5.

D. Kraftstoff-Einspritzanlagen bei Dieselmotoren (S. 798, Lit. 5)

1. Einspritzpumpen mit Schrägkantenregelung

Fördermenge wird durch den als Steuerschieber mit Schrägkanten ausgebildeten Pumpenkolben geregelt. Kolben mit unveränderlichem Hub durch Nocken und Rollenstößel gehoben und durch Feder zurückgedrückt; zur Regelung der Fördermenge wird er gedreht und gibt je nach seiner Stellung Rückstromöffnung früher oder später frei. Jeder Motorzylinder hat eigenes Pumpenelement mit Kolben, Zylinder und Druckleitung; Pumpenelemente sind in einem Gehäuse mit gemeinschaftlichem Saugraum zu einem geschlossenen Aggregat mit gemeinsamer Nockenwelle vereinigt.

Bosch-Einspritzpumpe, Bild 43. Über unteren Teil des Pumpenzylinders *a* ist Regelhülse *b* geschoben, die oben einen Zahnkranz *c* trägt und unten zwei Längsschlitze hat, in denen ein Querstück *d* des Kolbens *e* (Kolbenfahne) gleitet. In Zahnkranz jeder Regelhülse greift Regelzahnstange *f* ein, so daß durch Längsverschieben der Regelstange Kolben gedreht wird. Gemeinsamer Saugraum *g*; Druckventil *h*; Pumpen-Nockenwelle *i*.

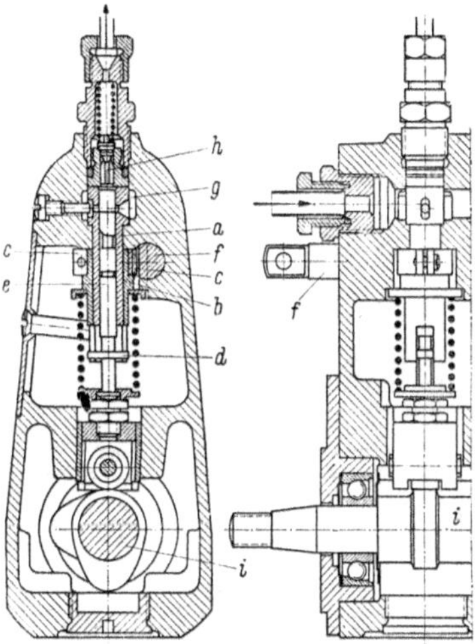

Bild 43. Einspritzpumpe mit Schrägkantenregelung. Bosch

Schrägkantenregelung, Bild 44. In unterster Kolbenstellung (a) sind Zulaufbohrungen *f* aus Saugraum in Zylinder *a* offen. Förderbeginn, sobald Oberkante des Kolbens *b* bei Aufwärtsbewegung Zulaufbohrungen überdeckt (b); Förderende, sobald die nach einer Schraubenlinie verlaufende untere Steuerkante *c* rechte Zulaufbohrung freigibt (c), da dann Druckraum oberhalb des Kolbens über senkrechte Kolbennut *d* und Ringnut *e* mit Saugraum in Verbindung steht. Zum Verringern der Fördermenge wird Kolben nach rechts gedreht (d); schräge Steuerkante gibt dann rechte Zulaufbohrung früher frei. Fördermenge null, wenn durch weitere Drehung des Kolbens senkrechte Kolbennut mit rechter Zulaufbohrung in Verbindung tritt (e).

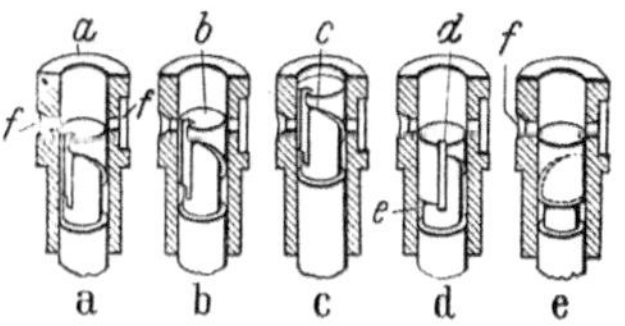

Bild 44. Schrägkantenregelung. Bosch

Pumpendruckventil mit Entlastungskolben. Damit am Ende der Förderung Einspritzdüse sofort schließt und kein Kraftstoff in den Brennraum nachtropft, hat Druckventil *h*, Bild 43, hinter dem Ventilkegel besonderes zylindrisches Tauchkölbchen. Beim Schließen des Ventils taucht zunächst Kölbchen in Ventilkörper ein, wobei das dem Kraftstoff in Druckleitung zur Verfügung stehende Volumen um Rauminhalt des Kölbchens vergrößert wird.

Einspritzpumpe (Bauart Deckel) von Kugelfischer, hat über jedem Pumpenelement besonderes Saugventil. Es öffnet beim Saughub infolge des entstehenden Unterdrucks und des im Pumpensaugraum herrschenden Zulaufdrucks und schließt bei Beginn des Druckhubes sofort durch den auftretenden Überdruck und die eigene Federkraft. Förderung setzt theoretisch mit Hubbeginn ein, so daß kleiner Gesamtkolbenhub mit geringen bewegten Massen möglich. Druckventil mit oder ohne Entlastungskolben (Senkventil).

2. Drehzahlregler

Bei Kraftfahrzeugen bemißt der Fahrer die für das jeweils verlangte Drehmoment erforderliche Kraftstoffmenge mit dem Fahrfußhebel, der mit Regelstange der Einspritzpumpe gekuppelt ist. Damit Leerlaufdrehzahl gesichert und Höchstdrehzahl begrenzt ist, sind *Leerlauf- und Enddrehzahlregler* an Einspritzpumpe angebaut; innerhalb dieser Grenzen arbeitet der Regler nicht, und der Motor läuft mit willkürlich vom Fahrer eingestellten Drehzahlen.

a) Mechanische Fliehkraftregler, Bild 45:

Auf Reglernabe *a*, die über Schwingungsdämpfer *b* mit Nockenwelle der Einspritzpumpe verbunden ist, sind zwei Paar Winkelhebel *c* gelagert; an den einen Schenkeln von *c* sind Fliehgewichte *d* aufgehängt, die sich gegen die Regelfedern *e* abstützen. Einstellmutter *f* für Regelfedern. *Bewegungen der Fliehgewichte* werden von den andern Schenkeln (*c*) über Verstellbolzen *g* an Gleitstein *h* übertragen; *h* ist mit Regelhebel *i* verbunden, der durch eine Gelenkgabel mit Regelstange *k* der Einspritzpumpe gekuppelt ist; Spielausgleichfeder *l*.

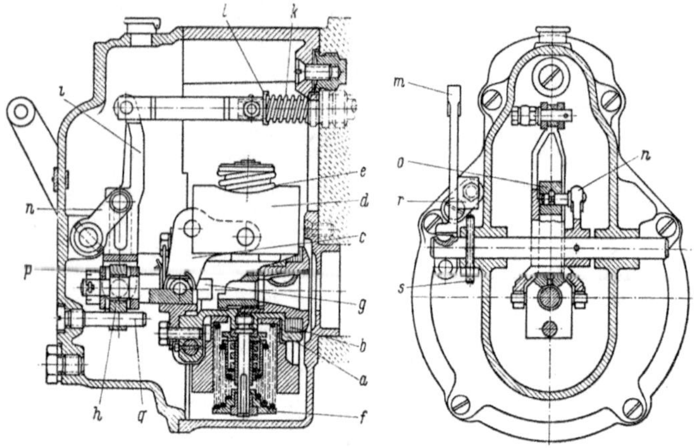

Bild 45. Kulissen-Drehzahlregler. Bosch
a bis *o* s. Text. *p* Ausgleichscheiben, *q* Führungsstift, *r* Anschlagnase, *s* Anschlagschraube

Fahrfußhebel ist über Gestänge mit Verstellhebel *m* verbunden; ***Bewegungen des Fußhebels*** werden über *m*, Lenkhebel *n* und Kulissenstein *o* auf Regelhebel *i* und Regelstange *k* übertragen.

Regelhebel *i* ist als Kulissenhebel ausgebildet; sein Drehpunkt um Zapfen des Lenkhebels *n* ist verschiebbar, wodurch sich — je nach der Stellung von *n* — mit der Drehzahl veränderliche Übersetzungsverhältnisse ergeben. Hebelübersetzung 1 : 3,23 bei Enddrehzahl und 1 : 1,35 bei Leerlauf; die großen Verstellkräfte bei Leerlauf ermöglichen niedrige Leerlaufdrehzahl, ruhigen Motorlauf und geringen Kraftstoffverbrauch.

Leerlaufdrehzahl wird nur von äußeren Regelfedern geregelt. Endregelfedern geben der Fliehkraft erst nach, wenn Motor *Höchstdrehzahl* überschreiten will. Angleichfedern s. Abschn. 4.

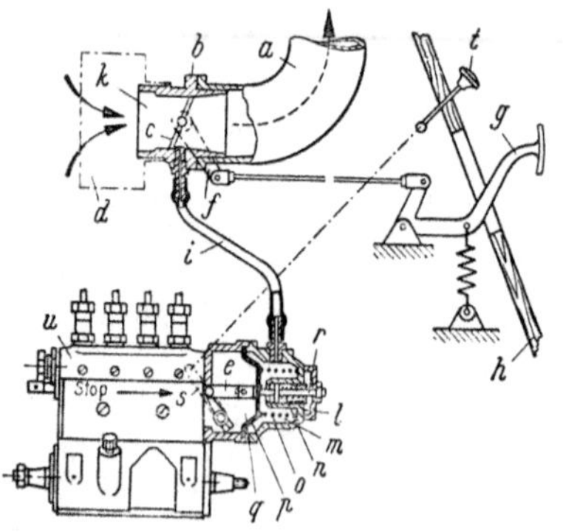

← Bild 46. Pneumatischer Drehzahlregler. Bosch. *a* Saugleitung, *b* Klappenstutzen, *c* Regelklappe, *d* Luftfilter, *e* Regelstange der Einspritzpumpe, *f* Verstellhebel, *g* Fahrfußhebel, *h* Spritzwand, *i* Verbindungsschlauch, *k* Venturirohr, *l* Membranblock, *m* Unterdruckkammer, *n* Zusatzfeder, *o* Hauptfeder, *p* Membran, *q* Luftdruckkammer, *r* Einstellschraube, *s* Abstellhebel, *t* Ziehknopf, *u* Einspritzpumpe

b) Pneumatische Regler für kleinere schnellaufende Dieselmotoren mit weit auseinanderliegenden Leerlauf- und Enddrehzahlen benutzen als Verstellkraft den Unterdruck im Saugrohr des Motors, Bild 46.

Zur Verstärkung des Unterdrucks ist in Saugrohr *a* ein als Venturirohr *k* ausgebildeter Klappenstutzen *b* eingebaut, an dessen engster Stelle sich eine durch Gestänge mit dem Fahrfußhebel *g* verbundene Regelklappe *c* befindet. Der von Drehzahl und Klappenstellung abhängige Unterdruck wird durch Schlauch *i* auf die federbelastete Membran *p* im Membranblock *l* der Einspritzpumpe *u* übertragen und bestimmt die Stellung der Regelstange *e*. Regler begrenzt nicht nur Leerlauf- und Höchstdrehzahl, sondern wirkt auch als Verstellregler, bei dem jeder Stellung des Fußhebels eine bestimmte Drehzahl zugeordnet ist und durch den Regler aufrechterhalten wird.

3. Spritzversteller

Motorleistung wird verbessert, wenn Einspritzbeginn mit steigender Drehzahl frühergelegt wird; auch zum Anpassen an verschiedene Kraftstoffe ist Verlegungsmöglichkeit von Vorteil. Handverstellung (bis 8 oder 12° an Pumpenwelle) oder automatische Verstellung durch Fliehgewichte (3 bis 10° an Pumpenwelle) im Kuppelteil der Pumpenwelle.

4. Kraftstoffbedarf und Fördermenge. Angleichvorrichtungen

Auf der Motorseite nimmt Luftfüllung des Zylinders mit steigender Drehzahl ab, so daß auch Kraftstoffbedarf je Arbeitshub sinkt. Bei der Einspritzpumpe werden mit steigender Drehzahl Leckverluste am Kolben geringer, und Förderung beginnt wegen der stärkeren Drosselung früher, so daß Fördermenge je Pumpenhub zunimmt. Dieselmotoren sind meist auf *größtes Drehmoment im unteren Drehzahlbereich* eingestellt; bei höheren Drehzahlen würde der Motor dann zuviel Kraftstoff erhalten, und es hängt vom Verbrennungsverfahren ab, wie weit die Übermenge noch rauch- und rußfrei verarbeitet werden kann. Um *Kraftstoffbedarfs-Kennlinie* des Motors mit der *Förder-Kennlinie* des Einspritzsystems zur Deckung zu bringen, sieht man besondere *Angleichvorrichtungen* im Einspritzsystem vor:

Kulissenregler, Bild 45, hat im Regler-Federsatz eine *Angleichfeder* zwischen Federteller und einer besonderen Federkapsel, auf die sich außen die beiden Endregelfedern abstützen; Angleichfeder ist also den Endregelfedern vorgeschaltet und bewirkt, daß zwischen Leerlauf- und Enddrehzahl die vom Fahrer mit dem Fußhebel eingestellte Vollast-Fördermenge jeweils ein wenig kleiner wird.

Pneumatischer Regler hat eine *Angleichfeder* zwischen Membran und Vollastausschlag. Auch Pumpen-Druckventil kann durch besondere Nutung zum *Angleich-Druckventil* umgestaltet werden.

5. Einspritzdüsen

Hydraulisch gesteuerte geschlossene Düsen s. S. 168.

6. Einspritz-Charakteristik

Die für wirtschaftliche und klopffreie Verbrennung wichtige Einspritzcharakteristik (Einspritzmenge je Grad Nockenwinkel) unterliegt dem Einfluß von Einspritzpumpe, Druckleitung und Einspritzdüse.

Pumpenfördermenge je Grad Nockenwinkel ist durch Produkt aus Kolbenfläche und Kolbengeschwindigkeit (Einfluß der Nockenform) gegeben. Kolbendmr. um so größer, je kürzer Einspritzzeit. Je besser die Luftwirbelung, um so längere Einspritzzeiten (d. h. kleinere Kolbendmr. bzw. flachere Nockenformen) und niedrigere Einspritzdrücke zulässig.

Druckleitungen mit möglichst gleicher Länge und gleichem Widerstand. Nachspritzen wird durch Entlastungsvolumen des Tauchkölbchens verhindert (s. S. 203).

Einfluß der Düse. Bei Zapfendüsen kann in Verbindung mit der Feder der beim Öffnungshub der Düsennadel freiwerdende Einspritzquerschnitt durch Form des Düsenzapfens reguliert und hierdurch die Einspritzmenge je Grad Nockenwinkel einer „geregelten" Verbrennung angepaßt werden.

Erforderliche Steifigkeit der Druckfeder richtet sich nach Verbrennungsverfahren; steife Federn ergeben höhere Drücke mit größerer Strahlgeschwindigkeit und feinerer Kraftstoffzerstäubung.

7. Gesamtanordnung einer Einspritzausrüstung (s. Bild 47)

Als Förderpumpe vom Tank *a* zum Kraftstoffilter *b* dient die an Einspritzpumpe *c* angebaute Kolbenpumpe *d*; ihre Fördermenge regelt sich selbsttätig nach dem Gegendruck im Kanal zur Einspritzpumpe. An Förderpumpe angebaute Handpumpe *e* dient zum Auffüllen

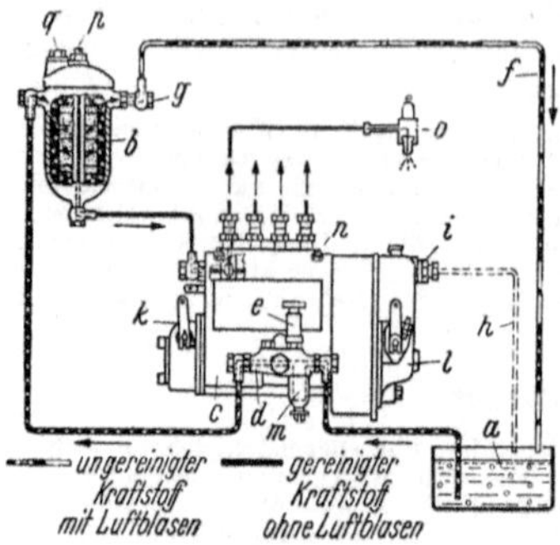

und Entlüften der Einspritzanlage vor Inbetriebnahme. Luftblasen werden mit dem im Überschuß geförderten Kraftstoff durch Überströmleitung *f* abgeschieden. Bei Kraftstoffen mit leichtsiedenden Bestandteilen (Dampfblasen) wird Überströmventil *i* an Einspritzpumpe durch punktierte Leitung *h* angeschlossen; Überströmventil *g* und Überströmleitung *f* entfallen dann.

Bild 47. Gesamtanordnung einer Kraftstoff-Einspritzanlage. Bosch. *a* bis *i* s. Text. *k* Spritzversteller, *l* Regler, *m* Vorreiniger, *n* Entlüftungsschraube an Einspritzpumpe, *o* Einspritzdüse, *p* Entlüftungsschraube an Kraftstoffilter, *q* Einfüllschraube

E. Schmierung und Kühlung

1. Schmierung (s. auch Bd. I, S. 678)

a) Druckumlaufschmierung, Bild 48. Schmieröl wird aus der als Ölbehälter dienenden Kurbelgehäusewanne über Sieb durch Zahnradpumpe *a* in Bohrungen oder Rohren den Oberschalen der Wellenlager *b* zugeführt. Von dort gelangt es zu den Pleuellagern *c* durch senkrecht zueinanderstehende oder schräge Bohrungen in Zapfen und Wange und durch Querbohrung, vielfach beiderseitig unter 90° zur Kurbelrichtung. Anschluß der Schmierung für Nockenwelle und Steuerungsteile sowie besondere Ölspritzdüse in Wange des unteren Pleuelkopfes zur Schmierung der belasteten Zylinderlauffläche s. Bild 48. Schmierung des Kolbenbolzens über Bohrung in Pleuelstange oder durch seitlich am Kurbelzapfen entweichendes Spritzöl und Öldampf (Auffang- und Zuführungslöcher am Pleuelauge).

Schmieröl dient nicht allein zur Schmierung, sondern ist wesentlich für die *Lagerkühlung*; die durch Ölpumpe umzuwälzenden Ölmengen betragen bei Dieselmotoren 30 bis 35 lit/PSh

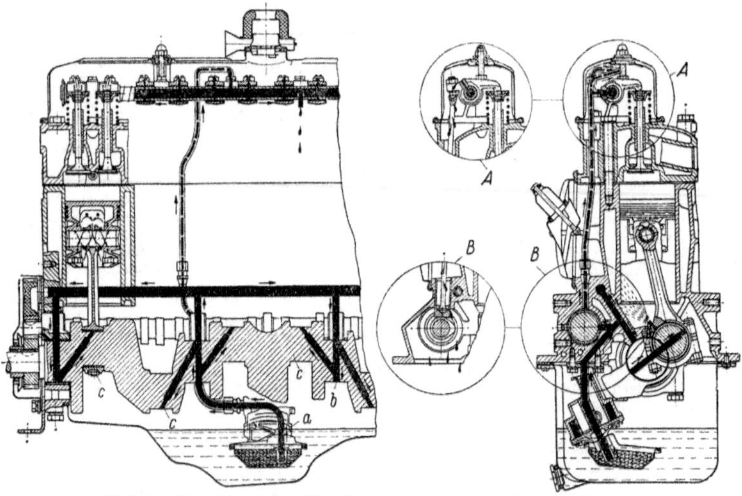

Bild 48. Ölkreislauf einer Druckumlaufschmierung. Opel-Kapitän
——— Ölzuführung kontinuierlich, - - - - Ölzuführung intermittierend

und bei Ottomotoren stündlich das 20- bis 60fache des Ölwanneninhalts; Ölwannenvorrat = (1,5 bis 2,0) × Motorhubvolumen. Öldruck mit einstellbarem Überdruckventil wird durch Manometer oder Warnlampe überwacht. Kontrolle des Ölstandes in der Wanne durch Meßstab. Entlüftung des Kurbelgehäuses ist vorzusehen; Abführen der Öldämpfe in Luftfilter s. Bild 11 u. 26. *Ölverbrauch* (1/30 bis 1/60) × Kraftstoffverbrauch (ohne Ölwechsel).

Rückkühlung des Öls in Ölwanne. Wirkungsvoller durch *Ölkühler*, Bild 10 u. 25, mit selbsttätigem Überdruckventil und Umgehungsleitung des Kühlers bei noch kaltem, zähflüssigem Öl. *Wärmeaustauscher* zwischen Öl und Kühlwasser (im Kühlwasser liegende Ölhauptkanäle, Bild 26,, oder Kühlwasserrohre in der Ölwanne) ermöglichen beim Start mit kaltem Motor rasche Ölerwärmung durch das schneller warm werdende Kühlwasser und im Betrieb Kühlung des heißen Öls durch das kältere Kühlwasser. Ölfilter mit Überdruckventil. Ölablaßschraube in der Ölwanne, mit Magnetstopfen, der den Metallabrieb festhält.

b) Mischungsschmierung, bei der dem Kraftstoff Schmieröl beigemischt wird (≈2 bis 2,5%), bei einfachen Zweitaktmotoren mit Kurbelkammerspülpumpe.

2. Kühlung

Ohne ausreichende Kühlung wäre Motor durch Versagen der Kolbenschmierung und Überhitzen von Kolben und Auslaßventil nicht betriebsfähig; Wärmeübergang zum Kühlstoff erfolgt an den Wandungen von Hub- und Brennraum und Auslaßkanal. Abgeführter Kühlwärmebetrag 600 bis 1000 kcal/PSh je nach Motorbauart, Drehzahl und Belastung.

Wärme kann *unmittelbar* an den Kühlstoff Luft (*Luftkühlung*) oder *mittelbar* zunächst an den Kühlstoff Wasser (*Wasserkühlung*) und erst anschließend über einen Flüssigkeitskühler an die Luft abgegeben werden. Jede Kühlungsart[1] hat ihre besonderen Vorzüge.

a) Wasserkühlung ist am verbreitetsten. Wasser ist nahezu idealer Kühlstoff (hohe spez. Wärme, große Verdampfungswärme, geringe Zähigkeit) und ermöglicht größte Kühlleistungen, ohne daß Wandungstemperaturen nennenswert steigen.

α) *Pumpenkühlung* hat Zwangumlauf des Wassers durch Kreiselpumpe und schafft größte Kühlleistungen bei kleinstem Raumbedarf.

Übliche Ausführung Bild 26: Wasserpumpe und Lüfter auf einer Welle; statt Stopfbuchse Dichtung durch Manschetten und Schleifring. Pumpendrehzahl ≈ Kurbelwellendrehzahl. Wassererwärmung um ≈5 grd; Wasserumlaufmenge ≈160 lit/PSh.

Thermostatische Temperaturregelung: Schnelles Ansteigen der Kühlwassertemperatur beim Start und gleichmäßig günstige Temperaturen im Betrieb erreicht man durch thermostatisch gesteuertes *Regelventil* im Kühlwasseraustrittstutzen, das den *Zufluß zum Kühler* beeinflußt; z. B. Ventil beginnt zu öffnen bei ≈78 °C und ist voll geöffnet bei ≈90 °C. Umgehungsleitung des Kühlers (Bild 26) oder Flatterventil im Regelventil sorgen dafür, daß auch bei geschlossenem Regelventil ein genügender Wasserumlauf stattfindet.

Als *Thermostaten* geschlossene Wellrohr-Federkörper, mit niedrig siedenden Flüssigkeiten gefüllt, deren temperaturabhängiger Dampfdruck Ausbiegung des Federkörpers steuert. Ferner zylindrische Gehäuse mit Füllung aus einer wachsähnlichen Masse und Membranverschluß; Ausdehnung des Wachses bei Erwärmung steuert das Ventilöffnen, bei Abkühlung Rückführen durch Druckfeder.

Überdruck-Kühlsystem: Kühlwasserkreislauf ist von Außenluft abgeschlossen. Kühlerverschlußdeckel hat kombiniertes Über- und Unterdruckventil; Überdruckventil öffnet nach außen — z. B. Bild 26 bei 1 atü — und Unterdruckventil nach innen beim Auftreten eines Vakuums im Kühler.

Die durch den geschlossenen Kreislauf erreichbaren *höheren Siedetemperaturen* ermöglichen im Kühler ein *größeres Temperaturgefälle* gegenüber der Außenlufttemperatur und damit größere Kühlerleistungen. Im Beispiel Bild 26 wird die Einrichtung im *Normalbetrieb* mit Kühlwassertemperaturen von 70 bis 95 °C nicht ausgenutzt, ist aber für *extreme Verhältnisse* (hohe Außentemperaturen und Befahren steiler Paßstraßen im Sommer) durch die Möglichkeit, die Kühlwassertemperaturen bis auf 115 °C zu steigern, von Bedeutung.

β) *Thermosyphonkühlung* nutzt als Triebkraft für den selbsttätigen Wasserumlauf den Unterschied $\Delta\gamma$ im spez. Gewicht des zum Motor fließenden kälteren und des vom Motor fließenden wärmeren Wassers ($\Delta\gamma \gtrapprox 0{,}005$ kg/lit Wasser) aus. Sie erfordert größere Wasserräume und größeren Kühler.

γ) *Kühler* in den Hauptbauarten *Rippenrohr-* (Wasserrohr-)*Kühler* meist für LKW, *Lamellenkühler* vorwiegend für PKW, *Luftrohrkühler* in Sonderfällen. *Lüfter* hinter dem Kühler liefert in Verbindung mit dem Fahrwind die Kühlluft. Berechnung und Bauweisen von Kühlern und Lüftern s. Lit. 5.

---

[1] *Zeyns, J.:* Probleme der Kühlung. MTZ Bd. 18 (1957) Nr. 12 S. 378/83.

b) Luftkühlung. Luft hat als Kühlstoff den Nachteil ungleich geringerer spez. Wärme und Wärmeübergangszahl. Daher müssen zur ausreichenden Kühlung die wärmeabgebenden Flächen durch *Verrippung* erheblich vergrößert und *große Luftmengen* bei *hohen Strömungsgeschwindigkeiten* herangezogen werden. *Wärmeübergangszahl* hängt von Form und Anordnung der Rippen, Luftführung durch Verkleidungen, Luftgeschwindigkeit und Rippenwerkstoff (Leichtmetallzylinder s. S. 191) ab. Die sich ergebenden Wandungstemperaturen liegen höher als bei Wasserkühlung; auch fehlt der „Selbstschutz" gegen etwaige Übertemperaturen im Betrieb, wie ihn Wasser durch Blasenverdampfung bietet.

Rippenkühlfläche wird nach der Wärmeaufnahme der Innenwand abgestuft und Verrippung am thermisch hoch belastetem Zylinderkopf und Auspuffstutzen höher und kräftiger bemessen. Faustformel: Oberfläche der Kühlrippen am Zylinder ≈ 10mal und am Zylinderkopf bis zu 17mal so groß wie die glatten Flächen von Zylinder bzw. Kopf.

Unterbrochene Rippen mit versetzten Lücken (*Lamellen-Rippenzylinder*) verbessern die Wärmeübergangszahl und behindern nicht die Wärmedehnung des Zylinders, so daß dieser auch bei unsymmetrischen Gußstücken rund bleibt.

Berechnung des Wärmeübergangs an Rippenzylindern und optimaler Rippenformen unter verschiedenen Bedingungen s. Lit. 5 und [1, 2].

Bei *Kraftradmotoren* Kühlung durch Fahrwind mit ungünstigen Kühlverhältnissen auf Abströmseite. Rippen hoch und weiter Abstand für freien Luftzutritt und zur Verhinderung des Festsetzens von Straßenschmutz, Bild 2.

Bei *Wagenmotoren* wird Kühlluft vom Gebläse geliefert und durch Leitbleche und Verkleidungen zur gleichmäßigen Umspülung der Zylinder geführt. Durch Abmessungen und Abstand der Rippen, Aufteilen der Luftströme und Zusatzluftstrom läßt sich die Kühlintensität den verschiedenen Wärmebelastungen der Wandungsteile anpassen, Bild 14 u. 25.

Radialgebläse mit Schaufeln am Schwungrad bei kleinen Motoren; Keilriemenantrieb des selbständigen Gebläses s. Bild 25 (doppelte Kurbelwellendrehzahl, Liefermenge ≈ 400 lit/sek, Leistungsbedarf ≈ 2,4 PS). Für große Motorleistungen *Axialgebläse*, Bild 14 (Liefermenge 50 bis 60 m^3/PSh, Drehzahl $n_{max} = 7700$ U/min); Leistungsbedarf mit (0,05 bis 0,1) N_e entspricht dem der Hilfsantriebe bei Wasserkühlung, Bild 15.

Kühlluftregelung [2] durch thermostatisch gesteuerte Drosselung der Kühlluft, z. B. ringförmige Drosselblende am Kühllufteintritt, Bild 25, oder durch thermostatisch gesteuerte Rückführung von Warmluft zum Gebläseeintritt, Bild 14.

Luftkühlung bringt bauliche und betriebliche Vereinfachung:

Keine Gefahr des Einfrierens oder Wasserverdampfens; keine Kesselsteinablagerung an Zylinderwand; einfachere Wartung; verkürzter Anlaßvorgang und schnelleres Erreichen günstiger Betriebstemperatur; geringeres Gewicht.

Durch die *höheren Wandungstemperaturen* (bis ≈ 250 °C bei Luft- und bis ≈ 150 °C bei Wasserkühlung) wird Füllungsgrad infolge stärkerer Aufheizung der Frischgase verschlechtert, Nutzdruck und Literleistung ≈ 10% niedriger.

Andererseits zeigt der luftgekühlte Motor bei wechselnden Außentemperaturen kleinere Schwankungen in Leistung und Kühlung. Schmierölverschlechterung und Korrosionsverschleiß bleiben gering, da Anwärmzeit kürzer und Wandtemperatur — im Gegensatz zur Wasserkühlung mit häufiger zu niedrigen Betriebstemperaturen — oberhalb der Kondensationstemperatur schädlicher Verbrennungsprodukte liegt. Wegen der höheren Kolbentemperaturen, Bild 34, sind besonders Zweitaktmotoren empfindlich gegen Übertemperaturen.

Stärkere *Geräuschbildung* wegen der durch die höhere Temperaturlage bedingten weiten Laufspiele, des Fehlens des geräuschdämpfenden Wassermantels und wegen des Gebläses.

Geräuschdämpfung läßt sich durch achsversetzte Kolbenaufhängung, Gestaltung des Gebläses, automatische Spritzversteller bei Dieselmotoren und Unterbringen des Motors im Heck des Fahrzeugs erzielen.

---

[1] Siehe Anm. [1] auf S. 207. Ferner *Löhner, K.:* Grundlagen der Luftkühlung. MTZ Bd. 12 (1951) Nr. 3 S. 53/62. — *Löhner, K.*, und *G. Choné:* Wärmeübergang an Rippen und Rippenzylindern. MTZ Bd. 18 (1957) Nr. 12 S. 373/77. — *Forstner:* Luftkühlung. ATZ Bd. 61 (1959) Nr. 9 S. 246/53.

[2] *Müller, R.:* Stetige Kühlluftregelung. MTZ Bd. 21 (1960) Nr. 4 S. 104/9.

Kolbenverdichter

Bearbeitet von Prof. Dr.-Ing. **F. Fröhlich**, Berlin

Literatur: 1. *Löhner, K. E.:* Kolbenpumpen u. Kolbenverdichter. Hannover-Wolfenbüttel: Wissenschaftl. Verlagsanst. 1948. — 2. *Bouché/Wintterlin:* Kolbenverdichter. 3. Aufl. Berlin: Springer 1960. — 3. *Fröhlich, F.:* Kolbenverdichter. Berlin: Springer 1961.

In Kolbenverdichtern werden Gase und Dämpfe auf einen dem jeweiligen Verwendungszweck entsprechenden Druck verdichtet.

Z. B. werden benötigt für Preßluftwerkzeuge 6–7 atü, für Ammoniakkälteanlagen bis 12 atü, für Ferngasanlagen bis 36 atü, für Luftverflüssigung bis 200 atü, für Drucksynthesen bis über 1000 atü usw.

Bezeichnungen

P kg/m²; p kg/cm² Druck
p_i kg/cm² mittl. indiz. Druck
V m³; m³/h, m³/min Rauminhalt; Fördermenge
v m³/kg spez. Rauminhalt
G kg; kg/h Gewicht
γ kg/m³ spez. Gewicht
T °K = t°C + 273 abs. Temp.
R mkg/kg grd Gaskonstante
A = 1/427 kcal/mkg mech. Wärmeäquivalent
ξ Verdichtbarkeitszahl
c, c_p, c_v kcal/kg grd spez. Wärmen
$\varkappa$ = c_p/c_v Adiabatenexponent des ideal. Gases
n Polytropenexponent
Q kcal, q kcal/kg Wärmemenge
U kcal, u kcal/kg innere Energie
I kcal, i kcal/kg Enthalpie
S kcal/grd, s kcal/kg grd Entropie
s m Kolbenhub
s_0 m schädlicher Raum/Kolbenfläche
n U/min Drehzahl
c_m (= $sn/30$) m/sek mittl. Kolbengeschw.
F cm² oder m² wirksame Kolbenfläche
L mkg Arbeit
N, PS oder kW Leistung
η_v volumetr. Wirkungsgrad
λ Liefergrad
η_m mechanischer Wirkungsgrad
η_{is} isothermischer Wirkungsgrad

A. Grundlagen

1. Zustandsgleichung

Für die Berechnung von Verdichtern muß der Zusammenhang zwischen Druck, Volumen und Temperatur des zu verdichtenden Gases bekannt sein.

a) Für **ideale Gase** ist dieser Zusammenhang gegeben durch deren Zustandsgleichung

für 1 kg Gas $Pv = RT$, (1) oder für G kg Gas $PV = GRT$. (1a)

b) Wirkliche (reale) **Gase** erfüllen diese einfache Gleichung aber nur bei unendlich kleinem Druck genau und bis etwa 30 at mit einer für normale Berechnungen ausreichenden Genauigkeit von ±1 bis 2% (vgl. Bild 1), vorausgesetzt, daß die kritische Temperatur verhältnismäßig tief liegt. Bei höherem Druck dagegen weichen sie meist stark von der Zustandsgleichung für ideale Gase ab. Für die Berechnung von Hochdruckverdichtern verwendet man deshalb die durch einen Berichtigungswert ξ erweiterte Zustandsgleichung[1]

$$Pv = \xi RT. \qquad (2)$$

Hierin bedeutet R den bei unendlich kleinem Druck geltenden Wert Pv/T des betr. Gases, während die von Druck und Temperatur abhängigen und durch Ver-

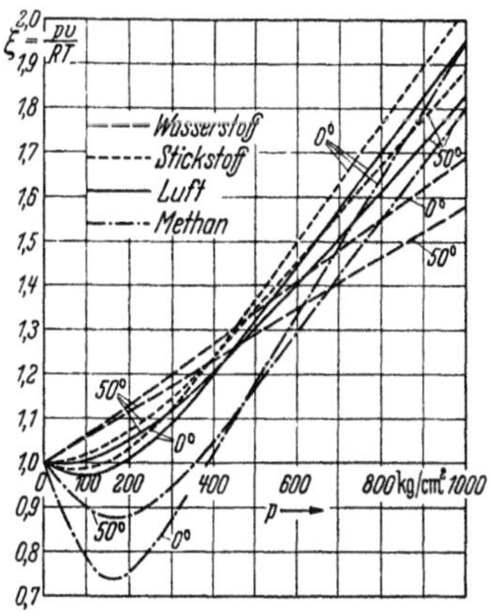

Bild 1. pv-Abweichung verschiedener Gase

[1] Vgl. z. B. *Traupel, W.:* Zur Dynamik realer Gase. Forsch. Ing.-Wes. Bd. 18 (1952) S. 3/9.

suche ermittelten Werte $\xi = Pv/TR = v/v_{\text{ideal}}$ (auch pv-Abweichung oder Verdichtbarkeitszahl genannt) für die verschiedenen Gase aus Tabellen[1] oder Kurven (z. B. Bild 1) entnommen werden müssen.

In den Zahlentafeln sind jedoch meist nicht die ξ-Werte selbst angegeben, sondern die sog. pv-Werte $pv/p_N v_N$, d. h. die Verhältniswerte, die man für pv bei den verschiedenen Drücken und Temperaturen erhält, wenn man beim Normzustand von 0 °C und 760 Torr (bezeichnet durch den Zeiger N) den sog. pv-Wert = 1 setzt. (Beachte bei den Druckangaben den Unterschied zwischen Atm. = 760 Torr und at = kg/cm² = 735,6 Torr). Aus ihnen erhält man, wenn $p_0 v_0/p_N v_N$ der pv-Wert für 0° C und $p = 0$ ist, ξ nach der Gleichung

$$\xi = \frac{pv/p_N v_N}{p_0 v_0/p_N v_N} \cdot \frac{T_N}{T}.$$

pv- und ξ-Werte von Gasgemischen können, wenn sie nicht unmittelbar aus Versuchen bekannt sind, zumindest angenähert aus den Werten der Einzelgase berechnet werden[1].

2. Wärmegleichung

a) Ideale Gase. Der Zusammenhang zwischen der bei irgendeiner Zustandsänderung, also auch bei der im Verdichter und nachfolgenden Kühler aufgewendeten technischen Arbeit und der zu- oder abgeführten Wärme ist für 1 kg Gas gegeben durch die Wärmegleichung

$$\int dq = \int di - AL/G = \int di - A\int v\,dP. \tag{3}$$

Gl. (3) entsteht aus der gewöhnlichen Wärmegleichung $dq = du + AP\,dv$ auf Grund der Beziehungen $i = u + APv$ und $d(Pv) = P\,dv + v\,dP$. i und u sind Zustandsgrößen, die, solange die ideale Gasgleichung genügend genau gilt, nur von der Temperatur abhängen, im Hochdruckgebiet der wirklichen Gase dagegen auch vom Druck. Für ideale Gase ist deshalb für jede beliebige Zustandsänderung $di = c_p\,dT$ und $du = c_v\,dT$, worin c_p und c_v unabhängig vom Druck sind.

In Verbindung mit Gl. (1) ergeben sich die bekannten Beziehungen für die verschiedenen Zustandsänderungen der idealen Gase (Bd. I, S. 425).

Für die *Isotherme* mit $T =$ const. und infolgedessen $di = 0$ wird $P_1 v_1 = P_2 v_2 =$ const. und

$$L_{is} = \int V\,dP = P_1 V_1 \ln(P_2/P_1) = GRT \ln(P_2/P_1)\ \text{mkg}. \tag{4}$$

Ferner ist $-\int dQ = AL_{is}$, d. h. die gesamte zugeführte technische Arbeit ist als Wärme abzuführen.

Für die *Adiabate* mit $dq = 0$, d. h. ohne Wärmezu- oder -abfuhr gilt mit $\varkappa = c_p/c_v$

$$V_1/V_2 = (P_2/P_1)^{1/\varkappa} = (T_2/T_1)^{1/(\varkappa-1)} \tag{5}$$

und

$$L_{ad} = \int V\,dP = \frac{1}{A} G \int di = P_1^{1/\varkappa} V_1 \int dP/P^{1/\varkappa},$$

$$L_{ad} = \frac{\varkappa}{\varkappa - 1} P_1 V_1 \left[(P_2/P_1)^{\frac{\varkappa-1}{\varkappa}} - 1\right] = \frac{\varkappa}{\varkappa - 1} GR(T_2 - T_1)\ \text{mkg}. \tag{6}$$

Die nach adiabatischer Verdichtung bei Rückkühlung auf die Anfangstemperatur abzuführende Wärme ist gleich AL_{ad}.

Für die *Polytrope* mit $dq = c\,dT$, worin $c =$ const., gelten dieselben Gleichungen wie für die Adiabate, nur überall mit $n = (c_p - c)/(c_v - c)$ an Stelle von $\varkappa$.

b) Im Hochdruckgebiet der **wirklichen Gase** verlieren die unter Benutzung der idealen Gasgleichung abgeleiteten Beziehungen ihre Gültigkeit.

i und u sind jetzt auch vom Druck abhängig, und $di = c_p\,dT$ gilt deshalb nur noch für eine Zustandsänderung mit $p =$ const. und $du = c_v\,dT$ für eine solche mit $v =$ const., wobei

---

[1] Jeweils im Abschn. Kompressibilität von Gasen, z. B. in folgenden Werken: *Henning, F.:* Wärmetechnische Richtwerte. Berlin: VDI-Verlag 1938. — *Landolt-Börnstein:* Physikalisch-chemische Tabellen. Berlin: Springer. — *D'Ans-Lax:* Taschenbuch f. Chemiker u. Physiker, 2. Aufl. Berlin: Springer 1949.

$c_p = (\partial i/\partial T)_p$ und $c_v = (\partial u/\partial T)_v$ sich außer mit der Temperatur auch mit dem Druck ändern. Für alle anderen Zustandsänderungen sind die allgemeinen Ausdrücke $\mathrm{d}i = c_p\,\mathrm{d}T + (\partial i/\partial P)_T\,\mathrm{d}P$ und $\mathrm{d}u = c_v\,\mathrm{d}T + (\partial u/\partial v)_T\,\mathrm{d}v$ zu verwenden, deren zweite Summanden die Druck- und Volumenabhängigkeit von i und u berücksichtigen.

Für die *Isotherme* können die Werte von Pv aus den pv- oder ξ-Kurven entnommen werden, womit auch L_{is} berechnet werden kann, denn mit

$v = \xi\, RT/P = RT\,[1/P + (\xi - 1)/P] = v_{\text{id}} + (\xi - 1)\, v_{\text{id}}$ wird

$$(L_{\text{is}})_{\text{wirkl}} = \int_{P_1}^{P_2} V\,\mathrm{d}P = G R T \left[\ln\,(P_2/P_1) + \int_{P_1}^{P_2} \frac{\xi - 1}{P}\,\mathrm{d}P\right]$$

$$(L_{\text{is}})_{\text{wirkl}} = (L_{\text{is}})_{\text{id}} + G R T \int_{P_1}^{P_2} \frac{\xi - 1}{P}\,\mathrm{d}P. \tag{4a}$$

Dieses $(L_{\text{is}})_{\text{wirkl}}$ ist je nach dem Verlauf der ξ-Werte entweder größer als beim idealen Gas (Bild 2) oder kleiner.

Für die *Adiabate* läßt sich der Verlauf von Druck, Volumen und Temperatur aus den ξ-Kurven, die nur als Isothermen gegeben sind, nicht unmittelbar ablesen. In den Gln. (5) ist bei hohem Druck nicht mehr wie bei idealen Gasen $\varkappa = c_p/c_v$, sondern es hat in den drei Einzelgleichungen verschiedene Werte. In der Gleichung $p v^{\varkappa} = \text{const.}$ ändert sich $\varkappa$ erheblich mit Druck und Temperatur.

Die Gleichung $(T_2/T_1)^{\varkappa} = (p_2/p_1)^{\varkappa - 1}$ gilt dagegen mit den für ideale Gase bekannten $\varkappa$-Werten anscheinend auch noch bis zu Enddrücken von mehreren hundert at mit großer Genauigkeit, jedenfalls für Luft und H_2, soweit aus den bisherigen Entropietafeln dieser Gase ersichtlich ist. Solange dies zutrifft, kann man mit Hilfe der ξ-Werte also auch die pv-Linie für die Adiabate im Hochdruckgebiet zeichnen.

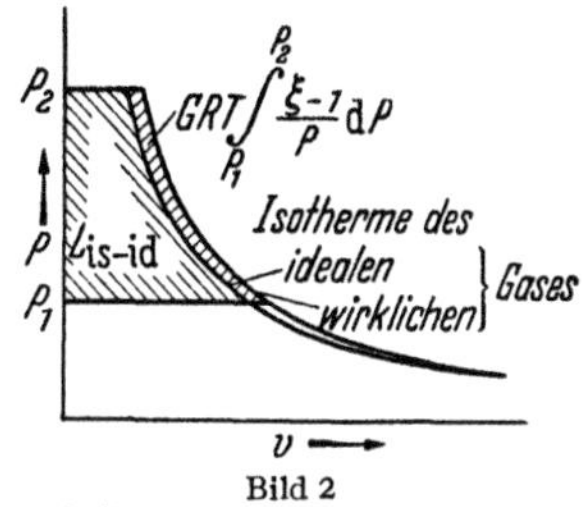

Bild 2
Aufteilung der isothermischen Arbeit

Die nach adiabatischer Verdichtung bei Rückkühlung auf die Anfangstemperatur oder während isothermischer Verdichtung abzuführende Wärme kann im Hochdruckgebiet kleiner oder größer als AL_{ad} oder AL_{is} sein, je nachdem, ob i mit dem Druck zu- oder abnimmt, s. Bild 3b. In welcher Richtung sich i ändert, läßt sich, wenn keine Entropietafel vorhanden ist, auch aus dem Verlauf von ξ unmittelbar ablesen. Nach der Gleichung

$$(\partial i/\partial P)_T = -A T^2 \left(\frac{\partial v/T}{\partial T}\right)_p = -(A R T^2/P)(\partial \xi/\partial T)_p$$

nimmt nämlich i mit dem Druck ab, wenn ξ bei konstantem Druck mit der Temperatur steigt. Die Vorgänge im Hochdruckgebiet kann man größenmäßig genau nur an Hand von Entropietafeln verfolgen.

3. Entropietafel (s. a. Bd. I, S. 430)

Für die Verdichterberechnung ist die Darstellung der Vorgänge im T, s-Diagramm besonders vorteilhaft, weil man in ihm auch den Temperaturverlauf verfolgen und aus ihm die Arbeiten und ausgetauschten Wärmemengen als Flächen entnehmen kann.

a) Im T, s-Diagramm **idealer Gase** ist der Abstand der Isobaren (p = const.) voneinander in Richtung der s-Achse, d. h. bei konstanter Temperatur, $(s_2 - s_1)_T = -AR \ln\,(p_2/p_1)$ unabhängig von der Temperatur und entsprechend der Abstand der Isochoren (v = const.) voneinander $(s_2 - s_1)_T = AR \ln\,(v_2/v_1)$. Der Verlauf der Isobaren und Isochoren selbst ist gegeben durch $(s_2 - s_1)_p = \int_{T_1}^{T_2} (c_p/T)\,\mathrm{d}T$ und $(s_2 - s_1)_v = \int_{T_1}^{T_2} (c_v/T)\,\mathrm{d}T$. Sie lassen sich also zeichnen, sobald $c_p = f(t)$ und $c_v = f(t)$ bekannt sind. Für temperaturunabhängige c_p und c_v wird $(s_2 - s_1)_p = c_p \ln\,(T_2/T_1)$ und $(s_2 - s_1)_v = c_v \ln\,(T_2/T_1)$. Aus vorhandenen Isobaren oder Isochoren kann man c_p oder c_v ablesen auf Grund der Beziehungen $c_p = T(\partial s/\partial T)_p$ und $c_v = T(\partial s/\partial T)_v$.

Die bei einer (umkehrbaren) Zustandsänderung zu- oder abgeführte Wärme wird dargestellt durch die Fläche, die unter der Kurve der Zustandsänderung liegt und bis zur s-Achse ($T = 0\,°K$) reicht. Bei der Zustandsänderung *1–2* in Bild 3a entspricht der abgeführten Wärme also die Fläche $1_0\,1\,2\,2_0\,1_0$. Die Enthalpieänderung ist, da i eine im idealen Gasgebiet nur von der Anfangs- und Endtemperatur abhängige Zustandsgröße ist, $\int_1^2 \mathrm{d}i = i_2 - i_1 = i_2 - i_3 =$ Fläche $2_0\,2\,3\,3_0\,2_0$. Der aufgewendeten technischen Arbeit im Wärmemaß gemessen ($A \int_1^2 v\,\mathrm{d}P$) entspricht gemäß Gl. (3) die Summe dieser beiden Flächen, d. h. die Fläche $1_0\,1\,2\,3\,3_0\,1_0$.

b) Im Hochdruckgebiet der **wirklichen Gase** gelten die obigen Gleichungen für die Abstände der Isobaren und Isochoren nicht mehr. Diese sind dort nicht mehr unabhängig von der Temperatur. Sie können jedoch ebenso wie die Werte für i usw. auf Grund der allgemein gültigen Beziehungen $(\partial s/\partial P)_T = -A\,(\partial v/\partial T)_p$ und $(\partial s/\partial v)_T = A\,(\partial P/\partial T)_v$ aus dem Verlauf der pv- oder ξ-Werte abgeleitet werden[1]. Die Darstellung der Wärmemengen durch die Flächen senkrecht unter den Kurven der Zustandsänderungen wird dadurch nicht beeinflußt. Die Bestimmung von $\int \mathrm{d}i$ und $\int v\,\mathrm{d}P$ ist jetzt jedoch nur möglich mit Hilfe von Linien für $i = \text{const}$, die nicht mehr mit $T = \text{const.}$ zusammenfallen. Bei der Zustandsänderung *1–2* (Bild 3b) ist $\int_1^2 \mathrm{d}q =$ Fläche $1_0\,1\,2\,2_0\,1_0$, $\int_1^2 \mathrm{d}i =$ Fläche $2_0\,2\,3\,3_0\,2_0$ und $A \int_1^2 v\,\mathrm{d}P =$

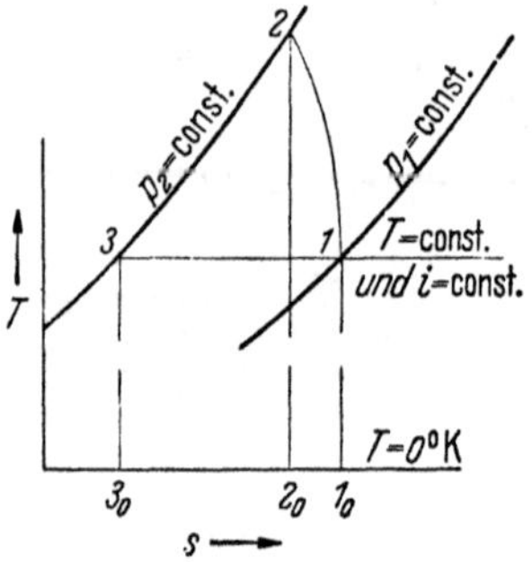

Bild 3a. T, s-Diagramm für ideales Gas

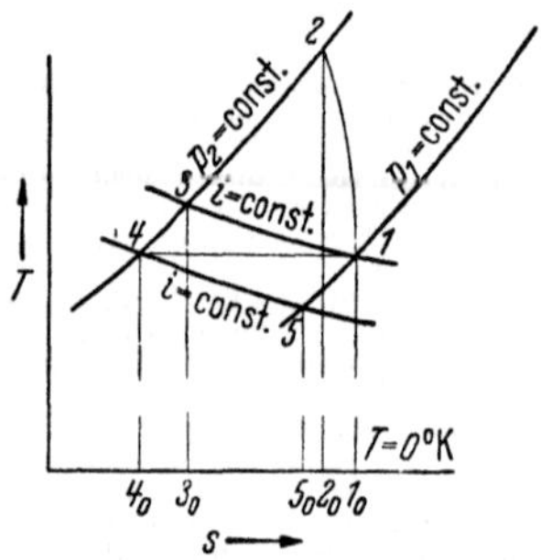

Bild 3b. T, s-Diagramm im Hochdruckgebiet

= Summe beider Flächen. Der bei Rückkühlung von *2* auf die Anfangstemperatur abzuführenden Wärme entspricht die Fläche $2_0\,2\,4\,4_0\,2_0$. Bei isothermischer Verdichtung *1–4* wäre die abzuführende Wärme gleich der Fläche $1_0\,1\,4\,4_0\,1_0$, die aufzuwendende Arbeit $A \int_1^4 v\,\mathrm{d}P$ jedoch nur gleich der Fläche $5_0\,5\,1\,4\,4_0\,5_0$. Der Unterschied zwischen beiden (= Fläche $1_0\,1\,5\,5_0\,1_0$ = Fläche $3_0\,3\,4\,4_0\,3_0$) stellt die Enthalpieabnahme des Gases dar.

4. Feuchte Gase

Die atmosphärische Luft und meist auch die in der chemischen Industrie verwendeten Gase enthalten fast stets Wasserdampf, der, solange er nicht übersättigt ist, als gasförmige Beimengung entsprechend dem Daltonschen Gesetz zu behandeln und bei der Berechnung des erforderlichen Hubvolumens zu berücksichtigen ist.

Der Teildruck p' und das spezifische Gewicht γ' des im *Sättigungs*zustand in dem betr. Gas enthaltenen Wasserdampfes ist gleich dem der betr. Temperatur entsprechenden Sättigungsdruck und spez. Gew. gesättigten Wasserdampfes.

[1] Einen graphischen Weg hierfür zeigt *Christian, W.:* Das Verhalten der Gase bei hohen Drücken. Diss. TU Berlin 1947.

Beide sind nicht vom Gasdruck, sondern nur von der Temperatur abhängig und können aus Bd. I, Tafeln im Anhang, entnommen werden.

In *ungesättigtem* Zustand enthält 1 m³ Luft nur γ (kg/m³) Wasserdampf. Das Verhältnis γ/γ' wird als relative Feuchtigkeit φ bezeichnet. Der Teildruck des Wasserdampfes beträgt dementsprechend $p_D = \varphi \cdot p'$ und der Teildruck des Gases $p - p_D$, wenn p der Gesamtdruck ist. Infolge des Wasserdampfgehalts ist deshalb bei gleicher Reingasmenge und gleichem Gesamtdruck das tatsächlich anzusaugende Volumen im Verhältnis $p/(p - p_D)$ oder bei Sättigung $p/(p - p')$ größer als ohne Wasserdampfgehalt.

In den Zwischenkühlern mehrstufiger Verdichter verflüssigt sich eine der eingetretenen Raumverkleinerung entsprechende Wasserdampfmenge und muß in besonderen Abscheidern ausgeschieden werden.

Beispiel: Verlangt wird eine Reingas-Fördermenge $V_0 = 6000$ Nm³/h. Bei einem wasserdampfgesättigten Ansaugezustand von $p_1 = 720$ mm QS und $t_1 = 30°$ C ist $p' = 31{,}8$ mm QS (Bd. I, Taf. i. Anhang) und damit das erforderliche Ansaugevolumen der ersten Stufe

$$V_1 = V_0(T_1/T_0) \cdot p_0/(p_1 - p') = 6000 \cdot (303/273) \cdot 760/(720 - 31{,}8) = 7360 \text{ m}^3/\text{h}.$$

Ohne Wasserdampf wäre $V_1 = 6000 \cdot (303/273)\,(760/720) = 7030$ m³/h, d. h. um rd. 5% kleiner als mit Wasserdampf.

5. Norm-Atmosphäre

Bei Luftverdichtern hängt der Ansaugezustand der ersten Stufe auch von der Höhenlage des Aufstellungsortes ab, denn Druck und Temperatur der Luft nehmen mit zunehmender Höhe ab. Wenn nichts anderes gegeben ist, setzt man deshalb als Ansaugezustand am besten die sog. Norm-Atmosphäre nach DIN 5450 ein, Bild 4; vgl. a. Bd. I, S. 276/77 (Cina-Höhe).

Für sie ist am Meeresspiegel ein Luftdruck von $P_0 = 10332$ kg/m² bei 15 °C und damit $\gamma_0 = 1{,}225$ kg/m³ angenommen; dann polytropische Zustandsänderung mit einem Temperaturabfall von 6,5 °C je 1000 m Höhenzunahme. Diese ergibt mit H km als Höhe über dem Meeresspiegel für p und γ die Gleichungen $p = p_0\,(1 - 6{,}5H/288)^{5{,}255}$ und $\gamma = \gamma_0\,(1 - 6{,}5H/288)^{4{,}55}$. Infolge von Wettereinflüssen muß man beim Luftdruck mit Schwankungen von rd. 5% und bei γ von rd. 20% um die Mittelwerte rechnen.

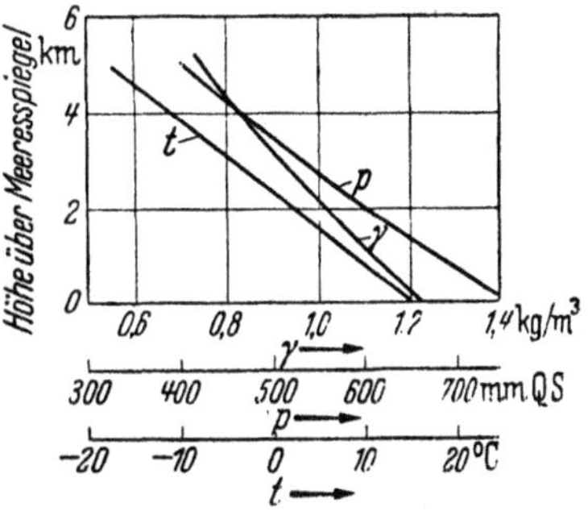

Bild 4. Norm-Atmosphäre

B. Der thermodynamische Arbeitsvorgang im Verdichter

1. Schädlicher Raum

Zwischen Kolben und Zylinderdeckel muß im Totpunkt ein Zwischenraum (Hubspiel) von $^1/_2$–1% des Hubes sein. Außerdem ergeben sich aus der Anordnung der Ventile Räume, welche vom Kolben im Totpunkt nicht ausgefüllt werden; sie bilden den schädlichen Raum $s_0 F = \varepsilon V_h$, der von Anordnung der Ventile und ihrer Größe abhängt.

Je nach Bauart kann für s_0 in % des Hubes s als Anhalt gelten

4–5% für einfachwirkende (Tauchkolben-) Maschinen mit Saugventilen im Kolben,

6–10% für liegende Kreuzkopf-Maschinen bei Drücken bis rd. 10 at und Drehzahlen < 200 U/min,

8–15% für liegende Kreuzkopf-Maschinen bei Drücken über 10 at und Drehzahlen < 200 U/min,

10–20% bei Kreuzkopf-Maschinen, mit Drehzahlen > 200 U/min (stehender, L- und Boxerbauart).

Messen des schädlichen Raumes s. S. 92

2. Indiziertes Ansaugevolumen, volumetrischer Wirkungsgrad

Den Druckverlauf während eines normalen Arbeitsvorganges (1 Umdrehung) zeigt Bild 5a. Infolge der Druckverluste in den Zuleitungen und Ventilen liegt die Ansaugelinie unter dem Druck der freien Atmosphäre oder des Saugraumes (Gasometers), dem sog. Ansaugedruck p_1, (im allgemeinen um rd. 2–5% von p_1)

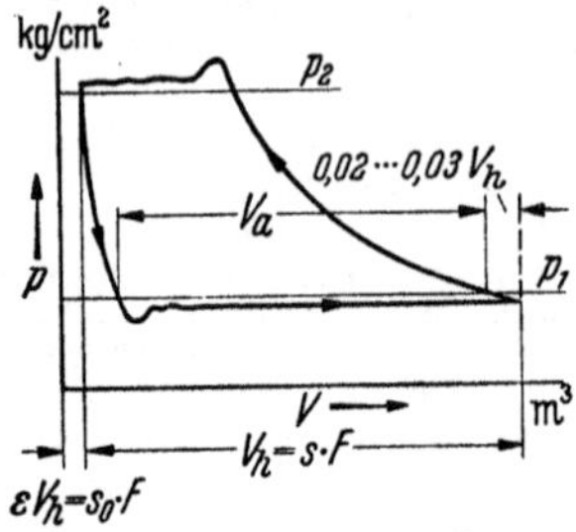

Bild 5a. Normales Indikatordiagramm

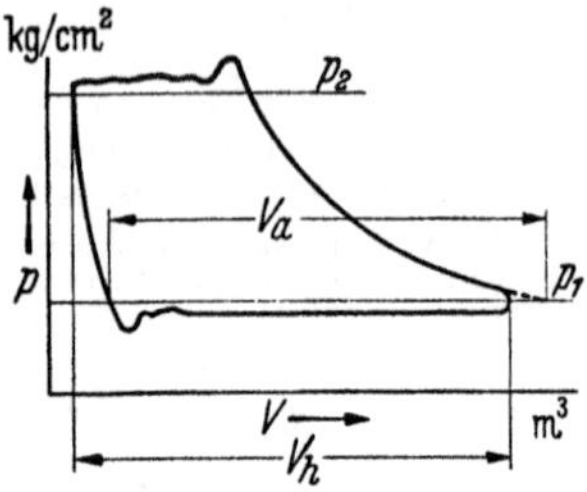

Bild 5b. Indikatordiagramm mit Nachladen

und die Ausschublinie um ebensoviel über dem Druck p_2 im Druckstutzen. Angesaugt wird erst, nachdem das bei Kolbenumkehr im schädlichen Raum zurückgebliebene Restgewicht sich vom Druck der Ausschublinie auf den der Ansaugelinie ausgedehnt hat. Dadurch und durch den Druckverlust an der Diagrammspitze beim Ansaugen wird das auf p_1 bezogene *indizierte Ansaugevolumen* V_a kleiner als V_h. Das Verhältnis

$$V_a/V_h = \eta_v \tag{7}$$

heißt *volumetrischer Wirkungsgrad* oder Füllungsgrad. Er nimmt mit zunehmendem Druckverhältnis p_2/p_1 und schädlichem Raum stark ab. Meist berechnet man η_v ohne Berücksichtigung des Druckverlustes und unter Annahme polytropischer Ausdehnung des Restgewichtes aus

$$\eta_v = 1 - \frac{s_0}{s}\left[(p_2/p_1)^{1/n} - 1\right]. \tag{8}$$

Für zweiatomige Gase gelten hierbei bis etwa 30 at folgende mittlere Polytropenexponenten:

$n = 1{,}2$ bis $1{,}3$ bei < 300 U/min und

$n = 1{,}25$ bis $1{,}35$ bei > 300 U/min.

Für mehratomige Gase mit kleineren Adiabatenexponenten $\varkappa$ als 1,4 liegt n entsprechend niedriger.

Der darüber hinaus auftretende Verlust an der Diagrammspitze beträgt im allgemeinen etwa 2–3% von V_h. Statt zu einem Verlust kann der Druckverlauf an der Diagrammspitze aber auch zu einer Vergrößerung von η_v führen. Bei längeren Saugleitungen kann nämlich wegen der bei abnehmender Kolbengeschwindigkeit nachstoßenden Massenkraft der Fördermenge der Druck zu Beginn der Verdichtung auch über p_1 ansteigen. Bild 5b zeigt ein derartiges sog. *Nachladen*. In solchen Fällen ist zur Bestimmung von V_a oder η_v die Verdichtungslinie bis p_1 zu verlängern.

3. Fördermenge, Liefergrad

Undichtheiten und innerer Wärmeaustausch im Zylinder verringern die tatsächliche *Fördermenge* V_{eff} gegenüber V_a. Bei Maschinen in gutem Zustand liegt der Verlust durch Undichtheiten unter 1% und kann vernachlässigt werden. Einen größeren Verlust verursacht jedoch während des Ansaugens die Erwärmung des Gases an den Zylinderwänden, vgl. Bild 6, das einen aus dem Indikator- ins T,s-Diagramm übertragenen Arbeitsverlauf in einem Luftverdichter zeigt, und zwar im Gültigkeitsbereich der idealen Gasgleichung.

Zustand der Luft vor Eintritt in die Maschine, Punkt a. Beim Ansaugen wird die Luft vor allem durch die Saugventile gedrosselt ($a-1$), danach an den Zylinderwänden erwärmt ($1-2$). Die anschließende Verdichtung ($2-3$) verläuft anfangs etwa adiabatisch, später unter Wärmeabfuhr. Während des Ausschiebens ($3-4$) kühlt sich die Luft an den kälteren Zylinderwänden ab[1]. Beim Durchtritt durch die Druckventile wird sie noch vom Zylinderdruck auf den Gegendruck in der Leitung gedrosselt ($4-4'$). Die im schädlichen Raum zurückgebliebene Restluft dehnt sich nach Kolbenumkehr wieder aus ($4-b$), mischt sich mit der neu eintretenden Luft und erwärmt sich mit ihr zusammen ($b-1-2$).[1]

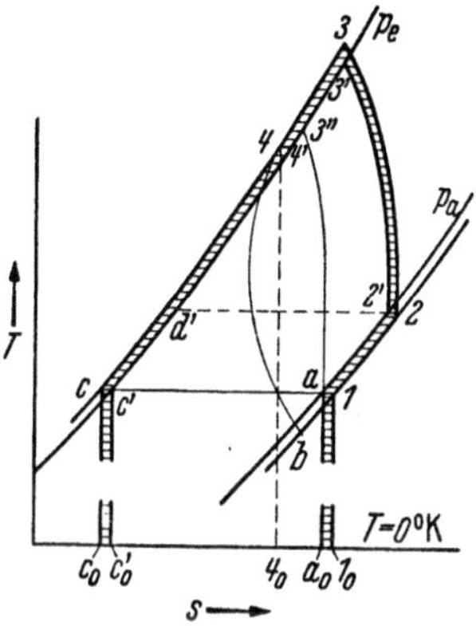

Bild 6. T, s-Diagramm

Die auf Ansaugezustand bezogene Fördermenge V_{eff} ist also stets kleiner als V_a, und es gilt mit λ als *Liefergrad* (zuweilen auch Ausnutzungsgrad genannt)

$$V_{eff} = \lambda V_h . \tag{9}$$

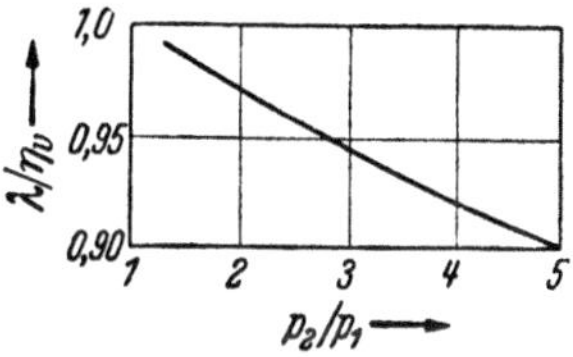

Bild 7. Aufheizungsgrad λ/η_v

Der Verlust durch den inneren Wärmeaustausch (Einfluß der Aufheizung) hängt von der Konstruktion der Maschine und vom Druckverhältnis ab und wird (einschl. Undichtheit) durch den *Aufheizungsgrad* λ/η_v (für normale Maschinen gemäß Bild 7) berücksichtigt.

4. Arbeit, Verdichtungsendtemperatur

Die wirkliche Verdichtungslinie verläuft zunächst unter Wärmezufuhr oder nahezu adiabatisch, später unter Wärmeabfuhr, Bild 6. Für die Berechnung der Arbeit und der Verdichtungsendtemperatur T_2 kann man sie jedoch durch eine Polytrope $Pv^n = \text{const}$ ersetzen und erhält infolgedessen (s. a. Gl. (6), S. 210):

$$L = \frac{n}{n-1} P_1 V_1 [(P_2/P_1)^{(n-1)/n} - 1] \text{ mkg} \tag{10}$$

und

$$T_2 = T_1 (P_2/P_1)^{(n-1)/n}. \tag{11}$$

Hierin bezeichnen P_1, V_1 und T_1 den Zustand bei Beginn der Verdichtung und L die in einer Maschine ohne schädlichen Raum erforderliche Arbeit. Für zweiatomige Gase, wie Luft, N_2, H_2 usw., kann darin bei normalen wassergekühlten Maschinen und bei Drücken bis etwa 30 at gesetzt werden:

$n = 1{,}32$ bis $1{,}35$ für $n < 300$ U/min und

$n = 1{,}35$ bis $1{,}38$ für $n > 300$ U/min.

Im T, s-Diagramm, Bild 6, entspricht der Arbeit L bei Vernachlässigung des zumeist nur sehr geringen zusätzlichen Aufwandes für das Restgewicht die Fläche $1_0\ 1\ 2\ 3\ 4\ c\ c_0\ 1_0$.

T_2 kann für n zwischen 1 und 1,4 auch aus Bild 8 oder nach Bd. I, Taf. i. Anhang, entnommen werden.

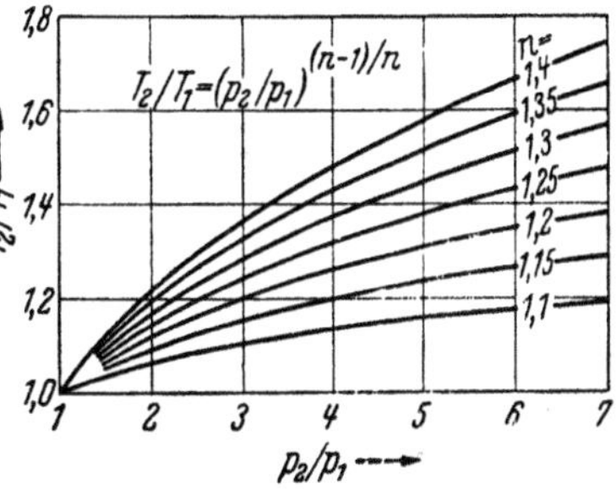

Bild 8. Verdichtungsendtemperatur

[1] Punkte 4 und b sind der Deutlichkeit wegen übermäßig tief gezeichnet. In Wirklichkeit kann b auch oberhalb von 2 liegen.

Für adiabatische Verdichtung im normalen Temperaturbereich kann man die Temperaturen aus Gl. (11) mit dem im idealen Gaszustand gültigen $\varkappa$-Wert oft auch noch bis zu Enddrücken von mehreren hundert at praktisch genau berechnen und infolgedessen mit Hilfe der ξ-Werte auch das wirkliche p, v-Diagramm zeichnen (s. a. S. 211).

5. Mehrstufige Verdichtung

Erhöht man in einer einstufigen Maschine den Gegendruck und damit das Druckverhältnis, so wird die Verdichtung ungünstiger. η_v nimmt ab gem. Gl. (8), die Kolbenkräfte wachsen, und da die Verdichtung auch bei stärkster Kühlung des Zylinders nahezu adiabatisch verläuft, steigt die Verdichtungsendtemperatur. Mit steigender Temperatur wird vor allem die Schmierfähigkeit des Öles schlechter. Schließlich wird auch das Verhältnis der wirklichen Verdichtungsarbeit zur idealen isothermischen ungünstiger.

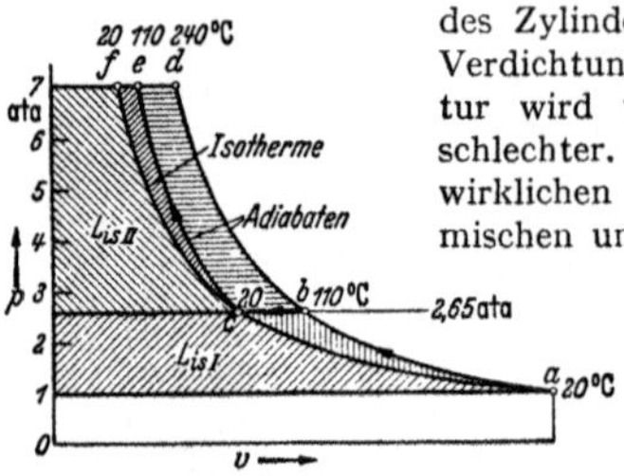

Bild 9. Zweistufige Verdichtung

Man teilt deshalb das Druckverhältnis, sobald es einen gewissen Wert überschreitet, in mehrere Stufen auf und kühlt das Gas nach jeder Stufe in besonderen Kühlern möglichst wieder auf die Ausgangstemperatur. Da jedoch die Strömungsverluste und der Anschaffungspreis der Maschine mit steigender Stufenzahl wachsen, darf diese nicht beliebig groß gewählt werden.

In Bild 9 ist die Ersparnis an indizierter Arbeit (Fläche *b c e d*) bei zweistufiger adiabatischer Verdichtung mit Zwischenkühlung (auf die Anfangstemperatur) gegenüber einstufiger adiabatischer Verdichtung für eine Maschine ohne schädliche Räume im p, v-Diagramm dargestellt.

Durch die schädlichen Räume ändert sich diese Arbeitsersparnis je kg Fördergewicht nicht, wenn Verdichtung und Dehnung nach dem gleichen Gesetz erfolgen und wenn das Restgewicht zwischen dem Ende der Verdichtung und dem Beginn der Dehnung keine Zustandsänderung erfährt.

Der Arbeitsbedarf einer z-stufigen Maschine wird am kleinsten, wenn das Druckverhältnis in allen Stufen gleich groß ist, nämlich

$$p_n/p_{n-1} = \sqrt[z]{p_e/p_a}\,, \tag{12}$$

wenn p_e/p_a das verlangte Gesamtdruckverhältnis ist. Vor allem wählt man die Stufeneinteilung und Stufenanordnung so, daß die Triebwerkskräfte für Hin- und Rückgang und bei mehrkurbeligen Maschinen auch die Leistungen an allen Kurbeln möglichst gleich groß sind, um das Triebwerk gut auszunutzen und mit leichten Schwungrädern auszukommen.

Zuweilen ergeben sich bei der Anordnung der Stufen sog. *Ausgleichstufen*. Stufen ohne Ventile, die unmittelbar an die Saugleitung der Maschine oder zum Ausgleich der Triebwerkskräfte an die Saugleitung irgendeiner höheren Stufe angeschlossen sind und daher unter ständig gleichbleibendem Druck stehen. Sie sind ein oft nicht vermeidbarer Notbehelf.

Die Stufenanordnung eines liegenden vierstufigen Verdichters mit Ausgleichstufe in Einkurbelbauart zeigt z. B. Bild 10a, in Zweikurbelbauart Bild 10b. Die Ausgleichstufe A_0 steht unter dem Ansaugedruck, A_1 unter dem Enddruck der I. Stufe.

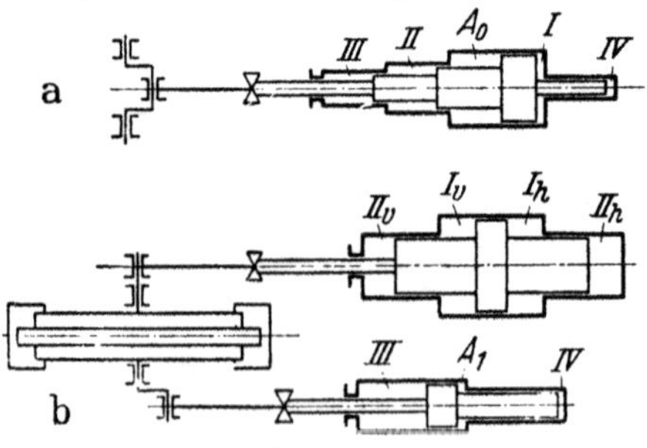

Bild 10
Vierstufenverdichter. a) einkurblig; b) zweikurblig

Das Druckverhältnis in den einzelnen Stufen eines Verdichters hängt in erster Linie vom Verhältnis der Hubräume ab. Eine Änderung des Gegendrucks wirkt sich daher fast nur auf das Druckverhältnis der letzten Stufe aus.

Änderung des Gegendrucks beeinflußt in geringem Maß auch die vom Druckverhältnis abhängigen Liefergrade der Zwischenstufen und damit, wenn auch nur gering, ihre Druckverhältnisse.

6. Leistung, isothermischer Wirkungsgrad

a) Leistung. Ein Maß für die während einer Umdrehung vom Kolben auf das Fördermittel übertragene Arbeit ist die Fläche des Diagramms. Die *indizierte Leistung* ergibt sich für *eine* Kolbenseite aus der Gleichung

$$N_i' = F\,c_m\,p_i/150 \quad \text{PS} \tag{13}$$

und damit N_i für einen mehrstufigen Verdichter mit i wirksamen Kolbenflächen aus der Summe der N_i' für die i einzelnen Kolbenseiten. Die von der Antriebswelle abzugebende effektive Leistung ist

$$N_e = N_i/\eta_m\,. \tag{14}$$

Der mechanische Wirkungsgrad η_m normaler Maschinen mit Druckölumlaufschmierung liegt bei Vollast zwischen 0,91 und 0,95.

b) Die Güte von Maschinen, die bei Umgebungstemperatur nicht kondensierbare Gase verdichten, kennzeichnet der **isothermische Wirkungsgrad**

$$\eta_{is} = N_{is}/N_e\,, \tag{15}$$

denn die isothermische Verdichtung erfordert die kleinstmögliche Arbeit (auf Bild 6 für 1 kg Gas gleich der Fläche $a\,a_0\,c_0'\,c'$).

Unter N_{is} versteht man hierbei die Leistung, die nötig ist, um die wirklich in die Druckleitung geförderte reine Gasmenge unter Berücksichtigung des mitangesaugten Wasserdampfes vom Ansaugedruck p_a auf den Gegendruck p_e verlustlos isothermisch zu verdichten, und zwar in der 1. Stufe bei der Ansaugetemperatur t_a, in den folgenden Stufen bei der Kühlwasser-Eintrittstemperatur t_w.

Den Wasserdampf berücksichtigt man hierbei dadurch, daß man in den einzelnen Stufen das Ausgangsvolumen des reinen Gases entsprechend dem jeweils mitanzusaugenden Wasserdampf vergrößert und dann so rechnet, als ob dieses Volumen wie reines Gas isothermisch verdichtet würde.

Bei einstufigen Maschinen, in denen V_1 m³/h, bezogen auf $p_1 = 1$ ata und t °C, vom Ansaugedruck p_a auf den Gegendruck p_e verdichtet werden sollen, errechnet sich aus Gl. (4a) N_{is} für wirkliche Gase zu

$$N_{is} = \underset{\text{ideales Gas}}{0{,}0852\,V_1\lg(p_e/p_a)} + \underset{\text{Mehraufwand infolge } pv\text{-Abweichung.}}{0{,}0852\,V_1(C_e - C_a)} \quad \text{PS} \tag{16}$$

Das an sich in der Gleichung für N_{is} enthaltene p_1 ist weggelassen, da $p_1 = 1$ ata. Die C-Werte bedeuten:

$$C_e = \frac{1}{2{,}303}\int_{p=1}^{p=p_e}\frac{\xi-1}{p}\,dp\,, \qquad C_a = \frac{1}{2{,}303}\int_{p=1}^{p=p_a}\frac{\xi-1}{p}\,dp\,.$$

Sie können für Luft, N_2, H_2 und CH_4 bei $t = 0°$ und 50 °C aus Bild 11, bei $t = 10°$ bis 40 °C aus Zahlentafel 1 entnommen werden.

Zahlentafel 1. *C-Werte zur Berechnung der isothermischen Leistung*

ata	Wasserstoff				Stickstoff			
	10°	20°	30°	40°	10°	20°	30°	40°
50	+0,013	+0,013	+0,012	+0,012	−0,006	−0,004	−0,002	−0,001
100	+0,026	+0,025	+0,025	+0,024	−0,009	−0,005	−0,001	+0,001
200	+0,053	+0,052	+0,050	+0,049	−0,005	+0,001	+0,007	+0,011
300	+0,080	+0,078	+0,076	+0,075	+0,009	+0,017	+0,023	+0,029
400	+0,109	+0,106	+0,103	+0,100	+0,031	+0,039	+0,046	+0,052
500	+0,137	+0,133	+0,129	+0,126	+0,060	+0,069	+0,075	+0,081
600	+0,166	+0,161	+0,156	+0,152	+0,094	+0,101	+0,107	+0,112
700	+0,194	+0,188	+0,183	+0,178	+0,130	+0,137	+0,142	+0,146
800	+0,223	+0,216	+0,210	+0,204	+0,170	+0,175	+0,179	+0,183
900	+0,252	+0,244	+0,237	+0,230	+0,210	+0,214	+0,218	+0,220
1000	+0,280	+0,272	+0,264	+0,256	+0,253	+0,256	+0,258	+0,259

Zahlentafel 1 (Fortsetzung)

ata	Luft				Methan			
	10°	20°	30°	40°	10°	20°	30°	40°
50	−0,009	−0,006	−0,004	−0,003	−0,043	−0,038	−0,033	−0,029
100	−0,014	−0,010	−0,007	−0,004	−0,085	−0,074	−0,065	−0,057
200	−0,017	−0,010	−0,004	+0,001	−0,149	−0,130	−0,114	−0,099
300	−0,008	+0,001	+0,008	+0,015	−0,180	−0,158	−0,138	−0,119
400	+0,011	+0,020	+0,028	+0,035	−0,185	−0,163	−0,140	−0,121
500	+0,035	+0,044	+0,052	+0,059	−0,177	−0,153	−0,131	−0,112
600	+0,064	+0,073	+0,080	+0,087	−0,157	−0,134	−0,113	−0,094
700	+0,097	+0,105	+0,112	+0,118	−0,130	−0,108	−0,088	−0,070
800	+0,133	+0,140	+0,146	+0,151	−0,100	−0,078	−0,057	−0,039
900	+0,171	+0,176	+0,181	+0,186	−0,065	−0,044	−0,025	−0,007
1000	+0,210	+0,215	+0,219	+0,222	−0,026	−0,007	+0,011	+0,027

Bei der Auslegung setzt man auch für Maschinen mit z Arbeitsstufen in Gl. (16) für alle Stufen das gleiche V_1 ein, wobei man eine mittlere Temperatur $t_m = [t_a + (z - 1)\, t_w]/z$ zugrunde legt und den Wasserdampf vernachlässigt.

Bei Abnahmeversuchen müssen dagegen der Wasserdampfgehalt und der Unterschied zwischen Ansaugetemperatur und Kühlwassertemperatur berücksichtigt werden. Man muß dann Gl. (16) für jede Stufe gesondert ansetzen, weil V_1 in ihnen verschieden ist. Bei gleichem Reingasvolumen ist V_1 in Gl. (16) und daher auch N_{is} mit Wasserdampf der jeweiligen Stufe gleich dem $p_a/(p_a - p')$fachen der Werte ohne Wasserdampf, mit p_a = Ansaugedruck und p' = Dampfteildruck der betr. Stufe.

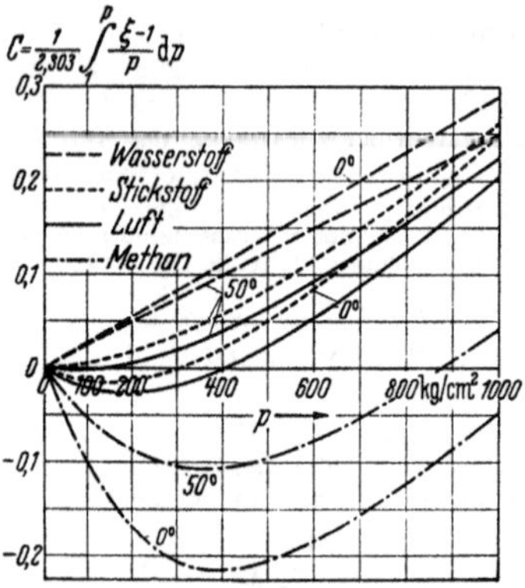

Bild 11. C-Kurven zur Berechnung der isothermischen Leistung

Bei größeren Verdichtern guter Ausführung für zweiatomige Gase liegt η_{is} je nach Stufenzahl und Bauart zwischen 0,60 und 0,70, mit den kleineren Werten für schnellaufende stehende Maschinen.

c) Verluste. Die Differenz $N_e - N_{is}$ deckt die folgenden Verluste (s. a. Bild 6, auf das sich die nachfolgend angegebenen Flächen beziehen):

1. Aufheizung während des Ansaugens; rd. 1% für je 3° Erwärmung der Fördermenge (Fläche $a\ 2'\ 3'\ 3''\ a$ = Fläche $a\ 2'\ d'\ c'\ a$).

2. Nahezu adiabatische Verdichtung der einzelnen Arbeitsstufen als Folge der wenig wirksamen Kühlung während der eigentlichen Zustandsänderung, vom Adiabatenexponenten $\varkappa$ und vom Druckverhältnis abhängig (Fläche $a\ 3''\ c'\ a$).

3. Geringere Kühlung in den Zwischenkühlern; rd. 1% der Stufenleistung für je 3° Temperaturdifferenz zwischen Gasaustritts- und Kühlwassereintrittstemperatur. Im allgemeinen wird das Gas auf 5–10° über Kühlwassereintrittstemperatur gekühlt.

4. Strömungsverluste; bei guten Maschinen rd. 6–10% je nach der Dichte des geförderten Mittels (schraffierte Fläche).

5. Undichtheiten im Innern und nach außen; bei gut gewarteten Maschinen vernachlässigbar klein (<1%).

6. Aufwand für das Restgewicht. Indizierte Fläche für das Restgewicht (G_R/G_ffache der Fläche $1\ 2\ 3\ 4\ b\ 1$ je kg Fördergewicht, wenn G_f = Fördergewicht und G_R = zugehöriges Restgewicht) meist sehr gering (<1%).

7. Mechanische Reibung der aufeinandergleitenden Maschinenteile (Lager, Kolbenringe, Stopfbuchsen usw.). Dieser Verlust läßt sich aus dem T,s-Diagramm nicht ablesen, denn es zeigt nur die mit dem Gas ausgetauschten Wärmemengen und Arbeiten, sagt aber nichts über ihre Herkunft aus.

Miteinander vergleichbar sind nur die η_{is} solcher Maschinen, die gleiche oder ähnliche Gase verdichten.

Der Vergleich mit der Isothermen hat keinen Sinn bei solchen Gasen und Dämpfen, die bei isothermischer Verdichtung kondensieren würden. In diesen Fällen, wie z. B. bei NH_3, SO_2 usw. in Kälteverdichtern wählt man die Adiabate als Vergleichsprozeß.

Beispiel: Ein fünfstufiger Verdichter soll $V_N = 3000$ Nm³/h reines H_2 von $p_e = 300$ ata liefern. Gesucht:

1. N_{eff} bei der Auslegung der Maschine; 2. η_{is} nach dem Abnahmeversuch.

Zu 1. Es sei gegeben der Ansaugezustand mit $p_a = 740$ mm QS $= 1{,}006$ ata, $t_a = 20\,°C$ wasserdampfgesättigt, $t_w = 30\,°C$. In der Formel $N_{eff} = N_{is}/\eta_{is}$ wird η_{is} nach Erfahrungswerten zu 0,67 gewählt und N_{is} für alle Stufen mit einer mittleren Temperatur $t_m = (20 + 4 \cdot 30)/5 = 28\,°C$ berechnet. Der Wasserdampfgehalt wird hier vernachlässigt (aber nicht bei Berechnung der Hubräume). Man erhält $V_1 = 1{,}033 \cdot 3000 \cdot 301/273 = 3415$ m³/h und damit nach Gl. (16)

$$N_{is} = 0{,}0852 \cdot 3415 \left(\lg \frac{300}{1{,}006} + 0{,}076 - 0\right) = 291 \cdot (2{,}475 + 0{,}076) = 743 \text{ PS}.$$

Also $N_{eff} = 743/0{,}67 = 1110$ PS.

Zu 2. Der Abnahmeversuch ergab: $p_a = 1{,}02$ ata; $t_a = 23\,°C$; 50% wasserdampfgesättigt; $t_w = 30\,°C$. Als Ansaugedrücke der Stufen $p_{a_2} = 3{,}3$; $p_{a_3} = 11{,}0$; $p_{a_4} = 37{,}5$; $p_{a_5} = 108{,}5$ ata. Gegendruck $p_e = 300$ ata. Fördermenge im Druckstutzen $V = 3020$ Nm³/h: $N_{eff} = 1115\,\text{PS}_e$. Aus Bd. I, Taf. i. Anhang, erhält man für 23 °C $p' \approx 0{,}03$ ata, bei 50% Sättigung also $p_1' = 0{,}015$ ata, für 30 °C $p_2' \approx 0{,}043$ ata. Man hat hier also Gl. (16) für jede Stufe einzeln anzusetzen. Da jedoch der Einfluß des Wasserdampfes im Verhältnis des Anfangsdrucks in den einzelnen Stufen abnimmt, kann man ihn in der vierten und fünften Stufe ganz vernachlässigen. Der Wert $C_e - C_a$ läßt sich für alle Stufen zusammenziehen:

$$N_{is} = 0{,}0852 \cdot 1{,}033 \cdot 3020 \cdot \left[\frac{296}{273} \cdot \frac{1{,}02}{1{,}02 - 0{,}015} \lg \frac{3{,}3}{1{,}02} + \frac{303}{273}\left(\frac{3{,}3}{3{,}3 - 0{,}043} \lg \frac{11{,}0}{3{,}3} + \right.\right.$$
$$\left.\left. + \frac{11{,}0}{11{,}0 - 0{,}043} \lg \frac{37{,}5}{11{,}0} + \lg \frac{300}{37{,}5} + 0{,}076\right)\right] = 266 \cdot [0{,}562 + 0{,}589 + 0{,}594 + 1{,}002 + 0{,}085] = 753 \text{ PS};$$

$$\eta_{is} = 753/1115 = 0{,}675.$$

Ohne Berücksichtigung des Wasserdampfes ergäbe sich

$$N_{is} = 266 \cdot \left[\frac{296}{273} \lg \frac{3{,}3}{1{,}02} + \frac{303}{273}\left(\lg \frac{300}{3{,}3} + 0{,}076\right)\right] = 266 \cdot [0{,}553 + 2{,}175 + 0{,}085] = 748 \text{ PS};$$

$$\eta_{is} = 0{,}671.$$

Der Einfluß wäre wesentlich größer bei einer einstufigen Maschine. Würde das Gas etwa bei 1 ata und 30 °C wasserdampfgesättigt angesaugt, so wäre er 4,6% von N_{is}, während er oben nur 0,7% von N_{is} ist.

C. Bestimmung der Hauptabmessungen

Gegeben ist die verlangte Fördermenge (meist in m³/h oder m³/min von einem bestimmten Zustand, z. B. Nm³/h), der Ansaugezustand, der Enddruck und die Kühlwassertemperatur. Zu wählen ist vorerst die *Stufenteilung*. Aus ihr ergeben sich nach Schätzung der Strömungsverluste die Zylinderdruckverhältnisse in den einzelnen Stufen und nach Annahme der schädlichen Räume und der zu erwartenden Aufheizungen beim Ansaugen die Werte von η_v und λ. Bei einem *verlangten* Fördervolumen V_0 (je Zeiteinheit) bezogen auf p_0 und T_0 und bei dem Ansaugezustand der betr. Stufe von p_a und T_a berechnet sich das erforderliche *wirkliche Ansaugevolumen* V_{eff} der einzelnen Stufen zu

$$V_{eff} = V_0 \frac{p_0}{p_a - p'} \cdot \frac{T_a}{T_0} \frac{\xi_a}{\xi_0} \text{ u. damit das Hubvolumen } V_h = V_{eff}/\lambda \text{ in m}^3\text{/h oder m}^3\text{/min.}$$

Hierbei ist empfehlenswert, das angesaugte Gas mit Wasserdampf gesättigt anzunehmen (p' = Sättigungsdruck, s. S. 212/13).

t_a in der 1. Stufe ist meist gegeben, für die folgenden Stufen nimmt man es am besten mit 10° über Kühlwasser-Eintrittstemperatur t_w an.

Jetzt sind *Hub* s und *Drehzahl* n zu wählen und mit ihnen die *Kolbenflächen* F zu berechnen nach der Gleichung

$$V_h = s\,n\,F \text{ m}^3\text{/min}. \tag{17}$$

Da mit wachsender *Kolbengeschwindigkeit* $c_m = s\,n/30$ auch die erforderlichen Ventilquerschnitte wachsen, ist der Wert sn begrenzt durch die Möglichkeit, genügend große Ventilquerschnitte am Zylinder unterzubringen. Bisher sind größere Werte als $c_m \approx 4$ m/sek kaum ausgeführt worden.

Bei der Wahl der *Drehzahl* ist darauf zu achten, daß die durch die hin- und hergehenden Massen verursachten Kräfte nicht größer werden als die Gaskräfte.

Für das *Verhältnis Kolbenhub : -durchmesser* läßt sich keine Norm angeben. Im allgemeinen haben die Hersteller von Kolbenmaschinen die für ihre Maschinen erforderlichen Gleitbahnen und Triebwerke in einer größenordnungsmäßig abgestuften Reihe ausgebildet, z. B. für die Hübe 200, 250, 320 mm usw. Beim Neuentwurf werden dann Kolbenhub, Drehzahl usw. so gewählt, daß sie zu einer Gleitbahn dieser Reihe kräfte- und leistungsmäßig passen.

D. Vakuumpumpen

Vakuumpumpen sind Verdichter, welche Luft oder Gas aus einem Raum mit Unterdruck absaugen und sie zumeist bei Atmosphärendruck ausschieben. Mit zunehmendem Vakuum wird das Ansaugegewicht und damit auch die entstehende Verdichtungswärme geringer, so daß sie durch die Zylinderkühlung abgeführt werden kann. Die Temperaturen werden daher auch bei großem Druckverhältnis nicht unzulässig hoch, und man kann auch für hohes Vakuum noch einstufige Maschinen verwenden.

Der Liefergrad einer Vakuumpumpe hängt von der Bauart der Maschine und vom jeweiligen Vakuum ab, Bild 12.

Bis zu einem Vakuum von ≈85% genügen meist normale einstufige Verdichter mit kleinem schädlichen Raum. Für höheres Vakuum verwendet man wegen ihres besseren Liefergrades doppeltwirkende Maschinen mit Druckausgleich. Bei ihnen lassen im Totpunkt Überströmschlitze das verdichtete Restgas auf die andere Zylinderseite übertreten, wodurch die Rückdehnungslinie nahezu senkrecht abfällt und der Liefergrad entsprechend höher wird. Da mit zunehmendem Vakuum Ventile mit kleinem Ansaugewiderstand nicht mehr genügend dicht sind, steuert man für hohes Vakuum das Ansaugen und Überströmen durch zwangläufig von der Kurbelwelle aus betätigte Schieber, meist Flach- oder Drehschieber (Schieber-Vakuumpumpen). Für höchstes Vakuum benötigt man wegen des bei einer Stufe zu großen Druckverhältnisses und damit geringen Füllungsgrades zweistufige Maschinen, deren beide doppeltwirkende Zylinder meist mit gleichem Durchmesser ausgeführt werden.

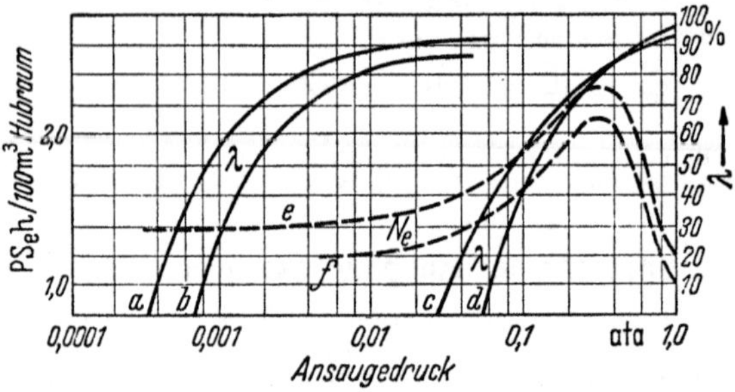

Bild 12. Vakuumpumpen, Leistung und Liefergrad
a, *b* u. *e* zweistufige Schieberpumpen mit Druckausgleich; *c* einstufige Ventilpumpen mit Druckausgleich; *d* einstufige Ventilpumpen ohne Druckausgleich; *f* einstufige Schieberpumpen mit Druckausgleich

Der Arbeitsbedarf je m³ angesaugtes Gas (s. Bild 12) durchläuft bei steigendem Vakuum einen Höchstwert. Mit Rücksicht auf das Anfahren ist die Antriebsleistung für diesen bei $P_1/P_2 \approx 0{,}3$ liegenden Höchstwert vorzusehen. Das Triebwerk dagegen ist für die beim höchsten Vakuum auftretenden größten Kolbenkräfte zu bemessen.

E. Steuerung und Regelung

1. Steuerung

Den Ein- und Austritt des Förderstromes in die Zylinder steuern fast ausschließlich selbsttätige Ventile mit ebenen, bisweilen nur als Ringe oder rechteckige Streifen ausgebildeten 2—3 mm dicken Platten. Geöffnet werden sie durch den Druckunterschied im Förderstrom. Durch den meist mit dem Ventilsitz verschraubten Hubfänger, der auch die Ventilfedern aufnimmt (Bild 14), wird der Ventilhub begrenzt. Damit die Ventilplatten rechtzeitig und nicht zu schlagartig im Totpunkt schließen, werden sie durch besondere Druckfedern zusätzlich belastet.

a) Ventilanordnung: Die Ventile werden meist im Zylindermantel, selten im Zylinderdeckel angeordnet, und zwar derart, daß sie durch besondere mit Deckeln verschlossene Öffnungen leicht ein- und ausgebaut werden können (Bild 15). Druckschrauben im Ventildeckel oder Druckfedern pressen die Ventile entweder unmittelbar oder über sogenannte Ventilkörbe auf ihren Sitz. Bei schnellaufenden Verdichtern, bei denen sich ausreichende Ventilquerschnitte im Zylinder schwer unterbringen lassen, werden die Saugventile bisweilen auch in den Kolben eingebaut (Bild 20).

b) Bei der **Berechnung der Ventile** stützt man sich auf bewährte Ausführungen. Die freie Durchgangsfläche f_s des Ventilspaltes errechnet sich aus der mittleren Kolbengeschwindigkeit c_m, der zulässigen mittleren Strömungsgeschwindigkeit w_m im Ventilspalt und der wirksamen Kolbenfläche F nach der Gleichung

$$f_s = F\, c_m / w_m. \tag{18}$$

Je niedriger w_m ist, um so kleiner sind die Strömungsverluste, und um so größer ist die Lebensdauer der Ventile. Bei Gebläsen werden, besonders wegen der sonst im Verhältnis zur Gesamtleistung zu hohen Strömungsverluste, Werte für w_m über 20 m/sek nicht zugelassen. Bei Verdichtern für Luft soll w_m die nachfolgenden Werte nicht überschreiten:

bei Drücken bis	10 at	30 at	100 at	500 at	> 500 at
w_m in m/sek	25—35	20—25	15—20	12—15	< 12

Bei leichteren oder schwereren Gasen können diese Werte bis um etwa 25% erhöht bzw. erniedrigt werden.

Der zulässige Ventilplattenhub ist vor allem dadurch begrenzt, daß die Ventile rechtzeitig schließen müssen und nicht zu stark schlagen dürfen. Er hängt von der Dichte des geförderten Mittels und von der Drehzahl ab. Bild 13 bringt Erfahrungswerte.

c) Der durch das Ventil hervorgerufene **Druckverlust** ist $\Delta p = \zeta \gamma w_m^2 / 2g$ (ζ = Widerstandsbeiwert). ζ wird größer mit wachsendem Plattenhub. Mit Rücksicht hierauf ist es vorteilhaft, den erforderlichen Ventilquerschnitt nicht durch großen Hub, sondern bei möglichst geringem Hub durch ein entsprechend großes Ventil oder durch eine entsprechend große Zahl kleiner Ventile zu erreichen. Man kann für Einringventile etwa annehmen $\zeta \approx 2$, für Mehrspaltventile $\zeta \approx 3$ bis 4.

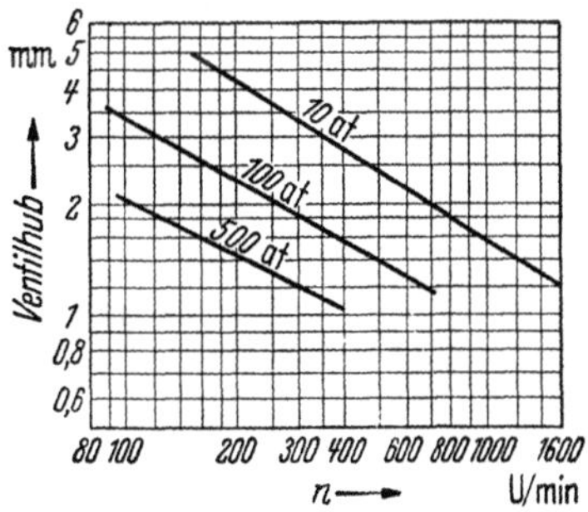

Bild 13. Zulässige Hübe von Plattenventilen

d) Konstruktives. Die Federbelastung der Platten bei geschlossenem Ventil liegt gewöhnlich zwischen 30 und 120 g/cm² Plattenfläche. Die kleineren Werte gelten für niedrige Drehzahlen und geringe Drücke; die Platten der Druckventile sind meist um 50–100% stärker belastet als die der Saugventile. Zu starke Federn verursachen unnötig große Strömungsverluste.

Bild 14 zeigt die Grundform eines selbsttätigen Verdichterventils. Die Ausführungen der zumeist von Spezialfirmen[1] entwickelten Ventilbauarten unterscheiden sich in der Form der Ventilplatten und deren Herstellung, in der Art der Federbelastung und wie die Ventilplatten bei ihrer Bewegung geführt werden. Borsig unterteilt die Ventilplatten in einzelne Ringe, die durch einige schmale Rippen im Hubfänger geführt werden. Die Ventilplatte kann im Betrieb auf ihrem Sitz leicht wandern, was als vorteilhaft angesehen wird.

Hoerbiger verwendet bei seinen Ventilen zumeist durch Lenkerarme reibungslos geführte, etwa 2 bis 3 mm starke Ventilplatten aus einem Stück. Diese werden zwischen Ventilsitz und Hubfänger auf der Spindel festgeklemmt und federn in ihren auf etwa 1 mm aus der Ventilplatte herausgeschliffenen bogenförmigen Stegen. Dadurch wird der Ringrostteil der Ventilplatte, der den Ein- und Austritt des Fördermittels steuert, völlig reibungslos geführt. Eine besondere Polsterplatte, die vom eigentlichen Hubfänger rd. 0,5 mm entfernt ist, dämpft im Zusammenhang mit den Ventilfedern wirksam das Geräusch des Ventilspiels, was diese Ventilbauart für Maschinen mit großen Drehzahlen besonders geeignet macht. Näheres siehe auch Abschnitt „Dieselmaschinen" S. 164/65.

Bis zu einem Druckunterschied von 10–15 at werden die Ventilsitze aus besonders dichtem Gußeisen hergestellt. Darüber hinaus werden sie aus unlegiertem Stahl geschmiedet, wobei die erforderlichen Durchtrittsquerschnitte durch Fräsen oder Bohren eingearbeitet werden müssen. *Sürth* zieht es vor, die Ventile auch für niedrige Drücke aus geschmiedeten Platten oder entsprechendem Stahlblech herauszubrennen.

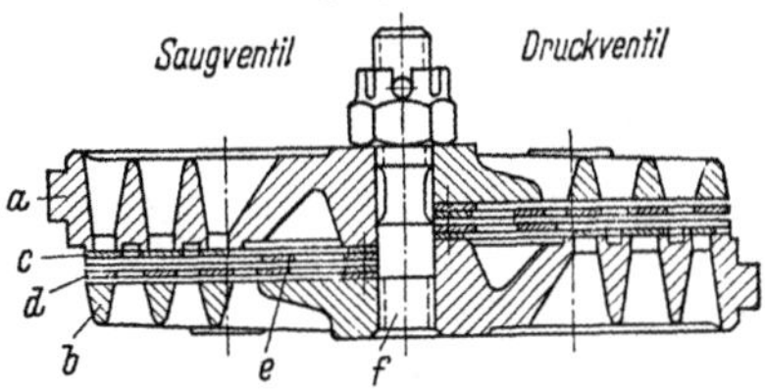

Bild 14. Selbsttätiges Verdichterventil

[1] Borsig, Berlin-Tegel; Dienes, Vilkerath b. Köln; Hoerbiger, Wien; Ibach, Remscheid.

Ventilplatten aus besonders zähem und gegen Schlagwirkung widerstandsfähigem schwach legierten Cr-Ni- oder Cr-Mo-Stahl. Legierte Stähle mit zu geringem C-Gehalt haben sich für hochbeanspruchte Ventilplatten als wenig geeignet erwiesen.

Belastungsfedern der Ventilplatten aus bestem Federstahl. Sie werden vielfach in mehrere kleine zylindrische oder konische Schraubenfedern aufgelöst oder als große Ringfedern mit rechteckigem oder Kreisquerschnitt ausgeführt (bei hohen Drücken oder bei Förderung stark verschmutzter Gase). Bisweilen bestehen die Federorgane aus Ringen mit aus diesen herausgebogenen federnden Zungen. Um Federbrüche zu verhindern, Beanspruchung der Federn kleiner als 1800 kg/cm²*, und zwar einschließlich der durch die Krümmung und Steigung der Feder bedingten zusätzlichen Beanspruchung auf Biegung und Schub. Auch darf die Eigenschwingzahl der Federn nicht zu nahe der Umdrehungszahl der Maschine oder einem Vielfachen davon kommen.

2. Regelung

Die meisten Verdichter-Anlagen arbeiten mit unregelmäßiger Entnahme und müssen daher entsprechend geregelt werden. Die hauptsächlichsten hierfür in Frage kommenden Regelungsarten sind:

a) Verstellen der Drehzahl. Bei Antrieb durch Kolbenkraftmaschinen ist dies die einfachste und beste Regelung.

Bei Gasmaschinen ist es mit Rücksicht auf die Gemischbildung nicht üblich, unter 50% der Nenndrehzahl herunterzuregeln. Bei Dampfmaschinen wird die Drehzahl bis auf rd. 30%, in besonderen Fällen noch weiter vermindert. Die Umlaufzahl der Antriebsmaschine wird von Hand oder auch automatisch geändert, das letzte in der Weise, daß der Gasdruck die Steuerung über einen federbelasteten Kolben derart verstellt, daß bei steigendem Druck eine kleinere, bei sinkendem Druck eine größere Füllung eingestellt wird. Der übliche Fliehkraftregler hat hierbei nur Überschreitung der höchstzulässigen Drehzahl zu verhindern.

b) Stillsetzen. Nur bei kleinen elektrisch angetriebenen Verdichter-Anlagen. Da ein zu häufiges Stillsetzen (höchstens 8 bis 10mal stündlich) nicht empfehlenswert ist, sind entsprechend große Windkessel anzuordnen.

Elektro-pneumatische Regeleinrichtungen, bei denen gleichzeitig auch das Kühlwasser an- und abgestellt wird und der Verdichter unbelastet anfährt, werden z. B. von der AEG und der Firma Hundt & Weber hergestellt.

c) Gleichbleibende Drehzahl. Bei dem heute meist üblichen Antrieb durch Drehstrom-Motoren kommt eine Drehzahlregelung nicht in Frage. In solchen Fällen verwendet man deshalb:

α) *Leerlaufregelung*, namentlich bei kleineren und mittleren Verdichteranlagen. Sobald der Druck den eingestellten Höchstwert überschreitet, wird der Verdichter durch einen vom Windkesseldruck betätigten gewichts- oder federbelasteten Regler auf Leerlauf geschaltet. Zu häufiges Schalten wird vermieden, wenn die Regler Einrichtungen erhalten, die normalen Betrieb erst wieder zulassen, wenn der Druck um ≈ 10% abgesunken ist.

Bild 15. Der von Borsig verwendete gewichtsbelastete Druckregler hat einen Differentialkolben mit einer Differenzfläche von ≈10%. Der durch den Windkesseldruck angehobene Reglerkolben *b* läßt Druckluft aus dem Windkessel *a* durch Kanal *c* unter die Differenzfläche und durch Leitung *d* hinter die Greiferkolben *e* treten; diese werden dadurch gegen den Federdruck bewegt und hindern mit ihren Greifern *g* die Saugventile am Schließen. Wenn der Windkesseldruck soweit abgesunken ist, wie es der jetzt wirksamen, um ≈10% größeren Kolbenfläche entspricht, geht der Reglerkolben wieder nach unten, wobei gleichzeitig die Druckluft hinter dem Greiferkolben ins Freie abgeleitet wird; die Saugventile arbeiten dann wieder normal.

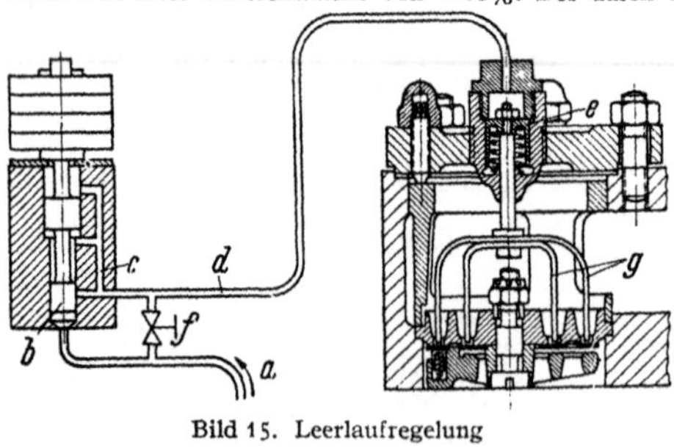

Bild 15. Leerlaufregelung

Leerlauf kann man auch dadurch erreichen, daß man die Saugleitung absperrt. Die Maschine schafft sich ein tiefes Vakuum auf der Saugseite, wobei

* Bd. I, S. 401, *Wolf, A.* in Anm. 1; auch Bd. I, S. 665.

infolge des hohen Druckverhältnisses unter Umständen unzulässig hohe Temperaturen auftreten können.

Zum Anfahren müssen alle Verdichter möglichst vollkommen entlastet werden, z. B. durch Öffnen des Ventils *f* (Bild 15), wodurch Druckluft aus Windkessel unmittelbar hinter die Greiferkolben *e* tritt und sie anhebt. Größere Maschinen haben (zu diesem Zweck) meist besondere Umlaufleitungen.

β) *Zuschaltraum-Regelung.* Diese sehr verlustarme Regelung besteht darin, daß man zum Hubraum eines Verdichters „Schadräume" zuschaltet, wodurch das indizierte Ansaugvolumen und die Fördermenge (S. 214/15) entsprechend verringert wird. Die Zuschalträume können entweder unveränderliches (festes) oder stetig veränderliches Volumen haben, wodurch eine Stufen- oder stufenlose Regelung praktisch bis $\approx 50\%$ der Vollast möglich ist. Die Stufen-Regelung durch Zuschalträume genügt meist beim Vorhandensein einer größeren Anzahl von Verdichtern.

Oft empfiehlt sich auch eine Verbindung von Leerlauf- und Zuschaltraum-Regelung. Größere doppeltwirkende Verdichter können z. B. dadurch stufenweise geregelt werden, daß zunächst zu dem einen und dann auch zu dem anderen Arbeitsraum einer Stufe ein größerer Schadraum zugeschaltet und dadurch die gesamte Liefermenge erst auf $\approx 75\%$ und dann auf 50% verringert wird. Bei weiterem Sinken der benötigten Liefermenge wird zuerst die eine und schließlich die andere Kolbenseite gemäß α) auf Leerlauf geschaltet.

γ) *Stufenlose Mengenregelung.* Die auf diesem Prinzip beruhenden Regelungen, durch welche die Stufen-Regelung im letzten Jahrzehnt vielfach verdrängt wurde, arbeiten in der Weise, daß die Saugventile durch Greiferkolben über einen kleineren oder größeren Teil eines jeden Druckhubes, also periodisch, offengehalten werden.

Bei stufenloser Mengenregelung werden an die Reglerteile hohe Anforderungen bezüglich Dauerhaltbarkeit gestellt, jedoch überwiegen trotz eines unvermeidlichen Verschleißes bei weitem ihre wirtschaftlichen Vorteile.

Eine von Borsig entwickelte Mengenregelung zeigt im Schema Bild 16. Bei jedem Druckhub strömt über ein Rückschlagventil *a* Druckgas einerseits zu den Greiferkolben, andererseits über ein einstellbares Drosselventil *b* in die Saugleitung. Da das Gas durch das Drosselventil je nach dessen Einstellung schneller oder langsamer entweichen kann, ist der auf die Greiferkolben wirkende Druck auch zu Beginn des folgenden Druckhubes noch so hoch, daß die Saugventile eine kürzere oder längere Zeit offengehalten werden. Eingestellt wird das Drosselventil entweder selbsttätig durch den Windkesseldruck oder von Hand. In Sonderfällen, wenn das Absinken des Ansaugedruckes unter den Atmosphärendruck oder unter eine bestimmte Höhe verhindert werden muß, kann das Drosselventil auch selbsttätig in Abhängigkeit vom Ansaugedruck eingestellt werden. Vorteil dieser pneumatischen Mengenregelung mit Steuerung durch Rückschlagventile: Jeder mechanische Antrieb für die Steuerung fällt weg, und die bei anderen Regelsystemen meist vorhandenen großen Greifer können in kleine, unmittelbar an der Ventilplatte angreifende Einzelkolben aufgelöst werden. Ein kleiner Nachteil ist, daß ständig (auch bei Vollast) eine bestimmte Druckgasmenge (rd. 1%) über das Drosselventil in die Saugleitung entweicht.

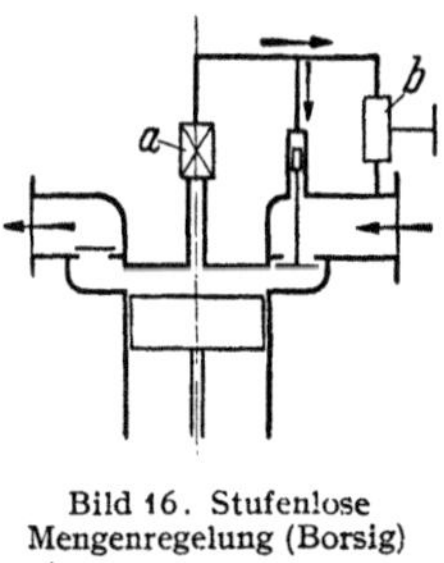

Bild 16. Stufenlose Mengenregelung (Borsig)

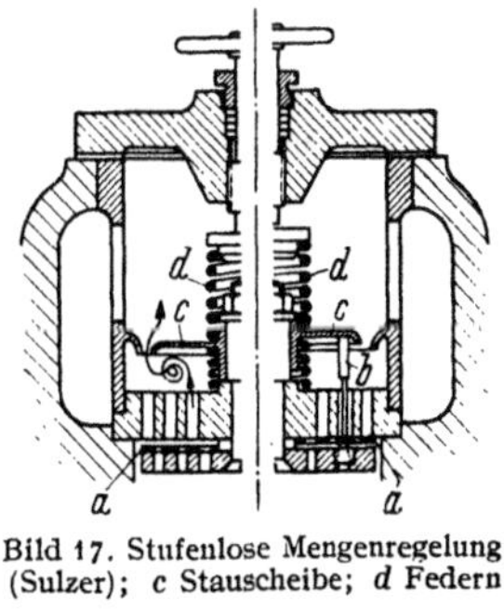

Bild 17. Stufenlose Mengenregelung (Sulzer); *c* Stauscheibe; *d* Federn

Eine stufenlose Regelung von Voll- auf rd. Halblast läßt sich auch dadurch erreichen, Bild 17, daß man die Saugventile durch Federn *d* mit einstellbarer Spannung kürzere oder längere Zeit offenhält. Die Saugventile schließen hier bei jedem Hub erst dann, wenn der bei Rückströmen des Gases entstehende Überdruck auf die Platte *a* die Federkraft überwindet (Strömungsdruck-Ausschubregelung). Sulzer (Winterthur) erweitert den Regelbereich seiner nach diesem Grundsatz arbeitenden selbsttätigen Mengenregelung herab bis auf 20—30% durch eine Stauscheibe *c* nach Bild 17, die den Strömungswiderstand beim Zurückschieben in die Saugleitung erhöht.

Beim Regeln mehrstufiger Maschinen nach den drei beschriebenen Verfahren ist zu beachten, daß, wenn nicht in allen Stufen gleichmäßig geregelt wird, die Zwischendrücke und damit die Kolbenkräfte sich verschieben und dabei die Verdichtungstemperaturen der Endstufen unzulässig steigen können.

F. Zusätzliche Einrichtungen

1. Kühlung

a) Abzuführende Wärmemenge. Durch die Zylinderkühlung wird nur ein geringer Teil der entstehenden Verdichtungswärme abgeführt. Der Hauptteil muß dem Gas in den Zwischenkühlern entzogen werden. Er setzt sich zusammen aus der eigentlichen Gaswärme Q_g und der bei der Verflüssigung und Unterkühlung des mitgeführten Wasserdampfes frei werdenden Wärme Q_w in kcal/h $\approx$ $\approx 600\,G_w$, wenn G_w in kg/h das Gewicht des in dem Kühler verflüssigten Wasserdampfes ist.

Für Q_g in kcal/h gilt bei konstantem c_p und bei G kg/h Fördergewicht

$$Q_g = G\,c_p\,(t_{g1} - t_{g2}) \tag{19}$$

Gastemperatur t_{g2} beim Austritt aus dem Kühler gewöhnlich mit 5–10° über Kühlwassereintrittstemperatur angenommen; Gastemperatur t_{g1} bei Eintritt in den Kühler meist $\approx$ Verdichtungsendtemperatur der betr. Stufe.

Am einfachsten berechnet man Q_g auf Grund der Annahme, daß die gesamte indizierte Leistung N_i' der betr. Stufe im Zwischenkühler als Wärme abzuführen ist, d. h. Q_g in kcal/h $= 632\,N_i'$ mit N_i' in PS.

Im Hochdruckgebiet ist dann entsprechend der auf die gesamte Zustandsänderung im Zylinder und Kühler angewendeten Gl. (3) $Q_g = 632\,N_i' + G\,(i_1 - i_2)$, wenn i_1 die Enthalpie bei Beginn der Verdichtung und i_2 die bei Austritt aus dem Kühler ist. $i_1 - i_2$ läßt sich nur aus der Entropietafel entnehmen (s. Abschn. Wärmegleichung, Entropietafel, S. 210 u. 211). Der Anteil von $i_1 - i_2$ ist besonders groß bei Gasen, deren kritische Temperatur verhältnismäßig hoch liegt.

b) Bei fast allen **Kühlern** Wärmeübergang zwischen Gas und Kühlwasser durch eine Rohrwand. Wenn, wie meist bei *Niederdruckkühlern* ($p < 30$ at), die Wanddicke gering ist gegenüber dem Durchmesser, kann die erforderliche Kühlfläche F nach der Formel für die ebene Wand berechnet werden (s. Bd. I, S. 453 u. bzgl. k u. Δt_m S. 454).

$$Q = k\,F\,\Delta t_m. \tag{20}$$

Bei *Hochdruckkühlern* darf man wegen ihrer größeren Wanddicken die Rohrform nicht vernachlässigen. Man kann bei ihnen die erforderliche gekühlte Rohrlänge L berechnen aus

$$Q = k_R\,\pi\,L\,\vartheta_m \tag{21}$$

mit

$$1/k_R = 1/(\alpha_g\,d_g) + 1/(\alpha_w\,d_w) + (1/2\,\lambda)\cdot\ln\,(d_a/d_i),$$

wobei $1/(k_R\,\pi)$ der Wärmedurchgangswiderstand für 1 m Rohr in m h grd/kcal ist. Hierin ist d_i = Innen-, d_a = Außendurchmesser des Rohres, d_g der Durchmesser auf der Gas-, d_w derjenige auf der Wasserseite. Je nach Kühlerbauart ist $d_w = d_i$ und $d_g = d_a$ oder umgekehrt.

Um die Verschmutzung der Kühlfläche im Betrieb zu berücksichtigen, setzt man in beiden Fällen als Durchgangswiderstand den einer geschichteten Wand ein, die aus der eigentlichen Rohrwand (mit δ und λ), einer Ölschicht auf der Gasseite (mit $\delta_{\text{Öl}}$, $\lambda_{\text{Öl}}$ und d_g) und einer Kalkschicht auf der Wasserseite (δ_K, λ_K, d_W) zusammengesetzt ist. Man rechnet also mit

$$1/k = 1/\alpha_g + 1/\alpha_w + \delta/\lambda + \delta_{\text{Öl}}/\lambda_{\text{Öl}} + \delta_K/\lambda_K$$

und bei $1/k_R$ wegen der geringen Dicke der Öl- und Kalkschicht vereinfacht mit

$$1/k_R = 1/(\alpha_g d_g) + 1/(\alpha_w d_w) + (1/2\,\lambda)\cdot\ln\,(d_a/d_i) + \delta_{\text{Öl}}/(\lambda_{\text{Öl}}\,d_g) + \delta_K/(\lambda_K\,d_W).$$

Für günstige Verhältnisse kann man etwa annehmen eine Ölschicht von 0,05–0,1 mm mit $\lambda_{\text{Öl}} \approx 0{,}1$ kcal/m h grd und eine Kalkschicht von 0,5–1 mm mit $\lambda_K \approx 1$. Für ungünstige Verhältnisse entsprechend dickere Schichten. Für die Wand selbst kann man rechnen mit $\lambda = 40$–50 bei Eisen und $\lambda \approx 300$ kcal/m h grd bei Kupfer.

α_g und α_w hängen stark von der Bauart der Kühler und von der Wasser- und Gasgeschwindigkeit ab[1]. Mit der Wassergeschwindigkeit w_w geht man nicht über 1,5–2 m/sek, während man die Gasgeschwindigkeit möglichst zwischen 5 und 15 m/sek wählt. Bei Rohrschlangenkühlern, in denen w_w sehr gering ist ($<$ 0,1 m/sek), kann man $\alpha_w \approx 300$ kcal/m²h grd annehmen.

2. Schmierung

a) Das **Triebwerk** wird fast ausschließlich durch umlaufendes Drucköl (Öldruck 1,0–3 at) geschmiert, das den Schmierstellen von der Ölpumpe über ein Filter zugeführt wird und nicht öfter als 8 bis 10mal in der Stunde umgewälzt werden soll, damit sich Kondenswasser und etwaige Schwebestoffe absetzen. Das Triebwerksöl muß emulsionsfest und trotz langdauernder Beanspruchung von weitgehend gleichbleibender Beschaffenheit sein.

b) Zylinder. Die unter den wechselnden Gasdrücken und -temperaturen arbeitenden *Gleitflächen* von Kolben, Stopfbuchsen usw. werden mit Zylinderöl geschmiert. Diese sollen nicht nur die Reibung und Abnutzung verringern, sondern auch die feinen Spalte zwischen den gleitenden Flächen abdichten. Das Zylinderöl wird jeder zu schmierenden Fläche (Zylinderbohrung, Stopfbuchse) unmittelbar zugeführt, und zwar durch eine meist zwangläufig angetriebene Mehrfachstempel-Presse, die für jede Schmierstelle einen besonderen Pumpenkolben hat. In jede Schmierleitung ist möglichst nahe der Schmierstelle ein Rückschlagventil einzubauen.

Der *Verbrauch an Zylinderöl* richtet sich nach den von den Kolben und Stopfbuchsen in der betreffenden Zeit überstrichenen Flächen und wächst mit zunehmender Druckdifferenz. Bild 18 gibt einen Anhalt für den auf 100 m² überstrichener Fläche bezogenen Ölverbrauch. Enthält das Gas öllösende Bestandteile, dann sind diese Werte entsprechend zu erhöhen. Es soll nicht mehr als unbedingt nötig geschmiert werden, da anderenfalls die Ventilplatten leichter zum Kleben und Brechen neigen und da jedes Öl unter längerer Einwirkung hoher Temperaturen Ölkohle absetzt.

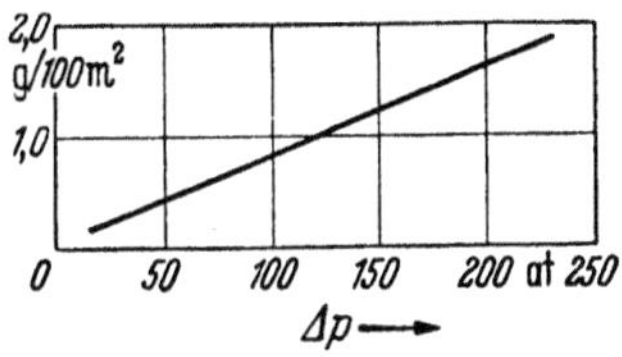

Bild 18
Ölverbrauch für Zylinderschmierung

Zylinderöle müssen frei von Säure, Harz und Asphalt sein und sind mit Rücksicht auf Höchsttemperatur, Gasart und Maschinenbauart auszuwählen. Sie sollen nicht zu zäh sein, da sonst der Kraftbedarf unnötig steigt und da zäheres Öl auch die Neigung zum Kleben und Brechen der Ventilplatten vergrößert. Nur wenn das Gas öllösende Bestandteile enthält oder wenn man bei sehr hohem Druck eine bessere Abdichtung erzielen will, sind mitunter zähere Öle trotz niedriger Gastemperatur nötig. Einen Anhalt gibt Zahlentafel 2.

Zahlentafel 2. *Zylinderöle für Kolbenverdichter*

Art des Verdichters	Flammpunkt °C	Zähigkeit in °E bei 50°C	Stockpunkt °C	Spez. Gew. in kg/lit
Kleine einstufige (bis 6 atü) Maschine für Arbeit im Freien Winter	200–235	5,8–6,25	–34 bis –18	0,88–0,93
Sommer	215–245	11–16	–20 bis –10	
Arbeit im Raum (Winter und Sommer)				
Normale Maschine ($<$ 30 atü) unter 140°	210–235	7–9,5	–20 bis +4,5	
über 140°	230–260	13–21		
Hochdruckverdichter je nach Bauart und Endtemperatur	220–312	8,9–48		
Normale NH_3-Kältemaschine bis –20° Verdampfungstemperatur	170–195	2,8–3,9	–29 bis –30	

[1] S. z. B. *Schack, A.:* Der industrielle Wärmeübergang, 4. Aufl. Düsseldorf: Verlag Stahleisen 1952.

c) Besondere Hinweise. Für *Luft*verdichter dürfen nur reine mineralische Öle verwendet werden, deren Flammpunkt mindestens 40° über der höchsten Lufttemperatur liegen soll. Bei *Sauerstoff*verdichtern würden schon kleinste Spuren von Öl an den mit verdichtetem Sauerstoff in Berührung kommenden Teilen zu Explosionen führen; hier schmiert man deshalb mit destilliertem Wasser, dem 2% Glyzerin zugesetzt werden.

Anzustreben ist gleiches Öl für Zylinder und Triebwerk, was seine Wiederverwendung erleichtert. Die meisten Zylinderöle sind auch gute Triebwerksöle.

3. Sonstiges. Zubehör

a) Das vom Verdichter angesaugte Gas muß durch **Staubfilter** in der Saugleitung gut gereinigt sein, damit Zylinder, Ventile, Stopfbuchsen usw. möglichst wenig verschleißen. Der Staubgehalt soll $< 0{,}03$ mg/m³ sein. Die Filteranlage muß stabil sein, um die harte stoßartige Beanspruchung durch die periodisch ansaugende Kolbenmaschine aushalten zu können.

b) Nach jeder Arbeitsstufe müssen der in der Zwischenkühlung niedergeschlagene Wasserdampf und das Schmieröl sorgfältig abgeschieden werden; das ist auch für die Lebensdauer der Ventile von größter Bedeutung. Nur bei ganz kleinen Verdichtern kann man darauf verzichten.

Kühler, Abscheider und Windkessel möglichst nahe der Maschine anordnen, um **kurze Druckleitungen** zu erhalten. Je kürzere Zeit das Schmiermittel mit heißen Wänden in Berührung ist, um so besser läßt es sich nach entsprechender Aufbereitung wieder verwenden (praktisch bis 85% möglich). Das in den Abscheidern anfallende Wasser und Öl wird in Abständen von $^1/_2$–1 Stunde abgelassen.

c) Um Schwingungen der Luftsäule zu vermeiden, muß man vor allem bei schnellaufenden Maschinen in Saug- und Druckleitungen größere **Pufferräume** oder auch entsprechend große Rohrleitungen mit Drosselscheiben vorsehen.

d) Jede Arbeitsstufe ist (hinter dem Kühler) mit **Sicherheitsventil** auszustatten, von denen jedes in der Lage sein muß, den gesamten Förderstrom abzublasen, wenn z. B. durch Versagen von Abschlußorganen der normale Betriebsdruck der betreffenden Stufe um mehr als 10% überschritten wird. Die Sicherheitsventile dürfen während des Abblasens nicht flattern; sie müssen schnell voll öffnen und, wenn der Druck der Stufe genügend weit gesunken ist, wieder rasch schließen.

G. Bauarten und Beispiele ausgeführter Maschinen

Maßgebend für die Bauart ist in erster Linie die *Zahl der Arbeitsstufen* und ob diese *einfach-* oder *doppeltwirkend* sind. Einfachwirkende Arbeitsstufen findet man in der Regel nur bei kleineren Maschinen und an mehrstufigen Hochdruck-Verdichtern. Die Arbeitsstufen werden so angeordnet, daß die Triebwerkskräfte für Hin- und Rückgang möglichst gleich groß sind (s. a. Abschn. B 5, S. 216).

An ortfesten Verdichtern für Fördermengen über 300 m³/h läßt man, sofern nicht nur kurzzeitig auf einen höheren Druck verdichtet wird, keine größeren Druckverhältnisse als 4:1 je Stufe zu, um hohe Temperaturen und dadurch ungünstige Schmierungsverhältnisse zu vermeiden.

Für Luftverdichter in Bergbaubetrieben besteht eine ältere Vorschrift, daß an keiner Arbeitsstufe Temperaturen über 140°C auftreten dürfen. Unter der Voraussetzung richtiger Messung der Lufttemperaturen (nicht in toten Winkeln, sondern im Strom in unmittelbarer Nähe des Druckventils) würde die Vorschrift ausreichen, daß die höchsten Temperaturen um mindestens 40–50° niedriger sein müssen als der Flammpunkt des verwendeten Schmieröles.

Die Bauart wird ferner beeinflußt durch die *Art des Antriebs*. Im allgemeinen wird man anstreben, die Kolbenverdichter mit marktgängigen Maschinen (Elektromotoren, Dampf- oder Brennkraftmaschinen) direkt zu kuppeln. Riemenantrieb für Leistungen von 1000 PS ausgeführt.

Bei elektromotorischem Antrieb ist meist ein mit der Verdichterwelle direkt gekuppelter (oder aufgesattelter) langsamlaufender Motor dem schnellaufenden Motor mit Zahnradvorgelege vorzuziehen.

Für kleine und mittlere Leistungen werden im allgemeinen stehende Verdichter bevorzugt. Sie benötigen gegenüber den anderen Bauarten die geringste

Grundfläche. Verdichter großer Leistung und mit vielen Verdichtungsstufen werden zumeist bei verhältnismäßig niedrigen Drehzahlen liegend ausgeführt (Bild 24 und 29). Bei dieser Bauart sind alle bewegten und dem Verschleiße ausgesetzten Teile, wie Ventile, Triebwerke, Stopfbüchsen usw. sehr gut zugänglich, und die Zwischenkühler und die Rohrleitungen können günstig im Keller untergebracht werden.

In den letzten Jahren wurden von verschiedenen Herstellern auch stehende Maschinen großer Leistung (Bild 30 und ähnlich) mit höheren Drehzahlen geliefert. Manche Unbequemlichkeiten bei den Rohrleitungen und bei der Unterbringung der Kühler wurden mit Rücksicht auf den günstigen Massenausgleich, geringeren Platzbedarf, die kleineren und leichten Fundamente sowie den billigeren Antrieb in Kauf genommen.

Auch die Boxer-Bauart (Bild 31) sowie die Winkel-Bauart (Bild 27) wurden in jüngster Zeit auch für vielstufige Verdichter wiederholt ausgeführt. Die um 180° gegenläufigen Kolben der Boxer-Bauart ermöglichen einen nahezu vollständigen Massenausgleich und dadurch viel höhere Drehzahlen als bei üblichen liegenden Maschinen. Sie können dadurch vielfach den Vorteil der guten Zugänglichkeit der liegenden Maschinen mit dem Vorteil der höheren Drehzahlen der stehenden Maschinen in sich vereinigen.

Kleinere Verdichter können, solange das Verhältnis der wärmeabführenden Oberfläche zum Hubvolumen des Zylinders nicht zu ungünstig wird, mit Luft gekühlt werden, wovon man bei schwieriger oder wegen Frostgefahr nicht zu empfehlender Verwendung von Kühlwasser (Fahrzeugbetrieb) Gebrauch macht.

Einen für Triebwagen im Ruhrschnellverkehr entwickelten luftgekühlten zweistufigen, dreikurbligen Luftverdichter in V-Form zeigt im Schnitt Bild 19. Bei 2000 U/min, einem Gegendruck von 10 atü und einem Leistungsbedarf von rd. 7 kW liefert der Verdichter 810 lit/min Bremsluft vom Ansaugezustand. Von den sechs Zylindern

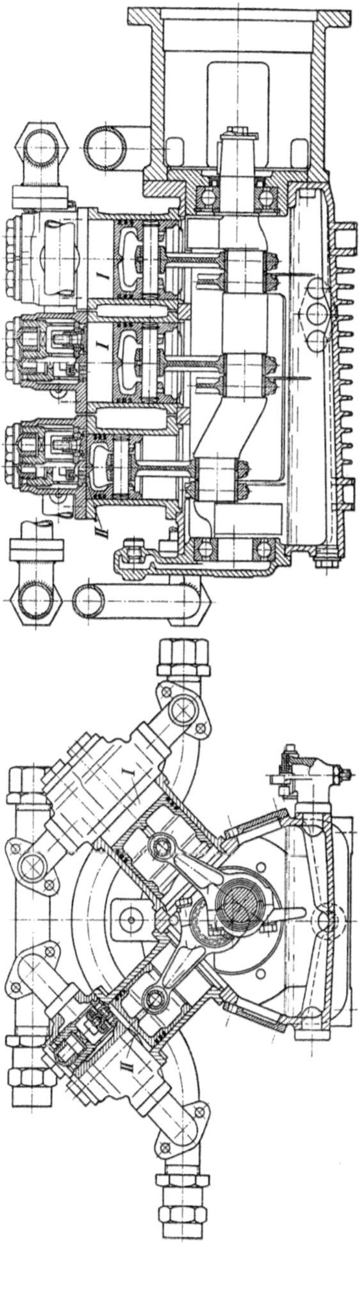

Bild 19. Verdichter für Triebwagenbremsung (Knorr-Bremse GmbH)

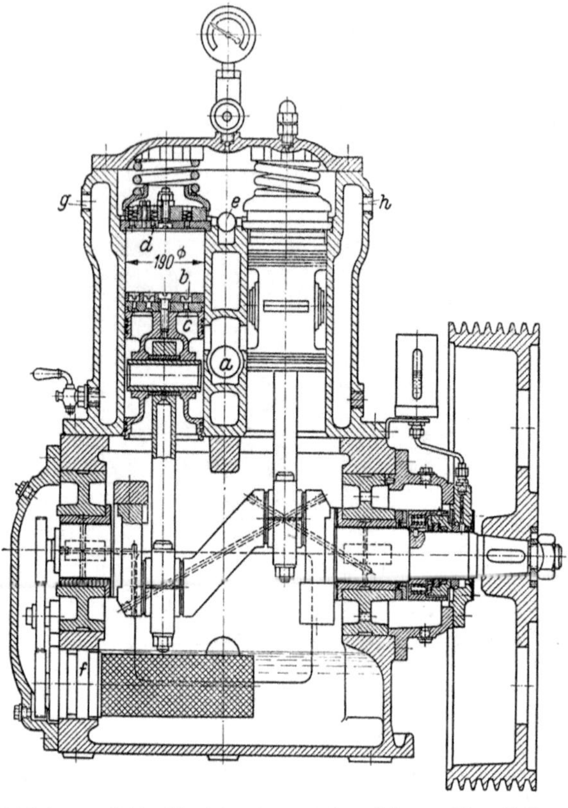

Bild 20. Gleichstromverdichter (Borsig). *a* Ansaugstutzen; *b* Saugventile; *c* Kolben; *d* Druckventile; *e* Druckstutzen; *f* Ölpumpe; *g* Kühlwassereintritt; *h* Kühlwasseraustritt

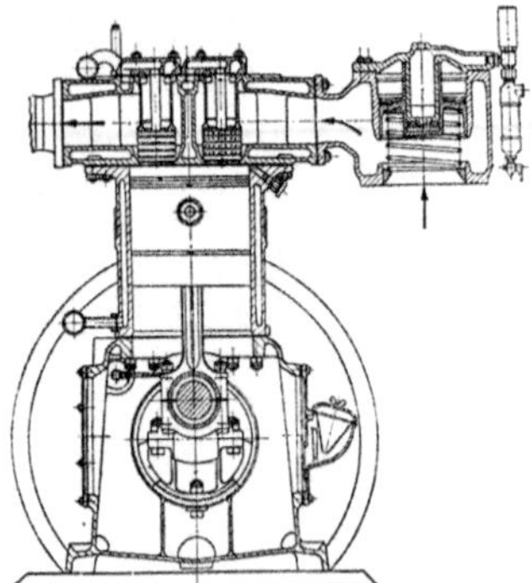

Bild 21. Mehrkurbliger Verdichter mit gekühlten Ventilen (FMA)

in V-Form sind auf jeder Seite zwei der ersten und einer der zweiten Stufe zugeordnet. Der Antriebsmotor, ein Einphasen-Wechselstrommotor, ist über ein Zwischenschild am Verdichter angeflanscht.

Die in Wälzlagern getragene Verdichterwelle ist mit Gegengewichten ausgerüstet und dynamisch ausgewuchtet. Ihre drei Hubzapfen sind um 120° gegeneinander versetzt; über eine stoßdämpfende Kupplung ist sie mit der Motorwelle unmittelbar verbunden. Ein im Lagerschild untergebrachter Filter sorgt für ständige Entlüftung und verhindert, daß Staub von außen in den Kurbelkasten eindringt bzw. Öl nach außen mitgerissen wird. Ölschöpfbleche, die an den Schubstangen befestigt sind und bei jeder Umdrehung in den Ölsumpf eintauchen, sichern die Schmierung des Triebwerkes (Schleuderschmierung).

Einen stehenden wassergekühlten Gleichstrom-Verdichter für Drehzahlen von 750 bis 1000 U/min, der mit zwei und vier Zylindern geliefert wird, zeigt Bild 20. Um kleinste schädliche Räume bei nicht hohen Strömungsgeschwindigkeiten in den selbsttätigen Ventilen

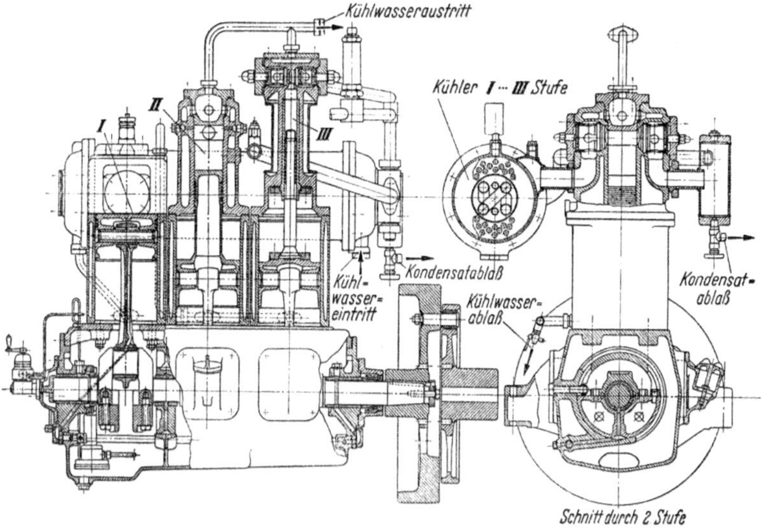

Bild 22. Stehender dreistufiger Dreikurbel-Verdichter (FMA)

zu erzielen, ordnete man die Saugventile *b* im Kolben *c* an. Druckschmierung; die im Ölsumpf untergebrachte Ölpumpe *f* wird durch Zahnräder von der Kurbelwelle aus angetrieben. Die Maschine wird vorwiegend zur Verdichtung von NH_3 für Kälteleistungen bis zu 300 000 kcal/h geliefert, wobei auch im Gehäuse Betriebsdrücke bis zu 12 at auftreten können; daher besonders wirksame Wellenabdichtung unter Öl erforderlich.

Mehrkurbliger Verdichter der Frankfurter Maschinenbau AG (FMA), Querschnitt durch Zylinder, Bild 21. Bei

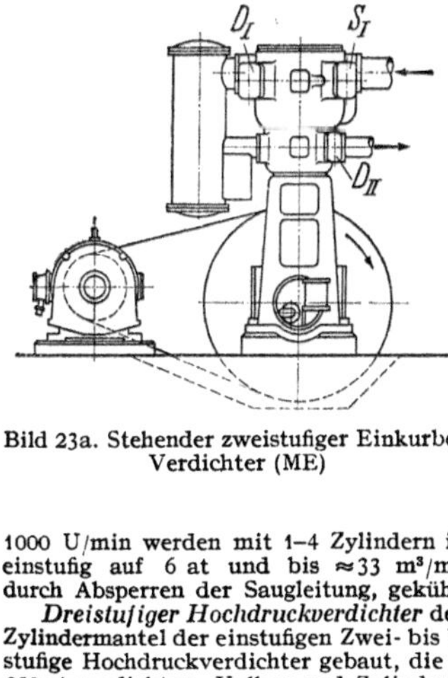

Bild 23a. Stehender zweistufiger Einkurbel-Verdichter (ME)

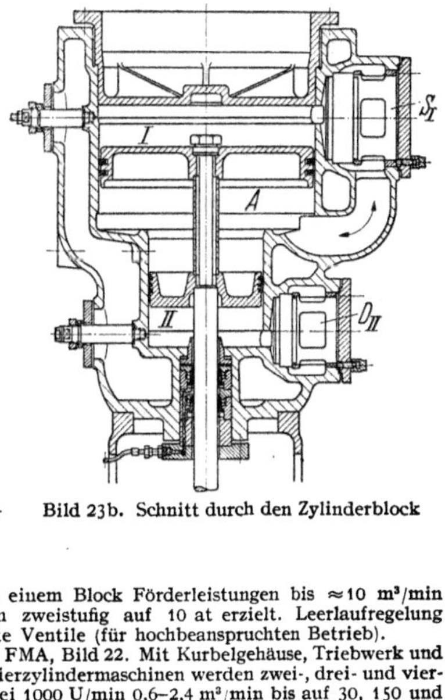

Bild 23b. Schnitt durch den Zylinderblock

1000 U/min werden mit 1–4 Zylindern in einem Block Förderleistungen bis ≈ 10 m³/min einstufig auf 6 at und bis ≈ 33 m³/min zweistufig auf 10 at erzielt. Leerlaufregelung durch Absperren der Saugleitung, gekühlte Ventile (für hochbeanspruchten Betrieb).

Dreistufiger Hochdruckverdichter der FMA, Bild 22. Mit Kurbelgehäuse, Triebwerk und Zylindermantel der einstufigen Zwei- bis Vierzylindermaschinen werden zwei-, drei- und vierstufige Hochdruckverdichter gebaut, die bei 1000 U/min 0,6–2,4 m³/min bis auf 30, 150 und 250 at verdichten. Kolben und Zylinder der 1. Stufe entsprechen der einstufigen Maschine.

Bei den höheren Stufen dient der Zylindermantel nur als eine Art Kreuzkopfführung, die eigentlichen Arbeitszylinder sind auf den Führungszylindern aufgebaut. Die Zwischenkühler sind in einem seitlich am Zylinderblock angeordneten liegenden Behälter untergebracht. Aus Bild 22 ist zu erkennen, daß die bisherige Schmierung des Triebwerkes durch Schleuderöl in letzter Zeit auf Drucköl umgestellt worden ist.

Zweistufiger Verdichter der Maschinenfabrik Eßlingen (ME), stehend, einkurblig, Bild 23a. Bei 750–500 U/min werden in zwei Stufen 4–20 m³/min Luft oder Gas auf 8–10 at verdichtet. Bild 23b zeigt den Schnitt durch den Zylinderblock. Zwischen der 1. und 2. Stufe ist ein Ausgleichraum *A* angeordnet, der mit der Saugleitung in Verbindung steht. Der leicht gebaute Stufenkolben ist in zwei über ein Distanzrohr miteinander verschraubte Scheibenkolben aufgelöst. Das Triebwerk ist völlig eingekapselt und wird wie der Zylinder durch zwangläufig angetriebene Ölpumpen geschmiert.

Das Stufenschema einer für größere Fördermengen geeigneten liegenden zweistufigen Bauart zeigt Bild 24a. Die oft mit Schwebekolben ausgerüsteten Maschinen werden durch auf die Kurbelwelle aufgesattelte Elektromotoren angetrieben. Derartige Verdichter werden auch

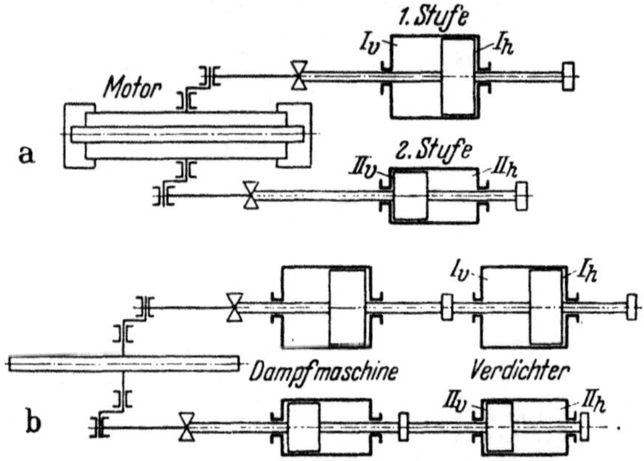

Bild 24. Liegende zweistufige Zweikurbel-Verdichter
a) mit elektrischem Antrieb b) mit Antrieb durch Dampfmaschine

vorteilhaft nach Abb. 24b direkt von den verlängerten Kolbenstangen einer zweikurbligen Verbund-Dampfmaschine angetrieben. Nach dieser Bauart sind Großverdichter der DEMAG mit Dampfantrieb für 25000 Nm³/h auf 6–8 atü auf verschiedenen Zechen des Ruhrgebietes für die Ferngasversorgung in Betrieb. Sämtliche Kolben sind freischwebend angeordnet, und die Kolbenstangen werden von den Kreuzköpfen und den in den Laternen und hinteren Führungen gleitenden Tragstücken unterstützt.

Bild 25 zeigt einen dreistufigen dreikurbligen Gasverdichter für Trockenlauf. Die Maschine verdichtet bei 350 U/min und einer Antriebsleistung von rd. 200 PS 1200 m³/h von 1 auf 23 atü. Die Zylinder aus Sondergußeisen sind doppeltwirkend. Die Kolben und Stopfbuchsen werden durch mehrteilige Ringe aus verschleißfester Sonderkohle abgedichtet bzw. im Zylinder geführt. Der Abstand der Dichtringe der unteren Stopfbüchse (für Sperrgas) von den das Kurbelgehäuse nach oben abschließenden und die Ölabstreifringe aufnehmenden Deckeln ist so gewählt, daß kein Schmieröl an die Kohleringe gelangen kann. Konstruktion und Fertigung der im Gasteil völlig ohne Öl oder ein anderes Schmiermittel arbeitenden Verdichter wurden in den letzten Jahren so vervollkommnet, daß vielfach Laufzeiten von über 1 Jahr (im Tag- und Nachtbetrieb) erzielt werden, ohne daß Dichtelemente ausgewechselt werden müssen.

Alle drei Verdichtungsstufen werden von Vollast bis Halblast durch eine Strömungsdruck-Ausschubregelung automatisch stufenlos geregelt[1]. Außerdem sind an jeder Stufe feste Zuschalträume vorgesehen, welche die Förderleistung in drei Stufen auf 70% verringern lassen.

Bild 26 zeigt einen wassergekühlten doppeltwirkenden Einkurbel-Verdichter in Fächer-Bauart mit zwei Zylindern, 1. Stufe außen und ein Zylinder 2. Stufe in der Mitte. Mit 500 bis 750 U/min können diese Verdichter 2000 bis 5000 m³/h auf 9 at verdichten. Kleinere Förderleistungen von 1000 bis 2500 m³/h werden als Zweizylinder-Maschinen in V-Anordnung mit je 1 Zylinder für die 1. und 2. Stufe bei 750 U/min ausgeführt. Durch Gegengewichte lassen sich die hin- und hergehenden Massenkräfte erster Ordnung befriedigend ausgleichen.

[1] s. S. 223.

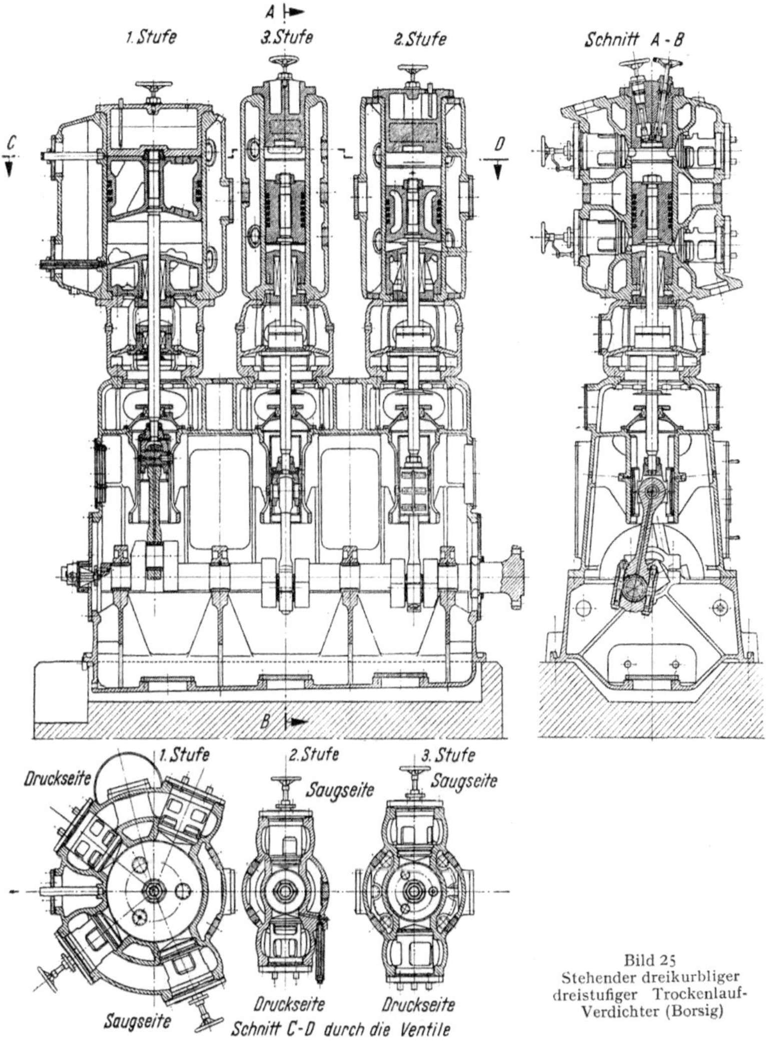

Bild 25
Stehender dreikurbliger dreistufiger Trockenlauf-Verdichter (Borsig)

Bild 27 zeigt im Schnitt einen Ingersoll-Rand-Verdichter in Winkelbauart, Zylinder 1. Stufe stehend, Zylinder 2. Stufe liegend, wie er für Förderleistungen von rd. 1000 bis 6000 m³/h bei rd. 600 bis 300 U/min gebaut wird. Die in zwei Lagern unterstützte Kurbelwelle hat nur einen Kurbelzapfen, an dem unmittelbar nebeneinander die Schubstangen angreifen, welche die Kolben beider Stufen antreiben. Die hin- und hergehenden Massenkräfte erster Ordnung können durch Gegengewichte in den Kurbelwangen vollkommen ausgeglichen werden. Die vorteilhafte Stufenanordnung, die in den letzten Jahren von Firmen des In- und Auslandes[1] übernommen wurde, baut relativ leicht.

---

[1] Atlas-Diesel, Stockholm; Borsig, Berlin-Tegel; Demag, Duisburg; Halberg, Ludwigshafen; Mannesmann-Meer, Mönchen-Gladbach u. a.

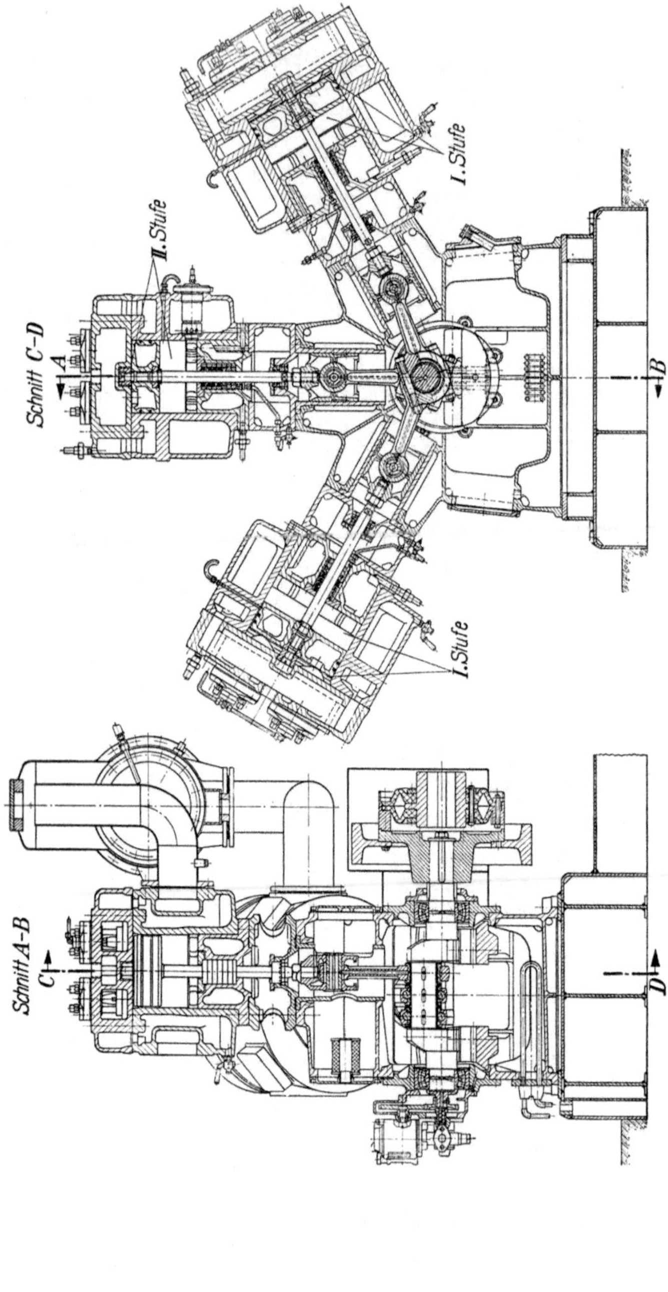

Bild 26. Zweistufige Einkurbel-Verdichter in Fächer-Bauart (Demag-Duisburg)

Vierstufiger einkurbliger Gas-Tank-Verdichter der Maschinenfabrik Eßlingen (ME), Bild 28, Schnitt durch die stehenden Zylinder; verdichtet bei 400 U/min 60 bzw. 180 m³/h auf 300–400 at. Durch Einbau von Saugventilen an der zwischen der 1. und 3. Stufe liegenden Ausgleichstufe kann die Förderleistung um ≈30% erhöht werden. Das Kurbelgehäuse und das Triebwerk sind die gleichen wie bei der in Bild 23 gezeigten Maschine. An der 3. und 4. Stufe wird das Gas durch die über den Ventilen liegenden Deckel zu- und abgeführt. Damit auch ohne Kühlung der letzten Stufe keine zu hohen Gastemperaturen auftreten, sind die die Wärme von der heißen Druckseite zur kalten Saugseite weiterleitenden Flächen a äußerst klein gehalten.

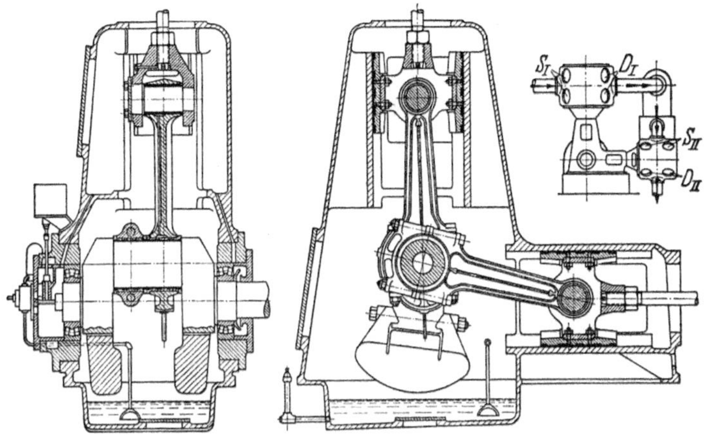

Bild 27. Ingersoll-Rand-Verdichter

Bild 29: Stufenschema und Schnitt durch die geschmiedeten Hochdruckstufen der für die Kohlehydrierung in Deutschland vielfach gebauten *sechsstufigen Hochdruckverdichter* mit Antrieb durch auf die Verdichterwelle aufgesattelten 4000 kW-Synchronmotor. Das Gas wird in den ersten drei Stufen auf 2, 10 und 28 at verdichtet. Bei ≈26 at wird das aus der CO_2-Wäsche kommende Gas von der 4. Stufe wieder angesaugt und in den drei Hochdruckstufen auf 70, 160 und 325 at weiterverdichtet. Von der geteilten 4. Stufe liegt die kleinere vorn unmittelbar an der Stopfbuchse. Sämtliche Gußzylinder und die Hochdruckzylindergruppe liegen auf Pendelstützen, die sich sehr gut bewährt haben, da sie die Nachteile der bei kleinen Längsbewegungen beobachteten unzureichenden Schmierung von Gleitfüßen vermeiden.

Bild 30 zeigt einen stehenden dreikurbligen, in einer Ammoniak-Synthese-Anlage aufgestellten Gasverdichter. Bei rd. 10 at werden 12700 Nm³/h angesaugt und in fünf Stufen bei 250 U/min und einem

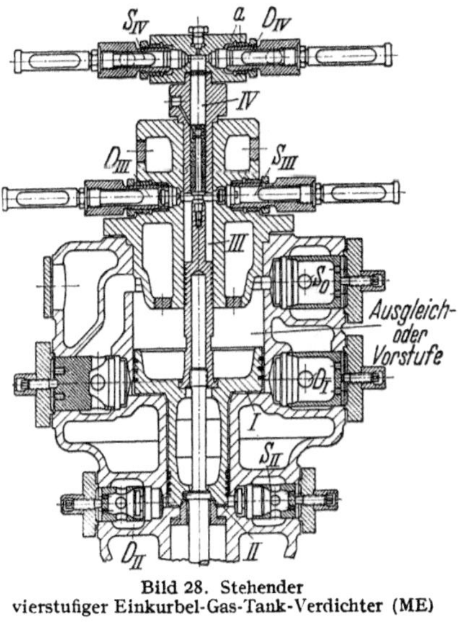

Bild 28. Stehender vierstufiger Einkurbel-Gas-Tank-Verdichter (ME)

Leistungsbedarf von rd. 2800 PS auf 460 at verdichtet. Nach der 1. Stufe werden bei 20 at rd. 10% der im Gas vorhandenen Kohlensäure CO_2 durch Wasser und nach der 4. Stufe bei 170 at geringe noch vorhandene Mengen an Kohlenoxyd CO durch Natronlauge ausgewaschen.

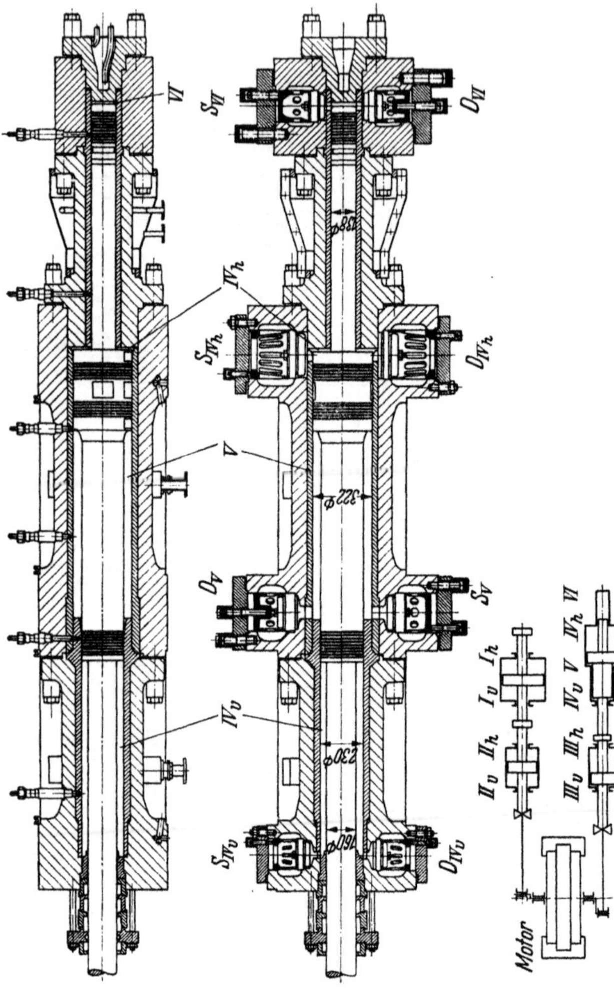

Bild 29. Stufenschema und Schnitt durch die Hochdruckseite eines sechsstufigen Großverdichters

Die doppeltwirkenden Zylinder der 1. und 2. Stufe aus Sonder-Grauguß sind übereinander angeordnet. Die Fördermengen der einfachwirkenden Zylinder der 3. bis 5. Stufe sind in zwei völlig gleiche Gruppen unterteilt und auf zwei Kurbeln verteilt. Die in zwei Teilen aus Stahl gegossenen Zylinder der 3. und 4. Stufe sind miteinander verschweißt bzw. verschraubt. Der Zylinder der 5. Stufe besteht aus einem sorgfältig erschmolzenen und verschmiedeten Elektro-Sonderstahl. In alle Zylinder aus Stahl sind Laufbuchsen aus einem verschleißfesten Sondergußeisen eingeschrumpft.

Die Kurbelwelle ist vierfach gelagert und mit der Motorwelle durch Flansch fest verbunden. Das Gewicht des Rotors wird zu rd. 1/3 von dem ersten Lager des Verdichters, zu rd. 2/3 von einem an die Triebwerksschmierung des Verdichters angeschlossenen Außenlager aufgenommen. Die hin- und hergehenden Massen des Triebwerks und der Kurbelversatz sind so angeordnet, daß nahezu keine freien Massenkräfte vorhanden sind. Die Zahnradpumpe für die Druckschmierung des Triebwerks wird durch einen getrennt aufgestellten Elektromotor angetrieben, der auch die Pumpen-Aggregate für die Schmierung der Zylinder antreibt. Die

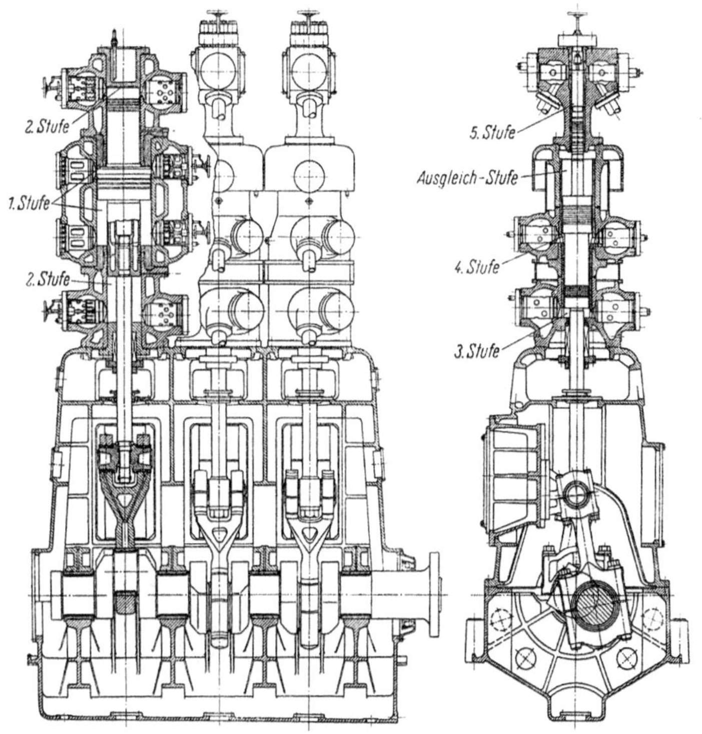

Bild 30. Fünfstufiger stehender Hochdruckverdichter (Borsig)

Kurbelzapfenlager werden durch Bohrungen in den Schubstangen von den Kreuzköpfen aus geschmiert, so daß die Tragfähigkeit der Lager durch umlaufende Ringnuten nicht geschwächt wird.

Bild 31 zeigt eine liegende sechsstufige Zweikurbel-Maschine mit gegenläufigen Kolben, Boxer-Bauart, welche 4600 Nm³/h Stickstoff N_2 von rd. 1 auf 201 at verdichtet. Die Maschine arbeitet mit 188 U/min bei einem Hub von 500 mm und benötigt eine Antriebsleistung von rd. 1500 PS. Zu beiden Seiten der Kurbelwelle befinden sich die an dem Kurbelkasten angeschraubten Kreuzkopfführungen und die auf Pendelstützen ruhenden und sich nach beiden Seiten frei ausdehnenden Zylindergruppen von je drei Arbeitsstufen. Die doppeltwirkende 1. und 2. Stufe ist jeweils zwischen den einfachwirkenden 3. und 6. bzw. 4. und 5. Stufen angeordnet. Die gegenläufigen Differentialkolben sind mit Rücksicht auf geringe Massenkräfte geschweißt ausgeführt und werden durch Gleitbacken aus Metall, die auf dem Kolben der 1. und 2. Stufe aufgebracht sind, unterstützt bzw. geführt. Die Zylinder der 1. bis 4. Stufe sind aus hochwertigem Grauguß hergestellt; in die Zylinder der 5. und 6. Stufe aus geschmiedetem Stahl sind gußeiserne Laufbuchsen eingeschrumpft. Sämtliche Druckventile werden zum Vermeiden von Wärmespannungen mittels Federn auf ihre Sitze gedrückt.

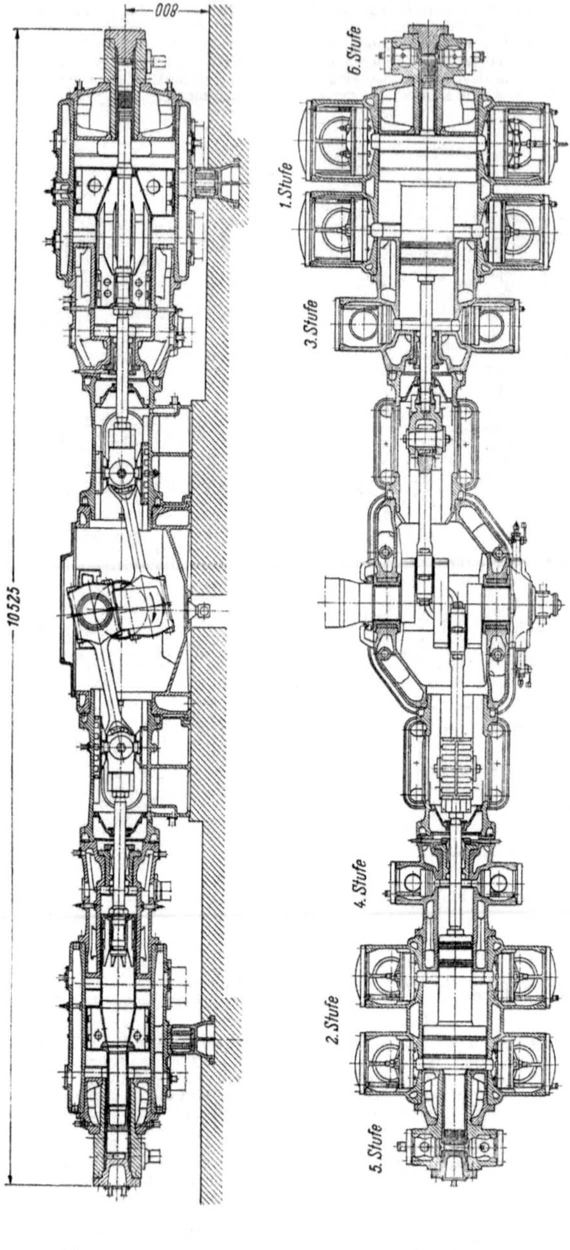

Bild 31. Sechsstufiger Stickstoff-Verdichter in Boxerbauart (Halberg, Ludwigshafen)

Kolbenpumpen

Bearbeitet von Dipl.-Ing. **Ch. Bouché,** Berlin

Literatur: 1. *Berg, H.:* Die Kolbenpumpen. 3. Aufl. Berlin: Springer 1926. — 2. *Fuchslocher-Schulz:* Die Pumpen. 10. Aufl. Berlin: Springer 1959. — 3. KSB-AMAG-Handbuch, Bd. 1: Pumpen. 1. Aufl. 1954, Frankenthal (Pfalz).

A. Grundlagen

Sie sind bei niedriger Kolbengeschwindigkeit auch geeignet zum Fördern von breiigen Massen und bei entsprechender Werkstoffwahl zum Fördern von aggressiven Stoffen. Dann oft als Membranpumpen ausgeführt, bei denen eine Membran aus Gummi oder Kunststoff die Hubbewegung ausführt; sie trennt das Medium vom Triebwerk (s. a. Konstruktion Bd. 10 (1958) Nr. 10 S. 419).

1. Saugwirkung

Die treibende Kraft, die das Wasser in den Pumpenraum drückt, wird dem atmosphärischen Luftdruck A entnommen (Bild 1, links unten); sie wird verringert durch die Saughöhe, die Widerstandshöhe, hervorgerufen durch Reibungsverluste in der Saugleitung und im Saugventil, die Beschleunigungshöhe, die zum Beschleunigen des Wassers gebraucht wird, die Ventilbelastung des Saugventils und die Dampfspannung des Wassers.

a) Atmosphärischer Luftdruck. Die Höhe des verfügbaren atmosphärischen Luftdrucks richtet sich nach dem tiefsten Barometerstand am Standort der Pumpe. Der mittlere Barometerstand bei 10 °C, umgerechnet in m WS, beträgt bei einer Höhe über Meeresspiegel von

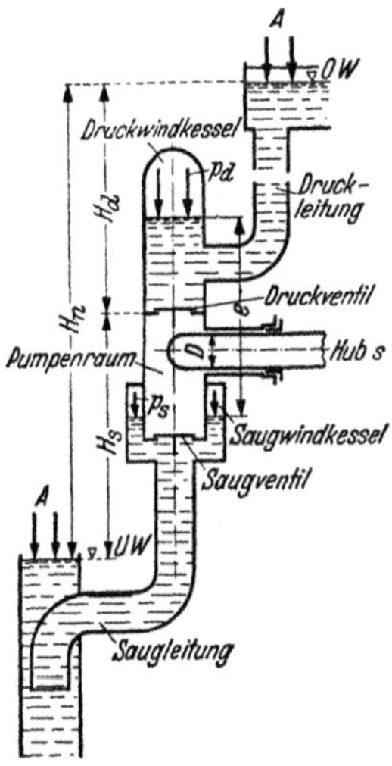

Bild 1

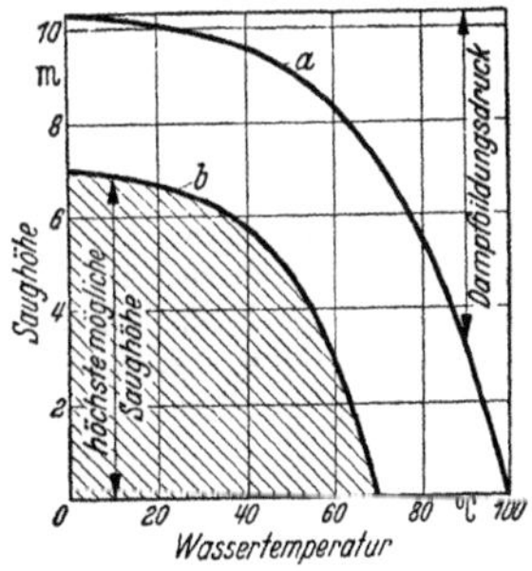

Bild 2

0	100	200	300	400	500	600	700	800	900	1000	1500	2000	2500	m
10,3	10,2	10,1	9,9	9,8	9,7	9,6	9,5	9,4	9,3	9,2	8,6	8,1	7,7	m WS

b) Dampfspannung. Für Wasser beträgt der Dampfbildungsdruck (Sättigungsdruck), umgerechnet in m WS, nach Bild 2 bei einer Temperatur von

5	10	20	30	40	50	60	70	80	90	100	°C
0,09	0,12	0,24	0,43	0,75	1,26	2,03	3,18	4,83	7,15	10,33	m WS

Zieht man vom atmosphärischen Luftdruck, der bei 0 m Ortshöhe im Mittel 10,3 m beträgt, den der Wassertemperatur entsprechenden Dampfbildungsdruck ab, so ergibt sich Kurve *a*. Mit einer gut durchgebildeten Pumpe kann man die durch die Kurve *b* angegebenen Saughöhen erreichen. Man wird bei Wasser von 15° C mit der Saughöhe nicht über 7 m gehen und bei 70 °C das Wasser der Pumpe zulaufen lassen.

c) Einfluß des spez. Gewichtes. Hat die zu fördernde Flüssigkeit das spez. Gew. γ, so ist die zulässige Saughöhe mit γ_w/γ zu multiplizieren, wobei γ_w = spez. Gew. des Wassers. Bei leichtflüchtigen Brennstoffen soll die Saughöhe möglichst null sein, da bei Undichtheit der Saugleitung oder der Stopfbuchse Luft zutreten kann (Gefahr der Bildung explosibler Gemische, zumal die Dampfbildung bereits bei geringeren Unterdrücken als bei Wasser auftritt). Bei Mineralölen hat die Zunahme der Zähigkeit bei Temperaturabnahme auf den Leitungswiderstand bedeutenden Einfluß.

d) Reibungsverluste (in m WS, auch Reibungshöhe genannt). S. Bd. I, S. 291. Die Reibungshöhe, von w^2 abhängig, nimmt bei Verkleinerung des Rohrdurchmessers mit d^5 zu. Der Saugleitungsdurchmesser ist daher möglichst groß zu wählen.

e) Beschleunigungshöhe (in m WS). Bei der nichtstationären Bewegung im Eintauchrohr und im Pumpenraum muß das Wasser zu Beginn der Bewegung beschleunigt werden; die dazu erforderliche Beschleunigungshöhe, in m WS, ist vom atmosphärischen Luftdruck abzuziehen. Gegen Ende der Saugperiode drückt das Wasser gegen Ventile und Kolben (Verzögerung).

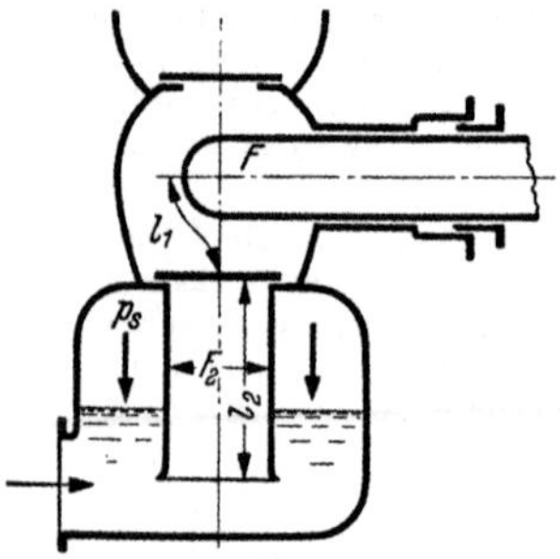

Bild 3

Der Kolben erhalte in der linken Totlage, Bild 3, vom Kurbeltrieb die Beschleunigung $b_{e1} = r\omega^2(1 + r/l)$; s. Bd. I, Maschinenteile (Kurbeltrieb); die dem Kolben im Pumpenraum folgende Wassersäule habe die Fläche F = Kolbenfläche und die Länge l_1; im Eintauchrohr sei die Wassermenge durch F_2 und l_2 gegeben, ihre Beschleunigung sei b_{e_2}. Die Beschleunigungshöhe ist $H_b = 1/g \cdot (b_{e_1} l_1 + b_{e_2} l_2)$ in m WS; $b_{e2} = b_{e_1} \cdot F/F_2$; b_{e_2} ist linear vom Flächenverhältnis, also quadratisch vom Durchmesserverhältnis abhängig. Man macht $F_2 > F$; dann wird $b_{e_2} < b_{e_1}$. Bringt man den Saugwindkessel nahe an das Saugventil heran, zieht z. B. den Saugwindkessel hoch, dann wird l_2 klein, s. Bild 1.

Die Beschleunigungshöhe ist vom Luftdruck p_s im Saugwindkessel aufzubringen, indirekt also vom äußeren Luftdruck. Reicht dieser nicht aus, dann kann das Wasser dem Kolben bei Beginn des Saughubes nicht folgen; es trifft später mit Stoß auf den Kolben.

Setzt man für Überschlagsrechnung $F_2 = 2F$ und $r/l = 1:5$, so wird $H_b \approx 0{,}12\, r\omega^2(l_1 + 0{,}5\, l_2)$; für das vordere Ventil einer doppeltwirkenden Pumpe wird $H_b \approx 0{,}08\, r\omega^2(l_1 + 0{,}5 l_2)$, da hier $b_{e_1} = r\omega^2(1 - r/l)$.

Die Kraft für Anheben und Beschleunigen des Saugventiltellers ist verhältnismäßig gering.

2. Förderhöhen

a) Nutzförderhöhe H_n. Bei Förderung in einen offenen Hochbehälter (Bild 1) ist H_n die Nutzhöhe, auch statische, geodätische Förderhöhe genannt. H_n ist der senkrechte Abstand zwischen Unterwasser- (UW) und Oberwasserspiegel (OW). Ist H_s = Saughöhe, gemessen vom UW bis zum höchsten Punkt des Pumpenraumes (Dichtungsfläche des Druckventils) und H_d = Druckhöhe, so wird $H_n = H_s + H_d$.

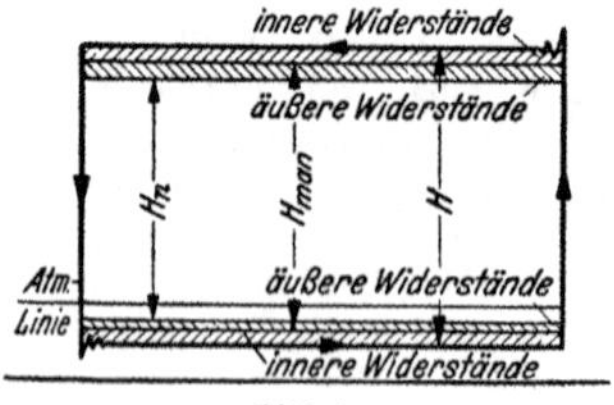

Bild 4

b) Die **manometrische Förderhöhe H_{man}** ergibt sich aus den Anzeigen p_s des Vakuummeters am Saugwindkessel und p_d des Manometers am Druckwindkessel und dem Höhenunterschied e beider Wasserspiegel. $H_{man} = P_s/\gamma + P_d/\gamma + e$; ($P_s$, P_d in kg/m²). H_{man} ist um den Betrag der Reibungswiderstände in den Saug- und Druckleitungen und in den Windkesseln größer als H_n (äußere Widerstände).

c) Die von der Pumpe zu überwindende **Gesamtförderhöhe** H ist größer als H_{man}, und zwar um die hydraulischen Reibungs- und Bewegungswiderstände innerhalb der Pumpe selbst, Ventilwiderstände, Umlenkung und Beschleunigung des Wassers (innere Widerstände); vgl. Bild 4.

3. Wirkungsgrade, Kraftbedarf

a) Liefergrad λ (volumetrischer Wirkungsgrad):

$$\lambda = \frac{\text{tatsächliche Wasserlieferung}^1}{\text{theoretische Wasserlieferung}} = \frac{Q}{Q_{th}};$$

Q ist durch Versuch zu bestimmen; Q_{th} ist aus den Abmessungen und der Drehzahl der Pumpe zu berechnen. λ berücksichtigt die Wasserverluste in der Pumpe durch Undichtheit der Stopfbuchsen, Kolben, Ventile; verspäteter Ventilschluß, Luft- bzw. Gasgehalt der Flüssigkeit und fehlerhafter Bau (Luftsack) verschlechtern den Liefergrad. Er ist in weiten Grenzen vom Zustand der Pumpe abhängig.

$\lambda = 0{,}98$ bis 0,96 für gut instandgehaltene große Wasserwerkspumpen,
$\lambda = 0{,}98$ „ 0,95 „ „ „ „ Schmutzwasserpumpen,
$\lambda = 0{,}98$ „ 0,93 „ Handelspumpen mittlerer Leistung.

Sinkt der Liefergrad unter $\approx 0{,}92$, so liegen Fehler an der Pumpe vor, starke Abnutzung der Dichtflächen usw.

b) Hydraulischer Wirkungsgrad η_h. α) *Für die gesamte Pumpenanlage:*

$$\eta_h = \frac{\text{Nutzförderhöhe}}{\text{Gesamtförderhöhe}} = \frac{H_n}{H};$$

H wird aus dem Diagramm bestimmt. η_h gibt Aufschluß über die gesamten hydraulischen Verluste in der Pumpe *und* den Rohrleitungen. Ist z. B. für die Schmutzwasserpumpe einer Großstadt, die das Wasser durch lange Rohrleitungen auf die Rieselfelder drückt, $H_n = 15$ und $H = 45$ m, so ist $\eta_h = 15/45 = 0{,}33$. Dieser Wirkungsgrad bezieht sich also auf die *gesamte* Anlage.

β) *Für Pumpe allein:* Da man die Verluste in den Rohrleitungen bei Beurteilung der bloßen Pumpe dieser nicht zur Last legen darf, ist es erforderlich, den hydraulischen Wirkungsgrad der Pumpe allein zu berechnen: $\eta_{hP} = H_{man}/H$; $H - H_{man}$ = hydraulische Verluste in der Pumpe, hauptsächlich Ventilwiderstände, deren Größe für Saug- und Druckventile zusammen kaum < 2 m sein werden (vgl. Bild 10, S. 243). Betragen die Verluste z. B. 2 m, so wird bei

$H_{man} =$ 8 m, $\eta_{hP} = 8/(8+2) = 0{,}8$; unwirtschaftlich!
„ 98 m, $\eta_{hP} =$ 0,98.

Bild 5: η_{hP} in Abhängigkeit von H_{man} bei 2 und 4 m hydraulischen Verlusten. Daraus folgen die wirtschaftlichen Grenzen für Kolbenpumpen und der Zwang, für niedrige Förderhöhen Ventile mit geringen Widerständen zu wählen.

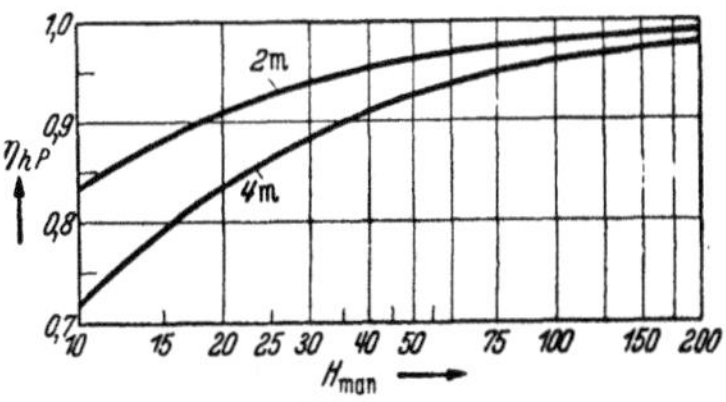

Bild 5

c) Mechanischer Wirkungsgrad η_m.

$$\eta_m = \frac{\text{indizierte Pumpenleistung}}{\text{Kupplungsleistung}} = \frac{N_i}{N_k},$$

[1] Hierfür auch gebräuchlich: Liefermenge, Fördermenge, Förderstrom. Dimensionen lit/sek, m³/sek usw.

wenn N_k die Kupplungsleistung an der Pumpenwelle ist; N_i ist aus dem Indikatordiagramm zu bestimmen. η_m gibt die mechanischen (Reibungs-) Verluste im Triebwerk, am Kolben und an den Stopfbuchsen an; $\eta_m = 0{,}88$ bis 0,95. Bei stehender Bauart η_m meist höher als bei liegender.

d) Gesamtwirkungsgrad η. Für die gesamte Pumpenanlage ist

$$\eta = \frac{\text{Nutzleistung in gehobenem Wasser}}{\text{Kupplungsleistung}} = \frac{\gamma\, Q\, H_n}{75\, N_k} = \lambda\, \eta_h\, \eta_m .$$

η gibt sämtliche Verluste, auch die in den Leitungen, an; N_k in PS; γ in kg/dm³; Q in dm³/sek; H_n in m.

Werte für η:

$\eta = 0{,}8$ bis 0,9 für Pumpen mit Kurbeltrieb; die höheren Werte bei mittleren und großen Förderhöhen und stehender Bauart.

$\eta = 0{,}9$ bis 0,97, wenn N_k von der Kolbenstange der unmittelbar gekuppelten Antriebmaschine übertragen wird.

4. Regelung der Wasserlieferung

Gemäß Grundgleichung $Q = F s n \lambda / 60$ (S. 241) kann Q während des Laufs durch Verändern von 1) Drehzahl n, 2) Hub s, 3) Liefergrad λ geregelt werden.

Zu 1). Drehzahlregelung meist angewendet; bei dampfbetriebenen Kurbeltriebpumpen durch Verstellen des Reglers leicht möglich, desgl. bei schwungradlosen Kesselspeisepumpen durch Drosseln des Dampfdrucks. Bei elektrisch angetriebenen Pumpen ist die Regelbarkeit des Elektromotors maßgebend; diese im allg. jedoch nur in geringen Grenzen möglich.

Zu 2). Hubveränderung in Sonderfällen bei Preßpumpen ausgeführt. Antrieb der Kolbenstange durch Schwinghebel ähnlich der Schiebersteuerung von Dampflokomotiven s. S. 111, Bild 28; s. a. Lit. 2, dort S. 170.

Zu 3). Geringe Regelung vorübergehend möglich durch Öffnen eines „Schnüffelventils", das beim Saughub eine bestimmte Luftmenge ansaugt und sich beim Druckhub selbsttätig schließt. Bei größerer Saughöhe kann jedoch dadurch die Saugwirkung unterbrochen werden.

Besondere Regelung bei Brennstoff- und Einspritzpumpen s. S. 168 u. 203.

B. Berechnung und Konstruktion der Pumpen

1. Pumpenarten

a) Einfachwirkend (Bild 1, 3, 19, 20, 21). Für kleine Fördermengen; insbesondere für hohe und höchste Drücke (Preßpumpen, bis über 1000 at), Kraftstoff-Einspritzpumpen.

Vorteile: übersichtlich, billig.

Nachteile: Kolbenkraft beim Saug- und Druckhub sehr ungleich; schlechter Gleichförmigkeitsgrad der Lieferung; große Windkesselräume; große Schwungräder. Daher gemeinsamer Antrieb zweier Pumpen durch eine Kurbelwelle mit 180° Kurbelversetzung (Zwillingspumpe) oder dreier durch eine Welle mit 120° Kurbelversetzung (Drillingspumpe, s. Bild 19, 20 u. 21). Die Luft- und Wasserräume der Saug- und Druckwindkessel werden zweckmäßig miteinander verbunden.

Mit Rücksicht auf Stopfbuchsreibung geht man nicht über 150 mm Kolbendmr.; bei ungleichem Anziehen der Stopfbuchsen kann der Kolben festgebremst werden.

Sonderausführungen: Tiefbrunnenpumpen zur Förderung von Grundwasser, s. a. b); Erdölpumpen, die in die Erdölsonde mittels verlängerbarer Steigleitung eingefahren werden, s. a. Lit. 2. Hub 600 bis 1200 mm und mehr. Hubzahl sehr gering (≈2 bis 12 je Min); Pumpen für Dickstoffe, aggressive Flüssigkeiten s. Lit. 3 und VDI-Z. Bd. 99 (1957) Nr. 22 S. 1083/84.

b) Stufenkolben (Differentialkolben), Bild 22. Stopfbuchse für den kleinen Kolben und bisweilen auch für den großen; nur ein Saug- und ein Druckventil.

Vorteile: Falls $F = 2f$ ist, gleichmäßige Wasserlieferung bei Hin- und Rückgang; Kolbenkräfte ausgeglichen, wenn die Saughöhe gegenüber der Druckhöhe klein. Verwendung als selbsttätig arbeitende Pumpen für Wasserversorgungsanlagen mit so geringen Wassermengen, daß doppeltwirkende Bauarten nicht möglich sind. Insbesondere Verwendung bei Tiefbrunnenpumpen zwecks Ausgleichs des Gestängegewichtes; dann $F < 2f$.

Nachteile: Saugwirkung wie bei der einfachwirkenden beim Hingang.

c) Doppeltwirkend, für mittlere und große Leistungen meist angewendet. Bei nach hinten durchgeführter Kolbenstange gleichmäßige Kraftwirkung und Wasserlieferung. Für große Leistungen werden zwei doppeltwirkende Pumpen von einer gemeinsamen Kurbelwelle mit 90° Kurbelversetzung angetrieben, also vier wirksame Kolbenflächen. Die Saug- und Druckleitungen beider sowie die Lufträume der Saug- und Druckwindkessel werden auf kürzestem Weg miteinander verbunden.

d) Kolbenpumpen mit **Schiebersteuerung,** einfach- und doppeltwirkend, stehend und liegend ausgeführt von Mannesmann-Meer AG, M.-Gladbach, und Atlas-Werke, Bremen. Wasserlieferung bis 500 lit/sek.

2. Ermittlung der Pumpenabmessungen

a) Hauptabmessungen: s, D, n.

Es bedeuten:

$F = \pi D_2^2/4$ die Kolbenfläche in dm²;
$f = \pi d^2/4$ die kleinere Kolbenfläche des Stufenkolbens in dm²;
$f_1 = \pi d^2/4$ die Fläche der vorderen Kolbenstange } bei doppeltwirkenden Pumpen;
$f_2 = \pi d_2^2/4$ die Fläche der hinteren Kolbenstange } bei doppeltwirkenden Pumpen;
s = Kolbenhub in dm; n = Drehzahl in U/min.

Die tatsächliche Wasserlieferung Q in dm³/sek, also lit/sek, ist bei der *einfachwirkenden* Pumpe und *Stufenkolben*pumpe $Q = F s n \lambda/60$; λ = Liefergrad, s. Wirkungsgrade S. 239;
doppeltwirkenden Pumpe mit nach hinten durchgeführter Kolbenstange

$$Q = (2F - f_1 - f_2)\, s\, n\, \lambda/60; \quad \text{anderenfalls} \quad Q = (2F - f_1)\, s\, n\, \lambda/60.$$

Um bei großen Wasserdrücken und bei großen Pumpen keine zu großen Triebwerkkräfte zu bekommen, wählt man s/D groß. Für kleinere und mittlere Pumpen sei

s/D =	0,7 bis 1,4	1,3 bis 1,9	1,8 bis 2,5
bei $H \approx$	40 m	100 m	150 m.

Je höher die Drehzahl, um so kleiner der Hub, damit der Wert für $r\omega^2$ oder $s n^2$, der für die Beschleunigung der Wasser- und Triebwerkmassen maßgebend ist, nicht zu groß wird. Man findet $s n^2$ = 4000 bis 5200, s in m.

b) Drehzahl. Bei normalen Saugverhältnissen und Bauarten nimmt man
n = 45 bis 72 für langhübige Pumpen (bis s = 1,1 m),
$n >$ 70 „ 100 „ mittelhübige Pumpen (etwa s = 0,6 bis 0,4 m),
$n >$ 100 „ 280 „ kurzhübige Pumpen (etwa $s <$ 0,4 m).

Für Wahl der Drehzahl ist zunächst die Art der Antriebmaschine bestimmend. Beim Riemenantrieb sind die durch Normen festgelegten Drehzahlen zu nehmen. Bei direkt antreibenden Drehstrommotoren ist deren Drehzahl maßgebend. Beim Dampfmaschinenantrieb herrscht unmittelbare Kupplung der Kolbenstangen vor; es lassen sich Drehzahlen von 70 bis 72 bei s = 1 m erreichen. Zahnradantriebe durch schnellaufende Elektromotoren werden bei kleinen Leistungen mit Ritzeln aus Kunststoffen (s. Bd. I, Zahnräder) ausgeführt.

Die Drehzahl wird vor allem durch die Saugverhältnisse begrenzt. Pumpen ohne Saugwindkessel dürfen nur langsam laufen und nur geringe Saughöhe haben. Für Schnellauf müssen alle Wasserwege kurz und weit sein; Ventile mit reichlicher Durchgangsfläche; größter Ventilhub h_{max} möglichst klein.

Beispiele: 1. Pumpe für Preßwasser ähnlich Bild 19. Liefermenge 9 lit/sek; Gesamtförderhöhe 360 m; Saughöhe 6 m; Antrieb durch Riemen.
Drei einfachwirkende Kolben. n = 120 U/min; λ = 0,96; $Fs \approx$ 1,57 dm³; s = 275 mm; D = 85 mm; s/D = 3,2; $Q = 3Fs \cdot 120 \cdot 0{,}96/60$ = 9 lit/sek.

2. Pumpe für Schmutzwasser (Stadtentwässerung). Liefermenge 500 lit/sek; Gesamtförderhöhe 60 m; Saughöhe 6 m; Antrieb durch Dieselmotor über Riemen; Scheibendurchmesser 5000 mm.

Gewählt doppeltwirkende Zwillingspumpe. Liefermenge für eine Pumpe 250 lit/sek; $n = 63$ U/min; $s = 1000$ mm; $\lambda = 0{,}95$ mit Rücksicht auf Schmutzwasser. Kolbenstange geschätzt 100 mm. $Q = (2F - f_1)\, s\, n\, \lambda/60 = 250$; $2F - f_1 \approx 25$ dm²; $F = 12{,}89$ dm². Kolbendurchmesser 405 mm. $c_m = 1 \cdot 63/30 = 2{,}1$ m/sek.

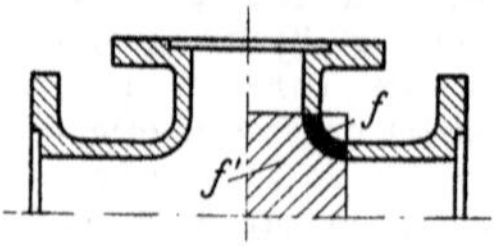

Bild 6

c) Wanddicke. Berechnung der Wanddicke nach Bd. I, S. 405, Beanspr. von Gefäßen. Für Grauguß $\sigma_{zul} = 150$ bis 250 kg/cm², für Stahlguß 250 bis 500, je nach Art der Belastung. Durchdringungsstellen nach Bild 6 werden so bemessen, daß die Fläche f durch die schraffierte Fläche f' als belastet gedacht wird. $f'p = f\sigma_{zul}$; p = Innendruck in kg/cm².

3. Berechnung der Ventile

In der Regel selbsttätige Ventile mit Federbelastung, und zwar für Saug- und Druckventil in gleicher Ausführung; meist stehend angeordnet.

Bezeichnungen zu Bild 7 und 8:

f_v freie Durchgangsfläche des Ventils $= \pi d^2/4$ in cm²,
w_v Wassergeschwindigkeit in f_v in m/sek (w_{v_m} mittlere, $w_{v\max}$ größte),
f_s freie Durchgangsfläche im Ventilspalt in cm²,
w_s Wassergeschwindigkeit in f_s in m/sek (w_{s_m} mittlere, $w_{s\max}$ größte),
h Ventilhub in cm, $h_{\max}$ größter Ventilhub,
f obere Ventilfläche = freie Durchgangsfläche f_v + Dichtungsfläche in cm²,
v Geschwindigkeit des Ventiltellers in m/sek,
c Kolbengeschwindigkeit in m/sek, c_m mittlere $= sn/30$,
F wirksame Kolbenfläche in cm²,
G_0 Gewicht des Tellers, abzüglich Auftrieb in der Flüssigkeit, in kg,
F' Federkraft in kg, $F'_{\max}$ größte Federkraft, entsprechend $h_{\max}$,
x Öffnungsverhältnis des Ventils $= f_{s\max}/f_v$ bei größtem Ventilhub,
H_v Ventilwiderstand bei größtem Ventilhub in m WS, gemessen als Druckhöhenunterschied unmittelbar über bzw. unter dem Ventil,
M Beschleunigungskraft für Ventilteller + Federanteil in kg.

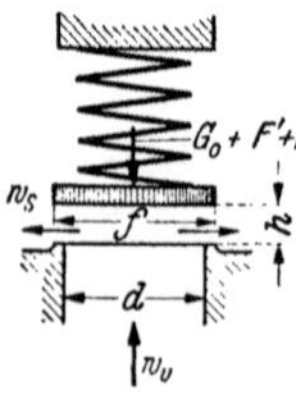

Bild 7

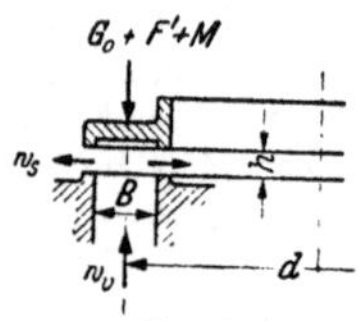

Bild 8

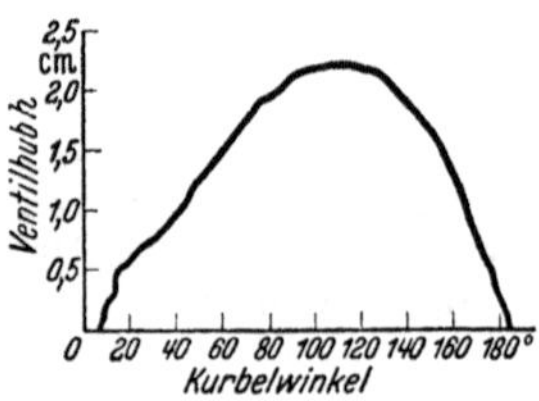

Bild 9

a) Ventilhub. Für das geöffnete Ventil ist

$F c = f_v w_v = f_s w_s \pm f v$; + für Heben des Ventiltellers, — für Senken.
Für $h_{\max}$ ist der Teller im Ruhezustand, $v = 0$; $F c_{\max} = f_v w_{v\max} = f_{s\max} w_{s\max}$.

$$f_v = F c_m / w_{v_m}$$

Der Ausdruck $f \cdot v$ wird Ventilverdrängung genannt. Infolge der Ventilverdrängung, Nachgiebigkeit der Triebwerkteile und der Wandungen des Pumpenraumes, Luft- und Gasgehalt des Wassers und anderer Einflüsse schließen und öffnen die Ventile erst nach den Totpunkten. $h_{\max}$ fällt nicht genau mit $c_{\max}$ zusammen. Bild 9 zeigt die Ventilhublinie eines Druckventils in Abhängigkeit vom Kurbelwinkel.

b) Ventilflächen. Für das *Tellerventil* ist nach Bild 7:

$f_v = \pi d^2/4$; $\quad f_{s\max} \approx \pi\, d\, h_{\max}$; $\quad x = 4\, h_{\max}/d$; $\quad h_{\max} = x\, d/4$.

Für das *Ringventil* mit einem Ring vom Durchmesser d ist nach Bild 8:

$$f_v = \pi d B; \quad f_{s\max} = 2\pi d h_{\max}; \quad x = 2\, h_{\max}/B; \quad h_{\max} = x B/2.$$

Für ein *Ringventil* mit mehreren Ringen mit den Durchmessern $d_1, d_2 \ldots d_n$ ist

$$f_v = \pi B \sum_1^n d;$$

$$f_{s\max} = 2\pi\, h_{\max} \sum_1^n d; \quad h_{\max} = x B/2.$$

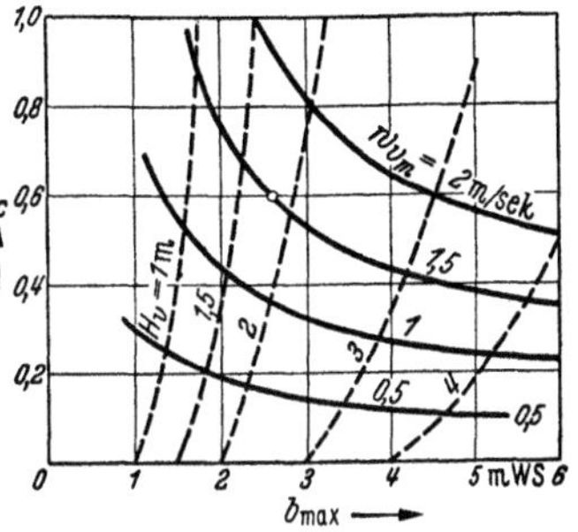

Bild 10

c) Nach dem Satz vom Antrieb ist für den größten Ventilhub (ohne Massenkraft) $G_0 + F'_{\max} = \psi \gamma f_v w_{v\max}^2/g$, worin ψ ein dimensionsloser Beiwert und γ das spez. Gewicht der Flüssigkeit; wird $G_0 + F'_{\max}$ auf f_v bezogen und in m Flüssigkeitssäule umgerechnet, so ist

$$\frac{G_0 + F'_{\max}}{\gamma f_v} = b_{\max} = \psi \frac{w_v^2 \max}{g}; \quad b \text{ wird}$$

Ventilbelastung genannt, gemessen in m Flüssigkeitssäule; $b_{\max}$ entspricht $h_{\max}$.

Den Zusammenhang zwischen w_{v_m}, x, $b_{\max}$ und H_v zeigt Bild 10 für normal gebaute Ventile.

Wählt man z. B. $w_{v_m} = 1{,}5$ m/sek und $x = 0{,}6$, Bild 10, so ist $b_{\max} \approx 2{,}5$ und $H_v \approx 1{,}75$ m. Durch einen großen Ventilwiderstand wird die Gesamtförderhöhe H vergrößert und der hydraulische Wirkungsgrad verschlechtert. Bei großem H_n ist der Wert von H_v bedeutungslos; bei kleinem H_n sei $H_v \leqq 1{,}5$ m.

Niedrige Ventilwiderstände sind durch großes $f_{s\max}$, also großes x, und geringe Geschwindigkeit im Ventilsitz, also großes f_v, zu erreichen. Einem großen x entspricht ein großer Ventilhub, wodurch die Drehzahl begrenzt wird; x höchstens bis 0,9, und zwar nur bei Schmutzwasser. Großes f_v bedeutet große Ventile.

d) Rechnungsgang. Man wählt einen für die Pumpenart zulässigen Ventilwiderstand H_v, nimmt w_{v_m} an und erhält x; $b_{\max}$ ist damit bestimmt. $F'_{\max} = b_{\max} f_v \gamma - G_0$ in kg; $b_{\max}$ in m WS; f_v in m²; γ in kg/m³. Die Federkraft bei geschlossenem Ventil sei $F'_0 \approx 0{,}3$ bis $0{,}6\, F'_{\max}$.

Beispiel: Ventil für die Schmutzwasserpumpe (Beisp. 2, S. 242) $H_v = 1{,}2$; $w_{vm} = 1{,}5$; $x = 0{,}8$; $b_{\max} = 1{,}8$ m. Großer Ventilhub wegen der Fremdkörper erforderlich. $f_v = F \cdot c_m/w_{v_m} = 1289 \cdot 2{,}1/1{,}5 \approx 1800$ cm². $F'_{\max} = 1{,}8 \cdot 0{,}18 \cdot 1000 - G_0 = 324 - G_0$; G_0 geschätzt 24 kg; $F'_{\max} \approx 300$ kg; $F'_0 \approx 100$ kg. Gewählt Ringventil nach Bild 8. B angenommen mit 9 cm ergibt $d = f_v/(\pi B) \approx 64$ cm und $h_{\max} = x B/2 = 0{,}8 \cdot 9/2 \approx 3{,}6$ cm. Falls dieser große Ventilhub zu schlechtem Pumpengang führt, muß $b_{\max}$ vergrößert werden, z. B. auf 2,5; dann wird $x = 0{,}6$, $h_{\max} = 2{,}7$ und $H_v = 1{,}75$.

Soll $H_v = 1{,}2$ nicht überschritten werden, dann muß B verkleinert werden; $B = 8$; $d = 72$; $x = 0{,}8$; $b_{\max} = 1{,}8$; $h_{\max} = 3{,}2$.

Festigkeitsrechnung s. Lit. 1.

e) Ausführungsformen der Ventile. α) *Ringventile.*

Bild 11 u. 12: Flache Ventilfeder aus Bronze. Ventilsitze aus Rotguß eingeschraubt Bild 11, eingekittet Bild 12; Ventilteller Rotguß. Bild 13: Sonderausführung: Ventilteller *a* Hartgummi mit einvulkanisierter Führungshülse *b* aus Messing; Bronzefeder *c*; Ventilsitz aus Rotguß, eingekittet.

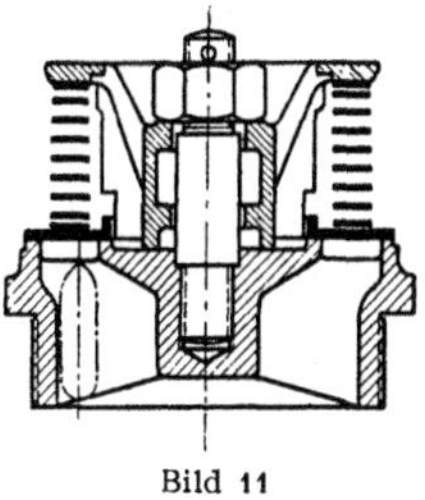
Bild 11

β) *Tellerventil* für hohe Drücke Bild 14; Abdichtung durch Lederstulpe (kreuzschraffiert); kegelige Dichtfläche.

Für einwandfreies Arbeiten der Ventile ist sichere und möglichst reibungsfreie Führung von Bedeutung. Führung entweder durch die Ventilspindel, Rippen u. ä. oder unmittelbar durch besondere seitensteife Federn, z. B. Bauart *Schoene.*

Die hier gezeigten Ventilformen werden bei kleinen Pumpen einzeln, bei mittleren und größeren Pumpen in größerer Stückzahl (in Gruppen) benutzt.

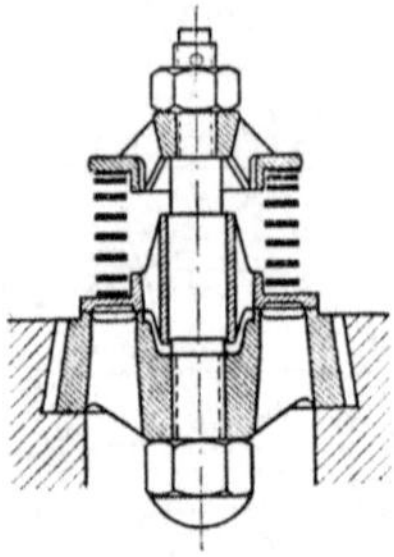

Bild 12

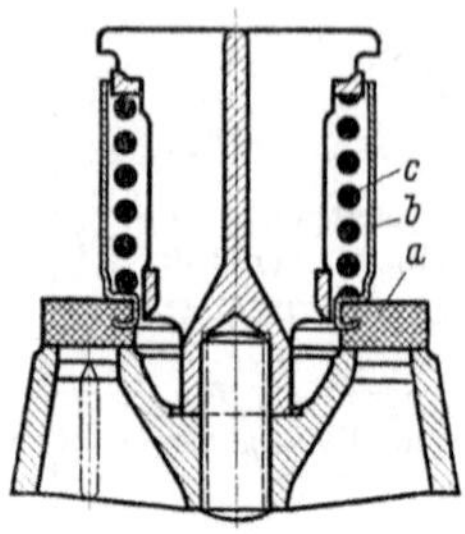

Bild 13

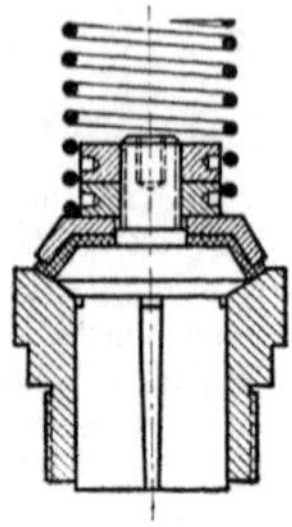

Bild 14

4. Windkessel[1]

Die Windkessel haben die Aufgabe, die Einflüsse der sinusartigen Strömung der Wassermassen in der Pumpe von der möglichst gleichmäßigen Strömung in den Rohrleitungen fernzuhalten.

a) Fördervorgang bei einer *Stufenkolbenpumpe* Bild 15 u. 22; die Wasserförderung in die *Druckleitung* ist

beim Hingang	$s(F - f)$
beim Rückgang	$s[F - (F - f)] = sf$
folglich bei einer Umdrehung	sF

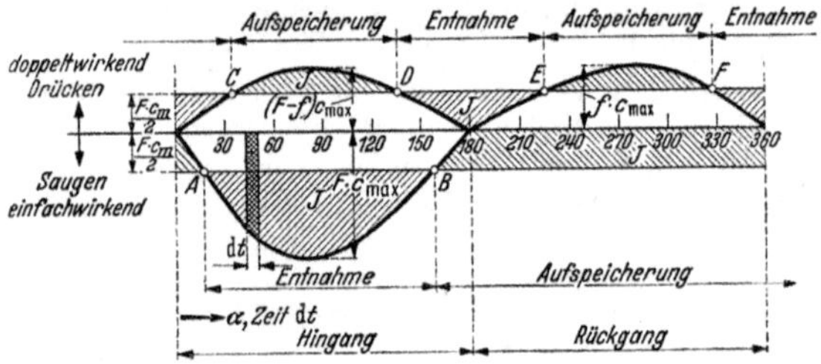

Bild 15

Aus dem Saugwindkessel wird nur beim Hingang das Volumen sF entnommen. Hinsichtlich der Saugwirkung ist die Stufenkolbenpumpe einfachwirkend, hinsichtlich der Druckwirkung doppeltwirkend.

In der Zeit dt wird die Wassermenge $dQ = Fc\,dt$ geliefert;

$$c = r\omega\,(\sin\alpha + \lambda/2 \cdot \sin 2\alpha).$$

In Bild 15 stellen die Ordinaten die Größe Fc dar; Inhalt der kreuzschraffierten Fläche $= dQ = Fc\,dt$.

b) Durch das Saugrohr strömt die Menge $F c_m/2$ in dm^3/sek mit gleichbleibender Geschwindigkeit in den **Saugwindkessel;** von A bis B saugt der Kolben mehr Wasser an, als dem Kessel zufließen kann (Entnahme aus dem Kessel); von B bis A fließt mehr Wasser in den Kessel, als durch den Kolben angesaugt wird;

[1] S. a. *Closterhalfen, R.:* Windkessel an Kolbenpumpen. VDI-Z. Bd. 77 (1933) Nr. 42 S. 1143/46. — *Bech, W.:* ... Windkessel für Kolbenpumpen. Konstruktion Bd. 9 (1957) Nr. 11 S. 458/59.

von $\alpha = 180°$ bis $360°$ wird nicht gesaugt (Aufspeicherung im Kessel). Bei B hat der Saugwindkessel den niedrigsten (NW), bei A den höchsten Wasserstand (HW).

c) Beim **Druckwindkessel** findet das Aufspeichern und Entnehmen zweimal während einer Umdrehung statt. Die Punkte C und E entsprechen dem NW, D und F dem HW.

Die jeweils aufzuspeichernde bzw. zu entnehmende Wassermenge J ist durch die schraffierten Flächen dargestellt. J ist abhängig von der Pumpenart und dem Hubvolumen; $J = k F s$. Bei zweckmäßiger Verbindung der Wasserräume der Windkessel ist für die

einfachwirkende Pumpe	$k \approx 0{,}55$
doppeltwirkende Pumpe oder einfachwirkende Zwillingspumpe mit 180° Kurbelversetzung	$k \approx 0{,}21$
doppeltwirkende Zwillingspumpe mit 90° Kurbelversetzung	$k \approx 0{,}04$
einfachwirkende Drillingspumpe mit 120° Kurbelversetzung	$k \approx 0{,}009$

Bei Drillingspumpen ist ein Druckwindkessel nicht erforderlich.

Wird isothermische Verdichtung und Ausdehnung der Luft im Windkessel angenommen, so wird (Bild 16) $V_{\min} \cdot p_{\max} = V_{\max} \cdot p_{\min}$; $V_{\max} - V_{\min} = J$. Daraus größte Druckschwankung $= p_{\max} - p_{\min}$. *Ungleichförmigkeitsgrad* des Windkessels $\delta_p = (p_{\max} - p_{\min})/p_m$. Bei *kleinen* Druckschwankungen (normaler Betrieb) kann gesetzt werden $p_m \approx 0{,}5\,(p_{\max} + p_{\min})$ und $V_m = 0{,}5 \cdot (V_{\max} + V_{\min})$, woraus $\delta_p \approx (V_{\max} - V_{\min})/V_m$ wird. Für größere Druckschwankungen sind die geometrischen Mittelwerte zu bilden $p_m = \sqrt{p_{\max} \cdot p_{\min}}$ und $V_m = \sqrt{V_{\max} \cdot V_{\min}}$. Große Druckschwankungen führen zu ungleichförmiger Wasserströmung in den Rohren und zu Schwingungen. Die Druckschwankungen in der Druckleitung können durch Einbau eines zweiten Windkessels verringert werden; Anordnung nach Bild 17a und b zweckmäßig, nach Bild 17c ohne Nutzen. Die Wassermassen können im Saugwindkessel durch die periodische Wasserentnahme in eine schaukelnde Bewegung geraten, die man durch Unterteilung, Prallbleche u. a. m. zu verhindern sucht.

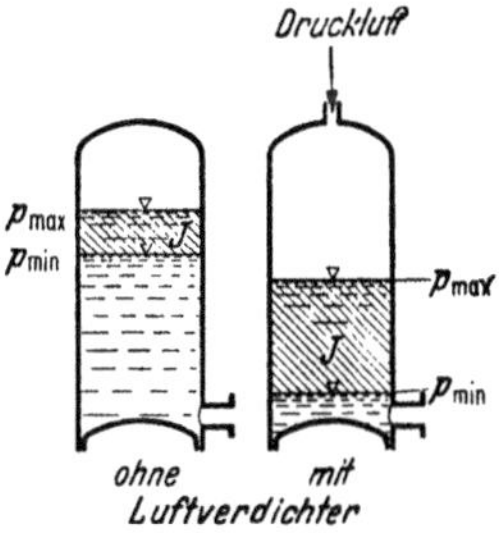

Bild 16

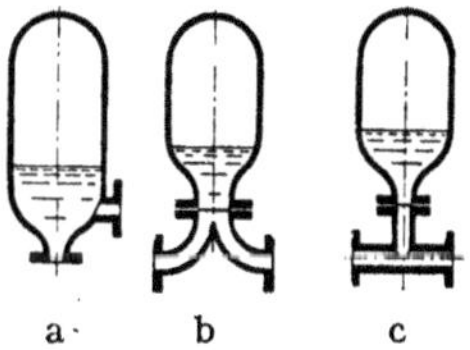

Bild 17

d) Schwingungen in Saug- und Druckrohren. Schwingungsfähig sind die Wassermassen im Saugrohr (vom Brunnen bis zum Saugwindkessel) und im Druckrohr (von der Windhaube der Pumpe bis zum Ausguß bzw. bis zu einem zweiten Windkessel). Resonanz tritt auf, wenn die Eigenschwingungszahl $q/2\pi$ der Wassermasse mit der Taktzahl der Pumpe zusammenfällt; dabei ergeben sich Druckschwankungen[1], die wesentlich größer sein können als die durch die Wasserlieferung erzeugten. Es ist

$$q = \sqrt{\frac{g\, p_m\, f_d}{l_d\, V_m}}\ \frac{1}{\text{sek}},$$

worin V_m = mittlerer Luftinhalt des Windkessels in m^3, l_d = Leitungslänge in m, f_d = Leitungsquerschnitt in m^2, p_m = mittl. absoluter Windkesseldruck in m WS, $g = 9{,}81\ \text{m/sek}^2$.

Ist $\omega/2\pi$ = sekundliche Drehzahl, so wird der Wert

$$\frac{q/2\pi}{\omega/2\pi} = \frac{\text{Eigenschwingungszahl der Wassersäule/sek}}{\text{Drehzahl der Pumpe/sek}} = \frac{q}{\omega}.$$

[1] *Brill, K, F.:* Berechnungen von Druckstoßschwingungen in hydraulischen Preßanlagen. Konstruktion Bd. 12 (1960) Nr. 2 S. 60/69, Nr. 3 S. 120/130.

Störende Schwingungen können auftreten

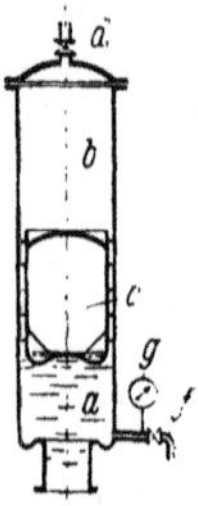

Bild 18

bei einfachwirkenden Pumpen, wenn $q/\omega = 1, 2, 3 \ldots$
„ doppelt- „ „ , „ $q/\omega = 2, 4, 6 \ldots$

Zweckmäßig wählt man q/ω zwischen 0,1 bis 0,3 bzw. 0,2 bis 0,6.

Bemessung der Windkessel für selbsttätige Pumpenanlagen, s. Lit. 3; dort auch Berechnung von Anfahrwindkesseln.

Bild 18. Schwingungsstoßdämpfer wird unter Zwischenschalten eines Absperrorganes an die Druckleitung in der Nähe der Pumpe angeschlossen. Bei nicht fördernder Pumpe drückt die Druckluft im Raum *b* den Schwimmer *c* abwärts und verdrängt das Wasser aus Raum *a*; bei arbeitender Pumpe nimmt die Masse des Schwimmers die Wasserstöße auf. Schwimmer verhindert die unmittelbare Berührung von Luft und Wasser; daher nur ganz geringe Absorption der Luft, was für Kesselspeisung vorteilhaft ist. *d* Preßluftanschluß mit Absperrorgan; *f* Entleerungsventil; *g* Manometer. (Knorr-Bremse AG, München).

5. Werkstoffe

Pumpenkörper: Grauguß, Stahlguß, Stahl.

Ventile: Sitz aus Grauguß, Stahlguß, Rotguß, Bronze; oft bestehen nur die Dichtleisten aus aufgeschraubten Rotguß- oder Bronzeringen; Dichtleisten möglichst schmal.

Ventilteller: Bronze, Rotguß, Stahl, Leder, Gummi, mittelhart bis hart. Breite der Dichtleisten durch zulässigen Flächendruck auf Sitzfläche bestimmt:

200 kg/cm² bei Phosphorbronze,	80 kg/cm² bei Grauguß.
150 „ „ Rotguß,	30 „ „ Gummi, Leder.

Federn: Kupfer, Bronze, Messing, Stahl, Gummirohr. Lebensdauer der Federn infolge Ermüdung und Korrosion gering.

Ventilspindeln: Stahl, Sondermessing.

Kolben (Plunger): Grauguß, Kolbenstange Stahl. Bei Preßpumpen: Stahl, hart und poliert. Scheibenkolben: Grauguß, Stahlguß, Rotguß, Bronze; bei diesen Abdichtung durch Stulpen aus Leder oder Kunststoff.

Kolbenlaufbuchse: Grauguß, bei Bedarf mit Weißmetallguß, Bronze, Rotguß.

Besondere Werkstoffe für angreifende Flüssigkeiten: Steinzeug, Porzellan, nichtrostender Stahl, Thermisilid. Auskleiden der Gehäuse mit Hartgummi, Blei; näheres s. Lit. 3.

Abdichtung meist durch Rundgummischnur, s. Bd. I, Dichtungen.

C. Beispiele ausgeführter Maschinen

Bild 19. **Drillingspumpe** für 50 at; Hub 280 mm; Drehzahl 120 U/min (bis 330 möglich). Saugventil *a* und Druckventil *b* je durch Schraube *c* auf den Sitz im Gehäuse gepreßt. Hohler Kolben durch Lippendichtung *d* gegen Preßwasser und durch Metallpackung *e* gegen Spritzöl abgedichtet.

Bild 20. Drillingspumpe z. B. für Wasserversorgung, Kesselspeisung und Preßwasseranlagen. Normalausführung bis 40 at. Hub 40 bis 90 mm; Drehzahl 650 bis 370 U/min. $N_k \approx 3$ bis 12 PS.

Die drei Pumpenräume haben gemeinsames Gehäuse *a* aus Sondergrauguß. Saugventilsitz *b* wird über Druckventilkörper *d* und Ventilkorb *f* durch den Ventilbügel *g* mittels zweier Stiftschrauben gegen das Gehäuse gedrückt und gegen den Saugraum durch Nutring-Manschette abgedichtet. Zwischen *d* und *f* liegt in Ausdrehungen ein Rundgummiring.

Bild 21. **Drillingspumpe** für 222 at; Hub 400 mm; Drehzahl 130 U/min; Kupplungsleistung $N_k \approx 400$ PS. Kurbelwelle vierfach in Gleitlagern gelagert. Preßölschmierung für Kurbelwellen- und Kurbelzapfenlager und Kreuzkopfführungen. Abdichtung der Kolbenstange gegen Preßwasser einerseits und Schmieröl andererseits. Gemeinsame Druckleitung *a* aus Stahl mit den stählernen Pumpengehäusen verschraubt.

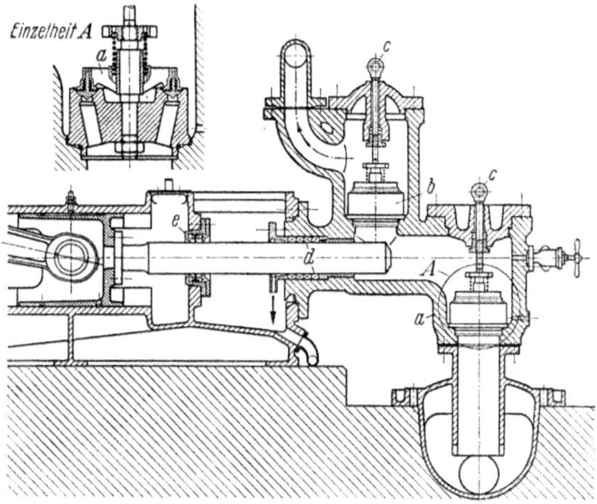

Bild 19. Drillingspumpe für Preßwasser (Ehrhardt & Sehmer, Saarbrücken)

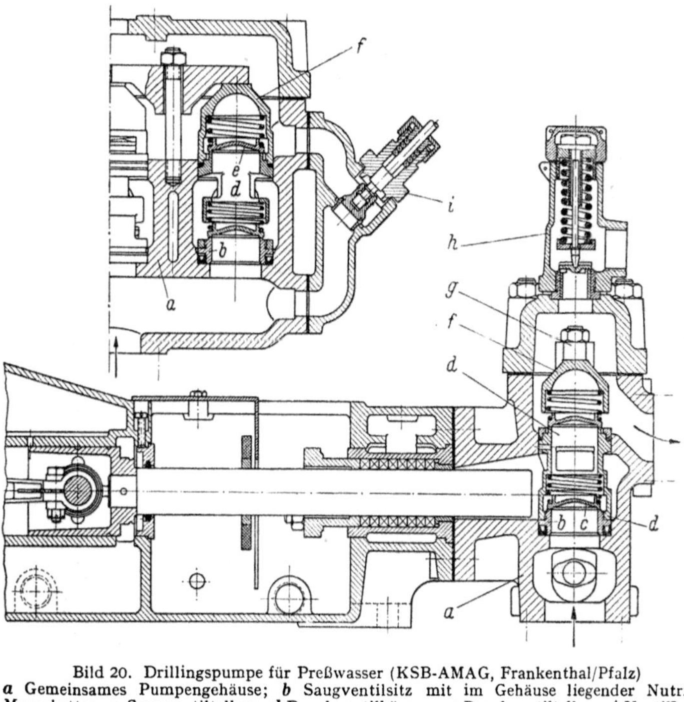

Bild 20. Drillingspumpe für Preßwasser (KSB-AMAG, Frankenthal/Pfalz)
a Gemeinsames Pumpengehäuse; *b* Saugventilsitz mit im Gehäuse liegender Nutring-Manschette; *c* Saugventilteller; *d* Druckventilkörper; *e* Druckventilteller; *f* Ventilkorb; *g* Ventilbügel; *h* Sicherheitsventil; *i* Umlaufventil

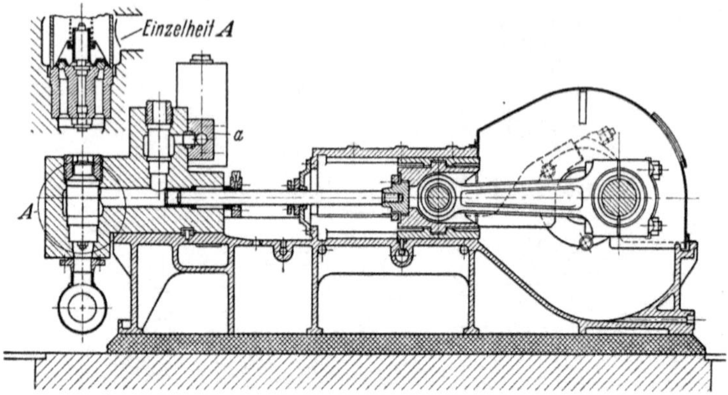

Bild 21. Drillingspumpe für Preßwasser (Hydraulik, Duisburg)

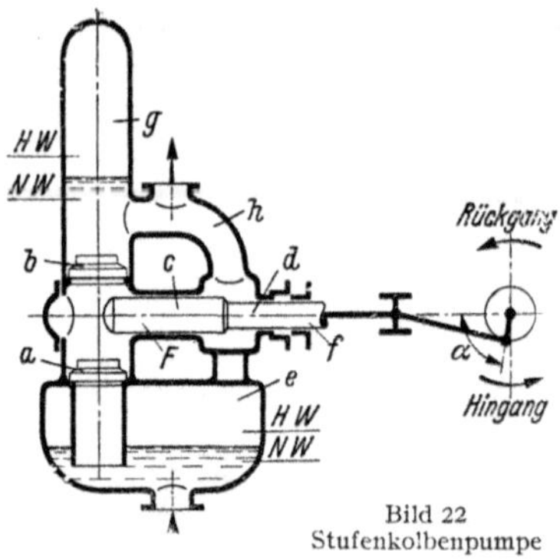

Bild 22
Stufenkolbenpumpe

a Saugventil; *b* Druckventil; *c* großer Kolben (Kolbenfläche *F*); *d* kleiner Kolben (Kolbenfläche *f*), wirksame Fläche $F-f$; *e* Saugwindkessel; *g* Druckwindkessel; *h* Verbindungsrohr

Bild 22. **Stufenkolbenpumpe** (Schema). Wirkungsweise s. S. 244.

Bild 23. **Pumpe für Kesselspeisung** mit unmittelbarem Dampfantrieb (schwungradlos), für größere Leistungen in Zwillingsanordnung (Duplexpumpen), liegende Bauart. Die beiden Dampf- und Pumpenzylinder bilden je ein Gußstück. Die Dampfsteuerung des einen Zylinders wird von der Bewegung der Kolbenstange des anderen Zylinders über den Schieberarm *d* eingeleitet. Einachsige, stehende Kesselspeisepumpen mit Hoch- und Niederdruck-Dampfzylinder werden von der Knorr-Bremse AG, München, gebaut.

Bild 24. Pumpenkolben mit Gewebepackung für Reinwasser, Bild 25 mit Manschetten aus Leder, Gummi oder Kunststoff für Schmutzwasser.

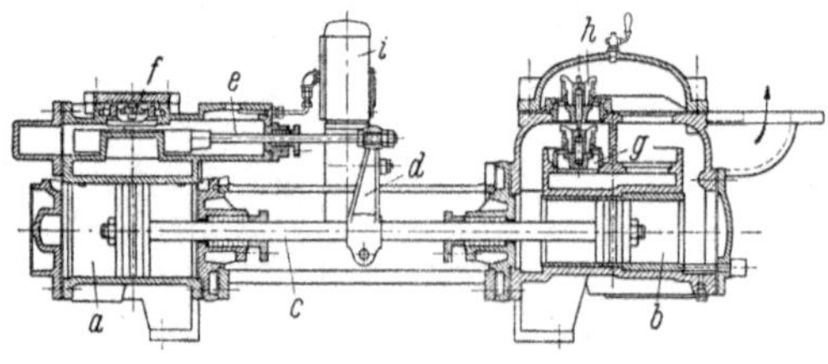

Bild 23. Schwungradlose Duplex-Dampfpumpe (KSB-AMAG, Frankenthal/Pfalz), *a* Dampfzylinder; *b* Pumpenzylinder mit Laufbuchse; *c* Kolbenstange; *d* Schieberarm; *e* Schieberstange; *f* Flachschieber; *g* Saugventil; *h* Druckventil; *i* Drucköler, mechanisch angetrieben

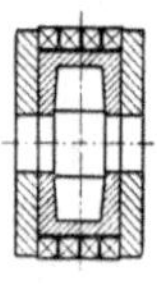

Bild 24

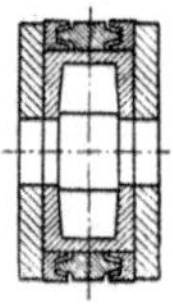

Bild 25

Pumpen und Verdichter verschiedener Bauart

Bearbeitet von Dipl.-Ing. **Ch. Bouché**, Berlin

1. Strahlpumpen[1]

Ausnutzung der Strömungsenergie eines Treibmittels durch Düsen und Diffusoren zum Zweck des Saugens bzw. Drückens eines zu fördernden Mittels. Als Treib- und Fördermittel kommen Gase, Dämpfe und Flüssigkeiten in Frage.

Vorteile: einfache Bauart, keine bewegten Teile. Nachteile: geringer Wirkungsgrad, der jedoch z. B. bei Dampfkesselspeisung belanglos, da Dampfwärme in Speisewasser übergeht; starke Verminderung des Wirkungsgrades, wenn sich die Betriebsbedingungen (Drücke, Fördermengen) ändern.

a) Flüssigkeitsbetriebene Strahlpumpen, Schema Bild 1; Fördermittel ebenfalls Flüssigkeit. Das Treibmittel (Treibmittelmenge G_t in Gewicht/Zeit) erhält an der Mündung der konischen Treibdüse *a* große Geschwindigkeit, wodurch dort der Druck stark herabgesetzt wird und das Fördermittel G_f (Gewicht/Zeit) bei *e* angesaugt werden kann. In Fangdüse *b* wird die Geschwindigkeit von G_t verringert und die von G_f erhöht. Am Ende des Mischrohrs *c* soll sich eine gemeinsame Mischgeschwindigkeit von $G_t + G_f$ gebildet haben, deren Größe nach dem Impulssatz (Bd. I, S. 246) berechnet werden kann, s. a. Lit.[1]: *Flügel* und *Schulz-Fasol*. Bei zu langem Mischrohr sind die Reibungsverluste zu groß, bei zu kurzem ist die Mischung nicht vollkommen, der Treibstrahl G_t hat seine Energie nicht genügend an G_f abgegeben. Im Diffusor *d* wird die Mischgeschwindigkeit in Druck umgesetzt. Auf genaue axiale Lage von *a* zu *b* und *c* ist zu achten, da nicht gleichaxiale Strömung den Wirkungsgrad erheblich vermindert. Deshalb sollten auch vor Treibdüse *a* und hinter Diffusor *d* keine Flüssigkeitsumlenkungen stattfinden. Beste erreichbare Wirkungsgrade (Nutzleistung: aufgewendete Leistung) liegen bei $\approx 30\%$, im allgemeinen zwischen 20 und 25%.

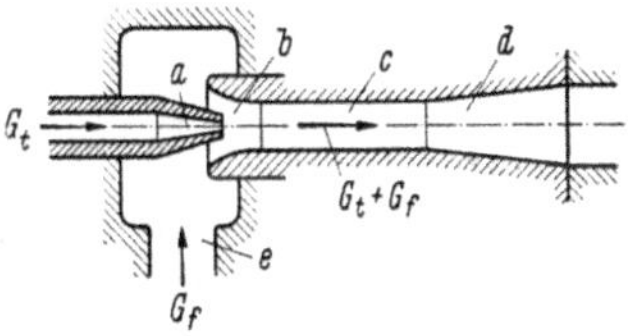

Bild 1. Strahlpumpe

Gefahr der *Kavitation*. Der niedrigste Flüssigkeitsdruck in der Strahlpumpe tritt kurz hinter der Mündung der Treibdüse auf; ist dieser Druck niedriger als der Dampfbildungsdruck der Flüssigkeit, so bilden sich Dampfblasen, die im Gebiet höheren Druckes wieder zusammenstürzen (Kavitation) mit Geräuschbildung und u. U. Materialzerstörung.

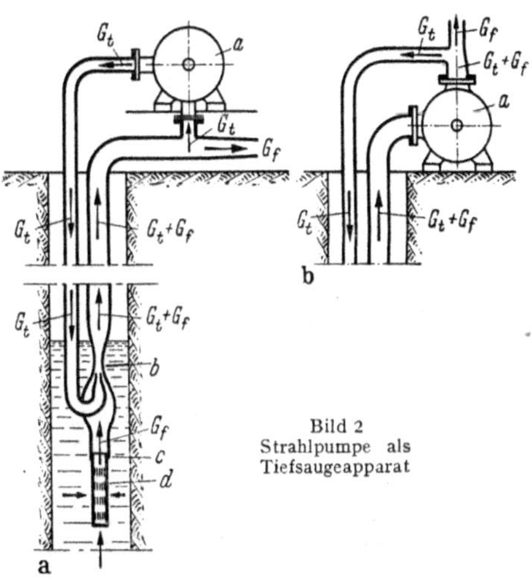

Bild 2
Strahlpumpe als
Tiefsaugeapparat

[1] *Flügel, G.:* Berechnung von Strahlapparaten. VDI-Forsch.-Heft 395. 2. Aufl. Düsseldorf: 1951. — *Rotta, J.:* Ejektorpumpen mit extrem hohem Durchsatzverhältnis. Forsch. Ing.-Wesen Bd. 23 (1957) S. 157/67. — *Schulz, F.*, u. *K. H. Fasol:* Wasserstrahlpumpen zur Förderung von Flüssigkeiten. Wien: Springer 1958. — *Schupp, F.:* Regelbare Mehrfach-Strahlsauger. VDI-Z. Bd. 101 (1959) Nr. 34 S. 1630/35. — S. a. Abschn. Kondensation u. Rückkühlung S. 430.

Anwendung als *Tiefsauger*, zur Förderung von Wasser, Öl u. dgl. aus größeren Tiefen. Schema nach Bild 2a für geringe Förderhöhen über Tage; die über Tage stehende Pumpe *a* (Kreisel- oder Kolbenpumpe) drückt die Treibflüssigkeitsmenge G_t mit gewissem Druck in den Strahler *b*; die Höhe des Pumpendruckes ist von der Teufe abhängig. In der Mischdüse vereinigt sich die Menge G_f der zu fördernden Flüssigkeit mit der Menge G_t der Treibflüssigkeit. Im Diffusor wird $G_t + G_f$ auf den der Teufe entsprechenden Druck gebracht. Für größere Förderhöhen über Tage gilt Rohrschaltung nach Bild 2b; hierbei fließt Gesamtmenge $G_t + G_f$ durch die Pumpe. *c* Rückschlagventil, *d* Filter. Zur Erdölförderung werden Strahler in mehreren Stufen hintereinandergeschaltet. Einstufige Strahler zur Trinkwasserförderung, Teufe bis 26 m, Fördermenge $Q = 1$ bis 5 m³/h.

Vergrößerung der Saughöhe von Kreiselpumpen durch Tiefsauger s. Konstruktion Bd. 2 (1950) Nr. 8 S. 254/55.

Bei Gasen und Dämpfen ist die Form der Düsen nach den Gesetzen der Gasdynamik zu gestalten (s. a. Bd. I, S. 320).

b) Dampfbetriebene Strahlpumpen für Dampfkesselspeisung, Kondensation (s. S. 431) und verschiedene Anwendungen in der chemischen Industrie: als Luftsauger zum Evakuieren von Behältern, bei hohem Vakuum durch Hintereinanderschalten mehrerer Strahlpumpen (bis 5); Ansaugen und Fördern von Schlamm und aggressiven Flüssigkeiten; Brüdenverdichtung (Wärmepumpe, s. S. 466); Eindampf-, Kristallisations- und Kälteanlagen (s. S. 484).

2. Förderung von Flüssigkeiten und Dickstoffen mittels Druckluft bzw. Dampf

a) Durch **Einblasen von Druckluft**[1] (Mammutpumpen). Die Steigleitung endet unten in einem Fußstück, in das durch ein besonderes Luftrohr verdichtete Luft so eingeführt wird, daß sie dem Förder- oder Steigrohr am ganzen Umfang zuströmen kann. Die Luft teilt sich in Luftkolben auf, und das von diesen durchsetzte Wasser strömt im Steigrohr aufwärts. Die Eintauchtiefe sei nicht kleiner als das $^1/_2$ bis $^1/_3$fache der Förderhöhe. Infolge der Luftexpansion sinkt die Wassertemperatur um einen kleinen Betrag, etwa 1 bis 1,5 grd.

b) Indirektes Pumpverfahren. Eine doppeltwirkende Luftpumpe saugt aus einem Kessel die Luft heraus, wodurch das Fördergut in diesen eintritt; gleichzeitig drückt die Luftpumpe die abgesaugte Luft in einen zweiten Kessel, in dem sich bereits das Fördergut befindet, und preßt es in die Druckleitung. Durch abwechselndes automatisches Umschalten beider Kessel läßt sich fast ununterbrochene Saug- und Druckwirkung erzielen. S. a. VDI-Z. Bd. 98 (1956) Nr. 32 S. 1810 und Taschenbuch der Borsig AG, Berlin.

c) Pulsometer. Der durch Kugeln oder Klappen selbsttätig gesteuerte Dampf tritt abwechselnd in zwei Kammern. Aus der einen Kammer, die gerade mit Wasser angefüllt ist, drückt der Dampf diesen Wasserinhalt in die Druckleitung. Nach diesem Vorgang kondensiert der Dampf, was durch Einspritzen von kaltem Wasser unterstützt wird; die entstehende Luftleere saugt von neuem Wasser durch Saugventile in die Kammer.

3. Kapselwerke[2]

Allgemeines. Die für Schnellauf geeigneten Kapselwerke haben *kontinuierlich* ihre Größe ändernde Kammern oder Zellen als Pumpenräume, sich erweiternde für die Saugwirkung und sich verkleinernde für die Druckwirkung. Diese räumliche Veränderung kann erzielt werden durch

---

[1] *Pickert:* Einfluß der Rohrreibung auf die Wasserförderung von Druckluftwasserhebern. VDI-Z. Bd. 76 (1932) S. 638/39. Daselbst Literaturverzeichnis.

[2] Nur kurzer Überblick. Einzelheiten bei *Tänzler, H. U.:* Die Drehkolben-Pumpen u. -Kraftmaschinen. VDI-Z. Bd. 91 (1949) S. 239/46. — *Grote, P.:* Drehkolben-Gebläse u. Drehkolben-Verdichter ... MTZ Bd. 16 (1955) Nr. 9 S. 256/64. — Ders.: Drehkolbenverdichter. VDI-Z. Bd. 102(1960) Nr. 22 S. 1076/77. — *Lohse, B.:* Verdrängerpumpen. VDI-Z. Bd. 99 (1957) Nr. 22 S. 1083/85. — Bauformen von Kapselwerken, die als Motor arbeiten, z. B. für Flüssigkeitszähler s. VDI-Nachr. (1958) Nr. 11 S. 9. — Über Wirkungsgradvergleiche von Kolbenpumpen mit Kapselwerken s. Konstruktion Bd. 8 (1956) Nr. 5 S. 208/09.

1) zwei Arbeitskolben *gleicher* Form (einfachste Bauart: Zahnradpumpen s. Bild 3; Rootsgebläse s. S. 144, Bild 6; S. 176, Bild 10; S. 180, Bild 16);

2) zwei schraubenförmig gewundene Arbeitskolben meist *unterschiedlicher* Form (Schraubenpumpen s. Bild 4 u. 5; Lysholm-Verdichter, s. Bild 6 u. 7);

3) exzentrisch angeordnete Walzen mit Schiebern (Vielzellen-Verdichter s. Bild 8; Flüssigkeitsgetriebe s. Bd. II Verfahren u. Maschinen d. Metallbearbeitung); Sonderbauart: Flüssigkeitsring-Pumpen s. Bild 9;

4) Kurbeltrieb (Exzenter) mit einer Vielzahl von Kolben, die im Kreis angeordnet sind (Flüssigkeitsgetriebe).

Fördermenge. Bei Flüssigkeiten ist Q proportional der Drehzahl n, wie bei Kolbenpumpen; jedoch Abnahme von Q bei steigendem Druck und bei fallender Zähigkeit des Förderguts, da dann die Spaltverluste größer werden, also Abnahme des Liefergrads λ. Bezügl. *Saugwirkung* sind die Ausführungen auf S. 237 (Kolbenpumpen) zu beachten.

a) Zahnradpumpen[1] zur Förderung von Wasser, Seifenwasser, Öl u. dgl., nach Bild 3a. Bezeichnungen:

z Zähnezahl eines Rades,
F Querschnitt der Zahnlücke, cm²,
f Querschnitt ⊥ zur Drehachse eines Zahnes, dessen Höhe durch Kopfkreis des Gegenrades begrenzt ist, cm²
b axiale Breite der Zähne, cm
n Drehzahl, U/min,
Q Fördermenge, cm³/min,
λ Liefergrad.

Von der in der Zahnlücke F, s. Bild 3b, eingeschlossenen Flüssigkeit wird nur die der Zahnfläche f entsprechende in die Druckleitung gefördert. $Q = 2zfbn\lambda$.

In der gezeichneten Lage (Bild 3b) berühren sich die Flanken der Zähne a und b nicht, da sie noch nicht im *Eingriff* sind (s. Bd. I, S. 723, Bild 106, Punkt K_1': Schnittpunkt des Kopfkreises mit der Eingrifflinie); es wird in diesem Augenblick Öl in die Druckleitung gepreßt. In Bild 3c Linienberührung unter *Kraftwirkung* zwischen den 4 Zähnen a und b einerseits und c und d andererseits (Berührungspunkte auf der Eingrifflinie). Eingeschlossenes Öl — punktierte Flächen — wird nicht gefördert, sondern gequetscht; Raumverringerung geht aus Vergleich mit Bild 3b hervor. Ungehinderter Abfluß in die Druckleitung durch Bohrungen und Kanäle möglich.

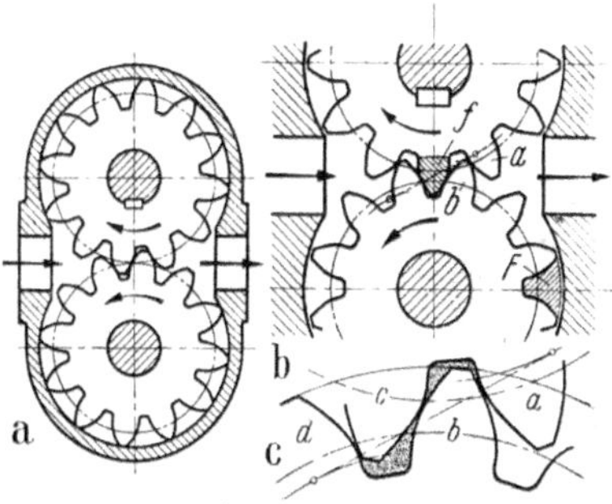

Bild 3. Zahnradpumpe

Druck bei einfacher Ausführung bis ≈6 atü; bei Flüssigkeitsgetrieben bis ≈25 atü (auch höher). $\lambda = 0{,}90$ bis 0,95.

Sonderausf.: *Eaton*-Pumpen (Lizenz Zahnradfabr. Friedrichshafen). Exzentrisch im Gehäuse gelagerte Welle treibt mittels Zahnrad (z_1) einen sich zentrisch im Gehäuse drehenden Zahnkranz mit Innenzähnen ($z_2 = z_1 + 1$). Zahnflanken: Kreisbogenform. Anwendung z. B. Hochdruck-Ölpumpen.

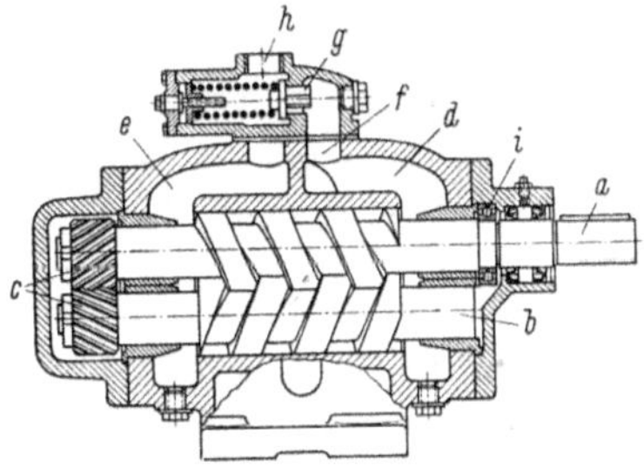

Bild 4: Schraubenpumpe (Paul Leistritz, Nürnberg) für $Q_{max} = 550$ lit/min; 80 atü. a Antriebsspindel; b Nebenspindel mit gleichgroßer Steigung; c Schrägzahnräder; d Druckraum, e Saugraum; f Verbindung von d mit Überdruckventil g; bei h Rücklaufanschluß zum Tank, nicht zum Saugraum; i Kugellager für Aufnahme des Axialschubs. Bei niedrigen Drücken kann Axialschub hydraulisch ausgeglichen werden.

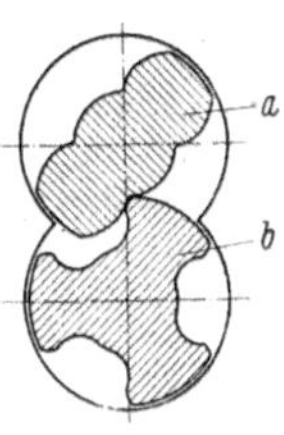

Bild 5. Zahnformen der zweigängigen Antriebsspindel a und der Nebenspindel b in Bild 4

[1] Über günstige Zähnezahl, Profilverschiebung s. Konstr. Bd. 1 (1949) Nr. 10 S. 309/11.

b) Roots-Gebläse[1] für Gase, Berechnung s. S. 166, Bild 30.

c) Schraubenpumpen[2] für Flüssigkeiten. Die Schraubenspindeln bilden mit ihren ineinandergreifenden Gewindegängen (u. U. besonderes Profil, Bild 5) Hohlräume (Kammern), in denen das Medium, meist Öl, kontinuierlich ohne Schaumbildung gefördert wird. Bei niedrigen Förderhöhen bis ≈10 atü ist Antriebsspindel *a* zweigängig, Nebenspindel *b* dreigängig, Bild 5; diese wird unmittelbar durch die Gewindeflanken der Hauptspindel, bei höheren Drücken durch besondere Schrägzahnräder *c*, Bild 4, angetrieben. Je höher der Druck, um so länger müssen die Spindeln sein, um ausreichend viele Kammern zu bilden. Für große Fördermengen $Q \gtrsim 4400$ lit/min bei Niederdruck verwendet Fa. Leistritz 5 Spindeln, davon eine Hauptspindel, welche die 4 Nebenspindeln unmittelbar antreibt.

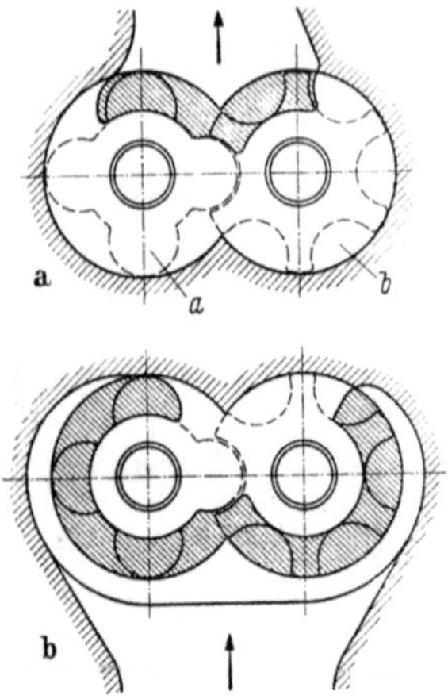

Bild 6. Ein- und Auslaßquerschnitte des Verdichters nach Bild 7

d) Schraubenverdichter für Gase. Ausführungsart Bild 6 entwickelt aus dem schwedischen Lysholm-Verdichter. Treibende Welle hat vier Schraubengänge *a* mit konvexem Profil; sechs getriebene Schraubengänge *b* mit konkavem Profil. Drehmoment wird durch Zahnräder *c*, Bild 7, übertragen. Größe des erreichbaren Drucks ist durch die Lage der Auslaßkanten im Gehäuse festgelegt, wie auch beim Rotationsverdichter Bild 8. Druckverhältnis ergibt sich aus dem Verhältnis der in Bild 6 schraffierten Flächen.

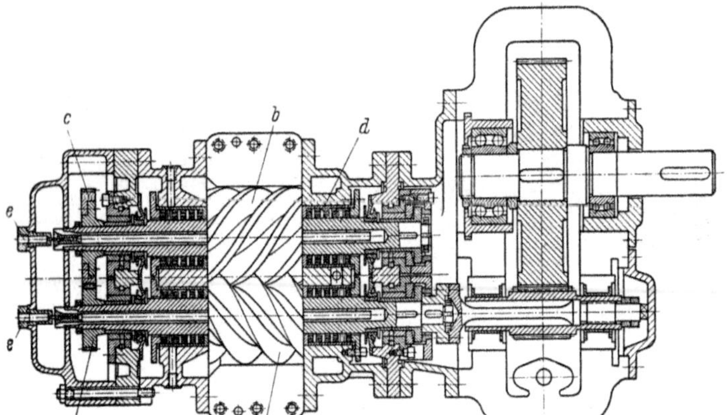

Bild 7. Drehkolbenverdichter (Aerzener Maschinenfabrik, Aerzen). Ansaugemenge 18 bis 35 m³/min; Antriebdrehzahl 5500 bis 9000 U/min. Verdichtungsverhältnis 3,5. *a* Haupt-, *b* Nebenkolben, *c* Zahnräder, *d* Kohleringdichtungen, *e* Kühlölzuführung für Drehkolben

[1] S. a. *Ertl, H.:* Die Auslegung von Rootsgebläsen. Konstr. Bd. 5 (1953) Nr. 3 S. 71/77. — *Bormuth, Ph.:* ... Leistungsverbesserung von Rootsgebläsen. Konstr. Bd. 9 (1957) Nr. 4 S. 154/57. — *Nöller, H.-G.*, u. *R. Thees:* Feinvakuumpumpen nach dem Roots-Prinzip. VDI-Z. Bd. 99 (1957) Nr. 14 S. 613/19. — *Grote, P.:* s. Lit. S. 250.

[2] S. a. Bericht in Konstruktion Bd. 11 (1959) Nr. 8 S. 311/12.

e) Rotierende Verdichter für Gase (VielzellenBauart) Bild 8. Eine exzentrisch gelagerte Walze *a* ist mit Führungsschlitzen für Schieber *b* versehen, die durch Fliehkraft nach außen gedrängt werden, sich gegen Laufringe *c* stützen und diese mitnehmen. Die Laufringe haben etwas kleineren Innendurchmesser als das Gehäuse und sind mit radialem Spiel in Ausdrehungen des Gehäuses gelagert. Es ergibt sich ein sichelförmiger Arbeitsraum, der durch die Schieber in einzelne Kammern unterteilt ist. Die Höhe des Verdichtungsverhältnisses ist durch Lage der Kante *e* im Gehäuse festgelegt.

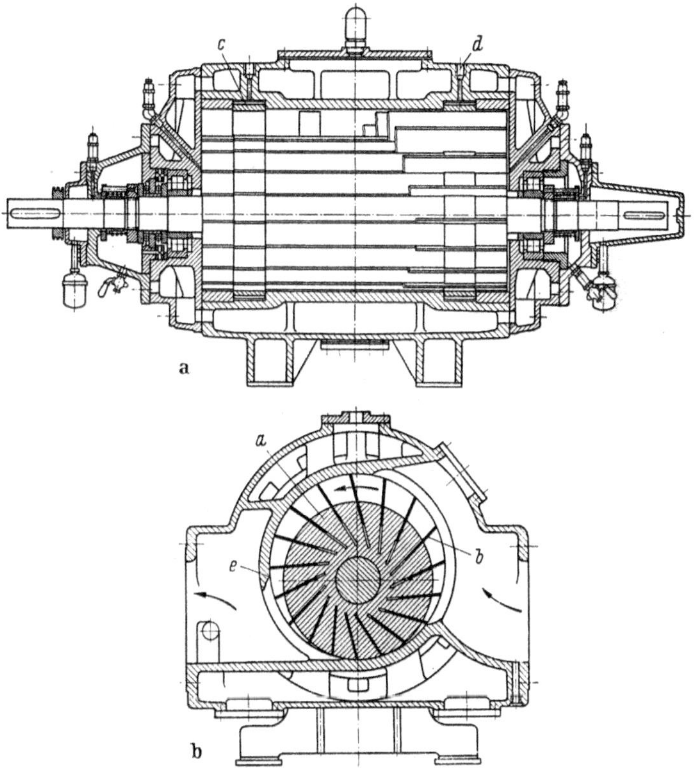

Bild 8. Rotierender Verdichter (Demag, Duisburg). Maximale effektive Liefermenge ≈ 5700 m³/h bei 2,5 atü

Für Drücke bis ≈2,5 atü bzw. ≈90% Vakuum einstufig, bis ≈8 atü zweistufig. Die zweite Stufe besteht aus einem Verdichter von entsprechend kleinerer Fördermenge; meist beide Maschinen vom gleichen Motor angetrieben. Beim Auffüllen eines Windkessels oder langer Leitungen werden bis zum Erreichen des Zwischendrucks zunächst 1. und 2. Stufe parallel, dann hintereinander geschaltet.

Wenn im Drucknetz sehr große Druckschwankungen auftreten, können Verdichter mit zusätzlich eingebauten selbsttätigen Ventilen vorteilhaft sein. Diese Ventile öffnen sich, wenn der Gegendruck in der betreffenden Kammer erreicht ist; sie sind in der druckseitigen Gehäusewand eingebaut und unterbrechen in geschlossenem Zustand nicht die innere Gehäusefläche (KSB-AMAG, Frankenthal/Pfalz).

Ansaugmenge: $Q = 2el \cdot 60 \cdot n(2R\pi - \delta z)\,\lambda$, worin e = Exzentrizität der Walze, l = Walzenlänge, R = Gehäusehalbmesser, z = Schieberzahl, δ = Schieberdicke, λ = Liefergrad.

f) Ölpumpen für Flüssigkeitsgetriebe; Pumpen haben veränderliche Exzentrizität (Hub); s. Abschn. Verfahren u. Maschinen der Metallbearbeitung.

g) Flüssigkeitsring-Pumpen[1]**;** Schema nach Bild 9. Das exzentrisch gelagerte Schaufelrad schleudert die Betriebsflüssigkeit, meist Wasser, als Ring gegen das

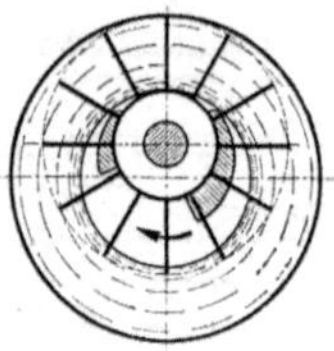

Bild 9. Flüssigkeitsring-Pumpe

Gehäuse; dadurch bilden sich sichelförmige Hohlräume als Saug- bzw. Druckräume. Anordnung der Saug- und Drucköffnungen im Deckel (schraffierte Flächen). Verwendung: Vakuum- und Entstaubungspumpen, Kompressoren (ölfreie Druckluft), Wasser- und Ölpumpen.

Diese Pumpen werden auch den Kreiselpumpen auf der Saugseite vorgeschaltet; dadurch kann selbsttätiges Ansaugen erreicht werden.

---

[1] S. a. Abschn. Strömungsmaschinen S. 398, Bild 146, und Bericht über *Seitenkanalpumpen* in Konstruktion Bd. 10 (1958) Nr. 1 S. 38.

Schwungräder, Massenausgleich, Schwingungen und Regler

Bearbeitet von Prof. Dr.-Ing. **F. Sass**, Berlin

Literatur: 1. *Tolle, M.:* Regelung der Kraftmaschinen, 3. Aufl. Berlin: Springer 1921. — 2. *Schrön, H.:* Die Dynamik der Verbrennungskraftmaschine, 2. Aufl. Wien: Springer 1947. — 3. *Den Hartog, J. P.:* Mechanische Schwingungen, 2. Aufl. Berlin: Springer 1952. — 4. *Sass, F.:* Bau und Betrieb von Dieselmaschinen Bd. II, 2. Aufl. Berlin: Springer 1957.

I. Schwungräder

1. Drehkraftlinie der Gaskräfte

Das Drehmoment einer Einzylinder-Kolbenmaschine ist *ungleichförmig.* Bei mehreren in der Kurbelstellung gegeneinander versetzten Arbeitszylindern wird es zwar gleichförmiger, ist aber immer bald größer, bald kleiner als der (meist gleichmäßige) mittlere Widerstand. Daher schwankt die Drehgeschwindigkeit der Kurbelwelle während einer Umdrehung zwischen einem Maximum und einem Minimum. Das Schwungrad soll diese Schwankungen auf ein gewünschtes Maß beschränken.

a) Tangentialdruckdiagramm. Die Schwankungen des Drehmoments werden durch das Tangentialdruckdiagramm (Drehkraftlinie) dargestellt mit dem abgewickelten Kurbelkreis (in m) als Abszisse und der am Kurbelradius wirkenden

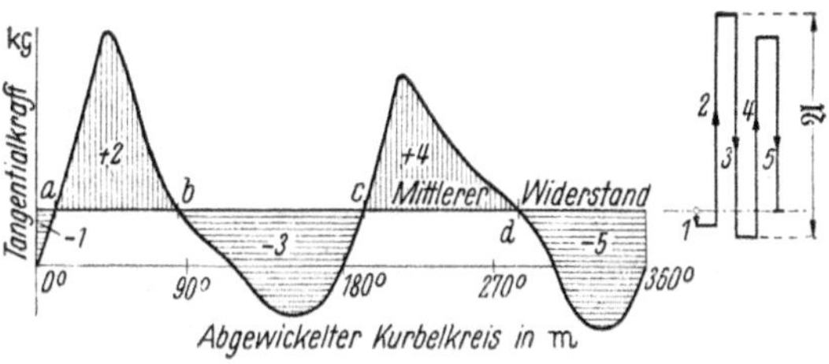

Bild 1. Ermittlung des Arbeitsüberschusses 𝔄 aus dem Tangentialdruckdiagramm

Drehkraft (in kg oder kg/cm² Kolbenfläche) als Ordinate (Bild 1). Die Fläche zwischen Drehkraftlinie und Nullinie entspricht der bei 1 Umdr. auf die Kurbel übertragenen Arbeit in mkg; sie muß gleich sein der zwischen der Nullinie und der Linie des mittleren Widerstandes liegenden Rechteckfläche.

Diese Arbeit ist die *indizierte,* da die Kolbenkräfte dem Indikatordiagramm entnommen werden und die Reibung nicht berücksichtigt wird. Der mittlere Widerstand an der Kurbel ist daher aus $M_t = 716{,}2\, N_i/n$ kgm zu berechnen.

b) Konstruktion des Tangentialdruckdiagrammes aus dem Indikatordiagramm (Bild 2): Zerlegung der auf den Kolben wirkenden resultierenden Gaskraft P in die Normalkraft N (von der Gleitbahn aufge-

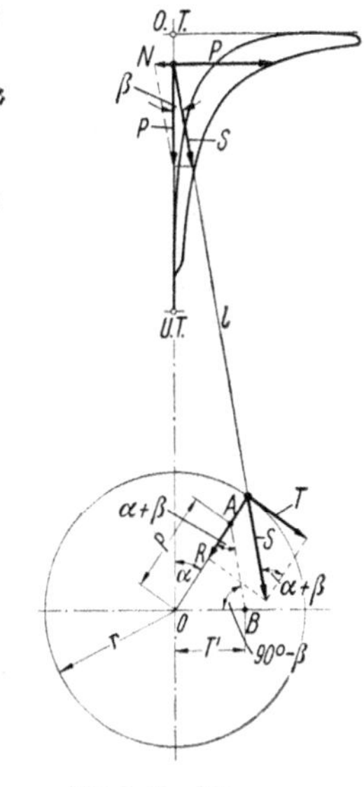

Bild 2. Ermittlung der Tangentialkraft T aus dem Indikatordiagramm

nommen) und die Pleuelstangenkraft S, die am Kurbelzapfen in Tangentialkraft T und Radialkraft R (vom Lager aufgenommen) zerlegt wird. Zeichnerische Ermittlung von T: Trage Kolbenkraft $P = OA$ auf der jeweiligen Stellung der Kurbel ab und ziehe $AB \parallel l$; dann ist $OB = T'$ = Tangentialkraft T.

Beweis: $S = P/\cos\beta$ und $T/S = \sin(\alpha+\beta)$, somit $T = P\sin(\alpha+\beta)/\cos\beta$. Ferner: $T' : P = \sin(\alpha+\beta) : \sin(90-\beta) = \sin(\alpha+\beta) : \cos\beta$, also $T' = P\sin(\alpha+\beta)/\cos\beta$; somit $T' = T$.

Zu beachten: Die Kolbenkraft P ist stets aus dem auf den Kolben wirkenden *Überdruck* zu ermitteln, der Gegendruck auf der Rückseite also abzuziehen.

2. Berechnung des Schwungmoments

(ohne Berücksichtigung der Triebwerkmassen)

a) Arbeit 𝔄. Im Beharrungszustand (n = const) muß Σ Überschußflächen und Σ Unterschußflächen im Tangentialdruckdiagramm (Bild 1) gleich sein, weil der Kurbelwelle bei 1 Umdr. ebensoviel Arbeit zugeführt wie entnommen wird. Solange ein Arbeitsüberschuß vorhanden, muß die Umfangsgeschwindigkeit des Schwungrades zunehmen; sie hat daher in b und d (Bild 1) ein Maximum, in a und c ein Minimum. Ist die größte bei 1 Umdr. auftretende Umfangsgeschwindigkeit v_{max}, die kleinste v_{min}, bezogen auf den Trägheitsdmr. D_s der Schwungmasse M_s, so muß sein: Größte zugeführte (bzw. entzogene) Arbeit 𝔄 = Vermehrung (bzw. Verminderung) der Energie der Schwungmasse, d. h.

$$\mathfrak{A} = {}^1/_2\, M_s\,(v_{max}^2 - v_{min}^2) = {}^1/_2\, M_s\,(v_{max} + v_{min})\,(v_{max} - v_{min}).$$

𝔄 ist die *größte* Über- oder Unterschußfläche im Tangentialdruckdiagramm (Aneinanderreihen der Flächen als [+]- oder [−]-Strecken in Bild 1).

b) Das Verhältnis $(v_{max} - v_{min}) : v_m$ ist der **Ungleichförmigkeitsgrad** δ_s; dabei $v_m \approx {}^1/_2(v_{max} + v_{min})$. Hieraus $\mathfrak{A} = M_s v_m^2\,\delta_s$. Drückt man M_s durch das Gewicht G des Schwungkranzes sowie v_m durch den Trägheitsdmr. D_s und die minutliche Drehzahl n aus, so wird mit $\pi^2/g \approx 1$:

$$\mathfrak{A} = G D_s^2\, n^2 \delta_s/3600 \quad \text{und} \quad G D_s^2 = 3600\,\mathfrak{A}/n^2\delta_s. \tag{1}$$

Das Produkt GD_s^2, meist GD^2 geschrieben (D ist *nicht* der Außendmr. des Schwungrades), heißt *Schwungmoment*. Es hat die Dim. kgm², also nicht die eines Massenträgheitsmomentes Θ (kg sek² m). GD^2 und Θ hängen durch $GD^2 = 4g\Theta$ zusammen, da $\Theta = M_s i^2 = (G/g)\cdot(D/2)^2 = GD^2/4g$.

Man beachte, daß die Gln. (1) nicht dimensionsrichtig sind, da π^2 sich gegen g nicht nach der Dim. aufhebt.

c) Berechnung des GD^2. Bei ähnlichen Kolbenmaschinen gleicher Zylinderzahl werden die Drehkraftlinien ähnlich; daher ist 𝔄 stets ungefähr der gleiche Bruchteil der ganzen Drehkraftfläche, d. h. proportional der von den Kolbenkräften geleisteten Arbeit: $\mathfrak{A} = kFp_i s$ ($F = \Sigma$ aller Kolbenflächen, s = Hub, k abhängig von Zylinderzahl und -anordnung). Ferner ist die indizierte Leistung proportional $Fp_i sn$, also $N_i = k_1 F p_i s n$. Folglich $\mathfrak{A} = kN_i/k_1 n$, somit $GD^2 = 3600\,kN_i/k_1 n^3 \delta_s$. Multipliziert man Zähler und Nenner mit η_m und setzt $3600\,k/k_1\eta_m = K$, so folgt:

$$GD^2 = \frac{K N_e}{\delta_s n^3}\ \text{kgm}^2 \tag{2}$$

als Gl. zur Bestimmung des GD^2 bei gegebener Leistung, Drehzahl und δ_s.

d) Mittelwerte von δ_s.

Antrieb von Schiffspropellern (durch Motoren)	1 : 20
Schneidwerken, Pumpen	1 : 25
Werkstättentriebwerken	1 : 35
Webstühlen, Papiermaschinen	1 : 40
Mahlmühlen	1 : 50
Spinnmaschinen für niedrige Garnnummern	1 : 60
Spinnmaschinen für hohe Garnnummern	1 : 100
Gleichstromgeneratoren für Lichtbetrieb	1 : 100 bis 1 : 120
Drehstromgeneratoren für Parallelschaltung mit Turbinennetzen	1 : 300 und kleiner

Bei Brennkraftmaschinen für direkten Propellerantrieb wird das Schwungrad nicht zur Einhaltung eines bestimmten δ_s, sondern zur Sicherung des Anfahrens benötigt: der Motor darf nach den ersten Druckluftimpulsen nicht stehenbleiben. Schiffsdampfmaschinen brauchen kein Schwungrad. Für Drehstromgeneratoren, die nur untereinander (nicht mit Turbinennetzen) parallel zu arbeiten haben (dieselelektr. Schiffsantrieb), hat ein $\delta_s \approx {}^1/_{75}$ genügt.

e) Mittelwerte von *K*.

Für Dampfmaschinen

Einkurbelmaschinen . . . . $2{,}5 \cdot 10^6$
Verbundmaschinen mit Kurbeln unter 90° . . . . $(0{,}9 \text{ bis } 1{,}4) \cdot 10^6$

Für Ottomotoren (nach *Kutzbach*)

Zylinderzahl	1	2	3	4	6	8
Viertakt . .	17,6	7,2	3,5 bis 4,5	1,12 bis 1,76	0,72	$0{,}35 \cdot 10^6$
Zweitakt . .	14,4	2,1 bis 4,0	1,44	0,72	—	$— \cdot 10^6$

Für Dieselmotoren

Zylinderzahl	1	2	3	4	5	6	7	8
Viertakt, einfachw. . . .	51	21	12,5	2,7	4,8	1,6	2,14	$1{,}45 \cdot 10^6$
Zweitakt, einfachw. . . .	21	9,6	4,0	1,8	0,7	0,41	0,32	$0{,}24 \cdot 10^6$
Zweitakt, doppeltw. . . .	—	—	1,1	1,0	0,23	0,28	0,065	$0{,}11 \cdot 10^6$

Mit diesen K-Werten folgt aus Gl. (2) bei gegebenem N_e, n und δ_s das erforderliche GD^2. Hiervon werden rd. 90% im Schwungkranz untergebracht; die restlichen 10% entfallen auf Scheibe bzw. Speichen und Nabe. GD^2 des Schwungkranzes $= 2G(R^2 + r^2)$, wenn G sein Gewicht und R, r Außen- und Innenhalbmesser sind. Umfangsgeschwindigkeit für Gußeisenräder $\leqq 30-35$ m/sek; für höhere Geschwindigkeit Stahlguß oder Stahl.

Die umlaufenden Triebwerkmassen bleiben bei der Berechnung des GD^2 außer acht; sie verbessern das δ_s. Ebenso wirkt Riemenübertragung.

Bei der Bemessung des GD^2 ist auf die Regelung Rücksicht zu nehmen (S. 284), bei Parallelbetrieb mit Drehstromnetzen auch auf Vermeidung der Resonanz (S. 260).

3. Einfluß der Triebwerkmassen

a) Aufteilung der Triebwerkmassen in oszillierendes Gewicht G_H und rotierendes Gewicht G_R, s. S. 260. G_R unterstützt die Schwungradwirkung; G_H verändert die Drehkraftlinie um so stärker, je größer n, da die Massenwirkungen mit n^2 zunehmen. Die Berechnung des GD^2 nach Gl. (2) berücksichtigt die Massenwirkungen nicht; andernfalls könnte man Gl. (2) nicht aufstellen, da K alsdann auch von der Größe der Triebwerkmassen abhängig wäre. Die Werte von K lt. Zahlentafel sind daher Näherungswerte, jedoch meist ausreichend (nicht für Schnelläufer). Bei größeren Zylinderzahlen und bestimmten Kurbelstellungen heben sich die Massenwirkungen teilweise oder ganz auf (s. S. 259).

b) Einkurbelmaschinen. Man trage die Massendruckparabel (Bd. I S. 762) in das Indikatordiagramm ein (Bild 3) und zeichne die Drehkraftlinie nach Bild 2, jedoch nunmehr aus der Summe der Gas- und Massendrücke unter Beachtung des Vorzeichens der Massendrücke, die im ersten Teil des Abwärtshubes den Gasdrücken entgegen-, nachher ihnen gleichgerichtet sind. Statt die Differenz bzw. Summe der Drücke im Indikatordiagramm zu bilden, kann man auch die Drehkraftlinie der Massenkräfte allein (nach Bild 2) zeichnen und die Summen-Drehkraftlinie aus Gas- und Massenkräften bilden. Die Massenkräfte erzeugen eine Drehkraftlinie von der Form Bild 4 (obere Kurve); ihre Periode ist 1 Umdr. Die Hinzufügung der Drehkraftlinie der Massenkräfte macht im allgemeinen das resultierende Tangentialdruckdiagramm gleich-

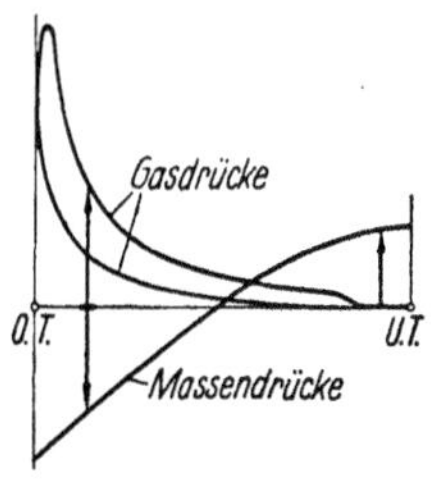

Bild 3. Gasdrücke und Massendrücke im Indikatordiagramm

mäßiger (Bild 5), sofern n nicht zu hoch. Bei hohen Drehzahlen und bestimmten Zylinderzahlen (S. 259) kann der Einfluß der Massenkräfte die Drehkraftlinie stark verzerren.

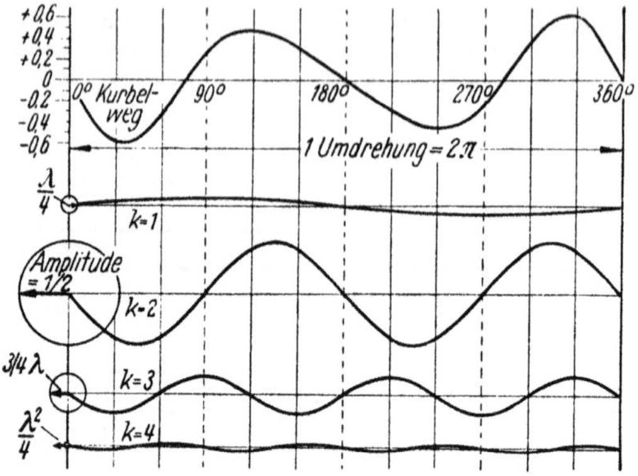

Bild 4. Drehkraftlinie der Massenkräfte, in 4 Sinuswellen zerlegt

c) Mehrkurbelmaschinen. Ihr Tangentialdruckdiagramm entsteht durch Übereinanderzeichnen der Drehkraftlinien der einzelnen Zylinder unter Beachtung der Phasenverschiebung.

Bei Dampfmaschinen berücksichtige man die Massendrücke sogleich im Indikatordiagramm, weil die Massen der Zylinder meist verschieden sind. Bei mehrzylindrigen Verbrennungsmotoren (gleiche Triebwerke) ist es vorteilhafter, zunächst die resultierende Drehkraftlinie nur aus den Gaskräften zu zeichnen. Die von den Massen herrührenden Drehkräfte heben sich in manchen Fällen gegenseitig auf oder vereinfachen sich zu einer oder zwei Sinuslinien.

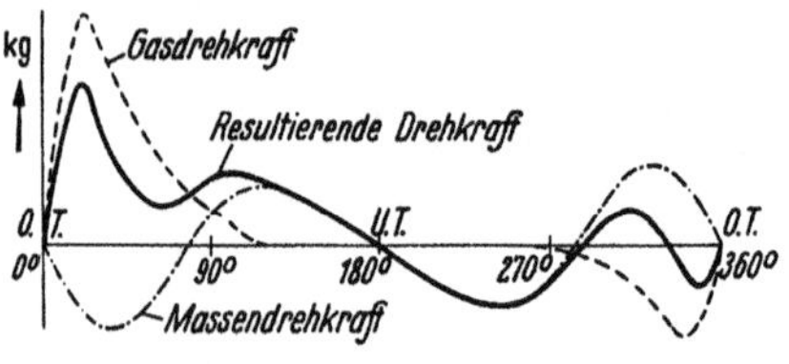

Bild 5. Aus Gas- und Massendrehkraft resultierende Drehkraftlinie (Einzylinder-Zweitaktmotor)

d) Drehkraftlinie der Massenkräfte und ihre Analyse. Nach 1, b ist $T = P \sin(\alpha + \beta)/\cos\beta$, wobei (Bd. I S. 761) die Massenkraft $P = (G_H/g)\, r\,\omega^2 (\cos\alpha + \lambda \cos 2\alpha)$. Glieder höherer Ordnung als 2α sind vernachlässigt. Nun ist $\sin(\alpha + \beta)/\cos\beta = (\sin\alpha\cos\beta + \cos\alpha\sin\beta)/\cos\beta = \sin\alpha + \cos\alpha\,\mathrm{tg}\,\beta \approx \sin\alpha + \cos\alpha\sin\beta$, da $\mathrm{tg}\,\beta$ wegen des stets kleinen β $\approx \sin\beta$. Somit $\sin(\alpha + \beta)/\cos\beta = \sin\alpha + \cos\alpha \cdot \lambda \sin\alpha$, weil $r : l = \lambda = \sin\beta : \sin\alpha$ (Bild 2). Folglich $\sin(\alpha + \beta)/\cos\beta = \sin\alpha + {}^1/_2\,\lambda \sin 2\alpha$. Dies in $T = P \sin(\alpha+\beta)/\cos\beta$ eingesetzt, liefert mit P die Tangentialkraft der Masse G_H:

$$T = -\,(G_H/g)\, r\,\omega^2 (\cos\alpha + \lambda\cos 2\alpha)(\sin\alpha + {}^1/_2\,\lambda \sin 2\alpha).$$

Das — Zeichen berücksichtigt die Richtung der Massenkräfte. Durch Ausmultiplizieren der Klammern und Substitution von

$$\begin{aligned} \sin\alpha\cos\alpha &= {}^1/_2 \sin 2\alpha,\\ 2\sin 2\alpha\cos\alpha &= \sin(2\alpha+\alpha) + \sin(2\alpha-\alpha) = \sin 3\alpha + \sin\alpha,\\ 2\sin\alpha\cos 2\alpha &= \sin(\alpha+2\alpha) + \sin(\alpha-2\alpha) = \sin 3\alpha - \sin\alpha,\\ 2\sin 2\alpha\cos 2\alpha &= \sin 4\alpha \end{aligned}$$

folgt:

$$T = \frac{G_H}{g}\, r\,\omega^2 \left(\frac{\lambda}{4}\sin\alpha - \frac{1}{2}\sin 2\alpha - \frac{3}{4}\lambda\sin 3\alpha - \frac{\lambda^2}{4}\sin 4\alpha\right). \qquad (3)$$

Die Drehkraftlinie der Massenkräfte *eines* Zylinders setzt sich also (unter Vernachlässigung höherer Ordnungen als der 4.) aus 4 Sinuslinien zusammen, deren Amplituden die Produkte aus $(G_H/g)\, r\,\omega^2$ und $\lambda/4$, $1/2$, $3/4\,\lambda$ und $\lambda^2/4$ sind. Die erzeugenden Vektoren stehen entsprechend den Vorzeichen in der Klammer der Gl. (3) wie in Bild 4. Alle Sinuslinien beginnen im O. T. Sie treten bei *Mehrzylinder*maschinen an jeder Kurbel auf. Die Sinuswellen gleicher Frequenz ($k = 1, 2, 3, \ldots$)

können zusammengesetzt werden, indem man die sie erzeugenden Vektoren geometrisch addiert unter Beachtung ihrer durch die Kurbelstellungen bedingten Phasenverschiebungen. Für die Sinuswellen 1. Ordnung ($k = 1$) geben die Kurbelstellungen die Richtungen der Vektoren an. Für die Ordnungen 2, 3, 4 bilde man (vgl. S. 277) Kurbelschemata 2., 3., 4. Ordnung, indem man alle Winkel, welche die Kurbeln mit der oberen Totlage bilden, verdoppelt, verdreifacht usw. Zieht man die Vektoren von der Größe $\lambda/4$, 1/2, $3/4\,\lambda$ und $\lambda^2/4$ parallel zu den Kurbelstellungen des Schemas der betr. Ordnung, so ergibt ihre geometrische Summe den resultierenden Vektor dieser Ordnung. Die resultierenden Vektoren sind unbenannte Zahlen; durch Multiplikation mit $(G_H/g)\,r\,\omega^2$ erhält man die resultierende Amplitude der betr. Ordnung in kg. Schließen sich die Vektorpolygone, so heben sich die Massendrehkräfte der Zylinder für die betr. Ordnung auf.

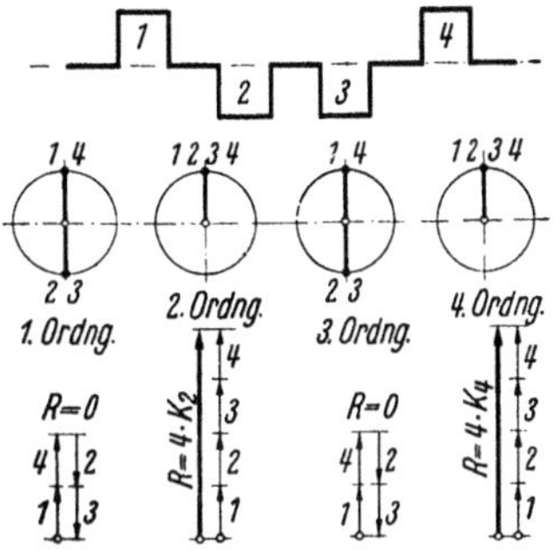

Bild 6 Kurbelschemata und Vektorpolygone der Komponenten 1. bis 4. Ordnung der Massendrehkräfte eines 4-Zylinder-Viertaktmotors

Beispiel: Für einen Vierzylinder-Viertaktmotor sind in Bild 6 die Kurbelstellungen, die Kurbelschemata 1. bis 4. Ordnung und die 4 Vektorpolygone gezeichnet, diese nicht maßstäblich. Die 4 Sinuswellen 1. und 3. Ordnung heben sich auf; die Amplituden der Sinuswellen 2. und 4. Ordnung addieren sich algebraisch. Die resultierenden Amplituden der Sinuswellen werden

$$\text{für die 2. Ordnung:}\quad 4\cdot\frac{1}{2}\,\frac{G_H}{g}\,r\,\omega^2 = 2\,\frac{G_H}{g}\,r\,\omega^2\ \text{kg},$$

$$\text{für die 4. Ordnung:}\quad 4\cdot\frac{\lambda^2}{4}\,\frac{G_H}{g}\,r\,\omega^2 = \lambda^2\,\frac{G_H}{g}\,r\,\omega^2\ \text{kg}.$$

Man zeichne die beiden Sinuslinien unter Beachtung ihrer Vektorstellungen (Bild 4) und addiere sie zur Drehkraftlinie der Gaskräfte. Aus der resultierenden Drehkraftlinie folgt $\mathfrak{A}$ und aus Gl. (1) das erforderliche GD^2 für ein bestimmtes δ_s.

Die gleiche Betrachtung, auf verschiedene Kurbelzahlen und -anordnungen angewendet, ergibt:

Bei 1- und 2-Kurbel-Maschinen (Kurbeln unter 0°) treten an jeder Kurbel alle 4 Sinuswellen (Bild 4) auf.

Bei 2 Kurbeln unter 180° und bei 4 Kurbeln paarweise unter 180° treten nur die 2. und 4. Ordnung auf.

Bei 3 und 6 Kurbeln unter 120° tritt nur die 3. Ordnung auf.

Bei 4 und 8 Kurbeln unter 90° tritt nur die 4. Ordnung auf.

Bei allen Kurbelzahlen $\geqq 5$ mit gleichen Kurbelwinkeln (z. B. 6 Kurbeln unter 60°, 8 Kurbeln unter 45°) heben sich alle Sinuswellen auf; die Massenkräfte haben keinen Einfluß auf die Drehkraftlinie.

In allen Vektorpolygonen (z. B. Bild 6) liegen die Resultierenden, soweit sie nicht verschwinden, in einer Geraden, d. h. die Vektoren addieren sich algebraisch.

4. Widerstand unmittelbar an der Kolbenstange

Aufzeichnen der Drehkraftlinie ist entbehrlich, wenn der Widerstand unmittelbar an der Kolbenstange wirkt, z. B. bei Kolbenpumpen und -gebläsen. Man zeichne beide Überdruckdiagramme (des Kraft- und des Arbeitszylinders) über derselben Grundlinie (Bild 7); Maßstab der Abszissen zweckmäßig in m, der Ordinaten in kg unter Berücksichtigung der Größe der Kolbenflächen. Bild 7 gilt für einen doppeltwirkenden Dampf- und doppeltwirkenden Gebläsezylinder. Die Ordinaten des Widerstandsdiagramms sind mit N_i/N_e zu vergrößern, da

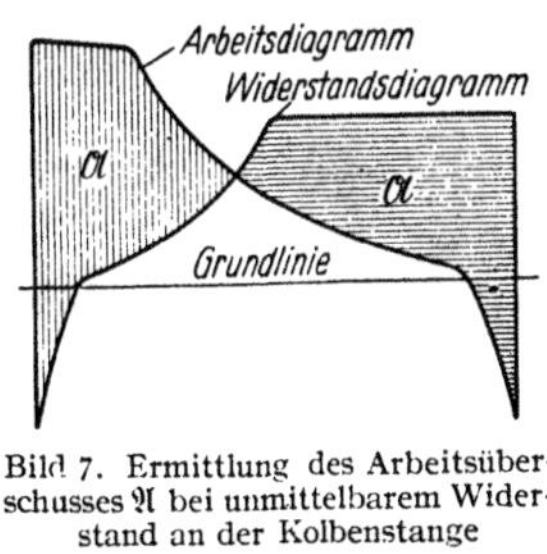

Bild 7. Ermittlung des Arbeitsüberschusses $\mathfrak{A}$ bei unmittelbarem Widerstand an der Kolbenstange

die Reibung des Arbeitszylinders vom Kraftzylinder aufgebracht werden muß; die Flächen beider Diagramme werden gleich. Fläche $\mathfrak{A}$ ist der Arbeitsüberschuß in mkg, der in Gl. (1) einzusetzen ist. Die Massenkräfte werden vernachlässigt, da Hubzahlen meist niedrig.

5. Berücksichtigung der Resonanz bei Synchronmaschinen

Bezeichnet

T_e die Eigenschwingungszeit der Synchronmaschine in sek,
T_a die Impulsdauer der Antriebsmaschine in sek,
GD^2 das Schwungmoment in kgm²,
N_k die Kurzschlußleistung in kVA,
N_{kW} die Nennleistung der Synchronmaschine in kW,
$\cos\varphi$ den Nennleistungsfaktor (allgemein $= 0{,}8$),
f die Frequenz, und wird gesetzt:
$a = 1$ bei Dampfmaschinen und Zweitaktmotoren,
$a = 2$ bei Viertaktmotoren,

so ist die Dauer der Eigenschwingung der Synchronmaschine

$$T_e = \frac{n}{241}\sqrt{\frac{GD^2}{N_k f}}\,.$$

Die Impulsdauer der Antriebsmaschine ist $T_a = 60\,a/n$. Zur Vermeidung von Resonanzerscheinungen wählt man GD^2 so, daß $T_a = 0{,}7\,T_e$ wird. Hieraus folgt $GD^2 = 4{,}25 \cdot 10^8 N_k f a^2/n^4$. Im allgemeinen kann gesetzt werden

$$N_k = \frac{N_{kW}}{\cos\varphi}\,(1{,}8 \text{ bis } 2{,}2),$$

so daß bei $\cos\varphi = 0{,}8$ folgt:

$$GD^2 = (9{,}5 \text{ bis } 11{,}5) \cdot 10^8 N_{kW} f a^2/n^4.$$

Werden benachbart aufgestellte Synchronmaschinen betrieben, so kann durch Wahl geeigneter relativer Kolbenstellungen der Gesamtbetrieb u. U. recht günstig beeinflußt werden. Dies geschieht, indem man die Synchronmaschinen um eine oder mehrere Polteilungen zurückfallen läßt.

Die Eigenschwingungsdauer der Synchronmaschinen kann durch Erhöhen des Erregerstromes verkürzt, durch Absenken vergrößert werden, doch sind dieser Maßnahme häufig durch den elektrischen Betrieb enge Grenzen gesetzt.

II. Massenausgleich

1. Die Massenkräfte der Einzylindermaschine

Die Massen, welche Unruhe hervorrufen können, sind die Triebwerkmassen, soweit ihre Schwerpunktachse nicht mit der Wellenachse zusammenfällt, also Kolben, Kolbenstange, Kreuzkopf, Pleuelstange, Kurbelzapfen und Kurbelwangen, bei Dampfmaschinen auch die Steuerungsteile: Schieber mit Stange und Kulissenstein, Kulisse, Exzenterstangen, Exzenter. Bei Brennkraftmaschinen werden die Steuerungsteile wegen ihres kleinen Gewichtes vernachlässigt.

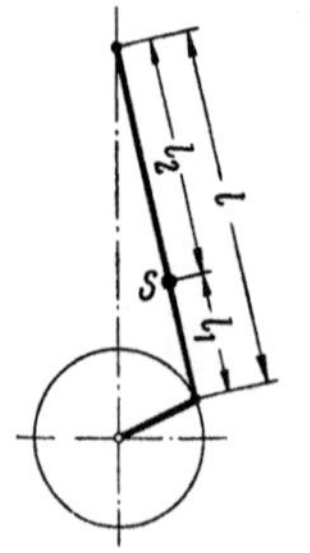

Bild 8. Aufteilung der Pleuelstange in oszillierenden und rotierenden Teil

Die Massen vollführen teils eine oszillierende Bewegung (Index H) in der Zylinderachse (Kolben, Kolbenstange, Kreuzkopf), teils eine rotierende (Index R) (Kurbelzapfen und -wangen), teils eine zusammengesetzte (Pleuelstange). Die Masse der Pleuelstange wird berücksichtigt, indem ihr Gewicht G_{Pl} nach der Lage ihres Schwerpunktes S (Bild 8) im Verhältnis $l_1 : l$ und $l_2 : l$ unterteilt wird. Dann ist genügend genau: $G_{H_{Pl}} = G_{Pl} \cdot l_1/l$ der oszillierende und $G_{R_{Pl}} = G_{Pl} \cdot l_2/l$ der rotierende Anteil. Die Querbewegungen der Pleuelstange und die dadurch verursachten Massenkräfte werden vernachlässigt. Bestimmung von S durch Auswägen oder durch Rechnung. Bei Dampfmaschinen werden die Steuerungsteile als in der Mittellängsebene der Maschine liegend angenommen.

a) Fliehkraft der rotierenden Massen. Bezeichnet G_R' das Gewicht aller rotierenden Teile (Kurbelzapfen, Kurbelwangen, deren Masse im Verhältnis ihres Schwerpunktabstandes zum Kurbelradius r auf diesen zu reduzieren ist, und rotierender Anteil der Pleuelstange), so wird deren Fliehkraft $P_R = (G_R/g)\, r\, \omega^2$ mit ω = Winkelgeschwindigkeit der Kurbelwelle. P_R kann ausgeglichen werden durch Gegengewichte an den Kurbelwangen, die so bemessen sind, daß sie eine gleich große, entgegengesetzt gerichtete Fliehkraft erzeugen wie G_R. Ihr Gesamtgewicht G_g errechnet sich aus $G_g a = G_R r$ (a = Schwerpunktabstand der Gegengewichte von der Drehachse).

b) Massenkraft der hin- und hergehenden Teile. Bei der laufenden Maschine bewegt sich der Schwerpunkt der Massen G_H in der Zylinderachse auf und nieder. Der Beschleunigung und Verzögerung in der Zylinderachse setzen die Massen ihren Trägheitswiderstand (Massenkräfte) entgegen. Die Massenkräfte sind *innere* Kräfte; sie können den Gesamtschwerpunkt der Maschine nicht verschieben. Da der Schwerpunkt der Triebwerkteile sich bewegt, muß der Schwerpunkt der feststehenden Teile (Maschinengestell) die entgegengesetzten Bewegungen zu machen suchen, und zwar entsprechend der größeren Masse des Gestells verkleinert (Satz von der Erhaltung des Schwerpunktes). Er wird durch das Fundament nicht gänzlich daran gehindert, was sich nach außen durch Erschütterungen bemerkbar macht.

Massenkräfte I. und II. Ordnung. Die Größe der in der Zylinderachse wirkenden Massenkraft P_H folgt aus $b = r\omega^2 (\cos\alpha + \lambda\cos 2\alpha)$ zu $P_H = (G_H/g)\, r\,\omega^2 \cdot$ $\cdot (\cos\alpha + \lambda\cos 2\alpha)$, wenn α der von der oberen Totlage aus zu zählende Winkel zwischen der Vertikalen und der jeweiligen Kurbel- (Exzenter-) Richtung und λ das Pleuelstangen- (Exzenterstangen-) Verhältnis $r:l$ ist. Für die Pleuelstange ist $\lambda = 1/4$ bis $1/5$, für die Exzenterstange $1/16$ bis $1/20$. P_H kann geschrieben werden:

$$P_H = P_I \cos\alpha + P_{II} \cos 2\alpha, \tag{4}$$

wenn $P_I = (G_H/g)\, r\,\omega^2$ und $P_{II} = \lambda (G_H/g)\, r\,\omega^2 = \lambda P_I$ gesetzt wird. Man nennt P_I die „Massenkraft I. Ordnung", P_{II} die „Massenkraft II. Ordnung". P_I und P_{II} können ebenso wie P_R als *Vektoren* dargestellt werden.

Der Vektor P_R hat die konst. Länge $(G_R/g)\, r\omega^2$ und stets dieselbe Richtung wie die Kurbel; er stellt die an der Kurbel wirkende Fliehkraft dar. Der Vektor P_I hat die Länge $(G_H/g)\, r\omega^2$ und darf ebenfalls in Richtung der augenblicklichen Kurbelstellung aufgetragen werden, doch tritt gemäß Gl. (4) nur seine Projektion auf die Vertikale wirklich auf. P_I ist eine cos-Funktion (Bild 9); seine Periode ist 1 Umdrehung. Die Richtung der Projektion von P_I nach oben bzw. unten stimmt dann mit der Richtung des Trägheitswiderstandes (Massenkraft) in jedem Augenblick überein, wenn die Richtung von P_I stets vom Mittelpunkt des Kurbelkreises nach dem Umfang („von innen nach außen") angenommen wird (Richtung der cos-Komponente im 1. und 4. Quadranten in der Zylinderachse nach oben, im 2. und 3. nach unten). Ebenso darf der Vektor $P_{II} = \lambda P_I$ in radialer Richtung von innen nach außen auf einem umlaufenden

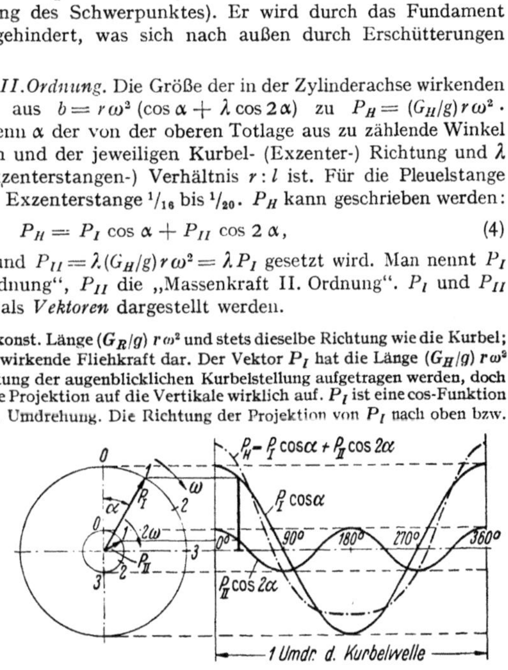

Bild 9. Darstellung der Massenkraft I. und II. Ordnung durch umlaufende Vektoren

Strahl aufgetragen werden, doch läuft dieser Vektor mit der doppelten Winkelgeschwindigkeit 2ω um wie die Kurbel, denn er soll nach Gl. (4) in jedem Augenblick den Winkel 2α mit der oberen Totlage bilden, wenn P_I den Winkel α zurückgelegt hat. P_{II} ändert sich während 1 Umdr. der Kurbelwelle nach *zwei* vollen cos-Linien (Bild 9). Die Summe beider cos-Linien ergibt den Verlauf der Massenkraft P_H während 1 Umdr. der Kurbelwelle. Die Ausführung der Summierung ist entbehrlich, weil die Größen von P_I und P_{II} zur Beurteilung des Massenausgleichs genügen.

c) Wirkungen auf das Maschinengestell. Der Vektor P_R der rotierenden Massen erzeugt eine in der Zylinderachse wirkende Komponente $P_R \cos\alpha$. Ihre Addition zu P_H (für die Beurteilung entbehrlich) ergibt die gesamte in der Zylinderachse wirkende Massenkraft. Diese sucht das feststehende Gestell zu heben und zu senken, und zwar mit Bewegungen, die entsprechend der größeren Masse des Gestells gegenüber den Bewegungen des Schwerpunktes der Triebwerkteile verkleinert sind. Die Verbindung mit dem Fundament hat diese Bewegungen zu verhindern.

P_R (stets in voller Größe vorhanden, sofern nicht durch Gegengewichte ausgeglichen) ruft ferner eine in der Horizontalen wirkende Komponente $P_R \sin\alpha$ hervor, welche die Maschine in waagerechter Richtung hin und her zu schieben und sie außerdem um eine waagerechte Achse zu kippen sucht, die durch den Schwerpunkt der Maschine geht und der Kurbelwellenachse parallel ist. Man pflegt diese Wirkungen nicht genauer zu untersuchen, da der Schwerpunkt meist nicht sehr hoch über der Wellenachse liegt, so daß das Kippmoment klein ist. Bei der Befestigung der Maschine auf dem Fundament ist die Querkraft jedoch zu berücksichtigen.

Das P_H der Einzylindermaschine kann nicht in einfacher Weise ausgeglichen werden. Man müßte neben der Maschine zwei Wellen symmetrisch anordnen, von denen die eine mit der Drehzahl der Kurbelwelle, die andere doppelt so schnell umläuft, und jede Welle so mit einem exzentrischen Gewicht versehen, daß zwei Paare von Fliehkräften entstehen, von denen das eine Paar eine in die Zylinderachse fallende, dem P_I entgegengerichtete harmonische Wechselkraft von der Größe P_I, das andere, P_{II} entgegengerichtet, von der Größe P_{II} liefert (s. Lit. 1, dort S. 385). Wegen des konstruktiven Aufwandes wird dieser Massenausgleich nur selten ausgeführt[1].

2. Die Massenkräfte und -momente der Mehrzylindermaschine

a) Lage der Schwerebene. Bei Mehrzylindermaschinen treten die P_R, P_I, P_{II} im Triebwerk jedes Zylinders auf, wodurch Momente M_R, M_I, M_{II} entstehen, die ebenfalls Unruhe hervorrufen können. Die Momente suchen die Maschine in wechselnder Richtung zu kippen; der Drehpunkt der Kippbewegungen ist der Gesamtschwerpunkt, weil die Momente durch *innere* Kräfte hervorgerufen werden, die den Schwerpunkt nicht verschieben können. Da die P_I und P_{II} in den Zylinderachsen, die P_R in Ebenen wirken, welche senkrecht auf der Wellenachse stehen und die Zylinderachsen enthalten, können die Hebelarme der P nur die Abstände der Zylinderachsen vom Gesamtschwerpunkt sein. Es genügt, die Lage der Schwer*ebene* $S-S$ (Bild 10) zu bestimmen.

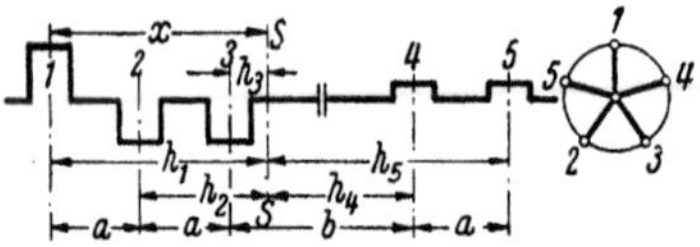

Bild 10. Bestimmung der Schwerebene $S-S$

Bei symmetrisch gebauten Mehrzylindermaschinen (Reihenmotoren) wird der Schwerpunkt auf Längsmitte der Maschine angenommen. Bei Unsymmetrie kann die Lage von $S-S$ genügend genau durch Aufstellen einer Momentengleichung, bezogen auf den ersten oder letzten Zylinder, gefunden werden.

Beispiel: Fünfzylindermaschine nach Bild 10. Es wird

$$1 \cdot 0 + 1 \cdot a + 1 \cdot 2a + 1 \cdot (2a + b) + 1 \cdot (3a + b) = 5 \cdot 1 \cdot x,$$

wenn das Gewicht eines Zylinders (gleiche Zylinder angenommen) = 1 gesetzt wird. Hieraus $x = (8a + 2b)/5$. Damit sind die Hebelarme $h_1, h_2, \ldots$ bekannt. Die Momente werden:

$$M_{R_1} = P_{R_1} \cdot h_1, \qquad M_{R_2} = P_{R_2} \cdot h_2, \ \ldots$$
$$M_{I_1} = P_{I_1} \cdot h_1, \qquad M_{I_2} = P_{I_2} \cdot h_2, \ \ldots$$
$$M_{II_1} = P_{II_1} \cdot h_1 = \lambda M_{I_1}, \qquad M_{II_2} = P_{II_2} \cdot h_2 = \lambda M_{I_2}, \ \ldots$$

[1] *Gerb, W.:* VDI-Z. Bd. 64 (1920) S. 759.

Aufgabe des Massenausgleichs ist, die Kurbeln so anzuordnen, daß die Summe der Momente M_R, M_I, M_{II} je für sich möglichst klein oder null wird.

Ob man die Lage von $S-S$ genau ermittelt hat, ist *dann* belanglos, wenn die Summe der Kräfte P null ist, da dann die Größe der resultierenden Momente M_R, M_I, M_{II} von der Lage von $S-S$ unabhängig ist. Beweis am Beispiel einer Vierzylindermaschine mit Kurbeln in *einer* Ebene und gleichen Triebwerkteilen (Bild 11; Kurbelstellung in diesem Bild nur zum Beweis des Satzes; für die Ausführung Kurbelstellung nach Zahlentafel 2, Zeile 4). Die P_R und P_I sind ausgeglichen, da sie paarweise einander entgegenwirken. Das resultierende Moment der P_I, bezogen auf $S-S$, wird:

$$M_{\text{res}} = P_1 a_1 - P_2 a_2 - P_3 a_3 + P_4 a_4;$$

es wird nicht 0, da $(a_1 + a_4) > (a_2 + a_3)$. Für eine beliebige andere Ebene $S'-S'$ im Abstand h von $S-S$ wird:

$$\begin{aligned} M'_{\text{res}} &= P_1(h + a_1) + P_2(h - a_2) - P_3(h + a_3) - P_4(h - a_4) \\ &= P_1 a_1 - P_2 a_2 - P_3 a_3 + P_4 a_4 + h(P_1 + P_2 - P_3 - P_4) \\ &= M_{\text{res}} + h \cdot 0 = M_{\text{res}}, \end{aligned}$$

da nach Voraussetzung $\sum P = 0$. Gilt dies nicht, so kann die wirkliche Lage von $S-S$ von der berechneten abweichen, doch genügt die Genauigkeit.

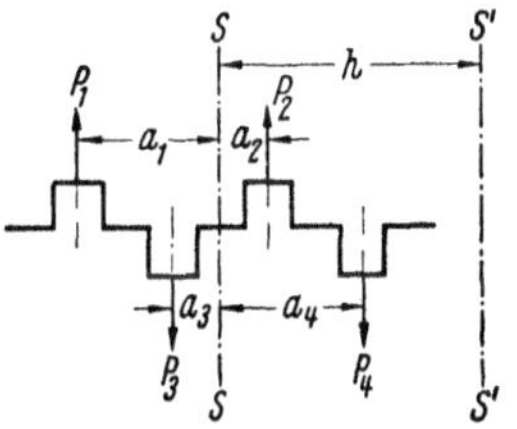

Bild 11. Die Summe der *Momente* ist unabhängig von der Lage der Bezugsebene, wenn die Summe der *Kräfte* null ist

Die Momente M_I und M_{II} können nur in der vertikalen Längsmittelebene der Maschine wirken, weil die P_I und P_{II} in den Zylinderachsen liegen. Die M_R wirken in Ebenen, die mit den Symmetrieebenen der Kurbelwangen zusammenfallen, da die Fliehkräfte radial gerichtet sind. Die Ebenen der M_R drehen sich mit den Kurbeln. Die Wirkung der Momente auf die Maschine ergibt sich aus der Zusammensetzung aller M_R zu einer Resultierenden $M_{R\text{res}}$, der M_I zu $M_{I\text{res}}$ und der M_{II} zu $M_{II\text{res}}$.

b) Verschieben der Vektoren in die Schwerebene. Damit die in den verschiedenen Ebenen liegenden Vektoren P und M zusammengesetzt werden können, müssen sie in *eine* Ebene verschoben werden, zweckmäßig in die Schwerebene $S-S$. Um z. B. P_I zu verschieben (Bild 12), lasse man an der Kurbelwelle in $S-S$ zwei gleich große, entgegengesetzt gerichtete Kräfte P'_I, P''_I angreifen. Dadurch wird an dem Kräftesystem nichts geändert. Dann liegt eine Kraft P'_I in $S-S$. Die beiden anderen Kräfte P_I und P''_I bilden ein Kräftepaar $P_I h$. Es kann (nach *L. Poinsot*) durch eine gerichtete Strecke dargestellt werden, wenn festgesetzt wird, daß deren Länge seinen Betrag, eine senkrecht auf ihr stehende Ebene seine Wirkungsebene und eine Pfeilspitze seinen Drehsinn angibt. Durch diese drei Größen ist das Moment eindeutig beschrieben. Die Pfeilspitze soll (nach *Poinsot*) nach jener Richtung weisen, von der aus gesehen das Moment *rechts*- (im Uhrzeigersinn) drehend erscheint.

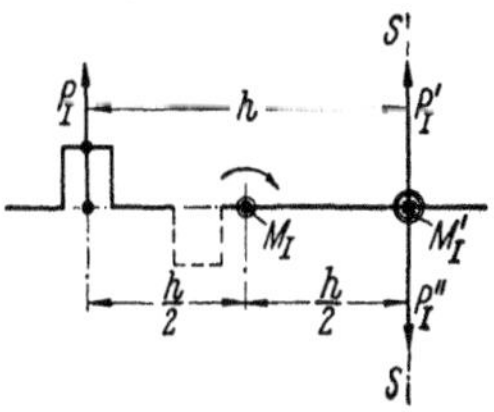

Bild 12. Verschiebung der Kräfte- und Momentenvektoren in die Schwerebene

Die „Schraubenregel" verwendet den entgegengesetzten Drehsinn. Am Ergebnis dieser Untersuchungen ändert sich dadurch nichts. Die hier benutzte Poinsot-Regel hat für den praktischen Gebrauch Vorzüge.

In Bild 12 erscheint der Vektor $P_I h = M_I$ als Punkt in der Bildebene; der Kreis mit Punkt deutet die Pfeilspitze an, da M_I in dem betrachteten Augenblick rechtsdrehend. M_I ist zunächst auf Mitte h gezeichnet. Ein Momentenvektor darf parallel zu sich selbst senkrecht zu seiner Ebene verschoben werden (Beweis: jeder Riemen-, Zahnrad-, Kettentrieb), vgl. auch Bd. I, S. 194. Folglich darf M_I auch in der Lage M'_I, d. h. in der Schwerebene, gezeichnet werden. Damit ist die an der Kurbel angreifende Kraft P_I zurückgeführt auf eine gleich große, gleich gerichtete, in der Schwerebene liegende Kraft P_I' und einen in der Schwerebene liegenden, senkrecht auf der Ebene $P_I h$ stehenden Vektor M_I'. An der Wirkung von P_I auf die Kurbelwelle ändert sich dadurch nichts.

c) Zusammensetzen der Vektoren in der Schwerebene. An jeder Kurbel treten die 6 Vektoren P_R, P_I, P_{II}, M_R, M_I, M_{II} auf. Sie dürfen in die Schwerebene verschoben werden, wo sie geometrisch addiert werden können. Schließen sich die Kräfte- bzw. Momentenpolygone, so heben sich die Kräfte (Momente) auf; bleibt eine Schlußlinie, so stellt diese die unausgeglichene („freie") Massenkraft bzw. das Massenmoment dar.

α) *Zusammensetzen der Kräfte P_R.* Die Länge der Vektoren ist durch $(G_R/g)\,r\,\omega^2$ gegeben, die Richtungen durch die Kurbeln, der Richtungssinn dadurch, daß die Kraftrichtung vom Mittelpunkt des Kurbelkreises zum Umfang („von innen nach außen") weisen muß. Hieraus die *Regel*:

Zur Bestimmung der resultierenden Massenkraft $P_{R\,\mathrm{res}}$ der umlaufenden Massen füge man die Vektoren P_R als mit den Kurbeln gleichgerichtete Strecken aneinander. Die Schlußlinie ergibt die resultierende Massenkraft $P_{R\,\mathrm{res}}$.

Da die P_R mit den Kurbeln umlaufen, drehen sich auch das P_R-Polygon und die Schlußlinie $P_{R\,\mathrm{res}}$. $P_{R\,\mathrm{res}}$ tritt stets in voller Größe auf. Es wirkt in der Schwerebene $S-S$. Durch Anbringen von Gegengewichten an den Kurbelwangen können die P_R, also auch $P_{R\,\mathrm{res}}$ getilgt werden.

Man beachte den Unterschied zwischen Tilgung und Ausgleich. Durch beide Mittel kann $P_{R\,\mathrm{res}}$ zum Verschwinden gebracht werden. Bei der *Tilgung* durch Gegengewichte treten (geringfügige) Zugbeanspruchungen in den Kurbelwangen auf, und die Kurbelwelle ist von den P_R entlastet. Beim *Ausgleich* (ohne Gegengewichte) heben sich die P_R zwar auch auf, aber auf Kosten einer Beanspruchung der Kurbelwelle, nämlich durch die von den P_R verursachten Momente M_R.

β) *Zusammensetzen der Kräfte P_I.* Die P_I-Vektoren werden auf ihren Kurbeln abgetragen (Richtung „von innen nach außen") und wie die P_R zusammengesetzt. Das Polygon läuft mit der Welle um. Schließt es sich, so heben die P_I sich auf. Bleibt eine Schlußlinie, so tritt von dieser nur die Projektion auf die Vertikale wirklich auf, weil dies für alle P_I gilt. $P_{I\,\mathrm{res}}$ wirkt vertikal in der Schwerebene und sucht das Maschinengestell zu heben und zu senken. Das Fundament verhindert diese Bewegung nahezu gänzlich.

Bei Brennkraftmaschinen mit gleichen Arbeitszylindern stehen die P_I zu den P_R im Verhältnis $G_H : G_R$; daher werden die P_I-Polygone den P_R-Polygonen ähnlich. Für Dampfmaschinen mit ungleichen Zylindern gilt dies nicht.

Regel: Zur Bestimmung der resultierenden Massenkraft $P_{I\,\mathrm{res}}$ der oszillierenden Massen füge man die Vektoren P_I als mit den Kurbeln gleichgerichtete Strecken aneinander. Die Schlußlinie ergibt die resultierende Massenkraft $P_{I\,\mathrm{res}}$.

Die Projektion von $P_{I\,\mathrm{res}}$ auf die Vertikale addiert sich zu der Vertikalkomponente $P_{R\,\mathrm{res}} \cos\alpha$, diese verstärkend. Die Horizontalkomponente $P_{R\,\mathrm{res}} \sin\alpha$ sucht das Gestell waagerecht hin und her zu schieben und es um eine durch den Schwerpunkt der Maschine gehende horizontale, der Kurbelwellenachse parallele Achse zu kippen.

γ) *Zusammensetzen der Kräfte P_{II}.* Auch die P_{II}-Vektoren werden mit Richtung von innen nach außen auf den Kurbeln abgetragen, aber wegen des 2α treten andere Kurbelwinkel auf. Man zeichne ein „Kurbelschema II. Ordnung", in welchem alle Winkel zwischen den Kurbeln und der oberen Totlage verdoppelt sind (Bild 13). Kurbel 1 wird in den O.T. gestellt, und, von ihr aus zählend, werden die doppelten Kurbelwinkel abgetragen. Man kann mit

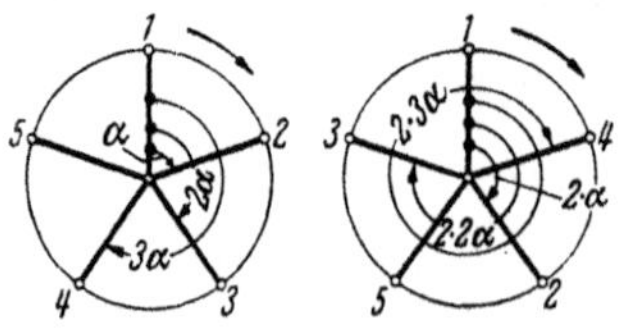

Bild 13. Kurbelschema I. und II. Ordnung

der Zählung bei jeder Kurbel beginnen und rechts- oder linksdrehend zählen; es ergibt sich stets das gleiche Schema. Werden die P_{II} auf den Kurbeln dieses Schemas aufgetragen und auf die Vertikale projiziert, so entspricht jede Projektion der Vorschrift $P_{II} \cos 2\alpha$ (Gl. 4).

Regel: Zur Bestimmung der resultierenden Massenkraft $P_{II\,\mathrm{res}}$ bilde man ein Kurbelschema, in welchem alle Kurbelwinkel, vom O.T. der Kurbel 1 ausgehend, verdoppelt sind. Darauf füge man die $P_{II} = \lambda P_I$ als mit den Kurbeln des neuen Schemas gleichgerichtete Strecken aneinander. Die Schlußlinie ergibt die resultierende Massenkraft $P_{II\,\mathrm{res}}$, von der nur die Vertikalprojektion wirklich auftritt.

Bei Motoren mit 3 sowie mit 5 Zylindern und mehr wird $P_{II\,\mathrm{res}}$ null (Zahlentafeln S. 269/70). Bei Ein- u. Zweizylinder-Zweitakt- und -Viertakt- und bei Vierzylinder-Viertaktmotoren verschwindet $P_{II\,\mathrm{res}}$ nicht und kann sehr stören (bei der Aufstellung zu berücksichtigen; weiches Fundament). $P_{R\,\mathrm{res}}$ und $P_{I\,\mathrm{res}}$ können nur bei Ein- und Zweikurbelmaschinen auftreten.

δ) *Zusammensetzen der Momente M_R.* Die Momente der umlaufenden Massen sind $P_{R_1} h_1$, $P_{R_2} h_2$ usw.; bei gleichen Triebwerkteilen $P_R h_1$, $P_R h_2$ usw. Die Vektoren dürfen nach Bild 12 in die Schwerebene verschoben werden. Dort werden sie geometrisch addiert; die Schlußlinie stellt das resultierende Moment $M_{R\,\mathrm{res}}$ dar.

Alle M_R-Vektoren stehen senkrecht auf ihren Wirkungsebenen, M_{R_2} senkrecht auf der Mittelebene der Kurbelwangen *2*, also auf der Ebene $E_2 - E_2$ (Bild 14), $M_{R_1} \perp$ Kurbel *1*, $M_{R_3} \perp$ Kurbel *3* usw. Die Momentvektoren bilden daher ein Momentenkreuz, das dem Kurbelkreuz kongruent und gegen dieses um 90° vorgedreht ist. Man darf daher das Kurbelkreuz für das Momentenpolygon benutzen, wobei zu beachten ist, daß das $M_{R\,\mathrm{res}}$, wenn man seine wirkliche (augenblickliche) Lage relativ zum Kurbelkreuz feststellen will, um 90° im Uhrzeigersinn zu drehen ist (Bild 14, c). Die Pfeilspitzen der Momentvektoren sind so einzutragen, daß die Vektoren der *links* von $S-S$ liegenden Kurbeln von der Mitte zum Umfang (von innen nach außen) weisen, die rechts liegenden von außen nach innen.

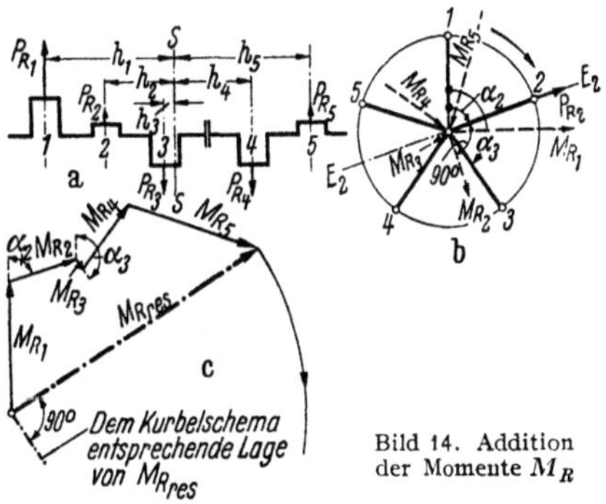

Bild 14. Addition der Momente M_R

Regel: Zur Bestimmung des $M_{R\,\mathrm{res}}$ berechne man die einzelnen $M_R = P_R h$ und füge ihre Vektoren wie die Kräfte eines Kräftepolygons aneinander. Die Richtung der Momentvektoren ist die der zugehörigen Kurbeln, für die links von $S-S$ liegenden Kurbeln von innen nach außen, für die rechts liegenden von außen nach innen. Die Schlußlinie ergibt das $M_{R\,\mathrm{res}}$ nach seiner Größe. Durch Drehen des Polygons um 90° im Uhrzeigersinn erhält man seine der augenblicklichen Stellung des Kurbelkreuzes entsprechende Lage.

Alle Momentvektoren rotieren mit der Kurbelwelle, daher auch $M_{R\,\mathrm{res}}$. Dieses ist stets in voller Größe vorhanden; es sucht die Kurbelwelle in einer senkrecht auf $M_{R\,\mathrm{res}}$ stehenden umlaufenden Ebene zu kippen. Das Maschinengestell sucht die entgegengesetzte Bewegung zu machen. Der Gesamtschwerpunkt bleibt in Ruhe.

Die Größe von $M_{R\,\mathrm{res}}$ hängt sehr stark von der Kurbelfolge ab. Die Kurbelfolge Bild 14 (1–2–3–4–5) ist z. B. ungünstig, da das $M_{R\,\mathrm{res}}$ mehr als doppelt so groß wird wie das an sich schon große M_{R_1} oder M_{R_5}. Die Kurbelfolge 1–4–3–2–5 ergibt ein viel kleineres $M_{R\,\mathrm{res}}$ (vgl. Zahlentafel S. 270, Zeile 5).

ε) *Zusammensetzen der Momente* M_I. Die oszillierenden Gewichte G_{II} erzeugen die Momente:

$$M_{I_1} = P_{I_1} \cos\alpha_1 \cdot h_1 = (G_{II_1}/g)\, r\omega^2 \cos\alpha_1 \cdot h_1\,,$$
$$M_{I_2} = P_{I_2} \cos\alpha_2 \cdot h_2 = (G_{II_2}/g)\, r\omega^2 \cos\alpha_2 \cdot h_2 \quad \text{usw.}$$

Von ihnen treten nach Gl. (4) nur die Projektionen auf die Zylinderachse wirklich auf. Die Wirkungsebene aller M_I ist die vertikale Längsmittelebene der Maschine. Da die M_I-Vektoren auf ihren Kurbelradien aufgetragen werden dürfen, können sie ebenso zusammengesetzt werden (Bild 15) wie die M_R (Bild 14), wobei zu beachten ist, daß von $M_{I\mathrm{res}}$ nur die Projektion auf die Vertikale wirklich auftritt (Bild 15); diese ist um 90° nach rechts zu drehen, weil das Kurbelkreuz statt des Momentenkreuzes benutzt wurde. $M'_{I\mathrm{res}}$ stellt nach Größe und Lage das in der Vertikalebene wirkende resultierende Kippmoment dar, das von den P_I herrührt, und zwar für jenen Augenblick, in welchem Kurbel *1* durch O.T. geht. $M_{I\mathrm{res}}$ läuft mit der Welle um; es erreicht zweimal während 1 Umdr. seinen Höchstwert $M_{I\mathrm{res}}$, mit einmal wechselndem Vorzeichen. Die Maschine wird durch das $M_{I\mathrm{res}}$ in der Vertikalebene im Takt der Drehzahl hin- und hergekippt; der Gesamtschwerpunkt bleibt in Ruhe.

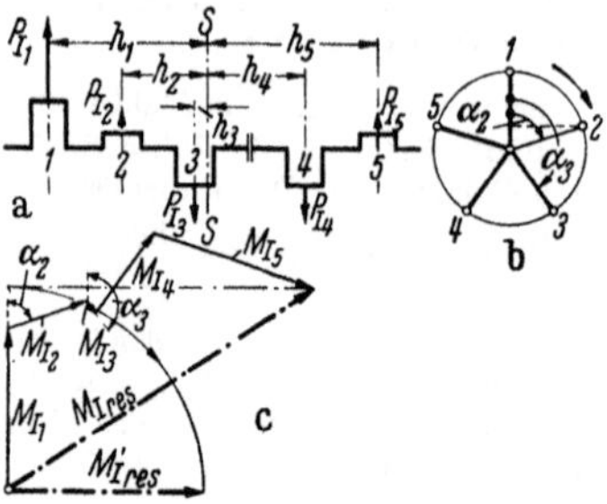

Bild 15. Addition der Momente M_I

Der Vektor $M_{R\mathrm{res}}$ kann, in seine wirkliche Stellung gedreht (Bild 14c), in eine horizontale und eine vertikale Komponente zerlegt werden. Die Horizontalkomponente stellt ein in der Vertikalebene wirkendes Moment dar, verstärkt also die Wirkung von $M'_{I\mathrm{res}}$ (Bild 15). Die Vertikalkomponente von $M_{R\mathrm{res}}$ bezeichnet ein in der Horizontalen wirkendes Kippmoment, das von der Querbefestigung der Grundplatte aufgenommen wird.

ζ) *Zusammensetzen der Momente* M_{II}. Die Momente werden:

$$M_{II_1} = P_{II_1} \cos 2\alpha_1 \cdot h_1 = (G_{H_1}/g)\, \lambda\, r\omega^2 \cos 2\alpha_1 \cdot h_1\,,$$
$$M_{II_2} = P_{II_2} \cos 2\alpha_2 \cdot h_2 = (G_{H_2}/g)\, \lambda\, r\omega^2 \cos 2\alpha_2 \cdot h_2 \quad \text{usw.}$$

Die M_{II}-Vektoren sind λ-mal so klein wie die M_I-Vektoren. Die „Außen-Innen-" Regel gilt unverändert, jedoch ist entsprechend dem cos 2α das Kurbelschema II. Ordnung zu benutzen (Bild 16b). Reihenfolge des Aneinanderfügens der Vektoren beliebig; man erhält stets die gleiche Schlußlinie $M_{II\mathrm{res}}$ (Bild 16c und d). Von $M_{II\mathrm{res}}$ tritt stets nur die Projektion auf die Vertikale auf. Ihre wirkliche Lage ergibt sich durch Drehung um 90° in die Horizontale. Sie stellt ein in der vertikalen Längsebene der Maschine wirkendes Kippmoment dar, das *zwei*mal während 1 Umdr. der Welle seinen Drehsinn wechselt, die Maschine also im doppelten Takt der Drehzahl um ihren Gesamtschwerpunkt zu kippen sucht.

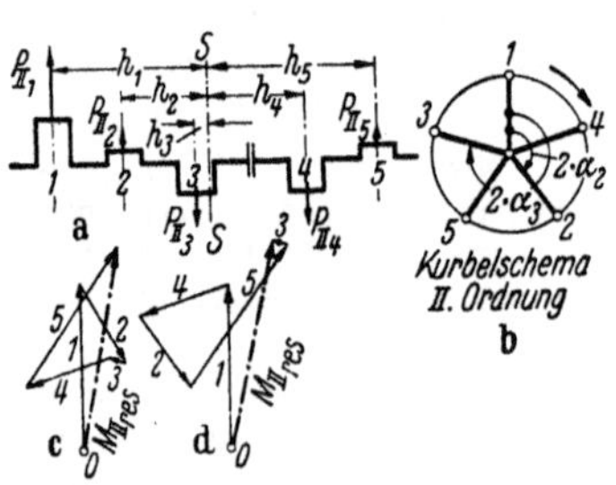

Bild 16. Addition der Momente M_{II}

Insgesamt wirken in der vertikalen Längsebene *drei* Momente kippend: $M_{I\mathrm{res}}$ im Takt der Drehzahl, $M_{II\mathrm{res}}$ im doppelten Takt und die Horizontalkomponente von $M_{R\mathrm{res}}$ im einfachen Takt. Die graphische Addition der drei Momente ist entbehrlich, da die *Größe* der $M_{R\mathrm{res}}$, $M_{I\mathrm{res}}$ und $M_{II\mathrm{res}}$ zur Beurteilung des Massenausgleiches genügt.

Beispiel: Der Massenausgleich eines Vierzylinder-Zweitaktmotors mit Kolbenspülpumpe ist zu untersuchen, die günstigste Lage der Spülpumpenkurbel zur Arbeitswelle zu bestimmen (Bild 17).

Gewichte G_R und G_H sowie Abmessungen r und λ lt. Zahlentafel 1. Lage von $S-S$ folgt aus einer Momentengleichung der G_H, bezogen auf Achse Zyl. 4. Drehzahl 500 U/min. Damit können die Vektoren P_R, P_I, P_{II}, M_R, M_I, M_{II} berechnet werden (Zahlentafel 1).

Die Kurbelfolge sei gemäß Schema I 1–3–2–4. Die Luftpumpenkurbel L stehe zwischen den Arbeitskurbeln 2 und 4. Es ist zu prüfen, ob dies günstig ist. Kurbelschema II. Ordnung wie in Bild 17 gezeichnet. Die P-Vektoren sind parallel zu den Kurbeln des betr. Schemas von innen nach außen zu zeichnen. Die M-Vektoren sind von innen nach außen zu ziehen, soweit sie links von $S-S$ liegen (starker Strich in Zahlentafel 1 zwischen Sp. 3 und 4); die übrigen M-Vektoren von außen nach innen.

Ergebnis: Alle P-Polygone der Arbeitskurbeln schließen sich: die Massenkräfte der Arbeitskurbeln sind ausgeglichen. Die von Kurbel L verursachten P_R, P_I, P_{II} bleiben mit 820, 1725 und 345 kg unausgeglichen. Das P_R der Luftpumpenkurbel könnte man durch Gegengewichte an ihren Wangen zum Verschwinden bringen, doch bietet dies keinen Vorteil, da dann das $M_{R\,\mathrm{res}}$ der Arbeitszylinder um 830 kgm wachsen würde (Zahlentafel 1 und Bild 17).

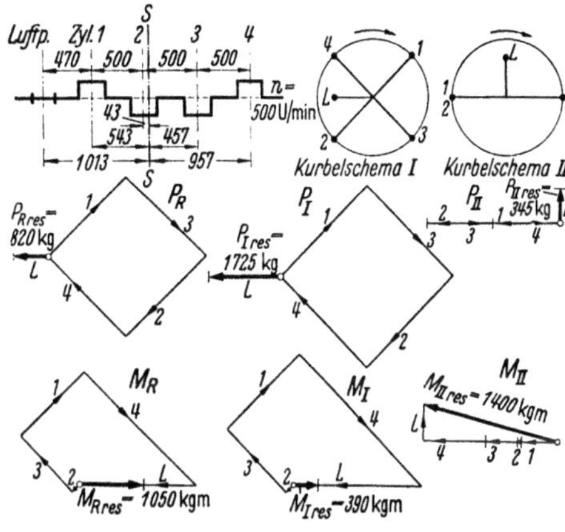

Bild 17. Kräfte- und Momentenpläne eines Vierzylinder-Zweitaktmotors mit Kolbenspülpumpe

Zahlentafel 1. *Berechnung der Kräfte- und Momentenvektoren eines Vierzylinder-Zweitaktmotors mit Kolbenspülpumpe*

		Spülpumpe	Zylinder 1	Zylinder 2	Zylinder 3	Zylinder 4
G_R	kg	29,35	64,4	64,4	64,4	64,4
G_H	kg	61,8	75,4	75,4	75,4	75,4
r	m	0,10	0,145	0,145	0,145	0,145
$r\omega^2/g$		27,9	40,5	40,5	40,5	40,5
$P_R = G_R \cdot r\omega^2/g$	kg	820	2610	2610	2610	2610
$P_I = G_H \cdot r\omega^2/g$	kg	1725	3050	3050	3050	3050
$\lambda = r:l$		1/5	1/4,5	1/4,5	1/4,5	1/4,5
$P_{II} = \lambda P_I$	kg	345	678	678	678	678
h	m	1,013	0,543	0,043	0,457	0,957
$M_R = P_R h$	kgm	830	1418	112	1192	2500
$M_I = P_I h$	kgm	1750	1658	131	1393	2920
$M_{II} = \lambda M_I$	kgm	350	368	29	310	649

Die Polygone M_R, M_I, M_{II} schließen sich nicht; es bleiben Resultierende, die durch L auf $M_{R\,\mathrm{res}} = 1050$ und $M_{I\,\mathrm{res}} = 390$ kgm verkleinert werden. Im Polygon der M_{II} vergrößert der L-Vektor das $M_{II\,\mathrm{res}}$ unwesentlich. Die Stellung von L im Schema I ist somit richtig gewählt.

3. Bestimmung der günstigsten Kurbelfolge

Die kleinsten Resultierenden ergeben sich, wenn man die Kurbeln so stellt, daß paarweise gleich weit von $S-S$ liegende Kurbeln gleich lange M_R- und M_I-Vektoren liefern, die sich in den M-Polygonen spiegelbildlich gegenüberstehen. Man stelle bei ungerader Zylinderzahl die

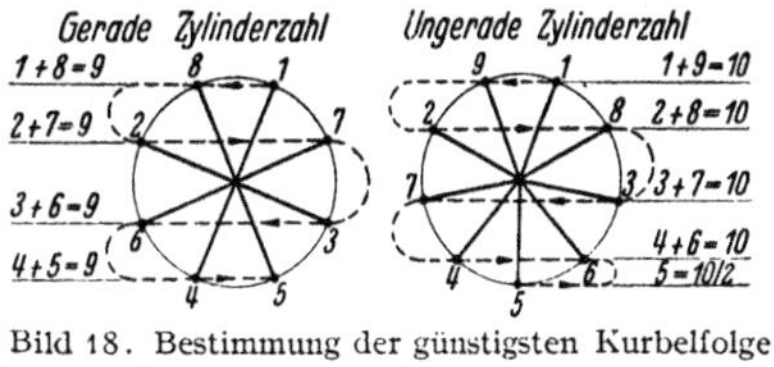

Bild 18. Bestimmung der günstigsten Kurbelfolge

mittlere Kurbel senkrecht nach unten, bei gerader die beiden mittleren Kurbeln symmetrisch zum U.T. (Bild 18) Dann stehen in beiden Fällen zwei Kurbeln symmetrisch zum O.T. Diese erhalten die erste und die letzte Kurbelnummer. Die übrigen Kurbeln beziffere man, wie die gestrichelte Linie in Bild 18 vorschreibt; die Quersumme jedes Kurbelpaares wird $n+1$. Bei ungerader Zylinderzahl hat die letzte (mittlere) Kurbel die Zahl $(n+1)/2$. Man erhält für alle Kurbelzahlen den günstigsten Massenausgleich, d. h. die kleinsten Momente M_R und M_I und durchweg auch M_{II}. Wenn eine andere Kurbelfolge ein kleineres $M_{II\,\mathrm{res}}$ ergibt, ist dies stets durch ein Anwachsen von $M_{II\,\mathrm{res}}$ und $M_{I\,\mathrm{res}}$ erkauft.

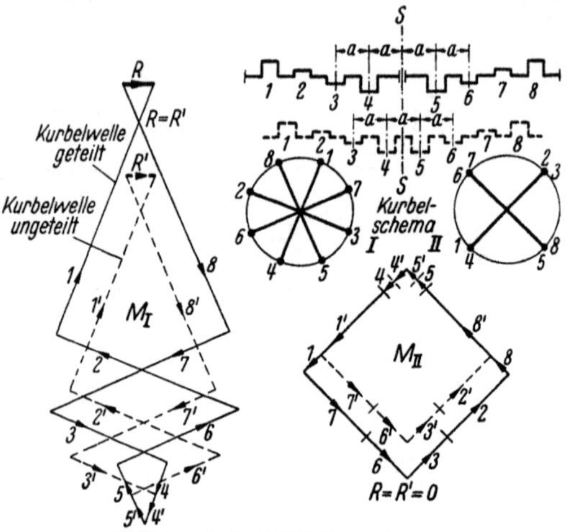

Bild 19. Anwendung der Scherengitter-Regel auf den 8-Zylindermotor mit gleichen Kurbelwinkeln
— — — — Kurbelwelle ungeteilt
——————— Kurbelwelle symmetrisch geteilt

Beispiel: Bild 19 für den 8-Zylinder-Zweitaktmotor. Die Resultierenden R der M_R und M_I erhalten Kleinstwerte; $M_{II\,\mathrm{res}}$ wird null. Die P_R, P_I und P_{II} sind ausgeglichen (vgl. Zahlentafel 3). Eine symmetrische Teilung der Kurbelwelle hat keinen Einfluß auf R (Bild 19, ausgezogene Linien), eine unsymmetrische beeinflußt die Größe von R nur wenig. Die M_R-, M_I- und M_{II}-Polygone erhalten (bei passender Anordnung) eine Gestalt nach Art eines Scherengitters.

4. Zusammenstellung der resultierenden Massenkräfte und -momente der Mehrzylindermotoren

In Zahlentafel 2 und 3 sind für 1- bis 12-Zylinder-Viertakt- bzw. Zweitaktmotoren die günstigsten Kurbelfolgen, die resultierenden Kräfte P_R, P_I, P_{II} und die resultierenden Momente M_R, M_I, M_{II} zusammengestellt.

Die Massenkräfte gleichen sich für alle Kurbelzahlen mit Ausnahme der 1-, 2- und 4-Zylinder-Maschinen aus. Für die Momente gilt dies nur bei Viertaktmotoren für die Zylinderzahlen 1, 2, 4, 6, 8, 10 und 12, bei Zweitaktmotoren nur für die 1- und 12-Zylinder-Maschine, für diese mit einer von der Scherengitterregel etwas abweichenden Kurbelfolge (Zeile 12b). Bei allen anderen Zweitaktmotoren treten resultierende Momente auf, deren Größe den Zahlentafeln entnommen werden kann (a = Abstand zweier Zylinder).

5. Massenausgleich der V-Motoren

Die P_R und M_R werden wie bei Reihenmotoren behandelt.

Um die resultierenden P_I, P_{II}, M_I und M_{II} des V-Motors zu finden, bestimme man die resultierenden Kräfte und Momente eines der beiden Reihenmotoren und setze je die beiden Resultierenden unter Beachtung des durch den Zylinderachsen-Winkel entstehenden Phasenwinkels zu einer Gesamt-Resultierenden zusammen.

Zahlentafel 2. *Resultierende Massenkräfte und -momente der Viertakt-Reihenmotoren mit Zylinderzahlen 1—12*

Zyl.-Zahl	Kurbelfolge	P_R kg	P_I kg	P_{II} kg	M_R kgm	M_I kgm	M_{II} kgm
1		$G_R \cdot \frac{r\omega^2}{g}$	$G_H \cdot \frac{r\omega^2}{g}$	$G_H \cdot \lambda \cdot \frac{r\omega^2}{g}$	0	0	0
2		$2 \cdot G_R \cdot \frac{r\omega^2}{g}$	$2 \cdot G_H \cdot \frac{r\omega^2}{g}$	$2 \cdot G_H \cdot \lambda \cdot \frac{r\omega^2}{g}$	0	0	0
3	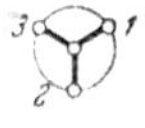	0	0	0	$1{,}732 \cdot G_R \cdot a \cdot \frac{r\omega^2}{g}$	$1{,}732 \cdot G_H \cdot a \cdot \frac{r\omega^2}{g}$	$1{,}732 \cdot G_H \cdot \lambda \cdot a \cdot \frac{r\omega^2}{g}$
4	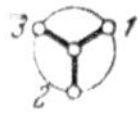	0	0	$4 \cdot G_H \cdot \lambda \cdot \frac{r\omega^2}{g}$	0	0	0
5	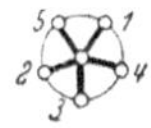	0	0	0	$0{,}449 \cdot G_R \cdot a \cdot \frac{r\omega^2}{g}$	$0{,}449 \cdot G_H \cdot a \cdot \frac{r\omega^2}{g}$	$4{,}980 \cdot G_H \cdot \lambda \cdot a \cdot \frac{r\omega^2}{g}$
6		0	0	0	0	0	0
7	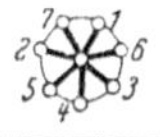	0	0	0	$0{,}267 \cdot G_R \cdot a \cdot \frac{r\omega^2}{g}$	$0{,}267 \cdot G_H \cdot a \cdot \frac{r\omega^2}{g}$	$1{,}006 \cdot G_H \cdot \lambda \cdot a \cdot \frac{r\omega^2}{g}$
8	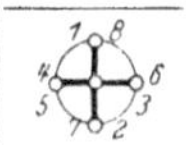	0	0	0	0	0	0
9		0	0	0	$0{,}194 \cdot G_R \cdot a \cdot \frac{r\omega^2}{g}$	$0{,}194 \cdot G_H \cdot a \cdot \frac{r\omega^2}{g}$	$0{,}548 \cdot G_H \cdot \lambda \cdot a \cdot \frac{r\omega^2}{g}$
10	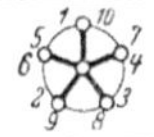	0	0	0	0	0	0
11	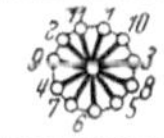	0	0	0	$0{,}153 \cdot G_R \cdot a \cdot \frac{r\omega^2}{g}$	$0{,}153 \cdot G_H \cdot a \cdot \frac{r\omega^2}{g}$	$0{,}382 \cdot G_H \cdot \lambda \cdot a \cdot \frac{r\omega^2}{g}$
12	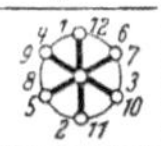	0	0	0	0	0	0

III. Schwingungen

A. Biegeschwingungen

Biegeschwingungen treten auf bei Turbomaschinen (Dampfturbinen, Turbokompressoren), deren Wellen sich unter ihrem Eigengewicht und der Belastung durch die Radscheiben durchbiegen. Dadurch können kritische Biegeschwingungen verschiedener Ordnungen hervorgerufen werden, von denen in der Regel nur die niedrigste $n_k \approx 300\sqrt{1/f}\ \text{min}^{-1}$ beachtet werden muß (f größte Pfeilhöhe in cm). Näheres Bd. I S. 266.

Zahlentafel 3. *Resultierende Massenkräfte und -momente der Zweitakt-Reihenmotoren mit Zylinderzahlen 1—12*

Zyl.-zahl	Kurbel-folge	P_R kg	P_I kg	P_{II} kg	M_R kgm	M_I kgm	M_{II} kgm
1		$G_R \cdot \frac{r\omega^2}{g}$	$G_H \cdot \frac{r\omega^2}{g}$	$G_H \cdot \lambda \cdot \frac{r\omega^2}{g}$	0	0	0
2		0	0	$2 \cdot G_H \cdot \lambda \cdot \frac{r\omega^2}{g}$	$G_R \cdot a \cdot \frac{r\omega^2}{g}$	$G_H \cdot a \cdot \frac{r\omega^2}{g}$	0
3	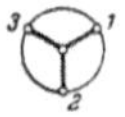	0	0	0	$1{,}732 \cdot G_R \cdot a \cdot \frac{r\omega^2}{g}$	$1{,}732 \cdot G_H \cdot a \cdot \frac{r\omega^2}{g}$	$1{,}732 \cdot G_H \cdot \lambda \cdot a \cdot \frac{r\omega^2}{g}$
4		0	0	0	$1{,}414 \cdot G_R \cdot a \cdot \frac{r\omega^2}{g}$	$1{,}414 \cdot G_H \cdot a \cdot \frac{r\omega^2}{g}$	$4{,}000 \cdot G_H \cdot \lambda \cdot a \cdot \frac{r\omega^2}{g}$
5	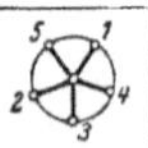	0	0	0	$0{,}449 \cdot G_R \cdot a \cdot \frac{r\omega^2}{g}$	$0{,}449 \cdot G_H \cdot a \cdot \frac{r\omega^2}{g}$	$4{,}980 \cdot G_H \cdot \lambda \cdot a \cdot \frac{r\omega^2}{g}$
6	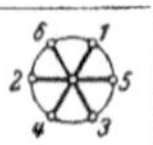	0	0	0	0	0	$3{,}464 \cdot G_H \cdot \lambda \cdot a \cdot \frac{r\omega^2}{g}$
7	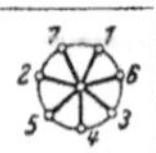	0	0	0	$0{,}267 \cdot G_R \cdot a \cdot \frac{r\omega^2}{g}$	$0{,}267 \cdot G_H \cdot a \cdot \frac{r\omega^2}{g}$	$1{,}006 \cdot G_H \cdot \lambda \cdot \alpha \cdot \frac{r\omega^2}{g}$
8	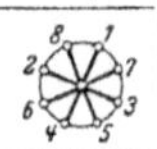	0	0	0	$0{,}448 \cdot G_R \cdot a \cdot \frac{r\omega^2}{g}$	$0{,}448 \cdot G_H \cdot a \cdot \frac{r\omega^2}{g}$	0
9	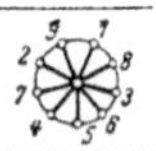	0	0	0	$0{,}194 \cdot G_R \cdot a \cdot \frac{r\omega^2}{g}$	$0{,}194 \cdot G_H \cdot a \cdot \frac{r\omega^2}{g}$	$0{,}548 \cdot G_H \cdot \lambda \cdot a \cdot \frac{r\omega^2}{g}$
10	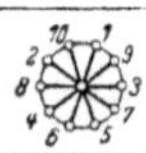	0	0	0	0	0	$0{,}898 \cdot G_H \cdot \lambda \cdot a \cdot \frac{r\omega^2}{g}$
11	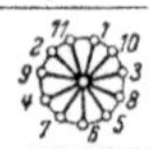	0	0	0	$0{,}153 \cdot G_R \cdot a \cdot \frac{r\omega^2}{g}$	$0{,}153 \cdot G_H \cdot a \cdot \frac{r\omega^2}{g}$	$0{,}382 \cdot G_H \cdot \lambda \cdot a \cdot \frac{r\omega^2}{g}$
12	a 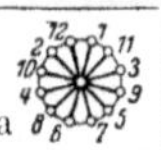	0	0	0	$0{,}277 \cdot G_R \cdot a \cdot \frac{r\omega^2}{g}$	$0{,}277 \cdot G_H \cdot a \cdot \frac{r\omega^2}{g}$	0
	b 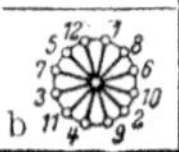	0	0	0	0	0	0

B. Drehschwingungen

Diese sind besonders wichtig für alle Kolbenmaschinen, da deren Wellen mit ihren Massen drehschwingungsfähige Systeme bilden. Bei n Massen hat ein System $(n-1)$ Eigenschwingungszahlen mit ebensovielen Knotenpunkten. Bei Resonanz zwischen Eigenschwingungszahl und Impulszahl liegt eine „kritische

Drehzahl" vor, in welcher so starke Schwingungen entstehen können, daß die Welle bricht.

Die Untersuchung der Drehschwingungen umfaßt zur Hauptsache drei Abschnitte: 1. Umwandlung der gegebenen Anlage in ein drehelastisch gleichwertiges System von gleichmäßigem Wellendmr. und von auf gleichen Abstand von der Wellenachse reduzierten Massen (Reduktion der Längen und Massen); 2. Berechnung der Eigenschwingungszahlen; 3. Feststellung der Impulszahlen und Beurteilung der Gefährlichkeit der möglichen kritischen Drehzahlen.

1. Reduktion der Längen und Massen

a) Reduktion der Längen. α) *Glattes Wellenstück.* Für das gegebene System ist der Verdrehwinkel φ zwischen zwei im Abstand l liegenden Querschnitten: $\varphi = M_t l/(G J_p)$; für das Ersatzsystem mit l_{red} gilt $\varphi = M_t l_{\text{red}}/(G_{\text{red}} J_{p_{\text{red}}})$. G gewöhnlich $= G_{\text{red}}$ (Gleitmodul für Stahl). Bedingung für gleiche Drehelastizität ist

$$l_{\text{red}} = l\, J_{p_{\text{red}}}/J_p. \tag{5}$$

Bei *genuteten* Wellenstücken setze man $J_p = \pi (d-a)^4/32$, wenn a = Nutentiefe, auf Mitte Nut gemessen. Kleine Abrundungen der Welle bleiben unberücksichtigt, größere werden durch eine Anzahl Schnitte in zylindrische Scheiben zerlegt. Für Kupplungsflanschen nehme man den Außendmr. zur Berechnung des J_p an. Konusse können wie Abrundungen reduziert werden.

β) *Kurbelkröpfungen.* Genaue Berechnung der reduzierten Länge ist nicht möglich; man behilft sich mit empirisch aufgestellten Formeln, deren wichtigste sind:

nach *Geiger*: $l_{\text{red}} = (c + 0{,}4\,h) + (a + 0{,}4\,h) \cdot J_{p_{\text{red}}}/J_k + 0{,}773\,(r - z\,d)\,J_{p_{\text{red}}}/J_W$

mit a, c, h, d und r nach Bild 20; $J_W = h b^3/12$ = äquatoriales Trägheitsmoment der Wange; J_k = polares Trägheitsmoment des Kurbelzapfens; $z = 0$ für $b/d = 1{,}60$ bis $1{,}63$; $z = 0{,}4$ für $b/d = 1{,}49$;

nach *Carter*: $l_{\text{red}} = (c + 0{,}8\,h) + {}^3/_4\, a\, J_{p_{\text{red}}}/J_k + 1{,}274\, r\, J_{p_{\text{red}}}/J_W$.

Sind d_{red} und $d_{\text{Well.-Zapf.}}$ verschieden, so ist in beiden Formeln der erste Klammerausdruck auf der rechten Seite mit $J_{p_{\text{red}}}/J_z$ zu multiplizieren (J_z = polares Trägheitsmoment des Wellenzapfens).

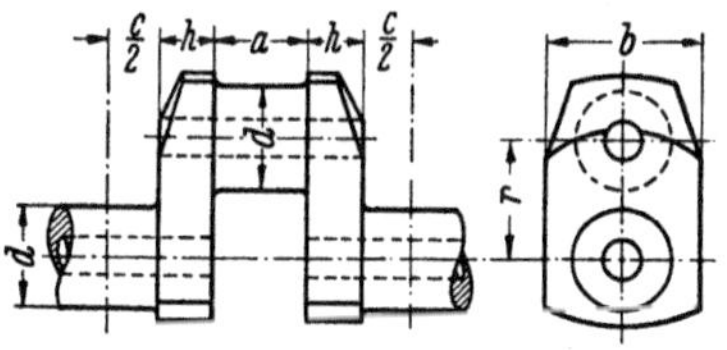

Bild 20. Reduktion einer Kurbelkröpfung

γ) *Elastische Kupplungen, Ausrückkupplungen* usw. Berechnung des l_{red} meist nicht möglich; besser Ermittlung durch Verdrehversuch. Man mißt den Verdrehwinkel φ unter bekanntem M_t und erhält

$$l_{\text{red}} = G_{\text{red}} \cdot J_{p_{\text{red}}} \cdot \varphi / M_t.$$

b) Reduktion der Massen. Als Reduktionsradius wird meist der Kurbelradius r_0 gewählt (was für die Reduktion der Triebwerkteile bequem). Die reduzierte Masse m_{red} soll das gleiche polare Massenträgheitsmoment (bezogen auf die Wellenachse) haben wie die wirkliche Masse. Es soll also sein:

$$m_{\text{red}} = m_{\text{wirkl}} \cdot i^2/r_0^2,$$

wenn i der Trägheitsradius der wirklichen Masse ist.

α) *Wellenleitung.* Massive Welle: $m_{\text{red}} = m_W \cdot i^2/r_0^2$ mit $i^2 = D^2/8$ (D = Wellendmr); Hohlwelle: $m_{\text{red}} = m_H \cdot i^2/r_0^2$ mit $i^2 = (D^2 + d^2)/8$ (d = Dmr. der Bohrung).

β) *Schwungrad.* Ist GD^2 das Schwungmoment in kgm², so ist das polare Massenträgheitsmoment $\Theta_{\text{Schw}} = GD^2/4g$ ($g = 9{,}81$ m/sek²) und $m_{\text{red}_{\text{Schw}}} = \Theta_{\text{Schw}}/r_0^2$. Ist GD^2 nicht bekannt, so wird es durch Zerlegen in Ringe und wiederholte Anwendung der Gleichung $i^2 = (D^2 + d^2)/8$ berechnet. Genaue Ergebnisse liefert ein Pendelversuch durch Aufhängen des Rades auf einer Schneide (in der Bohrung oder, wenn Speichenschwungrad, auf Innenseite Kranz) und Auspendeln. Es ist $T = 2\pi\sqrt{\Theta'/(Ge)}$, wenn T die Dauer einer vollen (Doppel-) Schwingung, e Entfernung Schwerpunkt vom Aufhängepunkt und G das Gewicht des Schwungrades. Hieraus Trägheitsmoment bezogen auf Aufhängeachse $\Theta' = T^2 Ge/4\pi^2$, bezogen auf Schwerachse $\Theta = \Theta' - G \cdot e^2/g$. Somit reduzierte Masse des Schwungrades $m_{\text{red}_{\text{Schw}}} = \Theta/r_o^2$.

γ) *Kurbelkröpfung.* Zerlegung in Kurbelzapfen und -wangen und Berechnung der einzelnen mi^2. Es gilt:

für massiven Kurbelzapfen:	$i^2 = D^2/8 + r^2$,
für hohlen Kurbelzapfen:	$i^2 = (D^2 + d^2)/8 + r_o^2$,
für eine Kurbelwange:	$i^2 = (b^2 + h^2)/12 + c^2$,

wenn b und h Breite und Höhe der Wange von Stirnseite gesehen und c Schwerpunktabstand von der Drehachse.

Man berechnet die Gewichte der Einzelteile und erhält ihre Trägheitsmomente aus $(G/g) \cdot i^2$. Dann ist $m_{\text{red}_{\text{Kröpfg.}}} = \sum(mi^2)/r_o^2$.

δ) *Pleuelstange, Kolbenstange, Kolben.* Diese Teile machen die Drehschwingungen des Kurbelzapfens nur bei horizontaler Lage der Kröpfung voll mit, bei vertikaler Lage nicht. Das wird (genügend genau) berücksichtigt, indem man nur die halben Massen der oszillierenden Teile zum m_{red} des Kurbelzapfens schlägt. Somit wird die red. Masse der Triebwerkteile eines Zylinders: $m_{\text{red}_{\text{Zyl.}}} = m_{\text{red}_{\text{Kröpfg.}}} + 1/1 \cdot m_{\text{Pleuelst. rot.}} + 1/2\,(m_{\text{Kolb.}} + m_{\text{Kolbenst.}} + m_{\text{Kreuzk.}} + m_{\text{Pleuelst. osz.}})$. Gegebenenfalls Kolbenkühlung und deren Zuführungsteile berücksichtigen.

ε) *Generatoranker.* Bestimmung des Trägheitsmoments durch bifilares Aufhängen mit vertikaler Achse und Auspendeln. Es wird $\Theta_{\text{Ank.}} = T^2 Ge^2/(4\pi^2 a)$, wenn G Gewicht des Ankers, $2e$ Abstand der Fadenmitten und a Länge der Fäden. $m_{\text{red}_{\text{Ank.}}} = \Theta_{\text{Ank.}}/r_o^2$.

ζ) *Beliebig gestaltete Körper* (z. B. Propeller). Man ermittelt aus der Zeichnung das Volumenträgheitsmoment (in cm^5, oft zweckmäßig in dm^5) durch Zerlegen des Körpers in berechenbare Volumenschichten und Multiplikation mit dem Quadrat ihres Abstandes von der Drehachse. Die weitere Multiplikation mit γ/g liefert das Massenträgheitsmoment; dabei Dim. von γ (spez. Gew.) und g beachten: g mit 98,1 dm/sek² einsetzen, wenn dm als Längeneinheit gewählt.

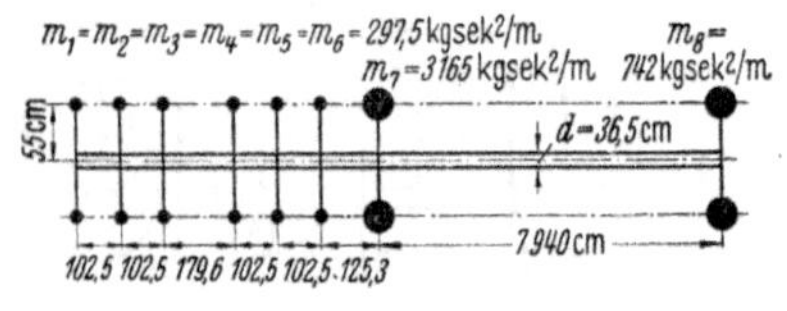

Bild 21. Red. Längen und Massen eines Sechszylinder-Viertaktmotors mit Schwungrad und Propeller

c) Zusammenstellung der reduzierten Längen und Massen (Bild 21) zweckmäßig vor Berechnung der Eigenschwingungszahlen.

2. Berechnung der Eigenschwingungszahlen

a) Einseitig eingespannte Welle mit Masse am freien Ende, Bild 22. Die Masse vom Trägheitsmoment Θ werde durch ein äußeres Moment M_t um φ aus ihrer

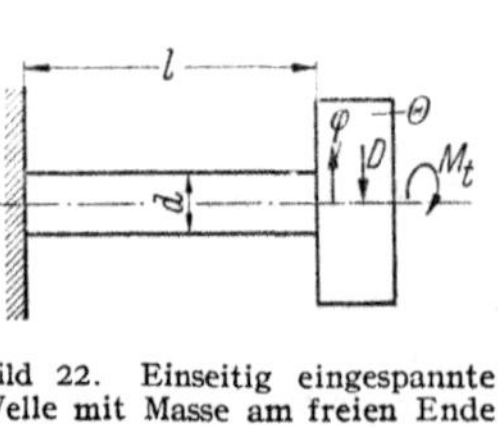

Bild 22. Einseitig eingespannte Welle mit Masse am freien Ende

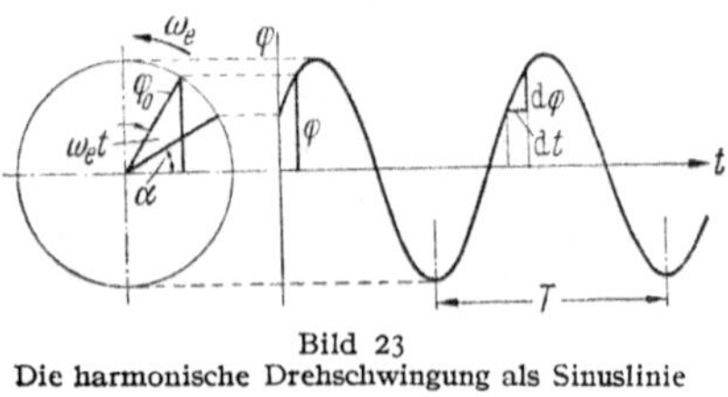

Bild 23
Die harmonische Drehschwingung als Sinuslinie

Ruhelage gedreht. Dadurch entsteht bei nicht zu großen Verdrehungen (*Hooke*-sches Gesetz) ein dem φ proportionales Rückdrehmoment: $M_t = -D\varphi$ (—, weil die Beschleunigung auf die Ruhelage zurück gerichtet, wenn φ von der Ruhelage aus gezählt). Wird die Masse losgelassen, so erfährt sie eine Winkelbeschleunigung ε gemäß $M_t = \Theta\,\varepsilon = \Theta\,\ddot{\varphi}$; folglich

$$\Theta\,\ddot{\varphi} = -D\varphi. \tag{6}$$

Die Lösung lautet

$$\varphi = \varphi_0 \sin(\omega_e t + \alpha) \tag{7}$$

mit den willkürlichen Integrationskonstanten φ_0 und α. Aus zweimaliger Differentiation von Gl. (7) nach t folgt

$$\ddot{\varphi} = -\,\omega_e^2\,\varphi. \tag{8}$$

Gleichsetzung von (6) und (8) ergibt $\omega_e^2 = D/\Theta$ und $\omega_e = \sqrt{D/\Theta}$. Also beschreibt Gl. (6) eine harmonische Drehschwingung der Welle um ihre Gleichgewichtslage mit Amplitude φ_0 und Kreisfrequenz $\omega_e = \sqrt{D/\Theta}$ (Bild 23). Die sekundliche Eigenschwingungszahl wird $f = \omega_e/2\pi = \left(\frac{1}{2\pi}\right)\sqrt{D/\Theta}$; sie ist unabhängig von φ_0. Das ermöglicht die Aufzeichnung der Schwingungsformen in stark vergrößertem Maßstab, ohne daß die Berechnung der Eigenschwingungszahl beeinflußt wird. Die zweite Integrationskonstante α bedeutet den (willkürlich gewählten) Zeitpunkt, zu welchem die Betrachtung beginnt. α darf daher $= 0$ gesetzt werden; dann beginnt die Sinuslinie (Bild 23) im Koordinatenanfang, und (7) ändert sich in $\varphi = \varphi_0 \sin \omega_e t$.

Die Schwingungswege in der Eigenschwingung sind gleich den Projektionen eines Vektors a, der mit der Winkelgeschwindigkeit ω_e umläuft. Werden die Ausschläge auf einem Zylinder vom Reduktionsradius r_0 gezeichnet (Bild 24), so erhalten sie die Länge $a = \varphi_0 r_0$. Im Augenblick der Schwingungsumkehr (Beginn der Beschleunigung zur Ruhelage) herrscht Gleichgewicht zwischen dem Moment $D\varphi_0$ der Rückstellkraft und dem Moment $T r_0$ des Trägheitswiderstandes, somit $D\varphi_0 = T r_0$ oder $D = T r_0/\varphi_0$. Da $\omega_e^2 = D/\Theta$, $\varphi_0 = a/r_0$ und $\Theta = m r_0^2$, so wird

$$\omega_e^2 = \frac{T r_0^2}{m a r_0^2} \quad \text{und} \quad T = m a \omega_e^2. \tag{9}$$

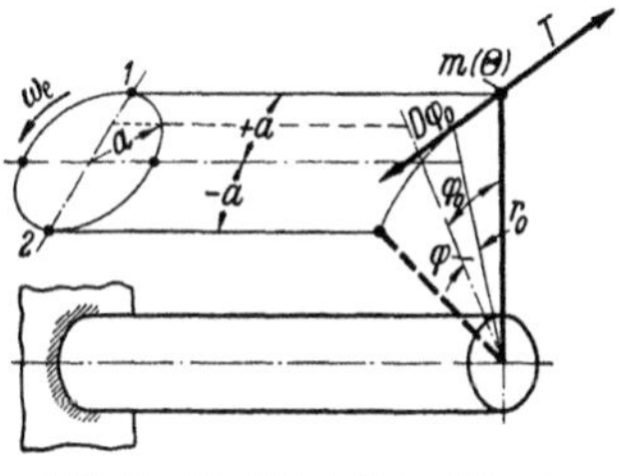

Bild 24. Die Trägheitskraft in der Schwingungsumkehr ist $T = m a \omega_e^2$

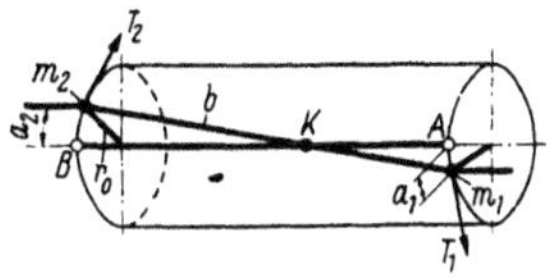

Bild 25
Freischwingende Welle mit 2 Massen

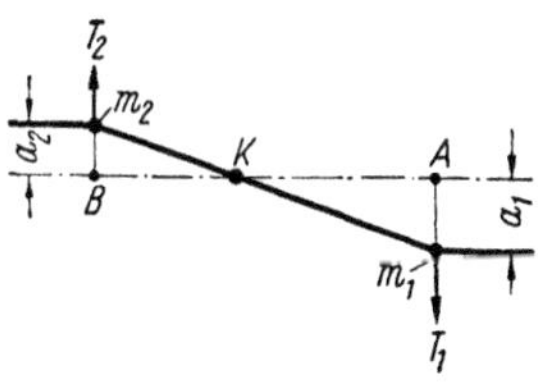

Bild 26. In die Ebene abgewickelte Schwingungsform

b) Freischwingende Welle mit 2 Massen, Bild 25. Werden die Wellenenden um einen beliebigen Winkel gegeneinander verdreht und losgelassen, so schwingt das System in seiner Eigenschwingungszahl. Dann müssen in jedem Augenblick die von den beiden Massen herrührenden Momente ihrer Trägheitskräfte gleich groß sein, d. h. es muß im Augenblick der Schwingungsumkehr $m_1 a_1 \omega_e^2 \cdot r_0 = m_2 a_2 \omega_e^2 \cdot r_0$ sein. Wäre dies nicht der Fall, so müßte sich die Welle nach Abklingen der Schwingungen um irgendeinen Winkel gedreht haben, was unmöglich, da die Trägheitskräfte innere Kräfte sind. Folglich gilt für die Eigenschwingung:

$$\sum T = 0 \quad \text{und} \quad m_1 a_1 = m_2 a_2. \tag{10}$$

Die Schwingungsausschläge sind den Massen umgekehrt proportional. Schwere Massen machen kleine Ausschläge; daher bei Kolbenmaschinen den Zahnradantrieb der Steuerwelle in die Nähe des Schwungrades legen, um die Zähne zu schonen.

Eine auf dem Mantel des Reduktionszylinders gezeichnete Gerade AB (Bild 25) steht im Augenblick der Schwingungsumkehr schräg (Gerade $m_1 m_2$); sie schneidet Linie AB im Knotenpunkt K, der in Ruhe bleibt. Zwei Massen können nur *einen* Knotenpunkt und *eine* Eigenschwingungszahl haben.

Die Schwingungsform kann in eine Ebene abgewickelt werden (Bild 26), da die auf r_0 (Kurbelradius) gemessenen wirklichen Ausschläge nur wenige mm betragen. K liegt um so näher bei einer Masse, je mehr diese die andere überwiegt. Die Endtangenten der Schwingungsform (rechts von m_1 und links von m_2) müssen der Nullinie parallel verlaufen, da an ihnen keine verdrehenden Kräfte wirken.

c) Welle mit beliebig vielen Massen (Bild 27). Wird die Welle so verdreht, daß *ein* Knotenpunkt entsteht, und dann freigegeben, so schwingt ein Teil der Massen nach der einen Seite, der andere entgegengesetzt. Die Lage des Knotenpunktes hängt von der Größe der Massen ab. Die Schwingungsform wird eine gebrochene Linie mit je einem Knick am Ort einer Masse. Die Endstücke der Schwingungsform müssen der Nullinie parallel sein, $\sum(T) = 0$. Ferner gilt für das Stück $l_{1,2}$ zwischen m_1 und m_2 (Bild 28):

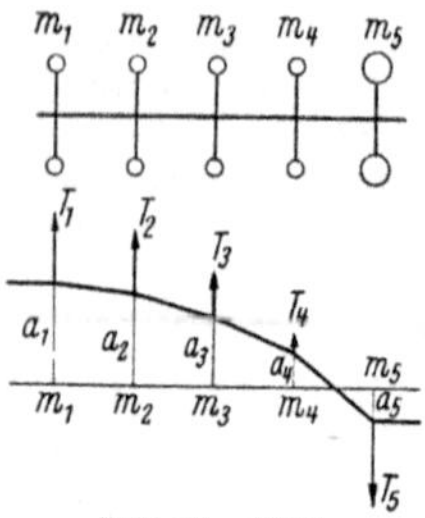

Bild 27. Welle mit beliebig vielen Massen

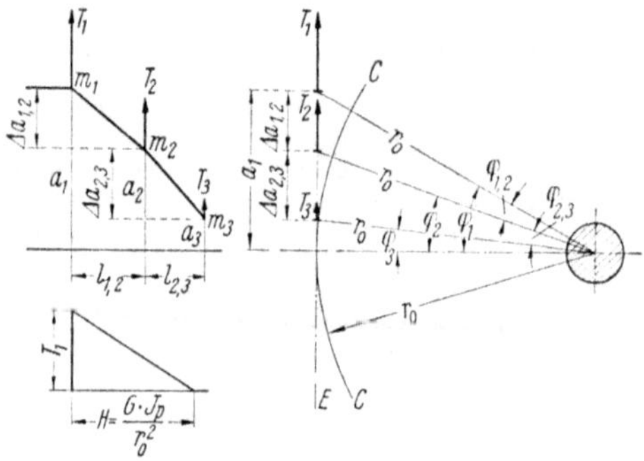

Bild 28. Aufzeichnen der Schwingungsform

$$\varphi_{1,2} = \frac{\Delta a_{1,2}}{r_0} = \frac{M_t}{G J_{l\,\mathrm{red}}} l_{1,2} \quad \text{und} \quad \Delta a_{1,2} = \frac{T_1 r_0}{G J_{p\,\mathrm{red}}} l_{1,2} r_0 \quad \text{oder} \quad \frac{\Delta a_{1,2}}{l_{1,2}} = \frac{T_1}{H},$$

wenn $H = G J_{p\,\mathrm{red}}/r_0^2$ gesetzt wird („Polhöhe"). Also wird das Stück der Schwingungsform zwischen m_1 und m_2 parallel einem Polstrahl als Hypotenuse eines rechtwinkligen Dreiecks mit T_1 und H als Katheten. Ebenso wird für $l_{2,3}$, $l_{3,4}$ usw.:

$$\frac{\Delta a_{2,3}}{l_{2,3}} = \frac{T_1 + T_2}{H}, \qquad \frac{\Delta a_{3,4}}{l_{3,4}} = \frac{T_1 + T_2 + T_3}{H} \quad \text{usw.}$$

Daraus folgt: Die einzelnen Stücke der Schwingungsform sind parallel den Polstrahlen, deren Richtungen durch Aneinandersetzen der T_1, T_2, ... und durch H bestimmt sind. Dabei Vorzeichen von T beachten (Bild 29).

d) *R, n*-Kurve. Bedingungen für die Eigenschwingungen sind: $\sum T = 0$ und Endtangenten der Schwingungsform parallel der Nullinie. Man nimmt eine beliebige (minutl.) Schwingungszahl n an, berechnet die Kreisfrequenz $\omega = \pi n/30$, nimmt den Ausschlag a_1 der Masse m_1 beliebig an und bildet $T_1 = m_1 a_1 \omega^2$. Da $H = G J_{p\,\mathrm{red}}/r_0^2$ bekannt, kann der erste Polstrahl gezogen werden (Bild 29); er liefert die Neigung der Schwingungsform zwischen m_1 und m_2 und damit a_2.

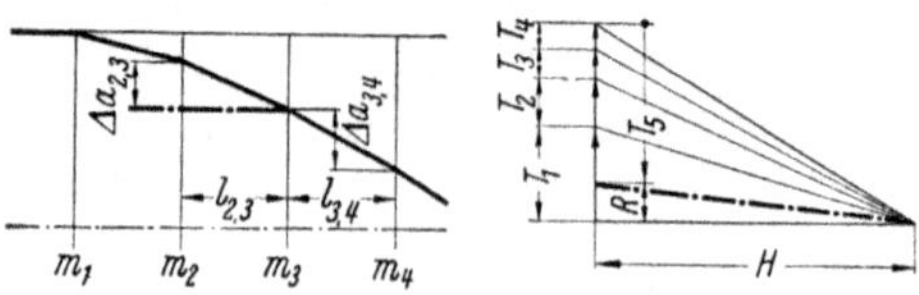

Bild 29. Die Teile der Schwingungsform sind den zugehörigen Polstrahlen parallel

Dadurch ist $T_2 = m_2 a_2 \omega^2$ bekannt, so daß der zweite Polstrahl gezogen werden kann, dessen Richtung a_3 liefert usw. Sind alle T berechnet und alle Polstrahlen gezogen, so muß der letzte Polstrahl mit der H-Linie zusammenfallen, wenn ω zufällig als Kreisfrequenz der Eigenschwingung richtig gewählt war. Das wird im allgemeinen nicht der Fall sein (strichpunktierter Polstrahl in Bild 29); es wird somit eine (harmonische) Restkraft R bleiben, die am zweiten freien Ende hinzuzufügen ist, damit die Schwingungsform möglich wird. R ist in Wirklichkeit nicht vorhanden, also kann nur jenes ω die Kreisfrequenz der Eigenschwingung sein, für welches $R = 0$ wird. Man führt die Rechnung mit verschiedenen ω durch, findet zu jedem ω (bzw. $n = 30\omega/\pi$) ein R und trägt die R-Werte als f(n) auf (Bild 30). Die Schnittpunkte der R, n-Kurve mit der Abszissenachse bezeichnen die Eigenschwingungszahlen n_{e_I}, $n_{e_{II}}$ usw. Man berechnet die R, n-Kurven bis zum zweiten, evtl. bis zum dritten Schnittpunkt (Eigenschwingungszahlen I., II. Grades usw.). Dabei erhält man auch die

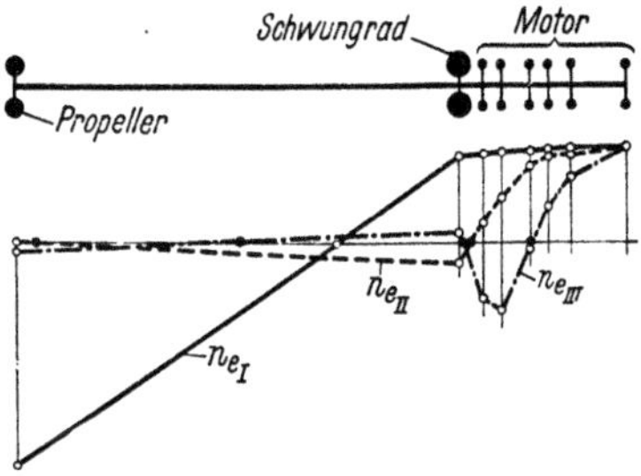

Bild 31. Eigenschwingungsformen n_{e_I} bis $n_{e_{III}}$ einer Schiffsmaschinenanlage nach *R. Sulzer*

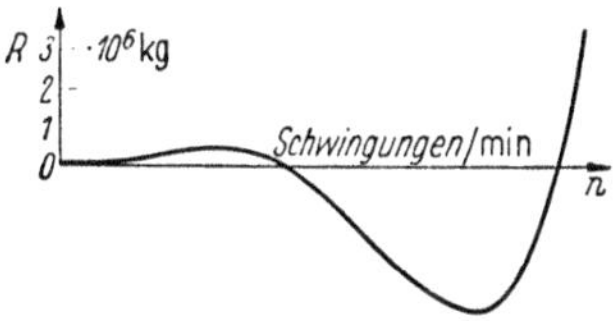

Bild 30. R, n-Kurve

Schwingungsformen (Bild 30). Die Eigenschwingung I hat *einen*, die Eigenschwingung II *zwei* Schwingungsknoten usw. Man braucht nicht die ganze R, n-Kurve zu berechnen; es genügen einige Punkte in der Nähe der Nullinie und graphische Interpolation.

e) Sind **Zahnradvorgelege** in einer Wellenanlage vorhanden, so wird zuerst die ganze Wellenleitung (treibender und getriebener Teil) nach Gl. (5) auf ein einheitliches $J_{p_{\text{red}}}$ reduziert. Sodann müssen erhalten:

die schneller umlaufenden (auf r_0 reduzierten) *Massen* je eine im quadratischen Übersetzungsverhältnis *größere* Masse,

die schneller umlaufenden (auf $J_{p_{\text{red}}}$ reduzierten) *Längen* eine im quadratischen Übersetzungsverhältnis *kleinere* Länge.

3. Kritische Drehzahlen

a) Ordnungen der krit. Drehzahlen. Gefährliche Drehschwingungen treten nur auf, wenn *Resonanz* zwischen Eigenschwingungszahl und Impulszahl vorhanden ist. Die Impulszahl findet man aus der harmonischen Analyse der Drehkraftlinie (Bd. I S. 164). Es muß die Drehkraftlinie *eines* Zylinders harmonisch analysiert werden (weil für die Stärke der krit. Drehzahlen die schwingungerregenden Arbeiten maßgebend sind, die auf die Welle übertragen werden; s. u.), also bei Dampfmaschinen mit verschiedenen Zylindern die Drehkraftlinien aller Zylinder einzeln; bei Brennkraftmaschinen mit gleichen Zylindern genügt die Analyse der Drehkraftlinie eines Zylinders. Die harmonische Analyse liefert Sinuswellen verschiedener Amplitude, Frequenz und Phase; es treten nur ganzzahlige Frequenzen während einer Periode auf. Diese ist 1 Umdr. bei Dampfmaschinen und Zweitaktmotoren, 2 Umdr. bei Viertaktmotoren. Die Zahl der Sinuswellen je *Umdrehung* heißt „Ordnung". Da bei Viertaktmotoren auch 3, 5, 7, ... Sinuswellen je Periode vorkommen, hat der Viertaktmotor neben ganzen auch *halbe* Ordnungen, z. B. $1^1/_2$., $2^1/_2$., $3^1/_2$. usw.

Dieselmaschinen haben unabhängig von der Bauart ziemlich gleiche Indikatordiagramme; daher kann man für die Amplituden der Sinuswellen der verschiedenen Ordnungen Zahlentafeln aufstellen. Der Zahlentafel 4 liegen normale Indikatordiagramme ($p_z = 45$ kg/cm², ohne Aufladung) zugrunde. Für Dampfmaschinen ist das Aufstellen allgemeingültiger Zahlentafeln nicht möglich, da die Indikatordiagramme verschieden sind. In der Zahlentafel 4 sind nur die *Gas*drehkräfte berücksichtigt, nicht die *Massen*drehkräfte, da diese von Bauart und Drehzahl abhängen und getrennt betrachtet werden müssen.

Zahlentafel 4. *Amplituden der Sinuswellen in kg/cm² Kolbenfläche*

Ordnung	Viertakt einfach-wirkend	Zweitakt einfach-wirkend	Zweitakt doppelt-wirkend	Ordnung	Viertakt einfach-wirkend	Zweitakt einfach-wirkend	Zweitakt doppelt-wirkend
1/2	2,35	—	—	7	0,27	0,70	0,46
1	2,81	4,88	0,87	7 1/2	0,21	—	—
1 1/2	2,82	—	—	8	0,17	0,47	0,47
2	2,46	4,66	8,17	8 1/2	0,14	—	—
2 1/2	2,09	—	—	9	0,11	0,23	0,17
3	1,71	3,09	1,54	9 1/2	0,095	—	—
3 1/2	1,41	—	—	10	0,082	0,19	0,29
4	1,12	2,17	3,16	10 1/2	0,072	—	—
4 1/2	0,87	—	—	11	0,066	0,16	0,098
5	0,69	1,52	1,03	11 1/2	0,060	—	—
5 1/2	0,55	—	—	12	0,055	0,09	0,084
6	0,43	0,94	1,20	16	—	—	0,074
6 1/2	0,34	—	—	20	—	—	0,026
				24	—	—	0,016

Wenn das Produkt aus Ordnungszahl und Drehzahl gleich einer Eigenschwingungszahl ist, liegt eine *kritische* Drehzahl n_k vor. Es gilt

$$n_k = \frac{\text{Eigenschwingungszahl/min}}{\text{Ordnung} = \text{Impulszahl/Umdr.}}\,. \tag{11}$$

Da häufig 2, zuweilen 3 Eigenschwingungszahlen und bis zu 12–24 Ordnungen berücksichtigt werden müssen, gibt es sehr viele krit. Drehzahlen, von denen jedoch stets nur einige der Welle gefährlich werden können. Wegen Gl. (11) scheiden alle krit. Drehzahlen aus, deren Ordnung so niedrig ist, daß $n_k >$ Betriebsdrehzahl. Ebenso brauchen bei Brennkraftmaschinen (deren niedrigste Drehzahl meist nicht unter 1/4 der normalen Drehzahl liegt) die hohen Ordnungen nicht berücksichtigt zu werden. Die Massendrehkraft, die ebenfalls krit. Drehzahlen verursachen kann, teilt sich nach Gl. (3) und Bild 4 in vier Sinuswellen auf, von denen nur die 2. und 3. Ordnung größere Amplituden haben, so daß die von den Massenkräften herrührenden krit. Drehzahlen meistens oberhalb der Betriebsdrehzahl liegen. Wo dies nicht zutrifft, ist der Vektor der Massendrehkraft *geometrisch* zu dem Vektor gleicher Ordnung der Gasdrehkraft zu addieren. Halbe Ordnungen können von den Massendrehkräften nicht herrühren, da ihre Periode 1, nicht 2 Umdr. umfaßt. Es bleibt eine größere Anzahl krit. Drehzahlen, deren Gefährlichkeit untersucht werden muß.

b) Gefährlichkeit der krit. Drehzahlen. Die Welle (ob stillstehend oder laufend) kann nur dann in Drehschwingungen geraten, wenn schwingungerregende *Arbeit* auf sie übertragen wird, denn die schwingende Welle enthält einen Energievorrat, der im schwingungsfreien Zustand nicht vorhanden ist. Da Arbeit = = Kraft × Weg, müssen *Wege* vorhanden sein, auf denen die Gas- und Massendrehkräfte Arbeit übertragen können. Die Wege sind die Schwingungsausschläge in der Eigenschwingung (verschieden für I. und II. Grad). Sie sind auch für die einzelnen Massen verschieden (Bild 31), jedoch phasengleich, da alle Massen gleichzeitig die Umkehrpunkte erreichen. Die Gas- und Massendrehkräfte an den einzelnen Kurbeln sind je nach der Stellung der Kurbel phasenverschieden, der Amplitude nach gleich (gilt nicht für Dampfmaschinen). Es muß somit für alle Kurbeln die Σ der schwingungerregenden Arbeiten für alle in den Betriebsbereich fallenden Ordnungen unter Beachtung der Phasenverschiebung zwischen schwingungerregender Kraft und Schwingungsweg gesucht werden.

Wenn für eine bestimmte *Ordnung* D_G der Vektor der schwingungerregenden Kraft ist, bekannt aus der harmonischen Analyse, z. B. aus Zahlentafel 4, a der Schwingungsausschlag des Kraftangriffspunktes (Kurbelzapfens), bekannt aus der Eigenschwingungsform (wenn auch nur relativ), wenn ferner D_G und a sich sinusförmig ändern, so ist, wenn der D_G-Vektor dem a-Vektor um den Winkel φ voreilt, $\mathfrak{A} = \pi D_G\, a \sin\varphi$ die auf den Kraftangriffspunkt übertragene Arbeit (s. Lit. 3, dort S. 13). Da nur ein *Vergleich* der Stärke der krit. Drehzahlen der verschiedenen Ordnungen gesucht wird, darf π unbeachtet bleiben, und es dürfen die (stark vergrößerten) Ausschläge a statt der (viel kleineren) wirklichen Ausschläge eingesetzt werden. Für $\varphi = 90^\circ$ wird $\sin\varphi = 1$, somit der Relativwert $\mathfrak{A} = D_G\, a$. Beim Durchfahren einer krit. Drehzahl muß der Augenblick, in welchem $\varphi = 90^\circ$ ist, für *eine* Kurbel, z. B. Kurbel 1, einmal eintreten, denn die Kreisfrequenz des a-Vektors ist drehzahlunabhängig, die des D_G-Vektors drehzahlabhängig. Für diese Kurbel ist somit $\mathfrak{A}_1 = D_G\, a_1$. Für die anderen Kurbeln haben die D_G andere Momentanwerte. Steht in demselben Augenblick die im Uhrzeigersinn folgende Kurbel z. B. um α voreilend vor Kurbel 1, so steht der zu ihr gehörende D_G-Vektor um $k \cdot \alpha$ im Uhrzeigersinn voreilend, wenn k die jeweils betrachtete Ordnung ist, denn die D_G-Vektoren haben die k-fache Umlaufzahl wie die Kurbelwelle. Trägt man den D_G-Vektor der senkrecht stehenden Kurbel 1 auf dieser Kurbel (in passendem Maßstab) ab und setzt man fest, daß die Projektionen der D_G auf die Vertikale die Momentangröße von D_G angeben sollen, so wird D_G für Kurbel $1 = D_G$, und die Momentangrößen der an allen anderen Kurbeln angreifenden D_G ergeben sich durch Projektion von D_G auf die Vertikale, nachdem man die D_G auf Kurbelradien aufgetragen hat, die den k-fachen Winkel mit der oberen Totlage bilden. Man hat somit, für *jede Ordnung getrennt*, ein Kurbelschema zu zeichnen, in welchem alle Winkel, welche die wirklichen Kurbeln mit der oberen Totlage bilden, mit dem k-fachen Betrag eingezeichnet sind.

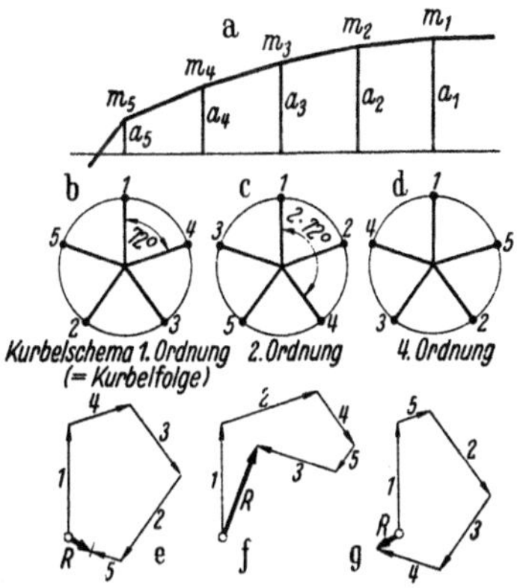

Bild 32. Ermittlung der Resultierenden R aus dem Polygon der Schwingungsausschläge

Bild 32 zeigt das Verfahren am Beispiel einer Fünfzylindermaschine. Bild 32, a sei die Schwingungsform, 32,b die wirkliche Kurbelfolge; dann sind c und d die Kurbelschemata 2. und 4. Ordnung. Der Vergleichswert der z. B. in der 4. Ordnung auf die Kurbelwelle übertragenen schwingungerregenden Arbeit wird

$$\mathfrak{A} = D_G a_1 + D_G \cos(\sphericalangle 1,5)\, a_5 + D_G \cos(\sphericalangle 1,2)\, a_2 + D_G \cos(\sphericalangle 1,3)\, a_3 + D_G \cos(\sphericalangle 1,4)\, a_4 .$$

Statt die D_G mit den cos zu multiplizieren, darf man die a mit den cos multiplizieren und die D_G (sofern sie für alle Kurbeln gleich sind) ausklammern:

$$\mathfrak{A} = D_G\,[a_1 + a_2 \cos(\sphericalangle 1,2) + a_3 \cos(\sphericalangle 1,3) + \cdots] .$$

Die Klammer stellt die Projektion eines Polygonzuges auf die Vertikale dar, gebildet aus den Strecken $a_1, a_2, \ldots$, die unter den aus dem betr. Kurbelschema sich ergebenden Winkeln aneinandergesetzt sind. Die Schlußlinie R, multipliziert mit dem für die betr. Ordnung gültigen D_G, ergibt

$$\mathfrak{A} = D_G \sum_{\text{geom}} a = D_G R \tag{12}$$

als Vergleichsmaß für die Gefährlichkeit der krit. Drehzahlen verschiedener Ordnungen.

Die krit. Drehzahlen verschiedener *Grade* sind getrennt zu untersuchen, da die Schwingungsausschläge a andere sind. Bei *Viertakt*motoren ist zu beachten, daß bei gleichgerichteten Kurbeln die Zündungen den Abstand 360° haben, so daß bei $^1/_2$ten Ordnungen die Vektoren gleichgerichteter Kurbeln um 180° gegeneinander versetzt erscheinen.

Beispiel: Die rel. Gefährlichkeit der krit. Drehzahlen verschiedener Ordnungen I. und II. Grades ist für einen Achtzylinder-Viertaktmotor zu untersuchen.

Gegeben sind die red. Längen und Massen, die Eigenschwingungsformen I. und II. Grades sowie Kurbelschema und Zündfolge (Bild 33). Man zeichne die 8 Kurbelschemata $^1/_2$ter bis 4. Ordnung; andere Schemata können nicht auftreten, da wegen der Kurbelwinkel 90° alle um je 4 Ordnungen (4 × 90° = 360°) höher liegenden Schemata sich wiederholen. Länge der Vektoren aus den Schwingungsformen n_{e_I} bzw. $n_{e_{II}}$; Richtungen aus den Kurbelschemata.

An Masse 9 (Schwungrad) greift keine schwingungerregende Kraft an; daher können nur 8 Vektoren auftreten. Richtung der Vektoren stets „von innen nach außen", da der Knotenpunkt auch für $n_{e_{II}}$ außerhalb der Kurbelwelle liegt, so daß alle Schwingungsausschläge stets nach derselben Seite gerichtet sind. In Bild 33 sind gezeichnet die Polygone der $^1/_2$., 1., $1^1/_2$. und 2. Ordnung für n_{e_I} und der $2^1/_2$., 3., $3^1/_2$. und 4. Ordnung für $n_{e_{II}}$. Die sich ergebenden R sind mit dem D_G der betr. Ordnung nach Zahlentafel 4 zu multiplizieren. Das Produkt ist ein Maß für die in der betr. Ordnung auf die Kurbelwelle übertragene schwingungerregende Arbeit, d. h. für die Gefährlichkeit der betr. Ordnung.

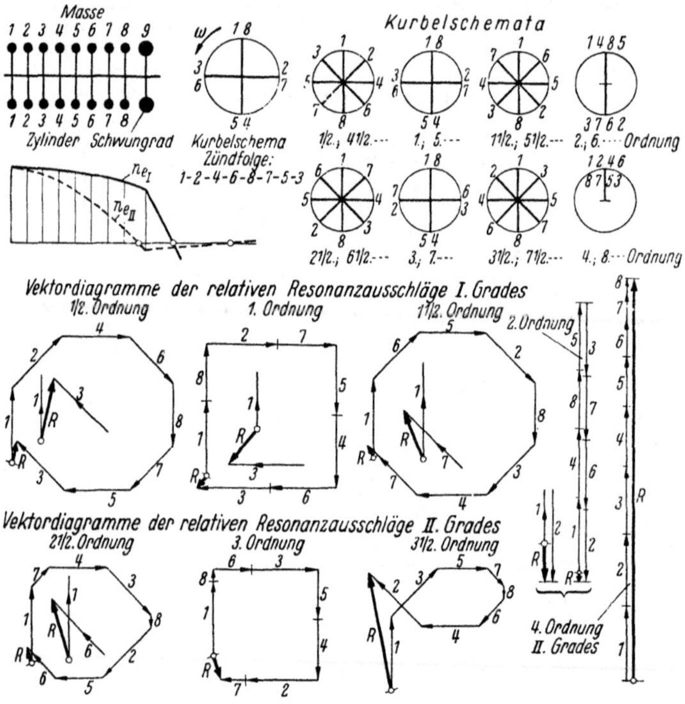

Bild 33. Bestimmung der Resultierenden R für einen Achtzylinder-Viertaktmotor

Durch Auftragen der $D_G R$ in Abhängigkeit von der zugehörigen Drehzahl erhält man das Schwingungsspektrum („Resonanzkurve"), Bild 34. Die Abszissen folgen aus n_{e_I} bzw. $n_{e_{II}}$/ /Ordnungszahlen. Beide 4. Ordnungen werden besonders groß, weil alle 8 Vektoren sich algebraisch addieren (Bild 33). Auch die 8. Ordnungen werden ziemlich groß, aber auch die $4^1/_2$. II. Grades. Der die Spitzen der Resonanzkurven verbindende Linienzug ist ohne Bedeutung; er erleichtert den Vergleich.

c) Verschieben der krit. Drehzahlen. Eine gefährliche krit. Drehzahl darf nicht nahe der Betriebsdrehz ahl liegen. Gefährlich sind i. allg. nur 1 bis 2 Ordnungen. Kann die Betriebsdre hzahl nicht mit wenig Aufwand verschoben werden, so muß die krit. Drehzahl ver schoben werden, wenn nicht wirksame Dämpfer

(s. u.) die krit. Drehzahl ungefährlich machen. Die Eigenschwingungszahlen und damit die krit. Drehzahlen können

höher gelegt werden durch Verstärken der Wellen, evtl. zugleich durch Verringern der Massen (beide Maßnahmen unzweckmäßig, weil eine Umkonstruktion erfordernd),

tiefer gelegt werden durch Hinzufügen von Massen (verhältnismäßig einfach durch Anbringen von Gegengewichten an den Kurbelwangen) und/oder durch Abdrehen von Wellenteilen.

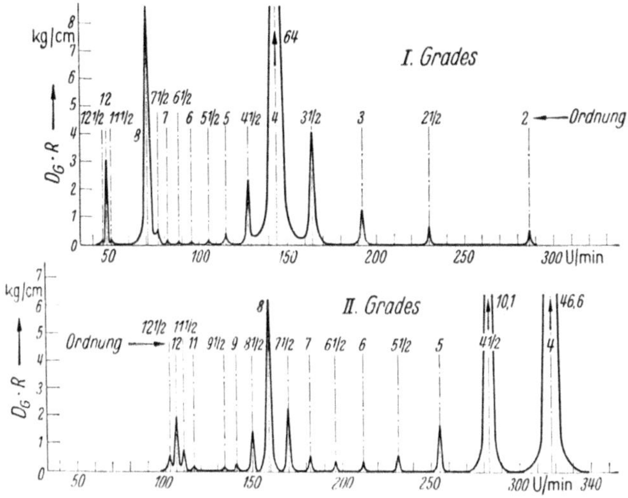

Bild 34. Resonanzkurven I. und II. Grades für das Beispiel Bild 33

Ohne Änderung der Eigenschwingungszahlen können (nur bei Viertaktmotoren) die $^1/_2$ten Ordnungen verschoben werden durch Vertauschen der Zündfolgen zweier gleichgerichteter Kurbeln. Da deren Vektoren stets um 180° gegeneinander versetzt sind (s. o.), so schwenkt der aus beiden Vektoren resultierende Vektor um 180° bei Vertauschung der Zündfolge, was eine Verkleinerung von R und damit von $D_G R$ (d. h. der Gefährlichkeit) zur Folge haben kann. Dafür werden aber immer zwei benachbarte krit. Drehzahlen $^1/_2$ter Ordnungen stärker. Das Ergebnis kann vorteilhaft sein, wenn die Betriebsdrehzahl in der Nähe der verschobenen Drehzahl lag. Die *ganzen* Ordnungen werden durch eine Vertauschung der Zündfolgen nicht beeinflußt; sie ist daher bei Zweitaktmotoren nicht anwendbar.

d) Größe der Schwingungsausschläge in der Resonanz. Aus „Arbeit der schwingungerregenden Kräfte = Arbeit der dämpfenden Kräfte" während einer Periode folgt

$$\pi D_G \sum_{\text{geom}} A_i = \pi k' \omega_e \sum_{\text{algebr}} A_i^2\,, \tag{13}$$

worin A die wirklichen (nicht vergrößerten) Schwingungsausschläge aller i Kurbeln, ω_e die Kreisfrequenz der Eigenschwingung (verschieden für I. und II. Grad) und k' der Dämpfungsfaktor aus $K_i = k' v_i$ ist (K = dämpfende Kraft; v_i = Schwingungsgeschwindigkeit in cm/sek). Wird der Schwingungsausschlag a_1 der 1. Kurbel = 1 cm gesetzt, so gilt

$$A_i : A_1 = a_i : a_1 = a_i\,, \qquad \text{somit} \qquad A_i = A_1 a_i\,,$$

und Gl. (13) kann geschrieben werden:

$$A_1 = \frac{D_G \sum_{\text{geom}} a_i}{k' \omega_e \sum_{\text{algebr}} a_i^2}\,. \tag{14}$$

Auf der rechten Seite der Gl. (14) sind alle Größen bekannt, nur k' ist unsicher. Löst man Gl. (14) nach k' auf, so kann k' durch Messung von A_1 (kurzzeitiges Fahren in einer krit. Drehzahl) ermittelt werden. k' streut stark, je nach der Motorbauart. Nach *G. Bauer*[1] kann $k' = 0{,}004$–$0{,}007$ kg sek/cm³ (k' bezogen auf 1 cm² Kolbenfläche) gesetzt werden. An anderen

[1] Der Schiffsmaschinenbau, Bd. 4, S. 1000.

Stellen werden viel kleinere k' angegeben, so daß die Berechnung der Schwingungsausschläge unsicher ist.

e) Beanspruchung der Welle in der Resonanz. Aus $\tau = M_t r/J_p$, $M_t = GJ_{p_{red}} \varphi/l_{red}$ und $\Delta A_{i,k} = r_0 \varphi$ wird die Drehbeanspruchung eines Wellenstückes der Länge $l_{i,k}$ zwischen den Massen i und k:

$$\tau = \frac{A_1 G J_{p_{red}} \Delta a_{i,k} r}{J_p l_{i,k} r_0}, \tag{15}$$

worin A_1 der wirkliche Ausschlag des vorderen Wellenendes [gemessen oder berechnet aus Gl. (14), bezogen auf den Reduktionsradius r_0], $\Delta a_{i,k}$ die Differenz der Schwingungsausschläge der Massen i und k (für $a_1 = 1$ cm) und r der Radius der Welle ist. Die Unsicherheit in der Bestimmung von A_1 aus Gl. (14) gilt auch für τ. Man hilft sich, indem man die Beanspruchung der Welle durch das zu übertragende Drehmoment so niedrig wählt, daß noch ein genügender Spielraum (mind. 300–400 kg/cm²) bis zur Drehwechselfestigkeit des Wellenwerkstoffes bleibt.

f) Breite der krit. Drehzahlgebiete. Treten im Betriebsbereich stärkere krit. Drehzahlen auf, so müssen sie rasch durchfahren werden (Sperrung durch rote Striche auf dem Tachometer). Man sperrt

bei krit. Drehzahlen I. Gr. etwa 5% unterhalb und 4% oberhalb der Resonanz,
bei krit. Drehzahlen II. Gr. etwa 4% unterhalb und 3% oberhalb der Resonanz.

Die verschiedene Breite der Sperrgebiete hängt mit der Form der R, n-Kurve (Bild 30) zusammen: je steiler diese die Nullinie schneidet, um so rascher entfernt sie sich von der Nullinie, um so schneller wachsen die erzwingenden Kräfte R an, um so rascher nehmen die Ausschläge ab.

4. Dämpfung der Schwingungen

Sollen Drehschwingungen gedämpft werden, so muß der Welle Arbeit entzogen werden. Diesem Zweck dienen die *Schwingungsdämpfer*.

Sie bestehen zur Hauptsache aus einer leichten und einer schweren Masse, von denen die leichte mit der zu dämpfenden Welle starr, die schwere mit der leichten federnd verbunden ist. Die schwere Masse hat gegenüber der leichten, deren Masse durch die Welle vergrößert wird, eine Eigenschwingungszahl, die von ihrer eigenen Masse und Federzahl abhängt. Werden diese so abgestimmt, daß die Eigenschwingungszahl der Dämpfermasse etwa gleich jener der Welle ist, so gerät bei Resonanz die Dämpfermasse in Schwingungen, nimmt Arbeit aus der Welle auf und dämpft dadurch deren Schwingungen. Dämpfend, weil arbeitverzehrend, wirkt ferner die Reibung innerhalb des Dämpfers, wenn dessen Teile sich gegeneinander bewegen.

Man kann zwei Gruppen von Dämpfern unterscheiden: Dämpfer, die mit konstanter, und solche, die mit veränderlicher Eigenschwingungszahl arbeiten. Dämpfer mit konstanter Eigenschwingungszahl haben die Eigenschaft, die krit. Drehzahl einer Welle in zwei schwächere krit. Drehzahlen aufzuspalten, die oberhalb und unterhalb der ursprünglichen krit. Drehzahl liegen. Die Wirkung der ursprünglichen krit. Drehzahl kann dadurch erheblich gemildert werden, sie wird aber nicht ganz aufgehoben.

a) Die **Dämpfer mit konstanter Eigenschwingungszahl** arbeiten teils mit Flüssigkeitsreibung (*Sandner*-Dämpfer, *Junkers*-Dämpfer), teils mit trockener Reibung (*Lanchester*-Dämpfer); eine Mittelstellung nimmt der Hülsenfeder-Dämpfer der MAN ein. Bei den Dämpfern mit Flüssigkeitsreibung bilden die leichte und die schwere Dämpfermasse paarweise ölgefüllte Kammern, zwischen denen bei Relativbewegungen der Dämpfermassen das Öl hin und her geschoben wird, was schwingungverzehrende Reibungsarbeit erzeugt. Beim Hülsenfederdämpfer ruft die Relativbewegung ebenfalls Reibungsarbeit innerhalb der Hülsenfederpakete hervor. Der *Holset*-Dämpfer arbeitet mit Flüssigkeitsreibung; seine Dämpfermasse ist von einem praktisch temperaturunempfindlichen Silikonöl sehr hoher Viskosität umgeben. Bei Drehschwingungen der Kurbelwelle treten in dem Ölfilm dämpfende Schubkräfte auf. Der *Lanchester*- und der *Holset*-Dämpfer arbeiten ohne mechanische Rückstellkräfte; ihre Dämpfermassen haben daher keine bestimmten Eigenschwingungszahlen.

b) Ein **Dämpfer mit veränderlicher Eigenschwingungszahl** ist das *Sarazin*-Pendel. Es besteht aus einer an den Kurbelwangen oder an einer auf der Welle aufgekeilten Scheibe pendelnd aufgehängten Masse von sehr kleiner Pendellänge (Bild 35).

Da die Masse bei laufender Maschine im Schwerefeld der Fliehkraft pendelt, wird ihre Eigenschwingungszahl

$$n_P = n_0 \sqrt{\frac{L}{l}}$$

proportional der Drehzahl n_0 des Motors, wenn l die Pendellänge und $L + l$ der Abstand des Schwerpunktes S der Pendelmasse von der Drehachse O ist. Damit n_P groß wird, muß das Verhältnis L/l groß sein, l also sehr klein gehalten werden. Das wird erreicht, indem man in die Kurbelwange und das Pendelgewicht je zwei Löcher vom Dmr. D bohrt, durch welche Bolzen vom kleineren Dmr. d gesteckt werden, so daß $l = D - d$ wird. Das Pendel schwingt dann mit der Länge l um einen im Abstand L von O zu denkenden Punkt, der um das Maß l über dem Schwerpunkt S liegt (VDI-Z. Bd. 82 (1938) S. 1297 und Techn. Rundschau Sulzer 1945, Nr. 1, S. 115).

Das Sarazin-Pendel tilgt nahezu vollkommen eine gefährliche kritische Erregerordnung über den ganzen Drehzahlbereich („Schwingungstilger"). Treten an einem Motor *zwei* gefährliche Ordnungen auf, so setzt man für den Tilger (am vorderen Motorende) auf die Welle eine Scheibe und versieht diese mit zwei Pendelpaaren, die kreuzweise angeordnet werden und je eine Ordnung tilgen.

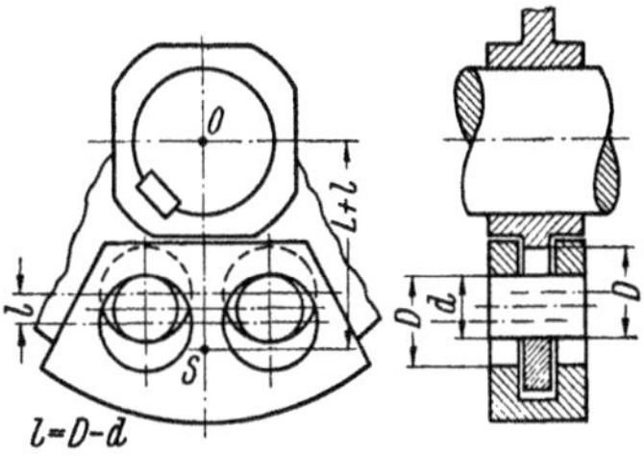

Bild 35. Sarazin-Pendel
O Drehpunkt der Kurbelwelle,
S Schwerpunkt eines Pendelgewichtes

IV. Regler

Einteilung der Regler nach ihrer Bauart in *Muffenregler*, bei welchen die Schwunggewichte eine mit dem Steuerungsgestänge verbundene Muffe auf der Reglerachse verschieben, und *Achsenregler* (Flachregler), deren Schwunggewichte meist ein Exzenter verdrehen, das die Steuerung betätigt.

Beide Regler sollen die Drehzahl einer Kraftmaschine bei wechselnder Belastung gleichbleibend erhalten (*Drehzahl*regler). Dagegen sollen die *Leistungs*regler die Arbeit einer Kraftmaschine je Umdr., also den mittl. Überdruck konstant halten, während die Drehzahl je nach Bedarf an Leistung geändert wird (Wasserpumpen, Luftverdichter usw.).

Direkte und *indirekte* Regelung. Die direkt wirkenden Regler beeinflussen unmittelbar die Steuerung; bei der indirekten Regelung wird die Verstellkraft des Reglers durch eine zwischen den Regler und die Steuerung geschaltete Kraftmaschine (Servomotor) verstärkt, wenn die Verstellkraft des Reglers zur Verstellung der Steuerung zu klein ist.

1. Kennzeichen und Eigenschaften des Reglers

a) Die **C-Kurven** (nach *Tolle*) geben Aufschluß über die wichtigsten Eigenschaften des Reglers. Man trägt die zu verschiedenen Muffenstellungen gehörenden Fliehkräfte (aller Schwunggewichte zusammengenommen) als Ordinaten, die zugehörigen radialen Entfernungen des Mittelpunktes eines Schwunggewichts von der Reglerspindel als Abszissen auf (Bild 36, Kurve $P P_1$). Ein von O unter φ gezogener Fahrstrahl schneide die C-Kurve in P und P_1. Dann ist $\operatorname{tg} \varphi = C/x = M\omega^2 x/x = M\omega^2$, wobei $M = G/g$ = Masse aller Schwunggewichte. Somit $\omega = \sqrt{g/G} \cdot \sqrt{\operatorname{tg} \varphi}$ und die minutliche Drehzahl der Spindel

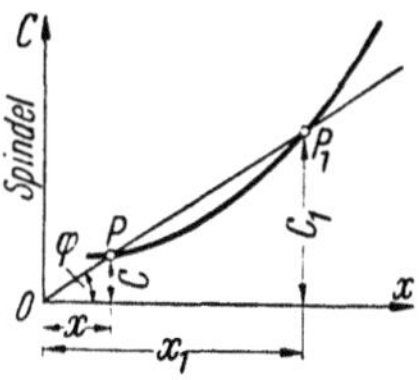

Bild 36. C-Kurve

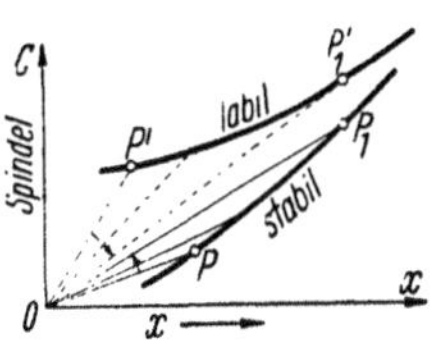

Bild 37
Stabile und labile C-Kurve

$$n = (30/\pi)\,\omega = \frac{30}{\pi} \sqrt{\frac{g}{G}} \cdot \sqrt{\operatorname{tg} \varphi} = \text{const} \sqrt{\operatorname{tg} \varphi}\,. \tag{16}$$

Ist die C-Kurve eine durch 0 gehende Gerade, so ist n für alle Stellungen der Schwunggewichte konstant; der Regler ist „astatisch", d. h. unbrauchbar. Ein Regler muß „stabil" sein, d. h. die Drehzahl muß mit wachsender Entfernung der Schwunggewichte von der Spindel (etwas) zunehmen; andernfalls sind Drehzahl und Stellung der Steuerung nicht eindeutig. Nach Gl. (16) muß φ mit wachsendem n zunehmen, d. h. die C-Kurve muß einen Charakter haben wie Kurve PP_1 in Bild 37. Ein Regler mit einer C-Kurve nach $P'P'_1$ ist labil, d. h. unbrauchbar.

b) Ungleichförmigkeitsgrad δ eines Reglers ist das Verhältnis der Differenz der Drehzahlen n_2 bei höchster und n_1 bei tiefster Muffenstellung zur mittleren Drehzahl n, also

$$\delta = \frac{n_2 - n_1}{n}, \quad \text{wo} \quad n \approx \frac{n_2 + n_1}{2}.$$

Ermittlung von δ aus der C-Kurve. Wird $\delta = (n_2 - n_1)/n$ im Zähler und Nenner mit $n = (n_2 + n_1)/2$ multipliziert, so folgt

$$\delta = \frac{n_2^2 - n_1^2}{2n^2} = \frac{\operatorname{tg}\varphi_2 - \operatorname{tg}\varphi_1}{2\operatorname{tg}\varphi_m}. \tag{17}$$

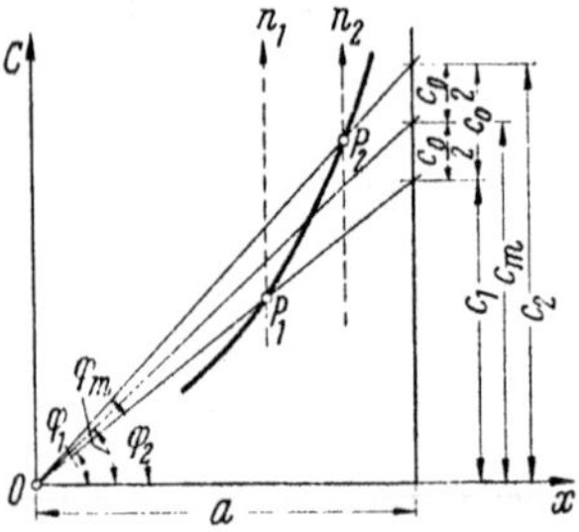

Bild 38
Ermittlung von δ aus der C-Kurve

Zieht man Fahrstrahlen von 0 durch die zu n_1 und n_2 gehörenden Punkte P_1 und P_2 bis zu der im beliebigen Abstand a gezogenen Senkrechten, Bild 38, so wird

$\operatorname{tg}\varphi_2 = c_2/a, \quad \operatorname{tg}\varphi_1 = c_1/a, \quad \operatorname{tg}\varphi_m = c_m/a;$

somit nach Gl. (17):

$$\delta = \frac{c_2/a - c_1/a}{2c_m/a} = \frac{c_2 - c_1}{2c_m} = \frac{c_0}{2c_m}.$$

c) Unempfindlichkeitsgrad ε. Auf Drehzahländerungen spricht der Regler nicht sofort an; er muß erst seine Eigenreibung und den Widerstand des Stellzeuges überwinden. Entspricht die Fliehkraft C dem augenblicklichen n, so muß dieses zunächst auf n'' steigen oder auf n' sinken und die Fliehkraft um ΔC auf C'' steigen oder um ΔC auf C' sinken, Bild 39, damit ein Über- oder Unterschuß an Fliehkraft zur Überwindung der Widerstände zur Verfügung steht. Das Verhältnis $(n'' - n')/n$ ist der „Unempfindlichkeitsgrad" ε. Es gilt:

$$\varepsilon = (n'' - n')/n = \Delta n/n = \Delta C/C, \text{ da } C = f(n^2). \tag{18}$$

Bei Bestellung eines Reglers gebe man, um Mißverständnisse zu vermeiden, das gewünschte ε als $\pm$-Abweichung von der Betriebsdrehzahl an.

d) Der **Muffendruck** E (auch „Energie" des Reglers genannt, obwohl eine Kraft, nicht eine Arbeit) ist die an der Muffe nach unten wirkende Kraft, welche der Fliehkraft das Gleichgewicht hält. Sie wird zum größten Teil durch die Federbelastung der Muffe erzeugt. Am ruhenden Regler kann sie durch Auswägen gemessen, am laufenden bei schwebender Muffe durch Rechnung bestimmt werden.

Da C und E bei schwebender Muffe sich das Gleichgewicht halten, muß, wenn C (z. B. durch Entlastung der Maschine und

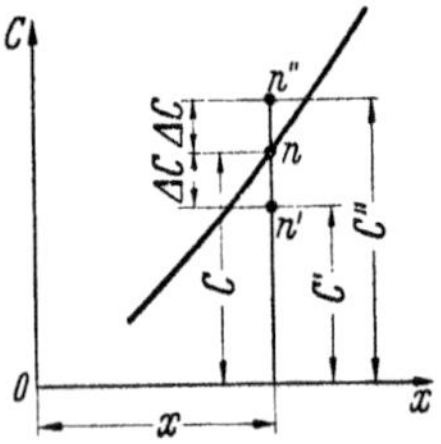

Bild 39. Unempfindlichkeitsgrad $\varepsilon = \Delta C/C$

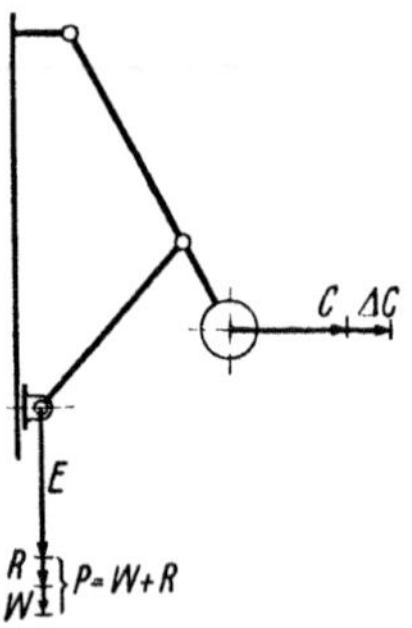

Bild 40. Die Zunahme von C um ΔC erzeugt an der Muffe eine Verstellkraft P

Zunahme der Drehzahl) um ΔC wächst, E um einen Betrag P zunehmen (Bild 40), und es muß wegen des zwischen Fliehkraft und Muffendruck ständig herrschenden Gleichgewichts die Proportion gelten:

$$\Delta C : P = C : E \quad \text{oder} \quad \Delta C : C = P : E,$$

also wegen Gl. (18) $P = \varepsilon E$. Da die Verstellkraft P möglichst groß, ε aber möglichst klein sein soll, muß E groß gewählt werden. Man braucht für E (und damit für C) mehrere hundert kg, um eine nur kleine Verstellkraft zu erzielen, z. B. $P = 0{,}01 \cdot 300 = 3$ kg für $\varepsilon = \pm 1\%$. P hat nicht nur den Widerstand W des Steuerungsgestänges, sondern auch die Eigenreibung des Reglers zu überwinden. Ist diese auf die Muffe reduziert $= R$, so wird

$$P = W + R.$$

Nur W ist die *nutzbare* Verstellkraft des Reglers. R muß somit möglichst klein gehalten werden (Kugellager oder Schneiden bei belasteten Gelenkdrehpunkten, oder entlastete Gelenke). Trotzdem bleibt bei kleinem ε nur eine kleine nutzbare Verstellkraft W übrig; daher Einschaltung eines Servomotors, wo W zur Verstellung der Steuerung nicht ausreicht.

e) Als Arbeitsvermögen A bezeichnet man bei konstantem Muffendruck E das Produkt aus E und dem Muffenhub s; $A = Es$. Ist E (was gewöhnlich der Fall) veränderlich, so gilt $A = \int E\,ds$. Trägt man E als $f(s)$ auf (Bild 41), so stellt die unter E liegende Fläche das Arbeitsvermögen in mmkg dar. Bei Reglern mit entlasteter Muffe (unmittelbare Aufnahme der Fliehkraft durch die Belastungsfedern, z. B. Regler von Hartung und Jahns) wird $A = \int C\,dx$ (Bild 42), denn da C und E sich das Gleichgewicht halten, müssen die Elementararbeiten bei unendlich kleiner Verschiebung des Reglergestänges gleich sein, also $E\,ds = C\,dx$ und $\int E\,ds = \int C\,dx$. Also stellt auch die unter der C-Kurve liegende Fläche das Arbeitsvermögen A dar.

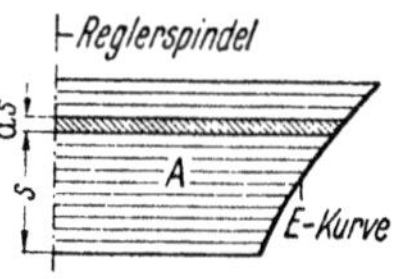

Bild 41. $A = \int E\,ds$

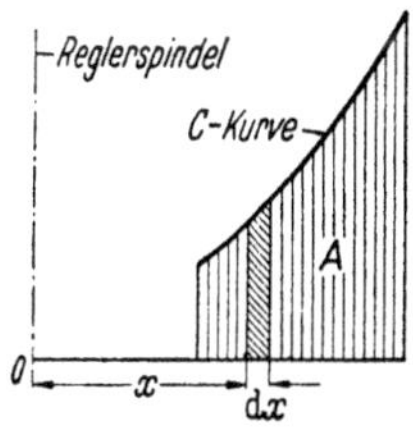

Bild 42. $A = \int C\,dx$

f) Reduzierter Muffenhub s_r. Als solchen bezeichnet man den Quotienten

$$s_r = \frac{\sum \text{aller Schwunggewichte} \times \text{dem Quadrat ihrer Wege}}{\text{Arbeitsvermögen des Reglers}} \tag{19}$$

s_r soll bei guten Federreglern möglichst klein sein (einige mm), daher ist es vorteilhaft, die Schwunggewichte klein zu halten, sie zur Erzeugung des erforderlichen C und E in große Entfernung von der Reglerachse zu setzen und ihre radialen Ausschläge klein zu halten. Aus demselben Grund soll A groß sein. Bei guten Federreglern findet man $s_r = {}^1/_6$ bis ${}^1/_{15}\,s$.

g) Günstigster Ungleichförmigkeitsgrad δ_{opt}. Nach *Tolle* ist

$$\delta_{\text{opt}} = 2\sqrt[3]{\frac{s_r}{g\,T_a^2}}, \tag{20}$$

worin T_a die Anlaufzeit der Kraftmaschine in sek ist. Sie ist die Zeit, in welcher die Maschine aus dem Stillstand ohne Belastung bei größter Füllung ihre normale Drehzahl erreicht. Die zugeführte Energie wird dann ganz zur Steigerung des Arbeitsvermögens des Schwungrades von null auf $\Theta\omega^2/2$ verwendet. T_a hat nur theoretischen Wert, da man eine Maschine unter solchen Bedingungen nicht anfahren darf.

Aus der Definition von T_a folgt:

$$T_a \frac{L}{2} = \frac{M_s v_s^2}{2},$$

wenn $L/2$ die mittlere Leistung während des Anfahrens, M_s die Masse des Schwungringes und v_s seine Umfangsgeschwindigkeit bei voller Drehzahl ist. Damit wird

$$T_a = \frac{M_s v_s^2}{75 N_e}$$

und nach Einführung von GD^2 und $v_s = \pi D\, n/60$:

$$T_a = \frac{GD^2 \cdot n^2}{270\,000\, N_e}.$$

Um ein kleines δ_{opt} zu erhalten, hat man nach Gl. (20) T_a und somit GD^2 groß zu wählen, d. h. eine Maschine regelt um so besser, je schwerer das Schwungrad. Ferner soll nach Gl. (20) s_r klein sein; also kleine Gewichte in großem Abstand von der Spindel und hohe Drehzahl des Reglers. Nur diese Schlußfolgerungen dürfen aus Gl. (20) gezogen werden; zahlenmäßig gilt Gl. (20) *nicht*; so klein, wie Gl. (20) angibt, darf δ (bezogen auf die oberste und unterste Muffenstellung) nicht ausgeführt werden. Das auszuführende δ muß ein Mehrfaches größer sein als δ_{opt}, und von dem wirklichen Muffenhub s darf stets nur ein Bruchteil ausgenutzt werden, da die Reglermuffe bei allen Betriebsstellungen frei schweben und nach oben und unten Platz zum Auspendeln bei Belastungsänderungen haben muß. Man findet bei ausgeführten Reglern das Verhältnis $s' : s = 1/5$ bis $2/3$, wenn s' der ausgenutzte Hub (= Verschiebung der Muffe zwischen Vollast und Leerlauf) ist.

h) Den **kleinsten zulässigen Ungleichförmigkeitsgrad** berechnet *Tolle* zu

$$\delta_{\min} = \sqrt[3]{\frac{s_r}{g\, T_a^2}};$$

bei Unterschreitung dieses Wertes müßte der Regler instabil werden und wachsende Pendelungen ausführen. Die Erfahrung hat diese Gl. *nicht* bestätigt; die Pendelungen treten schon bei einem wesentlich größeren δ ein. Will man ein kleines δ erzielen, so gebe man dem Regler ein δ von etwa 5–8% und nutze vom Muffenhub nur einen Bruchteil aus, indem man das Übersetzungsverhältnis im Gestänge zur Steuerung entsprechend ausführt.

i) Treten **Pendelungen** des Reglers auf, so kann man diese oft durch Einsetzen einer Feder mit etwas steilerem Federdreieck beseitigen, jedoch auf Kosten eines größeren δ. Notfalls muß eine Ölbremse (Bild 43) angebracht werden, die das δ nicht verschlechtert, aber bei Be- und Entlastungen den ersten Drehzahlausschlag erheblich vergrößert, weil nunmehr ein größeres ΔC den Widerstand der Ölbremse überwinden muß.

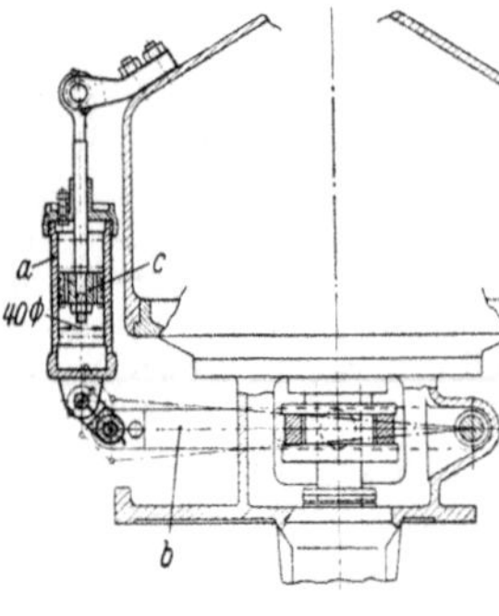

Bild 43. Ölbremse

In Bild 43 bewegt sich der Ölbremszylinder a mit dem Reglerhebel b, während der Ölkolben c feststeht. Dieser ist durchbohrt (2 Löcher von je 2 mm). Bei Bewegungen der Reglermuffe tritt das Öl von der einen auf die andere Kolbenseite; der Widerstand wirkt bremsend. Der Zylinder wird durch ein kleines federbelastetes Ventil mit Öl gefüllt. Statt der Löcher im Kolben kann ein Umlaufkanal mit einstellbarem Nadelventil verwendet werden.

k) Der **Antrieb des Reglers** soll von einer Stelle der Kurbelwelle abgeleitet werden, die möglichst kleine Drehschwingungen ausführt, also nahe dem Schwungrad (s. S. 273); außerdem Vorschalten einer elastischen Kupplung, um die Reglergelenke zu schonen. Diese werden auch durch Corioliskräfte beansprucht, wenn beim Regelvorgang die Gewichte ihre Entfernung von der Drehachse ändern, da sie dabei eine andere Umfangsgeschwindigkeit annehmen. Daher die Drehachsen der Gewichte *breit* lagern; Kugellager vorteilhafter als Schneiden, die sich bei Kolbenmaschinen leicht ausschlagen.

l) Änderungen der Drehzahl. Durch Spannen der Belastungsfeder wird den Schwunggewichten eine größere Fliehkraft, dem Regler eine höhere Drehzahl aufgezwungen; die *C*-Kurve wird gehoben. Dadurch wird ($\text{tg}\,\varphi_2 - \text{tg}\,\varphi_1$) kleiner (Bild 38): δ wird durch Spannen der Belastungsfeder verkleinert, durch Entspannen vergrößert. Daher Vorsicht bei Reglern für größeren Verstellbereich. Soll δ auch bei großen Drehzahländerungen $\approx$ konstant bleiben, so erfordert dies besondere konstruktive Maßnahmen; vgl. Bild 44.

2. Muffenregler

a) Tolle-Regler, Bild 44. Die um die Reglerspindel geführte Längsfeder liefert einen statischen, die Querfeder einen astatischen Beitrag zu der gesamten *C*-Kurve. Durch Spannen der Querfeder wird δ verkleinert, durch Spannen der Längsfeder die Drehzahl ohne Beeinflussung von δ erhöht.

b) Hartung-Regler, Bild 45. Reglergehäuse *a* durch Ringmutter *b* fest auf dem oberen konischen Ende der Reglerspindel aufgekeilt. An den unteren Armen der gegabelten Winkelhebel *c* hängt an Lenkern die Reglermuffe *d*; die oberen tragen Zapfen *e*, an welchen die beiden Schwunggewichte *f*

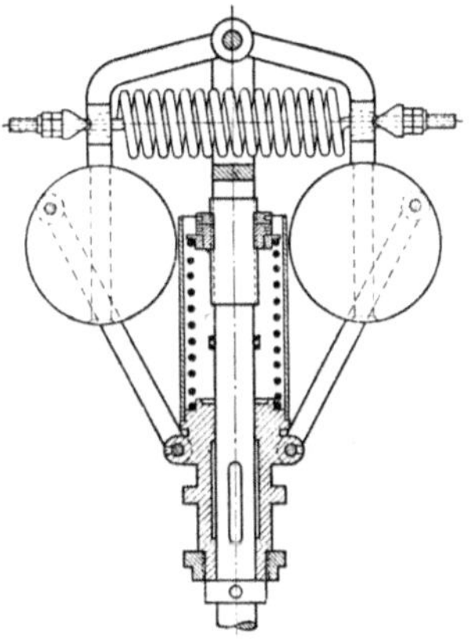

Bild 44. Regler von *Tolle*

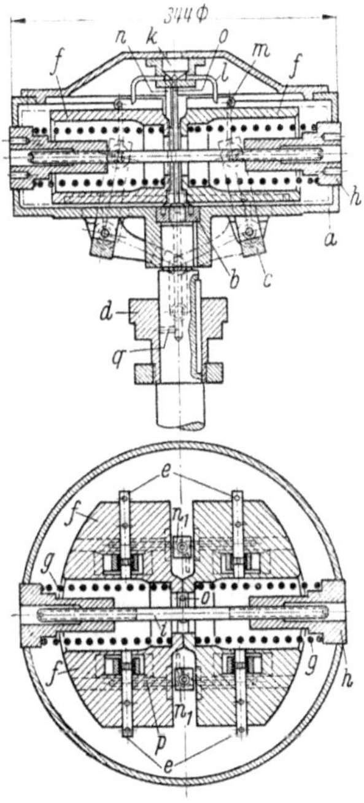

Bild 45. Regler von Hartung

hängen. Gewichte so ausbalanciert, daß ihr Schwerpunkt in der Achse der Federn *g* liegt, die sich auf Federteller *h* stützen; daher unmittelbare Aufnahme der Fliehkräfte durch *g*. Stange *i* verbindet die Federteller, daher völlige Gleichheit der Federspannungen. Tieferschrauben von *h* erhöht Federspannungen und Drehzahl. Sorgfältige Ausbildung der Schmierung durch zentrales Schmiergefäß *k*, Rohre *l*, kleine auf den Schwunggewichten angeschraubte Blechgefäße und Rohre *m*, *n*, *o*. Blechnäpfe n_1 schmieren durch 4 in Nuten der Schwunggewichte liegende Rohre *p* die Drehpunkte der Winkelhebel *c*. Rohr *o* schmiert die Muffe.

Nachrechnung des Reglers, Bild 46: Zu beachten die Änderung der Federspannung durch die eigene Fliehkraft der Feder. Nach *Zvonicek*[1] ist:

---

[1] *Zvonicek:* VDI-Z. Bd. 52 (1908) S. 303.

Spannungsverminderung am beweglichen inneren Federende $\Delta P_i = \frac{\omega^2}{6} M (2x + x_c)$,

Spannungsvermehrung am festen äußeren Federende $\Delta P_a = \frac{\omega^2}{6} M (x + 2x_c)$,

wenn M = Masse der Feder, x und x_c nach Bild 46. Gewicht jedes Schwunggewichtes 12 kg, Gewicht der Muffe 2,6 kg. Gewicht einer Feder 0,5 kg; Zahl der wirksamen Windungen $i_w = 9$. Federdiagramm: Spannung 68 kg bei vorgespannter Länge l_v = 137 mm, 122 kg bei gespannter Länge l_g = 107 mm; also Federung bei 30 mm Ausschlag der Gewichte = 54 kg/30 mm = = 1,8 kg/mm.

Normaldrehzahl n = 300 U/min (ω = 31,4 sek^{-1}) bei Stellung x_2 = 20 mm (= 10 mm Ausschlag) gefordert; somit „Federerweichung" am inneren Federende

$$\Delta P_{i_2} = \frac{31{,}4^2}{6} \cdot \frac{0{,}5}{981} \cdot (2 \cdot 2 + 14{,}7) = 1{,}6 \text{ kg}.$$

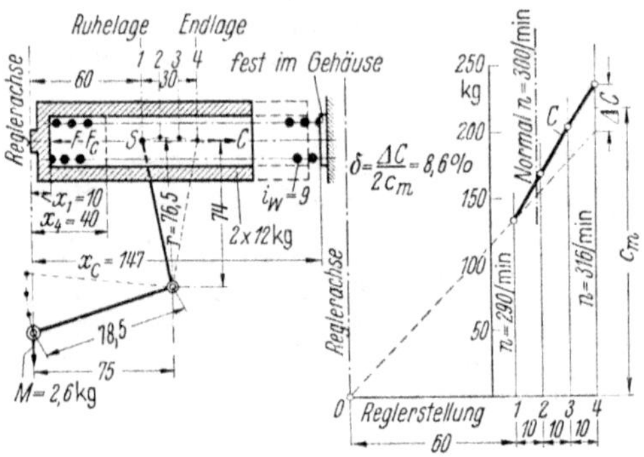

Bild 46. Untersuchung des Hartung-Reglers

Federverhärtung am äußeren Ende erscheint in der Rechnung nicht; jedoch muß geprüft werden, ob Federgänge außen sich nicht aufeinanderlegen. Da genaue Drehzahlen für Stellungen x_1, x_3, x_4 der Gewichte zunächst nicht bekannt, werden sie geschätzt zu n = 290, 308, 315. Hieraus die Federerweichungen innen zu 1,3, 1,85, 2,1 kg. Nunmehr können die Momentengleichungen für die 4 Gewichtsstellungen aufgestellt werden. Man erhält z. B. für x_3 = 30 mm (Schwerpunktradius des Gewichtes = 80 mm = 0,08 m):

$$2 \cdot \frac{12}{9{,}81} \cdot 0{,}08 \cdot \omega_3^2 \cdot 7{,}4 \text{ cm} = 2\left(68 \text{ kg Vorspannung} + 20 \text{ mm} \cdot 1{,}8 \frac{\text{kg}}{\text{mm}} - 1{,}85 \text{ kg Federerw.}\right) \cdot$$
$$\cdot\, 7{,}4 \text{ cm} + 2{,}6 \text{ kg (Muffengewicht)} \cdot 7{,}5 \text{ cm};$$

hieraus ω_3 = 32,5 sek^{-1} und n_3 = 310 U/min. Ebenso ergibt sich n_1 = 290, n_2 = 302, n_4 = 316 U/min. Die Fliehkräfte werden: C_1 = 135, C_2 = 172, C_3 = 207, C_4 = 240 kg. Damit kann die C-Kurve gezeichnet werden (Bild 46). Es wird

$$\delta = 2 \cdot \frac{316 - 290}{316 + 290} = 8{,}6\%.$$

Das Arbeitsvermögen muß aus $A = \int C \, dx$ berechnet werden, da eine unmittelbare Muffenbelastung fehlt. Es wird bei 30 mm Ausschlag der Gewichte:

$$A = \tfrac{1}{2}(135 + 240) \cdot 30 = 5625 \text{ mmkg},$$

der reduzierte Muffenhub $s_r = 24 \cdot 30^2/5625 = 3{,}84$ mm.

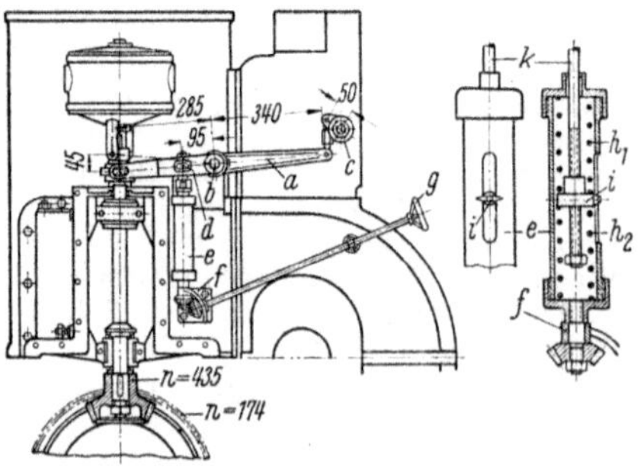

Bild 47. Drehzahlverstellung durch Federwaage

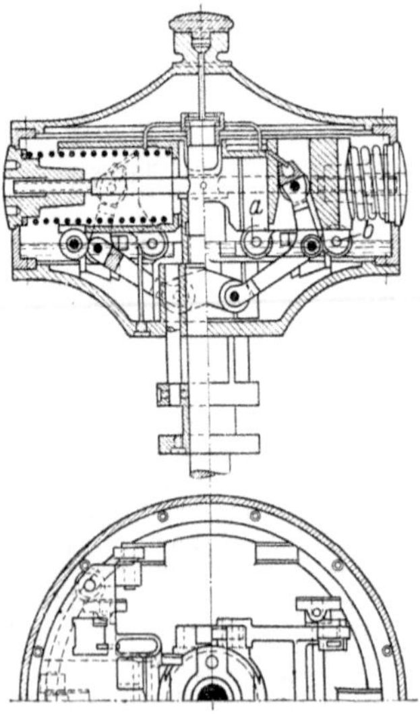

Bild 48. Regler von *Jahns*
a, b Führungsrollen

Drehzahlverstellung. Da die Hauptfedern bei laufender Maschine nicht verstellt werden können, verwendet man eine *Federwaage* (Bild 47).

Reglerhebel *a* im Drehpunkt *b* fest gelagert; sein rechtes Ende verstellt Welle *c*, die zu den Brennstoffpumpen des Motors führt. In *d* greift die Federwaage an, deren Gehäuse *e* drehbar, aber axial unverschieblich im Bock *f* gelagert ist. Durch Handrad *g* und Kegelradpaar kann *e* gedreht werden; dabei drehen sich Federn h_1, h_2 und Federteller *i* mit. Stange *k*, im Gelenk *d* festgehalten, dreht sich nicht mit; daher verschiebt sich *i* auf *k* nach oben oder unten, die eine Feder spannend, die andere entspannend. Die Differenz der Federspannungen, auf 95 : 285 = 1 : 3 verkleinert, wirkt auf die Reglermuffe, die zusätzlich be- oder entlastet wird. Die Maschine läuft schneller oder langsamer. Verstellbereich etwa $\pm$ 5% der Normaldrehzahl.

c) Jahns-Regler, Bild 48. Aufbau ähnlich dem Hartung-Regler, jedoch werden die Schwunggewichte durch Rollen an Flächen des Gehäuses radial geführt. Beide Enden der Winkelhebel tragen Rollen, die in Führungsschlitze der Gewichte und der Muffe greifen. Unterer Gehäuseteil mit Schmieröl gefüllt.

3. Achsenregler

Diese können ebenso wie die Muffenregler durch Berechnung der *C*-Kurven untersucht werden; die von *Tolle* empfohlene Aufstellung von Momentenkurven ist entbehrlich.

Achsenregler mit Drehexzenter, Bild 49. Reglergehäuse *a* sitzt nicht verkeilt auf der Kurbelwelle; Nut *b* nur erforderlich, um *a* über Paßfeder *c* schieben zu können. Flansch *d* sichert Stellung von *a* axial und radial. Langlöcher *e* ermöglichen Feineinstellung des Reglers und damit des Einspritzzeitpunktes, der durch Kegelstifte *f* fixiert wird. Schwunggewichte *g* drehen sich um feste Zapfen *h* und drücken bei zunehmender Drehzahl Federteller *i* nach außen gegen Federn k_1, k_2 (zwei ineinandergesteckte Federn wegen Platzmangels). Widerlager der Federn in verstellbaren Kappen *l* und *m*. Bewegung der Schwunggewichte wird durch Zapfen *n* (gesichert durch Spitzschraube *o*), Zugstangen *p* und Zapfen *q* auf das Drehexzenter *r* übertragen, das um Grundexzenter *a* (mit Gehäuse *a* aus einem Stück) schwenkbar ist. Langlöcher *s* ermöglichen die Durchführung von *q*. Exzenterbügel *t* umgreift das Drehexzenter *r*; Exzenterstange *u* mit Schmiertasche führt zur Brennstoffpumpe des Motors. Exzenter *v* für Antrieb einer Kühlwasserpumpe.

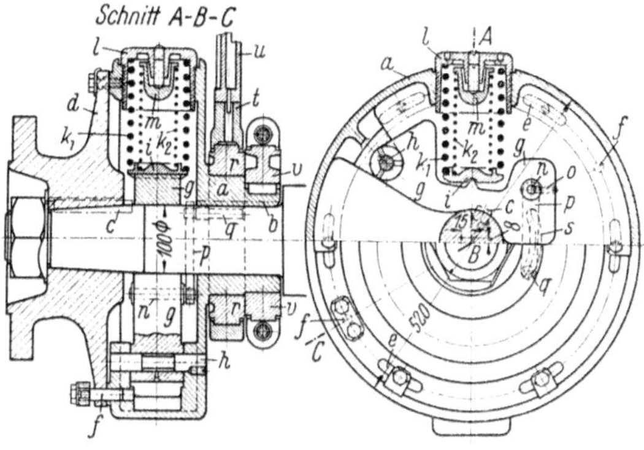

Bild 49. Achsenregler mit Drehexzenter

Grundexzentrizität und Drehexzentrizität liefern zusammen eine Relativexzentrizität ϱ, die je nach Stellung des Drehexzenters 17 bis 10,9 mm beträgt, Bild 50. Dieses zeigt den für die zu berechnenden Federn verfügbaren Platz. Drei Lagen S_i, S_m, S_a des Schwerpunkts eines Gewichtes sind untersucht; Hub $S_i - S_a = 45$ mm. Vorgeschrieben sei $n_{norm} = 325$ U/min und $\delta = 6\%$, also $n_{max} = 345$ U/min. Gewichte der Federn müssen zunächst geschätzt werden; es sei 1,47 kg das Gewicht der Hauptfeder, 0,52 kg das Gewicht der Nebenfeder. Damit werden die Federerweichungen

der Hauptfeder in der Anfangslage	13,2 kg,
der Hauptfeder in der Endlage	18,0 kg,
der Nebenfeder in der Anfangslage	4,8 kg,
der Nebenfeder in der Endlage	6,5 kg,

also nicht zu vernachlässigen. Nunmehr können die Fliehkräfte für die Stellungen S_i, S_m, S_a und für $n = 325, 338, 345$ U/min berechnet werden. Man erhält für *ein* Gewicht (einschl. Federteller 12,65 kg) $C = 124, 171, 217$ kg; der Schwerpunktradius wird aus der Zeichnung abgegriffen. Da der Schwerpunktweg etwas oberhalb der Federmittellinie liegt, wirkt in der Federachse eine etwas größere Kraft, sie wird bzw. 126, 176, 225 kg. Unter Berücksichtigung der Federerweichung wird die resultierende Federkraft 144, 197, 249,5 (ausgeführt 250,3) kg, somit die Zunahme der Federkraft zwischen innen und außen 249,5 − 144 = 105,5 kg und die Federung bei 45 mm Hub 2,35 kg/mm. Da die Vorspannung 144 kg sein soll, wird die Zusammendrückung für den Einbau 144 kg : 2,35 kg/mm = = 61,3 ≈ 62 mm (Bild 51; kleine Differenzen in den Federkräften infolge unvermeidlicher Streuungen bei Herstellung der Federn).

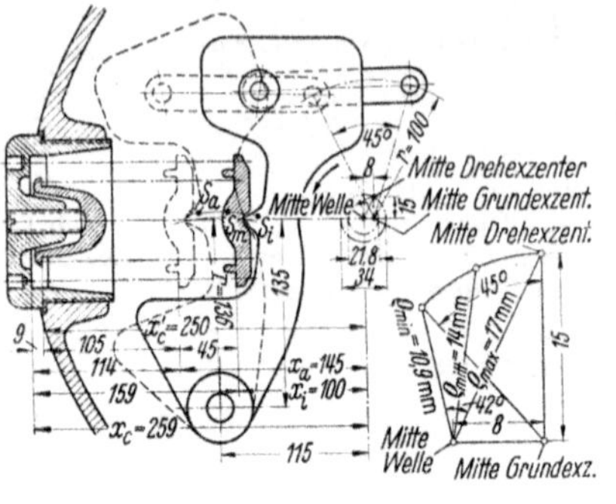

Bild 50. Untersuchung des Achsenreglers Bild 49

Das Gesamt-Federdreieck unterteilt man nach Schätzung so, daß sich 2 Federn ergeben, die ineinander Platz haben und deren Summenkräfte gleich den berechneten Kräften sind. Die Federdreiecke in Bild 51 erfüllen diese Bedingung. Die Federn erhalten die Abmessungen:

Hauptfeder: 84 mm Windungs-Dmr., 9,5 mm Drahtstärke, Federung 1,68 kg/mm, wirksame Windungen 8½, $l_{\text{ungesp.}}$ 221 mm;

Nebenfeder: 56 mm Windungs-Dmr., 6 mm Drahtstärke, Federung 0,67 kg/mm, wirksame Windungen 11,8, $l_{\text{ungesp.}}$ 212 mm.

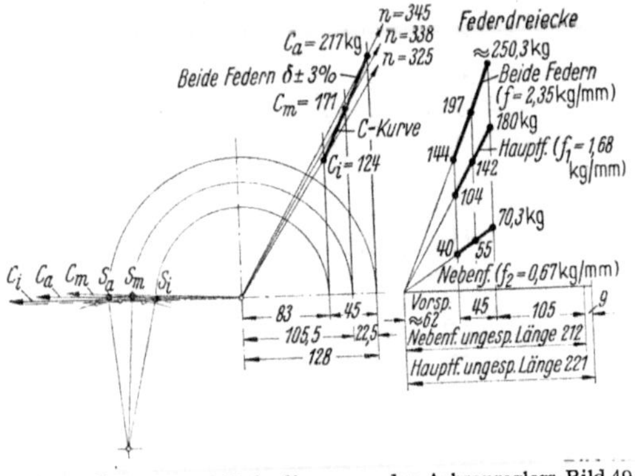

Bild 51. C-Kurve und Federdiagramm des Achsenreglers Bild 49

Ausgeführtes Gewicht der Hauptfeder 1,62 kg, der Nebenfeder 0,54 kg; Unterschied zwischen vorausgegangener Schätzung und Ausführung belanglos.

Änderung der Drehzahl durch Spannen oder Entspannen der Federn ist bei diesem Regler nur bei stillstehender Maschine möglich, daher der Regler für konstante Drehzahl geeignet, z. B. für Bootsmotor mit Drehflügelschraube. Verstellmöglichkeit während des Ganges bei Achsenreglern möglich, aber konstruktiv unbequem, da Gestänge durch hohlgebohrte Welle zugeführt werden muß. In solchen Fällen sind Muffenregler vorzuziehen.

4. Leistungsregler

Bei Wasserpumpen, Luftverdichtern, Gebläsemaschinen u. dgl. ist die zu überwindende Druckhöhe, d. h. der mittlere Widerstand, in der Regel konstant, die zu fördernde Wasser- oder Luftmenge nach Bedarf verschieden. Die Regelung soll hier den mittleren Überdruck der Kraftmaschine konstant halten, die Drehzahl dagegen in weiten Grenzen zu verändern gestatten. In diesem Fall spricht man von „Leistungsreglern". Bei diesen gehört zu verschiedenen Muffenstellungen die gleiche Stellung des Steuerungsgestänges. Um dies zu erreichen, gibt man dem Regler eine stark statische C-Kurve, deren Punkte sehr verschiedenen

Winkeln φ (Bild 38) und damit Drehzahlen entsprechen. Dadurch erhalten die Leistungsregler ein großes δ, das aber hier erwünscht ist. Damit die Füllung der Kraftmaschine unverändert bleibt, muß man eine Vorrichtung zum Verlängern oder Verkürzen des zum Steuerungsorgan führenden Gestänges in dieses einschalten; dann können zu ein und derselben Stellung der Kraftmaschinensteuerung sehr verschiedene Drehzahlen eingestellt werden.

Bild 52 zeigt die von *F. J. Weiß* benutzte Anordnung. Das Einlaßorgan der Kraftmaschine ist durch einen Rider-Dampfschieber *a* angedeutet. Die zum Reglerhebel führende Stange *b* ist zweiteilig mit Rechts- und Linksgewinde; sie kann durch Drehen an *c* verlängert oder verkürzt werden. Die Dampfmaschine möge eine Wasserpumpe antreiben. Steigt die Wassermenge bei konst. Förderhöhe, so soll die Maschine schneller laufen, der Rider-Schieber aber seine Stellung nicht ändern, weil er die gleiche Füllung wie vorher einstellen muß. Man verlängert Stange *b* durch Drehen an *c*. Da der Regler die neue (höhere) Drehzahl nicht sofort annimmt, bleibt seine Muffe anfangs in der alten Lage stehen, und das untere Ende von *b* weicht (infolge des starken Muffendruckes) zunächst nach unten aus, eine größere Füllung einstellend. Die Drehzahl steigt infolgedessen, die Muffe hebt sich und führt den Schieber in seine ursprüngliche Lage zurück. Jetzt herrscht wieder Gleichgewicht zwischen Arbeit der Kraftmaschine und Arbeit der Arbeitsmaschine, aber die Leistung ist infolge der höheren Drehzahl gestiegen. Statt des Handrades kann eine von der Wasser- oder Luftmenge beeinflußte Vorrichtung verwendet werden (selbsttätige Leistungsregelung).

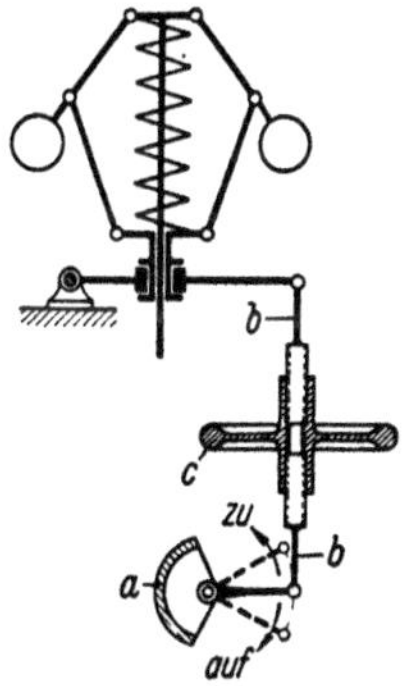

Bild 52
Schema des Leistungsreglers von *Weiß*

Leistungsregler der beschriebenen Bauart haben den Nachteil, daß bei plötzlicher Entlastung der Kraftmaschine, z. B. bei Rohrbrüchen, die Drehzahl wegen des stark statischen Charakters der *C*-Kurve sehr hoch steigt, was gefährlich werden kann. Sie werden daher zweckmäßig mit einer Schnellschlußvorrichtung verbunden, die bei Überschreitung einer oberen Drehzahlgrenze das Zuführungsorgan schließt. Auch die Unterteilung des Muffenhubes in einen unteren, stark statischen Teil (der die Leistungsregelung übernimmt) und einen oberen, nahezu astatischen, der als Sicherheitshub wirkt und ohne wesentliche weitere Drehzahlsteigerung das Kraftzuführungsorgan schließt, ist ausgeführt worden (Leistungsregler von *Stumpf*).

5. Indirekt wirkende Regler

Wenn die Verstellkraft des Reglers nicht ausreicht, um das Steuerorgan der Kraftmaschine unmittelbar zu verstellen, wird ein Hilfsmotor *a* (Bild 53) eingeschaltet, der die Verstellung übernimmt. Der Regler hat dann nur einen Steuerschieber *b* zu verstellen, wozu eine geringe Verstellkraft genügt. Der Schieber leitet eine unter Druck stehende Flüssigkeit, meist Schmieröl von einigen atü, auf die eine oder andere Seite des Kraftkolbens, der das Steuerorgan verstellt.

Für den ersten kurzen Zeitabschnitt eines Regelvorganges ist das obere Ende *c* der Kolbenstange des Kraftzylinders der feste Drehpunkt für den Reglerhebel, weil sein Kolben zunächst von der Druckflüssigkeit festgehalten wird. Wird die Maschine z. B. entlastet, so läuft sie schneller, und die Muffe hebt sich, dabei *b* nach oben ziehend. Jetzt kann Drucköl unter den Kraftkolben treten, der nach oben bewegt wird. Für diese Bewegung ist die in der neuen Lage vom Regler festgehaltene Muffe der Drehpunkt des Reglerhebels. Der Schieber *b* bewegt sich daher wieder nach unten, bis er seine Mittellage wieder einnimmt; erst dann steht der Kolben des Kraftzylinders still. Der Steuerschieber muß sich somit stets wieder auf seine Mittellage einstellen, wenn er vom Regler aus dieser nach oben oder unten verschoben wurde. Der ganze Vorgang vollzieht sich so, als ob *d* der feste Drehpunkt der Reglerstange wäre. Somit gehört zu jeder Stellung der Reglermuffe eine bestimmte Stellung des Kolbens des Hilfsmotors, wie es die Stabilität der Regelung erfordert.

Statt des geradlinig sich bewegenden Kraftkolbens wird vielfach ein Drehflügelkolben verwendet, auf dessen eine oder andere Seite das Drucköl geleitet wird. Beim Regelvorgang macht dieser Kolben eine Schwenkbewegung von passendem Winkel, wobei er eine Welle verstellt, welche die Nocken zur Betätigung der Steuerung trägt (Düsensteuerung von Dampfturbinen).

Bei der indirekten Regelung nach Bild 53 kann die Drehzahl dadurch verstellt werden, daß man die Stange des Steuerschiebers verlängert oder verkürzt. Konstruktiv kann dies ebenso ausgeführt werden wie beim Leistungsregler Bild 52 (Handrad mit Rechts- und Linksgewinde).

Verkürzt man z. B. die Stangenlänge, so wird der Steuerschieber zunächst nach oben gezogen, und Drucköl tritt unter den Kraftkolben, diesen nach oben bewegend. Dadurch wird die Energiezufuhr zur Maschine verringert, sie läuft langsamer, und die Muffe senkt sich, wodurch sie den Steuerschieber wieder in seine Mittellage bringt. Eine Verkürzung der Schieberstange bewirkt somit eine Senkung, eine Verlängerung Steigerung der Drehzahl. Dasselbe kann durch eine am Reglerhebel angreifende Federwaage (Bild 47) erreicht werden.

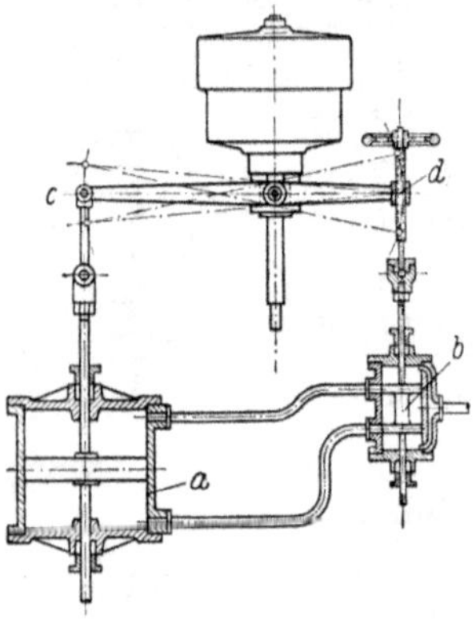

Bild 53
Schema der indirekten Regelung

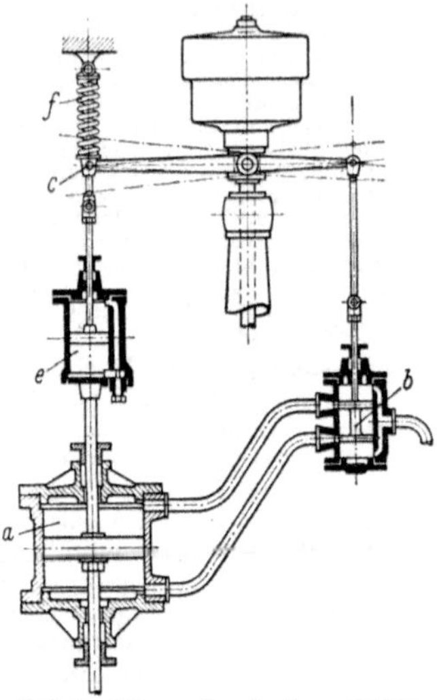

Bild 54. Schema einer Isodromregelung

Soll die Drehzahl genau konstant bleiben (z. B. Antrieb von Drehstromgeneratoren), so verwendet man die *Isodromregelung*, Bild 54. Zwischen dem Kraftzylinder *a* und dem oberen Ende *c* der Kolbenstange ist ein „Katarakt"-Zylinder *e* eingeschaltet; am Gelenk *c* greift eine Zug- und Druckfeder *f* an, die dann spannungslos ist, wenn der Steuerschieber *b* in seiner Mittellage steht. Verschiebt die Reglermuffe bei Be- oder Entlastungen der Maschine den Steuerschieber nach unten bzw. oben, so folgt der Kraftkolben gleichsinnig, und der Kataraktzylinder macht zunächst die gleiche Bewegung, weil das ihn füllende Drucköl nur langsam von der einen Seite seines Kolbens auf die andere treten kann (Einstellung des Ölumlaufes durch ein Spitzventil). Die Feder *f* führt allmählich den Punkt *c* wieder in seine ursprüngliche Lage zurück, und da auch der Steuerschieber sich selbsttätig stets wieder auf seine Mittellage stellt, behält die Reglermuffe ihre Anfangslage und damit die Maschine ihre Drehzahl bei, während der Kraftkolben die der neuen Belastung entsprechende Stellung einnimmt. Die Verlängerung oder Verkürzung der Stange, die bei der Regelung nach Bild 53 von Hand eingestellt wird, geschieht also bei der Isodromregelung selbsttätig. Isodromregler sind „Regler mit nachgiebiger Rückführung".

Strömungsmaschinen

Bearbeitet von Prof. Dr.-Ing. **E. Sörensen** und Obering. **A. Garve,** Augsburg

Literatur: 1. *Adolph, M.:* Einführung in die Strömungsmaschinen. Berlin: Springer 1959. — 2. *Betz, A.:* Einführung in die Theorie der Strömungsmaschinen. Karlsruhe: G. Braun 1959. — 3. *Petermann, H.:* Konstruktionen und Bauelemente von Strömungsmaschinen. Berlin: Springer 1960. — 4. *Pfleiderer, C.:* Strömungsmaschinen. 2. Aufl. Berlin: Springer 1957.

Bezeichnungen

N	PS	Leistung, auch in mkg/sek;
H	m	Förderhöhe bzw. Gefälle;
$H_{0,1,2}$	m	Energieinhalt, an Stelle 0, 1, 2 der Strömung;
h	m	Höhenlage eines Punktes;
Q	m³/sek	Volumendurchsatz (sekdl. Durchflußvolumen);
$\gamma = 1/v$	kg/m³	spez. Gewicht;
P	kg	Kraft;
P	kg/m²	Druck;
p	kg/cm²	Druck;
ν	m²/sek	kinematische Zähigkeit;
D	m	Laufraddurchmesser;
d	m	Innendurchmesser der Beschaufelung oder Dickenparameter von Profilen;
b	m	Radbreite;
L	m	Profillänge;
L	mkg/kg	Gasarbeit;
z, z_{Le}	—	Zahl der Lauf- bzw. Leitschaufeln;
α, β	°	Absolut- bzw. Relativwinkel von Schaufelflächen u. Geschwindigkeiten gegen die Umfangsrichtung;
$t = \pi D/z$	m	Teilung;
s	m	Schaufeldicke, Weg, Spaltweite;
σ	m	in Umfangsrichtung gemessene Schaufeldicke (Bild 20/44);
c bzw. w	m/sek	Absolut- bzw. Relativgeschwindigkeit;
r	m	Radius;
r	—	Reaktionsgrad;
n_q, n_s	U/min	spez. Drehzahl gemäß S. 338/39;
ζ_a, c_a; ζ_w, c_w	—	Auftriebs- bzw. Widerstandsbeiwert am Schaufelgitter bzw. Einzelflügel.

Indizes:

0 bis 9	Ziffern zur Kennzeichnung des Ortes in der Maschine, gemäß Bild 1 u. 2; bei Gasturbinen auch zur Kennzeichnung des Zustandsverlaufes gemäß Bd. I, S. 440, Bild 19.
a, e	Anfangs- und Endzustand (wenn im Text nicht anders benannt), gewöhnlich gemessen an den Rohrstutzen der Maschine;
a, i	außen, innen;
m, u	Meridian- bzw. Umfangskomponente;
M, G	in Kap. F u. G: Modell- bzw. Großausführung;
∞	für Verhältnisse bei unendlicher Schaufelzahl;
Sp	Spalt; St Stoß; Str Strömung.

Weitere Bezeichnungen ergeben sich aus dem Zusammenhang oder sind allgemein üblich.

Besonderheiten:

φ, ψ einerseits Geschwindigkeitskoeffizienten bei Dampfturbinenbeschauflungen, andererseits Geschwindigkeits- und Druckzahl;

φ ° Winkel; ψ' Minderleistungsbeiwert.

Abkürzungen:

HD, ND Hoch-, Niederdruck; OW, UW Ober-, Unterwasser.

I. Grundsätze für Bau und Berechnung

A. Grundlagen

1. Vergleich zwischen Kolben- und Strömungsmaschinen

a) Gemeinsames. Beide dienen der Energieumsetzung und durch beide fließt ein Medium (Wasser, Dampf, Luft, Gas), das Energie abgibt oder aufnimmt. Bei Abgabe mechanischer Energie an der Kupplung handelt es sich um Kraftmaschinen (Dampfmaschinen, Motoren, Turbinen); das Medium wird entspannt oder verliert an Höhe (Gefälle). In Arbeitsmaschinen (Pumpen, Verdichtern) ist der Vorgang umgekehrt: Förderung, Verdichtung.

b) Unterschiede Die Leistung von Kraftmaschinen (Motoren, Turbinen) entsteht dadurch, daß ein Maschinenteil (Kolben, Laufschaufel) sich unter dem Einfluß einer Kraft bewegt. Das geschieht in der Kolbenmaschine dadurch, daß der Druck des Mediums auf den Kolben wirkt. In der Strömungsmaschine ist die Umsetzung nicht so einfach. Der Druck wird hier zunächst in einer Düse in eine Geschwindigkeit c_2 umgesetzt, mit der das Medium auf die Laufschaufel trifft. In der Laufschaufel wird die Geschwindigkeit von c_2 auf c_6 verändert; diese Änderung der Geschwindigkeit kann sich allein auf ihre Richtung oder auf ihre Größe oder auch auf beide zugleich beziehen. Im Sinn der Mechanik ist jede Geschwindigkeitsänderung eine Beschleunigung. Da das strömende Medium eine Masse besitzt, übt diese auf die Schaufel eine Kraft aus, die nach dem Grundgesetz der Mechanik gleich Masse × Beschleunigung ist.

Die in den Strömungsmaschinen auftretenden und arbeitenden Schaufelkräfte werden nur durch Geschwindigkeitsänderungen hervorgerufen; gewisse Mindestgeschwindigkeiten sind deshalb, im Gegensatz zu der aus dem Stillstand anfahrenden Dampfmaschine, Voraussetzung für den Betrieb. Der Absolutdruck des durchströmenden Mediums spielt dabei keine Rolle.

Die Berechnung der Kolbenmaschinen geht von Druck und Kolbenfläche aus; dagegen sind durchfließende Masse und Geschwindigkeiten wichtigste Berechnungsgrößen für Strömungsmaschinen. Weil hier stets Druckenergie in Geschwindigkeitsenergie umgesetzt wird (oder umgekehrt), treten zusätzliche Verluste auf: der innere Wirkungsgrad ist bei Strömungsmaschinen meist kleiner als bei Kolbenmaschinen, der mechanische Wirkungsgrad dagegen gewöhnlich höher. Weitere Kennzeichen der Strömungsmaschinen sind die höhere Drehzahl und das niedrigere Gewicht je Leistungseinheit. Praktisch stehen Strömungs- und Kolbenmaschine in zahlreichen Fällen gleichwertig nebeneinander; die Grenzen zwischen den Anwendungsgebieten sind fließend. Die Strömungsmaschine kommt für große Volumina des durchströmenden Mediums, hohe Leistungen und hohe Drehzahlen in Frage, auch herrscht sie im Bereich niedriger Drücke vor; zu Wasserturbinen, Windturbinen, Propellern und Ventilatoren fehlt die Konkurrenz der Kolbenmaschine ganz.

2. Aufbau, Geschwindigkeitsdreieck

a) Der **Aufbau** der Strömungsmaschine ist grundsätzlich einfach und fast überall gleich. Sie umfaßt im allgemeinen zwei Schaufelsysteme, von denen das eine mit dem Gehäuse verbunden ist und ruht, während das andere mit der Welle verbunden ist und umläuft. Man unterscheidet deshalb die *ruhende Leitschaufel* (Leitapparat, Leitkranz, Leitrad) und die *bewegte Laufschaufel* (Radkranz, Laufrad). Im allgemeinen gehört zu einem Leitkranz ein Laufkranz; die Leitschaufel kann sich sowohl vor als auch hinter der Laufschaufel befinden.

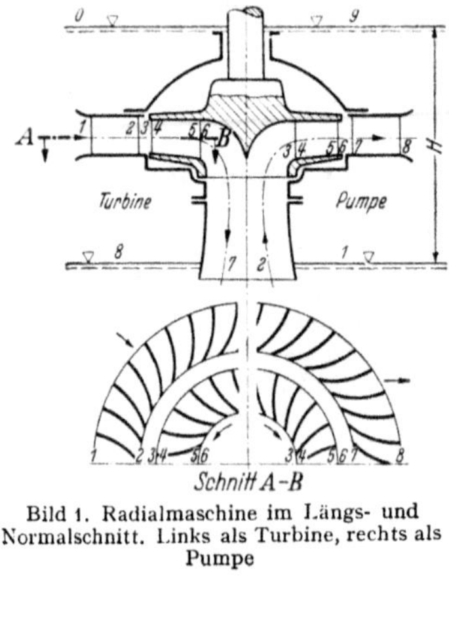

Bild 1. Radialmaschine im Längs- und Normalschnitt. Links als Turbine, rechts als Pumpe

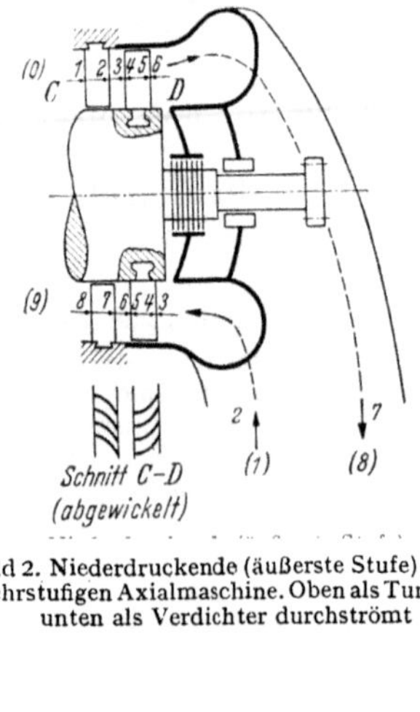

Bild 2. Niederdruckende (äußerste Stufe) einer mehrstufigen Axialmaschine. Oben als Turbine, unten als Verdichter durchströmt

Um die wesentlichen Einzelteile in *einem* Bild zu zeigen, legt man einen Schnitt so, daß die Schnittebene die Drehachse enthält, „*Längsschnitt*“ oder „*Meridianschnitt*“ (Bild 1 oben und Bild 2), ergänzend hierzu auch einen Schnitt senkrecht zur Drehachse, „*Normalschnitt*“ (Bild 1 unten).

Die Schaufeln sind gewöhnlich gekrümmt und schneiden deshalb die Bildebene des Längsschnittes in einer Kurve, deren Form sich aus der zufälligen Winkellage des Rotors zur Schnittebene ergibt und deren Wiedergabe die Darstellung unklar machen würde. Das gleiche gilt für die einzelnen Strombahnen oder Stromfäden. Man denkt sich deshalb jeden Punkt der Schaufel und des Stromfadens auf einem zur Drehachse konzentrischen Kreis in die Bildebene gedreht (Zirkularprojektion). Diese vereinfachte Darstellung reicht für die meisten Betrachtungen aus. Ähnlich wie eine Mittellinie zeichnet man in den Achsenschnitt auch den „mittleren Stromfaden“ ein, der das durchströmende Flüssigkeitsvolumen halbiert. Bei axial durchströmten Maschinen rechnet man meist mit einem „mittleren Radius“ bis zur halben Schaufelhöhe, obgleich der mittlere Stromfaden weiter außen liegt. Neben Axial- und Radialbeschauflungen gibt es Zwischenformen, bei denen die Strömung im Längsschnitt schräg zur Drehachse verläuft (Bild 3).

b) Geschwindigkeitsdreieck. Für die Beurteilung und Berechnung der Strömungsmaschine ist vor allem der Strömungszustand an den Ein- und Austrittskanten der Schaufeln wichtig. Zur Vereinfachung der Betrachtung erhält jede Schaufelkante eine bestimmte Ziffer, die den zugehörigen Größen des durchströmenden Mediums als Index zugeordnet wird.

Die für die Untersuchung wichtigen Punkte sind nach dem Weg der Flüssigkeitsteilchen mit *0—8* bzw. *1—9* bezeichnet[1] (Bild 1 u. 2). Das meiste Interesse beansprucht die Laufschaufel; deswegen sind die Ziffern für Ein- und Austritt hier für Turbine und Pumpe gleichartig gewählt. Ein Punkt unmittelbar vor Eintritt in die Laufschaufel wird mit *3*, ein Punkt unmittelbar danach mit *4* bezeichnet. Entsprechend werden Punkte kurz vor und hinter der Austrittskante mit *5* und *6* benannt. Bei Axial- und Radialmaschinen gelten dieselben Bezeichnungen. Für Berechnungen können die Geschwindigkeiten bei *3* und *4* (bzw. *5* und *6*) auf den gleichen Punkt, direkt auf der Schaufelbegrenzung, bezogen werden.

Um die Vorgänge in der Beschauflung näher darstellen zu können, werden Schnitte durch die Schaufeln so gelegt, daß die Schaufelform, das „*Schaufelgitter*“, deutlich sichtbar wird. Das ist für die rein radiale oder rein axiale Maschine leicht möglich, wie aus den Bildern 1 und 2 (untere Bildteile) hervorgeht. Der Schaufelschnitt in der Axialmaschine entsteht durch Abwicklung eines Zylinderschnittes in die Zeichenebene.

Schwierig wird die Darstellung bei halbaxialen Rädern gemäß Bild 3. Wenn man hier die Schaufelform abbilden will, legt man an den in den Meridionalschnitt projizierten mittleren Stromfaden die Tangente $a-b$, bildet durch Rotation dieser Tangente einen Kegel und wickelt dessen Mantel in die Zeichenebene ab. Eine solche Abwicklung gibt ein nur ungefähres Bild von den Strömungsverhältnissen an der Schaufel von Ein- bis Austritt, da der Kegelmantel im allgemeinen nicht mit einer Stromfläche identisch ist.

Selbstverständlich muß die Flüssigkeit an jedem Schaufelpunkt tangential zur Oberfläche fließen. Nach der klassischen Theorie nimmt man an, auch innerhalb der Kanäle zwischen den Schaufeln sei die Führung so vollkommen, daß für alle auf *einem* Drehkreis durch den betrachteten Punkt liegenden Teilchen die Geschwindigkeit nach Größe und Richtung gleich ist. Das in Bild 3 gezeigte Dreieck der Geschwindigkeitskomponenten läßt sich also in Umfangsrichtung beliebig verschieben

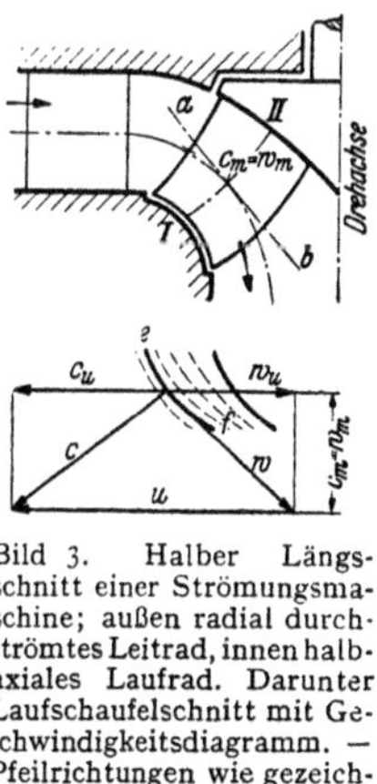

Bild 3. Halber Längsschnitt einer Strömungsmaschine; außen radial durchströmtes Leitrad, innen halbaxiales Laufrad. Darunter Laufschaufelschnitt mit Geschwindigkeitsdiagramm. — Pfeilrichtungen wie gezeichnet für Turbine, bei Pumpe alle Pfeile entgegengesetzt

[1] Diese Bezeichnungen sind noch nicht genormt und deshalb in verschiedenen Lehrbüchern verschieden.

(kongruente Stromfäden wie bei „unendlicher Schaufelzahl", in Bild 3 gestrichelt). Diese Annahme erleichtert die Rechnung und ist in vielen Fällen hinreichend genau.

Die *Geschwindigkeitskomponente* c_m („*Meridiankomponente*") ist vorgeschrieben durch das verlangte Durchflußvolumen $Q = F c_m$. Hier ist F bei Axialmaschinen die Ringfläche $\pi(D^2 - d^2)/4$ zwischen dem Außen- und Innendurchmesser, bei Radialmaschinen der jeweilige Zylindermantel $2r\pi b$ und im allgemeinen Fall von Bild 3 die Rotationsfläche $I-II$, die Normalfläche zu den Stromflächen. Linie $I-II$ in Bild 3 muß daher senkrecht zu den Stromfäden stehen, die nach Bd. I, S. 283/84 ermittelt werden können. Die Meridiangeschwindigkeit ist, wenn Volumen und Fläche gegeben sind, unabhängig davon, ob das Schaufelgitter rotiert oder nicht; sie liegt bei beiden Projektionen von Bild 1 bis 3 in der Bildebene. Bezeichnet w die Geschwindigkeit relativ zu den umlaufenden Schaufeln und c die Absolutgeschwindigkeit, so gilt $w_m = c_m$. Durch die Schaufeldicke s wird die freie Fläche verringert, c_m bzw. w_m entsprechend vergrößert, und zwar auf das $t/(t - \sigma)$fache, wobei σ die Schaufelstärke in Umfangsrichtung und $t = 2r\pi/z$ die Teilung ist.

Die *Umfangskomponenten* c_u und w_u stehen senkrecht auf c_m und unterscheiden sich um die Umfangsgeschwindigkeit $u = 2r\pi n/60$, wie das Geschwindigkeitsdreieck von Bild 3 zeigt (Vektorengleichung $\mathfrak{c} = \mathfrak{w} + \mathfrak{u}$).

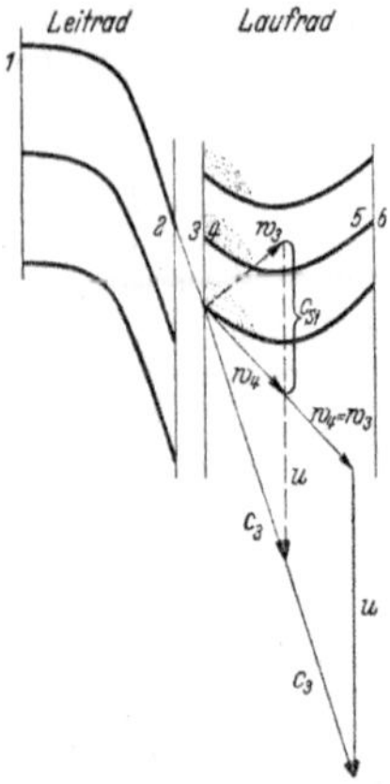

Bild 4. Entsprechend Bild 2 gebildete Schaufelabwicklung einer Gleichdruck-Dampfturbine. Laufschaufel-Eintrittsdreieck für Betrieb ohne (ausgezogen) und mit (gestrichelt) Eintrittsstoß

Beim Aufzeichnen von Geschwindigkeitsplänen geht man von den errechneten oder gegebenen Werten c_m und u und vom Schaufelwinkel aus. Am Endpunkt von c laufen die Richtungspfeile zusammen, da c die Resultierende der Teilgeschwindigkeiten w und u ist.

Bild 4 zeigt als weiteres Beispiel eine Schaufelabwicklung, wie sie bei einer mehrstufigen Dampfturbine vorkommt. In Punkt *2* strömt der Dampf praktisch in der Richtung der Schaufelenden. Die gleiche Absolutrichtung ist annähernd auch in *3* vorhanden, $c_3 = c_2$. Hier erhält man durch Anfügen der Geschwindigkeit u die Geschwindigkeit w_3 relativ zum Laufrad.

Stimmt die Anströmrichtung mit der Schaufel-Anfangsrichtung überein, so spricht man von „stoßfreiem Eintritt". Dieser Zustand wird im allgemeinen der Berechnung der Schaufeln zugrunde gelegt. Wenn sich das Durchflußvolumen oder die Umfangsgeschwindigkeit ändert, kann der stoßfreie Übergang nicht bestehen bleiben, wie aus der Betrachtung der Dreiecke hervorgeht.

Bild 4 zeigt gestrichelt die Verhältnisse bei Eintrittsstoß infolge zu kleinen Volumens: c_3 ist kleiner geworden und u bleibt gleich. w_3 muß daher plötzlich in w_4 übergehen; es tritt unter der Wirkung der Schaufeln die „Stoßkomponente" c_{st} hinzu. Hierbei entstehen Verluste, und zwar nicht etwa durch Aufprall gegen die angeströmte Seite jeder Schaufel, sondern durch Verwirbelung an der Gegenseite (Leeseite), entsprechend den punktierten Stellen von Bild 4; vgl. auch S. 323.

3. Strömungslehre (vgl. Bd. I, S. 277)

Nachstehend sollen diejenigen Sätze, welche für das vorliegende Kapitel notwendigstes Werkzeug sind, kurz zusammengestellt werden.

a) Der **Satz von Bernoulli** besagt, daß die gesamte Strömungsenergie einer reibungslosen Flüssigkeit bei stationärer, d. h. zeitlich unveränderter Strömung konstant ist. Für ein inkompressibles Medium gilt

$$h + P/\gamma + c^2/2g = \text{const} = H_0 .$$

Hierbei sind die Höhe h und der Druck P als Differenzen gegen einen klar definierten Anfangswert (z. B. Meereshöhe und Normalbarometerstand) zu messen.

Der Satz von *Bernoulli* gilt im allgemeinen sowohl für alle Punkte des gleichen Querschnitts (Niveaufläche) als auch für die ganze Strombahn, also praktisch für die ganze betrachtete Strömung. Bei instationären Strömungen können die einzelnen Flüssigkeitsteilchen durch Massenwirkung ihre Strömungsenergie an die Nachbarschaft abgeben. Der Satz von *Bernoulli* gilt also hier nicht. Laufschaufelströmungen sind in bezug auf einen ruhenden Beobachter instationär, und deshalb darf auch für die Absolutgeschwindigkeiten im Laufrad der Satz nicht angewandt werden. Beispielsweise ist am Pumpenrad — seinem Verwendungszweck entsprechend — die Strömungsenergie am Austritt größer als am Eintritt. Unterschiede der Lageenergie innerhalb eines Rades sind vernachlässigbar. Ferner ist zu beachten, daß in Flüssigkeiten, die wie ein starrer Körper rotieren, die Strömungsenergie H_0 außen größer ist; nur bei Reibung oder instationären Vorgängen kann solche Rotation entstehen und aufhören.

Wegen dieser Einschränkungen ist bei der Anwendung des Bernoullischen Satzes Vorsicht geboten. Trotzdem liegt er vielen Berechnungen zugrunde, z. B. bei der Ermittlung des Zusammenhanges zwischen Geschwindigkeit und Druck in Düsen und Diffusoren. Er ist auch in den angedeuteten komplizierteren Fällen meist der Ausgangspunkt der Überlegungen.

b) Förderhöhe und Gefälle. Der Wert H_0 wird in Turbinen kleiner, in Pumpen und Verdichtern größer. Die Änderung H der Gesamtenergie in mkg je kg Flüssigkeitsgewicht kann als Höhendifferenz zwischen zwei Punkten mit gleichem P und c aufgefaßt werden („*Gefälle*" bzw. „*Förderhöhe*"), und zwar auch dann, wenn die Maschine vorwiegend Druck- oder Geschwindigkeitsunterschiede bewirkt. Zur Definition von H gehört die Angabe, an welchen Stellen vor und hinter der Maschine die Energie gemessen wird.

c) Strömung in gekrümmten Kanälen. Bei gekrümmter Strömung muß der Druck durch Fliehkraftwirkung nach außen zunehmen. Dies hat nach dem Satz von Bernoulli zur Folge, daß die Geschwindigkeiten außen kleiner sind. Einfachstes Beispiel hierfür ist der „*Potentialwirbel*" (Bd. I, S. 279), die Strömung auf geschlossenen Kreisbahnen. Für die Geschwindigkeitsverteilung gilt $r c_u = \text{const}$. Dieses Verteilungsgesetz, der *Drallsatz*, wird insbesondere der Berechnung der Spiralgehäuse zugrunde gelegt.

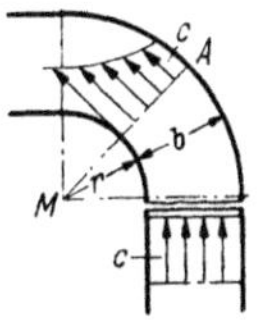

Bild 5. Geschwindigkeitsverteilung über dem Querschnitt vor und im Krümmer bei reibungsfreier Strömung

Ein weiteres Beispiel ist der Rohrkrümmer, Bild 5. Da im Zulaufrohr die Geschwindigkeitsverteilung im allgemeinen gleichmäßig ist, während sie im Krümmer wie angegeben verläuft, muß es eine Zone geben, in welcher das eine Verteilungsgesetz in das andere übergeht. Diese Übergangszonen am Anfang und Ende sind die Hauptverlustquellen bei den Krümmern. Im Schaufelkanal sind die Verhältnisse ähnlich. Damit der Unterschied zwischen dem Verteilungsgesetz der Zuströmung und der Krümmer im Hinblick auf die Verluste nicht zu groß ist, sollte der Innenradius r immer noch größer sein als die Kanalbreite b.

d) Reibung. Die Strömung reibungsbehafteter zäher Flüssigkeiten kann laminar oder turbulent sein (vgl. Bd. I, Bild 40, S. 297). Durch Reibung entstehen Verluste, die sich in einer Abnahme der Strömungsenergie in Bewegungsrichtung äußern; H_0 wird kleiner. In waagerechten Rohren konstanten Querschnitts nimmt hierdurch längs des Rohres der Druck ab, da die Geschwindigkeitsenergie infolge überall gleicher Durchflußflächen konstant bleibt. Der Verlust ΔH wächst annähernd mit dem Quadrat von c:

$$\Delta H = \zeta \cdot \frac{c^2}{2g}.$$

Hierbei ist $c = Q/F$ der rechnerische Mittelwert der Geschwindigkeit. Die Größe des Verlustbeiwertes hängt von der Reynoldsschen Zahl und der Oberflächenrauhigkeit ab (vgl. Bd. I, S. 292). Für die Wirtschaftlichkeit bei Strömungsmaschinen ist es besonders wichtig, daß es eine Grenzrauhigkeit gibt, deren Unterschreitung trotz hohen Arbeitsaufwandes für das Glätten sich überhaupt nicht mehr auf die Strömungsverluste auswirkt. Bei der Ermittlung der Reibungsbeiwerte ist zu beachten, daß man es bei Strömungsmaschinen stets mit der „Anlaufstrecke" (Bd. I, S. 297) einer Kanalströmung zu tun hat; die Reibungsbeiwerte können bis 2,5 mal so groß sein wie die für ausgebildete Rohrströmung meist angegebenen Werte. *Pfleiderer*[1] empfiehlt für Kreiselpumpen und Verdichter einen Zuschlag auf die Reibungsbeiwerte von 14%.

Beschleunigte Strömungen haben kleine, verzögerte Strömungen große Verluste. Beispiel: Strömung durch konisches Rohr gemäß Bild 6. Bei dem verengten Rohr (oben) wird die Strömung zwangsweise so geführt, daß eine Ablösung praktisch unmöglich ist; bei der Erweiterung (unten) kann sich die Strömung von der Wand ablösen. Der Ablösungsverlust ist um so größer, je stärker die Erweiterung ist. Aus dem Vorstehenden ergeben sich die folgenden Regeln:

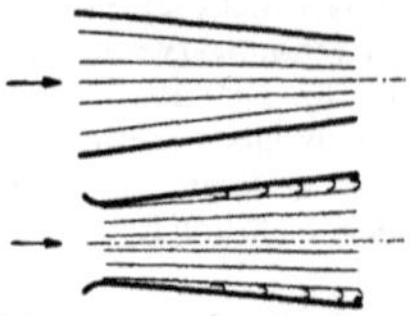

Bild 6. Beschleunigte und verzögerte Strömung

I. Geschwindigkeiten niemals größer halten als erforderlich.

II. In gekrümmten Kanälen die Radien niemals kleiner halten als erforderlich.

III. Unnötige Verzögerungen und insbesondere doppelte Geschwindigkeitsumsetzungen (hintereinander folgende Beschleunigungen und Verzögerungen) vermeiden.

4. Wärmelehre (vgl. Bd. I, S. 425, 434)

a) Kompressibilität. Auch bei *Wasser* ist das Volumen von Druck und Temperatur abhängig, jedoch nur so wenig, daß man diese Abhängigkeit vernachlässigen kann. Nur bei Warmwasserpumpen ist zu beachten, daß je nach der Temperatur ein von 1 abweichendes spez. Gewicht[2] zugrunde zu legen ist, welches aber dann während der Energieumsetzung praktisch konstant bleibt.

Bei **Gasen** und **Dämpfen** hingegen ändert sich während der Vorgänge in der Strömungsmaschine mit dem Druck auch das Volumen (ebenso die Temperatur). Hierdurch wird die Energieübertragung beeinflußt. Vor Berechnung der Maschinen für Gase und Dämpfe muß nicht nur der Anfangsdruck, sondern zur vollständigen Festlegung der Zustandswerte auch noch die Temperatur oder das spez. Gewicht gegeben sein. Am Austritt dagegen genügt die Angabe des *Druckes* allein. Die *Temperatur* am Austritt hängt von dem Verlauf des Arbeitsvorganges innerhalb der Maschine ab, ist also nicht frei wählbar.

Wenn es sich um nur kleine Druckänderungen handelt, kann man auch für Gase mit konstantem spez. Gewicht rechnen, z. B. bei Ventilatoren und u. U. innerhalb von Einzelstufen. Bei einer Druckänderung ΔP ist dann wie für Flüssigkeiten die je kg abgegebene bzw. aufgenommene Arbeit $= \Delta P/\gamma$. Dies ist bei Änderungen des absoluten Druckes um bis zu 10% meist genügend genau, wenn mit einem mittleren spez. Gewicht zwischen Anfangs- und Endwert gerechnet wird: $\gamma_m = (\gamma_a + \gamma_e)/2$.

b) Gasarbeit. Welche Arbeit ist bei gegebenem Anfangszustand und Enddruck in *Turbinen* je kg Gas verfügbar? Dies läßt sich nur dann genau beantworten, wenn man die Zuordnung von Druck und Volumen während des Arbeitsvorganges kennt. In Bild 7 ist (zwischen gleichem Anfangszustand 1 und gleichem Enddruck) diese Zuordnung für drei verschiedene *Entspannungs*vorgänge gezeigt;

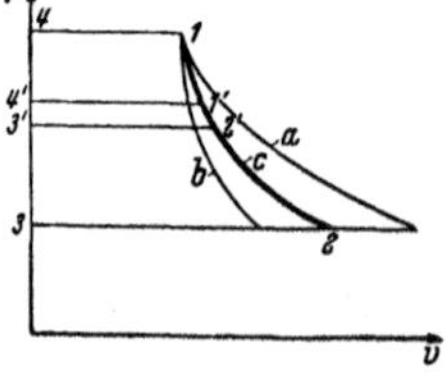

Bild 7. Entspannung

Kurve a) Pv = const, was bei Gasen der Isotherme entspricht,

Kurve b) $Pv^{\varkappa}$ = const (bei Gasen Adiabate, Entropie bleibt konstant),

Kurve c) Pv^{n} = const (Polytrope bei Gasen).

---

[1] Vgl. *Pfleiderer*, S. 291, Lit. 4, dort S. 68; auf dieses Buch stützen sich die folgenden Ausführungen an zahlreichen Stellen. [2] Zahlenwerte Bd. I, S. 274.

Man bezeichnet den Vorgang mit konstanter Entropie des Arbeitsmittels auch mit Isentrope und versteht dann bisweilen unter Adiabate jede Zustandsänderung ohne Wärmeaustausch mit der Umgebung.

Dieser Wärmeaustausch ist bei Strömungsmaschinen im Beharrungszustand gewöhnlich vernachlässigbar; die zur Verfügung stehende Zeit und Oberfläche reicht nicht für nennenswerten Wärmeübergang, wenn nicht die Wandungen gekühlt (Schaufelkühlung bei Gasturbinen, Gehäusekühlung bei mehrstufigen Verdichtern) oder beheizt werden. Praktisch wird der Vorgang nie genau nach den Kurven *a*, *b* oder *c* verlaufen. Man kann, indem man teilweise kühlt oder beheizt, sogar erreichen, daß der Vorgang zunächst mehr der einen und dann der anderen Kurve folgt.

Die Arbeitsabgabe bei einer kleinen Zustandsänderung von *1'* nach *2'* kann man sich auch in einem Schaufelkanal ähnlich wie bei Kolbenmaschinen so vorstellen, daß das gesamte Volumen V bei Verschiebung von einem Raum höheren Druckes P_1' zu niederem Durck P_2' die Arbeit $V(P_1' - P_2') = V \cdot \varDelta P$ leistet, Bild 8. Diese Arbeitsabgabe äußert sich im allgemeinen zunächst in einer Erzeugung von Geschwindigkeitsenergie am strömenden Medium, welche dann erst durch die Massenkraft bei einer Umlenkung durch die Schaufelwände in Nutzleistung umgesetzt wird. Trotzdem bleibt der Ausdruck $V \cdot \varDelta P$ ein Maß für die Arbeitsfähigkeit. Diese ist somit für den ganzen Vorgang

$$L = \int_2^1 V \cdot \mathrm{d}P.$$

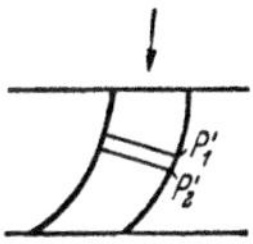

Bild 8

Diese Arbeit entspricht der Fläche links von der Entspannungskurve *1 — 2* (Bild 7). Sie ist, wie ersichtlich, für die Isotherme am größten; denn die Volumenvergrößerung während der Entspannung ist hier am stärksten. Umgekehrt ergibt sich für die Polytrope mit großem Exponenten ein besonders kleiner Wert. Das Integral ergibt bei den erwähnten drei Arten der *Entspannung* von Gasen:

nach Kurve a) $L_{is} = RT \ln(P_1/P_2)$;

nach Kurve b) $L_{ad} = \dfrac{\varkappa}{\varkappa - 1} P_1 v_1 \left[1 - (P_2/P_1)^{\frac{\varkappa-1}{\varkappa}}\right]$,

für Luft mit $\varkappa = 1{,}4$ und $Pv_1 = RT_1 = 29{,}3\ T_1$:

$L_{ad} = 102{,}6\ T_1[1 - (P_2/P_1)^{1/3{,}5}]$;

nach Kurve c) $L_{pol} \dfrac{n}{n-1} P_1 v_1 \left[1 - (P_2/P_1)^{\frac{n-1}{n}}\right]$.

Entsprechend gilt bei *Verdichtern*, wo $P_2 > P_1$, vgl. Bild 9, für Gase:

nach Kurve a) $L_{is} = RT \ln(P_2/P_1)$;

nach Kurve b) $L_{ad} = \dfrac{\varkappa}{\varkappa - 1} P_1 v_1 \left[(P_2/P_1)^{\frac{\varkappa-1}{\varkappa}} - 1\right]$,

für Luft: $L_{ad} = 102{,}6\ T_1[(P_2/P_1)^{1/3{,}5} - 1]$;

nach Kurve c) $L_{pol} = \dfrac{n}{n-1} P_1 v_1 \left[(P_2/P_1)^{\frac{n-1}{n}} - 1\right]$.

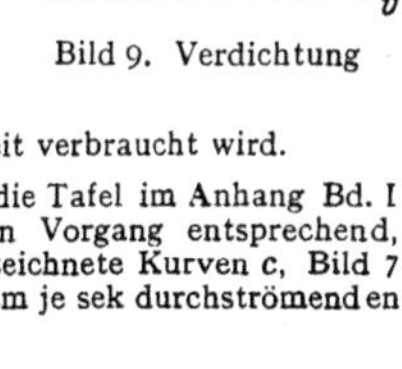

Bild 9. Verdichtung

Auch hier ist die Isotherme am günstigsten, da am wenigsten Arbeit verbraucht wird.

Zur Berechnung der Potenzausdrücke in der Klammer kann die Tafel im Anhang Bd. I benutzt werden. Wärmezufuhr durch Reibung, dem wirklichen Vorgang entsprechend, bedeutet bei Expansion $n < \varkappa$, bei Verdichtung $n > \varkappa$ (dick gezeichnete Kurven c, Bild 7 und 9). Dimension von L ist mkg je kg, d. h. Multiplikation mit dem je sek durchströmenden Gewicht ergibt die innere Leistung in mkg/sek.

c) Die Temperaturen errechnen sich bei Adiabate bzw. Polytrope aus

$$T_1/T_2 = (P_1/P_2)^{\frac{\varkappa-1}{\varkappa}} \quad \text{bzw.} \quad (P_1/P_2)^{\frac{n-1}{n}}.$$

Die adiabatische Temperaturdifferenz

$\Delta t_{ad} = T_{1\,ad} - T_{2\,ad}$ (Entspannung) bzw. $T_{2\,ad} - T_{1\,ad}$ (Verdichtung) kann auch errechnet werden aus: $\Delta t_{ad} = A\, c_p L_{ad}$.

Für Luft mit $c_p = 0{,}24$ kcal/kg grd wird $\Delta t_{ad} = 102{,}6\; L_{ad}$.

Auf Grund vorstehender Beziehungen kann man für alle Punkte einer Strömungsmaschine aus den bis dahin wirksamen Gefällen oder Förderhöhen die Zustandswerte berechnen, wenn der Anfangszustand gegeben ist.

d) i, s-Diagramm (Bd. I, S. 434). Bei *Dämpfen* ist die Aufstellung entsprechender Gleichungen erschwert. Man hilft sich hier durch graphische Darstellungen auf Grund von Messungen. In erster Linie sind es die i,s-Diagramme[1]. Der Begriff des hier senkrecht aufgetragenen Wärmeinhaltes i kann in folgender Weise aus dem Satz von Bernoulli erklärt werden: Durch Zufügen der durch Erwärmung verursachten inneren Energie $u = \int c_v dt$ (c_v = spez. Wärme bei konst. Volumen, t = Temp.) und Umrechnung der Strömungsenergie in kcal/kg erhält man

$$A\,(p/\gamma + h + c^2/2g) + u = \text{const.}$$

Während bei Flüssigkeiten u praktisch konstant ist und h sich ändert, ist es bei Gasen und Dämpfen umgekehrt. Ebenso wie man bei den Flüssigkeiten das konstante Glied u wegließ, kann man hier h weglassen und schreiben:

$$A\,P/\gamma + u + A\,c^2/2g = \text{const.}$$

Diese Gleichung gilt im Gegensatz zur eigentlichen Bernoulli-Gleichung auch bei reibungsbehafteter Strömung, sofern Wärmeaustausch mit der Umgebung fehlt. Die Summe ihrer ersten beiden Glieder, der Wärmeinhalt oder die Enthalpie $i = A P v + u$, ist durch zwei der Zustandsgrößen P, v, T festgelegt und daher selbst Zustandsgröße. Durch Einführen des Wärmeinhaltes erhält man

$$i + A\,c^2/2g = \text{const} = i_0 \;\text{kcal/kg};$$

$$c = \sqrt{(i_0 - i)\,2g/A} = \sqrt{19{,}62 \cdot 427} \cdot \sqrt{i_0 - i} = 91{,}53\,\sqrt{\Delta i}\,.$$

Δi ist aus dem i,s-Diagramm abzulesen. Es ist $\Delta i_{ad} = c_p \Delta t_{ad}$, daher bei idealen Gasen, wo c_p = const, der Wärmeinhalt proportional der Temperatur; hier ist i,s-Diagramm gleich T,s-Diagramm, wie in Bild 12 angedeutet, und Zustandsverlauf gemäß Abschn. b) und c) auch rechnerisch erfaßbar. Bei höheren Temperaturen ist jedoch auch in Gasen c_p veränderlich, daher z. B. zur Gasturbinenberechnung Anwendung von Diagrammen zweckmäßig[2].

e) Düsenströmung. Bild 10 zeigt die Anwendung auf die Leitschaufeln einer Dampfturbine. Sind Anfangsdruck P_1 und Anfangstemperatur T_1 des Dampfes gegeben, so kann man zunächst das zugehörige spez. Volumen v_1 und den Wärmeinhalt ablesen. Am Anfang der Düse ströme der Dampf mit der Geschwindigkeit c_1. Diese kann einfach durch die Notwendigkeit des Dampfdurchsatzes bedingt sein (reine Meridiankomponente), kann aber auch noch Restgeschwindigkeit von der vorhergehenden Stufe sein (zusätzliche Umfangskomponente).

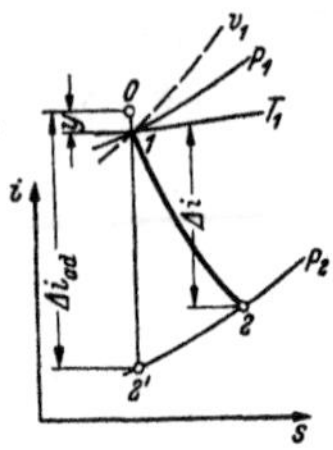

Bild 10. Entspannung im i, s-Diagramm

Man kann i_0 ermitteln gemäß:

$$i_0 = i_1 + A\,c_1^2/2g = i_1 + y \quad \text{(Bild 10)}.$$

i_0 ist der Wärmeinhalt entsprechend dem „Behälterzustand" (P_0, T_0; $c_0 = 0$), der sich bei verlustloser Rückverwandlung der Geschwindigkeit in Druck ergeben würde, Punkt *0*. Senkrecht unter Punkt *0* und *1* liegt beim Gegendruck P_2 der Endpunkt *2'* der adiabatischen Entspannung. Es ist $i_0 - i_2' = \Delta i_{ad}$ und $c_{th} = 91{,}53\,\sqrt{\Delta i_{ad}}$ diejenige Geschwindigkeit, welche sich in der Düse bei verlustloser Entspannung einstellen würde. In Wirklichkeit jedoch treten durch Reibung zwischen dem Dampf und der

[1] Solche Diagramme in Lehrbüchern der Thermodynamik, z. B. **Schmidt, E.:** Einführung in die technische Thermodynamik, 8. Aufl. Berlin: Springer 1960.

[2] *Kruschik, J.:* Luft- und Gastafeln zur Berechnung von Gasturbinen und Verdichtern. Wien: Springer 1953. — *Lutz, O., F. Wolf* u. *W. Lohse: i, s*-Tafel für Luft und Verbrennungsgase. Berlin: Springer 1959.

Wand und durch innere Reibung des Dampfes Verluste auf. Diese bewirken eine Temperaturerhöhung des Dampfes, da die Verlustenergie sich in Wärme umsetzt und, wie schon erwähnt, keine Wärmeabgabe nach außen auftritt. Durch diese Verlustbildung wird der Austrittsdruck nicht geändert. Daher wird als Endzustand der Expansion Punkt *2* erreicht, der höher liegt als *2'*. Die tatsächlich am Austritt aus der Düse auftretende Geschwindigkeit ist demnach nur $c_2 = 91{,}53\sqrt{i_0 - i_2}$.

Die genaue Gestalt der Zustandskurve zwischen den Punkten *1* und *2* ist schwer zu bestimmen, für die Berechnung auch von geringerer Bedeutung. Vermutlich verläuft die Kurve am Ende flacher als am Anfang, weil die Verluste mit zunehmender Geschwindigkeit anwachsen.

f) Reibungs-Rückgewinnungswärme. Der beschriebene Vorgang in der Düse wiederholt sich innerhalb einer Dampfturbine in jeder Stufe, bei Überdruckturbinen sogar in jeder Stufe zweimal, nämlich im Lauf- und Leitrad. Bild 11 deutet an, wie die Vorgänge nacheinander verlaufen. Im Anfangspunkt der dritten Stufe z. B. ist durch die Verluste der vorhergehenden Stufen der Wärmeinhalt i gegenüber der adiabatischen Entspannung erhöht, P jedoch unverändert. Daher ist der Anfangspunkt der dritten Stufe von A' nach A gerückt. Weil die Drucklinien nach rechts divergieren, ergibt sich für die dritte Stufe ein größeres adiabatisches Gefälle d statt d': „Rückgewinn der Verlustwärme", im P, v-Diagramm an der Volumenvergrößerung des Arbeitsmittels zu erkennen. Bild 12 zeigt umgekehrt schematisch den Verdichtungsvorgang in einem Kompressor. Hier wirkt die Erwärmung in den ersten Stufen, die über das Mindestmaß der Adiabate hinausgeht, auf die späteren Stufen ungünstig: kein Rückgewinn, sondern zusätzlicher Verlust.

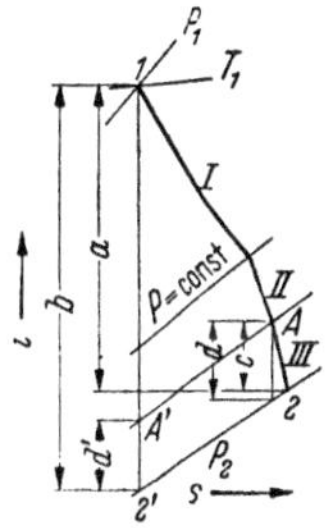

Bild 11. Mehrstufige Entspannung

g) Wirkungsgrade wärmeisolierter Maschinen. Die wirkliche Arbeitsabgabe des Mediums bei *Entspannung*, $L_i = A\Delta i$, (für Gase $A\,c_p\Delta t$) ist kleiner als bei der Adiabate, der Wirkungsgrad des Vorganges:

$\eta_{i\,\mathrm{ad}} = \Delta i/\Delta i_{\mathrm{ad}}$, vgl. Bild 10, für Gase auch $\Delta t/\Delta t_{\mathrm{ad}}$.

Bei *Verdichtung* ist die wirkliche Arbeitsaufnahme größer und

$\eta_{i\,\mathrm{ad}} = \Delta i_{\mathrm{ad}}/\Delta i$ (a/b in Bild 12), für Gase auch $\Delta t_{\mathrm{ad}}/\Delta t$.

Bei Verdichtern rechnet man oft mit dem polytropischen Wirkungsgrad:

$$\eta_{i\,\mathrm{pol}} = \frac{L_{\mathrm{pol}}}{L_i} = \frac{\varkappa - 1}{\varkappa}\,\frac{n}{n-1} = \frac{\lg (P_2/P_1)}{\lg (T_2/T_1)}\,\frac{\varkappa}{\varkappa - 1}.$$

Er entspricht dem adiabatischen Stufenwirkungsgrad für unendlich viele Stufen und ist bei kleinen Förderhöhen nur wenig größer als $\eta_{i\,\mathrm{ad}}$.

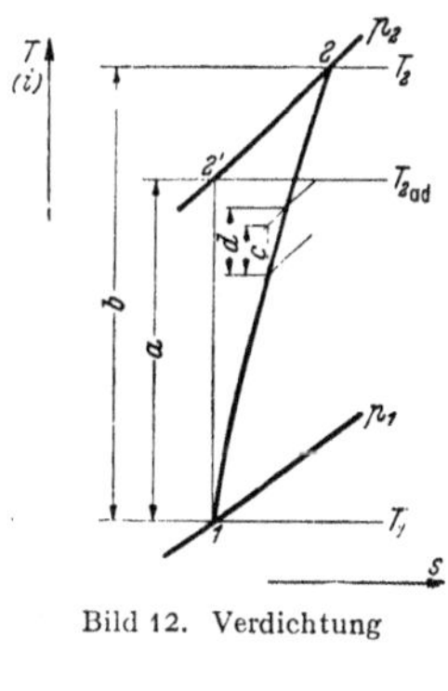

Bild 12. Verdichtung

Die gesamte dem Gas zugeführte Energie, die innere Verdichtungsarbeit L_i, übertrifft L_{pol} um alle Verluste, die eine Erwärmung des Gases bewirken.

Nach vorstehenden Wirkungsgradformeln kann man auf Grund von Druck- und Temperaturmessungen *innere* Wirkungsgrade ermitteln; Lagerverluste werden hierbei im allgemeinen nicht mit erfaßt. Wie gezeigt, wirkt die zusätzliche Erwärmung durch die Verluste der ersten Stufen bei Turbinen günstig, bei Verdichtern ungünstig auf die folgenden Stufen. Die inneren adiabatischen Gesamtwirkungsgrade a/b (Bild 11/12) sind daher bei Turbinen größer, bei Verdichtern kleiner als der Durchschnitt $\Sigma c/\Sigma d$ der Stufenwirkungsgrade. Der Unterschied ist für große Δi und niedrige η am größten und kann einige % betragen.

h) Der Vorgang der **Drosselung** ist im i,s-Diagramm durch eine waagerechte Linie dargestellt und kommt am Eintritt in die Dampfturbine vor, hauptsächlich dann, wenn geregelt wird.

B. Wichtige Bauteile

In den Strömungsmaschinen kehren einige Hauptteile ständig wieder, nämlich die einfachen Elemente: Düse, Diffusor und Schaufel, sowie die zusammengesetzten Elemente: Leitapparat und Laufrad. Die Schaufel und das Laufrad findet man bei *jeder* Strömungsmaschine. Alle genannten Teile werden im folgenden kurz behandelt.

1. Die Düse

a) Aufgabe. Die Düse kann als ein Kanalstück bezeichnet werden, das so gestaltet ist, daß sich die Geschwindigkeit erhöht, dient also zur Umsetzung von Druckenergie in Geschwindigkeitsenergie. Diese Aufgabe liegt häufig am Eintritt in eine Strömungsmaschine vor. Innerhalb der Zuleitung pflegt man nämlich nicht allzu hohe Geschwindigkeiten zu wählen, obgleich sich dabei enge und billige Rohrleitungen ergeben würden. Die Druckverluste sind aber proportional dem Quadrat der Geschwindigkeit, und deshalb ist diese in den Zuleitungen meist niedriger, als für den Energieumsatz in der Strömungsmaschine erforderlich. Bild 13 zeigt als Beispiel ein Axialgebläse mit düsenähnlichem Einlauf vor dem Laufrad. Der Hauptanwendungsbereich der Düsen liegt aber bei den Turbinen. Während der gezeigte Gebläseeinlauf nur eine Verengung mit dem Flächenverhältnis von $\approx 2:1$ aufweist, ergeben sich bei Turbinen oft wesentlich stärkere Geschwindigkeitssteigerungen. In Bd. I (S. 289, Bild 34) wurde bereits auf ein weiteres Anwendungsgebiet der Düsen, die Messung von Durchflußmengen, hingewiesen. Die Ausbildung der dort abgebildeten Normdüse zeigt als wichtigen Gestaltungsgrundsatz, daß die Verengung sehr kurz sein darf. In diesem Beispiel ist die eigentliche Düsenlänge nur gleich dem 0,3-fachen Durchmesser der Düse. Ein kurzer Einlauf ist bei den Düsen der Strömungsmaschine besonders wichtig. Denn wenn man mit den kleinen Zuflußgeschwindigkeiten bis nahe an die Düse herangeht, sind die Reibungsverluste klein. Der Wirkungsgrad der Druckumsetzung kann bei guten Düsen hoch sein, 98–99% bei Wasser und 94–98% bei Dampf, je nach dem Expansionsgrad.

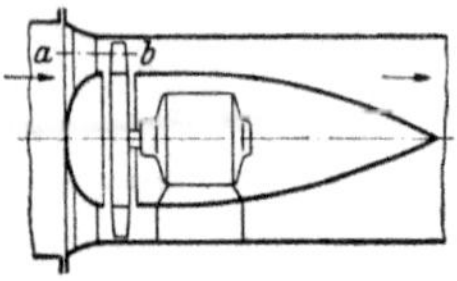

Bild 13
Axialventilator im Schnitt

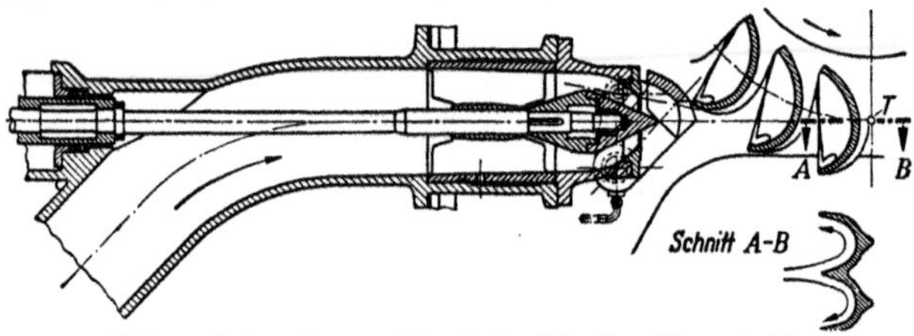

Bild 14. Pelton-Düse und Laufschaufeln einer Wasserturbine

Bild 14: Düse einer Freistrahl-Wasserturbine in Pelton-Bauart (Escher Wyss, Zürich). Wasserzuführung durch einen Krümmer, an den sich die eigentliche Düse anschließt. Aus der Düsenöffnung strömt das Wasser in freiem Strahl auf die Schaufeln („Becher“) des Laufrades. Man regelt die Wassermenge durch axiales Verschieben der „Düsennadel“. Die Umsetzung von Druck- in Geschwindigkeitsenergie erfolgt vorwiegend auf einem sehr kurzen Stück unmittelbar vor der Austrittsöffnung. Früher schloß man hier noch ein kurzes paralleles Führungsstück an, um Kontraktion des Strahles zu vermeiden; es ergaben sich hierbei Wendepunkte an der Nadel und Außenkontur („Wendepunktsdüsen"). Trotz der starken Beschleunigung erreicht der Düsenwirkungsgrad wegen kurzer Reibungswege und ablösungsfreier Strömung ca. 98%.

Bild 15: Einfache Dampfturbinendüse in drei Projektionen. Hauptunterschied gegenüber Bild 14 ist der rechteckige Kanalquerschnitt. Die äußeren und inneren Düsenbegrenzungen $a-b$ und $c-d$ können zylindrisch sein, dann ist der obere Teil von Bild 15 eine Zirkularprojektion. Sie können auch eben sein und sich trotzdem mit ihren Austrittsquerschnitten am Umfang des Laufrades nebeneinander gruppieren.

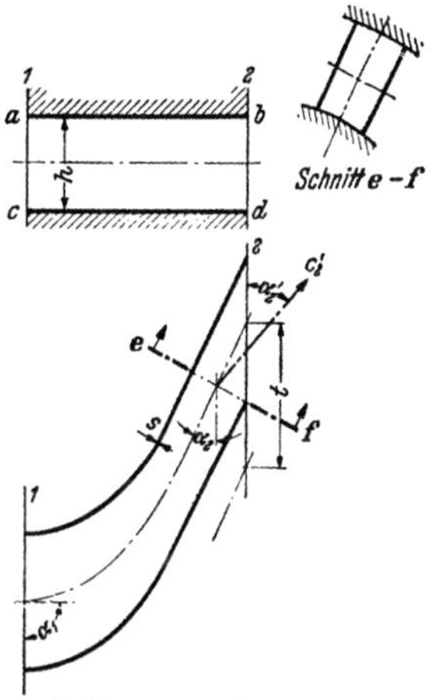

Bild 15. Dampfturbinendüse

Ähnliche Düsen findet man bei Gasturbinen, jedoch heute nicht mehr bei Wasserturbinen.

b) Düsenquerschnitte. Aus *geometrischen* Überlegungen folgt die Austrittsfläche der gezeigten Düse für geradlinige Austrittsenden gemäß

$$F_2 = h_2 b_2 = h(t \sin \alpha_2 - s).$$

Der Eintritt ist fast stets achsparallel ($\alpha_1 = 90°$). Die Querschnittsfläche ist hier für zylindrisch begrenzte Düsen, welche den gegenseitigen Abstand t („Teilung") besitzen:

$$F_1 = h_1 b_1 = h(t - s).$$

Die Düsenwirkung bedeutet, wie schon erwähnt: $F_2 < F_1$. Diese Bedingung wird im vorliegenden Fall, bei konstanter Kanalhöhe $h_2 = h_1 = h$, nur durch Winkeländerung, nicht etwa durch verdickte Wände zwischen den Düsen, erzielt.

Die Berechnung der benötigten Düsenquerschnitte folgt aus den *Geschwindigkeiten* gemäß dem Gesetz von Bernoulli. Hiernach gilt für inkompressible Flüssigkeiten vor bzw. hinter der Düse:

$$H_1 = h_1 + P_1/\gamma + c_1^2/2g \quad \text{bzw.} \quad H_2 = h_2 + P_2/\gamma + c_2^2/2g.$$

In diesen beiden Gleichungen gilt, wenn man die geringen Verluste vernachlässigt, $H_1 = H_2$; außerdem $h_1 = h_2$, da auf so kurze Entfernungen, wie sie hier in Frage kommen, Unterschiede der Höhenlage vernachlässigbar sind. Hieraus folgt $(P_1 - P_2)/\gamma = \Delta P/\gamma = (c_2^2 - c_1^2)/2g$. Im allgemeinen ist c_1 gegenüber c_2 sehr klein, so daß c_1^2 gegenüber c_2^2 vernachlässigt werden kann. Dann ergibt sich für die Austrittsgeschwindigkeit aus der Düse eine einfache Beziehung:

$$c_2 = \sqrt{2g\,\Delta P/\gamma} = \sqrt{2gH} = 4{,}43\sqrt{H}$$

und hieraus der Düsenquerschnitt:

$$F_2 = Q/c_2.$$

Zur Ermittlung des Austrittsquerschnitts muß also das Düsengefälle $H = \Delta P/\gamma$ und das Durchflußvolumen Q gegeben sein. Die für den Eintrittsquerschnitt maßgebende Geschwindigkeit c_1 folgt bei gegebenem H aus Erwägungen über die zweckmäßigen Schaufelhöhen und -winkel ($\alpha_2 = 10-25°$) und über die Reibungsverluste. Sie ist je nach Art der Maschine und der Verhältnisse sehr verschieden. Bei Gasen ist L_{ad} gemäß S. 297 aus Eintrittszustand und Austrittsdruck zu errechnen und an Stelle von H in die Formel für c_2 einzusetzen. Bei Dampf tritt $\Delta i_{ad}/A$ an Stelle von H, und man erhält die schon auf S. 299 entwickelte Beziehung: $c_2 = 91{,}53\sqrt{\Delta i_{ad}}$. Die angegebenen Gleichungen für die Geschwindigkeit beim Austritt aus den Düsen berücksichtigen noch keine Verluste. Diese haben zur Folge, daß die Geschwindigkeit c_2 nur das φ-fache des errechneten

Wertes erreicht mit $\varphi = 0{,}93$ bis $0{,}99$. Die höheren Werte gelten für größere Reynoldssche Zahlen, kleinere Gefälle und gut geglättete Düsen. Die niedrigeren Werte gelten für entgegengesetzte Verhältnisse und für die nachstehend behandelten erweiterten Düsen. Eine glatte Oberfläche ist wegen der hohen Geschwindigkeit besonders für den Düsenaustritt wichtig.

Während Ein- und Austritt der Düsen wie gezeigt rechnerisch festgelegt werden, wird der Zwischenverlauf einfach so konstruiert, daß sich ein stetiger Querschnittübergang und eine gute Führung des Dampfes in der erforderlichen Richtung am Austritt ergibt.

c) Lavaldüsen. Die Austrittsfläche der Düse ist für Flüssigkeiten bei gegebenem Durchflußgewicht und Eintrittsdruck um so kleiner, je niedriger der Austrittsdruck, also je höher die Geschwindigkeit ist. Dies gilt bei Gasen und Dämpfen nicht allgemein, obgleich auch hier die Geschwindigkeit mit sinkendem Austrittsdruck größer wird. Bei sehr großem Druckgefälle überwiegt die Volumenvergrößerung.

Bild 16 zeigt das Gefälle H, die Geschwindigkeit c_2, das spez. Volumen v_2 und die Austrittsfläche F_2 einer Düse in Abhängigkeit vom Gegendruck. F_2 hat bei einem bestimmten Gegendruck (kritischer Druck P_{kr}) ein Minimum und steigt dann wieder an, vgl. Bd. I, S. 320. Der Wichtigkeit halber sei hier wiederholt:

1. Das „kritische Druckverhältnis" (Lavaldruckverhältnis) P_{kr}/P_1 ist bei Luft und zweiatomigen Gasen 0,528, Heißdampf 0,546 und Sattdampf 0,5774.

2. Eine Düse für überkritische Druckverhältnisse muß einen engsten Querschnitt haben, dessen Größe dem kritischen Druck entspricht („Lavaldüse"). Sie muß sich hinter dem engsten Querschnitt wieder erweitern.

3. Im engsten Querschnitt strömt das Gas bzw. der Dampf mit der Schallgeschwindigkeit, die den Zustandswerten an dieser Stelle zugeordnet ist.

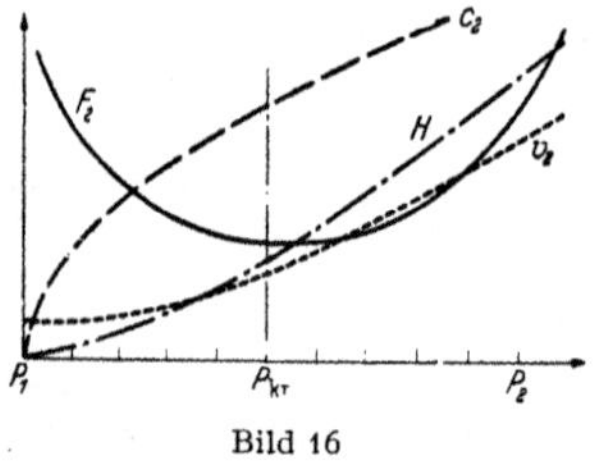

Bild 16

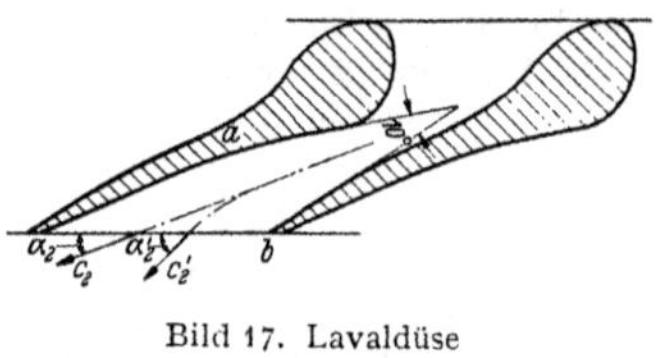

Bild 17. Lavaldüse

Bild 17 zeigt als Beispiel eine Düse, welche im Gegensatz zu der Düse nach Bild 15 für überkritisches Gefälle ausgelegt ist. Der verengte Teil unterscheidet sich nicht wesentlich von der Düse nach Bild 15. Er kann auch sehr kurz sein. Die Erweiterung des anschließenden Teiles hingegen darf nicht zu groß sein. Ein Erweiterungswinkel von $\approx 10°$, gemessen zwischen den gegenüberliegenden Düsenwänden, ist empfehlenswert, wobei ähnliche Überlegungen wie beim Diffusor eine Rolle spielen. Die Austrittsgeschwindigkeit und der Austrittsquerschnitt werden ebenso berechnet wie bei den einfachen, nicht erweiterten Düsen, während der engste Querschnitt aus der Geschwindigkeit errechnet wird, die dem kritischen Druckverhältnis entspricht (Schallgeschwindigkeit).

d) Strahlablenkung. Aus den Berechnungsformeln ist ersichtlich, daß stets ein bestimmtes Gefälle und ein bestimmtes Durchflußvolumen zugrunde gelegt sind. Weicht bei einer einfachen geraden Düse das wirkliche Druckverhältnis von dem der Berechnung zugrunde gelegten ab, so ändert sich das Durchflußvolumen. Bei steigendem Druckverhältnis kann es allerdings nur so weit zunehmen, bis im Austrittsquerschnitt die Schallgeschwindigkeit erreicht ist. Darüber hinaus wird hier die Schallgeschwindigkeit nicht überschritten; der Dampf expandiert dann erst hinter der Düse, wobei zusätzliche Verluste entstehen. Die schräg endigende Düse, die bei Dampfturbinen vorkommt (s. Bild 15), bildet jedoch eine Ausnahme von dieser Regel, indem der Schrägabschnitt wie eine Erweiterung wirkt. Im Zusammenhang mit der verstärkten Ausdehnung des Dampfes wird er hier abgelenkt, und zwar so, daß der Austrittswinkel und der Durchflußquerschnitt vergrößert werden. Aus der Kontinuitätsbedingung läßt sich die Beziehung ableiten[1]:

$$\sin\alpha_2' = V_2'/V_k \cdot c_k/c_2' \cdot \sin\alpha_2;$$

hierbei sind α_2, c_k und V_k die dem Düsenaustrittsquerschnitt $e - f$, Bild 15, entsprechenden kritischen Werte, während α_2', c_2' und V_2' die Austrittswerte des Strömungswinkels, der Geschwindigkeit und des Durchflußvolumens sind. Da zu große Winkel α_2' ungünstig für die Energieumsetzung sind, wendet man die Strahlablenkung nur in begrenztem Maß an.

Auch in erweiterten, schräg abgeschnittenen Düsen tritt Strahlablenkung auf, wenn der Austrittsquerschnitt nicht dem vollen Gefälle entspricht. Zur Ermittlung des Austrittswinkels kann die gleiche Beziehung

$$\sin\alpha_2' = V_2'/V_2 \cdot c_2/c_2' \cdot \sin\alpha_2$$

benutzt werden, wobei c_2 und V_2 Werte sind, die dem Austrittsquerschnitt $a-b$, Bild 17, entsprechen. Eine von vornherein etwas zu knapp ausgelegte Düse, bei der infolgedessen Strahlablenkung eintritt, ergibt bei Herabregelung des Gefälles geringere Verluste, ist also empfehlenswert.

Wird in einer erweiterten Düse das überkritische Gefälle etwas verringert, so expandiert der Dampf trotzdem bis zum Ende der Düse weiter und verdichtet sich dort stoßartig auf den Austrittsdruck. Dies ist mit größeren Verlusten verbunden und wird deshalb möglichst vermieden. Daher wählt man, sofern überhaupt erweitert werden muß, als Austrittsquerschnitt nur das ca. 0,8fache des für Normalbetrieb theoretisch nötigen Wertes, d. h. $\sin\alpha_2/\sin\alpha_2' \approx 0{,}8$.

2. Der Diffusor

a) Aufgabe. Der Diffusor, die Umkehrung der Düse, hat Geschwindigkeit in Druck umzusetzen. Ebenso wie die Düse am Eintritt kommt er häufig am Austritt der Strömungsmaschinen vor, z. B. als Saugrohr bei Wasserturbinen. Wie auf S. 296 erwähnt, löst sich die Strömung in einem erweiterten Kanal leicht ab, weshalb nur geringe Erweiterungen zweckmäßig sind. Erweiterungswinkel $\delta > 15°$ (Bd. I, S. 300) sind auf jeden Fall zu vermeiden. Unzweckmäßig, obgleich öfters angewendet, ist auch der in Bild 13 gezeigte Diffusor am Austritt aus dem Axialgebläse; die Strömung löst sich bei Querschnittserweiterung nach innen besonders leicht ab.

b) Diffusorquerschnitte. In entsprechender Weise wie bei der Düse folgt aus dem Bernoullischen Satz für die Umsetzung von Geschwindigkeit in Druck:

$$(c_1^2 - c_2^2)/2g = (P_2 - P_1)/\gamma = \Delta P/\gamma.$$

Da bei kegeligen Diffusoren die Geschwindigkeiten umgekehrt proportional dem Quadrat des Durchmessers sind, kann man auch schreiben

$$[1 - (d_1/d_2)^4]\, c_1^2/2g = \Delta P/\gamma.$$

In Bild 18 ist zur Verdeutlichung dieses Zusammenhangs der prozentuale Druckgewinn im Diffusor über dem Durchmesserverhältnis aufgetragen. Der Anfang des Diffusors ist am wirkungsvollsten; beispielsweise sind bei nur 1,41facher Durchmesservergrößerung bereits $^3/_4$ der Energie umgesetzt. Deshalb ist am Eintritt eine sorgfältige Diffusorausbildung besonders wichtig: glatte Oberfläche, Einlaufabrundung. Durch diese Maßnahme wird auch die Abreißgefahr für den nachgeschalteten Diffusorteil verringert. Ein Flächenverhältnis $(d_2/d_1)^2 > 2$ hat höhere Abreißgefahr zur Folge und ist oft nicht mehr lohnend.

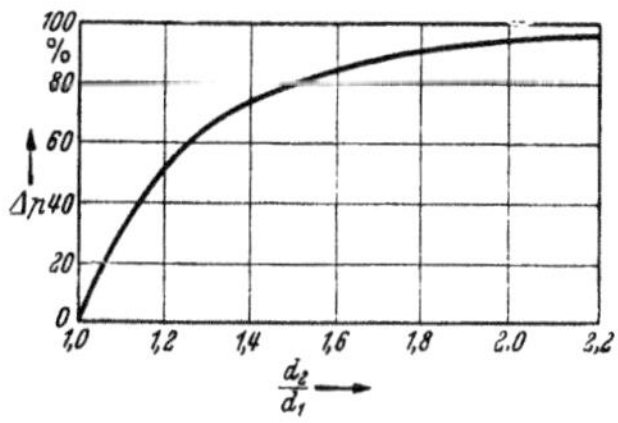

Bild 18. Druckverlauf im Diffusor

c) Kompressible Medien. Diffusoren für Überschallgeschwindigkeit müssen, als Umkehrung entsprechender Düsen, zunächst verengt und dann erweitert sein. Sie kommen neuerdings bei Überschallverdichtern in Frage. Unstetige Geschwindigkeitsvorgänge, ähnlich wie am Ende von „falsch" ausgelegten Lavaldüsen (Verdichtungsstöße, Bd. I, S. 321) werden hier gewöhnlich schon für

---

[1] Sie ergibt etwas kleine Werte. Genauere Berechnung nach dem Impulssatz, vgl. *Szewalski, R.:* Arch. f. Wärmewirtsch. u. Dampfkesselwes. Bd. 19 (1938) S. 79.

Normalbetrieb angestrebt. Schon unterhalb der Schallgeschwindigkeit, bei Gasgeschwindigkeiten von ≈ 100 m/sek an, ist die zulässige Erweiterung eines Diffusors kleiner als bei Flüssigkeiten. Bei abnehmender Geschwindigkeit wirkt die durch Verdichtung verursachte Volumenverringerung wie eine zusätzliche Querschnittsabnahme. Daher vermindert sich der zweckmäßige Erweiterungswinkel für ebene Diffusorströmung gemäß $\delta_G = \delta_W(1 - \mathrm{Ma}^2)$; hierbei sind δ_G bzw. δ_W die Erweiterungswinkel für Gas bzw. Wasser, also kompressible bzw. inkompressible Medien, und $\mathrm{Ma} = c/a$ die Machsche Zahl, das Verhältnis der Strömungs- zur Schallgeschwindigkeit, vgl. Bd. I, S. 318. — Da die Luft die Laufräder der Kompressoren mit Geschwindigkeiten über 100 m/sek verläßt, dürfen die hier anschließenden Diffusoren nur mit entsprechend verringertem Öffnungswinkel ausgeführt werden.

3. Die Schaufel

Hauptaufgabe dieses wichtigsten Bauelementes aller Strömungsmaschinen ist die Umlenkung der Geschwindigkeit. Von seltenen Ausnahmen (Propeller- und Windrad-Sonderbauarten) abgesehen, gehören stets mehrere, meist viele gleichartige Schaufeln zusammen, und zwar gewöhnlich so, daß zwischen ihnen Kanäle entstehen. Tritt bei Strömung auf konstantem Radius keine Beschleunigung oder Verzögerung im Schaufelkanal auf, so handelt es sich um *Gleichdruckschaufeln*, andernfalls um *Reaktions-* bzw. *Diffusorschaufeln*. Ferner kann man eine Unterteilung vornehmen in axial, halbaxial (meist doppelt gekrümmt) und radial durchströmte Schaufelkanäle. Bei radialer Durchströmung ist zwischen Zentrifugal- und Zentripetalwirkung, also der Beaufschlagung von innen nach außen und ihrem Gegenteil, zu unterscheiden. Schließlich ist die *Tragflügelschaufel* zu erwähnen. Sie wird bevorzugt angewendet, wenn nur geringe Umlenkungen erforderlich sind, ist verhältnismäßig schwach gekrümmt und wird in großem gegenseitigen Abstand angeordnet. Laufschaufeln für überkritische Geschwindigkeit, bei denen der engste Querschnitt in der Mitte des Kanals ist, werden für besondere Anwendungsfälle erwogen.

a) Gestaltungsrichtlinien für Schaufeln:

1. Eintrittsrichtung so, daß keine besonderen Eintrittsverluste entstehen („stoßfreier" Eintritt), vgl. S. 294 u. 323.

2. Nicht zu kleiner Krümmungsradius r im Verhältnis zur Weite b des Schaufelkanals, vgl. Bild 5, S. 295.

3. Stetiger Verlauf. Nur die Abflußkante, gegebenenfalls auch die Eintrittskante, ist als Unstetigkeit an der Schaufelbegrenzung zulässig. Bei empfindlichen Beschauflungen, z. B. für Axialverdichter, können schon knicklose Übergänge von einem Krümmungsradius auf einen anderen, der sich wesentlich hiervon unterscheidet, sehr schädlich sein; der zweite Differentialquotient der Begrenzungskurve hat hier einen Sprung, obwohl der Übergang stetig zu sein *scheint*. Günstige Formen der Schaufelkanäle ergeben sich, wenn man einen vorteilhaft erscheinenden Verlauf der Geschwindigkeiten zwischen Ein- und Austritt vorschreibt[1].

4. Der Winkel, um den sich die Geschwindigkeitsrichtung in der Schaufel ändert, sollte nicht zu groß sein. Da große Umlenkung großen Energieumsatz bedeutet, muß aber von dieser Forderung häufig abgegangen werden, z. B. in den ersten Stufen der Dampfturbinen (kleinere Stufenzahl durch Erhöhung des Stufengefälles).

5. Die Schaufeln sollen nicht unnötig dicht stehen. Früher war man zu sehr darauf bedacht, durch engstehende Schaufeln gute Kanalführung zu erzielen, was große Reibungsverluste zur Folge hatte.

6. Bei reibungsfreier Strömung wirken viele kleine Schaufeln genau so wie wenige große, vorausgesetzt, daß geometrische Ähnlichkeit besteht.

7. Gemäß Bd. I, S. 313 wächst der Reibungskoeffizient, also der prozentuale Anteil der Reibungsverluste, mit sinkender Reynoldsscher Zahl. Große Re sind daher anzustreben. Bei reibungsbehafteter Strömung sind deshalb im Gegensatz zu Punkt 6 wenige große Schaufeln günstiger. Die Möglichkeit zur Verringerung der Schaufelzahl ist durch gewisse Bedingungen (erträglicher Bauaufwand und Randverluste) begrenzt.

8. Genaue Herstellung ist Vorbedingung für guten Wirkungsgrad[2].

---

[1] *Pantell, K.:* Über die Schaufelausbildung von Turbo-Arbeitsmaschinen. Konstruktion Bd. 1 (1949) S. 77/82.

[2] *Olderin, E.:* Untersuchungen an Turbinengittern. Forsch. Ing.-Wes. Bd. 19 (1953) S. 44/48.

b) Entwurfsanleitungen ergeben sich hiernach:

1. Festlegen einer stetigen Kurve (z. B. Kreisbogen), welche am Schaufel-Ein- und -Austritt die vorgeschriebene Richtung hat. Diese Kurve soll die eine Schaufelbegrenzung (z. B. Schaufelhohlseite) sein. Man zeichnet eine zweite solche Kurve im Abstand der vorgesehenen Teilung, weil beim Entwurf Schaufelform und Kanalform gemeinsam betrachtet werden müssen. Durch die am Ein- und Austritt vorgesehenen Schaufelstärken (Maße σ_4 und σ_5 in Bild 20) sind die Endpunkte der anderen Schaufelbegrenzung (z. B. Konvexseite) festgelegt. Für den Verlauf der lichten Kanalweite a über dem Meridianweg x kann man eine stetige Kurve vorschreiben. Dann ergibt sich die noch fehlende Schaufelkontur als Umhüllende von entsprechenden Kreisen mit dem Durchmesser a, welche die bereits vorliegende Kontur tangieren. Schließlich kann noch eine Eintrittsabrundung an den Schaufeln vorgesehen werden; die hiermit verbundene Schaufel- und Kanalkürzung ist günstig.

2. Bei radialen Verdichter- und Pumpenlaufrädern (Bild 19) legt man häufig zunächst die Radbreiten b im Meridianschnitt, sodann den Verlauf der Relativgeschwindigkeiten w und Schaufeldicken s in Abhängigkeit vom Durchmesser D fest. Der Schaufelwinkel β ergibt sich dann aus

$$\sin\beta = s/t + Q'/\pi D b w$$

Q' ist das jeweilige Berechnungsvolumen. Liegt an allen Punkten die Schaufelrichtung fest, so kann auch die Schaufelmitte gezeichnet werden, und die Schaufelkontur ergibt sich als Umhüllende von Kreisen mit dem Durchmesser s, deren Mittelpunkte auf der Schaufelmittellinie liegen. Das Verfahren ist auch auf Leiträder und Axialräder anwendbar.

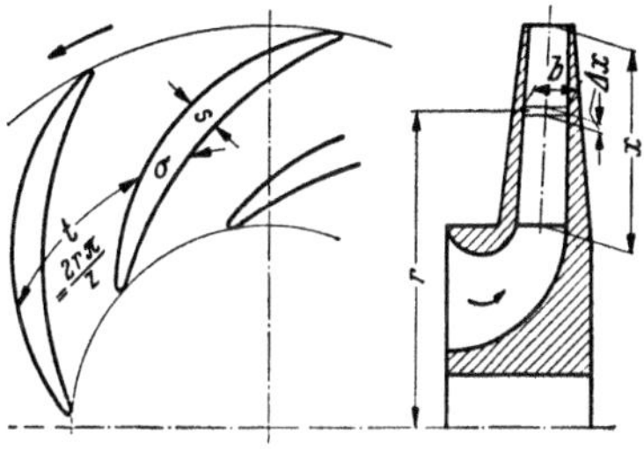

Bild 19. Laufrad einer Kreiselpumpe

Bei Verfahren 1 ergibt sich der Geschwindigkeitsverlauf zuletzt, bei 2 die Schaufelkontur. In beiden Fällen kann Wiederholung des Entwurfs nötig werden, wenn das erste Ergebnis ungünstig erscheint.

Die wichtigsten Schaufelarten seien an Hand von Schaufelschnitten erläutert:

c) Die **Gleichdruckschaufel** kommt hauptsächlich bei Axial-*Dampfturbinen* vor, Bild 20. Entsprechend dem bei der Düse Ausgeführten gilt auch hier für die Querschnitte (h Schaufelhöhe senkrecht zur Bildebene 20):

$$F_4 = h_4\,(t-\sigma_4)\sin\beta_4, \quad F_5 = h_5\,(t-\sigma_5)\sin\beta_5.$$

Bei Gleichdruck müssen die Geschwindigkeiten am Ein- und Austritt, also auch die Querschnitte gleich sein. Sieht man von der Schaufeldicke ab, so ist bei Gleichdruckwirkung:

$$h_4 \sin\beta_4 = h_5 \sin\beta_5.$$

Bei konstantem h sind Ein- und Austrittswinkel gleich. Durch kleine Änderungen an den Winkeln läßt sich ein gewünschter Verlauf der Schaufelhöhen (stetiger Meridianschnitt) erzielen. Durch die Bedingung konstanter Kanalweite a erhält die Gleichdruckschaufel in der Mitte eine Verdickung, welche zur Erhöhung der Festigkeit beiträgt (typische Form der Gleichdruckschaufel). Da bei den starken hier vorkommenden Umlenkungen der Dampfstrahl sich ohnehin am Rücken ablöst, sind jedoch auch dünnere Schaufeln zulässig (z. B. gebogene Bleche von ≈ 2 bis 3 mm Stärke). Eine mit „Stoß" angeströmte Gleichdruckschaufel

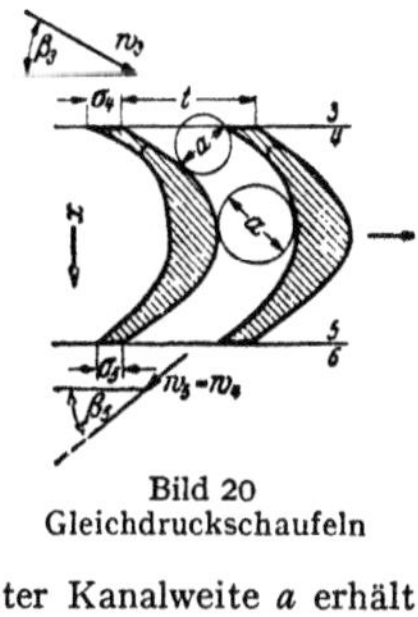

Bild 20
Gleichdruckschaufeln

verliert ihre Gleichdruckwirkung. Auch unsymmetrische Schaufelprofile können symmetrische Strömung, also Gleichdruckwirkung, ergeben. Bei verkürzter Eintrittsseite (in Bild 20 gestrichelt) ist Winkel „stoßfreien" Eintritts unverändert, aber Strömung bei anderen Zuströmwinkeln günstiger: Geringere „Stoßempfindlichkeit".

Bei *Wasserturbinen* kommt die Gleichdruckschaufel im Peltonrad vor. Hier trifft der Strahl in der Mitte der Schaufel auf eine Schneide und wird nach außen abgelenkt, Bild 14 rechts. Die bei den Dampfturbinen übliche Verdickung des Schaufelrückens wäre hier schädlich, da die Verluste am geringsten werden, wenn diese Schaufelseite nicht vom Wasser berührt wird. Bei *Axialverdichtern* kommen Gleichdruckschaufeln im Leitrad zwischen zwei Laufrädern vor, wenn die Druckerhöhung nur im Laufrad stattfindet (Reaktionsgrad 1, vgl. Bild 29). Solche Zwischenleiträder haben mit Rücksicht auf die Verhältnisse im Laufrad nur eine geringe Umlenkung und können deshalb aus Blech hergestellt werden. — Eine Sonderform von Gleichdruckschaufeln enthalten die Laufräder der Axialgebläse nach *Schicht*. Hier wird Druckgleichheit am Ein- und Austritt nicht durch annähernd gleiche Winkel erzielt, sondern durch starke Verringerung der Schaufelhöhe bei zunehmenden Winkeln, wodurch günstige Strömungsverhältnisse erzielt werden sollen[1].

d) Die **Überdruckschaufel** hat neben der Hauptaufgabe der Richtungsänderung noch die zweite Aufgabe, in ihrem Kanal Druck in Geschwindigkeit umzusetzen. Hierzu ist eine Verengung erforderlich, und diese wird im allgemeinen ebenso erzielt wie bei der Düse (Bild 15), nämlich durch steile Winkel am Eintritt und flache Winkel am Austritt. Die Betrachtung der Schaufelformen zeigt, daß die Umlenkungen vom Ein- zum Austritt nicht so groß sein können wie bei reinen Gleichdruckschaufeln, weil der Eintrittswinkel wesentlich steiler sein soll als der Austrittswinkel. Geringere Umlenkung und beschleunigte Strömung haben, wie schon erwähnt, geringere Verluste zur Folge; die Überdruckschaufel ist strömungstechnisch besser als die Gleichdruckschaufel. Deshalb hat man bei Wasserturbinen, abgesehen von Pelton-Turbinen, nur noch Überdruckschaufeln.

Bild 21 und 22. Ältere und neuere Überdruckprofile

Da sich die Kanalweite mit der Schaufelneigung stetig verringert, braucht sie bei der Überdruckschaufel nicht durch Schaufelverdickung beeinflußt zu werden. Man braucht die Schaufel nur so dick zu machen, wie es die Festigkeit erfordert, Bild 21, jedoch sind am Eintritt verdickte Schaufeln, Bild 22, weniger stoßempfindlich[2].

Theoretisch sind alle Übergangsformen zwischen Gleichdruck- und Überdruckschaufeln denkbar. Besondere Bedeutung unter diesen Übergangsformen hat die Gleichdruckschaufel mit geringer Reaktion, eine „Hakenschaufel" wie alle Gleichdruckschaufeln. Das strömende Medium wird also über die achsparallele Richtung hinweg umgelenkt; der Austrittsquerschnitt ist aber schon etwas kleiner als der Eintrittsquerschnitt. Hiermit besseres Anlegen der Strömung, also geringere Verluste.

Die Überdruckschaufel kommt nicht nur bei Turbinen, sondern auch im Leitapparat von Axialverdichtern vor, insbesondere im Vorleitrad einstufiger Gebläse (in Bild 29 gestrichelt). Eine Überdruckwirkung der Schaufeln ist auch bei ungefähr gleichbleibenden Kanalquerschnitten möglich, nämlich dann, wenn die Strömung radial von außen nach innen verläuft. Dieser Fall liegt häufig bei den halbaxialen Wasserturbinen der Francis-Bauart vor.

e) Die **Diffusorschaufel** soll nicht nur die Strömung umlenken, sondern im Gegensatz zur Überdruckschaufel auch Geschwindigkeit in Druck umsetzen. Diese Aufgabe wird am besten in einem radial von innen nach außen durchströmten Rad bewältigt.

Bild 23: Schnitt durch eine Pumpen- oder Verdichterbeschauflung. Innen Laufrad mit rückwärts gekrümmten Laufschaufeln, außen Leitrad mit verschiedenen radialen Diffusorschaufeln; a Leitschaufeln rückwärts gekrümmt, geringe Erweiterung; b vorwärts gekrümmt, zu große Umlenkung und Erweiterung; c gerade Schaufeln; d aus konstruktiven Gründen erhöhte Wandstärke (z. B. Durchführung von Befestigungsbolzen). Eine Kanalerweiterung ist infolge der Radienvergrößerung nach dem Austritt hin leicht möglich, und der Druckanstieg wird durch Fliehkraft unterstützt.

---

[1] *Sörensen, E.:* Gleichdruckgebläse. VDI-Z. Bd. 83 (1939) S. 925/31.
[2] *Lysholm, A.:* Arch. Wärmewirtsch. Dampfkesselwes. Bd. 21 (1940) S. 95/98.

Wegen verzögerter Strömung sind zu starke Erweiterungen, kleine Krümmungsradien und scharfe Ablenkungen besonders zu vermeiden. Die Eintrittsenden der Schaufeln sind gut abzurunden, die Austrittsenden zuzuschärfen, wenn sie nicht durch Abdrehen des Rades außen abgeschnitten werden. Die Geschwindigkeit sollte im Schaufelkanal kein Maximum oder Minimum haben[1].

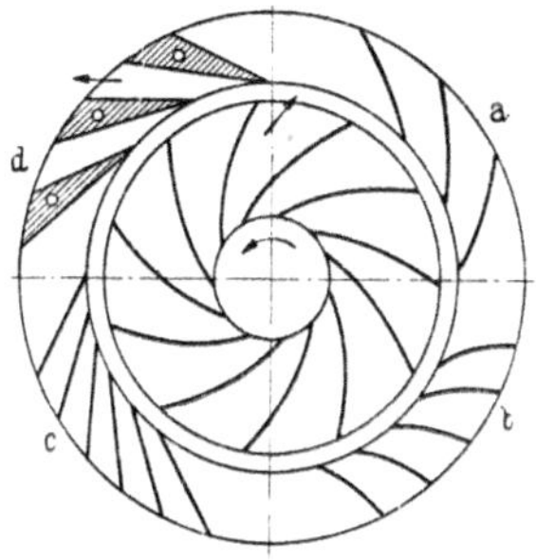

Bild 23. Pumpenlaufrad mit Leitschaufeln verschiedener Form

f) Die **halbaxiale Schaufel** ist eine Zwischenform zwischen der radialen und der axialen Schaufel, vgl. Bild 3. Bei diesem Bild war bereits angedeutet, wie man die Schaufelrichtung in einem beliebigen Schaufelpunkt durch Abwicklung eines Kegelmantels darstellt. Zweckmäßigerweise legt man solche Berührungskegel an die Ein- und Austrittsstellen der Stromlinien, wo die Strömungsrichtung vorgeschrieben ist. Zwischen den Ein- und Austrittskanten ist dann ein stetiger Übergang festzulegen.

Die Angabe der räumlich gekrümmten Schaufelform für die Werkstatt erfolgt in Form von „Schreinerschnitten", die den Höhenlinien bei der Kartendarstellung von Gebirgen entsprechen. Der Modellschreiner hat hiernach Bretter auszuschneiden und in der richtigen Lage übereinanderzulegen; eine Schaufelseite ergibt sich dann als abgestufte Fläche, die noch zu glätten ist. Bei Herstellung von Gußmodellen ist das Schwindmaß zu berücksichtigen.

Räumlich gekrümmte Überdruckschaufeln kommen bei Wasserturbinen, Pumpen sowie bei Gebläsen vor. Man kann sie aus Gußeisen, Stahlguß oder Bronze herstellen oder aus Blech pressen.

Bild 24 zeigt, wie man nach dem Verfahren von *Kaplan* die räumlich gekrümmte Schaufel konstruiert.

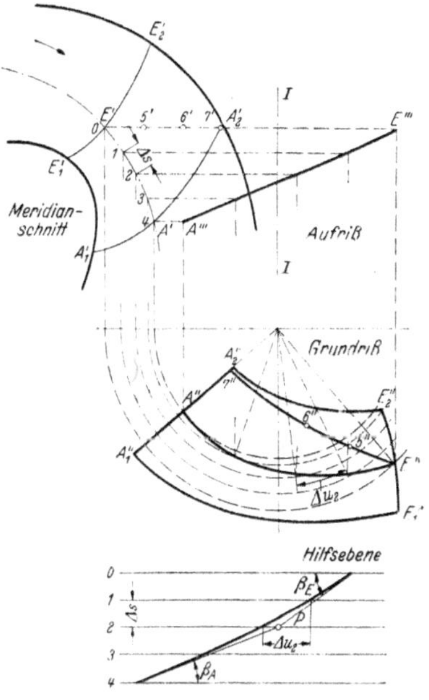

Bild 24
Konstruktion der halbaxialen Schaufel

Gegeben ist der Umriß E_1', E_2', A_2', A_1' der Schaufel im Meridianschnitt (Drehachse $I-I$). In dem Meridianschnitt werden nach bekanntem Verfahren (Bd. I, S. 284) Stromlinien gezeichnet, von denen hier nur eine, $E'A'$, als Beispiel gezeigt ist. Die zu E' und A' gehörigen Schaufelwinkel β_E und β_A gegen die Richtung des Meridianschnittes seien durch die Rechnung bzw. die Geschwindigkeitsdreiecke (vgl. S. 293) gegeben. Gesucht sind die anderen Projektionen der Stromfäden EA und später die Schreinerschnitte. — Man teile die Linie $E'A'$ in mehrere (hier 4) gleiche Teile, Teilungsabstand Δs, Teilungspunkte *0* bis *4*; zeichne eine Hilfsebene mit vier parallelen Streifen von der Breite Δs, lege in diese Hilfsebene eine stetige Linie (Schaufelkontur), welche an ihren Enden die gewünschten Winkel β_E bzw. β_A hat. Diese Linie enthält ungefähr die schwächste Krümmung (geringe Verluste), wenn die Endtangenten sich auf der mittleren Parallelen schneiden (Schnittpunkt P). Den Parallelen *0* bis *4* der Hilfsebene entsprechen Kreise, die im Grundriß in wahrer Gestalt, im Meridianschnitt und in der Projektion senkrecht dazu (Aufriß) als gerade Linien erscheinen (beide gestrichelt; Kreisradius aus dem Meridianschnitt). Das Fortschreiten der Schaufelkontur in Umfangsrichtung, Längen Δu_1 bis Δu_4, kann

[1] *Pantell, K.:* Konstruktion Bd. 1 (1949) S. 77/82.

aus der Hilfsebene in den Grundriß übertragen werden. Hierdurch ergibt sich die Grundrißprojektion $E''A''$ der gesuchten Kurve, welche punktweise durch Herausloten in den Aufriß übertragen werden kann. Das Verfahren ist für mehrere Stromlinien zu wiederholen, so daß die ganze Schaufelfläche in regelmäßigen Abständen erfaßt ist. Durch Zusammenfassen von Punkten, die in gleicher Höhe liegen (z. B. E', $5'$, $6'$, $7'$), erhält man zuletzt im Grundriß die Begrenzungslinien (E'', $5''$, $6''$, $7''$) der Schreinerschnitte.

Das beschriebene Verfahren läßt es noch offen, in welchem Abstand man die einzelnen Stromlinien E'' A'' im Grundriß nebeneinanderlegt. Man kann hierfür eine Bedingung vorschreiben, z. B. radiale Lage der Austrittskante $A_1''A_2''$ im Grundriß. Wenn alle Schaufelprojektionen und Schreinerschnitte stetig verlaufen, ist auch die Forderung nach einer überall stetigen Schaufelfläche erfüllt.

Werden die Schreinerschnitte zum Herstellen einer Biegevorrichtung für Blechschaufeln benutzt, so genügt es, wenn man die Konstruktion für eine Schaufelseite durchführt. Bei Schaufeln mit veränderlicher Dicke („Profilierung") ist dagegen das Verfahren für Ober- und Unterseite getrennt durchzuführen.

g) Tragflügelschaufeln werden als Überdruckschaufeln bei Wasserturbinen (Bauart Kaplan), Dampf-, Gas- und Windturbinen angewendet. Als Diffusorschaufeln kommen sie bei Pumpen, Verdichtern und Propellern vor. Tragflügelschaufeln mit reiner Gleichdruckwirkung sind nicht gebräuchlich, weil bei Schaufelgittern für Gleichdruck meist eine zu hohe Umlenkung verlangt wird. Berechnung der Tragflügelschaufeln s. S. 318.

4. Der Leitapparat

a) Leitapparat, Leitrad. Hierunter versteht man im allgemeinen die Anordnung von einer Anzahl Düsen oder Schaufeln, die im Gegensatz zum Läufer feststehen. Einstufige Strömungsmaschinen brauchen nicht immer einen Leitapparat zu haben (Ventilatoren, Windräder, Propeller). Mehrstufige Maschinen müssen hingegen (sofern nicht gegenläufig, vgl. S. 363) zwischen den einzelnen Laufrädern stets Leitapparate erhalten; denn die Anströmrichtung eines Laufrades muß verschieden sein von der Abströmrichtung des vorhergehenden Rades; andernfalls könnte man beide Räder zu *einer* Stufe vereinigen. Konstruktive Ausbildung der Leitapparate siehe bei den einzelnen Maschinenarten. Wenn die Schaufeln einen vollen Ring am Umfang bilden, spricht man auch von *Leiträdern*. Bei Wasserturbinen und manchen Verdichtern paßt man die Schaufelrichtung durch Verstellen dem gewünschten Betriebszustand an.

b) Die **Spirale** ist zugleich Leitvorrichtung, welche die Geschwindigkeit ändert, und Gehäuseteil, der das Medium zu den Schaufelkanälen hin verteilt (Turbine) oder es von dort sammelt (Arbeitsmaschine). Sind mehrere Rohrleitungen am Umfang angeschlossen, so spricht man von „Mehrstutzenspiralen".

Bild 25 zeigt das Schema eines Spiralgehäuses, wie es z. B. an einer Pumpe vorkommt. Zwischen dem Laufrad und der Spirale kann auch noch ein Leitrad angeordnet sein, ähnlich der Turbine Bild 74, S. 352. Der innerste Punkt der Spirale, das Ende der „Zunge", habe den Radius r_z. Die Berechnung sei an einem radial gerichteten Querschnitt $A-B$ erläutert, der um den Winkel φ gegen das Zungenende versetzt ist. Zur Querschnittsermittlung brauchen nur zwei Größen bekannt zu sein, nämlich das durch die Spirale strömende Volumen Q_{spir} in m³/sek und der Drall $rc_u = k$ beim Eintritt in die Spirale. Dieser ergibt sich aus der Berechnung der Beschauflung, s. S. 311 u. 346. Die Spirale soll so ausgelegt sein, daß die aus dem Laufrad kommende Flüssigkeit an allen Teilen des Laufradumfanges den gleichen Druck vorfindet. Dies ist z. B. bei freiem ungestörtem Abfluß nach allen Richtungen der Fall. In der freien Strömung gilt der S. 295 angegebene Drallsatz. Die Spiralquerschnitte müssen also so bemessen sein, daß sich bei einer Geschwindigkeitsverteilung nach dem Drallsatz das richtige Volumen ergibt. Betrachten wir im Querschnitt $A-B$ einen Teilstreifen von der Breite b und dem Achsabstand (Radius) r, so ist die Geschwindigkeit an dieser Stelle k/r und das Durchflußvolumen $\Delta Q = kb \cdot \Delta r/r$. Das Durchflußvolumen

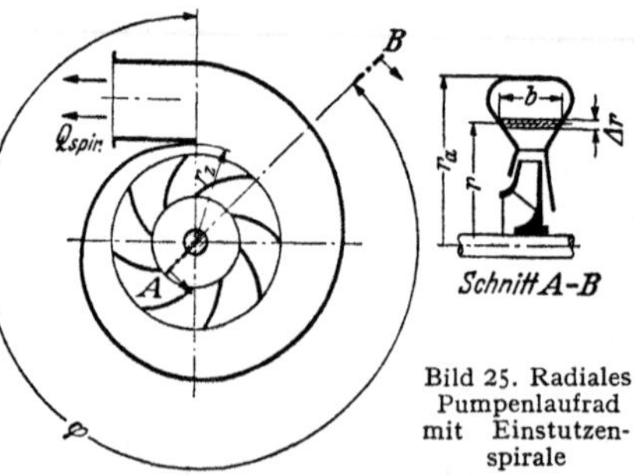

Bild 25. Radiales Pumpenlaufrad mit Einstutzenspirale

für den ganzen Querschnitt ergibt sich durch Summenbildung von innen nach außen zu

$$Q_\varphi = k \int_{r_z}^{r_a} \frac{b\,\mathrm{d}r}{r} \text{ in } \frac{\mathrm{m}^3}{\mathrm{sek}}.$$

Der Querschnitt bei $A-B$ hat nicht das gesamte Durchflußvolumen aufzunehmen, sondern — entsprechend dem bis dahin zurückgelegten Laufradumfang — nur den Anteil $Q_\varphi = Q_{\mathrm{spir}} \cdot \varphi/360°$. Hiermit ergibt sich die Gleichung für die Spiralenbemessung:

$$\int_{r_z}^{r_a} \frac{b\,\mathrm{d}r}{r} = \frac{Q_{\mathrm{spir}}}{k} \frac{\varphi}{360} \text{ in m}.$$

Für konstante Spiralbreite b (Rechteckquerschnitt) läßt sich der Integralwert berechnen (Bd. I, S. 82). Es ergibt sich dann unmittelbar für die erforderliche Breite

$$b = \frac{Q_{\mathrm{spir}}}{k} \cdot \frac{\varphi}{360} \frac{1}{\ln(r_a/r_z)} \text{ in m}.$$

Spiralgehäuse für die Turbinen (umgekehrte Strömungsrichtung) werden in der gleichen Weise gerechnet. Der Drallsatz gilt im Druckstutzen nicht mehr. Dieser kann daher als Diffusor bzw. Düse ausgebildet werden. Aus der Gültigkeit des Drallsatzes ergibt sich, daß eine Druckumsetzung im gewünschten Sinn (Verzögerung bei Pumpen, Beschleunigung bei Turbinen) nur bei solchen Spiralen stattfindet, die sich von der Beschauflung nach außen erstrecken. Nach innen gezogene Spiralen werden nur bei Raummangel angewendet.

Die oben angegebenen Formeln berücksichtigen nicht den Einfluß der Geschwindigkeitsänderung durch Reibung, haben sich jedoch im allgemeinen bewährt.

c) Ein **schaufelloser Ringraum,** in welchem auf Grund des Drallsatzes eine Druckumsetzung stattfindet, schließt sich oft außen an Radialräder an. Wird dieser Ringraum zur Erhöhung seiner Wirksamkeit mit größerer radialer Erstreckung ausgeführt, so kann er das Leitrad ersetzen, z. B. bei Verdichtern mit Austrittswinkel $\alpha_6 > 15°$. Bei zu flacher Anströmung sind die Strombahnen zu lang und daher die Reibungsverluste zu hoch.

Im Leitring ist $c_u r = \text{const} = c_{6u} r_5$. Da bei nach außen zunehmender Breite Ablösungsgefahr besteht, werden diese Leitringe mit konstanter Breite ausgeführt: vgl. Bild 26. Für diesen Fall gilt auch für die Meridiankomponente $c_m r = \text{const}$ und folglich ebenso für die Gesamtgeschwindigkeit $c r = \text{const} = c_6 r_5$. Es ergibt sich auch $c_m/c_u = \operatorname{tg}\alpha = \text{const}$, d. h. die Stromlinien sind logarithmische Spiralen.

Den Druckgewinn berechnet man für verlustlose Strömung nach der Formel:

$$\frac{\Delta p}{\gamma} = \frac{c_6^2 - c_7^2}{2g} = \frac{c_6^2}{2g}\left[1 - \left(\frac{r_6}{r_7}\right)^2\right] \text{ in m}.$$

Der tatsächliche Druckgewinn beträgt nur 50–70% dieses Wertes (mäßiger Wirkungsgrad). Vorteile des nur selten angewandten schaufellosen Ringraumes: Unempfindlichkeit gegen geänderte Anströmrichtung, d. h. günstige Regeleigenschaften und billige Herstellung.

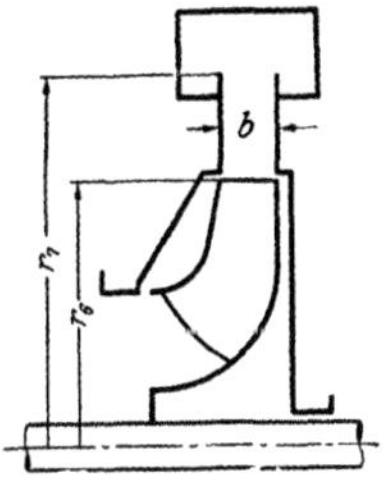

Bild 26. Radialrad mit schaufellosem Ringraum

5. Das Laufrad

Es besteht ebenso wie das gewöhnliche Leitrad aus einer Anzahl von Schaufeln, die gleichmäßig am Umfang verteilt sind. Sonderarten, die diese Grundform kaum noch erkennen lassen, sind die Kanalräder der Schmutzwasserpumpen (vgl. Bild 143/44, S. 397) und der einflügelige Propeller. Man unterscheidet bei den radial und bei den axial durchströmten Laufrädern solche mit und ohne Abdeckung, bei Radialmaschinen „Deckscheibe“, bei Axialmaschinen „Deckband“ genannt. Diese Abdeckung wird dann vorgesehen, wenn die Verluste durch Umströmen der Schaufelkanten wichtiger erscheinen als die Reibungsverluste durch vermehrte Oberfläche, wenn die Zentrifugalbeanspruchungen eine solche Bauart gestatten und wenn der Herstellaufwand nicht zu groß ist. Die Laufräder von Radialpumpen z. B. werden mit den Deckscheiben zusammen aus einem Stück gegossen. Im Laufrad findet die Energieübertragung zwischen Flüssigkeit und Maschinenwelle statt. Deshalb wird dieses wichtigste Bauelement mit besonderer Sorgfalt ausgeführt. Trotz konstruktiver Schwierigkeiten, die durch die Drehzahl entstehen, werden axial beaufschlagte Laufräder auch mit verstellbaren Schaufeln versehen, z. B. Wasserturbinen (Bauart Kaplan), Windräder und Propeller.

C. Hauptgesetze

In Abschn. A 3 und 4 wurden schon allgemeinere Grundlagen der Strömungs- und Wärmelehre behandelt, soweit sie für Strömungsmaschinen besonders wichtig sind. Nunmehr müssen noch einige Gesetzmäßigkeiten dargelegt werden, die mit der Aufgabe der Energieumsetzung zusammenhängen. Es handelt sich hier insbesondere um die zwischen Flüssigkeit und Beschauflung wirkenden Kräfte.

1. Eulersche Gleichung

a) Momente. Das auf einen von a nach e durchströmten Schaufelkranz wirkende Drehmoment folgt aus der Anwendung des Impulssatzes auf die Schaufelkanäle gemäß Bd. I, S. 279 zu:

$$M = Q \cdot (c_{u_a} r_a - c_{u_e} r_e)\,\gamma/g \quad \text{oder} \quad M = Q \cdot \Delta\,(c_u\,r)\,\gamma/g.$$

Dieses *Hauptgesetz der Strömungsmaschinen*, die Eulersche Gleichung, sagt aus, daß derjenige Teil der Maschine, der den Drall verändert, das Moment M aufnimmt. Über die Art des Strömungsverlaufes im Schaufelrad wird dabei nichts vorgeschrieben: Das Rad kann feststehen oder sich drehen; die Schaufeln können kurz oder lang, mehr oder weniger zahlreich und verschieden geformt sein, wobei je nach Güte der Ausführung die Verluste im Kanal größer oder kleiner sein können. Auch wenn sich bei Gasen und Dämpfen die Dichte γ/g zwischen dem Ein- und Austritt ändert, gilt: *Das auf ein Schaufelrad wirkende Drehmoment ist gleich dem Produkt aus sekundlich strömender Masse und Dralländerung.*

Man beachte, daß die Drallwerte $r c_u$ stets mit den Umfangskomponenten der *Absolut*geschwindigkeiten zu bilden sind. Wichtig ist auch die Voraussetzung *stationärer* Strömung. Die Geschwindigkeiten, obgleich an den einzelnen Stellen verschieden, müssen also an jedem Punkt zeitlich unverändert sein. Diese Forderung ist bei „endlicher Schaufelzahl" (S. 315) meist nicht streng erfüllt. Durch die Nachwirkung einer vorhergehenden rotierenden Beschauflung entstehen z. B. in einem feststehenden Rad periodische Druck- und Geschwindigkeitsschwankungen. Man kann jedoch auch in diesem Fall, bei „quasistationärer" Strömung, die Eulersche Gleichung anwenden, da sich die Einflüsse der periodischen Schwankungen gegenseitig aufheben. Bei $M = 0$ (z. B. reibungsfreie Strömung im schaufellosen Ringraum) ergibt sich auch nach der Eulerschen Gleichung der schon auf S. 295 und 308 erwähnte Drallsatz $r c_u = \text{const}$.

b) Energieübertragung. Wenn das Schaufelrad rotiert, wird die Leistung

$$M\omega = Q\gamma H_L \text{ in mkg/sek}$$

übertragen. Hierbei ist H_L in mkg/kg = m die Energieübertragung zwischen Laufrad und Arbeitsmedium je kg. Durch Einsetzen von M aus der Eulerschen Gleichung erhält man deren zweite wichtige Form:

$$H_L = \Delta\,(c_u r)\,\omega/g = (u_4 c_{3u} - u_5 c_{6u})/g.$$

In dieser Schreibweise bezieht sich das Gesetz nur auf *Lauf*räder. Deshalb wurden die allgemeinen Indizes a und e durch die in Bild 1 für Laufräder eingeführten Zahlen ersetzt. c_{6u} ist die aus dem Austrittsdreieck bestimmbare Umfangskomponente der Strömungsgeschwindigkeit unmittelbar nach Radaustritt. c_{3u} ist die entsprechende Komponente vor Beginn der Laufradeinwirkung. Sie ist z. B. bei einstufigen Pumpen mit einfacher Zuströmung gleich 0 zu setzen, obgleich hier das Fördermedium bereits vor dem Laufrad durch Nabenreibung und Schaufelrückwirkung etwas mitgenommen wird. — Da die Richtung der Arbeitsübertragung in Turbinen- und Pumpenrädern verschieden ist, ergibt sich in beiden Fällen ein verschiedenes Vorzeichen. Wenn man es nur mit Pumpenrädern zu tun hat, wird man zweckmäßigerweise den rechtsstehenden Klammerausdruck mit umgekehrten Vorzeichen schreiben, damit sich auch hier positive Werte H_L ergeben.

Auch inder zweiten Form ist das Gesetz für Gase und Dämpfe mit veränderlichem spezifischen Gewicht ebenfalls gültig. Versteht man unter ΔP_L die Änderung des Gesamtdruckes $P + \gamma c^2/2g$ im Laufrad, so ist bei Flüssigkeiten einfach $H_L = \Delta P_L/\gamma$. Bei Gasen und Dämpfen kann man in entsprechender Weise schreiben: $H_L = \Delta P_L/\gamma_m$, wobei γ_m ein hier nicht näher definierter mittlerer Wert (im allgemeinen kein arithmetisches Mittel) ist.

Somit gilt nach der Eulerschen Gleichung:

$$\Delta P_L = (u_4 c_{3u} - u_5 c_{6u})\,\gamma_m/g\,.$$

Eine gewisse Druckänderung bedingt also bei kleinen spez. Gewichten (Gase und Dämpfe) große Gefälle bzw. Förderhöhen und große Geschwindigkeiten. Deshalb sind die Gefälle bzw. Förderhöhen und Drehzahlen bei Verdichtern sowie Dampf- und Gasturbinen höher als bei Pumpen und Wasserturbinen gleicher Größenordnung.

c) Verluste. Bei praktischer Anwendung der Eulerschen Grundgleichungen entsteht die Frage, wie die Verluste in der Rechnung zu behandeln sind. Man kann zwei verschiedene Gruppen von Verlusten unterscheiden, und zwar:

1) Verluste, die auf dem Wege des Arbeitsmediums durch die Schaufelkanäle und das Gehäuse auftreten, innere Flüssigkeitsreibung, Flüssigkeitsreibung an den Kanalwänden, Stoßverlust, Umlenkungs-, Verwirbelungs- und Ablösungsverlust. Alle diese Durchströmverluste seien, bezogen auf 1 kg, mit V_{Str} bezeichnet.

2) Verluste, die sich in einer Bremswirkung auf den Läufer äußern: Lagerreibung, Reibung der Radwände an der Flüssigkeit, Ventilation nicht beaufschlagter Beschauflungsteile. Obgleich es sich auch hier vorzugsweise um Strömungsverluste handelt, seien sie ihrer Wirkung wegen als V_{mech} bezeichnet.

d) Die **Energiebilanz** fällt bei Turbinen und Verdichtern verschieden aus, obgleich in beiden Fällen die Energieumsetzung im Laufrad gemäß der Eulerschen Gleichung stattfindet. Damit dies bei der *Turbine* möglich ist, muß das zur Verfügung stehende Gesamtgefälle H um die Strömungsverluste und den Austrittsverlust größer sein als die an das Laufrad übertragene Energie H_L. Die effektiv an der Kupplung zur Verfügung stehende Energie H_{eff} in mkg/kg ist um V_{mech} kleiner. Es ergibt sich also:

Gesamtgefälle $H = \Delta(c_u r)\,\omega/g + V_{\mathrm{Str}} + c_7^2/2g$,
an das Laufrad übertragen: $H_L = \Delta(c_u r)\,\omega/g$,
an der Kupplung nutzbar (effektiv): $H_{\mathrm{eff}} = \Delta(c_u r)\,\omega/g - V_{\mathrm{mech}}$.

Hierbei ist c_7 die Austrittsgeschwindigkeit, $c_7^2/2g$ der Austrittsverlust. Es lassen sich nun folgende Wirkungsgrade definieren:

$$\eta_{\mathrm{hydr}} = H_L/H \quad \text{und} \quad \eta_{\mathrm{eff}} = H_{\mathrm{eff}}/H.$$

Naturgemäß ist:

$$H > H_L > H_{\mathrm{eff}} \quad \text{und} \quad \eta_{\mathrm{hydr}} > \eta_{\mathrm{eff}}.$$

Bei der *Pumpe* kann man in genau entsprechender Weise vorgehen. Bei der Anwendung der gleichen Grundgedanken ist aber ein praktisch wichtiger Unterschied zu beachten: da die Austrittsgeschwindigkeit zum Weitertransport des Fördermediums in den anschließenden Rohrleitungen häufig benötigt wird oder durch einen Diffusor in Druck umgewandelt werden könnte, bezeichnet man die Geschwindigkeitsenergie am Austritt aus dem Gehäuse $c_8^2/2g$ hier meist nicht als Verlust. Bei Ventilatoren besteht die Förderhöhe oft sogar überwiegend aus diesem „dynamischen Anteil". Der statische Anteil ist für Gase als L_{ad} gemäß S. 297 zu berechnen. Wenn die Förderhöhe demnach ein zusammengesetzter Wert ist, rechtfertigt sich die Bezeichnung $H = H_{\mathrm{stat}} + H_{\mathrm{dyn}}$. Man erhält nunmehr für Pumpen und Verdichter in mkg/kg:

an der Kupplung eingeleitet $H_{\mathrm{eff}} = \Delta(c_u r)\,\omega/g + V_{\mathrm{mech}}$,
an die Flüssigkeit im Laufrad übertragen $H_L = \Delta(c_u r)\,\omega/g$,
nutzbare Energie $H = \Delta(c_u r)\,\omega/g - V_{\mathrm{Str}} = H_{\mathrm{stat}} + H_{\mathrm{dyn}}$,
Wirkungsgrade $\eta_{\mathrm{hydr}} = H/H_L$ und $\eta_{\mathrm{eff}} = H/H_{\mathrm{eff}}$,
Größenvergleich $H_{\mathrm{eff}} > H_L > H$ und $\eta_{\mathrm{hydr}} > \eta_{\mathrm{eff}}$.

Die verschiedene Behandlung der Austrittsverluste kann zur Folge haben, daß trotz geringerer Verluste V_{Str} die bessere Maschine schlechter erscheint. Dies ist bei Vergleichen zu beachten.

In jeder Form der Eulerschen Gleichung sind Differenzen von Drallwerten oder Geschwindigkeitsprodukten enthalten. Wenn die Richtung des Dralles am Ein- und Austritt des Rades verschieden ist, wird die Differenz zur Summe, und die übertragene Arbeit ist besonders groß. Bild 27 zeigt zur Erläuterung dieser Möglichkeit den Teilschnitt senkrecht zur Drehachse eines radialen *Turbinen*laufrades. Die Turbinenwirkung hat zur Voraussetzung, daß außen, am Eintritt, ein starker Drall in Drehrichtung besteht. Innen, am Austritt, strebt man häufig den Drall 0 an, weil hierbei die Austrittsgeschwindigkeit den kleinstmöglichen für den Weitertransport benötigten Wert hat: Kleiner Austrittsverlust, Geschwindigkeitsrichtung *b*. Hat die Absolutgeschwindigkeit hier hingegen die Richtung *a*, negativer Austrittsdrall („Gegendrall"), so ist die übertragene Energie bei gleichbleibender Zuströmgeschwindigkeit und Drehzahl vergrößert. Die austretende Flüssigkeit übt noch einen Rückdruck in Drehrichtung aus. Umgekehrt ist es bei positivem Austrittsdrall (Gleichdrall), Pfeil *c*.

Bild 27. Turbine

Bei Umkehrung sämtlicher Pfeilrichtungen gilt Bild 27 auch für *Pumpen*laufräder. Hier ist das Vorzeichen des Austrittsdralles (außen) durch die Wirkungsweise als Pumpe (Energiezufuhr in die Flüssigkeit) festgelegt, und die kleineren Drallwerte am Eintritt können verschiedenes Vorzeichen haben.

Bei Turbinen ändern sich i. a. die Abströmrichtungen, wenn eine Abweichung vom Normalbetriebspunkt eintritt. Bei Windturbinen, welche kein Leitrad besitzen, muß stets Gegendrall am Austritt vorhanden sein, damit eine Leistungsübertragung überhaupt zustande kommt. Bei Pumpen ist, wie schon angedeutet, die Zuströmung meist senkrecht. Bei einigen Verdichtern regelt man die Förderhöhe durch Änderung des Vordralles („Dralldrossel").

2. Energieumsetzung

a) Druckverlauf. Eine besondere Eigentümlichkeit der Eulerschen Gleichung besteht darin, daß sie nichts über den Druckverlauf in Strömungsrichtung aussagt. Auf S. 305 u. 307 waren *Schaufelgitter* gezeigt worden, in denen der Druck konstant ist (Gleichdruckwirkung), und solche, in denen er zu- oder abnimmt (Überdruckwirkung bei Turbinen, Diffusorwirkung bei Pumpen). Die Eulersche Gleichung zeigt, daß zur Arbeitsübertragung im Laufrad nur *eine* Bedingung erfüllt sein muß, nämlich Änderung der Absolutgeschwindigkeit. Im Laufrad kann der Druck also bei Turbinen und Pumpen entweder konstant sein oder sich ändern. Wenn er sich ändert, muß er im Turbinenrad ab- und im Pumpenrad zunehmen. Man spricht dann von Überdruckwirkung der Maschine. In Ausnahmefällen kann auch der umgekehrte Druckverlauf vorkommen, z. B. bei entsprechend ausgelegten Axialgebläsen oder bei extrem geregelten Betriebspunkten in für Gleichdruck ausgelegten Maschinen. Nachstehend Beispiele zum Druckverlauf.

1. Bild 1 zeigte eine Maschine mit Überdruckwirkung. Bei Turbinenbetrieb in Leit- *und* Laufrad verengte Schaufelkanäle, also Geschwindigkeitsanstieg und Druckabnahme. Bei Pumpenbetrieb in beiden Rädern Druckzunahme. Von Bild 2 gilt Entsprechendes.

2. Bild 4: Gleichdruckwirkung. Ein- und Austrittsquerschnitt der Laufschaufelkanäle infolge gleicher Winkel ungefähr gleich.

3. Bild 14: Besonders charakteristische Gleichdruckwirkung. Umsetzung von Druck in Geschwindigkeit nur in der Düse. Drucksenkung außerhalb der Düsenöffnung ist nicht möglich, weil der Wasserstrahl mit der freien Atmosphäre in Berührung ist („Freistrahlturbine").

Der Druckverlauf soll nun zahlenmäßig untersucht werden. In Bild 28 sind die zu den Punkten *3* und *6* unmittelbar vor und nach dem Laufrad einer Turbine gehörenden Geschwindigkeitsdreiecke dargestellt, man kann sich dieses Bild auf Bild 2 gelegt denken. Nach der Eulerschen Gleichung ist die je kg im Rad übertragene Arbeit

$$H_L = (u_4 c_{3u} - u_5 c_{6u})/g.$$

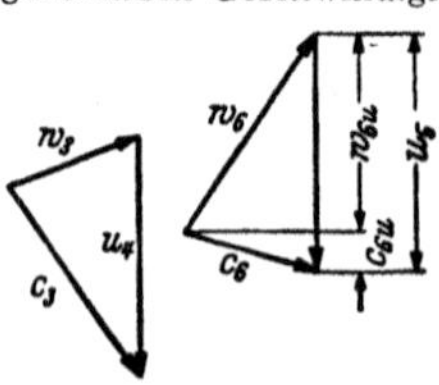

Bild 28. Turbine

Ist c_1 die Geschwindigkeit vor dem Leitrad (Punkt *1*), so wird der Druckabfall im Leitrad unter Vernachlässigung der Verluste, die bei dieser ganzen Betrachtung nicht berücksichtigt werden sollen,

$$H_{dyn} = (c_2^2 - c_1^2)/2g.$$

Setzt man voraus, daß sich eine Stufe mit gleichen Geschwindigkeiten anschließt, so ist $c_6 \approx c_1$, und der Druckabfall im Laufrad entspricht dem Restgefälle $H_p = H_L - H_{\text{dyn}}$. Für Pumpenwirkung kann man in entsprechender Weise schreiben

$$H_L = (u_5 c_{6u} - u_4 c_{3u})/g; \qquad H_p = H_L - H_{\text{dyn}} = H_L - (c_7^2 - c_8^2)/2g.$$

b) Der Reaktionsgrad ist das Verhältnis

$$r = H_p/H_L = (H_L - H_{\text{dyn}})/H_L,$$

also ein Maß für den relativen Anteil der Druckumsetzung im Laufrad. Bei mehrstufigen Maschinen spricht man gewöhnlich nur vom Reaktionsgrad der Einzelstufen, da dieser Kennwert sich von Stufe zu Stufe ändern kann. Ersetzt man H_L und H_{dyn} durch die unter a) angegebenen Ausdrücke, so erhält man für r eine etwas umständliche Formel. Es sind aber noch Vereinfachungen möglich: die Meridiankomponente der Geschwindigkeit ist in vielen Fällen in Leit- und Laufrad nahezu unverändert. Ferner kann bei der Turbine der Unterschied zwischen c_2 und c_3 oft vernachlässigt werden; bei der Pumpe gilt ungefähr $c_6 = c_7$. Schließlich ist häufig bei Turbinen $c_{6u} = c_{1u} = 0$; bei Pumpen $c_{3u} = c_{8u} = 0$, d. h. vor und hinter der Beschauflung besteht reine Meridiangeschwindigkeit (einfache Ab- bzw. Zuströmung, geringe Aus- und Eintrittsenergie). Unter diesen vereinfachenden Annahmen ergibt sich

für Turbinen $\qquad r = 1 - c_{3u}/2u_4,$

für Pumpen $\qquad r = 1 - c_{6u}/2u_5.$

Der Reaktionsgrad ist hiernach nur noch von der größten Umfangskomponente der Absolutgeschwindigkeit und von der zugehörigen Umfangsgeschwindigkeit abhängig.

c) Theoretische Radarbeit. Von denselben beiden Größen hängt bei $c_{6u} = 0$ für Turbinen ($c_{3u} = 0$ für Pumpen) auch die theoretische Radarbeit je kg ab; sie ist dann

bei Turbinen $\qquad H_L = u_4 c_{3u}/g,$

bei Pumpen $\qquad H_L = u_5 c_{6u}/g.$

Es sei besonders darauf hingewiesen, daß bei Turbinen und Pumpen die größte Komponente der Absolutgeschwindigkeit, c_{3u} bzw. c_{6u} im allgemeinen die gleiche Richtung wie die Umfangsgeschwindigkeit hat. Die Kombination der letzten beiden Gleichungsgruppen ergibt

bei Turbinen $\qquad H_L = 2u_4^2(1 - r)/g,$

bei Pumpen $\qquad H_L = 2u_5^2(1 - r)/g.$

Diese beiden Gleichungen zeigen, daß für gegebene Umfangsgeschwindigkeit die im Rad übertragene Arbeit am größten bei $r = 0$ ist. Bei $r = 1$ werden die Radarbeiten H_L hiernach 0. Daraus darf nicht etwa geschlossen werden, daß dieser hohe Reaktionsgrad wegen Wirkungslosigkeit sinnwidrig wäre. Es ist nur die Annahme senkrechter Abströmung bei Turbinen ($c_{6u} = 0$) bzw. Zuströmung ($c_{3u} = 0$) bei Pumpen hinter bzw. vor dem Laufrad hier nicht mehr angebracht. $r = 1$ kommt insbesondere bei *Axialverdichtern* (s. S. 314 u. 401) vor.

d) Bei Axialmaschinen strömt die Luft auf Zylinderflächen; es ist $u_4 = u_5 = u$ und daher

$$H_L = u(c_{3u} - c_{6u})/g = u\,\Delta c_u/g.$$

Nimmt man an, daß die Geschwindigkeit vor dem Laufrad eines Axialverdichters ebenso groß ist wie hinter dem Leitrad ($c_3 = c_8$), so daß sich eine Stufe mit gleichen Geschwindigkeiten und Winkeln anschließen könnte („homogene“ Stufenausbildung), so ergibt sich wiederum für den Reaktionsgrad ein einfacher Ausdruck, nämlich:

$$r = 1 - (c_{3u} + c_{6u})/2u = 1 - c_u/u,$$

wenn $c_u = (c_{3u} + c_{6u})/2$. Hiernach muß bei $r = 1$ gelten $c_{3u} = -c_{6u}$, vgl. Bild 29; die Leitschaufeln haben Gleichdruckwirkung, gleiche Winkel am Ein- und Austritt. Da die Luft dem Verdichter im allgemeinen drallfrei zuströmt und auch drallfrei abströmen soll, läßt man das erste Leitrad mehrstufiger Maschinen („Vorleitschaufel") etwa bei I—I beginnen und die Nachleitschaufeln ungefähr bei II—II aufhören.

Aus der letzten Gleichung (die auch für axiale *Turbinen* gilt) sieht man, daß sogar Reaktionsgrade über 1 möglich sind, vor allem bei *Verdichtern:* Wenn zu den Laufschaufeln nach Bild 29 nicht die ausgezogenen, sondern die gestrichelten Leitschaufelkonturen gehören, so ist c_{3u} stärker negativ, $c_{6u} = 0$, also $r > 1$, d. h. Druckabfall im Leitrad trotz Druckanstieg in der ganzen Stufe, vgl. die Geschwindigkeitsdreiecke und den Druckverlauf. Man erkennt aus diesem Beispiel, daß im allgemeinen Fall erst die gemeinsame Betrachtung von Lauf- und Leitrad den Reaktionsgrad erkennen läßt; nur das Gleichdruckrad zeigt schon allein den Reaktionsgrad an.

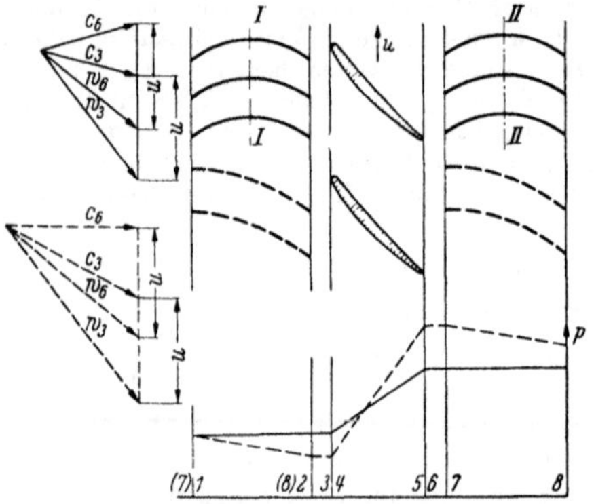

Bild 29. Schnitt durch die Beschauflung einer Axialverdichterstufe. Für Reaktionsgrad $r = 1$: Leitschaufeln, Geschwindigkeitsdreieck und Druckverlauf ausgezogen, für $r > 1$ gestrichelt. Die Punkte 1 und 2 dieser Stufe sind zugleich 7 und 8 der vorhergehenden.

Bei Dampfturbinen sind die Reaktionsgrade 0 (gegebenenfalls mit kleiner Reaktion) und 0,5 üblich, vgl. die Schaufelkonturen und Geschwindigkeitsdreiecke in Bild 4 und 2. Beim Reaktionsgrad 0,5 sind in Dampfturbinen die Eintrittswinkel der Leit- und Laufschaufeln meist 90°, was nicht unbedingte Voraussetzung für $r = 0{,}5$ ist. Es ergeben sich aber so die bei Überdruckwirkung und gegebener Umfangsgeschwindigkeit größtmöglichen Gefälle. Aus der Anwendung der bisher entwickelten Grundsätze folgt nebenstehende Zahlentafel für Dampfturbinen:

		Gleichdruck	Überdruck
r = Reaktionsgrad		0	0,5
Eintritt:	c_{3u}	$= 2u$	$= u$
	w_{3u}	$= u$	$= 0$
	$H_{\text{dyn}} = H_{1-3}$	$= 4u^2/2g$	$= u^2/2g$
	β_3	$\approx 20°$	90°
Austritt:	w_{6u}	$= u$	$= u$
	c_{6u}	$= 0$	$= 0$
	H_{3-6}	$= 0$, weil $w_6 = w_3$	$= u^2/2g$
	$H_L = H_{1-6}$	$= 4u^2/2g$	$= 2u^2/2g$

Die Laufradarbeit $H_L = H_{1-6}$ ist bei Gleichdruck doppelt so groß wie bei Überdruck: Eine Überdruckturbine braucht bei gleicher Umfangsgeschwindigkeit und gleichem Gefälle doppelt so viel Stufen wie eine Gleichdruckturbine. Andererseits ist bei Überdruckschaufeln wegen der geringeren Umlenkung und der kleineren Durchströmgeschwindigkeit der reine Beschauflungsverlust kleiner. Dem stehen andere Nachteile gegenüber, wie meist größere Undichtigkeitsverluste bei Überdruckwirkung und stärkerer Achsschub. Die Aufnahme dieses Achsschubes verursacht gewisse Leistungsverluste und konstruktiven Aufwand, vgl. S. 423.

Bild 30 soll den Unterschied zwischen Gleich- und Überdruckwirkung nochmals deutlich machen; es zeigt für eine Dampfturbine den Verlauf der Drücke p und der Umfangskomponenten c_u über der Stufenzahl. Bei Gleichdruck (ausgezogene Linie) fällt der Druck nur im Leitrad L_e (erste Hälfte jeder Stufe); die Absolutgeschwindigkeit nimmt im Leitrad besonders stark zu. Bei Überdruck (gestrichelte Linie) fällt der Druck sowohl im Leit- als auch im Laufrad, und die Absolutgeschwindigkeit erreicht nicht so hohe Werte. Bild 31 zeigt schließlich

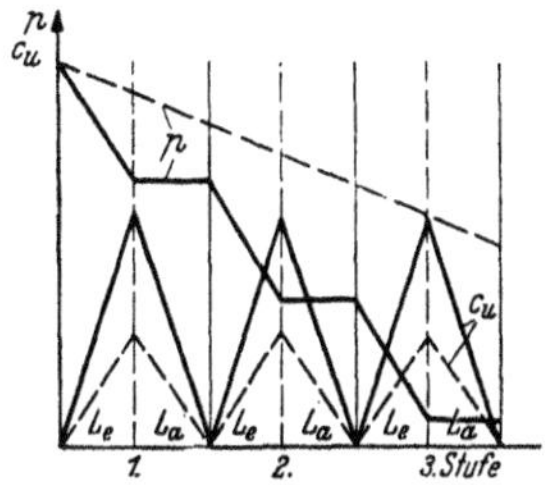

Bild 30. Druck und Geschwindigkeit in Dampfturbinen

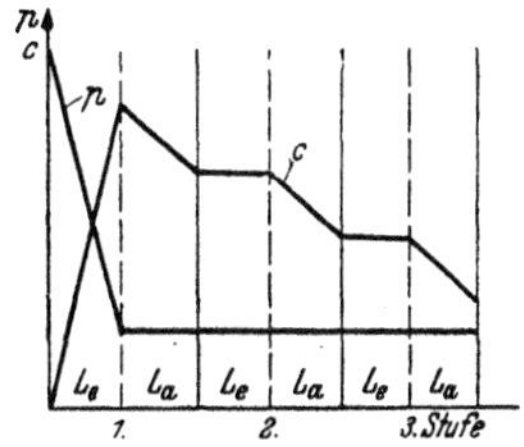

Bild 31. Geschwindigkeitsabstufung

p und c für den Fall der sog. „Geschwindigkeitsabstufung". In einem vorgeschalteten Leitrad wird sogleich ein erhebliches Druckgefälle in Geschwindigkeit umgewandelt. Die nachgeschalteten Lauf- und Leitkränze haben nur Gleichdruckwirkung. Sie lenken den Dampf wiederholt um, wobei er seine Geschwindigkeitsenergie an das Laufrad L_a abgibt. Man kann die drei Laufschaufelkränze mit den beiden Umlenkkränzen und den vorgeschalteten Düsen auch als eine Stufe auffassen. Solche Stufen kommen bei Dampfturbinen vor, vgl. S. 358, Bild 80 u. 81, Curtis-Räder. Sie haben meist „partielle Beaufschlagung". Das heißt, es sind nur an einem Teil des Umfanges Düsen vorhanden; am übrigen Umfang ist das Rad unbeaufschlagt.

3. Einfluß der endlichen Schaufelzahl

a) Stromfadentheorie. Wie auf S. 310 unter b) gezeigt, hängt H_L von den Geschwindigkeiten am Ein- und Austritt des Laufrades ab. H_L soll möglichst für jeden Stromfaden gleich sein; nur in diesem Fall sind günstige Wirkungsgrade zu erwarten. Bei Radialrädern (Bild 1) sind u_4 bzw. u_5 über die ganze Schaufelein- bzw. -austrittskante konstant (oder, bei schräger Schaufelkante, annähernd konstant); und deshalb können auch die Geschwindigkeitsdreiecke über die ganze Radbreite dieselben sein.

Liegen die Schaufelkanten jedoch auf Flächen senkrecht zur Drehachse (Axialmaschinen, Bild 2) oder auf Kegelflächen (Bild 3), dann strebt man bei der Berechnung gewöhnlich ein über die Kanalbreite konstantes Produkt $u_4 c_{3u}$ bzw. $u_5 c_{6u}$ am Ein- bzw. Austritt an. Gilt diese Voraussetzung nicht, wie z. B. bei Abweichung vom Normalbetrieb, so ist die Eulersche Gleichung auf die einzelnen Stromfäden gesondert anzuwenden; es können sich in diesem Fall verlustreiche Querströmungen ergeben, weil Flüssigkeitsteilchen verschiedenen Energieinhaltes i. a. nicht nebeneinanderher strömen, ohne aufeinander einzuwirken.

Oft rechnet man so, als ob die in Bild 3 gezeigte Voraussetzung zuträfe. Man stellt sich vor, daß das Schaufelrad sehr viele dünne Schaufeln und entsprechend enge Schaufelkanäle hat. Dann wird jedes Flüssigkeitsteilchen unmittelbar von einer Schaufel geführt, und die Geschwindigkeiten c und w im Rad sind an allen Punkten eines Kreises um die Drehachse konstant, unabhängig davon, ob der betrachtete Punkt auf einer Schaufel oder in der Mitte eines Schaufelkanals liegt. In Wirklichkeit ist diese rechnerisch bequeme Voraussetzung „unendlicher Schaufelzahl" nicht genau erfüllt.

Während man bei Radialrädern nur *einen* Schaufelschnitt berechnen und entwerfen muß, sind alle anderen Schaufeln durch mehrere nebeneinanderliegende Schnitte darzustellen, die einzeln zu gestalten sind, jedoch zusammen eine stetige Fläche ergeben müssen. Bei axialen Dampfturbinen führt man der billigen Herstellung wegen in den ersten bis mittleren Stufen die relativ kurzen Schaufeln mit gleichem Profil an allen Durchmessern, unverwunden und unverjüngt, aus. Der Profilberechnung legt man dabei die Geschwindigkeitsdreiecke am *mittleren* Durchmesser zugrunde.

b) Wirkliche Verhältnisse[1]. Wie Bild 5 zeigt, ist in Krümmern schon bei Reibungsfreiheit die Geschwindigkeit außen und innen verschieden. Bei nicht reibungsfreier Strömung fällt außerdem die Geschwindigkeit in der Grenzschicht auf 0 ab. Das im Krümmer durch die Fliehkraft erzeugte Druckgefälle drängt die Grenzschicht an den Krümmerseitenwänden nach dem Krümmungsmittel M hin; in der Mittelebene des Krümmers entsteht eine Ausgleichsströmung nach außen; beides zusammen ergibt einen Doppelwirbel (Bild 32), durch den der eigentlichen Durchflußströmung starke Sekundärbewegungen überlagert werden.

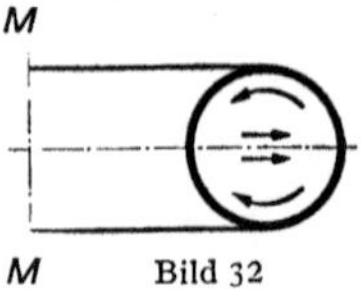

Bild 32

Bild 33 macht deutlich, wie ungleichmäßig die Strömung unter dem Einfluß einer Schaufelreihe werden kann: Unmittelbar hinter den Schaufeln entstehen durch Grenzschichtwirkung Totraumgebiete („Dellen"), und unmittelbar hinter den Schaufelkanälen sind die Geschwindigkeiten verschieden. Erst in größerem Abstand hinter der Schaufelreihe wären die Geschwindigkeiten durch turbulente Vermischung wieder ausgeglichen. Da sich gewöhnlich die nächsten Schaufeln nahe vorbeibewegen, werden sie pulsierend angeströmt, was Schaufelschwingungen zur Folge haben kann (vgl. S. 331). Das Geschwindigkeitsbild wird durch den nächsten Schaufelkranz zerhackt, kann aber trotzdem noch dahinter feststellbar sein[2].

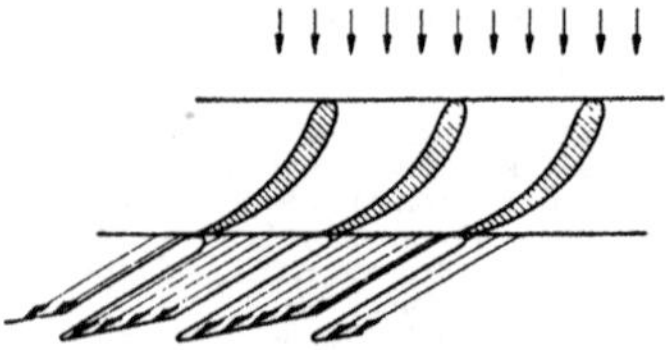
Bild 33

c) Minderleistung. Die angedeuteten komplizierten Strömungsverhältnisse haben zusätzliche Verluste („Sekundärverluste") zur Folge, die durch Annahme entsprechender Wirkungsgrade oder Verlustbeiwerte bei der Berechnung zu berücksichtigen sind. Man kann dann weiterhin nach der Stromfadentheorie rechnen, muß jedoch bei Verzögerungsbeschauflungen noch berücksichtigen, daß die Strömung die durch die Schaufelkontur vorgeschriebene Umlenkung nicht ganz mitmacht, und zwar aus folgenden Gründen:

1. Das Bild der reibungsfreien Strömung, welches sich für glatten Zu- und Abfluß theoretisch ermitteln läßt, zeigt eine geringere Umlenkung der *mittleren* Stromfäden.

2. Durch den Reibungseinfluß können auf der Unterdruckseite der Schaufel Toträume entstehen. Dadurch wird ebenfalls die Umlenkung verringert.

Bild 34 zeigt strichpunktiert, wie in Kanalmitte eines Pumpenlaufrades die Strömung ungefähr verläuft. Früher suchte man durch besonders lange parallele Führung am Austritt des Schaufelkanals jede „Minderleistung" zu vermeiden. Heute vergrößert man den Austrittswinkel der Schaufel gegen über dem Sollwert der Strömung; diese „*Winkelübertreibung*" ist wirkungsvoller und hat wegen der kürzeren Kanäle kleinere Reibungsverluste zur Folge.

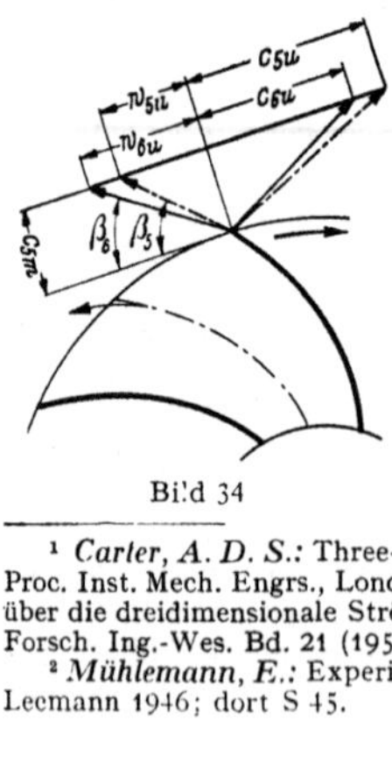

Bild 34

[1] *Carter, A. D. S.:* Three-dimensional-flow Theories for Axial Compressors and Turbines. Proc. Inst. Mech. Engrs., London, Bd. 159 (1949) S. 255/67. — *Schäffer, H.:* Untersuchungen über die dreidimensionale Strömung durch axiale Schaufelgitter mit zylindrischen Schaufeln. Forsch. Ing.-Wes. Bd. 21 (1955) S. 9/19 u. 41/49.

[2] *Mühlemann, E.:* Experimentelle Untersuchungen an einer axialen Gebläsestufe. Zürich: Leemann 1946; dort S. 45.

Pfleiderer[1] bestimmt die Winkel unter der Voraussetzung, daß die Winkelübertreibung von dem Druckunterschied zwischen Vorder- und Rückseite der Schaufel abhängt. Er berechnet den Austrittswinkel des Rades nach der einfachen Stromfadentheorie (unendliche Schaufelzahl), aber unter der Voraussetzung, daß das Rad eine stärkere Dralländerung bewirken müßte, als sich aus den Betriebsverhältnissen ergibt. Dieser größeren Dralländerung entspricht ein Wert c_{5u} für die Umfangskomponente der Austrittsgeschwindigkeit, der größer ist als der Wert c_{6u}, der tatsächlich erreicht werden muß. Die größere Dralländerung $\Delta(r c_u)_\infty$ wird aus der für den Betrieb erforderlichen Dralländerung $\Delta(r c_u)$ wie folgt berechnet:

$$\frac{\Delta(r\, c_u)_\infty}{\Delta(r\, c_u)} = \frac{r_5\, c_{5u} - r_4\, c_{3u}}{r_5\, c_{6u} - r_4\, c_{3u}} = \frac{H_{L\infty}}{H_L} = 1 + \psi' \frac{r_5^2}{z S}.$$

Hierbei ist $S = \int_{r_4}^{r_5} r\, dx$ das statische Moment des im Meridianschnitt gemessenen mittleren Stromfadens (Bild 19). Bei rein radialen Rädern gilt $S = (r_5^2 - r_4^2)/2$ und bei Axialrädern $S = x r$ (Bild 36). Für den Erfahrungswert ψ' kann gesetzt werden $0{,}6 + \beta_5/125$ bis $0{,}75 + \beta_5/90$. Die größeren Werte sind beim Fehlen von Leiträdern und Deckscheiben anzunehmen, die kleineren bei rückwärtsgelegten Schaufeln sowie bei Vorhandensein von Leitapparaten und Deckscheiben. Auf Grund der angegebenen Beziehung kann man die ideellen Umfangskomponenten der Absolut- und Relativgeschwindigkeit am Radaustritt berechnen:

$$c_{5u} = c_{6u} + \Delta(r\, c_u)\, \psi'\, r_5/z S; \qquad w_{5u} = u_5 - c_{5u}.$$

Die relative Abströmung ist bei $c_{5u} \leqq u$ durch Minderleistung flacher als das Schaufelende (Bild 34). Der Schaufelaustrittswinkel folgt aus

$$\operatorname{tg} \beta_5 = c_{5m}/w_{5u} \quad \text{mit} \quad c_{5m} = \frac{Q_5}{\pi\, d_5\, b_5}\, \frac{t_5}{t_5 - \sigma_5}.$$

Das Verhältnis der Förderhöhe zum entsprechenden Rechnungswert bei unendlicher Schaufelzahl, H_L/H_∞, ist kein Wirkungsgrad, da die Minderleistung durch endliche Schaufelzahl kein Verlust ist, sondern auch in der verlustlos arbeitenden Maschine, bei reibungsfreier Strömung, vorkommt.

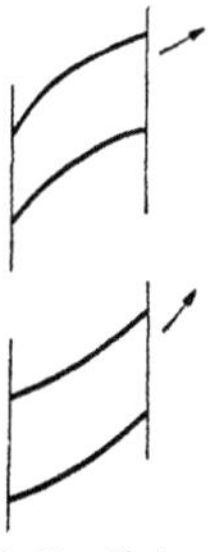

Bild 35. Entsprechend Bild 2 durch ein Schaufelrad gelegter Teilschnitt (Schaufelabwicklung). Oben Verzögerung (Pumpe), unten Beschleunigung (Turbine). Die flachere Abströmung bedeutet beim Pumpengitter schwächere, beim Turbinengitter stärkere Umlenkung.

Aus dem Bild der reibungsfreien Strömung ergibt sich, daß nicht nur, wie berechnet, am Austritt des Rades, sondern auch am *Eintritt* eine Winkelübertreibung vorhanden ist. Diese kann aber gewöhnlich vernachlässigt werden. Würde man sie berücksichtigen, so müßte man bei Pumpen die Winkel am Radeintritt flacher stellen, als der Anströmrichtung entspricht. Zu kleine Eintrittswinkel sind wegen zu enger Kanäle ungünstiger als etwas zu große Winkel; außerdem ist durch den Einfluß der Reibung (Mitnahme des Fördermittels in Drehrichtung schon vor dem Laufrad; Wandreibung vor dem Leitrad) die tatsächliche Relativanströmung steiler als die errechnete. Am Eintritt heben sich also zwei entgegengesetzte Einflüsse auf, so daß sie beide nicht berücksichtigt zu werden brauchen. Am Eintritt von Pumpen- und Verdichterleiträdern wird die Schaufel sogar meist steiler gestellt[2]; nach *Pfleiderer* $\operatorname{tg} \alpha_{7\,\text{Schaufel}} = \mu \operatorname{tg} \alpha_{7\,\text{Strömung}}$ mit $\mu = 1{,}15$ bis $1{,}8$.

Bei *Turbinen* braucht man oft überhaupt nicht mit einem Neigungsunterschied zwischen der Strömung und den Schaufelenden zu rechnen. Dies ist unter anderem dadurch zu erklären, daß die Strömung sich nach dem Verlassen aller Beschauflungen flacher stellt, wenn die Verengung durch die Schaufeldicke oder Toträume aufhört; die Umfangskomponente der Geschwindigkeit bleibt gleich, die Meridiankomponente wird kleiner. Diesem Flacherstellen ent-

[1] Bei Axialrädern kann man die Winkelübertreibung auch nach *Weinig* ermitteln, Bd. I, S. 316, Bild 85.

[2] *Krisam, F.:* Der Einfluß der Leitvorrichtung auf die Kennlinie von Kreiselpumpen. VDI-Z. Bd. 94 (1952) S. 319/22.

spricht bei Pumpengittern eine schwächere Umlenkung, also Minderleistung, bei Turbinengittern eine Mehrleistung, vgl. Bild 35. Während man den Effekt rechnerisch berücksichtigt, soweit er auf die Schaufeldicke zurückzuführen ist, kann durch Toträume, die infolge von Wandreibung und Strömungsablösung entstehen, bei Turbinenrädern im Gegensatz zu Pumpen eine rechnerisch schwer zu ermittelnde Mehrleistung entstehen. Diese kann sich unter Umständen mit der Minderleistung bei reibungsfreier Strömung gerade aufheben. Es kann also bei Turbinen oft mit genügender Genauigkeit so gerechnet werden, als ob „unendliche Schaufelzahl" vorhanden wäre.

Auch für Verzögerungs*leit*räder von Radialmaschinen pflegt man die Minderleistung nicht zu berücksichtigen. Durch diese Vernachlässigung ergeben sich die an das Leitrad anschließenden Querschnitte (gewöhnlich eine Spirale oder Rückführstufe) etwas zu weit, was nicht ungünstig ist.

4. Tragflügeltheorie

Bei den sehr weit gestellten Tragflügelschaufeln, die z. B. in Kaplanturbinen vorkommen, wird die richtige Wahl der zur Berechnung nach der Stromfadentheorie nötigen Beiwerte schwierig[1]. Das hier zweckmäßige Berechnungsverfahren (Tragflügeltheorie) soll nachstehend für *axial* durchströmte Turbinen und Pumpen gemeinsam behandelt werden[2].

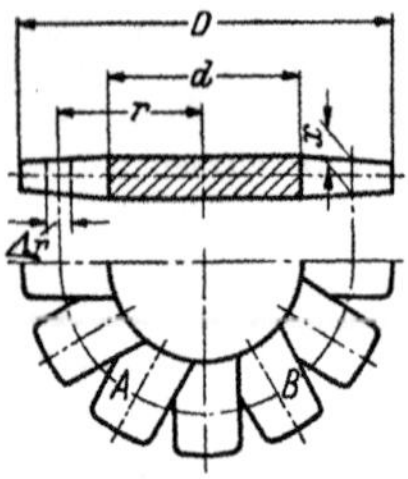

Bild 36. Axialrad

a) Berechnung von Tragflügelschaufeln. Der Außen- und Innendurchmesser, D und d, des Schaufelrades, Bild 36, seien bereits festgelegt. Man denkt sich das Rad in Teilzylinder (mittlerer Radius r, radiale Dicke Δr) zerlegt und wickelt diese ab, Bild 37. Die An- und Abströmgeschwindigkeit w_3 und w_6 seien gegeben, Geschwindigkeitsdreiecke in Bild 37; sie sind, wie schon erörtert, auf Grund der verlangten Durchflußmengen und Radarbeiten festzulegen. Man rechnet am besten[3] für alle Teilzylinder mit gleichem Drall rc_u, gleicher Förderhöhe $r\Delta c_u/g$ und gleicher Meridiangeschwindigkeit

$$c_m = w_m = \frac{4\,Q}{\pi\,(D^2 - d^2)} \cdot \frac{t}{t - \sigma}.$$

Eine wichtige Berechnungsgröße ist die mittlere Anströmgeschwindigkeit $w = {}^1/_2\,(w_3 + w_6)$, Bild 38, ihr Winkel gegen die Umfangsrichtung ist β, ihr

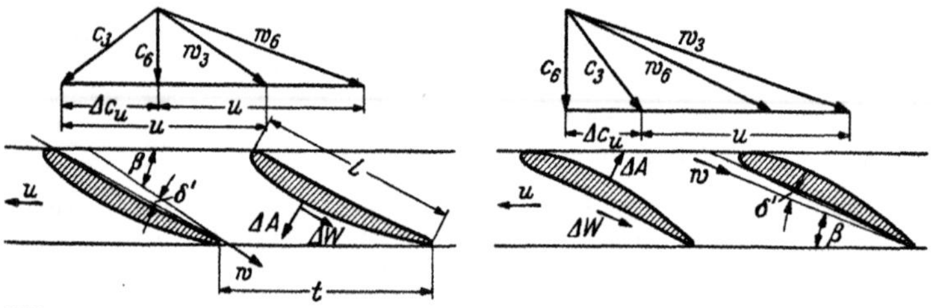

Bild 37. Abwicklung A-B nach Bild 36: Links Turbinen-, rechts Verdichterbeschauflung (aus gleichen Profilen) und Geschwindigkeitsdreiecke (Verdichterbeschauflung mit Vordrall)

[1] *Holzenberger, K.:* Experimentelle Untersuchung der Winkelübertreibung an ruhenden Axialgittern. Konstruktion Bd. 9 (1957) S. 212/25.

[2] *Bauersfeld:* Grundlagen zur Behandlung schnellaufender Kreiselräder. VDI-Z. Bd. 66 (1922) S. 461/65.

[3] Über die allgemeinen Gleichgewichtsbedingungen zwischen den einzelnen Teilzylindern s. z. B. *Hausenblas, H.:* Die radiale Verteilung der Strömung durch Axialturbinen. MTZ Bd. 13 (1952) S. 160/62, ferner die dort angegebene Literatur.

Winkel gegen die an die Schaufelprofile gelegte Tangente δ'. Von diesem Anströmwinkel δ' hängt — wie bei den Tragflügeln der Flugzeuge — die auf die Schaufeln ausgeübte Kraft ab. Sie kann in eine Auftriebskomponente ΔA senkrecht zur Richtung von w und in eine senkrecht hierzu gerichtete Widerstandskomponente ΔW zerlegt werden. Es gilt:

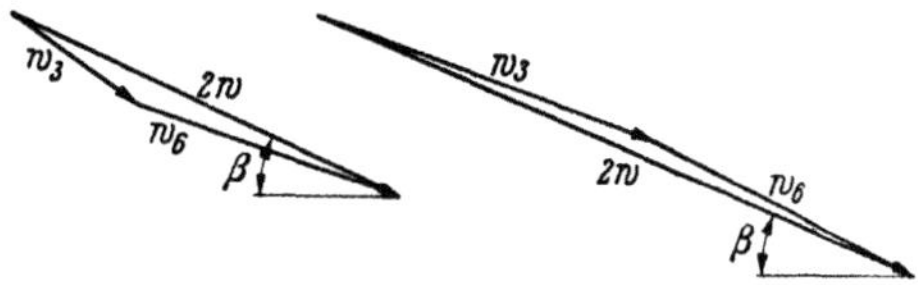

Bild 38. Umlenkungsdreiecke zu Bild 37

$$\Delta A = \zeta_a w^2 L \Delta r \gamma/2g \quad \text{in kg}; \qquad (L = \text{Profillänge}).$$
$$\Delta W = \zeta_w w^2 L \Delta r \gamma/2g \quad \text{in kg};$$

Der Auftriebs- und der Widerstandskoeffizient ζ_a und ζ_w hängen von δ' ab. Diese Abhängigkeit ist bedingt durch die Tragflügelform (z. B. Dicke und Wölbung) und wurde für eine große Anzahl von Einzelprofilen im Windkanal gemessen[1]. In Deutschland wird sie meist in Form der sogenannten Polare dargestellt, Bd. I, S. 310. Die hiermit gegebenen Kennwerte c_a und c_w eines Einzelflügels vom Breitenverhältnis b/L sind auf die Strömung am seitlich durch Wände begrenzten Flügel (ebene Strömung) umzurechnen gemäß

$$\zeta_a = c_a/0{,}85\,; \qquad \zeta_w = c_w - 1{,}04\, c_a^2\, L/\pi\, b; \qquad \delta' = \delta - \frac{0{,}93\, c_a}{0{,}85 \cdot 4 b/L} \cdot \frac{180}{\pi}.$$

Bei dem im Windkanal meist gewählten Breitenverhältnis $b/L = 5$:

$$\zeta_w = c_w - c_a^2/15{,}1\,; \qquad \delta' = \delta - 3{,}1\, c_a \quad \text{in Grad.}$$

Die Polare wird noch durch eine Reihe von anderen Einflüssen abgeändert. Die gegenseitige Beeinflussung benachbarter Schaufeln kann bei $L/t < 1$ u. U. vernachlässigt werden; sie ist in einer Reihe von Arbeiten für reibungsfreie Strömung theoretisch ermittelt worden[2]. Schwieriger sind die Randeinflüsse durch Reibung und Spaltströmungen abzuschätzen. Das gleiche gilt von den Einflüssen, die damit zusammenhängen, daß die Strömung in dem betrachteten Teilzylinder von den benachbarten Zylindern aus durch Fliehkraft und Querströmungen beeinflußt werden kann, was insbesondere bei ungewöhnlichen Betriebspunkten der Fall ist. Am schwierigsten zu ermitteln ist der Einfluß der in Pumpengittern vorhandenen Verzögerung. Bild 39 zeigt eine für Strömungsmaschinen umgerechnete Polare (ausgezogen). Der gestrichelte Verlauf gilt dann für verzögerte Strömung. Infolge von Ablösungserscheinungen wird nur ein kleinerer Höchstlauftrieb erreicht, und die Widerstandskoeffizienten nehmen mit wachsendem ζ_a stärker zu. Theoretisch am günstigsten ist derjenige Punkt der Polare, bei dem das Verhältnis ζ_w/ζ_a ein Minimum wird (Punkt P in Bild 39, Berührungspunkt der vom Koordinatenursprung aus gezogenen Tangente).

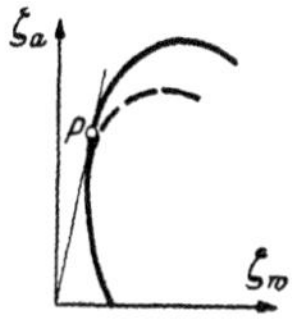

Bild 39. Polarkurve (gestrichelt für Verzögerung)

Bei der Auslegung von Pumpen empfiehlt es sich wegen der geschilderten Verhältnisse, etwas kleinere ζ_a-Werte als bei Turbinen zugrunde zu legen. Die Schaufelprofile sind so zu wählen, daß sich neben kleinem ζ_w/ζ_a auch die konstruktiv erwünschte Schaufeldicke ergibt.

Aus der am Profil wirkenden Kraft und der zwischen zwei Teilschaufeln durchgesetzten Menge kann man mit Hilfe des Impulssatzes die *Umlenkungs*komponente errechnen. Es ergibt sich bei der Benutzung der geometrischen Zusammenhänge:

$$\Delta c_u = \frac{\zeta_a L}{2\,t}\, w\, \frac{\sin(\beta \mp \varepsilon)}{\sin\beta \cos\varepsilon}.$$

Hierbei ist ε, der „Gleitwinkel" des Profils, definiert durch $\operatorname{tg}\varepsilon = \zeta_w/\zeta_a$. Das Minuszeichen gilt für Beschleunigungs-, das Pluszeichen für Verzögerungsgitter.

---

[1] *Riegels, Fr. W.:* Aerodynamische Profile. München: Oldenbourg 1958. — Vgl. a. Bd. I, S. 310.

[2] *Betz, A.:* Näherungsformeln zur konformen Abbildung von Streckenprofilgittern kleiner Teilung. Ing.-Archiv Bd. 28 (1959) S. 6/12, und: Näherungsformeln für die Zirkulationsverteilung um eng stehende Schaufeln. Zeitschr. f. Flugwiss. Bd. 4 (1956), S. 166/69. — *Weinig, F.:* Die Strömung um die Schaufeln von Turbomaschinen. Leipzig: J. A. Barth 1935; dort weitere Literaturangaben.

Für reibungsfreie Strömung ist $\varepsilon = 0$. Auch wenn Profilverluste vorhanden sind, ist ε gewöhnlich so klein, daß $\cos\varepsilon \approx 1$ gesetzt werden kann. Wie die Formel zeigt, wird durch den Einfluß der Verluste die Umlenkung bei Beschleunigung verkleinert, bei Verzögerung vergrößert. Dies wird auch aus den Umlenkungsdreiecken in Bild 40 ersichtlich. Im Vergleich zur reibungsfreien Strömung (gestrichelte Linie) muß beim Vorhandensein von Verlusten die Austrittsgeschwindigkeit kleiner sein. Da infolge unveränderten Volumens die Komponente $c_m = w_m$ gleichbleibt, ergibt sich eine Änderung der Austrittsrichtung und der Umlenkungskomponente Δc_u in dem genannten Sinn. Es ist eine besondere Ausnahme, daß in dieser einen Hinsicht die verzögerte Strömung (Pumpenbetrieb) günstiger erscheint; dieser Vorteil wird durch mäßigere Wirkungsgrade praktisch aufgehoben.

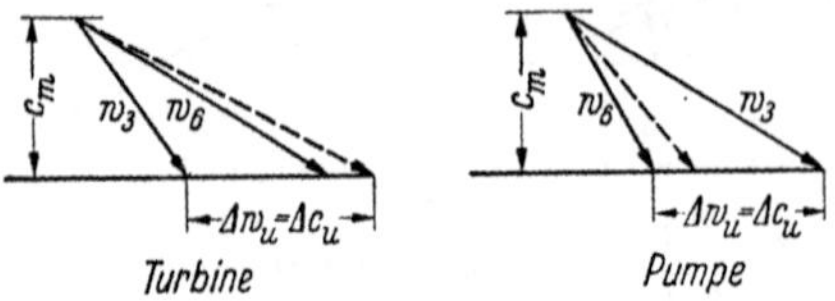

Bild 40
Ausschnitt aus den Geschwindigkeitsdreiecken Bild 37

Für Leiträder, deren Umlenkungskomponente $\Delta c_u = \Delta w_u$ ebenso groß ist wie im zugehörigen Laufrad (Leiträder homogener Stufen), und für Laufräder kann man setzen $\Delta c_u = g H_L / u$ (S. 313). Hiermit ergibt sich, wenn man nach der Profillänge auflöst und $t = \pi D/z$ setzt,

$$z L = \frac{120 g H_L}{n w \zeta_a} \cdot \frac{\sin\beta}{\sin(\beta \mp \varepsilon)}.$$

Für Näherungsrechnungen kann man den zweiten Bruch $= 1$ setzen. Sind die Geschwindigkeiten festgelegt und die Profildaten gewählt (Wert ζ_a), so kann man hiernach das Produkt zL berechnen. – Nach zweckmäßiger Annahme von L (genügende Festigkeit und Re-Zahl, nicht zu große Baulänge) ist z als ganze Zahl festzulegen. Die Winkelstellung des Profils gegen die Umfangsrichtung muß $\beta + \delta'$ bei Pumpen und $\beta - \delta'$ bei Turbinen sein, Bild 37.

Der angegebene Berechnungsgang ist für die einzelnen Schaufelschnitte (Teilzylinder) in der gleichen Weise durchzuführen. Hierbei muß die Radarbeit H_L und zweckmäßigerweise auch die Durchflußgeschwindigkeit c_m für alle Schnitte gleich sein, wobei sich ein stetiger Verlauf der Geschwindigkeitsdreiecke von selbst ergibt. Auch der Schaufelverlauf muß stetig sein. Wenn man nicht für alle Durchmesser mit einem einzigen Profil auskommt, dann sind solche Profile besonders vorteilhaft, deren Form und Verhalten sich stetig abwandeln läßt. Gut geeignet für Schaufelräder ist z. B. die Profilreihe 65 des USA-Luftfahrtinstituts NACA (jetzt NASA). Für verschiedene Wölbungsverhältnisse f/L und Dickenverhältnisse d/L sind Auftriebs- und Widerstandswerte bekannt. Bei stark beanspruchten, stark umlenkenden Profilen am Schaufelgrund wählt man d/L und f/L bis 0,17; am Schaufelkopf bis herab zu $d/L = 0{,}05$ und $f/L = 0$; vgl. auch Bd. I, S. 312.

b) Ähnlich wie die Berechnung von Tragflügelschaufeln ist die **Ermittlung ihrer Profilverluste** möglich. Die Widerstandskomponente W bewirkt einen Impulsverlust, der sich, in den Verlust an Radarbeit umgerechnet, ergibt zu

$$V_L = \zeta_a \frac{w^2}{2g} \frac{L}{t} \frac{\operatorname{tg}\varepsilon}{\sin\beta} \text{ in m.}$$

Hiermit kann man auch einen Beschauflungswirkungsgrad errechnen, wenn man die Radarbeit H_L aus der Gleichung für zL einsetzt. Es wird

$$\text{für Turbinen:} \quad \eta_L = \frac{H_L}{H_L + V_L} = \frac{1}{1 + \dfrac{w}{u} \dfrac{\operatorname{tg}\varepsilon}{\sin(\beta - \varepsilon)}},$$

für Pumpen: $$\eta = \frac{H_L - V_L}{H_L} = 1 - \frac{w}{u}\,\frac{\operatorname{tg}\varepsilon}{\sin(\beta+\varepsilon)}\,.$$

Man erhält z. B. mit den Zahlenwerten $w/u = 1{,}2$, $\varepsilon = 1^\circ$ und $\beta = 20^\circ$ für Turbinen $\eta = 0{,}940$ und für Pumpen $\eta = 0{,}9406$. Der Einfluß des Vorzeichenunterschiedes ist also auch bei gleichem ε nur gering, der Wirkungsgrad im allgemeinen bei Tragflügelbeschauflungen hoch. Die letzten Formeln enthalten allerdings nur die Profilverluste[1].

Die Größenordnung der wichtigsten Werte (Bild 36 u. 37) bei Tragflügelbeschauflungen ist:

$d/D = 0{,}3$ (Ventilatoren) bis 0,85 (letzte Stufe in Axialverdichtern).

$L/t < 1$; ist am mittleren Durchmesser $L/t > 1$, besser Stromfadentheorie.

$\beta = 12$–50°.

5. Beschauflungsvergleich

Bild 41 soll abschließend eine ungefähre vergleichende Wertung verschiedener Beschauflungen erleichtern. Der kennzeichnende Wert L/t ist für die einzelnen Maschinenarten sehr verschieden. Auch innerhalb des gleichen Rades ist er meist verschieden, da t nach außen zunimmt. Die Darstellung beginnt links mit großen Teilungen, also wenig Schaufeln, bei kleinen Profillängen (z. B. Außendurchmesser eines Propellers) und endet rechts bei sehr engen Kanälen. Die weit gestellten Beschauflungen lenken naturgemäß die Strömung weniger stark um; sie sind deshalb selbst weniger gekrümmt. Setzt man überall ungefähr gleiche mittlere Relativgeschwindigkeit, gleiches Durchflußmedium und gleiche Profillänge L voraus und betrachtet einen Teilzylinder von gleichem Durchmesser und gleicher radialer Erstreckung, so lassen sich die eingezeichneten Größen vergleichsweise ermitteln. Die Reibung R_{Sch} an den Schaufeln wächst mit der Oberfläche, also dem Wert L/t. Der Wirkungsgrad η der Beschauflung kann bis etwa $L/t = 2$ gute Werte haben.

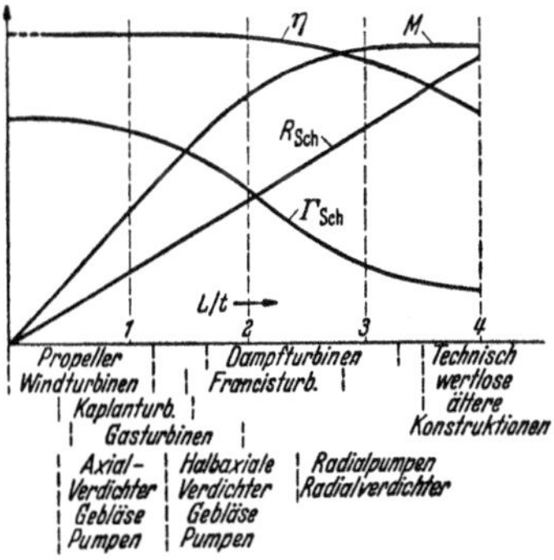

Bild 41. Kennzeichnende Werte verschieden dichter Beschauflungen

Der Abfall des Wirkungsgrades bei engstehenden Schaufeln erklärt sich daraus, daß das übertragene Drehmoment M bei kleineren Teilungen nicht mehr mit der Schaufelzahl zunimmt. Für dieses Moment gilt:

$$M = \frac{\Delta Q \cdot \gamma}{g} \cdot \frac{z\,\Gamma_{Sch}}{2\pi}\,.$$

Hierin ist $z\,\Gamma_{Sch}$ die Zirkulation um alle z Schaufeln. Die Einzelzirkulation $\Gamma_{Sch} = \oint w \cos\alpha \cdot ds$ (Bd. I S. 285) ist proportional der auf die einzelne Schaufel wirkenden Kraft. Sie kann bei weiten Schaufelgittern zunächst unabhängig von der Teilung gleich dem Wert für Einzelflügel gleicher Anströmung sein, fällt aber bei kleineren Teilungen infolge gegenseitiger Beeinflussung der Schaufeln ab. Bei engeren Teilungen wird die für gegebene Schaufelwinkel größtmögliche Gesamtzirkulation praktisch erreicht (Abströmen unter dem Schaufelwinkel β). Eine weitere Steigerung der Schaufelzahl verringert die Gesamtzirkulation durch Reibungswirkung, ist also nur schädlich[2].

Für die vorstehenden Überlegungen ist es, wie schon angedeutet, von Bedeutung, daß die Drücke und Geschwindigkeiten auf beiden Seiten der Schaufel verschieden sind. Die Druckunterschiede vor und hinter der Schaufel sind in vielen Fällen nicht groß, sie können aber auch sehr beträchtlich sein, z. B. bei

[1] Zur genaueren Verlustbestimmung vgl. *Carter* (Anm. 1, S. 316) u. *Hausenblas, H.*: Axialverdichterberechnung in Großbritannien und den USA. Konstruktion Bd. 4 (1952) S. 173/79.

[2] Hierzu auch *Zweifel* gemäß Bd. I, S. 317.

Schiffspropellern 1 kg/cm^2 und darüber, bei Curtisrädern in Dampfturbinen sogar mehrere kg/cm^2. Hier treten innerhalb des gleichen Kanals infolge der hohen Geschwindigkeiten und starken Umlenkungen solche Druckdifferenzen u. U. zwischen den beiden Wänden eines nur wenige mm breiten Schaufelkanals auf.

D. Verluste

Die wichtige Aufgabe, die Summe der Verluste möglichst klein zu halten, ist aus zwei Gründen sehr schwierig und meist nur aus der Erfahrung zu lösen. Erstens sind infolge der Vielzahl von Einflußgrößen die Zusammenhänge schwer zu übersehen oder rechnerisch zu erfassen. Zweitens sind die Unterlagen unvollkommen. Da die Messung von Einzelverlusten schwierig ist, werden an ausgeführten Maschinen meistens nur die Gesamtverluste gemessen.

Durch Verluste wird Bewegungsenergie in Wärme umgesetzt. Bei einer wärmedichten Maschine (keine Ab- oder Zufuhr von Wärme) teilt sich alle hierdurch innerhalb des Gehäuses entstandene Wärme dem arbeitenden Medium mit: Innere Verluste. Nur die Lagerverlustwärme geht bei außenliegenden Lagern über den Ölkreislauf oder durch Abstrahlung andere Wege: Äußere Verluste. Die auf S. 311 mit V_{Str} bezeichneten Verluste sind sämtlich innere, die Werte V_{mech} teils innere, teils äußere Verluste. Die zusätzliche Wärmeaufnahme des arbeitenden Mediums bewirkt eine bei *Gasen* und *Dämpfen* meßbare Temperaturerhöhung gegenüber dem verlustfreien Vorgang und eine entsprechende Erhöhung des Wärmeinhaltes: In Bild 10 und 12 liegt der tatsächliche Endpunkt *2* des Arbeitsvorganges entsprechend höher als der theoretische Endpunkt *2'*. Bei *Flüssigkeiten* dagegen sind die auf 1 kg bezogenen Verlustarbeiten als Bruchteile kleinerer Förderhöhen oder Gefälle (vgl. S. 311) wesentlich kleiner, und da zugleich die spez. Wärme größer ist, verursachen die Verluste nur unbedeutende Temperaturerhöhungen.

Nachstehend eine Übersicht über die einzelnen Verluste.

1. Schaufeln

Die Strömungsverluste V_{Sch} innerhalb eines Schaufelkanals sind denjenigen in einem Krümmer ähnlich, vgl. Bd. I S. 298. Man kann daher auch hier setzen:

$$V_{Sch} = \zeta\, c^2/2g \quad \text{bzw.} \quad \zeta\, w^2/2g \quad \text{in mkg/kg oder m.}$$

Es handelt sich hier um Reibungsverluste, wie sie auch in geraden Kanälen vorkommen, und um Ablösungs- und Verwirbelungsverluste, die mit der Strahlumlenkung zusammenhängen. Da die Strömung in den Schaufelkanälen stets turbulent ist, wachsen auch die Reibungsverluste annähernd mit dem Quadrat der Geschwindigkeit, so daß der obige Ansatz gerechtfertigt ist. Im Dampfturbinenbau berücksichtigt man die Schaufelverluste meist dadurch, daß man die Geschwindigkeit am Kanalaustritt zu derjenigen ins Verhältnis setzt, die sich bei verlustfreier Strömung ergeben würde: $c = \varphi c_0$. Hierbei ist φ ein Erfahrungswert, den man für die Strömung in rotierenden Schaufelkanälen (Laufrädern) auch mit dem Buchstaben ψ bezeichnet. Der Zusammenhang zwischen φ (bzw. ψ) und ζ ergibt sich, wenn man die auf zweierlei Weise gebildeten Ausdrücke für den Verlust einander gleichsetzt zu $\zeta = (1 - \varphi^2)/\varphi^2$. Die Werte φ, ψ und ζ beziehen sich auf die mittlere Geschwindigkeit c bzw. $w = Q/F$ relativ zur Schaufel im *engsten* Kanalquerschnitt F. Die Art der Geschwindigkeitsverteilung über den Querschnitt wird also nicht berücksichtigt. Diese Koeffizienten können daher nur Näherungswerte sein. Ihre Größe hängt von den folgenden Einflüssen ab:

1. Umlenkungswinkel[1] $\Delta\alpha = 180 - (\alpha_1 + \alpha_2)$ bzw. $\Delta\beta = 180 - (\beta_4 + \beta_5)$
2. Reynoldssche Zahl.

[1] Wird in schwach gekrümmten Schaufelkanälen, z. B. Bild 37 links, nicht über die achsparallele Richtung umgelenkt (keine „Hakenschaufeln"), so wird häufig α_1 bzw. β_4 so definiert, daß sich auch hier Werte $< 90°$ ergeben. Mit den Supplementwinkeln zu den in Bild 42 eingezeichneten α_2 bzw. β_4 gilt $\Delta\alpha = \alpha_1 - \alpha_2$; $\Delta\beta = \beta_4 - \beta_5$.

Die Größenordnung dieser beiden Einflüsse ist aus Bild 42 und 43 ersichtlich. In praktisch vorkommenden Fällen liegt ψ zwischen 0,85 und 0,95. Für Düsen wurde schon auf S. 302 $\varphi = 0{,}93$ bis 0,99 angegeben. Für Pumpen $\zeta = 0{,}15$ bis 0,3 in Laufrädern und $\zeta = 0{,}2$ bis 0,4 in Leiträdern.

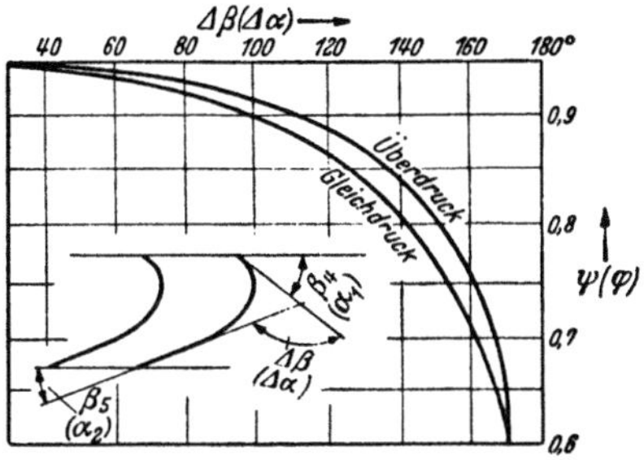

Bild 42. Beschauflungsbeiwert für Dampfturbinen nach *Stodola*

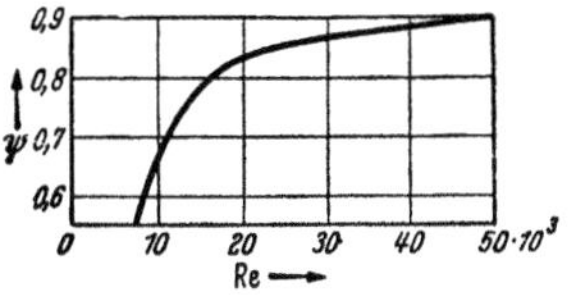

Bild 43. ψ-Werte nach *Fallin* bei einem Umlenkungswinkel $\Delta\beta = 122°$ in Abhängigkeit von $Re = c_0 R_h/\nu$, wobei c_0 relative Austrittsgeschwindigkeit bei verlustloser Strömung und R_h hydraulischer Radius (Bd. I, S. 297) im mittleren Kanalquerschnitt

3. Gesetzmäßigkeit der Umlenkung: Höhere Verluste bei unstetigen Übergängen und bei großem Verhältnis b/r = Kanalbreite/Radius, Bild 5; vgl. die Angaben über Krümmerverluste Bd. I S. 298.
4. Oberflächenrauhigkeit.
5. Verhältnis zwischen Ein- und Austrittsgeschwindigkeit. Die Verluste bei Beschleunigung (Turbine) sind niedriger als bei Verzögerung (Pumpe).
6. Kanalhöhe. Vgl. das unter „Randverluste" Ausgeführte, S. 329.

2. Stoß

Bei Bild 4 ist bereits auf den „Stoßverlust" hingewiesen worden. Weil eine gewisse Schräganströmung insbesondere bei vorn abgerundeten Schaufeln noch nicht schädlich zu sein braucht und weil in vielen Fällen sogar eine schräge Zuströmung (Tragflügel) nötig ist, wäre für V_{St} die Bezeichnung „Verlust durch ungünstige Anströmrichtung" stichhaltiger. Die günstigste Anströmrichtung scheint nicht nur von der Schaufelneigung, sondern auch von der Kanalweite a am Eintritt (Bild 20) und von der weiteren Schaufelkontur abzuhängen. Sie ist also nicht ohne weiteres auf so einfache Weise zu ermitteln, wie in Bild 4 angedeutet.

Bei am Einlauf dünnen Schaufeln ist V_{St} etwa proportional dem Quadrat der Komponente c_{St}, um die von optimaler Richtung abgewichen wird: $V_{St} = \zeta_{St} c_{St}^2/2g$.

Der Stoßkoeffizient ζ_{St} kann 0,6 — 1,0 betragen. Für den Auslegungspunkt sucht man diesen Verlust zu vermeiden; er ist daher hier bedeutungslos. Bei abweichenden Betriebsverhältnissen ist er hingegen Ursache für das Absinken der Wirkungsgrade. Für Betriebspunkte, die im Kennfeld auf einer Parabel durch den Nullpunkt liegen (vgl. S. 417), ist der prozentuale Stoßverlust gleich, da die Geschwindigkeitsdreiecke ähnlich sind, der Wirkungsgrad daher nicht sehr verschieden.

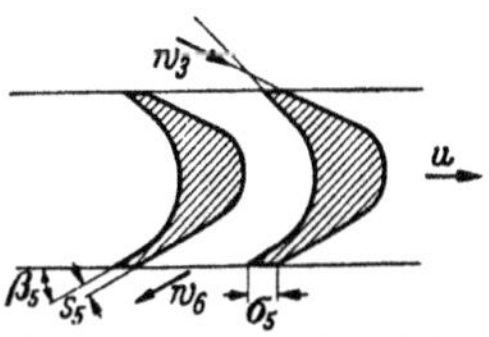

Bild 44. Laufschaufelkanal einer Gleichdruck-Dampfturbine. Am Austritt Strömung und Schaufelkontur ungefähr parallel

In vielen Fällen, insbesondere bei Gleichdruck-Dampfturbinen, haben die Schaufeln vorn auf der Vorder- und auf der Rückseite verschiedene Neigung, Bild 44. Als günstigste Zuströmrichtung wird häufig eine mittlere Neigung oder diejenige des Schaufelrückens zugrunde gelegt. „Rückenstoß" wird hier meist für schädlicher (weil bremsend) gehalten als Auftrieb erzeugender „Bauchstoß".

3. Spalt und Dichtung

Der Raum zwischen Leit- und Laufrad wird bisweilen mit Spalt bezeichnet. Hier können z. B. bei Gleichdruck-Dampfturbinen zusätzliche Verluste dadurch auftreten, daß der Dampfstrahl auf die Stirnseite des Deckbandes (vgl. Bild 56) auftrifft. Die eigentlichen Spaltverluste entstehen jedoch dadurch, daß das Medium unter dem Einfluß eines Druckgefälles durch enge Spalte strömt, ohne zur Nutzarbeit beizutragen: Bei Turbinen arbeitet im Laufrad eine um den Spaltverlust verkleinerte Menge $Q_L = Q - Q_{Sp}$; bei Pumpen ist vom Rad entsprechend mehr zu fördern: $Q_L = Q + Q_{Sp}$.

a) Schaufelspalt. Bei *axial* durchströmten Maschinen, Bild 45, befindet sich zwischen Leitschaufelenden und Läufer sowie zwischen Laufschaufelenden und Gehäuse ein Spalt, sofern kein Deckband vorhanden ist. Die Spaltweite sei s. Wenn es sich um eine Reaktionsbeschaufelung, also verschiedene Drücke vor und hinter dem Schaufelgitter handelt, ist für die durch den Spalt strömende Menge der Ansatz naheliegend: $Q_{Sp} = F_{Sp}\,\alpha\,\sqrt{2g\Delta H}$.

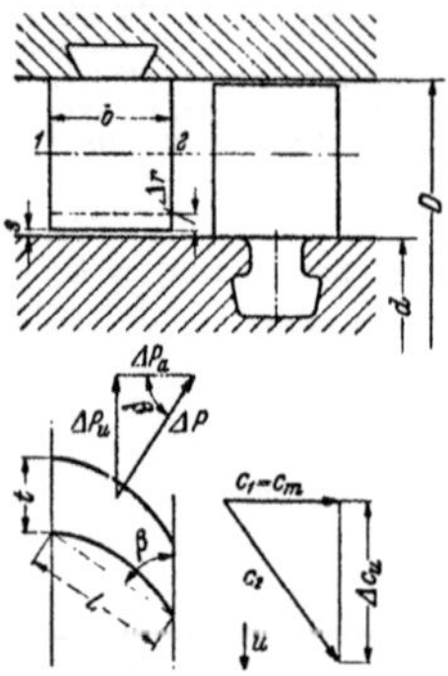

Bild 45. Ausschnitt aus Bild 2. Unmittelbar an Trommeloberfläche, am Durchmesser d, bewegt sich das Medium mit dem Läufer („Grenzschicht"). Hierdurch wird die Spaltströmung bei Turbinenleitschaufeln gehindert, bei Verdichterleitschaufeln gefördert. — Durch die feststehende Grenzschicht an der Gehäusewand (Durchmesser D) wird ebenfalls die Spaltströmung bei Turbinenlaufschaufeln gehindert, bei Verdichterlaufschaufeln unterstützt.

Hierbei ist F_{Sp} die ringförmige Spaltfläche, also z. B. für den inneren Spalt an den Leitschaufelspitzen $F_{Sp} = s\pi d$. Es entspricht $\Delta H = \Delta P/\gamma$ dem Druckunterschied zwischen beiden Seiten des Schaufelkranzes. Dieser Wert ist für Gleichdruckschaufeln $= 0$. Trotzdem ist auch hier ein Spaltverlust vorhanden, denn infolge des Druckunterschiedes zwischen der Vorder- und Rückseite der einzelnen Schaufeln werden die Schaufelenden mit einer Geschwindigkeit c_{Sp} umströmt, deren Mittelwert ungefähr proportional dem Wert $\sqrt{2c_m t\,\Delta c_u/b}$ ist, wie sich bei Betrachtung der am Schaufelende wirkenden Drücke aus dem Impulssatz und der Bernoulli-Gleichung ergibt. Hieraus folgt:

$$Q_{Sp}/Q = K s L z \sqrt{2t\,\Delta c_u/b\,c_m}/F_m = \zeta_{Sp}\,.$$

Die Werte L, t, b und Δc_u beziehen sich auf die Stelle, an welcher der Verlust auftritt, also auf das Ende der Schaufel. K ist ein Koeffizient, durch den die Durchflußwiderstände im Spalt (Kontraktion und Grenzschichteinflüsse) sowie die Ungenauigkeit der Annahmen berücksichtigt werden; er liegt bei etwa 0,3 bis 0,8. Vom prozentualen Mengenverlust hängt auch der Leistungsverlust ab. Da jene Flüssigkeit, die im Leitrad nicht umgelenkt wurde, im Laufrad auch keine Arbeit überträgt, muß man die Verluste von Leit- und Laufrad addieren:

$$\zeta_{Sp_{Stufe}} = \zeta_{Sp_{Le}} + \zeta_{Sp_{La}}.$$

ζ_{Sp} ist um so größer, je größer die Summe der Spaltflächen sLz im Verhältnis zur Durchflußfläche $F_m = \pi\,(D^2 - d^2)/4$ ist, je größer die Umlenkungskomponente Δc_u und je höher der Reaktionsgrad r. Bei großem r und flacher Schaufelstellung ist der zuerst genannte Ansatz ausreichend.

Bei nicht abgedeckten Turbinenschaufeln, Bild 45, wird die Spaltströmung durch Grenzschichteinflüsse

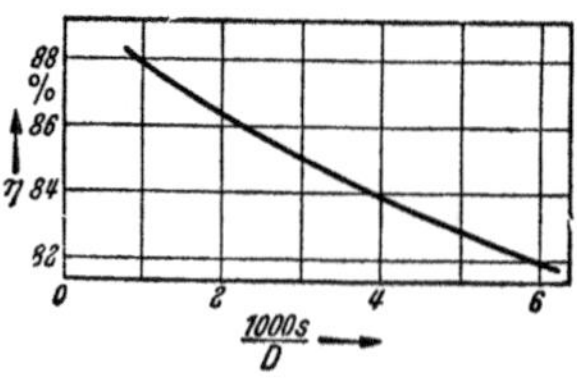

Bild 46. Einfluß des Laufradspaltes auf den Wirkungsgrad nach *Canaan-Lell*

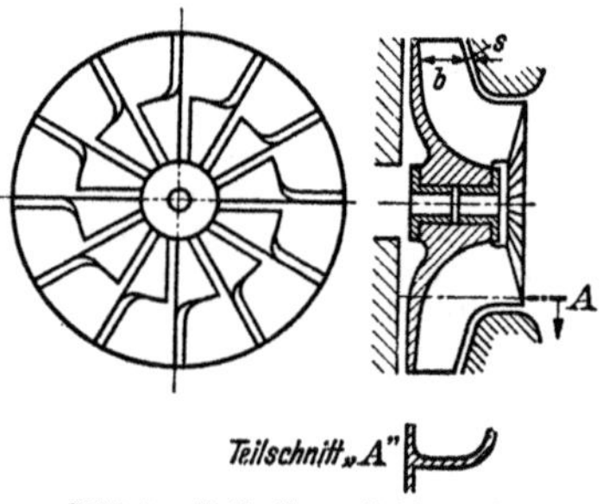

Bild 47. Halboffenes Gebläserad

gehemmt; von der Wand, an welche die Schaufeln grenzen, geht eine entgegengesetzte Reibungswirkung aus. Bei Pumpen ist es umgekehrt[1]. Bild 46 zeigt das Ergebnis von Messungen an Kaplanturbinen.

Bei radial durchströmten Rädern von Verdichtern wird die Deckscheibe wegen der hohen Fliehkräfte oft weggelassen, Bild 47. Hier ist die Spaltwirkung annähernd gegeben durch:

$$\Delta H/H = \Delta\eta/\eta = (1{,}5 \text{ bis } 3)\, s/b;\; Q_{\mathrm{Sp}}/Q = (0{,}75 \text{ bis } 1{,}5)\, s/b.$$

Der Einfluß von Δc_u ist hier schon in dem Erfahrungswert enthalten. Im vorliegenden Fall handelt es sich meist um Räder mit verhältnismäßig starker Umlenkung ($\beta_s = 90°$).

An Windrädern und Propellern werden infolge der freien Flügelenden wie bei Tragflügeln Widerstände induziert (Bd. I, S. 317/18). Sie verursachen Verluste und beeinflussen die optimale Auslegung der Räder.

b) Deckbänder, Bild 48, verringern die Spaltverluste und werden insbesondere bei kurzen Gleichdruckschaufeln (wie in Curtis-Rädern) angewendet. Hier kann gerechnet werden, wie weiter unten für Labyrinthe angegeben; der Druckunterschied $p_3 - p_6$ hängt naturgemäß vom Reaktionsgrad ab. Die ausführbare Spaltweite richtet sich nach der Werkstattgenauigkeit und den Verformungen im Betrieb; Anstreifen muß auf jeden Fall vermieden werden. Für radiale Spalte (Bild 48 außen) ist üblich $s \geqq D/1000$; axiale Spalte wegen relativer Längsdehnungen und etwaiger Läuferverschiebung im Lager größer.

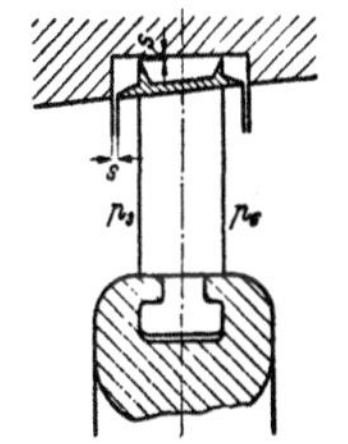

Bild 48
Dampfturbinen-Laufschaufel mit Deckband. 4 Dichtstellen

Bei Radialrädern mit Deckscheibe entsteht ein Spaltverlust in Pumpen nach Bild 49 dadurch, daß ein Teil der Flüssigkeit auf dem angedeuteten Weg um das Laufrad herumfließt. Diese Verlustmengen sind sehr verschieden groß; bei Niederdruckpumpen betragen sie z. B. etwa 2%, bei Hochdruckpumpen etwa 8%.

c) Wellendichtung nach außen erfolgt bei Wasserpumpen meist durch anziehbare Stopfbuchsen (Bd. I, S. 786), bei geringeren Förderdrücken (Kühlwasserpumpen) auch durch Gummimanschetten. Die Spaltwassermenge ist hier vernachlässigbar, jedoch der mechanische Verlust u. U. erheblich, insbesondere bei zu strammem Sitz. In Maschinen für Gase und Dämpfe würden solche Dichtungen zu heiß; hier entweder Kohle- oder Weichmetallstopfbuchsen oder sehr häufig die gänzlich reibungsfreien Labyrinthdichtungen[2], Bild 50, auch „Spitzendichtungen" genannt, obgleich es sich genau genommen nicht um Spitzen, sondern um Schneiden handelt. Die Spaltweite s kann klein sein, da etwaiges Anstreifen weniger gefährlich ist, weil die Schneiden nachgeben; trotz kleinerer Durchmesser als am Laufradumfang auch hier wieder $s \geqq D/1000$, Spaltfläche $F_{\mathrm{Sp}} = \pi s D$. An jeder der z Dichtstellen Druckabfall und Geschwindigkeit, dazwischen Verwirbelung. Wird nirgends die kritische Geschwindigkeit erreicht, so ist das Durchströmgewicht

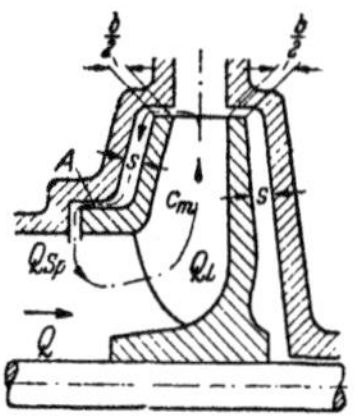

Bild 49
Kreiselpumpenrad mit dem für die Reibungsleistung maßgebenden Wandabstand s

$$G_{\mathrm{Sp}} = \mu F_{\mathrm{Sp}} \sqrt{\frac{g\,(P_1^2 - P_2^2)}{z\, P_1\, v_1}} \qquad \text{(Einheiten in m, kg, sek).}$$

Ist P_2 klein gegen P_1, so vereinfacht sich die Gleichung zu

$$G_{\mathrm{Sp}} = \mu F_{\mathrm{Sp}} \sqrt{g P_1 / z v_1}\,.$$

[1] Sehr groß ist dieser Einfluß nicht; vgl. *Rehbach, J.:* Forsch. Ing.-Wes. Bd. 26 (1960) S. 58/61.

[2] *Groddeck, K. H.:* Probleme der berührungsfreien HD-Stopfbuchsen. Forsch. Ing.-Wes. Bd. 23 (1957) S. 183/95. — *Trutnovsky, K.:* VDI-Z. Bd. 101 (1959) S. 752/55.

Tritt die kritische Geschwindigkeit auf, so geschieht dies zuerst im letzten Spalt; hier ist infolge der Entspannung das Volumen und wegen des unveränderten F_{Sp} auch die Geschwindigkeit am größten. Dieser Fall ist dann gegeben, wenn $P_2 < 0{,}85\, P_1/\sqrt{z + 1{,}5}$. Es gilt:

$$G_{Sp} = \mu F_{Sp} \sqrt{g P_1/v_1\,(z + 1{,}5)} \quad \text{(Einheiten in m, kg, sek).}$$

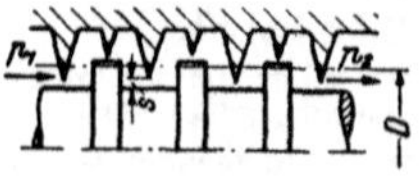

Bild 50. Wellendichtung durch Labyrinth (Schema)

Kontraktionskoeffizient $\mu = 0{,}7$ bis 1. Für Außenstopfbuchsen z bis zu 50 am HD-Ende von Dampfturbinen und bis 30 am ND-Ende; bei Dichtungen gemäß Bild 91 u. 93 auch noch mehr Spitzen.

Labyrinthdichtungen verhindern den Spaltverlust nicht völlig. Für gefährliche Gase daher berührungsfreie Dichtungen gemäß Bild 51 und 52, häufig in Kombination mit anderen Dichtelementen. Rotierender Flüssigkeitsring nur bei laufender Maschine wirksam, deshalb zusätzliche Stillstandsdichtung (z. B. axiales Andrücken des Läufers gegen Dichtfläche) nötig. Gemäß Bild 52 erfordert strömende Sperrflüssigkeit Abflüsse b und besondere Trennung Flüssigkeit/Gas. Als berührungsfreie Wellendichtungen verwendet man für Flüssigkeiten, insbesondere für Schmieröl an Lagern, oft Rückförderschnecken[1].

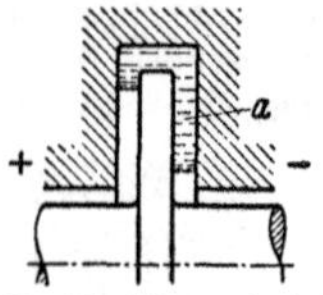

Bild 51. Berührungsfreie Wellendichtung; rotierender Flüssigkeitsring a verhindert Gasdurchtritt von + nach −

Zur Zwischenabdichtung innerhalb des Gehäuses werden bei Gasen und Dämpfen Labyrinthe benutzt. Dabei wegen geringerer Druckunterschiede und knapperen Raumes meist nur wenig, $z = 2$ bis 10, Spitzen. Zwischendichtung in Pumpen gewöhnlich durch einfache zylindrische Spalte, wie in Bild 147 bei a angedeutet. Durchflußmenge:

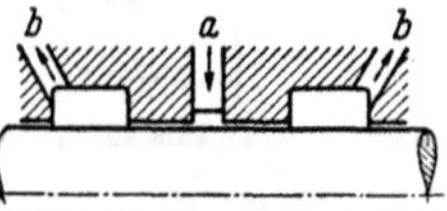

Bild 52. Berührungsfreie Gasabdichtung an Welle durch von a nach b strömende Sperrflüssigkeit

$$G_{Sp} = \pi D s \sqrt{2g\,\Delta P/\gamma}/\sqrt{0{,}02\, l/s + 1{,}5}\,.$$

Hierbei l Spaltlänge und ΔP Druckunterschied zwischen beiden Seiten des Spaltes. Bei seiner Ermittlung aus den Förderdrücken der Laufräder ist Druckverlauf neben rotierenden Rädern durch Rotation der Flüssigkeit (etwa mit $n/2$) zu berücksichtigen.

4. Austritt

Daß die kinetische Energie am Austritt als Verlust oder aber als nutzbare Transportarbeit gelten kann, ist schon auf S. 311 erwähnt worden.

a) Bei **Wasserturbinen** wird die Austrittsenergie durch das Saugrohr, Bild 53, verringert. Es bewirkt, daß auch das Gefälle unterhalb des Laufrades bis UW ausgenutzt wird: Saugwirkung am Radaustritt (Punkt 6). Hier folgt der Druck aus: $P_6/\gamma = 10000/\gamma - h_b - (c_6^2 - c_7^2)/2g + V_{Str}$; bei gleichem Unterwasserstand hat die Eintauchtiefe des Rohres keinen Einfluß. Der Strömungswiderstand V_{Str} ist verhältnismäßig gering. Bei geeigneter Gestaltung und Lage des Saugrohrendes (gute Abrundung am Austritt, genügend Abstand zum Grund $c - c$) kann sogar noch außerhalb des eigentlichen Rohres eine zusätzliche nutzbare Druckumsetzung stattfinden, so daß im Querschnitt 7 der Druck niedriger ist als $10000 + h_a\gamma$, was ebenfalls günstig die Turbinenleistung beeinflußt.

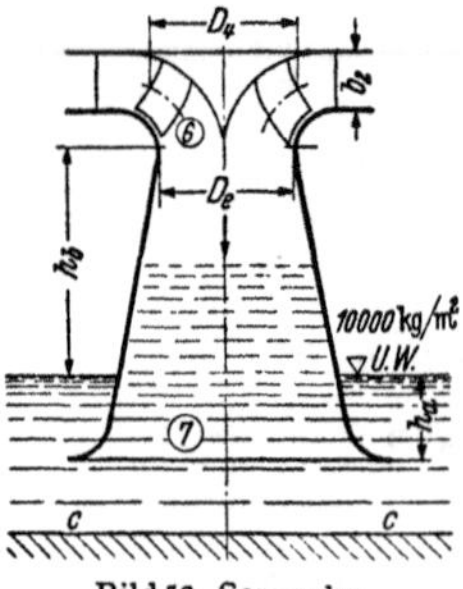

Bild 53. Saugrohr

[1] *Frössel, W.:* Hydrodynamisch wirkende Wellendichtung. Konstruktion Bd. 8 (1956) S. 463/66.

Bei *Wasserturbinen* $c_7 = 0{,}4$ m/sek (Freistrahlturbinen); c_6 bis über 3,0 m/sek (Kaplanturbinen). Die entsprechende Geschwindigkeitsenergie kann bei Kaplanturbinen bis 50% des Gefälles betragen.

b) Bei dem Austritt aus **Dampfturbinen** liegen ungünstigere Verhältnisse vor. Infolge der meist beschränkten Raumverhältnisse ist trotz sorgfältiger Ausbildung des Abdampfstutzens mit nur geringem Druckrückgewinn durch Diffusorwirkung zu rechnen; der Druckgewinn durch verschiedene Höhenlage ist infolge des kleinen γ vernachlässigbar. Bei Turbinen gegebener Drehzahl ist der Spitzendurchmesser der letzten Beschauflung durch Fliehkräfte begrenzt, so daß die Austrittsgeschwindigkeit u. U. eine gewisse Größe haben muß, was Austrittsverluste bis 4% oder 6 kcal/kg zur Folge haben kann. Solche Turbinen für höchstzulässige Austrittsvolumina bei gegebener Drehzahl („Grenzleistungsturbinen") werden zweckmäßigerweise von der letzten Stufe aus gerechnet.

Übliche Werte der Austrittsgeschwindigkeit bei Dampfturbinen: $c_6 < 100$ m/sek bei Gegendruckturbinen, ≈ 100 m/sek bei Kondensations- und bis 250 m/sek bei Grenzturbinen.

Der Austrittsverlust der mittleren Stufen kann praktisch vernachlässigt werden, wenn sich eine richtig ausgelegte Stufe unmittelbar anschließt, in der die Austrittsenergie ausgenutzt wird. Gegebenenfalls kann man zur Berücksichtigung der Übergangsverluste zwischen den Stufen die Verlustbeiwerte φ und ψ der Beschauflung etwas erhöhen. Bei Übergang von partieller zu voller Beaufschlagung (hinter Curtisrad bei Dampfturbinen) ist der Übergangsverlust erheblich höher. Man rechnet hier bei mittleren Beaufschlagungsgraden (vgl. S. 329) mit einem Verlust von $\approx 0{,}5\, c_6^2/2g$.

c) Bei **Gasturbinen** ist trotz strömungsgünstigster Ausführung mit einem Austrittsverlust von etwa 20 bis 50% der Geschwindigkeitsenergie hinter der letzten Stufe zu rechnen.

d) Bei **Windrädern** ist Austrittsverlust für Auslegung entscheidend, vgl. S. 389.

5. Kavitation und Überschall[1]

Die durch Hohlraumbildung (Kavitation) und Erreichen der Schallgeschwindigkeit entstehenden Verluste lassen sich im Gegensatz zu allen übrigen ganz vermeiden. Nach dem Früheren ändern sich die Drücke und Geschwindigkeiten innerhalb der Strömungsmaschinen sehr stark. Wird an irgendeiner Stelle der Flüssigkeitsströmung der Siededruck p' unterschritten, so verdampft die Flüssigkeit hier, es bildet sich ein Hohlraum. Besonders gefährdet sind Pumpen hoher Drehzahl für heißes Wasser (Kesselspeisung). Die Hohlraumbildung beginnt im allgemeinen stets an einer Führungswand (Schaufel oder Gehäuse). Hinter dem Hohlraum stürzt an Stellen steigenden Druckes die Flüssigkeit an die Wand zurück. Dieser Vorgang, Kavitation oder Hohlsog genannt, ist nur bei Flüssigkeiten möglich und bewirkt:

1. Verringerung der Durchflußmenge, da Querschnittsverengung durch Hohlräume.
2. Energieverlust durch Stoß, Wirkungsgradeinbuße von 10–20%.
3. Zunächst porige Anfressungen, dann Materialvernichtung in kurzer Zeit, u. U. nach wenigen Stunden.
4. Knatterndes Rauschen und Erschütterungen.
5. Bei Pumpen führt starker Hohlsog zum Abschnappen (Abreißen der Flüssigkeitssäule im Saugrohr) und Durchgehen der Antriebsmaschine. Bei Turbinen schlechtere Saugrohrwirkung.

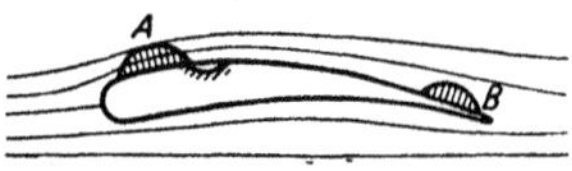

Bild 54. Kavitationsgefährdete Gebiete *A* und *B*

Bild 54 zeigt am Beispiel einer Tragflügelschaufel, an welchen Stellen Hohlsog auftreten kann. An der erhabenen (oberen) Schaufelfläche ist der Druck kleiner und die Geschwindigkeit höher. Da bei Pumpen der Druck von links nach rechts zunimmt, ist links oben (Stelle *A*) niedrigster Druck, evtl. Hohlraum, und rechts davon Anfressung. Bei Turbinen Druckabfall von links nach rechts, daher Stelle tiefsten Druckes weiter rechts (*B*); u. U. Zusammenschlagen der Flüssigkeit erst hinter der Schaufel, was weniger schädlich.

[1] Vgl. *Pfleiderer, C.*: VDI-Z. Bd. 92 (1950) S. 129/33 u. 406/07; 629/35.

Abhilfe: 1. Tieferlegen der Maschine; häufig unter Saugwasserspiegel.

2. Relativgeschwindigkeit klein halten; bei Radialrädern Beschauflung saugseitig weit nach innen ziehen (kleine Umfangsgeschwindigkeit).

3. Zusätzliche Vorschaltpumpe bzw. Nachschaltturbine mit kleinem n und H in tiefer Lage.

4. Eingeleitete Luft kann das Zusammenschlagen der Hohlräume dämpfen, im Übermaß jedoch zum Abreißen der Flüssigkeitssäule im Saugrohr („Abschnappen" bei Pumpen) führen.

5. Durch Wahl geeigneter Werkstoffe kann der Materialvernichtung in gewissen Grenzen vorgebeugt werden.

Zulässige Saughöhe bei *Pumpen:* $h_s = (P_1 - P')/\gamma - V_{Str} - c_s^2/2g - \sigma H_L$; P_1 = Druck in dem Raum, aus dem angesaugt wird; P' = Dampfdruck der Flüssigkeit, z. B. bei Wasser von 15 °C $P' = 173{,}8\ \mathrm{kg/m^2}$ (Bd. I, Anhang); V_{Str} = Verluste im Saugrohr bis Laufradeintritt; σ = 0,1 bis 0,125, Hohlsogbeiwert nach *Thoma*, kennzeichnet den durch Geschwindigkeitswirkung bedingten örtlichen Unterdruck ΔP an der gefährdeten Stelle im Verhältnis zur Förderhöhe. σ für schnellerläufige Maschinen (vgl. S. 337/38) größer als für Langsamläufer, für geometrisch ähnliche Maschinen gleich.

Bei *Wasserturbinen* $h_s = (P_s - P')/\gamma - \sigma \cdot H_L$. Verlust V_{Str} und $c_s^2/2g$ können durch Festlegen der Größe σ mitberücksichtigt sein, da Saugrohr bei Turbinen meist als Teil der Maschine betrachtet. Weglassen von V_{Str} erhöht hier überdies Rechnungssicherheit. σ liegt im Bereich von 0,03 (langsamläufige Francisturbinen) bis 1,05 (schnelläufige Kaplanturbinen). Die Kavitationsgefahr ist in engen Spalten durch höhere Geschwindigkeit vergrößert. Die Spaltkavitation wird bei Kaplanturbinen durch eine außen angebrachte Leiste k (Bild 55) aus geeignetem Werkstoff an der Laufschaufelsaugseite verhindert oder unschädlich gemacht.

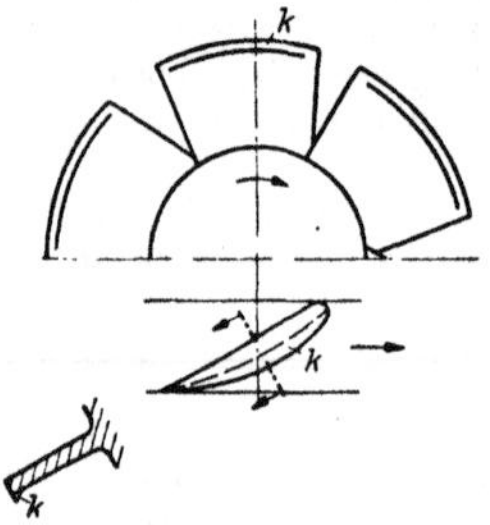

Bild 55. Kaplanrad mit Kavitationsleiste k

An den in Bild 54 angedeuteten Stellen kleinsten Druckes ist gleichzeitig die Geschwindigkeit besonders hoch. Wird hier die *Schallgeschwindigkeit a* relativ zur Schaufel erreicht oder überschritten, so treten ebenfalls zusätzliche Verluste auf. Da $a = \sqrt{g \varkappa R T}$ mit der Temperatur wächst (Bd. I, S. 318), ist dies im allgemeinen bei Verdichtern eher der Fall als bei Dampf- und Gasturbinen. Bei Flüssigkeiten ist das Verhältnis der Strömungsgeschwindigkeit zur Schallgeschwindigkeit, die *Mach*sche Zahl Ma, so klein, daß diese Schwierigkeiten nicht vorkommen. Bei Tragflügelschaufeln darf Ma $= w/a$ den Wert 0,7 nicht wesentlich übersteigen. Dies bedeutet gewisse einschränkende Bedingungen bei der Festlegung der Geschwindigkeitsdreiecke von Verdichtern. — Die schon behandelten Dampfturbinendüsen (S. 300/03) bilden die wichtigste Ausnahme von der Regel, daß Schallgeschwindigkeit vermieden werden soll. Bei ihnen sind infolge der sehr starken Beschleunigung die Verhältnisse besonders günstig. — In Sonderfällen überschreitet man die vorstehend genannten Grenzen unter Inkaufnahme gewisser Nachteile: *Superkavitationspropeller*[1] für schnellste Schiffe und *Überschallverdichter*[2]. Dünne, wenig gekrümmte, vorn scharfe Profile mit niedrigen Auftriebsbeiwerten sind hier zweckmäßig.

6. Verschiedene Verluste

a) Scheibenreibung entsteht an rotierenden Flächen durch das Haften der Flüssigkeit und die hieraus sich ergebenden Nebenströmungen. Es ist:

$$V_{\text{Sch.-Rbg.}} = K \gamma n^3 D^5 (1 + 10\, b/D) \text{ in mkg/sek},$$

hierbei nach *Föttinger*[3]:

$$K = K_0 [1 + 1{,}4\, (s/D - 0{,}01)], \quad \text{wo} \quad K_0 = 3 \cdot 10^{-7}/\sqrt[5]{\mathrm{Re}}; \quad \text{mit} \quad \mathrm{Re} = n D^2/\nu.$$

[1] *Weicker, D.:* Schiff und Hafen Bd. 11 (1959) S. 599/606. [2] *Liepe, F.:* Masch.-bautechn. Bd. 7 (1958) S. 580/85. — *Bischoff, H.:* Luftfahrttechn. Bd. 5 (1959) S. 114/16.
[3] *Pantell, K.:* Versuche über Scheibenreibung. Forsch. Ing.-Wes. Bd. 16 (1950) S. 97. *Suter, P.* u. *W. Traupel:* Untersuchungen über den Ventilationsverlust von Turbinenrädern. Zürich: Leemann 1959.

n ist in U/min einzusetzen, die anderen Dimensionen in m, kg und sek. Entsprechend Bild 49 ist b die Breite des äußeren, an der Scheibenreibung beteiligten Umfanges und s der mittlere Abstand zwischen Radscheibe und Gehäuse. Die Formeln gelten für Re $\geqq 4 \cdot 10^6$ und $s/D \geqq 0{,}01$. Unterhalb dieser Werte ist K erheblich größer. Vorausgesetzt sind ferner hydraulisch glatte Wandungen. Bei sehr großer Rauhigkeit kann K bis auf den doppelten Wert steigen.

b) Die **Ventilationsarbeit** nicht beaufschlagter Beschauflungsbögen bei den vorderen Laufrädern in *Dampfturbinen* kann nach *Stodola* mit der Scheibenreibung gemeinsam berechnet werden gemäß:

$$N_R = K\,[1{,}46\,D^2 + 0{,}83\,D h^{1,5}\,(1-\varepsilon)]\,\gamma u^3 10^{-6} \text{ in PS.}$$

D mittlerer Beaufschlagungsdmr. in m,
u zugehörige Umfangsgeschwindigkeit in m/sek,
h radiale Schaufelerstreckung am Eintritt in cm,
γ spez. Gewicht in kg/m³,
ε Beaufschlagungsrad, Verhältnis der durchströmten Schaufeln eines Laufrades zur gesamten Schaufelzahl.

Erfahrungswert $K \approx 0{,}5$ bis 1 für Heißdampf und Luft, ≈ 1 bis 1,3 für Naßdampf hängt auch hier von Gehäuseform (Wandabstand) ab. Bei guter Umhüllung, insbesondere an den leerlaufenden Schaufeln, ist N_R um 50–75% kleiner als nach dieser Formel errechnet.

c) Grenzverluste entstehen an den Grenzen zwischen dem beaufschlagten und dem nicht beaufschlagten Beschauflungsteil. Ein Strahl verwirbelt an den freien Rändern. Der in den Schaufelkanälen enthaltene Dampf muß am Beginn der Beaufschlagung beschleunigt, am Ende verzögert werden. Die hierzu benötigte Leistung ist Verlust. Deshalb ist $\varepsilon = 1$ erstrebenswert.

d) Randverluste entstehen bei Axialmaschinen an der Nabe und am äußeren Umfang, wo keine Spalten vorhanden sind. Die Verlangsamung durch Reibung bewirkt außer dem unmittelbaren Energieverlust auch falsche Geschwindigkeitsdreiecke (Stoß) und Störung des Gleichgewichts in radialer Richtung. — Bei Radialmaschinen gilt Entsprechendes. Folgerung: Laufräder für große Mengen sind am günstigsten.

e) Die Strömung ist im allgemeinen quasistationär (s. S. 310), d. h. nach Größe und Richtung hochfrequenten Änderungen unterworfen, daher ständige Abweichung von den günstigsten Anströmverhältnissen. Die hierdurch verursachten **„Interferenzverluste“** sind — ebenso wie die unter d) genannten — bei der Festlegung von φ, ψ und ζ praktisch schon berücksichtigt. Gewöhnlich wird die Zahl der Leit- und Laufschaufeln in aufeinanderfolgenden Radkränzen verschieden gewählt. Diese Maßnahme dient mehr dem Vermeiden von Schaufelschwingungen als der Herabsetzung der Interferenzverluste.

f) Dampfnässe setzt den Wirkungsgrad der Dampfturbinen herab. Da die Wassertropfen spezifisch schwerer sind als der Dampf, aber gleichen Druckdifferenzen unterliegen, ist ihre Geschwindigkeit geringer: durch Stoßverluste je 1% Nässe rd. 1% Verkleinerung des Stufenwirkungsgrades und Erosion an den Schaufeleintrittskanten. Sie kann zu Havarien führen, ist bei Überdruckstufen größer als bei Gleichdruckstufen und der Kavitationswirkung verwandt. Deshalb ist man bestrebt, die durch Fliehkraftwirkung nach außen gelangten schädlichen Wassertropfen abzufangen.

g) Äußere Verluste: Lagerreibung (besonders Drucklager) und Leistungsbedarf der Hilfsmaschinen (z. B. Schmierölpumpe) sind bei großen Maschinen unbedeutend, im allgemeinen $< 5\%$. Bei sehr schnell laufenden Maschinen können die Lagerverluste jedoch hoch werden, was bei der Festlegung der Drehzahl zu beachten ist.

h) Wie S. 297 angedeutet, werden oft wärmedichte Wände vorausgesetzt. In Wirklichkeit jedoch durch Strahlung und Konvektion **Wärmeabgabe** nach außen. Hierdurch bei *Dampf-* und *Gasturbinen* Verluste, bei *Verdichtern* sehr geringe Ersparnis an Leistungsbedarf. Wärmeisolierung der heißen Teile, auch der Zuleitungen, bei Turbinen,

Eine Untersuchung aller Verluste zeigt, daß die wichtigsten bei längerer Betriebsdauer die Tendenz haben, infolge Spaltabnutzung sowie Oberflächenverschlechterung durch Korrosion, Ablagerungen und Abnutzung größer zu werden. Dies ist bei der Beurteilung von Abnahmeversuchen zu beachten. Im Gegensatz hierzu können Kolbenmaschinen durch Einlaufen zunächst besser werden.

E. Festigkeit

Die Bauteile der Strömungsmaschinen können durch Überdruckwirkung, durch Fliehkräfte oder durch die bei der Umlenkung der Flüssigkeit (bzw. Gase und Dämpfe) entstehenden Kräfte und Momente beansprucht werden. Ferner ist die Gefahr von Schwingungen vorhanden. Berechnung grundsätzlich mit den schon in Bd. I angegebenen Mitteln der Festigkeitslehre und Mechanik. Daher hier nur kurze Zusammenfassung.

Die nachstehend unter 1 bis 3 (mit Ausnahme von 1c) behandelten Beanspruchungen können auf andere Drehzahlen der gleichen Maschine umgerechnet werden gemäß $\sigma_1 : \sigma_2 = n_1^2 : n_2^2$. Für den durch Strömungskräfte bewirkten Anteil ist dabei gleiches spezifisches Gewicht des Arbeitsmediums und Betrieb auf gleicher Stoßparabel (S. 417) Voraussetzung.

1. Axial durchströmte Laufschaufeln

a) Die **Fliehkraft** eines Schaufelelementes, Bild 56, mit dem Volumen $f\,\Delta r$ ist $\Delta Z = r\omega^2\,\Delta r f\gamma/g$. Hierbei γ spez. Gew. des Schaufelmaterials. Die Summenbildung von außen bis zum Grund $A-A$ (Querschnitt F) ergibt dessen Zugbeanspruchung: $\sigma_z = \Sigma\Delta Z/F$.

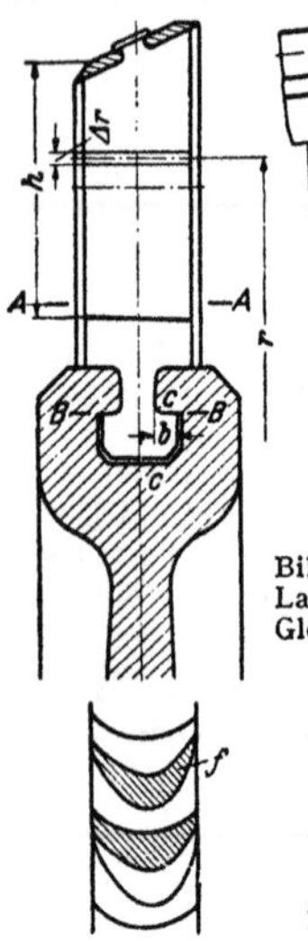

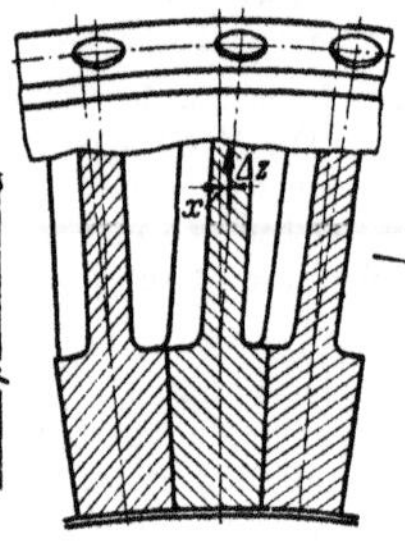

Bild 56
Laufschaufeln einer Gleichdruckdampfturbine

b) Biegebeanspruchung durch Strömungskräfte. Auf jedes Schaufelelement wirkt eine Kraft ΔP, deren Größe und Richtung man aus den Komponenten ΔP_u und ΔP_a ermitteln kann, vgl. Bild 45. Im allgemeinen ist es genau genug, wenn man zur Ermittlung der Resultierenden dieser Kräfte die Verhältnisse am mittleren Radius (Teilung t) zugrunde legt, also rechnet

$$P_u = c_m t h \gamma \Delta c_u/g; \qquad P_a = t h\,\Delta p.$$

Die Resultierende $P = \sqrt{P_u^2 + P_a^2}$ muß nun in zwei Komponenten, P_x und P_y parallel zu den Hauptträgheitsachsen am Fußprofil zerlegt werden. Man kann mit guter Annäherung rechnen, daß eine Hauptträgheitsachse parallel zur Tangente an die Schaufelhohlseite verläuft. Über die Ermittlung des zugehörigen kleinsten Trägheitsmomentes I_y und des Abstandes x_g s. Bd. I S. 346.

Höchste Zugspannung durch Biegung, an der Ein- und Austrittskante des Profils $A-A$ ist: $\sigma_b = hP_x x_g/2J_y$; insgesamt höchste Zugspannung im Grundquerschnitt, an der gleichen Stelle: $\sigma = \sigma_z + \sigma_b$.

Hierbei ist vorausgesetzt, daß die Zentrifugalkräfte ΔZ kein Biegemoment und daher auch keine Biegespannung bewirken. Dies ist der Fall, wenn die Schwerpunkte der Schaufelquerschnitte im Betrieb radial genau übereinanderliegen. Bei der üblichen Anordnung (radiale Schwerpunktslage im Stillstand) entsteht im gebogenen Zustand durch die Fliehkräfte ein kleines kompensierendes Moment, dessen Vernachlässigung die Rechnungssicherheit erhöht. Theoretisch noch günstiger ist eine solche Lage der Schaufelquerschnitte (Vorwärtsneigung bei Turbinen, Rückwärtsneigung bei Pumpen), daß infolge der gegenwirkenden Fliehkräfte am Grundquerschnitt keine Biegung mehr vorhanden ist: $\Sigma(\Delta Z x) + Ph/2 = 0$, vgl. die Schrägstellung der Schaufeln Bild 56 rechts. Jedoch seltener angewandt, da Herstellung und rechnerische Festlegung der Schwerlinie umständlicher sind (elastische Verformung wäre auch zu berücksichtigen) und da bei ungewöhnlichen Betriebspunkten Vorteil verschwindet. In $\Sigma\Delta Z$ ist beim Vorhandensein von Deckbändern oder Bindedrähten auch die hierdurch je Schaufel anfallende Fliehkraft mit einzurechnen.

Ebenso wie für den Grundquerschnitt ist Spannungsermittlung an jedem anderen Schaufelschnitt möglich; jedoch weiter außen Spannungen niedriger, also bedeutungslos, sofern Schaufel nicht übertrieben stark nach außen verjüngt. Im Fußquerschnitt $B-B$ kommen gegenüber $A-A$ die Fliehkräfte des äußeren Fußteiles hinzu. Hier ist noch mit dem vollen, durch die Umlenkungskraft bewirkten Biegemoment zu rechnen, da die gegenseitige Pressung benachbarter Schaufeln nicht immer fest genug zur Aufnahme von Momenten ist. — In Querschnitt $C-C$ Biegung mit dem Moment $b/2 \cdot \Sigma\Delta Z/2$ und Scherbeanspruchung.

Bei mehrfachen Auflageflächen (z. B. Tannenbaumfuß, vgl. S. 366) nicht ganz gleichmäßige Aufteilung der Flächenpressung infolge Herstell-Ungenauigkeit. Hierfür auch bei guter Werkstattarbeit besonderer Sicherheitszuschlag nötig.

c) Selbst wenn eine Schaufel hiernach fest genug zu sein scheint, können noch Brüche vorkommen, und zwar durch **Schwingungen.** Durch das Vorbeistreichen an den Leitkanälen ist die Laufschaufel periodisch wechselnden Kräften ausgesetzt. Obgleich diese Kräfte nur klein sind, darf die Frequenz ihres Wechsels nicht mit der Eigenschwingungszahl der Schaufel übereinstimmen. Die Eigenfrequenz[1] ist um so höher, je kürzer die Schaufel ist. Für die ruhende Schaufel läßt sie sich nach Anschlagen oder Streichen aus der Tonhöhe ermitteln. Durch Fliehkräfte wird die Eigenfrequenz heraufgesetzt. Anregende Frequenzen in 1/sek: $n/60$ und $zn/60$, wenn z die Schaufelzahl des vorhergehenden oder folgenden Schaufelkranzes. Auch ohne benachbartes Schaufelrad können durch Strömungswirkung Schwingungen entfacht werden[2].

Maßnahmen gegen Schaufelschwingungen: Neben Wahl günstiger Eigenfrequenz Zusammenfassen aller oder mehrerer Schaufeln durch dämpfende Bindedrähte oder Deckbänder[3] bzw. deren Segmente („Schaufelpakete"); nachgiebige Schaufelbefestigung, insbesondere bei Gasturbinen und Axialverdichtern („Wackelschaufeln"). Bei Propellern genaue Fertigung und scharfe Hinterkante.

2. Radial durchströmte Laufschaufeln

Die Schaufeln eines Radialrades mit Deckscheibe, Bild 57, sind nur wenig beansprucht, da auf beiden Seiten gehalten.

a) Zentrifugalbeanspruchung. In einer Austrittszwischenschaufel ist die Fliehkraft $\Delta Z = rb\Delta l s\gamma\omega^2/g$. Biegende Komponente senkrecht zur Schaufel $\Delta Z \cos\beta$. Größtes Biegemoment für seitlich fest eingespannte Schaufeln am Schaufelrand gemäß Bd. I S. 368 Nr. 15: $M = \Delta Z \cos\beta \cdot b/12$. Mit einem Widerstandsmoment $W = \Delta l s^2/6$ ist die Biegespannung durch Fliehkräfte

$$\sigma_b = b^2 r\omega^2\gamma \cos\beta/2gs.$$

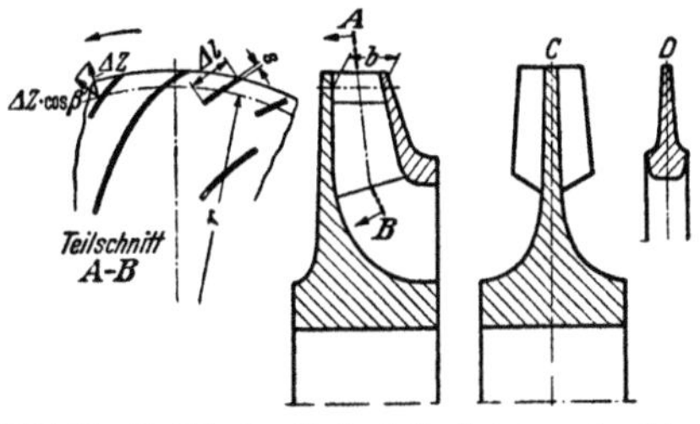

Bild 57. Radialrad mit Austritts-Zwischenschaufeln. Ersatzkörper C und D des Rades und der Deckscheibe für Scheibenberechnung

Die Länge Δl der betrachteten Austrittsschaufel spielt also keine Rolle. Deshalb kann man die gleiche Formel auch zur Ermittlung des mit r veränderlichen Spannungsverlaufs in längeren Laufschaufeln verwenden; dann sind die geringen Längsspannungen in der Schaufel vernachlässigt, was im allgemeinen zulässig ist. Falls nicht mit seitlicher Einspannung gerechnet werden kann, z. B. bei Radialdampfturbinen, ist σ_b im Verhältnis 12 : 8 größer als hier angegeben (Bd. I S. 366 Nr. 13).

b) Außer durch Fliehkräfte wird die Schaufel auch durch **Umlenkkräfte** gebogen. Diese Biegebeanspruchung ist in HD-Verdichtern und HD-Pumpen infolge der geringen Schaufelbreite niedrig. Sie ist bei der Schaufelneigung gemäß Bild 57 für Verdichter der Zentrifugalbeanspruchung entgegengesetzt, so daß ihre Vernachlässigung die Rechnungssicherheit erhöht; bei Ljungströmturbinen

[1] Über die rechnerische Ermittlung: *Thomas, H. J.* u. *H. D. Lewe*: Berechnung von Schaufelschwingungen mit Hilfe elektronischer Rechenanlagen. VDI-Ber. Bd. 30/1958 S. 91/94. — *Kirchberg, G.* u. *H. J. Thomas:* Berechnung von Eigenfrequenzen der Schaufelpakete . . . Konstruktion Bd. 10 (1958) S. 41/50, Bd. 11 (1959) S. 364/66.

[2] Vgl. *Söhngen, H.:* ZAMM Bd. 35 (1955) S. 81/88. — *Gutsche, F.:* Singende Schiffsschrauben. Schiffbautechnik Bd. 7 (1957) S. 26/41.

[3] *Traupel, W.:* Schweiz. Bauzeitg. Bd. 75 (1957) S. 822/24.

(Bild 90) ist es umgekehrt. Auch bei Wasserturbinen ist die Biegespannung im allgemeinen zu groß, um vernachlässigt werden zu können. Die biegenden Strömungskräfte können in entsprechender Weise ermittelt werden wie bei Axialschaufeln. Bei Wasserturbinen hat man u. a. den Einfluß des Eintrittsstoßes zu berücksichtigen, der erhöhte Biegung an der Eintrittskante bewirkt.

Bei Radialrädern ohne Deckscheibe (Bild 47) sind gewöhnlich Schaufeln und Rad aus einem Stück, weshalb eine gemeinsame rechnerische Behandlung, aufgebaut auf den Grundsätzen der Radscheibenberechnung, erforderlich wäre. Da dies kompliziert ist, wird hier der Schleuderversuch bevorzugt.

3. Läufer

a) Rechnungsgrundlagen. Durch die Fliehkräfte der Schaufeln werden axial beaufschlagte Räder am äußeren Umfang, Radialräder in besonders ungünstiger Weise seitlich beansprucht. Deshalb häufig bei Gasturbinen radial gerichtete, bei Radialkompressoren achsparallele Erleichterungsbohrungen in dickeren Schaufeln. Die radiale Spannung am Außenrand von Axialrädern $\sigma_{ra} = \sum Z/(b\pi D_a)$ ist die eine Grenzbedingung für die nachfolgend beschriebene Scheibenberechnung. Andere Grenzbedingung, Radialspannung an der Bohrung, ist danach abzuschätzen, wie fest die Scheibe auf der Welle sitzt, beispielsweise etwa $\sigma_{ri} = -(50$ bis $100)$ kg/cm² Schrumpfspannung. Bei Scheiben ohne Bohrung ist $\sigma_{ri} = \sigma_{ti}$ die innere Grenzbedingung; Radial- und Tangentialrichtung sind bei $r = 0$ identisch. Bei Radialrädern $\sigma_{ra} = 0$, bei den Deckscheiben dieser Räder auch $\sigma_{ri} = 0$. Man nimmt hier zur Vereinfachung der Scheibenberechnung meist an, daß das Rad die Beschauflung allein trägt; ferner, daß Gestalt und Belastung symmetrisch sind, also Ersatzkörper C und D gemäß Bild 57. Hierdurch Spannungen etwas zu gering errechnet, weil Biegung nicht berücksichtigt. Bei den Ringen von Radial-Dampfturbinen ist diese Vereinfachung nicht zulässig. — Erstes Aufzeichnen der Scheibe kann als Scheibe gleicher Festigkeit gemäß Bd. I, S. 407 erfolgen. Jedoch aus Herstellgründen seitliche Begrenzung vereinfacht, keine kurvenförmige, sondern geradlinige Begrenzung im Meridianschnitt (kegelförmige Radwände). Daher genauere Berechnung erforderlich, z. B. nach *Grammel*:

b) Spannungen. α) *Rotierender Läufer.* Ähnlich wie bei *Donath*[1] denkt man sich die zu berechnende Radscheibe beliebigen Querschnittes in Ringe so geringer radialer Erstreckung zerlegt, daß man sie als Ringe konstanter Breite y behandeln kann (Bild 58). Für solche Ringe folgt aus den grundlegenden Differentialgleichungen mit dem variablen Scheibenradius x für die Radial- und Tangentialspannung:

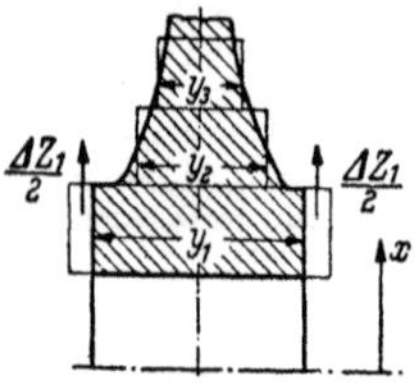

Bild 58. Turbinenscheibe in Nabennähe

$$\sigma_r = A - B/x^2 - \alpha x^2 \quad \text{und} \quad \sigma_t = A + B/x^2 - \beta x^2.$$

Hierin sind die Konstanten

$$\alpha = (3 + \mu)\gamma\omega^2/8g \quad \text{und} \quad \beta = (1 + 3\mu)\gamma\omega^2/8g$$

für jeden Teilring eines mit gegebener Winkelgeschwindigkeit ω rotierenden Rades dieselben. Die Querzahl μ (Bd. I S. 329) kann im allgemeinen mit 0,3 eingesetzt werden. A und B hängen dagegen von den Grenzbedingungen des betreffenden Teiles ab, haben also für jeden Ring andere Werte. Die Spannungen werden zu neuen Größen zusammengefaßt gemäß:

$$s = \sigma_r + \alpha x^2 = A - B/x^2 \quad \text{und} \quad t = \sigma_t + \beta x^2 = A + B/x^2.$$

Bei der zahlenmäßigen Durchrechnung von innen nach außen ist von den Grenzbedingungen für den ersten, innersten Ring (die Nabe) auszugehen: σ_r ist hier gleich der gewünschten Schrumpfspannung, welche negativ einzusetzen ist, da Zugspannungen als positiv definiert. σ_t muß zunächst beliebig angenommen werden, zweckmäßigerweise von der im Betrieb zu erwartenden Größenordnung. Die Werte s und t für den Innenrand erhält man durch Addition von αx^2 bzw. βx^2. Die Konstanten der ersten Teilscheibe sind $A = (s + t)/2$; $B = (t - s)x^2/2$, wie aus der Definitionsgleichung von s und t folgt. Die Werte s_a und t_a für den Außenrand des ersten Teilringes lassen sich nun für den zugehörigen Radius x_a errechnen. Man kann auch

[1] *Donath, M.:* Die Berechnung rotierender Scheiben und Ringe. Berlin: Springer 1929. Das hier beschriebene Berechnungsverfahren setzt das Vorhandensein besonderer Kurvenblätter voraus. Über andere Berechnungsverfahren *Baer, H.:* Näherungsverfahren zur Berechnung ... VDI-Z. Bd. 84 (1940) S. 359/61; *Malkin, J.:* Festigkeitsrechnung rotierender Scheiben. Berlin: Springer 1935; *Hausenblas, H.:* Berechnung rotierender Scheiben. Konstruktion Bd. 8 (1956) S. 1/15.

graphisch vorgehen, indem man setzt: $1/x^2 = v$, und s bzw. t über v aufträgt (Bild 59). Es ergeben sich zwei Gerade, die die Ordinatenachse bei $s = t = A$ schneiden. Bei $v_a = 1/x_a^2$ kann man die Werte s_a und t_a ablesen. Hieraus ergeben sich rückwärts die Spannungen am Ende des ersten Scheibenelementes: $\sigma_{r_a} = s_a - \alpha x_a^2$ und $\sigma_{t_a} = t_a - \beta x_a^2$. Auch an der Übergangsstelle zum neuen Teilring muß in radialer Richtung Gleichgewicht herrschen. Ferner muß die Verschiebung durch auftretende Spannungen am Außenrand des 1. Ringes ebenso groß sein wie am Innenrand des 2. Ringes: „Gleichgewichts- und Verträglichkeitsbedingung" (innerhalb jedes Teilringes durch die angeschriebenen Gleichungen berücksichtigt).

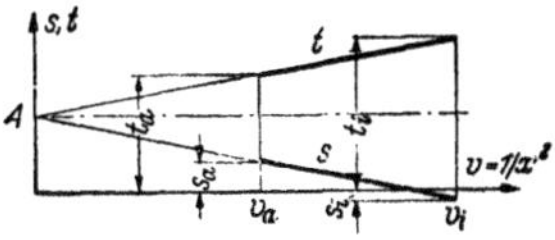

Bild 59

Aus diesen Bedingungen ergibt sich Spannungszuwachs bei Verringerung der Scheibenbreite von y_1 auf y_2:

$$\Delta\sigma_r = \frac{\sigma_{r_a}(y_1 - y_2) - \Delta Z_1}{y_2}; \qquad \Delta\sigma_t = \mu\Delta\sigma_r = 0{,}3\,\Delta\sigma_r.$$

Hierbei berücksichtigt ΔZ_1 seitliche Belastungen der Teilscheibe durch Schaufeln oder dgl., wie in Bild 58 angedeutet; diese Belastung ist auf 1 cm Außenumfang der Teilscheibe *1* bezogen. Von den Innenspannungen der neuen Teilscheibe ausgehend:

$$\sigma_{r_{2i}} = \sigma_{r_{1a}} + \Delta\sigma_r \quad \text{und} \quad \sigma_{t_{2i}} = \sigma_{t_{1a}} + \Delta\sigma_t$$

kann man das Verfahren in entsprechender Weise bis zum Außenrand mehrfach wiederholen. Sofortige graphische Auftragung der berechneten Spannungen über den Radius ist empfehlenswert. Bei stetigem Scheibenverlauf müssen die erhaltenen Werte auch stetig sein. Etwaige Fehler, die auf den Fortgang der Rechnung wirken könnten, werden so am schnellsten entdeckt. Der zunächst errechnete Spannungsverlauf ist noch treppenförmig. Die wahren Werte sind ungefähr in der Mitte der Teilringe vorhanden, während an den Rändern mit dem arithmetischen Mittel zu rechnen ist, also z. B. am Übergang von Scheibe *2* zu Scheibe *3* mit:

$$\sigma_r = (\sigma_{r_{2a}} + \sigma_{r_{3i}})/2 = \sigma_{r_{2a}} + \Delta\sigma_r/2.$$

β) *Ruhender Läufer.* Nun sind die nach dem bisher beschriebenen Verfahren erhaltenen Spannungen noch nicht die endgültig richtigen. Denn am äußeren Scheibenrand wird man im allgemeinen nicht auf die am Anfang dieses Abschnittes erwähnte Radialspannung kommen, welche der Grenzbedingung entspricht. Um die Grenzbedingung nach außen zu erfüllen, überlagert man nach *v. Mises* den bisher gefundenen Spannungen die einer ruhenden Scheibe, die am Umfang Zugkräfte aufnimmt. Die Durchrechnung der ruhenden Scheibe ist wesentlich einfacher. Da α und β zu 0 werden, besteht kein Unterschied mehr zwischen σ_r und s bzw. zwischen σ_t und t. Die radiale Anfangsspannung wird hier zu 0 angenommen, damit auch nach der Überlagerung die gewünschte Schrumpfspannung vorhanden ist. Die Tangentialspannung am Innenrand kann wiederum beliebig gewählt werden.

γ) *Überlagerung.* Sind σ' die Spannungen der umlaufenden, σ'' die der ruhenden Scheibe, so gilt für die tatsächlichen Beanspruchungen: $\sigma = K\sigma'' + \sigma'$. Der Faktor K ist dadurch festgelegt, daß außen die erforderliche radiale Spannung σ_{r_a} vorhanden sein muß: $K = (\sigma_{r_a} - \sigma'_{ra})/\sigma''_{r_a}$. Radiale Verschiebungen Δx der einzelnen Scheibenpunkte:

$$\Delta x = x(\sigma_t - \mu\sigma_r)/E.$$

Erforderliches radiales Schrumpfmaß $\Delta r = r_{\text{Welle}} - r_{\text{Bohrung}}$ unter der für volle Wellen zulässigen Voraussetzung vollkommen starrer Welle:

$$\Delta r = r_i(\sigma_{ti} + \mu p_0)/E,$$

$p_0 = -\sigma_{ri}$ = Schrumpfpressung bei Auslegungsdrehzahl.

δ) *Kontrolle.* Man rechnet den Spannungsverlauf mit den aus der Überlagerung gefundenen Randpsannungen nochmals nach.

c) Schrumpfung und Erwärmung. Die Scheibe ist so stark vorzuwärmen, daß sie sich trotz des radialen Untermaßes Δr gut aufziehen läßt. — Durch ungleichmäßige Erwärmung im Betrieb wird die Spannungsverteilung geändert[1]. Falls, wie bei Dampf- und Gasturbine, Scheibe außen wärmer, so Tangentialspannungen außen verringert, innen erhöht, Radialspannungen überall erhöht. Bei innerer Übertemperatur (z. B. nach dem Abstellen der Turbine) ist es umgekehrt.

d) Berechnungssicherheit soll ungefähr sein: $\sigma_{0,2} : \sigma_{\max} = 2{,}5$ mit $\sigma_{0,2}$ = Streckgrenze, Bd. I, S. 330; bei Gasturbinen $\sigma_{\max}$ bis Kriechgrenze. Häufig verlangt man „Schleudern" der Räder, d. h. Betrieb mit rd. 30% Überdrehzahl und anschließendes Messen der bleibenden Dehnung. Schleuderfestigkeit der Räder meist etwas höher, als die Spannungsberechnung erwarten läßt[2]. Für Werk-

[1] *Völckers, J.:* Wärmespannungen in einer Kreisscheibe. Konstruktion Bd. 10 (1958) S. 155/56. — *Schmidt, D.:* Escher-Wyß-Mitt. Bd. 30/31 (1957/58) S. 40/44.

[2] *Grammel, R.:* Die Erklärung des Problems der hohen Sprengfestigkeit . . . Ing.-Arch. Bd. 16 (1947) S. 1/4.

stoffeignung ist bei umlaufenden, durch Eigenfliehkräfte beanspruchten Bauteilen Verhältnis σ_B/γ bzw. $\sigma_{0,2}/\gamma$ wichtig: „Reißlänge“ bzw. „Dehnlänge“. Bei Leichtmetallen hat diese kennzeichnende Länge etwa denselben Wert wie bei Stählen. Daher Leichtmetallschaufeln (auch Räder) bei Verdichtern angewandt, wenn Temperaturen nicht zu hoch. Wie die Rechnung zeigt, dürfen außen nichtbelastete Scheiben (*D* in Bild 57) sehr schmal sein; die Spannungen werden nicht erhöht, wenn man auf allen Radien die Scheibenbreite im gleichen Verhältnis verringert. Zu dünne Scheiben *schwingen* jedoch ähnlich Membranen[1].

4. Wellen

Torsionsbeanspruchung (sonst häufig die stärkste Wellenbeanspruchung) ist bei Strömungsmaschinen meist weniger wichtig als Biegebeanspruchung durch das Eigengewicht der Läufer. Noch wichtiger ist wegen der engen Spalte und Stopfbuchsen die Durchbiegung f unter dem Einfluß des Eigengewichts. Berechnung s. Bd. I, S. 355f.

a) Die **kritische Drehzahl** („Biegekritische“ n_k) ist eine Funktion dieser Durchbiegung (Bd. I, S. 268) und sollte stets berechnet oder zum mindestens abgeschätzt werden. Bei längerem Betrieb mit dieser Drehzahl (oder einem Vielfachen davon) ist die Maschine gefährdet: Zu hohe Beanspruchung von Welle und Lagern, Erschütterungen, Anstreifen bei zu starker Durchbiegung.

*Torsions*schwingungen treten nur selten und nur nach dem Zusammenkuppeln mit anderen angetriebenen oder treibenden Maschinen auf; sie brauchen bei der Konstruktion der Strömungsmaschine im allgemeinen nicht berücksichtigt zu werden. Die Impulse durch die Ungleichmäßigkeit der Schaufelanströmung sind zum Anfachen von Drehschwingungen i. a. zu hochfrequent. Ausnahme Schiffsturbinen (Propellerimpulse).

Der Zusammenhang zwischen f und n_k beruht auf der Tatsache, daß die Biegelinie aus dem Gewichtseinfluß ungefähr der Biegelinie aus dem Einfluß von Fliehkräften entspricht; Näherungsformel $n_k \approx 300 \sqrt{1/f}$, wobei f größte Durchbiegung in cm, gilt exakt nur für bestimmte Massenverteilungen längs des Läufers. Bei nicht waagerechten Wellen ist n_k so zu ermitteln, als ob die Welle waagerecht läge. Bei hohen Wellentemperaturen ist evtl. mit einem entsprechend verkleinerten Elastizitätsmodul E zu rechnen.

Einige Einflüsse erhöhen die tatsächliche kritische Drehzahl gegenüber der nach den üblichen Verfahren berechneten oder wirken dämpfend:

1. Kreiselwirkung der Scheiben. 2. Versteifung der Welle durch die Druckspannungen zwischen Nabe und Welle. 3. In den Lagern nicht, wie vorausgesetzt, punktförmige Auflage. 4. Durch Übertragung von Biegemomenten in der Kupplung versteifende Wirkung. 5. Auftriebswirkung und Zähigkeit in der umgebenden Flüssigkeit. 6. Axiale Zugkraft. 7. Drehmoment in der Welle.

Wenn man unterkritischen Betrieb („steife Welle“) anstrebt, wird durch diese Einflüsse die Sicherheit der Rechnung erhöht. Es genügt, wenn die unter Vernachlässigung der sieben Punkte ermittelte kritische Drehzahl mindestens 15% über der höchsten vorkommenden Betriebsdrehzahl liegt. Bei überkritisch laufenden Wellen genauere Rechnung oder größerer Sicherheitsabstand erforderlich, $n_k/n \approx 0{,}6$ bis 0,7, außerdem Berücksichtigung der höheren Schwingungszahlen (Bd. I, S. 269). Vorteile überkritischer Wellen: Kleinerer Durchmesser gestattet leichtere Bauart und bei Radialrädern günstigere Strömungsverhältnisse am inneren Querschnitt; Baulänge weniger stark beschränkt; die Welle wuchtet sich selbst aus (Bd. I, S. 269), ruhiger Gang. Nachteile: Verringerte Regelbarkeit, da ein bestimmter Drehzahlbereich vermieden werden muß; schnelles Durchfahren der kritischen Drehzahl beim An- und Abstellen, also sorgfältigere Bedienung nötig; schon im Ruhezustand größere Durchbiegung f, mit Rücksicht auf zusätzliche Schwingungsausschläge beim Durchfahren von n_k besonders große Spiele in den Abdichtungen nötig, unter Umständen größere

[1] *Hort, W.*: Die Schwingungen der Räder und Schaufeln in Dampfturbinen. VDI-Z. Bd. 70 (1926) S. 1375/81 u. 1419/24.

Spaltverluste trotz kleinerer Dichtungsdurchmesser. Bei Maschinen für Flüssigkeiten Betriebsdrehzahlen weniger hoch; daher bei Wasserturbinen stets, bei Kreiselpumpen oft starre Wellen. Bei vielstufigen Radialkompressoren fast nur „weiche" Wellen, bei Dampf- und Gasturbinen beides möglich.

b) Die **Massenverteilung** muß bei schnell rotierenden Teilen möglichst gleichmäßig sein, damit Schwingungen und periodische Lagerbelastungen vermieden werden. Zum Beispiel würde bei $n = 10000$ U/min, $d = 500$ mm ein einseitiges Übergewicht von nur 1 g, also eine *Unwucht* von $d/2 \cdot 1 = 25$ cmg, eine einseitig auf die Welle wirkende Kraft von 28 kg zur Folge haben. Daher muß bei der Herstellung ein besonderer Arbeitsgang für das Feststellen der Unwucht und für etwaige nachträgliche einseitige Materialabnahme oder Anbringen von Ausgleichgewichten vorgesehen werden. Statisches *Auswuchten* (Auspendeln: leicht gelagerter Läufer muß in jeder Lage im Gleichgewicht sein) ist nicht so genau wie dynamisches Auswuchten auf Auswuchtmaschinen[1]. Man kann mit ihnen genauer arbeiten, auch die bei längeren Läufern störenden *Unwuchtmomente* ermitteln und andere Einflüsse[2] berücksichtigen.

c) Die **Laufruhe** kann nicht nur durch ungleichmäßige Massenverteilung, sondern auch durch ungleichmäßiges *elastisches Verhalten* der Welle gestört werden. Eine einseitige Keilnut ist auch dann ungünstig, wenn das fehlende Material durch Einlegen des Keiles ersetzt ist; zwei Impulse je Wellenumdrehung können eine *„halbe Kritische"* bewirken. Bei drei um 120° versetzten Keilnuten ist dagegen das für die Biegung maßgebende Trägheitsmoment nicht mehr von der Winkellage der Welle abhängig. Die *Ölfilme* der *Gleitlager* können bei hohen Gleitgeschwindigkeiten, also in Dampf- und Gasturbinen oder Kompressoren, instabil werden und damit ebenfalls Laufruhe und Betriebssicherheit verschlechtern[3]; Abhilfe in verschiedenen Fällen oft durch entgegengesetzt gerichtete Maßnahmen (Änderung der Lagerbreite und Ölviskosität), also Verstimmung des schwingenden Systems. Schließlich ist auch die gegenseitige Beeinflussung der kritischen Drehzahlen mehrerer Maschinen eines Aggregates (z. B. bei Gasturbinensätzen) sowie der Einfluß der Lagerelastizität vom Konstrukteur zu beachten.

5. Nicht rotierende Bauteile

Auch feststehende Bauteile (Fundamente, Leitschaufeln) sind bei Schwingungsuntersuchungen zu berücksichtigen. Die *Gehäuse*formen sind jedoch im allgemeinen so kompliziert, daß genauere Schwingungs- und Festigkeitsrechnungen unmöglich. Unter Umständen kann man das fertige Gehäuse abdrücken und dabei die Verformungen messen und Dichtheit kontrollieren sowie Eigenschwingungszahlen experimentell ermitteln.

Bild 60 zeigt die Beanspruchungsverhältnisse an metallisch dichtenden *Teilfugen*, wie sie meist angewendet werden. Je cm Gehäuselänge wirkt infolge inneren Überdruckes p die Zugkraft $Z = pD/2$. Wirkungslinie dieser Kraft Z ungefähr von Mitte Gehäusemantel ausgehend. Entgegen wirkt spez. Schraubenkraft $N = P_{\text{Schraube}}/t$, wobei t in cm die Schraubenteilung. Es ergeben sich am Flansch die Beanspruchungen: $\sigma_N = N/b$ infolge Schraubendruck, $\sigma_{bN} = xN\,6/b^2$ am Flanschrand infolge ex-

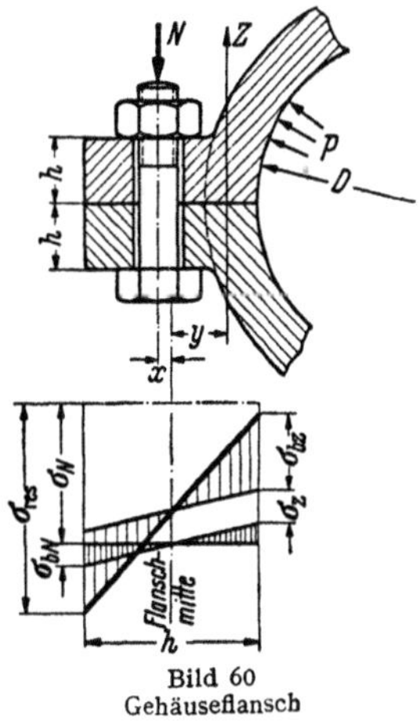

Bild 60
Gehäuseflansch

[1] *Federn, K.:* Auswuchtmaschinen und Auswuchtprobleme. VDI-Berichte, Bd. 4, Schwingungstechnik, S. 5/14. Düsseldorf: VDI-Verlag 1955.
[2] *Meldahl, A.:* Auswuchten elastischer Rotoren. ZAMM Bd. 34 (1954) S. 317/18.
[3] *Krämer, E.:* Kritische Drehzahlen von anisotrop gelagerten Wellen. BBC-Nachr. 1956, S. 107/21. — *Pestel, E.:* Ing.-Archiv Bd. 22 (1954) S. 147/55. — Konstruktion Bd. 8 (1956) S. 115/16.

zentrischen Kraftangriffes der Schraube und entsprechend $\sigma_z = -Z/b$ sowie $\sigma_{bz} = Zy\,6/b^2$. Die Spannungen σ_{bN} und σ_{bz} nehmen, wie in Bild 60 gezeigt, vom Rand nach der Mitte des Flansches ab. Die resultierende Spannung muß sich so ergeben, daß über den ganzen Flansch Druckspannung herrscht: Kräftige, gut vorgespannte, weit nach innen gesetzte Schrauben.

Diese Berechnung kann einen Anhalt über Spannungsverhältnisse und Dichtheit geben. Sie ist um so genauer, je größer h/b. Formänderung der Flansche kann zu Abweichungen von der vorausgesetzten linearen Druckverteilung führen. Daher Festigkeitsberechnung des Flansches auf Biegung besser gemäß Bd. I, S. 776, also unter der vorsichtigen Annahme, daß er infolge Herstell-Ungenauigkeit oder dgl. nur innen trägt.

Die eigentliche Gehäusewandstärke kann nach der Kesselformel (S. 72) abgeschätzt werden. Die Gehäusestirnseiten kann man etwa mit gewölbten Kesselböden vergleichen (S. 72); man muß aber in beiden Fällen wegen der waagerechten Teilfuge die errechneten Spannungen und Durchbiegungen verdoppeln bis verdreifachen.

Wichtig ist die Rücksicht auf Herstellung: Wandstärken, Wandstärkenübergänge und Verrippung müssen den Anforderungen der Gießerei- oder Schweißtechnik entsprechen. Die Gehäuseteile müssen auch für das Aufhängen am Kran und für den Transport fest genug sein.

Die *Zwischenböden* der Dampfturbinen sind dem Druckunterschied Δp zwischen Ein- und Austritt des Leitrades ausgesetzt. Bei ihnen kann man die Formel von *Bach* für die ungeteilte Scheibe mit Bohrung zugrunde legen; hiernach ist die größte vorkommende Spannung: $\sigma_{max} = 1{,}24\,\Delta p r_a^2/\delta^2$, wobei Δp in kg/cm², Außenradius r_a und Wandstärke δ in cm. Für geteilte Zwischenböden ist nach Versuchen von *Stodola* die Spannung das etwa 1,6fache des so berechneten Wertes. Die Zwischenböden sollen nicht nur fest, sondern auch starr sein. Ihre Durchbiegung könnte zum Streifen am Rotor führen. Nach Möglichkeit sollten ebene Wände vermieden und durch kegelige oder gewölbte ersetzt werden. Dies ist jedoch mit Rücksicht auf den Abstand von Laufrad zu Laufrad bei den Zwischenböden der Dampfturbinen kaum zu verwirklichen; bei den Zwischenwänden in Radialverdichtern und Pumpen Kegelform leichter möglich, außerdem Versteifung durch die Leitschaufeln.

F. Hydraulische Ähnlichkeit (Vgl. Bd. I S. 322)

Vorteil von Ähnlichkeitsbetrachtungen an Strömungsmaschinen: 1. Systematik und Übersichtlichkeit. 2. Arbeitsersparnis; einmal ausgeführte Berechnungs- und Versuchsarbeit wird auch auf andere Bedarfsfälle anwendbar.

1. Grundlagen

Aus der Vielzahl der möglichen Bauformen werden zunächst diejenigen Maschinen zusammengefaßt, die *geometrisch ähnlich* sind. Gleichzeitig seien an diesen Maschinen solche Betriebspunkte verglichen, bei denen auch die *Geschwindigkeitsdreiecke geometrisch ähnlich* sind; am wichtigsten sind hier die Auslegungspunkte (Betriebspunkte besten Wirkungsgrades). Welche Gesetzmäßigkeiten gelten in diesem Fall bei Vergleich von zwei Maschinen mit geometrisch ähnlichen Stromlinienbildern?

a) Ähnlichkeitsbedingungen. Werden alle Absolut-, Relativ- und Umfangsgeschwindigkeiten und ihre Komponenten bei der einen Maschine mit dem Index „G" (Großausführung), bei der anderen Maschine mit „M" (Modell) versehen, so ist die Bedingung ähnlicher *Geschwindigkeiten* ausgedrückt durch:

$$c_G = k\,c_M; \quad w_G = k\,w_M; \quad u_G = k\,u_M.$$

Der Umrechnungsfaktor k ist beim Vergleich von zwei ähnlichen Fällen stets derselbe. Dabei spielt es keine Rolle, ob die verschiedene Größe der Geschwindigkeitsdiagramme durch verschiedene Maschinengröße bei gleicher Drehzahl oder durch verschiedene Drehzahl bei gleicher Maschinengröße zustande kommt oder durch beide Änderungen gleichzeitig.

Da die übertragenen spez. *Radarbeiten* (Gefälle oder Förderhöhen H_L) nach *Euler* proportional dem Produkt zweier Geschwindigkeiten sind

$$H_L = (u_4\,c_{3u} - u_6\,c_{6u})/g,$$

so gilt:

$$H_{LG} = k^2\,H_{LM}.$$

Wenn die Verlustkoeffizienten ζ in den beiden Vergleichsfällen gleich sind, so gilt für die *Verluste V*:

$$V_G = \Sigma\zeta\, c_G^2/2\,g = \Sigma\zeta\, k^2 c_M^2/2\,g = k^2 V_M.$$

Hiernach sind die *hydraulischen Wirkungsgrade* in beiden Fällen gleich, denn es gilt z. B. für Turbinen (vgl. S. 311)

$$\eta_{\text{hydr}G} = \frac{k^2 H_{LM}}{k^2 H_{LM} + k^2 V_{\text{Str}M} + k^2 c_{7M}^2/2\,g} = \eta_{\text{hydr}M}.$$

Der Faktor k für die Umrechnung der Geschwindigkeiten läßt sich aufteilen in k' für die Umrechnung der Baugrößen und k'' für die Umrechnung der Drehzahlen gemäß:

$$k' = D_G/D_M, \qquad k'' = n_G/n_M,$$
$$k = u_G/u_M = \pi D_G\, n_G/\pi D_M\, n_M = k'\,k''.$$

Wenn Baugröße und Drehzahl im Verhältnis k' bzw. k'' gleichzeitig geändert werden, gilt für alle Geschwindigkeiten

$$c_G = k'\,k''\,c_M;$$

für die zugehörigen Querschnitte gilt hingegen:

$$F_G = k'^2 F_M.$$

Daher für die Durchflußvolumina:

$$Q_G = c_G F_G = k'\,k''\,c_M\,k'^2 F_M = k'^3 k''\,Q_M.$$

In der obigen Beziehung für die Änderung der Förderhöhe läßt sich k ebenfalls zerlegen:

$$H_G = k'^2 k''^2 H_M.$$

Hier ist die Gesamthöhe H an Stelle von H_L gesetzt, was bei konstantem η_{hydr} zulässig ist, da dann beide Werte einander proportional sind. Durch Kombination der beiden letzten Gleichungen ergibt sich das Vergrößerungsverhältnis k' aus den Betriebswerten zu

$$k' = \frac{D_G}{D_M} = \sqrt{\frac{Q_G}{Q_M}\sqrt{\frac{H_M}{H_G}}}.$$

Für die Umrechnung der Leistungen läßt sich schließlich beispielsweise bei *Pumpen* schreiben:

$$N_G = \gamma\, Q_G\, H_G/\eta_{\text{ges}} = \gamma\, k'^3 k''\, Q_M\, k'^2 k''^2 H_M/\eta_{\text{ges}} \text{ in m kg/sek.}$$

Dies ergibt (bei gleichen Wirkungsgraden und spez. Gewichten) für Turbinen (η_{ges} im Zähler) und Pumpen in gleicher Weise:

$$N_G = k'^5 k''^3 N_M.$$

Anders ausgedrückt lauten die Ergebnisse der bisherigen Betrachtungen für zwei geometrisch ähnliche Maschinen und Geschwindigkeitsdreiecke, die durch Drehzahl und Durchmesser gekennzeichnet sind:

Geschwindigkeitsverhältnis: $c_G/c_M = u_G/u_M = D_G\, n_G/D_M\, n_M$.

Mengenverhältnis: $Q_G/Q_M = (D_G/D_M)^3 \cdot n_G/n_M$.

Bei gleichen Verlustkoeffizienten und Wirkungsgraden ferner:

Förderhöhen: $H_G/H_M = (D_G/D_M)^2 \cdot (n_G/n_M)^2$.

Leistungen: $N_G/N_M = (D_G/D_M)^5 \cdot (n_G/n_M)^3$.

b) Die spezifische Drehzahl (Schnelläufigkeit), einer der wichtigsten Begriffe bei Strömungsmaschinen, folgt aus Anwendung der vorstehenden Überlegungen und Formeln. Grundgedanke: Der Vergleich von Maschinen untereinander wird nicht nur durch die Verschiedenheit der Bauweise und Größe erschwert, sondern auch dadurch, daß die Betriebswerte (Q, H, N und n) verschieden sind. Um vergleichsweise zu urteilen, rechnet man daher die Drehzahl mit Hilfe der angegebenen Formeln auf geometrisch ähnliche Ausführung für gewisse Normalbetriebswerte um. Hierbei sind zwei Möglichkeiten von Bedeutung; man kann umrechnen auf

α) normales Durchflußvolumen und normales Gefälle (Förderhöhe),

β) Normalleistung und Normalgefälle (Förderhöhe).

Als Normalwerte von Volumen, Gefälle und Leistung pflegt man hierbei 1 m^3/sek bzw. 1 m bzw. 1 PS zu wählen. Diese Vergleichsbasis entspricht allerdings nicht immer den praktischen Gegebenheiten; z. B. ist für Dampfturbinen 1 m Gefälle zu niedrig. Es ergeben sich aber so mit geringstem Rechenaufwand die zugehörigen Drehzahlen als wichtige Vergleichswerte. Hier und im folgenden soll aus Zweckmäßigkeitsgründen nur die Betrachtungsweise α) angewendet werden.

Die Drehzahl n_q der zu einer gegebenen Maschine (mit den Betriebswerten n, Q und H) ähnlichen Maschine (mit n_q, 1 m^3/sek und 1 m) folgt aus zwei Rechenschritten.

Erster Schritt: Bei unveränderter Baugröße Drehzahl so geändert, daß $H_1 = 1$ m, ergibt $n_1 = n/\sqrt{H}$, hierzu $Q_1 = Q\sqrt{H}$.

Zweiter Schritt: $Q_2 = 1$ m^3/sek, H_2 unverändert $= 1$ m, ergibt

$$\boxed{n_2 = n_q = \frac{n}{\sqrt{H}} \sqrt{\frac{Q}{\sqrt{H}}} \text{ U/min.}}$$

Hier wird in der Praxis gewöhnlich die Dimension U/min angegeben: Q und H können als dimensionslose Verhältniswerte aufgefaßt werden; $H/1$ bzw. $Q/1$.

Die als Zwischenwert der Rechnung ermittelte Größe Q_1 ergibt sich im Ventilatorenbau als das sog. „Temperament des Luftweges“, wenn von der Betrachtung der Leitungswiderstände ausgegangen wird, vgl. S. 400; kleinere Werte Q_1 erfordern unter Umständen Mehrstufenbauart oder sogar Kolbenmaschinen.

Mit n_q kann man einen Maschinentyp kennzeichnen. Als Beispiel hierfür sind in Bild 61 vier verschiedene Typen von Wasserturbinen angedeutet, und zwar von oben nach unten: Peltonrad, Francis-Langsamläufer, Francis-Schnelläufer und Propellerturbine. Bei Pumpen und Verdichtern ist der Unterschied zwischen den Extremwerten n_q einzelner Stufen kleiner, da dort ein Gegenstück zu den Peltonrädern mit ihrem kleinen n_q fehlt. Ausführlichere Zahlenangaben über n_q bei der Beschreibung der einzelnen Bauarten.

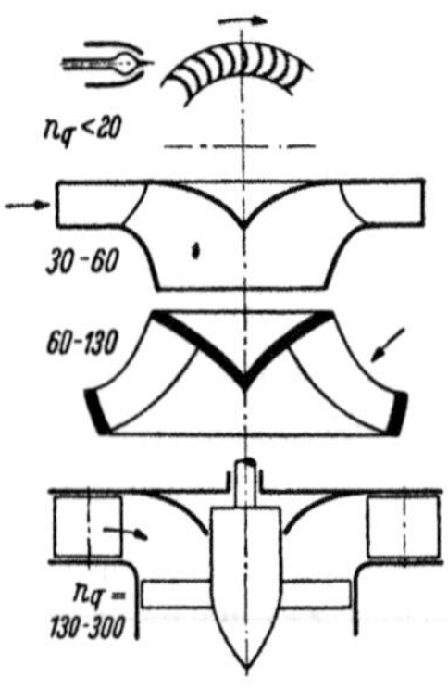

Bild 61. Räder verschiedener Schnelläufigkeit (Wasserturbinen)

An den Betriebswerten zweier Wasserturbinen seien die äußersten Möglichkeiten gezeigt: Besondere Langsamläufer sind z. B. die Peltonräder der Anlage San Bernardo, Italien: $H = 1000$ m, $Q = 1{,}36$ m^3/sek, $n = 750$, $n_q = 4{,}9$ U/min. Schnelläufer demgegenüber die Kaplanturbinen des Rheinkraftwerkes Ryburg-Schwörstadt: $H = 11{,}5$ m, $Q = 295$ m^3/sek, $n = 75$, $n_q = 206$ U/min.

Man erkennt die zunächst widerspruchsvoll erscheinende Tatsache, daß der „Langsamläufer“ eine höhere Drehzahl hat als der „Schnelläufer“. Das vorstehende Verhältnis 4,9 : 206 bei n_q reicht noch nicht aus, um bei so extremen Betriebsanforderungen (gekennzeichnet durch H und Q bzw. Q_1) die gleiche Betriebsdrehzahl zu erreichen. Bei den anderen Maschinenarten ist es ähnlich. Zum Beispiel haben unter den Verdichtern „schnelläufige“ Schraubenlüfter niedrigere Drehzahlen, während bei den „langsamläufigen“ Aufladeverdichtern die Drehzahl am höchsten ist. Ein weiterer Grund für die Zuordnung hoher n und niedriger n_q ist die Rücksicht auf die Schallgeschwindigkeit bzw. Kavitationsgrenze, die bei gleichzeitig hohem n und n_q näherrücken.

Die oben definierte spez. Drehzahl n_q ist *nicht* dimensionslos wie andere Kennzahlen. *Thoma* hat diese Schwäche, die z. B. beim Übergang zum Zoll-Maßsystem stört, durch Einführen der dimensionslosen spez. Winkelgeschwindigkeit beheben wollen[1]. Sie ist:

[1] VDI-Z Bd. 69 (1925) S. 329/34.

$\omega_s = \frac{\omega}{\sqrt{gH}}\sqrt{\frac{Q}{\sqrt{gH}}}$. Der Umrechnungsfaktor zwischen n_q und ω_s ist bei Anwendung der bisher benutzten Maßeinheiten für n_q, wie die Rechnung ergibt, $n_q : \omega_s = 53$.

Oft wird eine spez. Drehzahl bevorzugt, die durch Umrechnung gemäß β) auf 1 PS Nutzleistung und 1 m Förderhöhe entsteht. Sie ist: $n_s = \frac{n}{H}\sqrt{N_n/\sqrt{H}}$. Mit der Nutzleistung

$$N_n = Q\gamma H/75 \text{ in PS bei Pumpen und}$$

$$N_n = \eta Q\gamma H/75 \qquad \text{bei Turbinen}$$

ergibt sich hier der Umrechnungsfaktor: $n_q : n_s = \sqrt{75/\gamma}$ bei Pumpen und $\sqrt{75/(\gamma\,\eta)}$ bei Turbinen. Das ist z. B. bei $\gamma = 1000\ \text{kg/m}^3$ (Wasser): $n_q : n_s = 1 : 3{,}65$ für Pumpen bzw. $1 : 3{,}65\sqrt{\eta}$ für Turbinen.

Der Vorteil des Begriffes n_q gegenüber n_s besteht darin, daß Maschinen für verschiedenes spez. Gewicht des Arbeitsmediums leichter vergleichbar sind.

c) Ähnlichkeit und Arbeitsmedium. Wenn innerhalb der Beschauflung sich das spez. Gewicht ändert, also für Gase und Dämpfe bei großem H, bietet die Anwendung der spez. Drehzahl gewisse Schwierigkeiten. Im Auslegungsbetriebspunkt z. B. ist unter dem Einfluß der Druckänderung das Durchflußvolumen an den einzelnen Stellen der Maschine verschieden. Wird auf den kleinen Wert $H = 1$ m umgerechnet, so ist diese Verschiedenheit praktisch verschwunden. Daher kann die geforderte geometrische Ähnlichkeit der Geschwindigkeitsdreiecke nur an einer einzigen Stelle auf dem Weg durch die Maschine bestehen, was dem Grundgedanken bei der Bildung von n_q widerspricht. Bei einem einstufigen Verdichter für ein Druckverhältnis von 1,6 ist z. B. am Laufradeintritt das Durchflußvolumen etwa 1,3 mal so groß wie am Leitradeintritt. Wird auf $H = 1$ m umgerechnet, so sind die Volumina an beiden Stellen praktisch gleich. Wenn am Laufradeintritt günstigste („stoßfreie“) Zuströmung vorhanden ist, ist der für die gegebene Maschine ausgelegte Nachleitapparat am geometrisch ähnlichen Modell zu eng. Diese Unstimmigkeit der Querschnitte verstößt gegen die Bedingung überall ähnlicher Geschwindigkeitsdreiecke und verschlechtert den Wirkungsgrad; er kann für ein kompressibles Medium nur bei einer ganz bestimmten Drehzahl jeder Maschine optimal sein.

Rechnerisch behebt man diese Schwierigkeit, indem man das Arbeitsmedium mit in die Umrechnung einbezieht: in der Modellmaschine arbeite ein Gas (bzw. Dampf), das bei H_M eine ebenso große prozentuale Volumenveränderung erfährt, wie in der gegebenen Maschine bei H. Dies ist der Fall, wenn die *Mach*sche Zahl $\text{Ma} = c/a$ an einander entsprechenden Stellen in beiden Fällen gleich ist. Geringe Abweichungen von Ma brauchen die Vergleichbarkeit noch nicht zu beeinträchtigen, sofern die Maschinen nicht in der Nähe von $\text{Ma} = 1$ arbeiten.

Bei starker Entspannung bzw. Verdichtung ist gewöhnlich Ma nicht in allen einander entsprechenden Stellen gleichzeitig gleich. Dies ist praktisch kein Nachteil, wenn es sich um mehrstufige Maschinen mit kleinem H_{Stufe} handelt, weil man Ähnlichkeitsbetrachtungen gewöhnlich auf Einzelstufen beschränkt. Besonders gute Vergleichbarkeit zwischen zwei Maschinen besteht, wenn in beiden trotz verschiedener Medien ebenso wie bei Flüssigkeiten gleichzeitig an allen einander entsprechenden Stellen ähnliche Geschwindigkeitsdreiecke möglich sind. Es handelt sich dann um „hydraulisch ähnliche Medien“ mit i, s-Diagrammen, die durch lineare Maßstabsverzerrungen ineinander verwandelt werden können. Für den Vergleich in solchen Fällen genügt *eine* Drehzahl der ganzen Maschine, wenn die Stelle, auf die man das Volumen bezieht, eindeutig definiert ist. Man kann z. B. stets das Volumen für die Stelle niedrigsten Drucks (Austritt bei Turbinen, Eintritt bei Pumpen) zur Berechnung von n_q einsetzen.

Man könnte einwenden, daß Gase mit den hier verlangten Eigenschaften kaum vorkommen. Bei Umrechnung eines Verdichters von 5000 auf 1 m Förderhöhe müßte sich z. B. die Schallgeschwindigkeit von 340 auf $340/\sqrt{5000} = 4{,}8$ m/sek ändern, wenn Ma konstant bleiben soll. Lediglich der Einfachheit wegen rechnet man gerade auf den so niedrigen Wert $H = 1$ m um. Es handelt sich hier nur um Schaffung einer Vergleichsbasis und nicht um wirkliche Ausführbarkeit des gedachten Einheitsmodells.

d) Spez. Drehzahl und Bauform. Die Gegenüberstellung von Bild 61 zeigt einen Zusammenhang zwischen der geometrischen Form der Räder und n_q. Aus gegebenen geometrischen Formen kann man für „stoßreien Eintritt" n_q berechnen. Durch Variation der Abmessungen und Schaufelwinkel hat man aber Freiheit bei der Entwicklung einer Bauform für eine bestimmte spez. Drehzahl n_q: geometrisch ähnliche Maschinen haben gleiches n_q, Maschinen gleicher Schnellläufigkeit n_q brauchen jedoch nicht geometrisch ähnlich zu sein.

Bild 62 zeigt als Beispiel hierfür zwei Gebläseräder verschiedener Form für gleiche Werte n, Q und H, also gleiche n_q. Links kleinere Durchmesser, dafür am Eintritt größere Winkel, am Austritt vorwärts geneigte Schaufeln. — Jede Strömungsmaschine kann auch mit spez. Drehzahlen betrieben werden, welche vom Auslegungswert abweichen, vgl. S. 420.

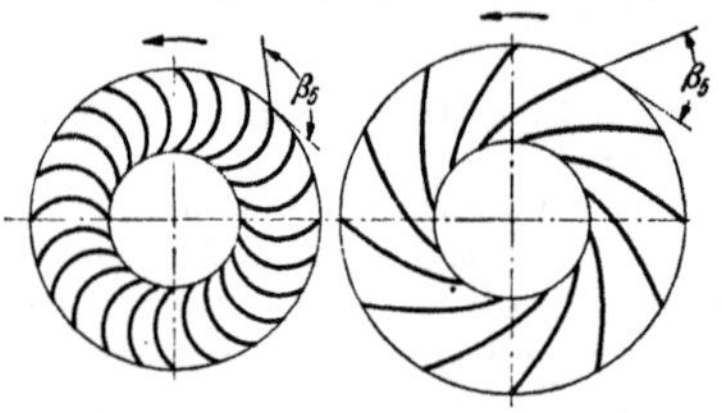

Bild 62. Zwei für gleiche Betriebswerte geeignete Gebläseräder

Allgemeine Hinweise über den Zusammenhang von n_q und Radform: Große Durchflußquerschnitte bewirken große Q, also hohe n_q. Schwach gekrümmte, weit auseinanderstehende, in Strömungsrichtung gesehen kurze Schaufeln bewirken kleine H, also ebenfalls große n_q. Größtes n_q bei Propellern. Die der linken Seite von Bild 41 entsprechenden Beschauflungswerte und hohe Reaktionsgrade sind für hohe Schnelläufigkeit besonders geeignet.

Wie der Vergleich der Bauformen zeigt, sind bei höheren n_q die Verluste in den Schaufelkanälen relativ kleiner. Die untere Grenze von n_q ist durch Rücksicht auf den Wirkungsgrad gegeben, die obere durch Austrittsverluste, Kavitation, Schallgeschwindigkeit oder Laufradfestigkeit.

e) Spez. Drehzahl bei Mehrstufen- bzw. Mehrstromanordnung. Man pflegt n_q auf die Betriebswerte einzelner Räder zu beziehen. Sind Q, H und n der gesamten Maschine gegeben, ist also deren Schnelläufigkeit vorgeschrieben, so ist Mehrstufigkeit ein Mittel, n_q der einzelnen Stufen durch Verringerung von H auf einen brauchbaren Wert heraufzusetzen. Bei i Stufen mit den Betriebswerten Q, H/i und n ist die spez. Drehzahl der Einzelstufe $i^{0,75}$ mal so groß wie für die gesamte Maschine. Umgekehrtes gilt von der Mehrstromanordnung (Aufteilung des Durchflußvolumens auf mehrere — meist 2 — parallel arbeitende Räder). Hier ist bei halbem Q die spez. Drehzahl des einzelnen Rades im Verhältnis $1 : \sqrt{2}$ verringert.

Der Begriff der „spez. Drehzahl", als Zuordnung zwischen n, H und Q, läßt sich auch auf *Kolbenmaschinen* anwenden, obgleich hier H nicht proportional dem Quadrat der Drehzahl ist[1]. Kolbenmaschinen sind für niedrigere spez. Drehzahlen besser geeignet. Wegen der Begrenzung von n_q nach oben kommt als Ausgleich für begrenzte Möglichkeiten die „Mehrstromanordnung" (Mehrzylinder) hier öfter vor. Die kleinsten Werte n_q bei Kolbenmaschinen (Einspritzpumpen von Dieselmotoren) sind etwa 0,01 U/min.

f) Verschiedene Kennzahlen haben sich in den einzelnen Teilgebieten des Strömungsmaschinenbaues eingebürgert. Ihre Aufstellung beruht auf den am Anfang dieses Abschnittes behandelten Umrechnungsgesetzen. Die wichtigsten dieser Zahlen sind nachstehend aufgeführt:

1. Schnellaufzahl $u/c_{th} = u/\sqrt{2gH}$, üblich bei Axialdampfturbinen; bei höherem Reaktionsgrad r größer (vgl. S. 314). *Pfleiderer* gibt an:

$$u/c_{th} = (0{,}38 \text{ bis } 0{,}47)\,(1 + 0{,}8\,r).$$

Hier ist u auf den mittleren Beschauflungsdurchmesser bezogen.

[1] *Eckert, B.:* Dimensionslose Kenngrößen von Gebläsen ... ATZ Bd. 47 (1944) S. 1.

2. Druckzahl $\psi = 2gH/u^2$, angewandt bei Verdichtern und Pumpen, ist etwa 0,05 (Propellerlüfter) bis 1,5 (Radialgebläse), wenn wie üblich auf den Außendurchmesser des Rades bezogen. Mit der Schnellaufzahl besteht bei gleichem Bezugsdurchmesser der Zusammenhang: $u/c_{\text{th}} = 1/\sqrt{\psi}$. Bei Axialpumpen kann man mit $H = u\Delta c_u \eta_{\text{hydr}}/g$ auch schreiben: $\psi = 2\eta_{\text{hydr}}\Delta c_u/u$, bei Radialpumpen mit drallfreiem Eintritt: $\psi = 2\eta_{\text{hydr}}\, c_{6u}/u_5$.

3. *Parsons*sche Kennzahl bei Dampfturbinen $X = \frac{1}{AH} \cdot \Sigma u^2$, wobei A mech. Wärmeäquivalent, etwa 1500 bis 3000, ein Maß für den Baustoffaufwand (welcher mit steigendem Σu^2 wächst) im Verhältnis zum verarbeiteten Gesamtgefälle. Für einstufige Turbinen ist $X = (91{,}53\, u/c_{\text{th}})^2$. Als u ist die mittlere Umfangsgeschwindigkeit zu setzen.

4. u. 5. Die spez. Drehzahl läßt sich schreiben als das Produkt aus *Einheitsdrehzahl* und Wurzel der *Einheitswassermenge*:

$$n_q = n_1' \cdot \sqrt{Q_1'} = \frac{nD}{\sqrt{H}} \cdot \sqrt{\frac{Q}{D^2\sqrt{H}}} \qquad (D = \text{äußerer Raddmr.}).$$

Bei gegebenen Werten n, Q, H und n_q kann man entweder n_1' oder Q_1' wählen.

Es ist $n_1' = \sqrt{2g/\psi} \cdot 60/\pi = 84{,}6/\sqrt{\psi}$.

6. Durchflußzahl $\varphi = c_m/u$ bei Axialpumpen und -verdichtern $= 0{,}15$ bis $0{,}8$, wenn wie üblich auf den Außendurchmesser bezogen (c_m = Meridiankomponente vor dem Laufrad).

7. Mit einer ideellen Geschwindigkeit $c = 4Q/\pi D^2$ ergibt sich eine Durchflußzahl $\varphi' = c/u$ für Überschlagsrechnungen bei noch nicht festgelegtem Meridianquerschnitt. Bei Gasen und Dämpfen kann Q auf die Niederdruckseite bezogen werden. Für Axialmaschinen gilt $\varphi'/\varphi = 4F_m/\pi D^2 = 1 - \nu^2$. Hierbei ist:

8. Durchmesserverhältnis $\nu = d/D$ (Bild 36) bei Axialpumpen $= 0{,}2$ (Ventilatoren) bis 0,85 (Axialkompressoren), bei Luftschrauben $^1/_8$, Schiffsschrauben $\approx {}^1/_6$ und Verstellpropellern bis 0,3.

9. Schaufellängenverhältnis h/D_m. Mit $h = (D - d)/2$ und $D_m = (D + d)/2$ ist

$$h/D_m = (1 - \nu)/(1 + \nu);$$

äußerster Wert für die langen Schaufeln in den letzten Stufen von Dampfturbinen $D_m/h \approx 3$.

10. Ausflußzahl (Verlustzahl) bei Turbinen. $\zeta_a = c_7^2/2gH = (c_7/c_{\text{th}})^2$ (vgl. S. 326). Ihr entspricht ungefähr bei Pumpen, wenn c_s die Saugrohrgeschwindigkeit vor dem Rad ist:

11. Einlaufzahl $\varepsilon = c_s/c_{\text{th}} = c_s/\sqrt{2gH}$. *Pfleiderer* stellt auf Grund von Optimalbetrachtungen die folgenden Werte als empfehlenswert für die Wahl von ε bei Radialrädern auf:

$$\varepsilon = (0{,}013 \text{ bis } 0{,}0237)\, n_q^{2/3} \quad \text{bei } n_q > 45,$$
$$\varepsilon = (0{,}1 \text{ bis } 0{,}3) \quad \text{bei } n_q < 45.$$

Die niedrigeren Werte gelten mehr für Wasser-, die höheren für Luftförderung. Bei Kompressorrädern zur Verringerung des Einlaufdurchmessers und der Beanspruchung der Deckscheibe auch höhere Werte.

12. Drosselkennzahl $\text{Dr} = \varphi^2/\psi$, hauptsächlich bei Axialgebläsen angewandt, identisch mit $(\varepsilon \cdot c_m/c_s)^2$.

13. Eine von *Cordier*[1] eingeführte Durchmesserkennzahl ist das Verhältnis des Laufraddurchmessers zum Durchmesser der gleichwertigen Ersatzdüse (vgl. S. 400):

$$\Delta = \sqrt{\pi}\,(2gH)^{1/4} Q^{-1/2} D/2 = \psi^{1/4}\varphi'^{-1/2}.$$

14. Leistungskennzahlen können in verschiedener Weise definiert werden. Z. B. nach DIN 1945 für Verdichter:

$$\chi = 150\, g\, N/F_{II}\, \gamma_I\, u^3.$$

F_{II} ist der Querschnitt des Austrittstutzens in m², u die Umfangsgeschwindigkeit am äußeren Radumfang, N die Leistungsaufnahme in PS und γ_I das spez. Gewicht am Eintritt in kg/m³.

15. Sehr groß ist auch die Vielfalt von Kennzahlen, die zusätzlich eingeführt wurden, obgleich sie gegenüber der spez. Drehzahl nichts Neues darstellen. Z. B. die Schnelläufigkeitszahl der Axialgebläse nach *Keller*:

$$\sigma = \sqrt{\varphi} \cdot \sqrt{1 - \nu^2} \cdot \sqrt[4]{1/\psi^3} = \sqrt{\varphi'}/\sqrt[4]{\psi^3}.$$

Die vorliegende Form zeigt den oben bereits erwähnten Zusammenhang der Schnelläufigkeit mit Verhältniszahlen für Geschwindigkeiten (φ und ψ) und Maße (ν). Sie ist dimensionslos und steht zur spez. Drehzahl in der Beziehung: $\sigma = n_q/158$.

---

[1] Brennst.-Wärme-Kraft Bd. 5 (1953) S. 337/40.

16. Bei Propellern: Fortschrittsgrad, Belastungs-, Drehmomenten- und Schubzahl, vgl. Bd. I, S. 317.

g) Ähnlichkeit und Beanspruchung. Die Möglichkeit von Ähnlichkeitsbetrachtungen ist nicht auf Strömungsfragen beschränkt. Die Festigkeitslehre ergibt z. B., daß geometrisch ähnliche Gehäuse bei gleichem Überdruck gleiche Spannungen auszuhalten haben. Das Gewicht dieser Gehäuse ist proportional D^3. Sind die Durchflußgeschwindigkeiten, Umfangsgeschwindigkeiten und Gefälle (bzw. Förderhöhen) der Maschine gleich, so sind die Leistungen proportional zu Q, also auch proportional D^2. Das Leistungsgewicht G/N ist also beim großen Gehäuse größer als beim kleinen. Bei den rotierenden Teilen ist es ebenso: große Maschinen sind zwar in bezug auf Wirkungsgrad vorteilhafter als kleine, nicht aber in bezug auf Leistungsgewicht.

2. Modellversuche

a) Typenreihen. Die vorherige Erprobung einer geplanten Maschine als verkleinertes Modell verringert die Versuchs- und Entwicklungskosten sowie das Risiko. Diese praktische Anwendung der Ähnlichkeitsgesetze ist im *Wasserturbinenbau*, wo meist große Einheiten vorkommen, schon lange üblich, ebenso bei Schiffspropellern. Innerhalb eines praktisch in Frage kommenden Schnelläufigkeitsbereiches ist eine Typenreihe mit einer gewissen regelmäßigen Abstufung festgelegt. Die Grundtypen sind als Modell gebaut und erprobt, so daß für jeden Bedarfsfall schon eine geometrische Form der Beschauflung vorhanden ist. Raddurchmesser der Modelle etwa 200–500 mm.

Auch von den *Pumpen*firmen sind solche Typenreihen aufgestellt; die Versuche können aber hier infolge kleinerer Einheiten meist an Maschinen durchgeführt werden, die auch für den Verkauf groß genug sind. Im *Ventilatoren*bau ist es ähnlich.

b) Versuche mit anderem Medium. Verkleinerte Modelle von ganzen Dampfturbinen, Gasturbinen und Verdichtern sind zu Versuchen nicht geeignet: Zu hoher Einfluß der Spaltverluste und Werkstattgenauigkeit, zu hohe Herstellkosten. Man führt jedoch Beschauflungs- und Stufenversuche am (ev. vergrößerten oder verkleinerten) Teilmodell aus, und zwar häufig mit Luft. Ihr Verhalten kommt bei begrenztem Gefälle dem von Dampf trotz anderer $\varkappa$-Werte immer noch nahe genug; die Versuchsarbeit mit Luft ist bequemer[1].

c) Wirkungsgradabfall bei Modellen. Wie die Praxis zeigt, ist die vorläufige Annahme der bisherigen Darlegungen, wonach die Wirkungsgrade und Verlustzahlen bei Einhalten der Ähnlichkeit der Maschinen und Geschwindigkeitsdiagramme konstant bleiben, nicht genau zutreffend. Es tritt bei den verkleinerten Modellen ein Wirkungsgradabfall ein, der auf die folgenden Umstände zurückzuführen ist:

1. Die Spaltweiten können wegen begrenzter Herstellgenauigkeit und mit Rücksicht auf Betriebssicherheit nicht im gleichen Maßstab verkleinert werden wie das Modell.

2. Wenn die Großausführung schon eine saubere Oberfläche hat, können die geringen Oberflächenerhebungen (Rauhigkeit) nicht entsprechend verkleinert werden.

3. Die gleichzeitige Verkleinerung der Abmessungen und Gefälle (also auch der Geschwindigkeiten) bedeutet, daß am Modell die Reynoldssche Zahl Re verkleinert ist, wenn, wie meist der Fall, die Flüssigkeit unverändert bleibt. Gleiches Re ist aber Vorbedingung für völlige geometrische Ähnlichkeit der Stromlinien, vgl. Bd. I, S. 282. Wenn die Strömung auch am Modell turbulent ist, was normalerweise zutrifft, so verursacht kleineres Re jedoch lediglich etwas schlechtere Wirkungsgrade, aber noch keine strukturelle Änderung des Verhaltens.

---

[1] *Ackeret, J.*, *C. Keller* u. *F. Salzmann:* Die Verwendung von Luft als Untersuchungsmittel für Probleme des Dampfturbinenbaues. Escher-Wyss-Mitt. Bd. 7 (1934) S. 143/59.

4. Auch die Kavitationszahl σ (bei Gasen und Dämpfen Ma) ist beim Übertragen von Modellversuchen auf die Großausführung zu beachten. Solange man weit genug von der Kavitationsgrenze (bzw. Schallgeschwindigkeit) entfernt bleibt, sind Änderungen von σ (bzw. Ma) bedeutungslos.

Die Einflüsse gemäß 1 bis 3 können durch Korrekturformeln näherungsweise berücksichtigt werden. Nach *Ackeret* ist z. B.

$$\frac{1-\eta_G}{1-\eta_M} = \frac{1}{2}\left[1 + \left(\frac{\mathrm{Re}_M}{\mathrm{Re}_G}\right)^{1/5}\right]^{*}.$$

Hierbei sind η_G bzw. η_M die hydraulischen Wirkungsgrade der Großausführung bzw. des Modells, Re_G und Re_M einander entsprechende Reynoldssche Zahlen. Die Lagerverluste sind gesondert zu betrachten. Der Faktor $^1/_2$ berücksichtigt die Annahme, daß die Hälfte der Verluste keine Änderung erfährt: rein kinetische Verluste, z.B. am Austritt. Im Gegensatz hierzu sind die Reibungs- und Spaltverluste beim Modell prozentual größer. Je nach der Bauart kann das Verhältnis zwischen den beiden Verlustarten sehr verschieden sein, wodurch sich die Vielfalt der verwendeten Formeln zum Teil erklärt.

Im Gegensatz zu Turbinen ist für Pumpen und Verdichter bei der Umrechnung der Verluste nach der angegebenen Formel besondere Vorsicht angebracht. Hier liegen noch nicht so viel Erfahrungen vor wie bei Turbinen. Es ist in der verzögerten Strömung möglich, daß bei der kleinen Re-Zahl des Modells Ablösungen auftreten, während dies bei dem entsprechenden Betriebspunkt der Großausführung nicht der Fall ist. Hieraus folgen Unstetigkeiten, welche die Umrechnung erschweren, wenn nicht unmöglich machen. Unter diesen Umständen ist es vorteilhaft, daß bei Pumpen selten solche Größendifferenzen vorkommen wie bei Turbinen.

G. Berechnung

Berechnungsbeispiele S. 369 (Dampfturbine) u. S. 404 (Radialkompressor)

a) Vorbemerkungen. Während man bei vielen Maschinenarten erst *nach* der Konstruktionsarbeit zu rechnen pflegt, steht bei den Strömungsmaschinen die Berechnung an erster Stelle. Die Berechnungen sind hier schwieriger als z. B. Festigkeitsrechnungen, weil im allgemeinen nicht nur Abweichungen nach unten, sondern auch solche nach oben sehr unangenehme Folgen haben können. „Sicherheitszuschläge" sind nicht angebracht. Ein zu groß ausgelegter Verdichter kann beispielsweise ebenso schlecht sein wie ein zu kleiner, da bei ihm die Gefahr des instabilen Arbeitens („Pumpen") bestehen kann.

Die Berechnung einer Strömungsmaschine (z. B. eines Verdichters) erfordert die Kenntnis nicht nur der vorhergehenden Abschnitte A bis F, sondern auch des betreffenden Sonderabschnitts (z. B. Abschn. III), insbesondere der dort angegebenen Berechnungswerte. Im folgenden sollen ergänzend hierzu Hilfen zum überschlägigen Ermitteln der Maschinengröße sowie die Grundgedanken beim Berechnungsgang angegeben werden.

b) Die **Ausgangswerte der Berechnung** müssen zu einem Wertepaar Q, H führen, bei dem die Maschine optimal arbeiten soll („Auslegungspunkt"). Die vorgeschriebenen Betriebswerte sind bei den einzelnen Maschinenarten etwas verschieden. Es ist gewöhnlich gegeben:

1. Bei *Wasserturbinen* der geodätische Höhenunterschied H_{geod} (Bild 63) in m und die Menge Q in m³/sek.

2. Desgl. bei *Pumpen*. Hier kommt es außerdem oft vor, daß der statische Druck auf den beiden Wasserspiegeln um Δp kg/cm² verschieden ist (Kesselspeisepumpen). Oft dient die gesamte Förderhöhe H nur zur Überwindung von Strömungswiderständen: $H_L = \Sigma V_{Str.}$

3. Bei *Dampfturbinen* der Dampfzustand im Kessel (p_0 ata, t_0 °C), der Kondensatordruck (oder Gegendruck) in ata und die geforderte Leistung. Der erreichbare Kondensatordruck hängt (vgl. S. 425) hauptsächlich von der Temperatur des zur Verfügung stehenden Kühlwassers ab.

4. Bei *Verdichtern* das Ansaugvolumen Q_a in m³/sek, die Ansaugtemperatur t_a in °C und das Verhältnis der statischen Drücke nach und vor der Maschine, p_e/p_a. Statt des Druckverhältnisses wird bei Ventilatoren die Druckerhöhung in mm WS (1 mm „Wassersäule" = 1 kg/m²) angegeben.

---

* *E. Mühlemann* fand durch Versuche diese Formel am besten bestätigt. Vgl. „Zur Aufwertung des Wirkungsgrades von Überdruck-Wasserturbinen". Schweiz. Bauztg. Jg. 66 (1948) S. 331; vgl. a. *Rütschi, K.:* Schweiz. Bauztg. Jg. 69 (1951) S. 525. — *K. Pantell:* Aufwertungsformeln für Turbomaschinen. VDI-Z. Bd. 95 (1953) S. 97/100 u. 738/39.

Wichtig ist, wie stark und nach welcher Gesetzmäßigkeit diese Werte im Betrieb schwanken. Dem voraussichtlichen wirtschaftlichen Optimum entsprechend ist der Auslegungspunkt festzulegen. Bei höchster Leistung ist gewöhnlich der Wirkungsgrad etwas geringer als im optimalen Betriebspunkt. Ferner muß man wissen, ob die Maschine lange Zeit ununterbrochen oder nur kurzzeitig in Betrieb sein soll. Im ersten Fall, z. B. bei *Grundlast*-Turbinen, lohnt sich ein größerer Bauaufwand (höhere *Parsons*sche Kennzahl, vgl. S. 341) zur Erzielung bester Wirkungsgrade. Im zweiten Fall, z. B. bei Spitzendeckungsturbinen oder Notstromaggregaten, legt man auf niedrige Anschaffungskosten besonderen Wert, wählt daher einfache und billigere Bauarten; dabei wird auf Betriebsbereitschaft, schnelles Anfahren und gute Regelfähigkeit (Anpassung an Laständerungen) Wert gelegt.

c) Vorberechnungen. *Erster Berechnungsschritt:* Ermittlung des der Maschine zur Verfügung stehenden Gesamtgefälles bzw. der nutzbaren Förderhöhe H. Vom Benutzer der Maschine wird H oft als Energieunterschied zwischen Stellen angegeben, die von der Maschine weiter entfernt sind. Dann muß man die Rohrleitungsverluste berücksichtigen.

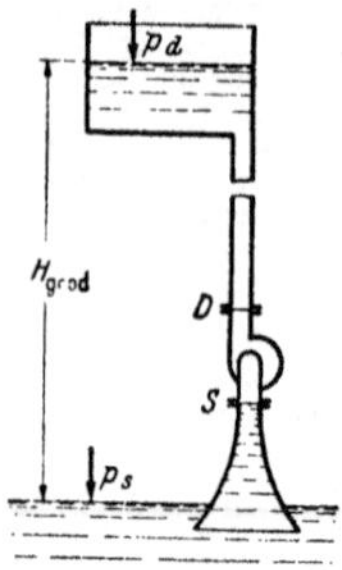

Bild 63. Anordnung einer Strömungsmaschine für Wasser (Schema)

Für *Pumpen* (Bild 63) gilt z. B.:

$$H = H_{geod} + \frac{p_d - p_s}{\gamma} + H_r,$$

für *Wasserturbinen*, wo $p_d = p_s$, dagegen $H = H_{geod} - H_r$.

H_r ist in m WS die Summe der Zu- und Ableitungsverluste, welche sich zusammensetzen aus: Verlusten beim Eintritt in das Rohrsystem (Einlaßfilter), Rohrreibung, Umlenkverlusten in Krümmern und Absperrschiebern, Verlusten beim Austritt aus dem Rohrsystem.

Bei *Verdichtern* ist der geodätische Höhenunterschied H_{geod} bedeutungslos; sind P_S u. P_D die Drücke am Saug- und Druckstutzen, so ist für einen ungekühlten (bzw. gekühlten) Verdichter mit der adiabatischen (bzw. isothermischen) Förderhöhe zu rechnen gemäß $H_{ad} = L_{ad} + (c_D^2 - c_S^2)/2g$ bzw. $H_{is} = L_{is} + (c_D^2 - c_S^2)/2g$.

Hierzu sind L_{ad} bzw. L_{is} gemäß S. 297 für Verdichtung von P_S auf P_D zu berechnen.

Bei *Umwälzpumpen* und *Ventilatoren* sind H_{geod} und $(P_d - P_s)/\gamma = 0$, daher $H = H_r$, wobei die Verluste an kinetischer Energie beim Austritt aus dem Rohrsystem von besonderer Bedeutung sind.

Zweiter Berechnungsschritt: Ermittlung des sekundlich durchgesetzten Gewichtes aus $G_{sek} = Q_s \gamma$ bzw. $Q_s \gamma_s$ oder bei Turbinen aus der verlangten Wellenleistung $N = \eta\, G_{sek}\, H/75$. Abschätzung des Wirkungsgrades η nach ausgeführten Maschinen ähnlicher Bauart.

d) Ähnlichkeitsberechnungen. *Dritter Berechnungsschritt:* Wurde die Drehzahl gegeben oder in zweckmäßiger Weise gewählt, so kann n_q für die ganze Maschine berechnet werden. Der Vergleich des errechneten Wertes mit schon vorliegenden Typen vermittelt eine Vorstellung davon, wie die neu zu berechnende Maschine ungefähr aussehen wird.

Vierter Berechnungsschritt: Ist für die einstufige Maschine oder die Stufe das berechnete n_q identisch mit dem n_q eines schon vorhandenen Modells, so genügt eine einfache Größenumrechnung, um die neu benötigte Maschine ähnlich dem Modell geometrisch festzulegen. Umrechnungsfaktor k' für Vergrößerung oder Verkleinerung gemäß S. 337.

Hiernach wären nur noch einige Kontrollrechnungen über Kavitationsgrenze bzw. Schallgeschwindigkeitsnähe, Festigkeit an den wichtigsten Stellen und Biegeschwingungszahlen (kritische Drehzahl) erforderlich. Die Wahrscheinlichkeit, daß zwei Werte n_q genau zusammenfallen, ist zwar gering; trotzdem hat das so verkürzte Berechnungsverfahren eine große Bedeutung. Erstens ist ein gegebenes Modell nicht nur für eine einzige spez. Drehzahl brauchbar, sondern für einen gewissen Bereich, vgl. Abschn. VI; zweitens genügt es für erste *Projektrechnungen*, wenn man so vereinfacht vorgeht, als wäre das benötigte Modell vorhanden. Man erspart sich auf diese Weise das Eingehen auf weitere Einzelheiten, z. B. die Schaufelwinkel, und gewinnt trotzdem einen Überblick über die zu erwartenden Abmessungen, aus denen man auf Gewichte und Preise schließen kann.

e) Größenabschätzung. Auch beim Fehlen einer passenden Modellvorlage kommt man nicht ohne Anlehnung an Vorbilder für Berechnung und Entwurf aus. In Bild 64 und 65 sind Auslegungswerte bekannter Maschinen angegeben.

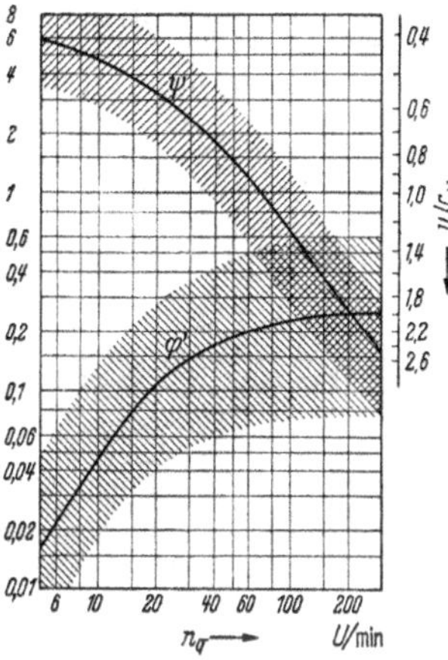

Bild 64. Auslegungswerte für Turbinen (Curtisräder ausgenommen)

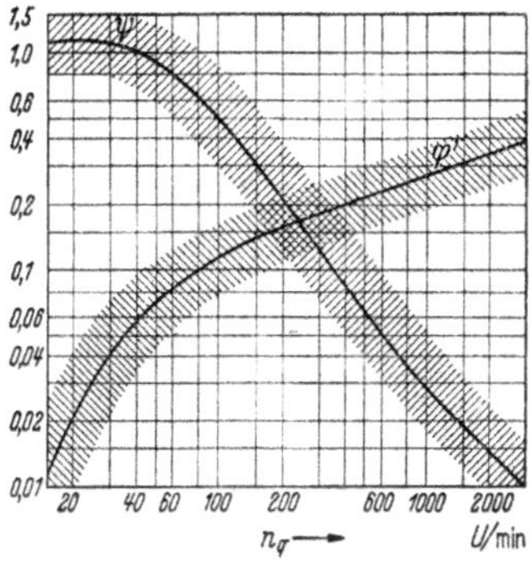

Bild 65. Auslegungswerte für Pumpen und Verdichter. φ' und ψ bei Flüssigkeitsförderung mehr an der unteren, bei Gasförderung mehr an der oberen Grenze des in Frage kommenden Bereiches

Sind n, Q, H und somit auch n_q bekannt, so kann man aus diesen Bildern praktisch brauchbare Werte für φ' und ψ ablesen. Danach ergibt sich aus den Definitionsgleichungen dieser Kennzahlen (S. 341) die äußere Umfangsgeschwindigkeit zu

$$u_a = \sqrt{2gH/\psi}$$

und der äußere Raddurchmesser zu

$$D = \sqrt{\frac{4}{\pi 2g}}\sqrt{\frac{Q}{\varphi}\sqrt{\frac{\psi}{H}}} = 0{,}255\sqrt{\frac{Q}{\varphi}\sqrt{\frac{\psi}{H}}}.$$

Die Benutzung des auf der rechten Seite stehenden Faktors 0,255 setzt die Maßeinheiten m³, m und sek voraus. Die Umfangsgeschwindigkeiten u, die sich hiernach ergeben, müssen in erträglichen Grenzen bleiben, vgl. die Werte der Zahlentafel, die gewöhnlich um $\approx 25\%$ unterschritten werden. Für genaue Auslegung ist Nachrechnen von σ bzw. Ma (S. 328) oder Festigkeitsberechnung (S. 330) unerläßlich. Ergeben sich für u zu hohe Werte, so muß die Rechnung mit anderen Annahmen (insbesondere bezüglich Drehzahl und Stufenzahl) wiederholt werden.

Außen-Umfangsgeschwindigkeiten, ungefähre maximale Auslegungswerte

Maschinenart	Grenze gegeben durch	u m/sek	Maschinenart	Grenze gegeben durch	u m/sek
Peltonturbine	Gefälle	90	Radialverdichter mit $\beta_4 > 90°$ und Deckscheibe	Festigkeit	320
Francisturbine	Kavitation	70	desgl., mit $\beta_4 = 90°$, ohne Deckscheibe	Festigkeit	600
Kaplanturbine	Kavitation	50	Schiffsschraube	Kavitation	50
Dampfturbine	Festigkeit	500	Luftschraube	Schallgeschw.	280
Gasturbine	Warmfestigkeit	400	Föttingerkupplung und -getriebe	Kavitation	120
Pumpe	Kavitation	80			
Ventilator	Geräuschbildung	100			
Axialverdichter	Schallgeschw.	300			
Überschall-Axialverdichter	Festigkeit	500			

f) Detailberechnung. *Fünfter Berechnungsschritt:* Wenn die Rechnung bis in alle Einzelheiten neu durchgeführt werden muß, sind zunächst die Abmessungen aller Strömungsquerschnitte im Meridianschnitt festzulegen. Die Wellen- und Nabendurchmesser sind möglichst so zu wählen, daß ausreichende Starrheit und Festigkeit gesichert ist. Die Größe der Durchflußquerschnitte F_m ergibt sich aus der Kontinuitätsgleichung zu $F_m = Q/c_m$. Für die Wahl der Meridiangeschwindigkeiten c_m muß man sich auf bewährte Ausführungen und die S. 341 unter 5—11 genannten Kennwerte oder auf das Ergebnis einer Vorberechnung gemäß Abschnitt e) stützen. Zu hohe Durchflußgeschwindigkeiten steigern die *Mach*sche Zahl oder die Kavitationsgefahr sowie die Verluste durch Austrittsenergie, Umlenkung und Reibung; zu niedrige c_m ergeben zu großen Bauaufwand und ungünstige Schaufelwinkel.

Der Laufraddurchmesser (bzw. bei mehrstufigen Maschinen die Summe der Quadrate der Raddurchmesser) ist so zu bestimmen, daß das Gefälle bzw. die Förderhöhe erreicht wird. Hierbei Anwendung der auf S. 340/41 unter 1—5 genannten Kennzahlen, wobei die auf S. 345 unten genannten Grenzen zu beachten sind.

Bei Maschinen für *kompressible* Medien wird man zweckmäßig zuerst die Abmessungen der ersten und letzten Stufe festlegen. An der Stelle des größten und des kleinsten Durchflußvolumens liegen die extremen Verhältnisse. Für die Zwischenabmessungen muß an jeder Stelle der Maschine das Durchflußvolumen $Q = G_{\text{sek}}/\gamma$ bekannt sein. Das spez. Gewicht folgt aus dem Zustandsverlauf, der nach den in A 4 (S. 296) angegebenen Gesetzen rechnerisch oder an Hand eines Wärmeschaubildes festzulegen ist, wie in den Berechnungsbeispielen für Dampfturbinen und Verdichter näher gezeigt wird.

Sechster Berechnungsschritt: Ermittlung der in den Laufrädern übertragenen spez. Radarbeiten $H_L = H_{\text{ges}}/\eta_{\text{hydr}}$ für Pumpen bzw. $H_L = H_{\text{ges}}\,\eta_{\text{hydr}}$ für Turbinen. Bei mehrstufigen Maschinen ist H_{Stufe} an Stelle von H_{ges} einzusetzen. Hierbei ist für Gase und Dämpfe der Einfluß der Verlustwärme zunächst schätzungsweise zu berücksichtigen:

$\Sigma H_{\text{Stufe}} = 1{,}01$ bis $1{,}05\ H_{\text{ges}}$, vgl. S. 299 (gültig für Turbinen *und* Verdichter).

Siebenter Berechnungsschritt: Nun können an allen Stellen der Maschine die Geschwindigkeiten nach Größe und Richtung festgelegt werden, so daß die Geschwindigkeitsdiagramme gezeichnet werden können, vgl. S. 294.

Achter Berechnungsschritt: Festlegen der Schaufelwinkel aus den Strömungswinkeln, z. B. für den Eintritt des Laufrades aus

$$\operatorname{tg}\beta_4 = \frac{c_{4m}}{w_{4u}} = \frac{Q_4}{w_{4u}\,\pi\,d_4\,b_4}\,\frac{t_4}{t_4 - \sigma_4}\,.$$

Zur Berechnung der Teilung $t_4 = \pi d_4/z$ ist die Schaufelzahl z zu wählen, und zwar so, daß günstige Kanalformen erzielt werden: Vergleich mit ausgeführten Maschinen und zweckmäßige Wahl der Größe L/t gemäß Bild 41. Auch die Schaufeldicke s_4 wird nach Vorbildern gewählt, hierauf berechnet $\sigma_4 = s_4/\sin\beta_4$. Da in dieser Beziehung schon der Schaufelwinkel vorkommt, der eigentlich erst nach Kenntnis von σ_4 berechnet werden kann, zunächst Näherungsrechnung mit geschätztem β_4 (z. B. $\beta_4 = \beta_5$) oder geschätztem Verengungsbeiwert $t_4/(t_4 - \sigma_4)$ und nachträgliche Berichtigung.

Umfangskomponente c_{5u} am Austritt aus letzten Turbinenstufen und c_{4u} am Eintritt in Pumpen- oder Verdichterlaufräder häufig $= 0$. Sonst $c_{4u} = c_{3u}$, bei Turbinen praktisch auch $c_{5u} = c_{6u}$. Bei Pumpen und Verdichtern ist Zusammenhang zwischen der den Schaufelwinkel bestimmenden Komponente w_{5u} und w_{6u} (aus Eulerscher Gleichung berechnet) zu bestimmen gemäß S. 316.

Neunter Berechnungsschritt: Im Fall der Tragflügelschaufeln war bei den Überlegungen über die richtigen Schaufelwinkel auch die Schaufelform schon mit festzulegen (s. S. 318); in den übrigen Fällen kann das nachträglich geschehen. indem ein stetiger Übergang zwischen Ein- und Austrittsrichtung konstruiert wird, vgl. S. 304.

Hiermit leitet die Berechnung (wie auch schon Schritt 6) zum Entwurf über. Häufig genügt als Schaufelform ein einfacher Kreisbogen oder eine aus mehreren Kreisbogen zusammengesetzte Kurve. Es ist auf die Herstellbarkeit und Festigkeit der Schaufeln Rücksicht zu nehmen (genügende Wandstärke, ausreichendes Trägheitsmoment), wobei zu erwägen ist, ob profilierte Schaufeln oder Schaufeln mit konstanter Wandstärke zweckmäßiger sind. Konstante (möglichst geringe) Wandstärke häufiger bei dicht stehenden Schaufeln mit geringer Umlenkung, bei kleiner Zerreiß- und Schwingungsgefahr, bei geringen Wirkungsgradansprüchen und bei Radialrädern.

Zehnter Berechnungsschritt: Festlegen etwaiger Ein- oder Austrittsspiralen nach dem Drallsatz, s. S. 308. Querschnitte am Ein- und Austrittstutzen so bemessen, daß sich nach den anschließenden Leitungen ein guter Übergang ergibt. Geschwindigkeitszunahme im Zulauf zur ersten Stufe um 10—50% ergibt geringe Zulaufverluste und gleichmäßige Beaufschlagung der ersten Schaufelreihe.

Elfter Berechnungsschritt: Nachrechnen aller Verluste nach den Angaben in Abschn. I D. Falls Summe der Verluste zu groß, Neuberechnung mit anderen Annahmen. Die Durchrechnung von verschiedenen Varianten zum Festlegen günstigster Verhältnisse ist besonders bei Neuentwicklungen nötig. Abbrechen der Rechnung und Wiederholung auch dann, wenn sich schon vor Abschluß der Rechnung die zuvor gemachten Angaben als ungünstig erweisen. Genaue Leistungsermittlung.

Zwölfter Berechnungsschritt: In Verbindung mit der konstruktiven Arbeit: Nachrechnen der wichtigsten Bauteile auf Festigkeit und Schwingungen gemäß Abschn. I E, S. 330.

g) Berechnung und Versuch. Selbst bei sorgfältigster Berechnung wird man für neue Maschinentypen nicht auf Bestätigung bzw. Korrektur der zugrunde liegenden Annahmen durch Versuche verzichten können. Die Meßgenauigkeit bei allen Versuchen ist begrenzt, ebenso die Herstellungsgenauigkeit. Über diese Genauigkeitsgrenzen braucht man auch beim Rechnen nicht hinauszugehen; i. a. wird man mit dem Rechenschieber (ev. von 50 cm Skalenlänge) auskommen.

II. Die Strömungs-Kraftmaschinen

Die im Arbeitsmedium (Flüssigkeit bzw. Dampf oder Gas) vorhandene Energie wird hier in mechanische Energie umgesetzt, so daß andere Maschinen (z. B. Elektrogeneratoren) angetrieben werden können. Die Strömung im Leitrad ist immer beschleunigt, meist auch im Laufrad relativ zu den umlaufenden Schaufelkanälen; durch Relativbeschleunigungen an den wichtigsten Stellen ist die Ablösungsgefahr verringert, was das Auslegen dieser Maschinen und das Erreichen guter Wirkungsgrade erleichtert.

A. Wasserturbinen

Literatur: 1. *Camerer, R.:* Vorlesungen über Wasserkraftmaschinen. Berlin: Engelmann 1924. — 2. *Kaplan-Lechner:* Theorie und Bau von Turbinen-Schnelläufern. Berlin-München: Oldenbourg 1931. — 3. *Quantz, L.:* Wasserkraftmaschinen, 10. Aufl. Berlin/Göttingen: Springer 1954. — 4. *Thomann, R.:* Wasserturbinen. Stuttgart: Wittwer 1948. — 5. *Keyl-Haeckert:* Wasserkraftmaschinen und Wasserkraftanlagen, 3. Aufl. Stuttgart: K. F. Koehler 1949. — 6. *Gamse, S. M.*, u. *A. I. Goldscher:* Technologie der Herstellung von Großwasserturbinen. Berlin: VEB-Verlag Technik 1955. — 7. Ferner *Hutarew, G.:* Wasserturbinen, Speicherpumpen und Wasserturbinenregler. VDI-Z. Bd.101 (1959) S.1029/33. — 8. *Dziallas, R.:* Wasserkraftmaschinen. BWK Bd. 11 (1959) S. 187/89.

1. Allgemeines

a) Kennzeichen. Für Wasserturbinen und Kreiselpumpen, durch die Flüssigkeit bedingt: das durchströmende Medium erfährt praktisch keine Änderung des spez. Gewichtes und der Temperatur. Keine besonders hohen Umfangsgeschwindigkeiten und Drehzahlen; daher auch Zentrifugalbeanspruchungen leichter zu beherrschen als bei Dampfturbinen und Verdichtern. Keine zu starke Annäherung der Geschwindigkeit in den Schaufelkanälen an die Schallgeschwindigkeit. Statt dessen Gefahr der Kavitation. Normale Geräuschentwicklung nicht so stark, daß sie für die Auslegung entscheidend wäre.

Besondere Kennzeichen der Wasserturbinen: Leistungsbereich sehr groß: Von 0,5 bis 200000 PS. Infolge Verstellbarkeit der Leitschaufeln (bei Kaplanturbinen auch der Laufschaufeln) sehr gute Regelbarkeit ohne Drosseln. Fast stets einstufige, meist einflutige Ausführung, also nur ein Laufrad je Maschine. Gefälle von etwa 1 m bis 2000 m; Laufraddurchmesser von 0,3 bis 10 m. Wellenlage sowohl waagerecht als auch senkrecht. Stehende Welle: Weniger Grundfläche, bessere Anpassung an schwankenden UW-Stand, aber u. U. Beschauflung schwerer zugänglich.

b) Eine **Wasserkraftanlage**[1] (Bild 66) besteht im allgemeinen aus fünf Hauptteilen: *1* Speicherung (künstlicher oder natürlicher See, aufgestauter Flußlauf), kann gleichzeitig zur Hochwasserregulierung oder Trinkwasserversorgung dienen. *2* Entnahmeanlage mit Überlauf. Obgleich Wasserturbinen verhältnismäßig unempfindlich sind, sind größere Teile und größere Mengen von Verunreinigungen fernzuhalten. Ablagerung von Geröll usw. in Stausee oder besonderem Kiesfang; Zurückhalten von Eis, Laub, Holz durch einen Rost aus Flacheisen, den sogenannten Rechen. Der Rechen muß stets sauber gehalten werden (eventuell besondere Rechenreinigungsmaschine), sonst unnötig hoher Gefälleverlust und zu große Rechenbeanspruchung. Am Einlauf außerdem meist Absperrvorrichtung („Schütze"). *3* Leitung. Die Staustelle kann mehrere km weit vom Kraftwerk entfernt sein. Bei plötzlichem Abschluß der Turbine treten in langen geschlossenen Leitungen starke Druckstöße auf. Abhilfe: *Wasserschloß*[2], ein nach oben offener hoher Behälter, der beim Abstellen das durch Trägheitswirkung zunächst noch weiter fließende Wasser aufnimmt, wodurch die Höhe der Wassersäule sich um 10—20 m ändern kann. Die hinter dem Wasserschloß liegende Druckleitung muß trotzdem auf Festigkeit bei Regulierstößen nachgerechnet werden. *4* Turbine, zur Verringerung der Druckstöße oft mit Freilaßventil oder bei Peltonturbinen mit Strahlablenker, Bild 69, versehen. *5* Rückgabeanlage: Unterwasserkanal, meist nicht so lang wie Oberwasserführung und praktisch immer offen. Die Geschwindigkeit am Auslauf soll klein sein, damit nicht durch Wirbelbildung etwaiger Schiffsverkehr behindert wird und die Ufer zu sehr angegriffen werden; deshalb sorgfältige Gestaltung des Auslaufes nötig. Bei Hochwasser Höhe des aufgestauten Oberwasserspiegels meist unverändert, während Unterwasser steigt; daher, bei ND-Anlagen prozentual stärkster Gefälleverlust bis 100%: Wenn die ausgenutzte Wassermenge nicht durch Zuschalten von Reserveturbinen gesteigert werden kann, wird die gewonnene Leistung bei Hochwasser kleiner.

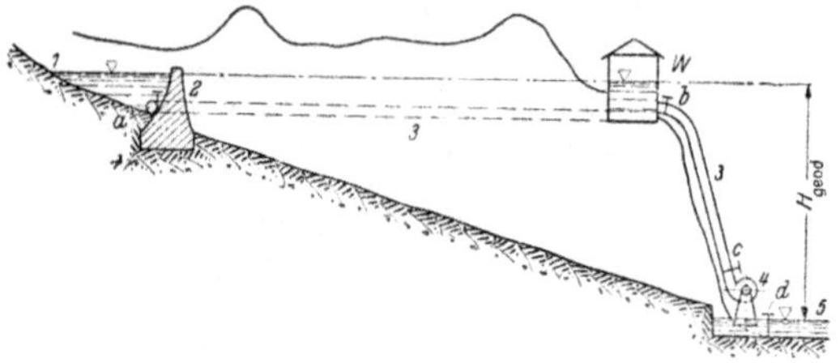

Bild 66. Schema einer Wasserkraftanlage. *a* bis *d* Absperrmöglichkeiten, *W* Wasserschloß

Verschiedene Bauarten erfordern kein besonderes Maschinenhaus: Unterwasser-, Pfeiler- und Freiluftkraftwerke. Maschinen und Druckleitung wurden oft in Felsen eingebaut: Kavernenkraftwerke.

c) Wirtschaftliches. Die Kosten der Turbine mit Regler liegen bei etwa 5% vom gesamten Anlagepreis für HD-Anlagen, um 10% bei ND-Anlagen. Die gesamten Anlagekosten sind — je nach den Geländeverhältnissen — sehr verschieden. Die hohen Baukosten können nicht immer vom Energieverbraucher allein aufgebracht werden. Trotz finanzieller Mitbeteiligung anderer Stellen (Interessenten für Flußregulierung, Staat) Zinsbelastung für den erzeugten elektrischen Strom häufig so hoch, daß dieser teurer als Strom aus Dampfkraft-

[1] Einbauformen von Turbinen und Bezeichnungen nach DIN 4323/24 (Dez. 1957).

[2] *Frank, J.:* Nichtstationäre Vorgänge in den Zuleitungs- und Ableitungskanälen von Wasserkraftwerken. Berlin: Springer 1957. — *Jaeger, C.:* Energie Bd. 10 (1958) S. 381/84.

werken. Auch Ort und Zeit der Stromlieferung können oft nicht den wirtschaftlichen Anforderungen entsprechen. In Pumpspeicherwerken wird die z. B. nachts und sonntags überschüssige Energie der Kraftwerke benutzt, um Wasser in einen hochgelegenen Speichersee zu pumpen, von wo es zu Zeiten besonderen Spitzenbedarfs wieder zur Arbeitsabgabe durch Wasserturbinen rückströmt. Anlagekosten solcher Werke besonders hoch, zusätzliche Verluste durch zweimalige Energieumsetzung; daher „Spitzenstrom" teurer als „Nachtstrom".

d) Einteilung der Wasserturbinen vgl. Bild 61, S. 338, und Zahlentafel 1.

Zahlentafel 1. *Wasserturbinen*

Bauart	n_q	H_{max}	η_{max}
Pelton	4 bis 20	2000 bis 100	0,91
Francis	25 bis 130	500 bis 20	0,92
Kaplan	100 bis 300	80 bis 2	0,93

Zu den Strömungskraftmaschinen im weiteren Sinn kann man evtl. auch die unter- und oberschlächtigen Wasserräder rechnen[1], die heute kaum mehr gebaut werden: Niedrigere n_q, daher große Abmessungen und niedrige Drehzahl; oft auch nicht so gute Wirkungsgrade und Regelbarkeit.

2. Freistrahlturbinen

a) Pelton-Turbine (Becherturbine). Das Wasser wird in einer durch ‚Nadel" regulierbaren Düse, Bild 14, an deren Austritt Atmosphärendruck herrscht, stark beschleunigt und gibt seine kinetische Energie an ein Becherrad ab. Strömungsgünstiger Zulauf zur Düsenöffnung ist Voraussetzung für einen geschlossenen Wasserstrahl. Da sich im Laufrad der statische Druck nicht ändert, ist der Reaktionsgrad 0.

Bild 67, Schnitt durch eine Peltonturbine (I. M. Voith, Heidenheim); je ein einteilig gegossenes Chromstahl-Laufrad fliegend auf beiden Enden der Generatorwelle.

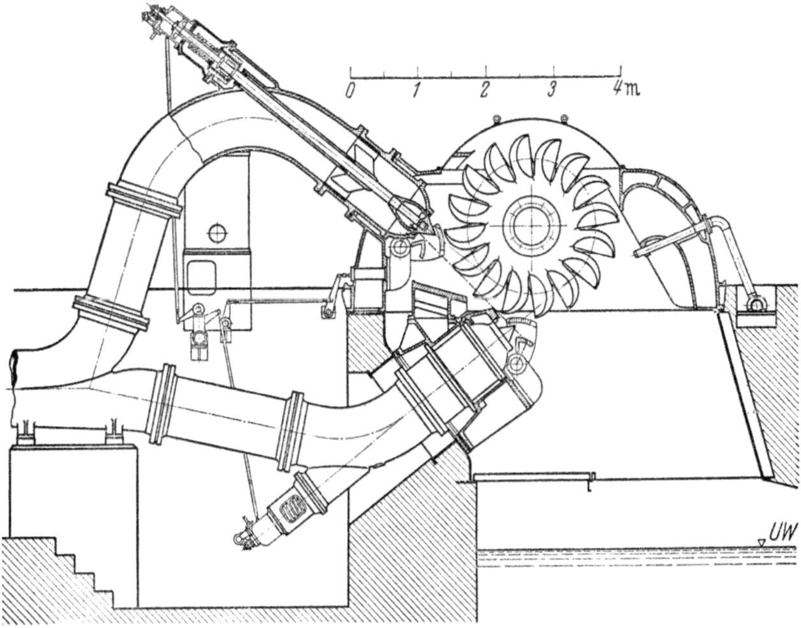

Bild 67. Freistrahlturbine. $H = 358{,}5$ m, $Q = 12{,}35$ m³/sek, $n = 385$ U/min, $N = 52400$ PS

[1] *Müller:* Die Wasserräder. Leipzig: M. Schäfer 1930.

Für gute Wirkungsgrade ist es wichtig, daß auch bei Hochwasser das Rad nicht in das Unterwasser eintaucht. Der hierdurch bei Normalverhältnissen bedingte „Freihang" (Abstand zwischen Punkt T, Bild 14, und UW) ist zusätzlicher Austrittsverlust der Turbine, jedoch infolge der großen Gefälle prozentual nur gering. Freistrahlturbinen haben also kein Saugrohr. Der Faktor $\zeta_a = c_a^2/2gH$ ist bei Peltonturbinen 0,01 – 0,04.

Bild 68: Laufschaufel oder Becher. Die in Schaufelmitte vorhandene Schneide, welche in der Radebene liegt, teilt den Wasserstrahl in nach zwei Seiten abfließende Hälften; sie bewirkt stoßfreien Eintritt und günstiges Abströmen während des ganzen Vorbeistreichens der Schaufel am Strahl. Der in der Schaufel vorgesehene Ausschnitt ergibt günstigere Verhältnisse beim Eintritt der Schaufel in den Strahl und längeres Einwirken des Strahles auf den inneren Teil des Bechers, da der Strahl erst später durch die folgende Schaufel abgedeckt wird.

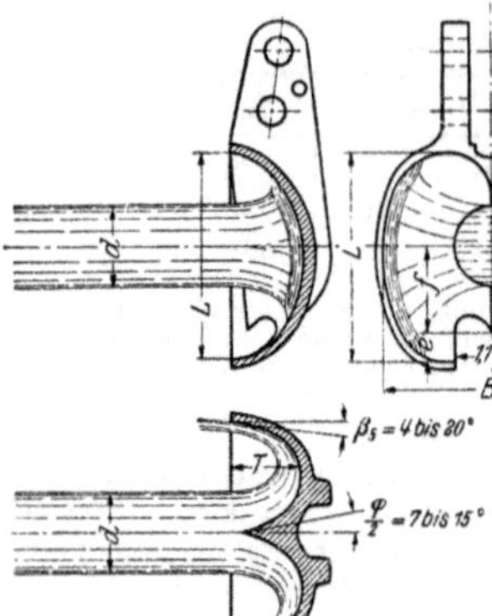

Bild 68

Becher und Laufrad ein Stahlgußstück. Bei nicht zu großem Verhältnis Becherhöhe L/Raddurchmesser auch Becher einzeln, in Segmenten oder als Ring aufgeschraubt.

Empfehlenswerte Becherabmessungen nach *Reichel* und *Wagenbach*[1]: $L \approx 2{,}1\,d$, $B \approx 2{,}5\,d$, $T \approx 0{,}85\,d$, $f \approx 0{,}85\,d$ und $e \approx 0{,}35\,d$, ferner gemäß Bild 68. Maß f geht von Strahlmitte aus, gemessen in jener Schaufelstellung, in welcher der Strahl am weitesten nach innen voll auftrifft. Der Austrittswinkel β_s ist mit 4–20° so bemessen, daß ein bremsendes Anstreifen des austretenden Wassers an der Rückseite des folgenden Bechers noch vermieden wird.

Anzahl der Düsen bei waagerechter Welle bis zu 4, bei stehender Welle bis 6; obgleich bei dieser Anordnung (liegendes Rad) die Ab-

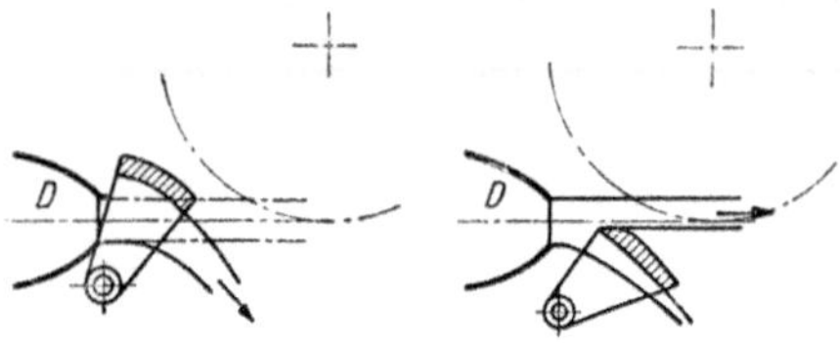

Bild 69

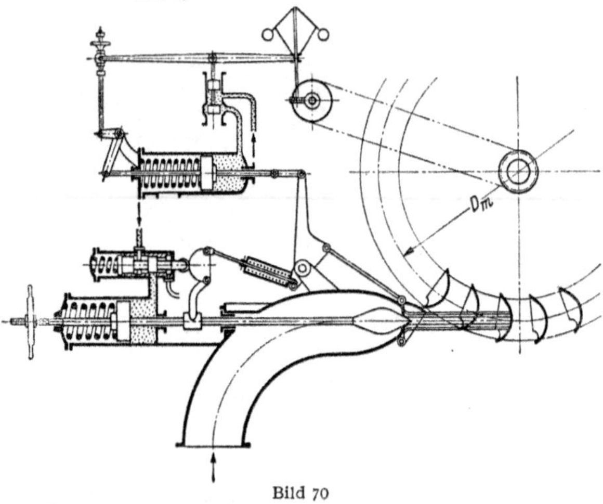

Bild 70

[1] Versuche an Becherturbinen. VDI-Z. Bd. 57 (1913) S. 441/45, 493/500 u. 527/34 und Bd. 62 (1918) S. 822/29 u. 870/76.

strömung einseitig ist, werden auch hier die Becher symmetrisch ausgeführt. — Bild 69, zwei verschiedene Formen von Strahlablenkern an der Düsenöffnung D. Mit diesen kann die Leistung der Turbine schneller verringert werden, als es durch Schließen der Düsennadel möglich ist. Bei schnellem Abschluß zu hohe Massenkräfte in der Leitung. Der einschneidende Ablenker (rechts) ist weniger wirkungsvoll als der drückende (links), da zunächst nur ein Teil des Strahles erfaßt wird, ermöglicht aber einen geringeren Abstand zwischen Düsenöffnung und Laufrad.

Bild 70: *Schema der Regelung* nach Escher-Wyss. Die Solldrehzahl kann durch Verstellen der Federspannung des Fliehkraftreglers beeinflußt werden. Bei plötzlichem Abschalten der Leistung beginnt Drehzahl zu steigen. Vom Regler wird zunächst über den kleinen Steuerkolben das Drucköl so gesteuert, daß der obere Kraftkolben die Bewegung des Ablenkers durch Federkraft zuläßt. Mit einiger Verzögerung wird hierauf die Düsennadel in die entsprechende Lage gebracht und gleichzeitig der Ablenker wieder zurückgestellt. Die auf die geschlossene Nadel wirkende Kraft errechnet sich im Ruhezustand aus dem Produkt Wasserdruck mal Differenz Düsenaustrittsfläche minus Nadeldurchgangsfläche; bei halbgeöffneter Nadel kann man die Haltekraft aus den Stromlinien der Düsenströmung nach der Potentialtheorie ermitteln.

Geschwindigkeitsdreiecke, Bild 71: Am Eintritt (Stelle 3) einfache Strecke, alle Geschwindigkeiten in gleicher Richtung, kurz danach (Stelle 4) Umlenkung beim Auftreffen auf die Schneide; auch am Austritt (Stelle 5) ist zur Ableitung des Wassers eine Seitenkomponente nötig. Ungefähre Strömungsverluste in der Turbine:

in Zulauf und Düse:	$V_{0-3} = (0{,}02 \text{ bis } 0{,}04)\, c_3^2/2g$
Laufrad-Eintritt:	$V_{3-4} = 0{,}06\, w_3^2/2g$
im Laufrad:	$V_{4-5} = 0{,}15\, w_3^2/2g$
Austritt:	$V_6 = c_6^2/2g.$

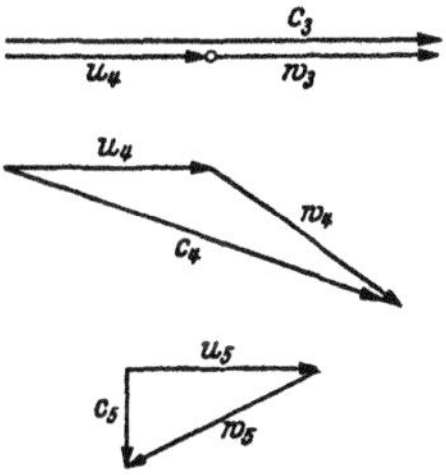

Bild 71

Die genaue Untersuchung ergibt, daß der Wirkungsgrad bei einem Verhältnis $u/c_3 = 0{,}43$ bis $0{,}45$ am günstigsten wird, wobei u am mittleren Durchmesser D_m, Bild 70. Setzt man in der Formel für die spez. Drehzahl an Stelle des durch z Düsen fließenden Wasservolumens den Wert $z\,\varphi_0\, c_0 \pi\, d^2/4$ ein und legt das Verhältnis $u/c_3 = 0{,}44$ zugrunde, so erhält man bei $\varphi = 0{,}98$ für die spez. Drehzahl $n_q = 67{,}4 \sqrt{z}\, d/D_m$. Große Laufschaufeldichte ist wegen starker Strahlumlenkung günstig, jedoch durch Befestigungsmöglichkeit und Notwendigkeit freien Wasserabflusses begrenzt.

b) Durchströmturbine[1] mit doppelter Beaufschlagung (Oßberger, Weißenburg/Bayern), Bild 72. Das Wasser durchströmt, vom verstellbaren Leitkanal kommend, die Laufschaufeln zunächst von außen nach innen, dann nochmals weiter unten von innen nach außen. Einfach in Aufbau (Laufschaufeln blank gezogenes Stahlprofil) und Wartung, deshalb für Kleinturbinen geeignet. n_q und H wie bei Francisturbinen.

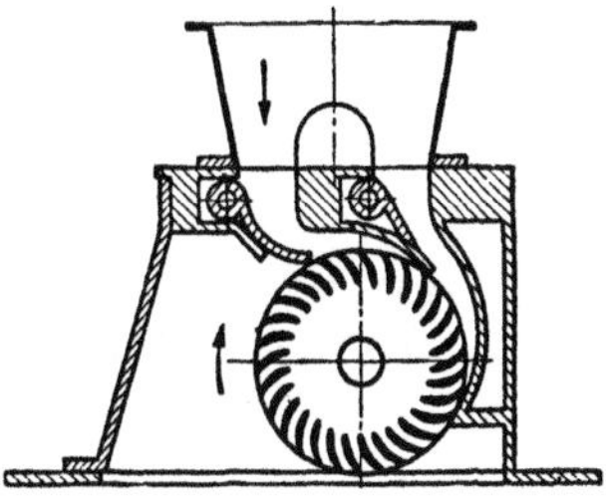
Bild 72

3. Überdruckturbinen

Bei den nachstehend beschriebenen Bauarten erhebliche Druckumsetzung (Beschleunigung) auch im *Lauf*rad; also Reaktionsgrad $r > 0$. Keine partielle Beaufschlagung wie bei Freistrahlturbinen, sondern völlig im Wasser arbeitendes Laufrad. Stets axiale Abströmung aus dem Laufrad und bei drehbaren Leitschaufeln meist radial von außen nach innen durchströmtes Leitrad. Leitschaufeln dann zwischen ebenen Gehäusewänden, so daß sie in jeder Winkelstellung am Gehäuse glatt anliegen. Feste Leitschaufeln bei Kaplanturbinen nur selten. Das hier mögliche Saugrohr wird stets angewendet

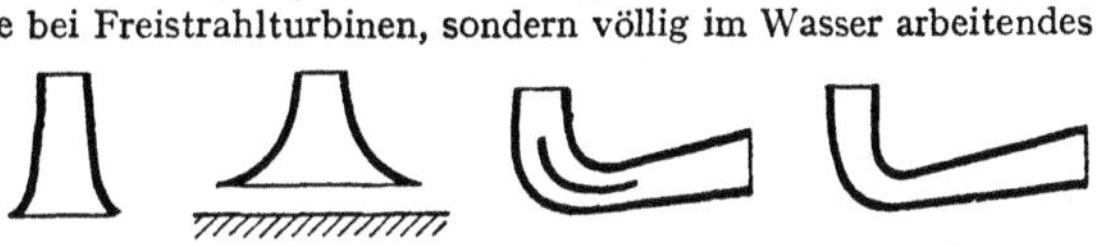

Bild 73. Verschiedene Saugrohrformen für Turbinen mit senkrechter Welle. *a* und *b*: Runde Querschnitte; *c* und *d*: Veränderliche Breite

[1] *Haimerl, L. A.:* Energie Bd. 11 (1959) S. 354/61.

und ist bei kleinen Gefällen besonders wichtig. Es wird, ebenso wie die Zulaufspirale, häufig in Betonkonstruktion ausgeführt. Bild 73 zeigt verschiedene Saugrohrformen für Turbinen mit senkrechter Welle. Bei größeren Gefällen Zulaufspiralen aus Stahl.

a) Francisturbine. Bild 74, mit waagerechter Welle. Das Wasser wird durch ein Spiralgehäuse *a* über feststehende, das Gehäuse versteifende Stützschaufeln *b* und die drehbaren eigentlichen Leitschaufeln *c* dem auf der Welle fliegend angebrachten Laufrad *d* zugeführt. Das gekrümmte Saugrohr ist ein Nachteil der waagerechten Welle, den man abeı auch bei senkrechter Welle oft in Kauf nehmen muß, Bild 73. Die in Bild 74 gezeigte Anordnung der Leitschaufelverstellung

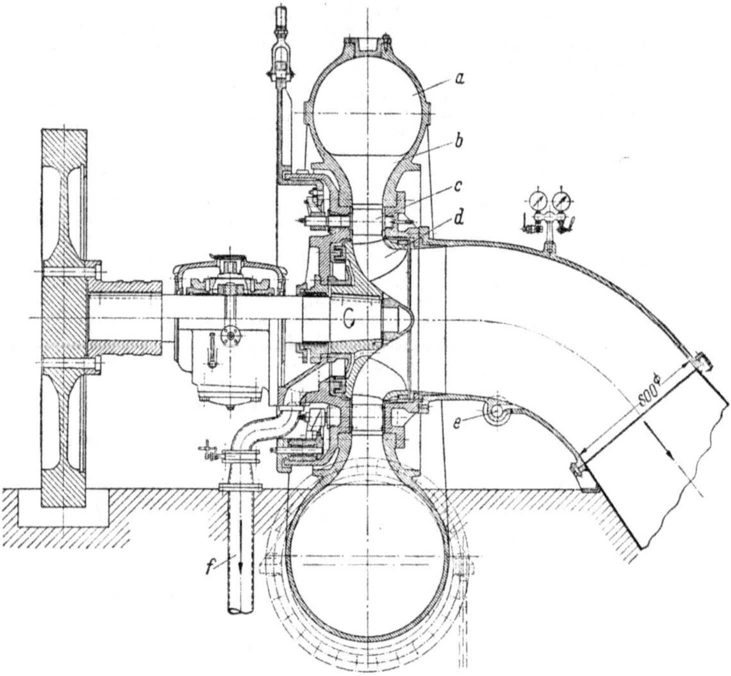

Bild 74. Francisturbine (Escher-Wyss). $H = 90{,}5$ m, $Q = 4{,}7$ m³/sek, $N = 4900$ PS, $n = 750$ U/min, *e* Saugrohrbelüftung, *f* Spaltwasserablauf zum UW

außerhalb des Wassers und Gehäuses wird als *Außenregelung* bezeichnet. Bild 75 zeigt die heute allein übliche *Fink*sche Drehschaufelregelung. Jede Leitschaufel einzeln drehbar gelagert.

Durch Drehen eines Regulierringes *a* werden alle Leitschaufeln um den gleichen Winkel verstellt. Verbindung zwischen den drehbaren Leitschaufelachsen *b* und den Zapfen *c* des Verstellringes durch zwei Hebel *d* und *e*. Die Schaufeln können so flach gestellt werden, daß sie sich gegenseitig berühren und die Turbine abschließen. Zum vollkommenen Absperren bei Stillstand ist außerdem noch ein Absperrschütz oder ein Schieber am Turbineneinlauf erforderlich. Die bei geschlossenen Leitschaufeln an jeder Schaufel angreifende Kraft kann aus dem Druck des Oberwassers berechnet werden. Um die Verstellarbeit zur Bemessung des Reglers abzuschätzen, kann man so rechnen, als ob das an der Leitschaufel angreifende Moment in jeder Stellung seinen Höchstwert beibehielte. Hierzu noch Zuschlag zur Berücksichtigung der Reibung am Regulierring sowie ferner $\approx 100\%$ Zuschlag zur Berücksichtigung der Regelbeschleunigung und Verschmutzung der Leitschaufeln durch Fremdkörper im Wasser. Zahl der Leitschaufeln bei kleinen Turbinen (bis 500 mm Raddmr.) 4 bis 12, bei großen Turbinen bis ≈ 24.

Laufschaufelkonstruktion gemäß Bild 24, S. 307.

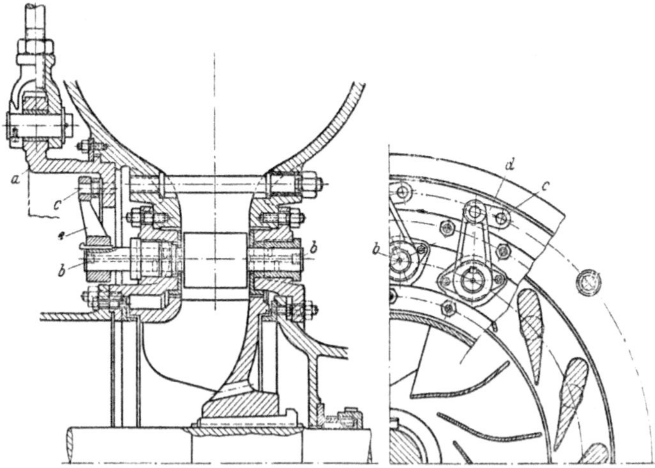

Bild 75. *Fink*sche Drehschaufelregelung bei Francisturbinen

Bild 76, Anordnung einer Francisturbine als Schachtturbine mit *Innenregelung:* Besondere Druckwasserzuführung durch Spiralgehäuse ist erspart. Das Wasser fließt aus einer allseitig genügend weiten Kammer dem Leitrad am ganzen Umfang zu. Der Verschleiß der im Wasser liegenden Verstellgelenke ist größer als bei Außenregelung, jedoch noch zulässig, wenn es sich um kleine Verstelleistungen und sauberes Wasser handelt. Diese Bauart kommt für kleinere Gefälle in Frage, wenn die Wassermenge für Kaplanturbinen zu klein ist und auch die Regulierfähigkeit der Francisturbine genügt.

Tafel 2 gibt in Ergänzung zu Bild 61, S. 338, ungefähre Maßverhältnisse an, die beim Entwurf von Francisturbinen zugrunde gelegt werden können. D_e = Einschnürungsdmr., Bild 53, S. 326. Der Grenzwert D_4/D_e für die reine Axialturbine ist 0,7 bis 0,78.

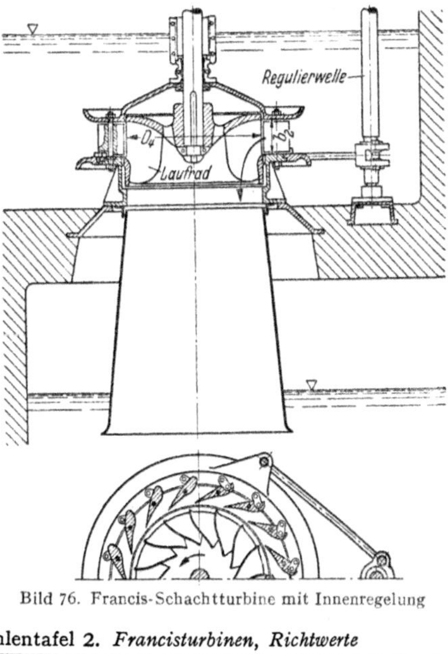

Bild 76. Francis-Schachtturbine mit Innenregelung

Zahlentafel 2. *Francisturbinen, Richtwerte*

n_q	25	30	40	60	80	100
D_4/D_e	1,46	1,35	1,18	0,98	0,84	0,80
b_2/D_e	0,10	0,15	0,21	0,31	0,39	0,42

b) Kaplan- und Propellerturbinen (Zahlentafel 3) sind gekennzeichnet durch axiale Durchströmung des Laufrades und niedrigere Gefälle. Die nur noch seltene Propellerturbine hat feste, die Kaplanturbine drehbare Laufschaufeln. Ursprüngliche Kaplan-Patente auf Verstellbarkeit der Laufschaufeln, deren Blattbreite kleiner als Teilung t. Die optimale Blattbreite L der Schaufeln hängt jedoch von der spezifischen Belastung der Schaufeln und diese wieder vom Gefälle ab. Deshalb bei höheren Gefällen Blattbreiten größer als Teilung, L/t bis 1,5. Die Kaplanturbine hat bestes, die Propellerturbine ungünstigstes Regelungsverhalten von allen Wasserturbinen.

Schnitt durch eine Kaplanturbine (Voith), Bild 77. Weil OW-Spiegel tiefer als

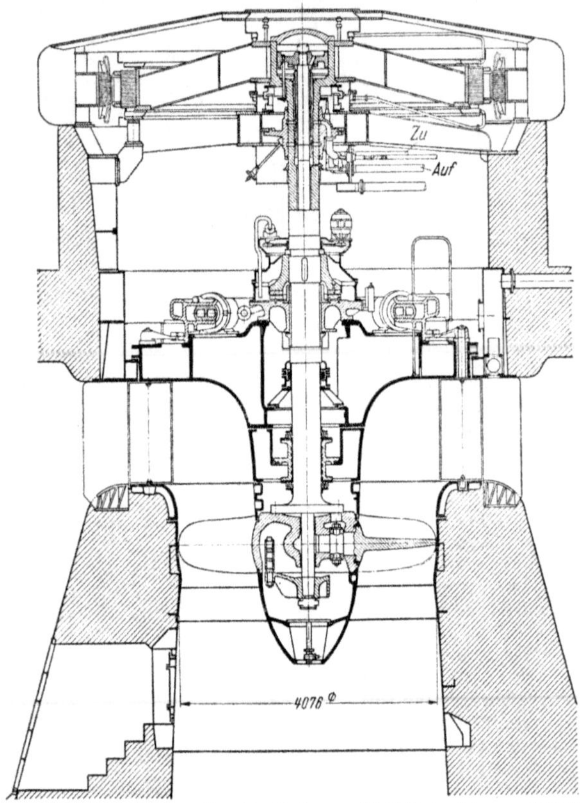

Bild 77. $H = 4{,}7$ bis $5{,}5$ m, $Q = 72\ m^3/sek$, $n = 85{,}6$ U/min, $N_{max} = 4150$ PS

Leitschaufeleintritt, ist hier vor Turbine Heberwirkung nötig: dichter Einsaugraum, der vor Betriebsbeginn luftleer gepumpt werden muß. Stehende Welle ermöglicht tiefe Lage des Laufrades, also geringere Kavitationsgefahr. Im Gegensatz zu der bei Francisturbinen üblichen Ausführung Laufschaufeln außen nicht abgedeckt. Denn: 1. Die durch ein Deckband erzielbare Verringerung der Spaltverluste ist bei flach gestellten Schaufeln nicht größer als die durch Oberflächenvergrößerung hinzukommende Reibungsarbeit; 2. Die Verstellbarkeit der Schaufel würde die Befestigung eines Deckbandes erschweren.

Damit die Spaltweite bei keiner Schaufeleinstellung größer wird, als es die Betriebssicherheit verlangt, wird häufig das Gehäuse um das Laufrad herum mit kugeliger Begrenzung ausgeführt. Auch die Nabe ist kugelförmig. Ausführung und Regelung der Leitschaufeln sowie Einbauformen ähnlich wie bei Francisturbinen.

Bild 77 läßt die starke Stützkonstruktion erkennen, die zur Aufnahme des Läufergewichtes und des Achsschubes erforderlich ist. Meist senkrecht über der Turbine Generator mit stehender Welle; neuerdings oft Übersetzung ins Schnelle; dadurch kleinerer Generator und, bei Kegelradgetriebe, bessere Zugänglichkeit der Turbine.

Bild 78, Mechanismus für Laufschaufelverstellung im Betrieb. Durch Längsbewegen der Verstellstange *a* mit dem Teller *b* werden über die Hebel *c* und *d* die Laufschaufeln *e* gedreht. Fliehkraft und Biegemoment, die in der Schaufellagerung aufzunehmen sind, können sehr groß sein, z. B. beim Kraftwerk Ryburg-Schwörstadt (7 m Laufraddurchmesser), 10 t Gewicht und 800 t höchste Fliehkraft je Schaufel.

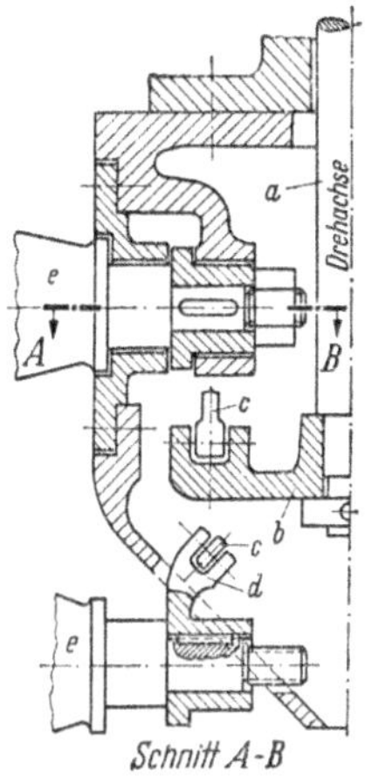

Bild 78. Nabenhälfte einer Kaplanturbine im Schnitt (Schema)

Zahlentafel 3. *Kaplanturbinen, Richtwerte*

n_q	100	150	200	280
$v = d/D$	0,5	0,47	0,43	0,4
b_2/D	0,33	0,36	0,39	0,42
z *	8	6	4	3

Bisweilen bei diesen Schaufeln Kavitationsleiste gemäß Bild 55. Einfache Propellerturbinen sind billiger als Turbinen mit Schaufelverstellung. Deshalb z. B. in Lilla-Edet zwei Propellerturbinen für die Grundlast und eine Kaplanturbine zum Regulieren.

Die besondere Regelaufgabe bei Kaplanturbinen besteht darin, daß stets die günstigste Kombination von Lauf- und Leitschaufelstellung eingeregelt wird. Bild 79, Reglerschema nach Escher-Wyss.

Wird der Leitradservomotor *a* durch vom Turbinenregler kommenden Ölzufluß bewegt, so steuert er nicht nur die Leitschaufeln *b* (über den Regulierring *c*, Gestänge *d* und Zapfen *e*), sondern auch die Kurvenscheibe *f*. Diese wiederum beeinflußt das Steuerventil *g* für den Laufradservomotor *h*, dessen Kolben *i* mit der schon erwähnten Verstellstange *a* des Bildes 78 verbunden ist. Der durch die Kurvenscheibe *f* gegebene Zusammenhang zwischen Lauf- und Leitschaufelstellung ist nur für ein bestimmtes Gefälle das Optimum. Bei langfristigen Gefälleschwankungen Auswechseln der Scheibe *f*, bei täglichen starken Änderungen (Speicherwerk) Ersatz der Scheibe durch räumlich gekrümmte Nocken (entspricht vielen Scheiben nebeneinander). Eine Schwimmersteuerung kann dann in Abhängigkeit vom Gefälle den richtigen Nockenschnitt durch axiales Verschieben einstellen.

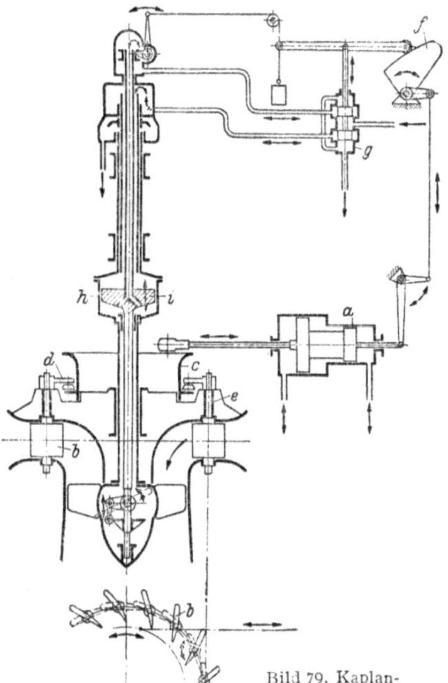

Bild 79. Kaplanturbinenregelung

* Bei Propellerturbinen Laufschaufelzahl etwas größer.

Als *Rohrturbinen*[1] können Kaplan- und Propellerturbinen kleiner und mittlerer Leistung (bis 6000 PS und 16 m Gefälle) ähnlich Axialgebläsen (Bild 13) mit waagerecht oder schräg liegender Achse und axialen Leitschaufeln gebaut werden, u. a. für Pfeiler- und Gezeitenkraftwerke[2]. Der Generator kann bei genügend großem Nabendurchmesser in der wasserumströmten belüfteten Nabe vor oder hinter dem Laufrad eingebaut sein oder durch ein Kegelradgetriebe mit der Turbinenwelle verbunden werden; beim Unterwasserkraftwerk nach *Fischer* ergaben sich durch Generatorwicklung am Außendurchmesser des Turbinenrades besondere Aufgaben für die Abdichtung Turbine-Polrad. — Diagonale Kaplanturbinen[3] nach *Deriaz* können etwas höhere Gefälle verarbeiten, nähern sich also den Francisturbinen. Sie sind besonders gut regelbar und auch für Pumpbetrieb in Speicherkraftwerken geeignet.

4. Werkstoffe und Werkstattausführung

Häufig wird für Gehäuse, Leitapparat und Laufrad Gußeisen oder Stahlguß verwendet. Schweißkonstruktionen für das Gehäuse setzen sich mehr und mehr durch; Stahlbleche mit Wandstärken bis zu 40 mm werden hierbei verarbeitet. Laufräder oder Laufschaufeln sind bei besonderen Anforderungen aus Bronze oder häufiger aus kavitationsunempfindlichem rostfreiem Stahl. Oft wird dieser nur an besonders durch Kavitation oder Erosion (Ablenker in Freistrahlturbinen) gefährdeten Stellen aufgeschweißt. Francis-Laufräder auch mit eingegossenen Blechschaufeln; diese müssen, da meist räumlich gekrümmt, auf besonderen Formen geschlagen oder gepreßt werden. Schaufeloberfläche durch Handschleifapparate sorgfältig geglättet, oft auch kopiergefräst oder kopiergedreht[4].

B. Dampfturbinen

Literatur: 1. *Stodola, A.:* Dampf- und Gasturbinen, 6. Aufl. Berlin: Springer 1924. — 2. *Kraft, E. A.:* Die Dampfturbine im Betriebe, 2. Aufl. Berlin: Springer 1952; ders.: Die neuzeitliche Dampfturbine, 7. Aufl. Berlin: VEB-Verl. Technik 1954. — 3. *Zietemann, C.:* Berechnung und Konstruktion der Dampfturbinen, 2. Aufl. Berlin: Springer 1955; ders.: Dampfturbinen ... Sammlg. Göschen Bd. 274, 715 u. 716. Berlin: De Gruyter 1955/56. — 4. *Loschge, A.:* Konstruktionen aus dem Dampfturbinenbau, 2. Aufl. Berlin: Springer 1955. — 5. *Flügel, G.:* Dampfturbinen. Leipzig: J. A. Barth 1931. — 6. *Oehler, E.:* Grundzüge der Berechnung und des Baues von Dampfturbinen. Leipzig: Teubner 1950. — 7. *Danninger, P.:* Dampfturbinen-Regelung. München/Berlin: Oldenbourg 1934. — 8. *Kirillow, I. I.:* Regelung von Dampf- u. Gasturbinen. Berlin: VEB-Verl. Technik 1958. — 9. *Wolf, K.:* Schmierung v. Dampfturbinen. Berlin: Springer 1951. — 10. *Traupel,* Lit. 3, S. 374. — 11. *Brennecke, C.,* u. *R. Schinn:* Dampfturbinen für hohe Dampftemperaturen u. Dampfdrücke. VDI-Z. Bd. 99 (1957) S. 1165/71, 1233/44, 1275/83, 1335/42 u. 1611/19. — 12. *Seippel, C.:* Dampfturbinen von heute. Schweiz. Bauztg. Bd. 77 (1959) S. 305/16. — 13. *Bachl, H.:* Wirkungsgrade von ... Elektrizitätswirtsch. Bd. 52 (1953) S. 231/36 u. 266/70. — 14. *Leitner, A.:* Moderne westdeutsche Großdampfturbinen. Konstruktion Bd. 10 (1958) S. 173/81 u. 244/49. — 15. *Senger, U.:* Internationale Normung von Dampfturbinen. Brennst.-Wärme-Kraft Bd. 8 (1956) S. 480/83, vgl. auch Bd. 10 (1958) S. 350.

1. Allgemeines

a) Dampfzustand. Am Anfang hohe, am Austritt niedrige Drücke und Temperaturen haben gute thermische Wirkungsgrade zur Folge: große Gefälle. Da andererseits die günstigsten Stufengefälle begrenzt sind, überwiegt die Mehrstufenbauart. Durch hohe Anfangsdrücke wird der Bauaufwand großer Kraftwerke stark verringert.

Bei hohem p_0 muß für Kondensationsturbinen auch t_0 höher sein (Taf. 4), damit zu hoher Wassergehalt in den letzten Turbinenstufen (zulässig bis $\approx 12\%$) vermieden wird. Bei sehr hohen Anfangsdrücken erreicht man durch *Zwischenüberhitzung* geringere Dampfnässe in den letzten Stufen, vgl. S. 449.

---

[1] Energie Bd. 6 (1954) S. 187/93 u. Bd. 9 (1957) S. 301/05.
[2] *Vadot, L.:* Masch.-Bau u. Wärmewirtschaft Bd. 12 (1957) S. 231/38.
[3] VDI-Z. Bd. 102 (1960) S. 54. — Trans. ASME, Series D, Bd. 81 (1959) S. 505/33.
[4] Werkstatt u. Betrieb, Bd. 87 (1954) S. 65/66.

b) Drehzahl, Dampfströmung. Infolge der starken Volumenzunahme des Dampfes ist die Schnelläufigkeit (Zahlentafel 5) der einzelnen Stufen verschieden.

Im HD-Teil Schaufellänge oft an der unteren, im ND-Teil an der oberen zulässigen Grenze. Einstufenturbinen nur bei kleinen Leistungen und geringen Wirkungsgradanforderungen. Zur Erzielung genügender Stufengefälle müssen die Umfangsgeschwindigkeiten und Drehzahlen hoch sein; Zentrifugalbeanspruchung an der oberen zulässigen Grenze. In den Leitkanälen der ersten Stufen kann die Schallgeschwindigkeit überschritten werden (vgl. S. 302, Lavaldüsen); in den hinteren Stufen eventuell betriebliche Schwierigkeiten (Gefahr der Anfressung) durch Kondensatbildung.

Zahlentafel 4
Dampfanfangszustand, Richtwerte[1]

p_0 in kg/cm²	t_0 in °C
15–30	320–450
40–70	450–500
100–200	500–600

Zahlentafel 5

	n_q	η_{hydr}*
Curtis-Räder, 4kränzig	0,3–2,5	<0,6
„ , 3kränzig	0,6–5,5	<0,65
„ , 2kränzig	1,6–14	0,7
Gleichdruck-Stufen } voll beaufschlagt	10–27	0,75–0,88 **
Überdruck-Stufen } voll beaufschlagt	31–64	0,78–0,9 **
Gasturbinen-Stufen	20–60	0,8 –0,92

* Definition von η_{hydr}, bei Dampfturbinen auch als η_u, Wirkungsgrad am Radumfang, bezeichnet, vgl. S. 311.
** Ohne Austrittsverlust.

Obgleich die axial durchströmten Bauarten vorherrschen, sind auch radiale Dampfturbinen vorteilhaft; halbaxiale Bauformen kommen nicht vor. Leistungsbereich ähnlich Wasserturbinen: 0,5–500000 kW; die großen Leistungen bedingen jedoch mehrflutige oder sogar Mehrwellen-Anordnung im ND-Teil. Laufraddurchmesser von $\approx$0,3 bis 3 m (Schaufelspitzen) bei $n = 3000$ U/min.

c) Wirtschaftliches. Die Dampfturbine ist der Kolbendampfmaschine überlegen, weil: 1. Möglichkeit größerer Leistungseinheiten (Kraftwerke). 2. Als Hilfsmaschine einfach und leicht. 3. Evtl. günstigere Schnelläufigkeit, bessere Drehzahlanpassung an die angetriebenen Maschinen, z. B. Verdichter. 4. Bessere Ausnutzung der Dampfenergie bei niedrigem Gegendruck (hohem Vakuum). 5. Bei richtiger Dichtungsgestaltung Abdampf bzw. Kondensat praktisch ölfrei, was für den Kondensator oder nachgeschaltete Wärmeverbraucher vorteilhaft ist. 6. Größere Gleichförmigkeit im Betrieb. — Bei Abdampfturbinenanlagen sind im Schiffsbetrieb die Vorteile beider Maschinenarten vereinigt; die vorgeschaltete Kolbendampfmaschine ermöglicht umgesteuert den Rückwärtsbetrieb ohne Rückwärtsturbine.

d) Einteilung der Dampfturbinen. Nach Wirkungsweise in Gleich- und Überdruckturbinen. Nach Beaufschlagung in teilweise und voll beaufschlagte, in Axial- und Radialturbinen. Nach Stufen- und Gehäusezahl in ein- und mehrstufige, Ein- und Mehrgehäusemaschinen (mehrere Gehäuse nur bei großen Leistungen). Nach Dampfdruck in Kondensations-, Gegendruck-, Entnahme-, Abdampf- und Zweidruckturbinen. In Kondensationsturbinen ist das volle zwischen Kessel und Kondensator vorhandene Gefälle ausgenutzt, bei Gegendruck nur der obere, bei Abdampfbetrieb nur der untere Bereich. Bei Anzapf- oder Entnahmeturbinen wird von einer Zwischenstufe ein Teil des Dampfes zu anderweitiger Verwendung entnommen, bei Zweidruckturbinen umgekehrt Zwischenzufuhr. Die zuletzt genannten Bauarten, bei denen ein Teil des Dampfes für andere industrielle Zwecke benutzt wird, werden zusammenfassend auch als Industrieturbinen bezeichnet. Weitere Aufteilung nach dem Verwendungszweck in Kraftwerks-, Schiffs- und Hilfsturbinen. Schließlich noch Unterscheidung in Turbinen mit direktem Antrieb und Getriebeturbinen.

2. Bauarten

Bild 80 und 81, einfache Gegendruck-Hilfsturbine, Längs- und Schaufelschnitt (Kühnle, Kopp u. Kausch, Frankenthal) für maximal 1500 PS, 130 atü Frischdampfdruck, 20 atü Gegendruck.

[1] Vgl. DIN 2901: Druck-, Temperatur- und Leistungsstufen bei Dampfkesseln, und Lit. 15.

Über die Geschwindigkeitsabstufung im Curtis-Rad vgl. die Erläuterungen zu Bild 31. Der Dampf strömt bei *a* der Turbine zu, wird in den Düsen *b* auf den Austrittsdruck entspannt und umgelenkt und gibt in den Laufschaufelkränzen *c* und *e* seine Energie an das Laufrad ab. Dazwischen Richtungsänderung im feststehenden Umlenkkranz *d*; Austritt bei *f*.

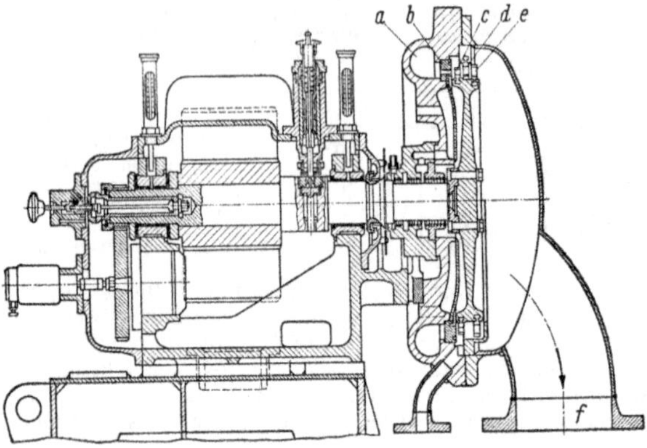

Bild 80

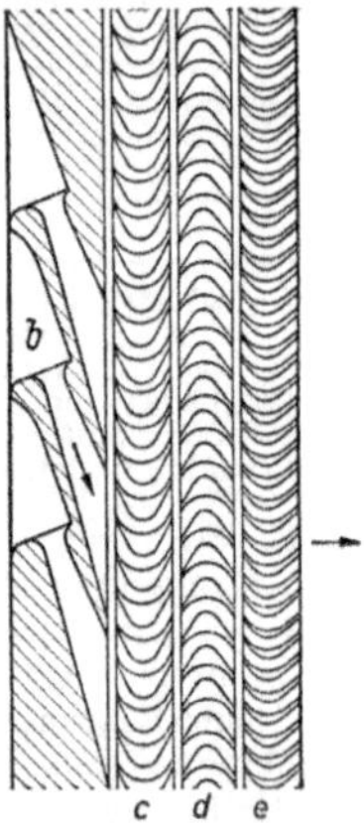

Bild 81

Die Turbine ist an ein Zahnradgetriebe (Übersetzung ins Langsame) mit darunterliegendem Ölbehälter angebaut und wirkt im Verhältnis hierzu und im Vergleich zur angetriebenen Maschine klein. Infolge der Fortschritte im Getriebebau sind heute bei den Dampfturbinen höhere Drehzahlen möglich als früher, wodurch Bauaufwand verringert und Wirkungsgrad verbessert werden konnte. Dies gilt insbesondere für die früher sehr sperrigen Schiffs-Dampfturbinen.

Bild 82 u. 83, Gegendruck-Turbine, Horizontal- und Schaufelschnitt (Kühnle, Kopp u. Kausch) für maximal 500 PS, 100/12 atü. Besonderheit: Auch hier Geschwindigkeitsabstufung, jedoch derartige Umlenkung des Dampfes nach dem

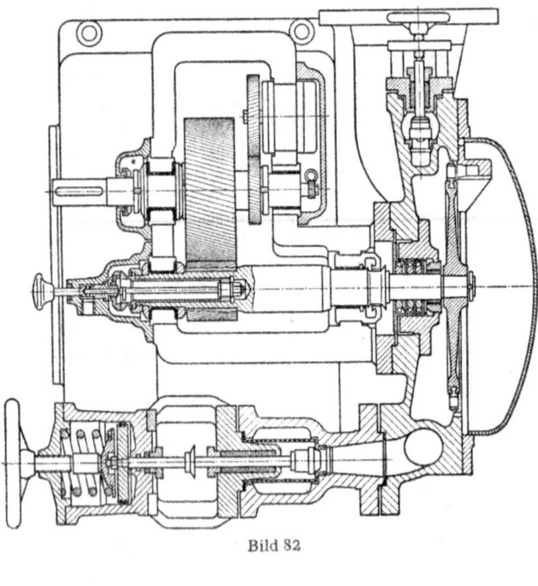

Bild 82

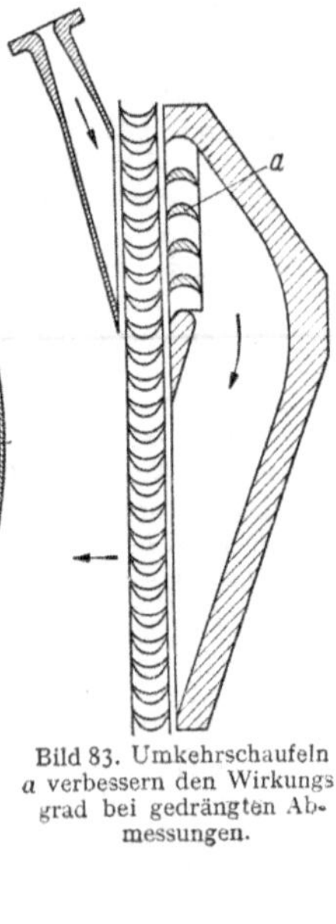

Bild 83. Umkehrschaufeln *a* verbessern den Wirkungsgrad bei gedrängten Abmessungen.

ersten Durchgang durch das Laufrad, daß derselbe Laufschaufelkranz nochmals beaufschlagt wird. Auch diese Turbine ist mit Getriebe zusammengebaut.

Bild 84, Eingehäuse-Kondensationsturbine (BBC) für Dampf von 60 atü, 480 °C, für Leistungen bis 33 MW und für 3600 U/min. Diese Drehzahl ist bei direkter Kupplung mit einem Generator für 60 Per.-Drehstrom geeignet, bei 50 Per./sek 3000 U/min (auch 1800 bzw. 1500 U/min).

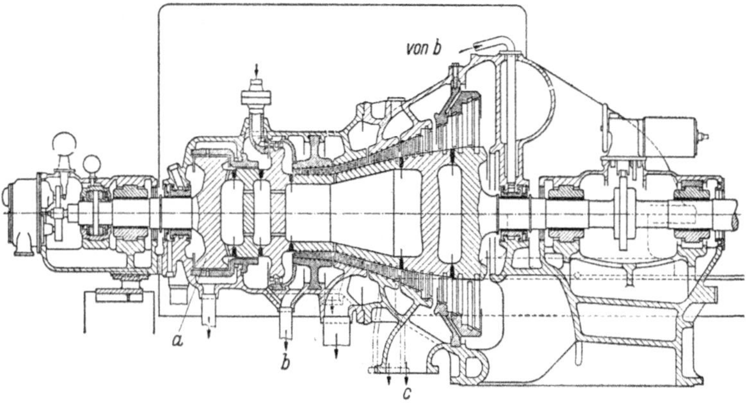

Bild 84. Kondensationsturbine mit geschweißtem Läufer

Lager des Generators auf dem Abdampfstutzen. In dem vorgeschalteten zweikränzigen C-Rad wird ein verhältnismäßig hoher Anteil (≈25–40%) des Gefälles mit nur wenig niedrigerem Wirkungsgrad verarbeitet, wodurch die höheren Drücke und Temperaturen von den nachfolgenden Teilen der Maschine ferngehalten werden. Durch partielle Beaufschlagung des C-Rades wird genügende Schaufelhöhe erreicht. Ein Teil der Verluste im C-Rad kommt den hinteren Stufen als „wiedergewonnene Reibungswärme" zugute (vgl. S. 299), was den Nachteil des geringeren Wirkungsgrades etwas ausgleicht. Reaktionsgrad der hinteren Stufen ≈ 0,5 (vgl. Bild 2 und 28); gedrängte Anordnung der hierbei erforderlichen vielen Schaufelreihen am besten auf einem Trommelläufer. Bei den längeren Schaufeln Aufnahme der Fliehkräfte durch Scheiben. Zur Entlastung des Längslagers (links) von dem verhältnismäßig hohen Axialschub „Ausgleichkolben" *a*. An seinem äußeren Umfang Labyrinthabdichtung zwischen dem Druck am C-Rad und dem Außendruck. Der auf *a* von rechts nach links wirkende Überdruck hebt den von links nach rechts wirkenden Achsschub des Läufers zum Teil auf. Bei *b* und *c* Anzapfungen: Sperrdampf für Labyrinthe, Dampf für Speisewasservorwärmer, Kondensatableitung.

Bei langen Gehäusen und Wellen im Betrieb erhebliche Verschiebungen durch Wärmedehnung bis zu 20 mm. Damit Spannungen und Verwerfungen vermieden werden, Gehäuse gegen Fundament und Welle gegen Gehäuse nur an einem Ende fest gelagert, auf der anderen Seite frei verschiebbar. Parallelführung des Gehäuses z. B. in Keilnuten. Gehäusefestpunkt gewöhnlich am kalten Ende, da Abdampfleitungen schwerer und starrer als Frischdampfleitungen. Bei Mehrgehäusemaschinen Festpunkt in der Mitte zwischen den Gehäusen. Anzeigegeräte *c*, *d* für die Relativbewegung Welle/Gehäuse, Bild 85. Unzulässig hohe Verschiebungen können bei zu schnellem Anfahren oder Stillsetzen entstehen und ein Anstreifen des Läufers am Gehäuse bewirken.

Bei Anzapfturbinen ist nicht nur vor der ersten Stufe, sondern auch an der Entnahmestelle ein Regelorgan erforderlich und gemäß Bild 86 am Anfang des ND-Gehäuses (oft auch an mittleren Stufen innerhalb eines Gehäuses) vorgesehen. Regelaufgabe: Einerseits muß Turbinendrehzahl trotz schwankender Kupplungsleistung gleich bleiben; andererseits soll Gefälleaufteilung zwischen HD- und ND-Teil so sein, daß sich an Anzapfstelle, vor dem ND-Teil, bei der jeweiligen Entnahmemenge der benötigte Anzapfdruck einstellt. Bei kleinen Anzapfmengen auch

„ungesteuerte Entnahme", d. h. ND-Teil ohne Regelungsmöglichkeit; gegebenenfalls hierbei Regeln des Anzapfdruckes durch Drosseln oder Frischdampfzufuhr in Entnahmeleitung.

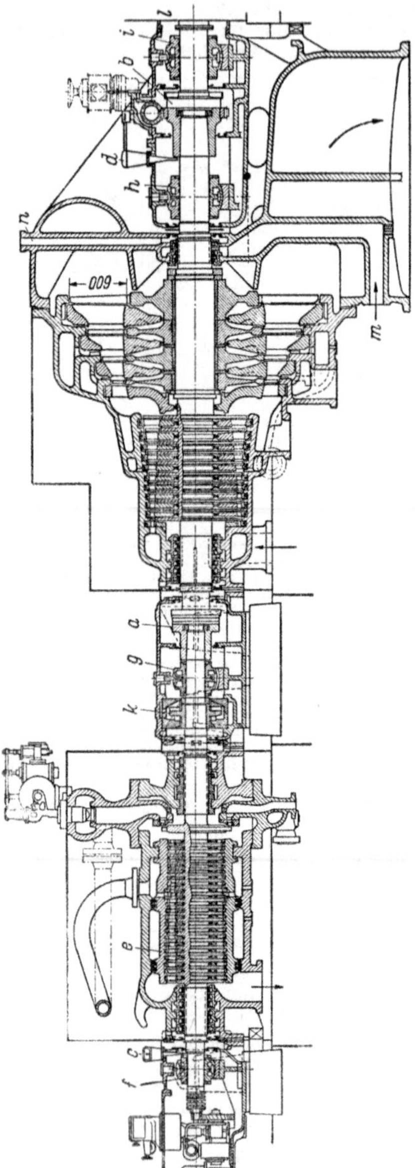

Bild 85. Zweigehäusige Gleichdruck-Kondensationsturbine (AEG) für 50 bis 60 MW, 3000 U/min, Frischdampf von 70 bis 100 atü, 525 °C; Kühlwassertemperatur 21 °C. Weg des Dampfes: Regelorgane, teilbeaufschlagte Vorschaltstufe, 22 Stufen im HD-Gehäuse; Überströmleitung (nicht dargestellt), 11 + 4 Stufen im ND-Gehäuse, Abfluß nach Kondensator. Ferner: *a, b* starre Kupplungen zwischen den einzelnen Läuferteilen, *c, d* Wellen-Dehnungsanzeiger, *e* Leitschaufelträger im HD-Gehäuse, von außen beheizbar. Am Außenkranz der Kupplung *b* greift über ausrückbare Schnecke eine Durchdrehvorrichtung ein. *f, g, h, i* außerhalb der Gehäuse liegende Traglager. Bei Anordnung des Drucklagers *k* in Mitte des Wellensatzes dehnt sich der Läufer nach beiden Seiten. Bei den kürzesten Schaufeln sind daher die kleinsten Axialspiele möglich. *l* Generatorseite, *m* Sperrdampfzufuhr zur ND-Stopfbuchse (von HD-Stopfbuchse), *n* Dampf-Wrasen-Ableitung. Bei Reaktionsgrad 0 zwischen den beiden Seiten der Laufradscheiben kein Druckunterschied, daher trotz großer Angriffsfläche für etwaige Druckdifferenzen nur mäßige Achsschübe

Bild 87, Gegendruckturbine. Das infolge hohen Druckes verhältnismäßig kleine Volumen gebietet, alle Leckverluste möglichst zu vermeiden; sorgfältige Abdichtung, Kohleringe an den Außenstopfbuchsen, wo der Druckunterschied hoch ist.

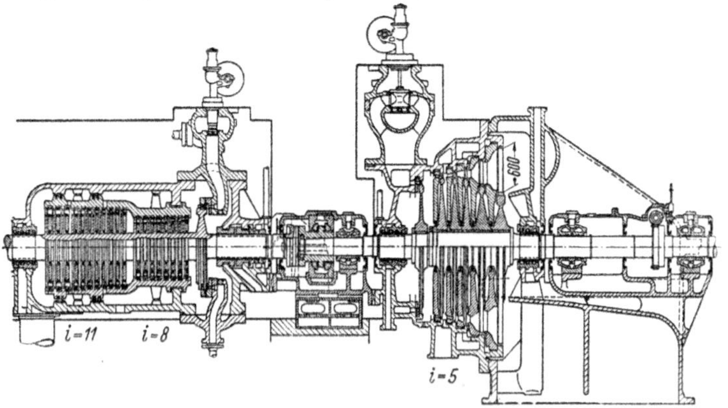

Bild 86. Mittelteil einer ähnlich der Turbine von Bild 85 gebauten zweigehäusigen Entnahme-Kondensationsturbine (AEG) für 20 MW, Frischdampf von 70 atü, 515 °C (max. 87 atü, 540 °C). Regulierte Entnahme vor Eintritt in ND-Gehäuse bei 4 ata. Entnahmemenge 0 bis 60 t/h; Kühlwassertemperatur 12 °C

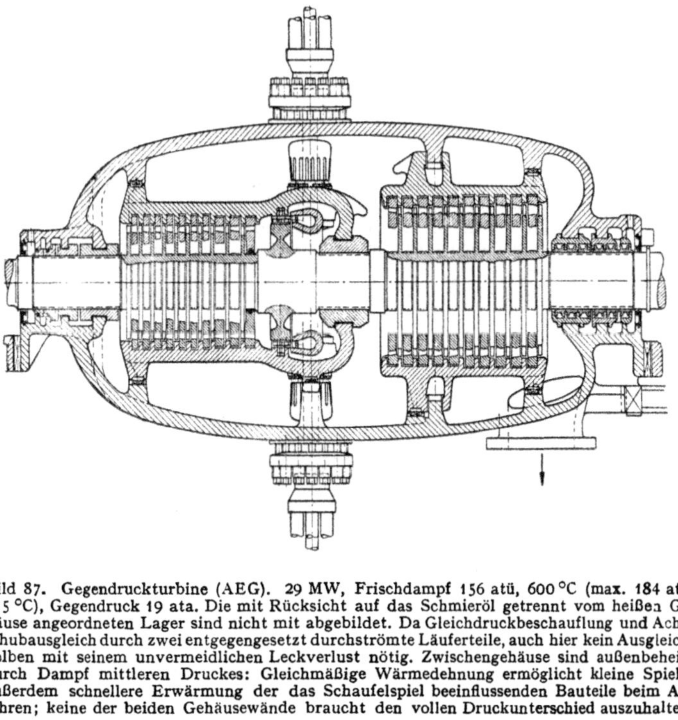

Bild 87. Gegendruckturbine (AEG). 29 MW, Frischdampf 156 atü, 600 °C (max. 184 atü, 615 °C), Gegendruck 19 ata. Die mit Rücksicht auf das Schmieröl getrennt vom heißen Gehäuse angeordneten Lager sind nicht mit abgebildet. Da Gleichdruckbeschauflung und Achsschubausgleich durch zwei entgegengesetzt durchströmte Läuferteile, auch hier kein Ausgleichkolben mit seinem unvermeidlichen Leckverlust nötig. Zwischengehäuse sind außenbeheizt durch Dampf mittleren Druckes: Gleichmäßige Wärmedehnung ermöglicht kleine Spiele; außerdem schnellere Erwärmung der das Schaufelspiel beeinflussenden Bauteile beim Anfahren; keine der beiden Gehäusewände braucht den vollen Druckunterschied auszuhalten.

Damit trotz der hohen Dampftemperatur auch bei wechselndem Betrieb keine unzulässig hohen Spalte durch Wärmedehnung entstehen, ist die Anwendung besonderer Konstruktionsgrundsätze[1] zweckmäßig.

Bild 88, „Topfgehäuse"-Turbine für maximal 210 atü, 535 °C, also besonders hohe Drücke und Temperaturen. Äußeres Gehäuse (Topf) ohne waagerechte Teilfuge, daher Dehnung durch Erwärmung und inneren Überdruck am ganzen Umfang gleichmäßig, ferner gute Festigkeit. Geteilter innerer Leitschaufelträger

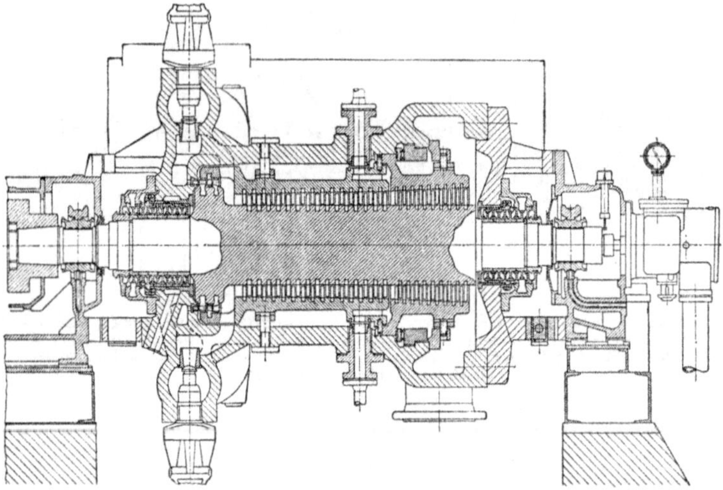

Bild 88. Vorschaltturbine mit Gehäuse ohne waagerechte Teilfuge für höchste Drücke und Temperaturen (SSW Erlangen)

kann sich frei dehnen; besondere Beheizung durch Dampf zwischen innerem und äußerem Gehäuseteil bewirkt annähernde Dehnungsgleichheit mit Läufer und ermöglicht dadurch relativ kleine Spiele zwischen Schaufeln und Gehäuse. An das 2kränzige Curtisrad schließen sich 24 Überdruckstufen an. Wellenabdichtung durch radiale Labyrinthstopfbuchse ähnlich Bild 93.

Bild 89 zeigt zwei verschiedene Möglichkeiten der Dampfströmung bei Radialturbinen.

Bild 89a: Gegenläufige Anordnung nach *Ljungström:* der Dampf strömt nur einmal von innen nach außen; die beiden Räder drehen sich in entgegengesetzter Richtung. Durch

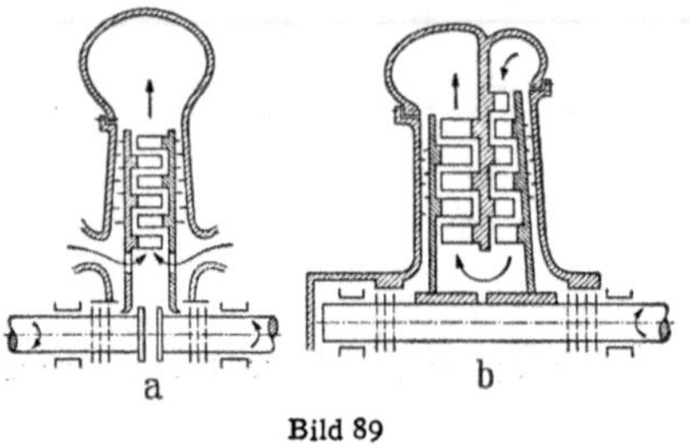

Bild 89

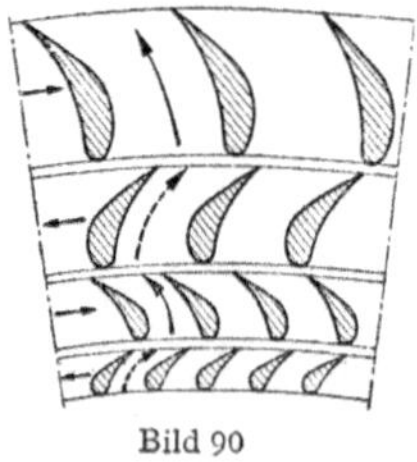

Bild 90

[1] *Röder, K.:* Neue schnellaufende Hochdruckdampfturbine. VDI-Z. Bd. 83 (1939) S. 1159 bis 1162. – *Kaehler, P.*: Dampfturbinen mit Doppelmantel. Brennst.-Wärme-Kraft Bd. 4 (1952) S. 336/37.

die Verdopplung der Relativdrehung wird das Gefälle zweier aufeinanderfolgender Radkränze bei gleichen Schaufelwinkeln und Umfangsgeschwindigkeiten so groß wie sonst in vier Laufradkränzen, also acht Schaufelreihen. Es kommt bei diesen Radialturbinen praktisch nur Überdruckwirkung in Frage, vgl. die Schaufelprofile Bild 90. Die Anordnung der Radialturbine in

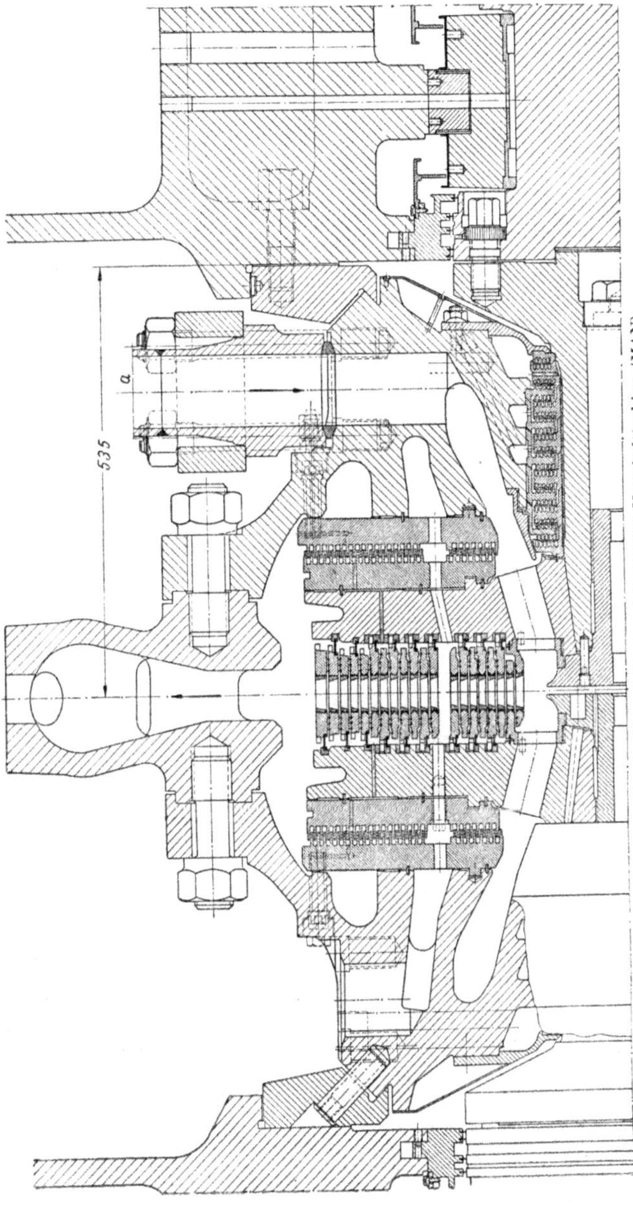

Bild 91. Beschauflungsteil einer Ljungström-Vorschaltturbine (MAN)
Zwischen Stufe 8 und 9 kann bei Überlastbetrieb zusätzlich Dampf eingeleitet werden

Bild 89b besitzt nur einen Läufer und Durchströmung sowohl von außen nach innen als auch von innen nach außen. Hier können mehrere solche Räder nebeneinander angeordnet sein, wobei die Richtung des Dampfweges sich mehrmals umkehrt.

Bild 91, Schnitt durch die Beschauflung einer gegenläufigen Gegendruck-Radialturbine, 32/35 MW, 120/19 ata, 510 °C, 20 Stufen.

Dadurch, daß der Dampf (Eintritt bei *a*) von innen nach außen strömt, ist die Gefahr zu geringer Schaufellängen vermieden: Kombination kleiner Durchmesser und Volumina. Die rotierenden Ringe sind so ausgebildet, daß sie sich, obgleich einseitig zur Drehmomentübertragung und Zentrierung festgehalten, doch gleichmäßig dehnen können. Verbindung mit der Radscheibe *b* über einen Dehnungsring *c*, vgl. Bild 92: Querschnitt eines Ringes mit Laufschaufel *d*. Im Gegensatz zu Axialmaschinen längs der Schaufel konstante Teilung: für Erreichen guter Wirkungsgrade vorteilhaft. Die Schaufeln können, da auch bei größerer Länge unverwunden, aus Walzprofilen hergestellt werden. Die in Schaufeln und Ringen auftretenden Fliehkräfte werden von den Ringen selbst, also am Durchmesser ihrer Entstehung aufgenommen. Es ergeben sich zwar hohe Dehnungen, da sie aber sehr gleichmäßig sind, genügen geringe Spaltweiten. Diese sind wegen der vielen langen Spalte notwendig. Die Schaufeln werden durch Fliehkraft auf Biegung beansprucht.

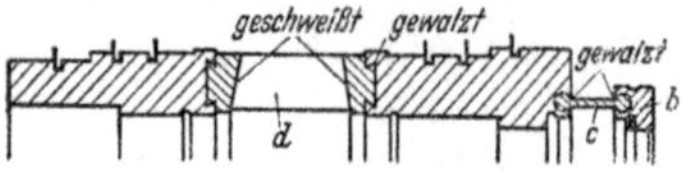

Bild 92

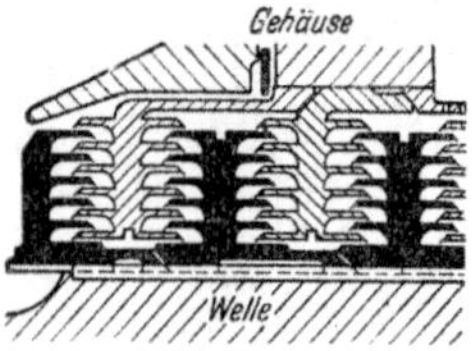

Bild 93

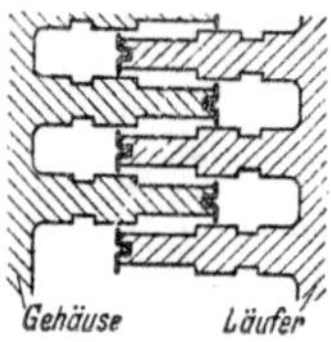

Bild 94

Bild 93, Einzelheiten der Abdichtung an der Welle und, Bild 94, an der Rückseite der Radscheiben. Durch zweckmäßige Anordnung der Dichtspalte an der Rückseite der Radscheiben kann dort eine ähnliche Druckverteilung wie auf der beschaufelten Seite erreicht werden, so daß sich trotz Überdruckes nur ein kleiner Achsschub ergibt.

Bild 95, Schnitt durch eine Radialturbine (MAN-Ljungström) mit beiderseitig zusammengebauten Generatoren (linker Generator weggelassen) und darunterliegendem Kondensator. 40 MW, 3000 U/min, 15 ata, 350 °C.

Der eigentliche Turbinenteil wirkt im Verhältnis zum übrigen Maschinensatz klein. Am linken Wellenende (nicht gezeigt) Regler, rechts Erregermaschine *a*. Hinter den Radialstufen noch Arbeitsabgabe des Dampfes in einer für große Volumina zweckmäßigen doppelflutigen Axialstufe *b*.

3. Sonderbauarten

a) In der **Drehkesselturbine** nach *Hüttner* und *Vorkauf*[1] sind Speisepumpe, Kessel, Dampfturbine und Kondensator zu *einer* Strömungsmaschine vereinigt. Der den eigentlichen Läufer beaufschlagende Dampf strömt durch eine zweckmäßig geformte Düse aus einem gegenläufig rotierenden, mit U-förmigen Wasser- und Dampfräumen versehenen Behälter, der von außen beheizt wird. Diesem Drehkessel kann das Speisewasser in Achsnähe drucklos zugeführt werden. — Zwar nicht zu praktischer Bedeutung gelangt, aber ein interessantes Beispiel für die Möglichkeiten und Grenzen des Strömungsmaschinenbaues.

b) Eine weitere Sonderbauart ist die **Quecksilber-Dampfturbine**, welche in einigen Ausführungen in USA in Betrieb ist[2]. Infolge höherer Verdampfungstemperatur des Quecksilbers Wärmeausnutzung im höheren Druck- und Temperaturniveau möglich; hierdurch besserer thermischer Wirkungsgrad. Im unteren Temperatur- und Druckniveau Wärmeausnutzung durch eine gewöhnliche Wasserdampfturbine (der Quecksilberkondensator ist zugleich Wasserdampfkessel). Nachteile: sehr hoher Preis des Arbeitsmittels; Giftigkeit der Dämpfe erfordert absolut sichere Abdichtung nach außen. Der Vorschlag, andere Substanzen als Arbeitsmedium zu verwenden[3], ist noch nicht praktisch ausgeführt worden. Diejenigen Stoffe, die hierfür geeignet wären, neigen zum Zerfall oder haben andere Nachteile.

c) In allen **Atomkraftwerken**[4], die bis heute im Betrieb oder im Bau sind, wird die beim Atomzerfall entstehende Wärme zum Verdampfen von Wasser

[1] VDI-Z. Bd. 83 (1939) S. 397/404.
[2] VDI-Z. Bd. 77 (1933) S. 133; Bd. 92 (1950) S. 457/58.
[3] *Merkel, Fr.:* Zweistoffgemische in der Dampftechnik. VDI-Z. Bd. 72 (1928) S. 109/15.
[4] *Lalive d'Epinay*, u. *C. E. Lundgreen:* Die thermische Maschine im Atomkraftwerk. Schweiz. Bauztg. Bd. 75 (1957) S. 253/57 u. 278/82; MTZ Bd. 19 (1958) S. 323/24. — *Strub, R. A.:* Turbomaschinen für Kernenergie-Anlagen. Schweiz. Bauztg. Bd. 76 (1958) S. 649/55 und VDI-Z. Bd. 101 (1959) S. 747/52.

benutzt. Der dabei entstehende Dampf hat nur begrenzte Temperatur und begrenzten Druck (max. 450°, 40 at), und zwar u. a. deshalb, weil die im Reaktor

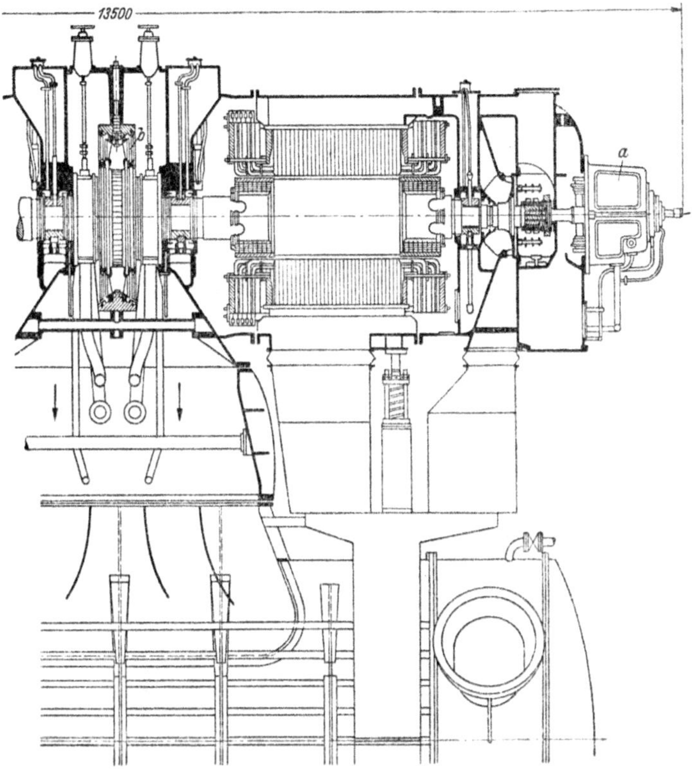

Bild 95. Radialturbine (MAN-Ljungström)

verwendeten Baustoffe thermisch nicht höher belastet werden dürfen. Der Dampf wird in Turbinen verarbeitet, bei deren Auslegen vor allem auf die niedrige Anfangstemperatur und die daraus resultierende große Dampfnässe am Turbinenaustritt Rücksicht genommen werden muß. Besondere Gestaltungsprobleme ergeben sich außerdem durch die Forderung nach absoluter Dichtheit und größter Betriebssicherheit.

4. Konstruktive Einzelheiten

a) Die **Laufschaufeln** können aus gezogenem Material hergestellt sein; in die Befestigungsnut des Läufers sind dann besondere Zwischenstücke eingesetzt. Bei größeren Beanspruchungen (lange Schaufeln, hohe Umfangsgeschwindigkeit) Schaufeln aus dem Vollen gefräst und Füße so verstärkt, daß sich Zwischenstücke erübrigen, wie Bild 56 für Gleichdruck zeigt. Derartig gefräste Schaufeln auch im C-Rad wegen der starken Umlenkung und großen Umfangskraft zweckmäßig.

Bild 48, Gleichdruckschaufel mit besonders sorgfältiger Spitzenabdichtung am *Deckband*. Dieses verringert nicht nur die Spaltverluste sondern auch die

Gefahr der Schaufelschwingungen. Es besteht aus einzelnen Segmenten. Ein allseitig geschlossenes Deckband würde bei plötzlicher Erwärmung der Schaufeln infolge zu starker Dehnung reißen. Bild 4, Gleichdruckstufe mit Geschwindigkeitsdreieck; Bild 20 u. 44, Laufschaufel-Gleichdruck-Profilierung. Bild 21 u. 22, Überdruckprofile. Bild 2 und 45, Überdruck-Laufschaufel mit Hammerkopfbefestigung im Trommelläufer.

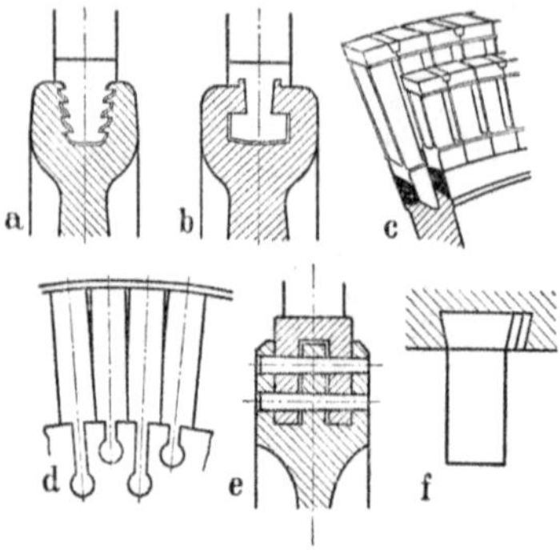

Bild 96

Bild 96 zeigt einige weitere Arten von Laufschaufelfüßen. Tannenbaumfuß, Form a), besonders teuer herzustellen, aber gute Ausnutzung des Materials. Form b) verringert gegenüber dem einfachen Hammerkopf (Bild 56) durch Formschluß die Biegebeanspruchungen. Nach BBC, Form c), an Radkörper angeschweißte Schaufeln, am Deckband paarweise zusammengefaßt. d) Schaufelbefestigung nach Laval, leicht herzustellen (Bohrung und Einschnitt in der Scheibe), aber nur bei einzelnen Scheiben, nicht bei Trommelläufern, möglich. Ebenso e) AEG-Streckfußverbindung: Nur Dreh- und Bohrbearbeitung, große Genauigkeit; wegen kleiner Toleranzen gleichmäßiges Tragen, deshalb für die hoch belasteten langen Schaufeln in ND-Stufen angewendet. f) Leitschaufel für Überdruckstufe.

Ein besonderes Problem bei den Befestigungen mit Ausnahme von c), d) und e) ist das Einbringen der letzten Schaufel des Rades. Bild 97, Schaufelschloß (AEG), zeigt Lösung dieser Aufgabe durch Verkeilen an einer aufgeweiteten Stelle der Nut.

b) Die **Leitschaufeln** können eingegossene Bleche sein, aber auch einzeln oder in Segmenten aus vorgeformtem oder vollem Material gefräst werden. Gefräste Kanäle besonders in den ersten Stufen, wo es bei hohen Drücken und Temperaturen auf hohe Genauigkeit und Glätte ankommt. Die Zwischenböden, welche die Leitschaufeln tragen, bzw. die Düsenträger, müssen so im Gehäuse befestigt sein, daß auch bei Wärmedehnung guter zentrischer Sitz im Gehäuse.

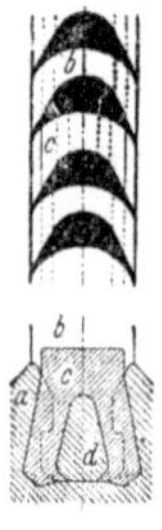

Bild 97. *a* Radscheibe; *b* Laufschaufel; *c* Reiter; *d* Stahlkeil

Bild 98. Nicht erweiterte Düse mit eingegossenem Ni-St-Blech

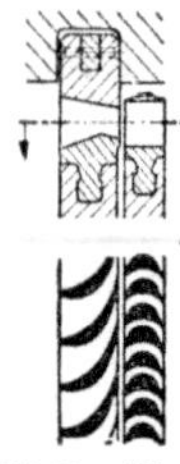
Bild 99. Allseitig bearbeitete Düse

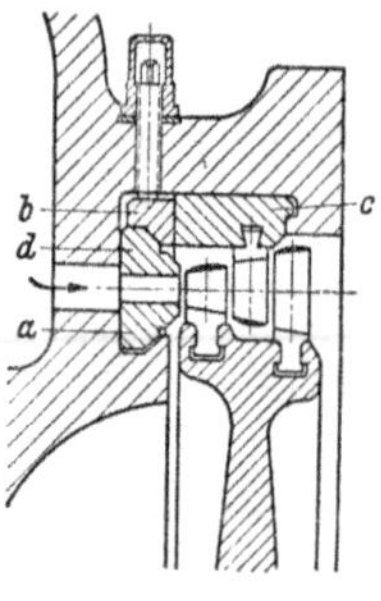

Bild 100

Bild 98 und 99, Leitschaufeln von Gleichdruckstufen und ihre Befestigung im Gehäuse. Bild 100. Befestigung des Düsenbogens im Gehäuse nach BBC, geeignet für Temperaturen bis 400 °C. Die Teile *a*—*c* sind keine vollen Ringe, sondern nur Segmente. In *a* sind außen die Düsenkanäle eingefräst; sie werden durch Ring *d* abgedeckt. Bild 101, Düsenbogen mit C-Rad nach SSW.

c) Laufradbefestigung. Auch im erwärmten Betriebszustand muß das Laufrad noch zentrisch auf der Welle sitzen, damit keine Unwucht entsteht. Bei geschweißten Läufern (z. B. Bild 84) bleibt die erforderliche gleichmäßige Massenverteilung nur dann erhalten, wenn unsymmetrische innere Spannungen vermieden sind. Besondere Arbeitsfolgen beim Schweißen, insbesondere auch Zwischen- und Nachglühen, sind bei der Fertigung solcher Läufer erforderlich.

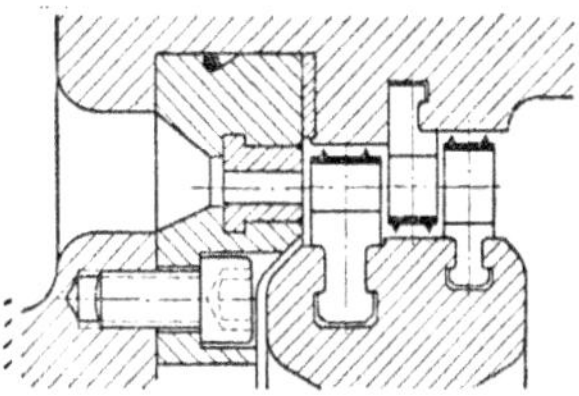

Bild 101

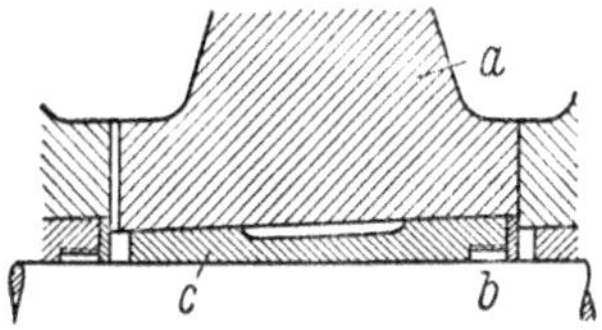

Bild 102

Bild 102. Laufradbefestigung auf Welle (AEG). Rad *a* ist auf die auf Welle *b* sitzende konische Buchse *c* hydraulisch aufgezogen. Ein durchgehender Längschlitz in *c* bewirkt federnde Nachgiebigkeit. Eine Mutter auf der Welle hält die Räder gemeinsam in der richtigen axialen Lage.

Bild 103. Durch mindestens drei (gewöhnlich mehr, bis 24) radiale Bolzen *d* am Umfang wird nicht nur Übertragung des Drehmoments, sondern auch zentrischer Sitz erzielt (AEG). Der Zwischenring *c*, durch Feder und Nut gegen Verdrehung auf Welle *b* gesichert, wird mit Rad *a* zusammen aufgeschrumpft.

Bild 104. Geschmiedeter, geteilter Läufer einer Überdruckturbine, ND-Teil (SSW).

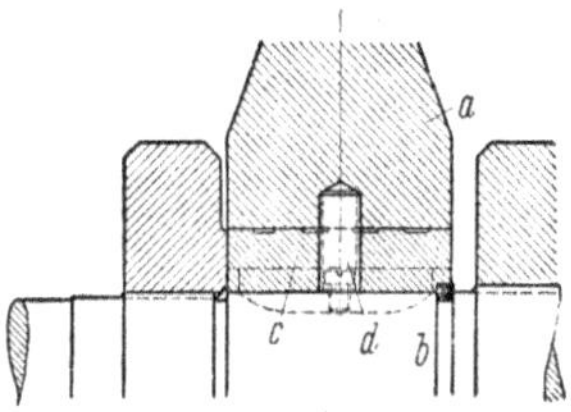

Bild 103

d) Stopfbuchsen. Über Verluste in den Labyrinth-Dichtungen vgl. die Ausführungen zu Bild 50. Bild 105, Bauform eines der-

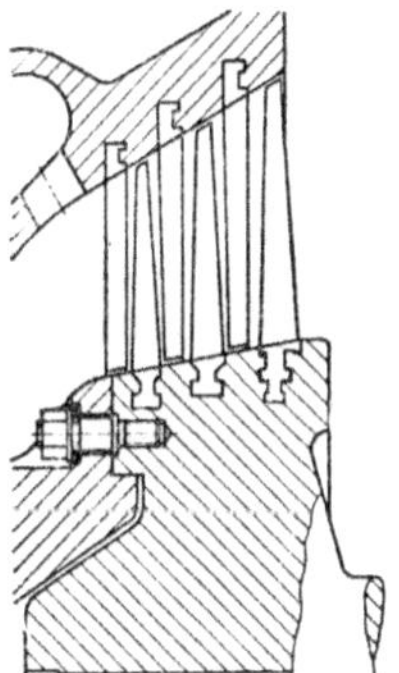

Bild 104

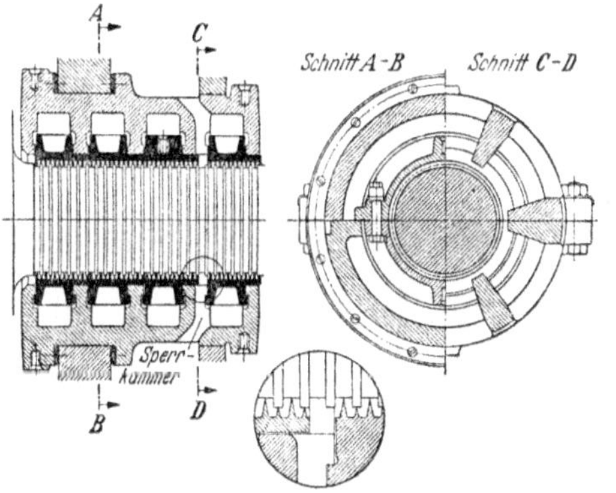

Bild 105

artigen Außenlabyrinths. Bild 106, Labyrinth im Zwischenboden einer Gleichdruckturbine. An Stelle der Außenlabyrinthe häufig auch Kohlestopfbuchsen, Bild 107. Durch eine Ringfeder werden Kohlesegmente mit geringer Kraft elastisch an die Welle gepreßt, so daß praktisch überhaupt kein Dampf entweichen kann. An der ND-Seite von Kondensationsturbinen darf auf keinen Fall Luft von außen eindringen, da sie das Vakuum im Kondensator verschlechtert. Deshalb Zu-

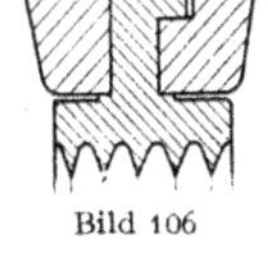

Bild 106

Bild 107

führung von Zwischendampf in die Sperrkammer des ND-Labyrinthes. Er kann aus einer mittleren Stufe der Turbine oder aus der Sperrkammer der HD-Stopfbuchse entnommen werden und ist so zu drosseln, daß im ND-Labyrinth gerade noch der erforderliche Druck herrscht; man erkennt dies am Entweichen leichter Dampfschwaden aus der Wrasenleitung (*n* in Bild 85). Die Sperrkammer der HD-Stopfbuchse wird auch mit dem Kondensator oder einer ND-Stufe verbunden, damit nicht zu viel Wrasen austreten.

e) Die **Regeleinrichtung** soll nicht nur die Dampfzufuhr dem jeweiligen Bedarf anpassen, sondern auch sichernd eingreifen (durch sofortiges Abstellen, ev. in Verbindung mit Warnsignalen), wenn

die Drehzahl zu stark ansteigt,

der Schmieröldruck zu niedrig ist (u. U. wird automatisch eine Reservepumpe eingeschaltet),

durch Axialverlagerung der Welle Gefahr besteht, daß der Läufer anstreift,

der Kondensatordruck durch Ausfall des Kühlwassers zu hoch wird. Dies könnte unzulässigen Druckanstieg in dem nicht für Überdruck bemessenen ND-Teil der Turbine zur Folge haben.

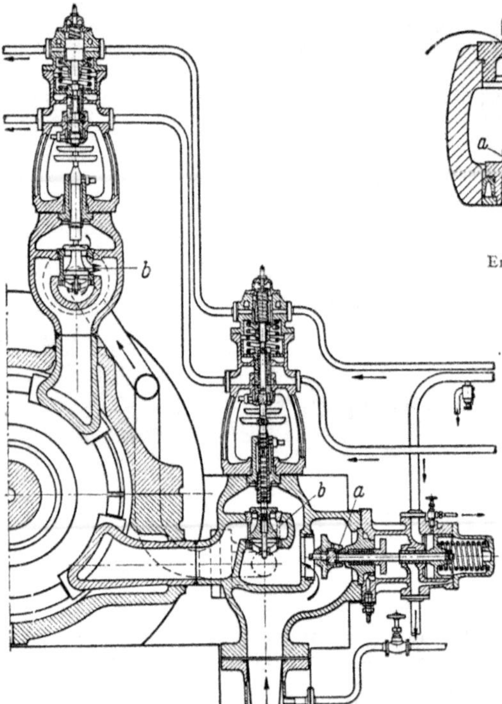

Bild 108. Dampfzuströmung nach BBC

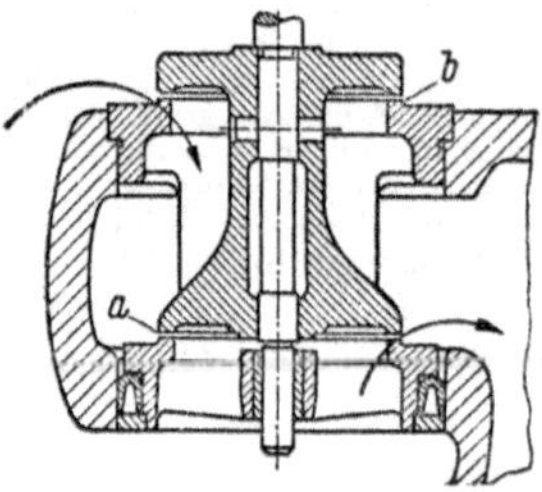

Bild 109
Entlastetes Ventil

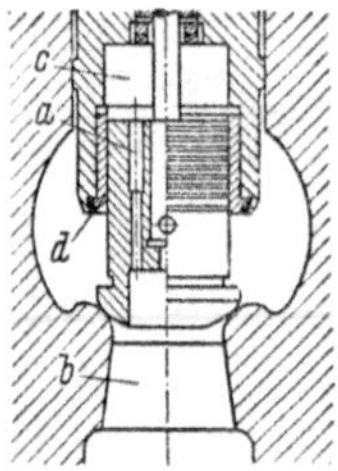

Bild 110. Entlastetes Diffusorventil (SSW). Durch Bohrungen *a* Druckausgleich zwischen Räumen *b* und c. Nur *ein* Sitz, aber noch eine zweite Dichtstelle *d*

Ferner soll die Regeleinrichtung auch von Hand beeinflußbar sein. Eine regelmäßige Kontrolle der Sicherheitsorgane (Schnellschlußprobe) ist vorgeschrieben. Bei sehr großen Leistungen findet man auch zwei voneinander unabhängige Sicherheitsregler an einer Turbine. Regelung der Dampfturbinen ähnlich wie bei Wasserturbinen wegen der großen Regelkräfte als indirekte Regelung nach dem Isodromprinzip (S. 290), Bild 108:

Weg des Dampfes über ein Sieb, das Schnellschlußventil *a* und die Düsenventile *b* zu den einzelnen Düsensegmenten vor dem C-Rad. Die Düsenventile, durch Federn verschieden stark vorgespannt, öffnen sich unter der Einwirkung des steuernden Öldruckes nacheinander: In jeder Reglerstellung höchstens in einem Ventil Drosselverluste. Der beaufschlagte Bogen der ersten Stufe ist also je nach Belastung verschieden groß. Ein C-Rad vor den anderen voll beaufschlagten Stufen ist für die Regelung günstig. Andere Firmen bauen Düsenventile, die mit Hilfe von Nocken nacheinander angehoben werden.

Zur Verringerung der Regelkräfte werden entlastete Ventile angewendet, Bild 109 (BBC). Sie besitzen zwei Öffnungsstellen *a* und *b*, von denen sich jeweils eine mit dem Dampfdruck, die andere gegen ihn öffnet. — Entlastetes Ventil mit Diffusorwirkung, Bild 110.

Bild 111, Sicherheitsregler gegen Überschreiten der zulässigen Drehzahl.

Der Schwerpunkt *S* eines Bolzens sitzt in der Welle exzentrisch; der Bolzen wird bei normaler Drehzahl entgegen der Fliehkraft durch Feder nach innen gedrückt. Bei einer bestimmten Drehzahl wird die Fliehkraft größer als die Federkraft; der Bolzen fliegt nach außen und bewegt einen Hebel, worauf das Schnellschlußventil entweder durch Öldruck oder Federkraft geschlossen wird.

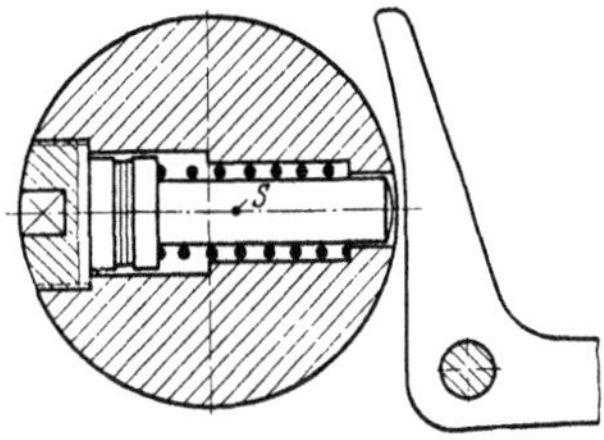

Bild 111

f) Auch in bezug auf **Lagerung** trotz höherer Drehzahlen Verwandtschaft mit den Wasserturbinen. Die hohen Achsschübe werden durch Segmentlager (Klotzlager), Bauart Michell, aufgenommen, vgl. Bd. I, S. 691.

Schmierung mit Ölen, welche bei 45 bis 50 °C Zulauftemperatur eine Zähigkeit von etwa 4,5 °E besitzen. Stündliche Ölumlaufmenge[1] kann aus der Wärmemenge, die von den Lagern abzuführen ist (Ölerwärmung durch Reibung und Wärmeübergang von Dampf) berechnet werden. Danach Ölbehälter so groß bemessen, daß Öl 8- bis 12mal stündlich umgewälzt wird. Unter günstigen Bedingungen (gute Filterung, keine örtliche Überhitzung, möglichst geringe Ölnebelbildung) ist Ölvorrat erst nach Jahren wegen Alterung auszuwechseln. Laufender Ölbedarf gering, etwa 1 bis 50 mg/kWh.

5. Werkstoffe

Auswahl der Werkstoffe bei Dampfturbinen wichtig, da hohe Anforderungen durch Kräfte, Schwingungen, Temperatur und Korrosion. Schaufeln der ersten Stufen aus hitzebeständigem Stahl, Legierungsbestandteile hauptsächlich Cr, Ni, Mn, Mo, vgl. Bd. I, S. 539; Schaufeln der hinteren Stufen meist aus korrosionsbeständigem Chromstahl, Bd. I, S. 540. Laufradscheiben und Trommeln aus SM-Stahl oder Sonderstählen; HD-Teil des Gehäuses im allgemeinen legierter Stahlguß; für Zwischenböden und ND-Teil auch Gußeisen zulässig. Im Gebiet höherer Temperaturen muß ein Sondergußeisen angewendet werden, das nicht zum „Wachsen" neigt (normales Gußeisen wächst bei hoher Temperatur langsam), oder Gehäuse als Schweißkonstruktion. Sonderwerkstoffe auch für Schrauben und Muttern, die höheren Temperaturen ausgesetzt sind[2]; diese Stähle müssen die besondere Eigenschaft haben, daß das Gewinde trotz dieser Temperaturbeanspruchung beim späteren Lösen nicht frißt. Hierzu auch Gewindebehandlung mit Graphit- oder Molybdändisulfidpulver.

6. Berechnung einer Gegendruck-Dampfturbine

Gegeben bzw. verlangt: Kupplungsleistung 4400 PS; $n = 3000$ U/min; Dampfzustand im Kessel 35 ata, 400 °C; Gegendruck 4,5 ata.

Nachstehend Berechnung in einzelnen Schritten, deren Nummern ungefähr den auf S. 344ff. angegebenen entsprechen. In der Industrie auf Grund reichhaltiger Unterlagen über vorhandene Baureihen und frühere Rechnungen z. T. anderes Vorgehen.

[1] S. 356, Lit. 9 und *Steinweg, E.:* Die Bedeutung der Ölumwälzzahl . . . Technik Bd. 9 (1954) S. 157/58. [2] Vgl. DIN 2509/10.

1. Zuleitungsverlust bis zur ersten Stufe geschätzt oder auf Grund der Gestalt und Abmessungen der Zuleitung und Ventile näherungsweise errechnet; danach Dampfzustand vor der ersten Stufe. Hier geschätzt: 33,5 ata, 398 °C (Punkt A in Bild 112). Da hier auf der Austrittsseite keine Druckverluste zu berücksichtigen sind, kann mit dem vollen Gefälle von Punkt A bis zum Gegendruck gerechnet werden. Durch Abgreifen der senkrechten Strecke $\overline{AF}$ im i, s-Diagramm, Bild 112, ergibt sich hierfür: **113,5 kcal/kg.**

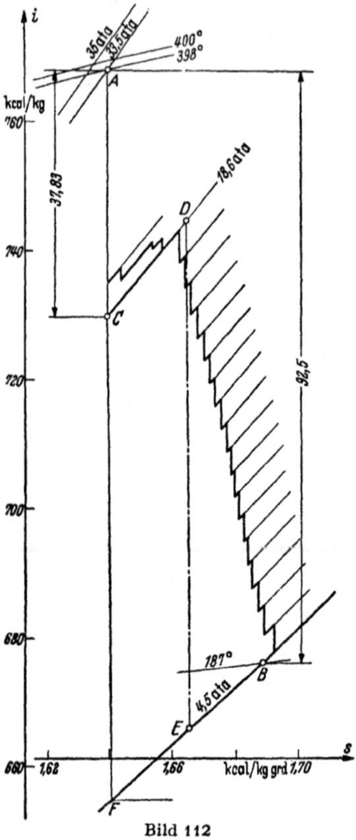

Bild 112

2. Da die Turbine für längere Betriebsdauer bestimmt ist, soll durch entsprechende Bauart und Stufenzahl ein guter Wirkungsgrad von 79% angestrebt werden. Daher ist das benötigte Dampfgewicht:

$$G_s = 4400 \cdot 75/(0{,}79 \cdot 113{,}5 \cdot 427) = \\ = 8{,}63 \text{ kg/sek } (= 31{,}1 \text{ t/h}),$$

entsprechend einem spez. Dampfverbrauch $31100/4400 = 7{,}06 \text{ kg/PS}_e\text{h}$. Wird vom Dampfkessel eine Leistungsfähigkeit von 35 t/h verlangt, so sind 12,6% Reserve vorhanden.

3. Wird der mech. Wirkungsgrad der Maschine zu $\eta_m = 0{,}97$ geschätzt, so ist $\eta_i = 0{,}79/0{,}97 = 0{,}815$, und es folgt das innere Gefälle zu $H_i = 113{,}5 \cdot 0{,}815 = 92{,}5$ kcal/kg. Dieser Wert wird von der Höhenlage des Punktes A in Bild 112 senkrecht nach unten abgetragen, wodurch man auf der Linie des Austrittsdruckes $p = 4{,}5$ ata den voraussichtlichen Endpunkt B erhält, wo abgelesen wird: $t_e = 187$ °C. Zu A und B und zu jedem anderen Zustandspunkt kann man das spez. Volumen ermitteln. Wenn es aus dem vorhandenen i, s-Diagramm nicht genau genug abzulesen ist, kann die Zustandsgleichung des überhitzten Dampfes (Bd. I, S. 433) benutzt werden. Es ergibt sich für die beiden Punkte: $v_a = 0{,}0881$ und $v_e = 0{,}471 \text{ m}^3/\text{kg}$. Mit einem mittleren Volumendurchsatz von $V_m = 8{,}63 \cdot (0{,}0881 + 0{,}471)/2 = 2{,}41 \text{ m}^3/\text{sek}$ könnte man nun für die ganze Maschine eine spez. Drehzahl errechnen gemäß:

$$n_q = \frac{3000}{\sqrt{427 \cdot 113{,}5}} \cdot \sqrt{\frac{2{,}41}{\sqrt{427 \cdot 113{,}5}}} = \\ = 1{,}43 \text{ U/min.}$$

Dieses Verfahren ist zwar wegen des zugrunde gelegten mittleren Volumens weder völlig korrekt noch üblich, liefert aber mit Hilfe der Formel $i^{0,75} = n_{q\text{-Stufe}}/n_q$ (vgl. S. 340) und der Zahlentafel 5 auf S. 357 einen Anhalt für die in Frage kommenden Stufenzahlen. Gemäß dieser Zahlentafel 5 würde ein einziges 3kränziges C-Rad geeignet sein, bei den vorliegenden Werten von n, Q und H zu arbeiten; jedoch wäre der Wirkungsgrad hierbei ungenügend. Bei ausschließlicher Anwendung von Gleichdruckstufen hingegen:

$$i^{0,75} = (10 \text{ bis } 27)/1{,}43 = 7 \text{ bis } 19, \quad \text{also} \quad i = 13 \text{ bis } 51.$$

In Anlehung an bewährte Bauarten ist zu erwarten, daß mit einem 2kränzigen C-Rad und 18 Gleichdruckstufen der gewünschte Wirkungsgrad erreicht wird.

5. u. 6. Im C-Rad ist zweckmäßigerweise der Dampf soweit zu entspannen, daß in den folgenden Stufen volle Beaufschlagung ohne zu kleine Raddurchmesser und radiale Schaufelhöhen (>15 mm) möglich ist. Wenn im C-Rad $^1/_3$ des Gesamtgefälles verarbeitet werden soll, so ist der Durchmesser festgelegt. Theoretische Dampfgeschwindigkeit: $c_{th} = 91{,}53 \sqrt{113{,}5/3} = 563$ m/sek. Für 1kränzige Gleichdruckstufen war auf S. 314 angegeben $c_{3u} \approx 2u$; für 2kränzige Räder und senkrechten Austritt ist $c_{3u} \approx 4u$. Da bei flacher Düsenstellung und den nur kleinen Verlusten c_{th} nicht sehr verschieden von c_{3u} ist, kann mit $u/c_{th} \approx 0{,}225$ gerechnet werden. Also Umfangsgeschwindigkeit und mittlerer Beaufschlagungsdurchmesser des **C-Rades:**

$$u = 0{,}225 \cdot 563 = 126{,}5 \text{ m/sek}; \quad D_m = 60 \cdot 126{,}5/(3000\,\pi) = 0{,}806 \text{ m} \approx \mathbf{800\ mm,}$$
$$\text{entsprechend} \quad \mathbf{u = 125{,}5\ m/sek.}$$

Mit dem Gefälle von $113{,}5/3 = 37{,}83$ kcal/kg ergibt sich aus dem i,s-Diagramm der Druck hinter dem C-Rad (Punkt C) zu 18,6 ata. Wird der innere Wirkungsgrad des C-Rades vorerst zu 0,6 geschätzt, so ergibt sich Punkt D mit $t = 342\,°C$ und von hier aus bis zum Gegendruck (Punkt E) noch ein Gefälle von 77,2 kcal/kg. Dies ist infolge des auf S. 299 erläuterten Wiedergewinnes an Reibungswärme mehr als der Restbetrag von $113{,}5 - 37{,}83 = 75{,}67$ kcal/kg. Da die Verluste der folgenden Stufen sich ähnlich auswirken, ist auch die Summe der nachfolgenden Stufengefälle noch etwas größer als 77,2 kcal/kg. Zunächst hierfür geschätzt: $\Sigma \Delta i_{ad} = 78$ kcal/kg. Wird für die nachgeschalteten Stufen Gleichdruckwirkung gewählt, was bei dem kleinen Durchsatzvolumen der Gegendruckturbinen vorteilhaft erscheint, so liegt der Wert u/c_{th} in der Größenordnung von 0,45 bis 0,5, daher der Wert $\Sigma u^2/\Sigma \Delta i_{ad}$ bei $(0{,}45^2$ bis $0{,}5^2) \cdot 91{,}53^2 = 1700$ bis 2100. Hieraus $\Sigma u^2 = (1700$ bis $2100) \cdot 78 = 133000$ bis $163300\ \text{m}^2/\text{sek}^2$. Wenige Stufen großen Durchmessers würden zu niedrige Schaufeln (große Randverluste), viele Stufen hingegen zu lange und „weiche" Wellen ergeben. Günstige Kompromißlösung, festgelegt durch Vergleich mit ausgeführten Maschinen oder nach Vorberechnungen: **18 Stufen** mit **600 mm mittl. Dmr.** Da hinter dem C-Rad zum Übergang auf volle Beaufschlagung ohnehin größerer Stufenabstand erforderlich, ist Durchmessersprung hier zulässig. Es ergibt sich:

$$u = \pi \cdot 0{,}6 \cdot 3000/60 = 94{,}3\ \text{m/sek}, \quad \Sigma u^2 = 18 \cdot 94{,}3^2 = 160000\ \text{m}^2/\text{sek}^2;$$

$$\text{für C-Rad: } 2 \cdot 125{,}5^2 = 31500\ \text{m}^2/\text{sek}^2; \quad \text{zusammen: } \Sigma u^2 = 191500\ \text{m}^2/\text{sek}^2.$$

Parsonssche Kennzahl der gesamten Turbine (vgl. S. 341): $X = 191500/113{,}5 = \underline{1690}$.

7. Austrittswinkel aus den Leitschaufeln so klein, wie ohne zu große Schaufelverengung zulässig, damit bei gegebener Geschwindigkeit c_2 möglichst große Umfangskomponente c_{2u}. Es sei für alle Stufen $\alpha_2 = 14°$.

Curtisrad. Bei allen Gleichdruckstufen verbessert eine kleine Reaktion die Strömung. Hier sollen 12% des Gefälles sich gleichmäßig auf die drei Schaufelkränze (2 Laufkränze, 1 Umkehrkranz) verteilen, so daß 88% für die Düsen übrigbleiben. Mit $\varphi = 0{,}96$:

$$c_2 = 0{,}96 \cdot 91{,}5\sqrt{0{,}88 \cdot 37{,}83} = 507\ \text{m/sek}.$$

Hierzu aus dem Geschwindigkeitsdreieck (Bild 113): $w_3 = 386{,}3$ m/sek, $\beta_3 = 18{,}4°$.
Bei dem erwähnten Kranzgefälle von $0{,}04 \cdot 37{,}83 = 1{,}515$ kcal/kg und $\psi = 0{,}83$ (vgl. Bild 42/43):

$$w_5 = 0{,}83 \cdot 91{,}5\sqrt{(386{,}3/91{,}5)^2 + 1{,}515} = 334\ \text{m/sek}.$$

$w_5 < w_3$, d. h. die Reaktionswirkung gleicht hier den Verlust noch nicht aus.

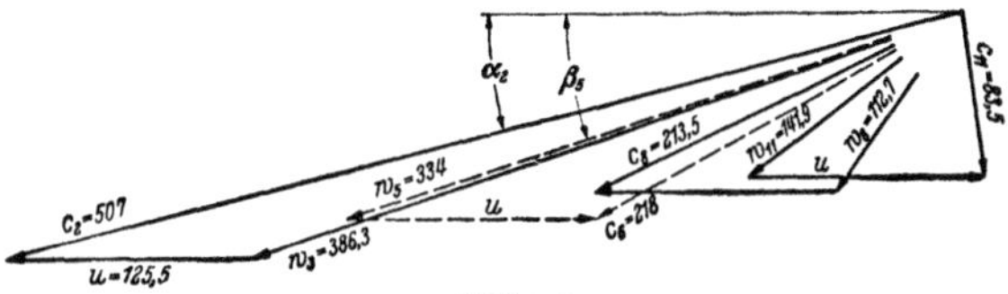

Bild 113

Bei Gleichdruckprofilen ist $\beta_4 = \beta_5$; Winkel kann mit Rücksicht auf stetigen Verlauf der Meridianquerschnitte oder geringen Austrittsverlust auch etwas kleiner oder größer gewählt werden. Bei $\beta_5 = 18°$ aus Bild 113: $c_6 = 218$ m/sek; $\alpha_6 = 28{,}1°$. Die Winkel- und Geschwindigkeitsermittlung setzt sich für den Umkehrkranz (Index 7 u. 8) und den zweiten Laufkranz (Index 9 u. 11) in entsprechender Weise fort und ergibt:

$$c_8 = 0{,}87 \cdot 91{,}5\sqrt{(218/91{,}5)^2 + 1{,}515} = 213{,}5\ \text{m/sek}, \ \alpha_8 = 25°.$$

$$w_8 = 112{,}7\ \text{m/sek}, \ \beta_8 = 53°.$$

$$w_{11} = 0{,}89 \cdot 91{,}5\sqrt{(112{,}7/91{,}5)^2 + 1{,}515} = 141{,}9\ \text{m/sek}, \ \beta_{11} = 36°.$$

$$c_{11} = 83{,}5\ \text{m/sek}, \ \alpha_{11} = 98°.$$

Zu diesen Werten kann man nicht nur entsprechend angepaßte Schaufelprofile zeichnen, sondern auch die Leistungen (S. 310f.) und Verluste am Radumfang bestimmen. Bei den Umfangskomponenten gemäß Bild 113 ist zu beachten, daß die gestrichelten Dreiecke in üblicher Weise zur Raumersparnis nur nach links gezeichnet sind, eigentlich aber spiegelbildlich nach rechts liegen. Daher Arbeit am Radumfang:

$$AL_u = u\,(c_{2u} + c_{6u} + c_{8u} + c_{11u})\,A/g = 125{,}5 \cdot (492{,}7 + 191{,}1 +$$
$$+ 193{,}4 - 11)/(427 \cdot 9{,}81) = 25{,}95\ \text{kcal/kg}.$$

Der Wirkungsgrad am Radumfang ist also für das C-Rad:

$$25{,}95/37{,}83 = 0{,}686; \quad \text{die Leistung } N_u = 25{,}95 \cdot 427 \cdot 8{,}63/75 = 1275\ \text{PS}.$$

Beschauflungsverlust der Düse und der folgenden Schaufelkränze:

$$0{,}88 \cdot 37{,}83 - (507/91{,}5)^2 = 2{,}5\ \text{kcal/kg}; \quad (386{,}3/91{,}5)^2 + 1{,}515 - (334/91{,}5)^2 = 6{,}04\ \text{kcal/kg};$$
$$(218/91{,}5)^2 + 1{,}515 - (213{,}5/91{,}5)^2 = 1{,}75\ \text{kcal/kg};$$
$$(112{,}7/91{,}5)^2 + 1{,}515 - (141{,}9/91{,}5)^2 = 0{,}64\ \text{kcal/kg}.$$

Nach Eintragen dieser Verluste in das i, s-Diagramm, Bild 112, kann man den Dampfzustand und das strömende Volumen ermitteln. Da die Meridiankomponenten der Geschwindigkeiten aus den Geschwindigkeitsdreiecken bekannt sind, kann der Durchflußquerschnitt und die

Zahlentafel 6

		Düse	1. Laufkranz	Umkehrkranz	2. Laufkranz
p	ata	20,2	19,6	19,2	18,6
t	°C	330	337	337,5	336
v	m³/kg	0,136	0,1415	0,1445	0,1495
c_m	m/sek	122,6	103,3	90,2	83,3
b	mm	28	20	20	20
z_{ges}	—	100	172	170	204
$t/(t-\sigma)$	—	1,09	1,125	1,085	1,075
h	mm	20,8	26,4	29,8	33,4

radiale Schaufelerstreckung h errechnet werden, s. Zahlentafel 6, welche die Zustandswerte usw. für das *Ende* jedes Schaufelkranzes enthält, wo genaue Querschnittsbemessung zur Erzielung der erforderlichen Strömungsrichtung wichtig ist. Nach Wahl der axialen Schaufelbreite b (wegen Herstellbarkeit und Re-Zahl nicht zu klein, wegen Baulänge nicht zu groß) wird die auf den vollen Umfang bezogene Schaufelzahl so gewählt, daß sich eine gute Führung des Dampfes in den Schaufelkanälen ergibt, vgl. Bild 41. Aus der Schaufelteilung $t = 800\,\pi/z$ mm und der am Schaufelaustritt möglichst klein zu haltenden Schaufeldicke ($s = 0{,}5$ mm, in Umfangsrichtung $\sigma = 0{,}5/\sin\beta$, wobei β der jeweilige Schaufelaustrittswinkel) ergibt sich die angegebene Schaufelverengung. Schließlich folgt

$$h = \frac{1000 \cdot 8{,}63\, v\, t/(t-\sigma)}{0{,}8\, \pi\, c_m\, \varepsilon}\ \text{mm}.$$

Der Beaufschlagungsgrad ε, das Verhältnis des beaufschlagten Bogens zum Gesamtumfang, muß so sein, daß h genügend groß (>15 mm) wird: hier $\varepsilon = 0{,}2$. Da das C-Rad durch Zu- und Abschalten von Düsen geregelt wird, werden etwas mehr, nämlich 25–30% des Umfanges, mit Düsen und Umkehrschaufeln versehen. Bild 114 zeigt den errechneten Schaufelverlauf im Meridianschnitt. Die radiale Länge der Schaufeln am Eintritt wird so festgelegt, daß eine gewisse Überdeckung $ü = 0{,}5$ bis 3 mm vorhanden ist. Bei unstetigem Verlauf oder zu starker Erweiterung ($\alpha > 25°$, Bild 114) müßte die Rechnung mit anderen Annahmen wiederholt werden. Auslaßverlust:

$$(83{,}5/91{,}5)^2 = 0{,}833 \text{ kcal/kg}.$$

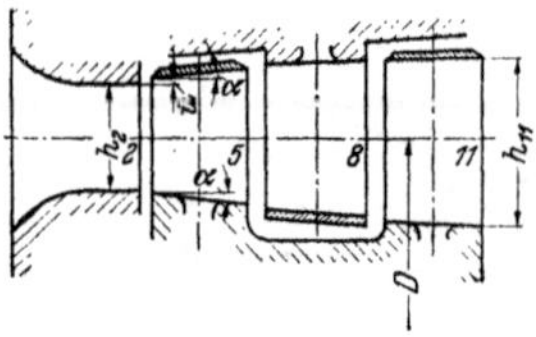

Bild 114

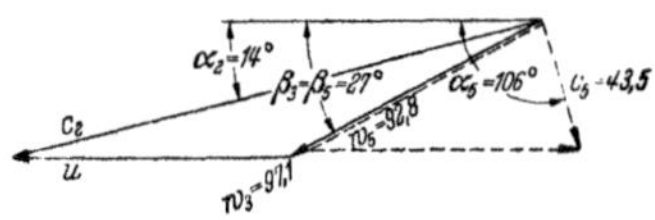

Bild 115

Radreibungs- und Ventilationsverlust nach *Stodola*, vgl. S. 329, bei Umhüllung des unbeaufschlagten Teiles:

$$N_R = 0{,}5 \cdot [1{,}46 \cdot 0{,}8^2 + 0{,}83 \cdot 0{,}8 \cdot (2{,}3^{1,5} + 3{,}2^{1,5})\,(1 - 0{,}2)] \cdot 125{,}5^3 \cdot 10^{-6}/0{,}146 = 40 \text{ PS}.$$

Reibungsarbeit im Wärmemaß: $40 \cdot 75/(8{,}63 \cdot 427) = 0{,}82$ kcal/kg.

Eintragen dieser Verluste in das i,s-Diagramm führt auf den Anfangspunkt der **18 Gleichdruckstufen.** Ihre Berechnung, vgl. Zahlentafel 7 und Geschwindigkeitsdreieck Bild 115, entspricht der des C-Rades, wobei nur die Unterschiede zu beachten sind: a) Volle Beaufschlagung; b) Für alle Stufen: $D = 600$ mm, $u = 94{,}2$ m/sek; c) Während im C-Rad praktisch der gesamte Dampf die unmittelbar an den Düsen vorbeigehende Beschauflung durchströmt, ist nun die Dampfmenge um den Verlust der HD-Stopfbuchse verkleinert. Diese ist infolge der Entspannung in den Eintrittsdüsen bei einem mit Ausgleichslöchern versehenen C-Rad (Achsschubverminderung) nur dem mittleren Druck von ≈ 19 ata ausgesetzt. Bei 50 Dichtungsspalten von 0,4 mm Weite (betriebswarm nach dem Einlaufen) und 230 mm Dichtdurchmesser sowie bei Vernachlässigung etwaiger Sperrdampfentnahme, also Abdichtung gegen Außendruck, ist gemäß S. 326 der Dampfverlust (überkritisches Druckverhältnis):

$$G_{Sp} = 0{,}85 \cdot 0{,}04\,\pi\, 23 \cdot 10^{-4} \sqrt{9{,}81 \cdot 190\,000/(0{,}1495 \cdot 51{,}5)} = 0{,}122 \text{ kg/sek}.$$

Es verbleibt also $8{,}63 - 0{,}122 = 8{,}508$ kg/sek. Spaltverlust am Laufrad-Deckband wegen Fehlens eines Gefälles und Überdeckung $ü$ praktisch $= 0$; d) Außerdem geht ein Teil G'_{Sp} durch die Zwischenstopfbuchsen um die Leiträder herum. Bei Stopfbuchsen mit einer Spaltfläche von $0{,}2\pi \cdot 260 = 163{,}5$ mm² Spaltfläche und je drei Spitzen ergibt sich hierfür:

$$G'_{Sp} = 0{,}85 \cdot 1{,}635 \cdot 10^{-4} \sqrt{\frac{9{,}81\,(P_1^2 - P_2^2)}{3 \cdot P_1 v_1}} = 2{,}51 \cdot 10^{-4} \sqrt{\frac{P_1^2 - P_2^2}{P_1 v_1}}\ \text{kg/sek}.$$

e) Der Austrittsverlust ist nur in der letzten Stufe voll mit $A\, c_6^2/2g$ in Rechnung zu setzen; es wird angenommen, daß die Diffusorwirkung und die Strömungswiderstände des Abdampfstutzens sich gerade aufheben. In den Zwischenstufen geht nur ungefähr der Wert $0{,}2 A\, c_6^2/2g$ verloren; der Rest kommt der unmittelbar anschließenden nächsten Stufe zugute. Gefälle-

Zahlentafel 7

Stufe		2	3	4	5	6	7	8	9	10
p_2	ata	17,2	16,01	14,91	13,88	12,91	11,99	11,13	10,32	9,56
p_5	ata	17,1	15,94	14,85	13,82	12,85	11,94	11,08	10,27	9,52
T_5	°K	602,1	594,1	586,0	577,9	569,6	561,5	553,5	545,4	537,2
v_2	m³/kg	0,159	0,169	0,179	0,191	0,201	0,215	0,228	0,243	0,261
v_5	m³/kg	0,160	0,170	0,180	0,192	0,202	0,216	0,229	0,244	0,262
G'_{Sp}	kg/sek	0,101	0,091	0,085	0,081	0,075	0,071	0,067	0,063	0,059
$G_u = 8{,}508 - G'_{Sp}$		8,407	8,417	8,423	8,427	8,433	8,437	8,441	8,445	8,449
N_R	PS	1,94	1,82	1,72	1,61	1,53	1,43	1,35	1,27	1,18
AL_R	kcal/kg	0,04	0,037	0,035	0,033	0,031	0,029	0,028	0,026	0,024
h_2	mm	17,4	18,5	19,6	20,9	22,0	23,6	25,0	26,7	28,7
h_5	mm	19,4	20,6	21,9	23,3	24,5	26,2	27,8	29,6	31,8

Stufe		11	12	13	14	15	16	17	18	19
p_2	ata	8,86	8,19	7,56	6,97	6,42	5,90	5,41	4,95	4,52
p_5	ata	8,82	8,15	7,52	6,94	6,39	5,87	5,38	4,92	4,5
T_5	°K	529,2	521,1	513,1	505,0	496,6	488,9	480,9	472,9	465,0
v_2	m³/kg	0,278	0,293	0,312	0,331	0,349	0,371	0,399	0,431	0,472
v_5	m³/kg	0,279	0,294	0,313	0,332	0,350	0,373	0,401	0,433	0,474
G'_{Sp}	kg/sek	0,055	0,053	0,050	0,046	0,044	0,041	0,038	0,036	0,033
$G_u = 8{,}508 - G'_{Sp}$		8,453	8,455	8,48	8,462	8,464	8,467	8,470	8,472	8,475
N_R	PS	1,11	1,05	0,99	0,94	0,88	0,83	0,77	0,72	0,65
AL_R	kcal/kg	0,023	0,021	0,020	0,019	0,018	0,017	0,016	0,015	0,013
h_2	mm	30,6	32,2	33,3	36,5	38,4	40,8	43,9	47,4	52,0
h_5	mm	33,8	35,7	37,9	40,1	42,4	45,2	48,6	52,5	57,4

Erläuterungen: Zustandswerte der ersten 5 Zeilen aus i,s-Diagramm. G_u, am Umfang arbeitende Dampfmenge, bei Ermittlung von h_2 infolge der auf S. 374 angegebenen Korrektur $= 8{,}6 - G'_{Sp}$ statt $8{,}508 - G'_{Sp}$ gesetzt. h_5 für Durchströmung von 8,6 kg/sek errechnet (Umströmung des Deckbandes infolge Spaltüberdeckung und kleinen Reaktionsgrades praktisch = 0).

verteilung derartig, daß in allen Stufen gleiche Geschwindigkeitsdreiecke: vereinfachte Fertigung bei gleichen Schaufelprofilen.

Nachstehend die für alle Gleichdruckstufen gleichen Zahlenwerte, soweit nicht in Bild 115 oder Zahlentafel 7 enthalten: $c_2 = 186{,}1$ m/sek, errechnet aus $0{,}97 \cdot 91{,}5 \cdot \sqrt{4{,}4}$ bei Stufe 2 bzw. $0{,}97 \cdot 91{,}5 \cdot \sqrt{4{,}21 + 0{,}8\,(43{,}5/91{,}5)^2}$ bei Stufe 3 bis 19.

$$w_5 = 0{,}86 \cdot 91{,}5 \cdot \sqrt{0{,}262 + (97{,}1/91{,}5)^2} = 92{,}8 \text{ m/sek.}$$

Gewählte Schaufelzahlen und sich ergebende Teilungen:

$$\text{Laufrad:} \quad z = 178; \qquad t = 600\pi/178 = 10{,}58 \text{ mm};$$
$$\text{Leitrad:} \quad z_{Le} = 78; \qquad t_{Le} = 600\pi/78 = 24{,}17 \text{ mm}.$$

Schaufelverengung am Austritt bei 0,5 mm Schaufeldicke:

$$\text{Laufrad:} \quad t/(t-\sigma) = 10{,}58/(10{,}58 - 0{,}5/\sin 27^\circ) = 1{,}12;$$
$$\text{Leitrad:} \quad 24{,}17/(24{,}17 - 0{,}5/\sin 14^\circ) = 1{,}094.$$

Mit den Geschwindigkeits-Meridiankomponenten 42,2 bzw. 45,1 m/sek ergibt sich hiermit für die Schaufellängen am Austritt in m:

$$\text{Laufrad:} \quad h_5 = 1{,}12 \;\; Q_5/(42{,}2\pi\, 0{,}6) = 0{,}0141\, Q_5;$$
$$\text{Leitrad:} \quad h_2 = 1{,}094\, Q_2/(45{,}1\,\pi\, 0{,}6) = 0{,}01286\, Q_2.$$

Adiabatische Einzelgefälle: Düse von Stufe 2: 4,4 kcal/kg;
„ „ „ 3–19: 4,21 kcal/kg;
Laufrad 2–19: 0,262 kcal/kg.

Beschauflungsverlust je Düsenkranz: $4{,}4 - (186{,}1/91{,}5)^2 = 0{,}25$ kcal/kg.
Beschauflungsverlust je Laufrad: $0{,}262 + (97{,}1/91{,}5)^2 - (92{,}8/91{,}5)^2 = 0{,}361$ kcal/kg.
Auslaßverlust, Stufe 2–18: $0{,}2\,(43{,}5/91{,}5)^2 = 0{,}045$ kcal/kg.
Auslaßverlust, Stufe 19: $(43{,}5/91{,}5)^2 = 0{,}225$ kcal/kg.
Radreibungsleistung gemäß S. 329: $N_R = 0{,}7 \cdot 1{,}46 \cdot 0{,}6^2\,(94{,}3/100)^3/v = 0{,}31/v$ PS.
Radreibungsarbeit in kcal/kg: $AL_R = 75\,N_R/(427 \cdot G_s) = 75\,N_R/(427 \cdot 8{,}508) = N_R/48{,}5$.

Stufen-Spaltverlust im Wärmemaß (Erhöhung des Wärmeinhalts hinter der Stufe infolge der Beimengung von Spaltdampf, dessen Wärmeinhalt nicht durch Arbeitsabgabe verringert ist): $AL'_{Sp} = \Delta i_{ad} \cdot G'_{Sp}/8{,}508$. Für Stufe 3–19: $AL'_{Sp} = (4{,}21 + 0{,}262)\,G'_{Sp}/8{,}508 = 0{,}526\,G'_{Sp}$ kcal/kg.

Alle diese Verluste sind zur Ermittlung des Zustandsverlaufes in das i,s-Diagramm einzutragen. Zur Steigerung der Genauigkeit empfehlenswert: alle Höhendifferenzen im i,s-

Diagramm gegeneinander aufrechnen und Höhenlage stets vom gleichen Punkt (Anfangspunkt) abmessen. — Für alle Stufen Werte durch graphisches Auftragen auf Stetigkeit prüfen.

Ermittlung der Leistungen am Radumfang gemäß:

$$N_u = G_u\,(c_{2u} - c_{3u})\,u/(75\,g) = G_u\,(180{,}8 - 12)\;94{,}3/(75 \cdot 9{,}81) = 21{,}6\,G_u \text{ PS}.$$

$G_u = 8{,}508 - G'_{\text{Sp}}$ ist das jeweils arbeitende Dampfgewicht. Mit der Annahme, daß der Undichtheitsdampf keine Arbeit abgibt, obgleich er das Laufrad durchströmt, ist verhältnismäßig sicher gerechnet. Für Stufe 2–19 ergibt die Addition:

$$\begin{aligned}
\Sigma N_u &= 21{,}6 \cdot \Sigma G_u = 21{,}6 \cdot 152{,}06 &&= 3285 \text{ PS}\\
\Sigma N_R & &&= 22 \text{ PS}\\
\Sigma N_i &= \text{Differenz} &&= 3263 \text{ PS}\\
\text{Für das C-Rad:}\quad N_i &= 1275 - 40 &&= 1235 \text{ PS}\\
 & \text{Insgesamt } N_i &&= 4498 \text{ PS.}
\end{aligned}$$

Da die Turbine bei $\eta_m = 0{,}97$ eine Leistung von 4400 PS abgeben soll, ist die *benötigte* innere Leistung $4400/0{,}97 = 4540$ PS: die anfängliche Abschätzung des inneren Wirkungsgrades weicht vom Ergebnis der Einzelberechnung ab. Sofern man letztere für zuverlässiger hält und auch an der Annahme für η_m oder an der Gesamtauslegung nichts mehr ändern will, ist der Dampfdurchsatz zu erhöhen auf $8{,}63 \cdot (4540/4498) = 8{,}72$ kg/sek. Dies bedeutet für das C-Rad eine Vergrößerung der Durchflußquerschnitte (Schaufellängen oder Beaufschlagungsbogen) über das oben errechnete Maß hinaus um 1%. In Zahlentafel 7 ist diese Vergrößerung bei Berechnung von h_2 und h_5 für Stufe 2–19 bereits berücksichtigt.

Zu beachten: Wegen des hohen Gegendruckes tritt das Problem der letzten Stufe (S. 327 u. 346) zurück. Bei Kondensationsturbinen dagegen ist von Beginn der Rechnung an hierauf Rücksicht zu nehmen: Wahl entsprechender Durchmesser in den letzten Stufen zur Vermeidung zu großer Schaufellängen und zu starker Erweiterungen; Profile für höheres c_m (also höheren Austrittsverlust); keine Profilgleichheit für die ganze Turbine.

C. Gasturbinen

Vgl. a. Kopplung von Kraft- u. Wärmeerzeugung S. 459.

Literatur: 1. *Fuchs, R.:* Kreisprozesse d. Gasturbinen. Berlin: Springer 1940. — 2. *Musil, L.:* Gasturbinenkraftwerke. Wien: Springer 1947. — 3. *Traupel, W.:* Thermische Turbomaschinen Bd. I u. II. Berlin: Springer 1958 u. 1960. — 4. *Friedrich, R.:* Gasturbinen m. Gleichdruckverbrennung. Karlsruhe: G. Braun 1949. — 5. *Kruschik, S.:* Die Gasturbine. 2. Aufl. i. Vorb. Wien: Springer 1961. — 6. *Smith, C. W.:* Aircraft Gas Turbines. New York/London: John Wiley 1956. — Ferner 7. *Leist, K.:* Gestaltung von Gasturbinen. MTZ Bd. 18 (1957) S. 154/63. — 8. *Thomas, H. J.:* Die Gasturbine im Spiegel neuerer Veröffentlichungen. Konstruktion Bd. 7 (1955) S. 101/12. — 9. MTZ Bd. 16 (1955) Nr. 2, Gasturbinen-Sonderheft. — 10. Techn. Mitt. Essen Bd. 50 (1957) S. 328/67, Tagungsberichte Gasturbine. — 11. *Friedrich, H.:* Gasturbinen. Brennst.-Wärme-Kraft Bd. 11 (1959) S. 164/86. — 12. *Bammert, K.:* VDI-Z. Bd. 101 (1959) S. 877/82. — 13. *Eckert, B.:* MTZ Bd. 21 (1960) S. 60, 91, 193.

1. Allgemeines

a) Prinzip. Unter Gasturbine versteht man nicht eine einzelne Strömungsmaschine, sondern ein (vielleicht gedrängt gebautes) Aggregat, das mindestens aus Verdichter, Brennkammer und Turbine, oft aus mehr Einheiten besteht und somit einer ganzen Dampfkraft*anlage* entspricht. In der Brennkammer wird häufiger Öl verbrannt als Gas; der Ausdruck Gasturbine gründet sich auf die heißen, der Brennkammer entströmenden Treibgase. Wie im Verbrennungsmotor beruht die Leistungserzeugung darauf, daß heiße Gase bei Entspannung mehr Arbeit abgeben als für Verdichtung einer entsprechenden kühleren Verbrennungsluftmenge benötigt wird. Das einfachste Schema einer stationären Gasturbine ist in Bild 116 gezeigt.

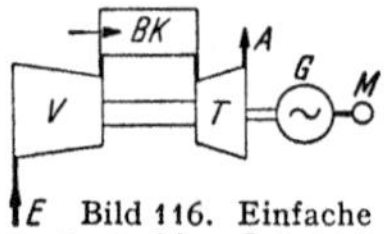

Bild 116. Einfache Gasturbine, Schaltbild

Die bei E eintretende Verbrennungsluft wird vom Verdichter V verdichtet. In der Brennkammer BK wird das Gas oder zerstäubtes Öl wie in einer Kesselfeuerung stetig und bei gleichbleibendem Druck verbrannt. Die heißen Arbeitsgase entspannen sich in der Turbine T, die nicht nur den Verdichter V antreibt, sondern auch Nutzleistung abgibt, z. B. an einen Generator G. Der Motor M dient zum Anlassen des Aggregates.

b) Thermodynamik. Der beschriebene Vorgang verläuft im Idealfall, bei verlustlosen Maschinen, gemäß Bild 22 in Bd. I, S. 441. Wie die dort angegebene

Formel (66) zeigt[1], steigt der Wirkungsgrad mit sinkender Außentemperatur T_1 und zunehmender Temperatur T_4 der Arbeitsgase, vgl. Bild 117, wo die Wirkungsgrade η_T und η_V der Einzelmaschinen mit berücksichtigt sind. Durch Berechnung der Verdichtungs- und Entspannungsarbeit je kg Verbrennungsluft nach S. 297 bei verschiedenen Annahmen lassen sich solche Kurvenbilder gewinnen. Mit Rücksicht auf die Werkstoffbeanspruchung im ständig heißen

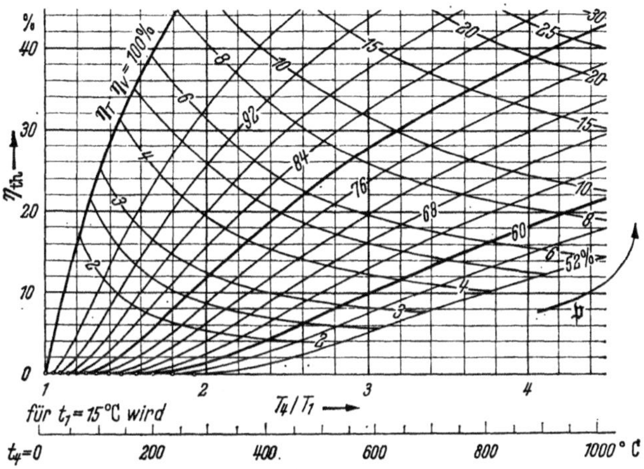

Bild 117

Gesamtwirkungsgrad η_{th} einer einfachen Gasturbinenanlage in Abhängigkeit von T_4/T_1 bei verschiedenen Wirkungsgradprodukten $\eta_T \cdot \eta_V$ und jeweils günstigstem Druckverhältnis $\mathfrak{p}$

Turbinenläufer sind die Temperaturen auf etwa 650° (Dauerbetrieb stationärer Anlagen) bis 950° (kurzzeitig bei Strahltriebwerken) begrenzt. Im Gegensatz hierzu können in Verbrennungsmotoren die Temperaturen höher sein, weil sie nur kurzzeitig auf die außerdem leichter kühlbaren Bauteile einwirken. Durch einen besonders hohen Luftüberschuß bei der Verbrennung (3- bis 8fache theoretische Luftmenge) muß im Gasturbinenprozeß die Temperatur zu Lasten des Wirkungsgrades gesenkt werden. Wegen der großen Luftmenge ist die Verdichtungsleistung relativ groß, daher hängen die Nutzleistung und der Gesamtwirkungsgrad (vgl. Bild 117) stark von den Wirkungsgraden η_T und η_V der Einzelmaschinen ab.

Bei hohem Druckverhältnis $\mathfrak{p}$ ist zwar gemäß Bild 117 der Wirkungsgrad η_{th} gut, aber andererseits die auf 1 kg Luft bezogene Nutzarbeit niedrig. Hoher Luftdurchsatz je erzeugte PS_eh verlangt relativ große Maschinen. Daher Auslegungsdruckverhältnis bei einfachen Gasturbinen beschränkt auf $\mathfrak{p} = 3$ bis 6 (bei Zwischenkühlung und Zwischenerhitzung bis 20).

2. Baugruppen

a) Verdichter. Die erforderlichen besten Wirkungsgrade werden in den meisten Fällen durch *Axial*verdichter erzielt, Bild 118. Bei niedrigen Stufendruckverhältnissen (Druckverhältnis des gesamten Verdichters etwa 2,5 bis 6), großen Luftmengen und den für Turbine und Verdichter optimalen spezifischen Drehzahlen ergeben sich günstige Verhältnisse: Schwach belastete Schaufelgitter (Bild 29/37), günstigste Nabenverhältnisse ν (S. 341), Re- und Ma-Zahlen. Gleichmäßige Zuströmung und hinter der letzten Stufe möglichst verlustarme Umsetzung der relativ hohen Geschwindigkeitsenergie in Druckenergie sind anzustreben. Innere Wirkungsgrade von rd. 90% sind bei genügend großen Verdichtern gemessen worden. Nachteilig ist die starke Neigung des Axialverdichters

[1] Der Temperaturzustand vor der Turbine ist hier, wie im Gasturbinenbau üblich, mit 4 bezeichnet, dort jedoch mit 3.

zu instabilem Arbeiten („Pumpen“ und Abreißen, vgl. S. 422) bei Abweichung vom Normalbetrieb. Dieser Nachteil kann bei Gasturbinen am leichtesten in Kauf genommen werden, weil der erforderliche Regelbereich begrenzt ist. Sehr kleine Luftmengen brauchen z. B. bei Normaldrehzahl nicht gefördert zu werden, da auch im Leerlauf reichlich Luft verbraucht wird. Am Verdichter von Bild 118 kann bei Stufe 6 Luft abgeblasen werden. Hierdurch wird während des Anfahrens instabiler Betrieb der vorderen Stufen verhindert.

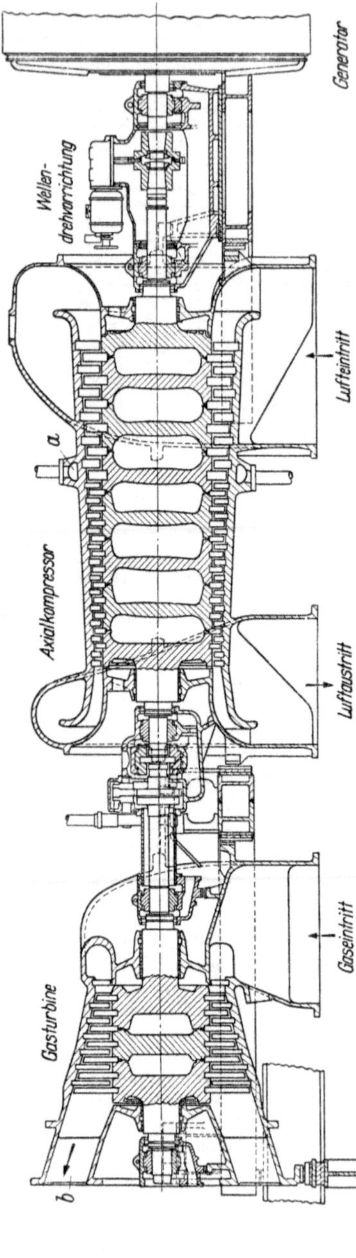

Bild 118. Maschinensatz einer stationären Anlage (BBC). Axialverdichter mit 6 + 11 Stufen, Vorleitapparat, 2 Nachleitschaufelreihen 7stufige Turbine. *a* Abblaseleitung, *b* Abgasaustritt zum Kamin (ev. über Wärmetauscher)

Ein weiterer Nachteil aller Verdichter ist ihre große Empfindlichkeit gegen Verschmutzung durch den in der Luft enthaltenen Staub, die sich, besonders bei den hochgezüchteten Axialverdichtern für Gasturbinenanlagen, durch Wirkungsgrad- und Förderhöhenabfall bemerkbar macht. Schmutz aus feuchter, rußiger oder ölhaltiger Luft ist selbst in geringen Mengen gefährlicher als trockener Staub, z. B. von Gießereien. Das Ansaugen eines Teiles der Turbinenabgase durch den Verdichter muß daher möglichst verhindert werden. Trockenluftfilter oder ölbenetzte Filter mit so kleiner Durchflußgeschwindigkeit, daß kein Öl mitgerissen wird, sind zweckmäßig, verteuern aber die Anlage. Durch Einspritzen von Dämpfen oder zerstäubten Flüssigkeiten in die langsam laufende Maschine können die Schaufeln ohne Demontage einigermaßen gereinigt werden.

Radialverdichter sind mit rückwärts geneigten Laufschaufeln für Gasturbinen erst nach besonderen Entwicklungserfolgen[1] verwendet worden. Mit Laufrädern ähnlich Bild 47 kommen sie für Kleingasturbinen, z. B. im Fahrzeugbetrieb, dann in Frage, wenn wegen kurzer Betriebsdauer hoher Kraftstoffverbrauch in Kauf genommen wird. In Strahltriebwerken nimmt ihre Verbreitung ab, weil Radialmaschinen zu große Einbaudurchmesser und damit hohen Luftwiderstand der Vortriebsanlage erfordern.

---

[1] *Karrer, W.:* Die Gasturbinen-Versuchsanlage der Maschinenfabrik Oerlikon. Schweiz. Bauzeitg. Bd. 66 (1948) S. 291/96.

b) Turbine. Obgleich das Turbinengefälle wegen der höheren Eintrittstemperatur größer ist als die Förderhöhe des Verdichters, ist die optimale Stufenzahl kleiner, vgl. Bild 118: In beschleunigter Strömung ist die Ablösungsgefahr geringer, daher stärkere Schaufelkrümmung und Stufenbelastung zweckmäßig. Die Schaufelprofile liegen zwischen den in Bild 21/22 und 37 gezeigten Formen. Die Gefälle der Gasturbinen sind nicht so groß wie bei Dampfturbinen, deshalb auch die Volumenunterschiede zwischen Ein- und Austritt geringer: Weder die erste noch die letzte Stufe muß für so extreme Verhältnisse ausgelegt werden, wie oft bei Dampf; gute Wirkungsgrade sind deshalb erreichbar. Die Schaufeln der Gasturbinen sind stets verwunden, vgl. Bild 119. Auch für die Turbine ist ein sorgfältig ausgebildeter Austrittsdiffusor erforderlich.

An den Lagern der Gasturbine, besonders an der heißeren Seite, muß durch konstruktive Maßnahmen Ölüberhitzung vermieden werden: Gute Dichtungen, als „Ofenschirm" wirkende Zwischenwände und genügende Abstände. Da das Gas zur Erzielung guter Wirkungsgrade so stark erhitzt wird, wie es das Schaufelmaterial zuläßt, muß die Temperaturverteilung am Schaufelgitter gleichmäßig sein; jedoch ist es zweckmäßig, wenn die Schaufeln außen etwas heißer sind. Weil hier, an Stellen niedrigerer Beanspruchung, höhere Hitzegrade ertragen werden, kann die Schaufel auf der ganzen Länge bis zum äußersten ausgenutzt sein. Die Temperaturverteilung in den Treibgasen ist durch entsprechende Gestaltung der Brennkammer zu beeinflussen.

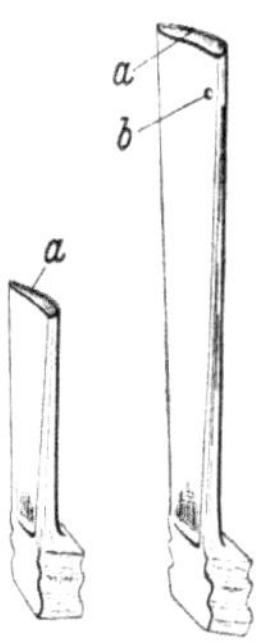

Bild 119. Gasturbinenschaufeln für erste und letzte Stufe (BBC). Für die letzte Stufe ist ein Bindedraht vorgesehen (Bohrung *b*). Bei *a* Profil zugeschärft

c) Die **Brennkammer**[1] unterscheidet sich von einer Kesselfeuerung durch das Fehlen einer Heizfläche mit Wärmedurchgang, durch den hohen Druck und den großen Luftüberschuß (4- bis 10fache theoretische Luftmenge). Nur ein Teil der Luft darf der Brennstoffdüse unmittelbar als „Primärluft" zugeführt werden, weil sonst die Flamme ausgeblasen werden kann. Der örtliche Luftüberschuß sollte nicht mehr als 50% betragen. Die restliche Luftmenge, die „Sekundärluft", kann als Luftschleier die Brennkammerwände vor Überhitzung schützen. Gute Mischung der eingespritzten Brennstofftröpfchen oder des Gases mit Luft und gute Vermischung der abströmenden Gase sind durch genügend wirbelbehaftete turbulente Strömung zu erreichen: Entsprechende Geschwindigkeiten und ev. besondere Strömungshindernisse („Flammenhalter"), wie z. B. rotierende Brennstoffzerstäuber oder Abreißkanten. Solche Strömung hat aber auch ungünstige Druckverluste zur Folge. Die Geschwindigkeit der zugeführten Luft wird zu etwa 30 m/sek (Luftfahrt bis 100 m/sek) gewählt.

Die Feuerraumbelastung in kcal/m³h (vgl. S. 2) kann umso höher sein, je höher der Druck; erreichbar (0,2 bis 120) · 10^6 kcal/m³h at, hier bezogen auf 1 ata; unterer Bereich für große Brennkammern und feste Brennstoffe, oberer für Strahltriebwerke. Da das Verhältnis von Flammenlänge zu Flammendurchmesser für ähnliche Brenner ungefähr gleich ist, kann man durch Parallelschalten mehrerer Brennstellen (Mehrfachbrenner) die Flammenlänge verkürzen; jedoch sind viele kleine Brenner schwerer sauber zu halten. Die erste Zündung erfolgt durch Lunte oder elektrische Zündkerze. Sichere Wiederzündung nach Unterbrechungen (z. B. für Strahltriebwerke nach Gleitflug) ist wichtig.

Bild 120 zeigt als Beispiel eine Brennkammer von BBC. Zwischen der weniger heißen, den Druck aufnehmenden Außenwand und den Innenwänden gelangt die Luft im Gegenstrom von der Eintrittsstelle *a* zur Primärlufteinführung *b*, welche die Brennstoffdüse umgibt, und zu den Sekundärstellen *c*. Die Innenwände können sich je nach Temperatur frei dehnen.

d) Ein **Wärmetauscher**[2] oder **Luftvorwärmer** kann zusätzlich zu den in Bild 116 gezeigten Elementen eingebaut sein, wodurch die heißen Turbinenabgase Wärme

[1] *Bammert, K.:* Beitrag zur Bemessung von Gleichdruck-Brennkammern. Forschg. Ing.-Wes. Bd. 17 (1951) S. 40/44.
[2] *Hryniszak, W.:* Entwurfsprobleme von regenerativen Luftvorwärmern für Gasturbinen. Masch.-Bau u. Wärmewirtsch. Bd. 8 (1953) S. 213/19 u. 147/54. — *Kühl, H.:*

an die verdichtete Luft übertragen. Dann wird weniger Brennstoff zum Erreichen einer bestimmten Treibgastemperatur benötigt und der Wirkungsgrad des ganzen Vorganges verbessert. Die im günstigsten Fall übertragbare Wärmemenge ist erreicht, wenn die Abgase mit der Eintrittstemperatur der Luft oder die Luft mit der Eintrittstemperatur der Abgase den Wärmetauscher verlassen. Das Verhältnis ϱ der wirklich übertragenen Wärmemenge zu diesem theoretischen Höchstwerk hängt stark von der Baugröße des Wärmetauschers ab und ist bei

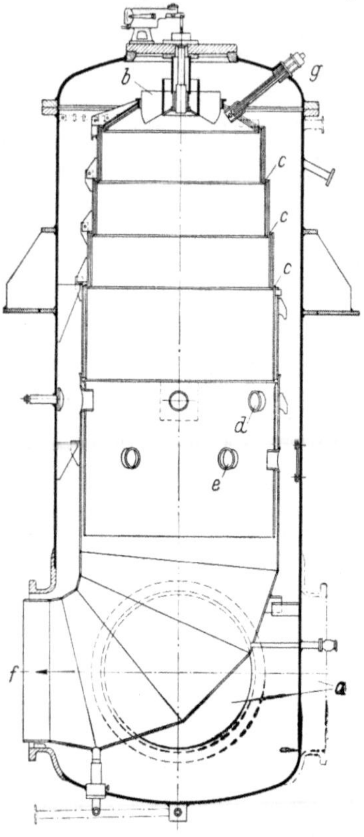

Bild 120. Brennkammer einer stationären Gasturbinenanlage. *d*, *e* Öffnungen zur Sekundärluftregelung und zum Beobachten, *f* Treibgasaustritt, *g* Zündvorrichtung

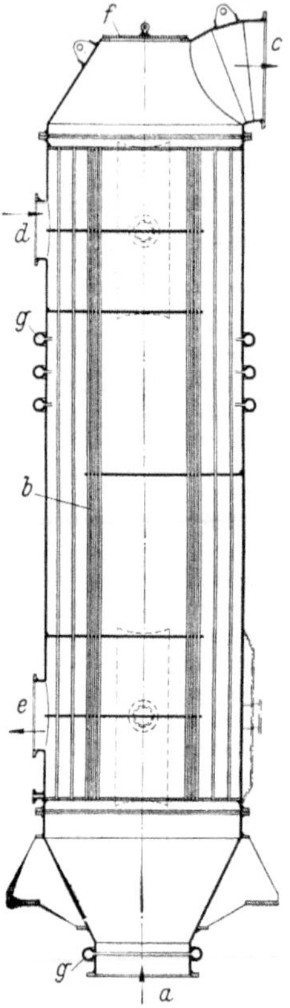

Bild 121. Wärmetauscher einer stationären Gasturbinenanlage

Teillast besser. Der Wärmetauscher verbessert also das Teillastverhalten. ϱ ist kein Maß für die Qualität des Wärmetauschers, sondern für seine Abstimmung auf eine vorhandene Anlage. Der Wärmetauscher ist oft das größte Bauelement einer Gasturbinenanlage. Je nach Größe und Austauschgrad (praktisch ϱ bis 0,8) kann man zwischen einfachen billigen, aber mehr Brennstoff verbrauchenden

---

Einfluß der Auslegungsdaten . . . MTZ Bd. 16 (1955) S. 98/106. — *Linnecken, H.:* Der Gütegrad von Wärmeaustauschern . . . Brennst.-Wärme-Kraft Bd. 8 (1956) S. 61/65. — *Oprecht, U.:* Regeneratoren für Kleingasturbinen. Zürich: Leemann 1957.

Notstromanlagen und umfangreichen Grundlastmaschinen bei Gasturbinen jede gewünschte Zwischenform verwirklichen.

Ebenso wie bei den Luftvorwärmern von Dampfkraftwerken (S. 61f.) unterscheidet man auch hier Rekuperatoren und Regeneratoren (Bild 126). Bild 121: Beispiel eines rekuperativen Wärmetauschers von BBC. Die Abgase treten bei *a* ein, durchströmen ein Rohrbündel *b* und werden bei *c* abgeleitet; die Luft wird von *d* nach *e* mehrfach um die Rohre herumgeführt. Ein Mannlochstutzen *f* ist insbesondere zur Reinigung wichtig. *g* Dehnungsfalten.

Durch Einführung von Wasser oder Dampf in die Brennkammer kann die Leistung gesteigert werden[1].

3. Bauarten

a) Aufladegruppen[2], auch Abgasturbinen oder Abgasturbogebläse genannt, sind die ersten praktisch verwerteten Maschinen mit Turbinen, die durch Brenngase beaufschlagt werden. An Stelle der Brennkammer von Bild 116 ist hier ein Kolbenmotor getreten; die angekuppelten Maschinen *G* und *M* fehlen. Die Motorleistung wird von der Aufladegruppe durch Verdichtung der Verbrennungsluft gesteigert. Die Gruppe besteht aus dem hierzu benötigten Verdichter und der treibenden Abgasturbine. Die „Aufladung" des Motors dient

α) zum Ausgleich des in größerer Höhenlage infolge niedrigeren Luftdrucks vorhandenen Leistungsabfalles der Motoren („Höhenlader" und „Flugmotorenlader");

β) zur Leistungssteigerung bei begrenztem Baugewicht. Es kann mit wenig Mehrgewicht nahezu das Dreifache der Leistung des unaufgeladenen Motors erreicht werden. Dies ist grundsätzlich mit anders angetriebenen Verdichtern auch ohne Abgasturbine möglich, jedoch ist die Leistungsbilanz mit Abgasturbine günstiger. Wegen mäßiger Abgastemperaturen und bescheidener Mindestanforderungen an den Wirkungsgrad hat man Aufladegruppen zuerst für Viertakt-Dieselmotoren (Abgastemperatur <650 °C) verwirklichen können, später auch für Otto-Flugmotoren (bis 900°) und Zweitakt-Dieselmotoren (<500°, aber besondere Wirkungsgradanforderungen).

Nach einem Vorschlag von *Büchi* kann es zweckmäßig sein, die Abgasleitungen vom Motor zur Turbine so zu unterteilen, daß die Auspuffdruckstöße von den einzelnen Zylindern getrennt und ohne sich gegenseitig zu stören, bis zur Turbine gelangen. Diese wird dann zwar pulsierend, also in ungünstiger Weise, angeströmt, die Energiezufuhr ist aber stärker als von Motorabgasen, die auf einen gleichmäßigen mittleren Druck entspannt sind. Man bezeichnet den Betrieb mit unterteilten Abgasleitungen als „Stoßbetrieb". Ihm steht der „Staubetrieb" gegenüber, bei dem die Abgase sämtlicher Zylinder in eine gemeinsame Leitung geführt werden. Bei niedrigen Aufladegraden ist die unterteilte Abgasleitung vorteilhaft, weil der Energiegewinn in der Abgasturbine größer ist als der Wirkungsgradverlust. Bei höheren Aufladegraden ist die gemeinsame Abgasleitung thermisch ebenso günstig und wegen ihrer größeren Einfachheit vorzuziehen. Die Leistungsbilanz durch Aufladung kann bei Viertaktmotoren so günstig werden, daß die Gruppe durch hohen Ladedruck dem Motor Leistung zuführt („positive Ladungswechselschleife"; vgl. S. 123, Bild 5c). Niedriger Kraftstoffverbrauch[3] ist die Folge der über den Enddruck im Zylinder durch die Turbine verlängerten Expansion. Auch verbleibt noch ein zusätzlicher Luftüberschuß zum Durchspülen des Zylinders. Der hiermit verbundene Kühleffekt wird ebenso wie die eigentliche Aufladung bei höherem Ladedruck durch Kühlung der verdichteten Luft in einem besonderen Ladeluftkühler noch verbessert. Voraussetzung für die erwähnten betrieblichen Vorteile ist nicht nur ein guter Wirkungsgrad der Maschinen selbst, sondern auch eine optimale gegenseitige Abstimmung.

Bild 122 zeigt eine Aufladegruppe (MAN). Radiales Leichtmetall-Verdichterrad *a* und Stahlturbinenrad *b* (mit der Welle aus einem Stück) sind hier fliegend angeordnet und daher zur Überholung leichter zugänglich als die innenliegenden Lager. — Ausführung mit Außen- oder Innenlagerung, mit Gleit- oder Wälzlagern. — Aufladegruppen stellen sich selbsttätig auf die richtige Betriebsdrehzahl ein, brauchen also nicht geregelt zu werden.

Ähnliche Maschinensätze kann man in Verbindung mit Kesselfeuerungen verwenden, um Druck und Geschwindigkeit der Feuergase zu steigern und somit den Brennraum besser auszunutzen, vgl. S. 51. Wegen der großen Luftmengen

---

[1] *Chambadal*, Brennst.-Wärme-Kraft Bd. 10 (1958) S. 394/95.

[2] *Eckert, B.*, u. *E. Schnell:* Ladeeinrichtungen für Verbrennungsmotoren. Beiheft 2 der MTZ. Stuttgart: Franckh 1952.

[3] *Eichelberg, G.*, u. *W. Pflaum:* Untersuchung eines hochaufgeladenen Dieselmotors. VDI-Z. Bd. 93 (1951) S. 1113/23.

und kleinen Druckverhältnisse wird hierbei der Axialverdichter bevorzugt. Man erhält so Maschinen, die den eigentlichen Gasturbinen weitgehend entsprechen.

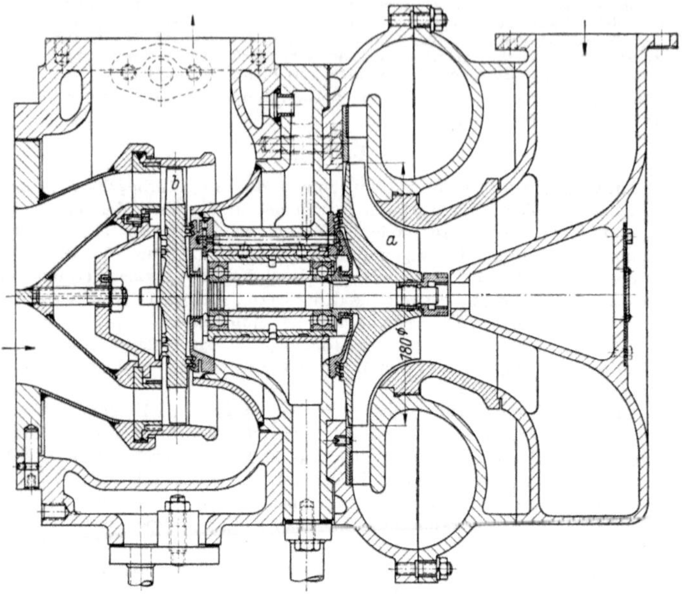

Bild 122. Aufladegruppe für $n = 24000$, 0,5 m³/sek, $p_2/p_1 = 1{,}65$ (max. 2,4), steigert die Leistung eines Dieselmotors (hier 280 PS) bis auf das Doppelte.

Werden je kg Luft b kg Brennstoff verbrannt, so ist, da keine Wellenleistung abgegeben wird, der Wirkungsgrad der Aufladegruppe von Verdichterförderhöhe $H_v \approx L_{ad_v}$ und Turbinengefälle $H_t \approx L_{ad_t}$ abhängig gemäß

$$\eta = \frac{G_v\, H_v}{G_t\, H_t} = \frac{1}{1+b}\,\frac{H_v}{H_t} \approx \frac{T_1}{T_4}\,\frac{(p)^{\frac{\varkappa-1}{\varkappa}} - 1}{1 - (p_T)^{-\frac{\varkappa-1}{\varkappa}}}.$$

Die rechts stehende Näherung, in der (p) für die Druckverhältnisse in Verdichter und Turbine geschrieben ist, ergibt sich nach S. 297, wenn man G, $\varkappa$ und R für Luft und Abgas gleich setzt. T_1 ist die Ansauglufttemperatur. T_4, die Abgastemperatur vor der Turbine, kann bei gutem η und niedrigem T_1 niedriger sein, was für den Motor günstig ist. Da es sich um pulsierende Abgasströmung handelt, kann man Drücke und Temperaturen vor der Turbine nicht ohne weiteres aus den Anzeigen „träger" Meßinstrumente entnehmen.

b) Strahltriebwerke[1], auch TL-Triebwerke („Turbine-Lader-") genannt, haben sich schneller durchgesetzt als stationäre Gasturbinenanlagen und dienen dem Vortrieb der Flugzeuge. Sie ersetzen dabei nicht nur den Kolbenmotor, sondern auch die Luftschraube: Der Vortrieb entsteht unmittelbar dadurch, daß die Abgase nach hinten beschleunigt werden. Hierbei gelten die gleichen Gesetze wie für Propeller, Bd. I, S. 317. Da die vom Triebwerk erfaßte Luftmasse begrenzt ist,

[1] *Lutz, O.:* VDI-Z. Bd. 101 (1959) S. 438/42. — *v. Gersdorf, K.:* Stand der Triebwerksentwicklung. Luftfahrttechnik Bd. 4 (1958) S. 185/94. — *Leist, K.:* Konstruktionsmerkmale von Strahltriebwerken. VDI-Z. Bd. 101 (1959) S. 1677/90 u. 1775/81.

muß die Geschwindigkeitsänderung v groß sein, wenn eine große Vortriebskraft („Rückstoß") benötigt wird. Dies hat demgemäß einen schlechteren Wirkungsgrad zur Folge. Um mehr Luft zu erfassen, kombiniert man auch Propeller und Gasturbinen (PTL-Triebwerke), oder man mischt dem Treibstrahl auf verschiedene Weise Luft bei, die nicht durch Brennkammer und Turbine gegangen ist: „Zweikreistriebwerke". Durch solche Anordnungen erzielt man günstigere Verhältnisse bei mittleren Geschwindigkeiten und niedrigerem Kraftstoffverbrauch.

Vorteile der Strahltriebwerke gegenüber dem Motor:

α) Kleines Baugewicht (bis herab zu 0,04 kg/PS).

β) Kleiner Stirnquerschnitt, insbesondere bei Verwendung von Axialverdichtern, also kleiner Luftwiderstand.

γ) Je Maschine sind größere Leistungen (bis 100000 PS ausgeführt) möglich, entsprechend den Bedürfnissen des modernen Flugzeugbaues.

δ) Schwierigkeiten durch Annäherung an die Schallgeschwindigkeit sind mit geeigneter Verdichterauslegung leichter zu überwinden als beim Propeller, wo ein unmittelbarer Zusammenhang zwischen Fluggeschwindigkeit und Relativgeschwindigkeit an den Blattspitzen besteht.

ε) TL-Triebwerke haben den Vorteil des geringeren Bauaufwandes, weil der Propeller entfällt. Ihr Wirkungsgrad muß mit dem Gesamtwirkungsgrad anderer Triebwerke einschließlich Propeller verglichen werden.

Den genannten Vorteilen steht der Nachteil des unter Umständen größeren Brennstoffverbrauchs gegenüber. In ungünstigen Fällen (mittlere Fluggeschwindigkeiten bei Hochleistungs-TL-Triebwerken) kann er doppelt so hoch sein wie beim Kolbenmotor. Er kann aber auch geringer werden als beim Kolbenmotor, und zwar bei großen Flughöhen, hohen Fluggeschwindigkeiten und reichlichem, dem Flugzustand angepaßten Luftdurchsatz (größere Abmessungen bei TL-Triebwerken, PTL- oder Zweikreis-Anordnung). Wärmetauscher kommen wegen ihres großen Gewichtes hier nicht vor.

Demzufolge eignen sich Strahltriebwerke besonders für schnelle Flugzeuge. Ma = 2,5 ist erreicht, 5 wird erwogen; darüber hinaus und für größte Höhen-Raketentriebwerke. Für den Konstrukteur sind zwei Vorteile des Strahltriebwerks gegenüber der stationären Gasturbine wichtig:

ζ) Da die Austrittsenergie dem Vortrieb dient, braucht die Turbine nicht unter Berücksichtigung von Austrittsverlusten ausgelegt zu werden. Man kann höhere Austrittsgeschwindigkeiten wählen und damit kleine Außendurchmesser, große Schluckfähigkeit und hohe Schnelläufigkeit erreichen.

η) Es werden im Vergleich zu stationären Maschinen kürzere Lebensdauern zugelassen. Daher sind höhere Schaufeltemperaturen zulässig, was bessere Wirkungsgrade zur Folge hat.

Bild 123 gibt eine Vorstellung von dem gedrängten Zusammenbau des vorn liegenden Verdichters mit Brennkammer und Turbine.

Die folgenden Schwierigkeiten erfordern beim Strahltriebwerk besondere Maßnahmen:

α) Mangelnde Startleistung. Bei Kolbenmotoren mit Verstellpropeller ist der „Standschub" das rd. 5fache des Schubes bei Reiseleistung, bei TL-Triebwerken nur das 2,5fache. Schnellflugzeuge benötigen ohnehin lange Startbahnen, an die hierdurch, insbesondere bei warmem Wetter, noch höhere Anforderungen gestellt werden. Verbesserungsmöglichkeiten:

1. Kurzzeitige Temperaturerhöhung in Brennkammer und Turbine steigert die Leistung um etwa 20%.

2. Nachverbrennung in der Austrittsdüse hinter der Turbine ergibt, bei hohem Brennstoffverbrauch, eine Schubvermehrung um bis zu 30%.

3. Startraketen.

4. Es wurde auch Einspritzen von Wasser oder anderen Flüssigkeiten in den Verdichter zur weitern Leistungssteigerung erwogen.

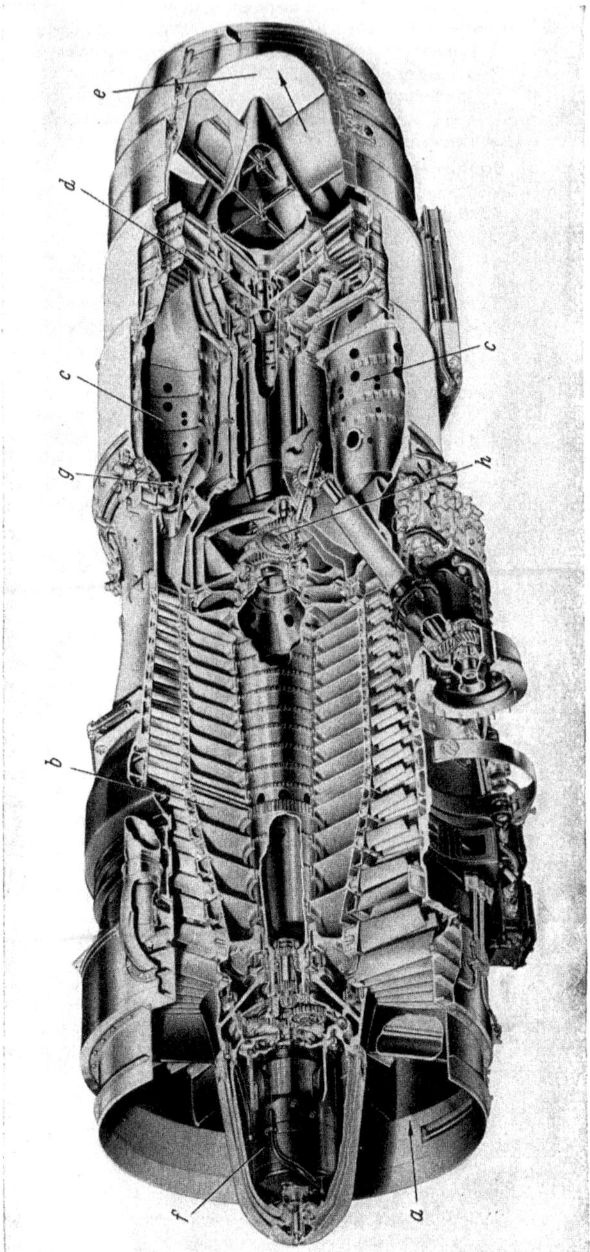

Bild 123. Strahltriebwerk Rolls-Royce Avon. 15 Axialverdichterstufen, 8 Brennkammern am Umfang, zweistufige Turbine. *a* Lufteintritt, *b* Axialverdichter, *c* Brennkammer, *d* Turbine, *e* Gasaustritt, *f* Anlasser, *g* Brenner, *h* Antrieb für Hilfsgeräte

β) Schwierige Flugzeuglandung durch zu große Geschwindigkeit. Starkes Abbremsen des Flugzeuges (in Kombination mit den auftrieberhöhenden Maßnahmen am Tragflügel) beseitigt diese Schwierigkeit. Zum Bremsen kann der Treibstrahl benutzt werden, Bild 124a: Umlegen einer Klappe kann ev. auch zur Auftriebserhöhung dienen; b Ringförmige Führungsbleche am Ende der Vortriebsdüse lenken um fast 180° um, wenn ein Drall dem Strahl die Tendenz zur Bewegung nach außen erteilt. Dies ergibt „Rücktrieb", also starke Bremswirkung. Bei drallfreiem Austritt geht der Strahl unbeeinflußt durch die Mitte der Ringe. Ferner Einleiten von Gas quer zur Ausströmrichtung: Aerodynamische Einschnürung und Umlenkung. — Mit Düsen, deren Austrittsquerschnitt regelbar ist, z. B. durch Längsverschieben einer Düsennadel (wie bei Pelton-Turbinen), kann man Strahltriebwerke verschiedenen Flugzuständen anpassen.

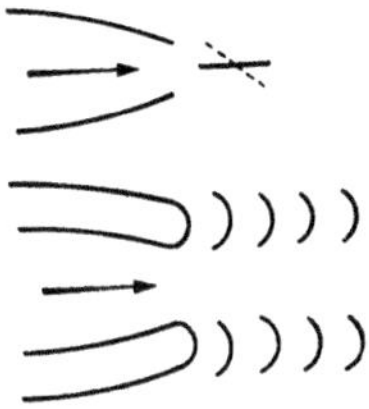

Bild 124. Zwei verschiedene Arten von Strahlablenkung am Ende einer Schubdüse

γ) Vereisungsgefahr (wie bei Tragflügeln) kann behoben werden, indem man den Verdichtereintritt und die Vorleitschaufeln heizt.

δ) Lärmentwicklung, vgl. S. 423.

Flugstau. Die Eintrittsöffnung der Triebwerke ist stets nach vorn gerichtet. Ist c_0 die Fluggeschwindigkeit (Geschwindigkeit der Außenluft relativ zum Flugzeug) und wird diese in der Saugöffnung auf c_1 verzögert, so entsteht schon hierdurch eine Verdichtung entsprechend der Förderhöhe $(c_0^2 - c_1^2)/2g$. Bei genügend schnellem Flug kann man auch ohne Verdichter und ohne Turbine auskommen: Das Staustrahltriebwerk (*Lorin*düse) besitzt nur eine stetig durchströmte Brennkammer zwischen Eintrittsdiffusor und Austrittsdüse.

Beim Verpuffungsstrahlrohr nach *Paul Schmidt* (V 1-Triebwerk) wird die zum Vortrieb nötige Gasbeschleunigung in einer pulsierend arbeitenden Brennkammer erzeugt, also ebenfalls ohne Strömungsmaschinen. Richtige Schwingungsabstimmung der Rohrabmessungen und automatisch arbeitende Klappenventile wirken hier zusammen. Das Schmidt-Rohr wurde auch als Bauelement (Treibgaserzeuger) stationärer Gasturbinenanlagen vorgeschlagen.

Für *Hubschrauber* ist die Gasturbine sowohl zum Antrieb des Propellers für Waagerechtflug als auch der Rotoren verwendbar. In beiden Fällen müssen gewöhnlich Getriebe angewendet werden. Die Rotoren können aber auch durch Druckluft von der Gasturbinenanlage angetrieben werden, indem die Luft durch die hohlen Flügel nach den Blattenden geleitet und dort nach rückwärts entgegen der Umfangsgeschwindigkeit umgelenkt wird. Der Rotor wird dann nach dem reinen Reaktionsprinzip angetrieben und das sonst recht komplizierte Getriebe gespart; bei der Bauart nach Fairey-Rotodyne wird die Rückstoßluft in kleinen am Ende der Rotorflügel angebrachten Brennkammern zusätzlich aufgeheizt.

c) Stationäre Gasturbinen (Bild 116 bis 121) sind, obgleich älter als Strahltriebwerke, noch nicht so stark verbreitet; ihre Bedeutung nimmt aber wegen folgender Vorteile zu:

α) Bei vielen Gasturbinen wird kein Kühlwasser benötigt, i. allg. aber wenig (wichtig für wasserarme Gegenden).

β) Für Grundlastbetrieb ergeben sich mit Leistungen, die für Dampfturbinen relativ klein sind, bereits gute Wirkungsgrade. Größe solcher Maschinensätze etwa 500 bis 30000 kW. Bild 125 zeigt die von BBC in Beznau angewendete Schaltung. Durch Zwischenkühlung der Luft und Verbrennung in mehreren Stufen ergibt sich eine Annäherung an den in Bd. I, S. 441, unter e) angegebenen Idealprozeß, also ein besserer Wirkungsgrad. Aufteilung in zwei Wellensätze verschiedener Drehzahl ergibt günstige Schnelläufigkeit in HD- und ND-Stufen sowie besseres Teillastverhalten, weil die Drehzahlen beider Maschinensätze unabhängig voneinander geändert werden können.

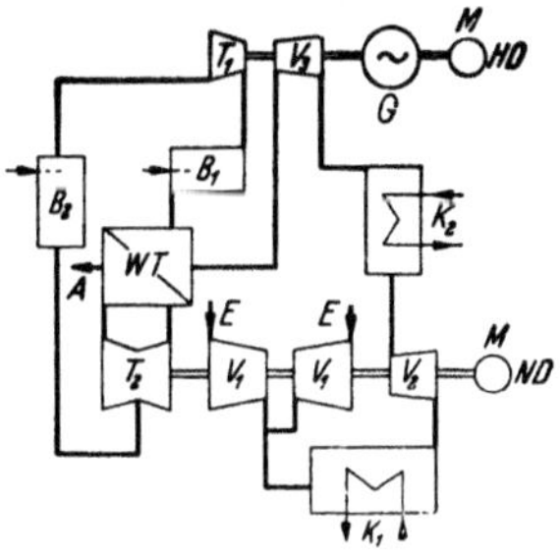

Bild 125. Zweiwellenanlage. Lufteintritt bei E in doppelflutigen ND-Verdichter V_1, von hier über Zwischenkühler K_1, K_2 nach den Verdichtern V_2 und V_3, Vorwärmung im Wärmetauscher WT, weitere Wärmezufuhr in B_1, erste Arbeitsabgabe in Hochdruck- und Nutzleistungsturbine T_1, nochmalige Wärmezufuhr und Arbeitsabgabe in B_2 bzw. T_2, Abwärmeausnutzung in WT, Austritt bei A

Wirkungsgrade bis 36% sind mit solchen Anlagen erreichbar. Leistungsverzweigung (S. 416) durch besondere Getriebe zwischen verschiedenen Wellensätzen kann die Regelbarkeit verbessern: *Differentialgasturbine.*

γ) Bei Schaltung nach Bild 116 sind billige, leicht bedienbare Notstromaggregate möglich. Auch jede zwischen γ und β liegende Anordnung ausführbar.

δ) Die Gasturbine ist als Luftspender, Abwärmelieferant oder Abwärmeverwerter brauchbar für Hüttenwerke[1], die chemische Industrie (besonders Erdölraffinerien) und Kesselanlagen (Verbundbetrieb mit Dampfkraftanlagen[2], wobei der große Wärmetauscher ohne Einbuße an Wirkungsgrad entfallen kann. Die Abgase können wegen des hohen Sauerstoffgehaltes noch als „Verbrennungsluft" dienen. Die Gasturbine kann Gase niedrigen Heizwertes gut verwenden, da ohnehin keine sehr hohe Verbrennungstemperatur benötigt wird. Sie ist rasch betriebsbereit.

In der konstruktiven Ausführung kann sich die Gasturbine mehr den Dampfturbinen annähern (relativ schwere Maschinensätze), insbesondere für Dauerbetrieb, oder sie kann entsprechend den Strahltriebwerken leicht und gedrängt gebaut werden.

d) Fahrzeuggasturbinen [3] können den Vorteil geringen Gewichtes und Volumens haben, ermöglichen also mehr Laderaum; mit Zweiwellenanordnungen ergibt sich außerdem ein höheres Drehmoment beim Anfahren und bei niedriger Geschwindigkeit: weniger Schalten während des Fahrens. Bei Serienherstellung (Einschmieden der Schaufeln in den Läufer nach Ford [4] sind die Turbinen billig. Trotzdem sind diese Turbinen noch kaum über das Entwicklungsstadium hinausgekommen; ungünstig sind der hohe Verbrauch, das träge Ansprechen beim Gasgeben, die hohe Drehzahl, welche ein stark untersetzendes Getriebe verlangt, und die große Abgasmenge.

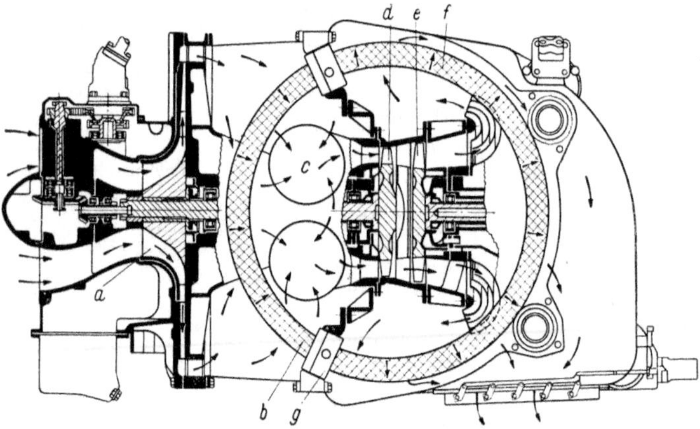

Bild 126

Bild 126 zeigt in vereinfachter Darstellung eine von General Motors in den USA entwickelte Fahrzeuggasturbine. Die Luft gelangt von einem einstufigen

---

[1] *Pfenninger, H.:* Betriebserfahrungen ... MTZ Bd. 16 (1955) S. 193/98. — *Jaumotte, A.*, Stahl u. Eisen Bd. 78 (1958) S. 658/63. — *Müller-Trimbusch, K.:* Stahl u. Eisen Bd. 79(1959) S. 457/63.

[2] *Dangl, K.:* Verbundbetrieb ... Brennst.-Wärme-Kraft Bd. 7 (1955) S. 249/53. — *Brandner, F.*, MTZ Bd. 19 (1958) S. 426/28.

[3] *Eckert, B.:* ATZ Bd. 61 (1959) S. 1/10 u. 32/37. — *Kruschik, J.:* MTZ Bd. 16 (1955) S. 267/74 u. ATZ Bd. 58 (1956). S. 7/15.

[4] MTZ Bd. 20 (1959) S. 71.

Radialverdichter *a* durch die wärmeabgebende Seite *b* des langsam rotierenden regenerativen Wärmetauschers zu den Brennkammern *c*, von dort als Treibgas zur einstufigen Verdichterturbine *d*, an die sich die ebenfalls einstufige Nutzleistungsturbine *e* unmittelbar anschließt, und schließlich durch die wärmeaufnehmende Seite *f* der Wärmetauscher-Trommel über einen Abgassammler ins Freie. Solche Wärmetauscher bestehen aus durchlässigem, die Wärme speichernden Material und haben bei mäßiger Größe einen guten Austauschgrad (hier $\varrho \approx 0{,}8$); Undichtheitsströmungen von der kalten HD- nach der heißen ND-Seite sind aber auch bei sorgfältiger Ausführung der Dichtungen (*g* und außerhalb der Bildebene) nicht zu vermeiden, was zusätzliche Verluste zur Folge hat.

Auch für Schienenfahrzeuge[1], besonders aber für Schiffe[2], sind Gasturbinen gebaut worden und in Betrieb. Gasturbinenlokomotiven eignen sich vorwiegend für Langstreckenbetrieb mit schweren Zügen. Das Problem der Umsteuerung kann bei Schiffen durch einen Verstellpropeller gelöst werden; bei Schienen- und Straßenfahrzeugen dagegen sind Umsteuergetriebe oder Rückwärtsturbinen unerläßlich. Hat ein Schiff Gasturbinen und andere Antriebsmaschinen gleichzeitig, so kann die Gasturbine für kurzzeitige Leistungserhöhung und Aushilfsbetrieb besonders leicht gebaut sein; zu sparsamer Marschfahrt wird dann die andere Maschine allein benutzt.

e) Kleingasturbinen, in ihrem Aufbau den Turbinen für Straßenfahrzeuge verwandt, werden z. B. als besonders leichter tragbarer Antrieb für Feuerlöschpumpen gebaut. Gewöhnlich besitzen sie nicht nur einen *Radial*verdichter, sondern auch eine entsprechend gebaute, jedoch entgegengesetzt durchströmte *Radial*turbine. Axialmaschinen für zu kleine Durchsätze sind bezüglich Baugröße, Herstellungspreis und Wirkungsgrad ungünstig.

f) Bei dem **geschlossenen Gasturbinenverfahren** nach *Ackeret-Keller*[3] (Escher-Wyss) nimmt die arbeitende Luft nicht an der Verbrennung teil, sondern wird in einem Lufterhitzer von außen erwärmt („Heißluftturbinen"). Nachdem sie ihre Energie abgegeben hat, muß sie in einem Nachkühler wieder abgekühlt werden, damit die Leistung bei neuer Verdichtung der zirkulierenden Luft nicht zu hoch wird. In den Schaltskizzen, Bild 116 u. 125, könnte man also auf Darstellung eines geschlossenen Prozesses übergehen, indem man die Punkte A und E über einen Luftkühler miteinander verbindet; BK, B_1 und B_2, wären dann von außen befeuerte Lufterhitzer. Auch auf Feuerseite solcher Lufterhitzer oft Anwendung von Abgasturbosätzen zur Steigerung von Druck und Geschwindigkeit. Vorteile des Verfahrens: Turbine wird von reiner Luft beaufschlagt; Schaufeln können daher nicht verschmutzen; Kohle und billigere Brennöle machen weniger Schwierigkeiten. Außerdem gute Regelbarkeit: Druckniveau und Gewicht der umgewälzten Luft werden durch Zupumpen oder Abblasen erhöht bzw. verringert. Nachteil: Wärmeaustauscher zwischen Feuergasen und arbeitender Luft ist sehr hohen Temperaturen ausgesetzt; daher große Mengen legierten Stahls erforderlich. Ein weiterer Nachteil ist der benötigte Luftkühler. Gleich gute Wirkungsgrade wie mit dem offenen Prozeß sind erreichbar. Das Verfahren kommt für stationäre und Schiffsanlagen, besonders auch für Atomkraftwerke in Frage. Die obere Leistungsgrenze kann durch Steigern des Druckniveaus höher gelegt werden.

g) Atomgasturbinen[4]. Für die Verwendung von Gasturbinen in Atomkraftwerken liegen verschiedene Projekte vor. Die Reaktorwärme wird hierbei nicht auf Wasser, sondern auf ein geeignetes Gas übertragen. Die Gasturbine setzt höhere Temperaturen als die Dampfturbine (S. 364 u. 375) voraus, wenn sie wirt-

---

[1] *Stockklausner, H.:* GT-Lok, Fehlschlag oder Erfolg? Techn. Rundschau, 14. 6. 57, S. 1/15.

[2] *Illies, K.:* MTZ Bd. 17 (1956) S. 339/61. — ***Busch, J.:*** VDI-Z. Bd. 101 (1959) S. 1509/10.

[3] *Bammert, K.*, u. *C. Keller:* Meßergebnisse ... Brennst.-Wärme-Kraft Bd. 12 (1960) S. 62/64.

[4] *Keller, C.:* Die geschlossene Gasturbine im Atomkraftwerk. Techn. Mitt. Essen Bd. 50 (1957) S. 361/67. — ***Busch, J.:*** Schiff u. Hafen Bd. 10 (1958) S. 123/126.

schaftlich sein soll. Die mit den hohen Temperaturen verbundenen Probleme sind im Reaktorbau zur Zeit noch nicht gelöst. Das niedrigere Gewicht bei kleinen Leistungen könnte mit Gasturbinen sogar transportable Kernkraftwerke ermöglichen.

Es sind Anlagen mit einfachem Gaskreislauf möglich, die wegen der Gefahr der Strahlungsschäden besondere Abdichtung der Maschinen erfordern, und solche, bei denen das in den Maschinen arbeitende Medium seine Wärme über einen Wärmetauscher erhält. Im ersten Fall tritt der Kühlmantel des Reaktors an Stelle der Brennkammer. Eine geschlossene Gasturbine ist hier besonders vorteilhaft. Als Arbeitsmittel sind N_2, He und CO_2 geeignet. Bei He sind des niedrigen spez. Gewichtes wegen viele Stufen höchster Umfangsgeschwindigkeit mit stark belasteten Schaufelgittern in Verdichter und Turbine nötig, wenn ein gewisses Druckverhältnis und eine gewisse Leistung erreicht werden sollen.

Die Betriebssicherheit der Atomkraftmaschine muß groß sein, da das gefährliche Spaltmaterial jede Reparatur erschwert. Gehäusedichtheit wird u. U. durch Topfkonstruktion (S. 362) erzielt, Wellendichtung gemäß Bild 51 und 52 oder durch Schleifringe, ev. ganz überflüssig, wenn Generator mit im Arbeitsgas umläuft. In diesem Fall sind vom Arbeitsgas geschmierte Lager, deren Entwicklung zur Betriebsreife man betreibt, von besonderem Interesse. Schmierölzu- und -abfuhr könnte die Dichtheit beeinträchtigen; außerdem kann die Schmierfähigkeit des Öls durch Bestrahlung ungünstig beeinflußt werden.

h) In **Gasturbinen mit Abgasheizung**[1] arbeitet reine (verdichtete und erhitzte) Luft. Sie dient nach der Entspannung als Brennluft auf der Feuerseite des Lufterhitzers. Das Verfahren hat in bezug auf Brennstoffunempfindlichkeit ähnliche Vorteile wie der geschlossene Kreislauf. Jedoch braucht man keinen Nachkühler, da keine Luftzirkulation stattfindet: geringer oder kein Kühlwasserbedarf, einfachere Bauart. Vorteile ergeben sich insbesondere für Lokomotivbetrieb.

i) Treibgaserzeuger. Freikolbenverdichter[2] nach *Junkers* und *Pescara* (Bild 127) sind keine Strömungsmaschinen, können aber in Gasturbinenanlagen Verdichter und Brennkammer ersetzen.

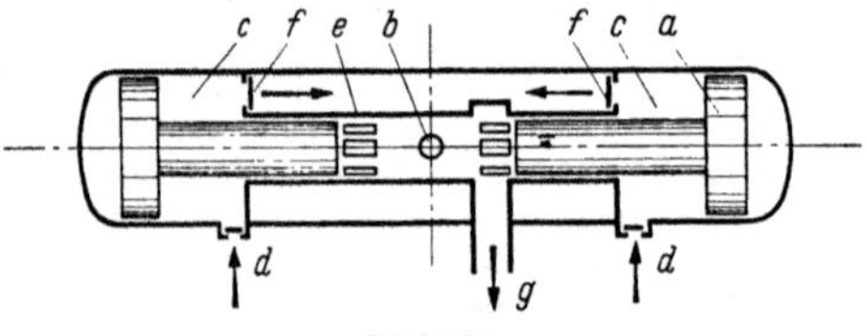

Bild 127

Bei normalem Betrieb bewegen sich die beiden Kolben a mit einer bestimmten Taktzahl abwechselnd von innen nach außen und von außen nach innen. Zwischen ihnen liegt der Brennraum b; er hat einen kleineren Durchmesser als die außenliegenden Kompressionsräume c, zu denen die Luft beim Auswärtshub durch die Ventile d von außen angesaugt wird. Beim Einwärtshub strömt die verdichtete Luft nach Öffnung der Schlitze e über f nach b; die Auspuffgase gehen mit noch erhöhtem Druck durch die Schlitze g als Treibmittel zur Nutzleistung abgebenden Turbine. Die vereinfachte Darstellung läßt nicht erkennen, daß noch Regel- und Anfahrvorrichtungen nötig sind; ein Ausgleichgestänge, das keine großen Kräfte überträgt, muß die beiden Kolben miteinander verbinden. Wie bei Strömungsmaschinen ist theoretisch vollkommener Massenausgleich vorhanden, da sich die Kolben gegenläufig bewegen.

Da wie im Motor höhere Temperaturen zulässig sind, ergeben sich hohe thermische Wirkungsgrade, ohne daß die nachgeschaltete Gasturbine besonders heiß wird. Auf eine Turbine können mehrere Gaserzeuger arbeiten, die zur Regelung einzeln zu- oder abgeschaltet werden. Trotz der Komplikation durch die hin- und hergehenden Teile und Steuerorgane setzt sich das Verfahren für mittlere Leistungen neuerdings stärker durch, besonders auch für Fahrzeugantrieb. Grundsätzlich können alle Treibgaserzeuger durch Aufladegruppen wie die Motoren zusätzlich aufgeladen, d. h. auf ein höheres Druckniveau gebracht werden.

---

[1] *Leist, K.:* Die kohlegefeuerte Verbrennungskraftanlage . . . MTZ Bd. 16 (1955) S. 166/74.
[2] *Dietzel, F.:* Energie Bd. 9 (1957) S. 458/60. — VDI-Nachr. 1960 Nr. 25 S. 9/10.

Auch Verbrennungsmotoren, insbesondere Zweitaktdiesel, können als Treibgaserzeuger benutzt werden. Vom aufgeladenen Motor unterscheiden sich solche Anordnungen dadurch, daß die Nutzleistung an der Welle der Abgasturbine entnommen wird. Große Verbreitung haben solche Bauarten nicht erlangt.

k) Sonderbauarten sind aus dem Bestreben entstanden, die Schaufeln zu *kühlen*: Verringerung der thermischen Beanspruchung, so daß entweder billigere Werkstoffe oder höhere Arbeitstemperaturen möglich.

Nach *E. Schmidt* Innenkühlung des Turbinenläufers durch verdampfendes Wasser[1]. Bei dem krit. Dampfzustand, der in den Hohlschaufeln erreicht wird, besonders guter Wärmeübergang. Der aus dem Inneren des Läufers abströmende Kühldampf kann in einer besondern Dampfturbine Leistung abgeben.

Ein anderer Vorschlag ist die partielle Beaufschlagung des Turbinenrades mit Luft[2]. Hierbei sind Stoßverluste wegen der verschiedenen Arbeitsfähigkeit von Gas und Luft schwer zu vermeiden.

Lorenzen[3] baute ein Rad mit hohlen Turbinenschaufeln; die von innen nach außen geschleuderte Kühlluft sollte gleichzeitig als verdichtete Verbrennungsluft dienen. Nachteil: Sehr ungünstige Wirkungsgrade der Verdichtung infolge von Erhitzung und Undichtigkeitsverlusten.

Die kurzlebigen Gasturbinen zur Energieversorgung in *Raketen* und zum Antrieb von *Torpedos* haben bei hohen Umfangsgeschwindigkeiten die besonders hohen Temperaturen der Explosionsgase auszuhalten. Sie besitzen im allgemeinen keinen Verdichter und vorwiegend ein- oder mehrstufige Gleichdruckbeschauflungen.

4. Werkstoffe[4] und Temperatur

Da der Wirkungsgrad der Gasturbine mit steigender Temperatur zunimmt, sind möglichst hohe Temperaturen anzustreben und warmfeste Werkstoffe erforderlich. Schaufelwerkstoffe häufig so hoch legiert, daß kaum noch als Stähle zu bezeichnen. Als Beispiel hierfür die ungefähre prozentuale Zusammensetzung der englischen Sonderlegierungen Nimonic 80a und Nimonic 90:

	Ni	Fe	Co	Cu	Al	Ti	Cr	Mn	Si	C
Nimonic 80a	75,3	0,61	0,54	—	0,56	2,48	20,1	—	0,33	0,08
Nimonic 90	56,34	0,38	19,1	0,1	1,54	2,56	19,4	0,13	0,48	0,07

Weniger hoch legiert, wenn auch nicht von so extrem gesteigerter Warmfestigkeit, ist z. B. das deutsche austenitische Material Turbotherm 1613 MV von Gebr. Böhler mit 16% Cr, 13% Ni, 1,3% Mo, 0,8% V + Nb und 0,1% C (Rest Fe). Auch keramische Werkstoffe wurden als Schaufelmaterial oder -überzüge vorgeschlagen, ebenso Sintermetalle. Eine billige Herstellung der Stahlschaufeln ist möglich durch Präzisionsguß nach dem Wachsausschmelz(lost wax)-Verfahren.

Bei den hohen Temperaturen nimmt nicht nur die Festigkeit der Werkstoffe ab, sondern es ändert sich auch das Verhalten vor dem Bruch: Bei Dauerbeanspruchung unterhalb der Bruchgrenze im allgemeinen zuerst allmähliche Dehnung (Kriechen) des Werkstoffs. Das Werkstoffverhalten nach längerer Lebensdauer (2 bis 4000 h für Strahltriebwerke, 100000 h für stationäre Gasturbinen) ist schwer im voraus zu beurteilen. Ein behelfsmäßiges Maß für das Kriechen ist die Dauerstandfestigkeit nach DIN 50117/18/19: diejenige Belastung, die zwischen der 25. und 35. Belastungsstunde eine Dehngeschwindigkeit von 0,001%/h bewirkt; versuchstechnisch nur umständlich zu ermitteln. Für Turbotherm 1613 MV ist die „DVM-Kriechgrenze“: bei 400 °C 23 kg/mm², bei 550 °C 20 kg/mm² und bei 650 °C noch 15 kg/mm². Außerdem müssen die Werkstoffe bei Betriebstemperatur zunderfest sein, was bei einfachen Stählen durch Eindiffundieren von Chrom (Inkromieren) oder durch Alitieren erreicht wird.

Grenzschichtkühlung. Um das Material zu entlasten, kühlt man bei den verschiedenen Gasturbinenbauarten die heißesten Stellen; die auf S. 375 genannten

[1] Technik Bd. 1 (1946) S. 145/57; Bd. 3 (1948) S. 155/62.
[2] VDI-Z. Bd. 83 (1939) S. 1206/07. [3] VDI-Z. Bd. 72 (1928) S. 1869/72.
[4] *Bungardt, K.:* Entwicklung hochwarmfester Werkstoffe. Stahl u. Eisen Bd. 75 (1955) S. 1383/89. — *Nixon, F.:* Nimonic ... im Strahlturbinenbau. Luftfahrttechnik Bd. 4 (1958) S. 206/12. — *Martin, O.:* Konstruktion Bd. 11 (1959) S. 213/21.

Temperaturen können dann um ca. 100 grd überschritten werden. Die kühlende Luft wird gewöhnlich der Brennluft entnommen. Sie tritt aus kleinen Öffnungen am Läufer aus, bewegt sich unmittelbar an der gefährdeten Oberfläche entlang („Schleierkühlung") und mischt sich dann mit dem arbeitenden Gas. Bei Anwendung porösen Schaufelmaterials, durch das ein Kühlmittel strömen soll, spricht man von „Schwitzkühlung". – Es genügen relativ geringe Luftmengen (wenige % der Arbeitsluft), um eine gute Kühlung zu erzielen; deshalb nimmt man die mit dem Verfahren verbundene Komplikation oft in Kauf. Wichtig ist, daß die Kühlluftöffnungen und -kanäle nicht verstopfen.

Trotz solcher Maßnahmen und trotz Anwendung hochgezüchteter Werkstoffe muß man – besonders bei stationären und Schiffsturbinen für Langzeitbetrieb – damit rechnen, daß die höchstbeanspruchten Teile kürzere Lebensdauer haben als die übrige Maschine, also in gewissen längeren Zeitabständen auszuwechseln sind.

5. Brennstoffe[1]

Da der Wirkungsgrad der Gasturbine in vielen Fällen noch nicht demjenigen anderer Kraftmaschinen entspricht, ist die Verarbeitung billiger, ballastreicher Brennstoffe wichtig: Gichtgas, Erdgas, in Kohlenschächten erzeugtes Gas, Öle und Torf; für Strahltriebwerke Kerosen. Billigere Brennöle enthalten häufig Vanadiumverbindungen. Dann kann aus dem Treibgas stammendes Vanadiumpentoxyd als Ursache interkristalliner Korrosion dem Schaufelmaterial gefährlich werden. Da diese Gefahr ab $\approx 650\,°C$ beginnt, muß man sich bei solchen Brennstoffen mit niedrigeren Arbeitstemperaturen begnügen, wodurch der Vorteil des billigeren Brennöles vermindert wird. Abhilfe: Brennstoffzusätze, z. B. SiO_2, zur Neutralisierung der schädlichen Bestandteile. Bei ballastreichen Brennstoffen außerdem Gefahr der Aschenablagerung: die Schaufeln müssen dann regelmäßig gereinigt werden. Spült man von außen durch, z. B. mit Dampf, so braucht hierbei die Turbine nicht auseinandergenommen zu werden. Auch Einleiten von gewissen feinkörnigen Substanzen bei niedriger Drehzahl scheint sich bewährt zu haben.

Während ein Strahltriebwerk weniger Anforderungen an die Brennstoffqualität stellt als ein Flugmotor, ist die stationäre Gasturbine hierin anspruchsvoller als ein Dieselmotor.

In wachsendem Umfang werden Gasturbinen auf Hüttenwerken verwendet. Dort steht mit dem *Gichtgas* ein Brennstoff zur Verfügung, mit dem die Gasturbine mit der Dampfanlage (und auch der Großgasmaschine) konkurrieren kann. Hauptproblem ist beim Gichtgas der hohe Staubgehalt. Er muß durch Wascheinrichtungen und Filter so weit herabgesetzt werden, daß er weder im Verdichter noch in der Turbine und dem nachgeschalteten Wärmetauscher Schaden anrichten kann. Das rohe Gichtgas enthält mehrere Gramm Staub je m^3; Wascheinrichtungen reinigen bis auf 10 bis 40 mg/m^3, und die für Gasturbinen nötige Reinheit ($< 2\ mg/m^3$) wird durch Elektrofilter erzielt.

6. Betriebsverhalten

Wirkungsgrad und Leistung sind bei der Gasturbine (in schwächerem Maß auch schon beim hochaufgeladenen Motor) besonders von der Ansaugtemperatur abhängig: Winterbetrieb ist am günstigsten. Gasturbinen können schneller hochgefahren werden als Dampfturbinen; jedoch muß man beide Maschinenarten nach dem Abstellen längere Zeit in gewissen Abständen oder kontinuierlich durchdrehen, damit die empfindlichen Läufer nicht durch ungleichmäßige Abkühlung krumm werden und eine Unwucht erhalten.

Bedienungs-, Pflege- und Erhaltungskosten sind nach bisher vorliegenden Erfahrungen bei Gasturbinen niedrig, für das Schweizer Kraftwerk Beznau z. B. einschließlich Schaufelreinigung und Schaufelerneuerung 0,11 Pfg/kWh. Für

[1] *Spengler, G.*, u. *H. O. Hössl:* Treibstoffe für Flugturbinen. MTZ Bd. 18 (1957) S. 290/91. – *Sulzer, P.:* Brennstoffzusätze . . . Schweiz. Bauzeitg. Bd. 72 (1954) S. 79/82.

Strahltriebwerke rechnet man mit bis 2000 Flugstunden zwischen zwei Überholungen.

7. Wirtschaftliche Aussichten

Von Strahlturbinen und Aufladegruppen sind schon Zehntausende in langjährigem Dienst; auch stationäre Gasturbinen sind mit Millionen kW im Betrieb.

Wenn es gelänge, die Arbeitstemperatur ohne wesentliche Verteuerung und Komplizierung nennenswert zu steigern, wäre die Gasturbine nach heutigem Ermessen als wirtschaftliche Kraftmaschine fast konkurrenzlos. Ein schnelles Erzielen solcher Erfolge ist allerdings nicht sehr wahrscheinlich; die Meinung, daß die Gasturbine alle anderen Kraftmaschinen verdrängen könnte, erscheint unbegründet. Jedoch ist die Erwartung weiterer Fortschritte der Grund, weshalb man für die Gasturbinenentwicklung große Beträge aufbringt.

Aussichtsreich erscheint die Kombination Gasturbine — Dampfturbine. Verwertet man die Gasturbinen-Abwärme in einem Dampfkessel, so kann man ohne großen Wärmetauscher den Gesamtwirkungsgrad verbessern[1].

D. Windturbinen

Literatur: 1. *Betz, A.:* Wind-Energie u. ihre Ausnutzung durch Windmühlen. Göttingen: Vandenhoek u. Ruprecht 1926. — 2. *Witte, H.:* Windkraftwerke. Stuttgart: R. A. Lang 1950. — 3. *Hütter, U.:* Die Entwicklung von ... Brennst.-Wärme-Kraft Bd. 6 (1954) S. 270/78. — 4. Sonderhefte Windkraft. Technik Bd. 2 (1947) S. 465/527. — 5. *Groß, A. Th.:* Windkraftnutzung in Europa? Brennst.-Wärme-Kraft Bd. 11 (1959) S. 414/19.

1. Betriebsverhältnisse und Auslegung

a) Theoretische Leistung. Die bei normalen Winden in der Atmosphäre vorhandene Arbeitsfähigkeit ist groß, z. B. für einen Luftquerschnitt von 10 m Dmr. bei $\gamma = 1{,}22$ kg/m³ und 10 m/sek Windgeschwindigkeit $N_0 = 64{,}5$ PS, also 0,83 PS/m². Auch bei verlustlos arbeitenden Rädern wäre es nicht möglich, diese Leistung völlig zu gewinnen, da die Luft noch mit einer gewissen Geschwindigkeit abströmen muß. Die Verringerung der Luftgeschwindigkeit hat nach der Kontinuitätsgleichung zur Folge, daß die Stromlinien im Windrad auseinandergehen, Bild 128. Die Luft staut sich am Windrad, und die sekundliche Luftmenge, die für die Arbeitsabgabe in Frage kommt, wird kleiner als $c\pi(D^2 - d^2)/4$. Das Rad beeinflußt die Strömung auch über seinen Durchmesser hinaus. Zwischen Punkten unmittelbar vor und hinter dem Windrad Druckdifferenz Δp; das Windrad erhält einen Schub. Reaktionsgrad $r = 1$, Druckabfall nur im Rad. Dahinter hat die Luft infolge des übertragenen Momentes einen Drall entgegen der Drehrichtung.

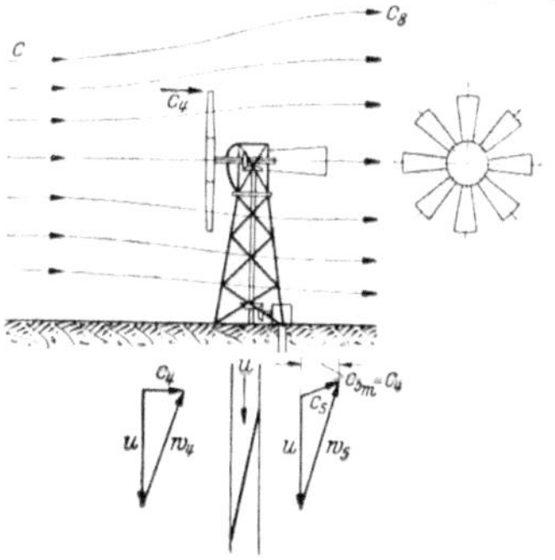

Bild 128
Bild 128

b) Wirkliche Leistung. Ist c die Windgeschwindigkeit und c_8 die kleinste Geschwindigkeit hinter dem Rad (an einer um $\approx D$ hinter Radmitte liegenden Stelle), so ist am Rad die Geschwindigkeit $c_4 = (c + c_8)/2$. Wird c_8 zu groß ($\approx c$) gewählt, so verbleibt dem Rad eine zu kleine Differenz an Geschwindigkeitsenergie; bei zu kleinem c_8 ist auch c_4 und die durchströmende Menge zu klein. Durch Differentiieren erhält man das Maximum der theoretischen Leistungsabgabe zu $0{,}59\,N_0$ bei $c_8 = c/3$. Die kleine Energie des Austrittsdralles ist bei solchen Betrachtungen vernachlässigbar. Ein Leitapparat würde sich wegen zu großer Reibungsverluste und zu hohen Bauaufwandes nicht lohnen, besonders bei Schnelläufern

---

[1] *Schüller, K.-H.:* BBC-Nachrichten Bd. 41 (1959) S. 404/28. — *Gašparović, N.:* Heizwärmegewinnung aus G.T.-Abgasen. Brennst.-Wärme-Kraft Bd. 12 (1960) S. 45/50.

nicht. Mit dem bei sorgfältiger Konstruktion erreichbaren Radwirkungsgrad von 0,75 ergibt sich für $c = 10$ m/sek eine Leistung von nur $^3/_8$ PS je m² Radfläche: Geringe Leistungsdichte, also großer Bauaufwand, gesteigert durch die erforderliche Sicherheit[1] gegen Sturm und Vereisung, somit hohe Baukosten. In geringeren Höhen häufiger Wechsel zwischen schwachem Wind, bei dem kaum Leistungsausbeute, und zu starkem Wind, bei dem Gefährdung des Bauwerks.

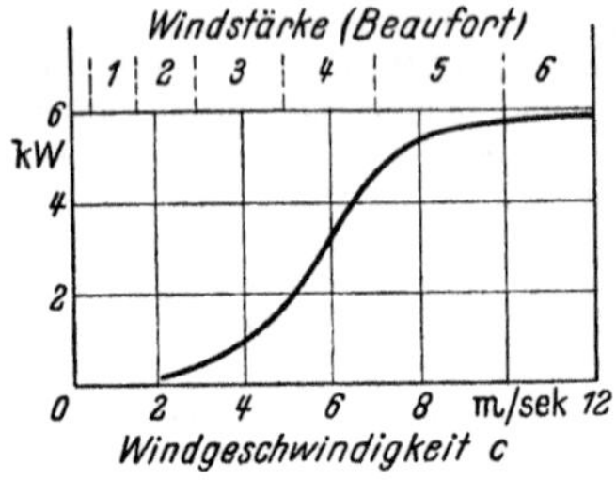

Bild 129

Bild 129 zeigt die Nutzleistung eines dreiflügligen Windrades von 10 m Durchmesser (Fa. Allgaier, Uhingen) mit Gleichstromgenerator in Abhängigkeit von c. Ab etwa 7 m/sek Leistungsregelung, ab 9 m/sek nimmt N nicht mehr zu. Bei Sturm drehen die Flügel aus Sicherheitsgründen in die Segelstellung, und N wird wieder kleiner. Unabhängig von der Windstärke wird die Drehzahl n durch Drehung der Flügel um ihre Längsachse konstant auf 86 U/min gehalten.

c) Die Schnelläufigkeit ist festgelegt mit der Durchflußzahl: c_4/u, bezogen auf den äußeren Raddurchmesser, ungefähr $^1/_2$ (Langsamläufer) bis $^1/_{20}$. Entsprechende spez. Drehzahl n_q 240 bis 2400, also, infolge kleinen Gefälles und großer Mengen, sehr hoch. Wie das Geschwindigkeitsdreieck zeigt, ist die Winkeländerung der Relativgeschwindigkeit w_4 zu w_5 klein. Deshalb bei Langsamläufern häufig gerades Profil (verwundene Blechschaufel), sonst Tragflügelprofile. Winkelberechnung aus:

$$c_{5m} \approx c_{4m} \approx c_4 \text{ und } c_{5u} = \Delta c_u = \frac{g\, H_{\text{th}}}{u} = \frac{0{,}59\, c^2}{2u}.$$

d) Randverluste entstehen durch Ausgleich des Druckunterschiedes zwischen Schaufelvorder- und -hinterseite an der Schaufelspitze. Sie können — wie aus der Aerodynamik des Tragflügels bekannt — durch eine gewisse Auftriebsverteilung (nach außen abnehmende Auftriebskraft und Flügelbreite) bei gegebener Leistungsübertragung zu einem Minimum gemacht werden; jedoch hier bessere Baustoffausnutzung bei völligeren Flügeln. Ummantelte Räder und Einbau in Düsen ergäben zu großen Bauaufwand; in einzelnen Fällen können Endscheiben zweckmäßig sein[2].

2. Bauformen und Anwendungsgebiete

Anwendung der nachstehend unter b) und e) genannten Bauart dort, wo Entfernung vom Leitungsnetz so groß, daß Anschluß teurer als Bau eines Windkraftwerkes: Pumpstationen und Energieversorgung entlegener Gehöfte.

a) Windmühlen, meist vierflügelig. Entweder ist die ganze Mühle drehbar oder nur das Obergestell (Holländer Bauart). Bauaufwand groß, kleine Leistung, keine Möglichkeit zu regelmäßigem Betrieb. Häufigkeit der Windstärken vgl. Bd. I, S. 308.

b) Windräder kleinerer oder mittlerer Größe (bis etwa 15 m Raddmr.). Bei Turmhöhe ≈ Raddmr. weniger freizuhaltende Grundfläche als für Mühlen, wo Flügel fast den Boden berühren; Windstörungen durch benachbarte Bäume und Häuser zum Teil ausgeschaltet. Früher „amerikanische Bauart" mit 12 bis 40, heute schnellerläufige Räder mit nur 2 bis 4 verstellbaren Flügeln.

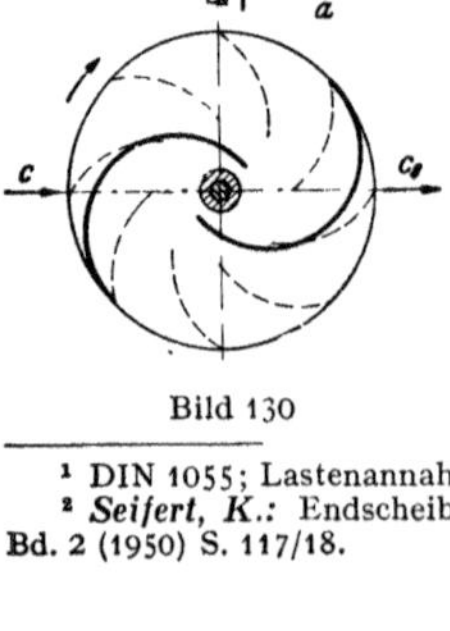

Bild 130

Einstellen des drehbaren Turmkopfes in die richtige Lage zum Wind entweder durch Windfahne (Windrad *vor* dem Turm) oder durch das hinter dem Turm befindliche Rad selbst: kleinerer Bauaufwand, etwas weniger Leistung infolge Windschatten des Turmes. Statt einer Windfahne häufig auch kleines Windrad, dessen Ebene in Normalstellung parallel zum Wind. Es erhält nur bei Winddrehung Leistung und steuert dann über ein Getriebe den Turmkopf wieder in die richtige Lage. Dadurch gute Stabilität.

[1] DIN 1055; Lastenannahmen im Hochbau.

[2] *Seifert, K.:* Endscheiben an Windradflügeln zur Leistungssteigerung. Konstruktion Bd. 2 (1950) S. 117/18.

c) **Großwindkraftwerke** mit Rädern von über 100 m Dmr. sind viel diskutiert, aber nie gebaut worden. Größte bisher gebaute Anlage (USA)[1] hat 40 m Dmr. und $N_{max} = 100$ **kW.** Die Probleme bei der Auslegung und Regelung des elektrischen Teiles von Windkraftanlagen[2] sind vielgestaltig.

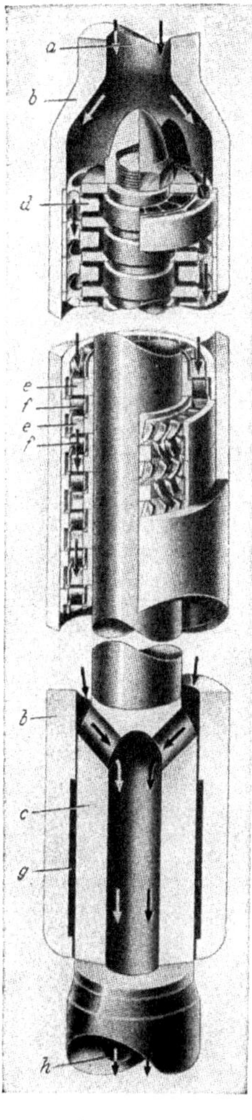

Bild 131. Bohrturbine. *a* Treibwassereintritt; *b* Rohrgehäuse; *c* Bohrgestänge, rotierend; *d* Festlager; *e* Laufschaufeln; *f* Leitschaufeln; *g* Loslager; *h* Abströmung zum Kühlen und Spülen des Bohrkopfes

d) **Windräder mit senkrechter Welle** brauchen nicht in den Wind gedreht zu werden; jedoch schlechterer Wirkungsgrad. Ausgeführt als Schalenkreuz-Windmesser und *Savonius*-Rotoren (Bild 130): Zur Belüftung von Fahrzeugen wird ein auf dem Dach angebrachtes Ventilatorrad *a* durch Rotor *b* vom Fahrwind angetrieben.

e) Nach *Andreau*[3] ist ein Zahnradgetriebe zwischen Windrad und Generator oder Pumpe durch **pneumatische Kraftübertragung** ersetzt: Die hohlen Flügel des Windrades saugen als Verdichter über Rohrleitungen Luft durch im Saugbetrieb arbeitende Luftturbine am Fuß des Turmes. U. a. günstige Regelung.

E. Turbinen für Sonderzwecke

a) Bei **Bohrturbinen** dient das zum Kühlen und Spülen dem Bohrer zugeleitete Wasser gleichzeitig als Treibmittel. Man braucht dann nicht mehr eine rotierende Welle von besonderer Länge. Bild 131 (*Neyrpic*, Grenoble) zeigt zwischen den wassergeschmierten Lagern den Turbinenteil. Weil n_q und D klein sein müssen, sehr viele (u. U. mehrere hundert) Axialstufen: billig gefertigte Kunststoffschaufeln.

b) **Druckluftturbinen** für Preßluftwerkzeuge, z. B. Handschleifgeräte, gehören zu den kleinsten ausgeführten Turbinen. Radial Laufräder mit Deckscheibe und gekrümmten Schaufeln, ähnlich rückwärts durchströmten Pumpenrädern, verarbeiten einstufig das vorhandene Gefälle bei passender Drehzahl. Trotz der sehr kleinen Luftvolumina ist bei ihnen der prozentuale Undichtheitsverlust erträglich.

c) Auch bei **Kühlturbinen**[4] werden Radialräder mit oder ohne Deckscheibe oft angewendet. Hier kommt es nicht auf die abgegebene Leistung an, die häufig abgebremst wird, sondern auf eine starke Temperatursenkung. Leistungsabgabe bei gutem

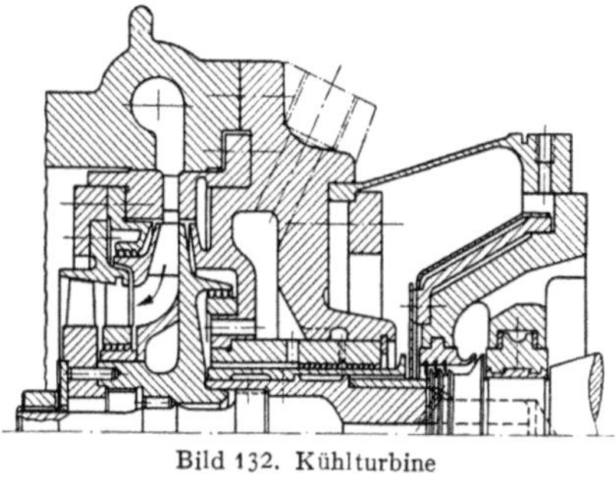

Bild 132. Kühlturbine

[1] Techn. Rdsch. Bern v. 25. 6. 1954 S. 9/11.
[2] Z. f. Elektrotechn. (Stuttgart) Bd. 1 (1948) S. 59 u. 117; Bd. 2 (1949) S. 10.
[3] Konstruktion Bd. 8 (1956) S. 481.
[4] Expansionsturbinen für tiefe Temperaturen. Techn. Rundschau, 23. 9. 55 S. 5/7.

Wirkungsgrad ist hierzu günstig, wie sich nach S. 298/99 ergibt; vgl. S. 486: „Dynamisches Verfahren". Als Arbeitsmittel dienen Luft oder besondere Kältemittel. Temperaturen bis herab zu −200 °C stellen konstruktive Aufgaben, von denen manche den bei Dampfturbinen vorkommenden verwandt sind: 1. Verschiedene Dehnungen der einzelnen Bauteile; 2. Lager müssen mit Rücksicht auf Schmierung normale Temperatur haben: genügend Abstand zum Gehäuse; 3. Erosionsgefahr bei Expansion bis Sättigungszustand. Werkstoffe: Leichtmetall und austenitischer Stahl; 4. Isolierung nach außen und besondere Dichtheit sind nötig.

Anwendung solcher Turbinen z. B. als erste Stufe der Luftverflüssigung und neuerdings als Kleinturbinen in Leichtbauart zur Kühlung von Hochgeschwindigkeitsflugzeugen (Überwindung der „Wärmesperre").

Bild 132 (Gutehoffnungshütte, Sterkrade): Ausschnitt aus einer Kühlturbine. Eine Radial- und eine Axialstufe sind unmittelbar hintereinander angeordnet.

III. Die Strömungs-Arbeitsmaschinen

Hier wird der Welle Energie zugeführt und über die Beschauflung an ein strömendes Medium übertragen. Wie aus Bild 1 bis 3 ersichtlich, könnte man aus jeder Kraftmaschine durch Umkehren der Strömungs- und Drehrichtung eine Arbeitsmaschine machen (Ausnahme: Wasserturbinen mit Freihang). Wirkungsgrad hierbei jedoch schlecht, da in den umgekehrt durchströmten Kanälen zu starke Erweiterung und daher Ablösung. Mit kleinerem Verlust könnte umgekehrt eine *Arbeits*maschine als *Kraft*maschine laufen. Durch stärkere Reibung infolge längerer Kanäle Wirkungsgrad hier nur wenig schlechter als bei der eigentlichen Kraftmaschine; aber größerer Bauaufwand. Selbst bei Speicherkraftwerken, wo abwechselnd Pumpen- und Turbinenbetrieb benötigt wird, werden *beide* Maschinenarten aufgestellt; die nicht benutzte Maschine koppelt man von der gemeinsamen Elektromaschine ab oder läßt sie in Luft leer mitlaufen. Kompromißlösung mit nur einer Maschine[1] („Turbinenpumpe") ist, insbesondere bei Francisturbinen, möglich. Infolge der verschiedenen Wirkung der Verluste (vgl. die Formeln S. 311) ist das im Turbinenbetrieb vom Laufrad verarbeitete Gefälle H_{LT} kleiner als die im Pumpenbetrieb für gleichen geodätischen Höhenunterschied zwischen UW und OW zu erzeugende Förderhöhe H_{LP}. Daher bei Pumpenbetrieb von Turbinenpumpen höhere Drehzahl oder andere Schaufelstellung notwendig.

Gemäß der Eulerschen Gleichung (S. 310) wird die im Rad umgesetzte Arbeit bei Arbeitsmaschinen durch Strömung von innen nach außen vergrößert ($u_5 > u_4$). Vom Vorteil verschiedener Umfangsgeschwindigkeiten am Ein- und Austritt macht man hier öfter Gebrauch als bei Turbinen, und zwar auch bei mehrstufigen Maschinen. Axiale Durchströmung kommt daneben auch vor; ebenso gibt es Übergangsformen. Umkehrung der Radial-Dampfturbinen (schmale Radialstufen hintereinander) ist nicht üblich, die der Peltonturbinen nicht möglich. Typische Beschauflungen und Geschwindigkeitsdiagramme vgl. Bild 23, 25, 26, 29, 34, 36, 37/38 (rechts), 47, 49, 57 u. 62.

A. Pumpen

Literatur: 1. *Fuchslocher-Schulz:* Pumpen, 10. Aufl. Berlin: Springer 1959. — 2. *Ritter, C.:* Flüssigkeitspumpen, 5. Aufl. München: Oldenbourg 1953. — 3. *Pfleiderer, C.:* Kreiselpumpen f. Flüssigkeiten u. Gase, 4. Aufl. Berlin: Springer 1955. — 4. *Von der Nüll-Garve:* Kreiselpumpen und -verdichter, 2. Aufl. Stuttgart: Teubner 1957. — 5. *Stepanoff, A. J.:* Radial- und Axialpumpen. Berlin: Springer 1959. — 6. *Krisam, F.* u. *A. Mayer:* Kreiselpumpen. VDI-Z. Bd. 101 (1959) S. 1065/66.

1. Kennzeichen und Auslegung

Kreiselpumpen mit von innen nach außen durchströmtem Laufrad werden auch Schleuder- oder Zentrifugalpumpen genannt. Die für Flüssigkeits-

[1] VDI-Z. Bd. 78 (1934) S. 1183/88; Brennst.-Wärme-Kraft Bd. 9 (1957) S. 255. — *Medici, M.:* VDI-Z. Bd. 102 (1960) S. 59/63.

förderung geltenden Kennzeichen sind dieselben wie bei Wasserturbinen, vgl. S. 347. Leistungen bis 80000 PS (Speicherpumpen), Fördermengen von 0,3 m³/h (Hauswasserpumpen) bis 20 m³/sek und Förderhöhen von wenigen cm (Umwälzpropeller) bis 200 m je Stufe kommen vor. Kleine und mittlere Baugrößen werden serienmäßig in großer Stückzahl gefertigt. Die Maßverhältnisse (ungefähre mittlere Werte in Zahlentafel 8) hängen nicht nur von n_q, sondern auch von konstruktiven Notwendigkeiten ab; z. B. je nach Baulänge verschiedene Wellen- und Einlaufdurchmesser.

Zahlentafel 8 (hierzu Bild 133):

n_q je Stufe	D_e/D_{5a}	b_5/D_{5a}	D_{4i}/D_{5a}	
10	0,28	0,02	0,20	Austritt radial
50	0,65	0,11	0,39	
100	0,84	0,18	0,50	Austritt schräg
>150	1,0	0,30—0,20	0,4—0,6	Propellerpumpe

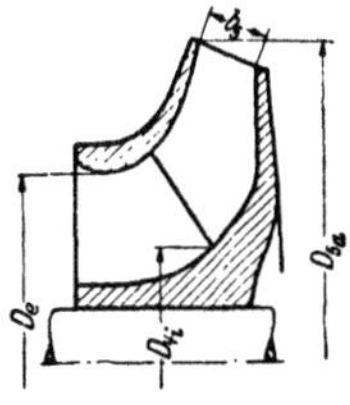
Bild 133

Die Verschiedenheit der Pumpen ist durch die jeweiligen Anforderungen bedingt:

1. Je nach Q, H und n Größe und n_q verschieden.

2. Bei erhöhtem Druck- und Temperaturniveau (Kesselspeisepumpen, Umwälzpumpen) besondere konstruktive Ausbildung (Gehäusewandstärken, Werkstoffauswahl, Stopfbuchsen).

3. Bei zähflüssigen und unreinen Fördermedien Laufräder mit weiten Kanälen (Dickstoff- und Schmutzwasserpumpen). Bei zäheren Flüssigkeiten ist für den Auslegungspunkt im Vergleich zu Wasser mit einem Abfall von Förderhöhe, Menge und Wirkungsgrad auf das etwa a- bzw. b- und c-fache nach Bild 134 zu rechnen[1]. Umrechnung von °E in andere Einheiten s. Bd. I, Tafeln im Anhang.

4. Gefordertes Betriebsverhalten. α) Stabile Kennlinie (vgl. S. 418) wird insbesondere bei Kesselspeisepumpen verlangt. β) Erhöhte Saugfähigkeit, ohne daß Kavitation eintritt (vgl. S. 327). γ) Kreiselpumpen haben im allgemeinen nur dann genügende Saugwirkung, wenn die Saugleitung bereits mit Wasser gefüllt ist. Nur die Sonderbauarten der „selbstansaugenden Kreiselpumpen" haben ein Saugverhalten wie eine Kolbenpumpe, können also mit der Förderung beginnen, ohne daß die Saugleitung mit Wasser gefüllt wird. Sie können auch als Luftpumpen benutzt werden.

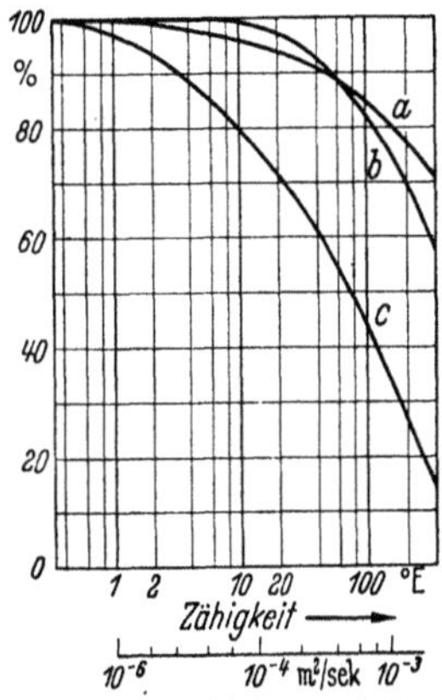

Bild 134. Zähigkeitseinfluß

2. Bauarten

a) Einstufige Pumpen. Zur Ent- und Bewässerung (Schöpfwerke) und als Kühlwasserpumpen für Kondensatoren, d. h. für große Fördermengen und kleine Förderhöhen sind Propeller- und Diagonalpumpen geeignet. Sie können je nach Wasserführung waagerecht, schräg oder senkrecht montiert sein. Der Wirkungsgrad von Propellerpumpen fällt gewöhnlich beim Abweichen vom Normalbetriebspunkt stärker ab als bei Radialpumpen. Dieser Nachteil kann wie bei Kaplanturbinen durch Laufschaufelverstellung vermieden werden.

[1] *Krutzsch, W. C.*, u. *A. Feck:* ... Haupt-Ladeöl-Kreiselpumpen. Hansa Bd. 94 (1957) S. 745/48. — Vgl. auch *Rotzoll, R.:* Untersuchungen an einer langsamläufigen Kreiselpumpe bei verschiedenen Reynoldszahlen. Konstruktion Bd. 10 (1958) S. 121/30.

Bild 135 (MAN Gustavsburg) zeigt eine Pumpe mit tiefliegendem Laufrad (günstig für Saugfähigkeit und gegen Kavitation) und verstellbaren Laufschaufeln. Einleitung der Verstellbewegung in die Welle hier über ein Differentialgetriebe oberhalb des Krümmers. Solche Pumpen mit schrägliegenden Schaufeln sind den Diagonalpumpen, Bild 136, verwandt, wo jedoch stärkere Annäherung an Radialmaschinen. Daher günstigeres Betriebsverhalten auch ohne Schaufelverstellung.

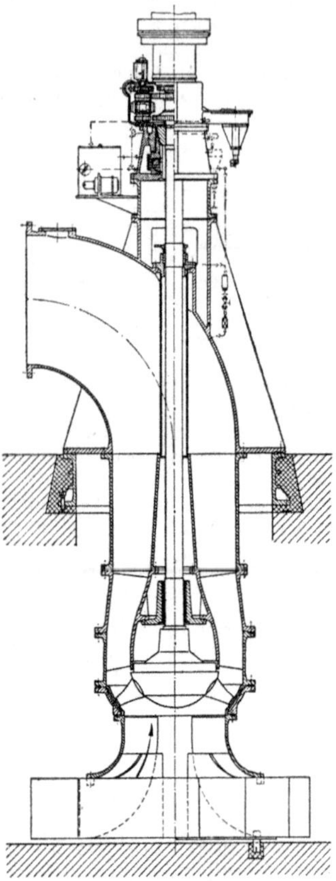

Bild 135. Betriebsdaten gemäß Bild 178

Mit doppelflutigen Laufrädern (Bild 137) können ebenfalls große Mengen verarbeitet werden, hierbei wird ein Achsschub vermieden. Aber etwas längere Gehäuse.

Sehr verbreitet sind einstufige ND-Spiralgehäusepumpen ohne Leitrad, Bild 138: Ausführung KSB für 100 m³/h; 35 m; 2920 U/min. An denselben Lagerstuhl können verschiedene Pumpengehäuse und Laufräder angesetzt werden: billigere Massenfertigung durch verringerte Modellzahl. Auf beiden Seiten des geschlossenen Laufrades Dichtspalte am gleichen Durchmesser; außerhalb derselben Drücke links und rechts gleich. Da für den inneren Teil des Rades Druckausgleich durch Entlastungslöcher *e*, insgesamt kein großer Achsschub.

b) Mehrstufige Pumpen benötigen bei radialen Laufrädern gewöhnlich nicht nur Nachleitapparate, sondern anschließend daran auch Rückführschaufeln (Bild 156), in denen das Wasser radial nach innen, bis zum nächsten Laufradeintritt, geleitet wird. Solche Mehrstufenpumpen (MD- und HD-Pumpen) enthalten meist einzelne Gehäuseringe, die durch Zuganker zusammengespannt sind: Gleiche Bauelemente für Pumpen verschiedener Stufenzahl, nur drehrunde Bearbeitungsflächen. Jedoch große Anzahl von Paßflächen; Öffnen des Gehäuses erfordert zugleich Demontage des Läufers. Bild 139 zeigt als Beispiel eine *Kesselspeisepumpe*. Gegenüber der üblichen mehrstufigen Pumpe besonders kräftige stählerne Gehäuseringe und

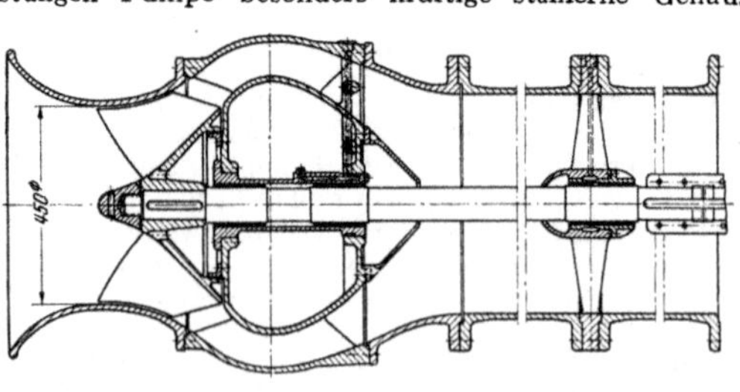

Bild 136. Rohrschraubenpumpe (KSB-Bestenbostel). 0,77 m³/sek, 8 m, 730 U/min

sorgfältige Abdichtung nach außen. Wegen der großen Förderhöhe ist auch die Abdichtung von Stufe zu Stufe wichtig, deshalb auf Radrückseite nicht am gleichen Durchmesser wie saugseitig, sondern möglichst weit innen. Achsschub-

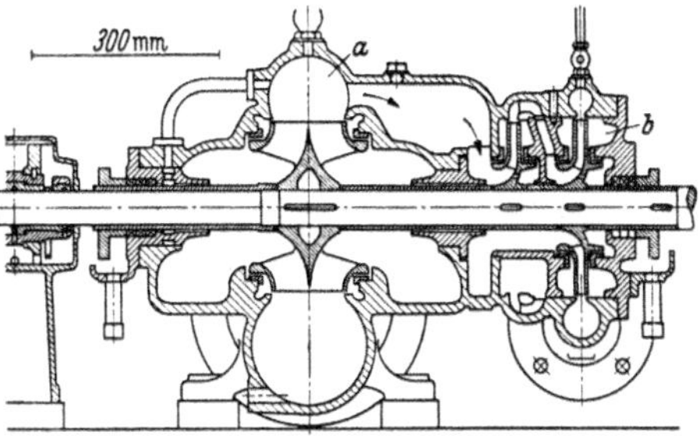

Bild 137: Kondensations-Pumpengruppe (Halberg, Ludwigshafen). Links doppelflutige Kühlwasserpumpe (180 lit/sek; 18,5 m; 1450 U/min). Rechts davon zwei- oder einstufige Strahlwasserpumpe *b*, aus Spirale *a* saugend. Noch weiter rechts (nicht abgebildet) Kondensatpumpe

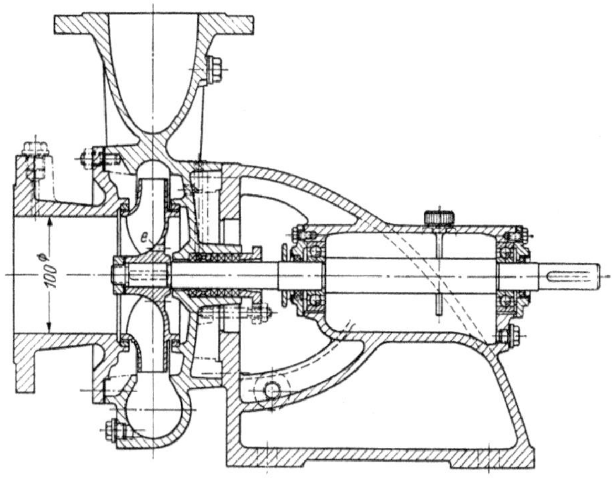

Bild 138

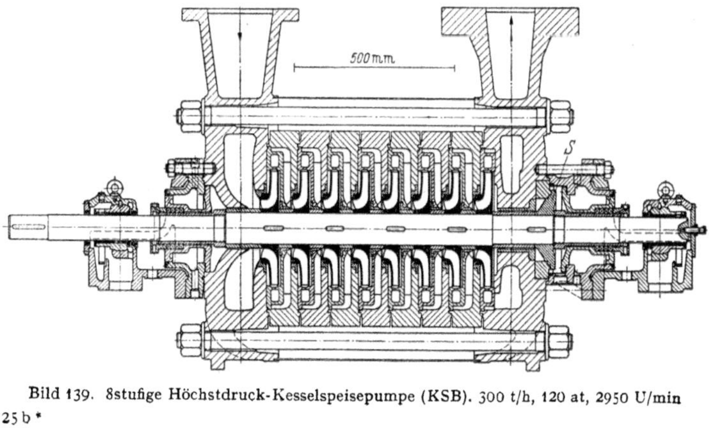

Bild 139. 8stufige Höchstdruck-Kesselspeisepumpe (KSB). 300 t/h, 120 at, 2950 U/min

ausgleich durch kräftige Entlastungsscheibe S (Bild 147). Solche Pumpen mit bis zu 15 Stufen für Drücke bis 300 atü (Sonderbauarten bis 400 atü). Der Leistungsbedarf für die Kesselspeisung setzt weiterer Drucksteigerung eine Grenze, deshalb guter Wirkungsgrad erforderlich.

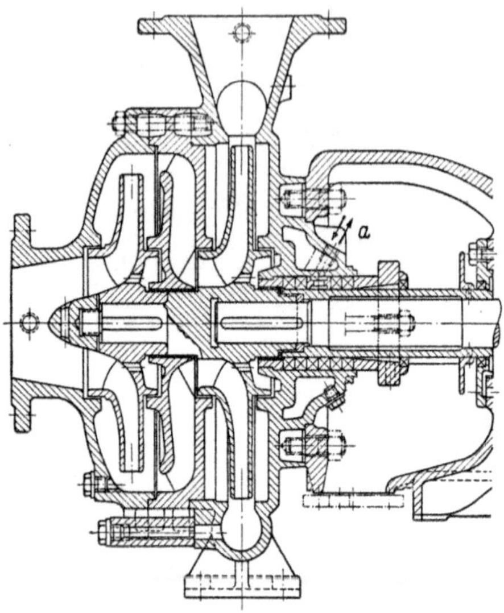

Bild 140. 2stufige Chemiepumpe (KSB-Amag-Hilpert). *a* Anschluß für Sperrflüssigkeit und Kühlwasser

Bei der Pumpe Bild 140 ist die erste feststehende Beschauflung, auf die das Wasser nach dem Austritt aus dem ersten Laufrad trifft, die nach innen gerichtete Umkehrschaufel. Billiger und gedrängter als die übliche Ausführung mit außen liegenden Leitapparaten, aber im allgemeinen nicht so hoher Wirkungsgrad. Durch fliegende Anordnung der Räder (auch schon für vier Stufen ausgeführt) wird saugseitige Stopfbuchse erspart und Zuströmung verbessert. Mit Rücksicht auf Lagerbelastung und kritische Drehzahl schwereres größeres Rad nur in der zweiten Stufe.

Die Pumpe Bild 141 hat waagerecht geteiltes Gehäuse und gegeneinander geschal-

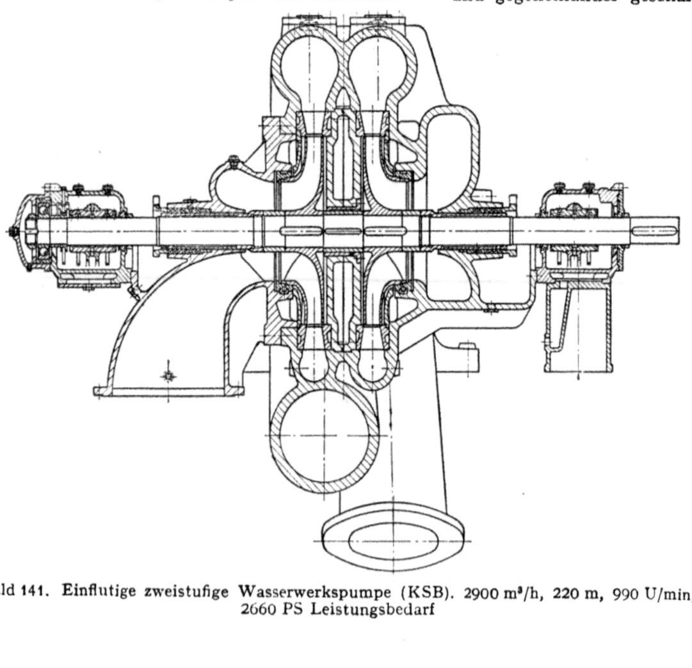

Bild 141. Einflutige zweistufige Wasserwerkspumpe (KSB). 2900 m³/h, 220 m, 990 U/min, 2660 PS Leistungsbedarf

tete Laufräder: entlastete HD-Stopfbuchse, guter Achsschubausgleich, keine Rückführschaufeln. Statt dessen am Gehäuse eingegossener Umführungskanal. Läufergewicht durch Gleitlager aufgenommen, axiale Fixierung durch ein Kugellager.

3. Sonderbauarten

a) Unterwasserpumpe[1], Bild 142 (Pleuger & Co., Hamburg), für 2500 lit/min und 24,5 m Förderhöhe bei 2800 U/min.

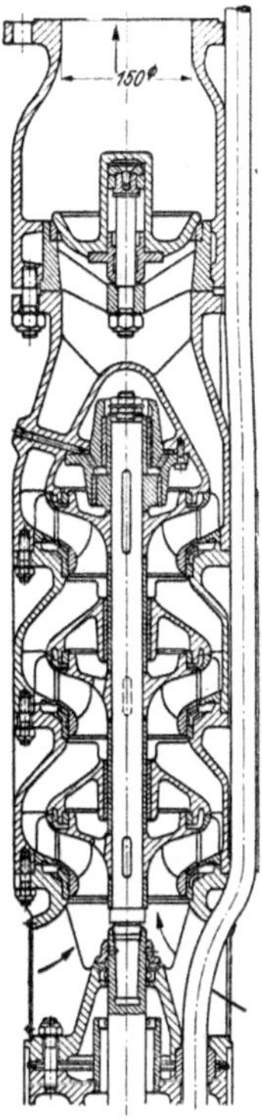

Bild 142

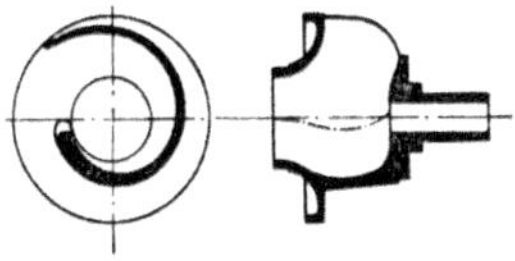
Bild 143

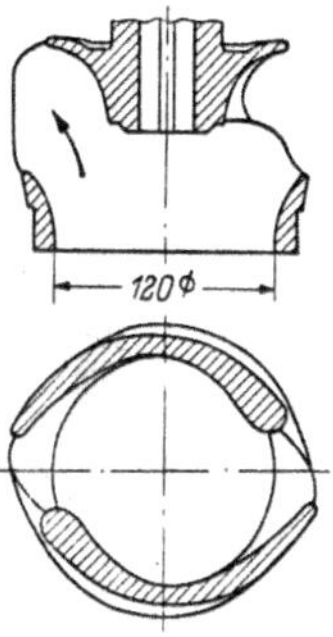

Bild 144

Erste Stufe sehr tief, daher keine Saugschwierigkeiten. Der Antriebsmotor mit wasserbeständiger Kunststoffisolierung läuft unterhalb der Pumpe in reinem Wasser, das vor Betriebsbeginn eingefüllt wird: Schonung der wassergeschmierten Lager. Wegen der kleinen Durchmesser gute Einbauverhältnisse und mäßige Radreibungsarbeit. Der Motor kann infolge besserer Kühlung stärker belastet werden und hat daher trotz Radreibung im Wasser den gleichen Wirkungsgrad wie ein in Luft arbeitender Motor.

b) Schmutzwasserpumpen[2] zur Förderung von Schlamm, Dickstoff, Schlacken oder, mit besonders großer Leistung, auf Saugbaggern. Wegen Abnutzung leicht auswechselbare Verschleißteile und verschleißfestes Material, wegen Verstopfungsgefahr weite Kanäle, wenig Schaufeln, oft nur ein Schaufelkanal (Bild 143, KSB-Amag-Hilpert). Bei dem Laufrad Bild 144 kaum noch radiale Erstreckung der beiden Schaufeln: „Glockenrad" (MAN Gustavsburg). Die Mitnahme im Laufrad und damit die Förderwirkung kommt z. T. durch Reibung zustande. Es ergeben sich hierbei stabile Kennlinien (S. 418) und Wirkungsgrade bis 80%. Das Fördergut wird geschont; z. B. können auch Fische gefördert werden. Die Schrägrotorpumpe Bild 145 (Hoelscher, Berlin) soll dagegen vom Wasser mitgeführte faserige Stoffe zerreißen. Förderung durch eine schräg mit Welle *a* rotierende (taumelnde) Scheibe *b*; sie ist außen mit sägeartigen Zacken versehen, die in entsprechenden Eindrehungen des Gehäuses laufen; Antriebseite *c* wie bei anderen einstufigen Pumpen.

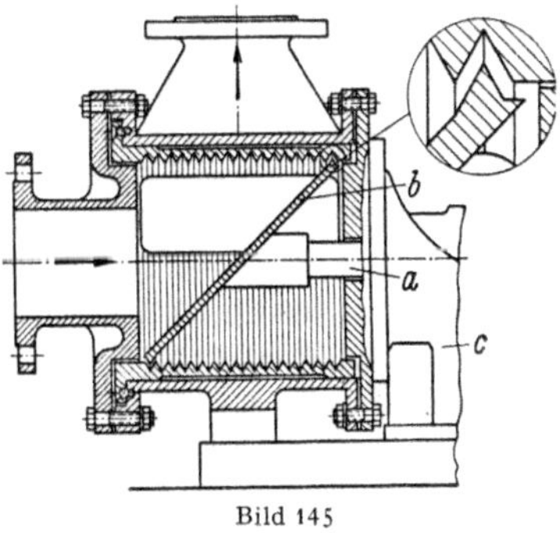

Bild 145

[1] *Schulz, W.*, u. *F. Punga:* Unterwasserpumpen. Berlin: VDI-Verlag 1944.
[2] *Rathsmann, E.:* Straßen- u. Tiefbau (1951) S. 234/37.

c) Chemiepumpen für chemisch angreifende Flüssigkeiten. Laufrad und Gehäuse ganz aus Steinzeug[1] oder korrosionsbeständigem Metall oder Überzüge von Gummi oder Hartblei. Sperrwasser-Stopfbuchsen verhindern den Austritt der Förderflüssigkeit[2], vgl. Bild 140. Bei Pumpen, wenn absolute Dichtheit nach außen nötig (Atomtechnik), entweder im Fördermedium liegender Motor, vgl. Maulwurfpumpe, S. 403, oder induktive Kupplung zwischen Pumpenwelle und außenliegendem Motor über eine dichtschließende Membran[3].

d) Selbstansaugende Pumpen können Luft ansaugen und fördern, also ein Vakuum herstellen und zusätzlich Druckluft liefern, z. B. für Druckkesselbetrieb von Hauswasserpumpen. Pumpwirkung durch einen im Gehäuse vom Laufrad in Umlauf versetzten Wasserring. Er kann entweder exzentrisch zum Laufrad liegen (z. B. Elmo-Pumpe, S. 254) oder durch seitliche Kanäle zum Teil aufgenommen werden[4], Bild 146.

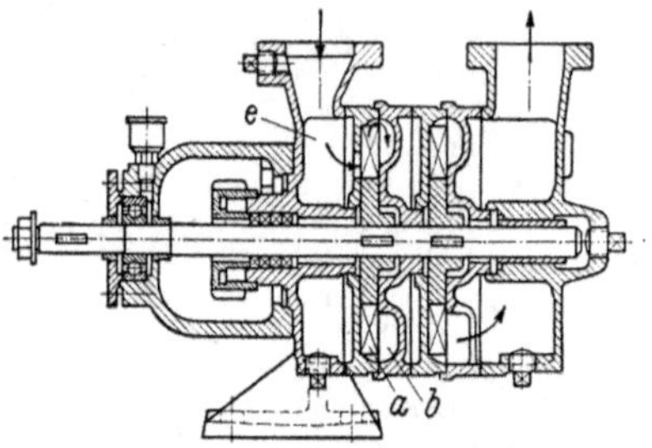

Bild 146. 2stufige Seitenkanalpumpe (Sihipumpe, Siemen & Hinsch, Itzehoe)

Bei *Flüssigkeitsförderung* arbeitet die Pumpe, ganz mit dem Fördermedium gefüllt, als mehrfach beaufschlagte Kreiselpumpe: das nur an einem kleinen Teil des Umfangs bei *e* eintretende Wasser wird vom Rad um fast eine Umdrehung mitgenommen, wobei es abwechselnd im Laufrad *a* nach außen (Fliehkraft) und im Seitenring *b* nach innen gedrängt wird. Durch mehrmalige Förderung ergibt sich eine hohe Druckzahl (bis $\psi = 4$). Im Seitenkanal Verbindung zwischen Gebieten verschiedenen Druckes. Rückströmen zwar durch Schleppwirkung des Rades verhindert, jedoch verringerter Wirkungsgrad ($\eta_{\max} \approx 50\%$). Infolge der partiellen und mehrfachen Beaufschlagung geringe Schnelläufigkeit; deshalb für kleine Mengen (bis herab zu 5 lit/min) brauchbar und normalen Kreiselpumpen gleichwertig. Maximal 2000 lit/min, 20 atü.

Zur *Luftförderung* (Betriebsbeginn) muß Flüssigkeit im Gehäuse vorhanden sein, deshalb Rohranschlüsse nach oben. Innerhalb des in Rotation versetzten Flüssigkeitsringes wird Luft mitgenommen; durch eine besondere Austrittsöffnung in Nabennähe wird sie nach der Druckleitung gedrückt.

Anwendungsgebiete: 1. kleine Leistungen, 2. zeitweise aussetzender Betrieb (Hauswasserversorgung), 3. erste Stufe einer mehrstufigen Pumpe (Feuerlöschpumpe), 4. Entlüftung größerer Pumpengehäuse.

4. Konstruktive Einzelheiten

a) Läufer. Laufrad gewöhnlich in einem Stück aus Gußeisen, Stahlguß oder Bronze, seltener gefräste Laufkanäle mit aufgesetztem Deckel. Welle zwischen Laufrädern und in den Stopfbuchsen oft durch aufgezogene Buchsen geschützt. Flüssigkeit darf die Welle nicht berühren wegen Herabsetzung der Dauerfestigkeit durch Korrosion. Anfressungen durch Kavitation, chemischen Angriff (auch bei Speisewasser) und Schleifwirkung, besonders an Stellen hoher Geschwindigkeit möglich (Laufrad, Dichtspalte). Abhilfe: Materialauswahl, Panzerung, leichte Auswechselbarkeit der gefährdeten Teile.

b) Lager jeder Art kommen bei Pumpen vor: Gleitlager mit Fettschmierung (auch bei im Wasser liegenden Lagern) für niedrige Belastung und Gleitgeschwin-

[1] *Klein, W.:* VDI-Z. Bd. 87 (1943) S. 84/85.
[2] Sog. stopfbuchslose Pumpe vgl. *Trapp, K.*, VDI-Z. Bd. 85 (1941) S. 870.
[3] Engineering v. 17. 10. 1952 S. 511.
[4] *Ritter, C.:* Über selbstansaugende Kreiselpumpen. Leipzig: M. Jänecke 1930.

digkeit; mit Ringschmierung oder besonderer Druckschmierung für hohe Geschwindigkeiten, Belastungen und Temperaturen (gleichzeitig Kühlung warmer Pumpenwellen durch Öl). Eine Besonderheit sind wassergeschmierte Gleitlager: Keine Verunreinigung des Wassers durch Fett; Lagerschalen aus Kunststoff, Metall oder Gummi. Wälzlager haben geringes Spiel; daher genauer Einbau nötig; für Längslager Spiel etwas größer als für Traglager. Werden Wälz- und Gleitlager zugleich verwendet, so muß beachtet werden, daß das Gleitlager i. allg. größeres Spiel verlangt. Das Spiel in den Dichtspalten muß größer sein als das Lagerspiel, auch bei jeder Wärmedehnung von Gehäuse, Lagern und Antriebsmaschine.

Auch wenn Axialschub wie bei Bild 137, 138 oder 141 ausgeglichen, sind Längslager zur Aufnahme von Differenzdrücken und zur axialen Festlegung notwendig.

Bei Anordnungen wie Bild 139 Ausgleichscheibe S in besonderer Kammer auf Druckseite der Pumpe (Bild 147); Drosselspalt a an Welle, b an Scheibe; $p_a > p_b$, deshalb Schub von links nach rechts, entgegengesetzt dem der Laufräder. Bei Ansteigen des Laufradschubes verschiebt sich die Welle mit Scheibe S nach links; durch Spaltverkleinerung bei b Druckänderung und wieder Gleichgewicht. Wegen Selbsteinstellung der Welle kein Drucklager. Zusätzlicher Spaltverlust 2 bis 3%.

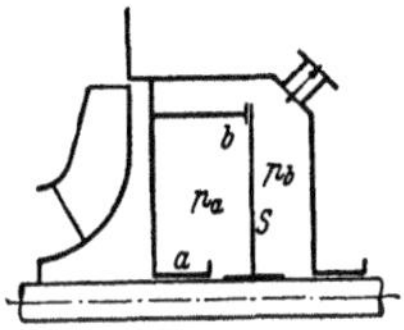

Bild 147

c) Gehäuse fast stets aus Guß (Eisen, Stahl, Bronze). Gehäusefixierung bei Heißwasserpumpen ähnlich wie bei Dampfturbinen. *Dichtung* am Wellendurchgang nach außen gewöhnlich durch Stopfbuchsen (vgl. S. 325/26 u. Bd. I, S. 786), die leicht tropfen sollen, wenn sie richtig angezogen sind.

B. Verdichter

Literatur: 1. *Eckert, B.:* Axialkompressoren und Radialkompressoren. Berlin: Springer 1953. — 2. *Kluge, Fr.:* Kreiselverdichter. Berlin: Springer 1953. — 3. *Eck, B.:* Ventilatoren. 3. Aufl. Berlin: Springer 1957. — 4. *Back, P.:* Ventilatoren, Halle: VEB-Verl. 1955. — 5. *Mode, F.:* Ventilatoranlagen. Berlin: W. de Gruyter 1957. — 6. Lit. 3 u. 4 S. 392, Lit. 3 S. 374 — 7. Fachheft Ventilatoren, Heizg., Lüftg., Haustechn. Bd. 8 (1957) S. 297/325. — 8. *Marcinowski, H.:* Einstufige Turboverdichter. Chemie-Ing.-Techn. Bd. 31 (1959) S. 237/47.

Einteilung nach der Förderhöhe in 1. Ventilatoren (Druckerhöhungen bis ≈ 100 mm WS), 2. Gebläse (meist einstufige Verdichter mittlerer Förderhöhe) und 3. Kompressoren (vielstufige Verdichter großer Förderhöhe).

1. Ventilatoren

Spez. Drehzahl $n_q = 15$ bis 300, vgl. die Laufradskizzen Bild 148. Auch die Größenverhältnisse sind sehr verschieden.[1] Im Bergbau fördern Grubenventilatoren bis ≈ 200000 m³/h. Hier sind die Wirkungsgrade gut (bis 88%), sonst zuweilen unbefriedigend. Bild 149 zeigt oben eine noch übliche Ventilatorausführung

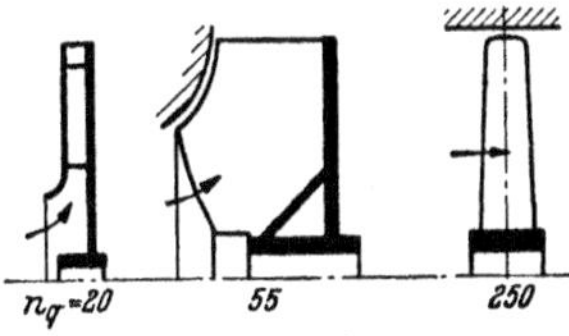

Bild 148

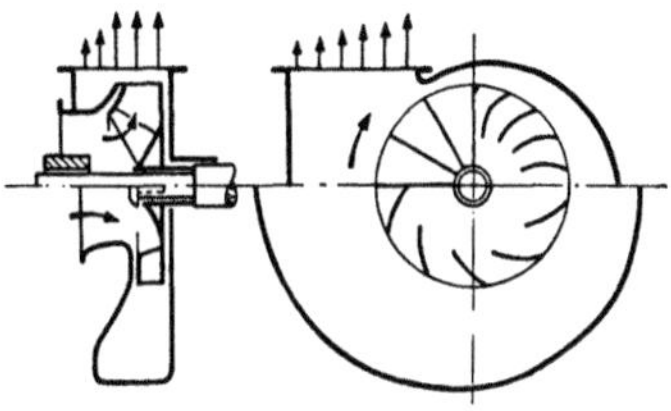
Bild 149

mittlerer Schnelläufigkeit: Einlauf ev. durch Lagerkörper gestört und häufig zu eng. Bei der gekrümmten Schaufel zu starke Umlenkung, bei der geraden Eintrittsstoß. Wenn Radabdeckung fortgelassen wird, Spaltverlust. Gehäuse zu geringer radialer Erstreckung ergibt schlechte Druckumsetzung und ungleichmäßige Geschwindigkeitsverteilung am Austritt. Bild 149 unten: Schaufeln für höheres

n_q und niedrigere Druckziffer ψ (Tragflügelprofile oder schwach gekrümmte Bleche) ergeben in Kombination mit weitem Gehäuse gute Wirkungsgrade. Für die Benutzer ebenso wichtig sind die anderen Eigenschaften: 1. Billige Herstellung. Meist Gehäuse und Rad aus Blech genietet oder geschweißt ohne große Präzision. Zwecks Ersparnis eigener Lagerung Laufrad häufig auf den Wellenstumpf des antreibenden Elektromotors fliegend aufgesetzt. 2. Bequeme Einbauverhältnisse: kleine Außenabmessungen; Spirale zur Anpassung an die Rohrleitungen möglichst verdrehbar. 3. Keine zu starke Geräuschentwicklung. 4. Wichtigster Punkt: Richtige Abstimmung auf die vorhandenen Strömungswiderstände. Die Förderhöhe H der Ventilatoren dient zum Erzeugen von Geschwindigkeitsenergie und zum Überwinden von Widerständen (gerade Rohrstücke, Umlenkungen usw.). Alle Widerstandsanteile eines Luftleitungssystems sind praktisch proportional dem Quadrat der Durchflußgeschwindigkeit. Deshalb ist bei gegebener Luftführung auch die gesamte Förderhöhe proportional dem Quadrat des Volumens. Die gleiche Gesetzmäßigkeit gilt für die Strömungsmaschine bei Drehzahländerung (S. 418); die Geschwindigkeitsdreiecke bleiben hierbei ähnlich und die Wirkungsgrade nahezu unverändert. Durch Drehzahlregelung des Ventilators kann man daher zwar das geförderte Volumen beeinflussen, nicht aber die gegenseitige Abstimmung zwischen Ventilator und Leitung korrigieren. Die Widerstände lassen sich an Hand der Unterlagen von Bd. I, Abschn. Strömungslehre, S. 291, berechnen; es ist jedoch besser, sie in einem Versuch, ev. mit verkleinerten Mengen zu messen: bei unzweckmäßig gewähltem Ventilator ist der gute Wirkungsgrad wertlos. Deshalb 5. wichtige Eigenschaft: Unempfindlichkeit gegen Betriebspunktänderungen (flache Wirkungsgradkurve). Mit einer Änderung der Widerstände im Lauf der Zeit muß oft gerechnet werden, z. B. in Leitungen Verengung durch Staubansatz; bei Bergwerken Erweiterung durch Stollenausbau. Kennzeichnende grundsätzlich gleichwertige Größen für das Widerstandssystem sind das auf S. 338 erwähnte Temperament $Q/\sqrt{H}$ und der Querschnitt F einer Öffnung, welche bei gleichem Durchflußvolumen Q den gleichen Widerstand bietet: $F = Q/(\alpha\sqrt{2g\Delta p/\gamma})$ („äquivalente Weite"). Im Bergbau pflegt man zur Ermittlung der „Grubenweite" $\alpha = 0{,}65$ (scharfkantige Öffnung bei mittlerem Re) und $\gamma = 1{,}2$ kg/m³ zu setzen. Bei $\alpha = 1$ „gleichwertige Düse".

Anwendung der Ventilatoren: Lüftung von Arbeits- und Versammlungsräumen, Bergwerken, Tunneln, Schiffen und Fahrzeugen. Absaugen von Abgasen (Saugzuggebläse, Exhaustoren), Gasen, staubhaltiger Luft. Luftbewegung im Zusammenhang mit Trocknung und Kühlung sowie bei Klimaanlagen. Auf die eigentlichen Fragen der Ventilation kann hier nur hingewiesen werden: Ermittlung des Luftbedarfes, Anordnung und Abmessungen der Einblase- bzw. Absaugeöffnungen in Räumen; Einblasen oder Absaugen, Klimatisierung (Temperatur und Feuchtigkeit). Vgl. DIN 1946, Lüftungstechnische Anlagen.

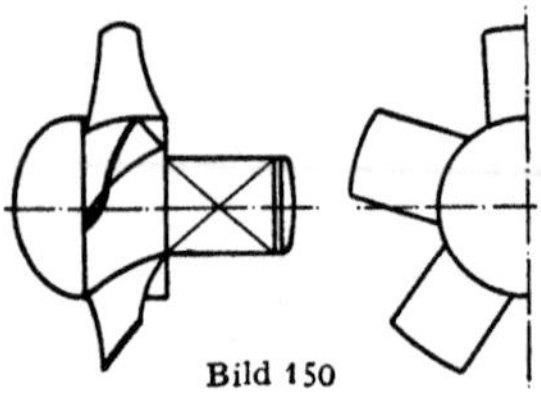
Bild 150

Bild 150. Axialventilator für Wandeinbau (SSW); Laufraddmr. von 400 bis 700 mm, Antriebmotor hat kleineren Außendmr. als die Radnabe. Strömungsgünstige Gestaltung ergibt bei mäßiger Umfangsgeschwindigkeit (bis 30 m/sek) fast geräuschlosen Lauf. Nicht ummantelte Axialventilatoren haben — wie Windturbinen und Propeller — abgerundete, schwach belastete Flügelenden zur Verringerung des induzierten Widerstands.

2. Gebläse

Für Druckverhältnisse bis 3, versuchsweise 6, als Radialmaschinen meist noch einstufig ausgeführt.

Bauarten, durch Verwendungszweck bedingt:

1. Hilfsmaschine für Verbrennungsmotoren, und zwar

a) für Spülung der Zylinder und Luftlieferung bei großen Zweitaktmotoren. Antrieb hierbei durch (α) fremde Kraftquelle (Elektromotor) oder (β) über Getriebe von Kurbelwelle aus; auch bei (β) muß an umsteuerbaren Schiffsmotoren das Gebläse für Rückwärtsfahrt noch genügend fördern, was durch besondere konstruktive Maßnahmen erreicht werden kann[1].

b) Aufladung von Zwei- und Viertaktmotoren, wobei Antrieb vorzugsweise durch Abgasturbine (γ), vgl. S. 379. Häufig auch Kombination von a) und b), mehrstufige Verdichtung in zwei Gehäusen sowie Kombination der Antriebsmöglichkeiten (α) bzw. (β) und (γ).

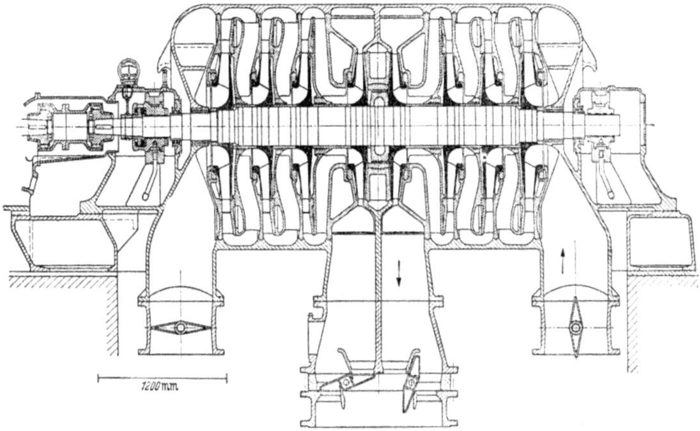

Bild 151. Hochofengebläse (GHH). 96600 m³/h, 2,2 ata, 3500 U/min

Laufrad der Spül- und Aufladegebläse vorwiegend gemäß Bild 47: Entweder mit ebenen Schaufeln hergestellt, die am Einlauf abgebogen werden, oder Aufteilung in eigentliches Laufrad (aus einem Stück im Gesenk geschmiedet oder gefräst) und „Vorsatzläufer" (kopiergefräst), auch gegossen; Werkstoff meist Leichtmetall. Gehäuseform ähnlich einstufigen Pumpen, je nach n_q mit oder ohne Austrittleitschaufeln; Spirale auch mit mehreren Stutzen am Umfang, wenn am Motor mehrere Luftleitungen vorhanden sind.

2. Luftlieferung bei Kupolöfen (bis 2000 mm WS) und Hochöfen (bis 2,5 ata).

3. Durchblasen der Bessemer- und Thomasbirnen in Stahlwerken.

Das zweiflutige Hochofengebläse, Bild 151, unterscheidet sich von den eigentlichen Kompressoren durch niedrigeres Druckverhältnis und durch Fehlen von Zwischenkühlern. Bei verringertem Luftbedarf wird links die Saugleitung verschlossen und der Austrittsstutzen mit der Atmosphäre verbunden. Die linke Seite läuft dann, gekühlt durch einen kleinen Undichtheitsstrom, im selbsterzeugten Unterdruck und benötigt dabei nur wenig Leistung. Steile und stabile Kennlinie (S. 418) ist hier wichtig; bei Nullförderung (Ofenverstopfung) muß Druck zum Freiblasen hoch sein. Deshalb für Kupolöfen auch Vielzellen- oder Rootsgebläse (S. 252).

3. Vielstufige Verdichter, Kompressoren

a) Axialkompressoren[2] für Gasturbinen (Bild 118) und Hochofenanlagen, da für große Mengen geeignet. Schaufelprofile nach Bild 29 und 37 oder, für Reaktionsgrad 0,5, Bild 152. Konstruktive Ausbildung ähnlich Dampfturbinen. Unterschiede: 1. Bei Dampfturbinen starke Zunahme der radialen Schaufellänge, hier Längenabnahme nur schwach, höchstens im Verhältnis 1 : 4 von der ersten bis zur letzten Stufe. 2. Druckverhältnis je Stufe nur klein, etwa 1,05 bis 1,3,

---

[1] *Thoman, E.:* VDI-Z. Bd. 86 (1944) S. 115.

[2] *Focke, R. J.:* Die theoretischen Grundlagen vielstufiger Axialkompressoren. Konstruktion Bd. 1 (1949) S. 193/202, 243/49, 279/83 u. Nachtrag Bd. 2 (1950) S. 273/74. — *Horlock, J. H.:* Axial Flow Compressors. London: Butterworths 1958.

daher nur schwach gekrümmte Laufschaufelprofile. 3. In den ersten Stufen, bis ein Druckverhältnis von etwa 1,5 erreicht ist, können die Schaufeln der niedrigen Temperatur wegen aus Leichtmetall sein. 4. Richtige Verwindung der Schaufeln zur Berücksichtigung der außen und innen verschiedenen Umfangsgeschwindigkeit ist hier besonders wichtig. 5. Das Verhältnis von Läuferlänge zu Läuferdurchmesser ist meist so groß, wie mit Rücksicht auf kritische Drehzahl zulässig. 6. Da verhältnismäßig hohe Durchflußkomponente der Geschwindigkeit, von Ein- bis Austritt sehr sorgfältig durchgebildeter Kanalverlauf (keine Unstetigkeiten, keine zu starken Umlenkungen und Erweiterungen). Erreichbar sind innere Stufenwirkungsgrade von 92%.

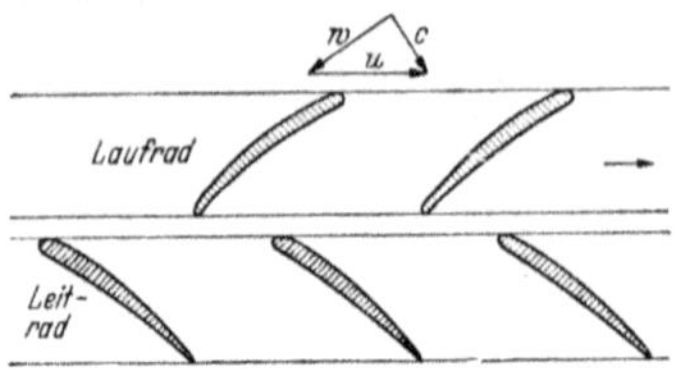

Bild 152

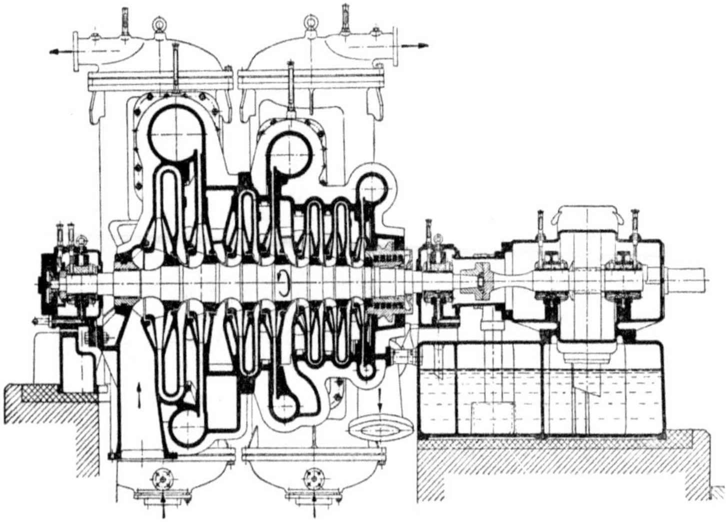

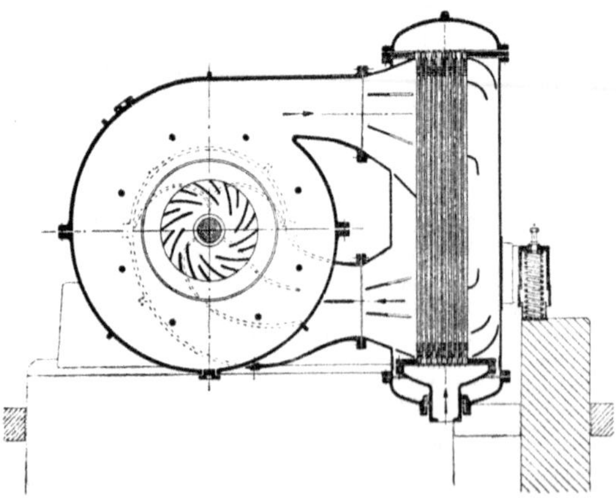

Bild 153. Radialkompressor zur Verdichtung auf 8 ata (Escher-Wyss). Zwischenkühlung nach der 2. und 4. Stufe. Keine Austrittsleitschaufeln, daher flache Kennlinien und η-Kurven sowie geringere Pumpgefahr (S. 418)

b) Radialkompressoren ähneln im Aufbau den mehrstufigen Pumpen. Unterschiede: Infolge Luftzusammendrückung werden die Stufen nach hinten enger. Hinter dem Laufrad größerer Abstand zum Nachleitrad (Bild 156) oder schaufelloser Ringraum größerer radialer Erstreckung, was breiten Betriebsbereich und flache Kennlinien sowie geringeres Geräusch, aber etwas niedrigeren Optimalwirkungsgrad ergibt. Bei Radialkompressoren meist überkritischer Betrieb („weiche" Welle). Organe für Axialschubausgleich und Lagerung wie bei Dampfturbinen. Meist größere Baueinheiten als bei Pumpen: Fördervolumina von 0,1 m³/sek (am Austritt) sind die untere Grenze (bei Axialkompressoren $\approx 0{,}5$ m³/ /sek). Darunter wird wegen kleiner n_q und niedriger Re-Zahlen der Wirkungsgrad zu schlecht. Größtes vorkommendes Ansaugvolumen ≈ 50 m³/sek; darüber hinaus zweiflutige Anordnung nötig. Zur Verringerung der Antriebsleistung wird die beim Verdichten erhitzte Luft bei Druckverhältnissen > 3 meist gekühlt. Die früher angewendete Kühlung der Gehäusewände und Leitapparate („Innenkühlung") ist nicht so wirksam wie die heute in Europa bevorzugte Außenkühlung, Bild 153. Die Luft wird je nach Druckverhältnis 1- bis 5mal aus dem Verdichtergehäuse in Kühler geleitet; diese enthalten meist außen von Luft umströmte, innen von Wasser durchflossene Bündel von glatten oder verrippten Rohren. Berechnung der Kühlwassermenge auf Grund der Wärmebilanz, der Kühlfläche aus den Wärmeübergangszahlen. Antrieb bei < 4000 PS durch Elektromotoren (meist mit $n = 1500$), darüber hinaus (ab 8000 PS ausschließlich) durch Dampfturbinen. Sie verlangen die gleiche hohe Drehzahl (je nach Baugröße 3000 bis 12000 U/min). Regelungsmöglichkeit durch Drehzahlverstellung. Bei Antrieb durch Motoren gewöhnlich Getriebeübersetzung ins Schnelle und Saugdrosselregelung oder Leitschaufelverstellung. Laufräder vorwiegend mit rückwärts geneigten Schaufeln ($\beta_5 < 90°$) und Deckscheibe, Bild 23 und 57, ev. mit geraden Schaufeln, Bild 47. Schaufeln und Scheiben im Gegensatz zu Pumpen nur selten aus einem Stück (Leichtmetall- oder Stahlguß); meist zusammengenietet; Radscheiben dann aus hochwertigem SM- oder Ni-Stahl. Bild 154: Schaufelbefestigung durch Nieten: Z- und U-Form mit kurzen Nieten. Stärkere Schaufeln mit durchgehenden Nieten: keine Nietköpfe im Luftweg. Auch Schaufeln und Nietzapfen als ein Stück aus dem Vollen gefräst. Ungefähre Schnelläufigkeit n_q bei Kompressoren: Axial erste Stufe 100 bis 250, letzte Stufe 50 bis 100. Radial erste Stufe 20 bis 50, letzte Stufe 10 bis 20.

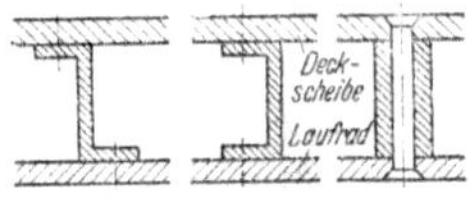

Bild 154. Drei Teilschnitte senkrecht zu angenieteten Radiallaufschaufeln

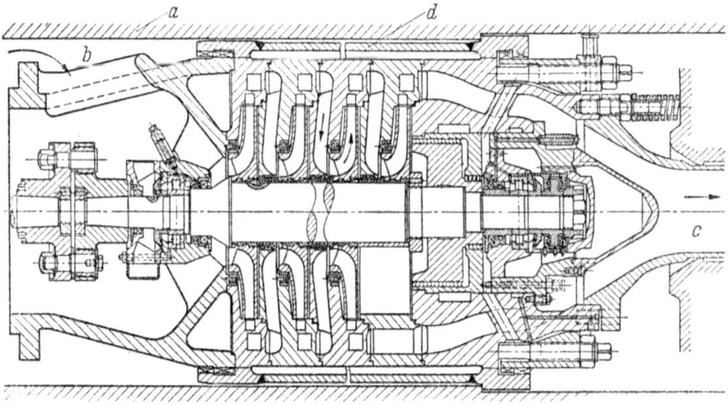

Bild 155. Sonderverdichter „Maulwurfspumpe", Längsschnitt (mehrere Stufen fortgelassen) Gasförderung von b nach c

Anwendungsgebiete der Radialkompressoren: Vorwiegend Druckluftversorgung in Gruben und Fabriken, hierbei gewöhnlich Verdichtung auf ≈ 8 ata. Absaugen und Verdichten von Gasen in der chemischen Industrie.

Bild 155 zeigt einen von GHH (mit SSW und BASF) entwickelten Sonderverdichter für die chemische Industrie. Er verdichtet bei der Ammoniaksynthese ein bereits unter hohem Druck stehendes Stickstoff-Wasserstoffgemisch. Der dickwandige Stahlmantel a nimmt den Überdruck gegenüber der Atmosphäre auf und umfaßt nicht nur den Verdichter, sondern auch den nicht abgebildeten elektrischen Antriebsmotor. Das innere Verdichtergehäuse d hat nur den Förderdruck auszuhalten. Der Motor läuft unter hohem Druck in einer ständig durch Zufuhr geringer Mengen erneuerten Schutzgasatmosphäre (z. B. H_2). Wie das Bild rechts unten zeigt, kann man ohne Gehäuseänderung auch Stufen weglassen: Anpassung an verschiedene Betriebsverhältnisse.

4. Berechnung eines Turbokompressors

Ein Turbokompressor soll 10000 Nm³/h Luft[1] von 720 mm absolutem Druck, 15 °C, auf 8 ata verdichten. Drehzahl frei wählbar, da Antrieb durch neu zu erbauende Dampfturbine vorgesehen. Kühlwasser von 15 °C steht zur Verfügung.

Erster Berechnungsschritt[2]. Der Druckabfall durch Geschwindigkeitserzeugung, saugseitiges Luftfilter, Ventile und Leitungen braucht bei Ermittlung der Förderhöhe nicht berücksichtigt zu werden, da die angegebenen Drücke im Ein- und Austrittsstutzen der Maschine vorhanden sein sollen.

Gesamtförderhöhe (s. S. 344 u. 297):

$$H_{\text{ad}_{\text{ges}}} = T_a R \frac{\varkappa}{\varkappa - 1} \left[(p_e/p_a)^{\frac{\varkappa-1}{\varkappa}} - 1 \right] + (c_e^2 - c_a^2)/2g\,.$$

c_e sei gleich c_a. Ferner ist $p_a = 720/735{,}5 = 0{,}98$ ata.

$$H_{\text{ad}_{\text{ges}}} = 288 \cdot 29{,}3 \cdot 3{,}5\,[(8/0{,}98)^{1/3{,}5} - 1] = 288 \cdot 102{,}6\,[0{,}821] = 24270 \text{ m}\,.$$

$$H_{\text{is}_{\text{ges}}} = 288 \cdot 29{,}3 \ln (8/0{,}98) = 17740 \text{ m}\,.$$

Zweiter Berechnungsschritt. Luftgewicht: $G = 10\,000 \cdot 1{,}291/3600 = 3{,}59$ **kg/sek.**

Dritter und fünfter Berechnungsschritt. Erste Stufe und Drehzahlfestlegung.

Damit die hinteren Stufen nicht zu ungünstig arbeiten, wird die Drehzahl so hoch gewählt wie für die erste Stufe möglich, weshalb zunächst das erste Laufrad behandelt wird. Mit Rücksicht auf die Zentrifugalbeanspruchung der Deckscheibe soll die Umfangsgeschwindigkeit maximal 240 m/sek und das Durchmesserverhältnis (vgl. Bild 133) D_5/D_e mindestens 2,1 sein. Bei einer Druckzahl $\psi = 1{,}26$, die mit dem für Kompressoren günstigen Austrittswinkel $\beta_5 \approx 50°$ erreichbar ist, wird die Förderhöhe des ersten Rades:

$$H_{\text{ad}_1} = 1{,}26 \cdot 240^2/19{,}62 = 3700 \text{ m Luftsäule.}$$

Zur Erzielung kleiner Radabmessungen wird die Einlaufkennzahl mit $\varepsilon = 0{,}266$ (vgl. S. 341) verhältnismäßig hoch gewählt. Somit ist die Saugmundgeschwindigkeit:

$$c_s = 0{,}266 \sqrt{19{,}62 \cdot 3700} = 71{,}8 \text{ m/sek.}$$

Da im Saugstutzen des Kompressors eine niedrigere Geschwindigkeit von beispielsweise 40 m/sek vorhanden ist, tritt bis zum Radeinlauf ein Druck- und Temperaturabfall ein, was bei Ermittlung des Ansaugvolumens zu berücksichtigen ist. Sind 30% Einströmverluste vorhanden, so ergibt sich:

$$\Delta P = 1{,}3\,\gamma_a \frac{c_s^2 - c_a^2}{2g} = \frac{1{,}3 \cdot 9800}{29{,}3 \cdot 288} \cdot \frac{71{,}8^2 - 40^2}{19{,}62} = 273 \text{ kg/m}^2\,;$$

$$\Delta t = \frac{(c_s^2 - c_a^2)(\varkappa - 1)}{2g R \varkappa} = \frac{71{,}8^2 - 40^2}{19{,}62 \cdot 102{,}6} = 1{,}8 \text{ grd}\,; \quad \gamma_s = \frac{9800 - 273}{29{,}3\,(288 - 1{,}8)} = 1{,}136 \text{ kg/m}^3.$$

$$Q_s = 3{,}59/1{,}136 = 3{,}16 \text{ m}^3/\text{sek.}$$

$$\text{Saugmundquerschnitt: } F = Q_s/c_s = 3{,}16/71{,}8 = 0{,}044 \text{ m}^2 = \frac{\pi}{4}(D_e^2 - d^2).$$

Wird mit Rücksicht auf kritische Drehzahl und Laufradfestigkeit ein Nabendurchmesser $d = 13$ cm festgelegt, so ergibt sich $\quad D_e = \sqrt{440 \cdot 4/\pi + 13^2} = 27$ cm.

Laufraddurchmesser und Drehzahl gemäß Voraussetzung:

$D_5 = 2{,}1 \cdot 27 = 56{,}7 \approx$ **57 cm** $\qquad n = 60\,u_5/D_5\,\pi = 60 \cdot 240/0{,}57\,\pi =$ **8050 U/min.**

---

[1] Nm³, Normkubikmeter, ist auf 760 mm QS und 0 °C bezogen, entsprechend $\gamma = 1{,}291$ kg/m³ bei Luft.

[2] Wegen der *Berechnungsschritte* vgl. S. 344.

Da die bisherigen Rechenannahmen in gewissen Grenzen wandelbar sind, kann gegebenenfalls auf Wunsch des Turbinenbauers die Drehzahl noch geändert werden. Spez. Drehzahl der ersten Stufe:

$$n_q = \frac{8050}{\sqrt{3700}} \sqrt{\frac{3{,}16}{\sqrt{3700}}} = 30{,}2 \text{ U/min.}$$

Hierfür ist nach S. 341 die zweckmäßige Einlaufkennzahl: $\varepsilon = 0{,}1$ bis $0{,}3$; der oben eingesetzte Wert 0,266 ist hoch, also den Verhältnissen der ersten Stufe angemessen.

Zustandsberechnung und Förderhöhenaufteilung. Druckverhältnis der ersten Stufe gemäß Adiabatengleichung:

$$p/p_s = \left(\frac{H_{\text{ad}_1}}{R\,T_s} \; \frac{\varkappa - 1}{\varkappa} + 1\right)^{\frac{\varkappa}{\varkappa - 1}} = [3700/(102{,}6 \cdot 286{,}2) + 1]^{3{,}5} = 1{,}515.$$

Mit $\eta_i = 0{,}80$ ist hierbei der Temperaturanstieg:

$$\Delta t = H_{\text{ad}_1} A/(c_p\, \eta_i) = 3700/(102{,}6 \cdot 0{,}80) = 45{,}1 \text{ grd}.$$

Zustandswerte und Ansaugvolumen vor der *zweiten Stufe*:

$$p = 1{,}515\,(0{,}980 - 0{,}0273) = 1{,}515 \cdot 0{,}953 = 1{,}445 \text{ ata}; \quad T = 286{,}2 + 45{,}1 = 331{,}3\,^\circ\text{K};$$

$$\gamma = 14450/(29{,}3 \cdot 331{,}3) = 1{,}487 \text{ kg/m}^3; \qquad Q = 3{,}59/1{,}487 = 2{,}41 \text{ m}^3\text{/sek}.$$

In der Mitte stärkere Welle hat günstigere Festigkeit; daher Heraufsetzung des Nabendurchmessers gegenüber Stufe 1 auf $d = 14$ cm. Bei gleicher Zuströmgeschwindigkeit ist der Eintrittsquerschnitt:

$$(D_e^2 - d^2)\pi/4 = 2{,}41/71{,}8, \text{ woraus sich } D_e = 25 \text{ cm ergibt.}$$

Sechster Berechnungsschritt. Durch sinngemäße Fortsetzung der Rechnung erhält man die in Zahlentafel 9 für alle Stufen zusammengestellten Werte. Nach Stufe 2 und 5 wird in einem Kühler K_1 bzw. K_2 auf 303 °K rückgekühlt. Infolge der Strömungswiderstände des Kühlers tritt ein Druckabfall ein, der bei gleichen Kühlerabmessungen reziprok dem spez. Gew. der eintretenden Luft ist und für K_1 zu 600 kg/m² geschätzt wurde. Die spez. Drehzahlen nehmen infolge Volumenverkleinerung nach hinten ab, obgleich dieser ungünstigen Tendenz durch Verkleinerung der Laufraddurchmesser, Umfangsgeschwindigkeiten und Stufenförderhöhen entgegengewirkt wird. Die Stufenwirkungsgrade werden daher nach hinten zu schlechter, die Radreibungsverluste infolge der geringeren Radbreiten und die Beschauflungsverluste infolge der engeren Schaufelkanäle relativ größer. Aus dem zuletzt genannten Grund verringern sich auch die Druckzahlen.

Bei der Förderhöhenaufteilung auf die einzelnen Stufen sind noch zwei weitere Bedingungen zu erfüllen: erstens sollen die Kühler so eingereiht sein, daß die Antriebsleistung ein Minimum wird. Zweitens muß der verlangte Enddruck nach der letzten Stufe mit hinreichender Genauigkeit erreicht werden. Man kann das gesteckte Ziel durch Probieren erreichen; bei gleichen Verdichtungsendtemperaturen oder gleichen Druckverhältnissen der drei Stufengruppen ist man vom Optimum nicht allzu weit entfernt. Für die drei letzten Stufen rechnet man zweckmäßigerweise zunächst die Gesamtförderhöhe zwischen Austritt von K_2 und Enddruck aus. Division durch 3 und Multiplikation mit dem zu $\approx 1{,}02$ geschätzten Beiwert für die Vergrößerung der Stufenförderhöhe durch Erwärmung (Bild 12) ergibt dann die mittlere Stufenförderhöhe. — Man kann ebenso wie bei Dampfturbinen den Zustandsverlauf auch im *i,s*-Diagramm festlegen.

Elfter Berechnungsschritt. Die adiabatische Nutzleistung N_{ad} der einzelnen Stufen ist $H_{\text{ad}}\,G/75 = H_{\text{ad}}/20{,}9$ PS, die innere Leistungsaufnahme $N_i = N_{\text{ad}}/\eta_i$. Für alle Stufen

Zahlentafel 9. *Zustands- und Betriebswerte, Rad-Dmr. der einzelnen Stufen*

Stufe	1	2	(K_1)	3	4	5	(K_2)	6	7	8	(Ende)
p_s ata	0,953	1,445	2,02	1,96	2,62	3,4	4,3	4,27	5,37	6,62	8,0
T_s °K	286,2	331,3	376,6	303	336,5	370,2	404	303	330,3	357,5	385,1
γ_s kg/m³	1,136	1,487	1,83	2,218	2,658	3,133	3,632	4,81	5,55	6,32	7,08
Q_s m³/sek	3,16	2,41	1,961	1,62	1,351	1,145	0,988	0,746	0,646	0,568	0,507
D_5 (gewählt) cm	57,0	57,0		49,0	49,0	49,0		45,5	45,5	45,5	
u_5 m/sek	240	240		206,9	206,9	206,9		191,6	191,6	191,6	
ψ (geschätzt)	1,26	1,25		1,23	1,22	1,21		1,14	1,13	1,12	
H_{ad} m	3700	3670		2685	2665	2640		2100	2080	2050	
n_q U/min	30,2	26,5		27,5	25,2	23,4		22,9	20,9	19,7	
η_i (geschätzt)	0,80	0,79		0,78	0,77	0,76		0,75	0,74	0,73	
$H_{\text{ad}}/(102{,}6\,T_s)$	0,1258	0,1008		0,0863	0,0772	0,0694		0,0675	0,0613	0,0558	
p_s nächst$/p_s$	1,515	1,431		1,336	1,2973	1,2648		1,257	1,2313	1,2091	
Δt grd	45,1	45,2		33,5	33,7	33,8		27,3	27,4	27,4	
N_{ad} PS	177	175,6		128,5	127,5	126,4		102	101	100	
N_i PS	221	222,3		164,8	165,5	166,4		136	136,5	137	

$\Sigma N_i = 1349{,}5$ PS. Wenn die Verluste in Lagern und Außenstopfbuchsen 5% betragen, so ist die Antriebsleistung $N_e = 1349{,}5/0{,}95 = 1420$ PS. Da der isothermische Leistungsbedarf $3{,}59 \cdot 17740/75 = 849$ PS beträgt, ist der isothermische Wirkungsgrad des gesamten Kompressors $\eta_{is} = 849/1420 = 0{,}598$.

Zahlentafel 10. *Radreibung, Radeintritt*

Stufe	1	2	3	4	5	6	7	8
ν_s cm²/sek	0,1546	0,135	0,0832	0,0768	0,0729	0,0382	0,036	0,0345
10^{-4} Re_s	16910	19356	23300	25200	26600	43500	46100	48200
N_r PS	3,74	4,49	3,11	3,63	4,25	4,25	4,84	5,48
ε	0,266		0,24			0,21		
c_s m/sek	71,8	71,8	55,1	55,1	55,1	42,6	42,6	42,6
F_s cm²	440	336	294	245,2	208	175	151,6	133,4
d cm	13	14	15,5	16	16	15	14	13
D_e cm	27	25	24,8	23,8	22,8	21,2	19,7	18,4
b_3 cm	5,08	4,19	3,7	3,22	2,85	2,58	2,40	2,26
u_3 m/sek	113,9	105,4	104,5	100,4	96,2	94,4	83,0	77,5
K_{Sp}	1,04	1,045	1,06	1,065	1,07	1,08	1,085	1,09
tg β_3	0,669	0,726	0,57	0,596	0,625	0,498	0,568	0,612
$t_4/(t_4-\sigma_4)$	1,10	1,10	1,096	1,099	1,10	1,091	1,091	1,091
β_4	36,3°	38,6°	31,4°	32,5°	33,7°	28,5°	31,7°	33,7°
s cm (Schaufeldicke)	0,25	0,25	0,2	0,2	0,2	0,15	0,15	0,15

Obgleich der innere Wirkungsgrad schon geschätzt wurde, ist in Zahlentafel 10 zunächst Re_s und die Scheibenreibung N_r gemäß S. 328 errechnet, wobei $b/D = 0{,}06$ und Seitenabstand s/Durchmesser $= s/D = 0{,}01$ eingesetzt und ν nach Bd. I, S. 282, bestimmt wurde: Anwachsen von N_r trotz abnehmender Raddurchmesser. In ähnlicher Weise wie bei Dampfturbinen kann man die Spaltverluste zwischen den Stufen bestimmen, auch eine Nachrechnung der Kanalverluste in Lauf- und Leiträdern wäre auf Grund der Angaben von Bd. I, Abschn. Strömungslehre, möglich. — Index s an Re bedeutet Saugseite der Stufe.

Siebenter Berechnungsschritt. Zunächst werden die Querschnitte und Geschwindigkeiten am *Eintritt* in die Laufräder festgelegt. Durch die zwischengeschalteten Kühler ergeben sich drei Stufengruppen. Am Anfang jeder Gruppe wird ein Wert ε gewählt; für die folgenden Räder wird die gleiche Zulaufgeschwindigkeit c_s angenommen. Der gewählte Nabendurchmesser d muß u. U. nach Aufzeichnen des Entwurfes und Ermitteln der kritischen Drehzahl später nochmals abgeändert werden.

Damit gleichmäßige Strömung vor den Laufschaufeln, wird hier leicht beschleunigt: $F_3 = 0{,}98 F_s$, also $c_3 = c_s/0{,}98$. Wird $D_4 = D_e$ ausgeführt (schräge Laufschaufel-Eintrittskanten), so kann die theoretische Eintrittsbreite $b_3 = b_4$ (vgl. Bild 156) des Laufrades errechnet werden als $0{,}98 F_s/\pi D_e$. Das am Radeinlauf vorhandene Volumen V_s wird zur Berücksichtigung der Spaltverluste mit dem Faktor K_{Sp} multipliziert, welcher für die hinteren Stufen größer als für die vorderen Stufen zu schätzen ist. Der relative Zuströmwinkel β_3 zum Laufrad folgt aus $\mathrm{tg}\,\beta_3 = c_3/u_4 = K_{Sp}\, c_s/0{,}98\, u_4$, wobei u_4 die zu $D_3 = D_4 = D_e$ gehörende Umfangsgeschwindigkeit ist. Für den auszuführenden Schaufeleintrittswinkel β_4 gilt $\mathrm{tg}\,\beta_4 = \mathrm{tg}\,\beta_3 \cdot t_4/(t_4 - \sigma_4)$. Der Schaufelverengungsbeiwert ist zunächst zu schätzen, er kann nachgerechnet und ev. berichtigt werden, wenn $t_4 = \pi D_4/z$ und $\sigma_4 = s/\sin \beta_4$ bekannt sind. Die nach bewährten Ausführungen gewählten Schaufelstärken s sind in Zahlentafel 10 angegeben; Laufschaufelzahl z für alle Stufen zu 18 gewählt, vgl. Bild 41, S. 321.

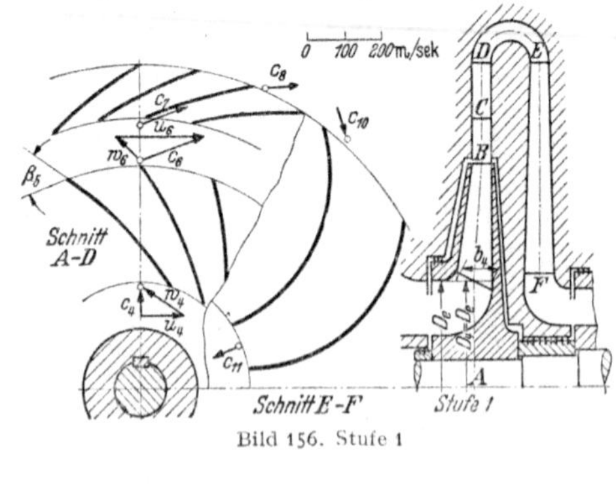

Bild 156. Stufe 1

Von Zahlentafel 11 an sind nur noch die Werte für die erste Stufe jeder Gruppe enthalten, da die folgenden Stufen in gleicher Weise gerechnet werden und auch genügend genau zu erhalten sind, wenn man alle Breiten im Verhältnis der bereits ermittelten Eintrittsbreiten b_4 verändert. Der hydraulische Wirkungsgrad enthält die Radreibungs- und Spaltverluste nicht und muß deshalb etwas größer sein als η_i. Die statische Förderhöhe des Laufrades einschließlich der Druckverluste V_L im Laufrad folgt aus:

$$H_p + V_L = (u_5^2 - u_4^2 + w_{3u}^2 - w_{6u}^2 + w_{3m}^2 - w_{6m}^2)/2g.$$

Wird festgelegt $w_{6m} = 0{,}8\, c_s$ (leichte Verringerung der Meridiankomponente im Laufrad), so ergibt sich hieraus bei $w_{3u} = w_{4u} = u_4$ (drallfreiem Eintritt):

$$H_p + V_L = [u_5^2 - w_{6u}^2 + c_s^2\,(1{,}04 - 0{,}64)]/2g, \quad \text{wobei } w_{6u} = u_5 - c_{6u}.$$

Wird der relative Anteil von V_L etwas kleiner als $(1 - \eta_{\text{hydr}})/2$ geschätzt, so läßt sich H_p errechnen und hieraus die Zustandsgrößen und Querschnitte hinter dem Laufrad. Von Interesse sind auch die auf H_{ad} und H_L bezogenen Reaktionsgrade r und r_L.

Zahlentafel 11. *Reaktionsgrad, Zustandsänderung im Rad, Radaustritt*

Stufe	1	3	6
η_{hydr} (geschätzt)	0,89	0,87	0,84
$H_L = H_{\text{ad}}/\eta_{\text{hydr}}$ m	4155	3085	2500
$c_{6u} = 9{,}81 H_L/u_5$ m/sek	169,9	146,1	128
$H_p + V_L$ m	2857	2092	1730
$(H_p + V_L)/H_p$ (geschätzt) $= 1/\eta_L$	1,045	1,06	1,08
H_p m	2732	1975	1602
$r = H_p/H_{\text{ad}}$	0,739	0,735	0,763
$r_L = H_p/H_L$	0,658	0,64	0,64
$H_p/(102{,}6\, T_s) = x$ } vgl. S. 297	0,093	0,0635	0,0515
$p_{\text{Sp}}/p_s = (1 + x)^{3,5}$ } vgl. S. 297	1,3651	1,2407	1,1921
p_{Sp} ata	1,304	2,43	5,09
$\Delta t_L = (H_p + V_L)/102{,}6$ grd	27,8	20,4	16,8
$T_{\text{Sp}} = T_s + \Delta t_L$ °K	314,2	323,4	319,8
$\gamma_{\text{Sp}} = P_{\text{Sp}}/R T_{\text{Sp}}$ kg/m³	1,415	2,74	5,73
$Q_{\text{Sp}} = G_{\text{Sp}}/\gamma_{\text{Sp}}$ m³/sek	2,538	1,31	0,627
$c_{6m} = 0{,}8\, c_s$ (Annahme)	57,4	44,1	34,1
$b_6 = Q_{\text{Sp}}/c_{6m}\pi D_5$ cm	2,47	1,93	1,29
c_{5u}/c_{6u} (siehe unten)	1,163	1,17	1,162
c_{5u} m/sek	197,5	171,0	148,0
$w_{5u} = u_5 - c_{5u}$ m/sek	42,5	35,9	43,0
$t_5/(t_5 - \sigma_5)$ geschätzt	1,03	1,03	1,03
β_5 (vgl. S. 317)	55,6°	51,6°	39°

Zur Berücksichtigung der endlichen Schaufelzahl ist gemäß S. 317 bei $\beta_5 \approx 50°$ zu rechnen mit $\psi' \approx 0{,}6 + 0{,}4$ bis $0{,}75 + 0{,}51 = 1$ bis $1{,}26$. Bei $\psi' = 1{,}14$ für 18 Laufschaufeln, da $c_{3u} = 0$:

$$\frac{c_{5u}}{c_{6u}} = \frac{\Delta\,(r\,c_u)_\infty}{\Delta\,(r\,c_u)} = 1 + 2\,\frac{\psi'}{z}\,\frac{r_5}{r_5 - r_4} = 1 + \frac{0{,}127\, r_5^2}{r_5^2 - r_4^2}.$$

Schließlich ist der Austrittswinkel der Laufschaufel festgelegt durch die Beziehung

$$\operatorname{tg}\beta_5 = \frac{c_{5m}}{w_{5u}} = \frac{c_{6m}}{w_{5u}}\,\frac{t_5}{t_5 - \sigma_5}.$$

Auch in den *Leitvorrichtungen* ändern sich durch Geschwindigkeitsumsetzung und Verluste Druck und Temperatur. Die hiermit zusammenhängenden Volumenänderungen können hier vernachlässigt werden; sie sind, wie aus dem Vergleich des Volumens Q_{Sp} im Spalt hinter dem Laufrad mit Q_s der nächsten Stufe hervorgeht, nur noch gering.

Austrittsleitapparat bei Turbokompressoren häufig durch schaufellosen Ringraum großer radialer Erstreckung ersetzt: flachere, stabilere Kennlinie, geringere Geräuschentwicklung. Für Stufe 1 wird nachstehend dennoch die Berechnung eines Nachleitrades gezeigt; hier ergäbe wegen des größeren Laufraddurchmessers ein genügend wirksamer schaufelloser Ringraum einen zu großen Gehäusedurchmesser.

Strömungswinkel hinter Laufrad: $\operatorname{tg}\alpha_6 = c_{6m}/c_{6u} = 57{,}4/169{,}9 = 0{,}338$; $\alpha_6 = 18{,}7°$.

Leitrad-Eintrittsdurchmesser (vgl. S. 424): $D_7 \approx 1{,}2\, D_5 = 68{,}5$ cm.

Infolge der Wandreibung richtet sich die Strömung im schaufellosen Ringraum auf gemäß $\operatorname{tg}\alpha_e - \operatorname{tg}\alpha_a = \lambda l/4b$, wobei α_e und α_a die Winkel am Ende und Anfang des durchströmten Raumes, b die Breite, $\lambda \approx 0{,}04$ der Reibungskoeffizient und l der Strömungsweg im Meridianschnitt: Strecke $\overline{BC}$ bis Leitrad ($\overline{DE}$ von Leitrad und $\overline{BE}$ von Laufrad bis Rückführschaufeln, Zahlentafel 12), Bild 156. Mit $\overline{BC} = r_7 - r_5 = 5{,}75$ cm und $b = 2{,}47$ cm erhält man $\operatorname{tg}\alpha_e - 0{,}338 = 0{,}0233$; $\alpha_e = 19{,}9°$. Somit unmittelbar vor dem Leitrad:

$$c_u = c_m/\operatorname{tg}\alpha_e = 2{,}538/(0{,}685\,\pi \cdot 0{,}0247 \cdot \operatorname{tg} 19{,}9°) = 132{,}1 \text{ m/sek}$$

und $$r c_u = 0{,}3425 \cdot 132{,}1 = 45{,}3 \text{ m}^2/\text{sek}.$$

Mit $\mu \cdot t/(t - \sigma) = 1{,}2$, also $\operatorname{tg} \alpha_7 = 1{,}2 \operatorname{tg} \alpha_e$, ist der Anfangswinkel der Leitschaufeln $\alpha_7 = 23{,}5°$. Bei 34 Leitschaufeln von 0,15 cm Stärke ist $t_7/(t_7 - \sigma_7) = 1{,}06$, so daß $\mu = 1{,}2/1{,}06 = 1{,}13$ (kleine μ, vgl. S. 317, ergeben günstigere Lage der Pumpgrenze).

Für die Leitschaufeln wird ein günstig erscheinender, nicht stark erweiterter Verlauf bis zu dem mit $D_8 = 82{,}5$ cm gewählten Austrittsdurchmesser aufgezeichnet (Bild 156). Schaufelwinkel an dieser Stelle $\alpha_8' = 28{,}4°$. Schaufelverengung gemäß $t_8 = 82{,}5\pi/34 = 7{,}62$ cm; $7{,}62/(7{,}62 - 0{,}15/\sin 28{,}4°) = 1{,}04$.

Somit Abströmwinkel hinter den Leitschaufeln 27,5°, wenn man, wie S. 318 erwähnt, die „Minderleistung" durch endliche Leitschaufelzahl unberücksichtigt läßt. Wird die Aufrichtung der Stromfäden längs DE (Bild 156) durch Reibung vernachlässigt, so entsteht eine entgegengesetzte Ungenauigkeit von ungefähr gleicher Größe. Demzufolge kann, bei $D_{10} = D_8$, die *Rückführschaufel* für eine Anströmung unter 27,5° ausgelegt werden. Für Stufe 3 und 6 wird dagegen mit einem Reibungsweg von B bis E (Länge l) gerechnet, Zahlentafel 12. Wie bei den Leitschaufeln wurde auch hier zunächst das Produkt $\mu t/(t - \sigma)$ geschätzt und danach, auf Grund des berechneten Schaufelwinkels und der gewählten Schaufelstärke s, der Berechnungszuschlag μ (S. 317) nachgerechnet. Für die Rückführschaufeln wird die Winkelübertreibung geschätzt zu 15°, so daß in allen Stufen $\alpha_{11} = 90 + 15 = 105°$.

Zahlentafel 12. *Rückführschaufeln*

Nach Stufe	1	3	6
$\operatorname{tg} \alpha_a$		0,302	0,266
D_{10} cm	82,5	85,0	87,0
l (aus Zeichnung) cm		27,7	28,1
$\operatorname{tg} \alpha_s - \operatorname{tg} \alpha_a = l/100\,b$		0,144	0,218
$\operatorname{tg} \alpha_e$	0,52	0,446	0,484
α_{10} ($\mu \cdot t/(t - \sigma) = 1{,}2$)	31,9°	28,2°	30,1°
z (gewählt)	16	20	16
σ ($s = 0{,}4$ cm) cm	0,75	0,85	0,80
$t_{10}/(t_{10} - \sigma_{10})$	1,046	1,069	1,05
μ	1,148	1,125	1,143
D_{11} ($>D_e$) cm	28,5	28,0	23,0

Zur Vermeidung doppelter Geschwindigkeitsumsetzung wird der lichte Querschnitt beim Austritt aus den Rückführkanälen gleich dem Saugquerschnitt des nächsten Laufrades ausgeführt.

Zehnter Berechnungsschritt. Nach der 2., 5. und 8. Stufe werde die Luft in einem Spiralgehäuse gesammelt. In Zahlentafel 13 sind aus den am Laufradaustritt vorliegenden Werten c_{6m} und c_{6u} die Geschwindigkeitsverhältnisse am Ende des schaufellosen Ringraumes konstanter Breite errechnet. r_z = Radius, an dem der Ringraum aufhört und die Spiralzunge beginnt, Bild 157, auf Grund konstruktiver Überlegungen gewählt. Aus den Werten Q_{Sp}/rc_u sind anschließend die Spiralquerschnitte zu ermitteln, wie auf S. 308 angegeben.

Zahlentafel 13
Ausgangswerte für Berechnung der Spirale

Stufe	2	5	8
$\operatorname{tg} \alpha_a = \frac{c_{6m}}{c_{6u}}$	0,338	0,302	0,266
r_z cm	41,25	40	31,25
b cm	1,88	1,49	1,13
$\operatorname{tg} \alpha_e$	0,406	0,406	0,341
c_m m/sek	39,6	28,8	26,9
c_u m/sek	97,7	71,0	79,0
$Q_{\mathrm{Sp}}/r_z c_u$ m	0,048	0,0326	0,01935

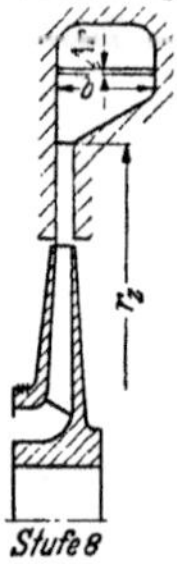

Bild 157
Stufe 8

Zwölfter Berechnungsschritt. Da der Turbokompressor sehr hoch auf Fliehkräfte beanspruchte Deckscheiben und Laufräder sowie eine überkritisch laufende Welle besitzt, sind die hiermit zusammenhängenden, auf S. 331/34 erläuterten Rechnungen so frühzeitig wie möglich durchzuführen, damit Wiederholungsrechnungen möglichst vermieden werden.

Zu beachten: Trotz sorgfältiger Berechnung sind, insbesondere für neue Bauarten, Versuche unentbehrlich, vgl. S. 347.

IV. Propeller[1]

Propeller sollen Vortrieb erzeugen. Der Achsschub, sonst eine lästige Nebenwirkung, ist hier das Ziel und wird durch Energieabgabe an das umgebende Medium bewirkt. Zur Propellertheorie vgl. Bd. I, S. 317. Wenn eine kleine

[1] *Bauer, G.:* Der Schiffsmaschinenbau Bd. 1 (dort S. 483/588) u. Bd. 3 (dort S. 709/722). München: Oldenbourg 1923 bzw. 1941. — *Tietjens, O.:* Beiträge zur Propellertheorie. Jahrb. 1955 der Wiss. Ges. f. Luftfahrt. S. 236/45. — *Strscheletzky, M.:* Hydrodynamische Grundlagen zur Berechnung von Schiffsschrauben. Karlsruhe: Braun 1957. — *Ulrich, W.*, u. *E. Dankwardt:* Konstruktionsgrundlagen für Schiffsschrauben. Leipzig: Fachbuchverlag 1956.— Propeller für den Schiffsantrieb. VDI-Z. Bd. 101 (1959) S. 1511/13.

sekundlich erfaßte Masse q eine große Geschwindigkeitsänderung v nach hinten erfährt, entsteht gemäß dem Impulssatz der gleiche Schub wie bei großem q und kleinem v, solange das Produkt qv dasselbe ist. Aus der in Bd. I, S. 317 angegebenen Gleichung ist ersichtlich, daß der Strahlwirkungsgrad η gegen 1 geht, wenn $v \to 0$ (Austrittsverluste verschwinden). In diesem Grenzfall wird allerdings der Schub immer kleiner, da nur eine endliche Masse erfaßt werden kann. Trotzdem mit Rücksicht auf den Wirkungsgrad Forderung nach nicht zu kleiner Masse: Bei gegebener Drehzahl großes q, also hohes n_q. Wie weit man hier gehen kann, hängt von praktischen Gegebenheiten ab und ist schwer in Formeln zu bringen. Großes q bedeutet großen Propellerdurchmesser, also hohe Baukosten, mehr Gewicht und Reibungswiderstand, mithin Wirkungsgradminderung durch andere Verluste, als in Bd. I berücksichtigt. Gem. Bd. I, S. 318 sind Modellversuche die Hauptgrundlage für die Propellerauslegung.

Die Flügelzahl ist niedrig (bis 6), die Geschwindigkeitsdreiecke entsprechen denen einer axialen Arbeitsmaschine: Zunahme von c, Abnahme von w. Weil aber über die Welle durch den Schub Leistung auch wieder vom Propeller abgeleitet wird, kann man Propeller nicht zu den eigentlichen Arbeitsmaschinen rechnen. Spez. Drehzahl $n_q \approx 300$ bis 1000 U/min. Bei allen Propellern könnten Leitschaufeln wie bei Axialgebläsen zwar auch den Verlust durch Austrittsdrall aufheben; im allgemeinen überwiegt jedoch die zusätzliche Oberflächenreibung, daher nur selten angewendet.

A. Schiffspropeller

1. Auslegungsbedingungen

Der Propellerdurchmesser ist durch Größe und Form des Hinterschiffs sowie durch Tiefgang begrenzt; bei Herausschlagen der Schraube aus dem Wasser zusätzlicher Verlust durch Wellenbildung. Zur Vermeidung von Kavitation: Begrenzung der Umfangsgeschwindigkeit und der Profilbelastung (Blätter im Mittel breit, dünn und wenig gekrümmt). Bei Berechnungen und bei Übertragung von Versuchsergebnissen auf den Schiffsbetrieb ist zu berücksichtigen, daß das Wasser durch den Schiffskörper mitgenommen wird: Geschwindigkeitsänderung durch „Mitstromeinfluß“[1]. Zur Beurteilung des Propellers (insbesondere von Schleppfahrzeugen) kann auch die Pfahlprobe dienen (Antrieb bei festgehaltenem Schiff), wenn man dabei die Zugkraft ermittelt. Eine wichtige Rechnungsgröße für die Schraube und ihr Zusammenwirken mit dem Schiff ist der *Slip* $(w_0 - w)/w_0$, meist in % ausgedrückt. Hierbei ist w die wirkliche, w_0 die theoretische Schiffsgeschwindigkeit beim Schub null, zu berechnen aus der Ganghöhe der Schraube. Der Slip eines gegebenen Propellers ist um so größer, je größer der Schub. Gute Abstimmung des Propellers auf Schiff und Antriebsmaschine ist unerläßlich, wird aber oft erst durch nachträgliche Änderungen erreicht.

2. Bauformen

Bild 158 und 159 (Th. Zeise, Hamburg-Altona, bzw. Schaffran, Hamburg). Flügelschwerpunkte häufig nicht radial angeordnet: Verschiebung in axialer Richtung, wie Bild 159 zeigt, zur besseren Anpassung an die durch den Schiffskörper gegebenen Verhältnisse. Betriebsdaten zu Propeller, Bild 159: $n = 300$ U/ /min; 2380 kg Schub, ferner gemäß Bild 174, S. 417.

Durch vergrößerten Abstand des Propellers vom Schiff kann man Mitstrom- und Nachstromverhältnisse verbessern und den Wirkungsgrad steigern[2]. Das gleiche gilt, wenn man die Propellernabe strömungsgünstig mit der gesamten

[1] *Weinig, F.*: Wechselwirkungen zwischen Vortrieb und Widerstand. Schiff u. Hafen Bd. 10 (1958) S. 180/86.

[2] Hansa Bd. 92 (1955) S. 2033/34 u. Bd. 95 (1958) S. 2476/78.

Hinterschiffsform und dem Rudersteven vereinigt, wobei eine aufstauende Verdickung hinter der Nabe („Costa-Birne") zweckmäßig sein kann[1].

Verstellpropeller[2] haben in verdickter Nabe einen ähnlichen Verstellmechanismus wie Kaplanturbinen. Bauaufwand und Preis nimmt man in Kauf bei be-

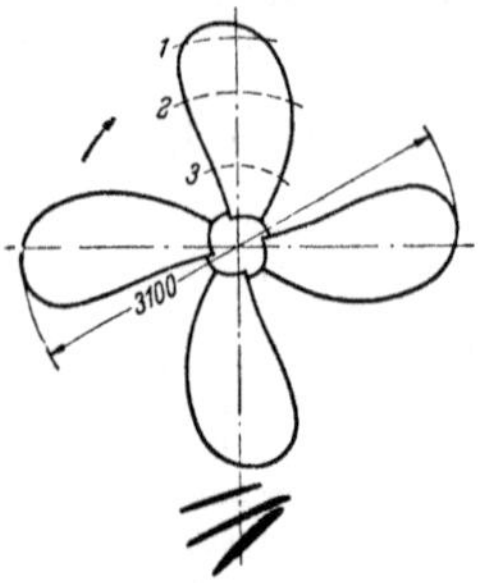

Bild 158

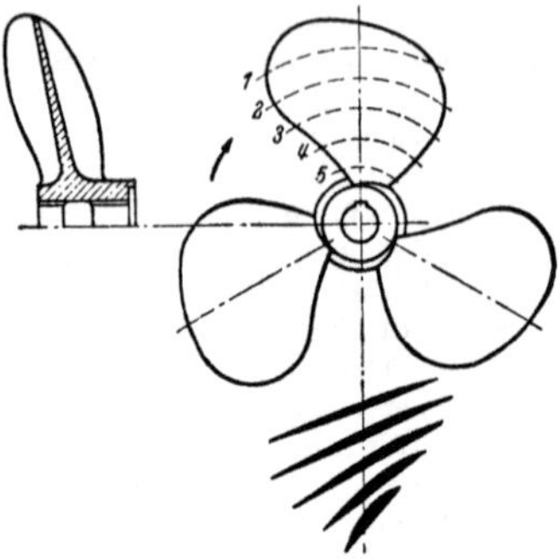

Bild 159

sonderen Ansprüchen an Manövrierfähigkeit oder bei weniger anpassungsfähigen und nicht umsteuerbaren Antriebsmaschinen, z. B. Schiffsgasturbinen.

Der *Werkstoff* der Schiffsschrauben muß korrosions- und kavitationsfest sein: Gußeisen (mit Kugelgraphit), Stahlguß oder Bronze. *Lagerung* propellerseitig in durch Seewasser geschmierten Pockholz- oder Kunststofflagern, oder in Weißmetallagern mit Ölschmierung, bei sorgfältiger Abdichtung auch in Kugellagern.

3. Sonderbauarten

a) Kort-Düse, Bild 160, Schiffspropeller mit feststehender Ummantelung[3]. Vorteile: 1. Am Flügelende geringere Verluste. — 2. Abströmquerschnitt aus Düse ist größer als beim freien Strahl (keine Strahlkontraktion), Geschwindigkeit also kleiner, kleinerer Austrittsverlust. In der Schraube selbst gesteigerte Durchflußgeschwindigkeit, also Leistungs- bzw. Wirkungsgradsteigerung infolge größerer Wassermasse. — 3. Infolge der Druckverteilung an der mit dem Schiff verbundenen Düse trägt auch diese zur Vortriebswirkung bei. — 4. Ruhiger Nachstrom; Ufer und Sohlen von Binnengewässern werden weniger angegriffen. Ein- und Austrittsquerschnitt der Düse können rechteckig sein zur Anpassung an den zwischen Oberfläche und Grund vorhandenen Wasserquerschnitt. Anwendung hauptsächlich in der Binnenschiffahrt.

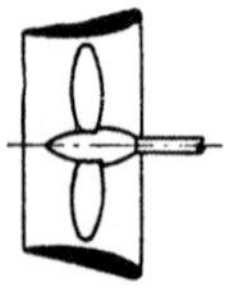

Bild 160

b) Der **Voith-Schneider-Propeller**[4] hat eine senkrechte Drehachse, besitzt aber im Gegensatz zum Savonius-Rotor (S. 391) tragflügelähnliche Propellerblätter, die bei jeder Umdrehung geschwenkt werden, Bild 161. Hauptdrehbewegung um Punkt O, Ausrichten der Flügel jeweils senkrecht zur Verbindungslinie von Flügelmitte nach Punkt N. Der nicht mitrotierende Hebel ON kann nach Größe und Richtung verstellt werden. Hierdurch Einstellen des vollen Schubes bei laufender Maschine nach jeder Richtung möglich. Bild 161 zeigt als Beispiel zwei entgegengesetzte Schubrichtungen; Bild 162: Einbau am Heck

---

[1] *Kort, L.:* Forschungshefte f. Schiffstechnik Bd. 3 (1955/56) S. 43/45.
[2] *Kallipke, F.:* Schiffsverstellpropeller. Schiff u. Hafen Bd. 9 (1957) S. 982/93 u. 1085/97. — Techn. Rundschau 15. 4. 1959 S. 3/7.
[3] *Wendel, K.:* Düsen am und im Propeller. Hansa Bd. 86 (1949) S. 713.
[4] *Baer, W.:* Die Entwicklung des ... Schiff u. Hafen Bd. 5 (1952) S. 300/03. — *Kreitner, H.:* Werft-Reederei-Hafen Bd. 12 (1931) S. 185/91.

eines Hafenschleppers. Gute Manövrierfähigkeit; auch von der Kommandobrücke aus zu steuern. Ersparnis eines besonderen Steuerruders. Anwendung bei Binnen- und Seeschiffen, auch zusätzlich zum normalen Propeller als reiner Steuerpropeller. Durch *Endscheiben* kann Wirkungsgrad verbessert werden.

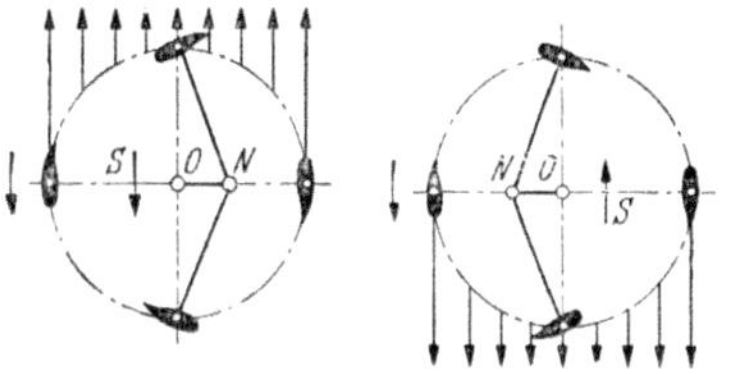

Bild 161. Waagerechter Schnitt (schematisch) durch Voith-Schneider-Propeller bei zwei Steuerstellungen: entgegengesetzte Richtung der Schubkraft S

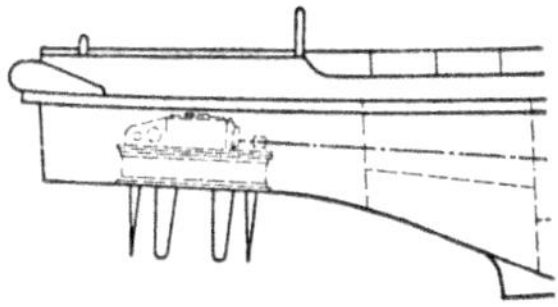

Bild 162

c) Aktivruder[1], Bild 163 (Pleuger), ein am Steuerruder angebauter kleiner Hilfspropeller, verbessert ebenfalls die Manövrierfähigkeit. Antrieb durch unter Wasser liegenden Elektromotor; Dichtungsverhältnisse hierbei wie bei Tiefbrunnenpumpen (Bild 142). Vorteile: Vortriebsrichtung mit Ruderblatt schwenkbar, alleiniger Antrieb für langsamste Hafenfahrt und Notbetrieb; in Normalstellung Wirkungsgrad des Hauptpropellers durch günstigen Nachstromeinfluß verbessert.

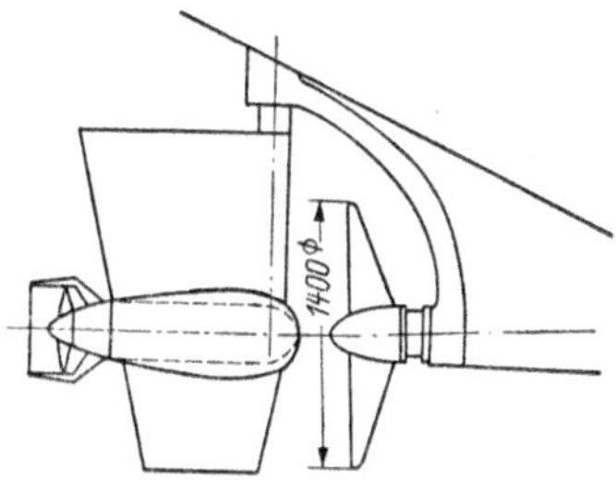

Bild 163

d) Schatté-Turbo-Ruder und **Jastram-Bugstrahl-Ruder**[2]. Eine im Schiffskörper innerhalb eines quer zur Fahrtrichtung das Schiff durchsetzenden Rohrkanals eingebaute Axialpumpe erzeugt je nach Dreh- und Durchströmrichtung eine Steuerwirkung nach Back- oder Steuerbord und zwar, ebenso wie die unter b) und c) genannten Bauarten, auch bei Stillstand, des Schiffes.

e) Bei **Schaufelrädern** hinten oder seitlich am „Raddampfer" können durch ähnliche Schaufelbewegung, wie unter b) beschrieben, Ein- und Austauchverluste der Schaufelblätter verringert werden. Für Binnenschiffe ist die klassische Bauform auch heute noch brauchbar[3]: Geringer Tiefgang.

B. Luftschrauben[4]

a) Kennzeichnende **Unterschiede** gegenüber Schiffsschrauben: a) Anbau am Flugzeug *vorn*, vor dem Tragflügel (nur in seltenen Fällen dahinter), weil stabile Fluglage wichtig und Beschädigungsgefahr hier nicht entscheidend. Dadurch praktisch kein Mitstromeinfluß auf den Propeller, aber Auftriebsänderung am nachfolgenden Tragflügel. b) Äußerster Leichtbau, und zwar nicht nur wegen begrenzten Fluggewichtes, sondern auch zur Beherrschung der Fliehkräfte, die durch hohe Umfangsgeschwindigkeiten erzeugt werden. c) Deshalb schmalere Propellerflügel, insbesondere geringere „Völligkeit" am Blattende. d) Statt Kavitationsgefahr Rücksicht auf Schallgeschwindigkeit. e) Verstellpropeller hier bevorzugt, weil gute Start- und Landungseigenschaften wichtig.

---

[1] *Busmann, F.:* Schiff u. Hafen Bd. 3 (1951) S. 250/54.
[2] Hansa Bd. 88 (1952) S. 679/80. — *Gutsche, F.:* Schiffbautechnik Bd. 9 (1959) S. 229/44.
[3] *Gebers, Fr.:* Das Schaufelrad im Modellversuch. Wien: Springer 1952.
[4] *Alexandrow:* Luftschrauben. Berlin: VEB Verl. Technik 1954.

b) Konstruktives, Bild 164, Holzflügel eines Propellers in Verbundbauweise (Propellerwerk Hoffmann & Co, Rosenheim), geeignet für leichtere Flugzeuge.

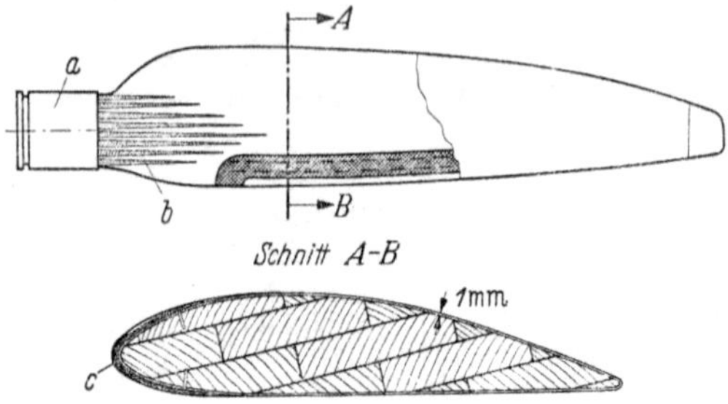

Bild 164

In Stahlhülse *a* gefaßte Preßholz-Schäftlinge *b* sind mit äußeren leichteren Holzschichten verleimt, also innen, wo Spannungen am höchsten, festestes, außen, wo Fliehkräfte groß, leichtestes Material. Gegen Feuchtigkeit und Staub ist das Holz durch einen besonderen Farbanstrich, in Nähe der Vorderkante außerdem durch besondere Auflage c (Gewebe, Kunststoff, Blech) geschützt.

Holzflügel, gebaut bis 2700 PS, haben niedrige Gewichte, Kreiselmomente, Flieh- und Verstellkräfte. Große Blattbreiten, vorteilhaft für das Startverhalten, sind möglich. Ähnliche Vorteile auch bei Kunststoff, verstärkt durch Glasfaser.

Bei aus Leichtmetall (voll oder hohl) gepreßten Propellerflügeln können Verstellnaben besonders gedrängt gebaut werden.

Bild 165: Ausschnitt aus der Nabe einer Verstelluftschraube, oben und unten in verschiedener Stellung. Der hydraulische Verstellzylinder *a* verschiebt das Gestänge *b* und dreht über exzentrische Zapfen *c* die in Kugellager *d* gehaltenen Flügel *e*.

Stahlpropeller sind geeignet für höchste Leistungen und Umfangsgeschwindigkeiten, auch als Überschallpropeller. Bild 166 (Curtiss-Wright Corp., Caldwell, USA) zeigt die Einzelteile eines hohlen Stahlflügels vor dem Zusammenschweißen.

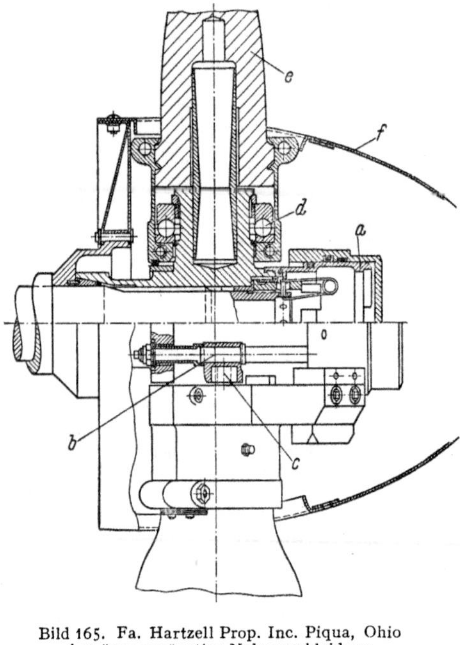

Bild 165. Fa. Hartzell Prop. Inc. Piqua, Ohio
f strömungsgünstige Nabenverkleidung

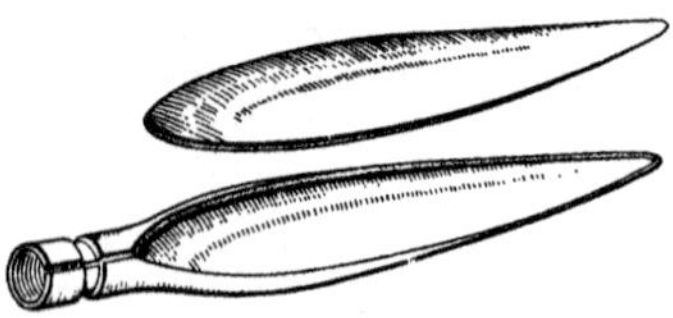
Bild 166

V. Föttinger-Getriebe (Strömungs-, Turbogetriebe)[1]

Wichtigste Aufgabe ist hier eine stetig veränderliche Drehzahlübersetzung. Mit einer Antriebswelle kann man eine Pumpe verbinden, deren Druckwasser eine Leistung abgebende Turbine treibt. Durch zweckmäßige Regelung von Pumpe und Turbine kann man Drehzahl und Drehmoment der getriebenen Welle ändern. Die Verwirklichung dieses naheliegenden Gedankens scheint jedoch zunächst an zu schlechten Wirkungsgraden zu scheitern: Bei Größtausführung erreichen Pumpe und Turbine je etwa 90% im Auslegungspunkt; der Übertragungswirkungsgrad wäre hier also 81%, bei kleineren Ausführungen und im Regelbetrieb noch schlechter. Dieser Nachteil wurde erstmalig durch *Föttinger* behoben: Sind Pumpen- und Turbinenrad in zweckmäßiger Weise unmittelbar miteinander verbunden, so entfallen die mit der Zu- und Ableitung an der einzelnen Strömungsmaschine verbundenen Verluste, insbesondere Diffusorverluste nach dem Austritt aus der Beschauflung; auch Radreibungsverluste kleiner als bei getrennten Maschinen. Daher bei Strömungskupplungen Übertragungswirkungsgrade von 98%, bei den eigentlichen Getrieben in Großausführung bis 91%. Als Arbeitsflüssigkeit[2] dient ein nicht zu zähes, temperaturbeständiges, nicht schäumendes und nicht korrodierend wirkendes Öl, in großen Maschinen auch Wasser.

Durch automatische Leistungsbegrenzung, Dämpfung von Drehmomentstößen und schwingungstechnische Trennung von An- und Abtriebwelle erhöhen Föttingerorgane die Betriebssicherheit. Ferner ist es günstig, daß beim Anfahren des Motors das Belastungsmoment infolge ruhender Flüssigkeit zunächst 0 ist.

Strömungskupplungen findet man am Antrieb von Fahrzeugen, Schiffspropellern, Arbeitsmaschinen, Wanderrosten und Transportbändern; *Getriebe* an Fahrzeugen, insbesondere Diesellokomotiven und Kraftwagen, in Erdöl-Bohranlagen und Hebewerken.

1. Auslegung

Bei gegebenen Leistungswerten ist optimales n_q möglich, da die Betriebswerte H und Q des Pumpenrades im Rahmen eines der gegebenen Leistung entsprechenden Produktes QH frei gewählt werden können. Man erhält daher günstige Verhältnisse von Radbreiten zu Durchmessern und besonders oft ähnliche Maschinen. Bei großen Momenten und kleiner Drehzahl (großes M/n^2) ergeben sich dabei allerdings Räder, die im Verhältnis zur übertragenen Leistung zu groß sind; dann besser hydrostatische Getriebe (insbesondere für Werkzeugmaschinen, vgl. S. 677). — Bei Vorhandensein von Zahnrad- oder Riemenübersetzungen Föttingerorgan möglichst auf schnellaufende Welle (Bild 172). — Für die Leistung und das Drehmoment ähnlicher Maschinen gilt gemäß S. 337:

$$N = K_s D^5 n^3; \qquad M = K_s' D^5 n^2.$$

Hierbei ist K_s und K_s' ein die Bauart kennzeichnender Wert. An Stelle des Laufraddurchmessers D kann wegen der Ähnlichkeit auch ein anderes Längenmaß vereinbart werden. Die Konstanten können entweder auf die An- oder auf die Abtriebsverhältnisse bezogen werden. Für ein und dieselbe Maschine und ähnliche Geschwindigkeitsdreiecke (≈ gleicher Wirkungsgrad) gilt $N = K n^3$ mit $K = K_s D^5$. Für *Kupplungen* mit normalem Schlupf (2 bis 3%) gilt erfahrungsgemäß ungefähr: N (in PS) $= 10^{-6} n_1^3 D^5$, wobei D in m und n_1, die Antriebdrehzahl, in U/min.

---

[1] ***Föttinger, H.:*** Jb. Schiffbautechn. Ges. Bd. 31 (1930) S. 171 und ATZ Bd. 41 (1938) S. 300. — ***Spannhake, Kluge, Unruh:*** Verhalten von Turbokupplungen und Turbowandlern in Kraftwagen. ATZ-Beiheft III, Stuttgart 1939. — ***Kugel, F.:*** ATZ Bd. 59 (1957) S. 83, Ölhydraulik u. Pneumatik Bd. 3 (1959) S. 70f. und MTZ Bd. 19 (1958) S. 388. — ***Stephan, W.:*** VDI-Z. Bd. 94 (1952) S. 50. — ***Gaebler, A.:*** Hydraulische Kraftübertragungsanlagen . . . Eisenbahntechn. Rdsch. Bd. 7 (1958) S. 41/50,

[2] ***Köhler, H.:*** Betriebsflüssigkeiten für Föttinger-Organe. VDI-Z. Bd. 95 (1953) S. 761/63.

2. Föttinger-Kupplung (Strömungskupplung)

a) Prinzip, Bild 167. Links die antreibende Welle mit dem Pumpenrad, das im vorliegenden Fall mit dem rotierenden Kupplungsgehäuse verbunden ist. Die dem Pumpenrad außen entströmende Flüssigkeit treibt das Turbinenrad, aus dem sie in ständigem Kreislauf wieder zur Pumpe gelangt. Bei stationärem Betrieb (konstante An- und Abtriebdrehzahl) muß Gleichgewicht herrschen, d. h. es ist stets, da Abstützung nach außen fehlt: $M_1 = M_2$ wie bei allen starren und Schlupfkupplungen. Übertragungswirkungsgrad $\eta = n_2/n_1$, daher um so schlechter je kleiner n_2.

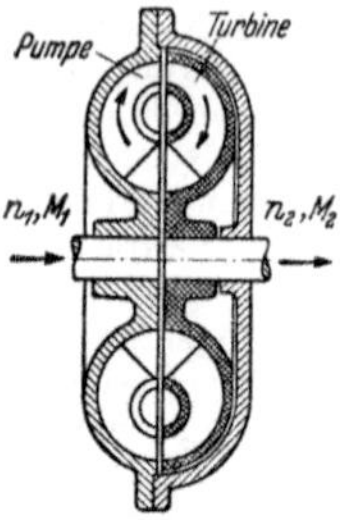

Bild 167

In dem Grenzfall, daß Pumpen- und Turbinenrad mit gleicher Drehzahl rotieren, herrscht in beiden Teilen auf gleichen Radien gleicher Druck: Kein Flüssigkeitskreislauf; Drehmoment 0, wie aus Bild 168 ersichtlich. Der optimale Wirkungsgrad 1 wird also — wie beim Schiffsvortrieb — bei der Leistung 0 erreicht. Zur tatsächlichen Leistungsübertragung ist ein Schlupf erforderlich, der bei Normalfüllung und gegebener Drehzahl und Leistung mit zunehmender Kupplungsgröße abnimmt. Die Schaufeln der beiden Räder sind meist ebene radialstehende Rippen. Dann bei $n_2 \approx n_1$ stoßfreier Übergang zwischen den Rädern; einfache Fertigung; Pumpen- und Turbinenseite können besonders gut ihre Rolle vertauschen. Schaufelzahl größer als sonst bei Strömungsmaschinen, damit hohes Drehmoment. Reibungsverlust bei Optimalbetrieb infolge kleiner Durchflußgeschwindigkeit trotz großer Schaufeloberfläche ertragbar, bei Regelbetrieb, wo Verlustaufteilung unwichtig, kleiner als Stoßverlust.

b) Betriebsverhalten. Bild 168: Kennlinie für normale Füllung. Bei gegebener Antriebsdrehzahl n_1 sinkt n_2 mit zunehmendem Drehmoment. Ist längere Zeit stärkerer Schlupf vorhanden, so muß das Öl im Kreislauf durch einen außenliegenden Kühler geführt werden. Vom Hauptkreislauf zwischen Pumpen- und Turbinenrad ist dann ein Nebenkreislauf zum Kühler abgeleitet; er kann durch die innerhalb der Kupplung vorhandene Flüssigkeitsenergie mit betrieben werden.

Bei der Kupplung nach Bild 169 ist die Anfahrbelastung zusätzlich verkleinert: beim Stillstand sammelt sich ein Teil der Flüssigkeit in der Kammer a, nimmt also zunächst nicht an der Arbeitsübertragung teil. Erst bei höherer Primärdrehzahl infolge der Fliehkraft Überströmen durch die Bohrungen b in den Arbeitskreislauf.

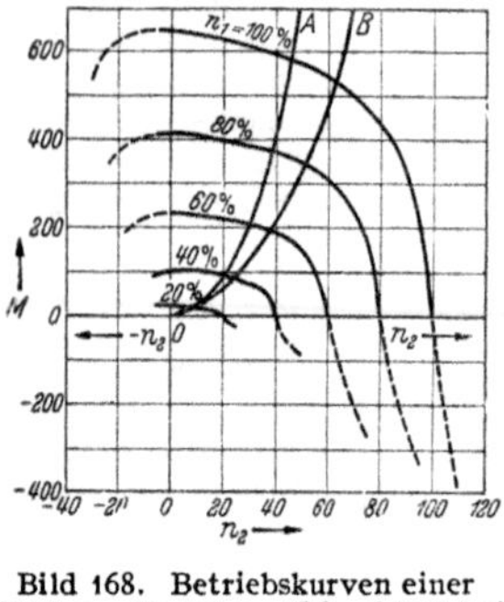

Bild 168. Betriebskurven einer Föttinger-Kupplung ($M = f(n_2)$ bei $n_1 = \text{const}$) mit Parabeln OA u. OB gleichen „Stoßzustandes"; vgl. S. 417

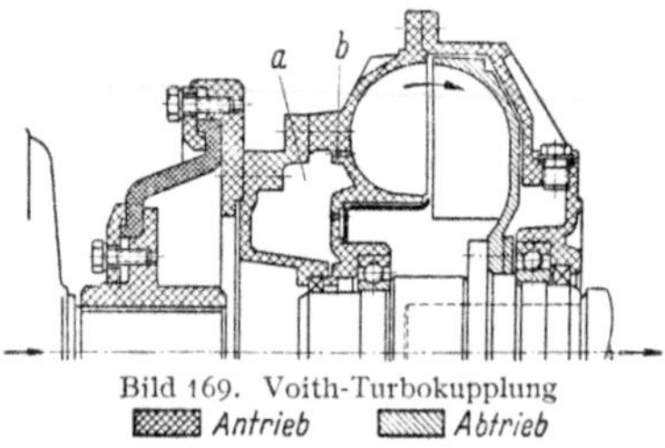

Bild 169. Voith-Turbokupplung
Antrieb Abtrieb

Bild 170, automatische Kraftfahrzeugkupplung. Abtriebseitig, rechts vom Pumpenrad b, befindet sich eine Trennkupplung d, die über elektrisch betätigte Servomotoren beim Schalten automatisch aus- und eingekuppelt wird. Freilauf verbindet Kurbelwelle a starr mit Turbine c und Abtriebwelle f, wenn a vom Abtrieb überholt wird. Dies sichert Motorbremsung bei Talfahrt und ergibt beim abgestellten Fahrzeug Verriegelung in der einen und Anschiebemöglichkeit in der anderen Richtung. — Einbau in Kraftwagen s. S. 812.

Weil die Föttinger-Kupplung bei niedriger Antriebdrehzahl kein hohes Drehmoment überträgt, kann Motor nicht „abgewürgt" werden. Besonders großer Kupplungsschlupf beim Start ermöglicht schon hier eine Motordrehzahl, bei der ein größeres Drehmoment abgegeben werden kann: weiches Anfahren und hohe Zugkraft bei niedriger Fahrgeschwindigkeit.

c) Regelung. Durch von außen gesteuerte Füllungsänderung (Sinclair) oder Drosselung kann die Kennlinie beeinflußt und das Betriebsverhalten geregelt werden. Beispiel hierfür:

Herabregeln eines Ventilators auf halbe Luftmenge bei konstanter Antriebdrehzahl. Wird gedrosselt, so verringert sich — je nach Ventilatorkennlinie — die Leistung nur wenig; beispielsweise wären beim Radialventilator 30% Leistungsabnahme möglich, beim Axialventilator Leistung konstant (u. U. sogar Zunahme). Bei Teilfüllung der Kupplung und Senkung der Gebläsedrehzahl auf 50% sinkt die Luftmenge ohne Drosselung auf den benötigten Wert. Abtriebleistung an der Kupplung hierbei $^1/_8$, Antriebleistung $^1/_4$ der Normalleistung, $\eta_K = 0{,}5$. Also Leistungsersparnis $70 - 25 = 45\%$ der Auslegungsleistung beim Radial- und 75% beim Axialventilator.

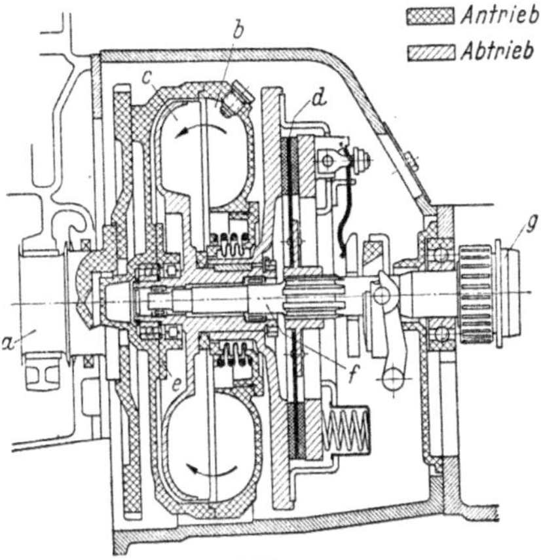

Bild 170
Automatische Kraftfahrzeugkupplung Hydrak
(Daimler-Benz, Stuttgart-Untertürkheim)

3. Föttinger-Getriebe (Strömungsgetriebe)

Strömungsgetriebe, auch Drehmomentwandler oder nur Wandler genannt, Bild 171. Besonderes Kennzeichen: ein feststehendes, nach außen abgestütztes Außengehäuse trägt ein feststehendes Leitrad. Hierdurch ist ermöglicht, daß $M_2 \neq M_1$ und u. U. auch $n_2 > n_1$ (Übersetzungsgetriebe). Höchstes Abtriebmoment bei größtem Schlupf, also festgehaltener Abtriebwelle, vgl. die zu $n_1 = \text{const}$ und $M_1 = \text{const}$ gehörige Drehmomentenlinie. Das hohe Anfahrmoment ist z. B. für Fahrzeuge sehr vorteilhaft. Trotzdem ist beim Anfahren des *Motors* das Belastungsmoment auch hier null. Natürlich ergeben sich für die Bedingung stoßfreien Überganges bei Normalbetrieb gekrümmte Schaufelkanäle, vgl. z. B. die Turbinenbeschauflung, Bild 171 unten. Zur Regelung neben den bereits bei Kupplungen genannten Möglichkeiten auch Schaufelverstellung.

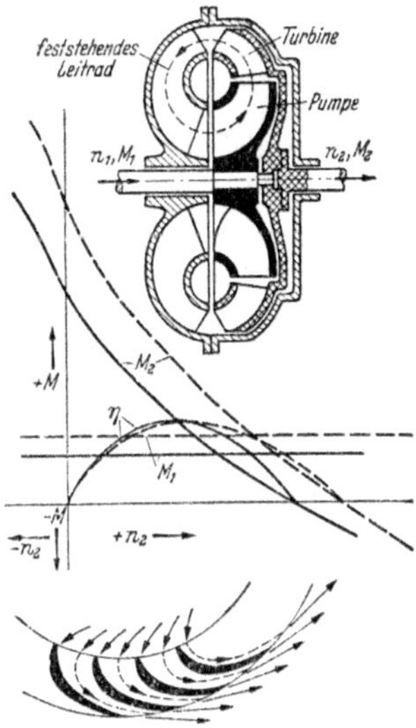

Bild 171

Bild 172 (Voith) zeigt die Kombination einer Kupplung *b*, *c* und eines Wandlers *d*, *e*, *f*. Je nach der verlangten Abtriebdrehzahl kann durch Schaltregler *g* und Vorsteuerung *h* entweder die Kupplung oder der Wandler von der Füllpumpe *k* mit Flüssigkeit gefüllt werden. Der nur mit Luft gefüllte Bauteil läuft leer. Die Ventilationsarbeit ist im Verhältnis zur Nutzleistung gering; zu große Erhitzung wird durch konstruktive und betriebliche Maßnahmen vermieden.

Beim Trilokgetriebe[1] kann man den Leitkranz statt mit dem feststehenden Gehäuse durch eine Schalteinrichtung mit dem umlaufenden Pumpenrad verbinden; der Wandler wird dann zur Kupplung. Auch andere mechanische Schaltungen sind denkbar, z. B. starre Verbindung von An- und Abtrieb für einen gewissen Betriebsbereich, in dem dann alle Schlupfverluste vermieden sind.

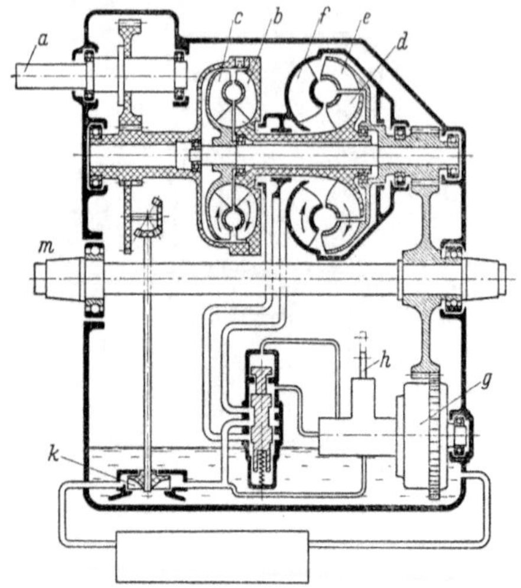

Bild 172. *a* Antrieb; *b*, *c* Pumpen- und Turbinenseite der Kupplung; *d*, *e*, *f* Pumpe, Turbine und Leitrad des Wandlers; *m* Abtrieb

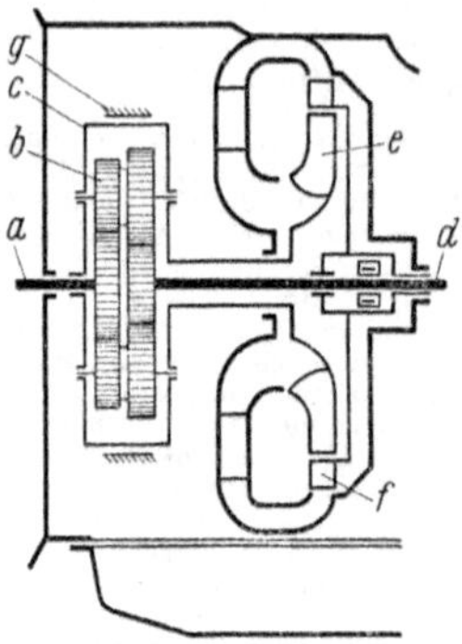

Bild 173

Das Strömungsgetriebe nach *Lysholm* enthält zwischen ebenen Kanalwänden kurze Radialschaufeln, die am Pumpenrad verdreht werden können, wodurch die Regelungsmöglichkeiten verbessert werden.

Bild 173 (Voith) zeigt, wie man erreicht, daß nur ein Teil der übertragenen Leistung die Schlupfverluste erleidet: Die Antriebwelle *a* könnte über Planetenräder *b* bei feststehendem Planetenradträger *c* die Abtriebwelle *d* allein treiben. *c* dreht sich jedoch durch die Reaktion der Zahndrücke und bewegt dabei das Pumpenrad *e* eines Turbogetriebes. Es wirkt über das Turbinenrad *f* ebenfalls treibend auf Welle *d*. Wird *c* bei *g* nicht festgehalten, so teilt sich wegen der Gleichgewichtsbedingungen die Leistung auf die beiden beschriebenen Wege auf: „Leistungsverzweigung“[2].

VI. Betriebsverhalten

Gemäß S. 343f. strebt man beim Berechnen einer Strömungsmaschine einen bestimmten Betriebspunkt an, gekennzeichnet durch die drei zusammengehörigen Werte Q, H und n, bei denen der Wirkungsgrad am höchsten sein soll. Praktisch arbeitet jedoch keine Maschine nur bei diesem Optimum.

1. An- und Abstellen

Hier sind die folgenden Gesichtspunkte zu beachten: 1. Ausreichende Schmierung; Gleitlager großer Maschinen u. U. mit vorgewärmtem Öl vorschmieren; bei gewissen Lagerkonstruktionen von Dampfturbinen kann zur Vermeidung von

[1] VDI-Z. Bd. 78 (1934) S. 1321.

[2] *Förster, H. J.:* ATZ Bd. 58 (1956), S. 258/60, VDI-Z. Bd. 96 (1954) S. 226/33 und VDI-Forschungsh. 444. Düsseldorf: VDI-Verl. 1954.

Abrieb die Welle durch Öldruck im Lager leicht angehoben werden, bis die Drehzahl zur Bildung eines Schmierfilmes ausreicht. 2. Zu starke Massenwirkungen am Läufer und am Strömungsmedium vermeiden: langsames An- und Abstellen großer Maschinen. Notabschaltung erfordert bei Wasserturbinen besondere Hilfsmittel, z. B. Wasserschloß (S. 348) und Strahlablenker (S. 351). 3. Zu schnelle Erwärmung[1] bei Dampf- und Gasturbinen führt zu Verformungen, zu zusätzlichen Spannungen und zum Anstreifen des Läufers. Durch Flanschheizung und ähnliche Maßnahmen kann man diesen Schwierigkeiten entgegenwirken. 4. Pumpen und ihre Saugleitungen müssen vor Betriebsbeginn mit Wasser gefüllt sein. Auch in selbstsaugenden Pumpen wird etwas Wasser zum Betriebsbeginn benötigt, und zwar u. a. deshalb, damit die Stopfbuchsen nicht trocken und heiß laufen. 5. Pumpen und Verdichter werden, wenn in der Leitung schon ein Gegendruck vorhanden ist, gegen geschlossenen Schieber angefahren, sonst bei ganz oder teilweise geöffneten Schiebern, mit kleinster Leistung oder günstigstem Wirkungsgrad.

2. Kennliniendarstellungen

Das Verhalten einer Strömungsmaschine unter verschiedenen Betriebsbedingungen wird durch Diagramme dargestellt. Sie können durch theoretische Untersuchungen, besser aus Versuchen an der Maschine oder am Modell, gewonnen werden. In Bild 168 und 171 ist eine Form solcher Darstellungen gezeigt, die speziell für Strömungsgetriebe geeignet ist; das Drehmoment ist hier über der Abtriebdrehzahl aufgetragen. Die Antriebdrehzahl hat für jede Kurve einen konstanten Wert, sie ist Parameter. Man erkennt aus Bild 168 die Ähnlichkeit der einzelnen Kurven; sie ergibt sich daraus, daß gem. S. 337 u. 413 für Betriebspunkte mit geometrisch ähnlichen Geschwindigkeitsdreiecken gelten muß: $M'/M'' = n'^2/n''^2$. Dieses „Affinitätsgesetz" bringt Punkte zueinander in Beziehung, welche auf einer Parabel durch O (z. B. OA und OB in Bild 168: Parabel gleichen „Stoßzustandes") liegen, und gestattet die Umrechnung der bei einer beliebigen Drehzahl gewonnenen Kennlinie auf irgendeine andere Drehzahl.

a) Schubdiagramm eines Propellers (gemäß Bild 159), Bild 174. Abszisse = Fahrgeschwindigkeit des Schiffes. Die gezeigte Gesetzmäßigkeit bezieht sich auf das Arbeiten des Propellers an einem bestimmten Schiff bei Normalbeladung des Schiffes, ruhiger See und beschleunigungsfreier Fahrt. Für diesen stationären Betrieb ist (abgesehen vom Einfluß der Re-Zahl) die Fahrgeschwindigkeit proportional zur Propellerdrehzahl n, die Leistungen sind proportional zu n^3, der Schub zu n^2.

Die hier zusammengefaßten Betriebspunkte liegen also auf einer kubischen bzw. quadratischen Parabel für geometrisch ähnliche Strömungsbilder. Deshalb ist auch der Wirkungs-

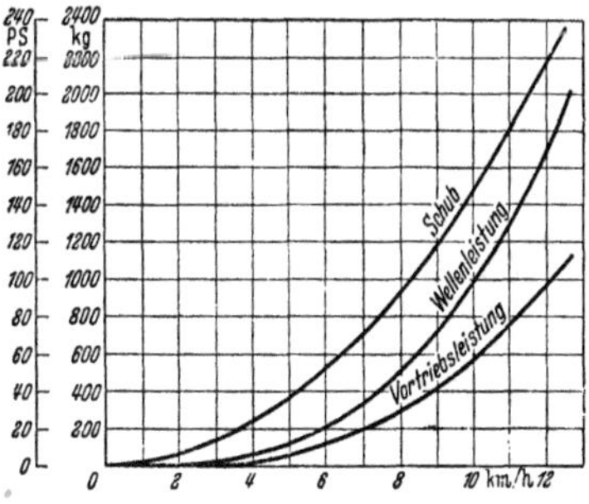

Bild 174

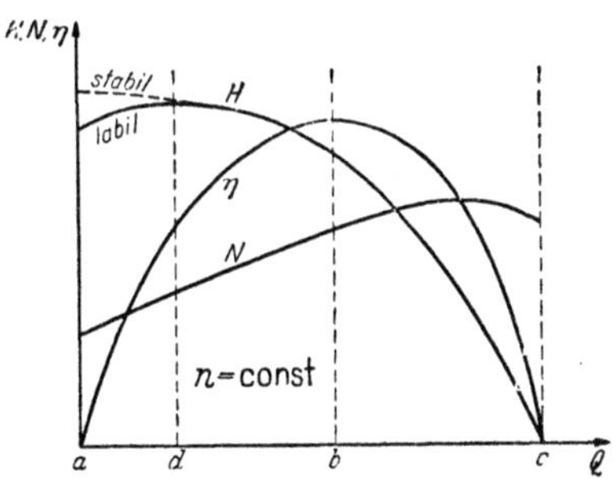

Bild 175

[1] *Schultes, K.:* Schnellstart von Dampfturbinen. Brennst.-Wärme-Kraft Bd. 8 (1956) S. 569/75.

grad, Vortriebsleistung/Wellenleistung, praktisch unverändert. Der kubische Zusammenhang zwischen Drehzahl und Wellenleistung ist für die Betriebsverhältnisse der Antriebsmaschine wichtig. Ein so großes Anfahrmoment wie bei Landfahrzeugen ist z. B. nicht erforderlich. Für die Praxis wird gewöhnlich nur der rechte Teil des Bildes mit den gebräuchlichen Reisegeschwindigkeiten dargestellt.

b) Kennlinien einer Kreiselpumpe, Bild 175. Wenn man bei konstant gehaltener Antriebdrehzahl in der Rohrleitung verschieden stark drosselt, ergeben sich verschiedene Förderhöhen H und Volumina Q. Bei der Durchführung und Auswertung der Messungen empfiehlt es sich, nach einheitlichen Regeln[1] vorzugehen (bessere Vergleichbarkeit mit an anderer Stelle erhaltenen Werten; eindeutige Unterlagen für Garantie). Die Kurve $H = f(Q)$ ist die „Kennlinie".

Der Antriebsmotor ist nach der größten vorkommenden Leistung auszulegen. Bei Pumpen mit kleinem und mittlerem n_q steigt im allgemeinen N mit wachsendem Q entsprechend Bild 175. Bei großem n_q (vor allem Axialpumpen) wird dagegen oft N_{max} bei $Q = 0$ erreicht.

Wichtig ist Verlauf der Antriebsleistung N und des Wirkungsgrades $\eta = \gamma Q H / 75 N$. Besondere Betriebspunkte (Bild 175): Punkt a: die Pumpe arbeitet gegen geschlossenen Schieber. Menge $Q_a = 0$, Wirkungsgrad $\eta_a = 0$. Die gesamte Leistung ist Verlustleistung und wird in Wärme verwandelt; da andererseits keine Wärmeabfuhr durch Förderflüssigkeit, kann die Temperatur unzulässig hoch werden; daher Betrieb gegen geschlossenen Schieber nur kurzzeitig statthaft. Punkt c: Leerlauf der Pumpe; $Q_c = Q_{max}$, $H_c = 0$, $\eta_c = 0$. Punkt b kennzeichnet den Normalbetriebszustand, den man in der Auslegungsrechnung angestrebt hat, $\eta_b = \eta_{max}$. Abweichungen zwischen dem errechneten und dem tatsächlichen Optimum lassen sich jedoch nicht immer vermeiden. Bei d größte Förderhöhe $H_d = H_{max}$. Links davon arbeitet die Pumpe labil; hier ist ein einwandfreier Betrieb oft unmöglich, wenn zwei Pumpen parallel arbeiten oder wenn die Flüssigkeit unter Druck zurückströmen kann (z. B. Kesselspeisung). Dann kann nämlich u. U. die Pumpe zwar mit normaler Drehzahl und Drehrichtung weiterlaufen, dabei aber rückwärts durchströmt werden ($Q < 0$, Betrieb auf dem ins Negative verlängerten Ast der Q, H-Linie). Wenn diese Gefahr vorliegt, ist „stabile" Form (in Bild 175 gestrichelt) der Kennlinie anzustreben; H muß bei abnehmendem Q dauernd ansteigen; dies wird dadurch erreicht, daß die Laufschaufeln stark rückwärts geneigt (β_4 und β_5 klein) oder nicht zu zahlreich sind oder weit in den Einlauf vorgezogen und räumlich gekrümmt werden.

Als Begründung hierzu Bild 176. Die oben gezeigten geraden Kennlinien für H_L ergeben sich mit konstant angenommenem Minderleistungsbeiwert $H_{L\infty}/H_L$ und $c_{3m} = c_{6m}$, wenn man für verschiedene Fördervolumina, also verschiedene Meridiangeschwindigkeiten c_{6m}, die Geschwindigkeitsdreiecke aufzeichnet und daraus nach der Eulerschen Gleichung (S. 310) die Förderhöhe H_L berechnet. Man erkennt die Tendenz zu steileren Kennlinien bei kleineren β_5. Die wirkliche Förderhöhe H ist um die Reibungs- und Stoßverluste $V_R + V_{St}$ kleiner als H_L. Sie sind in dem Bild unten angedeutet und ungefähr durch Parabeln dargestellt mit $V_R = 0$ bei $Q = 0$ bzw. $V_{St} = 0$ für $Q = Q_{St}$ am Punkt „stoßfreien" Eintritts. Wie die resultierenden H-Kurven erkennen lassen, kann man mit genügend kleinem β_5 und links liegendem Q_{St} (kleinem β_4) stabile Kennlinien erwarten. Auch ist eine flache V_{St}-Parabel günstig; sie wird mit wenig Laufschaufeln und schaufellosem Ringraum hinter dem Laufrad erreicht. Das Bild macht ferner deutlich, daß für $\beta_5 < 90°$ der beste Wirkungsgrad H/H_L bei $Q < Q_{St}$ liegen muß.

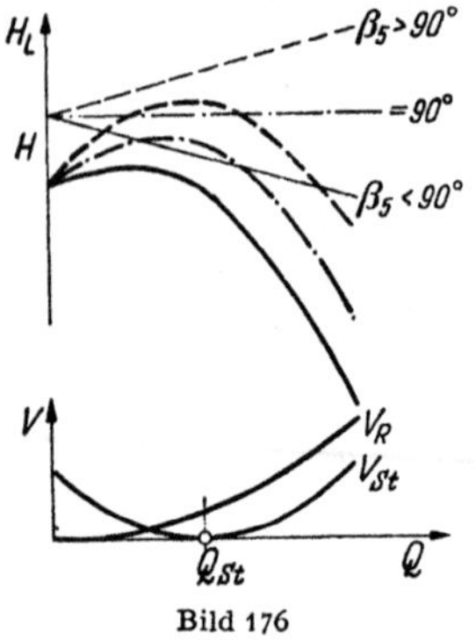

Bild 176

c) Kennfeld einer Pumpe, Bild 177. Auch hier gilt für geometrisch ähnliche Geschwindigkeitsdreiecke bei **Änderung der Drehzahl** von n_1 auf n_2:

$$Q_1 : Q_2 = n_1 : n_2\,, \qquad H_1 : H_2 = n_1^2 : n_2^2$$

[1] DIN 1948, Abnahmeversuche an Wasserturbinen, Berlin: VDI-Verl. 1957. — DIN 1943, VDI-Dampfturbinen-Regeln, Berlin 1943. — DIN 1944, VDI-Kreiselpumpen-Regeln, Berlin 1952. — DIN 1945, VDI-Verdichter-Regeln, Berlin 1934.

(Affinitätsgesetz). Die hierdurch einander zugeordneten Betriebspunkte liegen auf einer Parabel durch den 0-Punkt. Diese ist praktisch gleichzeitig Linie gleicher Drosselstellung, wenn die Förderhöhe nur zum Überwinden von Strömungswiderständen dient (z. B. Prüfstandsbetrieb). Die Beziehung $\eta_1 = \eta_2$ gilt längs der Parabeln nur annähernd und nur im mittleren Drehzahlbereich, da Verluste wie z. B. Lagerreibung u. Kavitation anderen Gesetzen unterliegen als die Förderhöhen. Es gilt also auch

$$N_1 : N_2 = n_1^3 : n_2^3$$

nur angenähert.

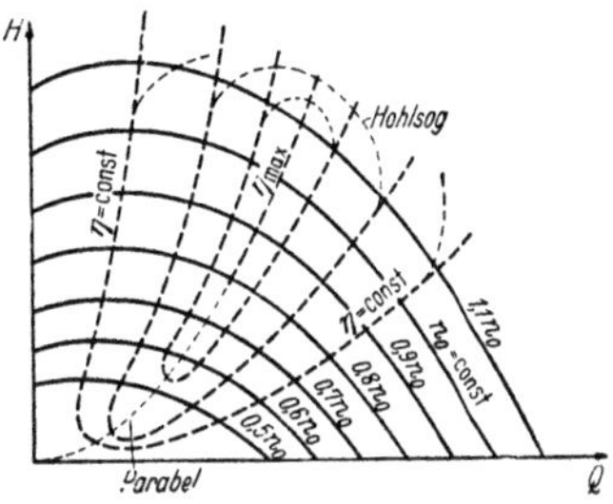

Bild 177

Wenn bei der Untersuchung einer Pumpe Kavitation vorhanden war, muß man auf dem Kennfeld auch die Saughöhe angeben. Sie beeinflußt den Beginn und die Stärke der Kavitation (vgl. S. 327) und damit auch die Form der Kennlinien und η-Kurven.

d) Die **Kennfelder der Gebläse und Verdichter** sind im Prinzip ebenso aufgebaut wie die der Pumpen. Für praktischen Gebrauch wird jedoch häufig an Stelle der Förderhöhe die Druckerhöhung (bei Ventilatoren) oder das Druckverhältnis (bei Kompressoren) aufgetragen. Bei Gasen und Dämpfen beeinflußt Volumenänderung in der Maschine die Ähnlichkeitsbedingungen (s. S. 339). Deshalb sind Kennfelder der üblichen Art für den gleichen Verdichter je nach Eintrittstemperatur und Gasart verschieden.

Eine allgemein gültige Form erhält man[1], wenn man folgende Auftragung wählt:

Abszisse: $Q_1/D^2\sqrt{g\,\varkappa\,R\,T_1}$ (bzw. $Q_1/\sqrt{T_1}$);

Ordinate: $H_{ad}/\varkappa\,R\,T_1$ (bzw. H_{ad}/T_1 oder p_e/p_a);

Parameter: $\eta_i = \text{const}$ und $u/\sqrt{g\,\varkappa\,R\,T_1} = \text{const}$ (bzw. $n/\sqrt{T_1} = \text{const}$).

Die in Klammern stehenden Werte genügen bei Verdichtung derselben Gasart im gleichen Verdichter, während die zuerst genannten Werte Allgemeingültigkeit für ideale Gase und alle ähnlichen Beschauflungen verschaffen.

e) Bei **Verstellschaufeln,** wie in Bild 135, Pumpenkennfeld nach Bild 178. Jede Q, H-Kurve bezieht sich hier, im Gegensatz zu Bild 177, auf die *gleiche Drehzahl*, aber auf eine andere Laufschaufelstellung ($\beta + \delta'$ gemäß Bild 37). Das oben angegebene Affinitätsgesetz gilt zwischen diesen Kurven nicht. Die Linien gleichen Wirkungsgrades nennt man wegen ihrer Form auch *Eierkurven.* Eine gleichzeitige Darstellung des Einflusses der Drehzahl auf den Wirkungsgrad würde bei allen verstellbaren Beschauflungen (also auch bei Wasserturbinen) das Bild unübersichtlich machen. Wenn man Bild 178 zu einer Schar von gewöhnlichen Kennfeldern erweitert, erkennt man, daß der Bereich guter Wirkungsgrade durch Verstellbarkeit erheblich vergrößert wird.

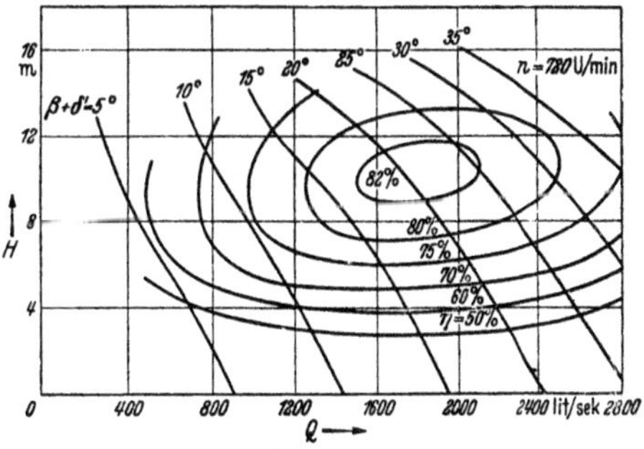

Bild 178

f) Bei **Wasserturbinen** in praktischem Betrieb vorzugsweise annähernd konstantes Gefälle (gegebene Verhältnisse) und konstante Drehzahl (Antrieb von Drehstromgeneratoren). Bild 179 für Francismodell gemessene Kurven (Voith).

[1] *Kühl, H.:* Ähnlichkeitsbetrachtungen an Kreiselverdichtern. Forsch. Ing.-Wes. Bd. 13 (1942) S. 235/45.

Die Leitschaufelstellung ist längs dieser Kurven verschieden, bei Kaplanturbinen auch die Laufschaufelstellung; hier wird die jeweils günstigste Kombination beider Einstellungen durch planmäßige Versuche ermittelt, im praktischen Betrieb angewendet (vgl. *f* in Bild 79) und auch dem nachfolgend beschriebenen Einheits-

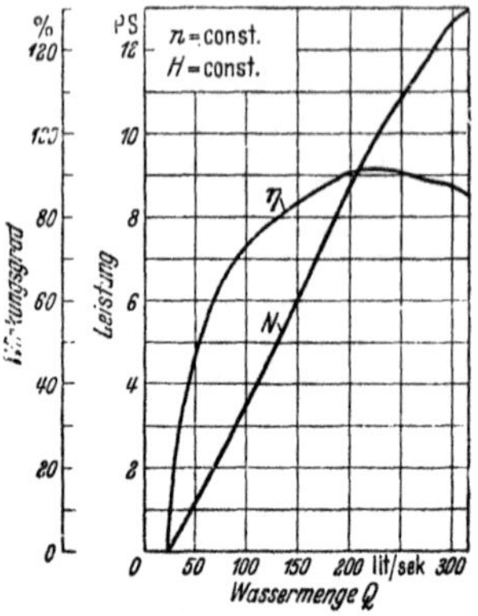

Bild 179

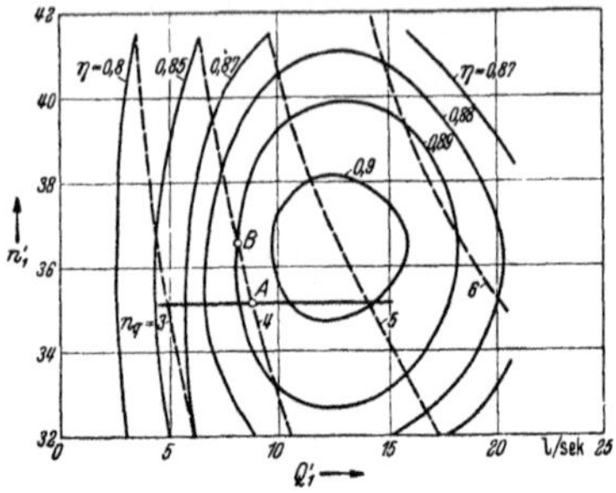

Bild 180

diagramm zugrunde gelegt. Umrechnung mehrerer solcher Kurven auf eine geometrisch ähnliche Turbine mit 1 m Raddurchmesser und auf 1 m Gefälle führt zum *Einheitsdiagramm*, das einen Einblick in das Betriebsverhalten der jeweiligen Bauart vermittelt, Bild 180 für eine Freistrahlturbine.

Die aufgetragenen Größen sind definiert als $n_1' = n\,D/\sqrt{H}$ und $Q_1' = Q/(D^2\sqrt{H})$, vgl. S. 341. Parameter sind Wirkungsgrad η und spez. Drehzahl n_q. Bei Bedarf kann man auch die Linien gleicher Leitschaufelstellung einzeichnen. Anwendung eines solchen Diagramms:

1. Für die Auslegung. Ist beispielsweise eine Turbine verlangt, deren Auslegungswerte $n_q = 4$ ergeben, und soll das zu Bild 180 gehörende Turbinenmodell benutzt werden, so kann man auf der Kurve $n_q = 4$ einen Auslegungspunkt aussuchen, z. B. *A*. Wenn hiermit Q_1' und n_1' festgelegt sind, läßt sich bei gegebenem Q, H und n der Durchmesser D, also auch der Maßstab für die Vergrößerung des bekannten Modells berechnen.

2. Ermittlung von η für andere Wassermengen Q bei Regelung. n_1' ist unabhängig von Q; Q_1' ist proportional Q. Beim Regeln liegen die Betriebspunkte auf der Waagerechten durch *A* (n_1' = const.): „Regelgerade". Für jedes Q_1' und daher für jedes Q ist η abzulesen. $\eta_{max} \approx 90\%$ rechts vom Normalbetriebspunkt. Bei Wahl von *B* als Normalpunkt geht Regelgerade durch η-Gipfel. Aber: größere teurere Turbine, schlechteres η bei Normal- und Teillast. Auf die Abhängigkeit der zu wählenden Auslegungsdaten vom voraussichtlichen Betriebsprogramm wurde auf S. 344 hingewiesen.

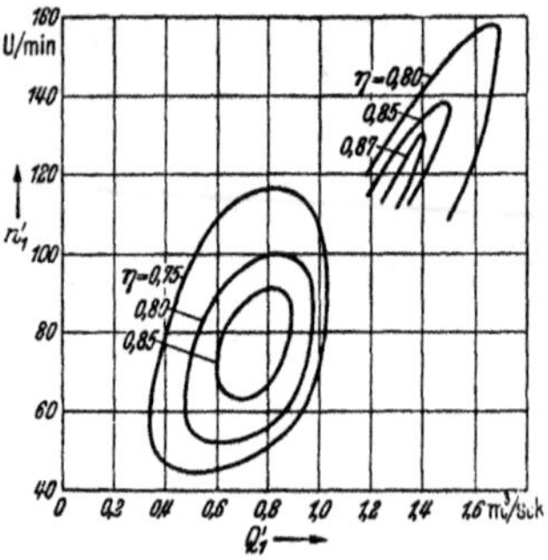

Bild 181

3. Betriebspunkte bei Änderung von H, z. B. Verkleinerung von H, wenn Hochwasser. Dann Verschiebung der Regelgeraden nach oben, n_1' ist vergrößert.

4. Die verfügbare Leistung in PS kann für jeden Betriebspunkt berechnet werden aus $N = \eta\gamma Q H/75$, wobei η dem entsprechenden Punkt des Einheitsdiagramms zu entnehmen ist.

Die Form des Einheitsdiagramms ist bei den verschiedenen Bauarten[1] verschieden. Bild 181, Vergleich des Diagramms von Francis-Langsam- und Schnellläufern. Bei Langsamläufern relativ breite η-Kurven, d. h. gute Regelfähigkeit. Dagegen ändert sich bei wechselndem n_1' (Gefälle- oder Drehzahlschwankungen) η beim Langsamläufer schneller. Die Drehzahl ist jedoch praktisch meist konstant, und Gefälleänderungen sind bei den großen Gefällen der Langsamläufer prozentual gering. Daher ist diese Empfind-

[1] *Jagdish-Lal:* Die Kennlinien einer Freistrahlturbine. Wien: Springer 1952.

lichkeit bedeutungslos. Kaplanturbinen vereinigen die regeltechnischen Vorteile von Langsam- und Schnelläufern.

In Einheitsdiagrammen kann der Einfluß von Änderungen der Reynoldsschen Zahl, der Spaltweite, der relativen Rauhigkeit usw. (Baugröße und Drehzahl) nicht mit dargestellt werden. Diese Einflüsse sind bei mittleren Verhältnissen nur gering, müssen jedoch in jedem Fall mit geprüft werden, vgl. die Umrechnungsformel auf S. 343.

g) Bei **Dampfturbinen** sind Kennfeldmessungen besonders teuer und umständlich, deshalb nicht üblich[1]; es werden meist nur einige Garantiepunkte gemessen. Der Gedanke des Einheitsdiagramms ist grundsätzlich anwendbar: wechselndes Druckverhältnis (verschiedene Volumenvergrößerung) in Düse und Laufschaufel kann hierbei ähnlich behandelt werden[2] wie die Leitschaufelverstellung bei Wasserturbinen. Einen grundsätzlichen Einblick in das Betriebsverhalten vermittelt auch der *Dampfkegel*[3].

Bild 182 zeigt ein räumliches Koordinatensystem. Waagerechte Achse: Dampfgewicht G in kg/h, senkrecht nach oben: Gegendruck p_2 in ata, senkrecht zur Bildebene: Anfangsdruck p_1 in ata. Ist A der Auslegungspunkt, so liegen die Betriebspunkte bei konstantem Anfangsdruck auf einer durch A gehenden Ellipse in der Ebene p_1 = const. Diese „Dampfellipse" ist durch die Bedingung $b = h$ festgelegt; wenn kein Druckgefälle, dann kein Durchsatz. Alle überhaupt möglichen Betriebspunkte bilden einen Kegelmantel, dessen Spitze der Koordinatenursprung ist. Das hier dargestellte Gesetz gilt nur angenähert und hat u. a. folgende Voraussetzungen: 1. In sämtlichen Stufen unveränderter Beaufschlagungsgrad. 2. Anfangstemperatur konstant. 3. Die kritische Geschwindigkeit wird nirgends erreicht oder überschritten.

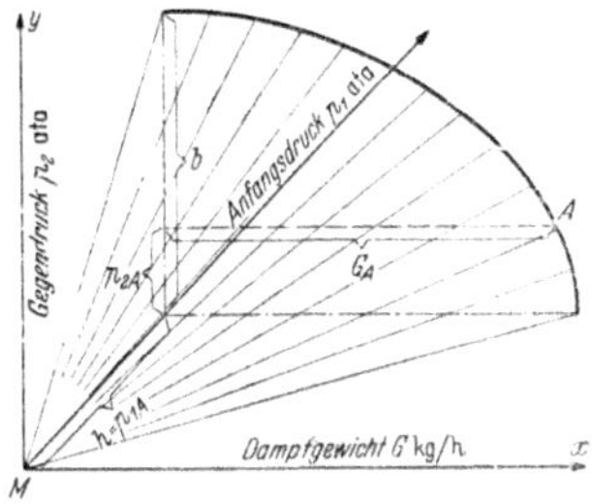

Bild 182

Über Wirkungsgrade und Leistungen wird nichts ausgesagt. Vernachlässigt man in der Nähe von Punkt A die Änderung von η, so kann man N aus dem Gefälle, der durchgesetzten Menge und dem Auslegungswirkungsgrad berechnen. Der Dampfverbrauch im Leerlauf ist $\approx$ 10 bis 15% des Normalwertes.

Bei Entnahmeturbinen (Bild 86) hängt der Dampfverbrauch, wie in Bild 19, S. 454 dargestellt, nicht nur von der Wellenleistung, sondern auch vom Anzapfdampfbedarf ab. Auf Linie A-B wird aller Dampf entnommen, der im HD-Teil Arbeit geleistet hat. Ähnliche Diagramme kann man auch bei Zweidruckverdichtern in genau entsprechender Weise aufstellen[4].

h) Auf **Gasturbinen**[5] ist der Dampfkegel kaum anwendbar, da er größere Stufenzahlen voraussetzt. Man hat jedoch, um Erfahrungen für die Wirkungsgradsteigerung zu gewinnen, viele Messungen an Turbinenstufen und Turbinen durchgeführt. Durch rechnerische Überlagerung von Einstufenkennfeldern kann man zum Turbinenkennfeld gelangen und aus ähnlichen, allerdings langwierigen Rechnungen auch vom Verhalten der Einzelmaschinen auf dasjenige einer ganzen Gasturbinenanlage schließen.

3. Extreme Betriebsverhältnisse

Bei allen Strömungsmaschinen sind gewisse Abweichungen vom Normalbetrieb besonders zu beachten.

a) Wasserturbinen gehen durch, wenn plötzlich das Lastmoment ausbleibt, z. B. bei Abschalten eines angetriebenen Generators vom elektrischen Leitungsnetz. Das Verhältnis von Durchgangsdrehzahl zu Normaldrehzahl kann folgende Werte annehmen:

---

[1] Vgl. jedoch *Koch, W.:* Wirkungsgrade von Gegendruck- und Vorschaltturbinen. Brennst.-Wärme-Kraft Bd. 1 (1949) S. 129/34 und *Kreuter, K.:* Versuche an einer HD-Gegendruckturbine ... Konstruktion Bd. 2 (1950) S. 41/48. — Energie Bd. 10 (1958) S. 481/84.

[2] *Sörensen, E.:* Einheitsdiagramme für Dampfturbinen. VDI-Z. Bd. 83 (1939) S. 565/70.

[3] Vgl. S. 356 Lit. 1, 5, 7 u. *Stodola*-Festschrift S. 145. Zürich u. Leipzig: Orell Füssli 1929. Hierzu auch *Flügel, G.:* D. Dampfturb. bei großen Änderungen des Betriebszustandes. VDI-Z. Bd. 93 (1951) S. 721/28.

[4] *Kluge, F.:* Der Entnahme- und Zweidruck-Kreiselverdichter. Technik Bd. 3 (1948) S. 75/80 u. Konstruktion Bd. 1 (1949) S. 319 (Ref.).

[5] *Hausenblas, H.:* Die Kennfelder der Turbinenteile von Gasturbinen. Energie Bd. 9 (1957) S. 373/78 und 491/98.

Freistrahlturbinen: 1,8–1,9;
Francisturbinen: Langsamläufer 1,6, Schnelläufer bis 2,1;
Kaplanturbinen: 2,2–2,8.

Der Turbinenläufer und die angekuppelten rotierenden Teile müssen diese Drehzahl auch bei dem größtmöglichen Gefälle aushalten. Das höchste vorkommende Drehmoment liegt bei Francisturbinen bei der Drehzahl 0 und ist das $\approx 1{,}6$ bis 1,8fache des Auslegungswertes (günstig für das Anfahren). Bei Kaplanturbinen $M_{\max}$ nur $\approx 1{,}05\ M_{\text{normal}}$ bei 0,25facher Normaldrehzahl. — Zu hoher Unterwasserstand (insbesondere bei Hochwasser) setzt durch Gefälleverringerung die Leistung herab (ausgenommen Freistrahlturbinen). Wenn das Saugrohr bei zu tiefem Wasserstand Luft saugt, verliert es seine Wirkung; daher Saugrohrmündung möglichst tief legen.

b) Bei Kreiselpumpen hört Förderung ganz auf, wenn die Saughöhe zu groß wird; die Pumpe „schnappt ab". Rückwärtsfließen des Wassers bei normaler Drehrichtung und instabilem Betrieb wurde bereits bei Bild 175 erwähnt. Wenn der Antrieb aussetzt, kann die Pumpe auch wie eine Turbine vom rückströmenden Wasser rückwärts getrieben werden: Wasserverlust und ev. unzulässig hohe Drehzahl. Abhilfe: Rückschlagventil, möglichst tief liegend. Hierdurch wird zugleich verhindert, daß die Saugleitung bei Betriebspausen zu schnell ausläuft und die Pumpe ihre Saugwirkung verliert.

c) Bei **Dampfturbinen** muß **Durchgehen** infolge Entlastung unbedingt vermieden werden. Die Zentrifugalspannungen liegen hier schon bei Normalbetrieb zu nahe an der oberen Grenze. Daher Sicherheitsregler gemäß Bild 111. Zum Nachweis seiner Zuverlässigkeit ist der Schnellschluß in Abständen von $^1/_2$ bis 3 Monaten entsprechend der Firmenvorschrift zu erproben: Anfahren der Turbine ohne Belastung und Beobachten der Ausklinkdrehzahl. Bei diesem Kontrollversuch kann auch die Auslaufzeit als Maß für die Lagerbeschaffenheit beobachtet werden. Sie ist, je nach Schwungmoment, bei Dampf- und Gasturbinen sowie Verdichtern oft recht erheblich; Auslaufdauern von 15 und mehr Minuten sind keine Seltenheit. Die Ölversorgung der Lager muß so lange in Betrieb bleiben.

d) Auch bei **Verdichtern,** insbesondere bei solchen für höhere Druckverhältnisse, ist Rückwärtslauf möglich, wenn der Antrieb ausfällt. Abhilfe: druckseitige Rückschlagklappe. Der instabile Betrieb „*Pumpen*" ist bei diesen Maschinen gefährlich und unbedingt zu vermeiden.

Wird z. B. in einen Behälter gefördert, aus dem laufend Luft entnommen wird, und sinkt die entnommene Menge, so steigt der Druck, H muß größer werden. Dies hat bei Betrieb auf dem rechten, stabilen Ast der H-Kurve von Bild 175 zur Folge, daß Q kleiner wird: es spielt sich automatisch ein neuer Betriebspunkt ein. Anders bei Unterschreiten der Menge Q_d, Bild 175. Der Druck im Behälter wird dann kurzzeitig höher, als der Förderhöhe des Verdichters entspricht, und die Förderung hört auf: Betriebspunkt a oder sogar Rückströmen. Infolge fortdauernder Entnahme sinkt der Druck nun wieder, und der Verdichter kann mit dem Arbeiten im stabilen Kurvenast neu beginnen, worauf sich der Vorgang wiederholt. Die Druckschwankungen sind am Manometer, die Geschwindigkeitsschwankungen an der Saugöffnung leicht zu erkennen. Der Verdichter „*pumpt*". Dieser Ausdruck erklärt sich durch das harte Geräusch, welches an besonders laute Kolbenpumpen erinnert. Die Förderung setzt nämlich jedesmal so schlagartig ein, daß die Anlage sogar gefährdet wird. Frequenz des Vorganges hängt u. a. vom Behältervolumen ab. Auch die Rohrleitungen zwischen dem Verdichter und den Verbrauchsstellen wirken als Behälter. Maßnahmen gegen das Pumpen:

1. Anstreben einer stabilen Kennlinie, vgl. S. 418.

2. Vermeiden zu kleiner Fördervolumina am Verdichter durch: α) Abblaseventil, welches, durch die Luftgeschwindigkeit gesteuert, bei Unterschreiten einer Mindestluftmenge Druckluft abbläst. — β) Bei genügend großem Behältervolumen: Drosselung auf Saugseite, Abschaltung auf Druckseite, Verbindung der letzteren mit Atmosphäre, d. h. Leerlaufbetrieb im durch eigene Saugwirkung erzielten Vakuum („Aussetzregulierung"). Vgl. die Klappenstellung auf der linken Seite von Bild 151. — γ) Leitschaufelverstellung (BBC). — δ) Durch saugseitige Drosselung bei unverändertem Durchsatzgewicht Volumenvergrößerung und damit u. a. günstigere Lage des Betriebspunktes. — ε) Drehzahlregelung.

Wenn ein konstanter Verdichtungsenddruck benötigt wird, sind die Maßnahmen δ und ε nur begrenzt anwendbar.

e) Auch bei **Pumpen** können **ähnliche Erscheinungen** auftreten, wenn Verbindung mit Dampf- oder Windkesseln vorhanden ist. Sonst im instabilen Bereich infolge der geringeren Elastizität des Wassers nur ungefährliches leichtes Vibrieren.

4. Regelung[1]

Je nach den Verhältnissen verschiedene Möglichkeiten zum Verstellen des Betriebspunktes, z. T. schon erwähnt: 1. Drosselung, stets mit Verlusten verbunden. — 2. Schaufelverstellung. — 3. Drehzahländerung. — 4. Abblasen zuviel geförderten Gases. — 5. Umgehung der vorderen Stufen, Überströmregelung bei Dampfturbinen, vgl. Bild 91. — 6. Nur zeitweiliger Betrieb. — 7. Änderung des Beaufschlagungsgrades bei Dampfturbinen durch Zu- und Abschalten von Düsen vor dem C-Rad. — 8. Bei Dampfturbinen außerdem: Änderung des Kesseldruckes[2]. — 9. Teilfüllung bei Föttingerkupplungen. — 10. Nebenauslaß (bypass) bei Wasser- und Gasturbinen.

Bei Verringerung der Leistung von Dampfturbinen durch Drosseln oder Düsenabschaltung verarbeiten die letzten Stufen weniger Gefälle als die ersten, u. U. überhaupt kein Gefälle mehr. Mehrstufige Kompressoren erzeugen hingegen bei verringertem Durchsatz in den hinteren Stufen einen größeren Anteil der Förderhöhe.

Regelaufgabe, Steuerung des Regelvorganges, Isodromprinzip usw. vgl. die Hinweise zu Bild 70 u. 79* u. S. 290.

5. Besonderheiten

a) Axialschub ist bei allen Strömungsmaschinen vorhanden. Auf die konstruktiven Möglichkeiten des Ausgleichs ist auf S. 359, 394 u. 399, hingewiesen. Zu seiner rechnerischen Ermittlung faßt man zweckmäßigerweise zunächst solche Flächen des Läufers zusammen, für die sich die Axialbelastung aufhebt, wie z. B. die äußeren Radflächen in Bild 138. Im übrigen hat der auf einen beschaufelten Läufer wirkende Axialschub zwei Anteile: 1. Statischer Druck auf die Rad- u. Schaufelflächen und 2. dynamische Wirkung durch Ändern der axialen Geschw.-Komponente. Diese Wirkung ist bei axial beaufschlagten Maschinen meist gering, jedoch bei radialen Rädern mit axialem Zulauf wesentlich; Berechnung nach dem Impulssatz. — Bei Ermittlung des statischen Schubes auf eine Radwand ist zu beachten, daß der Druck an verschiedenen Radien verschieden ist, weil das Arbeitsmedium mit rotiert. Für ein Medium zwischen fester und rotierender Wand kann man angenähert Rotation als starrer Körper mit der halben Läuferdrehzahl voraussetzen, also parabolische Druckverteilung. Herrscht z. B. am äußeren Radius R der Druck p_{Sp} (Spaltdruck), so folgt der Druck p am beliebigen Radius r aus: $p = p_{\mathrm{Sp}} - \gamma\omega^2(R^2 - r^2)/8g$. Hierbei ist ω die Winkelgeschwindigkeit des Läufers. Ist R_i der Innenradius der betrachteten Radwand, so ist die hieraus wirkende Axialkraft:

$$A = \int_{R_i}^{R} p\, 2r\pi\, \mathrm{d}r = \pi(R^2 - R_i^2)\left[p_{\mathrm{Sp}} - \gamma\,\omega^2(R^2 - R_i^2)/16g\right].$$

b) Hohe Drehzahl ist kennzeichnend für Dampfturbinen, Gasturbinen und Kompressoren, ist aber auch bei Kreiselpumpen und Luftschrauben vorhanden. Hieraus folgen (vgl. S. 330) hohe Zentrifugalspannungen im Läufer, Gefahr von Biegeschwingungen und Notwendigkeit sorgfältigen Auswuchtens. Ferner: große kinetische Energie der rotierenden Massen, daher Regelgeschwindigkeit bei Drehzahlverstellung begrenzt. Bei Richtungsänderung der Läuferachse treten Kreiselkräfte und Momente auf. Hierdurch z. B. in Fahrzeugen ev. zusätzliche Lagerbelastung während Kurvenfahrt oder auf unebener Straße. Die Lager für hohe Drehzahlen müssen sorgfältig hergestellt und gut ausgerichtet sein.

c) Geräuschentwicklung. Bei Turbinen und Pumpen meist nur ein leichtes Singen oder Rauschen; bei Flüssigkeiten lediglich im Fall der Kavitation starker

---

[1] *Hutarew, G.:* Regelungstechnik. Berlin: Springer 1955. — Vgl. auch Abschn. Regelungstechnik S. 832. [2] *Senger, U.:* Bietet das Gleitdruckverfahren Vorteile? Brennst.-Wärme-Kraft Bd. 6 (1954) S. 197/205.

* Ferner: *Fabritz, G.:* Regelung der Kraftmaschinen. Wien: Springer 1940.

Lärm, ebenfalls bei „pumpenden" Verdichtern (vgl. S. 422). Verdichter, Strahltriebwerke und Luftschrauben entwickeln außerdem schon im Normalbetrieb ein lästiges Geräusch, das bis zur Schmerzgrenze gehen und die Anwendbarkeit dieser Maschinen einschränken kann. Dies hängt mit der Kombination von ungleichmäßiger, verzögerter Strömung und hohen Geschwindigkeiten zusammen. Das Geräusch setzt sich aus mehreren Komponenten zusammen. Hauptfrequenz bei Verdichtern und Propellern: $f = zn/60\ \mathrm{sek}^{-1}$, also durch das Vorbeistreichen von z Laufschaufeln an der Leitschaufelspitze, Spiralzunge oder anderen Hindernissen verursacht. Diese hochfrequenten Geräusche wirken bei gleicher Lautstärke unangenehmer als tiefere. Es kann daher z. B. günstig sein, wenn ein Ladegebläse vom Motor übertönt wird. Die Lautstärke wächst sehr schnell mit größer werdender Strömungsgeschwindigkeit, also vorwiegend mit der Umfangsgeschwindigkeit. Größere Lautstärke bedeutet nicht immer schlechteren Wirkungsgrad. Der Lärm der Strahltriebwerke entsteht hauptsächlich durch Wirbel beim Austritt des Gases aus der Vortriebsdüse, also durch turbulente Vermischung bei höchster Geschwindigkeit.

Maßnahmen zur Verringerung der Geräusch*entwicklung:*

1. Bei Radialverdichtern genügend Abstand zwischen Laufradaustritt und Leitradeintritt; radiale Erstreckung des schaufellosen Ringraumes gleich dem ≈0,1fachen Laufraddurchmesser. — 2. Nicht zu kleine Schaufelzahl. — 3. Ablösungen nicht nur durch verringerte Schaufelbelastung, sondern auch durch sorgfältige Schaufelgestaltung nach Möglichkeit vermeiden. Bei Luftschrauben (Entwurfsanforderungen meist sehr hoch und Variationsmöglichkeiten gering) ist sorgfältige Profilierung die einzige — nicht sehr wirksame — Möglichkeit zur Schallverminderung. — 4. Umfangsgeschwindigkeit und damit auch Luftgeschwindigkeit nicht zu hoch wählen; dies bedeutet allerdings u. U. höhere Stufenzahl, also teurere Bauart, Punkt 4 deckt sich z. T. mit der Vorschrift, daß zu hohe Machsche Zahlen zur Erreichung guter Wirkungsgrade zu vermeiden sind. — 5. Bei Ventilatoren: Schaufelein- und -austrittskanten schräg legen, entsprechend dem „ziehenden Schnitt" bei geräuschärmeren Hobelmaschinen. Diese Maßnahme wird, obgleich oft vorgeschlagen, nur selten angewendet, weil es schwierig ist, dabei eine unerwünschte seitliche Abdrängung der Stromlinien zu vermeiden. — 6. Ungleichmäßige Schaufelteilung schwächt die Entstehung von Geräuschen bestimmter Frequenz[1]. — 7. Austrittsstrahl der TL-Triebwerke in mehrere Strahlen aufteilen; Austrittsquerschnitt nicht rund, sondern als vielfach gezackten Stern ausbilden[2].

Maßnahmen zur Verringerung der Geräusch*fortpflanzung:*

1. Das von der Beschauflung ausgehende hochfrequente Geräusch, das sich vorzugsweise geradlinig fortpflanzt, soll nicht auf geradem Weg ins Freie gelangen können. — 2. Eine von der Schallquelle ins Freie führende Leitung (z. B. Verdichtersaugöffnung) unterteile man durch schallschluckende Zwischenwände (z. B. Filz) in mehrere enge Teilkanäle ausreichenden Gesamtquerschnittes. — 3. Starke Gehäusewandung (Gußeisen, kein dröhnendes Blech). — 4. Elastische nichtmetallische Rohrverbindung, damit sich der Körperschall nicht in den Rohrleitungen besonders weit fortpflanzt[3]. — 5. Düsenflugzeuge kann man beim Warmlaufen vor dem Start mit einem fahrbaren Schalldämpfer am Strahlaustritt sehr wirkungsvoll abdecken.

d) Lebensdauer der Strömungsmaschinen ist begrenzt: 1. durch Abnutzung der Schaufeln und Kanäle infolge Korrosion, Erosion und Kavitation. Diese Abnutzung kann jedoch sehr gering gehalten, meist ganz verhindert werden. — 2. durch Altern der Werkstoffe bei thermisch und mechanisch besonders hoch beanspruchten Teilen bei Dampf- und Gasturbinen, wo ev. von vornherein mit begrenzter Zeitfestigkeit gerechnet wird. — 3. durch Abnutzung in den Lagern. In Gleitlagern wegen hoher Gleitgeschwindigkeit bei Normalbetrieb nur flüssige Reibung, daher Abnutzung gering und überhaupt nur beim Anfahren und Abstellen. Außerdem Auswechselbarkeit von Lagerschalen und Wälzlagern ebenso wie bei Schaufeln möglich. — 4. Wichtig ist die Abnutzung bei Stopfbuchsen; auch bei Labyrinthen kann sie groß sein. — 5. Das Betriebsverhalten verschlechtert sich durch Ablagerungen auf Schaufeln und Kanälen; sie lassen sich ev. entfernen nach Demontage oder durch geeignete Ausspülverfahren im zusammengebauten Zustand (vgl. S. 388).

[1] Arch. Wärmewirtsch. u. Dampfkesselwes. Bd. 20 (1939) S. 153.
[2] *Radicke, E.:* Lärmstörungen durch den Betrieb von Flughäfen. Technik Bd. 12 (1957) S. 563/68. [3] *Lübcke, E.*, u. a.: Schallabwehr im Bau- und Maschinenwesen. Berlin: Springer 1940. — *Zeller, W.*, u. *H. Stange:* Vorausbestimmung der Lautstärke von Axialventilatoren. Heizg., Lüftg., Haustechn. Bd. 8 (1957) S. 322/23.

Kondensation und Rückkühlung

Bearbeitet von Dr.-Ing. **H. Kraussold,** Ingelheim

Literatur: 1. *Hoefer, K.:* Die Kondensation bei Dampfkraftmaschinen. Berlin: Springer 1925. — 2. *Barth, F.:* Wahl, Projektierung und Betrieb von Kraftanlagen. 4. Aufl. Berlin: Springer 1925. — 3. *Perry, J. H.:* Chem. Engineers Handbook. New York: McGraw Hill 1941. — 4. *Geibel:* Über Wasserrückkühlung mit selbstventilierenden Turmkühlern. VDI-Forsch.-Heft 242. — 5. *Koch, J.:* Untersuchung und Berechnung von Kühlwerken mit Hilfe des *i, t*-Bildes. VDI-Forsch.-Heft 404. — 6. DIN 1947 Leistungsversuche an Kühltürmen (VDI-Kühlturmregeln). Berlin-Köln: Beuth-Vertrieb 1959.

Im folgenden bedeuten:

D kg/h	Dampf- (Kondensat-) menge
W kg/h	Kühlwassermenge
L kg/h	Luftmenge
Q kcal	Wärmemenge
q kcal/h	Wärmemenge je Stunde
F m²	Kühl- (allg. Wärmeaustausch-) fläche
P mm QS	Druck allgemein
p at	Druck allgemein
P_0 mm QS	Druck auf Normalzustand bezogen
p_0 at	Druck auf Normalzustand bezogen
P_k mm QS	Kondensatordruck
P_d mm QS	Teildruck des Dampfes im Dampf-Luft-Gemisch
b mm QS	Barometerstand
t °C	Temperatur allgemein
t_d °C	Dampftemperatur
t_k °C	Kondensattemperatur
t_e °C	Eintrittstemp. des Kühlwassers
t_a °C	Austrittstemp. des Kühlwassers
i'' kcal/kg	Wärmeinhalt gesättigter Luft
i_d kcal/kg	Wärmeinhalt des Dampfes
x kg/kg	Dampfgehalt je kg Luft
k kcal/m²h grd	Wärmedurchgangszahl
σ kg/m²h	Verdunstungszahl

A. Allgemeines

Die Kondensation stellt physikalisch die Umkehrung des Verdampfungsvorganges dar: Dämpfe werden durch Wärmeaustausch mit der Umgebung so weit abgekühlt, daß sie sich verflüssigen, ein Vorgang, der mit großer Volumenverminderung verknüpft ist. Soll das dadurch entstehende Vakuum gleichmäßig aufrechterhalten werden, so müssen nichtkondensierbare Bestandteile (Gase) durch besondere Pumpen laufend entfernt werden.

1. Zweck der Kondensation

a) Erzeugung eines möglichst hohen Vakuums, um Kraftmaschinen ein größeres Druck- und Wärmegefälle zur Verfügung zu stellen. Grenzen sind gezogen durch die Auspuffquerschnitte der Maschinen; die Drosselverluste dürfen den Gefällegewinn nicht übersteigen. Bei Kolbenmaschinen sind Enddrücke von 0,15–0,1, bei Turbinen bis 0,02 kg/cm² wirtschaftlich ausführbar. Eine weitere Grenze setzt die Temperatur des verfügbaren Kühlwassers. Kühlwassertemperaturen, schwankend mit Ort und Jahreszeit:

Brunnenwasser	$t_e \approx 10$ bis 15 °C
Flußwasser	$\approx$ 0 bis 25 °C
Rückkühlanlagen . . .	≈ 20 bis 35 °C

Kühlwassermenge: $W = (40 \text{ bis } 70)\,D$.

Theoretisch mögliche Luftleere ist der der Kühlwasser-Ablauftemperatur entsprechende Sättigungsdruck des Dampfes. Oberflächenkondensatoren erreichen 99 bis 99,5% des theoretisch möglichen Vakuums. Im Mittel kann mit 0,04 at bei Frischwasser- und mit 0,07 at bei Kühlturmbetrieb gerechnet werden. Um 1% besseres Vakuum bedeutet bei über 90% einen um 1,5% geringeren Dampfverbrauch.

Das Vakuum kann angegeben werden

a) als absoluter Druck: $P = b - P_k$ in mm QS oder $p = (b - P_k)/735{,}5$ in at;

b) als reduziertes Vakuum, bezogen auf den normalen Barometerstand von 760 mm QS: $P_0 = P_k + (760 - b)$ mm QS;

c) in %: $100 \cdot P_0/760$.

Beispiel: P_k = 680 mm QS, b = 750 mm QS; dann wird P = 70 mm QS, p = 0,0952 at; P_0 = 690 mm QS ≙ 90,79%.

b) Wiedergewinnung des Kondensats als wertvolle Flüssigkeit bei Verdampfern, Destillationsanlagen, Reaktionsgefäßen. Das bei der Kondensation entstehende Vakuum hält man auch in diesem Fall oft durch Abpumpen der nichtkondensierbaren Bestandteile aufrecht, um den Siedepunkt in der vorgeschalteten Anlage zu erniedrigen.

Vorteile: Eine organische Flüssigkeit siedet z. B. bei Atmosphärendruck bei 248 °C, bei 10 mm QS bei 125 °C. Die Flüssigkeit kann also im Vakuum schonend, ohne zu starke Erhitzung, verdampft und wiedergewonnen werden. Zur Erwärmung genügt dabei Dampf von 3,2 atü mit 145 °C, während man bei Normaldruck auf die Verwendung von Dampf sehr hohen Druckes oder auf Gasbeheizung angewiesen wäre.

In anderen Fällen kann durch Vergrößern des Temperaturgefälles beim Vakuumbetrieb die Verdampfung beschleunigt werden.

c) Vernichtung von Abdämpfen (Brüden), die sonst die Umgebung belästigen würden oder wegen ihres Gehaltes an aggressiven Stoffen beseitigt werden müssen. Auf das Vakuum wird in diesem Fall meist kein Wert gelegt.

B. Misch- (Einspritz-) Kondensation

Das Herunterkühlen der Dämpfe wird durch Einspritzen feinverteilten Kühlwassers erreicht, das sich mit dem Kondensat vermischt und mit ihm gemeinsam entfernt wird.

Mischkondensation ist für die unter A.b) genannten Zwecke nicht verwendbar, für A.c) dagegen die Regel.

C. Oberflächenkondensation

1. Allgemeines

Bei den „geschlossenen" Kondensatoren sind Dampf und Kühlmittel durch eine meist aus Rohren bestehende Kühlfläche voneinander getrennt. Gewöhnlich führt man den Dampf im Querstrom um die Rohre, das Wasser durch diese, die dann einfach zu reinigen sind. In Chemiebetrieben kann die umgekehrte Führung zweckmäßig sein, wenn die Dämpfe Stoffe enthalten, die zu Ausscheidungen auf den Kühlflächen Anlaß geben. Grobe Verunreinigungen im Wasser sind schon vor der Kühlwasserpumpe durch Rechen, Siebe, Schlammbecken fernzuhalten. Schmutzschichten, die sich in den Rohren bilden, werden von Zeit zu Zeit durch vorübergehende Steigerung der Wassergeschwindigkeit ausgespült (z. B. Spülsystem *Hülsmeyer* der MAN). Bei sehr ungünstigen Wasserverhältnissen hat sich die Behandlung der inneren Rohrflächen mit einem Kunstharz-Einbrennlack bewährt, der glatte Flächen schafft. Die dadurch verursachte Verschlechterung der Wärmeübergangszahl kann beim Entwurf rechnerisch berücksichtigt werden. In den USA auch chemische Vorbehandlung des Kühlwassers gebräuchlich[1].

2. Wärmeaustauschverhältnisse

a) Die **abzuführende Wärmemenge** ist gegeben durch

$$q = D(i_d - t_k) \text{ kcal/h};$$

sie muß durch die Kühlfläche F des Kondensators an das Kühlwasser übertragen werden, also

$$q = k F (t_d - t_m) \text{ kcal/h}, \quad \text{wo} \quad t_m = (t_e + t_a)/2.$$

Gegeben sind im allgemeinen D, i_d, t_d, t_e. t_a soll 2–5°, t_k etwa 2–3° kleiner als t_d sein.

Gesucht wird $F = D \dfrac{(i_d - t_k)}{k(t_d - t_m)}$.

Für genauere Rechnungen ist an Stelle von $(t_d - t_m)$ die logarithmische Temperaturdifferenz (vgl. Abschn. Wärmelehre, Bd. I S. 454) einzuführen.

[1] *Hall, W. A.* u. *R. F. Westom:* Industr. Engng. Chem. Bd. 41 (1949) S. 1409/12.

b) Die **Wärmedurchgangszahl** k hängt ab von der Kondensationsform, den Verhältnissen auf der Kühlwasserseite und dem Zustand der Rohroberflächen. Im allg. muß mit Filmkondensation gerechnet werden, da die wesentlich wirksamere Tropfenkondensation sich nicht mit Sicherheit längere Zeit aufrechterhalten läßt. In jedem Fall sind die Wärmeübergangsverhältnisse auf der Dampfseite günstig und daher die auf der Wasserseite für die Größe von k ausschlaggebend. k wächst mit der Wassergeschwindigkeit und kleiner werdendem Rohrdurchmesser. Für Wassergeschwindigkeiten zwischen 1,5 und 2,5 m/sek, wie sie mit Rücksicht auf den Durchflußwiderstand und die Pumpenleistung üblich sind, kann für überschlägliche Rechnungen $k = 2500$ bis 3500 kcal/m²h grd gesetzt werden. Die mit diesen Zahlen berechnete erforderliche Kühlfläche teilt man nach konstruktiven Gesichtspunkten auf und rechnet mit den endgültigen Maßen nochmals k nach[1].

Von wesentlicher Bedeutung für den Wärmeaustausch in Kondensatoren ist der Gehalt des Dampfes an Inertgas, d. h. an nichtkondensierbaren Bestandteilen.

Werden diese nicht vollkommen durch Abpumpen beseitigt, so verschlechtern sie laufend den Wärmeaustausch, einmal weil durch ihre Anwesenheit sich nach dem *Dalton*schen Gesetz der Dampfteildruck und damit das zur Verfügung stehende Temperaturgefälle $(t_l - t_m)$ verringert, sodann weil die Dämpfe durch wachsende Schichten nichtkondensierbarer Gase diffundieren müssen, um an die Kühlfläche zu gelangen. Die obengenannten k-Werte gelten für luftfreien Dampf.

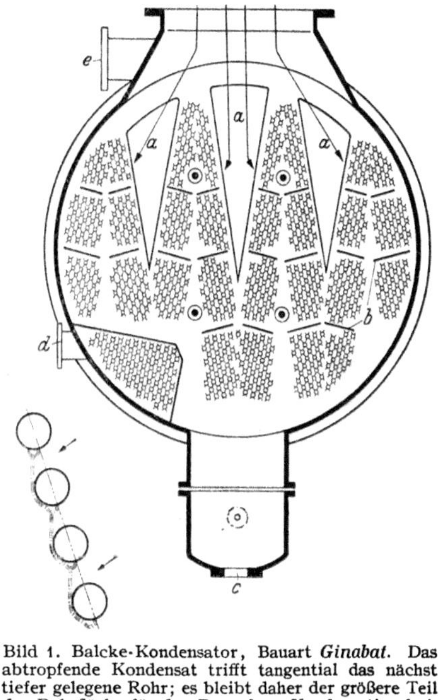

Bild 1. Balcke-Kondensator, Bauart *Ginabat*. Das abtropfende Kondensat trifft tangential das nächst tiefer gelegene Rohr; es bleibt daher der größere Teil der Rohrfläche für den Dampf zur Kondensation frei, und das Kondensat wird wenig unterkühlt. *a* Dampfschlitze in der Rohrtragwand, *b* Führungsbleche, *c* Kondensataustritt, *d* Luftsaugstutzen, *e* Notauspuff

3. Konstruktive Gesichtspunkte

a) Aufteilung der Kühlfläche.

Oberflächenkondensatoren sind meist Röhren-Wärmeaustauscher, bei deren Konstruktion folgende Punkte besonders berücksichtigt werden müssen:

Bewältigung der anfänglich großen Dampfvolumina, um den Strömungswiderstand kleinzuhalten (2–6 mm QS).

Abführung eines wenig unterkühlten Kondensates (2–3 grd unter Sättigungstemperatur t_d des Dampfes am Eintritt), da andernfalls wieder Luft aufgenommen wird.

Restlose Entfernung der nichtkondensierbaren Gase, möglichst kalt u. mit geringem Dampfanteil.

An einigen Ausführungen (Bild 1–3) lassen sich die eingeschlagenen Wege zur Verwirklichung dieser Forderungen verfolgen:

Weiter Dampfraum unter dem großen Eintrittsstutzen,
keilförmige Dampfgassen zwischen den stark belasteten oberen Rohrbündeln,
Führungsbleche für das Kondensat, das im geschlossenen Strahl bis zum Boden abgeführt und dabei nicht weiter unterkühlt wird,

[1] Für genauere Berechnung von k vgl. *Neumann, F.:* VDI-Z. Bd. 91 (1949) S. 331.

Anordnung der Luftabsaugung so, daß die Luft weitestmöglich abgekühlt wird und sich keine toten Ecken bilden, die Saugstelle aber durch Leitbleche gegen unmittelbaren Dampfzutritt abgeschirmt ist.

b) Werkstoffe und Herstellung. *Kondensatormantel:* meist zylindrisch, aus Stahlblech geschweißt, Länge $\approx 2 \times$ Dmr.;

Rohrböden: 20–30 mm stark, aus Stahlblech, bei saurem oder salzhaltigem Wasser aus Messing (Ms 60), mit dem Mantel durch

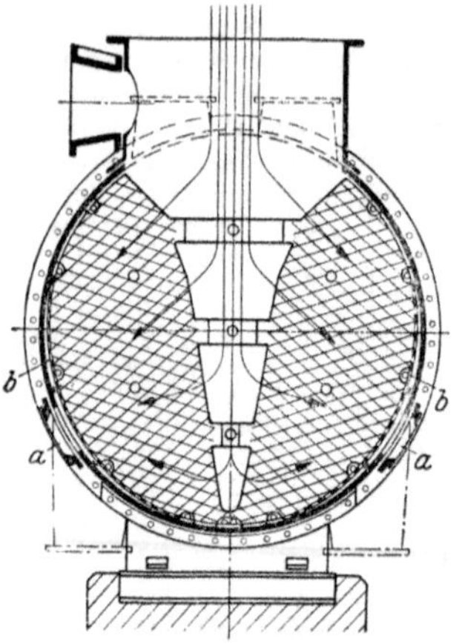

Bild 2. OV-Kondensator von *Brown, Boveri & Cie.* Bei senkrechter Anordnung der Führungswände in den Wasserkammern haben übereinanderliegende Rohre annähernd gleiche Kühlwassertemperatur; dadurch geringe Unterkühlung des Kondensats. *a* Luftsaugstutzen, *b* Bleche mit Öffnungen für gleichmäßige Luftabsaugung

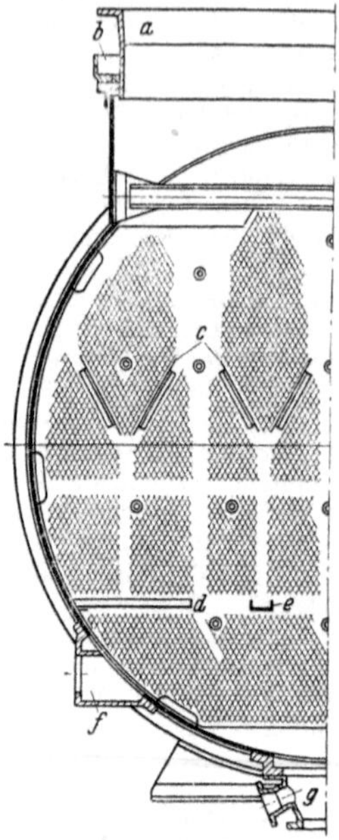

Bild 3. AEG-Kondensator. Zusammenfassung der am stärksten belasteten oberen Rohre in Bündeln, Führungsbleche für das Kondensat, Abdeckblech über den unteren Rohrreihen, die vor allem der Luftkühlung dienen. *a* Degenrohr, *b* Wassertasse, *c* Führungsbleche, *d* Abdeckbleche, *e* Fangrinne, *f* Luftsaugstutzen, *g* Kondensataustritt

Flansch verbunden, Stahlböden auch eingeschweißt (BBC), durch Anker gegeneinander versteift (Bild 4);

Rohre: 17–25 mm äußerer Dmr.; bei Längen ($>$100 bis 150) $\times$ Rohrdmr. Stützbleche im Abstand von 50 bis 70 $\times$ Rohrdmr., um Schwingungen zu verhüten.

Material- und Lieferbedingungen für Kondensatorrohre nach DIN 1785: Ms K F 36, Ms K F 40, Ms 63 F 36, Al Ms F 29, Al Ms F 40.

Zuweilen werden die stark beanspruchten oberen Rohrreihen mit größerer Wandstärke ausgeführt.

Für die Kondensatoren in der chemischen Industrie, je nach den Eigenschaften der niederzuschlagenden Dämpfe, auch Rohre aus Eisen, nichtrostenden Stählen, Cu oder Al; dieses vorteilhaft auf der Wasserseite eloxiert.

Rohrteilung = Außendmr. + 9 bis 12 mm, dem abnehmenden Dampfvolumen entsprechend nach unten enger.

Rohre werden in die Böden meist eingewalzt, auch eingeschweißt oder gelötet, seltener (Schiffsmaschinen) durch Gewindestopfbuchsen gedichtet (Bild 5). Als Dichtung dient mit Leinöl getränkte Baumwollschnur. Bei starrer Verbindung der Rohre mit den Böden muß der Wärmedehnung der Rohre Rechnung getragen werden, entweder durch eine nachgiebige Verbindung des einen Rohrbodens mit dem Mantel oder dadurch, daß man die Rohre vor dem Einbau S-förmig vorbiegt (BBC), wobei die Wendestellen in dem Stützblech liegen (Bild 4).

Deckel (Stirnböden): aus Stahlblech geschweißt, bei korrosiven Wässern aus Gußeisen, mit Scharnieren am Mantel befestigt, oder bei großen Kondensatoren mit Laufkatzen auf Schienen ausfahrbar. In diesem Fall haben die Deckel nur Putzöffnungen oder Mannlöcher, Wasserzu- und -abfuhrstutzen sind an besonderen Wasserkammern angebracht (Bild 4), deren für die Wasserführung notwendige Wände den vollen Pumpendruck aushalten sollen; Wasserweg meist zweiflutig, wie Bild 4, jedoch werden auch mehrflutige Kondensatoren gebaut; kältestes Wasser an der Luftabsaugestelle. Bei entsprechender Aufteilung der Wasserkammern kann ein Teil des Kondensators bei vollem Betrieb der anderen abgeschaltet und gereinigt werden (z. B. Dauerbetriebskondensator von BBC). Zahl der Wasserwege vergrößert den Durchflußwiderstand und die erforderliche Leistung der Pumpen. 5–8 m WS gelten als wirtschaftlich.

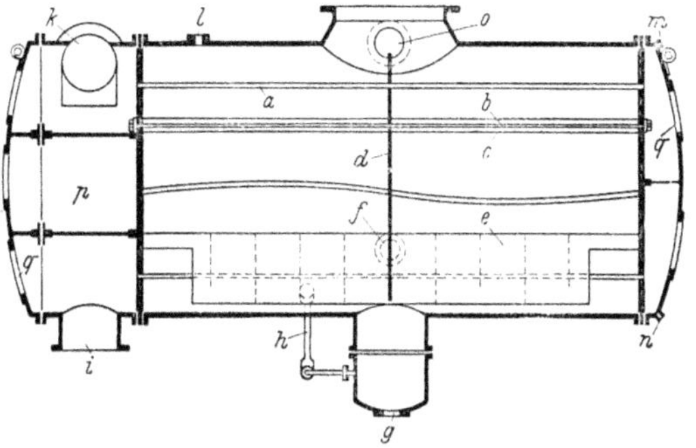

Bild 4. Oberflächenkondensator mit Wasserkammer. *a* Kühlrohre, *b* Anker, *c* Distanzrohre, *d* Rohrtragwand, *e* Luftkammer, *f* Luftsaugstutzen, *g* Kondensataustritt, *h* Wasserstand, *i* Wassereintritt, *k* Wasseraustritt, *l* Füllanschluß, *m* Entlüftung, *n* Entwässerung, *o* Notauspuff, *p* Wasserkammer, *q* Putzöffnungen

Notauspuff: Beim Versagen der Wasserpumpen oder Eindringen einer zu großen Dampfmenge würde der Kondensator unter Druck geraten. Ein bei normalem Betrieb durch das Vakuum geschlossenes Auspuffventil muß so bemessen werden, daß der Probedruck des Mantels (1–2 atü) nicht überschritten wird.

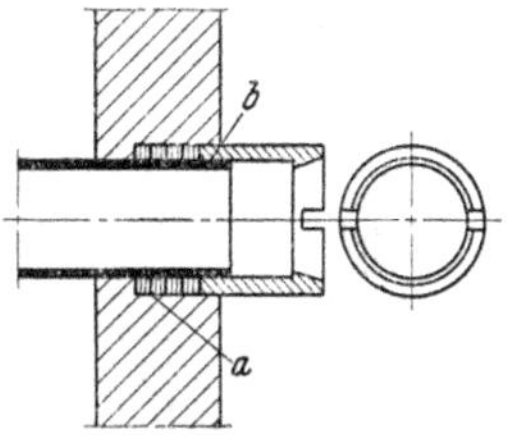

Bild 5
Rohrdichtung durch Stopfbuchse. *a* 4 Gummiringe, *b* Messingrohr

Beispiel: Für eine 1000-kW-Turbine sollen Kühlfläche und Kühlwassermenge berechnet werden. Kondensatordruck 0,035 at entsprechend 26,5° C Sättigungstemperatur. $t_e = 15\,°C$, $t_a = 26{,}5 - 2{,}5 = 24\,°C$ angenommen. Wärmeinhalt des Frischdampfes: $i_d = 737$ kcal/kg, in Arbeit verwandelt 155 kcal/kg, sonach nimmt der Kondensator je kg Dampf auf: $i = 737 - 155 = 582$ kcal/kg. Dampfverbrauch $D = 1000 \cdot 860/155 = 5550$ kg/h.

Insgesamt beträgt die stündlich zu übertragende Wärmemenge, wenn die Kondensat-Austrittstemperatur $t_k = 26{,}5 - 4{,}5 = 22\,°C$ geschätzt wird:

$Q = 5550\,(582 - 22) = 3\,100\,000$ kcal/h; $t_m = (t_e + t_a)/2 = 19{,}5\,°C$; $k = 2500$ kcal/m²h grd geschätzt.

$$F = \frac{Q}{k\,(t_d - t_m)} = \frac{3\,100\,000}{2500\,(26{,}5 - 19{,}5)} \approx 200\ \text{m}^2; \qquad W = \frac{582 - 22}{24 - 15}\,D \approx 62\,D\ \text{kg/h}.$$

D. Pumpen als Hilfsmaschinen

1. Allgemeines

Aus den Oberflächenkondensatoren sind das Kondensat und die aus dem Kondensat stammende oder durch Undichtheiten eingedrungene Luftmenge laufend zu entfernen.

Naßluftpumpen fördern beides gleichzeitig, *Trockenluftpumpen* nur die Inertgase, so daß noch eine besondere *Kondensatpumpe* vorgesehen werden muß. Die im Speisewasser gelösten Luftmengen sind gering, Undichtheiten sind weniger am Kondensator selbst als im Abdampfrohrnetz und den Maschinen zu suchen. Im Mittel kann mit Luftmengen von 0,2 Vol.-% des niederzuschlagenden Dampfes gerechnet werden. Diese Luft dehnt sich auf einen Teildruck ($P - P_d$) aus, wobei der Dampfteildruck P_d aus der um 2–3° über der Kühlwasserablauftemperatur liegenden zugehörigen Sättigungstemperatur zu errechnen ist. Neben der Luft wird trotz guter Kühlung noch ein meist volumenmäßig größerer Wasserdampfanteil abgesaugt.

2. Trockenluftpumpen

a) Kolbenpumpen mit Sonderschiebersteuerung (Überströmung), wie sie früher im Kraftwerksbetrieb vielfach zu finden waren, sind fast vollkommen durch *Strahl*luftpumpen verdrängt. In der chemischen Industrie sind elektrisch angetriebene Kolbenvakuumpumpen mit Schiebersteuerung weit verbreitet. Sie erreichen bei sorgfältiger zweistufiger Ausführung 3–1 mm QS, müssen aber gegen korrosive Dämpfe und Gase durch Vorlagen, Waschtürme oder Absorber geschützt werden. Wesentlich unempfindlicher sind die *Wasserringluftpumpen* (Bild 9, S. 254), bei denen jedoch die Temperatur des Sperrwassers die Höhe des erreichbaren Vakuums begrenzt. Gegebenenfalls können sie bei Einrichtung zum Umpumpen auch mit anderen Sperrflüssigkeiten als Wasser betrieben werden.

Für hohes Vakuum kommen *Drehkolbenpumpen* mit Ölfüllung in Frage.

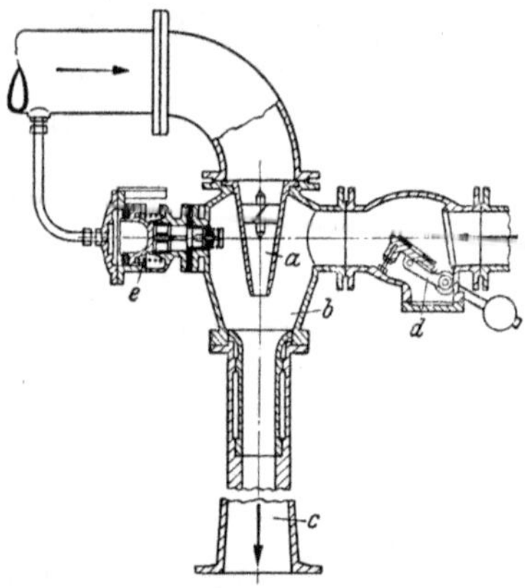

Bild 6. Wasserstrahlluftpumpe Bauart MAN. *a* Düse, *b* Mischraum, *c* Diffusor, *d* Rückschlagklappe, *e* Belüftungsventil

b) Strahlluftpumpen. Der Druck des Arbeitsmittels, Wasser oder Dampf, wird in einer Düse *a* (Bild 6) in Geschwindigkeit umgesetzt. Der Druck im anschließenden Mischraum *b* liegt dabei noch unter dem Kondensatordruck. Luft (und Dampf) werden angesaugt und in der zweiten Düse (Diffusor) *c* auf etwas über Atmosphärendruck verdichtet, wodurch die Luftabscheidung erleichtert wird.

α) *Wasserstrahl-Luftsauger.* Die Luft wird isothermisch verdichtet, da die Kompressionswärme in das Wasser geht. Das theoretisch mögliche Vakuum (entsprechend dem zur Strahlwasser-Eintrittstemperatur gehörigen Sattdampfdruck) wird bei guter Ausführung zu 98% erreicht. Mehrere Strahler können zur Erreichung großer Leistung parallelgeschaltet werden[1]. Wasserverbrauch etwa 10% der Kühlwassermenge.

Vorteile der Wasserstrahlpumpen: große Saugleistung, dadurch rasche Inbetriebnahme des Kondensators möglich, einfache Bauart, keine bewegten Teile, geringer Platzbedarf, Unempfindlichkeit auch gegen verunreinigtes Wasser, dadurch große Betriebssicherheit.

In Bild 6 ist *d* eine Rückschlagklappe, die den Kondensator selbsttätig schließt und damit den Unterdruck aufrechterhält, wenn das Strahlwasser ausbleibt und dadurch das vom Wasserdruck geschlossen gehaltene Belüftungsventil *e* Luft in die Mischkammer *b* einströmen läßt.

Das Betriebswasser für die Strahlpumpen wird, wenn die Kühlwasserpumpe genügend hohen Druck erzeugt (mehr als 2 at erforderlich), von dieser mitgeliefert; andernfalls ist eine besondere Pumpe für das Strahlwasser erforderlich, oder die Kühlwasserpumpe erhält eine zusätzliche Druckstufe. Das Ablaufwasser der Düse fließt in den Saugschacht der Kühlwasserpumpe und vermischt sich dort mit dem Kühlwasser. Der Luft muß in einem mit Trennwänden ausgerüsteten Becken oder Kanal Gelegenheit zum Ausscheiden gegeben werden. Wird das Strahlwasser in einem geschlossenen Kreislauf verwendet, so muß man kaltes

[1] Berechnung s. z. B. *Pfleiderer, C.:* VDI-Z. Bd. 58 (1914) S. 955.

Wasser zusetzen, um eine fortschreitende Erwärmung durch die Kompressionswärme des verdichteten Gemisches zu vermeiden.

β) *Dampfstrahl-Luftpumpen.* Wirkungsweise grundsätzlich wie bei Wasserstrahl-Luftpumpen. Bei Expansion des Treibdampfes in einer Lavaldüse ist nicht mehr als siebenfache Luftverdichtung zu erreichen, also bei Ausstoß in die Atmosphäre ein Vakuum von 0,15 kg/cm² (entspr. etwa 85%).

Für höhere Luftleere (Turbinen) mehrstufige Bauart erforderlich, wobei zweckmäßig hinter der ersten Stufe die kondensierbaren Anteile in einem Zwischenkondensator *m* (Oberflächenkondensator) niedergeschlagen werden (Bild 7). Da-

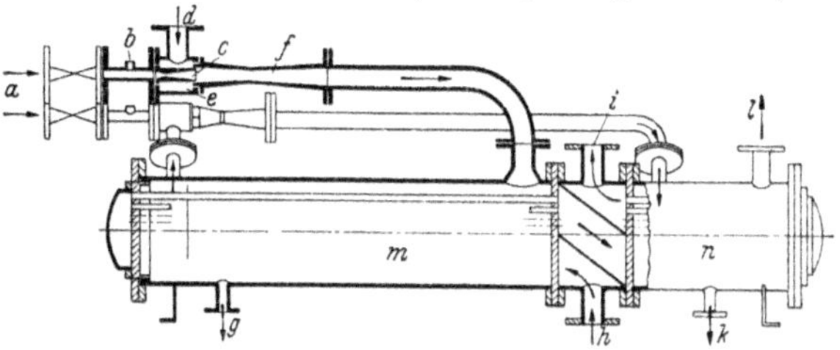

Bild 7. Dampfstrahlluftpumpe Bauart Körting, zweistufig mit Zwischenkondensation. *a* Frischdampfeintritt, *b* Manometeranschluß, *c* Düse, *d* Vakuumanschluß, *e* Mischraum, *f* Diffusor, *g* Kondensataustritt, *h* Kühlwassereintritt, *i* Kühlwasseraustritt, *k* Kondensataustritt, *l* Austritt der nichtkondensierbaren Gase, *m* Zwischenkondensator hinter 1. Stufe, *n* desgl. hinter 2. Stufe

durch wird Verdichtungsarbeit für die zweite Stufe gespart, hinter der ein ähnlicher Kondensator *n* vorgesehen ist. In der Anordnung einer zweistufigen Dampfstrahlpumpe nach Bild 7 wird das Kühlwasser für die Zwischenkondensatoren in *einer* Wasserkammer zu- und abgeführt, so daß die Deckel ohne Entfernen der Rohrleitungen abgenommen werden können. Als Kühlwasser kann u. U. Turbinenkondensat verwendet werden; die Kondensationswärme des Treibdampfes wird so wirtschaftlich ausgenutzt.

Arbeitet man ohne Zwischenkondensation, so muß die zweite Stufe der Strahlluftpumpe natürlich größer als die erste gemacht werden. Die Gesamtanordnung baut jedoch sehr knapp und kann überall angebracht werden.

Berechnung von Dampfstrahlern[1] und ihre Bemessung beruht hauptsächlich auf Erfahrungswerten der Lieferfirmen. Wirkungsgrad gering, Dampfverbrauch ≈ 5 bis 10 kg/kg Luft bei 10 atü Treibdampf und zweistufiger Ausführung. Höhere Drücke ohne Vorteil (sehr kleine Düsen, größerer Dampfverbrauch); geringster noch möglicher Druck muß durch Versuche bestimmt werden. Jede Düse muß mit dem Dampfdruck betrieben werden, für den sie berechnet ist. Druckschwankungen im Dampf sind auszuschalten (Druckminderventil), auch soll der Dampf trocken sein (sonst Erosionen im Diffusor).

In der chemischen Industrie (Destillationen, Eindampfanlagen) wird oft so hohe Luftleere gefordert, daß die Dämpfe mit Wasser von gegebener Temperatur nicht mehr niedergeschlagen werden können. Steht keine Kühlsole zur Verfügung, so verdichtet man die Brüden durch eine Dampfstrahlpumpe vor dem Zwischenkondensator so weit, daß die Kühlwassertemperatur zur Kondensation ausreicht.

Vorteile der Dampfstrahlpumpen sind die gleichen wie bei den Wasserstrahlsaugern. Dazu kommt, daß sie sehr große Volumina bewältigen können (Apparate für 40000 m³/h und mehr sind in Betrieb), daß höheres Vakuum als mit mechanischen Pumpen erreichbar ist und daß für korrosive Dämpfe Ausführungen der Düse in Sonderbronzen, rostfreien Stählen und Porzellan möglich sind.

3. Naßluftpumpen

kommen fast ausschließlich für Mischkondensation in Frage.

---

[1] *Weydanz, W.:* Die Vorgänge in Strahlapparaten. Berlin: VDI-Verlag 1939. — *Wiegand, J.:* Bemessung von Dampfstrahl-Verdichtern und ihr Verhalten bei wechselnden Betriebsbedingungen. VDI-Forschungsheft 401. Berlin: VDI-Verlag 1940. — *Flügel, G.:* Die Berechnung von Strahlapparaten. VDI-Forschungsheft 395, Düsseldorf 1951.

4. Kondensatpumpen

werden allgemein als Kreiselpumpen ausgeführt und müssen etwas überbemessen werden für den Fall von Undichtigkeiten in den Kühlwasserrohren. Das Kondensat muß der Pumpe zulaufen, die es u. U. mit hohem Druck durch Vorwärmer oder auf hochgelegene Warmwasserspeicher fördern muß. Daher mehrstufige Ausführung, Anordnung häufig gemeinsam mit der Kühlwasserpumpe auf einer Welle, die Kondensatpumpe fliegend, wodurch eine Stopfbuchse auf der Saugseite vermieden wird. Kraftverbrauch der Kondensationsanlage 0,5–0,4% der Normalleistung.

5. Kühlwasserpumpen

Radialpumpen für große Fördermengen (bis 10000 m³/h) gegen geringen Überdruck (8–20 m WS), Antrieb bei Kraftwerkanlagen oft doppelt, durch Dampfturbine und Elektromotor, da der Ausfall der Pumpen Stillstand des ganzen Werkes bedeutet.

Die Leistung kann auch auf mehrere Pumpensätze aufgeteilt werden. Für kleine Anlagen können normale Kreiselpumpen verwendet werden.

E. Rückkühlanlagen

Steht brauchbares Frischwasser nicht in genügender Menge zur Verfügung, so muß das Kühlwasser der Kondensatoren im Kreislauf über Rückkühlanlagen geführt werden.

Zur Rückkühlung wird in den meisten Fällen Luft verwendet und der Vorgang der Verdunstungskühlung ausgenutzt, d. h. das Kühlwasser wird feinverteilt einem Luftstrom ausgesetzt, wobei z. T. fühlbare Wärme ausgetauscht wird, vor allem aber ein Teil des Wassers verdunstet und die dazu erforderliche Wärme dem Reststrom entzieht. Der Verlust an Wasser durch Verdunstung beträgt bei 10° Abkühlung rund 1%; ein weiteres Prozent geht, auch bei guten Anlagen, in Form feinster Tröpfchen mit dem Luftstrom verloren. Man rechnet im allg. in unserem Klima mit einer mittleren Lufttemperatur von 15 °C und 70% relativer Feuchtigkeit. Für das Wasser wird eine „Kühlzonenbreite" ($t_a - t_e$) von 10 °C zugelassen und eine Wasseraustrittstemperatur von 27 °C verlangt. Dadurch wird gegenüber Frischwasserbetrieb ein Verlust von 3–4% Vakuum im Kondensator verursacht.

1. Bauarten

Die ältesten Rückkühleinrichtungen sind Kühlteiche und Gradierwerke. Beiden gemeinsam sind großer Platzbedarf, erhebliche Wasserverluste durch Versprühen und Abhängigkeit der Leistung vom Wind.

a) Offene **Kühlteiche,** auf die das Wasser mit Sprühdüsen verteilt wird, kommen für Wassermengen bis ≈800 m³/h in Frage. Es können 4000–5000 kcal/h je m² Teichoberfläche abgeführt werden. Auf das Kühlwasser bezogen beträgt die Belastbarkeit 0,5 m³/h m².

b) Gradierwerke bestehen aus 8–10 m hohen, aus Latten oder Reisig aufgebauten Haufwerken, über die das Wasser herunterrieselt, worauf es in einem Sammelbecken aufgefangen wird. Nur noch vereinzelt in Benutzung für Leistungen bis 500 m³/h. Belastbarkeit 1–2 m³/h je m² Grundfläche.

c) Kühltürme. Für große Leistungen sind heute überwiegend geschlossene Kühltürme (Kaminkühler, Bild 8) in Benutzung. Sie können mit natürlichem Zug arbeiten, oder sie sind zusätzlich mit Ventilatoren ausgerüstet[1]. Das Kühlwasser wird auf Verteileinrichtungen im unteren Drittel des Turmes gepumpt und fließt dann, durch Düsen zerstäubt oder von Überlaufrinnen auf Einbauten verteilt, in dünne Schichten aufgelöst dem Luftstrom entgegen in den Turmsumpf.

---

[1] *Spangemacher, K.:* Künstlich belüftete u. selbstventilierende Kühltürme. Mitt. VGB (1952) H. 19, S. 101/09.

Verteilerdüsen erfordern größere Pumpenleistung und neigen zur Verstopfung; offene Rinnen lassen sich leichter überwachen, beanspruchen aber ≈ 20% des Turmquerschnitts. Gesamtfallhöhe für das Wasser 6 bis 8 m. Die Luft tritt unten seitlich in den Kühlturm ein, die Öffnungen sind zum Schutz gegen Einfrieren mit verstellbaren Klappen ausgerüstet. Die Kamine werden für Leistungen bis 2000 m^3/h aus imprägniertem Holz, meist mit Polygonquerschnitt, hergestellt, für größere Leistungen in Eisenkonstruktion mit Eternitverkleidung oder aus Beton in *Hyperboloidform* (Balcke). Solche Türme können wesentlich höher (60 m) als die Holztürme gebaut werden, sind jedoch für Leistungen unter 4000 m^3/h auch teurer. Größte Ausführung in USA[1], 105 m hoch, 60 m Dmr., für 25000 m^3/h. Im Mittel kann mit einer Belastung von 5 bis 10 m^3/h und m^2 beaufschlagender Grundfläche gerechnet werden, je nach Art der Rieseleinbauten. Bei beschränkten Platzverhältnissen werden Hochleistungskühltürme mit künstlichem Zug ausgerüstet. Axialgebläse sitzen im unteren Turmteil und drücken die Luft durch die Rieseleinbauten oder werden saugend oberhalb der Wasserverteilungsvorrichtung angeordnet. Der Grundflächenbedarf kann gegenüber Kaminkühlern mit natürlichem Zug auf $^1/_4$ gesenkt werden, der Kraftbedarf für den Lüfter kann durch Regelung der Drehzahl über eine stufenlose Strömungskupplung (S. 414) in Abhängigkeit von der Kaltwassertemperatur in tragbaren Grenzen gehalten werden.

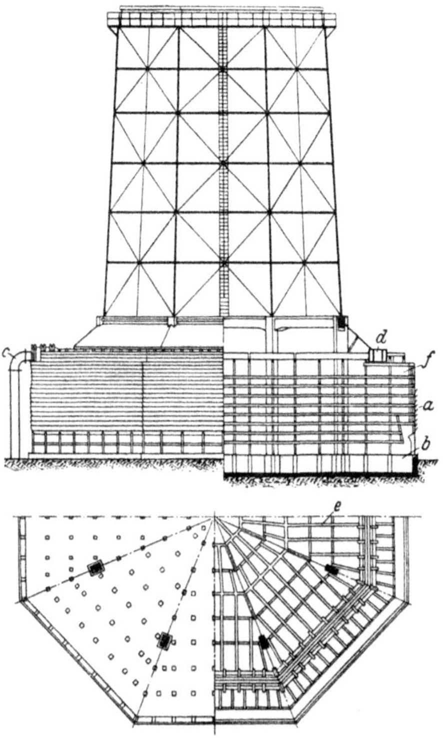

Bild 8. Kühlturm nach Balcke-Moll. Luftführung im Querstrom zum herabrieselnden Wasser in um den Kühlturm geführten Kammern, über denen die Wasserverteilvorrichtung liegt. Jeder Teil kann für sich abgeschaltet und gereinigt werden. Hauptverteilungstrog leicht zugänglich, Luftwiderstand geringer als bei reinem Gegenstrom. *a* Lufteintritt, *b* Auffangbecken, *c* Wasserleitung, *d* Hauptverteilungstrog, *e* Verteilungsrinnen mit Spritzrohren, *f* Spritzteller

2. Theorie

Das Prinzip einer Rückkühlanlage geht aus Bild 9 hervor (für den speziellen Fall eines Kühlturmes gezeichnet). Die Theorie der Verdunstungskühlung wurde von *Merkel*[2] auf Grund der Ähnlichkeit von Wärme- und Stoffaustausch entwickelt, die dabei gleichzeitig vor sich gehen. Die von der Luft dem Wasser durch Wärmeübergang und Verdunstung entzogene Wärmemenge

$$W(t_{w_2} - t_{w_1}) = \sigma(i'' - i_1)F$$

[1] *Leyland, J.:* Engineering Bd. 167 (1949) S. 21; ferner Intern. Chem. Engng. Bd. 31 (1950) S. 235.

[2] *Merkel, F.:* Verdunstungskühlung. VDI-Forschungsheft Nr. 275.

ist proportional der Berührungsfläche F zwischen Wasser und Luft und dem Unterschied zwischen dem Wärmeinhalt i'' gesättigter Luft von der Wassertemperatur und dem Wärmeinhalt i_1 der Luft.

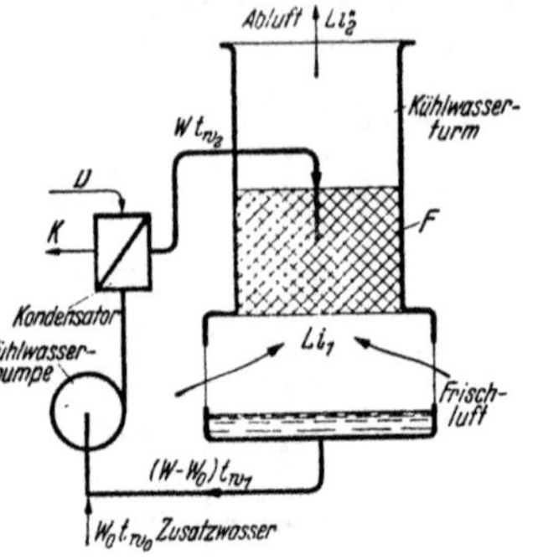

Bild 9. Schema einer Rückkühlanlage. D zugeführte Dampfmenge, K Kondensat

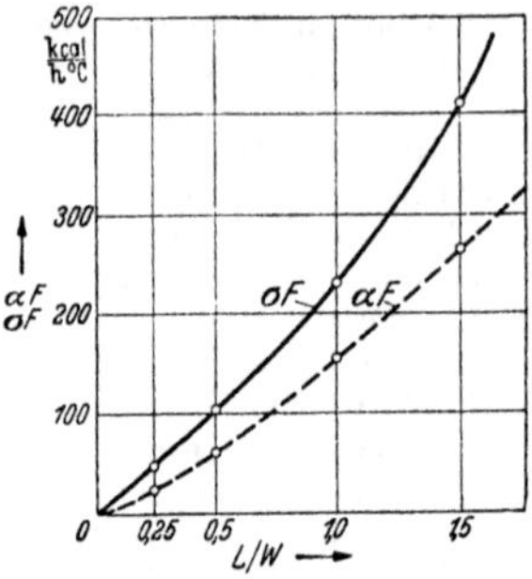

Bild 10
Einfluß von Austauschfläche F und Luftmenge L auf die Kühlwirkung

Der Proportionalitätsfaktor σ heißt Verdunstungszahl und steht nach *Lewis*[1] mit der Wärmeübergangszahl α in folgendem Zusammenhang:

$$\alpha/\sigma = c_p', \quad \text{wobei} \quad c_p' = c_{p_L} + c_{p_D} = 0{,}24 + 0{,}46\,x \approx 0{,}25 \text{ kcal/kg grd}$$

die spez. Wärme feuchter Luft ist.

W_0 in Bild 9 ist der Wasserverlust, der durch Zusatzwasser ersetzt werden muß. Verwendet man dafür Kondensat, so bleibt die Konzentration des gesamten Kreislaufwassers an löslichen Salzen konstant. Andernfalls muß man, um eine Anreicherung an Salzen und Ausscheidung im Kondensator zu verhüten, das Zusatzwasser aufbereiten.

Der Wärmeinhalt i'' gesättigter Luft nimmt mit der Temperatur rasch zu; daher wächst die Kühlwirkung mit steigender Wassertemperatur Wird umgekehrt das Wasser immer kühler, so kann $i'' = i_1$ werden, und jede Kühlwirkung hört auf (Kühlgrenze). Die Temperatur, bei der dies eintritt, ist genau die, welche ein feuchtes Thermometer im Luftstrom anzeigt. Die Kühlwirkung wird also einmal bestimmt durch die Wassertemperatur und die des feuchten Thermometers. Den anderen Faktor σF zeigt Bild 10, wo er zusammen mit αF über dem Verhältnis L/W von Luft- und Wassergewicht aufgetragen ist. Es ergibt sich daraus (nach den Versuchen von *Merkel*) die wichtige Folgerung, daß bei Rückkühlanlagen alle Maßnahmen, die eine Vergrößerung der Luftmenge zur Folge haben, wirksamer sind als solche, welche die berieselte Fläche vergrößern. Dazu gehört z. B. bei Kühltürmen Verringerung des Luftwiderstandes (Überlegenheit der Kühltürme mit Düseneinbau gegenüber solchen mit Rieseleinbauten) sowie künstliche Belüftung. Durch hohe Relativgeschwindigkeit zwischen Wasser und Luft wird umgekehrt die Wasserverteilung und damit F verbessert.

Die Berechnung der Rückkühlanlagen ist am einfachsten mit Hilfe des *Mollier*-i,x-Diagramms (Bd. I, S. 436) durchzuführen.

F. Luftkondensation

Ganz ohne Kühlwasser kommt man aus, wenn man die Kondensatoren direkt mit Frischluft kühlt[2], d. h. sie mit großen Schraubenlüftern anbläst. Die Kondensatorelemente werden in diesem Fall als Rippenrohre mit günstigem Strömungswiderstand und großer Wärmedurchgangszahl ausgebildet. Der Leistungsbedarf der Lüfter ist etwa ebenso groß wie der der Pumpen bei Rückkühlanlagen. Das erreichbare Vakuum ist mehr noch als bei Kühlturmbetrieb von der Lufttemperatur abhängig, im Jahresdurchschnitt aber besser. Die Anlagekosten für Luftkühlung und Rückkühlanlage sind etwa gleich groß, die Betriebskosten jedoch bei jener geringer.

[1] *Lewis, W. K.:* Mech. Engng. Bd. 44 (1922) S. 445.
[2] *Schulenberg, F.:* Chemie-Ing.-Techn. Bd. 25 (1953) S. 569 u. Bd. 27 (1955) S. 262.

Kopplung der Erzeugung und Verwendung von Kraft und Wärme

Bearbeitet von Dr. techn. Dr. jur. **B. Riediger**, Frankfurt/Main

Literatur: 1. *Stein, Th.:* Regelung und Ausgleich in Dampfanlagen. Berlin: Springer 1926. — 2. *Sawyer, R. T.:* The Modern Gas Turbine. New York: Prentice Hall/London: Pitman 1947. — 3. *Musil, L.:* Gasturbinenkraftwerke. Wien: Springer 1947. — 4. ders.: Die Gesamtplanung von Dampfkraftwerken. 2. Aufl. Berlin: Springer 1948.— 5. *Avenhaus, W.:* Rechnungsgrundlagen für den Entwurf und den Betrieb keramischer Brennöfen. Halle: Knapp 1948. — 6. *Münzinger, F.:* Dampfkraft. 3. Aufl. Berlin: Springer 1949. — 7. *Friedrich, R.:* Gasturbinen mit Gleichdruckverbrennung. Karlsruhe: Braun 1949. — 8. *Schuster, F.:* Energiewirtschaft chemischer Energiebetriebe. Halle: Knapp 1949. — 9. *Heiligenstaedt, W.:* Wärmetechnische Rechnungen für Industrieöfen (Stahleisen-Bücher Bd. 2), 3. Aufl. Düsseldorf: Stahleisen 1951. — 10. *Roggendorf, A.:* Der Eigenbedarf mittlerer und großer Kraftwerke. Berlin: Springer 1952. — 11. *Kruschik, J.*, u. *E. Hüttner:* Die Gasturbine. 2. Aufl. Wien: Springer 1960. — 12. *Lee, J. F.:* Theory and design of steam and gas turbines. New York/Toronto/London: McGraw-Hill 1954. — 13. Anhaltszahlen für die Wärmewirtschaft in Eisenhüttenwerken, herausgeg. von der Energie- und Betriebswirtschaftsstelle des Vereins Deutscher Eisenhüttenleute, 5. Aufl. Düsseldorf: Stahleisen 1957.

Die Erzeugung mechanischer oder elektrischer Energie aus Wärme überragt bei weitem die Ausnutzung aller anderen Energiequellen für diesen Zweck. In Mitteleuropa beträgt der Anteil der Wärmekraftenergie rd. 95 %.

In diesen Zahlen sind nicht nur Kraftwerksleistungen, sondern der Gesamtbedarf von Industrie, Verkehr, Landwirtschaft, Haushalt usw. enthalten. Möglichste Ausnutzung der in den begrenzten Brennstoffvorräten verfügbaren Energien ist eine der wichtigsten Aufgaben des Ingenieurs.

Energiegewinnung auf der Erde[1] (* Teilweise geschätzt)

		1913	1937	1955	1956*
a) absolute Mengen					
Steinkohle	Mill. t	1220	1297	1577	1657
Braunkohle	Mill. t	129	254	531	548
Erdöl	Mill. t	54	291	773	835
Erdgas	Mrd. m³	17	76	312	350
Wasserkraft	Mrd. kWh	40	177	450	480
b) Anteile in % (umgerechnet auf Steinkohleneinheiten)					
Steinkohle		89,0	67,4	47,2	46,5
Braunkohle		3,3	4,6	5,6	5,4
Erdöl		5,6	21,6	33,1	33,5
Erdgas		1,7	5,3	12,4	13,0
Wasserkraft		0,4	1,1	1,7	1,6

A. Thermodynamische Grundlagen

Bei der Ausnutzung von Brennstoffen zur Energieerzeugung sind zwei Grenzfälle zu unterscheiden, zwischen denen es stetige Übergänge gibt. Im einen Fall wird Energie aus technologischen Gründen nur in Form von Wärme bei verhältnismäßig hohen Temperaturen benötigt (Metallurgie, keramische Industrie). Im anderen Fall dient die aus Brennstoffen entbundene Wärme ausschließlich zur Erzeugung mechanischer Energie, die heute — abgesehen vom Verkehr — in der Hauptsache in elektrische Energie weiter umgewandelt wird. Das Ziel hoher Wirkungsgrade bei dieser Umwandlung macht die Anwendung möglichst hoher Temperaturen bei den durchzuführenden Kreisprozessen wünschenswert, um die meist bei Umgebungstemperatur oder bei wenig darüberliegenden Temperaturen zwangläufig abzuführende Wärme im Verhältnis zu der aufzuwendenden klein zu halten.

[1] Nach neueren statistischen Angaben; vgl. Bericht *K. Ebert*, auszugsweise in Gas- u. Wasserfach Bd. 98 (1957) S. 934.

Daher notwendig, einerseits die bei industriellen Prozessen anfallende Abwärme energiewirtschaftlich zu nutzen und andererseits die bei der Umwandlung von Wärme in mechanische Energie anfallende Abwärme für industrielle Prozesse auf niedrigerem Temperaturniveau zu verwerten.

1. Abwärme aus offenen Prozessen

a) *i,t*-Diagramm. Ein brauchbares Mittel, die in Abgasen der üblichen Brennstoffe bei einer bestimmten Temperatur vorhandene Wärme schnell zu bestimmen, ist das *i,t*-Diagramm[1]. Es gilt jedoch nicht für Rauchgase mit einer von der üblichen stark abweichenden Zusammensetzung, z. B. nicht für solche aus Brenngasen mit erheblichem Gehalt an höheren Kohlenwasserstoffen; dann Berechnung der Enthalpie nach Bd. I S. 418 erforderlich.

Aus dem Diagramm für gegebenen Brennstoff und ein Luftverhältnis n (früher Luftüberschußzahl genannt) ist nicht nur die Enthalpie, sondern auch die *theoretische* Verbrennungstemperatur bestimmbar. Tatsächliche Temperatur wegen Abstrahlung usw. niedriger, weil Wärmeentwicklung und -abgabe gleichzeitig, vgl. Bd. I S. 474.

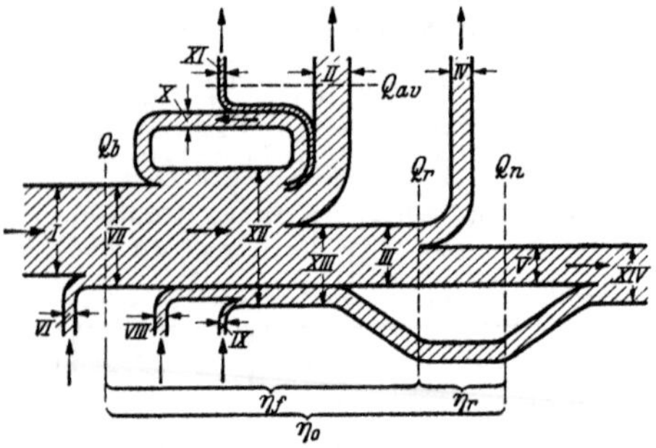

Bild 1. Wärmeflußbild eines Ofens nach *Rummel*

- I Brennstoffwärme (unterer Heizwert × Menge)
- II Abwärme aus Vorwärmer
- III Im Arbeitsraum des Ofens verbliebene Wärme aus I und VI
- IV Verluste des Ofenraumes
- V Im Wärmgut nutzbar gemachte Wärme
- VI Fühlbare Fremdwärme in Brennstoff (z. B. Heißgas) und Verbrennungsluft
- VII = I + VI
- VIII Im Wärmgut eingebrachte Wärme
- IX Durch Abbrand des Wärmgutes erzeugte Wärme
- X Aus Abwärme durch Regenerator oder Rekuperator (Vorwärmer) wiedergewonnene Wärme
- XI Verluste des Regenerators oder Rekuperators
- XII Im Arbeitsraum des Ofens verfügbare Wärme
- XIII Im Arbeitsraum des Ofens insgesamt verbliebene Wärme
- XIV Im Wärmgut ausgebrachte Wärme

b) Ofenwirkungsgrade. Bei der Planung von Anlagen zur Abwärmeausnutzung empfiehlt sich, die gesamte Ofenanlage zu überprüfen. Durch Verringerung von Verlusten meist höhere Abgastemperatur erzielbar und damit bessere Ausnutzungsmöglichkeit. Wärmefluß siehe Bild 1.

Es sind nachstehende Wirkungsgrade zu unterscheiden[2].
Ofenwirkungsgrad $\eta_0 = Q_n/Q_b$ (Maß für die Güte des Wärmeprozesses, entspr. V : VII); Feuerungstechnischer Wirkungsgrad $\eta_f = Q_r/Q_b = (Q_b - Q_{av})/Q_b$ (zuweilen auch therm. Wirkungsgrad genannt, entspr. III : VII; vor allem durch Abgasverlust bestimmt); Wirkungsgrad des Ofenraumes $\eta_r = Q_n/Q_r$ (durch Verluste des Ofenraumes wie Wandverlust, Speicherverlust, Lässigkeitsverlust, Kühlwasserverlust, Aschen- und Schlackenverlust bestimmt, entspr. V : III).

2. Kreisprozesse

a) Thermischer Wirkungsgrad. Über die Notwendigkeit der Wärmeabfuhr bei Kreisprozessen zur Umwandlung von Wärme in mechanische Energie vgl.

---

[1] *Rosin, P.:* Das *i, t*-Diagramm der Verbrennung. VDI-Z. Bd. 71 (1927) S. 383/88. — *Rosin, P.*, u. *R. Fehling: I, t*-Diagramm der Verbrennung. Berlin: VDI-Verlag 1929. — Für genauere Berechnungen verbesserte Diagramme nach *Boie, W.:* Die statistische Verbrennungsrechnung. Feuerungstechn. Bd. 30 (1942) S. 161/64, wiedergeg. bei *Zinzen, A.:* Dampfkessel und Feuerungen. 2. Aufl. Berlin: Springer 1957. — Vgl. auch *Gumz, W.:* Kurzes Handb. der Brennstoff- und Feuerungstechnik, 2. Aufl. Berlin: Springer 1952. S. 196f. — Lit. 6, dort Erläuterungen zu Tafel 17b S. 161f.

[2] Lit. 13, jedoch 4. Aufl. S. 3f; in der 5. Aufl. stattdessen Wärmeflußbilder für verschiedene Ofenbauarten. — *Wagener, G.:* Wärmeverluste u. Wirkungsgrade von Industrieöfen. Brennst.-Wärme-Kraft Bd. 2 (1949) S. 75.

Bd. I S. 439. Am häufigsten verwendete Vergleichsbasis der *Carnot*sche Kreisprozeß, Bd. I S. 439. Daneben hat für alle mit Wasserdampf arbeitenden Prozesse der *Clausius-Rankine*sche Kreisprozeß Bedeutung; Darstellung im T,s-Diagramm, Bild 2. Er trägt den Besonderheiten des Wasserdampfprozesses Rechnung: Wärmezufuhr bei konstantem Druck p zunächst bis zum Siedepunkt t_s — der Unterschied gegenüber dem Verlauf an der unteren Grenzkurve in der Darstellung meist vernachlässigt —, dann Wärmezufuhr im Naßdampfgebiet und anschließend im Heißdampfgebiet bis t_1; außerdem vollständige Kondensation des Dampfes vom Entspannungsendpunkt bis zur unteren Grenzkurve. Man bezeichnet als *thermischen* Wirkungsgrad η_{th} das Verhältnis der mechanisch maximal nutzbar gemachten Energie $A L_0$ zur aufgewendeten Wärme Q; s. Gl. 59, Bd. I, S. 439 (η_{th} oft auch als „theoretischer" Wirkungsgrad gelesen).

Beim *Carnot*schen Prozeß ist

$$\eta_{th} = (T_1 - T_2)/T_1;$$

beim *Clausius-Rankine*schen Prozeß ist (wegen i_0 numerisch $\approx t_2$)

$$\eta_{th} = (i_1 - i_2)/(i_1 - t_2).$$

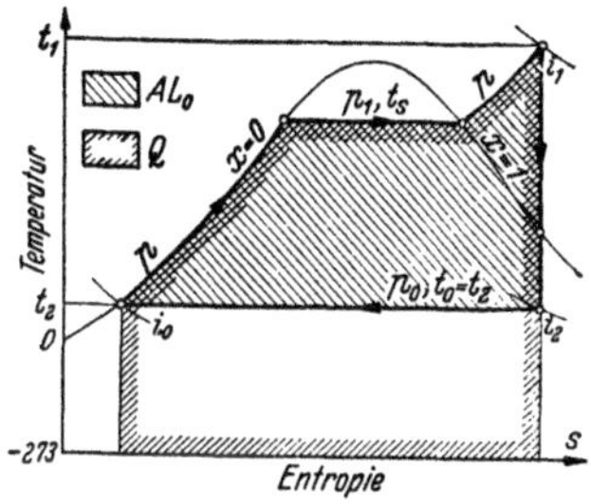

Bild 2
*Clausius-Rankine*scher Kreisprozeß

Unterschiede der Wirkungsgrade beider verlustlos gedachten Idealprozesse nur optisch.

Der *Carnot*sche Prozeß ist vor allem für Brennkraftmaschinen und Gasturbinenanlagen als Maßstab geeignet; für diese auch der Prozeß nach *Ackeret* u. *Keller* vorgeschlagen, s. Bild 25, S. 461, vgl. a. Anm. 5, S. 462.

Bei Vergleich mit *Clausius-Rankine* erscheint der noch zu erwähnende Gütegrad größer. Abhängigkeit des thermischen Wirkungsgrades des *Clausius-Rankine*-Prozesses vom Frischdampfzustand in Bild 3. Maßgebend die wirkliche Brennstoffausnutzung. Man kann deren Wirkungsgrad auf den ganzen Prozeß beziehen; bei der Erzeugung von elektrischem Strom ist die an den Klemmen des Generators abgegebene Energie zur Brennstoffzufuhr zum Kessel ins Verhältnis zu setzen. Hierfür die beiden genannten verlustlos gedachten Kreisprozesse als Vergleich nur beschränkt brauchbar.

b) Daher sind in **Dampfkraftanlagen** besser folgende **Wirkungsgrade** zu unterscheiden:

<table>
<tr><th>Kessel-</th><th>Rohrleitungs-</th><th>Thermischer</th><th rowspan="2">Gütegrad [1]</th><th>Mechanischer</th><th>Generator-</th></tr>
<tr><th colspan="3">Wirkungsgrad</th><th colspan="2">Wirkungsgrad</th></tr>
<tr><td>$\eta_K = Q_K/Q$</td><td>$\eta_L = Q_M/Q_K$</td><td>$\eta_{th} = A L_0/Q_M$</td><td>$\eta_g = A L_i/A L_0$</td><td>$\eta_m = A L_e/A L_i$</td><td>$\eta_G = A L_G/A L_e$</td></tr>
<tr><td colspan="2" rowspan="3">$Q = B \cdot H_u$ kcal/h dem Kessel zugeführte Wärmemenge
B kg/h Brennstoffmenge
H_u kcal/kg unterer Heizwert des Brennstoffes
Q_K vom Kessel nutzbar abgegebene Wärmemenge
$Q_M = Q_K - Q_L$ vor Kraftmaschine verfügbare Wärmemenge
Q_L Rohrleitungsverluste</td><td>$A L_0$ in der verlustlosen Kraftmaschine erzeugte Leistung [2]</td><td>$A L_i$ an die Welle übertragene Leistung (sog. indizierte Leistung)</td><td rowspan="2">$A L_e$ an der Kupplung der Kraftmaschine abgegebene Leistung, um die mechanischen Verluste kleiner als $A L_i$</td><td rowspan="3">$A L_G$ an den Klemmen des Generators abgegebene Leistung, um Eisen-, Kupfer-, Ventilations- und Lagerreibungsverluste des Generators kleiner als $A L_e$</td></tr>
<tr><td colspan="2">$\eta_i = \eta_{th} \cdot \eta_g = A L_i/Q_M$
indizierter Wirkungsgrad [1]</td></tr>
<tr><td colspan="3">$\eta_e = \eta_{th} \cdot \eta_g \cdot \eta_m = \eta_i \cdot \eta_m = A L_e/Q_M$
effektiver Wirkungsgrad [3]</td></tr>
</table>

$\eta_w = \eta_K \cdot \eta_L \cdot \eta_{th} \cdot \eta_g \cdot \eta_m \cdot \eta_G$ wirtschaftlicher oder Gesamtwirkungsgrad

[1] Der Gütegrad wird bei Dampfkraftmaschinen zuweilen indizierter Wirkungsgrad genannt, was aber wegen der abweichenden Bedeutung dieser hauptsächlich bei Brennkraftmaschinen üblichen Bezeichnungsweise zu vermeiden ist.

Bei Arbeitsmaschinen (vor allem bei Kompressoren) wird hingegen die Bezeichnung η_i ausschließlich in der Bedeutung AL_i/AL_0 gebraucht; dabei L_0 die theoretisch erforderliche Arbeit nach einem idealen Vergleichsprozeß (meist mit isothermer Kompression).

(Fortsetzung der Fußnoten S. 438.)

Im Gesamtwirkungsgrad ist der Leistungsaufwand für Kesselspeisepumpen, Unterwind- und Saugzuggebläse, Kondensationspumpengruppen sowie übrige Hilfsantriebe, die besonders bei Dampfkraftwerken einen nicht unerheblichen Einfluß haben, noch nicht berücksichtigt. Näheres hierüber in Abschn. C 5 S. 455. Bei Speisewasservorwärmung mittels Anzapfdampfes oder bei Zwischenüberhitzung Verhältnisse noch komplizierter; hierzu Abschn. C 1 und C 2 S. 446 bzw. 449. Transformator-Wirkungsgrad ebenfalls zu beachten.

c) Bei **Brennkraftmaschinen** lassen sich die **Wirkungsgrade** einfacher definieren. Mit $B \cdot H_u$ an Stelle von Q_M gilt:

$$\eta_{th} = \frac{A L_0}{B \cdot H_u}, \quad \eta_i = \frac{A L_i}{B \cdot H_u},$$

$$\eta_g = \frac{A L_i}{A L_0}, \quad \eta_m = \frac{A L_e}{A L_i};$$

auch hier ist

$$\eta_e = \eta_{th} \cdot \eta_g \cdot \eta_m = \eta_i \cdot \eta_m.$$

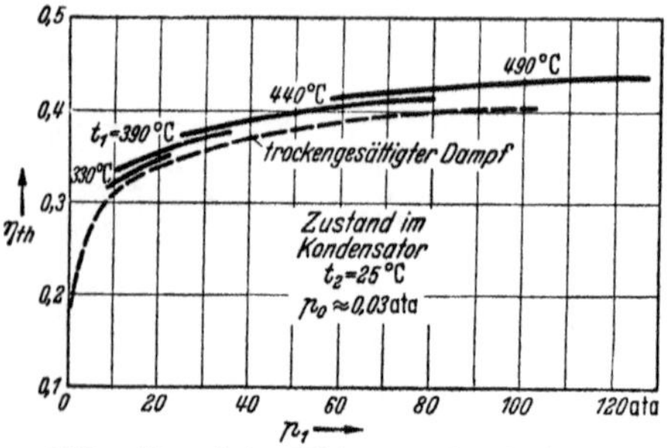

Bild 3. Thermischer Wirkungsgrad verlustloser Dampfkraftanlagen

d) Bei **Gasturbinenanlagen** die **Wirkungsgrade** der einzelnen Anlagenteile, wie Brennkammern, Turbinen, Kompressoren, Wärmetauscher usw. getrennt zu berücksichtigen, dazu die Einflüsse der meist angewendeten Regenerativprozesse (wie bei der Speisewasservorwärmung).

B. Abwärmeausnutzung

Zunächst sind Fälle zu betrachten, die den in Abschn. A 1 behandelten Verhältnissen entsprechen. In den Abgasen verfügbare Wärme durch das Verfahren gegeben, z. B. bei Siemens-Martin-Öfen, Glasschmelzöfen u. ä.; Abwärmeausnutzung bei aussetzendem Betrieb neuerdings durchführbar sogar z. B. bei Stahlwerksbirnen. Gewöhnlich wird die Abwärme zunächst zur Luftvorwärmung für den eigenen Prozeß verwendet (Regeneratoren bei Koks- und anderen Öfen)[1]. In letzter Zeit Fortschritte durch Konstruktion geeigneter Kühlelemente erzielt, vgl. Abschn. B 1 c, S. 440.

1. Metallurgische Prozesse

a) Abgaswärme + chemisch gebundene Energie. In Hüttenwerken aus verfahrenstechnischen Gründen der Fall am häufigsten, daß die heißen Abgase

Fortsetzung der Fußnote 1 von S. 437:

Im Dampfturbinenbau nennt man den Gütegrad auch *thermodynamischen* Wirkungsgrad; doch besteht die Gefahr der Verwechslung mit dem thermischen Wirkungsgrad und die Schwierigkeit, beide Größen durch kennzeichnende Indizes zu unterscheiden.

Vorschläge von *Nesselmann, K.:* Wirkungsgrade von Kältemaschinen auf Grund von Vergleichsprozessen. Kältetechn. Bd. 4 (1952) S. 135/38 hier ebenfalls zu beachten.

[2] In DIN 1940, Entwurf Mai 1956, mit η_v bezeichnet.

[3] Die gelegentlich zu findende Benutzung der Bezeichnung „effektiver Wirkungsgrad" für das Verhältnis $\eta_g \cdot \eta_m = A L_e / A L_0$ sollte ebenfalls vermieden werden; besser ist dafür die Benennung Kupplungs-Wirkungsgrad.

[1] In Kokereien sowie in Stahl- und Hüttenwerken bezeichnet man als „Regenerator" periodisch beheizte und durch das zu erwärmende Mittel abgekühlte Speicher, wie z. B. die Cowper. In dieselbe Gruppe gehören z. B. auch Ljungström-Luftvorwärmer (mit einer sich drehenden Trommel) für Kessel und ähnlich wirkende Wärmetauscher der Tieftemperaturtechnik. Anlagenteile, bei denen Wärme durch eine Trennwand vom wärmeabgebenden Mittel an das zu beheizende übertragen wird, nennt man „Rekuperatoren".

Im Kraftwerkbau hingegen ist es üblich, ausschließlich von „Regenerativ"-Vorwärmung zu sprechen, obwohl alle Wärmeaustauscher mit Ausnahme der Ljungström-Luftvorwärmer und der mit Dampf direkt beheizten Entgaser Trennwände besitzen.

beträchtliche Mengen an Kohlenmonoxyd (CO) enthalten. Anteil der fühlbaren Wärme dann nur in der Größenordnung von 5–10% der chemisch gebundenen Wärme. Wichtigstes Beispiel die *Gichtgasverwertung* im Hochofenbetrieb; entweder nach Entstauben unmittelbar in Gasmaschinen — vgl. S. 131 — oder zur Beheizung von Dampfkesseln. Über Ausnutzung in Gasturbinen s. Abschn. D 4, S. 463. So erzeugte Druckluft oder elektrische Energie zum größeren Teil im Hüttenwerk selbst verbraucht (vgl. Lit. 13, dort S. 318f.). Anfallende Menge im Mittel 4000 Nm^3 je t Roheisen oder 4500 bis 4800 Nm^3 je t vergasten Kohlenstoffes; Heizwert 900 bis 1000 kcal/Nm^3; Zusammensetzung s. Bd. I, S. 469.

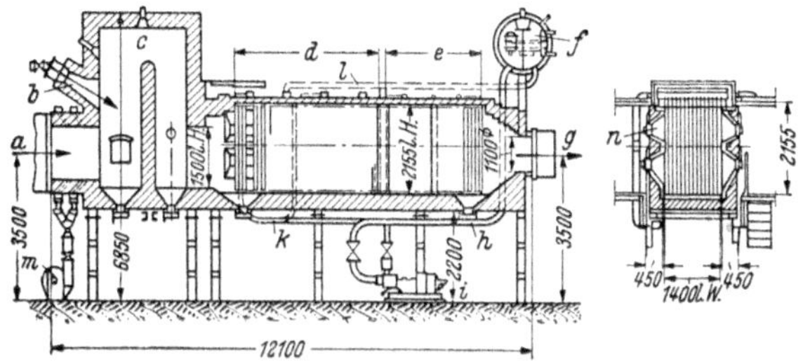

Bild 4. Zwangumlauf-Abhitzekessel (Borsig) für 32 atü Sattdampf

a Abgaseintritt, *b* Frischgaszusatz zum Anfahren, *c* Brennkammer, *d* Verdampferteil, *e* Vorwärmerteil, *f* Trommel, *g* Abgasaustritt, *h* Saugleitung, *i* Umwälzpumpe, *k* Druckleitung, *l* Verdampfer-Rückleitung, *m* Gebläse, *n* Reinigungsöffnungen

Gewisse Vorteile bieten *Zwangumlaufkessel* wegen der freien Wahl der Rauchgasführung und besseren Beseitigung mitgerissener Teilchen wie Staub von Metalloxyden o. ä. In einer Zinkhütte schaltete man solchen Kesseln Brennkammern vor, um die bei der Verkokung der Zinkbriketts entstehenden brennbaren Gase und Teerdämpfe auszunutzen, Bild 4 *. Dadurch Steigerung der Abgastemperatur, die hinter den Staubabscheidern 700–800 °C beträgt, auf 1100–1200 °C vor dem Kessel. Hängende Anordnung der Rohrschlangen erleichtert die Reinigung. Frischgasbrenner als Zusatzfeuerung und zum Anfahren. Dampf, der durch gasbefeuerten, für alle Kessel gemeinsamen Überhitzer geht, deckt gesamten Kraftbedarf der Hütte.

b) Abgaswärme allein. Ist nur fühlbare Wärme der Verbrennungsgase auszunutzen, vereinfachte Rechnung mit Hilfe des i,t-Diagramms. Zu der gegebenen Temperatur Wärmeinhalt unmittelbar abzugreifen. Luftüberschußzahl aus CO_2-Messungen (vgl. Bd. I, S. 472) oder neuerdings aus O_2-Messungen[1] zu ermitteln.

Auch wenn die Abwärme nicht im Prozeß selbst nutzbar gemacht werden kann, ergeben sich meist Möglichkeiten, in Abhitzekesseln oder Wärmetauschern Dampf oder Warmwasser zu erzeugen, z. B. bei Siemens-Martin-Öfen in Stahlwerken, Raffinieröfen in Kupferhütten, Schmiedeöfen usw.[2]

Abgastemperaturen liegen bei gut gepflegten Öfen (wenig Falschluft) bei 800–1000 °C; sie können bei undichten Öfen auf 300–400 °C sinken[3]. Für die Planung muß zeitlicher Verlauf der anfallenden Wärme genau untersucht werden. Bei mehreren Öfen durch gestaffeltes Arbeiten meist möglich, die Abgaswärme gleichmäßiger auszunutzen. Wirtschaftlichkeit bei

* *Westphal, W.:* Z. Erzbergbau u. Metallhüttenwes. Bd. 1 (1948) S. 193/204.

[1] *Sturm, B.:* Brennst.-Wärme-Kraft Bd. 3 (1951), S. 374/77.

[2] *Popp, K. E.:* Hochdruckdampf aus Abgas- und Kühlwasserwärme von Siemens-Martin-Öfen. Stahl u. Eisen Bd. 73 (1953) S. 1030/35. — *Bleimann, F.:* Abhitzeverwertung für Heizzwecke. Ebendort Bd. 74 (1954) S. 773/77. — *Pracht, E.:* Werkserfahrungen beim Umstellen der Dampfversorgung auf Abhitze- und Heißkühlanlagen in einem Hüttenwerk. Ebendort Bd. 76 (1956) S. 1224/29. — *Schemann, W.:* Stand der baulichen Entwicklung von Abhitzekessel- und Heißkühlanlagen an S.-M.-Öfen. Ebendort Bd. 77 (1957) S. 78/84. — *Heil, W.:* Betriebserfahrungen und Schadensfälle an Abhitzekesseln und Heißkühlanlagen für S.-M.-Öfen. Ebendort S. 84/91. — *Zur, M.:* Wirtschaftliche und technische Betriebsergebnisse an Abhitze- und Heißkühlanlagen hinter S.-M.-Öfen. Ebendort S. 95/100. — *Weineck, H.:* Die Wärme- und Kraftwirtschaft eines gemischten Hüttenwerkes unter dem Einfluß der technischen Entwicklung. Ebendort S. 988/99.

[3] *Maase, E.:* Gas- u. Wasserfach Bd. 93 (1952) S. 319/23.

ausnutzbaren Abgastemperaturen über 600°C im allgemeinen gesichert. Saugzuganlagen fast immer vorteilhafter als natürlicher Zug, weil verbesserte Regelmöglichkeit für den Ofen und niedrigere Temperatur hinter dem Kessel erreichbar; außerdem können bei höheren Gasgeschwindigkeiten Heizflächen im Kessel kleiner bemessen werden. Man geht bei Rauchrohrkesseln bis zu 40 m/sek, wodurch Wärmedurchgangszahlen von $k = 50$ kcal/m²hgrd bei reinen Flächen erreichbar. Kraftbedarf des Saugzuges in der Bilanz zu Lasten der Dampferzeugung.

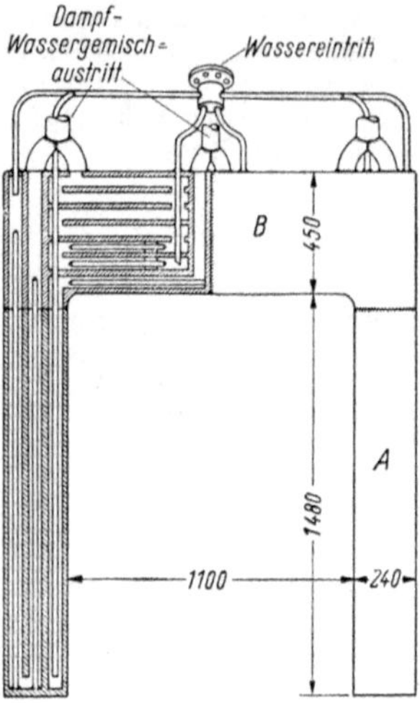

Bild 5. Türkühl-Flachrahmen eines Siemens-Martin-Ofens

c) Strahlungswärme. An Öfen der Hüttenwerke oft Kühlung einzelner Teile mit Rücksicht auf Bedienung erforderlich, z. B. an Kühlkästen und Blasformen von Hochöfen, Türrahmen von Siemens-Martin-Öfen, Gleitschienen von Stoßöfen[1]. Bauformen s. Bild 5, Schaltung s. Bild 6. Durch diese „Heißkühlung" Entlastung der Wasserwirtschaft, weil wegen Verdampfung erheblich größere Wärmeaufnahmefähigkeit des Kühlmittels.

2. Prozesse der keramischen und verwandter Industrien

Bei den Öfen der keramischen Industrie wie Glasschmelzöfen, Brennöfen für Porzellan und Zement grundsätzlich die gleichen Möglichkeiten der Abhitzeverwertung wie vorstehend. Bisher nur wenig ausgenutzt, weil diese Industrien oft geringerwertige Brennstoffe (Braunkohle) verwenden und hohe Investitionen nicht lohnend erschienen. Aber

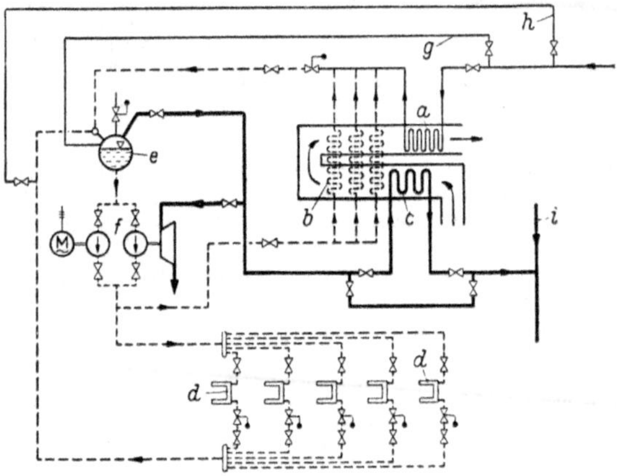

Bild 6. Schaltschema eines mit Heißkühlrahmen parallel betriebenen Abhitzekessels
a Speisewasservorwärmer
b Verdampfungsheizfläche } im Rauchgasabzug
c Überhitzer
d Türkühlrahmen der Öfen, *e* Ausdampftrommel, *f* Umwälzpumpen, *g* Umgehungsleitung für Vorwärmer, *h* Notleitung zum unmittelbaren Speisen der Türrahmen, *i* Werksdampfnetz 32 atü

[1] In den in Anm. 2 S. 439 genannten Arbeiten mitbehandelt; dazu *Vonnemann, R.:* Neue Verfahren der Heißkühlung. Stahl u. Eisen Bd. 77 (1957) S. 1126/35. Nach dieser Quelle entspricht die in den Eisenhüttenwerken der Deutschen Bundesrepublik mit dem Kühlwasser jährlich abgeführte Wärmemenge etwa dem Heizwert von 1,5 Mill. t Steinkohle. Der Wasserbedarf für die Kühlung der Öfen beträgt etwa 1 Mrd. m³/Jahr.

auch in diesen Fällen die Abgase zur Aufwärmung von Speisewasser, Bereitung von Bade- und Waschwasser für die Belegschaft und ähnliche Zwecke benutzbar.

3. Gaserzeugung

a) Neuzeitliche **Entgasungsöfen** (Horizontalkammeröfen) der Kokereien und Gaswerke werden nur noch mit Ausnutzung der Abwärme zum Vorwärmen der Verbrennungsluft und des zum Beheizen dienenden Schwachgases gebaut. Weitergehende Ausnutzung in nachgeschalteten Abhitzekesseln nur selten anzutreffen, obwohl erheblicher Bedarf an Dampf niedrigen Druckes für Waschölkolonnen, Ammoniakabtreiber und ähnliche Zwecke. Durch Regenerativvorwärmung der Verbrennungsluft erzielte Abgastemperatur von 500 °C oder wenig darüber für den Betrieb von Abhitzekesseln zu niedrig; meist infolge Falschluft noch erheblich darunter. Verwendung von Abhitzekesseln *statt* Regenerativvorwärmern verursacht unwirtschaftlichen Mehrbedarf an Unterfeuerungsgas. Bei höheren Abgastemperaturen hinter Luftvorwärmern Abwärmeausnutzung in nachgeschalteten Kesseln meist noch wirtschaftlich. Künstlicher Zug zweckmäßig, um Abgastemperaturen von 200°C und darunter hinter dem Kessel erreichen zu können; Nachschalten eines Ekonomisers erforderlich, jedoch dann natürlicher Zug meist nicht ausreichend.

Bei Öfen mit Rekuperatoren Teilung des Rauchgasstromes empfehlenswert. Ein Teil für Vorwärmung der Verbrennungsluft in diesen auf rd. 300 °C abgekühlt; anderer Teil durch den Abhitzekessel geführt, der wegen wesentlich größerer Temperaturdifferenz mit kleinerer Heizfläche auskommt[1].

Bereits auch Anlagen im Bau, bei denen die Abwärme von Entgasungsöfen — allerdings mit Temperaturen von 800 °C — zum Erhitzen der Luft für Heißluftturbinen dient (Eintrittstemperatur 600 °C)[2]. Näheres in Abschn. D.

b) Bei **Gasgeneratoranlagen** (vgl. Bd. II S. 80) ist das Nachschalten von Abhitzekesseln die Regel[3]. Außerdem ortfeste Generatoren von etwa 1 m Schachtdurchmesser an fast immer mit Wasser- oder Dampfmantel ausgerüstet[4]. Bei *Wassergasanlagen*, die *diskontinuierlich* arbeiten (abwechselndes Gasen und Blasen), sieht man vor dem Abhitzekessel noch Zündkammern vor, um während des Blasens die brennbaren Anteile (CO) auszunutzen; vgl. a. Bild 4.

Kennzeichnend für die neue Entwicklung das Koppers-*Totzek*-Verfahren[5] der Staubvergasung mit Hilfe von Sauerstoff und Dampf, der in einem Abhitzekessel erzeugt und in einem Regenerator auf 1200 °C überhitzt wird, vgl. Bild 7. Siehe a. Abschn. D 6, S. 464.

c) Trockenes Kokslöschen. Eine nur von wenigen Gaswerken und Kokereien ausgenutzte Quelle von Abwärme ist der aus den Kammern ausgestoßene glühende Koks, der abgelöscht werden muß. Bei einer Durchschnittstemperatur von 950 °C werden durch Abkühlen mit Inertgasen auf 200 °C rd. 280 kcal je t Trockenkoks frei. Bezogen auf Einsatzkohle sind dies rd. 3% von deren Heizwert, wenn man

---

[1] Lit. 8, dort S. 104. — *Koppitz, O.:* Strom als Kuppelerzeugnis der Gaserzeugung. Arch. Wärmewirtsch. Bd. 23 (1942) S. 139/42. — *Thews, W.:* Neuzeitliche Abhitzeverwertungsanlagen für Gaswerke. Bergbau u. Energiewirtsch. Bd. 3 (1950) S. 122/24. — *Schäfer, E.:* Der Abhitzekessel im Gaswerksbetrieb. Gas- u. Wasserfach Bd. 89 (1948) S. 276/77.

[2] Vgl.: Luftturbinen mit geschlossenem Kreislauf für Abwärmeverwertung in Industriebetrieben. Escher Wyss-Mitt. Bd. 21/22 (1948/49) S. 95/96; ref. Brennst.-Wärme-Kraft Bd. 2 (1950) S. 322. — *Gaskill, M. S.:* Gas World Bd. 136 (1952) Nr. 3550 S. 510/15; Nr. 3551 S. 578/82; ref. Gas- u. Wasserf. Bd. 94 (1953) S. 61.

[3] *Winter, H.:* Abhitzekessel und Turbogebläse an Koks-Zentralgeneratoren. Gas- u. Wasserfach Bd. 85 (1942) S. 169/74. — Lit. 8, dort S. 79.

[4] *Wübbenhorst, H.:* Erfahrungen mit Dampfmantel-Gaserzeugern für Siemens-Martin-Öfen. Stahl u. Eisen Bd. 74 (1954) S. 272/79.

[5] Vgl. *Totzek, F.:* Die Kohlenstaubvergasung nach Koppers-Totzek. Stahl u. Eisen Bd. 66/67 (1947) S. 363. — *Osthaus, K. H.:* Wassergas aus Kohlenstaub. Brennst.-Wärme-Kraft Bd. 4 (1952) S. 6/10. — *Totzek, F.:* Entwicklung der Kohlenstaubvergasung nach Koppers-Totzek und ihre Bewährung im Großbetrieb. Brennst.-Chem. Bd. 34 (1953) S. 361. Der in Bild 7 dargestellte Abhitzekessel geändert, so daß dem Vergaser ein aufwärts durchströmter Strahlungskessel (Art Dampfmantel) unmittelbar nachgeschaltet und dahinter ein abwärts durchströmter Rauchrohrkessel angeordnet ist.

mit 70% Koksausbeute rechnet, oder 25% der für Unterfeuerung aufzuwendenden Wärme[1]. Güte des trocken gelöschten Kokses freilich umstritten.

d) In letzter Zeit gewinnen **Vergasungsprozesse** erhöhte Bedeutung, bei denen Normgas (Stadtgas genormten unteren Heizwertes von 3800 bis 4200 kcal/Nm³) oder auch Synthesegas (für Ammoniak, Methanol usw.) aus festen oder flüssigen Brennstoffen — *ohne* Anfall von Koks — oder aus gasförmigen Kohlenwasserstoffen hergestellt wird. Auch bei diesen wird meist Abhitzeverwertung vorgesehen, zumal mehrere dieser Verfahren mit Sauerstoff oder sauerstoffreicher Luft arbeiten. Dadurch entstehende höhere Temperaturen begünstigen Abwärmeausnutzung[2].

4. Hydrier-, Synthese- und Krackprozesse

Der wirtschaftliche Erfolg der künstlichen Herstellung flüssiger Kraftstoffe wird in weitem Maß durch die Möglichkeiten bestimmt, die bei den Prozessen aufzuwendenden Wärmemengen wiederzugewinnen und nutzbar zu machen.

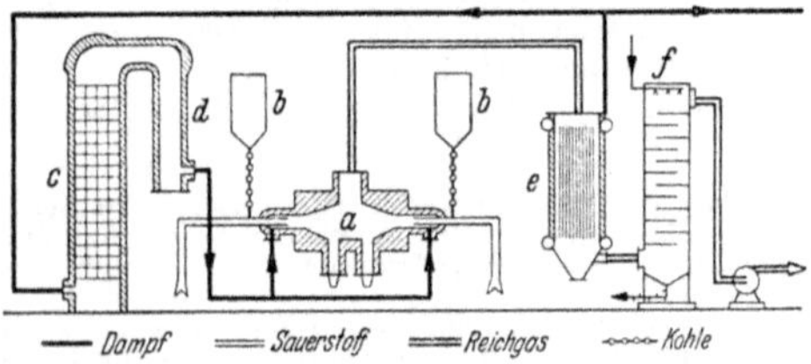

Bild 7. Schema einer Koppers-Totzek-Staubvergasungsanlage
a Staubvergaser, *b* Kohlenstaubbunker, *c* Regenerator (zweifach, abwechselnd zum Aufheizen und Überhitzen), *d* gasbeheizte Brennkammer für *c*, *e* Abhitzekessel mit Staubabscheider, *f* Wasch- und Kühlturm

a) Beim katalytischen **Druckhydrierverfahren** nach *Bergius* und *Pier* spielt die Verwendung von Wärmetauschern und ähnlichen Einrichtungen eine sehr große Rolle, doch wird — von der Gaserzeugung abgesehen — bei den Hydrierverfahren selbst von einer energiewirtschaftlichen Nutzung verfügbarer Abfallwärme kein Gebrauch gemacht. Dies liegt vor allem an den extremen Arbeitsbedingungen (Temperaturen bis 500 °C und darüber, Drücke bis 700 at), die eine Einführung verfahrensfremder Kühlmittel wie Wasser im Bereich hoher Temperaturen, wo sich allein eine Dampferzeugung lohnen würde, nicht ratsam erscheinen lassen.

Die mit Wasser beschickten Kühler für die Hydrierprodukte arbeiten mit so niedrigen Temperaturen, daß Wärmeausnutzung nicht mehr lohnt. Der gleichzeitige Bedarf an Energie (z. B. für die Hochdruckkompressoren) und an Dampf für die Fabrikation (Konvertierung, Destillation, Heizung) gibt aber in Hydrierwerken in der Regel günstige Möglichkeiten für Energieerzeugung im Gegendruckbetrieb; vgl. hierzu Abschn. C 4 u. 6, S. 452 u. 456.

b) Bei der **Synthese** nach *Fischer* und *Tropsch* ist man nach anfänglicher Verwendung von Öl dazu übergegangen, die Reaktionswärme aus den unter viel milderen Bedingungen arbeitenden Syntheseöfen mit siedendem Wasser abzuführen und dadurch die Reaktionstemperatur konstant zu halten. Mehrere Kontaktöfen werden an einen gemeinsamen Dampfsammler angeschlossen. Es sind Dampfleitungen für drei Druckstufen vorhanden, weil mit zunehmender

---

[1] *Zollikofer, H.:* 25 Jahre Kokstrockenlöschung. Monatsbull. Schweiz. Ver. Gas- und Wasserfachm. Bd. 25 (1945) S. 121/25. — *Ahlers, W.:* Untersuchungen an der Kokstrockenkühlanlage im Gaswerk Kiel-Wik. Gas- u. Wasserfach Bd. 91 (1950) S. 2/10. — *Giesing, K.:* Trockene Kokskühlung in der Schweiz. Ebendort S. 11/13. — *Siebel, H.:* Erfahrungen mit der Kokstrockenanlage im Werk Dagenham. Ebendort S. 13/16. — Ders.: Untersuchungen über die Wirtschaftlichkeit der Trockenkokskühlung. Ebendort S. 25/31 u. 49/53. — *Hersche, W.:* Die Rückgewinnung der Glühkokswärme in Kokereien und Gaswerken. Masch. Bau u. Wärmewirtsch. (Wien) Bd. 11 (1956) S. 1/11 u. 33/45; ref. Brennst.-Wärme-Kraft Bd. 8 (1956) S. 463.

[2] Vgl. z. B. *Michel, E.:* Erzeugung von Stadtgas aus gasförmigen und flüssigen Kohlenwasserstoffen. Gas- u. Wasserfach Bd. 95 (1954) S. 598/603. — *Gattiker, M.:* Der Shell Ölvergasungsprozeß und seine Anwendung in der Industrie. Erdöl u. Kohle Bd. 10 (1957) S. 581/84.

Erschöpfung des Kontaktes die Temperaturen von etwa 190 auf 220 °C und mehr erhöht werden müssen, wobei Dampf von steigendem Druck erzeugt werden kann[1].

c) Bei neuzeitlichen, meist katalylisch arbeitenden **Krackverfahren** zur Erzeugung von Motorkraftstoffen aus hochsiedenden Erdölfraktionen und bei katalytisch arbeitenden **Reformingverfahren** zur Erhöhung der Klopffestigkeit von Benzinen müssen (ähnlich wie bei der Hydrierung) Arbeitstemperaturen in der Größenordnung von 450 bis 500 °C und darüber sehr genau eingehalten werden; die Drücke liegen jedoch wesentlich niedriger (etwa zwischen 0 und 50 atü)[2].

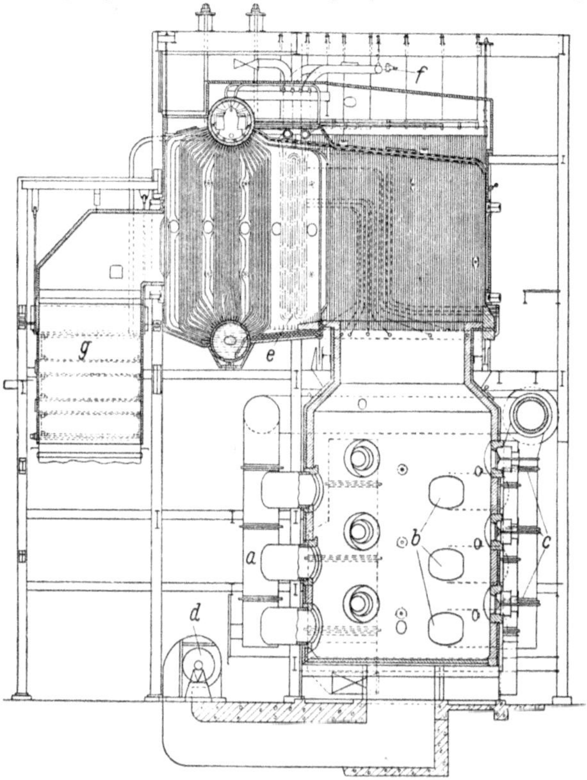

Bild 8. Abhitzekessel (Babcock & Wilcox) für gleichzeitige Ausnutzung von Kohlenmonoxyd mit Zusatzbrennern für Raffineriegas und Öl, Dampfleistung 190 t/h bei 42 atü, 400 °C; Abgasmenge 250 t/h bei 610 °C

a Leitung für CO-haltiges Abgas, *b* Abgaseintritt in die Brennkammer, *c* Zusatzbrenner, *d* Unterwindgebläse, *e* Überhitzer, *f* Dampfkühler, *g* Speisewasservorwärmer

[1] *Paul, H.* u. *H. Tramm:* Die Fischer-Tropsch-Synthese als Kohleveredelungsindustrie und Glied der Energiewirtschaft. Erdöl u. Kohle Bd. 2 (1949) S. 229/37. — *Kainer, F.:* Die Kohlenwasserstoffsynthese nach Fischer-Tropsch. Berlin: Springer 1950. — *Wirth, G.:* Die Berechnung u. Beurteilung von Öfen für katalytische ... Reaktionen ... Chem. Techn. Bd. 3 (1951) S. 38/46.

[2] *Marder, M.:* Motorkraftstoffe, Bd. I S. 288ff. Berlin: Springer 1942. — *Sachanen, A. N.:* Conversion of Petroleum. 2. Aufl. S. 293, 343, 362. New York, Reinhold: 1948. — *Hicks, T. G.:* Power Plants for Modern Refineries. Petrol. Refiner Bd. 28 (1949) Nr. 12 S. 113/16; Bd. 29 (1950) Nr. 2 S. 129/32; bes. Nr. 5 S. 143/45. — Anon.: Simple new system turns cat cracker waste heat to steam. Chem. Engg. Progress Bd. 61 (1954) S. 114/18; ref. Brennst.-Chem. Bd. 35 (1954) S. 220. — *Campbell, O. F.*, u. *M. E. Pennels:* Cracking Unit a Source of Heat. Petrol. Processing Bd. 9 (1954) S. 352/58.

Es wurden in den vergangenen Jahren verschiedene Verfahren entwickelt, die – soweit hier von Interesse – die wesentlichen Merkmale gemeinsam haben.

Bei Krackanlagen nur mehr perlförmige Katalysatoren in bewegter Schüttung oder staubförmige Katalysatoren im Fließbett angewendet. Der sich bildende Koks muß vom durchlaufenden Katalysator ständig abgebrannt werden. Kühlschlangen von Zwangsumlaufkesseln dienen der Wärmeabfuhr und zugleich der Temperaturregelung. Ähnliche Möglichkeiten bei Reforminganlagen mit Fließbett (bei diesen perlförmige Katalysatoren in bewegter Schüttung überholt, ebenso wie Festbett bei Krackanlagen; bei Reforminganlagen neuester Bauart mit Edelmetallkatalysatoren im Festbett Koksansatz minimal, daher Periode zwischen zwei Regenerierungen so lang, daß energiewirtschaftliche Nutzung der heißen Abgase nicht mehr lohnend). Bei Spaltöfen zur Erzeugung von Olefinen, besonders von Äthylen aus Kohlenwasserstoffen, sehr hohe Produkt-Austrittstemperaturen von 800 °C und mehr; dementsprechend hohe Abgastemperaturen und daher Möglichkeit der Erzeugung von Dampf, der im Verfahren benötigt wird, sowohl durch Abgase wie auch durch Spaltgas selbst.

Abgase aus Regeneratoren von Krackanlagen enthalten ausnutzbare Anteile CO; deshalb auch hier ähnlich wie in Abschn. B 1 gleichzeitige Verwertung fühlbarer und chemisch gebundener Wärme. Bild 8 zeigt größten bisher gebauten Abhitzekessel einer Erdölraffinerie[1].

5. Brennkraftmaschinen

a) Verwertung der Abwärme besonders bei den **Großgasmaschinen** der Hüttenwerke wichtig. Diese fast immer mit Abhitzekessel ausgerüstet, dessen Dampf für Energieerzeugung oder andere Zwecke dient. Nutzbar gemachte Wärmemengen aus Bild 9 nach Messungen an einer ausgeführten Anlage zu erkennen[2]. Grundsätzliche Schaltung in Bild 10.

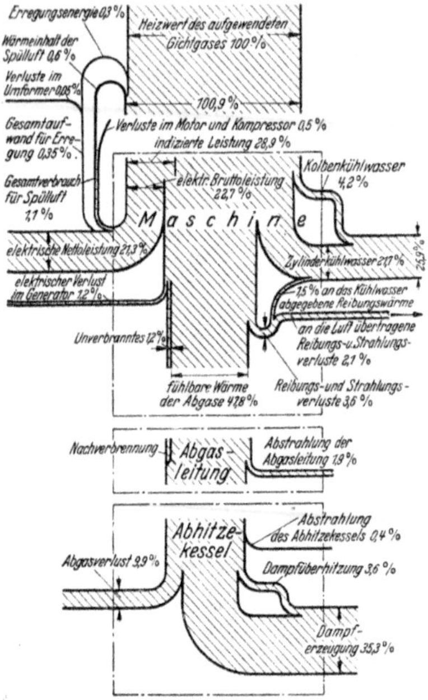

Bild 9. Wärmeflußbild einer Großgasmaschine nach *Neumann* und *Pause*

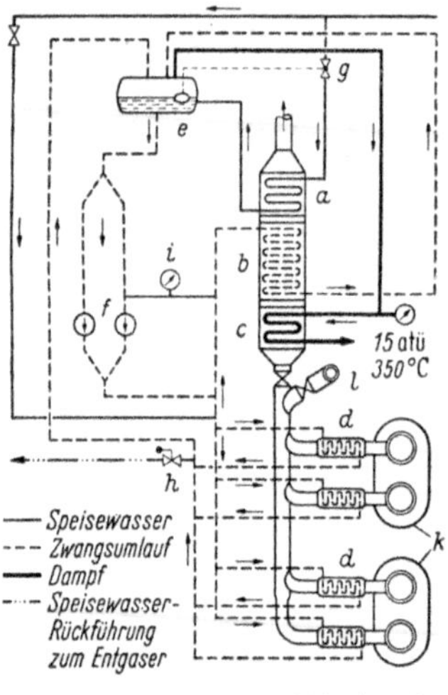

Bild 10. Schema einer Abhitzekessel-Anlage für Gasmaschinen
a Speisewasservorwärmer, *b* Verdampfungsheizfläche, *c* Überhitzer, *d* Kühlkörper, *e* Ausdampftrommel, *f* Umwälzpumpe, *g* Wasserstandsregler, *h* Sicherheitsventil, *i* Differentialdruck-Manometer, *k* Auslaßventile, *l* Auspuff ins Freie

[1] Vgl. *Alexander, W. H.*, u. *R. Bradley:* Can You Justify a CO Boiler? Petrol. Refiner Bd. 37 (1958) Nr. 8 S. 107/12.

[2] *Neumann, G.*, u. *H. Pause:* Die Berechnung des Gasverbrauches von Gasmaschinen. Arch. Eisenhüttenwes. Bd. 6 (1932/33) S. 13/16. – *Diedrich, A.*, u. *E. Leyendecker:* Fortschritte an Abhitzekesseln für Gasmaschinen. Stahl u. Eisen Bd. 76 (1956) S. 1744/48.

Abgastemperaturen der Gasmaschinen bei Vollast etwa 600–700 °C; daher Wirkungsgrade der Abhitzekessel im allgemeinen zwischen 50 und 70%, weil Abgastemperatur nicht viel unter 220 bis 250 °C gesenkt werden kann. Schornsteinzug muß die Strömungswiderstände im Abhitzekessel überwinden, sonst steigt der Gegendruck an der Gasmaschine. Wert $\eta_k = 35{,}3$ (Bild 9) erscheint hoch; jedoch Verhältnisse an der Gasmaschine selbst dem Durchschnitt entsprechend wiedergegeben. Rechnet man mit 4000 kcal/kWh bezogen auf die Klemmenleistung des Generators, so werden dem Abhitzekessel je kW noch rd. 1400 kcal/h zugeführt, von denen 700–1000 kcal/h zur weiteren Energieerzeugung gewinnbar. Damit können im Kondensationsbetrieb zusätzlich 0,20 bis 0,30 kW/kW erzeugt werden.

Weitere Wärme läßt sich bei Brennkraftmaschinen ganz allgemein durch *Heißwasser-* oder durch *Verdampfungskühlung* der Zylinder gewinnen. Auch außerhalb industrieller Betriebe z. B. Versorgung von Badeanstalten mit dem erwärmten Kühlwasser von Dieselmaschinen wirtschaftlich.

b) Ausnutzung der in den Abgasen von **Dieselmaschinen** enthaltenen Wärme wegen der niedrigeren Abgastemperatur des Dieselprozesses von 350–500 °C zur Dampferzeugung im Gegensatz zum Ottoprozeß nicht immer lohnend[1]. Dagegen haben sich Abgasturbogebläse zur Aufladung von Dieselmaschinen nach den Vorschlägen von *Büchi* bewährt und durchgesetzt; s. S. 140, 379.

6. Kompressoren

Obwohl Verdichtungswärme von Gas- oder Luftkompressoren nur bei niedrigen Temperaturen von max. etwa 120 °C verfügbar, ist bei ausreichend großen Anlagen mittels Kältemittel passender physikalischer Eigenschaften (z. B. Freone) im *Clausius-Rankine*schen Kreisprozeß — u. U. auch bei überkritischen Zuständen — Energierückgewinn wirtschaftlich möglich[2].

C. Schaltungen von Dampfkraftwerken

Im Interesse der Schonung der verfügbaren Brennstoffvorräte wichtig, alle Möglichkeiten wahrzunehmen, durch die der Brennstoffaufwand bei der Energieerzeugung verringert werden kann. Zwar sind erhebliche Verluste aus den in Abschn. A 2, S. 437 angeführten Gründen unvermeidbar, die im Dampfkraftwerk abzuführende Wärme kann aber oft für andere, außerhalb der Energieerzeugung liegende Zwecke nutzbar gemacht werden. Dies erfordert in den meisten Fällen wegen der verlangten Temperatur Gegendrücke in der Größenordnung von einigen atü, was zwar eine Einbuße an Energie je kg arbeitenden Dampfes zur Folge hat; jedoch bedeutet die volle Ausnutzung des Abdampfes, den man sonst eigens erzeugen müßte, im Idealfall einen thermischen Wirkungsgrad von 100%. Auch die hauptsächlich durch Strömungswiderstände in der Turbine hervorgerufenen Verluste, die durch den Gütegrad erfaßt werden, vgl. S. 437, erscheinen als Reibungswärme im Abdampf wieder. Auf diese Weise ist es möglich, elektrische Energie mit 1100–1200 kcal/kWh und darunter zu erzeugen.

Reiner Gegendruckbetrieb nicht immer durchführbar; dann wenigstens ein Teil der zur Stromerzeugung erforderlichen Dampfmenge im Gegendruckbetrieb, z. B. zum Vorwärmen des Speisewassers mittels Anzapfdampf, verwendbar. Ausmaß der dafür zulässigen Aufwendungen weitgehend durch die Größe der Anlage bestimmt. So sind in großen Werken Schaltungen selbstverständlich, die man in kleinen Anlagen kaum in Erwägung zieht[3].

---

[1] Vgl. jedoch *Ringgenberg, H.:* Die Verwertung der Abwärme von Dieselmotoren. Techn. Rundschau Sulzer H. 3 (1952) S. 1/11; ref. Brennst.-Wärme-Kraft Bd. 6 (1954) S. 30. In dieser Arbeit ist neben üblichen Anwendungen wie Warmwasserbereitung u. ä. auch die Beheizung von Verdampfern für Meerwasser auf Schiffen behandelt. — *Tufnell, R. M.:* Waste heat recovery as applied to Diesel engines. Instn. Heat. Vent. Engrs. Bd. 26 (1959) Nr. 2 S. 285/98; ref. Brennst.-Wärme-Kraft Bd. 11 (1959) S. 349. Dort auch Kopplung mit einer Wärmepumpe beschrieben; vgl. dazu S. 465.

[2] *Funck, K.:* Abwärme-Dampfkraftprozeß unter besonderer Berücksichtigung der Verwertung der Verdichtungswärme von Kolbenkompressoren. Gas- u. Wasserfach Bd. 99 (1958) S. 984/87 u. 1055/58.

[3] *Schäff, K.:* Entwicklungen und Erfahrungen beim Bau von Dampfkraftwerken. VDI-Z. Bd. 98 (1956) S. 1/8 u. 47/55.

1. Speisewasservorwärmung

Bei dem durch Bild 2 dargestellten *Clausius-Rankine*-Prozeß Entspannung der gesamten Dampfmenge unter Arbeitsabgabe bis zum Zustand i_2 und Abfuhr der Verdampfungswärme bei der Temperatur t_0 vorgesehen. Jedoch unwirtschaftlich, das Speisewasser im Kessel von der Kondensatortemperatur $t_0 = t_2$ bis zur Siedetemperatur t zu erwärmen, weil Wärmegefälle zwischen den heißen Rauchgasen und dem kalten Speisewasser nur schlecht ausgenutzt. Außerdem Einspeisen von kaltem Wasser nachteilig für Betrieb und Dichthalten von Einwalzstellen.

a) Prozeß läßt sich durch **Vorwärmen des Speisewassers** verbessern. *Zwei* grundsätzlich verschiedene *Möglichkeiten*:

α) Vorwärmen mittels der aus dem Kessel abziehenden *Rauchgase* bis knapp unter Siedetemperatur, so daß im eigentlichen Kessel nur verdampft zu werden braucht. Dadurch bessere Verteilung der Temperaturdifferenzen zwischen Rauchgas und wasserberührten Flächen. Näheres über rauchgasbeheizte Speisewasservorwärmer (Ekonomiser) in den nachgeschalteten Kesselzügen s. S. 58.

β) Vorwärmen durch ungesteuerten *Turbinen-Anzapfdampf*. Dieser gibt seine Verdampfungswärme an das Speisewasser vor dessen Eintritt in den Ekonomiser ab.

Theoretisch Speisewasservorwärmung in sehr vielen *Stufen* mit entsprechend kleinen Dampfmengen am günstigsten; dabei Dampf zu Energieerzeugung so weit ausgenutzt, wie es die Temperatur des aufzuwärmenden Wassers erlaubt. Jedoch Aufwand an Wärmetauschern und Rohrleitungen zu groß und Schaltung zu umständlich, abgesehen von der Schwierigkeit, die Anzapfstellen am Turbinengehäuse unterzubringen. Oft nur ein oder zwei Vorwärmstufen, bei Maschineneinheiten von mehreren 10 MW auch drei bis vier Stufen. Erzielbarer Gewinn und günstigste Vorwärmtemperatur (gegeben durch Enthalpie des Speisewassers beim Austritt aus der letzten Stufe) für zwei verschiedene Betriebszustände vor und hinter der Turbine in Bild 11. Auch bei 35 atü, 425 °C und $z = 4$ werden im Maximum (170 kcal/kg) noch fast 8% erreicht. Ungefähr im gleichen Maß wird der effektive Wirkungsgrad verbessert, weil die Anzapfung auf η_m überhaupt keinen und auf η_g nur geringen Einfluß hat[1].

Im T,s-Diagramm Verbesserung der Wärmeausnutzung durch Speisewasservorwärmung mittels Anzapfdampf für den Fall dreistufiger Vorwärmung durch Bild 12 für verlustlosen Prozeß gezeigt. Diese übliche Darstellung berücksichtigt die Änderung der Mengen durch

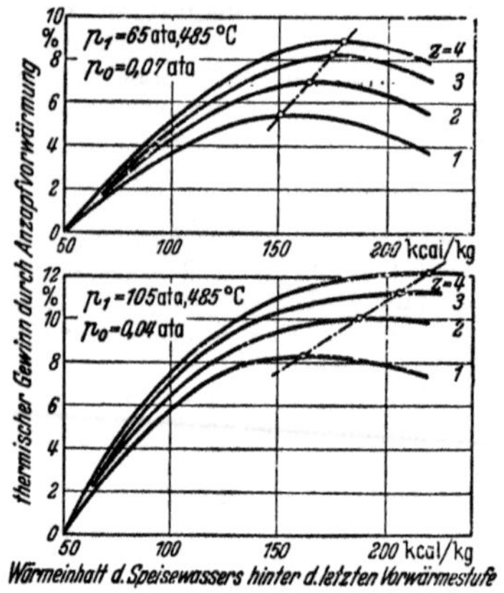

Bild 11. Relative Verbesserung des thermischen Wirkungsgrades durch Vorwärmung des Speisewassers durch Anzapfdampf nach *Musil* (z = Zahl der Vorwärmstufen)

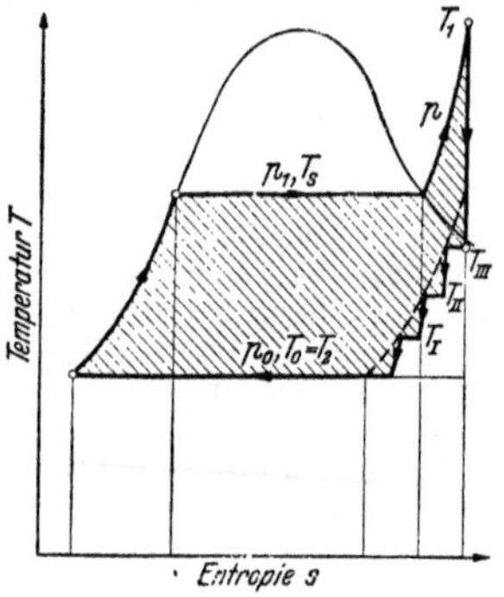

Bild 12. Verlustloser Wasserdampf-Kreisprozeß mit dreistufiger Speisewasservorwärmung im T,s-Diagramm

[1] Vgl. *Schäff, K.*: Theorie der Speisewasseraufbereitung. AEG-Mitt. Juli 1938, Beih. „Das Kraftwerk" S. 14/19. — *Schüller, K. H.*: Ersparnis durch regenerative Speisewasservorwärmung in Dampfkraftwerken. Energietechnik Bd. 4 (1954) S. 419/24 u. 495/503. — *Senger, U.*: Die wärmewirtschaftlichen Gewinnmöglichkeiten in Kondensationskraftwerken. Brennst.-Wärme-Kraft Bd. 7 (1955) S. 55/67. — *Kelp, F.*: Wirtschaftlichkeits-Probleme von Speisewasser-Vorwärmanlagen größerer Kondensations-Kraftwerke. Mitt. Ver. Großkesselbes. Nr. 61 (Aug. 1959) S. 276/88. — Lit. 1, dort S. 11/15. — Lit. 4, dort S. 117f.

Änderung der Flächen für Q, während sonst die T, s-Diagramme für konstante Mengen des arbeitenden Mittels gelten. Schwache Krümmung der Begrenzung rechts unten eine Folge der Krümmung der unteren Grenzkurve. Bei unendlicher Stufenzahl verliefe der Kreisprozeß nach der gestrichelten Linie, nähert sich also für das Naßdampfgebiet dem Idealfall des *Carnot*schen Prozesses dadurch, daß Flächen zwischen Abszissenachsen und Kurven gleich werden[1].

b) Bezüglich der durch Anzapfdampf zu erzielenden **Vorwärmtemperatur,** mit der das Wasser in den rauchgasbeheizten Vorwärmer des Kessels eintritt, folgendes zu beachten: Je höher diese Eintrittstemperatur, desto weniger tief können die Abgase des Kessels im Ekonomiser abgekühlt werden; dies führt zu einer Verschlechterung des Kesselwirkungsgrades, die den erzielten Gewinn wieder aufhebt, wenn die Kesselabgase nicht auf andere Weise bis zu den üblichen Abgastemperaturen abgekühlt werden. Deshalb Vorwärmung der Verbrennungsluft. Bei Staubfeuerungen keine Schwierigkeiten, weil man bis 350 °C und darüber gehen kann. Rostfeuerungen vertragen dagegen nicht mehr als 120 °C. Deshalb Höhe der Kesseleintrittstemperatur bei Vorwärmung mittels Anzapfdampf durch Kesselbauart mitbestimmt. Zwar Heizfläche im Luftvorwärmer billiger als im Kessel; sie muß aber wegen des schlechteren Wärmeüberganges auch je Einheit der zu übertragenden Wärme erheblich größer gewählt werden[2].

Beste Ausnutzung des Anzapfdampfes, wenn Vorwärmer an ungesteuerte Entnahmestellen angeschlossen. Zwar ändert sich dann die Vorwärmtemperatur mit der Belastung der Turbine in dem Maß, wie sich die Drücke in der Turbine ändern (bei Kondensationsmaschinen praktisch linear mit dem Durchsatz des nachgeschalteten Turbinenteils; Dampfkegel von *Stodola*, s. S. 421). Der Turbinenabdampf wird aber ohne zusätzliche Drosselung bis zur höchsten, dem Zustand in der Turbine entsprechenden Temperatur ausgenutzt. Bei der Drosselung geht zwar im Dampf keine Wärme verloren, doch kann sie im Vorwärmer nur bis zu der dem niedrigeren Druck entsprechenden Sättigungstemperatur verwertet werden. Bei gegebener Menge des vorzuwärmenden Wassers bedeutet dies Verringerung der Anzapfmenge, damit der übertragbaren Wärme und der erreichbaren Temperatur. Vgl. a. Abschn. F, S. 467.

c) Auch im reinen Kondensationsbetrieb ist mit ständigen Speisewasserverlusten zu rechnen, in gut gepflegten Anlagen 2% und darunter[3]. Man rechnet jedoch mit 5% und legt die Anlagen zur **Aufbereitung des Zusatzwassers** dementsprechend aus. Dies gibt dann eine Reserve für besondere Vorkommnisse. Üblich sind chemische Aufbereitung oder — besonders bei Hochdruckanlagen — Verdampfung mit chemischer Vorreinigung, vgl. hierzu Abschn. C 6 b, S. 457. Vor- und Nachteile beider Arten halten sich ungefähr die Waage[4]. Die Verdampfer werden ebenfalls mit Anzapfdampf beheizt.

d) Entgasung. Speisewasser für Hochdruckkessel muß unbedingt entgast werden. Anordnung des Entgasers als letzte Vorwärmstufe trotz gewisser Nachteile zunehmend bevorzugt[5]; man spart die für vollen Kesseldruck zu bemessenden teuren Hochdruckvorwärmer. Speisewasserbehälter, auf dem der Entgaser in der Regel angeordnet wird, muß jedoch für den der Vorwärmtemperatur entsprechenden höheren Druck gebaut werden. Wenn Anschluß des Dampfraumes im Speisewasserbehälter über den aufgebauten Entgaser an ungesteuerte Turbinenanzapfungen, Einbau einer verläßlich wirkenden *Rückschlagklappe* in die Entnahmeleitung unbedingt erforderlich[6]. Auch Betrieb der nachgeschalteten Kessel-

---

[1] Vgl. a. *Blenke, H.:* Kritische Betrachtung von Verbesserungsmaßnahmen beim Dampfkraftprozeß. Brennst.-Wärme-Kraft Bd. 3 (1951) S. 325/30.

[2] Vgl. *Michel, R.:* Die günstigste Speisewassertemperatur für Kondensationskraftwerke. Arch. Wärmewirtsch. Bd. 24 (1943) S. 205/09. — *Mudersbach, E.:* Der Einfluß der Luftvorwärmung auf Auslegung und Betrieb von Dampferzeugern. Brennst.-Wärme-Kraft Bd. 3 (1951) S. 258/64.

[3] Nach *Spennemann, L.:* Ursachen für die gute Wärmewirtschaftlichkeit amerikanischer Kraftwerke. VDI-Z. Bd. 93 (1951) S. 85/88, liegt der Zusatzwasserverbrauch in modernen Kraftwerken der USA sogar unter 1%, meist bei etwa 0,5—0,6%.

[4] Vgl. *Sellin, W.:* Wasseraufbereitung oder Verdampfer in Dampfkraftwerken? VDI-Z. Bd. 88 (1944) S. 333/40. — *Spangemacher, K., H. E. Hönig* u. *H. Richter:* Dampfumformer oder Vollentsalzung? Mitt. Ver. Großkesselbes. Nr. 31 (Okt. 1954) S. 325/35; ref. Brennst.-Wärme-Kraft Bd. 7 (1955) S. 135. — Lit. 4, dort S. 134f. und S. 336f. — Anm. 3 S. 457.

[5] Gegenteilige Meinung z. B. bei *Stegmann, M.:* Höchstdruck-Kraftwerk Ost-Hannover. VDI-Z. Bd. 90 (1948) S. 161/68, bes. S. 162. — Vgl. auch *Tietz, H.:* Grundlagen der physikalischen Entgasung. Mitt. Ver. Großkesselbes. Nr. 9 u. 10 (1950) S. 76/97 u. 103/18.

[6] Vgl. *Bolte, W.:* Die Gefahr des Durchgehens von Anzapf-Dampfturbinen. Brennst.-Wärme-Kraft Bd. 5 (1953) S. 341/46.

speisepumpen bei höherer Wassertemperatur schwieriger (Werkstoffangriff, Verdampfungsgefahr; auf ausreichende Zulaufhöhe gemäß Angaben der Pumpenfirmen achten).

Um die Entgasung jederzeit zu gewährleisten, Frischdampfzusatz für den Fall sinkenden Entnahmedruckes bei Turbinenteillast nötig. Aus betrieblichen und schaltungstechnischen Gründen Druck und Temperatur im Speisewasserbehälter konstant gehalten. Etwa möglicher geringer Wärmegewinn bei Betrieb mit schwankendem Druck kommt wegen Störanfälligkeit der erforderlichen Regler und Gefahr bei ihrem Versagen nicht in Frage.

Wenn Entgaser letzte Vorwärmstufe, so jede Turbogruppe mit ihrer Kondensatpumpe und Vorwärmanlage unabhängig, weil Speisepumpen nicht nach Anzahl der Turbinen, sondern nach Erfordernissen der Kesselanlage bemessen und angeordnet werden (vgl. S. 75). Vereinfachung nur bei Blockschaltung möglich; doch diese nicht immer anwendbar, weil Stillstandzeiten von Kessel und Turbine besonders bei Verschlackungsneigung der Kohle zu verschieden.

Entgaser auf dem Speisewasserbehälter als letzte Vorwärmstufe hat auch den Vorteil, daß der Kessel mit Wasser konstanter Temperatur gespeist wird. Bei nachgeschalteten Vorwärmern sinkt Temperatur des in den Ekonomiser eintretenden Wassers bei Teillast der Turbine. Dadurch Anstieg der Überhitzungstemperatur über die Werte bei konstanter Speisewassertemperatur, weil deren Absinken Vergrößerung der Feuerungsleistung (für dieselbe Dampfmenge) gegenüber Verhältnissen bei unveränderter Speisewassertemperatur erfordert. Dadurch verursachter Anstieg der Feuerraumtemperatur erhöht Heißdampftemperatur umso mehr, je weiter vorn der Überhitzer im Rauchgasstrom liegt, also besonders bei Strahlungsüberhitzern[1].

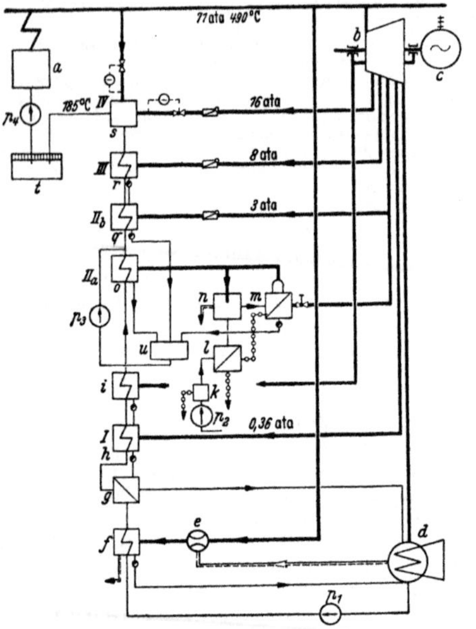

Bild 13. Wärmeschaltbild einer 80-atü-Anlage mit vierstufiger Speisewasservorwärmung (I bis IV) durch Anzapfdampf, Verdampferanlage für Zusatzwasser und Entgaser als vierter Stufe; nach *Musil*

a Kessel, *b* Turbine, *c* Generator, *d* Kondensator, *e* Dampfstrahlsauger, *f* Dampfstrahlkondensator, *g* Kondensatkühler, *h* Niederdruckvorwärmer, *i* Kondensator für Stopfbuchsendampf, *k* chemische Vorreinigung, *l* Laugenkühler, *m* Verdampfer, *n* Entgaser für *m*, *o* Brüdenkondensator, p_1 (Haupt-) Kondensatpumpe, p_2 Rohwasserpumpe, p_3 Vorwärmer-Kondensatpumpe, p_4 Kesselspeisepumpe, *q* Mitteldruckvorwärmer, *r* Mitteldruckvorwärmer, *s* Mischvorwärmer (Hauptentgaser), *t* Speisewasserbehälter, *u* Kondensatsammelbehälter

Wärmeschaltbild einer 80-atü-Anlage mit vierstufiger Vorwärmung, Bild 13.

Außer den vier Vorwärmstufen I bis IV noch eine Verdampferanlage *l* bis *n* und Zusatzeinrichtungen für Wärmerückgewinn: Brüdendampfkondensator *f* zur Kondensation des Abdampfes des Strahlsaugers; Kühler *g* für das Kondensat der ersten Vorwärmstufe und des Kondensators *i* für den Stopfbuchsenabdampf; Kondensator *o* für die Brüden der Verdampferanlage. Bild 13 zeigt auch die drei Möglichkeiten der Kondensatrückführung:

1. Pumpe p_3 drückt das Vorwärmkondensat hinter dem Brüdendampfkondensator *o* in die Leitung für das Hauptkondensat;
2. Ableitung des Kondensates in den vorgeschalteten Vorwärmer (von *r* nach *q* und von *i* nach *h*);
3. Rückführung des Kondensates in den Hauptkondensator (von *h* über *g* nach *d* und von *f* nach *d*; meist bei Vorwärmern angewendet, die mit Vakuum arbeiten).

Bei allen Vorwärmern muß für *Entlüftung* des Dampfraumes gesorgt werden. Meist Verbindungsleitungen mit Drosselblenden nach dem

[1] Lit. 6, dort S. 229. — *Ledinegg, M.:* Dampferzeugung, Dampfkessel, Feuerungen. Wien: Springer 1952, S. 351. — *Zinzen, A.:* Dampfkessel und Feuerungen. 2. Aufl. Berlin: Springer 1957, S. 214.

Hauptkondensator oder besser unmittelbar zum Strahlsauger (in Bild 13 nicht wiedergegeben).

e) Weitere Abwärmequellen. Eine nicht dargestellte Möglichkeit der Wärmeausnutzung bietet die Verwendung der in der *Kesselabschlämmlauge* enthaltenen Wärme. Meist über ein Entspannungsgefäß geleitet, dessen Brüden zum Entgaser der Verdampferanlage geführt oder auf andere Weise in der Wasseraufbereitung verwendet werden. Auch die heiß ablaufende Lauge selbst soll ausgenutzt werden. Bei gleichbleibenden Rohwasserverhältnissen wegen der Proportionalität zwischen Abschlämm- und Zusatzwassermenge Schaltungen mit geringen Verlusten möglich.

Außer der gezeigten Schaltung mit Anzapfen der Hauptturbine sinngemäß Verwertung des Abdampfes der *Antriebsturbinen* von *Kesselspeisepumpen* ebenfalls üblich, sofern diese dauernd laufen; Beispiel in Bild 32.

In großen Werken mitunter eigene *Hausturbine* zur Deckung des Eigenbedarfes, die als Entnahme- oder als Gegendruckturbine betrieben wird und deren Abdampf zur Vorwärmung des Speisewassers dient. Hierüber s. a. Abschn. C 5, S. 455. Schließlich lohnt es sich in größeren Werken, die in den Ölkühlern der Turbogruppen und in den Luftkühlern der Generatoren (rd. 2% der Klemmenleistung) anfallende Wärme für den Kreislauf nutzbar zu machen. Schaltung wird dadurch aber komplizierter.

Wenn man *Speisepumpen* durch Gegendruckturbinen antreibt, deren Abdampf zur Wasseraufbereitung dient, und diese Gruppen mit *Asynchronmaschinen* kuppelt, kann die Turbine nach dem Dampfbedarf der Abnehmer gesteuert werden. Ist dieser kleiner, als der jeweils erforderlichen Antriebsleistung der Pumpe entspricht, so wirkt die am Netz hängende Asynchronmaschine als Motor und gibt bei zu geringem Dampfdurchsatz wegen des Drehzahlabfalles entsprechend ihrer Charakteristik die zusätzliche Leistung ab. Bei Leistungsüberschuß an der Turbinenkupplung läuft die Maschine mit etwas übersynchroner Drehzahl als Generator, ohne daß es irgendwelcher Umschaltungen bedarf. Nur beim Motorschutz muß auf die Möglichkeit beider Stromrichtungen Rücksicht genommen werden. Der Blindstrom, den die Maschine auch im Generatorbetrieb aufnimmt, ist nicht von Bedeutung.

Anzapfmengen und Vorwärmer werden an Hand des in das i, s-Diagramm einzutragenden Expansionsverlaufes in der Turbine berechnet; Temperaturdifferenz zwischen Heizdampf und Speisewasser 7 bis 10° je nach angestrebtem Wärmegewinn; bei kleineren Differenzen werden die Apparate zu teuer. Ähnliche Werte bei Verdampfern eingehalten[1].

Neuerdings gelegentlich Verbrennungsluft für Kessel mittels Anzapfdampfes vorgewärmt[2]. Gewinn für Wärmewirtschaft nicht erheblich, doch Anwendung dann zweckmäßig, wenn dadurch (z. B. bei Kohle mit hohem Wassergehalt) Taupunktunterschreitung im rauchgasbeheizten Luftvorwärmer vermeidbar. Auch Anfahrzeiten für Kessel werden verkürzt. Wegen Komplikation der Gesamtschaltung nur für große Werke anwendbar.

2. Drucksteigerung, Zwischenüberhitzung, Vorschaltanlagen

a) Vorteile einer **Drucksteigerung** bekannt[3], vgl. Bild 3 S. 438; bei Gegendruckbetrieb wesentlich größer als bei Kondensationsbetrieb, weil Zunahme des nutzbaren Gefälles im Verhältnis größer. Bei Erhöhung des Kesseldruckes auf 125 atü und darüber wird jedoch bei reinem Kondensationsbetrieb und der bisher üblichen höchsten Heißdampftemperatur von rd. 500 °C Zwischenüberhitzung erforderlich. Sie fällt zwar nicht unter den Gesichtspunkt der Kopplung von Kraft- und Wärmeerzeugung, beeinflußt aber erheblich die Kraftwerkschaltung. In einzelnen Werken auch bereits Frischdampftemperaturen bis 600 °C und mehr angewendet; erfordert aber, daß für Überhitzer, Rohrleitung zwischen diesem und Turbine sowie für Eintrittsteil der Turbine austenitische Stähle verwendet werden[4].

---

[1] Einzelheiten der Berechnung des Wärmekreislaufes s. Lit. 4, dort S. 136f. — *Gehring, W.:* Abgekürztes Verfahren zur Ermittlung der wichtigsten wärmetechnischen Kennwerte von Kondensations-Dampfprozessen mit Regenerativ-Vorwärmung im Blockbetrieb. Siemens-Z. Bd. 29 (1955) S. 313/20.

[2] Vgl. *Brandt, H.:* Die Dampf-Luft-Vorwärmung im Kesselhaus. Mitt. Vereinig. Großkesselbes. (VGB) Heft 15 (1951) S. 330/34. — *Bente, S.:* Vorwärmung der Verbrennungsluft durch Entnahmedampf. Brennst.-Wärme-Kraft Bd. 4 (1952) S. 157/59. — *Schack, A.:* Ref. Brennst.-Wärme-Kraft Bd. 9 (1957) S. 88.

[3] *Kaißling, F.:* Die wirtschaftlichen Grenzen für die Höhe des Dampfdruckes bei Kondensationskraftwerken. Arch. Wärmewirtsch. Bd. 20 (1939) S. 225/30. — *Kordes, G.:* Wahl des Frischdampfdruckes bei Gegendruckanlagen. Braunkohle Bd. 43 (1944) S. 141/45. — *Mayer, H.:* Der Entwicklungsstand des Dampfturbinenbaues im In- und Ausland. Brennst.-Wärme-Kraft Bd. 2 (1950) S. 91/100. — *Lang, M.:* Die Frischdampfüberhitzung bei Gegendruckmaschinen. Allgem. Wärmetechn. Bd. 5 (1954) S. 213/15; ref. Brennst.-Wärme-Kraft Bd. 8 (1956) S. 232.

[4] *Tietz, H.* u. Mitarb.: Ein Höchsttemperatur-Kraftwerk mit einer Frischdampftemperatur von 610 °C. VDI-Z. Bd. 95 (1953) S. 801/29. — *Dangl, K.:* Ziele und derzeitige Grenzen für

Erhöhung des Druckes vor der Turbine führt bei gleichbleibender Temperatur zur Vergrößerung der Dampfnässe in den letzten Stufen. Bei 80 atü, 500 °C am Kessel (etwa 70 atü, 485 °C vor der Turbine) bei hochwertigen Maschinen und niedriger Kühlwassertemperatur (Kondensatordruck 0,04 ata bei 15 °C) Expansionsendpunkt bei 10–12% Feuchtigkeit. Dies als höchst zulässige Werte angesehen, weil sonst Turbinenwirkungsgrad durch Bremswirkung der Wassertropfen zu stark abnimmt und Schaufeln leiden. Solange Frischdampftemperatur nicht wesentlich über 500 °C gesteigert, Abhilfe durch Zwischenüberhitzung.

b) Zwischenüberhitzung bei Kondensationsanlagen meist nur mittels der Rauchgase im Kessel oder strömenden Heißdampfes, der zwecks Nachüberhitzung zum Kessel zurückgeführt wird. Bei Industriekraftwerken mit großer Dampfabgabe zuweilen Zwischenüberhitzung mittels kondensierenden Frischdampfes für die verhältnismäßig kleine, zum Ausgleich erforderliche Kondensationsmaschine zweckmäßig. Entscheidung nur auf Grund konkreter Angaben [1].

Im T,s-Diagramm, Bild 14a, Fläche $bhif = bcdef$; Verbesserung der Wirtschaftlichkeit, solange Mittelwert op höher liegt als hi. Zwischenüberhitzung bei

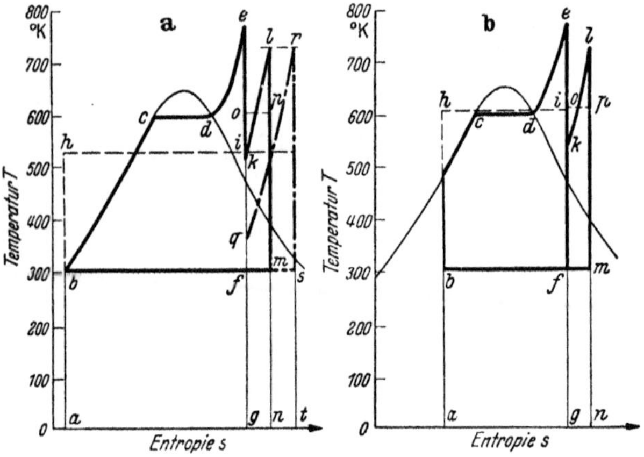

Bild 14. Verlustloser Wasserdampf-Kreisprozeß mit Zwischenüberhitzung im T,s-Diagramm a) ohne, b) mit Speisewasservorwärmung

tiefen Drücken gemäß qr bringt keinen Gewinn mehr. Zwischen diesem Fall und fehlender Zwischenüberhitzung ein theoretisches Optimum. Dabei aber Verbesserung des Turbinenwirkungsgrades durch Verringerung der Dampfnässe in den letzten Stufen noch nicht berücksichtigt. Bei Speisewasservorwärmung (in Bild 14b idealisiert für unendliche Stufenzahl, etwas anders dargestellt als in Bild 12); niedrigster Druck für Zwischenüberhitzung, oberhalb dessen Ver-

das Hochdruck-Dampfkraftwerk. Mitt. Ver. Großkesselbes. Nr. 31 (Okt. 1954) S. 265/78. — *Leithe, H.:* Stand und Entwicklungstendenzen im Dampfkraftwerksbau. ETZ-A Bd. 78 (1957) S. 65/77. — *Wehrberger, F.:* Das neue 600°C-Hochdruck-Kraftwerk im Werk Reisholz der Feldmühle A.-G. Mitt. Ver. Großkesselbes. Heft 53 (April 1958) S. 69/80. — *Noetzlin, G.:* Das neue Kraftwerk Hüls — eine Anlage mit 300 at/600 °C Frischdampfzustand. Ebendort Heft 55 (Aug. 1958) S. 230/55. — *Beyerlein, H.:* Das 80 MW-Blockkraftwerk in Hamburg-Neuhof mit 605 °C Frischdampftemperatur. Brennst.-Wärme-Kraft Bd. 10 (1958) S. 49/57.

[1] *Kaißling, F.*, u. *H. Kahlert:* Der Einfluß von Zwischenüberhitzung u. Anzapfvorwärmung auf den Entwurf großer Kondensations-Dampfkraftwerke. Wärme Bd. 62 (1939) S. 269/73. — Dies.: Rauchgas-Zwischenüberhitzung beim Kondensationskraftwerk. VDI-Z. Bd. 85 (1941) S. 373/80. — *Marguerre, Fc.:* Die Zwischenüberhitzung in Dampfkraftanlagen. Brennst.-Wärme-Kraft Bd. 4 (1952) S. 361/65. — Lit. 4, dort S. 168 u. 293f. — *Traßl, W.*, u. *A. F. Wilck:* Zusammenhang der wichtigsten Einflußgrößen bei der praktischen Zwischenüberhitzung. Brennst.-Wärme-Kraft Bd. 6 (1954) S. 44/51. — *Zickuhr, W.:* Über den Einfluß des Zwischenüberhitzers auf das betriebliche Verhalten von Dampfturbinenanlagen. Siemens-Z. Bd. 30 (1956) S. 63/69.

besserung der Wirtschaftlichkeit noch zu erwarten, höher als bei Fehlen der Vorwärmung. Änderung des thermischen Gesamtwirkungsgrades bei verschiedenen Drücken in Bild 15. Jedoch Temperaturen von 450 °C und mehr in Rauchgas-Zwischenüberhitzern nur durch besondere Maßnahmen zu erreichen.

Bei einer von der üblichen abweichenden Schaltung wird ein von der Überhitzungstemperatur geregelter Teilstrom des im Kessel erzeugten Dampfes zwischen Vor- und Nachüberhitzer des Kessels abgezweigt und durch den Zwischenüberhitzer geleitet, wo er seine Wärme an den von der Vorschaltmaschine kommenden Dampf abgibt. Teilstrom deshalb, weil spez. Wärme bei höherem Druck größer. Zweiter Teilstrom geht durch eine in der Kesseltrommel liegende Kühlschlange[1]. Schaltung wärmetechnisch der mit unmittelbarer Zwischenüberhitzung durch Rauchgase praktisch gleichwertig, während bei Verwendung von kondensierendem Frischdampf zur Nachüberhitzung nur Verbesserung des Turbinenwirkungsgrades und Schonung der Schaufeln erreicht wird.

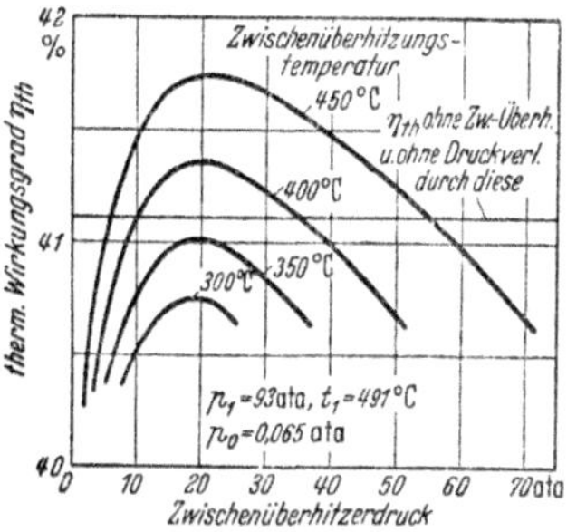

Bild 15. Thermischer Wirkungsgrad bei verschieden hoher Zwischenüberhitzung nach *Pfleiderer* (s. Anm. 1 S. 456)

c) Vorschaltanlagen. Bei Erweiterung von Anlagen, die für niedrige Drücke gebaut wurden, ist oft die Frage, ob Errichtung einer neuen Hochdruckanlage oder Bau einer Vorschaltanlage wirtschaftlicher[2]. Lösung hauptsächlich von Kohlepreis, Belastung, Betriebsdruck und Zustand der Anlage abhängig.

d) Kosten von Verbesserungen. Aus Bild 16 zulässige Erhöhung der Anlagekosten abhängig von Wärmepreis und erzielbarer Verbesserung abzulesen (nach *Senger* vgl. Anm. 1 S. 446). Es bedeuten η den Gesamtwirkungsgrad des Prozesses, $\Delta\eta$ die Verbesserung von η, P den Wärmepreis des Brennstoffes in DM/Gcal, Z die Benutzungsdauer des Kraftwerkes in h/Jahr, ζ den Kapitaldienstfaktor, der Zinsen und Abschreibung berücksichtigt (z. B. 0,10), ΔA die Erhöhung der Anlagekosten in DM und W den Brennstoffdurchsatz des Kraftwerkes in Gcal/h. Es ist also z. B. bei 100 MW installierter Leistung $W = 240$ bis 300 Gcal/h, wenn der Wärmeverbrauch

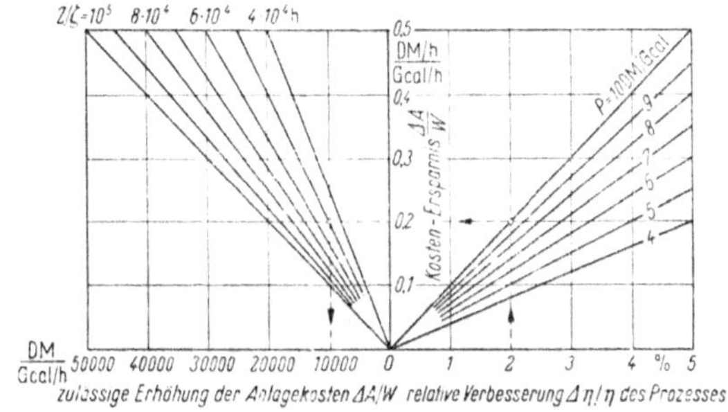

Bild 16. Stündliche Ersparnis und zulässige Verteuerung eines Kraftwerkes zur Erzielung einer Verbesserung des Wirkungsgrades im Kondensationsbetrieb

$B = 2400$ bis 3000 kcal/kWh beträgt. Multipliziert man den Zahlenwert von $\Delta A/W$ mit 2,4/1000 bis 3,0/1000 (je nach der Höhe von B), so erhält man die wirtschaftlich zulässige Kostenerhöhung in DM/kW.

3. Verwendung von Speichern (vgl. a. S. 64)

a) Gefällespeicher (*Ruths*) oft mit Rücksicht auf Kesselbauart (Zwangdurchlauf, Benson) erforderlich. Speicher an Mitteldrucknetz angeschlossen, dessen Druck in gewissen Grenzen schwanken darf (Puffer bei Lastschwankungen wegen mangelnder Speicherfähigkeit der Kessel). Häufigere Verwendung zwischen zwei

[1] Hierüber s. *Marguerre, Fr.*, u. *Fe. Marguerre:* Maßnahmen im Kraftwerk Mannheim zur Verbesserung der Wirtschaftlichkeit. Brennst.-Wärme-Kraft Bd. 2 (1950) S. 170/85. — *Ellrich, W.:* Entwicklungsaufgaben im Dampfkraftwerkbau. Brennst.-Wärme-Kraft Bd. 7 (1955) S. 47/54.

[2] *Henschke, H.:* Vorschaltanlage oder Hochdruck-Kondensationskraftwerk. Brennst.-Wärme-Kraft Bd. 2 (1950) S. 164/69.

Netzen verschiedenen, aber gleichbleibenden Druckes in Industriekraftwerken. Speichermöglichkeit wesentlich größer; vgl. Lit. 1, dort S. 312, Abb. 193.

Neben Gefällespeichern noch andere Bauarten gebräuchlich (Übersicht bei Lit. 1, dort S. 296f.). Bedeutung haben vor allem

b) Gleichdruckspeicher. Während der Schwachlast wird bei unverminderter Feuerführung im Kessel erzeugtes *Heißwasser* gesammelt, das bei Lastanstieg über den Mittelwert in den Kessel zurückgespeist wird, so daß die Dampferzeugung schnell erhöht werden kann (*Christians, Kießelbach*). Meist bei Niederdruckanlagen mit Kesselbauarten, die die Speisung mit Wasser verschiedener Temperatur zulassen. *Wasserfüllung* der Speicher *veränderlich*.

Eine andere Möglichkeit besteht darin, einen vollkommen mit Wasser gefüllten *Verdrängungsspeicher* (*Marguerre*) und den mittels Anzapfdampf beheizten Vorwärmern parallelzuschalten. Ein Regelventil und eine Umwälzpumpe steuern den Durchfluß derart, daß bei plötzlichem starkem Lastanstieg das gesamte Speisewasser für den Kessel dem Speicher entnommen wird; dadurch Anzapfstellen der Turbine entlastet; diese kann mehr Leistung abgeben. Bei Schwachlast drückt hingegen die Umwälzpumpe mehr Wasser durch die Vorwärmer, als die Speisepumpe selbst abnimmt. Überschuß geht zum Speicher, so daß der Mehrbedarf der Umwälzpumpe als Kaltwasser aus dem Speicher zufließt. Vgl. Anm. 1 S. 451.

Eine dritte Art von Gleichdruckspeichern besitzt zwar einen Dampfraum, wird aber mit *gleichbleibendem Wasserspiegel* betrieben (Kraftanlagen AG); dieser regelt den Zulauf. Dampfraum wird entweder an das Dampfnetz angeschlossen, dessen Spitzen aufgenommen werden sollen, oder es wird das zulaufende Wasser beim Eintritt durch eine Rieseleinrichtung verteilt und durch den zutretenden Dampf aufgeheizt. Es können aber auch zum Niederschlagen des Dampfes die beim Ruths-Speicher üblichen Ladedüsen verwendet werden.

Schließlich ist man zuweilen bei sehr starken Schwankungen der niederzuschlagenden Dampfmenge gezwungen, mit *veränderlichem Wasserspiegel* arbeitende Speicher einzubauen, wie dies besonders auf Zechen- und Hüttenwerken vorkommt, auf denen die Abdampfwärme der Förder- und Walzenzugmaschinen ausgenutzt werden soll.

Zwar werden Speicher im reinen Kraftwerksbetrieb kaum mehr verwendet (man hat inzwischen gelernt, Hochdruckkessel zu bauen, die sehr elastisch sind), sie haben aber in allen gemischten Betrieben nach wie vor ihre Berechtigung[1].

4. Gegendruck- und Entnahmebetrieb

a) Allgemeines. Wenn es möglich ist, die bei Kreisprozessen zur Umwandlung von Wärme in mechanische Energie notwendigerweise abzuführende Wärme anderweitig nutzbar zu machen, ist für die Energieerzeugung allein nur die zusätzliche Wärme erforderlich, die dem in der Kraftmaschine verarbeiteten Gefälle entspricht. Daher Verwendung von Gegendruckmaschinen in Industrien mit großem Dampfbedarf, wie Zuckerfabriken, Braunkohlenbrikettfabriken u. ä. die Regel. Leistungsgewinn durch Wahl höheren Druckes auf einfache Weise aus i,s-Diagramm zu ermitteln. Verlustwärme bleibt im Dampf erhalten[2].

Reiner *Gegendruckbetrieb* setzt entweder voraus, daß überschüssig erzeugter Strom an ein aufnahmefähiges Netz abgegeben werden kann. In diesem Fall Maschinen einfach auf Dampfdurchsatz gesteuert, vgl. Abschn. F, S. 467; sie ersetzen gewissermaßen ein Reduzierventil. Wenn Stromabgabe nicht möglich, dann muß die Gegendruckmaschine auf Leistung entsprechend der Belastung des zu versorgenden Netzes geregelt werden. Um einen Mehrbedarf an Fabrikationsdampf decken zu können, Parallelschalten eines Reduzierventiles nötig, das Frischdampf zusetzt, vgl. Bild 31b, S. 468. Oft aber damit zu rechnen, daß zeitweise mehr elektrische Energie benötigt wird, als dem Durchsatz der Fabrikationsdampfmenge entspricht. Wenn aus betrieblichen oder tariflichen Gründen

---

[1] Vgl. Lit. 1, dort S. 338f. — *Koch, J.:* Neuzeitliche Wärmespeicher. Brown-Boveri-Mitt. (Baden) Bd. 18 (1931) S. 347/61. — *Gerlach, M.*, u. *P. Pieper:* Belastungsausgleich u. sein Einfluß auf die Wirtschaftlichkeit der Erzeugungsanlagen. Arch. Wärmewirtsch. Bd. 25 (1944) S. 117/20. — Lit. 4, dort S. 197 u. 375. — *Kinkeldei, L.:* Die Wirtschaftlichkeit des Hochdruck-Dampfspeichers. Energie Bd. 2 (1950) S. 78/81 u. 89/92. — *Mayr-Harting, R.:* Näherungsweise Berechnung der Speicherfähigkeit von Ruths-Gefälle-Speichern. Masch.-Bau u. Wärmewirtsch. (Wien) Bd. 8 (1953) S. 193. — *Gutgesell, F.:* Ruths-Gefällespeicher in Hochdruck-Kraftanlagen. Allgem. Wärmetechn. Bd. 5 (1954) S. 73/81; ref. Brennst.-Wärme-Kraft Bd. 6 (1954) S. 332. — *Schultes, W.:* Berechnung der Dampfabgabe von Ruths-Gefällespeichern. Energie Bd. 8 (1956) S. 171/72; ref. Brennst.-Wärme-Kraft Bd. 8 (1956) S. 608.

[2] *Ebert, F. H.:* Energiewirtschaft in der Textilindustrie. Brennst.-Wärme-Kraft Bd. 6 (1954) S. 175/76.

Strombezug aus einem fremden Netz nicht möglich, Ausgleich erforderlich: in größeren Anlagen durch parallellaufende Kondensationsmaschinen, in kleineren Anlagen durch *Entnahme-* (*Anzapf-*) Maschinen; diese dann mit *gesteuerter* Anzapfung auf konstanten Entnahmedruck gefahren, vgl. Abschn. F, S. 467. Dabei allerdings die gesamtwirtschaftlichen Vorteile des Gegendruckbetriebes nur nach Maßgabe der jeweiligen Dampfabgabe an das Verbrauchernetz erreicht [1].

b) Für die Planung solcher Anlagen ist Kenntnis der **Dampfverbrauchsdiagramme** wichtig. Im folgenden wegen ihrer fast ausschließlichen Bedeutung nur Turbinen in Betracht gezogen [2]; sie sind schon wegen der Ölfreiheit des Abdampfes auch bei kleinen Leistungen bevorzugt.

Bei Gegendruck- ebenso wie bei Kondensationsturbinen einfache Abhängigkeit zwischen Leistung und Dampfdurchsatz [3]. Für Planungsarbeiten genügt Annahme linearer Abhängigkeit, ausgehend vom Leerlaufdampfverbrauch. Zur leichteren Bestimmung in Bild 17 Mittelwerte für Leerlauf-Dampfverbrauch, wobei $g_0 = G_0/G$, wenn G_0 der Dampfverbrauch im Leerlauf, G der bei Vollast. Auf der Abszisse das in ata zu bestimmende Druckverhältnis aufgetragen, mit Druck p_1 vor der Maschine und p_2 hinter der Maschine. Volllastwirkungsgrade können Bild 18 entnommen werden, das sich auf Mittelwerte von Messungen stützt. Dabei eine Gütezahl $q = \sum u^2/\Delta i = 2000$ angenommen, vgl. S. 341 u. 371. Linker Teil des Diagramms zu benutzen, wenn Durchsatzmenge gegeben, rechter, wenn gewünschte Leistung bekannt.

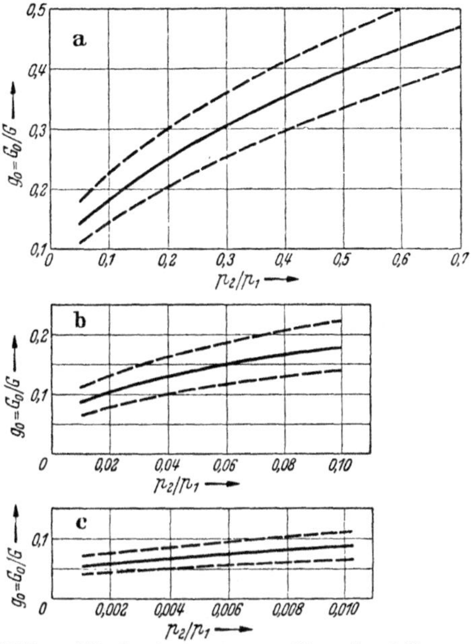

Bild 17. Mittelwerte (ausgezogene Kurven) und Streubereich (gestrichelte Kurven) von Leerlauf-Dampfverbrauchszahlen für Gegendruck- (a), Abdampf- (b) und Kondensationsturbinen (c) nach *Hiedl*

In Bild 18 Formel für Hilfsgröße K eingetragen; die sog. Volumenziffer ξ, ein Maß für die Bandagenverluste, ergibt sich aus der Formel [4]. Wert $\eta = \eta_g \cdot \eta_m$, vgl. Tafel S. 437.

Berechnung des Dampfverbrauchsdiagramms einer Entnahme-Kondensationsmaschine, die die volle Leistung von Entnahme null bis zum reinen Gegendruckbetrieb abgeben soll: Man bestimmt zunächst für den Hochdruck- und für den Kondensationsteil die Hilfsgrößen K_H und K_K. Den Wert $G\eta$ erhält man mit G in t/h aus $860\,L_e/1000\,\Delta i$, wenn L_e die Kupplungs-

[1] Vgl. a. *Weingärtner, W.:* Über den wärmewirtschaftlichen Gewinn bei der Heizkraftkupplung. Brennst.-Wärme-Kraft Bd. 3 (1951) S. 296/300.

[2] Bzgl. Kolbendampfmaschinen s. S. 97 sowie *Schwarz, K.:* Wirkungsgrade und Dampfverbrauchszahlen schnellaufender Kolbendampfmaschinen und Gegendruckturbinen bis zu etwa 1000 kW. Brennst.-Wärme-Kraft Bd. 6 (1954) S. 465/69.

[3] Vgl. auch *Hiedl, H.:* Dampfturbinen-Verbrauchsdiagramme. Wien: Springer 1935. — *Jaroschek, K.:* Der Wirkungsgrad von Industriedampfturbinen. VDI-Z. Bd. 83 (1939) S. 797/805; Bd. 94 (1952) S. 897/906.

[4] Vgl. dazu: Brennst.-Wärme-Kraft Bd. 4 (1952) S. 162; dort auch Hinweise auf frühere Veröffentlichungen.

leistung in kW und Δi das adiabatische Wärmegefälle in kcal/kg. Mit Hilfe von η aus Bild 18 berechnet man für Punkt A des Diagramms Bild 19 den Wert G_H. Dann bestimmt man aus Bild 17 $G_{H_0} = g_{H_0} \cdot G_H$ und damit Punkt B. Hierauf berechnet man den spez. Dampfverbrauch

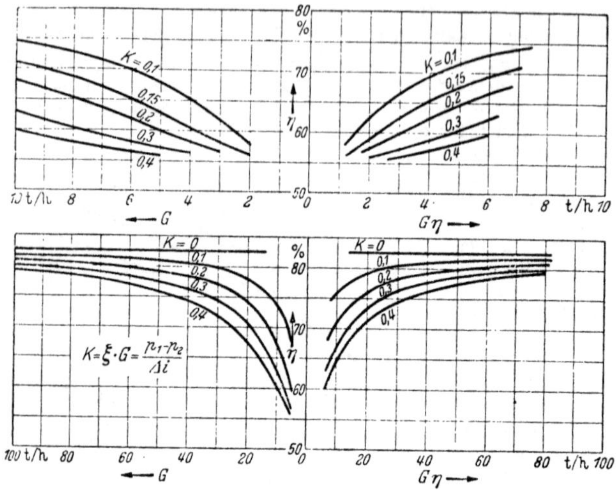

Bild 18 Vollastwirkungsgrade η von Dampfturbinen für $q = 2000$ nach *Riedl*

des Kondensationsteils *zunächst* mit einem mittleren Wirkungsgrad von $\eta_K = 0{,}75$, so daß man $d_K = 860/0{,}75\,\Delta i$ erhält. Nun kann man Linie a einzeichnen, die zeigt, welche Leistungen der Kondensationsteil bei der auf der Ordinate abzulesenden Dampfmenge zur Gesamtleistung beiträgt. Die vom Vollastpunkt auf der Abszisse aus spiegelbildlich dazu gezogene Linie a^* schneidet die Dampfverbrauchslinie des Hochdruckteils bei der Menge, die für Hochdruck- und Kondensationsteil zusammen die gewünschte Vollast gibt. Sinngemäß kann man die Linien b und b^* und die dem Dampfverbrauch G_H entsprechenden Punkte C und C^* mit dem *tatsächlichen*, aus Bild 18 abzugreifenden Wirkungsgrad des Kondensationsteils bestimmen. So erhält man zusammen mit dem Betrag $G_{K_0} = g_{K_0} \cdot G_K$ die Dampfverbrauchslinie CD des Kondensationsteils. Wenn der Unterschied zwischen dem zunächst mit 75% angenommenen Wirkungsgrad und dem nachträglich bestimmten nicht groß ist, braucht die Rechnung nicht wiederholt zu werden. Der übrige Aufbau des Diagramms ist einfach. Der Betrieb mit Entnahme $E = 0$ t/h ergibt eine Leistung, die der Summe aus Hochdruck- und Kondensationsteil entspricht. Der Dampfverbrauch ist durch die Linie EF gegeben. (E liegt in gleicher Höhe mit C.) Das zwischen EF und der Dampfverbrauchslinie AB für den Hochdruckteil liegende Feld wird im Verhältnis der Entnahmedampfmengen geteilt, wobei Linien für konstante Entnahmemengen parallel zur Linie Entnahme = 0 liegen.

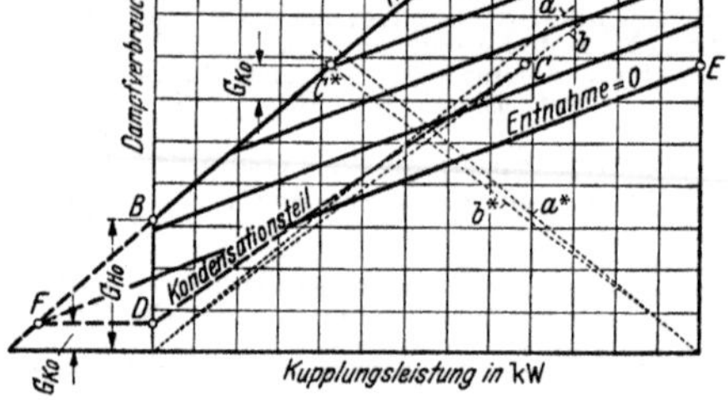

Bild 19
Dampfverbrauchsdiagramm einer Entnahmeturbine

In ganz ähnlicher Weise lassen sich Diagramme für Turbinen zeichnen, deren Schluckfähigkeit begrenzt wird, weil sie die volle Leistung nicht im reinen Gegendruckbetrieb abzugeben brauchen oder bei denen umgekehrt die volle Leistung nicht im reinen Kondensationsbetrieb erzielt werden muß. Schließlich kann man sinngemäß Dampfverbrauchsdiagramme für Entnahme-Gegendruckturbinen sowie für Turbinen mit mehrfacher Anzapfung entwerfen[1].

Jedenfalls ist in allen Industriebetrieben, die Dampf für Fabrikationszwecke benötigen, zu prüfen, ob die Möglichkeit besteht, diesen energiewirtschaftlich im Gegendruckbetrieb nutzbar zu machen. Dies allerdings oft nur durch Kupplung mit dem Netz der öffentlichen Versorgung möglich, um den nötigen Ausgleich zu schaffen[2].

5. Deckung des Eigenbedarfes

Die Steigerung des Kesseldruckes, die von Einfluß auf die Antriebsleistung der Kesselspeisepumpen ist, weiterhin die zunehmende Mechanisierung der Feuerungen, insbesondere der Kraftbedarf der Mahlanlagen für Staubfeuerungen, dann der Übergang zur Anwendung von Unterwind und Saugzug haben dazu beigetragen, daß der Eigenbedarf neuzeitlicher Kraftwerke auf Durchschnittswerte von 5–6% der installierten Höchstleistung anstieg. Daher für Wirtschaftlichkeit eines solchen Kraftwerkes von entscheidender Bedeutung, wie dieser Eigenbedarf am günstigsten gedeckt werden kann. Hier gibt es die beiden Möglichkeiten, die Hilfsmaschinen mit Dampf oder elektrisch anzutreiben.

a) Bei **Dampfantrieben** muß man anstreben, die Wärme des Abdampfes dem Speisewasser restlos zuzuführen. Verwendung des Abdampfes von Kesselspeisepumpen bzw. einer Hausturbine S. 449 bereits erwähnt.

Um den richtigen Ausgleich bei Dampfantrieben zu schaffen, ist zu berücksichtigen, daß sich der Eigenbedarf nicht proportional mit der Kraftwerksbelastung ändert. Auch im Leerlauf kann er 20–40% des Wertes bei Höchstlast betragen und steigt zunächst langsam, bei Überschreiten von etwa $^3/_4$ der Höchstlast jedoch mehr als proportional — etwa parabelförmig — an. Dies gilt hauptsächlich für einzelne Kesseleinheiten, aber auch für das ganze Kraftwerk, denn der Eigenbedarf der Dampferzeuger ist von entscheidendem Einfluß. Der daneben noch sehr ins Gewicht fallende Eigenbedarf der Turbinen für die Kondensationspumpensätze (Kühlwasser, Kondensat und gegebenenfalls Strahlwasser) bei Betrieb von der Last unabhängig.

b) In der Praxis des Kraftwerkbaues überwiegt in Mitteleuropa **elektrischer Antrieb**; meist die wirtschaftlichste Lösung[3]. Die häufig anzutreffende Verwendung leer mitlaufender Hilfsturbinen für Kondensationspumpensätze, die bei Ausfall der Stromversorgung oder Störung am Antriebsmotor selbsttätig einspringen, spielt wärmewirtschaftlich — von der geringen erforderlichen Kühldampfmenge, die in den Hauptkondensator geleitet wird, abgesehen — keine Rolle. Ähnliche Hilfsantriebe für Kesselspeisepumpen wurden zwar ausgeführt, erfordern jedoch Zusatzeinrichtungen wie Hilfskondensatoren zur Verringerung der Radreibung und Nachstellung des Drehzahlreglers. Bei Kondensationspumpengruppen genügt es, den Drehzahlregler der Hilfsturbine so einzustellen, daß er bereits bei Vollastdrehzahl die Dampfzufuhr schließt. Sinkt die Drehzahl infolge einer Störung weiter, so übernimmt die Dampfturbine von selbst den Antrieb; Rückgang der Förderhöhe der Pumpen kann in Kauf genommen werden. Kesselspeisepumpen müssen jedoch immer auf den vollen Druck fördern. Daher bei diesen gewünschte Sicherheit auf einfachere Weise zu erreichen, wenn man den gesetzlichen Vorschriften für die Wahl der Antriebe bei Kesselspeisepumpen genügt, Näheres hierüber s. Schrifttum[4].

[1] Hierzu Angaben über Wirkungsgrade von Gegendruck- u. Vorschaltturbinen bei *Koch, W.:* Brennst.-Wärme-Kraft Bd. 1 (1949) S. 129/34.

[2] *Brüderlin, H.:* Die Zusammenarbeit zwischen Industrie und Elektrizitätsversorgungs-Unternehmen in der Stromversorgung. ETZ-A Bd. 76 (1955) S. 533/34. — *Lang, M.:* Die industrielle Gegendruck-Krafterzeugung als jahreszeitliche Energiequelle. Brennst.-Wärme-Kraft Bd. 8 (1956) S. 291/92.

[3] Vgl. dazu *Becker, R.:* Stufenlose Regelung in Kraftwerken. VDI-Z. Bd. 93 (1951) S. 626/32 u. 861/65.

[4] Vgl. u. a. *Ellrich, W.:* Der Eigenbedarf von Dampfkesselanlagen. Mitt. Ver. Großkesselbesitzer 1939, Heft 73 S. 196. — *Karsch, W.:* Die Hilfsanlagen in Industrie-Dampfkraftwerken. Rheinmetall-Borsig-Mitt. Nr. 5 (1938) S. 19/27. — *Kaißling, F.*, u. *H. Kahlert:* Eigenbedarf unter dem Gesichtspunkt des Wärmekreislaufes. Arch. Wärmewirtsch. Bd. 22 (1941) S. 3/5. — Dies.: Eigenbedarfsanlagen mit Turbinenantrieb für ein Kondensationswerk. Ebendort S. 55/60. — Lit. 4, dort S. 249f. — Lit. 10.

6. Industriekraftwerke

a) Anlagen. In Kraftwerken für Industrien mit erheblichem Bedarf an Wärme, besonders in Form von Dampf, zahlreiche Möglichkeiten zur Wärmeersparnis und möglichsten Ausnutzung des Dampfes zu vorhergehender Energieerzeugung[1]. Schaltung eines größeren Werkes für wahlweise 80 und 125 atü Nenndruck, 500 °C am Kessel, Bild 20; Darstellung stark vereinfacht.

Fabrikationsdampf in Umformern erzeugt, um Kreisläufe zu trennen. Hochdruckvorwärmer vorhanden, hängt aber an einem Netz konstanten Druckes, wodurch gleichbleibende Vorwärmtemperatur erreicht. Bei 125 atü wird Zwischenüberhitzung des Dampfes für die Kondensationsmaschine allein mittels kondensierenden Dampfes aus dem 18 atü-Netz angewendet, s. hierzu S. 450. Vergleich beider Vorschläge ergab für 125 atü-Anlage durchschnittliche Wärmeersparnis von rd. 7% bei etwa 1,8% höheren Anlagekosten.

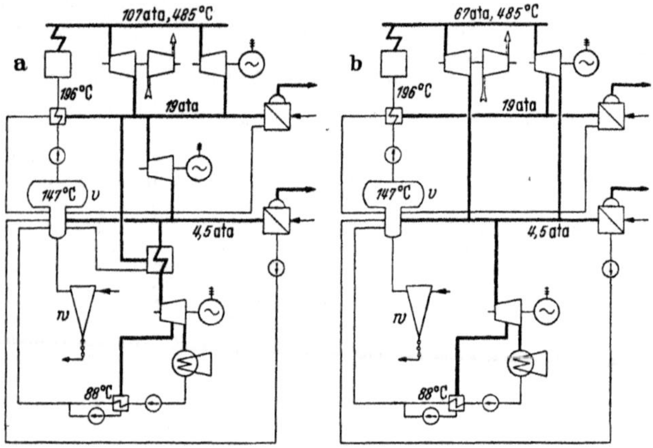

Bild 20
Wärmeschaltbild eines Industriekraftwerkes mit Dampfumformern für zwei Druckstufen
Bedeutung der Sinnbilder s. Bild 13;
dazu *v* Speisewasserbehälter mit Entgaser, *w* Wasseraufbereitungsanlage

Beispiel eines Zechenkraftwerkes mit weitgehender Abwärmeausnutzung und Verwendung von Gleichdruckspeichern in Bild 21. Wenn sich auch bei Anlagen für die öffentliche Stromversorgung mit reinem Kondensationsbetrieb oft Neubau einer Hochdruckanlage an Stelle einer Ergänzung durch Vorschaltanlage empfiehlt, ist diese bei Industriekraftwerken mit ausgedehnten Anlageteilen, die mit Dampf vom ursprünglichen Druck weiter betrieben werden sollen, nicht selten die einzig mögliche Lösung. Auch zu beachten, daß für manche Maschinen, deren Antrieb wegen der besseren Regelbarkeit mit Dampf erwünscht, eine Druckerhöhung auf 80 atü oder mehr wegen zu kleiner Durchsatzmenge ohne Nutzen. So benötigt z. B. ein Bergwerkskompressor für 50000 m³/h etwa 4000 kW. Turbinen solcher Größe sind aber wirtschaftlicher für Mitteldrücke von 12—40 atü.

In Zucker-, Textil- und verschiedenen chemischen Fabriken mit verhältnismäßig großem Dampfbedarf meist keine Schwierigkeiten, die Gegendruck- oder Entnahmeturbinen an passender Stelle einzuordnen. Zusätzliche Möglichkeiten in Kunstseidefabriken, Betrieben der Nahrungsmittelindustrie und ähnlichen Werken, die auch erhebliche Mengen an Kälte benötigen. Es kann Dampf von

---

[1] *Pfleiderer, E.:* Industriekraftwerke. VDI-Z. Bd. 86 (1942) S. 529/34 u. 571/73. — *Wiese, Fr.-F.:* Auslegung von Kraftwerken im Steinkohlenbergbau. Brennst.-Wärme-Kraft Bd. 5 (1953) S. 377/82. — *Trenkler, H.:* Verbesserung d. thermischen Wirkungsgrades von Braunkohle-Kraftwerken durch Vortrocknen der Kohle. Braunkohle, Wärme u. Energie Bd. 12 (1960) S. 185/93.

niedrigem Druck, der nur schwer verwertbar ist, zum Betrieb von Absorptionskältemaschinen verwendet werden. Näheres über diese s. S. 482.

Abdampfbeheizte Absorptionskälteanlagen besonders dann vorteilhaft, wenn sich Wärme- und Kältebedarf mit den Jahreszeiten ändern, im Winter also der Heizdampfbedarf, im Sommer der Bedarf an Kälteleistung größer ist. Während bei Verwendung einer Kompressionskälteanlage das Mißverhältnis zwischen der im Gegendruckbetrieb erzeugbaren und der benötigten elektrischen Energie mit zunehmenden Außentemperaturen immer größer wird, dient die Absorptionskälteanlage umgekehrt als Abnehmer steigender Mengen von Gegendruckdampf und gleicht so in günstiger Weise den Rückgang des Heizdampfbedarfes aus[1].

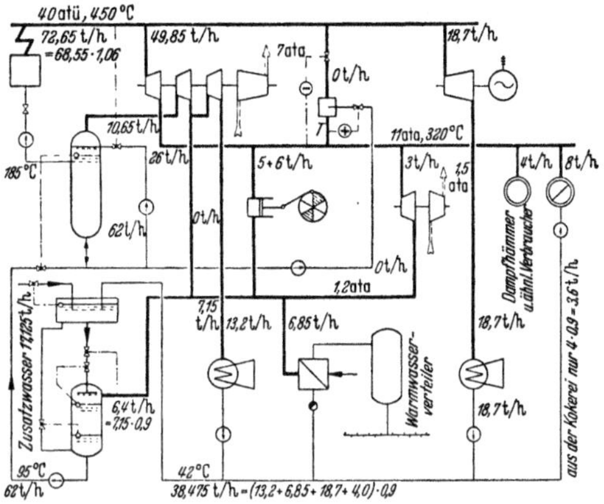

Bild 21. Wärmeschaltbild eines Zechenkraftwerkes mit Speichern und Mitteldruck-Dampfverbrauchern

b) Eine besondere Rolle spielt in Industriekraftwerken die **Aufbereitung des Speisewassers.** Wenn gesamter Fabrikationsdampf für indirekte Beheizung verwendet und Kondensat ohne Verunreinigungen und ohne Verluste wiedergewonnen Verhältnisse wie in Kondensationskraftwerken. Oft geht aber der größere Teil des Kondensates verloren, sei es, daß der Dampf durch Einleiten in Flüssigkeiten oder auf ähnliche Weise seine Wärme abgibt, sei es, daß die Verbraucherstellen so zahlreich und so weitläufig verteilt sind, daß Verluste unvermeidbar. Dann wirtschaftlichste Aufbereitung des Speisewassers genau zu prüfen[2]. Es handelt sich dabei um Mengen, die in ungünstig gelagerten Fällen bis zu 80% der gesamten in den Kesseln zu verdampfenden Menge ausmachen können. Drei Möglichkeiten, wobei die als unerläßlich zu betrachtende zusätzliche Entgasung nicht besonders erwähnt (zu 2. vgl. Abschn. E 1, S. 465):

1. Rein *chemische Enthärtung*, bei der man mit neuzeitlichen Basen- und Wasserstoff-Austauschverfahren praktisch härte- und salzfreies Wasser gewinnen kann, das destilliertem Wasser gleichkommt; Anwendung meist, wenn Anteil des erforderlichen Zusatzwassers nicht zu hoch. Bei Restsalzgehalt und großen Zusatzwassermengen entstehen Wärmeverluste, weil dauernd erhebliche Mengen aus den Kesseln abzuschlämmen sind[3].
2. *Verdampfer*, in denen das Zusatzwasser mittels Anzapf- oder Gegendruckdampf aufbereitet wird. Es brauchen an die Enthärtung keine so hohen Anforderungen gestellt zu werden wie bei Hochdruckkesseln, doch auch hier Enthärtung und Entgasung unbedingt

[1] Vgl. *Niebergall, W.:* Absorptionskältemaschinen in der chemischen Industrie. VDI-Z. Bd. 84 (1940) S. 41/47; ders.: Die Kältetechnik in der Kunstseide- und Zellwolleindustrie. Ebendort S. 901/07. — *Nesselmann, K.:* Der Verwendungsbereich von Absorptionskältemaschinen in Anlagen mit Bedarf an Kälte, Wärme u. mechanischer Energie. Kältetechnik Bd. 1 (1949) S. 50/52. — *Richter, K. H.:* Ausnutzung industrieller Abwärme zur Kälteerzeugung mittels Absorptionskälteanlagen. Kältetechn. Bd. 8 (1956) S. 150/56. — *Niebergall, W.:* Einschaltung von Kältemaschinen in technologische Prozesse. Kältetechn. Bd. 11 (1959) S. 331/36.

[2] Vgl. a. Anm. 4 S. 447.

[3] Guter Überblick bei *Wesly, W.:* Abriß der Speisewasseraufbereitung. Angew. Chem. B Bd. 20 (1948) S. 1/11. — Ders.: Theorie und Praxis der Vollentsalzung. Mitt. Ver. Großkesselbes. Nr. 25 (Sept. 1953) S. 501/14. — Ders.: Erfordernisse bei der Planung und beim Betrieb von Vollentsalzungsanlagen. Ebendort Nr. 38 (Okt. 1955) S. 753/65. — *Schumann, E.:* Die Speisewasseraufbereitung für Hochdruckkessel. Brennst.-Wärme-Kraft Bd. 2 (1950) S. 375/80. — *List, H.:* Theorie und Praxis moderner Speisewasserpflege. Mitt. Ver. Großkesselbes. Heft 17/18 (1951) S. 32/40. — Vollentsalztes Wasser im Kesselbetrieb. Bericht einer Sonderarbeitsgruppe des Speisewasserausschusses der VGB. Ebendort Heft 49 (Aug. 1957) S. 233/37. — *Köhle, H.:* Der gegenwärtige Stand der Speisewasseraufbereitung durch Vollentsalzung. Brennst.-Wärme-Kraft Bd. 10 (1958) S. 534/36.

nötig. Bei kleinem Kondensationsteil Wärme der Brüden nicht immer leicht unterzubringen.

3. *Dampfumformer* vor allem bei großem Anteil der Fabrikationsdampfmenge empfehlenswert; wegen Anforderungen an das Speisewasser gilt das gleiche wie bei Verdampfern, von denen sie sich praktisch nur durch die Höhe des Betriebsdruckes unterscheiden. Wärmewirtschaftlich etwas ungünstiger gegenüber unmittelbarer Abdampfverwendung wegen des Leistungsverlustes in der Maschine, der dem Temperaturgefälle im Umformer entspricht. Hingegen Vorteil geringer Abschlämmenge aus den Kesseln und vollkommener Trennung der Kondensatkreisläufe für Kraftwerk und Fabrikation.

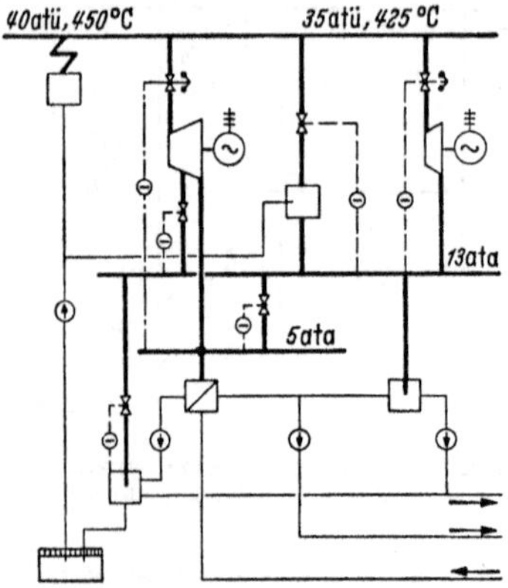

Bild 22. Wärmeschaltbild eines Fernheizwerkes für Heißwasserheizung (Klagenfurt)

7. Fernheizwerke

Fernheizwerke dienen dazu, größere Verbrauchergruppen (Stadtteile, Industrieviertel u. ä.) mit Heizdampf zu versorgen, der vorher in Gegendruckmaschinen zur Energieerzeugung ausgenutzt wurde. Problem liegt nicht in den Schaltungsmöglichkeiten, sondern darin, das Werk so auszulegen, daß es den täglichen und jahreszeitlichen Schwankungen des Bedarfes am besten angepaßt ist. Dies praktisch nur in Zusammenarbeit mit anderen Werken zu erreichen oder durch Einordnung in ein Kraftwerk der öffentlichen Versorgung mit Kondensationsmaschinen. Wirtschaftliche Gegebenheiten sind in erster Linie zu beachten[1].

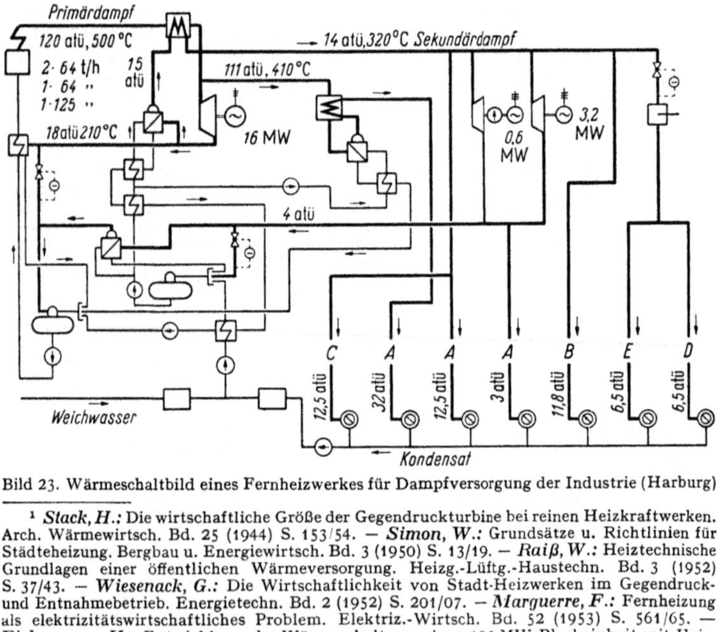

Bild 23. Wärmeschaltbild eines Fernheizwerkes für Dampfversorgung der Industrie (Harburg)

[1] *Stack, H.:* Die wirtschaftliche Größe der Gegendruckturbine bei reinen Heizkraftwerken. Arch. Wärmewirtsch. Bd. 25 (1944) S. 153/54. — *Simon, W.:* Grundsätze u. Richtlinien für Städteheizung. Bergbau u. Energiewirtsch. Bd. 3 (1950) S. 13/19. — *Raiß, W.:* Heiztechnische Grundlagen einer öffentlichen Wärmeversorgung. Heizg.-Lüftg.-Haustechn. Bd. 3 (1952) S. 37/43. — *Wiesenack, G.:* Die Wirtschaftlichkeit von Stadt-Heizwerken im Gegendruck- und Entnahmebetrieb. Energietechn. Bd. 2 (1952) S. 201/07. — *Marguerre, F.:* Fernheizung als elektrizitätswirtschaftliches Problem. Elektriz.-Wirtsch. Bd. 52 (1953) S. 561/65. — *Eickemeyer, H.:* Entwicklung der Wärmeschaltung einer 100 MW-Blockeinheit mit Heizdampfabgabe. Brennst.-Wärme-Kraft Bd. 11 (1959) S. 355/61.

Um die umständliche Sammlung des Kondensates in weitläufigen Netzen und das Rückfördern mittels eigener, bei den Abnehmern aufzustellender Pumpen zu vermeiden, vielfach Heißwasser als Wärmeträger verwendet. Dadurch zusätzlicher Vorteil besserer Regel- und Speicherfähigkeit. Beispiel eines solchen kleineren Werkes in Bild 22. Wegen des Bedarfes der Abnehmer Heizung zweistufig ausgeführt. Unter den Abnehmern mehrere Industriewerke, so daß unabhängig vom Heizbedarf im Winter Grundlast vorhanden. Für kurz dauernde Winterspitze und für Überholung der Turbine ein Reduzierventil parallelgeschaltet [1].

Beispiel eines großen Heizkraftwerkes in Bild 23. Fünf verschiedene Industriewerke A bis E müssen mit Dampf verschiedenen Druckes versorgt werden. Völlige Trennung des Abnehmerdampfnetzes vom Kraftwerksdampfnetz durch Dampfumformer. Keine Rauchgaszwischenüberhitzung. Abnehmerdampf durch strömenden Frischdampf überhitzt. Speisung der Umformer mit Gemisch aus Weichwasser und Abnehmerkondensat. Zusatzwasser für Kessel über Verdampfer eingespeist[2].

D. Schaltungen von Gasturbinenanlagen

1. Grundsätzliches

Im Nachstehenden allgemein von Gasturbinen die Rede, unabhängig davon, ob im Arbeitsmittel vor der Turbine eine Verbrennung stattgefunden hat, in welchem Fall man auch von Verbrennungsturbinen spricht, oder ob die Turbine mit Heißluft betrieben wird [3].

a) Offener Prozeß (Brown-Boveri und andere Firmen) vgl. Bild 24a u. 25a.

Kompressoren a_1 bis a_3 saugen Luft aus freier Atmosphäre an (Zwischenkühler e_1, e_2 zur Leistungsersparnis). Austretende, in Endstufe nicht mehr gekühlte Druckluft strömt über Wärmetauscher b zur HD-Brennkammer c_1. Hier Brennstoff mit so hohem Luftverhältnis verbrannt, daß höchstzulässige Temperatur vor HD-Turbine d_1 nicht überschritten. Daher für Zwischenerhitzung in zweiter Brennkammer c_2 noch genügend Luft vorhanden. ND-Turbine d_2 treibt ND- und MD-Kompressor, HD-Turbine als sog. Nutzturbine für Antrieb des Generators und HD-Kompressors. Auch andere Kombinationen der Antriebe möglich. Anordnung auf einer Welle gibt meist zu große Baulänge und erschwert Regelung. Wärmediagramm des verlustlosen Prozesses mit vollkommenem Wärmeaustausch in Bild 25a; Zustandspunkte A bis M stimmen mit denen in Bild 24a überein. Druckerhöhung je Kompressor ≈ 2,5 : 1.

Vorteile: Einfache Schaltung, direkte Übertragung der Wärme an das Arbeitsmittel, daher wegen der einfachen Bauart der Brennkammern kleinere Gewichte, niedrige Drücke, verhältnismäßig einfache Regelung durch Änderung der Brennstoffzufuhr.

---

[1] *Triplat, E.:* Der weitere Ausbau des Fernheizwerkes Klagenfurt. Maschinenbau u Wärmewirtsch. (Wien) Bd. 5 (1950) S. 41/48.

[2] *Beyerlein, H.:* Das Heizkraftwerk Harburg. Brennst.-Wärme-Kraft Bd. 7 (1955) S. 109/13.

[3] Die Erbauerin der ausschließlich nach dem zweiten Verfahren arbeitenden Anlagen wünscht, diese als „Aerodynamische Kraftmaschinen" bezeichnet zu sehen, doch wird im allgemeinen Sprachgebrauch anscheinend die Bezeichnung „Heißluftturbine" vorgezogen. Vgl. a. *C. Keller:* Die Heißluftturbine mit geschlossenem Kreislauf. Masch.-Bau u. Wärmewirtsch. (Wien) Bd. 8 (1953) S. 181/87.

Zur Zeit liegen Eintrittstemperaturen zwischen 650 und 750 °C. Nach *K. Bammert:* Gasturbinen. Brennst.-Wärme-Kraft Bd. 6 (1954) S. 140/32 sind von der General Electric Co. bereits Anlagen mit 815 °C vor der Turbine geliefert worden; weitere befinden sich im Bau. Diese Temperaturen aber nur beim Verfeuern teurer Destillate anwendbar. Mit Rückstandsölen können trotz des verhältnismäßig niedrigen Aschegehaltes im Dauerbetrieb etwa 650 °C kaum überschritten werden. Vgl. dazu *Riediger, B.:* Der Fünfte Welt-Erdöl-Kongreß New York. Brennst.-Wärme-Kraft Bd. 11 (1959) Nr. 10 S. 468/75, bes. S. 474. Die Ascheablagerungen, die sich bei höheren Temperaturen auf den Schaufeln bilden, verschlechtern binnen kurzer Zeit die guten Wirkungsgrade sorgfältig bearbeiteter Profile.

Vgl. noch *Münzinger, F.:* Der Wettbewerb zwischen Gasturbinen und Dampfturbinen. Stahl u. Eisen Bd. 68 (1948) S. 114/20. — *Friedrich, H.:* Kritische Betrachtung der ausländischen Gasturbinenentwicklung. Brennst.-Wärme-Kraft Bd. 2 (1950) S. 348/49. — *Leist, K.:* Gasturbinen für Kraftwerke. Elektrotechn. Z. Bd. 72 (1951) S. 331/37. — *Walter, L.*, u. *R. Stroehlen:* Der Bau ortsfester Gasturbinen in England und USA. Brennst.-Wärme-Kraft Bd. 5 (1953) S. 347/54. — *Lenz, W.:* Kraftwerksstatistik der USA und Weltliste der Gasturbinenanlagen zu Ende 1955. Brennst.-Wärme-Kraft Bd. 9 (1957) S. 67/68. — *Stroehlen, R.:* Die neuere Entwicklung der Gasturbinen. Brennst.-Wärme-Kraft Bd. 9 (1957) S 228/31 (Ref. über eine Arbeit von *Skrotzki*). — *Opitz, W.:* Probleme der Anwendung, des Betriebs und der Fertigung von Gasturbinen. Brennst.-Wärme-Kraft Bd. 8 (1956) S. 542/43.

Nachteile: Bei größeren Leistungen sehr große Volumina des Arbeitsmittels; nur flüssige oder gasförmige Brennstoffe hoher Reinheit verwendbar, sonst Gefahr des Verschmutzens der Turbinenschaufeln.

b) Geschlossener Prozeß (Escher-Wyss) vgl. Bild 24b u. 25b.

Kompressoren a_1, a_2, Wärmetauscher b, Turbine d und Kühler e_1, e_2 haben dieselben Aufgaben wie bei a); jedoch Lufterhitzer c statt Brennkammer. Auch hier mehrstufige Ausführung möglich. Leistung wird zuerst durch Ändern des Druckpegels des geschlossenen Kreislaufes und anschließende Anpassung der Brennstoffzufuhr geregelt. Druckverhältnisse innerhalb des Kreislaufes konstant gehalten. Speicher f_1, f_2 zum Auf- und Entladen. Drücke höher als bei a)[1].

Wärmediagramm in Bild 25b; es müßten der Vollständigkeit halber auch die Zustandsänderungen der Verbrennungsluft im Luftkessel (bei konstantem Druck) eingetragen werden, wenn Abgasverlust dargestellt werden soll.

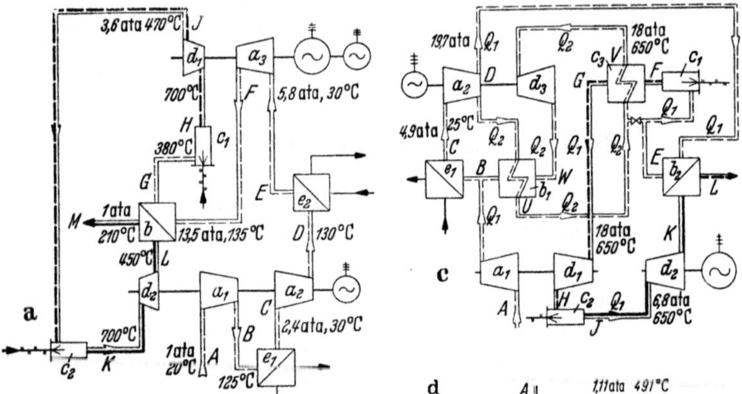

a

c

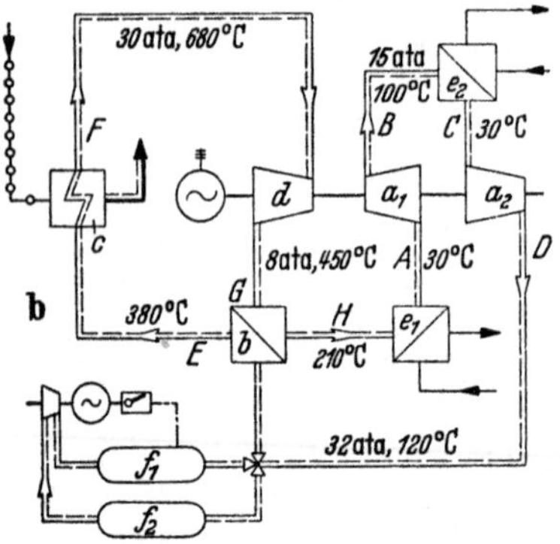

b

d

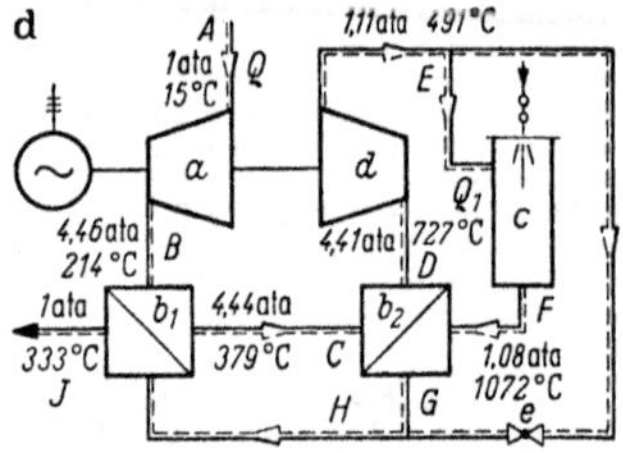

Bild 24

Schaltschemata von Gasturbinenanlagen

a) Offener Prozeß (Verbrennungsturbine)
b) Geschlossener Prozeß (Heißluftturbine)
c) Halbgeschlossener Prozeß
ABC bis *L* Offener Prozeß (Luftmenge Q_1)
DUVWBCD Geschlossener Kreislauf (Luftmenge Q_2)
D Verzweigung von Q_1 und Q_2
d) Offener Prozeß mit „Abgasheizung"
E Verzweigung von Q_1 und Q_2

Vorteile: Kleinere Volumina, Verwendbarkeit fester Brennstoffe, gute Wärmeübertragung in den Wärmetauschern infolge höherer Drücke, gute Wirkungsgrade auch bei gleichbleibender Teillast.

Nachteile: Höhere Werkstofftemperaturen im Lufterhitzer in einem Bereich, wo Unterschiede von 10° für Festigkeit entscheidend sein können; erhebliche Leistungsverluste bei starken Lastschwankungen, Empfindlichkeit der Regelung gegen Laststöße oder plötzliche Entlastungen (Auslösen des Generator-Leistungsschalters) wegen Schwierigkeit schneller Änderung des Energieinhaltes des Kreislaufes.

c) Halbgeschlossener Prozeß (Sulzer) vgl. Bild 24c und 25c.

---

[1] Anlage Paris-St. Denis bei 12,5 MW für 4,55/52,5 ata; Zwischendrücke 14,7 ata für Kompressoren und 17,8 ata für Turbinen; Temp. 665°C vor HD-, 675°C vor ND-Turbine; vgl. Brennst.-Wärme-Kraft Bd. 2 (1950) S. 26, u. Anm. 6 S. 462.

Hier wird versucht, die Vorteile des offenen und des geschlossenen Prozesses zu vereinigen. Im ND-Teil kleinere Mengen zu verarbeiten. Lufterhitzer mit höchsten Temperaturen steht auf beiden Seiten der Austauschfläche unter praktisch gleichem Druck. Wie bei a) nur flüssige oder gasförmige Brennstoffe verwendbar.

d) Offener Prozeß mit **„Abgasheizung“**, d. h. Brennkammer hinter der Turbine (ursprünglich *Stolze*, in Kanada wieder aufgegriffen) vgl. Bild 24d und 25d[1].

Kompressor *a* saugt Luft an, drückt sie ohne Zwischenkühlung in Wärmetauscher b_1 und b_2, wo sie mittels Abgasen aus Brennkammer *c* bzw. dem Gemisch aus Abgas und Abluft der Turbine *d* auf Eintrittstemperatur für diese erhitzt wird. Ein Teilstrom Q_1 der entspannten Abluft aus Turbine mit ziemlich hoher Temperatur als Verbrennungsluft zur Brennkammer, zweiter Teilstrom Q_2 hinter b_2 über Regelventil *e* zugemischt. Dort Rauchgastemperatur bereits gesenkt. Volumenvergrößerung verbessert durch höhere Geschwindigkeit Wärmeübergang trotz Verringerung der Temperaturdifferenz in *b*.

Vorteile: Sehr einfache Bauart, niedrige Drücke, Verwendbarkeit fester Brennstoffe.

Nachteile: Wirkungsgrad wegen großer Temperaturdifferenz im Wärmeaustauscher und verhältnismäßig hohen Abgasverlustes mäßig.

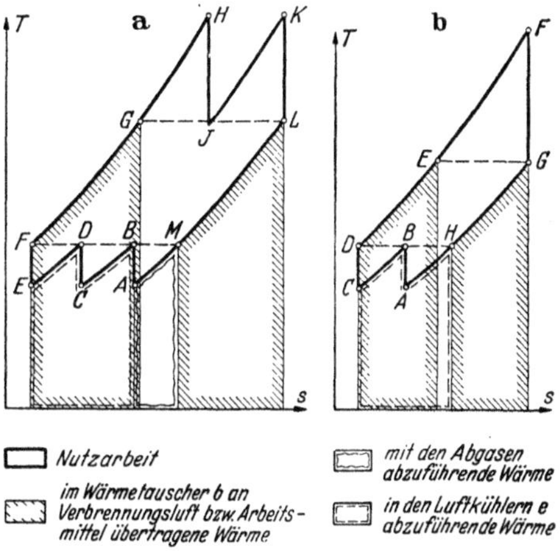

Bild 25. Gasturbinen-Kreisprozesse im T, s-Diagramm

a) Offener Prozeß; b) Geschlossener Prozeß; c) Halbgeschlossener Prozeß; d) Offener Prozeß mit „Abgasheizung“. Bedeutung der Buchstaben wie in Bild 24; Punkte M in Bild 25a, H in 25b, L in 25c links, B in 25c rechts und J in 25d liegen wegen der Unterschiede von c_p auch beim Idealprozeß höher, hier nicht berücksichtigt; in 25c und 25d außerdem Wärmeübertragung zwischen unterschiedlichen Mengen, weshalb diesbezügliche Diagrammflächen nicht gleich.

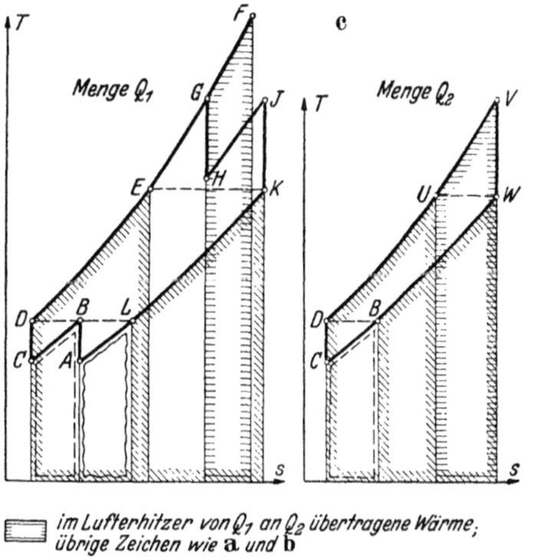

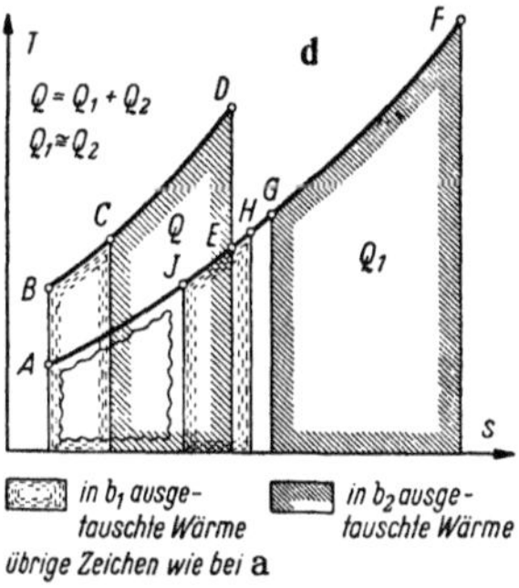

[1] *Gauger, E. M.:* Die direkte Verfeuerung fester Brennstoffe in einem neuen Verbrennungsprozeß. Technik Bd. 4 (1949) S. 99/102. — Anon.: Canadian „exhaust heated“ g. t. unit u. ä. Titel. Oil Eng. and Gas Turb. Bd. 18 (1951) Nr. 212 S. 301/10, Nr. 220 S. 250/52; Bd. 22 (1954) Nr. 253 S. 114/16, Nr. 258 S. 319/20; ref. Brennst.-Wärme-Kraft Bd. 7 (1955) S. 527. — *Mordell, D. S.:* An Experimental Coal-burning Gas Turbine. Proc. Inst. Mech. Engrs Bd. 169 (1955) Nr. 7 S. 163/80; ref. Konstruktion Bd. 8 (1956) S. 284/86. — Lit. 2, dort S. 26/27.

e) Sog. **Pescara-Verfahren** (SIGMA[1], SEME[2] u. a.). Verbindung einer Gasturbine mit Freiflug-Kolbenkompressor; dessen Antriebsteil arbeitet nach dem Dieselverfahren; heiße Abgase treiben Gasturbine[3]; s. a. S. 386.

Vorteile: Hoher Wirkungsgrad des Dieselverfahrens; höchste Temperaturen nicht auf Turbinenschaufeln. Kompressor für Verbrennungsluft hat als Kolbenmaschine ebenfalls hohen Wirkungsgrad.

Nachteile: Bei größeren Leistungen Notwendigkeit, Freiflug-Kolbenmaschinen in viele Einheiten aufzuteilen. Als Brennstoff bisher nur Dieselkraftstoff, kein billiges Heizöl verwendbar (z. Z. Versuche mit Bunker C-Öl).

2. Regenerativer Wärmeaustausch, Abwärmeverwertung

Bei Gasturbinenanlagen zur Erzeugung elektrischer oder mechanischer Energie sind Gesamtwirkungsgrade, die sie mit Dampfkraftanlagen wettbewerbsfähig machen, nur zu erzielen oder zu überschreiten, wenn neben besten Wirkungsgraden von Turbinen und Kompressoren und Anwendung hoher Temperaturen die verfügbare Wärme soweit wie möglich für den Prozeß nutzbar gemacht wird. Deshalb bei fast allen Schaltungen Wärmetauscher vorhanden, welche die Wärme der aus der Turbine kommenden heißen Abgase oder Abluft an das Arbeitsmittel vor der Turbine übertragen[4].

Die *Wärmetauscher* haben dieselbe Aufgabe wie die Speisewasservorwärmer im Dampfkraftwerk; bei der Gasturbinenanlage aber von wesentlich größerer Bedeutung, weil wegen Entfalls der Verdampfungs- bzw. Kondensationswärme gesamte Wärmezu- und -abfuhr bei Änderung der Temperaturen des Arbeitsmittels. Austauschbarer Anteil deshalb größer als bei Dampf. Wegen der niedrigen Wärmedurchgangszahlen bei Gasen hat der Wärmetauscher beachtliche Abmessungen, wie Bild 26 für eine nach dem offenen Prozeß arbeitende Anlage zeigt; räumliche Verhältnisse sind ungefähr maßstabrichtig wiedergegeben. Aus Bild 25 erkennt man die Bedeutung der Wärmetauscher für eine Annäherung an den *Carnot*schen Kreisprozeß; jedoch auch Rückkühlung bei der Kompression und Zwischenerhitzung wichtig[5].

Die *Luftkühler* für die Kompressoren erfordern viel Platz und viel Material, weil durch möglichste Annäherung an isothermische Kompression geringster Arbeitsaufwand für die Verdichtung angestrebt werden muß. Rückkühler müssen Wärmemengen abführen, die in der Größenordnung der aus Kondensationsanlagen von Dampfkraftwerken abzuführenden liegen. Kühlwassermenge kann allerdings wegen höher zulässiger Aufwärmung kleiner sein. Trotzdem gelegentliche Behauptungen, daß stationäre Gasturbinenanlagen für Energieerzeugung „ohne Kühlwasser" auskommen, irreführend, wenn wettbewerbsfähige Wirkungsgrade erzielt werden sollen. Möglichkeiten, diese Abwärme auszunutzen, noch kaum geprüft. Bei Kühlwassermangel dürfte allerdings der Ersatz des Kühlwassers durch Luft weniger Schwierigkeiten machen als bei Dampfanlagen, da Luftaustrittstemperaturen aus den Kompressoren bei 100–120 °C liegen und Abkühlung auf etwa 30 °C erforderlich[6].

Ausgedehnte Verwendung der Gasturbine für die Energieerzeugung in Großbritannien so wie in Mitteleuropa nur interessant, wenn Verwendung fester Brennstoffe möglich[7]. Beachtenswerter Vorschlag, Abgase von Gasturbinen beim Kohletrocknen auszunutzen[8]; kann besonders für Braunkohlen-Brikettfabriken wichtig werden. S. a. Abschn. D 1 d, S. 461 und D 6, S. 464.

Jedoch auch bereits Heizkraftwerke ausschließlich mit Gasturbinen gebaut. Deren Abwärme für Heißwasserbereitung ausgenutzt[9].

---

[1] = Société Industrielle Générale de Mécanique Appliquée, Vénissieux (Rhône).

[2] = Société d'Etudes Méchaniques et Energétiques, Paris.

[3] *Walter, L.:* Europe likes Free-Piston Turbine Drives, Petrol. Refiner Bd. 36 (1957) Nr. 8 S. 127/32. — *Riediger, B.:* Anm. 3, S. 459, dort bes. S. 474.

[4] *Hryniszak, W.:* Entwurfsprobleme von regenerativen Luftvorwärmern für Gasturbinen. Masch.-Bau u. Wärmewirtsch. (Wien) Bd. 8 (1953) S. 213/19 u. 247/54.

[5] Vgl. hierzu *Plank, R.:* Vergleich der thermodynamischen Kreisprozesse von Carnot, Ackeret-Keller und Joule für Wärmekraft- und Kältemaschinen. VDI-Z. Bd. 90 (1948) S. 19/26. — *Schäff, K.:* Brenngasturbinen-, Luftturbinen- und Dampfturbinenprozesse ..... VDI-Z. Bd. 93 (1951) S. 181/86 u. 263/66. — *Glaser, H.:* D. thermodynamische Wert u. die verfahrenstechn. Wirkung von Wärmeaustauscher-Verlusten. Chem.-Ing.-Techn. Bd. 24 (1952) S. 135/41.

[6] Vgl. *Stroehlen, R.:* Weiterentwicklung der Heißluftturbine mit geschlossenem Kreislauf. Brennst.-Wärme-Kraft Bd. 2 (1950) S. 307/11. — *Bammert, K.:* Vergleich von Dampf- und Heißluftturbinen in Heizkraftwerken kleiner und mittlerer Leistung. Brennst.-Wärme-Kraft Bd. 8 (1958) S. 323/30.

[7] *Bammert, K., C. Keller* u. *H. Kress:* Heißluftturbinenanlage mit Kohlenstaubfeuerung für Stromerzeugung und Heizwärmelieferung. Brennst.-Wärme-Kraft Bd. 8 (1956) S. 471/78.

[8] Vgl. *Karthauser, F. B., W. V. Battcock* u. *F. F. Ross:* Ref.: Brennst.-Wärme-Kraft Bd. 2 (1950) S. 57. — VDI-Z. Bd. 91 (1949) S. 660/61. — Brennst.-Chem. Bd. 30 (1949) S. 101/03.

[9] *Zinkl, R.:* Heizkraftwerk Vahr der Stadtwerke Bremen. Brennst.-Wärme-Kraft Bd. 9 (1957) S. 575/78.

3. Kopplung von Dampfanlagen mit Gasturbinen

In Anlagen mit Dampfbedarf kann durch Anordnung eines Abhitzekessels statt des Wärmetauschers hinter der Gasturbine Raum und Gewicht gespart werden (für Schiffe wichtig). Da aber Abgastemperaturen bei etwa 400 °C, auch für Wasser große Heizflächen. Zwangumlauf erscheint wegen besserer räumlicher Anpassung empfehlenswert. Zweckmäßigerweise anzuwendende hohe Gasgeschwindigkeiten durch geringen Überdruck am Turbinenaustritt zu erreichen. Höhere Wirtschaftlichkeit gegenüber besonderer Dampferzeugung dadurch gegeben, daß Mehraufwand an Brennstoff in den Brennkammern nur der im Abhitzekessel abgegebenen Wärmemenge entspricht. Abgasverlust der Gesamtanlage wird wegen des Gleichbleibens der Arbeitsluftmenge bei gleichen Abgastemperaturen nicht erhöht; bei besonderem Dampfkessel käme er jedoch noch hinzu. Außerdem durch den oben erwähnten Überdruck sehr niedrige Abgastemperaturen erreichbar[1].

Hohe Gasgeschwindigkeiten zur Steigerung der Wärmeübergangszahl in Dampferzeugungsanlagen machen Sonderbauarten erforderlich, die mit Überdruck betrieben werden. Beim Velox-Kessel (Brown-Boveri) — vgl. Schema, S. 51 — dient die Energie der unter Druck aus dem Kessel austretenden heißen Rauchgase zum Antrieb einer Gasturbine, die die Gebläse für Brenngas und Verbrennungsluft treibt. Verfahren wie beim offenen Prozeß nur für flüssige oder gasförmige Brennstoffe. In Mitteleuropa besonders für Hüttenwerke von Interesse, wo Gichtgas zur Verfügung steht. Auch andere Verfahren zur Kopplung von Dampfanlagen mit Gasturbinen vorgeschlagen, jedoch praktisch noch nicht erprobt (Oerlikon u. a.)[2].

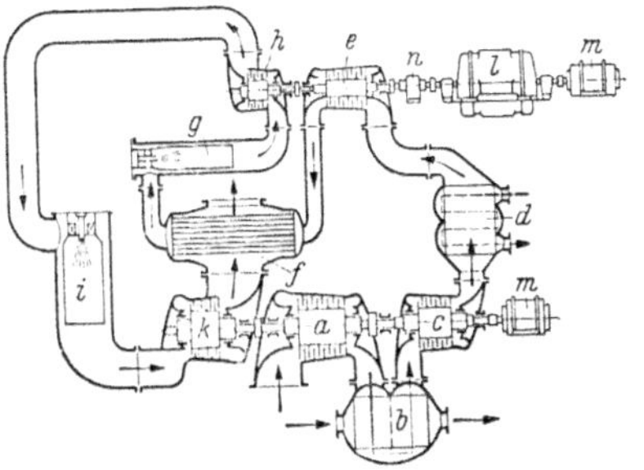

Bild 26. Nach dem offenen Verfahren arbeitende Gasturbinenanlage mit zweifacher Zwischenkühlung und einfacher Zwischenaufheizung (Schema Bild 24a)

a Niederdruck-Kompressor, *b* Niederdruck-Zwischenkühler, *c* Mitteldruck-Kompressor, *d* Mitteldruck-Zwischenkühler, *e* Hochdruck-Kompressor, *f* Wärmetauscher, *g* Hochdruck-Brennkammer, *h* Hochdruck-Turbine, *i* Niederdruck-Brennkammer, *k* Niederdruck-Turbine, *l* Generator, *m* Anwurfmotor, *n* Getriebe

4. Winderzeugung und Winderhitzung[3]

Die Notwendigkeit des Luftkompressors bei Gasturbinenanlagen und die für die Einführung auf Hüttenwerken förderliche Verfügbarkeit von Gichtgas legen den Gedanken nahe, den Kompressor einer nach dem offenen Prozeß arbeitenden Gasturbinenanlage zur Winderzeugung mit heranzuziehen. Günstiger Kompressorenddruck für Gasturbine aber höher als bei Hochofen erforderlich; deshalb Anzapfung bei einer geeigneten Druckstufe (nur bei offenem Prozeß möglich). Schaltung bei Verwendung der üblichen Winderhitzer (Cowper) zeigt Bild 27a.

Das gereinigte Gichtgas wird im Gebläse *a* verdichtet und in der Brennkammer *b* mit so hohem Luftüberschuß verbrannt, daß die für die Gasturbine *c* zulässige Temperatur von z. Z. max. 700 °C nicht überschritten wird. Abgase der Turbine gehen durch den gebräuchlichen Luftvorwärmer (Wärmetauscher) *d* für die Verbrennungsluft und dann ins Freie; im Kompressor *e* verdichtete Windmenge wird für den Hochofen *f* in den mit Gichtgas beheizten, wechselweise betriebenen Winderhitzern *g* auf die erforderliche Temperatur gebracht. Wenn Windtemperaturen von 700 °C genügen, kann die Gasmenge zum Aufheizen der Winderhitzer

---

[1] Vgl. Brennst.-Wärme-Kraft Bd. 4 (1952) S. 87 (Vortrag *W. Karrer*). — *Dangl, K.:* Verbundbetrieb für Strom- und Dampferzeugung mit einer offenen Gasturbine. Brennst.-Wärme-Kraft Bd. 7 (1955) S. 249/53.

[2] S. a. Brennst.-Wärme-Kraft Bd. 2 (1950) S. 28, 315; Bd. 4 (1952) S. 142 (Referate).

[3] Siehe bes. Revue Universelle des Mines, Jg. 94, 9. Reihe, Bd. X Nr. 12 (Dez. 1954): Sonderheft Gasturbinen (Vorträge, gehalten in Lüttich am 29. u. 30. April 1954). — *Krebs, E.:* Entwicklungslinien der hüttenmännischen Wärme- und Kraftwirtschaft. Stahl u. Eisen Bd. 74 (1954) S. 813/22; ref. Brennst.-Wärme-Kraft Bd. 7 (1955) S. 427. — *Simon, R.:* Entwicklungslinien der Strom- und Winderzeugung in gemischten Hüttenwerken. Stahl u. Eisen Bd. 79 (1959) S. 199/204. — Nachtrag siehe Anm. 3 S. 470.

erspart werden, indem man durch geringeren Luftüberschuß in der Brennkammer so hohe Temperaturen erzeugt, daß in dem unter Druck betriebenen, als „Rekuperator" gebauten Winderhitzer *h* der Wind auf die gewünschte Temperatur gebracht wird und die Heizgase auf die für die Turbine zulässige Temperatur abgekühlt werden[1], vgl. Bild 27b. Erforderlichenfalls kann die Gasturbine auch mit einem Stromerzeuger gekuppelt werden und je nach Bedarf Wind für einen Hochofen, Druckluft für ein Stahlwerk oder Strom liefern[2].

Bei geschlossen arbeitenden Anlagen muß von der Heißluftturbine ein besonderes Hochofengebläse angetrieben werden; zum Aufheizen des Windes ein dem erforderlichen Luftkessel ähnlicher Winderhitzer im zweiten Zug untergebracht[3]; dadurch bessere Abwärmeausnutzung des Luftkessels.

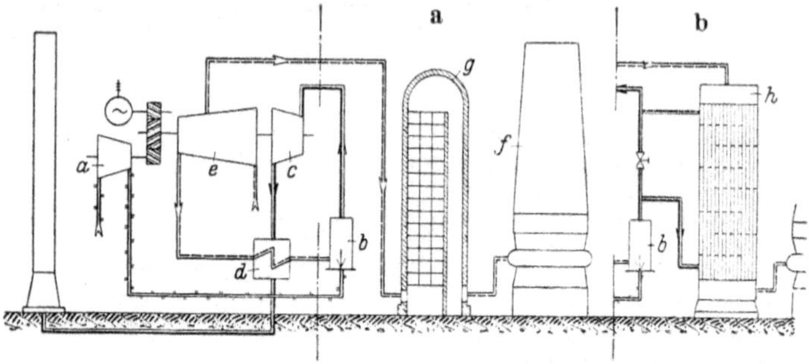

Bild 27. Anwendung der Gasturbine im Hüttenwerk

5. Erdölindustrie

In Erdölraffinerien stehen fast immer Restgase hohen Heizwertes neben billigem Heizöl zur Verfügung. Außerdem besteht bei den modernen Verarbeitungsverfahren oft ein Bedarf an Druckluft (ähnlich wie beim Hochofen). Daher hat das Interesse an der Verwendung von Gasturbinen stark zugenommen[4].

6. Verbundwirtschaft

Bisher unter Verbundwirtschaft in erster Linie Zusammenarbeit zwischen Wärmekraft- und Wasserkraftwerken verstanden. Entwicklung der Gasturbine und notwendiges Streben, dafür feste Brennstoffe verwenden zu können, legt nahe, diese Brennstoffe — für Anlagen, die nach dem offenen Verfahren arbeiten — zu vergasen. Dabei Kopplung von Strom-, Gas- und Heizwärmeerzeugung möglich. Die in D 3, S. 463 genannten Anlagen sind ein Sonderfall. Wichtig ist billiges Gas. Erforderliche Leistung der Gaserzeuger liegt in derselben Größenordnung wie für Kraftstoffsynthese und ähnliche Zwecke[5]. Besonders zu beachten, daß optimale Größe von Gasturbinenanlagen bei 20 MW und darunter (Turbinenleistung selbst ein Mehrfaches der Nutzleistung, Energiedichte des Arbeitsmittels wesentlich kleiner als bei Dampf)[6]. Daher Gasturbinenkraftwerke eher sinnvolle Ergänzung, nicht Ersatz der Dampfkraftwerke.

[1] *Karrer, W.:* Gasturbinen und ihre Anwendungsgebiete. Stahl u. Eisen Bd. 72 (1952) S. 885/92.

[2] *v. Wurstemberger, K.:* 5400 kW-Gasturbinengruppe für ein Stahlwerk in Luxemburg. Brown-Boveri-Mitt. (Baden) Bd. 36 (1949) S. 362/63; ref.: Brennst.-Wärme-Kraft Bd. 2 (1950) S. 210. — Anon.: Two 7500 kW-plants for a Belgian steelwork. Oil Eng. and Gas Turb. Bd. 21 (1954) Nr. 247 S. 350/51; ref. Brennst.-Wärme-Kraft Bd. 6 (1954) S. 228/29.

[3] Vgl. *Keller, C.*, u. *R. Ruegg:* Die Aerodynamische Turbine im Hüttenwerk. Stahl u. Eisen Bd. 64 (1944) S. 201/06; dort noch weitere Schaltungsmöglichkeiten. — Brennst.-Wärme-Kraft Bd. 3 (1951) S. 356 (Referat).

[4] *Wilson, W. B.*, u. Mitarb.: How Turbines Can Work in Your Process. Petrol. Refiner Bd. 36 (1957) Nr. 8 S. 116/22.

[5] S. dazu Literatur bei *Riediger, B.:* Brennstoffe, Kraftstoffe, Schmierstoffe S. 372f. Berlin: Springer 1949.

[6] Weiteres bei *Münzinger, F.:* Anm. 3 S. 459. — *Ipfelkofer, J.:* Die Gasturbine und ihr Einfluß auf die öffentliche Energiewirtschaft. Gas- u. Wasserfach Bd. 92 (1951) S. 249/58. — *Koppitz, O.:* Anm. 1 S. 441. — Lit. 3, dort S. 65 u. S. 104.

E. Wärmepumpen und verwandte Schaltungen

Unter Wärmepumpe versteht man ganz allgemein eine Einrichtung, mittels der Wärme von einem niedrigeren auf ein höheres Temperaturniveau gehoben wird. Ihre Schaltung gleicht vollkommen der einer Kältemaschine; vgl. Abschn. Kältetechnik S. 471 f. Die Meinungen über die Wirtschaftlichkeit von Wärmepumpen sind geteilt. Nicht die technische Lösung des Problems ist umstritten, sondern die Frage, ob Wärmepumpen in Wirtschaftsräumen am Platz sind, die den größeren Teil ihrer Energie aus Wärmekraft decken müssen, solange dies im Kondensationsbetrieb oder nach Prozessen mit ungefähr gleich hohen thermischen Wirkungsgraden geschieht.

Wenn zur Erzeugung von 1 kWh mehr kcal aufzuwenden sind, als mit der Wärmepumpe aus 1 kWh gewonnen werden können, bietet sie für die Gesamtwirtschaft keinen Vorteil. Dazu kommt der erhebliche Aufwand an Maschinen und Apparaten. Wo jedoch elektrische Energie aus Wasserkraft oder Gegendruckbetrieb reichlich zur Verfügung steht, kann die Wärmepumpe am Platz sein. In einzelnen besonders gelagerten Fällen auch ohne die genannten Voraussetzungen günstige Anwendungsmöglichkeiten[1]. Dies ist besonders dort der Fall, wo aus verfahrenstechnischen Gründen große Flüssigkeitsmengen verdampft werden müssen und der Dampf nicht als Schwaden mit Luft vermischt anfällt. Es kann die sonst verlorengehende Verdampfungswärme nutzbar gemacht werden. Außerdem kann *eine* Maschineneinheit — je nach Erfordernissen der Jahreszeit — durch Änderung des Temperaturniveaus des Kreisprozesses entweder als Kältemaschine oder als Wärmepumpe arbeiten[2].

1. Verdampfen und Eindampfen

Verwendung von Verdampfern zur Gewinnung von Speisewasser in Industriekraftwerken S. 457 erwähnt. Auch in verschiedenen Fabrikationsprozessen erforderlich; ihr oft erheblicher Dampfverbrauch für die Wirtschaftlichkeit von entscheidender Bedeutung, z. B. in Salinen, Zuckerfabriken, Zellstoffabriken und zahlreichen anderen Industriezweigen. Bei einstufigem Betrieb Dampfbedarf wegen der Verluste und der erforderlichen Temperaturdifferenz für den Wärmeübergang $\approx 120\%$ der zu verdampfenden Wassermenge. Deshalb einfachste Lösung, den Dampfbedarf zu erniedrigen, Übergang zu mehrstufigen Anlagen[3].

In erster Näherung kann durch n-stufige Verdampferschaltung der Dampfbedarf auf den n-ten Teil des Bedarfes bei einstufiger Ausführung herabgedrückt werden, weil die in den Brüden enthaltene Wärme zum Betrieb der nachfolgenden Verdampferstufen benutzt wird. Es müssen nur die hintereinandergeschalteten Stufen jeweils mit niedrigerer Temperatur und entsprechend niedrigerem Druck betrieben werden können. Ist dies aus irgendeinem Grunde nicht möglich oder der apparative Aufwand im Verhältnis zum Durchsatz zu groß, so kann der Brüdendampf in demselben Verdampferkörper zum Beheizen benutzt werden, wenn er mittels eines Dampfstrahlsaugers oder mittels eines elektrisch angetriebenen

[1] *Kahlert, H.:* Brennstoffsparen durch Wärmepumpen? Arch. Wärmewirtsch. Bd. 24 (1943) S. 185/89. — *Linge, K.:* Die Wärmepumpe im Rahmen der Energiewirtschaft. VDI-Z. Bd. 88 (1944) S. 57/65. — *Bachl, H.:* Wärmepumpen mit Strom von Kondensationsmaschinen. Brennst.-Wärme-Kraft Bd. 4 (1952) S. 339. — *Bauer, B.*, u. *C. Seippel:* Die Wärmepumpe im Energiehaushalt unseres Landes. Schweiz. Bauzeitg. Bd. 72 (1954) S. 409/12. — Sonderheft „Wärmepumpen" der Z. Kältetechn. Bd. 9 (1957) Nr. 8, dort bes. *Bach, K.:* Sind Wärmepumpen wirtschaftlich? S. 226/30.

[2] Vgl. *Lieding, F.:* Kombinierte Kälte- und Wärmepumpenanlagen. Kältetechnik Bd. 7 (1955) S. 366/70. — Ders.: Neue Bauart einer kombinierten Kälte- und Wärmepumpenanlage. Kältetechnik Bd. 9 (1957) S. 244/46.

[3] *Jaroschek, K.:* Zuckerfabrik mit geringem Wärmeverbrauch. Brennst.-Wärme-Kraft Bd. 2 (1950) S. 71/76.

Kompressors auf den der Temperaturdifferenz im Verdampfer entsprechenden höheren Druck gebracht wird. Dies ist die einfachste Form der Wärmepumpe[1].

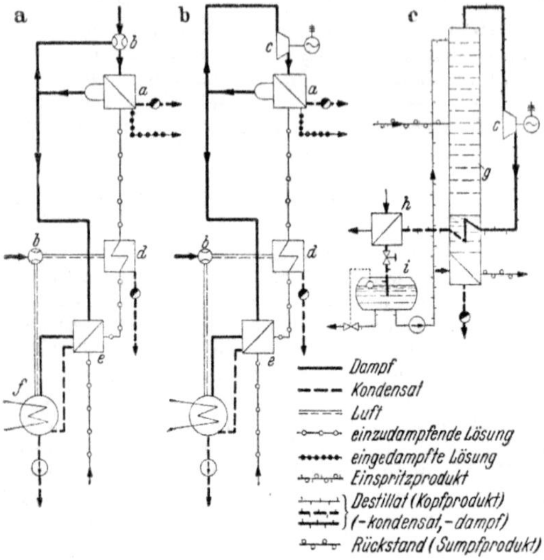

Bild 28. Wärmepumpen beim Verdampfen

a) Brüdenkompression durch Dampfstrahler
b) Brüdenkompression durch elektrisch angetriebenen Verdichter
c) Rektifizierkolonne mit Kompression der Kopfdämpfe
a Verdampfer; *b* Dampfstrahlapparat; *c* Kompressor; *d* Brüdenkondensator für *b*; *e* Vorwärmer; *f* Hauptkondensator; *g* Rektifizierkolonne; *h* Kühler; *i* Vorlage (Sammelgefäß)

Frischdampfbedarf beim Dampfstrahler nach Bild 28a etwa 0,3 kg Dampf je kg zu verdampfender Flüssigkeit, das ist 25% der oben für einstufiges Verfahren genannten Menge. Bei Brüdenverdichtung mittels Turbokompressoren[2] — in seltenen Fällen auch mittels Kolbenkompressoren — nach Bild 28b in gewissen Temperaturbereichen wärmewirtschaftliche Überlegenheit der Wärmepumpe, wie Bild 29 zeigt. Denn ein „vollkommener" Gegendruckbetrieb, d. h. mit Entspannung des Heizdampfes vor dem Verdampfer in einer Gegendruckturbine und nachheriger Entspannung der Brüden in einer Kondensationsmaschine wird wegen der Kompliziertheit der Anlage und der nicht geringen Investitionskosten nicht ausgeführt. Verzichtet man also auf die zweite Entspannung, so ist für die gerade bei Verdampfern nötige kleine Temperaturdifferenz die Wärmepumpe in diesem Sonderfall durchaus wirtschaftlich. Es läßt sich aus dem T,s-Diagramm leicht ableiten, daß die Verdampfungswärme $r = (s'' - s')\,T$ ist und die aufzuwendende Arbeit für eine differentiale Verdampfung $\mathrm{d}L = (s'' - s')\,\mathrm{d}T$ beträgt; durch Division und Integration folgt $L = r(\ln T_2 - \ln T_1)$, was besonders bei kleinen Temperaturdifferenzen günstige Verhältnisse ergibt. Dies kann auch für den in Bild 28c dargestellten Fall zutreffen. Bei kleinen Differenzen zwischen den Siedetemperaturen von Kopf- und Sumpfprodukt eines in einer Rektifizierkolonne zu

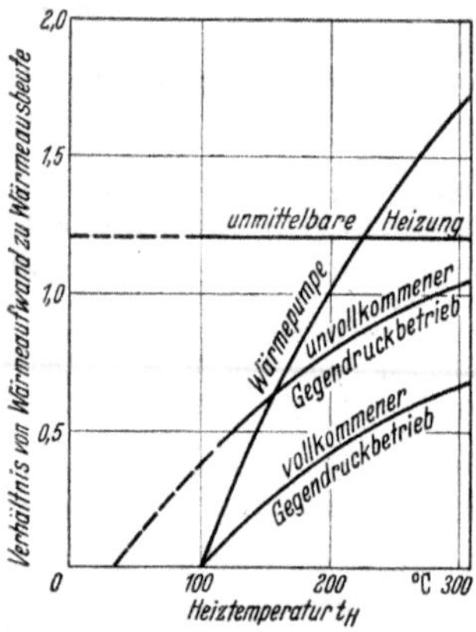

Bild 29. Reziproke Leistungszahlen verschiedener Beheizungsarten beim Verdampfen nach *Kahlert*

[1] *Petzold, M.:* Graphische Methode zur Bestimmung des Dampfverbrauchs von Brüdenverdichtern. Chem.-Ing.-Techn. Bd. 22 (1950) S. 147/50. — *Messing, Th.:* Dampfstrahlverdichter als Wärmepumpen. Chem.-Ing.-Techn. Bd. 30 (1958) S. 589/93.

[2] Vgl. *Peter, R.:* Die Thermokompression in Zuckerfabriken. Escher-Wyss-Mitt. Bd. 20 (1946/47) S. 33/39.

trennenden Gemisches kann es wirtschaftlich vorteilhaft sein, die in den Kopfdämpfen enthaltene Wärme dadurch nutzbar zu machen, daß man sie durch Kompression auf höheren Druck und höhere Temperatur bringt. Auf diese Weise kann man durch Kondensation in einer Heizvorrichtung im Sumpf der Kolonne wenigstens einen Teil der für die Trennung erforderlichen Wärme zuführen[1].

2. Heizungsanlagen mit Wärmepumpe

Man hat Wärmepumpen nicht nur für Verdampferanlagen, sondern auch für Raumheizung vorgeschlagen und ausgeführt[2]. In diesem Fall gleicht die Schaltung vollkommen der einer Kompressionskältemaschine, vgl. Bild 30 u. S. 472. Der Prozeß spielt sich nur auf anderem Temperaturniveau ab. Während es Aufgabe der Kältemaschine ist, vgl. S. 471, eine gewisse Wärmemenge bei tiefer Temperatur dem zu kühlenden Mittel im Verdampfer *a* zu entziehen und diese Wärmemenge im Kondensator *c* bei Umgebungstemperatur an das Kühlwasser abzuführen, entzieht das Arbeitsmittel bei der Wärmepumpe als Heizanlage im Verdampfer *a* der Umgebung (z. B. einem Fluß) die gewünschte Wärme, wird als verdampftes Arbeitsmittel auf einen höheren Druck verdichtet und gibt seine Verdampfungswärme im Kondensator *c* an ein Heiznetz ab. Das Regelventil *d* hat dabei dieselbe Aufgabe wie bei der Kompressionskältemaschine, weil sich die Aufstellung einer Entspannungsmaschine für Energierückgewinn nur in seltenen Fällen lohnt.

Es ist möglich, mit Hilfe einer solchen Wärmepumpe aus einer kWh ein Mehrfaches von 860 kcal an Heizleistung zu erzielen. Dies darf aber nicht darüber täuschen, daß z. B. in Mitteleuropa beim Überwiegen des Kondensationsbetriebs im Durchschnitt jede kWh einen Wärmeaufwand von 3500 kcal und mehr erfordert. Wenn dieser Betrag bei Heizungsanlagen mit Wärmepumpe nicht wesentlich überschritten wird, lohnt sich der erhebliche Aufwand nicht, insbesondere dann nicht, wenn statt der Wärmepumpe Gegendruckdampf unmittelbar zur Heizung verwendet und damit der Anteil des im Kondensationsbetrieb erzeugten Stromes zurückgedrängt werden kann, vgl. a. Bild 29 S. 466.

Wenn aber sehr günstige Leistungszahlen ähnlich wie bei Verdampfern z. B. dadurch erzielt werden, daß Abwärme aus dem Kondensator einer Kälteanlage zur Verfügung steht, kann man durch Vergrößern des Druckverhältnisses die Kondensatortemperatur heben. Die aus der Kälteanlage abzuführende Wärme steht dann bei einer für Heizzwecke geeigneten Temperatur zur Verfügung. Solche sog. Mehrzweckanlagen sind u. U. auch bei Versorgung mit Strom, der im Kondensationsbetrieb erzeugt wird, gesamtwirtschaftlich vorteilhaft. Nach *Bachl*[3] werden in USA jetzt schon rd. 35% des gesamten Energiebedarfs des Landes für Raumheizung benötigt.

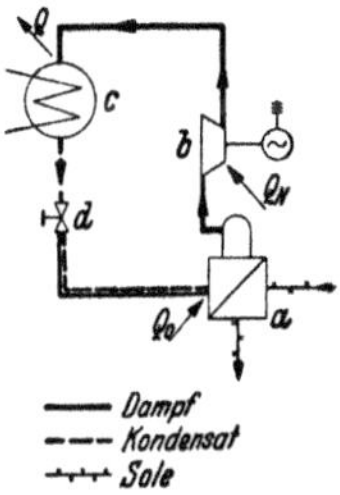

Bild 30. Schaltbild einer Wärmepumpe für Heizzwecke
a Verdampfer (entnimmt Wärme der Umgebung), *b* Kompressor, *c* Kondensator (gibt Wärme auf höherem Temperaturniveau ab), *d* Regelventil

F. Aufgaben der Regelung[4]

Beim Zusammenwirken der Erzeugung und Verwendung von Kraft und Wärme verschiedene Regelaufgaben zu beachten, die bei unabhängiger Erzeugung und Verwendung dieser beiden Energieformen nicht auftauchen. Soweit es sich um Ausnutzung von Abwärme handelt, Wärmedargebot maßgebend, wie es sich aus den verfahrenstechnischen Arbeitsbedingungen ergibt. Wenn erzeugter Dampf für Heizung und Energieversorgung zu verwenden, Parallelarbeit mit anderen

[1] Vgl. hierzu a. *Bošnjaković, F.:* Technische Thermodynamik, 2. Teil, S. 138f. Dresden u. Leipzig: Steinkopff 1951. — *Orlicek, A. F.:* Der Energieaufwand beim Destillieren, Rektifizieren, Extrahieren und anderen Zerlegungsverfahren. Masch.-Bau u. Wärmewirtsch. (Wien) Bd. 5 (1950) S. 21/24 u. 61/64. —*Dressel, W.:* Verwendung der Wärmepumpe bei der Rektifikation. Chem.-Ing.-Techn. Bd. 24 (1952) S. 149/53.

[2] *Ostertag, A.:* Heizen mit Wärmepumpen. Escher-Wyss-Mitt. Bd. 14 (1941) S. 50/83.— Ferner Anm. 1 S. 465. — *Wirth, E.:* Die Bedeutung der Wärmepumpe für Heizungsanlagen. Techn. Rundsch. Sulzer 1948 Nr. 1. — *Kubli, H.:* Heizungswärmepumpen. Kältetechn. Bd. 9 (1957) S. 244/46.

[3] Anm. 1 S. 465

[4] Siehe hierzu DIN 19226 Regelungstechnik, Benennungen, Begriffe (Ausg. Jan. 1954).

Dampferzeugern oder Zusatzfeuerung an den Abhitzekesseln nötig. Fahren auf konstanten Druck im Netz bietet gegenüber der gleichen Aufgabe im üblichen Betrieb keine Besonderheiten.

Da die Dampferzeugung, auf die es in den meisten Fällen ankommt, durch Änderung des Wärmedargebotes verhältnismäßig träge beeinflußt wird, hier keine besonderen Probleme gegenüber den im Feuerungsbau bekannten Aufgaben. Bei Wärmeübertragung an Luft oder Gas, deren Unempfindlichkeit gegen Regeleingriffe auch bei sofortiger Änderung der Brennstoffzufuhr (Öl oder Gas) wegen der Speicherwärme der zu verwendenden Eisenmassen in ähnlicher Größenordnung wie bei der Dampferzeugung liegt, im allgemeinen Temperatur für Regelimpulse benutzt. Man kommt selten ohne Rückführung (Kopplung) aus; vgl. S. 290. Bei den S. 140 erwähnten Abgasturbogebläsen zum Aufladen von Dieselmotoren keine Regelung erforderlich; Aufladegruppe paßt sich ohne äußeren Eingriff der Belastung der Hauptmaschine an.

Besondere zusätzliche Regelaufgaben im Dampfkraftwerk, das Dampf an unabhängige Verbraucher abzugeben hat; vgl. Bild 20, 21 u. 32. Maßgebend zunächst der Bedarf der Verbraucher. Versorgungsdruck im Netz soll konstant gehalten werden; er wird üblicherweise bei Gegendruck- und Entnahmeturbinen (d. h. bei solchen mit *konstantem* Entnahmedruck) als Regelgröße benutzt. Grundsätzliche Schaltung bei *Entnahme* (= Anzapf-)turbinen in Bild 31a.

Gesamtdampfzufuhr vom Drehzahlregler *a* beherrscht. Überströmventil *b* zum Niederdruckteil öffnet bei Druckanstieg im Entnahmenetz (Abschalten von Dampfverbrauchern). Dadurch erhöht sich die Leistung an der Turbinenkupplung. Infolgedessen Drehzahlzunahme bei gleichbleibender Belastung des Generators, so daß Drehzahlregler die Gesamtdampfzufuhr verringert, bis Ausgleich herbeigeführt. Umgekehrte Wirkung beim Vergrößern des Dampfbedarfes im Netz.

Schwankt die Last des Generators bei unverändertem Dampfbedarf, so wird der Drehzahlregler wie bei Betrieb ohne Anzapfung beeinflußt, doch muß der Überströmregler wegen der dadurch hervorgerufenen geringen Druckänderung vor dem Niederdruckteil etwas nachregeln. Er hält an dieser Stelle den Druck aufrecht. Dadurch bei Betrieb ohne Entnahme schlechterer Dampfverbrauch als bei reiner Kondensationsmaschine, vgl. Bild 19 S. 454. Eine gewisse Dampfmenge strömt durch die Stopfbuchse im Zwischenboden (von Einzylinderturbinen), wird dabei weitgehend entspannt und leistet im Niederdruckteil nur wenig Arbeit. Bei Mehrzylindermaschinen gewisse Mengen Kühldampf im ND-Teil nötig. Wird längere Zeit kein Entnahmedampf gebraucht, z. B. im Sommer, so schaltet man die Entnahmesteuerung aus und fährt die Maschine als reine Kondensationsmaschine. Mit Entnahmeturbine parallelgeschaltetes Reduzierventil so zu regeln, daß es erst öffnet, wenn Dampfdruck im Netz um einige Zehntel at unter den Wert für vollkommen geschlossenes Überströmventil gesunken.

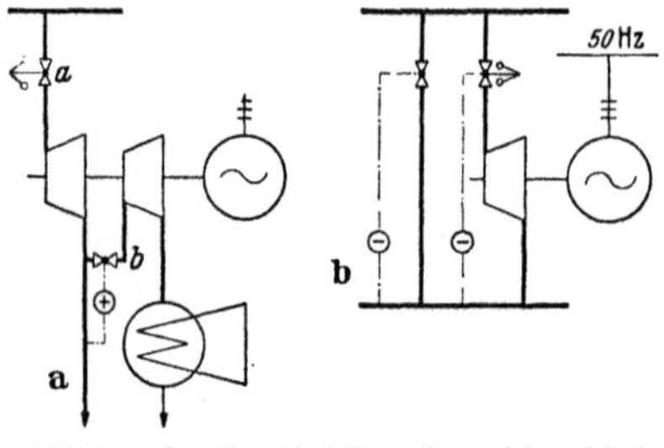

Bild 31. Regelung bei Entnahme- (a) und bei Gegendruckturbine (b)
a Drehzahlregler, *b* Überströmventil

Bei Regelung von *Gegendruck*turbinen auf Leistung Drehzahlregelung wie bei Kondensationsbetrieb. Abdampfnetz muß jede dargebotene Menge (wie ein Kondensator) aufnehmen können. Bei Steuerung auf Durchsatz Dampfzufuhr vom Gegendruck beeinflußt, vgl. Bild 31b. Generator muß mit Drehstromnetz parallel fahren, das die synchrone Drehzahl bestimmt. Parallel geschaltete Reduzierventile sinngemäß zu steuern wie bei Entnahmemaschinen.

Für die *Speisewasservorwärmung* Dampf möglichst aus ungesteuerten Anzapfstellen; Gründe s. S. 446f. Turbinen, die nur ungesteuerte Entnahmestellen besitzen, werden in der Regel nicht als Entnahme- oder Anzapfturbinen bezeichnet. Deren Druck ändert sich ungefähr proportional mit dem Dampfdurchsatz des dahinterliegenden Turbinenteils nach dem Gesetz des Dampfkegels von *Stodola* und sinkt daher im Leerlauf fast bis auf Kondensatordruck (vgl. Bild 182, S. 421): Anfangsdruck p_1 bei kleinem Gegendruck p_2, und kleinem Dampfgewicht G. Wenn auch aufzuwärmende Kondensatmenge dann klein, so doch zu prüfen, ob Schwachlast von längerer Dauer (z. B. in Werken der öffentlichen Energieversorgung während der Nacht). Unter Umständen Zusatzdampf aus dem Netz über gesteuertes Druckminderventil erforderlich, damit Speisewassertemperatur nicht zu stark sinkt; dies bringt die Gefahr von Korrosionen. Meist ist Aufheizung des kalten Kondensates im Entgaser möglich, jedoch ist dafür zu sorgen, daß ständig Wasserinhalt des Behälters auf Siedetemperatur gehalten wird[1]. Druckregler sind im allgemeinen zu wenig empfindlich; Regelung auf konstante Speisewassertemperatur mittels Wärmefühlers ist vorzuziehen.

Bei Verwendung des *Speisepumpenabdampfes* zur Speisewasservorwärmung sind Regeleingriffe erforderlich, weil sich der Dampfdurchsatz wegen des verhältnismäßig hohen Leerlaufdampfbedarfes der in solchen Fällen verwendeten Antriebsturbinen nicht proportional mit der aufzuwärmenden Speisewassermenge ändert. Will man aus bestimmten Gründen die Maschinen auf konstanten Gegendruck fahren, Kupplung mit Asynchronmaschine gemäß S. 449 zweckmäßig.

Besondere Anforderungen an die Regler dann gestellt, wenn Kessel nur geringe oder gar keine Speicherräume besitzen, wie *Zwangdurchlaufkessel*. In einem Industriekraftwerk mit solchen Kesseln Vorschalt- und Entnahmeturbinen mit sog. Verhältnisreglern nach Bild 32 ausgerüstet. Druckverhältnis wird konstant gehalten. Impuls für Kesselregelung gibt Druck im Niederdrucknetz[2]. Sinkt er, so wird die Kesselleistung gesteigert. Infolgedessen erhöht sich zunächst der Kesseldruck. Vorschaltturbine (125 auf 22 ata) außer mit Druckregler für nachgeschaltetes Netz (sinngemäß wie in Bild 31 b) wird zusätzlich mit Überströmregler ausgerüstet; dieser öffnet bei Anstieg des Vordruckes. Erst wenn ihre Schluckfähigkeit erreicht ist, öffnet der weiter ansteigende Druck ein parallel geschaltetes Druckminderventil; dieses ist mit Temperaturregelung durch Kondensateinspritzung in nachgeschaltetem Heißdampfkühler ausgerüstet. Gleichartige Regelung wird auch für Turbinenteil und Druckminderventil zwischen 22 und 6 ata vorgesehen. Dadurch im Niederdrucknetz — wie gewünscht — erhöhtes Dargebot an Dampf. Falls Generatoren das Netz allein versorgen, Leistungsausgleich über Kondensationsteil wie oben nach Bild 31 a.

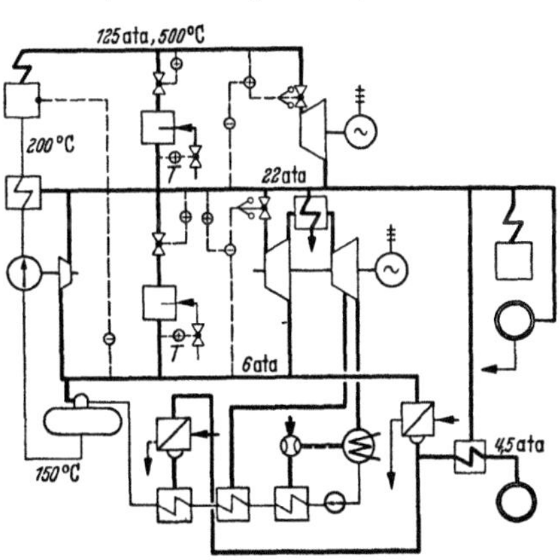

Bild 32. Schalt- und Regelschema eines Industriekraftwerkes mit Zwangdurchlaufkesseln (nach *Kramer*)

Wenn *Speicher* vorhanden sind, muß bei diesen der Zu- und Abfluß geregelt werden. Bei Gefällespeichern zwischen zwei Netzen ein vom Druck gesteuertes Überströmventil in der Zuleitung vom Netz höheren Druckes und ein sinngemäß gesteuertes Zuflußventil zum Netz niedrigeren Druckes. Am Speicher selbst ein Rückschlagventil in der Leitung zu den Ladedüsen, ein zweites in der Leitung vom Dampfdom.

Die Verwendung von *Druckverhältnisreglern* wird auch für Zweiwellensätze in Höchstdruckkraftwerken vorgeschlagen. Kupplung von Vorschalt- und Nachschaltturbine mit je einem Generator (Zweiwellenanordnung) ist in Europa (im

[1] Vgl. a. *Tietz, H.:* Anm. 5, S. 447.

[2] Näheres s. *Kramer, O.:* Erfahrungen mit Zwangdurchlaufkesseln in einem Industriekraftwerk. Mitt. Ver. Großkesselbesitzer Nr. 95 (1943) S. 212/24. — *Schroeder, G.:* Die Regelbarkeit des Benson-Kessels. Ebendort Heft 43 (Aug. 1956) S. 235/40. — *Frensch, J.:* Regelung eines 300 t/h-Benson-Kessels. Ebendort S. 253/58. — *Profos, P.:* Die Regelung des Sulzer-Einrohr-Dampferzeugers. Ebendort S. 258/73. — *Fischer, A.:* Regelung von Benson-Kesseln in Blockschaltung mit der Turbine. Ebendort Nr. 61 (Aug. 1959) S. 294/302.

Gegensatz zu USA) auch in Kondensationskraftwerken wegen geringerer Störung des Netzes bei Ausfall einer Maschineneinheit nach wie vor empfehlenswert. Leistungsregler an Nachschaltmaschinen; Vorschaltmaschine so wie Bild 32 durch Vordruckregler gesteuert. Durch Konstanthalten des Zwischendruckes Wirkungsgrad des Zweiwellensatzes bei Teillast jedoch erheblich beeinträchtigt, weil zweimalige Drosselung vor beiden Regelrädern. Statt dessen empfiehlt *Matthaei*[1], den Zwischendruck gleiten zu lassen (sog. sekundärer Gleitdruckbetrieb[2]) und Kesselleistung von Ventilstellung der Nachschaltmaschine abhängig zu machen, so daß diese jeweils so weit wie möglich öffnen. Dazu noch ein Druckverhältnisregler erforderlich, der den Vordruck der Vorschaltmaschine, also auch den Kesseldruck, stets in einem bestimmten Verhältnis zum Zwischendruck hält; dies allerdings nur bei Zwangdurchlaufkesseln möglich. Dadurch auch bei Teillast Druckverteilung wie bei Einwellensatz und damit günstige Wirkungsgrade erreicht.

Gasturbinenanlagen stellen im allgemeinen schon bei einfacher Stromerzeugung recht verwickelte Regelaufgaben, weil die einzelnen Anlagenteile wie Brennkammern und Kompressoren sehr schnell der jeweiligen Turbinenlast angepaßt werden müssen. Es fehlt die Dämpfung durch ein dem Dampfkessel entsprechendes Element. Entwicklung noch im Fluß[3].

Sind besondere Bedingungen zu erfüllen, wie z. B. bei gleichzeitiger Winderzeugung für einen Hochofen, bei dem je nach Ofengang große Windmengen bei höherem Druck, kleine Windmengen bei niedrigem Druck erforderlich, aber auch alle zwischen diesen Grenzfällen liegenden Anforderungen gestellt werden können, so sind die Aufgaben oft nur mit Hilfe sehr komplizierter Regler zu lösen. Vorgänge lassen sich einwandfrei nur an Hand eines Kennfeldes der Kompressoren verfolgen, vgl. S. 418/19.

---

[1] *Matthaei, G. A.:* Einwellensätze oder getrennte Vor- und Nachschaltmaschinen in Höchstdruck-Dampfkraftwerken? Brennst.-Wärme-Kraft Bd. 5 (1953) S. 161/64.

[2] Demgegenüber wurde ursprünglich bes. von *H. Gleichmann* der Gleitdruckbetrieb in der Form befürwortet, daß der Kesseldruck abhängig von der Last geändert wird. Vgl. hierzu *W. Stender:* Der Gleitdruckbetrieb. Sein Wesen und seine Auswirkung. Siemens-Z. Bd. 17 (1937) S. 569/85. — *Senger, U.:* Bietet das „Gleitdruck-Verfahren" Vorteile? Brennst.-Wärme-Kraft Bd. 6 (1954) S. 197/205. Trotz gewisser Vorteile für den Wärmeverbrauch hat sich diese Betriebsweise nicht durchgesetzt.

[3] *Müller-Trimbusch, K.:* Erste Gichtgasturbinen-Betriebsanlage auf einem deutschen Hüttenwerk. Stahl und Eisen Bd. 79 (1959) S. 457/63. — *Weyel, A., G. Räbel* u. *K. Bonner:* Entwicklung der Strom- und Winderzeugung im Gichtgaskraftwerk eines Hüttenwerkes mit einer 14 MW-Gasturbine. Ebendort S. 1471/78. — *Aguet, E.:* Betriebsergebnisse von zwei Gasturbinenanlagen in belgischen Hüttenwerken. Ebendort S. 1479/83. — *Kruppl, H.* u. *G. Räbel:* Ergebnisse von Leistungsversuchen an einer Gichtgasturbinenanlage für 14000 kW. Tech. Überw. Bd. 1 (1960) S. 187/92.

Kältetechnik

Bearbeitet von Prof. Dr.-Ing. **K. Nesselmann,** Karlsruhe

Literatur: 1. Handbuch der Kältetechnik, herausgegeben von *R. Plank*. Berlin: Springer. Bisher erschienen: Bd. I: Entwicklung, wirtschaftliche Bedeutung, Werkstoffe, 1954. Bd. II: Thermodynamische Grundlagen, 1953. Bd. III: Verfahren der Kälteerzeugung und Grundlagen der Wärmeübertragung, 1959. Bd. IV: Die Kältemittel, 1956. Bd. VII: Sorptions-Kältemaschinen, 1959. Bd. VIII: Erzeugung sehr tiefer Temperaturen, Gasverflüssigung und Zerlegung von Gasgemischen, 1957. Bd. IX: Biochemische Grundlagen der Lebensmittelfrischhaltung, 1952. Bd. X: Die Anwendung der Kälte in der Lebensmittelindustrie, 1960. — 2. *Bäckström, M.:* Kältetechnik, 2. Aufl. Karlsruhe: G. Braun 1958. — 3. *Plank, R.:* Amerikanische Kältetechnik, 3. Bericht. Düsseldorf: Deutsch. Ing.-Verlag 1950. — 4. *Plank, R.*, u. *J. Kuprianoff:* Die Kleinkältemaschine, 2. Aufl. Berlin: Springer 1960. — 5. *Pohlmann, W.:* Taschenbuch für Kältetechniker, 13. Aufl. Karlsruhe: C. F. Müller 1956. — 6. Air Conditioning Refrigerating Data Book. American Soc. Refrigerating Engineers, 1957. — 7. Kältemaschinenregeln. Herausgegeben vom Deutschen Kältetechnischen Verein. Karlsruhe: C. F. Müller 1958.

Aufgabe der Kältetechnik ist die Erzeugung von Temperaturen, die unterhalb der Umgebungstemperatur liegen. Bezeichnet man die atmosphärische Luft von beispielsweise 25 °C als „Umgebung", so kann bereits mit Brunnenwasser von 12° eine tiefere Temperatur gegenüber der Umgebungstemperatur erzeugt werden. Davon macht man oft in sog. Klimaanlagen Gebrauch. Es handelt sich dabei um Kältetechnik im weiteren Sinn. Im engeren Sinn hat die Kältetechnik die Aufgabe, tiefere Temperaturen zu erzeugen, als sie von der Natur zur Verfügung gestellt werden.

A. Verfahren, die auf Verdampfung eines Kältemittels beruhen

Die weitaus meisten Verfahren zur Kälteerzeugung beruhen darauf, daß eine Flüssigkeit, das „Kältemittel", unter Wärmeaufnahme verdampft. Die dabei aufgenommene Wärme wird dem „Kühlgut" entzogen, das auf diese Weise abgekühlt bzw. auf tiefer Temperatur gehalten werden kann.

1. Anlagen mit mechanischen Verdichtern

Der bei tiefer Temperatur im sog. Verdampfer aus dem flüssigen Kältemittel zur Kälteerzeugung erzeugte Dampf muß wieder verflüssigt werden, damit er in flüssiger Form dem Verdampfer wieder zugeführt werden kann, sonst würde ein Verbrauch an Kältemittel auftreten. Bei der Verflüssigung im sog. Verflüssiger muß Wärme abgeführt werden, und zwar bei Temperaturen, die in der Umgebung zur Verfügung stehen (Kühlwasser, Luft). Die Verflüssigung geht demnach bei höherer Temperatur und daher auch gemäß der Dampfspannungskurve bei höherem Druck vonstatten als die Verdampfung im Verdampfer. Der Dampf wird vom Verdampferdruck auf Verflüssigerdruck meist durch Verdichter (insbesondere Kolben-, Rotations-, Turboverdichter) verdichtet. Man spricht dann von Kaltdampfanlagen.

a) Thermodynamische Grundlagen. Wollte man zur Kälteleistung einen Carnot-Prozeß mit der absoluten Verflüssigungstemperatur T und der absoluten Verdampfungstemperatur T_0 verwenden, so wäre nach den Regeln der Thermodynamik (s. Wärmelehre, Bd. I S. 440) die Leistungsziffer, d. h. das Verhältnis von Kälteleistung zu aufgewendeter Arbeit

$$\varepsilon_c = T_0/(T - T_0) \quad \text{(Index c deutet Bezug auf Carnot-Prozeß an).} \qquad (1)$$

In der Kältetechnik rechnet man meist mit der „spez. Kälteleistung", d. h. dem Verhältnis von Kälteleistung in kcal/h zur aufgewendeten Leistung in kW; sie hat also die Dimension kcal/kWh und ist, bezogen auf den Carnot-Prozeß,

$$K_c = 860 \frac{T_0}{T - T_0} \text{ kcal/kWh}. \qquad (2)$$

Der Carnot-Prozeß, der einen Verdichter und eine Entspannungsmaschine benötigen würde, kann auch bei Kälteanlagen nicht verwirklicht werden; man verwendet vielmehr Anlagen nach Bild 1, in denen die Entspannungsmaschine durch ein Drosselventil ersetzt ist. Der vom Motor *a* angetriebene Verdichter *b* bringt den bei der tiefen Temperatur T_0 und dem tiefen Druck p_0 aus dem Verdampfer *e* angesaugten Kältemitteldampf auf den höheren Druck p, so daß dessen Verflüssigungswärme Q bei der Temperatur T an die Umgebung (Kühlwasser, Luft) vom Verflüssiger *c* abgegeben werden kann. Das verflüssigte Kältemittel strömt über das Regelventil *d*, mit dessen Hilfe es auf den Druck p_0 gedrosselt wird, dem Verdampfer *e* wieder zu, in welchem es unter Wärmezufuhr (Kälteleistung Q_0) wieder verdampft. Ist N_i die indizierte Leistung des Verdichters in kW (z. B. bei Kolbenverdichtern), so ist nach dem I. Hauptsatz der Wärmelehre

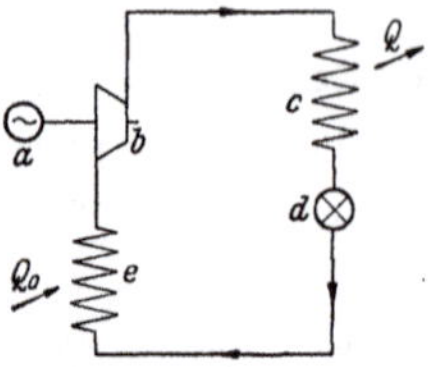

Bild 1
Schema einer einstufigen Verdichter-Kälteanlage
a Motor, *b* Verdichter, *c* Verflüssiger, *d* Regelventil, *e* Verdampfer

$$Q = Q_0 + 860\,N_i \text{ kcal/h}. \tag{3}$$

Obgleich der Carnot-Prozeß für eine allgemeine Vergleichsgrundlage aller Arten von Kältemaschinen am geeignetsten wäre, verwendet man heute noch bei Kaltdampfmaschinen einen dieser Maschinenart angepaßten Vergleichsprozeß, der in Bild 2 in das lg p, i-Diagramm eingetragen ist.

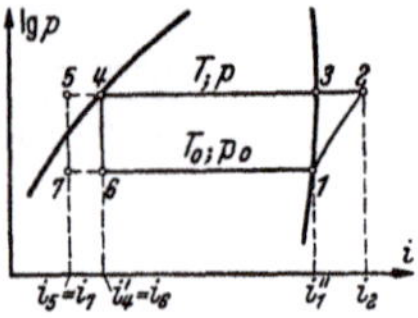

Bild 2. lg p, i-Diagramm für einstufige Kälteanlage

Punkt *1* entspricht dem Zustand des Dampfes (p_0; T_0), wie er aus dem Verdampfer abgesaugt wird. Von *1* bis *2* reversible adiabate Verdichtung auf den Druck p. Der Dampf verläßt den Verdichter überhitzt mit einer Temperatur, die höher als T liegt. Im Verflüssiger gibt der Dampf zunächst bis zum Punkt *3* seine Überhitzungswärme und zwischen *3* und *4* seine Verdampfungswärme ab. Unter Umständen kann das den Verflüssiger verlassende flüssige Kältemittel noch bis *5* unterkühlt werden, indem man z. B. die Kältemittelflüssigkeit in ihrer Temperatur nahe an das kälteste Kühlwasser heranbringt. Von *4* auf *6* bzw. von *5* auf *7* Drosselung des flüssigen Kältemittels auf den Verdampferdruck.

Aus Bild 2 folgt unmittelbar für den Vergleichsprozeß

$$K_{th} = 860\,\frac{i_1'' - i_4'}{i_2 - i_1''} \quad \text{bzw.} \quad 860\,\frac{i_1'' - i_5}{i_2 - i_1''} \text{ kcal/kWh}, \tag{4}$$

je nachdem, ob ohne oder mit Unterkühlung gearbeitet wird. Je kg Kältemittel ergibt sich nämlich für die

Verdichterleistung $(i_2 - i_1'')/860$ kWh/kg,
Kälteleistung $i_1'' - i_4'$ bzw. $i_1'' - i_5$ kcal/kg,
Verflüssigerleistung $i_2 - i_4'$ bzw. $i_2 - i_5$ kcal/kg.

Man erkennt aus Bild 2, daß die Kälteleistung je kg Kältemittel mit der Unterkühlung wächst, weil hinter dem Regelventil um so weniger Dampf nutzlos entsteht, je weiter die Drossellinie nach links rückt.

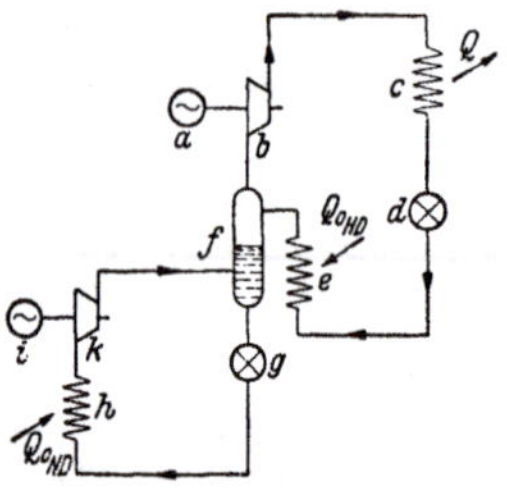

Bild 3. Schema einer zweistufigen Verdichter-Kälteanlage
a Motor der Hochdruckstufe
b Verdichter der Hochdruckstufe
c Verflüssiger
d Regelventil der Hochdruckstufe
e Verdampfer der Hochdruckstufe
f Mitteldruckflasche
g Regelventil der Niederdruckstufe
h Verdampfer der Niederdruckstufe
i Motor der Niederdruckstufe
k Verdichter der Niederdruckstufe

Bei großen Druckverhältnissen wendet man mit Rücksicht auf den Wirkungsgrad des Verdichters und zur Vermeidung zu hoher Überhitzungstemperatur *zwei-* oder *mehrstufige Anlagen* an. Bild 3 und 4 zeigen eine zweistufige Anlage als Schema und im lg p, i-Diagramm.

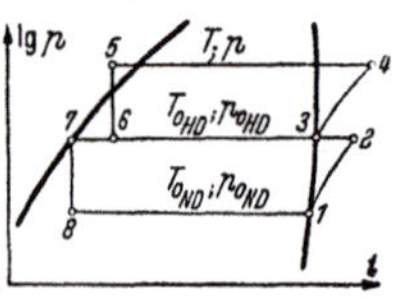

Bild 4. lg p, i-Diagramm für zweistufige Kälteanlage

Der im ND-Verdampfer h erzeugte Dampf wird vom ND-Verdichter k auf den Druck $p_{0\,HD}$ der HD-Stufe gebracht. Dieser Druck herrscht sowohl in der Mitteldruckflasche f als auch im HD-Verdampfer e. Der Niederdruckdampf tritt in die Mitteldruckflasche unterhalb des Flüssigkeitsspiegels ein, wobei ihm die Überhitzungswärme entzogen wird. Man kann den Vorgang auch so auffassen, daß sich der Dampf verflüssigt, wobei aus der Flüssigkeit heraus wieder neue Dampfblasen entstehen, die vom HD-Verdichter angesaugt werden. Außerdem muß der HD-Verdichter noch den im HD-Verdampfer e entstehenden Dampf $(T_{0\,HD};\ p_{0\,HD})$ absaugen. Die Kälteleistung der HD-Stufe, die der Enthalpiedifferenz $i_3 - i_6$ proportional ist, muß also so groß sein, daß sie die der Enthalpiedifferenz $i_2 - i_7$ proportionale Verflüssigungswärme der ND-Stufe und die Kälteleistung des HD-Verdampfers deckt. Daher ist die im HD-Kreislauf *3 4 5 6* (Bild 4) umlaufende Kältemittelmenge größer als die im ND-Kreislauf *1 2 3 7 8* umlaufende Menge. Wird keine Kälteleistung bei der Temperatur $T_{0\,HD}$ gewünscht, so fällt Verdampfer e fort, und die HD-Stufe hat lediglich die Verflüssigungswärme der ND-Stufe zu decken.

Bei dem Schema Bild 3 ist für beide Stufen dasselbe Kältemittel verwendet. Oft ist es jedoch mit Rücksicht auf die thermischen Eigenschaften der Kältemittel notwendig, in den verschiedenen Stufen verschiedene Kältemittel zu verwenden. Dann müssen die Kreisläufe getrennt werden. Der Verflüssiger der niederen Stufe wird dann durch den Verdampfer der höheren Stufe gekühlt.

b) Kältemittel. Die gebräuchlichen Kältemittel sind nach Siedepunkten geordnet in Zahlentafel 1 zusammengestellt (nach Lit. 6). Verwendungsbereich der Kältemittel s. Anm. in Zahlentafel 1.

Die fluorierten und chlorierten Kohlenwasserstoffe werden *Frigene* genannt.

Die Zahlentafeln 2 bis 7 enthalten die Dampftafeln der wichtigsten Kältemittel[1], Bild 5 ein lg p,i-Diagramm für Ammoniak.

[1] Die Zahlenwerte entsprechen den Angaben nach Lit 7.

Zahlentafel 1. *Die gebräuchlichen Kältemittel*

Kältemittel	Chem. Formel	Mol.-Gew.	Normale Siede-temperatur °C	Er-starrungs-temperatur °C	Krit. Tempe-ratur °C	Krit. Druck ata	$\varkappa = c_p/c_v$ bei t °C
Trifluormonochlormethan (F–13)[1]	CF_3Cl	104,47	−81,5	−181	28,78	39,46	1,15
Kohlendioxyd[2]	CO_2	44,01	−78,48	−56,6	31,0	75,21	1,30
Difluormonochlormethan (F–22)[3]	CHF_2Cl	86,475	−40,80	−160	96,0	50,33	1,19
Ammoniak[4]	NH_3	17,032	−33,35	−77,9	132,4	115,2	1,312
Difluordichlormethan (F–12)[5] . .	CF_2Cl_2	120,92	−29,8	−155	111,5	40,87	1,148
Methylchlorid[6]	CH_3Cl	50,491	−23,7	−97,6	143,1	68,1	1,27
Schwefeldioxyd[7]	SO_2	64,06	−10,02	−75,5	157,2	80,3	1,271
Monofluordichlormethan (F–21)[8] .	$CHFCl_2$	102,93	+8,92	−135	178,5	52,7	1,17
Monofluortrichlormethan (F–11)[9]	$CFCl_3$	137,38	+23,65	−111	198	44,6	1,124
Trifluortrichloräthan (F–113)[10] .	$C_2F_3Cl_3$	187,39	+47,6	−36,5	214,1	34,8	1,075 (25°)

[1] Trifluormonochlormethan (F–13): Bei sehr tiefen Verdampfungstemperaturen. [2] Kohlendioxyd: In Sonderfällen.
[3] Difluormonochlormethan (F–22): An Stelle von Ammoniak bei tiefen Temperaturen.
[4] Ammoniak: Weitaus vorherrschend bei großen und gewerblichen Anlagen.
[5] Difluordichlormethan (F–12): Wird häufig an Stelle von Ammoniak verwendet, insbesondere wo Undichtigkeiten zu Schwierigkeiten führen könnten (Klimaanlagen, Bergwerke), aber auch in Kleinkältemaschinen.
[6] Methylchlorid: In Haushaltkältemaschinen (Kühlschränke) und gewerblichen Anlagen.
[7] Schwefeldioxyd: In Haushaltkälteanlagen (Kühlschränke). [8] Monofluordichlormethan (F–21): In Sonderfällen.
[9] Monofluortrichlormethan (F–11): Für Turboverdichter. [10] Trifluortrichloräthan (F–113): Für Turboverdichter.

Zahlentafel 2. *Dampftafel für Frigen 13*

Temperatur t °C	Druck p ata	Spez. Volumen der Flüssigkeit v' lit/kg	Spez. Volumen des Dampfes v'' m³/kg	Enthalpie der Flüssigkeit i' kcal/kg	Enthalpie des Dampfes i'' kcal/kg
−100	0,3392	0,626	0,4070	76,00	113,85
−90	0,640	0,642	0,2259	78,08	114,86
−80	1,120	0,658	0,1342	80,21	115,86
−70	1,841	0,675	0,0844	82,40	116,84
−60	2,873	0,695	0,05542	84,67	117,78
−50	4,287	0,717	0,03774	87,03	118,66
−40	6,17	0,741	0,02642	89,49	119,48
−30	8,59	0,769	0,01889	92,01	120,19
−20	11,66	0,802	0,01373	94,61	120,77
−10	15,45	0,842	0,01010	97,27	121,22
0	20,09	0,894	0,00747	100,00	121,48
+10	25,69	0,962	0,00549	102,99	121,42
+20	32,41	1,079	0,003829	106,75	120,59

Zahlentafel 3. *Dampftafel für Frigen 22*

Temperatur t °C	Druck p ata	Spez. Volumen der Flüssigkeit v' lit/kg	Spez. Volumen des Dampfes v'' m³/kg	Enthalpie der Flüssigkeit i' kcal/kg	Enthalpie des Dampfes i'' kcal/kg
−100	0,0210	0,6409	8,340	74,12	137,92
−90	0,0489	0,6510	3,634	76,64	139,10
−80	0,1050	0,6612	1,775	79,14	140,29
−70	0,2088	0,6714	0,940	81,64	141,49
−60	0,382	0,6824	0,535	84,15	142,68
−50	0,660	0,6950	0,323	86,70	143,90
−40	1,076	0,7086	0,205	89,27	145,12
−30	1,679	0,7235	0,135	91,90	146,25
−20	2,51	0,7405	0,0929	94,58	147,35
−10	3,63	0,7582	0,0654	97,25	148,45
0	5,10	0,7785	0,0471	100,00	149,43
+10	6,99	0,8004	0,0346	103,00	150,36
+20	9,35	0,8244	0,0258	106,13	151,13
+30	12,26	0,8501	0,0194	109,44	151,78
+40	15,79	0,8830	0,0148	112,77	152,12

Zahlentafel 4. *Dampftafel für Ammoniak*

Temperatur t °C	Druck p ata	Spez. Volumen der Flüssigkeit v' lit/kg	Spez. Volumen des Dampfes v'' m³/kg	Enthalpie der Flüssigkeit i' kcal/kg	Enthalpie des Dampfes i'' kcal/kg
−70	0,1114	1,3788	9,009	25,9	375,7
−60	0,2233	1,4010	4,699	36,0	380,0
−50	0,4168	1,4245	2,623	46,3	384,1
−40	0,7318	1,4493	1,550	56,8	388,1
−30	1,2190	1,4757	0,9630	67,42	391,91
−20	1,940	1,5037	0,6236	78,17	395,46
−10	2,966	1,5338	0,4184	89,03	398,67
0	4,379	1,5660	0,2897	100,00	401,52
+10	6,271	1,6008	0,2058	111,11	403,95
+20	8,741	1,6386	0,1494	122,38	405,93
+30	11,895	1,6800	0,1107	133,84	407,43
+40	15,850	1,7257	0,0833	145,52	408,37

Zahlentafel 5. *Dampftafel für Frigen 12*

Temperatur t °C	Druck p ata	Spez. Volumen der Flüssigkeit v' lit/kg	Spez. Volumen des Dampfes v'' m³/kg	Enthalpie der Flüssigkeit i' kcal/kg	Enthalpie des Dampfes i'' kcal/kg
−70	0,1258	0,6234	1,1259	85,84	128,88
−60	0,2315	0,6349	0,6394	87,68	130,00
−50	0,3999	0,6468	0,3854	89,59	131,18
−40	0,6551	0,6592	0,2441	91,55	132,36
−30	1,0245	0,6725	0,1613	93,57	133,54
−20	1,5396	0,6868	0,1107	95,65	134,71
−10	2,2342	0,7018	0,07813	97,80	135,87
0	3,1465	0,7173	0,05667	100,00	136,99
+10	4,3135	0,7342	0,04204	102,26	138,08
+20	5,7786	0,7524	0,03175	104,59	139,12
+30	7,5810	0,7734	0,02433	106,97	140,08
+40	9,7707	0,7968	0,01882	109,41	140,94

Zahlentafel 6. *Dampftafel für Methylchlorid*

Temperatur t °C	Druck p ata	Spez. Volumen der Flüssigkeit v' lit/kg	Spez. Volumen des Dampfes v'' m³/kg	Enthalpie der Flüssigkeit i' kcal/kg	Enthalpie des Dampfes i'' kcal/kg
−60	0,159	0,936	2,235	78,47	188,46
−50	0,286	0,953	1,295	81,94	189,95
−40	0,484	0,970	0,794	85,45	191,41
−30	0,783	0,986	0,508	89,03	192,83
−20	1,212	1,003	0,338	92,64	194,21
−10	1,808	1,022	0,233	96,29	195,54
0	2,609	1,042	0,1648	100,00	196,75
+10	3,655	1,064	0,1198	103,75	197,87
+20	4,993	1,086	0,0891	107,54	198,90
+30	6,658	1,110	0,0675	111,38	199,82
+40	8,690	1,135	0,0520	115,27	200,63
+50	11,14	1,164	0,0408	119,20	201,34
+60	14,03	1,196	0,0324	123,17	201,93

Zahlentafel 7. *Dampftafel für Frigen 11*

Temperatur t °C	Druck p ata	Spez. Volumen der Flüssigkeit v' lit/kg	Spez. Volumen des Dampfes v'' m³/kg	Enthalpie der Flüssigkeit i' kcal/kg	Enthalpie des Dampfes i'' kcal/kg
−40	0,052	0,6167	2,760	92,0	140,67
−30	0,094	0,6250	1,533	94,03	141,86
−20	0,160	0,6335	0,963	96,01	143,06
−10	0,261	0,6425	0,616	98,00	144,27
0	0,4100	0,6519	0,405	100,00	145,48
+10	0,6175	0,6619	0,277	102,02	146,69
+20	0,9040	0,6722	0,194	104,07	147,90
+30	1,2855	0,6833	0,140	106,14	149,09
+40	1,782	0,6950	0,103	108,24	150,27
+50	2,403	0,7075	0,077	110,38	151,43

c) Berechnungsunterlagen. Bei der Berechnung von Kälteanlagen ist die Kälteleistung, die Verdampfungstemperatur, die Verflüssigungstemperatur und gegebenenfalls die Unterkühlungstemperatur gegeben. Wegen der im Verdampfer und Verflüssiger zur Wärmeübertragung notwendigen Temperaturdifferenzen liegt

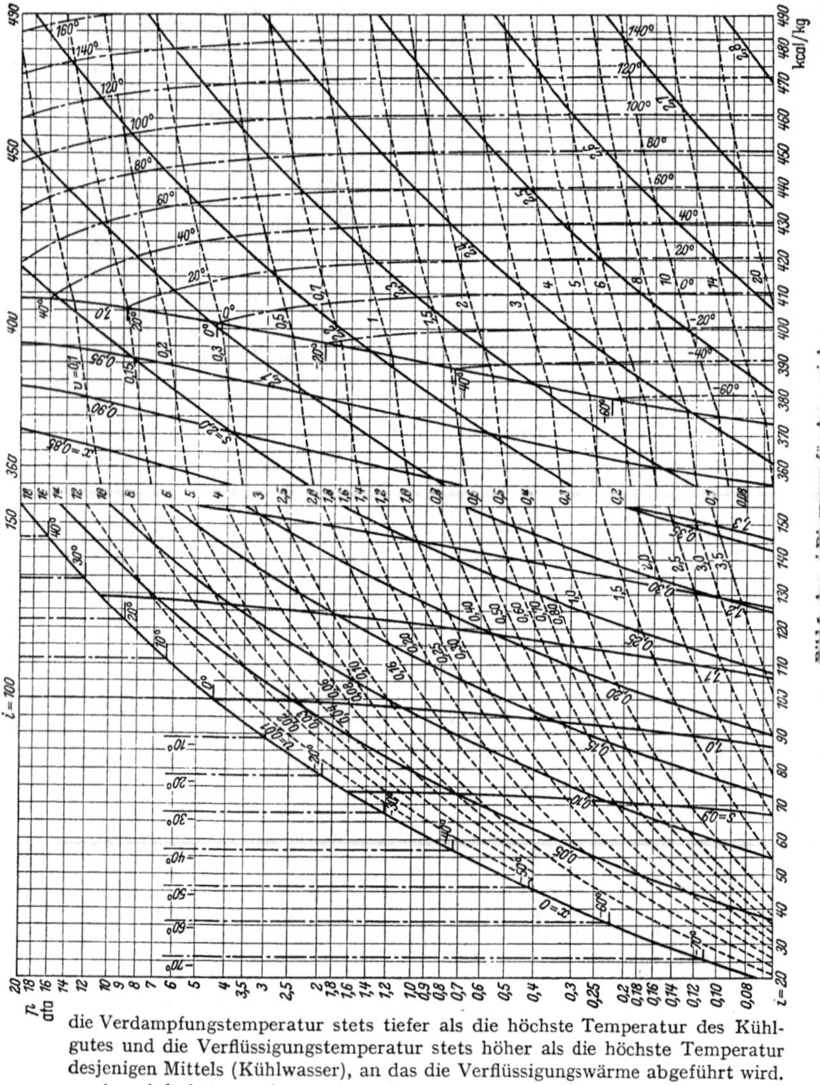

die Verdampfungstemperatur stets tiefer als die höchste Temperatur des Kühlgutes und die Verflüssigungstemperatur stets höher als die höchste Temperatur desjenigen Mittels (Kühlwasser), an das die Verflüssigungswärme abgeführt wird.

Am einfachsten rechnet man mit dem lg p, i-Diagramm (Lit. 6). Unter Beachtung der unter A 1 a angestellten Betrachtungen (Bild 2) folgt für die verlangte Kälteleistung Q_0 kcal/h das stündlich umlaufende Kältemittelgewicht zu

$$G = Q_0/(i_1 - i_5) \text{ kg/h}; \tag{5}$$

dabei ist angenommen (was in den meisten Fällen zutrifft), daß der den Verdampfer verlassende Kältemitteldampf trocken gesättigt ist.

Das anzusaugende Volumen V_{th} ist

$$V_{th} = G v_0'' \text{ m}^3/\text{h}, \tag{6}$$

wobei v_0'' das Volumen des trocken gesättigten Dampfes bei der Verdampfungstemperatur aus den Dampftafeln zu entnehmen ist.

Bei *Kolben-* und *Rotationsverdichtern* ist das „geometrische" Ansaugvolumen wegen der im Verdichter auftretenden Verluste größer als das theoretische. Dies wird durch den Liefergrad λ berücksichtigt. Das tatsächlich vom Verdichter stündlich anzusaugende Volumen V ist daher

$$V = V_{th}/\lambda. \tag{7}$$

Als Anhalt für λ bei Ammoniakkolbenverdichtern dient Bild 6. Der Liefergrad kann in der Form

$$\lambda = [\eta_v - (1 - \eta_w)]\,c \tag{8}$$

dargestellt werden[1]. Hierin ist η_v der volumetrische Wirkungsgrad des Verdichters, η_w berücksichtigt die Wandungsverluste; beide sind abhängig vom Druckverhältnis p/p_0. Jener hängt ferner noch vom Anteil des schädlichen Raumes ε_0, dieser vom geometrischen Hubvolumen V des Verdichters ab. Bei tieferen Verdampfungstemperaturen ist außerdem mit dem Korrekturfaktor c zu multiplizieren.

Die theoretische Leistungsaufnahme des Verdichters ist

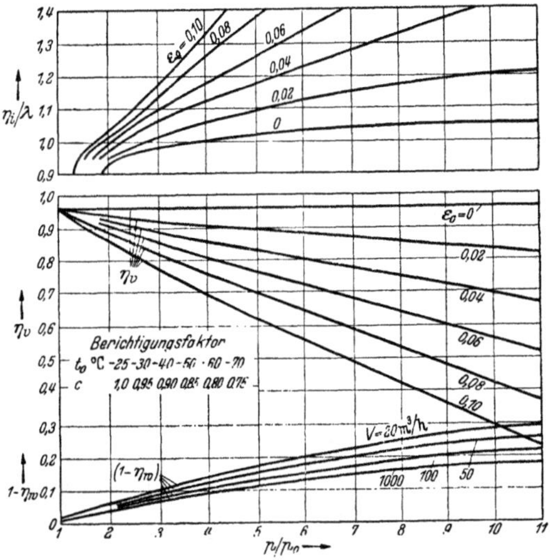

Bild 6. Diagramm zur Bestimmung von λ und η_i nach *K. Linge*[1]

$$N_{th} = G(i_2 - i_1'')/860. \tag{9}$$

Die indizierte Leistungsaufnahme folgt aus

$$N_i = N_{th}/\eta_i, \tag{10}$$

worin η_i der indizierte Wirkungsgrad ist. Das Verhältnis η_i/λ, aus dem η_i bei bekanntem λ und bekanntem schädlichen Raum berechnet werden kann, ist ebenfalls im Bild 6 dargestellt.

Die effektive Leistungsaufnahme an der Welle ergibt sich aus

$$N_e = N_i/\eta_m \tag{11}$$

mit η_m = mechanischer Wirkungsgrad, der je nach der Größe der Anlage zwischen 0,6 (bei ganz kleinen Einheiten) und 0,9 liegt.

Bei *Turboverdichtern* tritt an Stelle des indizierten Wirkungsgrades der innere Wirkungsgrad, der je nach Größe des Verdichters in den Grenzen von 0,5–0,75 liegt.

[1] *Linge, K.:* Die Kälte Bd. 1 (1948) S. 116.

Der mechanische Wirkungsgrad der Turboverdichter liegt bei 0,9–0,95.

Ist kein lg p, i-Diagramm zur Hand, so kann man die theoretische Leistung nach Abschn. Kolbenverdichter, S. 210, dort Gl. (6), für die Leistungsaufnahme eines Verdichters

$$N_{th} = \frac{G}{367\,000} \cdot \frac{\varkappa}{\varkappa - 1} P_0 v_0'' \left[(p/p_0)^{\frac{\varkappa-1}{\varkappa}} - 1\right] \text{kW} \tag{12}$$

berechnen. Hierin ist P_0 der Verdampfungsdruck in kg/m². Die Werte für $\varkappa$ sind aus Zahlentafel 1 zu entnehmen. Die Enthalpiewerte folgen aus den Dampftafeln. Gl. (12) ist indessen nur verwendbar, wenn der Verflüssigungsdruck klein gegen den kritischen Druck ist.

Beispiel: Es sei gegeben $Q_0 = 100000$ kcal/h, $t_0 = -20°$, $t = 25°$, Unterkühlungstemperatur $t_u = 20°$, schädlicher Raum $\varepsilon_0 = 0{,}04$, Kältemittel Ammoniak. Dreizylinderverdichter.

Aus Zahlentafel 4 bzw. Bild 5 folgt mit den Bezeichnungen nach Bild 2 $i_6 = 122{,}38$ und $i_1'' = 395{,}46$ und daraus nach Gl. (5) $G = 367$ kg/h.

Mit $v_0'' = 0{,}6236$ aus Zahlentafel 4 folgt das theoretisch anzusaugende Volumen nach Gl. (6) $V_{th} = 229$ m³/h, d. h. 76,5 m³/h u. Zylinder. Das Druckverhältnis ist nach Zahlentafel 4 $p/p_0 = 10{,}23/1{,}94 = 5{,}27$. Daraus ergibt sich nach Bild 6 $\eta_v = 0{,}82$ und $1 - \eta_w = 0{,}15$. Mit $c = 1$ (keine Korrektur bei $-20°$ notwendig) ergibt sich $\lambda = 0{,}67$ und damit nach Gl. (7) $V = 342$ m³/h. Dieser Wert ist etwas zu ungünstig, da aus Bild 6 der Wert $(1 - \eta_w)$ für das geometrische Volumen, d. h. je Zylinder 114 m³/h statt zuvor für 76,5 m³/h zu nehmen wäre. Man müßte die Rechnung mit diesem Wert wiederholen und auf diese Weise λ eingrenzen.

Ferner ist nach Bild 5 $i_2 = 453$ kcal/kg und daher nach Gl. (9) $N_{th} = 24{,}8$ kW. Nach Bild 6 ist $\eta_i/\lambda = 1{,}18$ und daher $\eta_i = 0{,}79$. Nach Gl. (10) folgt $N_i = 31{,}4$ kW; mit $\eta_m = 0{,}85$ wird $N_e = 36{,}9$ kW.

Man hätte auch N_{th} nach Gl. (12) mit $\varkappa = 1{,}312$ nach Zahlentafel 1 berechnen können, was praktisch zu den gleichen Ergebnissen führt.

d) Verdichter. Als Verdichter kommen Kolben-, Rotations- (Rollkolben-, Schwingkolben- oder Drehkolbenmaschinen) und Turboverdichter in Betracht.

Für die *Kolbenverdichter*, die vorzugsweise verwendet werden, gelten die gleichen Grundsätze wie für die Verdichter für andere Gase. Es ist nur darauf zu achten, daß keine Werkstoffe verwendet werden, die von dem Kältemittel angegriffen werden. Bei Ammoniak ist kupferhaltiges Material zu vermeiden. Methylchlorid beeinflußt Aluminium und Leichtmetalle, dagegen wird Kupfer und Bronze nicht angegriffen. Die Frigene greifen die im Maschinenbau üblichen Werkstoffe nicht an.

Bei der Schmierung ist zu berücksichtigen, daß stets Öl aus dem Verdichter in den Verflüssiger und Verdampfer gelangt. Bei den in Öl nicht löslichen Kältemitteln (Ammoniak, Schwefeldioxyd) muß daher ein Öl gewählt werden, das bei den tiefen Verdampfungstemperaturen noch so dünnflüssig ist, daß es von den Wänden des Verdampfers abläuft und gesammelt werden kann, da es sonst den Wärmedurchgang wesentlich verschlechtert. Andererseits muß es bei hohen Temperaturen im Verdichter noch so zäh sein, daß seine Schmierwirkung nicht beeinträchtigt wird. Bei öllöslichen Kältemitteln (Methylchlorid und Frigene) ist die Zähigkeit des Gemisches geringer als die des reinen Öles. Es muß also ein Öl entsprechend hoher Zähigkeit gewählt werden[1].

Leistungsregelung durch Änderung der Drehzahl ist im allgemeinen nicht möglich, da Drehstromantrieb die Regel ist. Man regelt durch Stillsetzen, durch Zuschalträume oder durch mehr oder minder langes Offenhalten der Ansaugventile (s. Abschn. Kolbenverdichter, S. 222).

Bezüglich der Bauart werden stehende einfachwirkende Maschinen bevorzugt. Die Drehzahl liegt meist zwischen 300 und 750 U/min. Bei sehr großen Leistungen, etwa von 300000 kcal/h aufwärts, werden liegende Maschinen verwendet, doch herrscht die Tendenz, große Leistungen aus Sicherheitsgründen auf mehrere kleinere Maschinen zu verteilen.

Die *Rotationsverdichter* sind heute noch spärlich vertreten.

Turboverdichter sind in der Leistung nach unten begrenzt durch das stündliche Durchsatzvolumen auf der Druckseite, das aus Gründen geeigneter Maschinenabmessungen nicht zu klein sein darf. Die radiale Bauart ist weitaus vorherrschend.

---

[1] Lit. 1 Bd. IV und Lit. 6.

Als minimales stündliches Volumen auf der Druckseite kann für diese Bauart gesetzt werden:

$$V_{\min} \approx 300\,(u/100)^3/(n/10000)^2 \text{ m}^3/\text{h}^*; \qquad (13)$$

hierin ist u die Umfangsgeschwindigkeit am äußeren Rand des Laufrades und n die Drehzahl/min. Dabei wird u teils durch die Schallgeschwindigkeit, teils durch Festigkeitsrücksichten begrenzt. Maximal kann gesetzt werden für Ammoniak $u \approx 300$ m/sek und für F11 $u \approx 130$ m/sek. Die Drehzahlen liegen in der Regel zwischen 6000 und 8000 U/min, wobei Antrieb entweder durch Dampfturbinen oder mit Elektromotoren über ein Getriebe.

Das in einer Stufe zu erzielende adiabatische Wärmegefälle ist (s. S. 341)

$$\Delta i_{\text{ad}} = A\,\psi\, u^2/2g \text{ kcal/kg}. \qquad (14)$$

Hierin ist A das mechanische Wärmeäquivalent und ψ die Druckzahl, die bei den praktisch in Frage kommenden Konstruktionen bei etwa 1 liegt. Damit kommt man je Stufe bei Ammoniak auf $\Delta i_{\text{ad}} \approx 11$ und bei F11 auf $\Delta i_{\text{ad}} \approx 2$. Die Stufenzahl erhält man dann als Quotient aus dem gesamten adiabatischen Gefälle und Δi_{ad}.

Bezüglich der Schmierung haben die Turboverdichter vor den Kolbenverdichtern den Vorteil, daß nur wenig Öl in den Kältemittelkreislauf gelangt, was insbesondere bei den öllöslichen Kältemitteln wichtig ist.

Die Leistung der Turboverdichter wird bei Dampfturbinenantrieb durch Drehzahlveränderung geregelt, wobei schon geringe Änderungen erhebliche Unterschiede im geförderten Volumen ergeben. Bei Antrieb mit Elektromotoren wird meist durch Drosselung des angesaugten Dampfstromes geregelt.

Da die Dampfleitungen bei den mit Turboverdichtern ausgerüsteten Anlagen schon erhebliche Durchmesser haben, baut man gern Turboverdichter, Verflüssiger und Verdampfer in einem Block zusammen oder ordnet wenigstens die Apparate in unmittelbarer Nähe des Verdichters an.

e) Apparate. Die *Verflüssiger* von kleinen Anlagen (Haushaltkühlschränke, gewerbliche Anlagen) sind häufig *luftgekühlt*. Sie bestehen in der Regel aus Rippenrohren, die in manchen Fällen durch einen Ventilator angeblasen werden.

Bei *Wasserkühlung*, die bei großen Anlagen ausschließlich angewendet wird, wählt man häufig Durchlaufapparate. Sie werden als Doppelrohrapparate ausgeführt, wobei das Kühlwasser durch das Innenrohr strömt, während die Verflüssigung im Ringraum stattfindet. An den Rohrenden wird das Kühlwasser durch Krümmer umgeleitet, so daß der Verflüssiger nach deren Abnahme wasserseitig leicht gereinigt werden kann, Bild 7. Bei größeren Leistungen schaltet man mehrere Kühlwasserrohre innerhalb eines Mantelrohres parallel.

Bei den Mantel- und Röhrenverflüssigern (Bild 8) werden die Rohre innen von Kühlwasser berieselt.

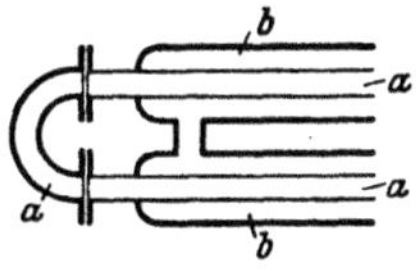

Bild 7
Doppelrohr-Verflüssiger
a Kühlwasserrohr
b Verflüssigungs-Ringraum

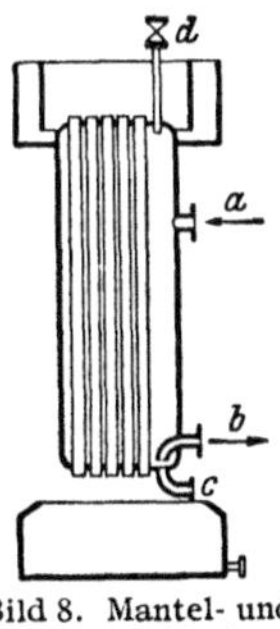

Bild 8. Mantel- und Röhrenverflüssiger
a Kältemitteleintritt
b Kältemittelaustritt
c Entölung
d Entlüftung

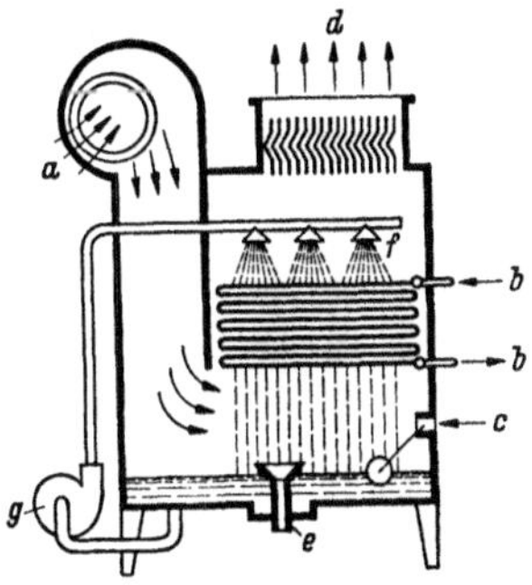

Bild 9. Verdunstungsverflüssiger
a trockene Luft, *b* Kältemittel, *c* Frischwasser, *d* feuchte Luft, *e* Überlauf, *f* Zerstäuber, *g* Pumpe

* Der Verfasser verdankt diese Formel Herrn Dr.-Ing. *K. W. Sorg*.

Um an Kühlwasser zu sparen, wird in vielen Fällen *Berieselungsverflüssigung* angewendet, bei der Wasser über horizontal liegende Rohre läuft. Dabei verdunstet ein Teil des Wassers in die umgebende Luft. Der Anteil der Verdunstungskühlung kann mehr oder weniger groß gewählt werden; er hängt vom Verhältnis der umlaufenden Wassermenge zur Zusatzwassermenge ab. Die mit diesen Apparaten erzielbare Verflüssigungstemperatur ist von den in der umgebenden Atmosphäre herrschenden Bedingungen abhängig, und zwar um so mehr, je kleiner die Zusatzwassermenge zur umlaufenden Wassermenge ist[1]. In der Regel werden die Apparate der freien Atmosphäre ausgesetzt, ohne künstlich belüftet zu werden. Bei künstlicher Belüftung, bei der die Luft mit Hilfe eines oder mehrerer Ventilatoren an den berieselten Rohren vorbeigeblasen wird (Bild 9), kann man den Kühlwasserverbrauch bis auf etwa 10% desjenigen bei Durchlaufapparaten senken[2].

Sind die Rohre des Verflüssigers vertikal angeordnet, so spricht man von einem Steilrohr-Verflüssiger.

Bei Verwendung von Ammoniak als Kältemittel (nicht öllöslich) ist am tiefsten Punkt des Verflüssigers, wo sich das schwere Öl sammelt, ein Ölablaß anzuordnen; außerdem ist eine Entlüftung vorzusehen. Vor den Verflüssiger ist ein Ölabscheider zu schalten.

Bei den *Verdampfern* kann man im wesentlichen zwei Grundtypen unterscheiden, den Steilrohrverdampfer und den Schlangenrohrverdampfer. Der Steilrohrverdampfer, Bild 10, besteht aus einem oberen und einem unteren Sammelrohr. Beide sind durch senkrechte Rohre kleineren Durchmessers miteinander verbunden; innerhalb dieser Rohre findet im wesentlichen die Bildung der Dampfblasen statt, die das flüssige Kältemittel nach oben reißen. Über den Flüssigkeitsabscheider verläßt der Dampf den Verdampfer. Durch das am unteren Ende des Abscheiders befindliche weitere Rohr fließt die nicht verdampfte Flüssigkeit in das untere Sammelrohr zurück, so daß für einen guten Umlauf innerhalb des Apparates gesorgt ist und damit die Wärmedurchgangszahl günstig beeinflußt wird.

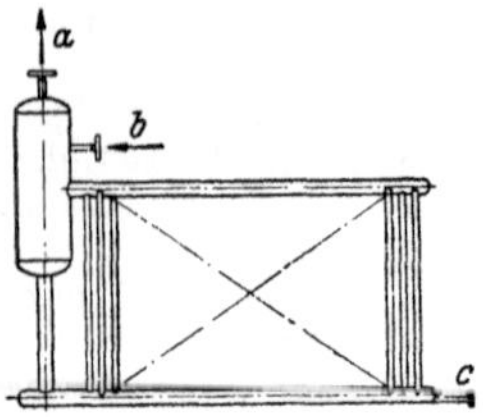

Bild 10. Steilrohrverdampfer
a Austritt des dampfförmigen Kältemittels, *b* Eintritt des flüssigen Kältemittels, *c* Entölung

Der *Schlangenrohrverdampfer*, Bild 11, hat eine oder auch mehrere parallele Rohrschlangen, die in einen Flüssigkeitsabscheider ausmünden, von dem aus der nicht verdampfte Teil wieder in den unteren Teil der Schlangen zurückkehrt.

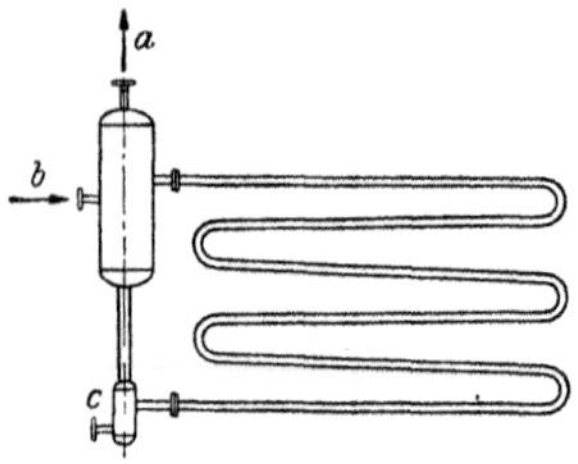

Bild 11. Schlangenrohrverdampfer
a Austritt des dampfförmigen Kältemittels, *b* Eintritt des flüssigen Kältemittels, *c* Entölung

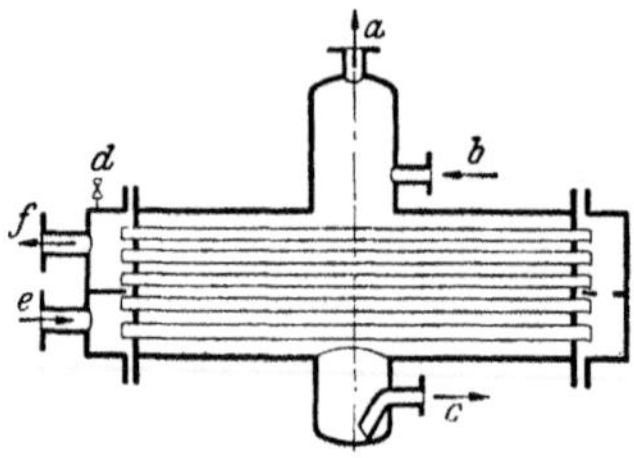

Bild 12. Röhrenkesselverdampfer
a Austritt des dampfförmigen Kältemittels, *b* Eintritt des flüssigen Kältemittels, *c* Entölung, *d* Entlüftung, *e* Soleeintritt, *f* Soleaustritt

In den Röhrenkesselverdampfern, Bild 12, strömt der zu kühlende Stoff durch das Innere der Rohre, während die Verdampfung des Kältemittels im Mantelraum stattfindet.

Bei Verwendung von Ammoniak (nicht öllöslich) ist an der tiefsten Stelle des Verdampfers eine Ölablaßstelle anzuordnen. Ist die Verdampfungstemperatur so

---

[1] *Merkel, F.*: Z. ges. Kälteind. Bd. 34 (1927) S. 24.

[2] *Nesselmann, K.*: Z. ges. Kälteind. Bd. 50 (1943) S. 97. — *Schmidt, Th. E.*: Kältetechnik Bd. 2 (1950) S. 221. — *Tonn, H.*: Allgem. Wärmetechn. Bd. 2 (1951) S. 181.

tief, daß im Verdampfer Unterdruck herrscht, so ist eine Schleuse zum Entölen notwendig.

Bei der Verwendung öllöslicher Kältemittel muß ein so großer Teil der Verdampfer-Füllung zum Verdichter zurückgeführt werden, daß das in den Verdampfer gelangende Öl wieder entfernt wird. Entnahme zweckmäßig an einer Stelle des Verdampfers, an der sein Inhalt möglichst reich an Öl ist; Sonderkonstruktionen von Verdampfern ermöglichen dies. Außerdem ist es zweckmäßig, das abgezapfte Gemisch aus Öl und Kältemittel durch Wärmezufuhr z. B. aus dem den Verdichter verlassenden Kältemitteldampf zu rektifizieren.

f) Kälteträger. Soll die im Verdampfer erzeugte Kälte an eine beliebige Verwendungsstelle geleitet werden, so wird als Übertragungsmittel eine Kühlsole als Kälteträger verwendet, deren Gefrierpunkt tiefer liegen muß als die Verdampfungstemperatur, damit sich keine Kristalle an der Verdampferfläche bilden. Als Kühlsolen werden meist wässerige Lösungen von Kalziumchlorid, zuweilen auch von Magnesiumchlorid oder Natriumchlorid verwendet. Zahlentafel 8 enthält die für die Kältetechnik wichtigsten Eigenschaften von Kalziumchlorid-Sole (weitere Zahlenangaben s. Lit. 7).

Zahlentafel 8

Eigenschaften von Kalziumchlorid-Sole

Spez. Gewicht γ kg/lit	Salzgehalt kg $CaCl_2$ je 100 kg Lösung	Erstarrungstemperatur °C	Spez. Wärme bei 0°C c_0 kcal/kg grd
1,00	0,1	0,0	1,003
1,02	2,5	−1,2	0,968
1,04	4,8	−2,4	0,932
1,06	7,1	−3,7	0,899
1,08	9,4	−5,2	0,866
1,10	11,5	−7,1	0,836
1,12	13,7	−9,1	0,808
1,14	15,8	−11,4	0,782
1,16	17,8	−14,2	0,758
1,18	19,9	−17,4	0,737
1,20	21,9	−21,2	0,717
1,22	23,8	−25,7	0,700
1,24	25,7	−31,2	0,685
1,26	27,5	−38,6	0,671
1,28	29,4	−50,1	0,658
1,286	29,9	−55,0	0,654
1,30	31,2	−41,6	0,645
1,32	33,0	−27,1	0,633
1,34	34,7	−15,6	0,621
1,36	36,4	−5,1	0,610

g) Anhaltswerte für die Dimensionierung der Apparate. Die folgenden Angaben gelten für Ammoniak als Kältemittel und für den Fall, daß die Apparate schon längere Zeit in Betrieb gewesen und die Flächen nicht mehr rein sind. Schon ein geringer Wassersteinbelag oder eine dünne Ölschicht verringert die theoretisch errechenbaren Werte ganz erheblich.

Bei Doppelrohrverflüssigern kann eine Wärmedurchgangszahl von 600 bis 700 kcal/m²h grd angenommen werden.

Im Durchschnitt kann mit einer Kühlwassererwärmung von 8—10 grd und einer mittleren Temperaturdifferenz zwischen Verflüssigungs- und Wassertemperatur von 8 grd gerechnet werden.

Bei Mantel- und Röhrenapparaten liegt je nach Größe der Rieselwassermenge die Wärmedurchgangszahl zwischen 600 und 800 kcal/m²h grd.

Die Berieselungsverflüssiger mit horizontalen Rohren können je nach dem Verhältnis von Zusatzwasser zu Umlaufwasser mit 1200–1800 kcal/m²h belastet werden. Der kleinere Wert gilt für kleine Zusatzwassermengen. Bei Steilrohrverflüssigern geht man bis 2800 kcal/m²h.

Für Steilrohrverdampfer kann man im Durchschnitt für Sole und Süßwasserkühlung mit Rührwerk (s. Abschn. 2, S. 489) mit 500, für Schlangenrohrverdampfer mit 250 kcal/m²h grd als Wärmedurchgangszahl rechnen. Bei sehr tiefen Soletemperaturen sind die Werte niedriger.

Röhrenkesselverdampfer haben eine Wärmedurchgangszahl von etwa 450 kcal/m²h grd.

Für die Frigene liegen die Werte sämtlich tiefer, weil deren physikalische Eigenschaften für die Wärmeübertragung ungünstiger sind.

Bezüglich einer genaueren Berechnung der Wärmeübergangs- bzw. Durchgangszahlen wird auf Bd. I, Abschn. Wärmelehre, S. 442, verwiesen. Dies gilt insbesondere auch beim Wärmeaustausch mit Luft oder anderen Gasen.

2. Absorptionskälteanlagen

Bei den Absorptionskälteanlagen wird der mechanische Verdichter durch einen thermischen ersetzt. Man macht sich dabei die thermischen Eigenschaften von Lösungen zunutze. Derartige Anlagen sind nur dort wirtschaftlich, wo Abwärme zur Verfügung steht.

a) Thermodynamische Grundlagen. Bild 13 zeigt das $\lg p, 1/T$-Diagramm einer wässerigen Ammoniaklösung (Lit. 7). Trägt man die Logarithmen des Dampfdrukkes über dem reziproken Wert der absoluten Temperatur auf, so ergeben sich nahezu gerade Linien. Die Linie 100% bedeutet reines Ammoniak, die Linie 0% reines Wasser. Dazwischen liegen die Dampfspannungskurven für die verschiedenen Konzentrationen.

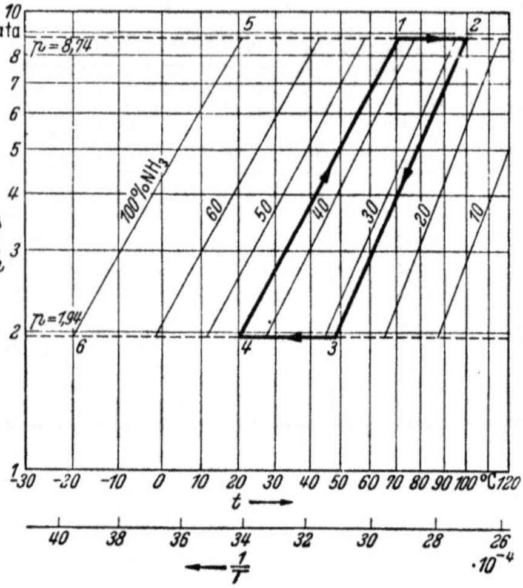

Bild 13
$\lg p, 1/T$-Diagramm für wässerige Ammoniaklösung

Führt man einer wässerigen Ammoniaklösung im Punkt *1* bei 70°C und 44% im sog. Austreiber Wärme zu (Q_1), so wird vorwiegend Ammoniak ausgetrieben. Die Lösung steht dabei unter einem Druck von $p = 8{,}74$ ata, so daß der ausgetriebene Ammoniakdampf bei 20° in einem Verflüssiger (Kondensator) verflüssigt werden kann (Punkt *5*), wobei die Verflüssigungswärme Q_K abgeführt wird. Das flüssige Ammoniak wird nunmehr in üblicher Weise über ein Regelventil auf den Verdampfungsdruck $p_0 = 1{,}94$ ata gebracht entsprechend einer Temperatur von $-20°$ im Verdampfer (Punkt *6*). Es besteht die Aufgabe, diesen Dampf unter Leistung von Kälte Q_0 abzusaugen; dies geschieht auf folgende Weise. Durch das Austreiben des Ammoniaks wird im Austreiber die Lösung schwächer (Punkt *2*, 100°, 28%). Diese arme Lösung wird ebenfalls über ein Regelventil dem Absorber zugeleitet, der wie der Verdampfer unter Verdampfungsdruck steht. Unter ständiger Wärmeabfuhr, z. B. durch Kühlwasser, sinkt die Absorbertemperatur von 49° (Punkt *3*) bis auf 20° (Punkt *4*). Dabei reichert sich die Lösung wieder an und ist so in der Lage, den im Verdampfer entstehenden Ammoniakdampf unter Abgabe der Absorptionswärme Q_A aufzunehmen. Die reiche Lösung wird sodann mit Hilfe einer Pumpe wieder auf den Verflüssigungs- bzw. Austreiberdruck gebracht. Zwecks Erhöhung der Wirtschaftlichkeit führt man arme und reiche Lösung im Gegenstrom durch einen Wärmeaustauscher, in welchem die aus dem Austreiber kommende arme und heiße Lösung (Punkt *2*) die aus dem Absorber kommende reiche und kalte Lösung (Punkt *4*) annähernd auf die Austreiberanfangstemperatur bringt. Da neben dem Ammoniakdampf im Austreiber stets noch etwas Wasser mit ausgetrieben wird, schaltet man zwischen Austreiber und Verflüssiger noch einen Rektifikator.

Der Unterschied der Absorptionskältemaschine gegenüber der Kälteanlage mit mechanischem Verdichter besteht darin, daß dieser durch den Lösungskreislauf *1 2 3 4* ersetzt ist. Mechanische Energie wird außer der verschwindend kleinen Energie für die Lösungspumpe bei der Absorptionsmaschine nicht benötigt. Im Gegensatz zur Verdichter-Kälteanlage, für deren Wirtschaftlichkeit (Leistungsziffer) die beiden Temperaturen T und T_0 maßgebend sind, kommt bei der Absorptionsanlage noch die Temperaturhöhe T_1 der Wärmezufuhr im Austreiber hinzu. Die Kopplung einer Wärmekraftmaschine mit einer Verdichter-Kältemaschine, bei der nach außen auch keine mechanische Energie in Erscheinung tritt, muß thermodynamisch der Absorptionskältemaschine gleichwertig sein.

Arbeiten beide nach dem Carnot-Prozeß, so gilt für den Wirkungsgrad der Wärmekraftmaschine (s. Wärmelehre Bd. I S. 439)

$$\eta_c = \frac{A\,L}{Q_1} = \frac{T_1 - T}{T_1} \tag{15}$$

mit $A\,L$ als mechanischer Arbeit und Q_1 als zugeführter Wärme. Für die Verdichter-Kälteanlage gilt (s. Wärmelehre, Bd. I, S. 440)

$$\varepsilon_c = \frac{Q_0}{A\,L} = \frac{T_0}{T - T_0}. \tag{16}$$

Aus Gl. (15) und (16) ergibt sich für das *theoretische Wärmeverhältnis* ζ_c der Absorptionskälteanlage, d. h. das Verhältnis von Kälteleistung zu zugeführter Wärme (Q_0/Q_1), im Sinn eines optimalen Vergleichsprozesses

$$\zeta_c = \eta\;\varepsilon_c = \frac{T_1 - T}{T_1} \cdot \frac{T_0}{T - T_0}. \tag{17}$$

Die theoretischen Wärmeverhältnisse lassen sich für alle Stoffpaare aus den $\lg p, 1/T$-Diagrammen als Streckenverhältnisse abgreifen[1]. Bild 14 zeigt das Schema einer einstufigen Maschine. Bezüglich mehrstufiger Maschinen sei auf das Schrifttum verwiesen[1,2].

Außer den bisher behandelten kontinuierlich arbeitenden Maschinen gibt es noch *diskontinuierlich* arbeitende. Bei diesen ist für Austreiber und Absorber nur ein einziges Gefäß vorgesehen. Während der Austreibungsperiode wirkt dieses Gefäß als Austreiber. Der gesamte Apparat steht unter Verflüssigungsdruck. In dieser Periode findet Austreibung und Verflüssigung statt. In der Absorptionsperiode wird das als Austreiber und Absorber dienende Gefäß gekühlt und wirkt somit als Absorber. Der ganze Apparat steht unter Verdampfungsdruck. In dieser Periode findet die Kälteleistung statt. Die Austreibungsperiode wird oft durch einen Kältespeicher überbrückt.

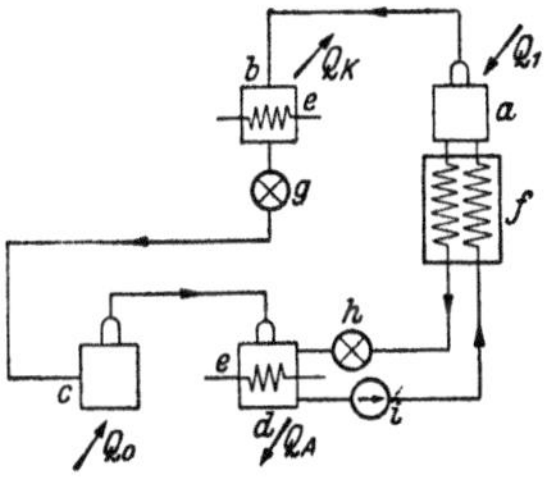

Bild 14. Schema einer Absorptions-Kältemaschine
a Austreiber, *b* Verflüssiger, *c* Verdampfer, *d* Absorber, *e* Kühlwasserschlange, *f* Wärmeaustauscher, *g* Regelventil für Kältemittel, *h* Regelventil für Lösung, *i* Pumpe für Lösung

b) Stoffpaare. Das bereits genannte Stoffpaar Ammoniak-Wasser wird vorzugsweise verwendet. Neuerdings benutzt man insbesondere für Klimaanlagen (Süßwasserkühlung) auch Wasser als Kältemittel und eine wässerige Lösung aus Wasser und Lithiumbromid als Absorptionsmittel[3]. In diskontinuierlich arbeitenden Apparaten für kleine Maschinen (Haushaltkühlschränke) Ammoniak und Kalziumchlorid; das Ammoniak wird von dem festen Kalziumchlorid absorbiert[4].

c) Berechnungsunterlagen. Berechnung von Absorptionskältemaschinen am besten an Hand des i,ξ-Diagramms, das als Ordinate die Enthalpie i der Lösung und als Abszisse die Gewichtskonzentration ξ enthält[5].

Als Anhaltspunkt für die Bestimmung des Wärme- und Kühlwasserverbrauchs diene Bild 15[6].

d) Apparate. Für Verflüssiger und Verdampfer werden die gleichen Ausführungen benutzt wie bei Verdichteranlagen.

Der *Absorber* wird in der Regel als Doppelrohrapparat ausgeführt, wobei das Kühlwasser durch das innere Rohr, die Lösung durch das Mantelrohr strömt. Meist wird ein Mischer vorgeschaltet, in welchem sich Kältemitteldampf mit

[1] *Nesselmann, K.:* Z. ges. Kälteind. Bd. 41 (1934) S. 73.
[2] *Altenkirch, E.:* Z. ges. Kälteind. Bd. 20 (1913) S. 1 und Bd. 21 (1914) S. 7.
[3] *Plank, R.:* Kältetechn. Bd. 8 (1956) S. 294.
[4] Eine Aufzählung und kritische Betrachtung der Stoffpaare bei *Niebergall, W.:* Arbeitsstoffpaare für Absorptionskälteanlagen und Absorptionskühlschränke. Mühlhausen: Rich. Markewitz 1949.
[5] *Bošnjaković, F.:* Techn. Thermodynamik, 2. Teil, 2. Aufl. Dresden/Leipzig: Theodor Steinkopff 1951.
[6] Nach *Niebergall, W.:* Z. ges. Kälteind. Bd. 49 (1942) S. 1.

vorgekühlter Lösung innig mischt und ein Teil des Dampfes unter Temperaturerhöhung des Gemisches absorbiert wird. Es werden auch Ausführungen nach Art der Berieselungsverflüssiger angewendet, wobei Dampf und Lösung durch die Rohre strömen, die mit Kühlwasser berieselt werden. Bei großen Anlagen berieselt man innerhalb von Mantelrohren die Kühlwasserrohre mit der absorbierenden Lösung. In diesem Fall ist der Absorber dampfgefüllt.

Der *Austreiber* wird entweder liegend als Röhrenkesselapparat ausgeführt oder auch stehend; die Lösung läuft in diesem Fall an der inneren Wandung von Rohren herab, die von einem Mantelrohr umgeben sind; in diesem befindet sich z. B. heizender Wasserdampf, der an der äußeren Wandung kondensiert.

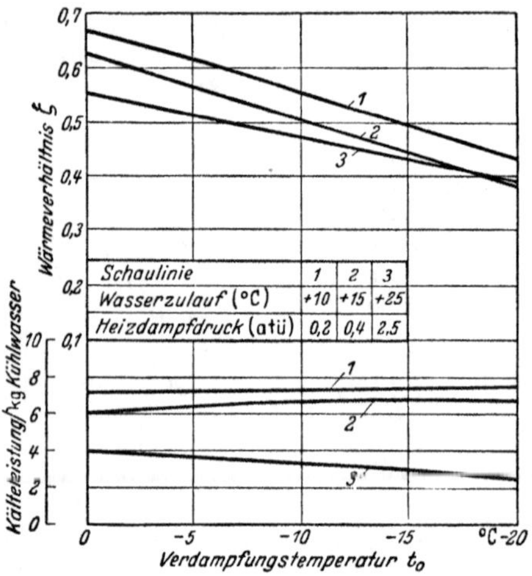

Bild 15
Diagramm zur Bestimmung von Wärmeverhältnis und Kühlwasserverbrauch von Absorptions-Kälteanlagen

Der *Rektifikator* wird meist in der üblichen Form mit Glockenböden ausgeführt.

e) Sonderausführungen. Insbesondere in Absorptionsmaschinen für Haushaltkältemaschinen wird der Druckunterschied zwischen Austreiber und Verflüssiger einerseits und Verdampfer und Absorber andererseits durch ein inertes Gas (Wasserstoff) ausgeglichen. Derartige Apparate benötigen keine Regelventile und Pumpen. Der Lösungsumlauf wird nach dem Thermosyphonprinzip durch die bei der Austreibung des Kältemittels entstehenden Gasblasen bewirkt (s. Lit. 4).

Auch für große Anlagen sind gelegentlich Maschinen mit Wasserstoffüllung angewendet worden, sei es zur Erzeugung besonders tiefer Temperaturen oder zur Abkühlung eines Stoffes über einen weiten Temperaturbereich[1].

3. Dampfstrahlkälteanlagen

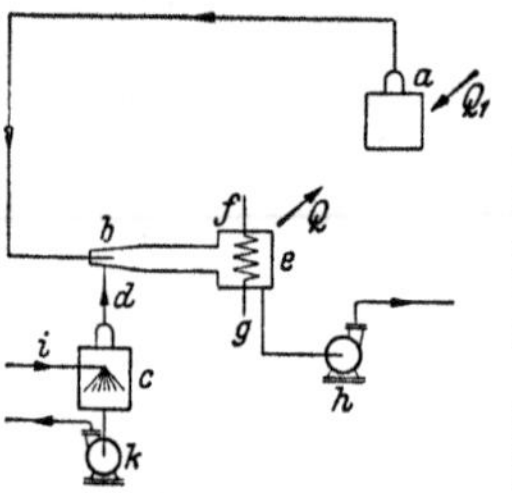

Bild 16. Schema einer Dampfstrahl-Kältemaschine
a Dampfkessel, *b* Injektor, *c* Verdampfer, *d* Saugleitung für Kältemitteldampf, *e* Verflüssiger, *f* Kühlwasserschlange, *g* Kondensatleitung, *h* Kondensatpumpe, *i* Wasserzulauf, *k* Pumpe für Kaltwasser

Bei den Dampfstrahlkälteanlagen wird der mechanische Verdichter durch eine Dampfstrahlpumpe ersetzt, die den Kältemitteldampf aus dem Verdampfer absaugt und ihn auf Verflüssigungsdruck bringt. Als antreibendes Mittel (Arbeitsdampf) und als Kältemittel wird meist Wasser verwendet.

Man kann durch das verdampfende Wasser ein Kühlgut kühlen. Meist wird jedoch das durch Verdampfung abgekühlte Wasser, das sog. Kaltwasser, direkt als Kälteträger verwendet, z. B. in Klimaanlagen. In diesem Fall baut man in der Regel den Verdampfer so, daß das abzukühlende Wasser in den Verdampfer eingespritzt wird. Ein Teil verdampft unter Abkühlung des Wassers, der gekühlte Rest (Kaltwasser) wird mit Hilfe einer Pumpe abgesaugt und der Verbrauchsstelle zugeführt, Bild 16.

a) Thermodynamische Grundlagen. Da bei der Dampfstrahlkältemaschine genau wie bei der Absorptionsmaschine keine mechanische Arbeit nach

[1] *Maiuri, G.:* Z. ges. Kälteind. Bd. 46 (1939) S. 169.

außen in Erscheinung tritt, gilt auch für diese Maschinenart Gl. (16). Man kann also auch in diesem Fall von einem Wärmeverhältnis sprechen. Wird mit einer derartigen Maschine Wasser über einen größeren Temperaturbereich abgekühlt, so kann mehrstufig gearbeitet werden. Die Verdampfung erfolgt dann unter verschiedenen Drücken, die je einem Diffusorsystem zugeordnet sind. Auf diese Weise kann das Wärmeverhältnis bzw. die spez. Kälteleistung (kcal/kg Arbeitsdampf) erheblich gesteigert werden. Auch die Verflüssigung kann mehrstufig durchgeführt werden[1].

b) Berechnungsunterlagen. Für einen Überblick über den Dampfverbrauch sind für verschiedene Frischdampfdrücke, Verdampfungstemperaturen und Kühlwasser-Austrittstemperaturen die spez. Kälteleistungen in kcal/kg Arbeitsdampf in Bild 17 zusammengestellt (Lit. 2). Diese Werte beziehen sich auf einstufiges Arbeiten. Das Bild gilt für zwei Kühlwasser-Austrittstemperaturen (30°C —— u. 40°C - - -) und drei Kaltwassertemperaturen (15°, 10° u. 5°C).

Im Verflüssiger ist die Verflüssigungswärme sowohl des Arbeitsdampfes als auch des vom Verdampfer kommenden Dampfes abzuführen.

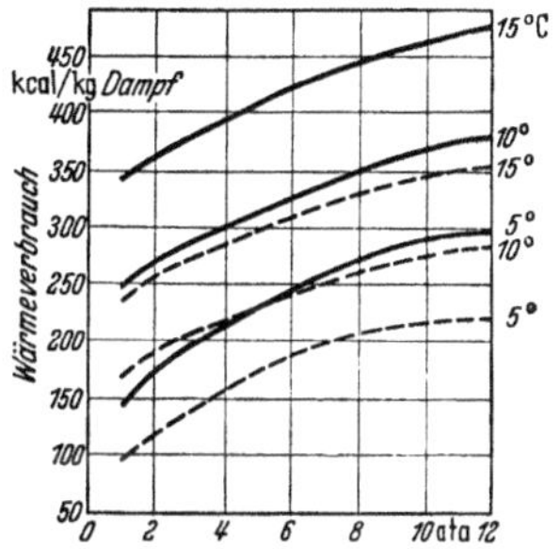

Bild 17. Diagramm zur Bestimmung des Frischdampfverbrauches von Dampfstrahl-Kältemaschinen

c) Apparate. Vor dem Diffusor sitzt entweder eine einzelne *Düse* oder auch ein *Düsenkranz*. Mehrere solcher Einheiten können parallelgeschaltet werden, so daß sich durch Abschalten eines oder mehrerer Systeme eine gute Regelbarkeit ergibt.

Als *Verflüssiger* kommen Oberflächen- oder Einspritzapparate in Frage. Die Entlüftung besorgen gewöhnlich ebenfalls Strahlapparate.

B. Verfahren, die nicht auf Verdampfung von Kältemitteln beruhen

Während im Bereich der höheren Temperaturen die Verdampfungsverfahren wohl unumstritten vorherrschen, kommen im Bereich der Tieftemperaturtechnik auch Kälteerzeugungsverfahren in Frage, die nicht auf der Verdampfung eines Kältemittels beruhen. Geht man nämlich zu sehr tiefen Temperaturen über, so müssen bei der Kaltdampfmaschine drei, sogar vier Stufen angewendet werden. Dadurch werden die Anlagen verwickelt und teuer, zumal man in diesen Fällen dann praktisch nicht mehr mit einem einzigen Kältemittel auskommen kann. Der Wirkungsgrad nimmt stark ab. Man geht dann zweckmäßig auf Verfahren über, die entweder die Abkühlung von Gasen (Luft) durch adiabatische Entspannung (dynamisches Verfahren) oder die Abkühlung bei Drosselung auf Grund des Thomson-Joule-Effektes nutzbar machen (Drosselverfahren). Eine scharfe Grenze für die Überlegenheit des einen oder des anderen Verfahrens kann nicht angegeben werden. Man kann aber schätzen, daß die Grenze, von der ab die nicht auf Verdampfung eines Kältemittels beruhenden Verfahren in Betracht gezogen werden müssen, bei etwa −100°C liegt; bei dieser Temperatur kommen die bei höheren Temperaturen niedrigen Wirkungsgrade der nicht auf Verdampfung beruhenden Verfahren in die Größenordnung der von Verdampfungsverfahren; die Anlagen werden auch baulich einfacher und preiswerter.

[1] Lit. 2; über die Berechnung von Strahlapparaten vgl. *Bošnjaković, F.:* Z. ges. Kälteind. Bd. 43 (1936) S. 229. — *Weydanz, W.:* Die Vorgänge in Strahlapparaten. Beihefte z. Z. ges. Kälteind. Reihe 2, Heft 8 (1939). — *Wiegand, J.:* Z. VDI, Beiheft Verfahrenstechnik 1940.

1. Dynamische Verfahren

Im wesentlichen kommen hier zwei Kreisprozesse in Frage. Der *erste* besteht aus zwei Isobaren, einer Isotherme und einer Isentrope (Adiabate). Bild 18 und 19 zeigen diesen Prozeß im T, s-Diagramm und schematisch. Das Arbeitsmittel, ein Gas — z. B. Luft — wird von *1* bis *2* verdichtet, von *2* bis *3* isobar unter Wärmeaustausch im Gegenstrom zur Zustandsänderung *5* bis *1* abgekühlt. Es folgt eine

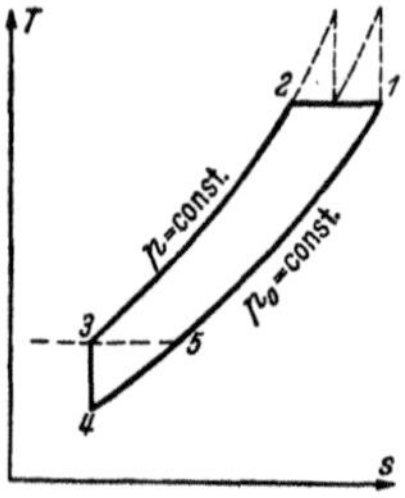

Bild 18
T, s-Diagramm für Adiabaten-Isothermen-Kreisprozeß

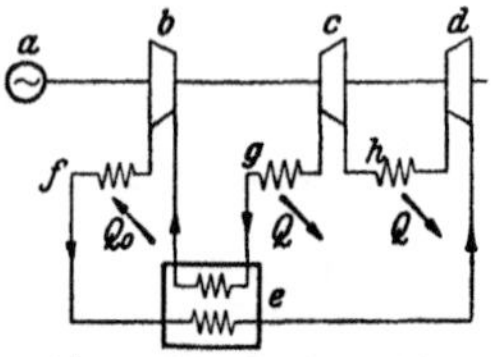

Bild 19
Schema einer Anlage nach dem Adiabaten-Isothermen-Kreisprozeß

a Motor, *b* Entspannungsmaschine, *c* Hochdruckverdichter, *d* Niederdruckverdichter, *e* Wärmeaustauscher, *f* Wärmeaustauscher (Kälteleistung), *g* Hochdruck-Wärmeaustauscher (Kühlwasser), *h* Niederdruck-Wärmeaustauscher (Kühlwasser)

isentrope (adiabate) Entspannung unter Arbeitsleistung bis Punkt *4*. Von *4* bis *5* erwärmt sich das Gas unter Kälteleistung; anschließend wird es sich von *5* bis *1* unter Wärmeaustausch im Gegenstrom zur Zustandsänderung *2* bis *3* wieder erwärmen. Der Energieaufwand ist die Differenz der Verdichtungs- und Entspannungsarbeit.

In Wirklichkeit kann die Verdichtung *1* bis *2* nicht isotherm verlaufen. In Bild 18 ist daher als Beispiel eine zweistufige Verdichtung und Zwischenkühlung gestrichelt eingezeichnet.

In der Regel ist es bei solchen Anlagen erwünscht, die Kälte bei konstanter Temperatur $T_0 = T_3 = T_5$ zu erzeugen. Man kann daher für den *Idealprozeß*, der dann zwischen den Temperaturen $T = T_1 = T_2$ und $T_0 = T_3 = T_5$ arbeitet, die spez. Kälteleistung K_c wie für den Carnot-Prozeß und Gl. (2) anwenden. Die spez. Kälteleistung für den wirklichen Prozeß berechnet man aus

$$K = \frac{G c_p (T_5 - T_4)}{N_{\text{kompr}} - N_{\text{exp}}}. \tag{18}$$

Hierin sind G das stündlich umlaufende Gasgewicht, c_p die spez. Wärme des Gases, T_4 und T_5 die Temperaturen in den Punkten *4* und *5*, Bild 18, N_{kompr} und N_{exp} die Leistung der Verdichtungs- bzw. Entspannungsmaschinen. Dabei hat man bei der wirklichen Anlage zu berücksichtigen, daß die Entspannung *3*—*4* bei zunehmender Entropie verläuft, wodurch sich die Temperatur T_4 erhöht. Ferner ist der Wirkungsgrad der Maschinen und die endliche Temperaturdifferenz im Wärmeaustauscher in Rechnung zu stellen.

Der Wirkungsgrad der Anlage wird

$$\eta = K/K_c. \tag{19}$$

Bild 20 zeigt den optimalen Wirkungsgrad einer solchen Anlage in Abhängigkeit von t_0 (entspr. $T_0 = T_5$), wobei jeder Temperatur T_0 eine bestimmte Temperatur T_4, also auch ein bestimmtes

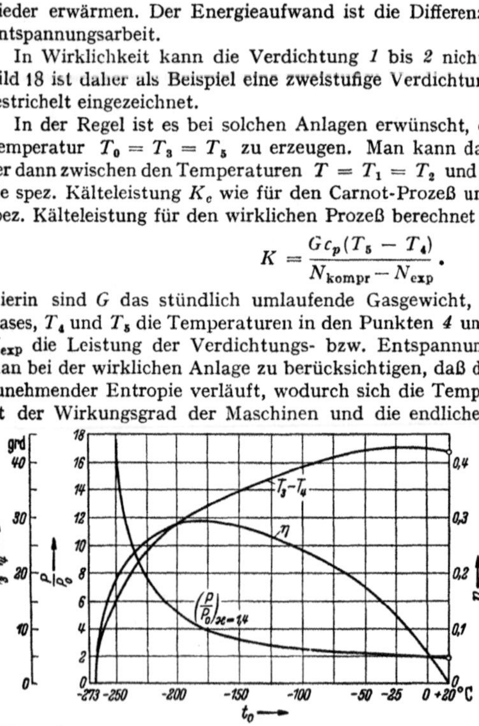

Bild 20. Optimaler Wirkungsgrad eines Adiabaten-Isothermen-Kreisprozesses in Abhängigkeit von t_0 (entspr. $T_0 = T_5$)

optimales Druckverhältnis entspricht. Dabei ist im Wärmeaustauscher eine Temperaturdifferenz von 5 grd, bei der Entspannungsmaschine ein Wirkungsgrad von 0,8, bei der Verdichtung bezogen auf die Isotherme von 0,7 und eine Umgebungstemperatur von 20 °C vorausgesetzt[1]. Durch mehrstufige Entspannung kann der Wirkungsgrad noch wesentlich verbessert werden.

Dieser Prozeß kommt in Frage für größere Kälteleistungen bei sehr tiefen Temperaturen; er wird am besten mit Turbomaschinen durchgeführt, die allerdings sehr hohe Wirkungsgrade aufweisen müssen. Durch Änderung des Druckpegels innerhalb der Anlage ergibt sich eine sehr einfache Regelmöglichkeit.

Der *zweite* Kreisprozeß, den man für diese Art der Kälteerzeugung verwendet, besteht aus zwei Isothermen und zwei Isobaren. Die Maschine, mit der sich ein solcher Prozeß — bezüglich der Isothermen wenigstens angenähert — verwirklichen läßt, beruht auf folgendem Prinzip[2]:

In einem Zylinder *a* (Bild 21a) befinden sich zwei Kolben *b* und *c*, die durch einen Regenerator *d* getrennt sind, der z. B. aus Drahtgeflecht besteht. Durch den Mantel *e* strömt Kühlwasser, durch Mantel *f* der zu kühlende Stoff. Zwischen den beiden Kolben befindet sich ein Gas als Arbeitsmittel, z. B. Wasserstoff. Zunächst wird Kolben *b* im Bild nach links bewegt, während Kolben *c* stillsteht. Dadurch tritt eine Verdichtung des Arbeitsmittels ein, die mit Hilfe des Kühlwassers im Mantel *d* angenähert isotherm durchgeführt werden kann. Die Kolben kommen in eine Lage, wie in Bild 21b dargestellt. Nun bewegen sich beide Kolben nach links, u. zw. im gleichen Abstand, so daß diese Zustandsänderung bei gleichem Volumen verläuft. Im Regenerator *d*, dessen rechte Seite warm und dessen linke Seite kalt ist, wird das zwischen den beiden Kolben befindliche Arbeitsmittel etwa auf die Temperatur abgekühlt, bei der die Kälte geleistet werden soll (Bild 21c). Bei stillstehendem Kolben *b* wird nun Kolben *c* nach links verschoben. Dadurch tritt eine Entspannung des Arbeitsmittels ein, die unter Wärmeentziehung aus dem zu kühlenden Stoff im Mantel *f* angenähert isotherm ausgeführt werden kann. Die Stellung der Kolben entspricht dann Bild 21d. Schließlich bewegen sich beide Kolben in gleichem Abstand nach rechts. Dadurch gelangt das Arbeitsmittel auf die rechte Seite des Generators und erwärmt sich wieder auf Kühlwassertemperatur.

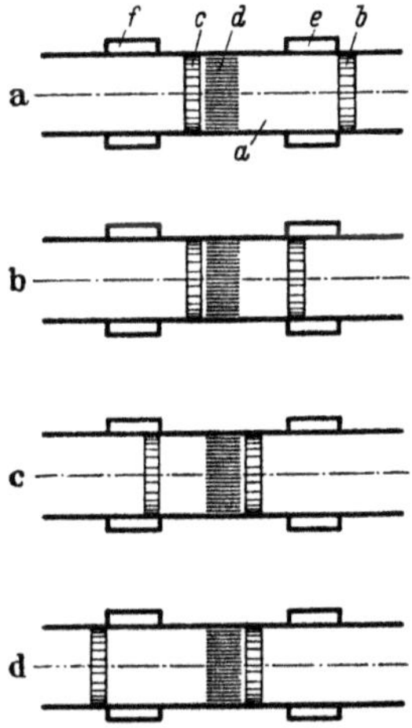

Bild 21. Prinzip der Kältemaschine von Philips
a Zylinder, *b*, *c* Kolben, *d* Regenerator, *e* Kühlwasser, *f* Kühlgut

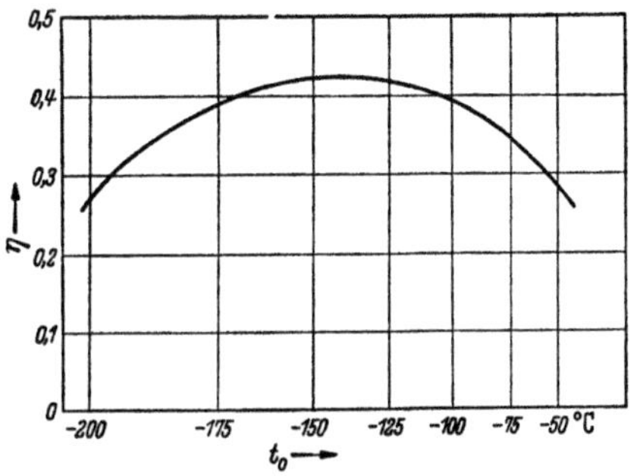

Bild 22. Wirkungsgrad einer Philips-Kältemaschine in Abhängigkeit von t_0 (entspr. T_0)

Maschinen nach diesem Prozeß, die auch zur Verflüssigung von Luft, also für die Kälteerzeugung bei sehr tiefen Temperaturen Verwendung finden, erreichen Wirkungsgrade nach der in Gl. (19) angegebenen Definition, die in Bild 22 dargestellt sind.

2. Drosselverfahren

Die nach dem Drosselverfahren arbeitenden Anlagen sind im Aufbau einfacher als die eben geschilderten, stehen diesen aber in der spez. Kälteleistung nach. Sie sind, da hier nur Kolbenverdichter in Frage kommen, in der Regel nur für kleinere kurzzeitige Leistungen geeignet, so daß an Anlagekosten gespart werden

[1] *Stephan, K.:* Kältetechnik Bd. 9 (1957) S. 314.
[2] *Köhler, J. W. L.*, u. *C. O. Jonkers:* Kältetechnik Bd. 6 (1954) S. 234.

muß. Der Prozeß ist in Bild 23 im i, T-Diagramm, das sich hierfür besonders eignet[1], und in Bild 24 in schematischer Weise dargestellt. Die Luft wird isotherm vom Druck p_0 auf den Druck p verdichtet (Zustandsänderung *1 2*); zweckmäßig Nachkühlung durch Kühlwasser. In einem Wärmeaustauscher wird die Luft bis *3* abgekühlt und dann auf p_0 gedrosselt; dabei nach dem Thomson-Joule-Effekt (s. Wärmelehre Bd. I, S. 429) weitere Abkühlung bis *4*. Zwischen *4* und *5* erwärmt sich die Luft unter Kälteleistung und gelangt dann in den Wärmeaustauscher, in welchem sie sich im Grenzfall bis *1* erwärmt. Die spez. Kälteleistung ist von der Druckhöhe abhängig. Die optimalen Werte liegen bei etwa 150 at[2]. Die Kälteleistung bzw. die geforderte Temperatur kann durch Einstellen des Drosselventiles geregelt werden, wodurch sich das Druckverhältnis und damit die Druckdifferenz ändert, über welche die Luft gedrosselt wird. Die Kälteleistung ist in erster Annäherung der Druckdifferenz proportional und daher eine stufen- und trägheitslose Regelung zwischen 0 und 100% möglich.

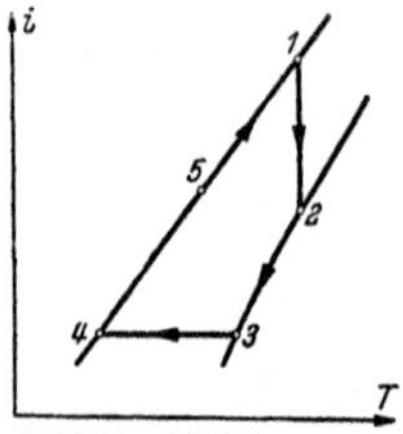

Bild 23. i,T-Diagramm für Drosselprozeß

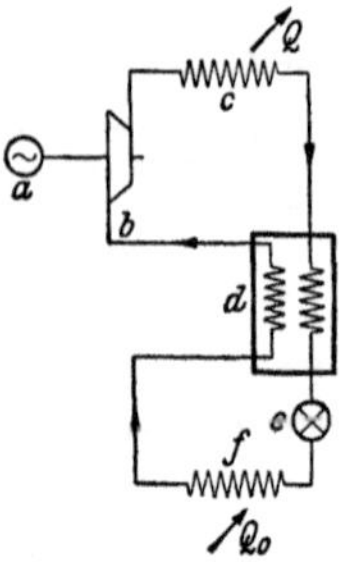

Bild 24
Schema einer Anlage nach dem Drosselprozeß *a* Motor, *b* Verdichter, c Wärmeaustauscher (Kühlwasser), *d* Wärmeaustauscher, *e* Drosselventil, *f* Wärmeaustauscher (Kälteleistung)

3. Sonderverfahren

Zu den Sonderverfahren gehört die Kälteerzeugung mit Hilfe des sogenannten Wirbelrohres[3]. Dabei strömt Luft tangential mit großer Geschwindigkeit in ein Rohr hinein. Durch die rotierende Luftbewegung bildet sich in der Nähe der Rohrwand eine wärmere verdichtete Luftschicht, deren Verdichtung auf Kosten der im inneren Kern befindlichen Luft erfolgt, die sich entspannt und dadurch abkühlt. Man kann auf diese Weise dem Rohr erwärmte und gekühlte Luft entnehmen. Bisher hat dieses Verfahren in der Kälteerzeugung keine praktische Bedeutung erlangt.

Auch Thermoelemente können zur Kälteerzeugung verwendet werden. Bringt man die beiden Lötstellen eines Thermoelementes auf verschiedene Temperaturen, so entsteht eine elektrische Spannung, die einen elektrischen Strom erzeugen kann, so daß elektrische Energie entsteht. Führt man umgekehrt einem Thermoelement elektrische Energie zu, so werden die beiden Lötstellen auf verschiedene Temperaturen gebracht. Hält man die eine Lötstelle auf Umgebungstemperatur, so kann man an der anderen eine tiefere Temperatur erzeugen. Durch thermodynamische Überlegungen läßt sich zeigen, daß das System an der kalten Lötstelle Wärme aufnimmt, also Kälte leistet, an der warmen Lötstelle dagegen Wärme abgibt. Die theoretische Leistungsziffer entspricht der des Carnot-Prozesses nach Gl. (1). Verluste entstehen durch Wärmeleitung in den Drähten und durch die Stromwärme[4]. Die Kälteerzeugung nach diesem Verfahren ist noch im Entwicklungsstadium.

C. Kälteanwendung

Die wesentlichsten Aufgaben der Kältetechnik sind das Kühlen von Gasen (Luft), von Flüssigkeiten, das Erzeugen von Eis und das Trennen von Stoffen, insbesondere von Gasen (Sauerstoff- und Stickstoffgewin nung aus der Luft).

---

[1] *Hausen, H.:* Der Thomson-Joule-Effekt und die Zustandsgrößen der Luft. VDI-Forschungsheft 274 (1926); diese Arbeit enthält alle einschlägigen Diagramme.
[2] *Glaser, H.:* Z. ges. Kälteind. Bd. 50 (1943) S. 57.
[3] *Hilsch, R.:* Z. f. Naturforschung Bd. 1 (1946) S. 208. — *Curley, W.*, u. *Roy MacGee jr.:* Refr. Engng. Bd. 59 (1951) S. 166.
[4] *Altenkirch, E.:* Z. ges. Kälteind. Bd. 19 (1912) S. 1; *Plank, R.:* Kältetechnik Bd. 10 (1958) S. 2.

1. Kühlen von Gasen

Hier handelt es sich insbesondere um das Kühlen von Luft in Räumen für die Kühllagerung, Gefrierlagerung und das Gefrieren von Lebensmitteln.

a) Als **Trockenluftkühler** kommen glatte Rohre oder Rippenrohre in Frage. Man unterscheidet dabei direkte Kühlung, bei der das Kältemittel in diesen Rohren verdampft, oder indirekte Kühlung, bei der die Rohre durch eine Kühlsole gekühlt werden, die in einem besonderen Verdampfer auf die Kühltemperatur gebracht wird.

Bei der stillen Kühlung, die insbesondere in Lagerräumen angewendet wird, geht die Übertragung der Kälte an die Luft durch Konvektion vonstatten. Bei der bewegten Kühlung, die ebenfalls in Lagerräumen und mit besonders hoher Luftgeschwindigkeit in Gefrierräumen Anwendung findet, wird die Luft mit Hilfe von Ventilatoren über die Kühler geblasen.

Liegt die Kühlertemperatur unter 0°, so scheidet sich ein Teil der Luftfeuchtigkeit an den Kühlsystemen als Reif ab. Man muß daher von Zeit zu Zeit für ein Abtauen der Rohre Sorge tragen. Zu diesem Zweck muß die Kälteanlage erst wieder abgestellt werden, oder, falls mehrere parallel arbeitende Verdampfer vorhanden sind, kann der abzutauende Verdampfer von der Saugseite abgetrennt und dem Verflüssiger parallelgeschaltet und mit dem warmen, aus dem Verdichter kommenden Dampf beschickt werden.

b) Bei den **Naßluftkühlern** wird Kühlsole über Raschig-Ringe geleitet und mit der zu kühlenden Luft im Gegenstrom in Berührung gebracht; man kann auch die Luft durch die fein zerstäubte Sole im Gegenstrom führen. Bei den Naßluftkühlern gibt die Luft ihre Feuchtigkeit an die Sole ab, die sich auf diese Weise allmählich verdünnt. Sie muß daher von Zeit zu Zeit wieder verstärkt werden. Bei Klimaanlagen wird die Luft durch einen von Sprühdüsen erzeugten Schleier gekühlten Wassers geleitet und gegebenenfalls nach Abgabe ihrer Feuchtigkeit wieder erwärmt. Sie wird auf diese Weise getrocknet. Berechnungen dieser Art werden am besten an Hand des i, x-Diagramms für feuchte Luft ausgeführt (s. Wärmelehre Bd. I S. 436).

2. Kühlen von Flüssigkeiten

Die Flüssigkeiten werden in offenen Gefäßen gekühlt, in denen sich Steilrohr- oder Schlangenrohrverdampfer befinden. Ein Rührwerk sorgt für Flüssigkeitsbewegung. Man kann auch die Flüssigkeiten über ein Kühlsystem rieseln lassen. Diese beiden Verfahren sind insbesondere zu empfehlen, wenn unter Umständen ein Gefrieren der zu kühlenden Flüssigkeit erwartet werden muß, weil eine Eisbildung zur Sprengung geschlossener Apparate führen kann. Ist dies nicht zu befürchten, so können auch Durchlaufapparate (Röhrenkesselverdampfer) verwendet werden.

3. Eiserzeugung

Die Erzeugung von Eis in Blöcken, meist je 25 kg, steht heute an erster Stelle. Für besondere Zwecke, z. B. für die chemische Industrie oder zur Lagerung von Fisch zwischen Eisschichten, kommt Stückeis oder Scherbeneis in Frage.

a) Blockeis. Die Eiszellen werden in solegefüllten Behältern ausgefroren, die auch die Verdampfer als Steil- oder Schlangenrohrverdampfer mit enthalten. Durch ein Rührwerk wird die Sole an Verdampfern vorbei und durch den Zwischenraum zwischen den Zellen bewegt. Nach dem Ausfrieren werden die Zellen aus der Sole gehoben, durch Tauchen in Wasser abgetaut und dann durch Kippen entleert. Der so erzeugte Eisblock ist trüb. Will man Klareis herstellen, so muß das gefrierende Wasser entweder durch Flossen in dauernder Bewegung gehalten werden, oder es wird (meist bevorzugt) Luft während des Ausfrierens durch die Zellen geblasen. Die Zeit zum Ausfrieren der Zellen richtet sich nach der Zellenabmessung und der Soletemperatur[1]. Blockeis kann auch durch direkte Verdampfung erzeugt werden[2].

[1] *Plank, R.:* Z. ges. Kälteind. Bd. 20 (1913) S. 109.
[2] *Schmidt, Th. E.,* u. *H. Benzler:* Kältetechn. Bd. 5 (1953) S. 41.

b) Platteneis. Innerhalb eines mit Gefrierwasser gefüllten Gefäßes wird das Eis auf Platten bis zu 35 cm Dicke aufgefroren. Gewöhnlich liegt die Kühlschlange zwischen zwei Blechen und berührt sie dicht. Am Ende der Gefrierperiode wird das Eis abgetaut und in Stücke geschlagen.

c) Stück- und Scherbeneis. Ein Verfahren beruht darauf, im Innern von Rohren, die außen direkt oder indirekt gekühlt werden, das Gefrierwasser herabrieseln und allmählich ausfrieren zu lassen, wobei rohrförmige Eisstangen entstehen. Nach dem Gefriervorgang werden die Stangen abgetaut, fallen heraus und werden dabei durch eine Vorrichtung in kleine Stücke zerschlagen. Man kann mit diesem Verfahren Klareis ohne besondere Maßnahmen herstellen.

Bei der *Vakuumeiserzeugung*[1] wird das Gefrierwasser auf ein Band im Inneren eines Gefäßes gespritzt, aus dem mit Hilfe von Dampfstrahlapparaten Wasserdampf abgesaugt wird. Die durch die Verdampfung erzeugte Kälte bildet Eis in kleinen Stücken. Innerhalb des Gefäßes herrscht ein Druck, der dem Wasserdampfdruck über Eis von etwa $-2\,^{\circ}C$ entspricht. Eine Schnecke preßt die entstehenden Eisstücke durch rohrartige Düsen, die so lang sind, daß keine Luft rückwärts in den Apparat strömen kann. Das Eis verläßt die Düsen in Form runder Stangen, die zerkleinert werden.

Weitere Verfahren bestehen darin, das Eis auf einer gekühlten rotierenden Trommel aufzufrieren und durch Deformation der Trommel in Scherben abzusprengen (Scherbeneis) oder von einer feststehenden Trommel abzuschaben. Es entsteht ein Schneematsch, der mit Hilfe eines Siebes in Schnee und Wasser getrennt wird. Der Schnee wird schließlich zu Eisbriketts gepreßt (Packeis).

4. Stofftrennung

Trennung von Flüssigkeiten durch kältetechnische Verfahren[2] in solchen Fällen, wo die sonst üblichen Verfahren (Eindampfen, Rektifizieren) wegen Schädlichkeit der hohen Temperaturen nicht angewendet werden können. Bei der Trennung von Gasen über den flüssigen Zustand (Sauerstoff- und Stickstoffgewinnung aus der Luft) müssen diese erst unter ihre kritische Temperatur (s. Bd. I, Taf. i. Anhang) abgekühlt werden.

a) Trennung von Flüssigkeiten. Die Flüssigkeit, z. B. ein Öl, aus dem das Paraffin entfernt werden soll, wird durch einen Kratzkühler geleitet. Innerhalb eines Mantelrohres findet direkt oder indirekt die Kühlung statt, so daß sich das Paraffin an den inneren Wänden in Kristallform ansetzt und durch einen rotierenden Schaber abgeschabt werden kann. Den Apparat verläßt eine Mischung aus Öl und Paraffinresten. Die Flüssigkeit kann von Kristallen z. B. durch Nutschen (Saugpressen) oder Zentrifugen getrennt werden.

Beim Walzengefrierapparat, der besonders bei der Eindickung von Fruchtsäften angewendet wird, läßt man die Lösung auf eine rotierende Walze auffrieren. Es bildet sich ein Gerüst aus Wasserkristallen mit Einschlüssen von konzentrierter Lösung; ein feststehendes Messer schabt die Schicht von der Walze ab. Zur Trennung dient meist eine Schneckenpresse, die das Konzentrat aus den Kristallen ausdrückt.

b) Die **Gefriertrocknung** besteht in der Eindampfung einer gefrorenen Substanz bei tiefen Temperaturen unter Vakuum. Dieses Verfahren gestattet, Lebensmittel bis zur Pulverform auszutrocknen, wobei Geschmack und Nährwert erhalten bleiben. Der sublimierende Wasserdampf schlägt sich auf gekühlten Flächen ($-60\,^{\circ}C$) nieder, von denen das Eis mit Schabern entfernt wird.

c) Die **Trennung von Gasen** ist entweder durch Auskondensieren gewisser Bestandteile des Gasgemisches oder durch Verflüssigen und nachfolgende Rektifikation möglich. Das erste Verfahren kommt beispielsweise bei der Koksofengaszerlegung, das zweite bei der Erzeugung von Sauerstoff und Stickstoff aus Luft in Frage. Dies sind bereits typische Gebiete der Tieftemperaturtechnik, so daß die hier unter B beschriebenen Verfahren zur Kälteerzeugung die wesentlichste Rolle spielen; Einzelheiten[3].

---

[1] *Tietz, H.:* VDI-Z. Bd. 82 (1938) S. 61.

[2] *Nesselmann, K.:* Forsch. Ing.-Wes. Bd. 17 (1951) S. 33.

[3] Lit. 1 Bd. VIII.

GPSR Compliance

The European Union's (EU) General Product Safety Regulation (GPSR) is a set of rules that requires consumer products to be safe and our obligations to ensure this.

If you have any concerns about our products, you can contact us on ProductSafety@springernature.com

In case Publisher is established outside the EU, the EU authorized representative is:

Springer Nature Customer Service Center GmbH
Europaplatz 3
69115 Heidelberg, Germany

Batch number: 10682534

Printed by Printforce, the Netherlands